Stahl
Tabellenbuch

J. Eube, H. Frahm, F. Haustein,
R. Kästner, F. Leuner, G. Vocke

Stahl

Tabellenbuch
für Auswahl und Anwendung

1. Auflage 1992
Stand der abgedruckten Normen: April 1992

Herausgeber:
DIN Deutsches Institut für Normung e.V.

Beuth Verlag GmbH · Berlin · Köln
Verlag Stahleisen mbh · Düsseldorf

Die Deutsche Bibliothek – CIP-Einheitsaufnahme

Stahl

Tabellenbuch für Auswahl und Anwendung

Hrsg.: DIN, Deutsches Institut für Normung e.V. J. Eube

1. Aufl., Stand der abgedruckten Normen: April 1992

Berlin; Köln: Beuth

Düsseldorf: Verl. Stahleisen, 1992

    ISBN 3-410-12767-4

NE: Eube, Joachim; Deutsches Institut für Normung; Stahl

Titelaufnahme nach RAK entspricht DIN 1505.

ISBN nach DIN 1462. Schriftspiegel nach DIN 1504.

Übernahme der CIP-Titelaufnahme auf Schrifttumskarten durch Kopieren oder Nachdrucken frei.

596 Seiten C5, brosch.

ISBN 3-410-12767-4 1. Aufl.

Printed in Germany. Druck: Druckhaus Berlin-Magazinstraße GmbH

Inhalt

Die in den Verzeichnissen in Verbindung mit einer DIN-Nummer verwendeten Abkürzungen bedeuten:

T   Teil

E   Entwurf

EN   Europäische Norm (EN), deren Deutsche Fassung den Status einer Deutschen Norm erhalten hat

SEL Stahl-Eisen-Lieferbedingungen

SEW Stahl-Eisen-Werkstoffblätter

**Maßgebend für das Anwenden jeder DIN-Norm
ist deren Originalfassung mit dem neuesten Ausgabedatum.**

**Vergewissern Sie sich bitte im aktuellen DIN-Katalog
mit neuestem Ergänzungsheft oder fragen Sie: (0 30) 26 01 - 22 60.**

Vorwort

Mit dem vorliegenden Tabellenbuch sollen Konstrukteure, Werkstoffachleute, Handwerker sowie Stahlein- und -verkäufer in die Lage versetzt werden, sich mit geringem Aufwand einen Überblick über die Eigenschaften der in den Normen enthaltenen Stähle und den daraus gefertigten Halbzeugen und Fertigerzeugnissen zu verschaffen. Außerdem soll es Anregungen für das gründliche Studium mit den kompletten DIN- bzw. DIN-EN-Normen sowie anderen Regelwerken auf dem Stahlsektor vermitteln.

Aus den für den Stahlverarbeiter wesentlichen Normen werden die wichtigsten Festlegungen und Tabellen übernommen. Auf in Vorbereitung befindliche Regelwerke wird hingewiesen.

Diese Zusammenfassung bedeutet nicht, daß z. B. bei Vertragsabschlüssen auf das Studium der entsprechenden vollständigen Norm verzichtet werden kann. Die jeweiligen aktuellen Normen sind ebenfalls beim Beuth Verlag GmbH erhältlich.

Die deutsche Normung

Grundsätze und Organisation

Normung ist das Ordnungsinstrument des gesamten technisch-wissenschaftlichen und persönlichen Lebens. Sie ist integrierender Bestandteil der bestehenden Wirtschafts-, Sozial- und Rechtsordnungen.

Normung als satzungsgemäße Aufgabe des DIN Deutsches Institut für Normung e. V.*) ist die planmäßige, durch die interessierten Kreise gemeinschaftlich durchgeführte Vereinheitlichung von materiellen und immateriellen Gegenständen zum Nutzen der Allgemeinheit. Sie fördert die Rationalisierung und Qualitätssicherung in Wirtschaft, Technik, Wissenschaft und Verwaltung. Normung dient der Sicherheit von Menschen und Sachen, der Qualitätsverbesserung in allen Lebensbereichen sowie einer sinnvollen Ordnung und der Information auf dem jeweiligen Normungsgebiet. Die Normungsarbeit wird auf nationaler, regionaler und internationaler Ebene durchgeführt.

Träger der Normungsarbeit ist das DIN, das als gemeinnütziger Verein Deutsche Normen (DIN-Normen) erarbeitet. Sie werden unter dem Verbandszeichen

vom DIN herausgegeben.

Das DIN ist eine Institution der Selbstverwaltung der an der Normung interessierten Kreise und als die zuständige Normenorganisation für das Bundesgebiet durch einen Vertrag mit der Bundesrepublik Deutschland anerkannt.

Information

Über alle bestehenden DIN-Normen und Norm-Entwürfe informieren der jährlich neu herausgegebene DIN-Katalog für technische Regeln und die dazu monatlich erscheinenden kumulierten Ergänzungshefte.

Die Zeitschrift DIN-MITTEILUNGEN + elektronorm – Zentralorgan der deutschen Normung – berichtet über die Normungsarbeit im In- und Ausland. Deren ständige Beilage „DIN-Anzeiger für technische Regeln" gibt sowohl die Veränderungen der technischen Regeln sowie die neu in das Arbeitsprogramm aufgenommenen Regelungsvorhaben als auch die Ergebnisse der regionalen und internationalen Normung wieder.

Auskünfte über den jeweiligen Stand der Normungsarbeit im nationalen Bereich sowie in den europäisch-regionalen und internationalen Normenorganisationen vermittelt:
Deutsches Informationszentrum für technische Regeln (DITR) im DIN, Burggrafenstraße 6, D-1000 Berlin 30; Telefon: (0 30) 26 01 - 26 00, Telex: 185 269 ditr d.

Bezug der Normen und Normungsliteratur

Sämtliche Deutsche Normen und Norm-Entwürfe, Europäische Normen, Internationale Normen sowie alles weitere Normen-Schrifttum sind beziehbar durch den organschaftlich mit dem DIN verbundenen Beuth Verlag GmbH, Burggrafenstraße 6, D-1000 Berlin 30; Telefon: (0 30) 26 01 - 22 60, Telex: 183 622 bvb d/185 730 bvb d, Telefax: (0 30) 26 01 - 12 31, Teletex: 30 21 07 bvb awg.

DIN-Taschenbücher

In DIN-Taschenbüchern sind die für einen Fach- oder Anwendungsbereich wichtigen DIN-Normen, auf Format A5 verkleinert, zusammengestellt. Die DIN-Taschenbücher haben in der Regel eine Laufzeit von drei Jahren, bevor eine Neuauflage erscheint. In der Zwischenzeit kann ein Teil der abgedruckten DIN-Normen überholt sein. Maßgebend für das Anwenden jeder Norm ist jeweils deren Fassung mit dem neuesten Ausgabedatum.

---

*) Im folgenden in der Kurzform DIN verwendet.

Hinweise für den Anwender von DIN-Normen

Die Normen des Deutschen Normenwerkes stehen jedermann zur Anwendung frei.

Festlegungen in Normen sind aufgrund ihres Zustandekommens nach hierfür geltenden Grundsätzen und Regeln fachgerecht. Sie sollen sich als „anerkannte Regeln der Technik" einführen. Bei sicherheitstechnischen Festlegungen in DIN-Normen besteht überdies eine tatsächliche Vermutung dafür, daß sie „anerkannte Regeln der Technik" sind. Die Normen bilden einen Maßstab für einwandfreies technisches Verhalten; dieser Maßstab ist auch im Rahmen der Rechtsordnung von Bedeutung. Eine Anwendungspflicht kann sich aufgrund von Rechts- oder Verwaltungsvorschriften, Verträgen oder sonstigen Rechtsgründen ergeben. DIN-Normen sind nicht die einzige, sondern eine Erkenntnisquelle für technisch ordnungsgemäßes Verhalten im Regelfall. Es ist auch zu berücksichtigen, daß DIN-Normen nur den zum Zeitpunkt der jeweiligen Ausgabe herrschenden Stand der Technik berücksichtigen können. Durch das Anwenden von Normen entzieht sich niemand der Verantwortung für eigenes Handeln. Jeder handelt insoweit auf eigene Gefahr.

Jeder, der beim Anwenden einer DIN-Norm auf eine Unrichtigkeit oder eine Möglichkeit einer unrichtigen Auslegung stößt, wird gebeten, dies dem DIN unverzüglich mitzuteilen, damit etwaige Mängel beseitigt werden können.

Hinweise für den Benutzer

Das vorliegende Tabellenbuch ist ein Nachschlagewerk, in dem die normierten kennzeichnenden Eigenschaften von Stahlerzeugnissen enthalten sind.

Es wurden nur bestätigte Normen, überwiegend DIN-Normen und nur einige wichtige zur Zeit bestätigte europäische Normen, wie z. B. DIN EN 10 025 „Allgemeine Baustähle" und DIN EN 10 083 „Vergütungsstähle" und auch Stahl-Eisen-Werkstoffblätter aufgenommen.

Das Tabellenbuch ist so aufgebaut, daß allgemeine Normen, Gütenormen (Werkstoffnormen) sowie Technische Lieferbedingungen und Abmessungsnormen für Flacherzeugnisse, Langprodukte und Rohre jeweils zu Sachgebieten zusammengefaßt sind.

Ohne Veränderung des Textes, der Tabellen und der Abschnittsnumerierung wurden auszugsweise aus den Normen Angaben zum Anwendungsbereich, zur Bestellung, zur chemischen Zusammensetzung, zu den mechanischen Eigenschaften und zur Verarbeitung übernommen.

Hinweise im Text auf weitere Angaben in der Norm (Textstellen, Tabellen, Bilder, Anhänge), die jedoch in das Tabellenbuch nicht übernommen werden konnten, wurden als Hinweis für den Anwender belassen, um gegebenenfalls detaillierte Einzelheiten im Original der Norm nachlesen zu können.

Auf die Wiedergabe wichtiger normierter Festlegungen wie Prüfung, Beanstandung, Masseangaben, physikalische Werte und allgemeine Informationen zur Oberfläche und zu inneren Fehlern wurde auf Grund der notwendigen Begrenzung des Umfangs verzichtet. Hieraus ergibt sich, daß insbesondere bei der Gestaltung von Lieferverträgen für Stahlerzeugnisse die vollständigen Normen herangezogen werden sollten.

Bei der Bestellung sind die mit einem Punkt (.) gekennzeichneten Abschnitte grundsätzlich zu vereinbaren, die mit zwei Punkten (..) gekennzeichneten Abschnitte enthalten Vereinbarungen, die bei der Bestellung zusätzlich getroffen werden können.

Eine Aufstellung der im Tabellenbuch enthaltenen Normen mit steigender Numerierung und Seitenangabe sowie ein Stichwortverzeichnis sollen die Benutzung des Buches erleichtern.

Anmerkungen des Bearbeiters sind an der kursiven Schrift zu erkennen. Angegebene Seitenzahlen beziehen sich auf Verweise in diesem Buch.

DIN-Nummernverzeichnis

Hierin bedeuten:

(Alle abgedruckten DIN-Normen und andere technische Regeln wurden gekürzt.)

○   Zur abgedruckten Norm besteht ein Norm-Entwurf

(En)   Von dieser Norm gibt es auch eine vom DIN herausgegebene englische Übersetzung

Verzeichnis abgedruckter DIN-Normen und anderer technischer Regeln

(nach Sachgebieten geordnet)

[1]) Nach Redaktionsschluß ersetzt durch SEW 083 Ausgabe 10.91

XVI

3.2.4 Stabstahl, blank

3.2.5 Walzdraht

3.2.6 Stahldraht, gezogen

3.3 Stahlrohre

3.3.1 Unlegierte Stahlrohre

3.3.2 Rohre aus Feinkornbaustählen

3.3.3 Rohre und Hohlprofile für den Stahlbau

3.3.9 Nichtrostende Stahlrohre

Bezugsquellen:

Stahl-Eisen-Lieferbedingungen (SEL)

Herausgeber: Verein Deutscher Eisenhüttenleute, Postfach 10 51 45, 4000 Düsseldorf 1
Vertrieb: Verlag Stahleisen mbH, Postfach 10 51 45, 4000 Düsseldorf 1

Stahl-Eisen-Werkstoffblätter (SEW)

Herausgeber: Verein Deutscher Eisenhüttenleute, Postfach 10 51 64, 4000 Düsseldorf 1
Vertrieb: Verlag Stahleisen mbH, Postfach 10 51 64, 4000 Düsseldorf 1

Sachgebiet 1

Allgemeine Normen für Stahl
und Stahlerzeugnisse

	Abkürzungen von Benennungen für Halbzeug	**DIN** **1353** Blatt 2

DIN 1353 Blatt 1, Ausgabe 04.71 behandelt Elementarabkürzungen für alle Fachgebiete des gesamten technischen Bereiches.

1. Geltungsbereich

Diese Norm gilt für Benennungen von jeglichem Halbzeug nach Abschnitt 3, unabhängig vom jeweiligen Herstellverfahren und Werkstoff.

2. Zweck

Die in dieser Norm festgelegten Abkürzungen und Bildzeichen sollen dazu dienen, bei Bedarf — z. B. wegen Platzmangels — an Stelle der Benennungen für Halbzeug einheitlich angewendet zu werden.

3. Begriffe

Die Begriffe „Abkürzung", „Elementarabkürzung" und „Kombinationsabkürzung" sind in DIN 2340 (Vornorm) festgelegt.

„Bildzeichen" ist — nach DIN 30 600 Blatt 1, Ausgabe Juli 1969 — ein optisch wahrnehmbares Gebilde, das durch Schreiben, Zeichnen, Drucken oder andere Verfahren erzeugt wird. Ein Bildzeichen steht stellvertretend für einen materiellen oder immateriellen Gegenstand und stellt diesen sprachungebunden verständlich dar.

Buchstaben, Ziffern, Satzzeichen und mathematische Zeichen gelten für sich allein nicht als Bildzeichen, können aber Bestandteil von Bildzeichen sein.

A n m e r k u n g : Diese Begriffserklärung stimmt sinngemäß überein mit einer vom Ausschuß Terminologie (Grundsätze und Koordination) des Deutschen Normenausschusses in Vorbereitung befindlichen Norm über das Begriffssystem „Zeichen"; siehe auch DIN 30 600 Blatt 1.

Unter „Halbzeug" sind — außer in der eisenschaffenden Industrie — gewalzte, geschmiedete, gezogene, gepreßte oder nach anderen Verfahren hergestellte Profile, Stäbe, Stangen, Rohre, Drähte, Bleche, Platten, Tafeln, Bänder, Streifen, Folien und ähnliche Erzeugnisformen mit über der Länge gleichbleibendem Querschnitt zu verstehen.

„Halbzeug" in der eisenschaffenden Industrie sind Vorbrammen, Vorblöcke, Platinen und Knüppel.

4. Abkürzungen und Bildzeichen

Die an Stelle von Halbzeugbenennungen verwendbaren Abkürzungen und Bildzeichen sind in Tabelle 1 und 2 wiedergegeben. Während Tabelle 1 nach der Bedeutung der Abkürzungen und Bildzeichen gruppenweise (nach Halbzeugart) alphabetisch geordnet ist, enthält Tabelle 2 die alphabetisch geordneten Abkürzungen, einschließlich der Bildzeichen mit den zugehörigen Bedeutungen.

Den Abkürzungen in Tabelle 1 und 2 liegen die in DIN 1353 Blatt 1 festgelegten Elementarabkürzungen zugrunde.

Besteht eine Benennung für Halbzeug nicht aus einem einfachen Wort (z. B. Blech), sondern aus einem zusammengesetzten Wort (z. B. Flachseil) oder einer Wortgruppe (z. B. scharfkantiger Winkel), dann sind durch Aneinanderreihen der jeweiligen Elementarabkürzungen die entsprechenden Kombinationsabkürzungen gebildet und aufgenommen worden.

Nur ein Teil der in dieser Norm enthaltenen Abkürzungen entspricht den Abkürzungsregeln nach DIN 2340 (Vornorm). Das beruht darauf, daß diese Abkürzungen bereits in anderen Normen des Deutschen Normenwerkes festgelegt sind und so lange unverändert bleiben, bis sie aus sachlichen Gründen geändert werden müssen. Soweit Bildzeichen zusätzlich aufgenommen worden sind, entsprechen sie in Form und Bedeutung den Gepflogenheiten in einigen Fachgebieten des technischen Bereiches.

5. Anwendung

Die Abkürzungen und Bildzeichen nach dieser Norm dürfen bei Bedarf (z. B. wegen Platzmangels) an Stelle der vollständigen Halbzeugbenennungen in Stücklisten, Fertigungsplänen, Arbeitskarten und ähnlichen Unterlagen angewendet werden.

Werden Abkürzungen und/oder Bildzeichen beim Aufstellen neuer Normen und beim Überarbeiten bestehender Normen als zusätzliche Möglichkeit für die Schreibweise der Benennungen in Bezeichnungen für Halbzeug aufgenommen, so sind die in dieser Norm festgelegten Abkürzungen zu übernehmen.

5.1. Anwendung der Abkürzungen

Die Abkürzungen sind von Hand oder maschinell wiedergebbar. Sie dürfen — je nach den zur Verfügung stehenden Maschinen (Fernschreiber, Lochkarten- und ähnlichen Maschinen) — entweder in üblicher Schreibweise oder in Großschreibweise oder in Kleinschreibweise wiedergegeben werden, ohne daß sie dadurch eine andere Bedeutung erhalten.

Beispiel:

Bl oder BL oder bl für Blech

Aus jeder Norm, in der eine Abkürzung angewendet wird, muß die Bedeutung und Herkunft der Abkürzung erkennbar sein. In alle Abmessungsnormen (Maßnormen) über Halbzeug ist deshalb zu den Beispiel oder den Beispielen für den Aufbau der DIN-Bezeichnungen ein entsprechender Zusatz aufzunehmen. Dafür ist folgende Formulierung zu wählen:

An Stelle der Benennung . . . (z. B. Blech) darf die Abkürzung . . . (z. B. Bl) nach DIN 1353 Blatt . . . (z. B. 2) gesetzt werden.

5.2. Anwendung der Bildzeichen

Die Bildzeichen sind vornehmlich durch Zeichnen und nur in Ausnahmefällen maschinell wiedergebbar.

Sofern für die Benennung eines Halbzeuges kein Bildzeichen festgelegt ist, ist die jeweilige Abkürzung zu übernehmen.

Tabelle 1. Abkürzungen und Bildzeichen, nach der Bedeutung gruppenweise (nach Halbzeugart)
alphabetisch geordnet

Bedeutung	Abkürzung			Bildzeichen
	übliche	Groß-Schreibweise	Klein-	
Band	Bd	BD	bd	
Blech	Bl	BL	bl	
Buckelblech	BuckBl	BUCKBL	buckbl	
Riffelblech	RiffBl	RIFFBL	riffbl	
Tonnenblech	TonnBl	TONNBL	tonnbl	
Tränenblech	TraeBl	TRAEBL	traebl	
Waffelblech	WaffBl	WAFFBL	waffbl	
Warzenblech	WarzBl	WARZBL	warzbl	
Wellblech	WellBl	WELLBL	wellbl	⌒⌒⌣
Draht	Dr	DR	dr	
Flachseil	Fls	FLS	fls	
Folie	Fol	FOL	fol	
Platte	Pl	PL	pl	
Profile (Querschnittsformen):				
Achtkant	8kt	8KT	8kt	
Breitflach	BrFl	BRFL	brfl	▭
C	C	C	c	
Doppel-T, schmalflanschig, mit geneigten inneren Flanschflächen	I	I	i	
—, breitflanschig, mit geneigten inneren Flanschflächen	IB	IB	ib	
—, —, mit parallelen Flanschflächen	IPB[1]	IPB	ipb	
—, —, —, leichte Ausführung	IPBl[1]	IPBL	ipbl	
—, —, —, verstärkte Ausführung	IPBv[1]	IPBV	ipbv	
—, mittelbreit, mit parallelen Flanschflächen	IPE	IPE	ipe	
Dreikant	3kt	3KT	3kt	△
Flach	Fl	FL	fl	▭
Flachhalbrund	FlHrd	FLHRD	flhrd	⌒
Gruben-Doppel-T	GI	GI	gi	
Halbrund	Hrd	HRD	hrd	⌒
Rund	Rd	RD	rd	⌀
Schiene	S	S	s	⊥
Sechskant	6kt	6KT	6kt	○
T	T	T	t	
—, breitfüßig, rundkantig	TB	TB	tb	
—, mit parallelen Flansch- und Stegseiten, scharfkantig	TPS	TPS	tps	
U	U	U	u	
Vierkant (Quadrat)	4kt	4KT	4kt	□
Winkel, rundkantig	L	L	l	
—, scharfkantig	LS	LS	ls	
Wulstflach	WulstFl	WULSTFL	wulstfl	
Wulstwinkel	WulstL	WULSTL	wulstl	└
Z	Z	Z	z	
Rohr	Ro	RO	ro	
Flach-Rohr	FlRo	FLRO	flro	
Schlauch	Shl	SHL	shl	
Streifen	Str	STR	str	
Tafel	Tfl	TFL	tfl	

[1]) Nach Euronorm 53-62:　　IPB = HE ... B　　　IPBl = HE ... A　　　IPBv = HE ... M

Tabelle 2. Abkürzungen, alphabetisch geordnet, mit Zuordnung einiger Bildzeichen und ihre Bedeutung

übliche	Abkürzung Groß- Schreibweise	Klein-	Bildzeichen	Bedeutung
8kt	8KT	8kt		Achtkant
Bd	BD	bd		Band
Bl	BL	bl		Blech
BrFl	BRFL	brfl	▭	Breitflach
BuckBl	BUCKBL	buckbl		Buckelblech
C	C	c		C
Dr	DR	dr		Draht
3kt	3KT	3kt	△	Dreikant
Fl	FL	fl	▭	Flach
FlHrd	FLHRD	flhrd	◠	Flachhalbrund
FlRo	FLRO	flro		Flach-Rohr
Fls	FLS	fls		Flachseil
Fol	FOL	fol		Folie
GI	GI	gi		Gruben-Doppel-T
Hrd	HRD	hrd	◠	Halbrund
I	I	i		Doppel-T, schmalflanschig, mit geneigten inneren Flanschflächen
IB	IB	ib		—, breitflanschig, mit geneigten inneren Flanschflächen
IPB[1]	IPB	ipb		—, —, mit parallelen Flanschflächen
IPBl[1]	IPBL	ipbl		—, —, —, leichte Ausführung
IPBv[1]	IPBV	ipbv		—, —, —, verstärkte Ausführung
IPE	IPE	ipe		—, mittelbreit, mit parallelen Flanschflächen
L	L	l		Winkel, rundkantig
LS	LS	ls		—, scharfkantig
Pl	PL	pl		Platte
Rd	RD	rd	$\varnothing$	Rund
RiffBl	RIFFBL	riffbl		Riffelblech
Ro	RO	ro		Rohr
S	S	s		Schiene
6kt	6KT	6kt		Sechskant
Shl	SHL	shl		Schlauch
Str	STR	str		Streifen
T	T	t		T
TB	TB	tb		—, breitfüßig, rundkantig
Tfl	TFL	tfl		Tafel
TonnBl	TONNBL	tonnbl		Tonnenblech
TPS	TPS	tps		T, mit parallelen Flansch- und Stegseiten, scharfkantig
TraeBl	TRAEBL	traebl		Tränenblech
U	U	u		U
4kt	4KT	4kt	□	Vierkant
WaffBl	WAFFBL	waffbl		Waffelblech
WarzBl	WARZBL	warzbl		Warzenblech
WellBl	WELLBL	wellbl	∿	Wellblech
WulstFl	WULSTFL	wulstfl		Wulstflach
WulstL	WULSTL	wulstl		Wulstwinkel
Z	Z	z		Z

[1]) Nach Euronorm 53-62:   IPB = HE . . . B   IPBl = HE . . . A   IPBv = HE . . . M

		Kennzeichnungsarten für Stahl	**DIN**
			1599

1 Zweck und Geltungsbereich

1.1 Für die Kennzeichnung von Stählen gelten vorrangig die dazu getroffenen Festlegungen in den Gütenormen oder sonstigen Lieferbedingungen, nach denen die Erzeugnisse bestellt wurden.

Enthalten die Lieferbedingungen keine derartigen Festlegungen, kann eine Kennzeichnung der Stahlerzeugnisse vereinbart werden. Die vorliegende Norm legt die in Betracht kommenden Kennzeichnungsarten fest. Der Umfang der Kennzeichnung bleibt dem Lieferer freigestellt, wenn keine anderen Vereinbarungen getroffen werden.

1.2 Auch wenn keine Kennzeichnung vereinbart wurde, können die Erzeugnisse mit einer Kennzeichnung nach dieser Norm geliefert werden.

1.3 Diese Norm erstreckt sich nicht auf die Anwendung des Verbandzeichens $\overline{\text{DIN}}$ sowie des DIN-Prüf- und -Überwachungszeichens.

Erläuterungen

Der Wunsch, die Gefahr von Werkstoffverwechselungen beim Erzeuger, Händler, Verarbeiter oder Verbraucher zu vermindern, führt zu steigenden Anforderungen an die Kennzeichnung von Stahlerzeugnissen und findet bei der Aufstellung von Gütenormen oder Technischen Lieferbedingungen seinen Niederschlag in entsprechenden Vorschriften oft sehr unterschiedlicher Art. So ist die Kennzeichnung der notwendigen Merkmale z. B. bei geripptem Betonstahl (nach DIN 488) durch fortlaufende Walzzeichen über die Stablänge, bei Kesselblech (nach DIN 17 155) oder bei Rohren aus warmfesten Stählen (nach DIN 17 175) durch eingeprägte Zeichen an festgelegter Stelle des Erzeugnisses, bei Flacherzeugnissen (z. B. nach DIN 17 162) durch Stempeln der Bleche und Rollen vorgesehen.

Die in diesen Beispielen genannten Unterschiede in den Kennzeichnungsarten weisen darauf hin, daß kaum eine Möglichkeit besteht, alle Anforderungen an die Kennzeichnung von Stählen in einer übergeordneten Norm verbindlich zu regeln. Entsprechende Festlegungen können weitgehend je nach dem Verwendungszweck, der Form und den Abmessungen des Erzeugnisses nur von Fall zu Fall in der für das Erzeugnis gültigen Lieferbedingung — möglichst jedoch innerhalb eines vorgegebenen Rahmens — getroffen werden.

In diesem Sinne ist die vorliegende Neuausgabe von DIN 1599 zu verstehen. Sie gibt einen Überblick über die üblichen oder technisch möglichen Verfahren zur Kennzeichnung von Stahlerzeugnissen. Sie dient als Grundlage für Vereinbarungen in den Fällen, in denen die Lieferbedingung für das betreffende Erzeugnis keine entsprechenden Festlegungen enthält, jedoch eine Kennzeichnung gewünscht und bestellt wird.

Im Abschnitt 4 sowie in Tabelle 1 sind die in Betracht kommenden Kennzeichnungsarten dargestellt. Gegenüber der Ausgabe Februar 1964 (Vornorm) wurden folgende Ergänzungen vorgenommen:

a) Kennzeichnungsarten für Blöcke, Brammen, Knüppel und Platinen,

b) Kennzeichnung durch vorgefertigte Signierplättchen (siehe Abschnitt 4.5),

c) Angaben über die übliche Lage der Kennzeichen am Erzeugnis (Tabelle 1).

Die in der früheren Ausgabe von DIN 1599 beschriebenen unterschiedlichen Formen und Farben von Anhängeschildern und Klebestreifen zur Kennzeichnung der Stahlsorte haben praktisch keine Anwendung gefunden und wurden daher gestrichen.

Ebenso wurde auf Festlegungen über die Größe der Kennzeichen sowie über die Beziehungen zwischen den Erzeugnisabmessungen und der Kennzeichnungsart verzichtet, da in diesem Punkt keine verbindlichen Regeln aufgestellt werden können. Es bleibt die grundsätzliche Anforderung, daß die Kennzeichen gut lesbar und eindeutig voneinander zu unterscheiden sein müssen.

2 Zu kennzeichnende Merkmale

2.1 Als zu kennzeichnende Merkmale der Erzeugnisse kommen u. a. in Betracht

— die Stahlsorte (Kurzname oder Werkstoffnummer),

— das Herstellerwerk,

— die Schmelzennummer,

— die Probenummer,

— die Erzeugnisform,

— die wesentlichen Erzeugnisabmessungen.

2.2 Aus der Kennzeichnung soll die Stahlsorte hervorgehen, wenn keine weitergehenden Vereinbarungen getroffen wurden.

Hinweis: Da jede Kennzeichnung einen zusätzlichen Aufwand beim Lieferer bedeutet, sollte der Besteller seine Wünsche über die zu kennzeichnenden Merkmale auf die für ihn wirklich notwendigen Angaben beschränken.

3 Art der Kennzeichen

Je nach der Kennzeichnungsart (siehe Abschnitt 4) werden als Kennzeichen — allein oder in Kombination — Zahlen, Buchstaben, geometrische Zeichen (Punkte, Striche usw.) oder Farbmarkierungen verwendet. Diese Kennzeichen müssen gut lesbar und deutlich voneinander zu unterscheiden sein.

Zu bevorzugen ist eine Klartextsignierung; bei Verwendung verschlüsselter Kennzeichen ist deren Bedeutung dem Besteller bekanntzugeben.

4 Kennzeichnungsarten

4.1 Die im Abschnitt 3 beschriebenen Kennzeichen können je nach der Form und den Abmessungen der Erzeugnisse (siehe Tabelle 1) auf folgende Art angebracht werden:

a) Aufwalzen (siehe Abschnitt 4.3),

b) Einprägen (siehe Abschnitt 4.4),

c) Signierplättchen (siehe Abschnitt 4.5),

d) Aufdrucken (siehe Abschnitt 4.6),

e) Aufpinseln oder Aufspritzen (siehe Abschnitt 4.7),

f) Anhängeschilder (siehe Abschnitt 4.8),

g) Klebestreifen (siehe Abschnitt 4.9).

Es ist zu beachten, daß die in Tabelle 1 für bestimmte Erzeugnisse genannten Kennzeichnungsarten nicht beliebig für jedes zu kennzeichnende Merkmal nach Abschnitt 2 angewendet werden können.

4.2 Durch die Kennzeichnung dürfen die Eigenschaften oder die Verwendbarkeit des Erzeugnisses nicht beeinträchtigt werden (siehe Abschnitt 4.10).

4.3 Walzzeichen (bei der Herstellung eingewalzte Zeichen) werden im allgemeinen nur zur Kennzeichnung des Herstellerwerks, der Profilform und gegebenenfalls der Profilabmessungen bei den in Tabelle 1 genannten Erzeugnissen benutzt.

4.4 Das Einprägen von Zeichen erfolgt maschinell oder von Hand mit Stahlstempeln.

4.5 Vorgefertigte Signierplättchen aus Metall werden durch Schweißen, Schießen, Schrauben oder Kleben angebracht.

4.6 Das Aufdrucken von Zeichen wird mit Aufdruckstempeln oder Aufdruckrollen durchgeführt (siehe auch Abschnitt 4.10).

4.7 Das Aufpinseln und Aufspritzen der Kennzeichen nach Abschnitt 3 erfolgt maschinell oder von Hand, häufig unter Anwendung von Schablonen.

Farben, die zur Kennzeichnung (üblicherweise der Stahlsorte) verwendet werden, sollten DIN 5381 entsprechen (siehe auch Abschnitt 4.10).

4.8 Anhängeschilder sollen in ihrer Größe das Format A7 nicht unterschreiten.

4.9 Klebestreifen müssen die Bedingungen nach Abschnitt 4.10 erfüllen.

4.10 Die bei der Kennzeichnung nach den Abschnitten 4.6 bis 4.9 verwendeten Farben, Anhängeschilder oder Klebestreifen müssen folgende Eigenschaften aufweisen:

a) genügende Widerstandsfähigkeit gegen chemische Einflüsse durch die Unterlage, z. B. Rost,

b) genügende Beständigkeit gegen Witterungseinflüsse,

c) ausreichende Stoßfestigkeit,

d) gute Haftfähigkeit.

Sonderforderungen an die Eigenschaften, z. B. leichte Entfernbarkeit der Stempel, Farben oder Klebestreifen, müssen bei der Bestellung vereinbart werden.

5 Lage der Kennzeichen

Die Lage der Kennzeichen am Erzeugnis ist so zu wählen, daß das Kennzeichen gut sichtbar bleibt. In Tabelle 1 sind die je nach Erzeugnis und Kennzeichnungsart in Betracht kommenden Stellen für die Kennzeichnung angegeben.

Tabelle 1. Technisch mögliche Kennzeichnungsarten und Lage der Kennzeichen am Erzeugnis

Erzeugnis	Kennzeichnungsart [1] (Einzelheiten siehe angegebene Abschnittsnummer)							Lage der Kennzeichen am Erzeugnis [2]
	Walzzeichen (Abschnitt 4.3)	Einprägen (Abschnitt 4.4)	Signierplättchen (Abschnitt 4.5)	Aufdrucken (Abschnitt 4.6)	Aufpinseln Aufspritzen (Abschnitt 4.7)	Anhängeschilder (Abschnitt 4.8)	Klebestreifen (Abschnitt 4.9)	
Rohblöcke, Rohbrammen			X		X			Seitenfläche, Fußfläche
Knüppel, Vorblöcke		X	X	X	X			Stirnfläche, Seitenfläche
Platinen, Vorbrammen		X	X	X	X			Stirnfläche, Seitenfläche, Oberfläche
Schienen	X	X			X			Steg
Schwellen, Laschen	X							Seitenfläche
Formstahl (Profile) einschließlich Breitflanschträger	(X)	X		X	X	X		Steg, Stirnfläche bei Abschnitt 4.7
Stabstahl	(X)	X		X	X	X	X	Stirnfläche, Mantelfläche
Walzdraht (Ringe)					X	X		Mantelfläche
Band, warmgewalzt				X	X	X	X	Mantelfläche, Seitenfläche der Rolle
Band, kaltgewalzt				X	X	X	X	Mantelfläche, Seitenfläche der Rolle bei Abschnitt 4.7
Blech ≧ 3 mm Dicke		X		X	X	X	(X)	Oberfläche, Stirnfläche
Blech < 3 mm Dicke				X	X	X	X	Oberfläche, Seitenfläche bei Paketen
Breitflachstahl		X		X	X	X	X	Oberfläche, Stirnfläche
Rohre, Hohlprofile		X		(X)	X	X	X	Mantelfläche

1) Bei den angegebenen Erzeugnissen kommen die angekreuzten Kennzeichnungsarten in Betracht (beachte Abschnitt 4.1). In Klammern sind die weniger üblichen oder nur für bestimmte Erzeugnisgruppen in Betracht kommenden Kennzeichnungsarten genannt.
2) Die Angaben in dieser Spalte gelten nicht für die Anhängeschilder.

	Begriffsbestimmungen für die Einteilung der Stähle Deutsche Fassung EN 10 020 : 1988	**DIN** EN 10 020

Die Europäische Norm EN 10 020 hat den Status einer Deutschen Norm

DIN EN 10 020 ersetzt die in zahlreichen DIN-Normen aufgeführte EURONORM 20.

1 Anwendungsbereich und Zweck

Diese Norm definiert den Begriff „Stahl" (siehe Abschnitt 3) und beschreibt

- die Einteilung der Stahlsorten nach ihrer chemischen Zusammensetzung in unlegierte und legierte Stähle (siehe Abschnitt 4);
- die Einteilung der unlegierten und legierten Stähle nach Hauptgüteklassen (siehe Abschnitt 5) aufgrund ihrer Haupteigenschafts- und -anwendungsmerkmale.

Anmerkung: Die für die Ausarbeitung der Gütenormen zuständigen Technischen Ausschüsse sollen die in diesen Gütenormen aufgeführten Stahlsorten entsprechend den Angaben im Abschnitt 4 der Gruppe der unlegierten Stähle oder der Gruppe der legierten Stähle und entsprechend den Angaben in Abschnitt 5 einer der Hauptgüteklassen zuordnen und das Ergebnis in der betreffenden Norm angeben.

Wenn die in einer Gütenorm enthaltenen Angaben nicht vergleichbar sind mit den in Abschnitt 5 angegebenen Merkmalen und sich aufgrund dessen Zweifel bezüglich der richtigen Einteilung der betreffenden Stähle ergeben, so soll der für EN 10 020 zuständige Technische Ausschuß einen Vorschlag für deren Einteilung unterbreiten. Bei Meinungsverschiedenheiten zwischen diesem Ausschuß und dem für die Gütenorm zuständigen Technischen Ausschuß entscheidet der Koordinierungsausschuß.

Die in der Gütenorm angegebene Einteilung gilt unabhängig davon, ob der Stahl entsprechend dieser Einteilung erzeugt wird. Voraussetzung ist allerdings, daß seine chemische Zusammensetzung den Anforderungen der betreffenden Gütenorm entspricht.

3 Begriffsbestimmung für Stahl

Als Stahl werden Werkstoffe bezeichnet, deren Massenanteil an Eisen größer ist als der jedes anderen Elementes und die im allgemeinen weniger als 2 % C aufweisen und andere Elemente enthalten. Einige Chromstähle enthalten mehr als 2 % C. Der Wert von 2 % wird jedoch im allgemeinen als Grenzwert für die Unterscheidung zwischen Stahl und Gußeisen betrachtet.

4 Einteilung nach der chemischen Zusammensetzung

4.1 Maßgebende Gehalte

4.1.1 Bei der Einteilung der Stähle nach ihrer chemischen Zusammensetzung ist von den in der Norm oder Lieferbedingung für die Schmelze vorgeschriebenen Mindestgehalten der Elemente auszugehen.

Anmerkung: Das harmonisierte System der Zollnomenklatur geht von anderen Werten aus (siehe Anhang C, Abschnitt C.1).

4.1.2 Falls für die Elemente nur ein Höchstwert für den Gehalt der Schmelze vorgeschrieben ist, sind mit Ausnahme bei Mangan 70 % dieses Höchstwerts für die Einteilung des Stahles maßgebend. Für Mangan gilt in einem derartigen Fall Fußnote 3 der Tabelle 1.

4.1.3 Wenn in der Norm oder Lieferbedingung nur die chemische Zusammensetzung des Erzeugnisses und nicht die der Schmelze vorgeschrieben ist, so sind unter Zugrundelegung der in der Norm oder Lieferbedingung oder der entsprechenden Euro- oder EN-Norm angegebenen zulässigen Abweichungen die für die Schmelze zugrunde zu legenden Grenzgehalte zu ermitteln.

4.1.4 Wenn der Stahl nicht genormt oder in einer Lieferbedingung erfaßt ist oder genaue Vorschriften für seine chemische Zusammensetzung fehlen, stützt sich die Einordnung auf die vom Hersteller angegebenen Ergebnisse der Schmelzenanalyse.

4.1.5 Bei der Nachprüfung der chemischen Zusammensetzung am Stück dürfen die Ergebnisse in dem in der jeweiligen Erzeugnisnorm festgelegten Ausmaß von den Werten der Schmelzenanalyse abweichen, ohne daß dies Einfluß auf die Einordnung in die Gruppe der unlegierten oder legierten Stähle hätte.

Ergibt die Stückanalyse einen Wert, nach dem die Stahlsorte anders eingeordnet werden müßte als erwartet, so ist gegebenenfalls die Zugehörigkeit zu der ursprünglich vorgesehenen Gruppe gesondert und glaubhaft nachzuweisen.

4.1.6 Wenn es sich um Mehrlagenerzeugnisse oder um Erzeugnisse mit Überzügen oder Beschichtungen handelt, ist die chemische Zusammensetzung des Grundwerkstoffes ausschlaggebend.

4.1.7 Die maßgeblichen Gehalte müssen mit derselben Stellenzahl hinter dem Komma angegeben werden, wie die in Tabelle 1 für das betreffende Element angegebenen Grenzgehalte. Zum Beispiel ist bei der Anwendung dieser Norm ein Gehalt von 0,3 bis 0,5 % Cr als 0,30 bis 0,50 % Cr und ein Gehalt von 2 % Mn als 2,00 % Mn zu werten.

4.2 Begriffsbestimmungen

4.2.1 Unlegierte Stähle

Als unlegiert gilt ein Stahl, wenn die nach Abschnitt 4.1 maßgebenden Gehalte der einzelnen Elemente in keinem Fall die in Tabelle 1 und deren Fußnoten für die Elemente bzw. die Kombinationen der Elemente angegebenen Grenzgehalte erreichen.

4.2.2 Legierte Stähle

Als legiert gilt ein Stahl, wenn die nach Abschnitt 4.1 maßgebenden Gehalte der einzelnen Elemente zumindest in einem Fall die in Tabelle 1 und deren Fußnoten für die Elemente bzw. die Kombinationen der Elemente angegebenen Grenzgehalte erreichen oder überschreiten.

Tabelle 1. **Grenzgehalte für die Einteilung in unlegierte und legierte Stähle (siehe 4.2)**

Vorgeschriebene Elemente		Grenzgehalt Massenanteil in %
Al	Aluminium	0,10
B	Bor	0,0008
Bi	Bismuth	0,10
Co	Kobalt	0.10
Cr	Chrom[1])	0,30
Cu	Kupfer[1])	0,40
La	Lanthanide (einzeln gewertet)	0,05
Mn	Mangan	1,65[3])
Mo	Molybdän[1])	0,08
Nb	Niob[2])	0,06
Ni	Nickel[1])	0,30
Pb	Blei	0,40
Se	Selen	0,10
Si	Silizium	0,50
Te	Tellur	0,10
Ti	Titan[2])	0,05
V	Vanadium[2])	0,10
W	Wolfram	0,10
Zr	Zirkon[2])	0,05
Sonstige (mit Ausnahme von Kohlenstoff, Phosphor, Schwefel, Stickstoff) jeweils		0,05

[1]) Wenn für den Stahl zwei, drei oder vier der durch diese Fußnote gekennzeichneten Elemente vorgeschrieben und deren maßgeblichen Gehalte (siehe 4.1) kleiner als die in der Tabelle angegebenen Grenzgehalte sind, so ist für die Einteilung zusätzlich ein Grenzgehalt in Betracht zu ziehen, der 70 % der Summe der Grenzgehalte der zwei, drei oder vier Elemente beträgt.

[2]) Die in Fußnote 1 angegebene Regel gilt entsprechend auch für die mit Fußnote 2 gekennzeichneten Elemente.

[3]) Falls für den Mangangehalt nur ein Höchstwert angegeben ist, gilt als Grenzgehalt 1,80 Gewichtsprozent.

5 Einteilung nach Hauptgüteklassen

5.1 Hauptgüteklassen der unlegierten Stähle

5.1.1 Grundstähle

5.1.1.1 Allgemeine Beschreibung

Grundstähle sind Stahlsorten mit Güteanforderungen, deren Erfüllung keine besonderen Maßnahmen bei der Herstellung erfordert.

5.1.1.2 Begriffsbestimmung für Grundstähle

Grundstähle sind unlegierte Stahlsorten, die alle vier im folgenden aufgeführten Bedingungen erfüllen:

a) Die Stähle sind nicht für eine Wärmebehandlung[1]) bestimmt.

b) Die nach den Normen oder Lieferbedingungen für den unbehandelten oder normalgeglühten Zustand einzuhaltenden Anforderungen liegen in den in Tabelle 2 angegebenen Grenzen.

c) Weitere besondere Gütemerkmale (wie Eignung zum Tiefziehen, Ziehen, Kaltprofilieren ...) sind nicht vorgeschrieben.

d) Abgesehen von den Silizium- und Mangangehalten sind keine weiteren Gehalte für Legierungselemente vorgeschrieben.

Anmerkung: In Form von Feinstblech, Weißblech oder spezialverchromtem Feinstblech gelieferte Stähle zählen in keinem Fall zu den Grundstählen.

5.1.2 Unlegierte Qualitätsstähle

5.1.2.1 Allgemeine Beschreibung

Unlegierte Qualitätsstähle sind Stahlsorten, für die im allgemeinen kein gleichmäßiges Ansprechen auf eine Wärmebehandlung und keine Anforderungen an den Reinheitsgrad bezüglich nichtmetallischer Einschlüsse vorgeschrieben sind. Aufgrund der Beanspruchungen, denen sie beim Gebrauch ausgesetzt sind, bestehen jedoch im Vergleich zu den Grundstählen schärfere oder zusätzliche Anforderungen, zum Beispiel hinsichtlich der Sprödbruchunempfindlichkeit, der Korngröße, der Verformbarkeit usw., so daß die Herstellung der Stähle besondere Sorgfalt erfordert.

5.1.2.2 Begriffsbestimmung für unlegierte Qualitätsstähle

Zu den unlegierten Qualitätsstählen zählen alle unlegierten Stahlsorten, die nicht unter Abschnitt 5.1.1 (Grundstähle) und 5.1.3 (Edelstähle) fallen.

5.1.3 Unlegierte Edelstähle

5.1.3.1 Allgemeine Beschreibung

Unlegierte Edelstähle sind Stahlsorten, die gegenüber Qualitätsstählen einen höheren Reinheitsgrad, insbesondere bezüglich nichtmetallischer Einschlüsse, aufweisen. Sie sind meist für eine Vergütung oder Oberflächenhärtung bestimmt und zeichnen sich dadurch aus, daß sie auf diese Behandlung gleichmäßig ansprechen. Durch genaue Einstellung der chemischen Zusammensetzung und durch besondere Herstellungs- und Prüfbedingungen werden unterschiedlichste Verarbeitungs- und Gebrauchseigenschaften – häufig in Kombination und in eingeengten Grenzen – erreicht, z.B. hohe oder eng begrenzte Festigkeit oder Härtbarkeit, verbunden mit hohen Anforderungen an die Verformbarkeit, Schweißeignung, Zähigkeit usw.

[1]) Das Glühen (z. B. Spannungsarmglühen, Weichglühen oder Normalglühen) wird im Rahmen dieser EN-Norm nicht als Wärmebehandlung betrachtet (siehe Euronorm 52).

5.1.3.2 Begriffsbestimmung für unlegierte Edelstähle

Zu den Edelstählen zählen die im folgenden aufgeführten unlegierten Stähle:

a) Stähle mit Anforderungen an die Kerbschlagarbeit im vergüteten Zustand.

b) Stähle mit Anforderungen an die Einhärtungstiefe oder Oberflächenhärte im gehärteten oder oberflächengehärteten und gegebenenfalls angelassenen Zustand.

c) Stähle mit Anforderungen an besonders niedrige Gehalte an nichtmetallischen Einschlüssen.

Anmerkung: Hierzu gehören auch Stähle, für welche die Erzeugnisnorm die Möglichkeit einer Vereinbarung des Reinheitsgrades bezüglich nichtmetallischer Einschlüsse vorsieht. Anforderungen bezüglich der Brucheinschnürung in Dickenrichtung wirken sich nicht auf die Einteilung der Stähle aus.

d) Stähle mit einem vorgeschriebenen Höchstgehalt an Phosphor und Schwefel von $\leq$ 0,020 % in der Schmelze und 0,025 % am Stück (z. B. Walzdraht für hochbeanspruchte Federn, Schweißzusatzwerkstoffe, Reifenkorddraht).

e) Stähle mit Mindestwerten von über 27 J für den Energieverbrauch beim Kerbschlagbiegeversuch an ISO-V-Längsproben bei – 50 °C. [2])

f) Kernreaktorstähle mit gleichzeitiger Begrenzung der Gehalte an Kupfer, Kobalt und Vanadium auf folgende für die Stückanalyse geltenden Werte: Cu $\leq$ 0,10 %, Co $\leq$ 0,05 %, V $\leq$ 0,05 %.

g) Stähle mit einem vorgeschriebenen Mindestwert der elektrischen Leitfähigkeit über 9 S m/mm^2.

h) ferritisch-perlitische Stähle mit einem vorgeschriebenen Mindestkohlenstoffgehalt in der Schmelze von gleich oder größer 0,25 %, die zwecks Erzielung einer Aushärtung bei einer kontrollierten Abkühlung von Warmformgebungstemperatur ein oder mehrere Mikrolegierungselemente, z. B. Vanadium und/oder Niob, in den für unlegierte Stähle noch zulässigen Gehalten enthalten.

i) Spannbetonstähle.

5.2 Hauptgüteklassen der legierten Stähle

5.2.1 Legierte Qualitätsstähle

5.2.1.1 Allgemeine Beschreibung

In dieser Stahlgruppe werden die Stähle erfaßt, die für ähnliche Verwendungszwecke wie die unlegierten Qualitätsstähle vorgesehen sind, aber um besonderen Anwendungsbedingungen zu genügen, Legierungselemente in Gehalten enthalten, die sie zu legierten Stählen machen (siehe Tabelle 1).

Die legierten Qualitätsstähle sind im allgemeinen nicht für eine Vergütung oder Oberflächenhärtung bestimmt.

5.2.1.2 Begriffsbestimmung für legierte Qualitätsstähle

Zu den Qualitätsstählen zählen die in den Abschnitten 5.2.1.2.1 bis 5.2.1.2.5 aufgeführten legierten Stähle:

5.2.1.2.1 Für den Stahlbau einschließlich dem Druckbehälter- und Rohrleitungsbau bestimmte schweißbare Feinkornbaustähle, die gleichzeitig folgenden Anforderungen genügen und nicht unter die Stähle nach Abschnitt 5.2.1.2.4 fallen:

– Der für Dicken $\leq$ 16 mm vorgeschriebene Mindestwert der Streckgrenze ist < 380 N/mm^2.

– Die nach Abschnitt 4.1 maßgebenden Gehalte müssen unter den in Tabelle 3 angegebenen Grenzwerten liegen.

– Der Mindestwert der Kerbschlagarbeit für ISO-V-Längsproben bei – 50 °C beträgt $\leq$ 27 J. [3])

5.2.1.2.2 Nur mit Silizium oder Silizium und Aluminium legierte Stähle mit besonderen Anforderungen an höchstzulässige Ummagnetisierungsverluste und/oder an die Mindestwerte der magnetischen Induktion oder Polarisation oder der Permeabilität.

5.2.1.2.3 Legierte Stähle für Schienen, für Spundwanderzeugnisse und für Grubenausbauprofile.

5.2.1.2.4 Stähle für warmgewalzte oder kaltgewalzte Flacherzeugnisse, die für schwierigere Kaltumformarbeiten [3]) bestimmt sind und mit B, Nb, Ti, V oder Z – einzeln oder in Kombination – legiert sind, sowie Dualphasenstähle. [4])

5.2.1.2.5 Stähle, die nur Kupfer als Legierungselement aufweisen.

5.2.2 Legierte Edelstähle

5.2.2.1 Allgemeine Beschreibung

In dieser Gruppe sind die Stähle erfaßt, denen durch eine genaue Einstellung der chemischen Zusammensetzung sowie der Herstellungs- und Prüfbedingungen die unterschiedlichsten Verarbeitungs- und Gebrauchseigenschaften – häufig in Kombination miteinander und in eingeengten Grenzen – verliehen werden.

Zu dieser Gruppe gehören insbesondere die nichtrostenden Stähle, die hitzebeständigen Stähle, die warmfesten Stähle, die Wälzlagerstähle, die Werkzeugstähle, die Stähle im Stahlbau und den Maschinenbau, die Stähle mit besonderen physikalischen Eigenschaften usw.

5.2.2.2 Begriffsbestimmung für legierte Edelstähle

Zu den Edelstählen gehören alle legierten Stähle mit Ausnahme der Sorten nach Abschnitt 5.2.1. Innerhalb dieser Gruppe kann man in ihrer chemischen Zusammensetzung unter Berücksichtigung der in 4.1 wiedergegebenen Festlegungen für die maßgeblichen Gehalte zwischen folgenden Untergruppen unterscheiden:

5.2.2.2.1 Nichtrostende Stähle: Dies sind Stähle mit $\leq$ 1,20 % C, $\geq$ 10,5 % Cr. Sie werden je nach Nickelgehalt wie folgt in zwei Untergruppen unterteilt: a) Ni < 2,5 % b) Ni $\geq$ 2,5 %

5.2.2.2.2 Schnellarbeitsstähle: Dies sind Stähle, die gegebenenfalls neben anderen Elementen mindestens zwei der folgenden drei Elemente enthalten: Molybdän, Wolfram und/oder Vanadium mit einem Gesamtmassengehalt von $\geq$ 7 %. Sie weisen darüber hinaus einen Kohlenstoffgehalt von $\geq$ 0,60 % und einen Chromgehalt von 3 bis 6 % auf.

5.2.2.2.3 Sonstige legierte Edelstähle

6 Beispiele für die Einteilung der Stähle

Anhang A gibt Beispiele für die Einteilung der unlegierten Stähle nach den im Abschnitt 5.1 definierten Hauptgüteklassen, wobei zusätzlich die Stähle entsprechend ihren wesentlichsten Eigenschafts- und Anwendungsmerkmalen in Hauptmerkmalsgruppen unterteilt wurden. Entsprechend gibt Anhang B Beispiele für die Einteilung der legierten Stähle in Abhängigkeit von den in Abschnitt 5.2 definierten Hauptgüteklassen und den in Anhang B, Zeile 2, genannten Hauptmerkmalsgruppen.

---

[2]) Falls für – 50 °C kein Kerbschlagarbeitswert angegeben ist, ist der zwischen – 50 °C und – 60 °C liegende Wert zugrunde zu legen.

[3]) Hierunter sind nicht die für die Herstellung von Rohren oder Druckbehältern bestimmten Stähle erfaßt.

[4]) Das Gefüge von Flacherzeugnissen aus Dualphasenstählen besteht aus Ferrit mit etwa 10 bis 35 % inselförmig eingelagertem Martensit.

Tabelle 2.   **Grenzwerte für die Einteilung von Stahlsorten als Grundstähle** (siehe 5.1.1.2)

Anforderung			
Art	gültig für Dicken mm	Prüfung nach EU	Grenzwert
– Mindestzugfestigkeit	≤ 16	2 oder 11	≤ 690 N/mm^2
– Mindeststreckgrenze	≤ 16	2 oder 11	≤ 360 N/mm^2
– Mindestbruchdehnung[1])	≤ 16	2 oder 11	≤ 26 %
– Mindestdorndurchmesser	≥ 3	6	≥ 1 × e^2)
– Mindestenergieverbrauch beim Kerbschlagbiegeversuch, bezogen auf ISO-V-Längsproben bei 20 °C	≥ 10 ≤ 16	45	≤ 27 Joules
– höchstzulässiger Kohlenstoffgehalt			≥ 0,10 %
– höchstzulässiger Phosphorgehalt			≥ 0,045 %
– höchstzulässiger Schwefelgehalt			≥ 0,045 %

[1]) Falls die Anforderungen in der betreffenden Norm oder Lieferbedingungen sich nicht auf eine Meßlänge von $L_0 = 5{,}65 \sqrt{S_0}$ (S_0 = Anfangsquerschnitt der Probe) beziehen, sind die dort angegebenen Werte nach ISO 2566 auf diese Meßlänge umzurechnen.
[2]) e = Probendicke.

Tabelle 3.   **Grenzgehalte für die Unterteilung der legierten schweißgeeigneten Feinkornbaustähle in Qualitäts- und Edelstähle (siehe 5.2.1.2.1).**

Vorgeschriebene Elemente		Grenzgehalt Massenanteil in %
Cr	Chrom[1])	0,50
Cu	Kupfer[1])	0,50
La	Lanthanide (einzeln gewertet)	0,06
Mn	Mangan	1,80
Mo	Molybdän[1])	0,10
Nb	Niob[2])	0,08
Ni	Nickel[1])	0,50
Ti	Titan[2])	0,12
V	Vanadium[2])	0,12
Zr	Zirkon[2])	0,12
Sonstige nicht erwähnte Elemente, einzeln gewertet		(siehe Tabelle 1)

[1]) Wenn für den Stahl zwei, drei oder vier der durch diese Fußnote gekennzeichneten Elemente vorgeschrieben und deren maßgeblichen Gehalte (siehe 4.1) kleiner als die in der Tabelle angegebenen Grenzgehalte sind, so ist für die Einteilung zusätzlich ein Grenzgehalt in Betracht zu ziehen, der 70 % der Summe der Grenzgehalte der zwei, drei oder vier Elemente beträgt.

[2]) Die in Fußnote 1 angegebene Regel gilt entsprechend auch für die mit Fußnote 2 gekennzeichneten Elemente.

Anhang A
Gruppen der unlegierten Stähle (Beispiele)

Haupt-Merkmale	Zusätzliche Merkmale	Hauptgüteklassen		
		B Grundstähle (siehe Definition in 5.1.1.2)	Q Unlegierte Qualitätsstähle (siehe Definition in 5.1.2.2)	S Unlegierte Edelstähle (siehe Definition in 5.1.3.2) und insbesondere in (siehe Definition in 5.1.3.2)
		Beispiele		
1 $R_{e,\,max}$, $R_{m,\,max}$, oder HB_{max} (weiche unlegierte Stähle)		Stähle für Flacherzeugnisse, die im wesentlichen nur zum Kaltbiegen in Betracht kommen (Handelsgüte): Sorte FeP 10 nach EU 111 und Sorten P 01 nach EU 130, 142, 153 und 154	Stähle für Flacherzeugnisse zum Ziehen (Zieh- und Tiefziehgüten): Andere Sorten der EU 111, 130, 139, 142, 153 und 154 als die im Feld B1 aufgeführten.	
2 $R_{e,\,min}$ oder $R_{m,\,min}$	Stähle für den Stahlbau einschließlich Druckbehälterstähle	Stähle der Gütegruppe 0, 2 oder B nach EU 25	a) Stähle mit P_{max} und $S_{max} < 0{,}045$ %, sofern sie nicht unter 5.1.3.2 erfaßt sind, z. B. - Stähle der Gütegruppe C nach EU 25. - Sorten FeE 235 bis einschließlich FeE 355 der schweißbaren Feinkornbaustähle nach EU 113 in allen Gütegruppen, - Schiffbaustähle nach EU 156, - feuerverzinkte Flacherzeugnisse nach EU 147, - Stähle für geschweißte Gasflaschen nach EU 120, - unlegierte warmfeste Stähle für Flacherzeugnisse nach EU 28. b) Stähle mit besonderen Anforderungen an die Verformbarkeit, z. B. die Kaltprofilier-(KP-), Abkant-(KO-) und Zieh-(KZ-)Güten nach EU 25 c) unlegierte Stähle mit vorgeschriebenen Mindestgehalten an Kupfer	a) Stähle mit Mindestwerten über 27 J für die Kerbschlagarbeit an ISO-V-Längsproben bei – 50 °C. 5.1.3.2 e c) bestimmte Stähle für Kernreaktoren 5.1.3.2 f
	Betonstähle		d) Betonstähle nach EU 80	c) Spannbetonstähle nach EU 138 5.1.3.2 i
	Schienenstähle		e) Stähle nach ISO 5003	

						Abschnitt
3 Kohlenstoffgehalt	Automatenstähle	Alle Stähle nach EU 87				
	Ziehgüten	Stahl 1 CD 9 nach EU 16	Alle Stähle der Gütegruppe 2 nach EU 16	Alle Stähle der Gütegruppe 3 nach EU 16		5.1.3.2 c
	Kaltstauchgüten	Nicht für eine Wärmebehandlung bestimmte Stähle nach EU 119, Teil 2	Die unlegierten Einsatzstähle nach EU 119, Teil 3			5.1.3.2 a, b, c³)
			Die unlegierten Vergütungsstähle nach EU 119, Teil 4			5.1.3.2 a, b, c³)
	Einsatzstähle¹)		Alle unlegierten Stähle der EU 84			5.1.3.2 a, b, c³)
	Vergütungsstähle¹,²)		Die unlegierten Stähle der Gütegruppe 1 EU 83	Die unlegierten Stähle der Gütegruppen 2 und 3 der EU 83		5.1.3.2 a, c³)
	Federstähle		Die unlegierten Stähle der Gütegruppe 1 nach EU 132	Die unlegierten Stähle der Gütegruppe 2 nach EU 132		5.1.3.2 c
	Werkzeugstähle		Die unlegierten Stähle nach EU 96			5.1.3.2 b
4 Anforderungen an die magnetischen oder elektrischen Eigenschaften			a) Stähle mit Anforderungen bezüglich höchstzulässiger Ummagnetisierungsverluste und/oder Mindestwerten der magnetischen Induktion, der Polarisation oder Permeabilität (siehe EU 126)			
			b) Stähle mit Mindestwerten für die elektrische Leitfähigkeit von ≤ 9 S m/mm²	Stähle mit Mindestwerten für die elektrische Leitfähigkeit von > 9 S m/mm²		5.1.3.2 g
5 Verwendung	für Verpackungszwecke		a) Stähle für Fensterblech, Weißblech oder spezialverchromtes Feinstblech (siehe EU 145, 146, 158, 170, 171, 172, 173)			
	Schweißzusätze		b) Stähle für Schweißzusätze mit P_{max} > 0,020 % nach EN 133	Stähle für Schweißzusätze mit P_{max} und S_{max} ≤ 0,020 % nach EN 133		5.1.3.2 d

¹) Siehe auch „Kaltstauchgüten".
²) Siehe auch die Zeilen „Kaltstauchgüten", „Federstähle" und „Werkzeugstähle".
³) Die derzeitigen Ausgaben der Euronorm 83, 84, 119 Teil 3 und 4 beinhalten wegen der zur Zeit noch ausstehenden Harmonisierung der nationalen Normen für die Ermittlung des mikroskopischen Reinheitsgrades der Stähle noch keine Begrenzung der Gehalte an nichtmetallischen Einschlüssen. Trotzdem werden die hier in Spalte S genannten Stähle dieser Normen seit jeher nach dem für Edelstahl üblichen Herstellungsverfahren erschmolzen, um einen entsprechenden Reinheitsgrad einzustellen.

Anhang B
Gruppen der legierten Stähle (Beispiele)[1],[2]

Einteilung nach der chemischen Zusammensetzung

Beispiele für eine weitere Unterteilung

	Hauptgüteklasse					
	Qualitätsstähle (siehe 5.2.1)	Edelstähle (siehe 5.2.2)				
	Sonstige	Einteilung nach Haupteigenschafts- und -anwendungsmerkmalen (= Hauptmerkmalsgruppen)				
	Stähle für den Stahlbau	Stähle für den Stahlbau (EU 113, 155)	Maschinenbaustähle (EU 83, 84, 85, 86, 89, 119)	Nichtrostende Stähle (einschl. hitzebeständige und warmfeste Stähle) (EU 88, 90, 95)	Werkzeugstähle (EU 96)	Wälzlagerstähle (EU 94)	Stähle mit besonderen physikalischen Eigenschaften

nichtrostende Stähle (siehe 5.2.2.1)

Nichtrostende Stähle, Ni < 2,5 %[3]:

	Werkzeugstähle (EU 96)	Wälzlagerstähle (EU 94)
Cr	411/421	Cr	511	Cr
CrNi(x)	412/422	CrNi(x)	512	
CrMo(x) CrCo(x)	413/423	CrMo(x)	513	CrMo(x)
CrAl(x) CrSi(x)	414/424			
Sonstige	415/425	Sonstige	516	

Ni ≥ 2,5 %[4]:

CrNi	431
CrNiMo	432
CrNiTi oder CrNiNb	433
CrNiMoTi oder CrNiMoNb	434
+ V, W, Co	435
CrNiSi	436
Sonstige	437

61

Stähle mit besonderen physikalischen Eigenschaften: 62 a — Amagnetische Stähle

Schnellarbeitsstähle (siehe 5.2.2.2)

	Werkzeugstähle	Wälzlagerstähle
Mo-(W)-V-Co	521	80 MoCrV 40 16
Mo-(W)-V		X 80 WMoCrV 6 5 4
W-(Mo)-V-Co	522	X 75 WCrV 18 4 1
W-(Mo)-V		

Einteilung nach der chemischen Zusammensetzung — sonstige legierte Stähle (siehe 5.2.2.3)

			Beispiele für eine weitere Unterteilung		
(11) Den Bedingungen in 5.2.1.2.1 entsprechende schweißbare Feinkornbaustähle	**15** Den Bedingungen in 5.2.1.2.2 entsprechende Stähle mit besonderen magnetischen Eigenschaften	**(21)** Den Bedingungen in 5.2.1.2.1 nicht entsprechende schweißbare Feinkornbaustähle	31 Mn(x)	X 40 CrAl 7	511 Cr(x)
			32 Cr(x)	X 45 CrSi 8	512 Ni(x), CrNi(x)
12 Nur mit Kupfer legierte Stähle (siehe 5.2.1.2.5)	**(13)** Legierte Stähle für Schienen, Spundwanderzeugnisse u. Grubenausbauprofile (siehe 5.2.1.2.3)	**22** Nicht nur mit Kupfer legierte wetterfeste Stähle (s. 5.2.1.2.5)	33 CrMo(x)	X 40 CrSiMo 10	513 Mo(x), CrMo(x)
			34 CrNiMo(x), NiCrMo(x)		514 V(x), CrV(x)
			35 Ni(x)		515 W(x), CrW(x) 1 C – 1,5 Cr
(16) Den Bedingungen in 5.2.1.2.4 entsprechende Stähle für Flacherzeugnisse für schwierigere Kaltumformarbeiten			36 Sonstige Mo(x), Si(x), usw. . . . B		516 Sonstige Einsatzstähle

61

62 c Nicht in 5.2.1.2.2 erfaßte Stähle mit besonderen magnetischen Eigenschaften

62 b Stähle mit bes. Wärmeausdehnungskoeffizienten

1) Die in den Feldern angegebenen Nummern entsprechen den Feldnummern in ISO 4948/2, Tabelle 2. Wenn die Begriffsbestimmungen in der erwähnten ISO-Norm und in dieser EN-Norm für die in dem betreffenden Feld angegebene Stahlgruppe nicht übereinstimmen, sind die Feldnummern in Klammern gesetzt worden.

2) Das Zeichen (x) bedeutet, daß in der betreffenden Stahlgruppe auch Stähle einzuordnen sind, die zusätzlich zu den angegebenen noch weitere Legierungselemente enthalten und für die keine Gruppe vorgesehen ist.

3) Diese Gruppe enthält die ferritischen und martensitischen nichtrostenden Stähle.

4) Diese Gruppe enthält fast nur austenitische Stähle.

Werkstoffnummern

Systematik der Hauptgruppe 1: Stahl

DIN 17 007 Blatt 1, Ausgabe 04.59 enthält den Rahmenplan.

1. Allgemeines

Für den Aufbau der Werkstoffnummern gilt DIN 17 007 Blatt 1 Werkstoffnummern, Rahmenplan. Nach ihm werden gekennzeichnet in der

```
           x.   xxxx.   xx
```

1. Stelle die Werkstoff-Hauptgruppe
2. bis 5. Stelle, den Sortennummern, die chemische Zusammensetzung
6. und 7. Stelle, den Anhängezahlen, Stahlgewinnungsverfahren und Behandlungszustand

2. Geltungsbereich der Werkstoff-Hauptgruppe 1.

2.1. In der Werkstoff-Hauptgruppe 1 werden alle Stähle, einschließlich Stahlguß, erfaßt.

2.2. Als Stahl[1]) gilt ein Eisenwerkstoff, der in seinem Gefüge kein Eisen-Kohlenstoff-Eutektikum aufweist — das bedeutet im allgemeinen einen Kohlenstoffgehalt von weniger als 2,0 % — und sich deshalb im allgemeinen bei hohen Temperaturen wie auch bei Raumtemperatur bildsam umformen läßt.

2.3. Als Eisenwerkstoff gelten nach DIN 17 007 Blatt 1 alle Werkstoffe, die das chemische Element Eisen als größten Einzelanteil enthalten.

3. Sortennummern

3.1. In den Sortennummern bedeuten die ersten beiden Stellen S o r t e n k l a s s e n, die entsprechend der Tabelle nach folgenden Gruppen aufgeteilt sind:

3.1.1. M a s s e n - u n d Q u a l i t ä t s s t ä h l e. Innerhalb dieser Gruppe wird nach Mengenanteil und chemischer Zusammensetzung weiter unterteilt.

3.1.2. E d e l s t ä h l e. Innerhalb dieser Gruppe wird nach der chemischen Zusammensetzung und nach Eigenschaftsmerkmalen, die sich aus den technischen Erzeugungs- und Verwendungsbedingungen ergeben, weiter unterteilt.

3.2. Die beiden weiteren Stellen der Sortennummern sind Zählnummern, die keine Rückschlüsse, z. B. auf Kohlenstoff- oder Legierungsgehalt, zulassen.

3.3. Die Sortennummern werden vom Fachnormenausschuß Eisen und Stahl im Einvernehmen mit den beteiligten Stellen[2]) festgelegt.

Hinweis:
Die Werkstoffnummern für Stähle sind in der Stahl-Eisen-Liste, Herausgeber Verein Deutscher Eisenhüttenleute, z. Z. 8. Auflage, Verlag Stahleisen mbH D-4000 Düsseldorf, enthalten.

Diese Liste enthält alle offiziell gemeldeten und in der Stahl-Eisen-Datei des VDEh erfaßten Stähle deutscher Hersteller nach Werkstoffnummern geordnet. Die· nachstehende Tabelle zeigt das Grundprinzip für die Einteilung der Sortennummern für Stahl (Hauptgruppe 1. XXXX).

---

[1]) Über Benennung und Einteilung von Eisen und Stahl ist eine Norm in Vorbereitung.
[2]) z. B. Verein Deutscher Eisenhüttenleute

Edelstähle — Sortenklassen (DIN 17 007)

Massen- und Qualitätsstähle

Allgemeine Sorten	Sondersorten
00 Handels- und Grundgüten	90 Handels- und Grundgüten
	91 nach DIN 17100
	92 sonstige
01 Allgemeine Baustähle unlegiert, bis rd. 0,30% C	93 < 0,10% C
	94 ≧ 0,10 < 0,30% C
	95 ≧ 0,30 < 0,60% C
	96 ≧ 0,60% C
	97 mit höherem P- und/oder S-Gehalt
	98 < 0,30% C
	99 ≧ 0,30% C

(unlegierte Qualitätsstähle: 02 – 07; legierte Qualitätsstähle: 08 < 0,30% C, 09 ≧ 0,30% C)

Edelstähle — unlegierte Edelstähle

10 Stähle mit besonderen physikalischen Eigenschaften	
11 < 0,50% C	(Baustähle)
12 ≧ 0,50% C	
13	
14 I. Güte	(Werkzeugstähle)
15 II. Güte	
16 III. Güte	
17 für Sonderzwecke	
18	
19	

legierte Edelstähle — Werkzeugstähle

Nr.	Werkstoffart
20	Cr
21	Cr-Si, Cr-Mn, Cr-Mn-Si
22	Cr-V, Cr-V-Si, Cr-V-Mn, Cr-V-Mn-Si
23	Cr-Mo, Cr-Mo-V
24	W, Cr-W
25	W-V, Cr-W-V
26	W außer Klassen 24, 25 und 27
27	nickelhaltig
28	sonstige Legierungen
29	

(Schnellarbeitsstähle: 31 kobalthaltig, 32 kobalt-frei)

verschiedene Stähle

Nr.	Werkstoffart
30	
31	(Schnellarbeitsstähle) kobalthaltig
32	(Schnellarbeitsstähle) kobalt-frei
33	
34	verschleißfeste Stähle
35	Wälzlagerstähle
36	Legierungen mit besonderen magnetischen Eigenschaften
37	sonstige
38	Eisenwerkstoffe mit besonderen physikalischen Eigenschaften
39	

chemisch beständige Werkstoffe

Nr.	Werkstoffart
40	molybdänfrei ohne Sonderzusätze — Mn, Si, Cu
41	molybdänhaltig ohne Sonderzusätze — Mn-Si, Mn-Cr
42	Mn-Cu, Mn-V, Si-V, Mn-Si-V
43	molybdänfrei ohne Sonderzusätze — Mn-Ti, Si-Ti, Mn-Si-Ti, Mn-Si-Zr
44	molybdänhaltig ohne Sonderzusätze
45	mit Sonderzusätzen
46	Mo (einschl. Mn, Si), Nb, Ti, V, W, Cr-W, Cr-V-W
47	Ni
48	Cr-Ni < 1,0% Cr
49	Cr-Ni ≧ 1,0 < 1,5% Cr

(40–43 Nichtrostende Stähle mit < 2,0% Ni; 44–45 Nichtrostende Stähle mit ≧ 2,0% Ni; 46–47 Hitzebeständige Stähle; 48–49 Hochtemperaturwerkstoffe)

legierte Edelstähle — Baustähle (50–89)

Nr.	Werkstoffart	Nr.	Werkstoffart
50	Mn, Si, Cu	60	Cr-Ni ≧ 2,0 < 3,0% Cr
51	Mn-Si, Mn-Cr	61	Cr-Ni
52	Mn-Cu, Mn-V, Si-V, Mn-Si-V	62	Ni-Si, Ni-Mn, Ni-Cu
53	Mn-Ti, Si-Ti, Mn-Si-Ti, Mn-Si-Zr	63	Ni-Mo, Ni-Mo-Mn, Ni-Mo-V, Ni-V-Mn, Ni-Cu-Mo
54	Mo (einschl. Mn, Si), Nb, Ti, V, W, Cr-W, Cr-V-W	64	
55		65	Cr-Ni-Mo < 0,4% Mo + < 2,0% Ni
56	Ni	66	Cr-Ni-Mo < 0,4% Mo + ≧ 2,0 < 3,5% Ni
57	Cr-Ni < 1,0% Cr	67	Cr-Ni-Mo < 0,4% Mo + ≧ 3,5 < 5,0% Ni oder ≧ 0,4% Mo
58	Cr-Ni ≧ 1,0 < 1,5% Cr	68	Cr-Ni-V, Cr-Ni-W, Cr-Ni-V-W
59	Cr-Ni ≧ 1,5 < 2,0% Cr	69	Cr-Ni außer Klassen 57 bis 68

Nr.	Werkstoffart	Nr.	Werkstoffart
70	Cr	80	Cr-Si-Mo, Cr-Si-Mn-Mo, Cr-Si-Mo-V, Cr-Si-Mn-Mo-V
71	Cr-Si, Cr-Mn, Cr-Si-Mn	81	Cr-Si-V, Cr-Mn-V
72	Cr-Mo < 0,35% Mo	82	Cr-Mo-W, Cr-Mo-W-V
73	Cr-Mo ≧ 0,35% Mo	83	
74		84	Cr-Si-Ti, Cr-Mn-Ti, Cr-Si-Mn-Ti
75	Cr-V < 2,0% Cr	85	Nitrierstähle
76	Cr-V ≧ 2,0% Cr	86	
77	Cr-Mo-V	87	
78		88	Hartlegierungen
79	Cr-Mn-Mo, Cr-Mn-Mo-V	89	

In den einzelnen Feldern der Tabelle sind neben den Nummern der Sortenklassen die Werkstoffarten oder die Hauptlegierungsbestandteile angegeben.

Begriffsbestimmungen Normalisierendes Umformen und Thermomechanisches Umformen	SEW 082 2. Ausgabe

1 Ziel und Zweck

Bei der Herstellung von Stahlerzeugnissen finden zunehmend Warmumformverfahren Anwendung, bei denen unter Beachtung metallkundlicher Gesetzmäßigkeiten Temperatur und Umformung in ihrem zeitlichen Ablauf gesteuert werden.

Im Hinblick auf eine national und international einheitliche Sprachregelung müssen für diese Behandlungsverfahren eindeutig definierte Begriffe verwendet werden.

Die im Verein Deutscher Eisenhüttenleute zusammengeschlossenen deutschen Stahlhersteller haben die nachfolgend aufgeführten Begriffsbestimmungen erarbeitet. Diese beziehen sich auf die besonders bei Baustählen angewandten Behandlungsverfahren

normalisierendes Umformen und
thermomechanisches Umformen.

Die Begriffsbestimmungen sollen einheitlich angewendet und in die in Betracht kommenden Normen und Technischen Regeln aufgenommen werden.

Im internationalen Schrifttum findet man den Ausdruck „controlled rolling" sowohl für das normalisierende Umformen (Walzen) als auch für das thermomechanische Umformen (Walzen). Im Hinblick auf die unterschiedliche Zielsetzung bei der Einstellung der Werkstoffeigenschaften und die unterschiedliche Verwendbarkeit der Erzeugnisse ist jedoch eine Trennung der Begriffe unbedingt erforderlich.

2 Begriffsbestimmungen

2.1 Normalisierendes Umformen

Das normalisierende Umformen ist ein Umformverfahren mit einer Endumformung in einem bestimmten Temperaturbereich, das zu einem Werkstoffzustand führt, der dem nach einem Normalglühen gleichwertig ist, so daß die Sollwerte der mechanischen Eigenschaften auch nach einem zusätzlichen Normalglühen eingehalten werden.

Die Kurzbeschreibung dieses Lieferzustandes ist N.

2.2 Thermomechanisches Umformen

Das thermomechanische Umformen ist ein Umformverfahren mit einer Endumformung in einem bestimmten Temperaturbereich, das zu einem Werkstoffzustand mit bestimmten Eigenschaften führt, der durch eine Wärmebehandlung allein nicht erreicht wird und nicht wiederholbar ist.

Nachträgliches Erwärmen oberhalb 580 °C vermindert die Festigkeitswerte erheblich.

Die Kurzbezeichnung dieses Lieferzustandes ist TM.

Anmerkung:
Der Lieferzustand TM kann Verfahren mit erhöhter Abkühlungsgeschwindigkeit ohne und mit Anlassen einschließlich Selbstanlassen umfassen.

Lieferbedingungen für die Oberflächenbeschaffenheit von warmgewalzten Stahlerzeugnissen (Blech, Breitflachstahl und Profile) Teil 1: Allgemeine Anforderungen Deutsche Fassung EN 10 163-1 : 1991	**DIN** **EN 10 163** Teil 1

Die Europäische Norm EN 10163-1 : 1991 hat den Status einer Deutschen Norm.

Weitere Normen

DIN EN 10 163-2   Lieferbedingungen für die Oberflächenbeschaffenheit von warmgewalzten Stahlerzeugnissen (Blech, Breitflachstahl und Profile); Teil 2: Blech und Breitflachstahl

DIN EN 10 163-3   Lieferbedingungen für die Oberflächenbeschaffenheit von warmgewalzten Stahlerzeugnissen (Blech, Breitflachstahl und Profile); Teil 3: Profile

Nationales Vorwort

Es handelt sich um die Erstausgabe von DIN-Normen mit Lieferbedingungen für die Oberflächenbeschaffenheit von warmgewalzten Stahlerzeugnissen. Im vorliegenden Teil 1 werden die allgemeinen Anforderungen beschrieben, die um die spezifischen Festlegungen im Teil 2 für Flacherzeugnisse (Blech und Breitflachstahl) und im Teil 3 für genormte Profile (I-Träger, U-Stahl, T-Stahl und Winkelstahl) ergänzt werden. Die Lieferbedingungen sind nur insoweit anzuwenden, als die jeweilige Werkstoff- oder Erzeugnisnorm keine anderen Anforderungen an die Oberflächenbeschaffenheit enthält. Die Definitionen und allgemeinen Angaben im Teil 1 können auch bei etwaigen individuellen Vereinbarungen über die Oberflächenbeschaffenheit warmgewalzter Stahlerzeugnisse, die durch Normen der Reihe EN 10163 nicht erfaßt sind, zur Anwendung kommen.

Für die im Abschnitt 2 zitierten Europäischen Normen wird im folgenden auf die entsprechenden Deutschen Normen hingewiesen:

EN 287-1	siehe DIN 8560 (z. Z. Entwurf)	EN 10 021	siehe DIN EN 10 021 (z. Z. Entwurf)
EN 288-1	siehe DIN 8563 Teil 100 (z. Z. Entwurf)	EN 10 079	siehe DIN EN 10 079 (z. Z. Entwurf)
EN 288-2	siehe DIN 8563 Teil 101 (z. Z. Entwurf)	EN 10 204	siehe DIN EN 10 204 (z. Z. Entwurf)
EN 288-3	siehe DIN 8563 Teil 102 (z. Z. Entwurf)		

1 Anwendungsbereich

1.1 Diese Europäische Norm enthält die allgemeinen Anforderungen an die Oberflächenbeschaffenheit von warmgewalztem Blech und Breitflachstahl sowie von warmgewalzten Profilen aus Stahl. Sie gilt für die Anforderungen an die Art, die zulässige Tiefe und zulässige Größe der beeinflußten Oberflächenzone bei
— Ungänzen (Unvollkommenheiten und Fehler) und
— Ausbesserungen durch Schleifen und/oder Schweißen.

1.2 Diese Europäische Norm ist nur in soweit anzuwenden, als die entsprechende Werkstoff- oder Erzeugnisnorm keine anderen Anforderungen an die Oberflächenbeschaffenheit festlegt. Die Anforderungen nach der jeweiligen Werkstoff- oder Erzeugnisnorm haben stets Vorrang.

1.3 Dieser Teil 1 enthält die allgemeinen Anforderungen an die Oberflächenbeschaffenheit von warmgewalzten Stahlerzeugnissen wie
— Blech und Breitflachstahl: Siehe Teil 2,
— Profile: Siehe Teil 3.

2 Normative Verweisungen

prEN 10 021 [1]   Allgemeine technische Lieferbedingungen für Stahl und Stahlerzeugnisse

EN 10 079   Begriffsbestimmungen für Stahlerzeugnisse

EN 10 204   Metallische Erzeugnisse; Arten von Prüfbescheinigungen

prEN 287-1 [1]   Prüfung von Schweißern; Schmelzschweißen; Stahl

prEN 288-1 [1]   Sicherung der Güte von Schweißarbeiten; Beschreibung und Eignung von Schweißverfahren; Schmelzschweißen; Allgemeine Regeln

prEN 288-2 [1]   Sicherung der Güte von Schweißarbeiten; Beschreibung und Eignung von Schweißverfahren; Schweißanweisung für das Lichtbogenschweißen von metallischen Werkstoffen

prEN 288-3 [1]   Sicherung der Güte von Schweißarbeiten; Beschreibung und Eignung von Schweißverfahren; Schweißverfahrensprüfung für das Lichtbogenschweißen von Stählen

3 Allgemeines

Die Verantwortung für die geforderte Oberflächenbeschaffenheit liegt beim Hersteller der Erzeugnisse, der die notwendigen Vorkehrungen zu treffen hat.

Der Hersteller kann nur solche Ungänzen in Betracht ziehen, die mit unbewaffnetem Auge sichtbar sind.

Durch das Walzen oder eine Wärmebehandlung entstandener Zunder kann Ungänzen der Oberfläche verdecken.

Wenn während der späteren Entzunderung oder Verarbeitung beim Verbraucher die Erzeugnisse als fehlerhaft

---

[1] Z. Z. Entwurf

befunden werden, und zwar verursacht durch Fehler beim Walzen oder bei der weiteren Fertigung im Herstellerwerk, muß dem Hersteller eine Ausbesserung erlaubt sein, sofern dies nicht in Widerspruch zu der jeweiligen Werkstoff- oder Erzeugnisnorm steht.

4 Definitionen

Im Rahmen dieser Europäischen Norm gelten die folgenden Definitionen.

4.1 Unvollkommenheiten: Oberflächen-Ungänzen, mit Ausnahme von Rissen, Schalen und Schalenstreifen, deren Tiefe und/oder Größe einen bestimmten Grenzwert nicht überschreiten.

Unvollkommenheiten brauchen nicht ausgebessert zu werden.

4.2 Fehler: Oberflächen-Ungänzen einschließlich aller Risse, Schalen und Schalenstreifen, deren Tiefe und/oder Größe einen bestimmten Grenzwert überschreiten.

Fehler müssen ausgebessert werden.

4.3 Die am häufigsten vorkommenden Oberflächen-Ungänzen sind im Anhang A beschrieben. Anhang B enthält eine Gegenüberstellung der Definitionen in den verschiedenen Sprachen.

5 Allgemeine Anforderungen

5.1 Zur Unterscheidung nach Unvollkommenheiten und Fehlern ist erforderlichenfalls die Tiefe repräsentativer Oberflächen-Ungänzen zu messen. Diese Messung muß von der Oberfläche des Erzeugnisses ausgehen. Die Tiefe der als repräsentativ ausgewählten Ungänzen ist nach Entfernen der Ungänze durch Schleifen zu ermitteln.

5.2 Die Größe der durch Oberflächen-Ungänzen beeinflußten Zonen ist — falls erforderlich — wie folgt zu ermitteln:

a) Bei vereinzelt auftretenden Ungänzen (siehe Bild 1a) gilt als beeinflußte Zone die Fläche, die von einer kontinuierlichen Linie mit einem Abstand von 50 mm von der Bezugslinie der Ungänze umschlossen wird oder die Fläche des Rechtecks, dessen Seiten einen Abstand von 50 mm von den Kanten der Ungänze haben.

b) Bei flächenhaft auftretenden Ungänzen (siehe Bild 1b) gilt als beeinflußte Zone die Fläche, die von einer kontinuierlichen Linie mit einem Abstand von 50 mm von der Bezugslinie der Ungänze umschlossen wird, oder die Fläche des Rechtecks, dessen Seiten in 50 mm Abstand von dieser Begrenzungslinie gebildet wird, wenn diese näher liegt.

Bei linienförmig auftretenden Ungänzen (siehe Bild 1c) gilt als beeinflußte Zone die Fläche eines Rechtecks, dessen Seiten einen Abstand von 50 mm in Längsrichtung und von 20 mm in Querrichtung vom Rand der Ungänze liegen, oder dessen eine Seite von der Erzeugniskante gebildet wird, wenn diese näher liegt.

Als linienförmig gelten Ungänzen, deren Länge mindestens das 10fache ihrer größten Breite beträgt.

Vereinzelt oder flächenhaft auftretende Ungänzen, deren Ränder einen Abstand von weniger als 100 mm haben, sind als **eine** Ungänze anzusehen. Linienförmige Ungänzen, deren Ränder in Längsrichtung einen Abstand von weniger als 100 mm oder in Querrichtung von weniger als 40 mm voneinander haben, sind als **eine** Ungänze anzusehen.

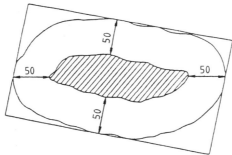

Maße in Millimeter

Bild 1a. Ermittlung der beeinflußten Zone bei einer einzelnen Ungänze

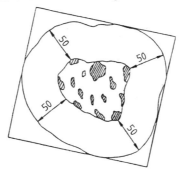

Maße in Millimeter

Bild 1b. Ermittlung der beeinflußten Zone bei flächenhaft auftretenden Ungänzen

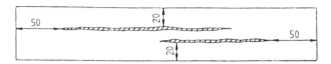

Maße in Millimeter

Bild 1c. Ermittlung der beeinflußten Zone bei linienförmig auftretenden Ungänzen

6 Ausbesserungsverfahren

6.1 Schleifen

Falls eine Ungänze ausgebessert werden muß, ist sie in ihrer gesamten Tiefe vollständig auszuschleifen. Die Schleifstellen müssen einen sanften Übergang zur umgebenden Oberfläche des Erzeugnisses aufweisen. Die vollständige Beseitigung des Fehlers kann in Schiedsfällen durch Magnetpulver- oder Farbeindring-Prüfverfahren nachgewiesen werden.

6.2 Schweißen

Fehler sind vor Beginn des Schweißens vollständig zu beseitigen. Dabei darf die Dicke des Erzeugnisses nicht auf Werte unter 80 % der Nenndicke vermindert werden.

Vor dem Ausbessern der Kanten von Flacherzeugnissen durch Schweißen darf die Tiefe der Schweißnut, von der Kante aus einwärts gemessen, nicht größer sein als die Nenndicke des Erzeugnisses, höchstens jedoch 30 mm betragen.

Das Schweißen muß durch Fachleute mit einer Qualifikation nach prEN 287-1 durchgeführt werden. Die Schweißverfahren müssen mit prEN 288, Teile 1 bis 3, übereinstimmen.

Die Schweißung muß sauber und frei sein von Einbrandmängeln, Rissen und anderen Fehlern, die die vom Verbraucher vorgeschriebene Verarbeitbarkeit oder Verwendbarkeit des Erzeugnisses beeinträchtigen.

Das Schweißgut muß über die Erzeugnisoberfläche hinausragen und ist anschließend mit weichem Übergang oberflächeneben zu schleifen. Nach diesem Schleifen gelten für die geschliffene Zone die bestellten Grenzabmaße der Dicke.

Eine Wärmebehandlung nach dem Ausbessern kann zwischen Besteller und Lieferer vereinbart werden.

Die saubere Ausbesserung ist durch Ultraschall-, Durchstrahlungs-, Magnetpulver- oder Farbeindring-Prüfungen nachzuweisen. Falls das Prüfverfahren nicht vom Besteller angegeben wurde, bleibt es der Wahl des Herstellers überlassen.

Auf Verlangen bei der Bestellung hat der Hersteller für jede Ausbesserung durch Schweißen einen Bericht zu liefern, der eine Skizze über die Größe und Lage des Fehlers und alle Angaben über das Ausbesserungsverfahren einschließlich der Schweißzusätze sowie einer etwaigen anschließenden Wärmebehandlung und zerstörungsfreien Prüfung enthält.

Anmerkung: Bei bestimmten Verwendungen – z.B. bei sonst nicht geschweißten Teilen von Bauwerken, für die die Auswahl der Stahlsorte im Hinblick auf die Sprödbruchempfindlichkeit durch Vorhandensein oder die Abwesenheit von Schweißungen bestimmt wird oder für die die zulässigen Spannungen im Hinblick auf die Dauerfestigkeit begrenzt sind – mag ein Ausbessern durch Schweißen nicht angemessen oder nach dem Abschluß eine besondere Prüfung erforderlich sein.

Anhang A
(zur Information)

Beschreibung der am häufigsten vorkommenden Oberflächen-Ungänzen

Die am häufigsten vorkommenden Oberflächen-Ungänzen können wie folgt beschrieben werden: [1]

A.1 Zundereinwalzungen, Zundernarben

In die Oberfläche eingewalzte Markierungen mit unterschiedlicher Form, Dicke und Häufigkeit.

Zundereinwalzungen und Zundernarben entstehen durch anhaftenden Zunder des Walzgutes vor oder während des Warmwalzens oder der Verarbeitung.

A.2 Eindrücke und Abdrücke

Vertiefungen oder Erhebungen, die üblicherweise durch den natürlichen Verschleiß der Walzen oder Treibrollen entstehen.

Diese Ungänzen können in bestimmten Abständen oder unregelmäßig über die Länge und Breite des Walzgutes verteilt sein.

A.3 Schrammen und Riefen

Mechanische Markierungen der Oberfläche.

Schrammen verlaufen überwiegend längs oder quer zur Walzrichtung. Sie können gering überwalzt sein und enthalten selten Zunder.

Diese Markierungen entstehen durch Reibung des Walzgutes mit Anlageteilen infolge von Relativbewegungen.

A.4 Schuppen

Feine Oberflächentrennungen, die unregelmäßig flächenhaft auftreten.

Schuppen sind dem Umformgrad entsprechend in Walzrichtung gestreckt und hängen – wie feine Schalen – an einzelnen Stellen mit dem Grundwerkstoff zusammen.

---

[1] Bildliche Darstellung der am häufigsten vorkommenden Oberflächen-Ungänzen enthält die Schrift „Oberflächenfehler von warmgewalzten Flachstahlerzeugnissen" (Ausg. 1978). Herausgeber Verein Deutscher Eisenhüttenleute. Zu beziehen durch Verlag Stahleisen GmbH, Sohnstraße 65, D-4000 Düsseldorf.

A.5 Blasen

Dicht unter der Oberfläche liegende Gasblasen. Blasen erscheinen oft während des Warmwalzens.

A.6 Sandstellen

Nichtmetallische innere Einschlüsse, die in Walzrichtung gestreckt und unterschiedlich gefärbt sind.

A.7 Risse

Im Oberflächenbereich eng begrenzte Werkstofftrennung. Ursache der Risse sind überwiegend Werkstoffspan-

nungen, die häufig beim Abkühlen des Walzgutes entstehen.

A.8 Schalen

Werkstoffüberlappungen, die mit dem Grundwerkstoff teilweise verbunden sind.
Überwiegend befinden sich unter den Schalen nichtmetallische Einschlüsse und/oder Zunder.

A.9 Schalenstreifen

Ungänzen, die überwiegend dann entstehen, wenn Fehler im Halbzeug beim Walzen gestreckt und überlappt werden.

Anhang B
(zur Information)

Gegenüberstellung der Definitionen in den verschiedenen Sprachen

Englisch	Französisch	Deutsch	Italienisch	Spanisch	Niederländisch
imperfections	imperfections	Unvollkommen-heiten	imperfezioni	imperfeccións	onvolkomen-heden
defects	défauts	Fehler	difetti	defectos	fouten
rolled-in scale and pitting	incrustations de calamine, marques de calamine	Zundereinwal-zungen, Zunder-narben	scaglia impressa e vaiolatura	incrustaciones de cascarilla	ingewalst oxide, putjes
indentations and roll marks	empreintes et marques de laminage	Eindrücke und Abdrücke	incisione e impronte di cilindro	marcas de cilindros	indrukkingen en walsafdrukken
scratches and grooves	stries et rayures	Schrammen und Riefen	graffi e rigature	rozaduras	krassen en groeven
spills and slivers	gravelures	Schuppen	paglie	hojas	schubben
blisters	soufflures de peau	Blasen	soffiature	ampollas	blazen
sand patches	inclusions de sable	Sandstellen	inclusioni terrose	incrustaciones no metálicas	zandplekken
cracks	criques	Risse	cricche	grietas super-ficiales	scheuren
shell	pailles	Schalen	doppia pelle	pliegues	bladders
seams	replitures	Schalenstreifen	solchi, ripiegature	costuras	overwalsingen

Lieferbedingungen für die Oberflächenbeschaffenheit von warm-gewalzten Stahlerzeugnissen (Blech, Breitflachstahl und Profile) Teil 2: Blech und Breitflachstahl Deutsche Fassung EN 10163-2 : 1991	**DIN** **EN 10163** Teil 2

Die Europäische Norm EN 10163-2 : 1991 hat den Status einer Deutschen Norm.

Weitere Normen

DIN EN 10163-1   Lieferbedingungen für die Oberflächenbeschaffenheit von warmgewalzten Stahlerzeugnissen (Blech, Breitflachstahl und Profile); Teil 1: Allgemeine Anforderungen

DIN EN 10163-3   Lieferbedingungen für die Oberflächenbeschaffenheit von warmgewalzten Stahlerzeugnissen (Blech, Breitflachstahl und Profile); Teil 3: Profile

Nationales Vorwort

Es handelt sich um die Erstausgabe einer DIN-Norm mit Lieferbedingungen für die Oberflächenbeschaffenheit von warmgewalztem Blech und Breitflachstahl. Festlegungen dieser Art gab es bisher nur in den Stahl-Eisen-Lieferbedingungen 071 des Vereins Deutscher Eisenhüttenleute, die jedoch – anders als die vorliegende Norm – grundsätzlich keine Unterschreitung des in den Maßnormen festgelegten unteren Grenzabmaßes der Dicke gestatteten.

Die Norm enthält die Anforderungen an die Art, die zulässige Tiefe und die zulässige Größe der durch Ungänzen (Unvollkommenheiten und Fehler) sowie durch Ausbesserungen (durch Schleifen und/oder Schweißen) beeinflußten Oberflächenzonen. Diese Anforderungen sind in Klassen (siehe Abschnitt 3) unterteilt und in den Einzelheiten in den Abschnitten 4 und 5 beschrieben.

Für die im Abschnitt 2 zitierten Europäischen Normen und EURONORMEN wird im folgenden auf die entsprechenden Deutschen Normen hingewiesen:

EN 10029   siehe DIN EN 10029 (z. Z. Entwurf)

EN 10051   siehe DIN EN 10051 (z. Z. Entwurf)

EURONORM 91   siehe DIN 59200

1 Anwendungsbereich

Dieser Teil 2 enthält in Verbindung mit Teil 1 die Lieferbedingungen für die Oberflächenbeschaffenheit von warmgewalztem Blech und Breitflachstahl in Dicken von 3 mm $\leq e \leq$ 250 mm.

Anmerkung: Für Blechdicken > 250 mm können bei der Bestellung besondere Vereinbarungen getroffen werden.

2 Normative Verweisungen

EN 10029   Warmgewalztes Stahlblech von 3 mm Dicke an; Grenzabmaße, Formtoleranzen, zulässige Gewichtsabweichungen.

EN 10051   Kontinuierlich warmgewalztes Blech und Band ohne Überzug aus unlegierten und legierten Stählen; Grenzabmaße und Formtoleranzen.

EURONORM 91[1])   Warmgewalzter Breitflachstahl; zulässige Maß-, Form- und Gewichtsabweichungen.

3 Allgemeines

3.1 Die Anforderungen an die Oberflächenbeschaffenheit und die Bedingungen für das Ausbessern sind in 2 Klassen und jeweils 3 Untergruppen wie folgt unterteilt:

---

[1]) Bis zu ihrer Umwandlung in eine Europäische Norm kann entweder diese EURONORM oder die entsprechende nationale Norm nach der Liste im Anhang C zum Teil 1 der vorliegenden Europäischen Norm angewendet werden.

Klasse A:
Die Oberflächenbeschaffenheit muß den Anforderungen nach 4.2 und 5.1.1 entsprechen.

Die verbleibende Dicke unter Ungänzen oder unter den durch Schleifen ausgebesserten Zonen darf die in der jeweiligen Maßnorm festgelegte Mindestdicke unterschreiten.

Klasse B:
Die Oberflächenbeschaffenheit muß den Anforderungen nach 4.3 und 5.1.2 entsprechen.

Die verbleibende Dicke unter Ungänzen oder unter den durch Schleifen ausgebesserten Zonen darf die in der jeweiligen Maßnorm festgelegte Mindestdicke nicht unterschreiten.

Untergruppe 1:
Das Ausbessern durch Meißeln und/oder Schleifen mit nachfolgendem Schweißen ist im Rahmen der Angaben in 5.2.1 erlaubt.

Untergruppe 2:
Das Ausbessern durch Schweißen ist nur nach Vereinbarung bei der Bestellung und unter vereinbarten Bedingungen erlaubt (siehe 5.2.2).

Untergruppe 3:
Das Ausbessern durch Schweißen ist nicht erlaubt.

Die in Betracht kommende Klasse und Untergruppe ist in der jeweiligen Werkstoff- oder Erzeugnisnorm festgelegt. Wenn entsprechende Festlegungen fehlen und bei der Bestellung nichts anderes vereinbart wurde, gelten für die Lieferung die Klasse A und die Untergruppe 1.

3.2 Wenn der Verbraucher sicher sein will, daß alle mit unbewaffnetem Auge sichtbaren Ungänzen erkannt, beurteilt und falls notwendig vor der Lieferung ausgebessert werden, sollten entzunderte Erzeugnisse bestellt werden (siehe Teil 1, Abschnitt 3).

4 Anforderungen

4.1 Allgemeines

Blech und Breitflachstahl können Oberflächen-Ungänzen aufweisen, die nach ihrer Art, Tiefe und Anzahl in Kategorien entsprechend den Angaben in 4.2 und 4.3 eingeteilt werden können.

4.2 Klasse A

4.2.1 Unvollkommenheiten

4.2.1.1 Ungänzen, mit Ausnahme von Rissen, Schalen und Schalenstreifen (siehe 4.2.2.3), deren Tiefe die in Tabelle 1 angegebenen Grenzen nicht überschreitet, gehören unvermeidbar zum Herstellungsverfahren und sind unabhängig von ihrer Anzahl zulässig.

Der Anteil einer unter den Ungänzen verbleibenden Erzeugnisdicke, die kleiner als die in EN 10 029, EN 10 051 und EURONORM 91 festgelegte Mindestdicke ist, darf höchstens 15 % der geprüften Oberflächenseite betragen.

Tabelle 1. **Größte zulässige Tiefe von Unvollkommenheiten**

Maße in Millimeter

Nenndicke e des Erzeugnisses	Größte zulässige Tiefe der Unvollkommenheiten
$3 \leq e < 8$	0,2
$8 \leq e < 25$	0,3
$25 \leq e < 40$	0,4
$40 \leq e < 80$	0,5
$80 \leq e < 150$	0,6
$150 \leq e \leq 250$	0,9

4.2.1.2 Ungänzen, mit Ausnahme von Rissen, Schalen und Schalenstreifen (siehe 4.2.2.3), deren Tiefe zwar die in Tabelle 1, nicht aber die in Tabelle 2 genannten Grenzen überschreitet, brauchen nicht ausgebessert zu werden, wenn die Summe der beeinflußten Zonen nicht mehr als 5 % der geprüften Oberflächenseite beträgt.

Der Anteil einer unter den Ungänzen verbleibenden Erzeugnisdicke, die kleiner als die in EN 10 029, EN 10 051 und EURONORM 91 festgelegte Mindestdicke ist, darf höchstens 2 % der geprüften Oberflächenseite betragen.

Tabelle 2. **Größte zulässige Tiefe von Ungänzen**

Maße in Millimeter

Nenndicke e des Erzeugnisses	Größte zulässige Tiefe der Unvollkommenheiten
$3 \leq e < 8$	0,4
$8 \leq e < 25$	0,5
$25 \leq e < 40$	0,6
$40 \leq e < 80$	0,8
$80 \leq e < 150$	0,9
$150 \leq e \leq 250$	1,2

4.2.2 Fehler

4.2.2.1 Ungänzen, deren Tiefe die in Tabelle 2 genannten Grenzen nicht überschreitet, bei denen jedoch die Summe der beeinflußten Zone mehr als 5 % der geprüften Oberflächenseite beträgt, müssen ausgebessert werden.

4.2.2.2 Ungänzen, deren Tiefe die in Tabelle 2 genannten Grenzen überschreitet, sind unabhängig von ihrer Anzahl auszubessern.

4.2.2.3 Ungänzen wie Risse, Schalen und Schalenstreifen, die im allgemeinen tief und scharf sind und daher die Verwendbarkeit des Erzeugnisses beeinträchtigen, sind unabhängig von ihrer Tiefe und Anzahl stets auszubessern.

4.3 Klasse B

Es gelten die Anforderungen nach 4.2.1 und 4.2.2, jedoch darf die verbleibende Dicke unter Ungänzen oder an durch Schleifen ausgebesserten Zonen das in den Europäischen Normen oder EURONORMEN für die Maßanforderungen festgelegte untere Grenzabmaß der Dicke nicht unterschreiten.

5 Ausbesserungsverfahren

5.1 Schleifen

Der Hersteller darf die gesamte Oberfläche durch Schleifen bis zu der in den Europäischen Normen oder EURONORMEN für die Maßanforderungen festgelegten Mindestdicke ausbessern.

Fehler können durch Schleifen unter folgenden Bedingungen ausgebessert werden.

5.1.1 Klasse A

5.1.1.1 Die größte zulässige Tiefe der geschliffenen Zonen ist in Tabelle 3 angegeben.

Tabelle 3. **Tiefe geschliffener Zonen bei Blech und Breitflachstahl**

Maße in Millimeter

Nenndicke e des Erzeugnisses	Zulässige Unterschreitung des unteren Grenzabmaßes der Dicke nach EN 10 029, EN 10 051 und EU 91 bei geschliffenen Zonen
$3 \leq e < 8$	0,3
$8 \leq e < 15$	0,4
$15 \leq e < 25$	0,5
$25 \leq e < 40$	0,8
$40 \leq e < 60$	1,0
$60 \leq e < 80$	1,5
$80 \leq e \leq 250$	2,0

5.1.1.2 Schleifstellen, an denen das in den Europäischen Normen oder EURONORMEN für die Maßanforderungen festgelegte untere Grenzabmaß der Dicke unterschritten wird, dürfen in ihrer Summe auf einer Seite des Erzeugnisses höchstens 2 % der geprüften Oberflächenseite betragen. Bei Erzeugnissen mit einer Oberfläche über 12,5 m^2 dürfen sie im einzelnen nicht größer als 0,25 m^2 sein.

5.1.1.3 Für die verbleibende Dicke an der Stelle zweier auf beiden Seiten des Erzeugnisses einander gegenüberliegender Schleifzonen gelten die Festlegungen nach 5.1.1.1.

5.1.2 Klasse B

Die verbleibende Dicke an den durch Schleifen ausgebesserten Zonen darf das in den Europäischen Normen oder EURONORMEN für die Maßanforderungen festgelegte untere Grenzabmaß der Dicke nicht unterschreiten.

5.2 Schweißen

Die folgenden Bedingungen gelten für das Ausbessern durch Schweißen von Fehlern, die nicht durch Schleifen nach den Angaben in 5.1 beseitigt werden können.

5.2.1 Untergruppe 1

Die einzelne Schweißzone darf höchstens 0,125 m² und die Summe aller Schweißzonen höchstens 0,125 m² oder höch-

stens 2 % der geprüften Oberflächenseite betragen; dabei gilt jeweils der größere der beiden genannten Werte.

Schleifstellen und Schweißzonen, die in einem Abstand voneinander getrennt liegen, der kleiner als ihre durchschnittliche Breite ist, sind bei der Ermittlung der beeinflußten Zone als **eine** Fläche zu werten.

5.2.2 Untergruppe 2

Das Ausbessern durch Schweißen ist nur nach entsprechender Vereinbarung bei der Bestellung zulässig. In diesem Fall können von 5.2.1 abweichende Bedingungen festgelegt werden.

5.2.3 Untergruppe 3

Das Ausbessern durch Schweißen ist nicht erlaubt.

Anhang A

Klassen und Untergruppen der Oberflächenbeschaffenheit mit den jeweiligen Anforderungen

(zur Information)

Tabelle 4 gibt einen Überblick über die Klassen und Untergruppen der Oberflächenbeschaffenheit mit den jeweiligen Anforderungen.

Tabelle 4. **Klassen und Untergruppen der Oberflächenbeschaffenheit**

		Verbleibende Dicke unter den durch Schleifen ausgebesserten Zonen entsprechend 5.1.1		
		Ausbesserung durch Meißeln/Schleifen mit nachfolgendem Schweißen	Ausbesserung durch Schweißen nach Vereinbarung	Ausbesserung durch Schweißen nicht erlaubt
Klasse A	Untergruppe 1	×		
	Untergruppe 2		×	
	Untergruppe 3			×

		Verbleibende Dicke unter den durch Schleifen ausgebesserten Zonen entsprechend 5.1.2 ohne Unterschreitung des unteren Grenzabmaßes		
		Ausbesserung durch Meißeln/Schleifen mit nachfolgendem Schweißen	Ausbesserung durch Schweißen nach Vereinbarung	Ausbesserung durch Schweißen nicht erlaubt
Klasse B	Untergruppe 1	×		
	Untergruppe 2		×	
	Untergruppe 3			×

	Lieferbedingungen für die Oberflächenbeschaffenheit von warm- gewalzten Stahlerzeugnissen (Blech, Breitflachstahl und Profile) Teil 3: Profile Deutsche Fassung EN 10163-3 : 1991	**DIN** **EN 10163** Teil 3

Die Europäische Norm EN 10163-3 : 1991 hat den Status einer Deutschen Norm.

Weitere Normen

DIN EN 10163-1 Lieferbedingungen für die Oberflächenbeschaffenheit von warmgewalzten Stahlerzeugnissen (Blech, Breitflachstahl und Profile); Teil 1: Allgemeine Anforderungen

DIN EN 10163-2 Lieferbedingungen für die Oberflächenbeschaffenheit von warmgewalzten Stahlerzeugnissen (Blech, Breitflachstahl und Profile); Teil 2: Blech und Breitflachstahl

Nationales Vorwort

Es handelt sich um die Erstausgabe einer DIN-Norm mit Lieferbedingungen für die Oberflächenbeschaffenheit von genormten warmgewalzten Profilen (I-Träger mit mittelbreiten und breiten Flanschen, U-Stahl; T-Stahl und Winkelstahl; siehe Abschnitt 2). Die Norm enthält die nach Klassen gestaffelten Anforderungen an die Art, die zulässige Tiefe und die zulässige Größe der durch Ungänzen (Unvollkommenheiten und Fehler) sowie durch Ausbesserungen (durch Schleifen und/oder Schweißen) beeinflußten Oberflächenzonen.

Für die im Abschnitt 2 zitierten EURONORMEN wird im folgenden auf die entsprechenden Deutschen Normen hingewiesen:

EURONORM 19	siehe DIN 1025 Teil 5
EURONORM 24	siehe DIN 1025 Teil 1 und DIN 1026
EURONORM 34	siehe DIN 1025 Teil 2, DIN 1025 Teil 3 und DIN 1025 Teil 4
EURONORM 44	siehe DIN 1025 Teil 5
EURONORM 53	siehe DIN 1025 Teil 2, DIN 1025 Teil 3 und DIN 1025 Teil 4
EURONORM 54	siehe DIN 1026
EURONORM 55	siehe DIN 1024
EURONORM 56	siehe DIN 1028
EURONORM 57	siehe DIN 1029

1 Anwendungsbereich

Dieser Teil 3 enthält in Verbindung mit Teil 1 die Lieferbedingungen für die Oberflächenbeschaffenheit von Profilen nach den in Abschnitt 2 genannten EURONORMEN und gilt für alle Oberflächen mit Ausnahme der Profilkanten.

2 Normative Verweisungen

EURONORM 19[1]	IPE-Träger; I-Träger mit parallelen Flanschflächen
EURONORM 24[1]	Schmale Träger, U-Stahl; zulässige Abweichungen
EURONORM 34[1], [2]	Warmgewalzte breite I-Träger (I-Breitflanschträger) mit parallelen Flanschflächen; zulässige Abweichungen
EURONORM 44[1], [2]	Warmgewalzte mittelbreite I-Träger, IPE-Reihe, zulässige Abweichungen
EURONORM 53[1]	Warmgewalzte breite I-Träger (I-Breitflanschträger) mit parallelen Flanschflächen
EURONORM 54[1]	Warmgewalzter kleiner U-Stahl
EURONORM 55[1]	Warmgewalzter gleichschenkliger rundkantiger T-Stahl
EURONORM 56[1]	Warmgewalzter gleichschenkliger rundkantiger Winkelstahl
EURONORM 57[1]	Warmgewalzter ungleichschenkliger rundkantiger Winkelstahl

3 Allgemeines

3.1 Die Anforderungen an die Oberflächenbeschaffenheit und die Bedingungen für das Ausbessern sind in 2 Klassen und jeweils 3 Untergruppen wie folgt unterteilt:

Klasse C:
Allgemeine Verwendung
Die Oberflächenbeschaffenheit muß den Anforderungen nach 4.2 und Abschnitt 5 entsprechen.

Klasse D:
Besondere Verwendung
Die Oberflächenbeschaffenheit muß den Anforderungen nach 4.3 und Abschnitt 5 entsprechen.

Untergruppe 1:
Das Ausbessern durch Meißeln und/oder Schleifen mit nachfolgendem Schweißen ist im Rahmen der Angaben in 5.2.1 und 5.2.2 erlaubt.

Untergruppe 2:
Das Ausbessern durch Schweißen ist nur nach Vereinbarung bei der Bestellung und unter vereinbarten Bedingungen erlaubt (siehe 5.2.3).

---

[1] Bis zu ihrer Umwandlung in Europäische Normen können entweder die genannten EURONORMEN oder die entsprechenden nationalen Normen nach der Liste im Anhang C zum Teil 1 der vorliegenden Europäischen Norm angewendet werden.

[2] Diese EURONORMEN werden zur Zeit in Europäische Normen umgewandelt.

Untergruppe 3:
Das Ausbessern durch Schweißen ist nicht erlaubt.

Die in Betracht kommende Klasse und Untergruppe ist in der jeweiligen Werkstoff- oder Erzeugnisnorm festgelegt. Wenn entsprechende Festlegungen in der Werkstoff- oder Erzeugnisnorm fehlen und bei der Bestellung nichts anderes vereinbart wird, gelten für die Lieferung die Klasse C und die Untergruppe 1.

4 Anforderungen

4.1 Allgemeines

Die Profile können Oberflächen-Ungänzen aufweisen, die nach ihrer Art, Tiefe und Anzahl in Kategorien entsprechend den Angaben in 4.2 und 4.3 eingeteilt werden können.

4.2 Klasse C

4.2.1 Unvollkommenheiten

Ungänzen, deren Tiefe die in Tabelle 1 angegebenen Grenzen nicht überschreitet, gehören unvermeidbar zum Herstellungsverfahren und sind unabhängig von ihrer Anzahl zulässig.

Der Anteil einer unter den Ungänzen verbleibenden Erzeugnisdicke, die kleiner als die in den entsprechenden EURO-NORMEN (siehe Abschnitt 2) festgelegte Mindestdicke ist, darf höchstens 15 % der geprüften Oberfläche betragen.

4.2.2 Fehler

Ungänzen, deren Tiefe die in Tabelle 1 genannten Grenzen überschreitet, sind unabhängig von ihrer Anzahl auszubessern.

Tabelle 1. Größte zulässige Tiefe von Ungänzen bei der Klasse C   Maße in Millimeter

Nenndicke e des Erzeugnisses	Größte zulässige Tiefe der Ungänzen
$3 \leq e < 20$	1,2 oder 25 % von e *)
$20 \leq e < 40$	1,7
$40 \leq e < 80$	2,5
$80 \leq e < 160$	3,0
*) Es gilt der jeweils kleinere Wert	

4.3 Klasse D

4.3.1 Unvollkommenheiten

Ungänzen, deren Tiefe die in Tabelle 2 angegebenen Grenzen nicht überschreitet, gehören unvermeidbar zum Herstellungsverfahren und sind unabhängig von ihrer Anzahl zulässig.

Der Anteil einer unter den Ungänzen verbleibenden Erzeugnisdicke, die kleiner als die in den entsprechenden EURO-NORMEN (siehe Abschnitt 2) festgelegte Mindestdicke ist, darf höchstens 2 % der geprüften Oberfläche betragen.

4.3.2 Fehler

Ungänzen, deren Tiefe die in Tabelle 2 genannten Grenzen überschreitet, sind unabhängig von ihrer Anzahl auszubessern.

Tabelle 2. Größte zulässige Tiefe von Ungänzen bei der Klasse D   Maße in Millimeter

Nenndicke e des Erzeugnisses	Größte zulässige Tiefe der Ungänzen
$3 \leq e < 20$	0,5
$20 \leq e < 40$	0,7
$40 \leq e < 80$	1,0
$80 \leq e < 160$	1,5

5 Ausbesserungsverfahren

5.1 Schleifen

Bei geschliffenen Zonen darf die in den Europäischen Normen oder EURONORMEN für die Maßanforderungen festgelegte Mindestdicke höchstens um die in der Tabelle 3 genannten Werte unterschritten werden. Ferner gelten die folgenden Anforderungen:

Schleifstellen, an denen das in den Europäischen Normen oder EURONORMEN für die Maßanforderungen festgelegte Grenzabmaß der Dicke unterschritten wird, dürfen in ihrer Summe höchstens 15 % der Oberfläche bei der Klasse C und höchstens 2 % der Oberfläche bei der Klasse D betragen.

Tabelle 3. Größte zulässige Unterschreitung der Mindestdicke bei geschliffenen Zonen

Maße in Millimeter

Nenndicke e des Erzeugnisses	Größte zulässige Unterschreitung der festgelegten Mindestdicke
$3 \leq e < 20$	0,4
$20 \leq e < 40$	0,6
$40 \leq e < 80$	1,2
$80 \leq e < 160$	2,0

5.2 Schweißen

Die folgenden Bedingungen gelten für das Ausbessern durch Schweißen von Fehlern, die nicht durch Schleifen nach den Angaben in 5.1 beseitigt werden können.

5.2.1 Klasse C, Untergruppe 1

Die Summe der Flächen aller geschweißten Zonen darf höchstens 15 % der geprüften Oberflächenseite betragen.

5.2.2 Klasse D, Untergruppe 1

Die Summe der Flächen aller geschweißten Zonen darf höchstens 2 % der geprüften Oberflächenseite betragen.

5.2.3 Untergruppe 2

Das Ausbessern durch Schweißen ist nur nach entsprechender Vereinbarung bei der Bestellung zulässig. In diesem Fall können von 5.2.1 und 5.2.2 abweichende Bedingungen festgelegt werden.

5.2.4 Untergruppe 3

Das Ausbessern durch Schweißen ist nicht erlaubt.

Allgemeine technische Lieferbedingungen für Stahl und Stahlerzeugnisse	DIN 17 010

1 Anwendungsbereich

1.1 Diese allgemeinen technischen Lieferbedingungen gelten

a) für warm und/oder kalt umgeformte Stahlerzeugnisse mit Ausnahme von Schmiedestücken und Rohren sowie

b) für Rohrerzeugnisse [1]) aus Stahl,

sofern nicht bei der Bestellung, zum Beispiel durch Bezugnahme auf Güte- oder Maßnormen, andere Lieferbedingungen vereinbart wurden.

1.2 Für Gußstücke aus metallischen Werkstoffen einschließlich Stahl gelten die allgemeinen technischen Lieferbedingungen in DIN 1690 Teil 1, für Schmiedestücke die technischen Lieferbedingungen in DIN 7521.

2 Begriffe

2.1 Für die Abgrenzung von Stahl gegenüber anderen Werkstoffen und für die Einteilung der Stahlsorten in unlegierte und legierte Stähle sowie Grund-, Qualitäts- und Edelstähle gelten die Begriffsbestimmungen in EURONORM 20.

2.2 Für die Einteilung und Benennung der Stahlerzeugnisse nach ihrer Fertigungsstufe, ihren Erzeugnisformen und Maßen gelten die Begriffsbestimmungen in EURO-NORM 79.

2.3 Für die Benennung der Wärmebehandlungsarten der Stahlerzeugnisse gelten die Begriffsbestimmungen in DIN 17 014 Teil 1.

3 Bestellung

3.1 Die Auswahl der Stahlsorte, der Erzeugnisform und der Maße ist Angelegenheit des Bestellers, wobei die vorgesehene Verarbeitung und Verwendung zu berücksichtigen ist. Er kann sich bei seiner Wahl vom Hersteller beraten lassen.

3.2 Die Bestellung muß alle notwendigen Angaben [2]) zur Bezeichnung des gewünschten Erzeugnisses und seiner Beschaffenheit enthalten, z. B.

— Stahlsorte,

— Erzeugnisform,

— Maße,

gegebenenfalls auch Angaben über z. B.

— Wärmebehandlungszustand,

— Oberflächenausführung,

— zulässige Gewichts- und Maßabweichungen.

3.3 Für genormte Erzeugnisse werden die Angaben durch Bezugnahme auf die jeweilige Norm gemacht. Für nicht genormte Erzeugnisse müssen die Anforderungen genau beschrieben werden.

3.4 Die Erzeugnisse können ohne oder mit Bescheinigungen über Materialprüfungen nach DIN 50 049 bestellt werden. Bei Bestellung mit Abnahmeprüfbescheinigung sind die in Betracht kommenden Prüfbedingungen bei der Bestellung durch Bezugnahme auf eine Norm oder technische Lieferbedingung anzugeben. Falls dies nicht möglich ist, sind z. B.

— die nachzuweisenden Gütemerkmale,

— die Art, Größe und Zusammensetzung der Prüfeinheit (siehe Abschnitt 6.2.2) einschließlich der Behandlung von Restmengen,

— die Probenentnahme und

— der Prüfumfang

in der Bestellung festzulegen.

3.5 Sonstige Bedingungen für die Abnahme der Lieferung sind ebenfalls möglichst durch Bezug auf vorhandene Normen und technische Lieferbedingungen bei der Bestellung festzulegen.

3.6 Wird bei Bezugnahme auf eine Norm oder eine technische Lieferbedingung nicht deren Ausgabedatum angegeben, ist nach der bei der Bestellung gültigen Ausgabe zu liefern.

4 Herstellverfahren

4.1 Wenn bei der Bestellung nichts anderes vereinbart wurde, bleibt die Wahl des Herstellverfahrens dem Hersteller überlassen.

4.2 Als „Herstellverfahren" gelten

— das Erschmelzungsverfahren, z. B. Sauerstoffblasverfahren, Siemens-Martin-Verfahren, Elektroofenverfahren,

— die Art der Desoxidation: unberuhigt, beruhigt (nicht unberuhigt), besonders beruhigt,

— die Art der Vergießung, z. B. Blockguß, Strangguß,

— die Formgebungs- und Wärmebehandlungsverfahren.

---

[1]) Wegen der Begriffsbestimmungen siehe EURO-NORM 79.

[2]) Siehe hierzu für Grund- und Qualitätsstähle: Richtlinie über die Verwendung von Bestellvordrucken für Walzstahl, Verlag und Vertriebsgesellschaft mbH, Breite Straße 69, 4000 Düsseldorf.

4.3 Einzelheiten zum Herstellverfahren werden nur dann bekanntgegeben, wenn bei der Bestellung eine entsprechende Vereinbarung getroffen wurde.

5 Anforderungen

5.1 Für die Anforderungen an den Werkstoff und an das Erzeugnis gelten die Angaben in den bei der Bestellung vereinbarten Normen oder technischen Lieferbedingungen.

5.2 Anforderungen an die chemische Zusammensetzung gelten als Anforderungen an die Schmelzenanalyse, sofern sie sich nicht ausdrücklich auf die Stückanalyse beziehen.

5.3 Anforderungen an die Kerbschlagarbeit beziehen sich auf das in Abschnitt 6.2.8 wiedergegebene Ermittlungsverfahren.

5.4 Wenn die in der Bestellung vereinbarten Werte der Qualitätsmerkmale nach dem Durchmesser oder der Dicke des Erzeugnisses gestuft sind, gelten für diese die Anforderungen, die sich auf das für die Lieferung vorgesehene Nennmaß an der Probenentnahmestelle beziehen.

6 Bescheinigungen und Prüfungen

6.1 Arten der Bescheinigung

6.1.1 Falls die Ausstellung einer Bescheinigung über Werkstoffprüfungen gewünscht wird, ist dies bei der Bestellung unter Bezug auf DIN 50 049 zu vereinbaren.

6.1.2 In Sonderfällen kann für bestimmte Erzeugnisse bei der Bestellung vereinbart werden, eine laufende Überwachung von Qualitätsmerkmalen zu bescheinigen. Die Einzelheiten der laufenden Überwachung der Qualitätsmerkmale sind bei der Bestellung zu vereinbaren.

6.2 Abnahmeprüfungen

Sind entsprechend den bei der Bestellung getroffenen Vereinbarungen (siehe Abschnitt 3.4) Abnahmeprüfungen durchzuführen, so gelten neben den Festlegungen in DIN 50 049 die Angaben in den Abschnitten 6.2.1 bis 6.2.11 dieser Norm.

6.2.2 Einteilung der Liefermenge nach Prüfeinheiten [3]

Unter Prüfeinheit [3] versteht man denjenigen Teil der Liefermenge, für den das Ergebnis der Prüfung gilt.

Als Prüfeinheit [3] kommen in Betracht:

a) Einzelne Stücke,

b) Walzeinheit, z. B. bei Band oder aus Band geschnittenem Blech die Rolle oder beim diskontinuierlich gewalzten Blech die Walztafel,

c) Schmelze: Die Erzeugnisform und -maße sind vergleichbar; die Erzeugnisse stammen aus derselben Schmelze und wurden gleichen Wärmebehandlungsbedingungen oder bei kalt umgeformten Erzeugnissen gleichen Kaltumformungsbedingungen unterworfen,

d) Lose: Die Erzeugnisform und -maße sind vergleichbar; die Erzeugnisse stammen aus derselben Stahlsorte und liegen im gleichen Behandlungszustand vor. Sie können jedoch aus verschiedenen Schmelzen und Fertigungsgängen stammen.

Fehlen in den Bestellungen Angaben über die Einteilung der Liefermenge nach Prüfeinheiten [3], darf der Hersteller die Prüfeinheit [3] nach eigenem Ermessen wählen.

7 Kennzeichnung

7.1 Der Hersteller hat die Erzeugnisse entsprechend den Festlegungen der Gütenorm oder den Vereinbarungen bei der Bestellung zu kennzeichnen.

7.2 Enthalten die Gütenorm und die Bestellung keine Angaben zur Kennzeichnung der Erzeugnisse, so ist der Hersteller berechtigt, die Erzeugnisse

a) ohne Kennzeichnung oder

b) mit einer Kennzeichnung seiner Wahl, jedoch möglichst nach den Festlegungen in DIN 1599

zu liefern.

7.3 Der Fall b) in Abschnitt 7.2 gilt auch dann, wenn zwar eine Kennzeichnung gewünscht wird, die Bestellung hierzu jedoch keine Einzelheiten enthält.

8 Beanstandungen

8.1 Nach geltendem Recht bestehen Mängelansprüche nur, wenn das Erzeugnis mit Fehlern behaftet ist, die seine Verarbeitung und Verwendung mehr als unerheblich beeinträchtigen. Dies gilt, sofern bei der Bestellung keine anderen Vereinbarungen getroffen wurden.

8.2 Es ist üblich und zweckdienlich, daß der Besteller dem Lieferer Gelegenheit gibt, sich von der Berechtigung der Beanstandung zu überzeugen, soweit möglich, durch Vorlage des beanstandeten Erzeugnisses und von Belegstücken der gelieferten Erzeugnisse.

---

[3] Es ist zu beachten, daß in der Statistik im hier gemeinten Sinne von „Prüflosen" statt von „Prüfeinheiten" gesprochen wird.

	Metallische Erzeugnisse ## Arten von Prüfbescheinigungen Deutsche Fassung EN 10 204 : 1991	$\overline{\text{DIN}}$ **50 049**

Diese Norm enthält die Deutsche Fassung der Europäischen Norm **EN 10 204**

Die Europäische Norm EN 10 204 : 1991 hat den Status einer Deutschen Norm.

Nationales Vorwort

Die Europäische Norm EN 10 204 wurde im Technischen Komitee (TC) 9 (Technische Lieferbedingungen und Qualitätssicherung — Sekretariat: Belgien) von ECISS (Europäisches Komitee für Eisen- und Stahlnormung) auf der Grundlage von DIN 50 049 unter intensiver Mitwirkung der Normenausschüsse Eisen und Stahl (FES) und Materialprüfung (NMP) ausgearbeitet. Dabei blieb der Inhalt der DIN 50 049 weitgehend, wenn auch nicht vollständig, erhalten.

Wegen des außerordentlich hohen Bekanntheitsgrades der Normnummer DIN 50 049 und ihrer Zitierung in einer großen Zahl technischer Regelwerke wird die Deutsche Fassung von EN 10 204 zunächst als DIN 50 049 veröffentlicht. Es ist vorgesehen, daß nach einer Übergangsfrist die Umstellung auf die DIN-EN-Normnummer erfolgt. Aus diesem Grund soll in allen neu erstellten technischen Unterlagen auf die Europäische Norm EN 10 204 hingewiesen werden.

Die Bezeichnung der Bescheinigungsarten wird sofort auf die Europäische Normnummer umgestellt, z. B.

bisher: Bescheinigung   oder   Abnahmeprüfzeugnis B
        DIN 50 049-3.1.B   nach DIN 50 049

künftig: Bescheinigung 3.1.B   oder   Abnahmeprüfzeugnis B
        nach EN 10 204   nach EN 10 204

Für die im Abschnitt 1.2 zitierten Europäischen und Internationalen Normen wird im folgenden auf die entsprechenden Deutschen Normen hingewiesen.

EN 10 021 siehe DIN EN 10 021*)

ISO 4990 siehe DIN 1690 Teil 1 und Teil 2

*) Z. Z. Entwurf

Änderungen

Gegenüber der Ausgabe August 1986 wurden folgende Änderungen vorgenommen:

a) Die Normnummer in der Bezeichnung der Prüfbescheinigungen wurde von DIN 50 049 in EN 10 204 geändert.

b) Die Begriffe „nichtspezifische Prüfung" und „spezifische Prüfung" wurden in Übereinstimmung mit der in Bearbeitung befindlichen EN 10 021 neu eingeführt.

c) Bei den Prüfbescheinigungen 2.1, 2.2 und 2.3 wurde die bisherige allgemeine Festlegung „vom herstellenden oder verarbeitenden Werk" präzisiert. Der „Verarbeiter" wurde hier herausgenommen und erscheint in einem eigenen Abschnitt 4. Der „Hersteller" hat zur Durchführung der Prüfungen Personal zu beauftragen. Dieses kann auch der Fertigung angehören.

d) Beim Werksprüfzeugnis 2.3 ist festgelegt, daß Hersteller, die über eine von der Fertigung unabhängige Prüfabteilung verfügen, **kein** Werksprüfzeugnis ausstellen dürfen, sondern stattdessen ein Abnahmeprüfzeugnis 3.1.B ausstellen müssen.

e) Beim Abnahmeprüfzeugnis 3.1.B wurde ebenfalls das „verarbeitende Werk" gestrichen. Dafür gilt nun für den Verarbeiter und seine Möglichkeit zur Ausstellung von Prüfbescheinigungen Abschnitt 4.

f) Beim Abnahmeprüfprotokoll werden nicht mehr die bisher genormten Arten 3.2.A und 3.2.C unterschieden, da in der Praxis ein Abnahmeprüfprotokoll 3.2.A äußerst selten vorgekommen ist.

g) In einem vollständig neuen Abschnitt wurde die Ausstellung von Prüfbescheinigungen durch einen Verarbeiter oder Händler bzw. die Weitergabe der Bescheinigungen des Herstellers an den Besteller geregelt. Hier sind einige Festlegungen, aber nicht alle, aus den früheren Erläuterungen von DIN 50 049 übernommen worden.

h) Die allgemeinen Angaben über die Qualifikation des mit der Bestätigung Beauftragten und die Normgerechtigkeit von Prüfeinrichtungen und -geräten sowie die Kalibrierung von Werkstoffprüfmaschinen sind entfallen.

i) Im Anwendungsbereich ist der Hinweis entfallen, daß die Norm „keine Festlegungen über die anzuwendenden Prüfverfahren und den Prüfumfang" hat, da dies sich aus dem Norminhalt von selbst ergibt.

k) Die Europäische Norm EN 10 204 enthält keine vollständigen Normbezeichnungen, einschließlich der Normnummer — siehe Nationales Vorwort.

EUROPÄISCHE NORM
EUROPEAN STANDARD
NORME EUROPÉENNE

EN 10 204

August 1991

Deutsche Fassung

Metallische Erzeugnisse

Arten von Prüfbescheinigungen

1 Allgemeines

1.1 Zweck und Anwendungsbereich

1.1.1 In dieser Europäischen Norm sind die verschiedenen Arten von Prüfbescheinigungen festgelegt, die dem Besteller in Übereinstimmung mit den Vereinbarungen bei der Bestellung bei Lieferung von Erzeugnissen aus metallischen Werkstoffen zur Verfügung gestellt werden.

1.1.2 Wenn jedoch bei der Bestellung vereinbart, darf diese Norm auch auf Erzeugnisse aus anderen Werkstoffen angewendet werden.

1.1.3 Diese Norm ist in Verbindung mit den Normen anzuwenden, in denen die allgemeinen technischen Lieferbedingungen festgelegt sind, zum Beispiel:
— für Eisen- und Stahlerzeugnisse nach EN 10 021;
— für Stahlguß nach ISO 4990.

1.1.4 Der Inhalt der Prüfbescheinigungen für Eisen- und Stahlerzeugnisse ist in EURONORM 168 festgelegt.

1.2 Normative Verweisungen

EN 10 021	Allgemeine technische Lieferbedingungen für Stahl und Stahlerzeugnisse[1])
EURONORM 168 : 1986	Inhalt von Bescheinigungen über Werkstoffprüfungen für Stahlerzeugnisse[2])
ISO 4990 : 1986	Stahlguß; Allgemeine technische Lieferbedingungen

1.3 Definitionen

Die Definitionen der verwendeten Begriffe stimmen mit der Europäischen Norm EN 10 021 überein; zur Erleichterung der Anwendung sind sie nachfolgend wiedergegeben:

1.3.1 Nichtspezifische Prüfung

Vom Hersteller nach ihm geeignet erscheinenden Verfahren durchgeführte Prüfungen, durch die ermittelt werden soll, ob die nach einem bestimmten Verfahren hergestellten Erzeugnisse den in der Bestellung festgelegten Anforderungen genügen. Die geprüften Erzeugnisse müssen nicht notwendigerweise aus der Lieferung selbst stammen.

1.3.2 Spezifische Prüfung

Prüfungen, die vor der Lieferung nach den in der Bestellung festgelegten technischen Bedingungen an den zu liefernden Erzeugnissen oder an Prüfeinheiten, denen diese ein Teil sind, durchgeführt werden, um festzustellen, ob die Erzeugnisse den in der Bestellung festgelegten Anforderungen genügen.

2 Bescheinigungen über Prüfungen, die von Personal durchgeführt wurden, das vom Hersteller beauftragt ist und der Fertigungsabteilung angehören kann

2.1 Werksbescheinigung „2.1"

Bescheinigung, in welcher der Hersteller bestätigt, daß die gelieferten Erzeugnisse den Vereinbarungen bei der Bestellung entsprechen, ohne Angabe von Prüfergebnissen.

Die Werksbescheinigung „2.1" wird auf der Grundlage nichtspezifischer Prüfung ausgestellt.

2.2 Werkszeugnis „2.2"

Bescheinigung, in welcher der Hersteller bestätigt, daß die gelieferten Erzeugnisse den Vereinbarungen bei der Bestellung entsprechen, mit Angabe von Prüfergebnissen auf der Grundlage nichtspezifischer Prüfung.

2.3 Werksprüfzeugnis „2.3"

Bescheinigung, in welcher der Hersteller bestätigt, daß die gelieferten Erzeugnisse den Vereinbarungen bei der Bestellung entsprechen, mit Angabe von Prüfergebnissen auf der Grundlage spezifischer Prüfung.

Das Werksprüfzeugnis „2.3" wird nur von einem Hersteller herausgegeben, der über keine dazu beauftragte, von der Fertigungsabteilung unabhängige, Prüfabteilung verfügt.

Wenn der Hersteller über eine von der Fertigungsabteilung unabhängige Prüfabteilung verfügt, so muß er anstelle des Werksprüfzeugnisses „2.3" ein Abnahmeprüfzeugnis „3.1.B" herausgeben.

---

[1]) Z. Z. Entwurf

[2]) Bis diese EURONORM in eine Europäische Norm umgewandelt ist, darf entweder sie benutzt oder Bezug genommen werden auf die entsprechenden nationalen Normen.

3 Bescheinigungen über Prüfungen, die von dazu beauftragtem Personal durchgeführt oder beaufsichtigt wurden, das von der Fertigungsabteilung unabhängig ist, auf der Grundlage spezifischer Prüfung

3.1 Abnahmeprüfzeugnis

Bescheinigung, herausgegeben auf der Grundlage von Prüfungen, die entsprechend den in der Bestellung angegebenen technischen Lieferbedingungen und/oder nach amtlichen Vorschriften und den zugehörigen Technischen Regeln durchgeführt wurden. Die Prüfungen müssen an den gelieferten Erzeugnissen oder an Erzeugnissen der Prüfeinheit, von der die Lieferung ein Teil ist, durchgeführt worden sein.

Die Prüfeinheit wird in der Produktnorm, in amtlichen Vorschriften und den zugehörigen Technischen Regeln oder in der Bestellung festgelegt.

Es gibt verschiedene Formen:

Abnahmeprüfzeugnis „3.1.A"

herausgegeben und bestätigt von einem in den amtlichen Vorschriften genannten Sachverständigen, in Übereinstimmung mit diesen und den zugehörigen Technischen Regeln.

Abnahmeprüfzeugnis „3.1.B"

herausgegeben von einer von der Fertigungsabteilung unabhängigen Abteilung und bestätigt von einem dazu beauftragten, von der Fertigungsabteilung unabhängigen Sachverständigen des Herstellers („Werkssachverständigen").

Abnahmeprüfzeugnis „3.1.C"

herausgegeben und bestätigt von einem durch den Besteller beauftragten Sachverständigen in Übereinstimmung mit den Lieferbedingungen in der Bestellung.

3.2 Abnahmeprüfprotokoll

Ein Abnahmeprüfzeugnis, das aufgrund einer besonderen Vereinbarung sowohl von dem vom Hersteller beauftragten Sachverständigen als auch von dem vom Besteller beauftragten Sachverständigen bestätigt ist, heißt Abnahmeprüfprotokoll „3.2".

4 Ausstellung von Prüfbescheinigungen durch einen Verarbeiter oder einen Händler

Wenn ein Erzeugnis durch einen Verarbeiter oder einen Händler geliefert wird, so müssen diese dem Besteller die Bescheinigungen des Herstellers nach dieser Europäischen Norm EN 10 204, ohne sie zu verändern, zur Verfügung stellen.

Diese Bescheinigungen des Herstellers muß ein geeignetes Mittel zur Identifizierung des Erzeugnisses beigefügt werden, damit die eindeutige Zuordnung von Erzeugnis und Bescheinigungen sichergestellt ist.

Wenn der Verarbeiter oder der Händler den Zustand oder die Maße des Erzeugnisses in irgendeiner Weise verändert hat, müssen diese besonderen neuen Eigenschaften in einer zusätzlichen Bescheinigung bestätigt werden.

Das gleiche gilt für besondere Anforderungen in der Bestellung, die nicht in den Bescheinigungen des Herstellers enthalten sind.

5 Bestätigung der Prüfbescheinigungen

Die Prüfbescheinigungen müssen von der (den) für die Bestätigung verantwortlichen Person (Personen) unterschrieben oder in geeigneter Weise gekennzeichnet sein.

Wenn jedoch die Bescheinigungen mittels eines geeigneten Datenverarbeitungssystems erstellt worden sind, darf die Unterschrift ersetzt werden durch die Angabe des Namens und der Dienststelle der Person, die für die Bestätigung der Bescheinigung verantwortlich ist.

6 Zusammenstellung der Prüfbescheinigungen

Siehe Tabelle 1.

Tabelle 1.   **Zusammenstellung der Prüfbescheinigungen**

Norm-Bezeichnung	Bescheinigung	Art der Prüfung	Inhalt der Bescheinigung	Lieferbedingungen	Bestätigung der Bescheinigung durch
2.1	Werksbescheinigung	Nichtspezifisch	Keine Angabe von Prüfergebnissen	Nach den Lieferbedingungen der Bestellung, oder, falls verlangt, auch nach amtlichen Vorschriften und den zugehörigen Technischen Regeln	den Hersteller
2.2	Werkszeugnis		Prüfergebnisse auf der Grundlage nichtspezifischer Prüfung		
2.3	Werksprüfzeugnis	Spezifisch	Prüfergebnisse auf der Grundlage spezifischer Prüfung		
3.1.A	Abnahmeprüfzeugnis 3.1.A			Nach amtlichen Vorschriften und den zugehörigen Technischen Regeln	den in den amtlichen Vorschriften genannten Sachverständigen
3.1.B	Abnahmeprüfzeugnis 3.1.B			Nach den Lieferbedingungen der Bestellung, oder, falls verlangt, auch nach amtlichen Vorschriften und den zugehörigen Technischen Regeln	den vom Hersteller beauftragten, von der Fertigungsabteilung unabhängigen Sachverständigen („Werksachverständigen")
3.1.C	Abnahmeprüfzeugnis 3.1.C			Nach den Lieferbedingungen der Bestellung	den vom Besteller beauftragten Sachverständigen
3.2	Abnahmeprüfprotokoll 3.2				den vom Hersteller beauftragten, von der Fertigungsabteilung unabhängigen Sachverständigen und den vom Besteller beauftragten Sachverständigen

Anhang A (informativ)

Benennung der Prüfbescheinigungen nach EN 10 204 in den einzelnen Sprachen

Deutsch	Englisch	Französisch
Werksbescheinigung	Certificate of compliance with the order	Attestation de conformité à la commande
Werkszeugnis	Test report	Relevé de contrôle
Werksprüfzeugnis	Specific test report	Relevé de contrôle spécifique
Abnahmeprüfzeugnis	Inspection certificate	Certificat de réception
Abnahmeprüfprotokoll	Inspection report	Procès-verbal de réception

	Schweißbarkeit metallische Werkstoffe, Begriffe	**DIN** **8528** Blatt 1

DIN 8528 Blatt 2, Ausgabe 03.75 behandelt die Schweißeignung der allgemeinen Baustähle zum Schmelzschweißen.

1. Schweißbarkeit

Die Schweißbarkeit eines Bauteils aus metallischem Werkstoff ist vorhanden, wenn der Stoffschluß durch Schweißen mit einem gegebenen Schweißverfahren bei Beachtung eines geeigneten Fertigungsablaufes erreicht werden kann. Dabei müssen die Schweißungen hinsichtlich ihrer örtlichen Eigenschaften und ihres Einflusses auf die Konstruktion, deren Teil sie sind, die gestellten Anforderungen erfüllen [1]. Die Schweißbarkeit (siehe Bild 1) hängt von drei Einflußgrößen Werkstoff, Konstruktion, Fertigung ab, die im wesentlichen gleiche Bedeutung für die Schweißbarkeit haben.

Zwischen den Einflußgrößen und der Schweißbarkeit stehen die Eigenschaften

   Schweißeignung des Werkstoffs

   Schweißsicherheit der Konstruktion und

   Schweißmöglichkeit der Fertigung.

Jede dieser Eigenschaften hängt — wie die Schweißbarkeit — von Werkstoff, Konstruktion und Fertigung ab, jedoch ist die Bedeutung der Einflußgrößen für die drei Eigenschaften unterschiedlich.

2. Schweißeignung, Schweißsicherheit, Schweißmöglichkeit

Für die Eigenschaften Schweißeignung, Schweißsicherheit und Schweißmöglichkeit gelten die folgenden Abhängigkeiten:

a) Schweißeignung

   Schweißeignung ist eine Werkstoffeigenschaft. Sie wird im wesentlichen von der Fertigung und in geringem Maße von der Konstruktion beeinflußt.

b) Schweißsicherheit

   Schweißsicherheit (konstruktionsbedingte Schweißsicherheit) ist eine Konstruktionseigenschaft. Sie wird im wesentlichen vom Werkstoff und in geringem Maße von der Fertigung beeinflußt.

c) Schweißmöglichkeit

   Schweißmöglichkeit (fertigungsbedingte Schweißsicherheit) ist eine Fertigungseigenschaft. Sie wird im wesentlichen von der Konstruktion und in geringem Maße vom Werkstoff beeinflußt.

Zunehmender Aufwand zur Verbesserung einer der 3 Eigenschaften, z. B. der Schweißeignung, gestattet eine Minderung der Eigenschaften Schweißsicherheit und Schweißmöglichkeit. Um die erforderliche Schweißbarkeit befriedigend beurteilen zu können, ist anzustreben, den Einfluß der jeweils weniger genau bestimmbaren Eigenschaft so klein wie möglich zu halten.

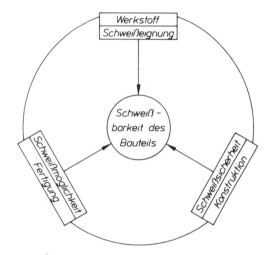

Bild 1. Darstellung der Schweißbarkeit

2.1. Schweißeignung

Die Schweißeignung eines Werkstoffes ist vorhanden, wenn bei der Fertigung aufgrund der werkstoffgegebenen chemischen, metallurgischen und physikalischen Eigenschaften eine den jeweils gestellten Anforderungen entsprechende Schweißung hergestellt werden kann.

Die Schweißeignung eines Werkstoffes innerhalb einer Werkstoffgruppe ist um so besser, je weniger die werkstoffbedingten Faktoren beim Festlegen der schweißtechnischen Fertigung für eine bestimmte Konstruktion beachtet werden müssen.

Die Schweißeignung wird u. a. von folgenden Faktoren beeinflußt:

a) chemische Zusammensetzung, z. B. bestimmend für:

   Sprödbruchneigung

   Alterungsneigung

   Härteneigung

   Warmrißneigung

   Schmelzbadverhalten

---

[1] Dieser Text stimmt mit der ISO-Empfehlung R 581-1967 sinngemäß überein.

b) metallurgische Eigenschaften bedingt durch
Herstellungsverfahren, z. B. Erschmelzungs- und
Desoxydationsart, Warm- und Kaltformgebung,
Wärmebehandlung, bestimmend für:

Seigerungen

Einschlüsse

Anisotropie

Korngröße

Gefügeausbildung

c) Physikalische Eigenschaften, z. B.

Ausdehnungsverhalten

Wärmeleitfähigkeit

Schmelzpunkt

Festigkeit und Zähigkeit

2.2. Schweißsicherheit (konstruktionsbedingte Schweißsicherheit)

Die Schweißsicherheit einer Konstruktion ist vorhanden,
wenn mit dem verwendeten Werkstoff das Bauteil aufgrund seiner konstruktiven Gestaltung unter den vorgesehenen Betriebsbedingungen funktionsfähig bleibt.

Die Schweißsicherheit der Konstruktion eines bestimmten
Bauwerks oder Bauteils ist um so größer, je weniger die
konstruktionsbedingten Faktoren bei der Auswahl des
Werkstoffs für eine bestimmte schweißtechnische Fertigung beachtet werden müssen.

Die Schweißsicherheit wird u. a. von folgenden
Faktoren beeinflußt:

a) Konstruktive Gestaltung, z. B.

Kraftfluß im Bauteil

Anordnung der Schweißnähte

Werkstückdicke

Kerbwirkung

Steifigkeitsunterschied

b) Beanspruchungszustand, z. B.

Art und Größe der Spannungen im Bauteil

Räumlichkeitsgrad der Spannungen

Beanspruchungsgeschwindigkeit

Temperaturen

Korrosion

2.3. Schweißmöglichkeit (fertigungsbedingte Schweißsicherheit)

Die Schweißmöglichkeit in einer schweißtechnischen
Fertigung ist vorhanden, wenn die an einer Konstruktion
vorgesehenen Schweißungen unter den gewählten Ferti-
gungsbedingungen fachgerecht hergestellt werden können.

Die Schweißmöglichkeit einer für ein bestimmtes Bau-
werk oder Bauteil vorgesehenen Fertigung ist um so
besser, je weniger die fertigungsbedingten Faktoren
beim Entwurf der Konstruktion für einen bestimmten
Werkstoff beachtet werden müssen.

Die Schweißmöglichkeit wird u. a. von folgenden
Faktoren beeinflußt:

a) Vorbereitung zum Schweißen, z. B.

Schweißverfahren

Art der Zusatzwerkstoffe und Hilfsstoffe

Stoßarten

Fugenformen

Vorwärmung

Maßnahmen bei ungünstigen Witterungsverhältnissen

b) Ausführung der Schweißarbeiten, z. B.

Wärmeführung

Wärmeeinbringung

Schweißfolge

c) Nachbehandlung, z. B.

Wärmebehandlung

Schleifen

Beizen

	Wärmebehandlung von Eisenwerkstoffen **Werkstoffauswahl** Stahlauswahl aufgrund der Härtbarkeit	**DIN** **17 021** Teil 1

1 Geltungsbereich

Diese Norm gibt einen Anhalt für die Auswahl der Stahlsorten für zu härtende oder zu vergütende Werkstücke.

Die Hinweise gelten hauptsächlich für Stähle, für die nach den Normen eine Prüfung der Härtbarkeit im Stirnabschreckversuch (siehe DIN 50 191) vorgesehen ist, nämlich für die legierten Vergütungsstähle nach DIN 17 200, die legierten Einsatzstähle nach DIN 17 210, die legierten Stähle für Flamm- und Induktionshärten (Randschichthärten) nach DIN 17 212 sowie gegebenenfalls für weitere Stähle, für die das Härtbarkeitsverhalten im Stirnabschreckversuch hinreichend genau belegt ist. Dies sind vor allem die legierten Stähle nach den vergleichbaren Euronormen und ISO-Normen, die z. B. in den oben angegebenen deutschen Normen aufgesucht werden können. Die Norm gilt auch für Nitrierstähle nach DIN 17 211.

Die vorliegende Norm gilt nicht für eine Stahlauswahl aufgrund der zu erwartenden Einhärtungstiefe bzw. Einsatzhärtungstiefe nach Randschichthärten bzw. Einsatzhärten, für nur sehr gering einhärtende, also vor allem unlegierte Stähle, sowie nicht für eine Auswahl von Stahl zum Umwandeln in der Bainitstufe.

Ausdrücklich ausgenommen sind auch Werkzeuge, bei denen hinsichtlich der Stahlauswahl noch andere Kriterien maßgebend sind als die Härtbarkeit.

Außer dem Weg, die Stahlauswahl aufgrund der Härtbarkeit zu treffen, kann es erforderlich sein, eine Reihe weiterer Eigenschaften zu berücksichtigen, u. a. Zerspanbarkeit, Umformbarkeit, Fügbarkeit, Dauerschwingfestigkeit, Aufkohlungsverhalten, Festigkeit, Anlaßverhalten.

Ein entscheidender Faktor kann auch der Aufwand bei der Beschaffung und Lagerhaltung sein.

2 Begriffe

Die in diesem Abschnitt angegebenen Begriffe sind entsprechend DIN 17 014 Teil 1, Ausgabe März 1975, definiert.

2.1 Härten: Austenitisieren und Abkühlen mit solcher Geschwindigkeit, daß in mehr oder weniger großen Bereichen des Querschnittes eines Werkstückes eine erhebliche Härtesteigerung durch Martensitbildung eintritt.

2.2 Anlassen: Erwärmen eines gehärteten Werkstückes auf eine Temperatur zwischen Raumtemperatur und Ac_1 und Halten dieser Temperatur mit nachfolgendem zweckentsprechendem Abkühlen.

2.3 Vergüten: Härten und danach Anlassen im oberen möglichen Temperaturbereich zum Erzielen guter Zähigkeit bei gegebener Zugfestigkeit.

2.4 Härtbarkeit

Begriff, der die Aufhärtbarkeit und Einhärtbarkeit zusammenfaßt: Ein gebräuchliches Verfahren zur Prüfung der Härtbarkeit ist der Stirnabschreckversuch (siehe DIN 50 191).

2.4.1 Aufhärtbarkeit: In einem Werkstoff durch Härten unter optimalen Bedingungen e r r e i c h b a r e höchste Härte.

2.4.2 Einhärtbarkeit: In einem Werkstoff durch Härten unter optimalen Bedingungen e r r e i c h b a r e größte Einhärtungstiefe.

2.5 Härtung: Durch Härten in einem Werkstück erreichter Zustand erhöhter Härte.

2.5.1 Aufhärtung: Höchste in einem Werkstück nach einem Härten (unter den jeweiligen Bedingungen) e r r e i c h t e Härte.

2.5.2 Einhärtung: Härtung im Hinblick auf den von ihr e r f a ß t e n Querschnittsbereich eines Werkstückes und den Härteverlauf. Ein Maß für die Einhärtung ist die Einhärtungstiefe.

2.6 Einhärtungstiefe: Senkrechter Abstand von der Oberfläche eines gehärteten Werkstückes bis zu dem Punkt, an dem die Härte einem zweckentsprechenden festgelegten*) Wert entspricht.

2.7 Abkühlungsverlauf

Jeweilige Temperaturverteilung in einem Werkstück während einer Abkühlung in Abhängigkeit von der Zeit.

A n m e r k u n g : Im engeren Sinne gibt Abkühlungsverlauf eine Gesamtheit von Abkühlungskurven für verschiedene Stellen eines Werkstückes an.

2.8 Abkühlungsgeschwindigkeit

Zeitbezogene Temperaturabnahme für einen bestimmten Punkt oder einen bestimmten Bereich einer Abkühlungskurve.

A n m e r k u n g : Der Abkühlungsverlauf ist abhängig von der Wärmeübergangszahl, die durch den Werkstoff und das Abkühlmittel gegeben ist und der werkstoffeigenen Temperaturleitzahl. Für die in Abschnitt 1.1 aufgeführten Stähle unterscheiden sich die Temperaturleitzahlen nur wenig.

3 Grundsätzliches zur Härtbarkeit

3.1 Aufhärtbarkeit

Im Sinne dieser Norm hängt die Aufhärtbarkeit, d. h. die größte erreichbare Härte von dem im Austenit gelösten Anteil des Kohlenstoffgehaltes des Stahles ab. Die Menge des gelösten Anteils wird durch die Austenitisierungsbedingungen bestimmt.

Die Beziehungen zwischen dem im Austenit gelösten Kohlenstoffanteil und der nach dem Abschrecken in Abhängigkeit vom Martensitanteil erreichbaren Härte bei legierten und unlegierten Stählen sind in Bild 1 und Bild 2 dargestellt.

Die im Werkstück erzielte Aufhärtung ist außer von der Aufhärtbarkeit auch noch von den Abkühlungsbedingungen abhängig.

*) Ermittlung der Einhärtungstiefe siehe DIN 50 190 Teil 2.

3.2 Einfluß der Legierungselemente

Im wesentlichen bestimmen Art und Menge der im Austenit gelösten Legierungselemente, sowie der gelöste Kohlenstoff und der Abkühlungsverlauf die Einhärtung. Mit zunehmendem Mengenanteil der Legierungselemente steigt die einhärtende Wirkung. Die wirksamsten Legierungselemente sind Mangan, Chrom und Molybdän.

Soll ein annähernd gleichmäßiger Verlauf der Härte über den Querschnitt erreicht werden, so ist beim Härten unter gleichen Abkühlungsbedingungen von bestimmten Mindestquerschnitten an die Verwendung legierter — anstelle unlegierter — Stähle notwendig.

A n m e r k u n g : *Wird z. B. eine Einhärtung bis zum Kern verlangt, dürfte die Verwendung unlegierter Stähle nur bis zu Durchmessern von etwa 20 mm in Betracht kommen.*

Je größer der Querschnitt eines Bauteils ist und je gleichmäßiger der Härteverlauf über denselben sein soll, desto größer muß der Anteil geeigneter — im Austenit in Lösung zu bringender — Legierungselemente sein. Bei gleichen Anforderungen an die Einhärtung kann der Kohlenstoffgehalt von legierten Stählen niedriger als derjenige unlegierter Stähle sein; die Aufhärtbarkeit ist aber dann geringer.

3.3 Prüfen der Härtbarkeit

Allgemein wird die Härtbarkeit durch den Stirnabschreckversuch nach DIN 50 191 ermittelt und in Form von Stirnabstand-Härte-Kurven dargestellt. Bei dieser Prüfung wird eine Probe nach dem Austenitisieren in einer geeigneten Vorrichtung nur von der unteren Stirnfläche her mit einem Wasserstrahl unter stets gleichbleibenden Bedingungen abgeschreckt. Die Abkühlungsgeschwindigkeit nimmt mit dem Abstand von der abgeschreckten Stirnfläche ab. Sie wird durch die Abkühldauer zwischen 800 und 500 °C gekennzeichnet (siehe Bild 3).

Bei der Messung der Härte entlang der Probenmantelfläche ergeben sich im allgemeinen abfallende Härtewerte. Ihr Verlauf kennzeichnet die Härtbarkeit. Für Stähle, die sich zur Prüfung im Stirnabschreckversuch eignen, lassen sich auf diese Weise entsprechend der Streuung der Schmelzen sogenannte Härtbarkeitsstreubänder aufstellen, Beispiel siehe Bild 4.

4 Einflußgrößen bei der Stahlauswahl

4.1 Maßänderung, Verzug und Rißgefahr

Maßänderung und Verzug, Begriffe siehe DIN 17 014 Teil 1.

Bei der Entscheidung, welcher Stahl aufgrund der Härtbarkeit für ein gegebenes Bauteil verwendet werden soll, sind auch die Gesichtspunkte der Maßänderung, des Verzugs sowie die Rißgefahr zu beachten. Verzug und Rißgefahr werden durch die über den Querschnitt unterschiedlichen Volumenänderungen beim Härten beeinflußt. Für eine optimale Abstimmung von Bauteilform, Maßänderung, Verzug, Rißgefahr und Stahlzusammensetzung sind Versuche erforderlich.

Maßgebend für die Größe des Verzugs und für die Rißgefahr sind die durch das Härten in ihrer Verteilung und Größe sich verändernden Eigenspannungen.

Je schneller die Abkühlung von Härtetemperatur und je vielgestaltiger das Werkstück ist, um so ungünstiger können sich die Spannungen auswirken.

Durch eine langsamere Abkühlung können geringere Spannungen entstehen. Reicht dann die Härtbarkeit des Stahles nicht mehr aus, um die geforderten Eigenschaften zu erreichen, muß ein Stahl höherer Härtbarkeit verwendet werden.

4.2 Wirkung der Abkühlmittel

Der Wärmeentzug beim Härten wird bei gleichen Stählen und Abmessungen durch das Abkühlmittel bestimmt. Seine Eigenschaften, die Temperatur und eine zusätzliche Bewegung entweder des Abkühlmittels und/oder des abzukühlenden Teils beeinflussen die Abkühlung. Dementsprechend können auch die Maßänderungen, der Verzug und die Rißgefahr im Einzelfall unterschiedlich sein.

Die Abkühlmittel unterscheiden sich durch das Abkühlvermögen in den für das Härten wichtigen Temperaturbereichen.

Von den üblicherweise verwendeten Abkühlmitteln wird an Luft die langsamste, in Wasser die schnellste Abkühlung erreicht. Dazwischen liegt die Abkühlung in Ölen oder Salzschmelzen, je nach den physikalischen Eigenschaften (z. B. Viskosität, spez. Wärme, Wärmeleitfähigkeit).

4.3 Einfluß des Anlassens beim Vergüten

4.3.1 Allgemeine Angaben

Die Wirkung des Anlassens auf die Eigenschaftsänderungen, Zunahme von Zähigkeit, Bruchdehnung und Brucheinschnürung sowie Abnahme von Härte, Zugfestigkeit und Streckgrenze ist abhängig von Anlaßtemperatur und -dauer. Beide Einflußgrößen sind in gewissen Grenzen austauschbar. Sollen Stähle auf gleiche Härte oder Festigkeit angelassen werden, so erfordern die legierten Stähle normalerweise höhere Anlaßtemperaturen als die unlegierten Stähle. Hinweise sind den Anlaß-Schaubildern zu entnehmen (siehe z. B. DIN 17 200). Durch eine dem jeweiligen Anwendungsfall angepaßte Wärmebehandlung können an Werkstücken von den Angaben der Norm abweichende mechanische Werte erreicht werden.

Aus der nach dem Anlassen geforderten Härte und unter Berücksichtigung der durch das Anlassen bewirkten Abnahme der Härtewerte gegenüber dem abgeschreckten Zustand ergitbt sich aus Bild 5 die vor dem Anlassen erforderliche Abschreckhärte.

4.3.2 Versprödungserscheinungen

Es ist zu beachten, daß beim Anlassen bei verschiedenen Stählen eine Versprödung eintreten kann, wenn sich bestimmte Temperaturbereiche nicht vermeiden lassen. Diese Versprödung ist besonders bei schlagartiger Beanspruchung der Bauteile zu beachten und wird vorzugsweise im Kerbschlagbiegeversuch nachgewiesen.

Hierbei unterscheidet man einen Temperaturbereich um etwa 300 °C („300-Grad-Versprödung" genannt) und einen zwischen 350 und 550 °C („Anlaßversprödung" genannt).

Um die 300-°C-Versprödung zu vermeiden, sollte möglichst nicht im Bereich von 250 bis 350 °C angelassen werden.

Die Anlaßversprödung tritt besonders bei Mn-, Cr-, MnCr-, CrV- und CrNi-legierten Stählen auf, wenn diese nach dem Anlassen oberhalb 600 °C langsam abgekühlt werden oder wenn zwischen 350 bis 550 °C angelassen wird. Die Versprödung kann vermindert werden durch niedrige Phosphorgehalte, Verwendung von Stählen, die mit Molybdän bis etwa 0,6 Gew.-% legiert sind oder durch schnelles Abkühlen nach dem Anlassen oberhalb von 600 °C.

5 Stahlauswahl

5.1 Zusammenhang zwischen den Abkühlungsvorgängen in der Stirnabschreckprobe und in Werkstücken

5.1.1 Grundlagen

Wird ein Werkstück von Austenitisierungstemperatur abgeschreckt, so stellt sich ein von seiner Form und seinen Abmessungen sowie der Wirkung des Abschreckmittels abhängiger Verlauf der Abkühlung an den verschiedenen Stellen des Teiles ein.

Ähnliche Abkühlungsverläufe weist auch die Stirnabschreckprobe auf. Mit hinreichender Genauigkeit lassen sich daher gewisse Stellen oder Bereiche eines Bauteiles bestimmten Stellen auf der Mantelfläche der Stirnabschreckprobe mit gleicher Abkühlgeschwindigkeit zuordnen. An diesen Stellen ergeben sich gleiche Härtewerte. Aufgrund dieses einfachen Zusammenhanges können Härteverläufe von abgeschreckten Bauteilen und Stirnabschreckproben aus dem gleichen Stahl zueinander in Beziehung gesetzt werden. Ist der Abkühlverlauf an verschiedenen Stellen des Bauteils bekannt, so kann die dort zu erwartende Härte anhand der Ergebnisse des Stirnabschreckversuches vorausgesagt werden.

5.1.2 Zusammenhang zwischen dem Abkühlungsverlauf von Probekörpern und der Stirnabschreckprobe

Den Zusammenhang zwischen dem Abkühlungsverlauf im Rand und Kern zylindrischer Bauteile bis 100 mm Durchmesser in Wasser und Öl und dem Abkühlungsverlauf der Stirnabschreckprobe zeigen die Bilder 6 und 7. Für andere Querschnitte sind Umrechnungen möglich (siehe hierzu: VDI-Wärmeatlas, Berechnungsblätter für den Wärmeübergang, VDI-Verlag Düsseldorf, 1963). Die in den Bildern 6 und 7 dargestellten Streubänder gelten bis jetzt nur näherungsweise unter den angegebenen Abschreckbedingungen für das Abschrecken von Einzelstücken. Werden in der Praxis nicht einzelne Teile, sondern mehrere Teile gleichzeitig abgeschreckt, so sind weitere Korrekturen notwendig.

5.2 Zusammenhang zwischen der Härte und weiteren mechanischen Eigenschaften bei Raumtemperatur

Mit steigender Härte nehmen Zugfestigkeit, Streckgrenze und 0,2-Grenze zu, wie es in den Bildern 8 und 9 gezeigt ist. Die Angaben in Bild 9 für die 0,2-Grenze gelten nur unter der Voraussetzung, daß im Betrachtungsquerschnitt mindestens 50 % Martensit vorliegen.

Bild 1 bis Bild 5 siehe Originalnorm

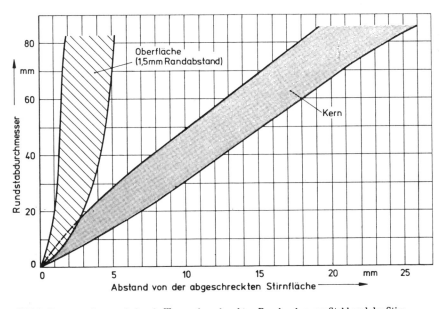

Bild 6. Zusammenhang zwischen in Wasser abgeschreckten Rundproben aus Stahl und der Stirnabschreckprobe (nach A. Rose, Atlas zur Wärmebehandlung der Stähle, Band 1 und H. Brandis/H. Preisendanz, Das Abkühlverhalten in Stirnabschreckproben, Bänder, Bleche, Rohre, Okt. 1963)

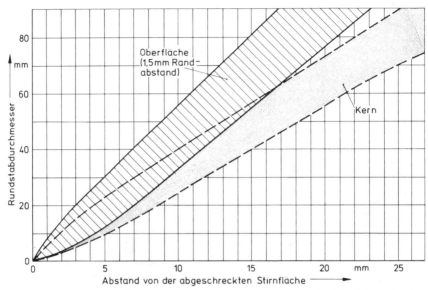

Bild 7. Zusammenhang zwischen in Öl abgeschreckten Rundproben aus Stahl und der Stirnabschreckprobe (nach A. Rose, Atlas zur Wärmebehandlung der Stähle, Band 1 und H. Brandis/H. Preisendanz, Das Abkühlverhalten in Stirnabschreckproben, Bänder, Bleche, Rohre, Okt. 1963)

Anmerkung: Weitere Zusammenhänge z. B. zwischen Bruchdehnung, Kerbschlagzähigkeit, Dauerschwingfestigkeit und Härte sind ggf. möglich, lassen sich nach den heute vorliegenden Unterlagen aber nicht für alle Stähle zahlenmäßig sicher belegen. Auf ihre Wiedergabe wird deshalb an dieser Stelle verzichtet.

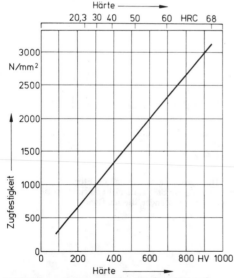

Bild 8. Zusammenhang zwischen Zugfestigkeit und
Härte von Stahl

Anmerkung: Bild 8 wurde auf der Grundlage des Entwurfs DIN 50 150 Ausgabe Juli 1975 erstellt.

5.3 Beispiele für die Stahlauswahl*)

5.3.1 Auswahl über die Abkühlung

Das nachstehend beschriebene Verfahren ergibt ausreichend genaue Anhaltswerte, wobei Abschnitt 5.1.2 zu beachten ist. Für die nachstehenden Beispiele wurden die Mittelwerte der jeweiligen Streubereiche verwendet.

Beispiel 1

Aufgabenstellung:

Die Oberflächenhärte eines Bauteiles soll vor dem Anlassen mindestens 40 HRC betragen. Kann hierfür einer der beiden im Betrieb vorhandenen Stähle 41 Cr 4 bzw. 46 Cr 2 verwendet werden?

Hinweise:

Der Querschnitt des Teiles kann einer Welle mit 40 mm Durchmesser gleichgesetzt werden. Aus Verzugsgründen darf nicht in Wasser abgeschreckt werden.

Lösungsweg:

Es ist zu prüfen, ob die Härtbarkeit der beiden Stähle ausreicht, um bei einer Welle von 40 mm Durchmesser und Abschrecken in Öl auf die geforderte Oberflächenhärte zu kommen.
Aus Bild 10 ergibt sich für einen 40 mm Rundstab für 1,5 mm Randabstand nach dem Abschrecken in Öl die gleiche Abkühlungsgeschwindigkeit, wie an der Stelle der Stirnabschreckprobe in ≈ 9,5 mm Abstand vom Abschreckende. Weil die Welle ≧ 40 HRC haben soll, muß geprüft werden, welcher Stahl an der unteren Grenze des Härtbarkeitsstreubandes den Punkt 40 HRC bei 9,5 mm Stirnabstand enthält.

*) Aus Wirtschaftlichkeitsgründen ist immer zu prüfen, ob etwa bereits im Werk in passender Abmessung vorhandene Stähle eine für den vorgesehenen Fall ausreichende Härtbarkeit aufweisen. Dabei ist es u. U. günstiger einen preislich zwar teureren, aber im Werk bereits vorhandenen Stahl zu verwenden, als die Lagerhaltung um einen zusätzlichen Stahl zu erweitern.

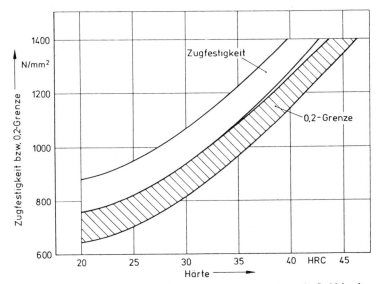

Bild 9. Zusammenhang zwischen Zugfestigkeit, 0,2-Grenze und Härte für Stahl (nach
E. Houdremont, Handbuch der Sonderstahlkunde)

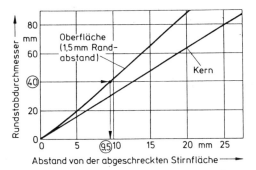

Bild 10. Zusammenhang zwischen in Öl abgeschreckten
Rundproben aus Stahl und der Stirnabschreckprobe (Mittelwertskurven der in Bild 7 dargestellten Streubänder)

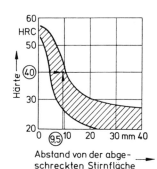

Bild 11. Härtbarkeitsstreuband verschiedener
Lieferungen des Stahls 46 Cr 2

Für den im Betrieb vorhandenen Stahl 46 Cr 2 wurde bei
der Eingangskontrolle die Härtbarkeit nach dem Stirnabschreckversuch geprüft und verschiedene Lieferungen
ergaben das Streuband in Bild 11.

Zeichnet man in Bild 11 den Punkt 40 HRC bei 9,5 mm
Stirnabstand ein, so zeigt sich, daß nicht alle Lieferungen
diese Härtbarkeitsforderung erfüllt hätten.

Ergebnis:

Wegen zu geringer Härtbarkeit kann somit der Stahl
46 Cr 2 nicht verwendet werden.

Aus DIN 17 200 geht hervor, daß bei dem Stahl 41 Cr 4
der Punkt 40 HRC/9,5 mm unterhalb des Härtbarkeits-

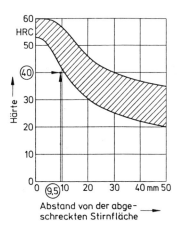

Bild 12. Härtbarkeitsstreuband für den Stahl 41 Cr 4
(nach DIN 17 200)

streubandes liegt. Damit ist gesichert, daß die Härtbarkeit dieses Stahls ausreicht, um die gestellte Forderung zu erfüllen (siehe Bild 12).

Aus Wirtschaftlichkeitsgründen ist zu prüfen, ob nicht eine Randschichthärtung durchgeführt werden kann; dann könnte der Stahl 46 Cr 2 verwendet werden.

Beispiel 2:

Aufgabenstellung:

Eine abgesetzte zylindrische Welle mit 40 mm Durchmesser an der kritischen Stelle soll auf eine Streckgrenze $\sigma_s \geqq 720 \, N/mm^2$ im Kern vergütet werden.

Hinweise:

Um die Rißgefahr möglichst gering zu halten und stärkeren Verzug wegen hoher Nachbearbeitungskosten des Teiles zu vermeiden, soll in Öl abgeschreckt werden. Weil das Teil stoßartig beansprucht wird, ist eine hohe Zähigkeit erforderlich. Diese soll durch Anlassen bei 600 °C erreicht werden.

Aufgrund von Erfahrungswerten kann angenommen werden, daß für den gegebenen Beanspruchungsfall ein Gefügeanteil von mindestens 50 % Martensit im Kern ausreichend ist.

Lösungsweg:

Maßgebend für den Lösungsweg ist die Streckgrenze an der höchstbeanspruchten Stelle. Liegt keine ausgeprägte Streckgrenze vor, wird statt dessen die 0,2-Grenze verwendet.

Aus Bild 13 kann für eine 0,2-Grenze = 720 N/mm² eine entsprechende Härte von 23 HRC entnommen werden.

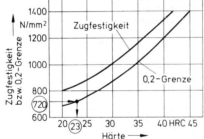

Bild 13. Zusammenhang zwischen Zugfestigkeit, 0,2-Grenze und Härte für Stahl (Mittelwerts-Kurven der in Bild 9 dargestellten Streubänder)

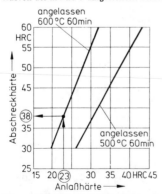

Bild 14. Zusammenhang zwischen der Härte vor und nach dem Ablassen beim Vergüten von Stählen nach DIN 17 200 (Mittelwerts-Kurven der in Bild 5 dargestellten Streubänder).

Diese Härte muß im Kern des Werkstückes nach dem Vergüten vorliegen. Durch das Anlassen nach dem Härten verringert sich der Wert für die Abschreckhärte. Da die Anlaßhärte 23 HRC betragen soll, muß für den weiteren Gang der Auswahl die Abschreckhärte ermittelt werden.

Aus Bild 14 ergibt sich für eine Anlaßtemperatur von 600 °C und eine Anlaßhärte von 23 HRC eine mittlere Abschreckhärte von 38 HRC.

Um 38 HRC bei 50 % Martensit zu erreichen, ist nach Bild 15 ein Mindest-C-Gehalt von ≈ 0,32 Gew.-% erforderlich.

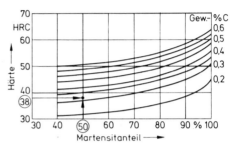

Bild 15. Zusammenhang zwischen Abschreckhärte, Kohlenstoffgehalt und Martensitanteil gehärteter Stähle (nach Hodge/Orehoski, Trans. AIME, 167, 627, 1946)

Aus Bild 16 kann für Abkühlung in Öl, entsprechend den Beziehungen zwischen Bauteilquerschnitt und notwendiger Härtbarkeit, für den Kern einer Rundprobe mit 40 mm Durchmesser ein zugehöriger Stirnabstand von 13 mm entnommen werden. Das bedeutet, daß in 13 mm Abstand vom Abschreckende der Stirnabschreckprobe die gleiche Abkühlungsgeschwindigkeit vorliegt wie im Kern einer Rundprobe mit 40 mm Durchmesser, die in Öl abgeschreckt wird.

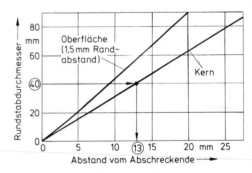

Bild 16. Zusammenhang zwischen in Öl abgeschreckten Rundproben aus Stahl und der Stirnabschreckprobe (Mittelwerts-Kurven der in Bild 7 dargestellten Streubänder)

Dementsprechend werden nunmehr die Härtbarkeitsstreubänder verschiedener Stähle mit einem Kohlenstoffgehalt von ≧ 0,32 Gew.-% C daraufhin untersucht, ob die jeweils untere Härtbarkeitskurve oberhalb des Punktes 38 HRC, 13 mm Stirnabstand liegt. Nur dieser Stahl wird mit Sicherheit die geforderten Mindestwerte gewährleisten (Bild 17).

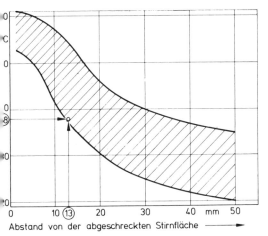

Bild 17. Härtbarkeitsstreuband für den Stahl 41 Cr 4
nach DIN 17 200

Ergebnis:

Im vorliegenden Fall trifft dies z. B. für den Stahl 41 Cr 4
zu, während der Stahl 34 CrMo 4 (vgl. Bild 4) nur dann
in Betracht käme, wenn mit dem Lieferer vereinbart
würde, gemäß DIN 17 200, nur Stahlschmelzen zu liefern, deren Härtbarkeit den oberen zwei Dritteln des
Streubandes entspricht.

Ist es möglich, statt in Öl, in einem schroffer wirkenden
Mittel abzuschrecken, würde dies die Härtbarkeitsforderung erheblich mindern. Aus Bild 18 ergäbe sich für Abschrecken in Wasser, analog zu Bild 16, ein Stirnabstand
von 10 mm für den Kern bei einem Rundstab von 40 mm
Durchmesser. Dann könnte z. B. der Stahl 34 CrMo 4
verwendet werden.

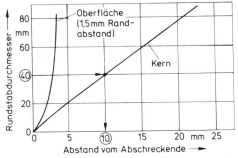

Bild 18. Zusammenhang zwischen in Wasser abgeschreckten Rundproben aus Stahl und der Stirnabschreckprobe (Mittelwertskurven der in
Bild 6 dargestellten Streubänder).

Anhand des Vergütungs- oder Anlaßschaubildes für den
Stahl 41 Cr 4 (Bild 19) kann überprüft werden, ob die
Forderung $\sigma_s \geqq 720\,\text{N/mm}^2$ erfüllt ist.

*A n m e r k u n g : In der Wärmebehandlungs-Anweisung
(WBA) bzw. im Fertigungsplan müssen die Angaben:*

    vergütet

    Kernhärte ≧ 23 HRC

    angelassen 600 °C

    Abschreckhärte ≧ 38 HRC

enthalten sein.

5.3.2 Auswahl nach Betriebsversuchen

Ist es unmöglich oder zu schwierig, hinreichend sichere
Beziehungen zwischen Abkühlungsvorgängen im Bauteil
und der Stirnabschreckprobe entsprechend den Bildern
6 bzw. 7 herzustellen und entsprechend Abschnitt 3.3.1
vorzugehen, ist das nachstehend beschriebene Verfahren
anzuwenden.

Beispiel 3:

Aufgabenstellung:

Ein Bauteil soll an seinem kritischen Querschnitt im
Kern eine Zugfestigkeit von $\sigma_B \geqq 950\,\text{N/mm}^2$ besitzen.
Die Oberflächenhärte soll ≧ 37 HRC betragen. Kann zu
diesem Zweck der im Betrieb vorhandene Stahl 38 Cr 2
verwendet werden?

Zusatzbedingungen:

Aus Gründen der Beanspruchung soll ein Vergüten mit
Anlassen bei mindestens 500 °C durchgeführt werden.

Annahme:

Der im Betrieb für andere Teile verwendete Vergütungsstahl 38 Cr 2 ist in einer Abmessung vorhanden, aus dem
Versuchsproben entsprechend dem vorgesehenen Teil
hergestellt werden können. Die Stirnabschreck-Kurve
für den 38 Cr 2 liegt vor. Weiter ist bekannt, unter wel-
chen Bedingungen die vorgesehenen Erzeugnisteile später
vergütet werden sollen (Chargengröße, Erwärmungs- und
Haltedauer, Abschreckung usw.).

Lösungsweg:

Aus Bild 20 kann für eine Zugfestigkeit von
$\sigma_B = 950\,\text{N/mm}^2$ eine entsprechende Härte von
28 HRC entnommen werden. Diese Härte muß nach
dem Vergüten im Kern des Teiles vorliegen.

Aus Bild 21 ist für eine Anlaßhärte von 28 HRC im Kern
bzw. 37 HRC an der Oberfläche eine Abschreckhärte von
34 HRC im Kern bzw. 48 HRC an der Oberfläche zu entnehmen, wenn beim Vergüten auf 500 °C angelassen
werden soll.

Aus dem vorhandenen Vergütungsstahl 38 Cr 2 werden
ein bzw. mehrere Stücke hergestellt und unter den vorgesehenen Betriebsbedingungen gehärtet. Um die
Betriebsbedingungen ausreichend genau zu treffen, kann
es dabei notwendig sein, die Charge mit „Blind"-Teilen
aufzufüllen.

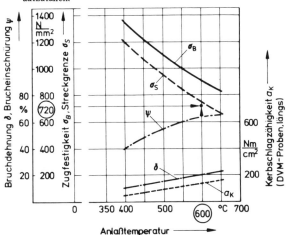

Bild 19. Anlaßschaubild für den Stahl 41 Cr 4 (aus dem
Katalog des Stahlherstellers XY)

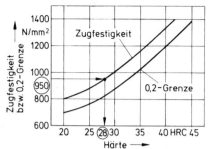

Bild 20. Zusammenhang zwischen Zugfestigkeit,
0,2-Grenze und Härte für Stahl (Mittelwerts-
Kurven der in Bild 9 dargestellten Streubänder)

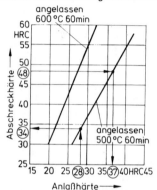

Bild 21. Zusammenhang zwischen der Härte vor und
nach dem Anlassen beim Vergüten von Stählen
nach DIN 17 200 (Mittelwerts-Kurven der in
Bild 5 dargestellten Streubänder)

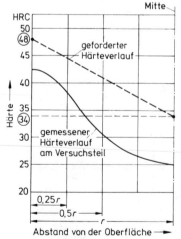

Bild 22. Härteverlaufskurven

An der für die Beanspruchung maßgebenden Stelle wird
der Härteverlauf über den Querschnitt ermittelt und
graphisch, wie in Bild 22 gezeigt, dargestellt. In die gleiche
Darstellung werden die nach dem Härten geforderten
Oberflächen- und Kernhärtewerte eingetragen und durch

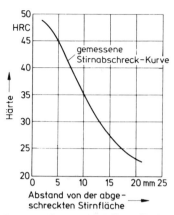

Bild 23. Gemessene Stirnabschreck-Kurve für eine
Charge des Stahles 38 Cr 2

eine Gerade miteinander verbunden. Dabei stellt sich
heraus, daß am Versuchsteil die geforderten Härtewerte
nicht erreicht wurden.

In Bild 23 ist die Stirnabschreck-Kurve für den Stahl
38 Cr 2 aufgezeichnet, und zwar für die Charge, aus
welcher die Versuchsmusterteile hergestellt wurden.

Aufgrund des Zusammenhanges zwischen Bauteil und
Stirnabstand-Härte-Kurve für Stellen gleicher Abkühlungsgeschwindigkeit, die zu gleichen Härtewerten führen,
kann nun punktweise die notwendige Stirnabstand-Härte-
Kurve für den geforderten Härteverlauf gezeichnet werden. Dazu ist wie folgt zu verfahren (siehe Bild 24):

a) Für einen beliebigen Randabstand des Bauteils werden
die zugehörigen Härtewerte in den beiden Härteverlaufskurven in Bild 24 (linkes Teilbild) aufgesucht und waage-
recht nach rechts projiziert (Projektionsgeraden c_1, c_1',
c_2, c_2') bis zum Schnitt mit der Stirnabstand-Härte-Kurve
des Probestücks (Schnittpunkt H_1', H_2').

b) Auf der Abszisse des rechten Teilbildes lassen sich an
der Stirnabstand-Härte-Kurve des Probestücks die zugehörigen Stirnabstände ablesen, welche die gleiche Abkühlungsgeschwindigkeit besitzen, wie die entsprechenden
Stellen am Rand und im Kern des Bauteils.

c) Nunmehr verlängert man die durch diese Stirnabstände
und die Schnittpunkte H_1' und H_2' führenden senkrechten
Geraden bis zum Schnitt mit den Projektionsgeraden c_1
und c_2 (Schnittpunkt H_1 und H_2). Diese Schnittpunkte
stellen zwei Punkte der gesuchten Stirnabstand-Härte-
Kurve dar, mit der die gestellten Forderungen erfüllt
werden.

d) Um die notwendige Stirnabstand-Härte-Kurve genauer
zu zeichnen, kann es erforderlich sein, weitere Punkte zu
zeichnen, die man analog der oben beschriebenen Einzel-
schritte festlegen kann.

Ergebnis:

Für die gestellte Aufgabe reicht die Härtbarkeit des Stahles 38 Cr 2 nicht aus, um den geforderten Härteverlauf
zu ermöglichen. Durch einen Vergleich der gefundenen
Stirnabstand-Härte-Kurve mit den z. B. in DIN 17 200
enthaltenen Härtbarkeitsstreubändern läßt sich der Stahl
finden, dessen untere Kurve des Streubandes mit der
konstruierten Kurve nahezu identisch ist. Für das gewählte Beispiel, wäre dies, neben weiteren Möglichkeiten,
für den Stahl 41 Cr 4 der Fall. Es ist aber zu beachten,
daß dieser Stahl wegen der Gefahr der Anlaßversprödung
(siehe Abschnitt 4.3.2) in Anwendungsfällen, in denen

hohe Zähigkeitswerte gefordert werden, nicht wie im Beispiel, bei 500 °C angelassen werden darf. Abhilfe: z. B. Verwendung des Stahles 42 CrMo 4 oder Erhöhung der Anlaßtemperatur. Dann Wiederholung des Lösungsganges, beginnend bei der Suche nach den Abschreck-Härte-Werten aus Bild 21.

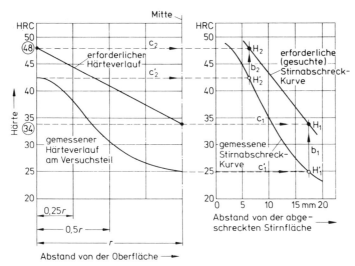

Bild 24. Zeichnerische Ermittlung der gesuchten Härtbarkeit

Erläuterungen

Die gewünschten Gebrauchseigenschaften eines Werkstückes werden nur dann durch eine Wärmebehandlung mit Sicherheit erreicht, wenn sich der verwendete Werkstoff für die vorgesehene Behandlung eignet. Bei der Werkstoffauswahl für Werkstücke, die gehärtet oder vergütet werden, ist also neben wirtschaftlichen und fertigungstechnischen Gesichtspunkten besonders die Härtbarkeit zu berücksichtigen.

Für die Stahlauswahl aufgrund der Härtbarkeit sind in verschiedenen Veröffentlichungen unterschiedliche Wege vorgeschlagen worden. In der vorliegenden Norm, für der von einem Fachausschuß der Arbeitsgemeinschaft Wärmebehandlung und Werkstofftechnik (AWT) der Norm-Entwurf erarbeitet wurde, wird ein in der Anwendung einfaches Verfahren vorgeschlagen.

Hierbei wird der Zusammenhang zwischen den grundsätzlich gleichen Abkühlungsverhältnissen in Stirnabschreckproben nach DIN 50 191 und Rundproben aus Stahl benützt, wie er z. B. in Metals Handbook, Vol. 1, 8. Auflage 1961, Seite 189 bis 216 dargestellt ist. (Vgl. auch Rose, Peter, Straßburg und Rademacher: ,,Atlas zur Wärmebehandlung der Stähle", Verlag Stahleisen mbH, Düsseldorf 1961 oder Crafts, Lamont: ,,Hardenability and Steel-Selection", von Rühenbeck ins Deutsche übertragen und bearbeitet, Springer-Verlag 1954, sowie den Bericht über die Arbeit des AWT-Fachausschusses ,,Wärmebehandlungsangaben in Fertigungsunterlagen": ,,Stahlauswahl aufgrund der Härtbarkeit", Zeitschrift für wirtschaftliche Fertigung, 66 (1971) 4, Seite 195 bis 207).

Die International Organization for Standardization (ISO) hat bislang keine Empfehlung für die Stahlauswahl aufgrund der Härtbarkeit aufgestellt.

Es ist beabsichtigt, die vorliegende Norm weiter zu vervollständigen. Insbesondere soll Bild 5 (Abschnitt 4.3.1)

so ergänzt werden, daß es auch für andere als die angegebenen Anlaßbehandlungen verwendet werden kann.

Die Bilder 6 und 7 (Abschnitt 5.1.2) geben lediglich die Zusammenhänge für Abkühlung in Öl bzw. Wasser und Rundproben an. Es bedarf noch zusätzlicher Arbeiten, um die Zusammenhänge auch auf andere Querschnitte, weitere, genauer gekennzeichnete Abkühlmittel und -bedingungen zu erweitern, bzw. entsprechende Korrekturfaktoren anzugeben, um damit alle in der betrieblichen Praxis vorkommenden Bedingungen zu erfassen.

Beim gegenwärtigen Stand der Arbeiten wurde auch bewußt auf die Aufnahme weiterer Zusammenhänge zwischen der Härte und anderen Gebrauchseigenschaften wie Dauerschwingfestigkeit, Kerbschlagzähigkeit, Bruchdehnung, Brucheinschnürung usw. in der vorliegenden Norm verzichtet, da das vorliegende Zahlenmaterial eine Verarbeitung für eine allgemeingültige Norm noch nicht gestattet.

Die in den Beispielen 1 und 2 dargestellten Auswahlverfahren führen im allgemeinen praktischen Fall zu befriedigend angenäherten Werten. Sollen die betrieblichen Bedingungen besser berücksichtigt werden, so ist das in Beispiel 3 dargestellte Verfahren zu empfehlen. Allen Verfahren ist jedoch gemeinsam, daß sie auf die in den verschiedenen Gütenormen für Stähle (z. B. DIN 17 200, DIN 17 210 usw.) enthaltenen Härtbarkeitsstreubänder abzielen.

Im Rahmen dieser Norm sind weitere Arbeiten wie z. B. verfahrenstechnische Hinweise für die verschiedenen Wärmebehandlungsverfahren, sowie die Werkstoffauswahl entsprechend den geforderten Gebrauchseigenschaften mittels Entscheidungstabellen vorgesehen.

Sachgebiet 2

Gütenormen

	Betonstahl Sorten, Eigenschaften, Kennzeichen	**DIN** **488** Teil 1

Zu dieser Norm gehören

1 Anwendungsbereich

1.1 Diese Norm gilt für die im Abschnitt 3 sowie in Tabelle 1 beschriebenen schweißgeeigneten Stahlsorten zur Bewehrung von Beton.

Die Norm gilt nicht für Spannstahl zur Bewehrung von Spannbeton nach DIN 4227 Teil 1.

1.2 Die Verwendung von Betonstählen, die von dieser Norm abweichen, bedarf nach den bauaufsichtlichen Vorschriften im Einzelfall der Zustimmung der obersten Bauaufsichtsbehörde oder der von ihr beauftragten Behörde, sofern nicht eine allgemeine bauaufsichtliche Zulassung erteilt ist.

2 Begriffe

2.1 Betonstahl

2.1.1 Betonstahl ist ein Stahl mit nahezu kreisförmigem Querschnitt zur Bewehrung von Beton.

2.1.2 Betonstahl wird als Betonstabstahl (S), Betonstahlmatte (M) oder als Bewehrungsdraht hergestellt.

2.2 Betonstabstahl

Betonstabstahl ist ein in technisch geraden Stäben gelieferter Betonstahl für die Einzelstabbewehrung.

2.3 Betonstahlmatte

Betonstahlmatte ist eine werkmäßig vorgefertigte Bewehrung aus sich kreuzenden Stäben, die an den Kreuzungsstellen durch Widerstands-Punktschweißung scherfest miteinander verbunden sind.

2.4 Bewehrungsdraht

Bewehrungsdraht ist glatter oder profilierter Betonstahl, der als Ring hergestellt und vom Ring werkmäßig zu Bewehrungen weiterverarbeitet wird (siehe Abschnitt 3.3 und Abschnitt 8).

3 Sorteneinteilung

3.1 Die Betonstahlsorten BSt 420 S und BSt 500 S nach Tabelle 1 werden als gerippter Betonstabstahl (siehe Abschnitt 2.2) geliefert.

3.2 Die Betonstahlsorte BSt 500 M nach Tabelle 1 wird als geschweißte Betonstahlmatte (siehe Abschnitt 2.3) aus gerippten Stäben geliefert.

3.3 Die Betonstahlsorten BSt 500 G und BSt 500 P nach Abschnitt 8 werden als glatter und profilierter Bewehrungsdraht (siehe Abschnitt 2.4) geliefert.

4 Bezeichnung

4.2 Beispiele für die Normbezeichnung
(siehe auch DIN 488 Teil 2 und DIN 488 Teil 4):

a) Bezeichnung von geripptem Betonstabstahl der Sorte BSt 500 S mit einem Nenndurchmesser von $d_s = 20$ mm:

Betonstabstahl DIN 488 − BSt 500 S − 20

b) Bezeichnung von glattem Bewehrungsdraht der Sorte BSt 500 G mit einem Nenndurchmesser von $d_s = 6$ mm:

Bewehrungsdraht DIN 488 − BSt 500 G − 6

c) Beispiele für die Bezeichnung von Betonstahlmatten siehe DIN 488 Teil 4.

5 Anforderungen

5.1 Herstellverfahren

5.1.1 Betonstabstahl nach dieser Norm wird wie folgt hergestellt:

- warmgewalzt, ohne Nachbehandlung, oder
- warmgewalzt und aus der Walzhitze wärmebehandelt, oder
- kaltverformt (durch Verwinden oder Recken der warmgewalzten Ausgangserzeugnisse).

5.1.2 Die Stäbe für Betonstahlmatten nach dieser Norm werden durch Kaltverformung (d. h. durch Ziehen und/oder Kaltwalzen der warmgewalzten Ausgangserzeugnisse) hergestellt.

5.1.3 Für die Herstellung von Bewehrungsdraht gelten die Festlegungen des Abschnitts 8.1.

5.2 Eigenschaften

5.2.1 Betonstahl muß in DIN 488 Teil 1 bis Teil 7 (Teil 2 bis Teil 7 z. Z. Entwurf) festgelegten Eigenschaften und Anforderungen erfüllen. Stähle, die nicht diesen Anforderungen entsprechen, dürfen nicht als Betonstahl nach DIN 488 Teil 1 bis Teil 7 (Teil 2 bis Teil 7) bezeichnet werden.

Die ordnungsgemäße Herstellung von Betonstahl nach dieser Norm sowie die Einhaltung der geforderten Eigenschaften sind entsprechend den Festlegungen in DIN 488 Teil 6 zu überwachen. Die Prüfverfahren zum Nachweis der Eigenschaften sind in DIN 488 Teil 3 und Teil 5 angegeben.

5.2.2 Bei den Angaben in Tabelle 1 (Merkmale der Zeilen 2 bis 15 in den Spalten 2 bis 4) handelt es sich um p-Quantile der Grundgesamtheit. Als Grundgesamtheit gilt die Produktion eines Werkes für den in DIN 488 Teil 6 angegebenen Zeitraum. Die Anforderungen sind erfüllt, wenn die in den Spalten 2 bis 4 festgelegten p-Quantile von einem Anteil der Grundgesamtheit von höchstens dem in Spalte 5 festgelegten Wert p unterschritten werden.

5.2.3 Die Verformungsfähigkeit der Erzeugnisse einschließlich der Eignung zum Biegen unter den in DIN 1045 festgelegten Bedingungen gilt als sichergestellt, wenn die Anforderungen an den Rückbiegeversuch oder den Faltversuch an der Schweißstelle entsprechend Tabelle 1 (Zeilen 9 bis 12) erfüllt werden.

6 Kennzeichnung der Erzeugnisse

6.1 Kennzeichnung der Stahlsorte

6.1.1 Allgemeines

Die Betonstahlsorten unterscheiden sich voneinander durch die Oberflächengestalt und/oder durch die Verarbeitungsform der Erzeugnisse (siehe auch DIN 488 Teil 2 und Teil 4, z. Z. Entwurf).

6.1.2 Betonstabstahl

a) Betonstabstahl der Sorte BSt 420 S ist durch zwei einander gegenüberliegenden Reihen paralleler Schrägrippen gekennzeichnet. Außer bei dem durch Kaltverwinden hergestellten Betonstabstahl weisen die Schrägrippen auf den beiden Umfangshälften unterschiedliche Abstände auf (siehe Bild 1).

b) Betonstabstahl der Sorte BSt 500 S ist durch zwei Reihen Schrägrippen gekennzeichnet, wobei eine Reihe zueinander parallele Schrägrippen und die andere Reihe zur Stabachse alternierend geneigte Schrägrippen aufweist (siehe Bild 2).

6.1.3 Betonstahlmatte

Die Betonstahlmatten BSt 500 M sind durch ihre Verarbeitungsform und die Rippung ihrer Stäbe gekennzeichnet. Die Stäbe der Betonstahlmatten besitzen drei auf einem Umfangsteil von je $\approx d \cdot \pi/3$ angeordnete Reihen von Schrägrippen.

6.1.4 Bewehrungsdraht

Siehe Abschnitt 8.4

6.2 Kennzeichnung des Herstellerwerkes

6.2.1 Allgemeines

Die Betonstähle müssen mit einem für jedes Herstellerwerk festgelegten Werkkennzeichen versehen sein [1].

6.2.2 Betonstabstahl

6.2.2.1 Land und Herstellerwerk sind jeweils durch eine bestimmte Anzahl von normalen Schrägrippen zwischen verbreiterten Schrägrippen nach dem in den Bildern 1 und 2 dargestellten System zu kennzeichnen.

6.2.2.2 Das Werkkennzeichen beginnt mit zwei verbreiterten Schrägrippen. Es folgt das Nummernfeld des Landes mit einer bestimmten Anzahl von normalen Schrägrippen, das durch eine verbreiterte Schrägrippe abgeschlossen wird. Darauf folgt die Werknummer mit einer bestimmten Anzahl von normalen Schrägrippen (siehe Bilder 1 und 2, Beispiel a); dieses Feld kann auch durch eine verbreiterte Schrägrippe in Zehner- und Einerstellen unterteilt sein (siehe Bilder 1 und 2, Beispiel b). Den Abschluß des gesamten Kennzeichens bildet wiederum eine verbreiterte Schrägrippe.

6.2.2.3 Die Werkkennzeichen sollen sich auf dem Stab in Abständen von ≈ 1 m wiederholen.

---

[1] Ein Verzeichnis der gültigen Werkkennzeichen wird vom Institut für Bautechnik, Reichpietschufer 72–76, 1000 Berlin 30, geführt.

6.2.3 Betonstahlmatte

6.2.3.1 Betonstahlmatten sind mit einem witterungsbeständigen Anhänger zu versehen, aus welchem die Nummer des Herstellerwerkes und die Mattenbezeichnung erkennbar sind.

6.2.3.2 Zusätzlich sind die Stäbe auf einer der drei Rippenreihen nach dem in Bild 3 dargestellten System zu kennzeichnen.

6.2.3.3 Das Werkkennzeichen ist durch die Anzahl von Schrägrippen bestimmt, die zwischen kürzeren oder punktförmigen, zusätzlich eingeschalteten Zwischenrippen liegen (siehe Bild 3, Beispiel a). Statt durch diese kürzeren Zwischenrippen oder Punkte darf die Kennzeichnung auch durch größere Rippenabstände (Weglassen einer Rippe, siehe Bild 3, Beispiel b) erfolgen.

7 Lieferschein

7.1 Nach dieser Norm hergestellter Betonstahl ist mit numerierten Lieferscheinen auszuliefern, die folgende Angaben enthalten:

a) Hersteller und Werk,

b) Werkkennzeichen bzw. Werknummer,

c) Überwachungszeichen,

d) vollständige Bezeichnung des Betonstahls,

e) Liefermenge,

f) Tag der Lieferung,

g) Empfänger.

7.2 Bei Lieferung von Betonstahl ab Händlerlager oder Biegebetrieb ist vom Lieferer auf dem Lieferschein zu bestätigen, daß er Betonstahl nur aus Herstellerwerken bezieht, die einer Überwachung nach DIN 488 Teil 6 unterliegen.

8 Bewehrungsdraht

8.1 Sorteneinteilung, Herstellverfahren, Lieferform

Bewehrungsdraht wird in den im Abschnitt 3.3 genannten Stahlsorten durch Kaltverformung hergestellt und in der Regel als Draht (in Ringen) geliefert.

Die Erzeugnisse müssen eine glatte Oberfläche (Sorte BSt 500 G, Werkstoffnummer 1.0464, Kurzzeichen IV G) oder eine profilierte Oberfläche (Sorte BSt 500 P, Werkstoffnummer 1.0465, Kurzzeichen IV P) aufweisen (siehe auch DIN 488 Teil 4, z. Z. Entwurf).

8.2 Lieferung und Verwendung

8.2.1 Bewehrungsdraht darf nur durch Herstellerwerke von geschweißten Betonstahlmatten ausgeliefert werden. Er ist unmittelbar vom Herstellerwerk an den Verarbeiter zu liefern.

8.2.2 Die Verarbeitung von Bewehrungsdraht ist auf werkmäßig hergestellte Bewehrungen zu beschränken, deren Fertigung, Überwachung und Verwendung in technischen Baubestimmungen (z. B. DIN 4035 oder DIN 4223) geregelt ist.

8.3 Anforderungen

Für Bewehrungsdraht gelten die in den Spalten 4 und 5 der Tabelle 1 festgelegten Anforderungen mit Ausnahme der Festlegungen in den Zeilen 7, 8, 12, 13 und 15.

8.4 Kennzeichnung

8.4.1 Die einzelnen Ringe oder Bunde sind mit einem witterungsbeständigen Anhänger zu versehen, aus dem die Nummer des Herstellerwerkes und der Nenndurchmesser des Erzeugnisses erkennbar sind.

8.4.2 Profilierter Bewehrungsdraht BSt 500 P ist zusätzlich zu den Angaben im Abschnitt 8.4.1 mit einem Werkkennzeichen zu versehen. Die Werknummer geht aus der Anzahl der erhabenen Profilteile hervor, die zwischen senkrecht zur Stabachse (entsprechend Bild 4, Beispiel a) angeordneten oder zwischen fehlenden erhabenen Profilteilen (entsprechend Bild 4, Beispiel b) angeordnet sind.

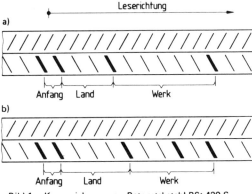

Bild 1. Kennzeichnung von Betonstabstahl BSt 420 S

               Beispiel a) : Land Nr 2, Werknummer 5

               Beispiel b): Land Nr 3, Werknummer 21

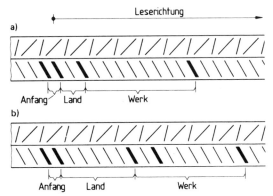

Bild 2. Kennzeichnung von Betonstabstahl BSt 500 S

               Beispiel a) : Land Nr 1, Werknummer 8

               Beispiel b): Land Nr 5, Werknummer 16

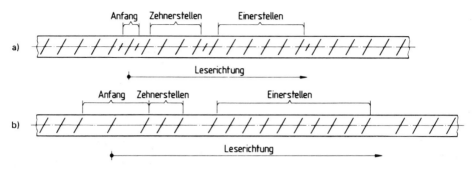

Bild 3. Werkkennzeichen für Betonstahlmatten

Beispiel a) : Werknummer 46

Beispiel b): Werknummer 40 (= 3 · 10 + 10)

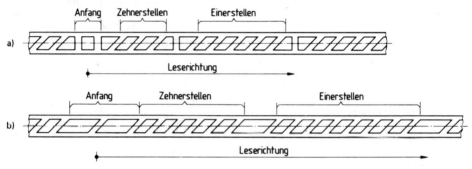

Bild 4. Werkkennzeichen von profiliertem Bewehrungsdraht

Beispiel a) : Werknummer 35

Beispiel b): Werknummer 68

Tabelle 1. Sorteneinteilung und Eigenschaften der Betonstähle

		1		2	3	4	5
Betonstahlsorte		Kurzname		BSt 420 S	BSt 500 S	BSt 500 M [2]	Wert
		Kurzzeichen [1]		III S	IV S	IV M	p
		Werkstoffnummer		1.0428	1.0438	1.0466	% [3]
		Erzeugnisform		Betonstabstahl	Betonstabstahl	Betonstahlmatte [2]	
	1	Nenndurchmesser d_s	mm	6 bis 28	6 bis 28	4 bis 12 [4]	–
	2	Streckgrenze R_e (β_s) [5] bzw. 0,2%-Dehngrenze $R_{p\,0,2}$ $(\beta_{0,2})$ [5]	N/mm²	420	500	500	5,0
	3	Zugfestigkeit R_m (β_Z) [5]	N/mm²	500 [6]	550 [6]	550 [6]	5,0
	4	Bruchdehnung A_{10} (δ_{10}) [5]	%	10	10	8	5,0
	5	Dauerschwingfestigkeit gerade Stäbe [7]	N/mm² Schwingbreite $2\,\sigma_A$ $(2\cdot 10^6)$	215	215	–	10,0
	6	gebogene Stäbe	$2\,\sigma_A$ $(2\cdot 10^6)$	170	170	–	10,0
	7	gerade freie Stäbe von Matten mit Schweißstelle	$2\,\sigma_A$ $(2\cdot 10^6)$	–	–	100	10,0
	8		$2\,\sigma_A$ $(2\cdot 10^5)$	–	–	200	10,0
	9	Rückbiegeversuch mit Biegerollendurchmesser für Nenndurchmesser d_s mm	6 bis 12	5 d_s	5 d_s	–	1,0
	10		14 und 16	6 d_s	6 d_s	–	1,0
	11		20 bis 28	8 d_s	8 d_s	–	1,0
	12	Biegedorndurchmesser beim Faltversuch an der Schweißstelle		–	–	6 d_s	5,0
	13	Knotenscherkraft S	N	–	–	$0,3 \cdot A_s \cdot R_e$	5,0
	14	Unterschreitung des Nennquerschnittes A_s [8]	%	4	4	4	5,0
	15	Bezogene Rippenfläche f_R		Siehe DIN 488 Teil 2	Siehe DIN 488 Teil 2	Siehe DIN 488 Teil 4	0
	16	Chemische Zusammensetzung bei der Schmelzen- und Stückanalyse [9] Massengehalt in %, max.	C	0,22 (0,24)	0,22 (0,24)	0,15 (0,17)	–
	17		P	0,050 (0,055)	0,050 (0,055)	0,050 (0,055)	–
	18		S	0,050 (0,055)	0,050 (0,055)	0,050 (0,055)	–
	19		N [10]	0,012 (0,013)	0,012 (0,013)	0,012 (0,013)	–
	20	Schweißeignung für Verfahren [11]		E, MAG, GP, RA, RP	E, MAG, GP, RA, RP	E [12], MAG [12], RP	–

[1] Für Zeichnungen und statische Berechnungen.

[2] Mit den Einschränkungen nach Abschnitt 8.3 gelten die in dieser Spalte festgelegten Anforderungen auch für Bewehrungsdraht.

[3] p-Wert für eine statistische Wahrscheinlichkeit $W = 1 - a = 0,90$ (einseitig) (siehe auch Abschnitt 5.2.2).

[4] Für Betonstahlmatten mit Nenndurchmessern von 4,0 und 4,5 mm gelten die in Anwendungsnormen festgelegten einschränkenden Bestimmungen; die Dauerschwingfestigkeit braucht nicht nachgewiesen zu werden.

[5] Früher verwendete Zeichen.

[6] Für die Istwerte des Zugversuchs gilt, daß R_m min. $1,05 \cdot R_e$ (bzw. $R_{p\,0,2}$), beim Betonstahl BSt 500 M mit Streckgrenzenwerten über 550 N/mm² min. $1,03 \cdot R_e$ (bzw. $R_{p\,0,2}$) betragen muß.

[7] Die geforderte Dauerschwingfestigkeit an geraden Stäben gilt als erbracht, wenn die Werte nach Zeile 6 eingehalten werden.

[8] Die Produktion ist so einzustellen, daß der Querschnitt im Mittel mindestens dem Nennquerschnitt entspricht.

[9] Die Werte in Klammern gelten für die Stückanalyse.

[10] Die Werte gelten für den Gesamtgehalt an Stickstoff. Höhere Werte sind nur dann zulässig, wenn ausreichende Gehalte an stickstoffabbindenden Elementen vorliegen.

[11] Die Kennbuchstaben bedeuten: E = Metall-Lichtbogenhandschweißen, MAG = Metall-Aktivgasschweißen, GP = Gaspreßschweißen, RA = Abbrennstumpfschweißen, RP = Widerstandspunktschweißen.

[12] Der Nenndurchmesser der Mattenstäbe muß mindestens 6 mm beim Verfahren MAG und mindestens 8 mm beim Verfahren E betragen, wenn Stäbe von Matten untereinander oder mit Stabstählen ≤ 14 mm Nenndurchmesser verschweißt werden.

	Betonstahl Betonstabstahl Maße und Gewichte	**DIN** **488** Teil 2

1 Anwendungsbereich

Diese Norm gilt für die Maße, Gewichte und zulässigen Abweichungen von geripptem Betonstabstahl der Sorten BSt 420 S und BSt 500 S nach DIN 488 Teil 1 mit den in Tabelle 1 angegebenen Nenndurchmessern.

Für die Maße und Gewichte von Betonstahlmatten und Bewehrungsdraht gilt DIN 488 Teil 4.

3 Bezeichnung und Bestellung

3.1 Für die Normbezeichnung von Betonstabstahl gelten die Festlegungen nach DIN 488 Teil 1.

3.2 Bei der Bestellung sind zusätzlich zur Normbezeichnung die gewünschte Liefermenge sowie die gewünschte Stablänge anzugeben.

Beispiel für die Bestellung von 50 t Betonstabstahl nach dieser Norm der Sorte BSt 500 S, Nenndurchmesser 20 mm, Stablänge 12 m:

50 t Betonstabstahl DIN 488 – BSt 500 S – 20 × 12

4 Maße, Gewichte, zulässige Abweichungen

4.1.2 Der Kernquerschnitt von geripptem Betonstabstahl soll möglichst kreisförmig sein.

Tabelle 1. **Durchmesser, Querschnitt und Gewicht (Nennwerte) von geripptem Betonstabstahl**

1	2	3
Nenndurchmesser d_s	Nennquerschnitt [1]) A_s cm^2	Nenngewicht [2]) G kg/m
6	0,283	0,222
8	0,503	0,395
10	0,785	0,617
12	1,13	0,888
14	1,54	1,21
16	2,01	1,58
20	3,14	2,47
25	4,91	3,85
28	6,16	4,83

[1]) Siehe DIN 488 Teil 1, Ausgabe September 1984, Tabelle 1 (Zeile 14 und Fußnote 8).

[2]) Errechnet mit einer Dichte von 7,85 kg/dm³.

4.2 Oberflächengestalt

4.2.1 Allgemeines

4.2.1.1 Betonstabstahl der Sorte BSt 420 S muß zwei einander gegenüberliegende Reihen von Schrägrippen parallel verlaufender Schrägrippen haben. Außer bei den durch Kaltverwinden hergestellten Stäben weisen die Schrägrippen auf den beiden Umfangshälften unterschiedliche Abstände auf (siehe Bilder 1 und 2).

4.2.1.2 Betonstabstahl der Sorte BSt 500 S muß zwei einander gegenüberliegende Reihen von Schrägrippen haben, wobei eine Reihe zueinander parallel verlaufende Schrägrippen, die andere Reihe dagegen zur Stabachse alternierend geneigte Schrägrippen aufweist (siehe Bilder 3 und 4).

4.2.1.3 Nicht verwundener Betonstabstahl kann mit oder ohne Längsrippen hergestellt werden.

4.2.1.4 Kalt verwundener Betonstabstahl hat eine Ganghöhe von etwa $10 \cdot d_s$ bis $12 \cdot d_s$ und muß Längsrippen aufweisen (siehe Bilder 2 und 4).

4.2.2 Schrägrippen

4.2.2.1 Die Schrägrippen sind in ihrem Längsschnitt sichelförmig ausgebildet, sie dürfen nicht in vorhandene Längsrippen einbinden.

4.2.2.2 Die Flanken der Schrägrippen (Winkel α) sollen möglichst steil ($\alpha \geq 45°$) und am Übergang zum Stabkern ausgerundet sein (siehe Bild 5).

4.2.2.3 Richtwerte für die Neigung der Schrägrippen zur Stabachse (Winkel β) sind in den Bildern 1 bis 4 angegeben.

4.2.2.4 Die Maße und Abstände der Schrägrippen sollen den in Tabelle 2 (Spalten 2 bis 9) angegebenen Werten entsprechen (Bestimmung nach DIN 488 Teil 3). Der gegenseitige Abstand e der Rippenenden soll betragen:

$e \approx 0,2 \cdot d_s$ bei nicht verwundenem Betonstabstahl mit oder ohne Längsrippen (gemessen rechtwinklig zur Stabachse; siehe Bilder 1 und 3),

$e \approx 0,3 \cdot d_s$ bei kalt verwundenem Betonstabstahl (gemessen rechtwinklig zur Längsrippe; siehe Bilder 2 und 4).

4.2.3 Längsrippen

4.2.3.1 Bei warmgewalztem Betonstabstahl soll die Höhe h_1 etwa vorhandener Längsrippen einen Wert von $0,1 \cdot d_s$ nicht überschreiten (siehe Bild 6).

Bei kalt verwundenem Betonstabstahl darf die Höhe der Längsrippen max. $0,15 \cdot d_s$ betragen.

4.2.3.2 Die Kopfbreite b_1 der Längsrippen soll $\simeq 0,1 \cdot d_s$ betragen.

4.2.4 Bezogene Rippenfläche

Bei den in Tabelle 2 (Spalte 10) angegebenen Werten für die bezogene Rippenfläche handelt es sich um Mindestwerte (Bestimmung nach DIN 488 Teil 3).

Tabelle 2. **Maße und Abstände der Schrägrippen sowie bezogene Rippenfläche von geripptem Betonstabstahl**
(weitere Maße siehe Abschnitte 4.2.2 und 4.2.3)

1	2	3	4	5	6	7	8	9	10
	Schrägrippen (Richtwerte)								
Nenn-durch-messer	Höhe		Kopf-breite	Mittenabstand[2]					Bezogene Rippen-fläche
				Betonstabstahl BSt 420 S			Betonstabstahl BSt 500 S		
	in der Mitte	in den Viertel-punkten		nicht verwunden		kalt verwunden	nicht verwunden	kalt verwunden	
d_s	h_s	h_{sv}	b_s[1]	c_{s1}	c_{s2}	c_s	c_s	c_s	f_R*
6	0,39	0,28	0,6	5,8	4,2	6,0	5,0	6,0	0,039
8	0,52	0,36	0,8	6,6	4,8	8,0	5,7	8,0	0,045
10	0,65	0,45	1,0	7,5	5,5	10,0	6,5	10,0	0,052
12	0,78	0,54	1,2	8,3	6,1	10,8	7,2	10,8	0,056
14	0,91	0,63	1,4	9,7	7,1	12,6	8,4	12,6	0,056
16	1,04	0,72	1,6	11,0	8,2	14,4	9,6	14,4	0,056
20	1,30	0,90	2,0	13,8	10,2	18,0	12,0	18,0	0,056
25	1,63	1,13	2,5	17,3	12,7	22,5	15,0	22,5	0,056
28	1,82	1,26	2,8	19,3	14,3	25,2	16,8	25,2	0,056

*) Verhältnisgröße.
[1]) Kopfbreiten in Rippenmitte bis $0,2 \cdot d_s$ sind nicht zu beanstanden.
[2]) Zulässige Abweichung $\pm$ 15%.

4.3 Länge

Betonstabstahl nach dieser Norm wird in Regellängen von 12 bis 15 m geliefert.

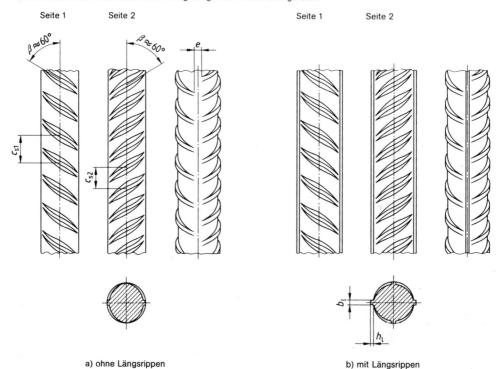

a) ohne Längsrippen

b) mit Längsrippen

Bild 1. Nicht verwundener Betonstabstahl BSt 420 S mit und ohne Längsrippen

$$c_s{}^1) = \frac{\text{Abstand der Rippen-Mitten über eine Ganghöhe}}{\text{Anzahl der Rippen-Abstände über eine Ganghöhe}}$$

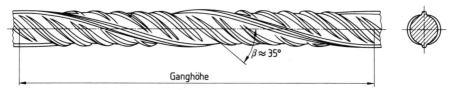

$\beta \approx 35°$

Ganghöhe

Bild 2. Kalt verwundener Betonstabstahl BSt 420 S

---

[1]) Kein meßbares Einzelmaß

Seite 1   Seite 2   Seite 1   Seite 2

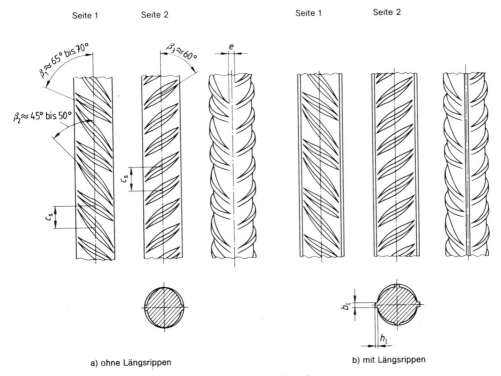

a) ohne Längsrippen   b) mit Längsrippen

Bild 3. Nicht verwundener Betonstabstahl BSt 500 S mit und ohne Längsrippen

$$c_s{}^{1)} = \frac{\text{Abstand der Rippen-Mitten über eine Ganghöhe}}{\text{Anzahl der Rippen-Abstände über eine Ganghöhe}}$$

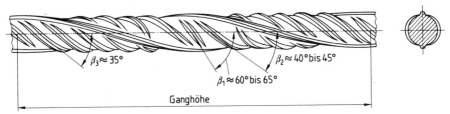

Bild 4. Kalt verwundener Betonstabstahl BSt 500 S

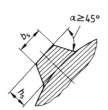

Bild 5. Schrägrippe Querschnitt in Rippenmitte

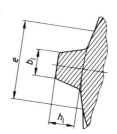

Bild 6. Längsrippe Querschnitt

---

1) Kein meßbares Einzelmaß

Betonstahl

Betonstahlmatten und Bewehrungsdraht
Aufbau, Maße und Gewichte

Maße in mm

1 Anwendungsbereich

Diese Norm enthält die Anforderungen an

- den Aufbau von geschweißten Betonstahlmatten
- die Maße, Gewichte und zulässigen Abweichungen von gerippten Stäben zur Herstellung von geschweißten Betonstahlmatten der Sorte BSt 500 M sowie von glattem und profiliertem Bewehrungsdraht der Sorten BSt 500 G und BSt 500 P nach DIN 488 Teil 1 mit den in den Tabellen 1 und 2 angegebenen Nenndurchmessern.

Für die Maße und Gewichte von Betonstabstahl gilt DIN 488 Teil 2.

2 Begriffe

Siehe auch DIN 488 Teil 1.

2.1 Lagermatten

Lagermatten sind Betonstahlmatten mit vom Hersteller festgelegten standardisiertem Mattenaufbau für bestimmte bevorzugte Maße (siehe Abschnitt 3.3.1 b).

2.2 Listenmatten

Listenmatten sind Betonstahlmatten, deren Mattenaufbau vom Besteller im Rahmen der Bezeichnung (siehe Abschnitt 3.3.1 b) festgelegt wird.

Die Nennmaße für Stababstände und Stabdurchmesser sind für eine Mattenrichtung – gegebenenfalls mit Ausnahme der Randbereiche – jeweils gleich.

2.3 Zeichnungsmatten

Zeichnungsmatten sind Betonstahlmatten, deren Aufbau und Maße ausschließlich in einer Zeichnung festgelegt sind.

3 Betonstahlmatten

3.1 Herstellung

Geschweißte Betonstahlmatten BSt 500 M (Kurzzeichen IV M nach DIN 488 Teil 1) werden aus kaltverformten, gerippten Stäben mit Nenndurchmessern von 4 bis 12 mm hergestellt. Die Stäbe werden als Längs- und Querstäbe durch Widerstandspunktschweißen an allen Kreuzungsstellen miteinander verbunden.

3.2 Aufbau

3.2.1 Die Längs- bzw. Querstäbe sind entweder

a) Einfachstäbe (und/oder)

b) Doppelstäbe aus zwei dicht nebeneinanderliegenden Stäben gleichen Durchmessers.

Betonstahlmatten dürfen nur in **einer** Richtung Doppelstäbe enthalten.

3.2.2 Als Längsstab- bzw. Querstababstand a gilt der Achsabstand der Einfachstäbe bzw. der gemeinsamen Hauptachsen der Doppelstäbe (siehe Bilder 1 und 2).

3.2.3 Die Größtabstände der Mattenstäbe, die Größe der zu verschweißenden Mattenfläche und die größten Längen der Stabüberstände sind so zu wählen, daß eine ausreichende Steifigkeit für Lagerung, Transport und Verarbeitung sichergestellt ist.

3.2.4 Das Raster der Achsabstände beträgt im allgemeinen

50 mm bei Längsstäben,

25 mm bei Querstäben.

Bei Doppelstäben muß der Achsabstand $a \geq 100$ mm sein.

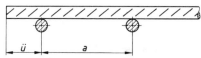

Bild 1. Abstand der Längs- bzw. Querstäbe und Überstände bei Einfachstäben

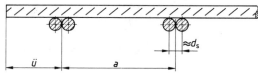

Bild 2. Abstand der Längs- bzw. Querstäbe und Überstände bei Doppelstäben

Fortsetzung Seite 2 bis 6

3.2.5 Die Mattenlänge ist stets gleich der größten Stablänge.

3.2.6 In Betonstahlmatten dürfen Zonen mit verringertem Stahlquerschnitt (z. B. dünnere Stäbe, Einfachstäbe bei Doppelstabmatten) angeordnet werden. Ebenso dürfen Bereiche mit kürzeren Stäben vorgesehen werden.

3.2.7 Der Überstand $\ddot{u}$ (siehe Bilder 1 und 2) darf nicht kleiner als 10 mm sein.

3.2.8 Das Verhältnis der Nenndurchmesser d_s sich kreuzender Stäbe muß betragen

a) für Einfachstäbe: $\dfrac{d_{s\,min}}{d_{s\,max}} \geq 0,57$ bei $d_{s\,max} \leq 8,5$ mm, $\geq 0,7$ bei $d_{s\,max} > 8,5$ mm

b) für Doppelstäbe: $0,7 \leq \dfrac{d_{s\,doppel}}{d_{s\,einfach}} \leq 1,25$

Wenn die Querstäbe nur als Haltestäbe (mit großem Abstand) dienen, dürfen die oben genannten Verhältniswerte unterschritten werden.

3.2.9 Eine Betonstahlmatte, aus der nicht mehr als ein Stabkreuz zur Prüfung entnommen wurde, gilt als vollwertig.

3.3 Bezeichnung und Bestellung

3.3.1 Normbezeichnung

a) Für die Bildung der Normbezeichnung gelten die allgemeinen Festlegungen nach DIN 488 Teil 1, Ausgabe September 1984, Abschnitt 4.1.

b) Bei Betonstahlmatten sind die kennzeichnenden Nennmaße für Lager- und Listenmatten (siehe Abschnitte 2.1 und 2.2) getrennt nach Längs- und Querrichtung nach folgendem Schema anzugeben:

Längsrichtung: $a_L \times d_{s1}/d_{s2} - n_{links}/n_{rechts}$

Querrichtung: $a_Q \times d_{s3}/d_{s4} - m_{Anf.}/m_{Ende}$

Hierin bedeuten:

a_L Abstand der Längsstäbe in mm

a_Q Abstand der Querstäbe in mm

d_{s1} Durchmesser der Längsstäbe im Innenbereich in mm

d_{s2} Durchmesser der Längsstäbe im Randbereich in mm

d_{s3} Durchmesser der Querstäbe im Innenbereich in mm

d_{s4} Durchmesser der Querstäbe im Randbereich in mm

(Doppelstäbe sind zusätzlich mit dem Buchstaben d hinter der Durchmesserangabe zu bezeichnen)

n_{links}/n_{rechts} Anzahl der Längs-Randstäbe d_{s2} links/rechts in Fertigungsrichtung

$m_{Anf.}/m_{Ende}$ Anzahl der Quer-Randstäbe d_{s4} am Anfang/Ende der Matte in Fertigungsrichtung

Bei unsymmetrischer Ausbildung der Mattenränder und/oder der Mattenüberstände ist für die Bezeichnung zu beachten, daß bei der Fertigung die Längsstäbe unten und die Querstäbe oben liegen.

c) Bei Zeichnungsmatten (siehe Abschnitt 2.3) sind die kennzeichnenden Nennmaße in der Zeichnung anzugeben.

d) Beispiele für die Normbezeichnung

   – Bezeichnung einer Betonstahlmatte (Lager- oder Listenmatte) nach dieser Norm der Sorte BSt 500 M mit

   $a_L = 150$ mm, $d_{s1} = 7,5$ mm als Doppelstab (d), $d_{s2} = 7,5$ mm,

   $n_{links} = 3$ Stäbe, $n_{rechts} = 3$ Stäbe, $a_Q = 250$ mm, $d_{s3} = 7,0$ mm,

   $d_{s4} = 5,5$ mm, $m_{Anf.} = 4$ Stäbe, $m_{Ende} = 4$ Stäbe:

Betonstahlmatte DIN 488 – BSt 500 M – 150 × 7,5d/7,5 – 3/3 – 250 × 7,0/5,5 – 4/4

Sofern diese Normbezeichnung zweizeilig geschrieben wird, ist folgende Schreibweise anzuwenden:

Betonstahlmatte DIN 488 – BSt 500 M – 150 × 7,5d/7,5 – 3/3
250 × 7,0 /5,5 – 4/4

Anmerkung: Für Lagermatten werden in der Praxis vielfach Kurzbezeichnungen verwendet. Diese bestehen aus einem Kennbuchstaben für den Mattentyp und der Angabe des Stahlquerschnitts der Längsstäbe der Matte in mm²/m. Der zugehörige Mattenaufbau ist aus Programmtabellen der Hersteller ersichtlich.

   – Bezeichnung einer Betonstahlmatte nach dieser Norm der Sorte BSt 500 M als Zeichnungsmatte (Z), Zeichnungs-Nr 511:

Betonstahlmatte DIN 488 – BSt 500 M – Z 511

3.3.2 Bestellbezeichnung

a) Bei der Bestellung von Betonstahlmatten ist die Normbezeichnung nach Abschnitt 3.3.1 um folgende Angaben zu ergänzen:

   – (Angaben vor der Normbezeichnung):
     Bestellte Stückzahl

   – (Angaben hinter der Normbezeichnung):
     Sonstige kennzeichnende Nennmaße für Lager- und Listenmatten getrennt nach Längs- und Querrichtung in zwei Zeilen nach folgendem Schema:

     Längsrichtung: $- L - \ddot{u}_1/\ddot{u}_2$

     Querrichtung: $- B - \ddot{u}_3/\ddot{u}_4$

Hierin bedeuten:

L Mattenlänge in m

B Mattenbreite in m

$ü_1/ü_2$ Längsstabüberstände Mattenanfang/Mattenende in mm

$ü_3/ü_4$ Querstabüberstände links/rechts in mm

b) Beispiel für die Bestellung von 48 Stück Betonstahlmatten mit der Normbezeichnung nach Abschnitt 3.3.1 d)

mit L = 5,50 m, $ü_1$ = 125 mm, $ü_2$ = 125 mm, B = 2,45 m, $ü_3$ = 25 mm und $ü_4$ = 25 mm:

48 Stück Betonstahlmatten – DIN 488 – BSt 500 M – 150 · 7,5d /7,5 – 3/3 – 5,50 – 125/125 –
250 · 7,0 /5,5 – 4/4 – 2,45 – 25/25

3.4 Maße, Gewichte, zulässige Abweichungen der Stäbe

3.4.1 Durchmesser, Querschnitt, Gewicht

Die Nenndurchmesser der Stäbe sowie die aus ihnen errechneten Nennquerschnitte und Nenngewichte sind in Tabelle 1 (Spalten 1 bis 3) angegeben.

Tabelle 1. **Durchmesser, Querschnitt und Gewicht (Nennwerte) der Stäbe von Betonstahlmatten und von Bewehrungsdraht sowie Maße der Schrägrippen und bezogene Rippenfläche bei Betonstahlmatten**
(siehe auch Abschnitte 3.4.2 und 4.3)

1	2	3	4	5	6	7	8
			Schrägrippen (Richtwerte)				
Nenn-durch-messer d_s	Nenn-quer-schnitt[1] A_s cm²	Nenn-gewicht[2] G kg/m	Höhe in der Mitte h	in den Viertel-punkten $h_{1/4}$ $h_{3/4}$	Kopf-breite b[3]	Mitten-abstand c[4]	Bezogene Rippen-fläche f_R *)
4,0	0,126	0,099	0,30	0,24		4,0	0,036
4,5	0,159	0,125	0,30	0,24		4,0	0,036
5,0	0,196	0,154	0,32	0,26			
5,5	0,238	0,187	0,40	0,32			0,039
6,0	0,283	0,222	0,40	0,32		5,0	
6,5	0,332	0,260	0,46	0,37		5,0	
7,0	0,385	0,302	0,46	0,37			
7,5	0,442	0,347			~ 0,1 · d_s		0,045
8,0	0,503	0,395	0,55	0,44		6,0	
8,5	0,567	0,445	0,55	0,44		6,0	
9,0	0,636	0,499					
9,5	0,709	0,556	0,75	0,60		7,0	0,052
10,0	0,785	0,617	0,75	0,60		7,0	0,052
10,5	0,866	0,680					
11,0	0,950	0,746					
11,5	1,039	0,815	0,97	0,77		8,4	0,056
12,0	1,131	0,888					

*) Verhältnisgröße.

[1] Siehe DIN 488 Teil 1, Ausgabe September 1984, Tabelle 1 (Zeile 14 und Fußnote 8).

[2] Errechnet mit einer Dichte von 7,85 kg/dm³.

[3] Kopfbreiten in der Mitte der Rippen bis 0,2 · d_s sind nicht zu beanstanden.

[4] Zulässige Abweichung ± 15 %.

3.4.2 Oberflächengestalt

3.4.2.1 Allgemeines

Die Stäbe der Betonstahlmatten besitzen drei Reihen von Schrägrippen. Eine Rippenreihe muß gegenläufig sein; die einzelnen Rippenreihen dürfen gegeneinander versetzt sein (siehe Bild 3).

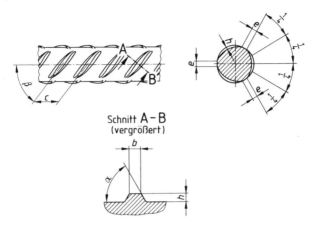

Schnitt A−B
(vergrößert)

Bild 3. Oberflächengestalt der gerippten Stäbe von Betonstahlmatten BSt 500 M

3.4.2.2 Schrägrippen

Die Schrägrippen sind in ihrem Längsschnitt sichelförmig ausgebildet; die Enden der Rippen müssen stetig in die Oberfläche des Stabes auslaufen.

Die Maße und Abstände der Schrägrippen sollen den in Tabelle 1 (Spalten 4 bis 7) angegebenen Werten entsprechen (Bestimmung nach DIN 488 Teil 3).

Die Flanken der Schrägrippen (Winkel α) sollen möglichst steil ($\alpha \geq 45°$) und am Übergang zum Stabkern ausgerundet sein. Die Neigung der Schrägrippen zur Stabachse (Winkel β) beträgt $\beta \approx 40$ bis 60°.

Die Summe e des ungerippten Anteils am Stabumfang darf höchstens $0,2 \cdot \pi \cdot d_s$ betragen (d_s Nenndurchmesser des Stabes).

3.4.2.3 Bezogene Rippenfläche

Bei den in Tabelle 1 (Spalte 8) angegebenen Werten für die bezogene Rippenfläche handelt es sich um Mindestwerte (Bestimmung nach DIN 488 Teil 5).

4 Bewehrungsdraht

4.1 Herstellung und Verwendung

Bewehrungsdraht der Sorten BSt 500 G und BSt 500 P wird durch Kaltverformung in Nenndurchmessern von 4 bis 12 mm hergestellt. Für die Lieferung und Verwendung gelten die Festlegungen nach DIN 488 Teil 1.

4.2 Bezeichnung und Bestellung

4.2.1 Für die Normbezeichnung von Bewehrungsdraht gelten die Festlegungen nach DIN 488 Teil 1.

4.2.2 Bei der Bestellung sind zusätzlich zur Normbezeichnung die gewünschte Liefermenge und die gewünschte Lieferform (z. B. in Ringen) anzugeben.

Beispiel für die Bestellung von 50 t Bewehrungsdraht nach dieser Norm der Sorte BSt 500 P, Nenndurchmesser 6,5 mm in Ringen:

50 t Bewehrungsdraht DIN 488 − BSt 500 P − 6,5 in Ringen

4.3 Maße, Gewichte, zulässige Abweichungen

4.3.1 Die lieferbaren Nenndurchmesser und die aus ihnen errechneten Nennquerschnitte und Nenngewichte sind in Tabelle 1 (Spalten 1 bis 3) angegeben.

4.3.2 Glatter Bewehrungsdraht BSt 500 G wird mit einer ziehglatten Oberfläche hergestellt.

4.3.3 Bei profiliertem Bewehrungsdraht BSt 500 P sind in die Oberfläche drei möglichst gleichmäßig über den Umfang und die Länge verteilte Profilreihen eingewalzt (siehe Bild 4). Die erhabenen Profilteile müssen einen Winkel β von 40 bis 60° mit der Längsachse bilden.

Die Profilmaße sind in Tabelle 2 angegeben (Bestimmung nach DIN 488 Teil 5).

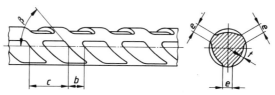

Bild 4. Profilierter Bewehrungsdraht BSt 500 P

Tabelle 2. **Profilmaße bei profiliertem Bewehrungsdraht BSt 500 P.** (siehe Bild 4)

1	2	3	4	5
	Profilmaße			
Nenn-durchmesser d_s	Tiefe t ± 0,05[1])	Breite b ± 0,5[1])	Mittenabstand c ± 1,0[1])	Summe der Profilreihen-abstände Σe max.
4,0 4,5 5,0 5,5 6,0	0,20	2,00	6,0	2,5 2,8 3,1 3,5 3,8
6,5 7,0 7,5 8,0 8,5 9,0	0,25	2,50	7,0	4,1 4,4 4,7 5,0 5,3 5,7
9,5 10,0 10,5	0,35	2,75	8,0	6,0 6,3 6,6
11,0 11,5 12,0	0,40	3,00	9,0	6,9 7,2 7,5
[1]) Höchste zulässige Abweichung im Einzelfall				

4.4 Lieferart

4.4.1 Bewehrungsdraht wird in der Regel als Draht (in Ringen) geliefert.

4.4.2 Bewehrungsdraht muß entsprechend den Festlegungen nach DIN 488 Teil 1 gekennzeichnet sein.

	Warmgewalzte Erzeugnisse aus unlegierten Baustählen Technische Lieferbedingungen Deutsche Fassung EN 10 025 : 1990	**DIN** EN 10 025

Die Europäische Norm EN 10 025 : 1990 hat den Status einer Deutschen Norm.

Vorwort

Bei der Verabschiedung der EN 10 025 waren die Arbeiten an EN 10 027 „Bezeichnungssysteme für Stähle" mit den Teilen 1: „Kurznamen" und 2: „Nummernsystem" noch nicht abgeschlossen.

In den Tabellen 2 bis 8 mußten folglich die Spalten für die neuen Kurznamen noch leer bleiben. Bis sie ausgefüllt werden können, werden voraussichtlich noch ein bis zwei Jahre vergehen. (Nach der endgültigen Annahme von EN 10 027-1 soll eine entsprechend überarbeitete bzw. ergänzte Folgeausgabe der EN 10 025 erscheinen.) Bei dem derzeitigen Stand der europäischen Verhandlungen über Stahlbezeichnungen ist abzusehen, daß weitgehende Änderungen der bisher gebräuchlichen Kurznamen für die allgemeinen Baustähle vorgenommen werden. Dementsprechend empfiehlt es sich nicht, die Bezeichnungen jetzt auf die in Kürze ebenfalls überholten Kurznamen nach EURONORM 25-72 (2. Spalte der Tabellen 2 bis 8) umzustellen. Vielmehr sollten für die Übergangszeit bis zur Veröffentlichung der oben genannten Folgeausgabe von EN 10 025 entweder die angegebenen früheren nationalen Bezeichnungen (nach DIN 17 100) oder die dort ebenfalls aufgeführten Werkstoffnummern verwendet werden.

Man kann davon ausgehen, daß die Werkstoffnummern unverändert als „neue europäische Bezeichnung" nach EN 10 027-2 übernommen und damit auch in der Folgeausgabe der EN 10 025 beibehalten werden. Bei ihrer Anwendung dürften also spätere erneute Umstellungen nicht erforderlich sein. Die Nummern sind zum großen Teil aus DIN 17 100 bekannt. Für die bisher in der DIN-Norm nicht erfaßten Stähle (siehe auch Tabelle 10) wurden vom Verein Deutscher Eisenhüttenleute neue Werkstoffnummern nach dem in Deutschland gültigen System festgelegt. Für die Stahlsorten mit besonderen Gebrauchseigenschaften ergaben sich größere Änderungen dadurch, daß sowohl die Eignung zum Abkanten als auch die zum Blankziehen und zum Walzprofilieren künftig durch dieselbe Werkstoffnummer gekennzeichnet werden soll (siehe Tabellen 6 bis 8).

1 Anwendungsbereich und Zweck

1.1 Diese Europäische Norm enthält die Anforderungen an Langerzeugnisse sowie an Flacherzeugnisse aus warmgewalzten, unlegierten Grund- und Qualitätsstählen der Sorten und Gütegruppen nach den Tabellen 2 und 3 (chemische Zusammensetzung) sowie 4 und 5 (mechanische Eigenschaften) im üblichen Lieferzustand nach 7.2.

Die Stähle nach dieser Europäischen Norm sind (mit den Einschränkungen nach 7.5.1) für die Verwendung bei Umgebungstemperaturen in geschweißten, genieteten und geschraubten Bauteilen bestimmt.

Sie sind — mit Ausnahme der Erzeugnisse im Lieferzustand N — nicht für eine Wärmebehandlung vorgesehen. Spannungsarmglühen ist zulässig. Erzeugnisse im Lieferzustand N können nach der Lieferung normalgeglüht und warm umgeformt werden (siehe Abschnitt 3).

Anmerkung 1: Die Anwendung auf Halbzeug zur Herstellung von Walzstahlfertigerzeugnissen nach dieser Europäischen Norm ist bei der Bestellung besonders zu vereinbaren. Dabei können auch besondere Vereinbarungen über die chemische Zusammensetzung im Rahmen der in Tabelle 2 festgelegten Grenzwerte getroffen werden.

1.2 Diese Europäische Norm gilt nicht für Erzeugnisse mit Überzügen sowie nicht für Erzeugnisse aus Stählen für den allgemeinen Stahlbau, für die andere EURONORMEN bestehen oder Europäische Normen in Vorbereitung sind.

6 Sorteneinteilung; Bezeichnung

6.1 Einteilung nach Gütegruppen

Diese Europäische Norm enthält sechs Gütegruppen: 0, B, C, D, DD und 2.

Die Erzeugnisse der Gütegruppen D und DD sind nach D1, D2, DD1 und DD2 unterteilt (siehe 7.2). Die Stähle der Gütegruppen 0, 2 und B sind Grundstähle, sofern keine Eignung zum Kaltumformen vorgeschrieben ist.

Die Stähle der Gütegruppen C, D1, D2, DD1 und DD2 sind Qualitätsstähle.

Die einzelnen Gütegruppen unterscheiden sich voneinander in der Schweißeignung und in den Anforderungen an die Kerbschlagarbeit (siehe auch 7.5.1).

7 Technische Anforderungen

7.1 Erschmelzungsverfahren des Stahles

Für die Stahlsorten der Gütegruppen C, D1, D2, DD1 und DD2 kann ein bestimmtes Erschmelzungsverfahren bei der Bestellung vereinbart werden.

7.1.2 Die Desoxidationsart muß den Angaben in Tabelle 2 entsprechen. Für die Stahlsorte Fe 360 B kann die Desoxidationsart bei der Bestellung vorgeschrieben werden.

7.1.3 Die Desoxidationsarten sind wie folgt bezeichnet:

Freigestellt: Nach Wahl des Herstellers

FU: Unberuhigter Stahl

FN: Unberuhigter Stahl nicht zulässig

FF: Vollberuhigter Stahl mit einem ausreichenden Gehalt an stickstoffabbindenden Elementen (z. B. mindestens 0,020 % Al). Wenn andere Elemente verwendet werden, ist dies in den Bescheinigungen über Materialprüfungen anzugeben.

7.2.2 Flacherzeugnisse

7.2.2.1 Sofern nicht anders vereinbart, bleibt bei Flacherzeugnissen aus Stählen der Gütegruppen 0, 2, B und C der Lieferzustand dem Hersteller überlassen (siehe 7.4.1).

7.2.2.2 Flacherzeugnisse aus Stählen der Gütegruppen D1 und DD1 sind im normalgeglühten oder in einem durch normalisierendes Walzen entsprechend der Definition in Abschnitt 3 erzielten gleichwertigen Zustand zu liefern.

7.2.2.3 Bei Flacherzeugnissen aus Stählen der Gütegruppen D2 und DD2 bleibt der Lieferzustand dem Hersteller überlassen.

7.2.3 Langerzeugnisse

7.2.3.1 Sofern nicht anders vereinbart, bleibt bei Langerzeugnissen aus Stählen der Gütegruppe 0, 2, B, C, D1 und DD1 der Lieferzustand dem Hersteller überlassen.

7.2.3.2 Bei Langerzeugnissen aus Stählen der Gütegruppen D2 und DD2 bleibt der Lieferzustand dem Hersteller überlassen.

7.2.4 Die möglichen Lieferzustände sind in Tabelle 1 angegeben.

7.3 Chemische Zusammensetzung

7.3.1 Die chemische Zusammensetzung nach der Schmelzenanalyse muß den Werten in Tabelle 2 entsprechen.

7.3.2 Für die Stahlsorten Fe 360 B, C, D1 und D2 sowie Fe 510 C, D1, D2, DD1 und DD2 kann folgende zusätzliche Anforderung an die chemische Zusammensetzung bei der Bestellung vereinbart werden:
– Kupfergehalt von 0,25 bis 0,40 %.

7.3.3 Für die Stahlsorten Fe 510 C, D1, D2, DD1 und DD2 können bei der Bestellung folgende zusätzliche Anforderungen vereinbart werden:

7.3.3.1
– Angabe der Gehalte an Chrom, Kupfer, Molybdän, Nickel, Niob, Titan und Vanadin (Schmelzenanalyse) in der Bescheinigung über Materialprüfungen,
– Begrenzung des Kohlenstoffgehaltes auf max. 0,18 % in der Schmelzenanalyse und max. 0,20 % in der Stückanalyse bei Dicken $\leq$ 30 mm, wenn die Erzeugnisse mehr als

0,02 % Nb oder 0,02 % Ti oder 0,03 % V in der Schmelzenanalyse oder mehr als 0,03 % Nb oder 0,04 % Ti oder 0,05 % V in der Stückanalyse enthalten.

7.3.3.2
– Höchstwert für das Kohlenstoffäquivalent (CEV), das nach der Formel

$$CEV = C + \frac{Mn}{6} + \frac{Cr + Mo + V}{5} + \frac{Ni + Cu}{15}$$

zu ermitteln ist.

Wenn ein Höchstwert für das Kohlenstoffäquivalent vereinbart wurde, ist der Gehalt der in der Formel genannten Elemente in der Bescheinigung über Materialprüfungen anzugeben.

7.4 Mechanische Eigenschaften

7.4.1 Die mechanischen Eigenschaften müssen im Lieferzustand nach 7.2 den Anforderungen nach den Tabellen 4 und 5 entsprechen.

Für Erzeugnisse, die im normalgeglühten oder im normalisierend gewalzten Zustand bestellt und geliefert werden, gelten die mechanischen Eigenschaften nach den Tabellen 4 und 5 sowohl für den Lieferzustand als auch nach einem Normalglühen nach der Lieferung.

Bei Walzdraht gelten die mechanischen Eigenschaften nach den Tabellen 4 und 5 für normalgeglühte Bezugsproben.

Anmerkung: Spannungsarmglühen bei Temperaturen über 580 °C oder für eine Dauer von mehr als 1 h kann zu einer Verschlechterung der mechanischen Eigenschaften führen. Wenn der Verarbeiter beabsichtigt, die Erzeugnisse bei höheren Temperaturen oder für eine längere Zeitdauer spannungsarmzuglühen, sollten die Mindestwerte für die mechanischen Eigenschaften nach einer solchen Behandlung bei der Bestellung vereinbart werden.

7.4.3 Bei Flacherzeugnissen aus Stählen der Gütegruppen D1 und DD1 die im Walzzustand geliefert und beim Verarbeiter normalgeglüht werden, sind die Probenabschnitte normalzuglühen. Die an den normalgeglühten Proben ermittelten Ergebnisse müssen den Anforderungen nach dieser Europäischen Norm entsprechen.

Tabelle 1. **Lieferzustand**

Lieferzustand	Gütegruppe						Angabe in der Bescheinigung über Materialprüfungen
	0	2	B	C	D1 DD1	D2 DD2	
Flacherzeugnisse							
Freigestellt	×	×	×	×	--	–	N[1]
Freigestellt	–	–	–	–	–	×	–
Normalgeglüht oder normalisierend gewalzt	–	–	–	–	×	–	–
Langerzeugnisse							
Freigestellt	×	×	×	×	×	–	N[1]
Freigestellt	–	–	–	–	–	×	–

[1] Nur, wenn der Zustand N bestellt und geliefert wurde.

7.4.4 Wenn die Nenndicke des Erzeugnisses für die Herstellung üblicher Kerbschlagproben nicht ausreicht, sind Proben von geringerer Breite zu entnehmen und die einzuhaltenden Werte für die Kerbschlagarbeit aus Bild 1 zu entnehmen.

Bei Erzeugnissen mit Nenndicken < 6 mm können keine Kerbschlagbiegeversuche gefordert werden.

Bei Erzeugnissen aus Stählen der Gütegruppen D1, D2, DD1 und DD2 in Dicken < 6 mm muß die Ferritkorngröße ≥ 6 betragen; der Nachweis erfolgt, sofern er bei der Bestellung vorgeschrieben wurde, nach EURONORM 103.
Wenn Aluminium als das kornverfeinernde Element verwendet wird, sind die Anforderungen an die Korngröße als erfüllt anzusehen, wenn der Gehalt in der Schmelzenanalyse mindestens 0,020 % Al_{gesamt} oder mindestens 0,015 % $Al_{löslich}$ beträgt. In diesem Fall ist der Nachweis der Korngröße nicht erforderlich.

7.4.5 Die Werte der Kerbschlagarbeit von Erzeugnissen aus Stählen der Gütegruppe B werden durch Versuche nur dann nachgewiesen, wenn dies bei der Bestellung vereinbart wurde.

7.4.6 Auf entsprechende Vereinbarung bei der Bestellung müssen die Erzeugnisse aus Stählen der Gütegruppen D1, D2, DD1 und DD2 den Anforderungen an die Eigenschaften in Dickenrichtung nach EURONORM 164 entsprechen.
Zusätzliche Anforderung 8.

7.5 Technologische Eigenschaften

7.5.1 Schweißeignung

7.5.1.1 Die Stähle nach dieser Europäischen Norm haben keine uneingeschränkte Eignung zum Schweißen nach den verschiedenen Verfahren, da das Verhalten eines Stahles beim und nach dem Schweißen nicht nur vom Werkstoff, sondern auch von den Maßen und der Form sowie den Fertigungs- und Betriebsbedingungen des Bauteils abhängt.

7.5.1.2 Für die Stähle der Gütegruppen 0 und 2 werden keine Angaben über die Schweißeignung gemacht, da für sie keine Anforderungen an die chemische Zusammensetzung bestehen.

7.5.1.3 Die Stähle der Gütegruppen B, C, D1, D2, DD1 und DD2 sind im allgemeinen zum Schweißen nach allen Verfahren geeignet.

Die Schweißeignung verbessert sich bei jeder Sorte von der Gütegruppe B bis zur Gütegruppe DD.

Bei der Stahlsorte Fe 360 B sind beruhigte Stähle gegenüber den unberuhigten zu bevorzugen, besonders wenn beim Schweißen Seigerungszonen angeschnitten werden können.

7.5.2 Warmumformbarkeit

Nur bei Erzeugnissen, die im normalgeglühten oder im normalisierend gewalzten Zustand bestellt und geliefert werden, kann davon ausgegangen werden, daß die Anforderungen nach den Tabellen 4 und 5 nach einem Warmumformen nach der Lieferung erfüllt werden (siehe 7.4.1).

7.5.3 Kaltumformbarkeit

7.5.3.1 Eignung zum Kaltbiegen, Abkanten, Kaltflanschen oder Kaltbördeln

Auf entsprechende Vereinbarung bei der Bestellung wird Blech, Band und Breitflachstahl in Nenndicken ≦ 20 mm mit Eignung zum Kaltbiegen, Abkanten, Kaltflanschen oder Kaltbördeln ohne Rißbildung bei den Mindestwerten für den Biegehalbmesser nach Tabelle 7 geliefert. Die in Betracht kommenden Stahlsorten und Gütegruppen sind in Tabelle 6 angegeben. Bei der Bestellung dieser Stahlsorten sind in der Bezeichnung die Kennbuchstaben KQ zu verwenden.

7.5.3.2 Walzprofilieren

Auf Vereinbarung bei der Bestellung kann Blech und Band in Nenndicken ≤ 8 mm mit Eignung zur Herstellung von Kaltprofilen durch Walzprofilieren (z. B. nach EURONORM 162) geliefert werden. Diese Eignung gilt für die in Tabelle 8 angegebenen Biegehalbmesser. Die in Betracht kommenden Stahlsorten und Gütegruppen sind aus Tabelle 6 zu entnehmen.

Die entsprechenden Stahlsorten sind bei der Bestellung mit den Kennbuchstaben KP zu bezeichnen.

Anmerkung: Alle KP-Sorten sind auch für die Herstellung von kaltgefertigten quadratischen und rechteckigen Hohlprofilen geeignet.

7.5.3.3 Stabziehen

Auf Vereinbarung bei der Bestellung können Stäbe mit Eignung zum Blankziehen geliefert werden. Die in Betracht kommenden Stahlsorten und Gütegruppen sind aus Tabelle 6 zu entnehmen.

Diese Sorten sind bei der Bestellung mit den Kennbuchstaben KZ zu bezeichnen.

7.5.4 Sonstige Anforderungen

Bei der Bestellung können die Eignung zum Feuerverzinken oder zum Emaillieren sowie die Güteanforderungen an die entsprechenden Erzeugnisse vereinbart werden.
Auf entsprechende Vereinbarung bei der Bestellung müssen schwere Profile für das Längstrennen geeignet sein.

Tabelle 2. Chemische Zusammensetzung nach der Schmelzenanalyse für Flacherzeugnisse und Langerzeugnisse 1)

| Stahlsorte Kurzname | | Frühere nationale Bezeichnung | | Des-oxidations-art | Stahl-art 5) | C für Erzeugnis-Nenndicken in mm | | | Massenanteile in %, max. | | | | |
Neu nach EN 10027-1 2)	nach EU 25-72	Kurzname	Werkstoff-nummer			≤16	>16 ≤40	>40 6)	Mn	Si	P	S	N 3) 4)
	Fe 310-0 7)	St 33	1.0035	freigestellt	BS	—	—	—	—	—	—	—	—
	Fe 360 B 7)	St 37-2	1.0037	freigestellt	BS	0,17	0,20	—	—	—	0,045	0,045	0,009
	Fe 360 B 7)	USt 37-2	1.0036	FU	BS	0,17	0,20	—	—	—	0,045	0,045	0,007
	Fe 360 B	RSt 37-2	1.0038	FN	BS	0,17	0,17	0,20	—	—	0,045	0,045	0,009
	Fe 360 C	St 37-3 U	1.0114	FN	QS	0,17	0,17	0,17	—	—	0,040	0,040	0,009
	Fe 360 D1	St 37-3 N	1.0116	FF	QS	0,17	0,17	0,17	—	—	0,035	0,035	—
	Fe 360 D2	—	1.0117	FF	QS	0,17	0,17	0,17	—	—	0,035	0,035	—
	Fe 430 B	St 44-2	1.0044	FN	BS	0,21	0,21	0,22	—	—	0,045	0,045	0,009
	Fe 430 C	St 44-3 U	1.0143	FN	QS	0,18	0,18	0,18 8)	—	—	0,040	0,040	0,009
	Fe 430 D1	St 44-3 N	1.0144	FF	QS	0,18	0,18	0,18 8)	—	—	0,035	0,035	—
	Fe 430 D2	—	1.0145	FF	QS	0,18	0,18	0,18 8)	—	—	0,035	0,035	—
	Fe 510 B	St 52-3 U	1.0045	FN	BS	0,24	0,24	0,24	1,60	0,55	0,045	0,045	0,009
	Fe 510 C 9)	St 52-3 N	1.0553	FN	QS	0,20	0,20 10)	0,22	1,60	0,55	0,040	0,040	0,009
	Fe 510 D1 9)	—	1.0570	FF	QS	0,20	0,20 10)	0,22	1,60	0,55	0,035	0,035	—
	Fe 510 D2 9)	—	1.0577	FF	QS	0,20	0,20 10)	0,22	1,60	0,55	0,035	0,035	—
	Fe 510 DD1 9)	—	1.0595	FF	QS	0,20	0,20 10)	0,22	1,60	0,55	0,035	0,035	—
	Fe 510 DD2 9)	—	1.0596	FF	QS	0,20	0,20 10)	0,22	1,60	0,55	0,035	0,035	—
	Fe 490-2	St 50-2	1.0050	FN	BS	—	—	—	—	—	0,045	0,045	0,009
	Fe 590-2	St 60-2	1.0060	FN	BS	—	—	—	—	—	0,045	0,045	0,009
	Fe 690-2	St 70-2	1.0070	FN	BS	—	—	—	—	—	0,045	0,045	0,009

1) Siehe 7.3

2) Bei der Veröffentlichung der vorliegenden Europäischen Norm war die Umwandlung der EURONORM 27 (1974) in eine Europäische Norm (EN 10 027-1) noch nicht vollzogen bzw. mit Änderungen zu rechnen.

3) Die angegebenen Werte dürfen überschritten werden, wenn je 0,001 % N der Höchstwert für den Phosphorgehalt um 0,005 % unterschritten wird; der Stickstoffgehalt darf jedoch einen Wert von 0,012 % in der Schmelzenanalyse nicht übersteigen.

4) Der Höchstwert für den Stickstoffgehalt gilt nicht, wenn der Stahl einen Gesamtgehalt an Aluminium von mindestens 0,020 % oder genügend andere stickstoffabbindende Elemente enthält. Die stickstoffabbindenden Elemente sind in der Bescheinigung über Materialprüfungen anzugeben.

5) BS Grundstahl; QS Qualitätsstahl

6) Bei Profilen mit einer Nenndicke >100 mm ist der Kohlenstoffgehalt zu vereinbaren. Zusätzliche Anforderung 23.

7) Nur in Nenndicken ≤25 mm lieferbar

8) Max. 0,20 % C bei Nenndicken >150 mm

9) Siehe 7.3.3

10) Max. 0,22 % C bei Nenndicken >30 mm und bei den KP-Sorten (siehe 7.5.3.2)

Tabelle 4. Mechanische Eigenschaften der Flach- und Langerzeugnisse

Stahlsorte Kurzname Neu nach EN 10 027-1 [2]	Frühere nationale Bezeichnung nach EU 25-72	Kurzname	Werkstoffnummer	Desoxidationsart	Stahlart [4]	Streckgrenze R_{eH}, N/mm², min. [1] für Nenndicken in mm								Zugfestigkeit R_m, N/mm² [1] für Nenndicken in mm			
						≤16	>16 ≤40	>40 ≤63	>63 ≤80	>80 ≤100	>100 ≤150	>150 ≤200	>200 ≤250	<3	≥3 ≤100	>100 ≤150	>150 ≤250
Fe 310-0 [3]	St 33		1.0035	freigestellt	BS	185	175		—	—	—	—	—	310 bis 540	290 bis 510	—	—
Fe 360 B [3]	St 37-2		1.0037	freigestellt	BS	235	235	—	—	—	—	—	—	360 bis 510	340 bis 470	—	—
Fe 360 B [3]	USt 37-2		1.0036	FU	BS	235	225	—	—	—	—	—	—	360 bis 510	340 bis 470	340 bis 470	320 bis 470
Fe 360 B	RSt 37-2		1.0038	FN	BS	235	225	215	215	215	195	185	175	360 bis 510	340 bis 470	340 bis 470	320 bis 470
Fe 360 C	St 37-3 U		1.0114	FF	QS	235	225	215	215	215	195	185	175	360 bis 510	340 bis 470	340 bis 470	320 bis 470
Fe 360 D1	St 37-3 N		1.0116	FF	QS	235	225	215	215	215	195	185	175	360 bis 510	340 bis 470	340 bis 470	320 bis 470
Fe 360 D2	—		1.0117	FF	QS	235	225	215	215	215	195	185	175	360 bis 510	340 bis 470	340 bis 470	320 bis 470
Fe 430 B	St 44-2		1.0044	FN	BS	275	265	255	245	235	225	215	205	430 bis 580	410 bis 560	400 bis 540	380 bis 540
Fe 430 C	St 44-3 U		1.0143	FN	QS	275	265	255	245	235	225	215	205	430 bis 580	410 bis 560	400 bis 540	380 bis 540
Fe 430 D1	St 44-3 N		1.0144	FF	QS	275	265	255	245	235	225	215	205	430 bis 580	410 bis 560	400 bis 540	380 bis 540
Fe 430 D2	—		1.0145	FF	QS	275	265	255	245	235	225	215	205	430 bis 580	410 bis 560	400 bis 540	380 bis 540
Fe 510 B	St 52-3 U		1.0045	FN	BS	355	345	335	325	315	295	285	275	510 bis 680	490 bis 630	470 bis 630	450 bis 630
Fe 510 C	St 52-3 N		1.0553	FN	QS	355	345	335	325	315	295	285	275	510 bis 680	490 bis 630	470 bis 630	450 bis 630
Fe 510 D1	—		1.0570	FF	QS	355	345	335	325	315	295	285	275	510 bis 680	490 bis 630	470 bis 630	450 bis 630
Fe 510 D2	—		1.0577	FF	QS	355	345	335	325	315	295	285	275	510 bis 680	490 bis 630	470 bis 630	450 bis 630
Fe 510 DD1	—		1.0595	FF	QS	355	345	335	325	315	295	285	275	510 bis 680	490 bis 630	470 bis 630	450 bis 630
Fe 510 DD2	—		1.0596	FF	QS	355	345	335	325	315	295	285	275	510 bis 680	490 bis 630	470 bis 630	450 bis 630
Fe 490-2 [5]	St 50-2		1.0050	FN	BS	295	285	275	265	255	245	235	225	490 bis 660	470 bis 610	450 bis 610	440 bis 610
Fe 590-2 [5]	St 60-2		1.0060	FN	BS	335	325	315	305	295	275	265	255	590 bis 770	570 bis 710	550 bis 710	540 bis 710
Fe 690-2 [5]	St 70-2		1.0070	FN	BS	360	355	345	335	325	305	295	285	690 bis 900	790 bis 830	650 bis 830	640 bis 830

[1] Die Werte für den Zugversuch in der Tabelle gelten für Längsproben (l), bei Band, Blech und Breitflachstahl in Breiten ≥ 600 mm für Querproben (t).

[2] Bei der Veröffentlichung der vorliegenden Europäischen Norm war die Umwandlung von EURONORM 27 (1974) in eine Europäische Norm (EN 10 027-1) noch nicht vollzogen bzw. mit Änderungen zu rechnen.

[3] Nur in Nenndicken ≤ 25 mm lieferbar

[4] BS Grundstahl;   QS Qualitätsstahl

[5] Diese Stahlsorten kommen üblicherweise nicht für Profilerzeugnisse (I-, ⌴-Winkel) in Betracht.

Tabelle 4. (Fortsetzung)

Stahlsorte Kurzname Neu nach EN 10027-1²)	nach EU 25-72	Frühere nationale Bezeichnung Kurzname	Werkstoffnummer	Desoxidationsart	Stahlart⁴)	Probenlage¹)	Bruchdehnung in %, min.¹) $L_0 = 80$ mm für Nenndicken in mm ≤ 1	$>1 \leq 1,5$	$>1,5 \leq 2$	$>2 \leq 2,5$	$>2,5 <3$	$L_0 = 5,65\sqrt{S_0}$ für Nenndicken in mm $\geq 3 \leq 40$	$>40 \leq 63$	$>63 \leq 100$	$>100 \leq 150$	$>150 \leq 250$
Fe 310-0³)	St 33	1.0035	freigestellt	BS	l	10	11	12	13	14	18	–	–	–	–
						t	8	9	10	11	12	16	–	–	–	–
Fe 360 B³) Fe 360 B³) Fe 360 B Fe 360 C Fe 360 D1 Fe 360 D2	St 37-2 USt 37-2 RSt 37-2 St 37-3 U St 37-3 N –	1.0037 1.0036 1.0038 1.0114 1.0116 1.0117	freigestellt FU FN FN FF FF	BS BS BS QS QS QS	l	17	18	19	20	21	26	25	24	22	21
						t	15	16	17	18	19	24	23	22	22	21
Fe 430 B Fe 430 C Fe 430 D1 Fe 430 D2	St 44-2 St 44-3 U St 44-3 N –	1.0044 1.0143 1.0144 1.0145	FN FN FF FF	BS QS QS QS	l	14	15	16	17	18	22	21	20	18	17
						t	12	13	14	15	16	20	19	18	18	17
Fe 510 B Fe 510 C Fe 510 D1 Fe 510 D2 Fe 510 DD1 Fe 510 DD2	– St 52-3 U St 32-3 N – – –	1.0045 1.0553 1.0570 1.0577 1.0595 1.0596	FN FN FF FF FF FF	BS QS QS QS QS QS	l	14	15	16	17	18	22	21	20	18	17
						t	12	13	14	15	16	20	19	18	18	17
Fe 490-2⁵)	St 50-2	1.0050	FN	BS	l	12	13	14	15	16	20	19	18	16	15
						t	10	11	12	13	14	18	17	16	15	14
Fe 590-2⁵)	St 60-2	1.0060	FN	BS	l	8	9	10	11	12	16	15	14	12	11
						t	6	7	8	9	10	14	13	12	11	10
Fe 690-2⁵)	St 70-2	1.0070	FN	BS	l	4	5	6	7	8	11	10	9	8	7
						t	3	4	5	6	7	10	9	8	7	6

¹) Die Werte für den Zugversuch in der Tabelle gelten für Längsproben (*l*), bei Band, Blech und Breitflachstahl in Breiten ≧ 600 mm für Querproben (*t*).

²) Bei der Veröffentlichung der vorliegenden Europäischen Norm war die Umwandlung der EURONORM 27 (1974) in eine Europäische Norm (EN 10 027-1) noch nicht vollzogen bzw. mit Änderungen zu rechnen.

³) Nur in Nenndicken ≦ 25 mm lieferbar

⁴) BS Grundstahl; QS Qualitätsstahl

⁵) Diese Stahlsorten kommen üblicherweise nicht für Profilerzeugnisse (I-, ∪-Winkel) in Betracht.

Tabelle 5. **Kerbschlagarbeit (Spitzkerb-Längsproben) für Flach- und Langerzeugnisse** [1])

Stahlsorte Kurzname				Des-oxidations-art	Stahl-art [3])	Tempe-ratur °C	Kerbschlagarbeit, J, min. für Nenndicken in mm	
Neu nach EN 10 027-1 [2])	nach EU 25-72	Frühere nationale Bezeichnung Kurzname	Werkstoff-nummer				> 10 ≤ 150[4])	> 150 ≤ 250[4])
Fe 310-0 [5])	St 33		1.0035	freigestellt	BS	—	—	—
Fe 360 B [5]) [6])	St 37-2		1.0037	freigestellt	BS	20	27	—
Fe 360 B [5]) [6])	USt 37-2		1.0036	FU	BS	20	27	—
Fe 360 B [6])	RSt 37-2		1.0038	FN	BS	20	27	23
Fe 360 C	St 37-3 U		1.0114	FN	QS	0	27	23
Fe 360 D1	St 37-3 N		1.0116	FF	QS	−20	27	23
Fe 360 D2	—		1.0117	FF	QS	−20	27	23
Fe 430 B [6])	St 44-2		1.0044	FN	BS	20	27	23
Fe 430 C	St 44-3 U		1.0143	FN	QS	0	27	23
Fe 430 D1	St 44-3 N		1.0144	FF	QS	−20	27	23
Fe 430 D2	—		1.0145	FF	QS	−20	27	23
Fe 510 B [6])	—		1.0045	FN	BS	20	27	23
Fe 510 C	St 52-3 U		1.0553	FN	QS	0	27	23
Fe 510 D1	St 52-3 N		1.0570	FF	QS	−20	27	23
Fe 510 D2	—		1.0577	FF	QS	−20	27	23
Fe 510 DD1	—		1.0595	FF	QS	−20	40	33
Fe 510 DD2	—		1.0596	FF	QS	−20	40	33
Fe 490-2	St 50-2		1.0050	FN	BS	—	—	—
Fe 590-2	St 60-2		1.0060	FN	BS	—	—	—
Fe 690-2	St 70-2		1.0070	FN	BS	—	—	—

[1]) Für Proben mit geringerer Breite gelten die Werte nach Bild 1.

[2]) Bei der Veröffentlichung der vorliegenden Europäischen Norm war die Umwandlung der EURONORM 27 (1974) in eine Europäische Norm (EN 10 027-1) noch nicht vollzogen bzw. mit Änderungen zu rechnen.

[3]) BS Grundstahl; QS Qualitätsstahl

[4]) Bei Profilen mit einer Nenndicke > 100 mm sind die Werte zu vereinbaren.

[5]) Nur in Nenndicken ≤ 25 mm lieferbar

[6]) Die Kerbschlagarbeit von Erzeugnissen aus Stählen der Gütegruppe B wird nur auf Vereinbarung bei der Bestellung geprüft.

Tabelle 6. **Technologische Eigenschaften**

Neu nach EN 10027/1[1]	nach EU 25-72	Stahl-art[2]	Ab-kanten KQ[3][4]	Walz-profilieren KP[3][5]	KZ[3]	Frühere nationale Bezeichnung Kurzname	Werkstoff-nummer
	Fe 360 B	QS	×	×	×	Z St 37-2	1.0120
	Fe 360 BFU	QS	×	×	×	UZ St 37-2	1.0121
	Fe 360 BFN	QS	×	×	×	RZ St 37-2	1.0122
	Fe 360 C	QS	×	×	×	Z St 37-3 U	1.0115
	Fe 360 D1	QS	×	×	×	Z St 37-3 N	1.0118
	Fe 360 D2	QS	×	×	×	−	1.0119
	Fe 430 B	QS	×	×	×	Z St 44-2	1.0128
	Fe 430 C	QS	×	×	×	Z St 44-3 U	1.0140
	Fe 430 D1	QS	×	×	×	Z St 44-3 N	1.0141
	Fe 430 D2	QS	×	×	×	−	1.0142
	Fe 510 B	QS	−	−	×	−	1.0594
	Fe 510 C	QS	×	×	×	Z St 52-3 U	1.0554
	Fe 510 D1	QS	×	×	×	Z St 52-3 N	1.0569
	Fe 510 D2	QS	×	×	×	−	1.0579
	Fe 510 DD1	QS	×	×	×	−	1.0593
	Fe 510 DD2	QS	×	×	×	−	1.0594
	Fe 490-2	QS	−	−	×	Z St 50-2	1.0533
	Fe 590-2	QS	−	−	×	Z St 60-2	1.0543
	Fe 690-2	QS	−	−	×	Z St 70-2	1.0633

Spanning column header: **Eignung zum** (über Ab-kanten, Walz-profilieren, Kaltziehen); **Kaltziehen** spans KZ[3] und Frühere nationale Bezeichnung.

[1]) Bei der Veröffentlichung der vorliegenden Europäischen Norm war die Umwandlung der EURONORM 27 (1974) in eine Europäische Norm (EN 10027-1) noch nicht vollzogen bzw. mit Änderungen zu rechnen.

[2]) QS Qualitätsstahl nach EN 10020

[3]) Die angegebenen Kennbuchstaben sind in der Bezeichnung anzugeben.

[4]) Die früheren nationalen Bezeichnungen sind in Tabelle 7 angegeben.

[5]) Die früheren nationalen Bezeichnungen sind in Tabelle 8 angegeben.

Tabelle 7. **Mindestwerte für die Biegehalbmesser beim Abkanten von Flacherzeugnissen aus KQ-Sorten**

| Stahlsorte Kurzname | | Frühere nationale Bezeichnung | | Richtung der Biegekante [3] | Empfohlener kleinster innerer Biegehalbmesser für Nenndicken in mm | | | | | | | | | | | | | |
Neu nach EN 10027-1 [2]	nach EU 25-72 [1]	Kurzname	Werkstoffnummer		>1 ≤1,5	>1,5 ≤2,5	>2,5 ≤3	>3 ≤4	>4 ≤5	>5 ≤6	>6 ≤7	>7 ≤8	>8 ≤10	>10 ≤12	>12 ≤14	>14 ≤16	>16 ≤18	>18 ≤20
	Fe 360 B	—	1.0120															
	Fe 360 B FU	UQSt 37-2	1.0121															
	Fe 360 B FN	RQSt 37-2	1.0122															
	Fe 360 C	QSt 37-3 U	1.0115															
	Fe 360 D1	QSt 37-3 N	1.0118															
	Fe 360 D2	—	1.0119															
				t	1,6	2,5	3	5	6	8	10	12	16	20	25	28	36	40
				l	1,6	2,5	3	6	8	10	12	16	20	25	28	32	40	45
	Fe 430 B	QSt 44-2	1.0128															
	Fe 430 C	QSt 44-3 U	1.0140															
	Fe 430 D1	QSt 44-3 N	1.0141															
	Fe 430 D2	—	1.0142															
				t	2	3	4	5	8	10	12	16	20	25	28	32	40	45
				l	2	3	4	6	10	12	16	20	25	32	36	40	45	50
	Fe 510 C	QSt 52-3 U	1.0554															
	Fe 510 D1	QSt 52-3 N	1.0569															
	Fe 510 D2	—	1.0579															
	Fe 510 DD1	—	1.0593															
	Fe 510 DD2	—	1.0594															
				t	2,5	4	5	6	8	10	12	16	20	25	32	36	45	50
				l	2,5	4	5	8	10	12	16	20	25	32	36	40	50	63

[1] Der Kurzname ist um die Kennbuchstaben KQ zu ergänzen (siehe 7.5.3.1).

[2] Bei der Veröffentlichung der vorliegenden Europäischen Norm war die Umwandlung der EURONORM 27 (1974) in eine Europäische Norm (EN 10 027-1) noch nicht vollzogen bzw. mit Änderungen zu rechnen.

[3] t: Quer zur Walzrichtung.
l: Parallel zur Walzrichtung.

Tabelle 8. **Walzprofilieren von Flacherzeugnissen aus KP-Sorten**

Stahlsorte Kurzname				Empfohlener kleinster Biegehalbmesser bei Nenndicken (s) [3]	
Neu nach	nach	Frühere nationale Bezeichnung			
EN 10027-1 [2]	EU 25-72 [1]	Kurzname	Werkstoff-nummer	s ≤ 6 mm	6 < s < 8 mm
	Fe 360 B	K St 37-2	1.0120		
	Fe 360 BFU	U K St 37-2	1.0121		
	Fe 360 BFN	R K St 37-2	1.0122		
	Fe 360 C	K St 37-3 U	1.0115	1 s	1,5 s
	Fe 360 D1	K St 37-3 N	1.0118		
	Fe 360 D2	−	1.0119		
	Fe 430 B	K St 44-2	1.0128		
	Fe 430 C	K St 44-3 U	1.0140		
	Fe 430 D1	K St 44-3 N	1.0141	1,5 s	2 s
	Fe 430 D2	−	1.0142		
	Fe 510 C	K St 52-3 U	1.0554		
	Fe 510 D1	K St 52-3 N	1.0569		
	Fe 510 D2	−	1.0579	2 s	2,5 s
	Fe 510 DD1	−	1.0593		
	Fe 510 DD2	−	1.0594		

[1] Der Kurzname ist um die Kennbuchstaben KP zu ergänzen (siehe 7.5.3.2).

[2] Bei der Veröffentlichung der vorliegenden Europäischen Norm war die Umwandlung der EURONORM 27 (1974) in eine Europäische Norm (EN 10027-1) noch nicht vollzogen bzw. mit Änderungen zu rechnen.

[3] Die Werte gelten für Biegewinkel ≤ 90 °C.

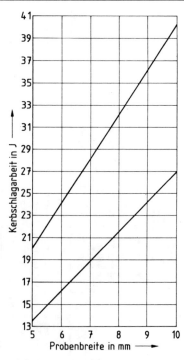

Bild 1. Mindestwerte der Kerbschlagarbeit (in J) bei der Prüfung von Spitzkerbproben mit einer Breite zwischen 5 und 10 mm.

Anhang C (Information)

Liste der früheren nationalen Bezeichnungen vergleichbarer Stähle

Tabelle 10. **Liste vergleichbarer nationaler Stahlbezeichnungen**

| Stahlsorte Kurzname | | Deutschland | | Vergleichbare frühere Bezeichnungen in | | | |
Neu nach EN 10027-1)	nach EU 25-72	Werkstoff-nummer	Kurzname	Frankreich	Groß-britannien	Spanien	Italien
	Fe 310-0	1.0035	St 33	A 33		A 310-0	Fe 320
	Fe 360 B	1.0037	St 37-2	E 24-2	40 B	AE 235 B-FU	Fe 360 B
	Fe 360 BFU	1.0036	USt 37-2		40 C	AE 235 B-FN	
	Fe 360 BFN	1.0038	RSt 37-2	E 24-3		AE 235 C	Fe 360 C
	Fe 360 C	—	—				
	Fe 360 D1	1.0116	St 37-3 N	E 24-4	40 D	AE 235 D	Fe 360 D
	Fe 360 D2	—	—				
	Fe 430 B	1.0044	St 44-2	E 28-2	43 B	AE 275 B	Fe 430 B
	Fe 430 C	—	—	E 28-3	43 C	AE 275 E	Fe 430 C
	Fe 430 D1	1.0144	St 44-3 N	E 28-4	43 D	AE 275 D	Fe 430 D
	Fe 430 D2	—	—				
	Fe 510 B	—	—	E 36-2	50 B	AE 355 B	Fe 510 B
	Fe 510 C	—	—	E 36-3	50 C	AE 355 C	Fe 510 C
	Fe 510 D1	1.0570	St 52-3 N	E 36-4	50 D	AE 355 D	Fe 510 D
	Fe 510 D2	—	—				
	Fe 510 DD1	—	—				
	Fe 510 DD2	—	—				
	Fe 490-2	1.0050	St 50-2	A 50-2		A 490	Fe 480
	Fe 590-2	1.0060	St 60-2	A 60-2		A 590	Fe 580
	Fe 690-2	1.0070	St 70-2	A 70-2		A 690	Fe 650

1) Bei der Veröffentlichung der vorliegenden Europäischen Norm war die Umwandlung der EURONORM 27 (1974) in eine Europäische Norm (EN 10 027-1) noch nicht vollzogen bzw. mit Änderungen zu rechnen.

Tabelle 10. (Fortsetzung)

Stahlsorte Kurzname Neu nach EN 10027-1¹⁾	nach EU 25-72	Vergleichbare frühere Bezeichnungen in Belgien	Portugal	Schweden	Österreich	Norwegen
	Fe 310-0	A 320	Fe 310-0	13 00-00	St 320	
	Fe 360 B	AE 235-B	Fe 360-B	13 11-00	USt 360 B	NS 12 120
	Fe 360 BFU				RSt 360 B	NS 12 122
	Fe 360 BFN				St 360 C	NS 12 123
	Fe 360 C	AE 235-C	Fe 360-C	13 12-00	St 360 C E	NS 12 124
	Fe 360 D1	AE 235-D	Fe 360-D		St 360 D	NS 12 124
	Fe 360 D2					
	Fe 430 B	AE 255-B	Fe 430-B	14 12-00	St 430 B	NS 12 142
	Fe 430 C	AE 255-C	Fe 430-C		St 430 C	NS 12 143
					St 430 C E	
	Fe 430 D1	AE 255-D	Fe 430-D	14 14-00	St 430 D	NS 12 143
	Fe 430 D2			14 14-01		
	Fe 510 B	AE 355-B	Fe 510-B		St 510 C	NS 12 153
	Fe 510 C	AE 355-C	Fe 510-C		St 510 D	NS 12 153
	Fe 510 D1	AE 355-D	Fe 510-D			
	Fe 510 D2					
	Fe 510 DD1	AE 355-DD	Fe 510-DD			
	Fe 510 DD2					
	Fe 490-2	A 490-2	Fe 490-2	15 50-00	St 490	
				15 50-01		
	Fe 590-2	A 590-2	Fe 590-2	16 50-00	St 590	
				16 50-01		
	Fe 690-2	A 690-2	Fe 690-2	16 55-00	St 690	
				16 55-01		

¹⁾ Bei der Veröffentlichung der vorliegenden Europäischen Norm war die Umwandlung der EURONORM 27 (1974) in eine Europäische Norm (EN 10027-1) noch nicht vollzogen bzw. mit Änderungen zu rechnen.

| | Schweißgeeignete Feinkornbaustähle normalgeglüht Technische Lieferbedingungen für Blech, Band, Breitflach-, Form- und Stabstahl | DIN 17 102 |

1 Anwendungsbereich

1.1 Diese Norm gilt für warmgewalzte Erzeugnisse in Form von Flachzeug (Blech, Band, Breitflachstahl), Form- und Stabstahl aus schweißgeeigneten Feinkornbaustählen.

1.2 Diese Norm gilt nicht für warmgewalzte Feinkornstähle zum Kaltumformen nach Stahl-Eisen-Werkstoffblatt 092 sowie Hohlprofile, Rohre und Schmiedestücke aus schweißgeeigneten Feinkornbaustählen.

2 Begriffe

Schweißgeeignete Feinkornbaustähle im Sinne dieser Norm sind Stähle, deren Mindeststreckgrenze im Bereich von 255 bis 500 N/mm² liegt und deren chemische Zusammensetzung unter Berücksichtigung der jeweiligen Mindeststreckgrenze im Hinblick auf die Schweißeignung gewählt ist. Die Stähle sind besonders beruhigt und enthalten Zusätze, die Ausscheidungen, z. B. Nitride und/oder Carbonitride, bilden. Diese behindern das Wachsen der Kristallkörner im Austenitgebiet und führen zu feinem Korn im Lieferzustand (Ferritkorngröße 6 und feiner bei Prüfung nach EURONORM 103). Deshalb weisen die schweißgeeigneten Feinkornbaustähle eine hohe Sprödbruchunempfindlichkeit auf.

5 Sorteneinteilung

5.1 Diese Norm umfaßt die in Tabelle 1 aufgeführten Stahlsorten in vier Reihen:

a) die Grundreihe (StE ...),

b) die warmfeste Reihe (WStE ...) mit Mindestwerten für die 0,2%-Dehngrenze bei erhöhten Temperaturen (siehe Tabelle 4),

c) die kaltzähe Reihe (TStE ...) mit Mindestwerten für die Kerbschlagarbeit bis zu Temperaturen von – 50 °C (siehe Tabelle 4),

d) die kaltzähe Sonderreihe (EStE ...) mit Mindestwerten für die Kerbschlagarbeit bis zu Temperaturen von – 60 °C (siehe Tabelle 5).

Für Blech, Band und Breitflachstahl aus Stählen der kaltzähen Reihe und der kaltzähen Sonderreihe sind auch Mindestwerte für die Kerbschlagarbeit bei Raumtemperatur nach künstlicher Alterung angegeben (siehe Fußnote 2 *nach Tabelle 5*).

7.2 Lieferzustand

7.2.1 Die Erzeugnisse sind im normalgeglühten Zustand zu liefern. Bei Stählen mit einer Mindeststreckgrenze ≥ 420 N/mm² kann bei geringen Erzeugnisdicken und in Sonderfällen eine verzögerte Abkühlung oder ein zusätzliches Anlassen erforderlich sein. Normalglühen kann bei den Stahlsorten bis einschließlich 355 N/mm² Mindeststreckgrenze durch eine gleichwertige Temperaturführung beim und nach dem Walzen ersetzt werden.

7.2.2 ●● Abweichende Lieferzustände (z. B. Walzzustand) können bei der Bestellung vereinbart werden.

7.3 Chemische Zusammensetzung

7.3.1 Chemische Zusammensetzung nach der Schmelzenanalyse

In Tabelle 1 ist die chemische Zusammensetzung nach der Schmelzenanalyse angegeben.

7.4 Mechanische und technologische Eigenschaften

7.4.1 Eigenschaften im Zug-, Kerbschlagbiege- und technologischen Biegeversuch

7.4.1.1 Für Proben, gelten die in den Tabellen 3 bis 5 angegebenen Werte. Die Werte gelten für den Lieferzustand nach Abschnitt 7.2.1 sowie für den Zustand nach üblichem Spannungsarmglühen.

●● Bei anderen Spannungsarmglühbedingungen, auch hinsichtlich der Glühdauer und Abkühlung, können die Werte für die mechanischen und technologischen Eigenschaften beeinträchtigt werden. Hierüber sind gegebenenfalls bei der Bestellung Vereinbarungen zu treffen.

7.4.1.2 Wenn nach Vereinbarung bei der Bestellung die Erzeugnisse im nicht wärmebehandelten Zustand geliefert werden sollen, gelten die Werte der Tabellen 3 bis 5 für getrennt normalgeglühte Probenabschnitte, gegebenenfalls unter Berücksichtigung des zweiten Satzes von Abschnitt 7.2.1.

7.4.1.3 Die in Tabelle 3 angegebenen Werte des Zugversuches und des technologischen Biegeversuches gelten bei Flachzeug ≥ 600 mm Erzeugnisbreite für Querproben.

Bei Band und Breitflachstahl < 600 mm Erzeugnisbreite sowie Form- und Stabstahl gelten die Werte für Längsproben.

7.4.1.4 Die in Tabelle 4 angegebenen Mindestwerte der 0,2%-Dehngrenze bei erhöhter Temperatur gelten für die Stähle der warmfesten Reihe.

●● Für die Stähle der kaltzähen Reihen kann bei der Bestellung die Gültigkeit der in Tabelle 4 angegebenen Mindestwerte für die 0,2%-Dehngrenze bei erhöhter Temperatur vereinbart werden.

7.4.1.5. Zur Kennzeichnung der Sprödbruchunempfindlichkeit sind in Tabelle 5 Mindestwerte für die Kerbschlagarbeit an ISO-Spitzkerbproben bei unterschiedlichen Prüftemperaturen und Probenrichtungen angegeben.

7.4.1.5.1 Bei Blech und Band ≥ 600 mm Erzeugnisbreite gelten die in Tabelle 5 für die Probenrichtungen längs und quer angegebenen Werte der Kerbschlagarbeit.

7.4.1.6 ●● Für Blech, Band und Breitflachstahl aus Stählen nach dieser Norm kann die Einhaltung einer der durch eine Mindestbrucheinschnürung an Zugproben senkrecht zur Erzeugnisoberfläche gekennzeichneten Güteklassen Z 1, Z 2 oder Z 3 nach den Stahl-Eisen-Lieferbedingungen 096 bei der Bestellung vereinbart werden.

7.4.2 Schweißeignung

Die Stähle sind bei Beachtung der allgemeinen Regeln der Technik (siehe Stahl-Eisen-Werkstoffblatt 088) schweißgeeignet.

7.4.3 Umformbarkeit

Die Erzeugnisse aus Stählen nach dieser Norm lassen sich kalt- und warmumformen (siehe Stahl-Eisen-Werkstoffblatt 088).

Tabelle 1. Chemische Zusammensetzung nach der Schmelzenanalyse

Massengehalte in %

Kurzname	Werkstoff-Nummer	C ≤	Si ≤	Mn	P ≤	S ≤	N ≤	Al$_{ges}$ [1] ≥	Cr ≤	Cu ≤	Mo ≤	Ni ≤	Nb ≤	Ti ≤	V ≤	Nb+Ti+V ≤
StE 255	1.0461	0,18	≤ 0,40	0,50 bis 1,30	0,035	0,030	0,020	0,020	0,30 [2]	0,20 [2]	0,08 [2]	0,30	0,03	—	—	0,05
WStE 255	1.0462	0,18			0,035	0,030										
TStE 255	1.0463	0,16			0,030	0,025										
EStE 255	1.1103	0,16			0,025	0,015										
StE 285	1.0486	0,18		0,60 bis 1,40	0,035	0,030										
WStE 285	1.0487	0,18			0,035	0,030										
TStE 285	1.0488	0,16			0,030	0,025										
EStE 285	1.1104	0,16			0,025	0,015										
StE 315	1.0505	0,18	≤ 0,45	0,70 bis 1,50	0,035	0,030										
WStE 315	1.0506	0,18			0,035	0,030										
TStE 315	1.0508	0,16			0,030	0,025										
EStE 315	1.1105	0,16			0,025	0,015										
StE 355	1.0582	0,20	0,10 bis 0,50	0,90 bis 1,65	0,035	0,030						0,30 [4]			0,10	0,12
WStE 355	1.0565	0,20			0,035	0,030										
TStE 355	1.0566	0,18			0,030	0,025										
EStE 355	1.1106	0,18			0,025	0,015										
StE 380	1.8900	0,20	0,10 bis 0,60	1,00 bis 1,70	0,035	0,030			0,30	0,20 [3]	0,10	1,00	0,05	– [5]	0,20	0,22
WStE 380	1.8930				0,035	0,030										
TStE 380	1.8910				0,030	0,025										
EStE 380	1.8911				0,025	0,015										
StE 420	1.8902				0,035	0,030										
WStE 420	1.8932				0,035	0,030										
TStE 420	1.8912				0,030	0,025										
EStE 420	1.8913				0,025	0,015										
StE 460	1.8905	0,21			0,035	0,030										
WStE 460	1.8935				0,035	0,030										
TStE 460	1.8915				0,030	0,025										
EStE 460	1.8918				0,025	0,015										
StE 500	1.8907				0,035	0,030									0,22	
WStE 500	1.8937				0,035	0,030										
TStE 500	1.8917				0,030	0,025										
EStE 500	1.8919				0,025	0,015										

1) Wenn Stickstoff zusätzlich durch Niob, Titan oder Vanadin abgebunden wird, entfällt die Festlegung für den Mindestgehalt an Aluminium.
2) Die Summe der Massengehalte der drei Elemente an Chrom, Kupfer und Molybdän darf zusammen höchstens 0,45 % betragen.
3) Wird Kupfer als Legierungselement zugesetzt, darf der Höchstgehalt 0,70 % betragen.
4) Wird Nickel als Legierungselement zugesetzt, darf der Höchstgehalt 0,85 % betragen.
5) Wird Titan als Legierungselement zugesetzt, darf der Höchstgehalt 0,20 % betragen.

Tabelle 3. Sorteneinteilung und Anforderungen an die Eigenschaften der Stähle bei Raumtemperatur im Zug- und Biegeversuch [1])

Stahlsorte								Mechanische und technologische Eigenschaften																
Grundreihe		Warmfeste Reihe		Kaltzähe Reihe		Kaltzähe Sonderreihe		Zugfestigkeit R_m für Erzeugnisdicken s in mm, N/mm^2					Obere Streckgrenze R_{eH} [2]) für Erzeugnisdicken s in mm, N/mm^2 min.									Bruchdehnung [3]) $(L_0=5\,d_0)$ % min.	Dorndurchmesser beim Biegeversuch [4]),[5])	
Kurzname	Werkstoff-Nummer	Kurzname	Werkstoff-Nummer	Kurzname	Werkstoff-Nummer	Kurzname	Werkstoff-Nummer	≤70	$70<s\leq85$	$85<s\leq100$	$100<s\leq125$	$125<s\leq150$	≤16	$16<s\leq35$	$35<s\leq50$	$50<s\leq60$	$60<s\leq70$	$70<s\leq85$	$85<s\leq100$	$100<s\leq125$	$125<s\leq150$		längs	quer [6])
StE 255	1.0461	WStE 255	1.0462	TStE 255	1.0463	EStE 255	1.1103	360 bis 480	350 bis 470	340 bis 460	330 bis 450	320 bis 440	255	245	235	225	215	205	195			25	1 a	1 a
StE 285	1.0486	WStE 285	1.0487	TStE 285	1.0488	EStE 285	1.1104	390 bis 510	380 bis 500	370 bis 490	360 bis 480	350 bis 470	285	275	265	255	245	235	225			24	1,5 a	2 a
StE 315	1.0505	WStE 315	1.0506	TStE 315	1.0508	EStE 315	1.1105	440 bis 560	430 bis 550	420 bis 540	410 bis 530	400 bis 520	315	305	295	285	275	265	255			23	2 a	2,5 a
StE 355	1.0562	WStE 355	1.0565	TStE 355	1.0566	EStE 355	1.1106	490 bis 630	480 bis 620	470 bis 610	460 bis 600	450 bis 590	355	345	335	325	315	305	295			22	2 a	3 a
StE 380	1.8900	WStE 380	1.8910	TStE 380	1.8930	EStE 380	1.8911	500 bis 650	490 bis 640	480 bis 630	470 bis 620	460 bis 610	380	375	365	355	345	335	325	315	305	20	2,5 a	3,5 a
StE 420	1.8902	WStE 420	1.8912	TStE 420	1.8932	EStE 420	1.8913	530 bis 680	520 bis 670	510 bis 660	500 bis 650	490 bis 640	420	410	400	390	385	375	365	355	345	19	2,5 a	3,5 a
StE 460	1.8905	WStE 460	1.8915	TStE 460	1.8935	EStE 460	1.8918	560 bis 730	550 bis 720	540 bis 710	530 bis 700	520 bis 690	460	450	440	430	420	410	400	390	380	17	3 a	4 a
StE 500	1.8907	WStE 500	1.8917	TStE 500	1.8937	EStE 500	1.8919	610 bis 780	600 bis 770	590 bis 760	580 bis 750	570 bis 740	500	480	470	460	450	440	430	420	410	16	3 a	4 a

[1]) Soweit im Kopf der Spalten nicht anders angegeben, gelten die Werte bis 150 mm Dicke. Für Dicken über 150 mm sind die Werte zu vereinbaren.
[2]) Wenn keine ausgeprägte Streckgrenze auftritt, gelten die Werte für die 0,2%-Dehngrenze.
[3]) Für Erzeugnisdicken < 3 mm, bei denen Proben mit einer Meßlänge von $L_0 = 80$ mm geprüft werden, sind die Werte zu vereinbaren.
[4]) a = Probendicke, Biegewinkel 180°.
[5]) Bei Erzeugnisdicken über 70 mm ist der Dorndurchmesser um den Wert 0,5 a zu vergrößern.
[6]) Nur bei Flachzeug ≥ 600 mm Erzeugnisbreite.

Tabelle 4. Anforderungen an die 0,2%-Dehngrenze bei erhöhten Temperaturen [1], [2]

Mindestwerte der 0,2%-Dehngrenze für Erzeugnisdicken s in mm
bei … N/mm²

Stahlsorte Kurzname	Werkstoff-Nummer	100 °C						150 °C						200 °C					250 °C				
		s≤35	35<s≤70	70<s≤85	85<s≤100	100<s≤125	125<s≤150	s≤35	35<s≤70	70<s≤85	85<s≤100	100<s≤125	125<s≤150	s≤70	70<s≤85	85<s≤100	100<s≤125	125<s≤150	s≤70	70<s≤85	85<s≤100	100<s≤125	125<s≤150
WStE 255	1.0462	226	216	206	196	186	177	206	196	186	177	167	157	186	177	167	157	147	167	157	147	137	127
WStE 285	1.0487	255	245	235	226	216	206	235	226	216	206	196	186	216	206	196	186	177	196	186	177	167	157
WStE 315	1.0506	275	265	255	245	235	226	255	245	235	226	216	206	235	226	216	206	196	216	206	196	186	177
WStE 355	1.0565	304	294	284	275	265	255	284	275	265	255	245	235	265	255	245	235	226	245	235	226	216	206
WStE 380	1.8930	333	324	314	304	294	284	314	304	294	284	275	265	294	284	275	265	255	275	265	255	245	235
WStE 420	1.8932	363	353	343	333	324	314	343	333	324	314	304	294	324	314	304	294	284	304	294	284	275	265
WStE 460	1.8935	402	392	382	373	363	353	382	373	363	353	343	333	363	353	343	333	324	343	333	324	314	304
WStE 500	1.8937	422	412	402	392	382	373	402	392	382	373	363	353	382	373	363	353	343	363	353	343	333	324

[1] Die in Tabelle 3 für Raumtemperatur angegebenen Streckgrenzenwerte gelten als Berechnungskennwerte bis 50 °C. Für Temperaturen zwischen 50 und 100 °C ist linear zwischen den für Raumtemperatur und 100 °C angegebenen Werten zu interpolieren.

[2] Für Dicken über 150 mm sind die Werte zu vereinbaren.

Tabelle 4. (Fortsetzung)

Mindestwerte der 0,2%-Dehngrenze für Erzeugnisdicken s in mm
bei … N/mm²

Stahlsorte Kurzname	Werkstoff-Nummer	300 °C					350 °C					400 °C				
		s≤70	70<s≤85	85<s≤100	100<s≤125	125<s≤150	s≤70	70<s≤85	85<s≤100	100<s≤125	125<s≤150	s≤70	70<s≤85	85<s≤100	100<s≤125	125<s≤150
WStE 255	1.0462	147	137	127	118	108	127	118	108	98	88	108	98	88	78	69
WStE 285	1.0487	177	167	157	147	137	157	147	137	127	118	137	127	118	108	98
WStE 315	1.0506	196	186	177	167	157	177	167	157	147	137	157	147	137	127	118
WStE 355	1.0565	226	216	206	196	186	206	196	186	177	167	186	177	167	157	147
WStE 380	1.8930	255	245	235	226	216	235	226	216	206	196	216	206	196	186	177
WStE 420	1.8932	284	275	265	255	245	265	255	245	235	226	245	235	226	216	206
WStE 460	1.8935	324	314	304	294	284	304	294	284	275	265	284	275	265	255	245
WStE 500	1.8937	343	333	324	314	304	324	314	304	294	284	304	294	284	275	265

[1] und [2] siehe oben

Tabelle 5. **Anforderungen an die Kerbschlagarbeit bei Kerbschlagbiegeversuchen an ISO-Spitzkerbproben**

Stahlsorten folgender Reihen	Proben-richtung	Mindestwerte der Kerbschlagarbeit A_v für Erzeugnisdicken $10 \leq s \leq 150$ mm [1], [2], [3] bei Prüftemperaturen in °C								
		-60	-50	-40	-30	-20	-10	0	$+10$	$+20$
						J				
Grundreihe und Warmfeste Reihe	längs	–	–	–	–	39	43	47	51	55
	quer [4]	–	–	–	–	21	24	31	31	31
Kaltzähe Reihe	längs	–	27	31	39	47	51	55	59	63
	quer [4]	–	16	20	24	27	31	31	35	39
Kaltzähe Sonderreihe	längs	25	30	40	50	65	80	90	95	100
	quer [4]	20	27	30	35	45	60	70	75	80

[1] Für Dicken über 150 mm sind die Werte zu vereinbaren.

[2] Als Prüfergebnis gilt der Mittelwert aus 3 Versuchen. Der Mindestmittelwert darf dabei nur von einem Einzelwert, und zwar höchstens um 30 %, unterschritten werden.

[3] Bei Erzeugnisdicken unter 10 mm gelten die Angaben in Abschnitt 7.4.1.5.2.

[4] Nur für Blech und Band in Walzbreiten $\geq$ 600 mm; für Breitflach- und Formstahl siehe Abschnitt 7.4.1.5.1.

Die Stähle nach dieser Norm sind alterungsunempfindlich. Ein Nachweis der Alterungsunempfindlichkeit wird, falls gefordert, nur für Blech, Band und Breitflachstahl aus Stählen der kaltzähen Reihen, und zwar an DVM-Kerbschlagproben im gealterten Zustand bei Raumtemperatur erbracht. Für den Nachweis der Alterungsunempfindlichkeit gilt für vorgenannte Erzeugnisse in Dicken bis 150 mm für die Stähle TStE 255 bis TStE 315 und EStE 255 bis EStE 315 nach Kaltumformen um 10 % und halbstündigem Anlassen bei 250 °C ein Mindestwert von 27 J für Querproben bzw. 41 J (in Sonderfällen kann ein Mindestwert von 48 J vereinbart werden) für Längsproben und für die Stähle TStE 355 bis TStE 500 und EStE 355 bis EStE 500 nach Kaltumformen um 5 % und halbstündigem Anlassen bei 250 °C ein Mindestwert von 31 J für Querproben bzw. 41 J für Längsproben.

Schweißgeeignete Feinkornbaustähle für den Stahlbau, thermomechanisch gewalzt. Technische Lieferbedingungen für Flach- und Langerzeugnisse	SEW 083 2. Ausgabe

1 Anwendungsbereich

1.1 Dieses Stahl-Eisen-Werkstoffblatt gilt für durch Walzen thermomechanisch umgeformte Flacherzeugnisse in Form von Blech, warmgewalztem Band und Breitflachstahl sowie Langerzeugnisse in Form von Träger- und Stützenprofilen (einschließlich Breitflanschträger) und anderen Profilstäben aus schweißgeeigneten Feinkornbaustählen, die in diesem Lieferzustand, bezogen auf den untersten Dickenbereich nach **Tabelle 3**, Mindeststreckgrenzen von 355 und 460 N/mm^2 aufweisen.

1.2 Die Stahlsorten weisen aufgrund ihrer chemischen Zusammensetzung ein niedriges Kohlenstoffäquivalent und damit eine sehr gute Schweißeignung auf. Sie werden bevorzugt für Stahlbaukonstruktionen eingesetzt, bei deren Herstellung hohe Anforderungen an die Schweißeignung zu erfüllen sind.

1.3 Die Erzeugnisse aus Stahlsorten nach diesem Werkstoffblatt sind weder für eine Wärmebehandlung noch für eine Bearbeitung oberhalb 580°C geeignet (siehe Abschnitt 7.4.2).

2 Begriff

2.1 Die in diesem Werkstoffblatt beschriebenen Stähle erhalten ihre mechanischen und technologischen Eigenschaften durch das thermomechanische Walzen. Dieses Verfahren ermöglicht eine chemische Zusammensetzung der Stähle, die sich im Hinblick auf Schweißeignung und Zähigkeit günstig auswirkt.

2.2 Das thermomechanische Walzen ist ein Umformverfahren mit einer Endumformung in einem bestimmten Temperaturbereich, das zu einem Werkstoffzustand mit bestimmten Eigenschaften führt, der durch eine Wärmebehandlung allein nicht erreicht wird und nicht wiederholbar ist.

Nachträgliches Erwärmen oberhalb 580°C [*] kann die Festigkeitswerte vermindern.

Die Kurzbezeichnung dieses Lieferzustandes ist TM.

Anmerkung:

Das zum Lieferzustand TM führende thermomechanische Walzen kann Verfahren mit erhöhter Abkühlgeschwindigkeit ohne und mit Anlassen einschließlich Selbstanlassen einschließen, schließt jedoch das Direkthärten und Flüssigkeitsvergüten aus.

2.3 Die thermomechanisch gewalzten schweißgeeigneten Feinkornbaustähle sind besonders beruhigt und enthalten Zusätze, die Ausscheidungen, z. B. Nitride und/oder Carbonitride, bilden. Im Lieferzustand weisen sie ein feines Korn (Ferritkorngröße 6 und feiner bei Prüfung nach EURONORM 103) und eine hohe Sprödbruchunempfindlichkeit auf.

5 Sorteneinteilung

Dieses Werkstoffblatt umfaßt die in Tabelle 1 aufgeführten Stahlsorten in zwei Reihen (siehe **Tabelle 4**):

---

[*] Falls Temperaturen oberhalb 580°C erforderlich sind, ist der Hersteller anzusprechen.

a) die Grundreihe mit Mindestwerten für die Kerbschlagarbeit bei – 20°C

b) die kaltzähe Reihe mit Mindestwerten für die Kerbschlagarbeit bis zu – 50°C.

6 Bezeichnung und Bestellung

6.2 Bestellbezeichnung

20 Stück Stahlblech
15 × 2 000 × 6 000 – DIN EN 10 029
SEW 083 – S 355 ML

oder 20 Stück HEA 360 × 12 000 – EURONORM 53
SEW 083 – S 460 M

7 Anforderungen

7.3 Chemische Zusammensetzung und Kohlenstoffäquivalent

7.3.1 In Tabelle 1 ist die chemische Zusammensetzung nach der Schmelzenanalyse angegeben.

7.3.2 Für das Kohlenstoffäquivalent nach der Schmelzenanalyse entsprechend der Formel

$$C_{Aq} = C + \frac{Mn}{6} + \frac{Cr + Mo + V}{5} + \frac{Ni + Cu}{15}$$

gelten die Werte in Tabelle 1.

7.4 Mechanische und technologische Eigenschaften

7.4.1 Eigenschaften im Zug-, Kerbschlagbiege- und technologischen Biegeversuch

7.4.1.1 Für Proben, die entsprechend Abschnitt 8.4 entnommen und vorbereitet sind, gelten die in den Tabellen 3 und 4 angegebenen Werte. Die Werte gelten nur für den Lieferzustand nach Abschnitt 7.2 sowie für den Zustand nach Spannungsarmglühen entsprechend Abschnitt 10.2. Dies ist besonders zu beachten, da durch ein Wärmen auf Temperaturen oberhalb der Spannungsarmglühtemperatur von 580°C die Festigkeitseigenschaften beeinträchtigt werden können.

7.4.1.2 Die in Tabelle 3 angegebenen Werte des Zugversuches gelten bei Flacherzeugnissen, und zwar bei Blech sowie bei Band mit Erzeugnisbreiten ≥ 600 mm für Längs- und Querproben. Bei Band < 600 mm Erzeugnisbreite sowie Breitflachstahl und bei Langerzeugnissen gelten die Werte für Längsproben.

7.4.1.3 Die in Tabelle 3 angegebenen Werte des technologischen Biegeversuches gelten bei Flacherzeugnissen, und zwar bei Blech sowie bei Band ≥ 600 mm Erzeugnisbreite für Querproben. Bei Band < 600 mm Erzeugnisbreite und Breitflachstahl sowie bei Langerzeugnissen gelten die Werte für Längsproben.

7.4.1.4 Zur Kennzeichnung der Sprödbruchunempfindlichkeit sind in Tabelle 4 Mindestwerte für die Kerbschlagarbeit an Charpy-V-Proben bei unterschiedlichen Prüftemperaturen und Probenrichtungen angegeben.

7.4.1.4.1 Bei Blech sowie bei Band $\geq$ 600 mm Erzeugnisbreite gelten die in Tabelle 4 für die Probenrichtungen längs und quer angegebenen Werte der Kerbschlagarbeit.

Bei Band < 600 mm Erzeugnisbreite und bei Breitflachstahl gelten nur die Werte für die Probenrichtung längs.

Nach Vereinbarung bei der Bestellung gelten die in Tabelle 4 angegebenen Querwerte auch für Breitflachstahl in Probenrichtung quer.

Bei Langerzeugnissen gelten die in Tabelle 4 angegebenen Werte der Kerbschlagarbeit für die Probenrichtung längs.

7.4.1.4.2 Wenn die Erzeugnisdicke zur Herstellung normgerechter Charpy-V-Proben (mit 10 mm Breite) nicht ausreicht, sind bei Erzeugnisdicken zwischen $\geq$ 5 und < 10 mm Werte an Proben zu ermitteln, die Charpy-Proben ähnlich sind, deren Breite jedoch zwischen $\geq$ 5 und < 10 mm beträgt. Die Anforderungen verringern sich dabei proportional dem Probenquerschnitt. Bei Erzeugnisdicken < 5 mm entfällt der Kerbschlagbiegeversuch.

7.4.1.4.3 Die Mindestwerte nach Tabelle 4 gelten für das Mittel aus drei Proben, wobei nur ein Einzelwert den geforderten Mindestwert um höchstens 30 % unterschreiten darf.

7.4.1.5 Bei der Bestellung kann die Einhaltung einer der durch eine Mindestbrucheinschnürung an Zugproben senkrecht zur Erzeugnisoberfläche gekennzeichneten Güteklassen Z15, Z25 oder Z35 nach DIN EN 10 164 (z. Z. Entwurf) vereinbart werden.

7.4.2   Schweißeignung
Die Stahlsorten sind bei Beachtung der allgemeinen Regeln der Technik (siehe Stahl-Eisen-Werkstoffblatt 088, das sinngemäß anzuwenden ist) schweißgeeignet (siehe Abschnitt 10.3).

Die unter Punkt 1.3 hinsichtlich einer Wärmebehandlung oberhalb 580 °C gemachten Ausführungen treffen nicht auf die beim Brennschneiden und Schweißen auftretenden Temperaturzyklen zu.

Bei diesen Stahlsorten ist die Gefahr der Kaltrißbildung gering, so daß auf ein Vorwärmen beim Brennschneiden sowie beim Schweißen, unabhängig von der Erzeugnisdicke, im allgemeinen verzichtet werden kann. Bei ungünstigen Stoßformen in Verbindung mit Schweißzusatzwerkstoffen, die zu einem erhöhten Wasserstoffgehalt im Schweißgut führen, kann dennoch ein Vorwärmen notwendig werden. Die niedrigen Gehalte an Kohlenstoff und sonstigen Legierungselementen führen selbst bei hohem Wärmeeinbringen zu günstigen Zähigkeitseigenschaften in der Wärmeeinflußzone.

7.4.3   Umformbarkeit
Die Erzeugnisse aus Stählen nach diesem Werkstoffblatt lassen sich kaltumformen. Dabei sind die Veränderungen der Werkstoffeigenschaften durch Kaltumformen zu beachten.

7.5   Oberflächenbeschaffenheit und innere Beschaffenheit

(siehe DIN EN 10 163 Teile 1, 2 und 3)

10   Wärmebehandlung und Weiterverarbeitung

10.1   Wärme- und Glühbehandlung oberhalb 580 °C sind nicht zulässig (siehe Abschnitt 7.4.2).

10.2   Das Spannungsarmglühen wird im Temperaturbereich zwischen 530 und 580 °C mit Abkühlung an ruhender Luft durchgeführt. Die Haltedauer (nach DIN 17 014 Teil 1) beträgt insgesamt (auch bei Mehrfachglühungen) höchstens 150 min. Bei einer Haltedauer über 90 min ist die untere Grenze der Temperaturspanne anzustreben.

10.3   Beim Schweißen der Stähle nach diesem Werkstoffblatt sind die Angaben im Stahl-Eisen-Werkstoffblatt 088 sinngemäß zu beachten (siehe Abschnitt 7.4.2).

Tabelle 1: Chemische Zusammensetzung der Stahlsorten nach der Schmelzenanalyse

Reihe	Stahlsorte		Massenanteile in %												Kohlenstoff-äquivalent
	Kurzname	Werkstoff-nummer	C $\leq$	Si $\leq$	Mn $\leq$	P $\leq$	S $\leq$	N $\leq$	Al_{ges}[1] $\geq$	Cu $\leq$	Mo $\leq$	Ni $\leq$	Nb $\leq$	V $\leq$	C_{Aq}[2] $\leq$
Grundreihe	S 355 M	1.8823	0,13	0,50	1,60	0,025	0,015	0,020	0,015	–	–	0,35	0,05	0,05	0,39
	S 460 M	1.8827	0,14	0,50	1,70	0,025	0,015	0,020	0,015	0,30	0,20	0,45	0,05	0,09[3]	0,45
Kaltzähe Reihe	S 355 ML	1.8834	0,13	0,50	1,60	0,025	0,010	0,020	0,015	–	–	0,35	0,05	0,05	0,39
	S 460 ML	1.8838	0,14	0,50	1,70	0,025	0,010	0,020	0,015	0,30	0,20	0,45	0,05	0,09[3]	0,45

[1] Der Mindestwert für den Gehalt an Al_{ges} gilt nicht, wenn ausreichende Gehalte an stickstoffabbindenden Elementen vorhanden sind.

[2] $C_{Aq} = C + \dfrac{Mn}{6} + \dfrac{Cr + Mo + V}{5} + \dfrac{Cu + Ni}{15}$

[3] Für Langerzeugnisse $\leq$ 0,14 % V.

Tabelle 3: Mechanische und technologische Eigenschaften der Erzeugnisse bei Raumtemperatur im Lieferzustand

Stahlsorte					Mechanische und technologische Eigenschaften								
Grundreihe		Kaltzähe Reihe			Zugfestigkeit R_m für Erzeugnisdicken		Obere Streckgrenze R_{eH}[1] für Erzeugnisdicken				Bruch-dehnung $(L_0 = 5\,d_0)$	Dorndurchmesser beim Biegeversuch[2]	
Kurzname	Werk-stoff-Nr.	Kurzname	Werk-stoff-Nr.		≤ 50 mm	> 50 mm ≤ 100 mm	≤ 35[4] mm	> 35[4] mm ≤ 50 mm	> 50 mm ≤ 70 mm	> 70 mm ≤ 100 mm		längs	quer[3]
					N/mm²		N/mm² mind.				% mind.		
S 355 M	1.8823	S 355 ML	1.8834		450 bis 610	440 bis 600	355	345	335	325	22	2 a	3 a
S 460 M	1.8827	S 460 ML	1.8838		530 bis 700	510 bis 680	460	440	420	400	17	3 a	4 a

1) Wenn keine ausgeprägte Streckgrenze auftritt, gelten die Werte für die 0,2 %-Dehngrenze.
2) a = Probendicke, Biegewinkel 180°.
3) Nur bei Blech sowie bei Band ≥ 600 mm Erzeugnisbreite.
4) Bei Langerzeugnissen 16 mm anstatt 35 mm.

Tabelle 4: Mindestwerte der Kerbschlagarbeit an Charpy-V-Proben[1]

Stahlsorten folgender Reihen	Probenrichtung	Mindestwerte der Kerbschlagarbeit A_V für Erzeugnisdicken ≥ 10 mm ≤ 100 mm[2][3] bei Prüftemperaturen in °C			
		– 50	– 40	– 30	– 20
		J			
Grundreihe	längs	–	–	–	40
	quer[4]	–	–	–	21
Kaltzähe Reihe	längs	27	40	50	65
	quer[4]	16	25	35	45

1) Bei Langerzeugnissen gelten nur die Werte für die Probenrichtung längs.
2) Als Prüfergebnis gilt der Mittelwert aus drei Versuchen. Der Mindestmittelwert darf dabei nur von einem Einzelwert, und zwar höchstens um 30 % unterschritten werden.
3) Bei Erzeugnisdicken unter 10 mm gelten die Angaben in Abschnitt 7.4.1.4.2.
4) Nur bei Blech sowie bei Band ≥ 600 mm Erzeugnisbreite; für Breitflachstahl siehe Abschnitt 7.4.1.4.1.

Schweißgeeignete Feinkornbaustähle thermomechanisch umgeformt Technische Lieferbedingungen für Formstahl und Stabstahl mit profilförmigem Querschnitt	SEW 084 2. Ausgabe

1 Anwendungsbereich

1.1 Dieses Stahl-Eisen-Werkstoffblatt gilt für durch Walzen thermomechanisch umgeformte Erzeugnisse in Form von Formstahl und Stabstahl mit profilförmigem Querschnitt aus schweißgeeigneten Feinkornbaustählen, die in diesem Lieferzustand, bezogen auf den untersten Dickenbereich nach Tabelle 3, Mindeststreckgrenzen von 255 bis 500 N/mm² aufweisen.

1.2 Die Erzeugnisse aus Stählen nach diesem Werkstoffblatt sind weder für eine Wärmebehandlung oberhalb 580 °C noch für eine Verarbeitung durch Warmumformen oder Warmrichten geeignet.

2 Begriffe

2.2 Das thermomechanische Umformen ist eine thermomechanische Behandlung mit Endumformung in einem Temperaturbereich, in dem der Austenit während dieser Umformung nicht oder nicht wesentlich rekristallisiert. Die Endumformung erfolgt bei Temperaturen oberhalb A_{r3} oder zwischen A_{r1} und A_{r3}. Thermomechanisches Umformen führt zur Einstellung eines Werkstoffzustandes mit bestimmten Werkstoffeigenschaften. Dieser Werkstoffzustand ist durch eine Wärmebehandlung allein nicht erreichbar und nicht wiederholbar.

2.3 Die thermomechanisch umgeformten schweißgeeigneten Feinkornbaustähle sind besonders beruhigt und enthalten Zusätze, die Ausscheidungen, z. B. Nitride und/oder Carbonitride, bilden. Im Lieferzustand weisen sie ein feines Korn (Ferritkorngröße 6 und feiner bei Prüfung nach EURONORM 103) und eine hohe Sprödbruchunempfindlichkeit auf.

5 Sorteneinteilung

5.1 Dieses Werkstoffblatt umfaßt die in **Tabelle 1** aufgeführten Stahlsorten in zwei Reihen:

a) die Grundreihe (FStE . . . TM)

b) die kaltzähe Reihe (FTStE . . . TM) mit Mindestwerten für die Kerbschlagarbeit bis zu Temperaturen von −50 °C (siehe Tabelle 4)

6.2 Bestellbezeichnung

Beispiel: Bezeichnung von 20 warmgewalzten breiten I-Trägern mit parallelen Flanschflächen (IPB-Reihe) der Höhe h = 360 mm und mit einer Festlänge von 10 000 mm aus Stahl FStE 355 TM nach SEW 084

20 Stück IPB 360 × 10 000 – DIN 1025
SEW 084 – FStE 355 TM

7.2 Lieferzustand

Die Erzeugnisse werden im thermomechanisch umgeformten Zustand geliefert. Das Kurzzeichen für diesen Lieferzustand ist TM.

7.3 Chemische Zusammensetzung

7.3.1 Chemische Zusammensetzung nach der Schmelzenanalyse.

In Tabelle 1 ist die chemische Zusammensetzung nach der Schmelzenanalyse angegeben.

7.4 Mechanische und technologische Eigenschaften

7.4.1 Eigenschaften im Zug-, Kerbschlagbiege- und technologischen Biegeversuch.

7.4.1.1 Für Proben gelten die in den **Tabellen 3 und 4** angegebenen Werte. Die Werte gelten nur für den Lieferzustand nach Abschnitt 7.2 sowie für den Zustand nach Spannungsarmglühen entsprechend Abschnitt 10.2. Dies ist besonders zu beachten, da durch ein Wärmen auf Temperaturen oberhalb der Spannungsarmglühtemperatur von 580 °C ihre Festigkeitseigenschaften beeinträchtigt werden können.

7.4.1.2 Die in Tabelle 3 angegebenen Werte des Zugversuches und des technologischen Biegeversuches gelten an Längsproben.

7.4.1.3 Zur Kennzeichnung der Sprödbruchunempfindlichkeit sind in Tabelle 4 Mindestwerte für die Kerbschlagarbeit an ISO-Spitzkerbproben bei unterschiedlichen Prüftemperaturen für die Längsrichtung angegeben.

Kerbschlagarbeitswerte in Querrichtung können bei der Bestellung gegebenenfalls vereinbart werden.

7.4.1.4 Bei der Bestellung kann die Einhaltung einer der durch eine Mindestbrucheinschnürung an Zugproben senkrecht zur Erzeugnisoberfläche gekennzeichneten Güteklassen Z 15, Z 25 oder Z 35 entsprechend den Stahl-Eisen-Lieferbedingungen 096 vereinbart werden.

7.4.2 Schweißeignung

Die Stähle sind bei Beachtung der allgemeinen Regeln der Technik (siehe Stahl-Eisen-Werkstoffblatt 088, das sinngemäß anzuwenden ist) schweißgeeignet.

Die im Abschnitt 1.2 hinsichtlich einer Wärmebehandlung oberhalb 580 °C gemachten Ausführungen treffen nicht auf die beim Schweißen auftretenden Temperaturzyklen zu.

Im Interesse einer ausreichenden Festigkeit und Zähigkeit der Wärmeeinflußzone ist es jedoch grundsätzlich wie bei allen Bau- und Druckbehälterstählen erforderlich, die Vorwärmtemperatur und das Wärmeeinbringen beim Schweißen nach oben zu begrenzen.

7.4.3 Umformbarkeit

Die Erzeugnisse aus Stählen nach diesem Werkstoffblatt lassen sich kaltumformen. Dabei sind Veränderungen der Werkstoffeigenschaften durch Kaltumformen zu beachten.

10 Wärmebehandlung und Weiterverarbeitung

10.1 Wärme- und Glühbehandlungen oberhalb 580 °C sind nicht zulässig.

10.2 Das Spannungsarmglühen wird im Temperaturbereich zwischen 530 und 580 °C mit Abkühlung an ruhender Luft durchgeführt. Die Haltedauer (nach DIN 17 014 Teil 1) beträgt insgesamt (auch bei Mehrfachglühungen) höchstens 150 min. Bei einer Haltedauer über 90 min ist die untere Grenze der Temperaturspanne anzustreben.

Tabelle 1. Chemische Zusammensetzung der Stahlsorten nach der Schmelzenanalyse

Reihe	Stahlsorte Kurzname	Werkstoff- nummer	Massenanteil in %												
			C $\leq$	Si $\leq$	Mn $\leq$	P $\leq$	S $\leq$	N $\leq$	Al$_{ges}$ $\geq$	Mo$^{1)}$ $\leq$	Ni $\leq$	Nb $\leq$	Ti $\leq$	V $\leq$	Nb+V+Ti $\leq$
Grund- reihe	FStE 255 TM	1.8820	0,12	0,50	1,30	0,035	0,030	0,020	0,015	0,15	0,30	0,05	0,05	–	0,08
	FStE 315 TM	1.8821	0,14		1,50						0,30			–	0,08
	FStE 355 TM	1.8822	0,16		1,60						0,30				0,14
	FStE 380 TM	1.8842	0,16		1,60						0,60			0,10	0,16
	FStE 420 TM	1.8824	0,18		1,70						0,60			0,14	0,18
	FStE 460 TM	1.8826	0,18		1,70						0,70			0,16	0,20
	FStE 500 TM	1.8828	0,18		1,80						0,80			0,18	0,22
Kalt- zähe Reihe	FTStE 255 TM	1.8831	0,10	0,50	1,30	0,030	0,025	0,020	0,015	0,15	0,30	0,05	0,05	–	0,08
	FTStE 315 TM	1.8832	0,12		1,50						0,30				0,12
	FTStE 355 TM	1.8833	0,12		1,65						0,30			0,08	0,16
	FTStE 380 TM	1.8844	0,14		1,70						0,40			0,12	0,18
	FTStE 420 TM	1.8835	0,14		1,70						0,60			0,14	0,20
	FTStE 460 TM	1.8837	0,14		1,80						0,70			0,16	0,22

^{1}) Die Summe der Gehalte an Chrom, Kupfer und Molybdän darf höchstens 0,50 % betragen.

Tabelle 5. Gegenüberstellung der Kurznamen, Werkstoffnummern und Stempelzeichen der Stahlsorten

Reihe	Kurzname	Werkstoff-Nr.	Stempelzeichen
Grund- reihe	FStE 255 TM	1.8820	F 255 TM
	FStE 315 TM	1.8821	F 315 TM
	FStE 355 TM	1.8822	F 355 TM
	FStE 380 TM	1.8842	F 380 TM
	FStE 420 TM	1.8824	F 420 TM
	FStE 460 TM	1.8826	F 460 TM
	FStE 500 TM	1.8828	F 500 TM
Kalt- zähe Reihe	FTStE 255 TM	1.8831	FT 255 TM
	FTStE 315 TM	1.8832	FT 315 TM
	FTStE 355 TM	1.8833	FT 355 TM
	FTStE 380 TM	1.8844	FT 380 TM
	FTStE 420 TM	1.8835	FT 420 TM
	FTStE 460 TM	1.8837	FT 460 TM

Tabelle 3. Mechanische und technologische Eigenschaften der Erzeugnisse bei Raumtemperatur im Lieferzustand

Stahlsorte				Zugfestigkeit R_m	Mechanische und technologische Eigenschaften		Bruchdehnung $(L_o = 5\,d_o)$	Dorndurch-messer beim Biegeversuch[2]
Grundreihe		Kaltzähe Reihe			Obere Streckgrenze R_{eH}[1] für Erzeugnisdicke			
Kurzname	Werkstoff-Nr.	Kurzname	Werkstoff-Nr.		≤ 16 mm	> 16 mm ≤ 40 mm		
				N/mm²	N/mm² mind.		% mind.	
FStE 255 TM	1.8820	FTStE 255 TM	1.8831	330 bis 460	255	245	25	1 a
FStE 315 TM	1.8821	FTStE 315 TM	1.8832	390 bis 530	315	305	23	2 a
FStE 355 TM	1.8822	FTStE 355 TM	1.8833	450 bis 600	355	345	22	2 a
FStE 380 TM	1.8842	FTStE 380 TM	1.8844	480 bis 640	380	370	20	2,5 a
FStE 420 TM	1.8824	FTStE 420 TM	1.8835	500 bis 660	420	410	19	2,5 a
FStE 460 TM	1.8826	FTStE 460 TM	1.8837	550 bis 720	460	450	17	3 a
FStE 500 TM	1.8828			600 bis 790	500	480	16	3 a

[1]) Wenn keine ausgeprägte Streckgrenze auftritt, gelten die Werte für die 0,2%-Dehngrenze.
[2]) a = Probendicke, Biegewinkel 180°.

Tabelle 4. Mindestwerte der Kerbschlagarbeit an ISO-Spitzkerbproben (Probenrichtung längs)

Stahlsorten folgender Reihen	Mindestwerte der Kerbschlagarbeit A_v für Erzeugnisdicken ≥ 10 mm ≤ 40 mm[1][2] bei Prüftemperaturen in °C							
	-50	-40	-30	-20	-10	0	$+10$	$+20$
	J							
Grundreihe	–	–	–	39	43	47	51	55
Kaltzähe Reihe	27	31	39	47	51	55	59	63

[1]) Als Prüfergebnis gilt der Mittelwert aus drei Versuchen. Der Mindestmittelwert darf dabei nur von einem Einzelwert, und zwar höchstens um 30%, unterschritten werden.
[2]) Bei Erzeugnisdicken unter 10 mm gelten die Angaben in Abschnitt 7.4.1.3.1.

Schweißgeeignete Feinkornbaustähle für hochbeanspruchte Stahlkonstruktionen Technische Lieferbedingungen für Formstahl und Stabstahl mit profilförmigem Querschnitt	SEW 085 1. Ausgabe

1 Anwendungsbereich

1.1 Dieses Stahl-Eisen-Werkstoffblatt gilt für Erzeugnisse in Form von Formstahl und Stabstahl mit profilförmigem Querschnitt aus schweißgeeigneten Feinkornbaustählen, die in den Lieferzuständen nach Abschnitt 7.2 Mindeststreckgrenzen von 355 oder 420 N/mm^2, bezogen auf den unteren Dickenbereich nach Tabelle 3, aufweisen. Sie werden bevorzugt im Offshore-Bereich sowie auch für Schweißkonstruktionen im Fahrzeug-, Stahl-, Brücken-, Schiff- und Reaktorbau eingesetzt.

2 Begriffe

Die in diesem Werkstoffblatt beschriebenen schweißgeeigneten Feinkornbaustähle sind besonders beruhigt und enthalten Zusätze, die Ausscheidungen, z. B. Nitride und/oder Carbonitride, bilden.

Im Lieferzustand weisen sie ein feines Korn (Ferritkorngröße 6 und feiner bei Prüfung nach EURONORM 103) und eine hohe Sprödbruchunempfindlichkeit auf. Sie erhalten ihre mechanischen und technologischen Eigenschaften entweder durch das Normalglühen bzw. normalisierende Umformen (Kurzzeichen N) oder durch das thermomechanische Umformen (Kurzzeichen TM), siehe Stahl-Eisen-Werkstoffblatt 082. Alle diese Verfahren ermöglichen eine chemische Zusammensetzung der Stähle, die sich im Hinblick auf Schweißeignung und Zähigkeit günstig auswirkt.

5 Sorteneinteilung

5.1 Dieses Werkstoffblatt umfaßt die in Tabelle 1 aufgeführten Stahlsorten mit jeweils unterschiedlichen Spannen für die Zugfestigkeit und Mindestwerten für die Kerbschlagarbeit bei unterschiedlichen Prüftemperaturen.

6.2 Bestellbezeichnung

Beispiel: Bezeichnung von 20 warmgewalzten breiten I-Trägern mit parallelen Flanschflächen (IPB-Reihe) der Höhe h = 360 mm und mit einer Festlänge von 10 000 mm aus Stahl FStE 355 OS 2 nach SEW 085

20 Stück IPB 360 × 10 000 – DIN 1025 SEW 085 – FStE 355 OS 2

7.2 Lieferzustand

Die Erzeugnisse werden nach Wahl des Herstellers im normalgeglühten bzw. normalisierend umgeformten Zustand (Kurzzeichen N) oder im thermomechanisch umgeformten Zustand (Kurzzeichen TM) geliefert. Der Lieferzustand ist bekanntzugeben.

7.3 Chemische Zusammensetzung

7.3.1 Chemische Zusammensetzung nach der Schmelzenanalyse.

In Tabelle 1 ist die chemische Zusammensetzung nach der Schmelzenanalyse angegeben.

7.4 Mechanische und technologische Eigenschaften

7.4.1 Eigenschaften im Zug-, Kerbschlagbiege- und technologischen Biegeversuch.

7.4.1.1 Für Proben gelten die in den **Tabellen 3 und 4** angegebenen Werte. Die Werte gelten nur für den Lieferzustand nach Abschnitt 7.2 sowie für den Zustand nach Spannungsarmglühen entsprechend Abschnitt 10.3. Dies ist besonders bei den Erzeugnissen aus thermomechanisch umgeformten Stählen zu beachten, da durch ein Wärmen auf Temperaturen oberhalb der Spannungsarmglühtemperatur von 580 °C ihre Festigkeitseigenschaften beeinträchtigt werden können.

7.4.1.2 Die in Tabelle 3 angegebenen Werte des Zugversuches und des technologischen Biegeversuches gelten an Längsproben.

7.4.1.3 Zur Kennzeichnung der Sprödbruchunempfindlichkeit sind in Tabelle 4 Mindestwerte für die Kerbschlagarbeit an ISO-Spitzkerbproben bei unterschiedlichen Prüftemperaturen und Probenrichtungen angegeben.

7.4.1.4 Bei der Bestellung kann die Einhaltung einer der durch eine Mindestbrucheinschnürung an Zugproben senkrecht zur Erzeugnisoberfläche gekennzeichneten Güteklassen Z 15, Z 25 oder Z 35 entsprechend den Stahl-Eisen-Lieferbedingungen 096 vereinbart werden.

7.4.2 Schweißeignung

Die Stähle sind bei Beachtung der allgemeinen Regeln der Technik (siehe Stahl-Eisen-Werkstoffblatt 088, das sinngemäß anzuwenden ist) schweißgeeignet. Die Begrenzung der chemischen Zusammensetzung der Stähle durch ein Kohlenstoffäquivalent (C$_{Äq}$ in Tabelle 1) wirkt sich günstig auf die gegebenenfalls einzustellenden Vorwärmbedingungen zum Schweißen aus.

Die hinsichtlich einer Wärmebehandlung oberhalb 580 °C gemachten Ausführungen treffen nicht auf die beim Schweißen auftretenden Temperaturzyklen zu.

Im Interesse einer ausreichenden Festigkeit und Zähigkeit der Wärmeeinflußzone ist es jedoch grundsätzlich wie bei allen Bau- und Druckbehälterstählen erforderlich, die Vorwärm- und Zwischenlagentemperatur sowie das Wärmeeinbringen beim Schweißen nach oben zu begrenzen.

7.4.3 Umformbarkeit

Die Erzeugnisse aus Stählen nach diesem Werkstoffblatt lassen sich kaltumformen. Dabei sind Veränderungen der Werkstoffeigenschaften durch Kaltumformen zu beachten.

10 Wärmebehandlung und Weiterverarbeitung

10.1 Die für das Normalglühen zweckmäßigen Temperaturen hängen von der chemischen Zusammensetzung des Stahles ab. Sie liegen im allgemeinen im Bereich von 880 bis 960 °C.

10.2 Bei Erzeugnissen aus thermomechanisch umgeformten Stählen sind Wärme- und Glühbehandlungen oberhalb 580 °C nicht zulässig.

10.3 Das Spannungsarmglühen wird im Temperaturbereich zwischen 530 und 580 °C mit Abkühlung an ruhender Luft durchgeführt. Die Haltedauer (nach DIN 17 014 Teil 1) beträgt insgesamt (auch bei Mehrfachglühungen) höchstens 150 min. Bei einer Haltedauer über 90 min ist die untere Grenze der Temperaturspanne anzustreben.

Tabelle 1. Chemische Zusammensetzung der Stahlsorten nach der Schmelzenanalyse

Stahlsorte			Massenanteil in %														
Kurzname	Werkstoff-Nr.	Stempel-zeichen	≤ C	≤ Si	≤ Mn	≤ P	≤ S	≥ Al_ges	≤ Cr	≤ Cu	≤ Mo	≤ N	≤ Ni	≤ Nb	≤ Ti	≤ V	≤ C_Aq [1]
FStE 355 OS 1	1.0555	F 355 OS 1	0,16	0,50	1,60	0,025	0,025	0,020	0,20	0,20	0,08	0,015	0,20	0,040	0,050	0,060	0,41
FStE 355 OS 2	1.0559	F 355 OS 2	0,12			0,025	0,010										0,39
FStE 355 OS 3	1.0591	F 355 OS 3	0,12			0,020	0,008										0,38
FStE 355 OS 4	1.1102	F 355 OS 4	0,08			0,020	0,008										0,35
FStE 420 OS 1	1.8854	F 420 OS 1	0,16	0,50	1,60	0,025	0,025	0,020	0,20	0,40	0,08	0,015	0,60	0,040	0,050	0,10	0,45
FStE 420 OS 2	1.8855	F 420 OS 2	0,14			0,025	0,010										0,43
FStE 420 OS 3	1.8856	F 420 OS 3	0,12			0,020	0,008										0,42

[1] Die Werte für das Kohlenstoffäquivalent errechnen sich entsprechend der Formel des International Institute of Welding (IIW):

$$C_{Aq} = C + \frac{Mn}{6} + \frac{Cr + Mo + V}{5} + \frac{Cu + Ni}{15}$$

Tabelle 2. Zulässige Abweichungen der chemischen Zusammensetzung nach der Stückanalyse von den Grenzwerten nach der Schmelzenanalyse

Element	Grenzwerte der Schmelzenanalyse nach Tabelle 1 Massenanteil in %	Zulässige Abweichungen der Ergebnisse der Stückanalyse von den Grenzwerten nach der Schmelzenanalyse Massenanteil in %
C	≤ 0,16	0,02
Si	≤ 0,50	0,05
Mn	≤ 1,60	0,05
P	≤ 0,025	0,005
S	≤ 0,025	0,002
Al	≥ 0,020	0,005
Cr	≤ 0,20	0,05
Cu	≤ 0,40	0,05
Mo	≤ 0,08	0,02
N	≤ 0,015	0,002
Ni	≤ 0,60	0,05
Nb	≤ 0,040	0,005
Ti	≤ 0,050	0,005
V	≤ 0,10	0,01

Tabelle 3. Mechanische und technologische Eigenschaften der Erzeugnisse bei Raumtemperatur im Lieferzustand (Probenrichtung längs)

Stahlsorte		Mechanische und technologische Eigenschaften				
Kurzname	Werkstoff-Nr.	Zugfestigkeit R_m	Obere Streckgrenze R_{eH}[1]) für Erzeugnisdicke		Bruchdehnung $(L_o = 5\,d_o)$	Dorndurchmesser beim technologischen Biegeversuch[2])
			$\leq 16\,mm$	$> 16\,mm$ $\leq 40\,mm$		
		N/mm^2	N/mm^2 mind.		% mind.	
FStE 355 OS 1	1.0555	490 bis 630	355	345	23	2 a
FStE 355 OS 2	1.0559	470 bis 610	355	345	23	2 a
FStE 355 OS 3	1.0591	460 bis 600	355	345	23	2 a
FStE 355 OS 4	1.1102	450 bis 590	355	345	23	2 a
FStE 420 OS 1	1.8854	510 bis 660	420	410	20	2,5 a
FStE 420 OS 2	1.8855	500 bis 650	420	410	20	2,5 a
FStE 420 OS 3	1.8856	490 bis 640	420	410	20	2,5 a

[1]) Wenn keine ausgeprägte Streckgrenze auftritt, gelten die Werte für die 0,2 %-Dehngrenze.

[2]) a = Probendicke, Biegewinkel 180°.

Tabelle 4. Mindestwerte der Kerbschlagarbeit an ISO-Spitzkerbproben für die Erzeugnisse im Lieferzustand

Kurzname	Werkstoff-Nr.	Proben-richtung	Mindestwerte der Kerbschlagarbeit A_v für Erzeugnisdicken $\geq 10\,mm \leq 40\,mm$[1]) bei Prüftemperaturen in °C		
			−20 J	−40	−50
FStE 355 OS 1	1.0555	} längs	70	–	–
FStE 420 OS 1	1.8854	} quer	–	–	–
FStE 355 OS 2	1.0559	} längs	70	–	–
FStE 420 OS 2	1.8855	} quer	47	–	–
FStE 355 OS 3	1.0591	} längs	–	70	–
FStE 420 OS 3	1.8856	} quer	–	47	–
FStE 355 OS 4	1.1102	längs quer	–	–	70 47

[1]) Als Prüfergebnis gilt der Mittelwert aus drei Versuchen. Der Mindestmittelwert darf dabei nur von einem Einzelwert, und zwar höchstens um 30 %, unterschritten werden.

Wetterfeste Baustähle	**STAHL-EISEN-WERKSTOFFBLATT**
Hinweise auf Lieferung, Verarbeitung und Anwendung	087
	2. Ausgabe

Als Ersatz für SEW 087 wird DIN EN 10 155 vorgesehen. Sie liegt als Entwurf vom April 1991 vor.

1 Allgemeines

Dieses Stahl-Eisen-Werkstoffblatt gibt Hinweise auf Lieferung, Eigenschaften, Verarbeitung und Anwendung wetterfester Baustähle[1] in ungeschütztem Zustand mit einer Wanddicke von mindestens 3 mm in den Erzeugnisformen Grobblech, Breitflachstahl, Form- und Stabstahl, Draht, auf Bandstraßen gewalzte Erzeugnisse und nahtlose oder geschweißte quadratische oder rechteckige Stahlhohlprofile sowie Rohre und Verbindungselemente.

Die wetterfesten Baustähle haben Legierungszusätze, die bewirken, daß sich auf der Stahloberfläche untere Witterungseinfluß oxidische Deckschichten bilden, die den Widerstand gegen atmosphärische Korrosion erhöhen.

2 Stahlsorten

Die wetterfesten Baustähle WTSt 37-2, WTSt 37-3 und WTSt 52-3 sind mit ihrer chemischen Zusammensetzung nach der Schmelzanalyse in *Tabelle 1* aufgeführt.

3 Lieferung

Die wetterfesten Baustähle WTSt 37-2, WTSt 37-3 und WTSt 52-3 werden in Anlehnung an DIN 17 100[3] geliefert. Die dortigen Ausführungen für die vergleichbaren Stähle RSt 37-2, St 37-3 und St 52-3 sind auf die in diesem Werkstoffblatt behandelten Stähle entsprechend anzuwenden, soweit keine anderen Regelungen getroffen werden.

In gleicher Weise gelten für wetterfeste Baustähle in Form von geschweißten Rohren DIN 17 120[2], in Form von nahtlosen Rohren DIN 17 121[2], in Form von warmgefertigten quadratischen und rechteckigen Hohlprofilen (geschweißt und nahtlos) DIN 17 000 und in Form von kaltgefertigten geschweißten quadratischen und rechteckigen Hohlprofilen DIN 17 119[2]. Die in den betreffenden Normen getroffenen Aussagen für die vergleichbaren Stähle sind entsprechend zu übertragen.

5 Mechanische Eigenschaften

5.1 Bezüglich der mechanischen Eigenschaften gelten die Angaben über die jeweils vergleichbaren Stahlsorten in den unter Abschnitt 3 aufgeführten Normen für Grobblech, Bandstahl, Breitflachstahl, Form- und Stabstahl, Draht, quadratische und rechteckige Hohlprofile sowie für geschweißte und nahtlose Rohre.

5.3 Für Stähle mit Beanspruchung in Dickenrichtung sind die Stahl-Eisen-Lieferbedingungen 096[4] – Blech, Band- und Breitflachstahl mit verbesserten Eigenschaften für Beanspruchung senkrecht zur Erzeugnisoberfläche – zu beachten.

Tabelle 1. **Chemische Zusammensetzung (nach der Schmelzanalyse) der wetterfesten Baustähle**

Stahlsorte Kurzname	Werkstoff-Nr.	% C	% Si	% Mn	% P	% S	% N	% Cr	% Cu	% V
WTSt 37-2	1.8960	≤ 0,13	0,10 bis 0,40	0,20 bis 0,50	≤ 0,050	≤ 0,035	≤ 0,009 [1)2)]	0,50 bis 0,80	0,30 bis 0,50	-
WTSt 37-3 [3)]	1.8961	≤ 0,13	0,10 bis 0,40	0,20 bis 0,50	≤ 0,045	≤ 0,035	[1)]	0,50 bis 0,80	0,30 bis 0,50	-
WTSt 52-3 [3)]	1.8963	≤ 0,15	0,10 bis 0,50	0,90 bis 1,30	≤ 0,045	≤ 0,035	[1)]	0,50 bis 0,80	0,30 bis 0,50	0,02 bis 0,10

[1)] Es gelten die Stickstoffgehalte nach DIN 17 100, Ausgabe Januar 1980.

[2)] Eine Überschreitung des angegebenen Höchstwertes ist zulässig, wenn je 0,001 % N ein um 0,005 % P unter dem angegebenen Höchstwert liegender Phosphorgehalt eingehalten wird. Der Stickstoffgehalt darf jedoch einen Wert von 0,012 % N in der Schmelzanalyse nicht übersteigen.

[3)] Der Stahl enthält einen zur Erzielung von Feinkörnigkeit ausreichenden Gehalt an Stickstoff abbindenden Elementen.

[1)] Siehe hierzu auch die DASt-Richtlinie 007 – Lieferung, Varbeitung und Anwendung wetterfester Baustähle –, die vom Deutschen Ausschuß für Stahlbau (DASt), Unterausschuß „Werkstoffe", mit Unterstützung des Vereins Deutscher Eisenhüttenleute (VDEh) und im Einvernehmen mit dem Institut für Bautechnik (IfBt), Berlin, erstellt worden ist.

[2)] Norm in Vorbereitung. *(s. DIN 17 120 v. 06. 1984, s. DIN 17 121 v. 06. 1984, s. DIN 17 125 v. 05. 1986 und s. DIN 17 119 v. 06. 1984)*

[3)] *neu DIN EN 10 025, Ausgabe 01.1991, Seite 63*

[4)] *s. auch DIN 50 780, Ausgabe 07. 1989*

	Vergütungsstähle Technische Lieferbedingungen für Edelstähle Deutsche Fassung EN 10 083-1 : 1991	**DIN** **EN 10 083** Teil 1

Die Europäische Norm EN 10 083-1 : 1991 hat den Status einer Deutschen Norm.

1 Anwendungsbereich

1.1 Diese Europäische Norm legt die technischen Lieferbedingungen fest für

– Halbzeug, warmgeformt, zum Beispiel Vorblöcke, Vorbrammen, Knüppel (siehe Anmerkungen 3 und 4),

– Stabstahl (siehe Anmerkung 3),

– Walzdraht,

– Breitflachstahl,

– warm- oder kaltgewalztes Blech und Band,

– Freiform- und Gesenkschmiedestücke (siehe Anmerkung 3)

Anmerkung 3: Freiformgeschmiedetes Halbzeug (Vorblöcke, Vorbrammen, Knüppel usw.) und freiformgeschmiedeter Stabstahl sind im folgenden unter den Begriffen „Halbzeug" und „Stabstahl" und nicht unter dem Begriff „Freiform- und Gesenkschmiedestücke" erfaßt.

Anmerkung 4: Bei Bestellung von unverformtem stranggegossenem Halbzeug sind besondere Vereinbarungen zu treffen.

3 Definitionen

3.1 Vergütungsstähle

Vergütungsstähle im Sinne dieser Norm sind Maschinenbaustähle, die sich aufgrund ihrer chemischen Zusammensetzung zum Härten eignen und die im vergüteten Zustand gute Zähigkeit bei gegebener Zugfestigkeit aufweisen.

3.2 Erzeugnisformen

Für die Erzeugnisformen sind die Begriffsbestimmungen in EURONORM 79 maßgebend.

3.3 Wärmebehandlungsarten

Für die in dieser Europäischen Norm erwähnten Arten der Wärmebehandlung gelten die Begriffsbestimmungen nach EURONORM 52.

3.4 Unlegierter und legierter Stahl

Für die Einteilung in unlegierte und legierte Stähle sind die Begriffsbestimmungen in EN 10 020 maßgebend.

3.5 Maßgeblicher Wärmebehandlungsdurchmesser

Der maßgebliche Wärmebehandlungsquerschnitt eines Erzeugnisses ist der Querschnitt, für den die mechanischen Eigenschaften festgelegt sind (siehe Anhang A).

4 Bezeichnung und Bestellung

Beispiel 1:
> Stahl EN 10 083 – 2 C 45 – TN

Beispiel 2:
> Stahl EN 10 083 – 2 C 45 H – TA

4.3 Die Bestellung muß alle notwendigen Angaben zur eindeutigen Beschreibung der gewünschten Erzeugnisse und ihrer Beschaffenheit (siehe Tabelle 2) und Prüfung enthalten. Falls eine Zusatz- oder Sonderanforderung erfüllt sein soll, ist dafür als Kurzzeichen die betreffende Abschnittsnummer des Anhanges B anzugeben, soweit erforderlich, unter Angabe der Einzelheiten.

5 Anforderungen

5.2 Chemische Zusammensetzung, Härtbarkeit und mechanische Eigenschaften

5.2.1 Außer bei Bestellung des vergüteten Zustandes können die unlegierten Stähle 2 C 35 bis 28 Mn 6 (siehe Tabelle 3) sowie alle legierten Stähle mit oder ohne Härtbarkeitsanforderungen geliefert werden (siehe Tabelle 1, Spalten 9 und 10).

5.3 Technologische Eigenschaften

5.3.1 Bearbeitbarkeit

Alle Stähle sind im Zustand „weichgeglüht" bearbeitbar.

Wenn eine verbesserte Bearbeitbarkeit verlangt wird, sollten die Sorten bestellt werden, für die für den Schwefelgehalt eine Spanne festgelegt ist (siehe auch Tabelle 1, Zeile 7, und Tabelle 3, Fußnote 3).

5.3.2 Scherbarkeit von Halbzeug und Stabstahl

5.3.2.1 Unter geeigneten Bedingungen (Vermeidung örtlicher Spannungsspitzen), Vorwärmen, Verwendung von Messern mit dem Erzeugnis angepaßtem Profil, usw.) sind alle Stahlsorten im weichgeglühten Zustand und die unlegierten Stähle auch im normalgeglühten Zustand scherbar.

5.3.2.2 Die Stahlsorten 2 C 45 bis 42 CrMoS 4 (siehe Tabelle 8) sowie die entsprechenden Sorten mit Härtbarkeitsanforderungen (siehe Tabellen 5 bis 7) sind unter geeigneten Bedingungen auch scherbar, wenn sie im Zustand „behandelt auf Scherbarkeit" mit den Härteanforderungen nach Tabelle 8 geliefert werden.

Tabelle 1. Kombinationen von Wärmebehandlungszuständen bei der Lieferung, Erzeugnisformen und Anforderungen nach den Tabellen 2 bis 4

Nr	1	2	3	4	5	6	7	8	
1	Wärmebehandlungszustand bei der Lieferung	Kenn-buchstabe	Erzeugnisform					Es gelten folgende Anforderungen der Tabellen 2 bis 4:	
			Halbzeug	Stabstahl	Walzdraht	Flach-erzeugnisse	Freiform- und Gesenk-schmiedestücke	8.1	8.2
2	unbehandelt[1]	U	X	X	—	X	X	Chemische Zusammensetzung nach den Tabellen 2 und 3	[2]
3	weichgeglüht	G	X	X	X	X	X		Höchsthärte[2] nach Tabelle 4
4	vergütet	V	—	X	—	—	X		Mechanische Eigenschaften nach Tabelle 4
5	●● Falls ein von den Zeilen 2 bis 4 abweichender Behandlungszustand gewünscht wird, ist dieser in der Bestellung im Klartext anzugeben; die Erzeugnisform und die Anforderungen sind in diesem Falle bei der Bestellung zu vereinbaren.								

[1] Bei Erzeugnissen, die bei der nachfolgenden Weiterverarbeitung spanend bearbeitet oder geschert werden müssen, ist dieser Zustand nicht üblich.
[2] Bei Lieferungen im „unbehandelten" Zustand sowie im Zustand „weichgeglüht" müssen bei Stabstahl und Schmiedestücken für den maßgeblichen Endquerschnitt nach sachgemäßer Wärmebehandlung die mechanischen Eigenschaften in Tabelle 4 erreichbar sein.

5.3.2.3 Die Stahlsorten 2 C 22 bis 3 C 40 (siehe Tabelle 8) sowie die entsprechenden Sorten mit Härtbarkeitsanforderungen (siehe Tabellen 5 und 6) sind, unter geeigneten Bedingungen, im unbehandelten Zustand scherbar.

Auch bei den Stahlsorten 2 C 45 und 3 C 45 kann bei Maßen ab 80 mm Scherbarkeit im unbehandelten Zustand vorausgesetzt werden.

5.4 Gefüge

5.4.1 Wenn bei der Bestellung nichts festgelegt wird, bleibt die Korngröße dem Hersteller überlassen. Falls Feinkörnigkeit nach einer Referenzbehandlung verlangt wird, ist Sonderanforderung B.3 zu bestellen.

5.4.2 Die Stähle müssen einen der Edelstahlgüte entsprechenden Reinheitsgrad aufweisen (siehe Anhang F).

5.5 Innere Beschaffenheit

Bei der Bestellung können, z. B. auf der Grundlage zerstörungsfreier Prüfungen, Anforderungen an die innere Beschaffenheit vereinbart werden (siehe Anhang B, Abschnitt B.5).

5.6 Oberflächenbeschaffenheit

5.6.1 Alle Erzeugnisse sollen eine dem angewendeten Formgebungsverfahren entsprechend glatte Oberfläche haben.

6 Prüfung und Übereinstimmung der Erzeugnisse mit den Anforderungen

6.2 Spezifische Prüfung

6.2.1 Nachweis der Härtbarkeit, Härte und mechanischen Eigenschaften

6.2.1.1 Für ohne Härtbarkeitsanforderungen, das heißt, ohne Kurzzeichen H, HH oder HL im Kurznamen, bestellte Stähle sind – mit nachfolgender Ausnahme – die für den betreffenden Wärmebehandlungszustand angegebenen Anforderungen an die Härte oder die mechanischen Eigenschaften nachzuweisen. Die in Fußnote 1 zu Tabelle 1 enthaltene Anforderung (mechanische Eigenschaften von Bezugsproben) muß nur nachgeprüft werden, wenn eine Sonderanforderung nach Anhang B, Abschnitt B.1 oder Abschnitt B.2, bestellt wurde. Bei Lieferung von Band aus den in Tabelle 11 aufgeführten Stahlsorten bis zu den in Tabelle 11 angegebenen maximalen Dicken ist die Härte im gehärteten Zustand nachzuweisen.

Für mit dem Kurzzeichen H, HH oder HL im Kurznamen bestellte Stähle (siehe Tabellen 5 bis 7) sind, falls nicht anders vereinbart, nur die Härtbarkeitsanforderungen nach Tabelle 5, 6 oder 7 nachzuweisen.

Anmerkung: Nach entsprechender Vereinbarung bei der Bestellung kann der Nachweis der Härtbarkeit auch rechnerisch erbracht werden. Das Berechnungsverfahren ist in diesem Falle ebenfalls zu vereinbaren.

Tabelle 2. **Oberflächenausführung bei der Lieferung**

1	2	3	4	5	6	7	8	9	10
1	Oberflächenausführung bei der Lieferung		Kennbuchstaben	× bedeutet, daß im allgemeinen in Betracht kommend für					Anmerkungen
				Halbzeug (wie Vorblöcke, Knüppel)	Stabstähle	Walzdraht	Flacherzeugnisse	Freiform- und Gesenkschmiedestücke (siehe Anmerkung 3 zu 1.1)	
2	Wenn nicht anders vereinbart	warmgeformt	ohne Kennbuchstaben oder HW	×	×	×	×	×	–
3	Nach entsprechender Vereinbarung zu liefernde besondere Ausführungen	unverformter Strangguß	CC	×	–	–	–	–	2)
4		warmgeformt und gebeizt	PI	×	×	×	×	×	
5		warmgeformt und gestrahlt	BC	×	×	×	×	×	
6		warmgeformt und vorbearbeitet	– 1)	–	×	×	–	×	
7		kaltgewalzt	CW	–	–	–	×	–	
8		sonstige							

1) Solange der Begriff „vorbearbeitet" nicht durch zum Beispiel Bearbeitungszugaben definiert ist, sind die Einzelheiten bei der Bestellung zu vereinbaren.

2) Zusätzlich kann auch eine Oberflächenbehandlung, z. B. Ölen, Kälken oder Phosphatieren, vereinbart werden.

Tabelle 3. **Stahlsorten und chemische Zusammensetzung (Schmelzenanalyse)**

Stahlsorte Kurzname	C[5]	Si max.	Mn	P max.	S	Cr	Mo	Ni	V	Cr + Mo + Ni max.[5]
					Chemische Zusammensetzung (Massenanteil in %) [1], [2], [3], [4]					
2 C 22	0,17 bis 0,24	0,40	0,40 bis 0,70	0,035	max. 0,035	max. 0,40	max. 0,10	max. 0,40	–	0,63
3 C 22	0,17 bis 0,24	0,40	0,40 bis 0,70	0,035	0,020 bis 0,040	max. 0,40	max. 0,10	max. 0,40	–	0,63
(2 C 25)[6]	0,22 bis 0,29	0,40	0,40 bis 0,70	0,035	max. 0,035	max. 0,40	max. 0,10	max. 0,40	–	0,63
(3 C 25)[6]	0,22 bis 0,29	0,40	0,40 bis 0,70	0,035	0,020 bis 0,040	max. 0,40	max. 0,10	max. 0,40	–	0,63
(2 C 30)[6]	0,27 bis 0,34	0,40	0,50 bis 0,80	0,035	max. 0,035	max. 0,40	max. 0,10	max. 0,40	–	0,63
(3 C 30)[6]	0,27 bis 0,34	0,40	0,50 bis 0,80	0,035	0,020 bis 0,040	max. 0,40	max. 0,10	max. 0,40	–	0,63
2 C 35	0,32 bis 0,39	0,40	0,50 bis 0,80	0,035	max. 0,035	max. 0,40	max. 0,10	max. 0,40	–	0,63
3 C 35	0,32 bis 0,39	0,40	0,50 bis 0,80	0,035	0,020 bis 0,040	max. 0,40	max. 0,10	max. 0,40	–	0,63
(2 C 40)[6]	0,37 bis 0,44	0,40	0,50 bis 0,80	0,035	max. 0,035	max. 0,40	max. 0,10	max. 0,40	–	0,63
(3 C 40)[6]	0,37 bis 0,44	0,40	0,50 bis 0,80	0,035	0,020 bis 0,040	max. 0,40	max. 0,10	max. 0,40	–	0,63
2 C 45	0,42 bis 0,50	0,40	0,50 bis 0,80	0,035	max. 0,035	max. 0,40	max. 0,10	max. 0,40	–	0,63
3 C 45	0,42 bis 0,50	0,40	0,50 bis 0,80	0,035	0,020 bis 0,040	max. 0,40	max. 0,10	max. 0,40	–	0,63
(2 C 50)[6]	0,47 bis 0,55	0,40	0,60 bis 0,90	0,035	max. 0,035	max. 0,40	max. 0,10	max. 0,40	–	0,63
(3 C 50)[6]	0,47 bis 0,55	0,40	0,60 bis 0,90	0,035	0,020 bis 0,040	max. 0,40	max. 0,10	max. 0,40	–	0,63
(2 C 55)[6]	0,52 bis 0,60	0,40	0,60 bis 0,90	0,035	max. 0,035	max. 0,40	max. 0,10	max. 0,40	–	0,63
(3 C 55)[6]	0,52 bis 0,60	0,40	0,60 bis 0,90	0,035	0,020 bis 0,040	max. 0,40	max. 0,10	max. 0,40	–	0,63
2 C 60	0,57 bis 0,65	0,40	0,60 bis 0,90	0,035	max. 0,035	max. 0,40	max. 0,10	max. 0,40	–	0,63
3 C 60	0,57 bis 0,65	0,40	0,60 bis 0,90	0,035	0,020 bis 0,040	max. 0,40	max. 0,10	max. 0,40	–	0,63
28 Mn 6	0,25 bis 0,32	0,40	1,30 bis 1,65	0,035	max. 0,035	max. 0,40	max. 0,10	max. 0,40	–	0,63
38 Cr 2	0,35 bis 0,42	0,40	0,50 bis 0,80	0,035	max. 0,035	0,40 bis 0,60	–	–	–	–
38 CrS 2	0,35 bis 0,42	0,40	0,50 bis 0,80	0,035	0,020 bis 0,040	0,40 bis 0,60	–	–	–	–

Stahlsorte	C	Si	Mn	P	S	Cr	Mo	Ni	V
46 Cr 2	0,42 bis 0,50	0,40	0,50 bis 0,80	0,035	max. 0,035	0,40 bis 0,60	—	—	—
46 CrS 2	0,42 bis 0,50	0,40	0,50 bis 0,80	0,035	0,020 bis 0,040	0,40 bis 0,60	—	—	—
34 Cr 4	0,30 bis 0,37	0,40	0,60 bis 0,90	0,035	max. 0,035	0,90 bis 1,20	—	—	—
34 CrS 4	0,30 bis 0,37	0,40	0,60 bis 0,90	0,035	0,020 bis 0,040	0,90 bis 1,20	—	—	—
37 Cr 4	0,34 bis 0,41	0,40	0,60 bis 0,90	0,035	max. 0,035	0,90 bis 1,20	—	—	—
37 CrS 4	0,34 bis 0,41	0,40	0,60 bis 0,90	0,035	0,020 bis 0,040	0,90 bis 1,20	—	—	—
41 Cr 4	0,38 bis 0,45	0,40	0,60 bis 0,90	0,035	max. 0,035	0,90 bis 1,20	—	—	—
41 CrS 4	0,38 bis 0,45	0,40	0,60 bis 0,90	0,035	0,020 bis 0,040	0,90 bis 1,20	—	—	—
25 CrMo 4	0,22 bis 0,29	0,40	0,60 bis 0,90	0,035	max. 0,035	0,90 bis 1,20	0,15 bis 0,30	—	—
25 CrMoS 4	0,22 bis 0,29	0,40	0,60 bis 0,90	0,035	0,020 bis 0,040	0,90 bis 1,20	0,15 bis 0,30	—	—
34 CrMo 4	0,30 bis 0,37	0,40	0,60 bis 0,90	0,035	max. 0,035	0,90 bis 1,20	0,15 bis 0,30	—	—
34 CrMoS 4	0,30 bis 0,37	0,40	0,60 bis 0,90	0,035	0,020 bis 0,040	0,90 bis 1,20	0,15 bis 0,30	—	—
42 CrMo 4	0,38 bis 0,45	0,40	0,60 bis 0,90	0,035	max. 0,035	0,90 bis 1,20	0,15 bis 0,30	—	—
42 CrMoS 4	0,38 bis 0,45	0,40	0,60 bis 0,90	0,035	0,020 bis 0,040	0,90 bis 1,20	0,15 bis 0,30	—	—
50 CrMo 4	0,46 bis 0,54	0,40	0,50 bis 0,80	0,035	max. 0,035	0,90 bis 1,20	0,15 bis 0,30	—	—
36 CrNiMo 4	0,32 bis 0,40	0,40	0,50 bis 0,80	0,035	max. 0,035	0,90 bis 1,20	0,15 bis 0,30	0,90 bis 1,20	—
34 CrNiMo 6	0,30 bis 0,38	0,40	0,50 bis 0,80	0,035	max. 0,035	1,30 bis 1,70	0,15 bis 0,30	1,30 bis 1,70	—
30 CrNiMo 8	0,26 bis 0,34	0,40	0,30 bis 0,60	0,035	max. 0,035	1,80 bis 2,20	0,30 bis 0,50	1,80 bis 2,20	—
36 NiCrMo 16	0,32 bis 0,39	0,40	0,30 bis 0,60	0,030	max. 0,025	1,60 bis 2,00	0,25 bis 0,45	3,60 bis 4,10	—
51 CrV 4	0,47 bis 0,55	0,40	0,70 bis 1,10	0,035	max. 0,035	0,90 bis 1,20	—	—	0,10 bis 0,25

[1]) In dieser Tabelle nicht aufgeführte Elemente dürfen dem Stahl, außer zum Fertigbehandeln der Schmelze, ohne Zustimmung des Bestellers nicht absichtlich zugesetzt werden. Es sind alle angemessenen Vorkehrungen zu treffen, um die Zufuhr solcher Elemente aus dem Schrott oder anderen bei der Herstellung verwendeten Stoffen zu vermeiden, die die Härtbarkeit, die mechanischen Eigenschaften und die Verwendbarkeit beeinträchtigen.

[2]) Wegen borhaltiger Stähle siehe Anmerkung 6 zu 1.1.

[3]) Stähle mit verbesserter Bearbeitbarkeit infolge Bleizusatz oder höherer Schwefelgehalte, je nach Herstellungsverfahren, bis zu etwa 0,100 % S (einschließlich kontrollierter Sulfid- und Oxidausbildung, z. B. Ca-Behandlung) können auf Anfrage geliefert werden.

[4]) Bei Anforderungen an die Härtbarkeit (siehe Tabellen 5 bis 7) sind – außer bei den Elementen Kohlenstoff (siehe Fußnote 5), Phosphor und Schwefel – geringfügige Abweichungen von den Grenzen für die Schmelzenanalyse zulässig; die Abweichungen dürfen die Werte nach Tabelle 4 nicht überschreiten.

[5]) Falls die unlegierten Stähle einschließlich der Sorte 28 Mn 6 nicht mit Härtbarkeitsanforderungen (Kennbuchstaben H, HH, HL) oder mit Anforderungen an die mechanischen Eigenschaften im vergüteten oder normalgeglühten Zustand bestellt werden, kann für sie bei der Bestellung die Einengung der Kohlenstoffspanne auf 0,05 % und/oder der Summe der Elemente Cr, Mo und Ni auf ≤ 0,45 % vereinbart werden.

[6]) Die eingeklammerten Stahlsorten wurden zum Teil neu in diese Europäische Norm aufgenommen; sie sind nicht in allen Ländern vom Lager beziehbar.

Tabelle 5. Grenzwerte der Rockwell-C-Härte für Stahlsorten mit (normalen) Härtbarkeitsanforderungen (H-Sorten; siehe 5.2)

Stahlsorte Kurzname	Grenzen der Spanne	Abstand von der abgeschreckten Stirnfläche in mm Härte in HRC															
		1	2	3	4	5	6	7	8	9	10	11	13	15	20	25	30
2 C 35 H, 3 C 35 H [1]	max.	58	57	55	53	49	41	34	31	28	27	26	25	24	23	20	–
	min.	48	40	33	24	22	20	–	–	–	–	–	–	–	–	–	
2 C 40 H, 3 C 40 H [1]	max.	60	60	59	57	53	47	39	34	31	30	29	28	27	26	25	24
	min.	51	46	35	27	25	24	23	22	21	20	–	–	–	–	–	
2 C 45 H, 3 C 45 H [1]	max.	62	61	61	60	57	51	44	37	34	33	32	31	30	29	28	27
	min.	55	51	37	30	28	27	26	25	24	23	22	21	20	–	–	–
2 C 50 H, 3 C 50 H [1]	max.	63	62	61	60	58	55	50	43	36	35	34	33	32	31	29	28
	min.	56	53	44	34	31	30	30	29	28	27	26	25	24	23	20	–
2 C 55 H, 3 C 55 H [1]	max.	65	64	63	62	60	57	52	45	37	36	35	34	33	32	30	29
	min.	58	55	47	37	33	32	31	30	29	28	27	26	25	24	22	20
2 C 60 H, 3 C 60 H [1]	max.	67	66	65	63	62	59	54	47	39	37	36	35	34	33	31	30
	min.	60	57	50	39	35	33	32	31	30	29	28	27	26	25	23	21

Stahlsorte Kurzname	Grenzen der Spanne	Abstand von der abgeschreckten Stirnfläche in mm Härte in HRC														
		1,5	3	5	7	9	11	13	15	20	25	30	35	40	45	50
28 Mn 6 H	max.	54	53	51	48	44	41	38	35	31	29	27	26	25	25	24
	min.	45	42	37	27	21	–	–	–	–	–	–	–	–	–	–
38 Cr 2 H 38 CrS 2 H	max.	59	57	54	49	43	39	37	35	32	30	27	25	24	23	22
	min.	51	46	37	29	25	22	20	–	–	–	–	–	–	–	–
46 Cr 2 H 46 CrS 2 H	max.	63	61	59	57	53	47	42	39	36	33	32	31	30	29	29
	min.	54	49	40	32	28	25	23	22	20	–	–	–	–	–	–
34 Cr 4 H 34 CrS 4 H	max.	57	57	56	54	52	49	46	44	39	37	35	34	33	32	31
	min.	49	48	45	41	35	32	29	27	23	21	20	–	–	–	–
37 Cr 4 H 37 CrS 4 H	max.	59	59	58	57	55	52	50	48	42	39	37	36	35	34	33
	min.	51	50	48	44	39	36	33	31	26	24	22	20	–	–	–
41 Cr 4 H 41 CrS 4 H	max.	61	61	60	59	58	56	54	52	46	42	40	38	37	36	35
	min.	53	52	50	47	41	37	34	32	29	26	23	21	–	–	–
25 CrMo 4 H 25 CrMoS 4 H	max.	52	52	51	50	48	46	43	41	37	35	33	32	31	31	31
	min.	44	43	40	37	34	32	29	27	23	21	20	–	–	–	–
34 CrMo 4 H 34 CrMoS 4 H	max.	57	57	57	56	55	54	53	52	48	45	43	41	40	40	39
	min.	49	49	48	45	42	39	36	34	30	28	27	26	25	24	24
42 CrMo 4 H 42 CrMoS 4 H	max.	61	61	61	60	60	59	59	58	56	53	51	48	47	46	45
	min.	53	53	52	51	49	43	40	37	34	32	31	30	30	29	29
50 CrMo 4 H	max.	65	65	64	64	63	63	63	62	61	60	58	57	55	54	54
	min.	58	58	57	55	54	53	51	48	45	41	39	38	37	36	36
36 CrNiMo 4 H	max.	59	59	58	58	57	57	57	56	55	54	53	52	51	50	49
	min.	51	50	49	49	48	47	46	45	43	41	39	38	36	34	33
34 CrNiMo 6 H	max.	58	58	58	58	57	57	57	57	57	57	57	57	57	57	57
	min.	50	50	50	50	49	48	48	48	48	47	47	47	46	45	44
30 CrNiMo 8 H	max.	56	56	56	56	55	55	55	55	55	54	54	54	54	54	54
	min.	48	48	48	48	47	47	47	46	46	45	45	44	44	43	43
36 NiCrMo 16 H	max.	57	56	56	56	56	56	55	55	55	55	55	55	55	55	55
	min.	50	49	48	48	48	48	47	47	47	47	47	47	47	47	47
51 CrV 4 H	max.	65	65	64	64	63	63	63	62	62	62	61	60	60	59	58
	min.	57	56	56	55	53	52	50	48	44	41	37	35	34	33	32

[1]) Die Härtbarkeitswerte der unlegierten Stähle sind vorläufig; sie werden gegebenenfalls berichtigt, wenn mehr Erfahrungen vorliegen. Falls das Härtbarkeitsstreuband für die H-Sorte des betreffenden Stahls eines Herstellers außerhalb der oben angegebenen Grenzen liegt, muß der Hersteller den Besteller bei der Bestellung entsprechend unterrichten.

Tabelle 9. **Mechanische Eigenschaften ¹), ²) im vergüteten Zustand**

Mechanische Eigenschaften für maßgebliche Querschnitte (siehe Anhang B) mit einem Durchmesser (d) oder bei Flacherzeugnissen einer Dicke (t) von

Stahlsorte Kurzname	d ≤ 16 mm oder t ≤ 8 mm					16 mm < d ≤ 40 mm oder 8 mm < t ≤ 20 mm					40 mm < d ≤ 100 mm oder 20 mm < t ≤ 60 mm					100 mm < d ≤ 160 mm oder 60 mm < t ≤ 100 mm					160 mm < d ≤ 250 mm oder 100 mm < t ≤ 160 mm				
	R_e min.	R_m	A min.	Z min.	KV min.	R_e min.	R_m	A min.	Z min.	KV min.	R_e min.	R_m	A min.	Z min.	KV min.	R_e min.	R_m	A min.	Z min.	KV min.	R_e min.	R_m	A min.	Z min.	KV min.
	N/mm²	N/mm²	%	%	J	N/mm²	N/mm²	%	%	J	N/mm²	N/mm²	%	%	J	N/mm²	N/mm²	%	%	J	N/mm²	N/mm²	%	%	J
2 C 22 / 3 C 22	340	500 bis 650	20	50	50	290	470 bis 620	22	50	50	—	—	—	—	—	—	—	—	—	—	—	—	—	—	—
2 C 25 / 3 C 25	370	550 bis 700	19	45	45	320	500 bis 650	21	50	45	—	—	—	—	—	—	—	—	—	—	—	—	—	—	—
2 C 30 / 3 C 30	400	600 bis 750	18	40	40	350	550 bis 700	20	45	40	300³)	500 bis 650³)	21³)	50³)	40³)	—	—	—	—	—	—	—	—	—	—
2 C 35 / 3 C 35	430	630 bis 780	17	40	35	380	600 bis 750	19	45	35	320	550 bis 700	20	50	35	—	—	—	—	—	—	—	—	—	—
2 C 40 / 3 C 40	460	650 bis 800	16	35	30	400	630 bis 780	18	40	30	350	600 bis 750	19	45	30	—	—	—	—	—	—	—	—	—	—
2 C 45 / 3 C 45	490	700 bis 850	14	35	25	430	650 bis 800	16	40	25	370	630 bis 780	17	45	25	—	—	—	—	—	—	—	—	—	—
2 C 50 / 3 C 50	520	750 bis 900	13	30	—	460	700 bis 850	15	35	—	400	650 bis 800	16	40	—	—	—	—	—	—	—	—	—	—	—
2 C 55 / 3 C 55	550	800 bis 950	12	30	—	490	750 bis 900	14	35	—	420	700 bis 850	15	40	—	—	—	—	—	—	—	—	—	—	—
2 C 60 / 3 C 60	580	850 bis 1000	11	25	—	520	800 bis 950	13	30	—	450	750 bis 900	14	35	—	—	—	—	—	—	—	—	—	—	—
28 Mn 6	590	800 bis 950	13	40	35	490	700 bis 850	15	45	40	440	650 bis 800	16	50	40	—	—	—	—	—	—	—	—	—	—

¹) bis ⁴) Siehe Seite 99

Tabelle 9. (Fortsetzung)

Mechanische Eigenschaften für maßgebliche Querschnitte (siehe Anhang B) mit einem Durchmesser (d) oder bei Flacherzeugnissen einer Dicke (t) von

Stahlsorte Kurzname	d ≤ 16 mm oder t ≤ 8 mm					16 mm < d ≤ 40 mm oder 8 mm < t ≤ 20 mm					40 mm < d ≤ 100 mm oder 20 mm < t ≤ 60 mm					100 mm < d ≤ 160 mm oder 60 mm < t ≤ 100 mm					160 mm < d ≤ 250 mm oder 100 mm < t ≤ 160 mm				
	R_e min. N/mm²	R_m N/mm²	A min. %	Z min. %	KV min. J	R_e min. N/mm²	R_m N/mm²	A min. %	Z min. %	KV min. J	R_e min. N/mm²	R_m N/mm²	A min. %	Z min. %	KV min. J	R_e min. N/mm²	R_m N/mm²	A min. %	Z min. %	KV min. J	R_e min. N/mm²	R_m N/mm²	A min. %	Z min. %	KV min. J
38 Cr 2 / 38 CrS 2	550	800 bis 950	14	35	35	450	700 bis 850	15	40	35	350	600 bis 750	17	45	35	—	—	—	—	—	—	—	—	—	—
46 Cr 2 / 46 CrS 2	650	900 bis 1100	12	35	30	550	800 bis 950	14	40	35	400	650 bis 800	15	45	35	—	—	—	—	—	—	—	—	—	—
34 Cr 4 / 34 CrS 4	700	900 bis 1100	12	35	35	590	800 bis 950	14	40	40	460	700 bis 850	15	45	40	—	—	—	—	—	—	—	—	—	—
37 Cr 4 / 37 CrS 4	750	950 bis 1150	11	35	30	630	850 bis 1000	13	40	35	510	750 bis 900	14	40	35	—	—	—	—	—	—	—	—	—	—
41 Cr 4 / 41 CrS 4	800	1000 bis 1200	11	30	30	660	900 bis 1100	12	35	35	560	800 bis 950	14	35	35	—	—	—	—	—	—	—	—	—	—
25 CrMo 4 / 25 CrMoS 4	700	900 bis 1100	12	50	45	600	800 bis 950	14	55	50	450	700 bis 850	15	60	50	400	650 bis 800	16	60	45	—	—	—	—	—
34 CrMo 4 / 34 CrMoS 4	800	1000 bis 1200	11	45	35	650	900 bis 1100	12	50	40	550	800 bis 950	14	55	45	500	750 bis 900	15	55	45	450	700 bis 850	15	60	45
42 CrMo 4 / 42 CrMoS 4	900	1100 bis 1300	10	40	30	750	1000 bis 1200	11	45	35	650	900 bis 1100	12	50	35	550	800 bis 950	13	50	35	500	750 bis 900	14	55	35
50 CrMo 4	900	1100 bis 1300	9	40	30⁴⁾	780	1000 bis 1200	10	45	30⁴⁾	700	900 bis 1100	12	50	30⁴⁾	650	850 bis 1000	13	50	30⁴⁾	550	800 bis 950	13	50	30⁴⁾
36 CrNiMo 4	900	1100 bis 1300	10	45	35	800	1000 bis 1200	11	50	40	700	900 bis 1100	12	55	45	600	800 bis 950	13	60	45	550	750 bis 900	14	60	45

¹) bis ⁴) Siehe Seite 99

Tabelle 9. (Fortsetzung)

Mechanische Eigenschaften für maßgebliche Querschnitte (siehe Anhang B) mit einem Durchmesser (d) oder bei Flacherzeugnissen einer Dicke (t) von

Stahlsorte Kurzname	$d \leq 16$ mm oder $t \leq 8$ mm					16 mm $< d \leq 40$ mm oder 8 mm $< t \leq 20$ mm					40 mm $< d \leq 100$ mm oder 20 mm $< t \leq 60$ mm					100 mm $< d \leq 160$ mm oder 60 mm $< t \leq 100$ mm					160 mm $< d \leq 250$ mm oder 100 mm $< t \leq 160$ mm				
	R_e min.	R_m	A min.	Z min.	KV min.	R_e min.	R_m	A min.	Z min.	KV min.	R_e min.	R_m	A min.	Z min.	KV min.	R_e min.	R_m	A min.	Z min.	KV min.	R_e min.	R_m	A min.	Z min.	KV min.
	N/mm²	N/mm²	%	%	J	N/mm²	N/mm²	%	%	J	N/mm²	N/mm²	%	%	J	N/mm²	N/mm²	%	%	J	N/mm²	N/mm²	%	%	J
34 CrNiMo 6	1000	1200 bis 1400	9	40	35	900	1100 bis 1300	10	45	45	800	1000 bis 1200	11	50	45	700	900 bis 1100	12	55	45	600	800 bis 950	13	55	45
30 CrNiMo 8	1050	1250 bis 1450	9	40	30	1050	1250 bis 1450	9	40	30	900	1100 bis 1300	10	45	35	800	1000 bis 1200	11	50	45	700	900 bis 1100	12	50	45
36 NiCrMo 16	1050	1250 bis 1450	9	40	30	1050	1250 bis 1450	9	40	30	900	1100 bis 1300	10	45	35	800	1000 bis 1200	11	50	45	800	1000 bis 1200	11	50	45
51 CrV 4	900	1100 bis 1300	9	40	30⁴)	800	1000 bis 1200	10	45	30⁴)	700	900 bis 1100	12	50	30⁴)	650	850 bis 1000	13	50	30⁴)	600	800 bis 950	13	50	30⁴)

1) R_e: Obere Streckgrenze oder, falls keine ausgeprägte Streckgrenze auftritt, 0,2%-Dehngrenze $R_{p0,2}$.
   R_m: Zugfestigkeit.
   A: Bruchdehnung (Anfangsmeßlänge $L_0 = 5,65 \cdot \sqrt{S_0}$; siehe Tabelle 12, Spalte 7a, Zeile T4).
   Z: Brucheinschnürung.
   KV: Kerbschlagarbeit für ISO-V-Längsproben (Mittel aus 3 Einzelwerten; kein Einzelwert darf kleiner sein als 70% des Mindestmittelwertes.)
2) Die Festlegung der Maßgrenzen bedeutet nicht, daß bis zur festgelegten Probenentnahmestelle weitgehend martensitisch durchvergütet werden kann. Die Einhärtungstiefe ergibt sich aus dem Verlauf der Stirnabschreckkurven (siehe Bild 1a bis 1u).
3) Gültig für Durchmesser bis 63 mm oder für Dicken bis 35 mm.
4) Vorläufige Werte.

Fußnoten zu Tabelle 8:
1) Die Werte gelten auch für die verschiedenen Sorten mit Härtbarkeitsanforderungen (H-, HH- und HL-Sorten) nach den Tabellen 5 bis 7; beachte jedoch Fußnote 4.
2) Die Werte gelten nicht für stranggegossene und nicht umgeformte Vorbrammen.
3) siehe 5.3.2.3
4) In Abhängigkeit von der chemischen Zusammensetzung der Schmelze und den Maßen kann, insbesondere bei den HH-Sorten, ein Weichglühen erforderlich sein.
5) Falls die Scherbarkeit von Bedeutung ist, sollte dieser Stahl im weichgeglühten Zustand bestellt werden.

Fußnoten zu Tabelle 10:
1) R_e: Obere Streckgrenze oder, falls keine ausgeprägte Streckgrenze auftritt, 0,2%-Dehngrenze $R_{p0,2}$.
   R_m: Zugfestigkeit.
   A: Bruchdehnung (Anfangsmeßlänge $L_0 = 5,65 \cdot \sqrt{S_0}$; siehe Tabelle 12, Spalte 7a, Zeile T4).
2) Die Werte gelten auch für die verschiedenen Sorten mit Härtbarkeitsanforderungen (H-, HH- und HL-Sorten) nach Tabellen 5 bis 7.

Tabelle 8. **Höchsthärte für in den Zuständen „behandelt auf Scherbarkeit" (TS) oder „weichgeglüht" (TA) zu liefernde Erzeugnisse**

Stahlsorte [1] Kurzname	HB max. im Zustand [2] TS	TA	Stahlsorte [1] Kurzname	HB max. im Zustand [2] TS	TA
2 C 22, 3 C 22	−[3]	−	34 Cr 4, 34 CrS 4	255	223
2 C 25, 3 C 25	−[3]	−	37 Cr 4, 37 CrS 4	255	235
2 C 30, 3 C 30	−[3]	−	41 Cr 4, 41 CrS 4	255[4]	241
2 C 35, 3 C 35	−[3]	−	25 CrMo 4, 25 CrMoS 4	255	212
2 C 40, 3 C 40	−[3]	−	34 CrMo 4, 34 CrMoS 4	255[4]	223
2 C 45, 3 C 45	255[3]	207	42 CrMo 4, 42 CrMoS 4	255[4]	241
2 C 50, 3 C 50	255	217	50 CrMo 4	−[5]	248
2 C 55, 3 C 55	255[4]	229	36 CrNiMo 4	−[5]	248
2 C 60, 3 C 60	255[4]	241	34 CrNiMo 6	−[5]	248
28 Mn 6	255	223	30 CrNiMo 8	−[5]	248
38 Cr 2, 38 CrS 2	255	207	36 NiCrMo 16	−[5]	269
46 Cr 2, 46 CrS 2	255	223	51 CrV 4	−[5]	248

Fußnoten siehe vorhergehende Seite.

Tabelle 10. **Mechanische Eigenschaften [1] im normalgeglühten Zustand**

Stahlsorte [2] Kurzname	Für Erzeugnisse mit einem Durchmesser (d) oder bei Flacherzeugnissen einer Dicke (t) von								
	$d \le 16$ mm $t \le 16$ mm			16 mm $< d \le 100$ mm 16 mm $< t \le 100$ mm			100 mm $< d \le 250$ mm 100 mm $< t \le 250$ mm		
	R_e min. N/mm²	R_m min. N/mm²	A min. %	R_e min. N/mm²	R_m min. N/mm²	A min. %	R_e min. N/mm²	R_m min. N/mm²	A min. %
2 C 22, 3 C 22	240	430	24	210	410	25	−	−	−
2 C 25, 3 C 25	260	470	22	230	440	23	−	−	−
2 C 30, 3 C 30	280	510	20	250	480	21	230	460	21
2 C 35, 3 C 35	300	550	18	270	520	19	245	500	19
2 C 40, 3 C 40	320	580	16	290	550	17	260	530	17
2 C 45, 3 C 45	340	620	14	305	580	16	275	560	16
2 C 50, 3 C 50	355	650	12	320	610	14	290	590	14
2 C 55, 3 C 55	370	680	11	330	640	12	300	620	12
2 C 60, 3 C 60	380	710	10	340	670	11	310	650	11
28 Mn 6	345	630	17	310	600	18	290	590	18

Fußnoten siehe vorhergehende Seite.

Tabelle 13. **Wärmebehandlung** [1]

Stahlsorte [2] Kurzname	Härten [3] [4] °C	Abschreck- mittel [5]	Anlassen [6] °C	Stirnab- schreck- versuch °C	Normalglühen [4] °C
2 C 22, 3 C 22	860 bis 900			–	880 bis 920
2 C 25, 3 C 25	860 bis 900	Wasser		–	880 bis 920
2 C 30, 3 C 30	850 bis 890			–	870 bis 910
2 C 35, 3 C 35	840 bis 880			870 ± 5	860 bis 900
2 C 40, 3 C 40	830 bis 870	Wasser oder Öl	550 bis 660	870 ± 5	850 bis 890
2 C 45, 3 C 45	820 bis 860			850 ± 5	840 bis 880
2 C 50, 3 C 50	810 bis 850			850 ± 5	830 bis 870
2 C 55, 3 C 55	805 bis 845	Öl oder Wasser		830 ± 5	825 bis 865
2 C 60, 3 C 60	800 bis 840			830 ± 5	820 bis 860
28 Mn 6	830 bis 870	Wasser oder Öl	540 bis 680	850 ± 5	850 bis 890
38 Cr 2, 38 CrS 2	830 bis 870	Öl oder Wasser	540 bis 680	850 ± 5	–
46 Cr 2, 46 CrS 2	820 bis 860	Öl oder Wasser	540 bis 680	850 ± 5	–
34 Cr 4, 34 CrS 4	830 bis 870	Wasser oder Öl	540 bis 680	850 ± 5	–
37 Cr 4, 37 CrS 4	825 bis 865	Öl oder Wasser	540 bis 680	850 ± 5	–
41 Cr 4, 41 CrS 4	820 bis 860	Öl oder Wasser	540 bis 680	850 ± 5	–
25 CrMo 4, 25 CrMoS 4	840 bis 880	Wasser oder Öl	540 bis 680	850 ± 5	–
34 CrMo 4, 34 CrMoS 4	830 bis 870	Öl oder Wasser	540 bis 680	850 ± 5	–
42 CrMo 4, 42 CrMoS 4	820 bis 860	Öl oder Wasser	540 bis 680	850 ± 5	–
50 CrMo 4	820 bis 860	Öl	540 bis 680	850 ± 5	–
36 CrNiMo 4	820 bis 850	Öl oder Wasser	540 bis 680	850 ± 5	–
34 CrNiMo 6	830 bis 860	Öl	540 bis 660	850 ± 5	–
30 CrNiMo 8	830 bis 860	Öl	540 bis 660	850 ± 5	–
36 NiCrMo 16	865 bis 885	Luft oder Öl	550 bis 650	850 ± 5	–
51 CrV 4	820 bis 860	Öl	540 bis 680	850 ± 5	–

[1] Bei den in dieser Tabelle angegebenen Bedingungen handelt es sich um Anhaltsangaben, jedoch sind die für den Stirnabschreckversuch angegebenen Temperaturen verbindlich.

[2] Diese Tabelle gilt auch für die verschiedenen Sorten mit Härtbarkeitsanforderungen (H-, HH- und HL-Sorten) nach den
Tabellen 5 bis 7.

[3] Die Temperaturen im unteren Bereich der Spanne kommen im allgemeinen für Härten in Wasser in Betracht, die im
oberen Bereich für Härten in Öl.

[4] Austenitisierungsdauer mindestens 30 min (Anhaltswert).

[5] Bei der Wahl des Abschreckmittels sollte der Einfluß anderer Parameter wie Gestalt, Maße und Härtetemperatur auf die
Eigenschaften und die Rißanfälligkeit in Betracht gezogen werden. Andere, zum Beispiel synthetische Abschreckmittel,
können ebenfalls verwendet werden.

[6] Anlaßdauer mindestens 60 min (Anhaltswert).

Anhang A

Maßgeblicher Wärmebehandlungsdurchmesser für die mechanischen Eigenschaften

A.2 Ermittlung des maßgeblichen Wärmebehandlungsdurchmessers

A.2.1 Falls die Proben von Erzeugnissen mit einfachen Querschnittsformen und von Stellen mit quasi zweidimensionalem Wärmefluß zu entnehmen sind, gelten die Festlegungen nach A.2.1.1 bis A.2.1.3.

A.2.1.1 Bei Rundstahl ist der Nenndurchmesser des Erzeugnisses (ohne Berücksichtigung der Bearbeitungszugabe) dem maßgeblichen Wärmebehandlungsdurchmesser gleichzusetzen.

A.2.1.2 Bei Sechskant- und Achtkantstahl ist der Nennabstand zwischen zwei gegenüberliegenden Seiten dem maßgeblichen Wärmebehandlungsdurchmesser gleichzusetzen.

A.2.1.3 Bei Vierkant- und Flachstahl ist der maßgebliche Wärmebehandlungsdurchmesser entsprechend dem Beispiel in Bild 5 zu bestimmen.

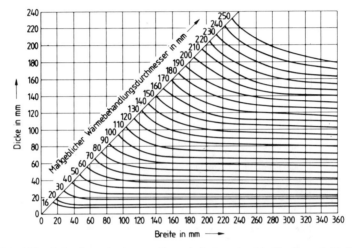

Bild 5. Maßgeblicher Wärmebehandlungsdurchmesser für quadratische und rechteckige Querschnitte für Härten in Öl oder Wasser

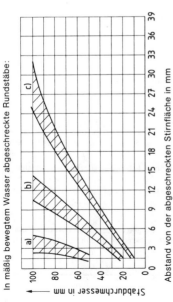

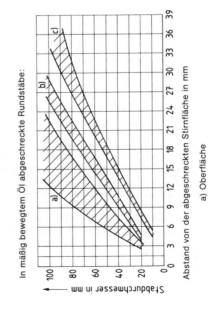

Bild 6. Beziehung zwischen Abkühlgeschwindigkeit in Stirnabschreckproben (Jominy-Proben) und gehärteten Rundstäben (Quelle: SAE J406c)

Anhang B

Zusatz- oder Sonderanforderungen

B.1 Mechanische Eigenschaften von Bezugsproben im vergüteten Zustand

B.2 Mechanische Eigenschaften von Bezugsproben im normalgeglühten Zustand

B.3 Feinkornstahl

Der Stahl muß bei Prüfung nach EURONORM 103 eine Austenitkorngröße von 5 und feiner haben. Wenn eine Abnahmeprüfung bestellt wird, ist auch zu vereinbaren, ob diese Anforderung an die Korngröße durch Ermittlung des Aluminiumgehaltes oder metallographisch nachgewiesen werden soll. Im ersten Fall ist auch der Aluminiumgehalt zu vereinbaren.

Im zweiten Fall ist für den Nachweis der Austenitkorngröße eine Probe je Schmelze zu prüfen. Die Probenahme und die Probenvorbereitung erfolgen entsprechend EURO-NORM 103.

Falls bei der Bestellung nicht anders vereinbart, ist die Abschreckkorngröße zu ermitteln. Zur Ermittlung der Abschreckkorngröße wird wie folgt gehärtet:

— Bei Stählen mit einem unteren Grenzgehalt an Kohlenstoff < 0,35 % : (880 ± 10) °C 90 min/Wasser;

— bei Stählen mit einem unteren Grenzgehalt an Kohlenstoff ≥ 0,35 % : (850 ± 10) °C 90 min/Wasser.

Im Schiedsfall ist zur Herstellung eines einheitlichen Ausgangszustandes eine Vorbehandlung 1150 °C 30 min/Luft durchzuführen.

B.4 Gehalt an nichtmetallischen Einschlüssen

Der mikroskopisch ermittelte Gehalt an nichtmetallischen Einschlüssen muß bei Prüfung nach einem bei der Bestellung zu vereinbarenden Verfahren innerhalb der vereinbarten Grenzen liegen (siehe Anhang F).

Anmerkung: Bei Stahlsorten mit einem Mindestgehalt an Schwefel sollten die Vereinbarungen nur die Oxide betreffen.

Anhang F

Prüfung des Gehaltes an nichtmetallischen Einschlüssen

F.1 Zum Zeitpunkt der Veröffentlichung dieser Europäischen Norm gibt es kein europäisch genormtes Prüfverfahren zur mikroskopischen Prüfung von Edelstählen auf nichtmetallische Einschlüsse. National wurden jedoch bereits verschiedene Prüfverfahren genormt. Bis zur Veröffentlichung einer Europäischen Norm kann bei der Bestellung eine Prüfung nach einer der nachstehend aufgeführten nationalen Normen vereinbart werden:

F.2 Es gelten folgende Anforderungen:

F.2.1 Falls der Nachweis nach DIN 50 602 erfolgt, gelten die Anforderungen nach Tabelle 14.

Tabelle 14. **Anforderungen an den mikroskopischen Reinheitsgrad bei Prüfung nach DIN 50 602 (Verfahren K) (gültig für oxidische nichtmetallische Einschlüsse)**

Stabstahl Durchmesser d mm	Summenkennwert K (Oxide) für die einzelne Schmelze
$140 < d \leq 200$	K 4 ≤ 50
$100 < d \leq 140$	K 4 ≤ 45
$70 < d \leq 100$	K 4 ≤ 40
$35 < d \leq 70$	K 4 ≤ 35
$17 < d \leq 35$	K 3 ≤ 40
$8 < d \leq 17$	K 3 ≤ 30
$d \leq 8$	K 2 ≤ 35

F.2.2 Falls der Nachweis nach NF A 04-106 erfolgt, gelten die Anforderungen nach Tabelle 15.

Tabelle 15. **Anforderungen an den mikroskopischen Reinheitsgrad bei Prüfung nach NF A 04-106**

Einschlußtyp	Serie	Grenzwert
Typ B	fein	≤ 2,5
	dick	≤ 1
Typ C	fein	≤ 0,5
	dick	≤ 0,5
Typ D	fein	≤ 1,5
	dick	≤ 0,5

F.2.3 Falls der Nachweis nach SS 11 11 16 erfolgt, gelten die Anforderungen nach Tabelle 16.

Tabelle 16. **Anforderungen an den mikroskopischen Reinheitsgrad bei Prüfung nach SS 11 11 16**

Einschlußtyp	Serie	Grenzwert
Typ B	fein	≤ 4
	mittel	≤ 3
	dick	≤ 2
Typ C	fein	≤ 4
	mittel	≤ 3
	dick	≤ 2
Typ D	fein	≤ 4
	mittel	≤ 2
	dick	≤ 1

	Vergütungsstähle	**DIN**
	Technische Lieferbedingungen für unlegierte Qualitätsstähle Deutsche Fassung EN 10 083-2 : 1991	**EN 10 083** Teil 2

Mit DIN EN 10 083 T 1/10.91
Ersatz für DIN 17 200/03.87

Die Europäische Norm EN 10 083-2 : 1991 hat den Status einer Deutschen Norm.

1 Anwendungsbereich *Siehe DIN EN 10 083, Teil 1 Pkt. 1, Seite 91.*

3 Definition *Siehe DIN EN 10 083, Teil 1, Pkt. 3, Seite 91.*

4 Bezeichnung und Bestellung

Beispiel:

Stahl EN 10 083 — 1 C 45 — TN

Siehe auch DIN EN 10 083, Teil 1, Pkt. 4, Seite 91.

5 Anforderungen

5.2 Chemische Zusammensetzung und mechanische Eigenschaften

5.2.1 Es gelten für den jeweiligen Wärmebehandlungszustand die in Tabelle 1, Spalte 9, genannten Anforderungen.

5.2.2 Die in den Tabellen 6 und 7 angegebenen Werte der mechanischen Eigenschaften gelten für Proben in den Wärmebehandlungszuständen „vergütet" beziehungsweise „normalgeglüht", die entsprechend den Bildern 1 oder 2 und 3 sowie Tabelle 9 entnommen und vorbereitet wurden (siehe auch Fußnote 1 zu Tabelle 1).

5.3 Technologische Eigenschaften

5.3.1 Bearbeitbarkeit

Alle Stähle sind im Zustand „weichgeglüht" bearbeitbar (siehe auch Tabelle 1, Zeile 7, und Tabelle 3, Fußnote 2).

5.3.2 Scherbarkeit von Halbzeug und Stabstahl

5.3.2.1 Unter geeigneten Bedingungen (Vermeidung örtlicher Spannungsspitzen, Vorwärmen, Verwendung von Messern mit dem Erzeugnis angepaßtem Profil, usw.) sind alle Stahlsorten im weichgeglühten Zustand und im normalgeglühten Zustand scherbar.

Tabelle 3. Stahlsorten und chemische Zusammensetzung (Schmelzenanalyse)

Stahlsorte Kurzname	Chemische Zusammensetzung (Massenanteil in %) [1], [2]								
	C [3]	Si max.	Mn	P max.	S max.	Cr max.	Mo max.	Ni max.	Cr + Mo + Ni max. [3]
1 C 22	0,17 bis 0,24	0,40	0,40 bis 0,70	0,045	0,045	0,40	0,10	0,40	0,63
(1 C 25) [4]	0,22 bis 0,29	0,40	0,40 bis 0,70	0,045	0,045	0,40	0,10	0,40	0,63
(1 C 30) [4]	0,27 bis 0,34	0,40	0,50 bis 0,80	0,045	0,045	0,40	0,10	0,40	0,63
1 C 35	0,32 bis 0,39	0,40	0,50 bis 0,80	0,045	0,045	0,40	0,10	0,40	0,63
(1 C 40) [4]	0,37 bis 0,44	0,40	0,50 bis 0,80	0,045	0,045	0,40	0,10	0,40	0,63
1 C 45	0,42 bis 0,50	0,40	0,50 bis 0,80	0,045	0,045	0,40	0,10	0,40	0,63
(1 C 50) [4]	0,47 bis 0,55	0,40	0,60 bis 0,90	0,045	0,045	0,40	0,10	0,40	0,63
(1 C 55) [4]	0,52 bis 0,60	0,40	0,60 bis 0,90	0,045	0,045	0,40	0,10	0,40	0,63
1 C 60	0,57 bis 0,65	0,40	0,60 bis 0,90	0,045	0,045	0,40	0,10	0,40	0,63

[1] In dieser Tabelle nicht aufgeführte Elemente dürfen dem Stahl, außer zum Fertigbehandeln der Schmelze, ohne Zustimmung des Bestellers nicht absichtlich zugesetzt werden. Es sind alle angemessenen Vorkehrungen zu treffen, um die Zufuhr solcher Elemente aus dem Schrott oder anderen bei der Herstellung verwendeten Stoffen zu vermeiden, die die Härtbarkeit, die mechanischen Eigenschaften und die Verwendbarkeit beeinträchtigen.

[2] Stähle mit verbesserter Bearbeitbarkeit infolge Bleizusatz oder höherer Schwefelgehalte, je nach Herstellungsverfahren, bis zu etwa 0,100 % S (einschließlich kontrollierter Sulfid- und Oxidausbildung, z. B. Ca-Behandlung) können auf Anfrage geliefert werden.

[3] Falls die Stähle nicht mit Anforderungen an die mechanischen Eigenschaften im vergüteten oder normalgeglühten Zustand bestellt werden, kann für sie bei der Bestellung die Einengung der Kohlenstoffspanne auf 0,05 % und/oder der Summe der Elemente Cr, Mo und Ni auf ≤ 0,45 % vereinbart werden.

[4] Die eingeklammerten Stahlsorten wurden zum Teil neu in diese Europäische Norm aufgenommen; sie sind nicht in allen Ländern vom Lager beziehbar.

5.3.2.2 Die Stahlsorten 1 C 45 bis 1 C 60 sind unter geeig-neten Bedingungen auch scherbar, wenn sie im Zustand „behandelt auf Scherbarkeit" mit den Härteanforderungen nach Tabelle 5 geliefert werden.

5.3.2.3 Die Stahlsorten 1 C 22 bis 1 C 40 sind, unter geeig-neten Bedingungen, im unbehandelten Zustand scherbar. Auch bei der Stahlsorte 1 C 45 kann bei Maßen ab 80 mm Scherbarkeit im unbehandelten Zustand vorausgesetzt werden.

Tabelle 5. **Höchsthärte für in den Zuständen „behandelt auf Scherbarkeit" (TS) oder „weichgeglüht" (TA) zu liefernde Erzeugnisse**

Siehe DIN EN 10 083, Teil 1, Tabelle 8:
Werte entsprechen den vergleichbaren Stahlsorten 2 C 22 bis 2 C 60, Seite 100.

Tabelle 6. **Mechanische Eigenschaften** [1][2] **im vergüteten Zustand**

Siehe DIN EN 10 083, Teil 1, Tabelle 9:
Werte entsprechen den vergleichbaren Stahlsorten 2 C 22 bis 2 C 60, KVmin in J entfällt, Seite 99.

Tabelle 7. **Mechanische Eigenschaften** [1] **im normalge-glühten Zustand**

Siehe DIN EN 10 083, Teil 1, Tabelle 10:
Werte entsprechen den vergleichbaren Stahlsorten 2 C 22 bis 2 C 60, Seite 100.

Tabelle 10. **Wärmebehandlung** [1]

Siehe DIN EN 10 083, Teil 1, Tabelle 13:
Werte entsprechen den vergleichbaren Stahlsorten 2 C 22 bis 2 C 60, Seite 101.

5.4 Gefüge

Wenn bei der Bestellung nichts festgelegt wird, bleibt die Korngröße dem Hersteller überlassen. Falls Feinkörnigkeit nach einer Referenzbehandlung verlangt wird, ist Sonder-anforderung B.3 zu bestellen.

5.5 Innere Beschaffenheit

Bei der Bestellung können, z. B. auf der Grundlage zerstö-rungsfreier Prüfungen, Anforderungen an die innere Beschaffenheit vereinbart werden (siehe Anhang B, Abschnitt B.4).

5.6 Oberflächenbeschaffenheit

5.6.1 Alle Erzeugnisse sollen eine dem angewendeten Form-gebungsverfahren entsprechend glatte Oberfläche haben.

Tabelle 2. **Oberflächenausführung bei der Lieferung**

Siehe DIN EN 10 083, Teil 1, Tabelle 2, Seite 93.

Anhang A: *Maßgeblicher Wärmebehandlungsdurchmesser siehe DIN EN 10 083, Teil 1, Anhang A und Bild 5, Seite 102.*

Anhang B: *Zusatz- und Sonderforderungen siehe DIN EN 10 083, Teil 1, Anhang B, Seite 103.*

Einsatzstähle
Technische Lieferbedingungen

1 Anwendungsbereich

1.1 Diese Norm gilt für die Erzeugnisformen

- Halbzeug, z. B. Vorblöcke, Vorbrammen, Knüppel,

- warmgewalzten Draht,

- warmgewalzten oder geschmiedeten Stabstahl (Rund-, Vierkant-, Sechskant-, Achtkant- und Flachstahl),

- warmgewalzten Breitflachstahl,

- warm- oder kaltgewalztes Blech und Band,

- Freiform- und Gesenkschmiedestücke

aus den in Tabelle 2 aufgeführten Einsatzstählen.

2 Begriffe

2.1 Einsatzstähle

Einsatzstähle im Sinne dieser Norm sind Baustähle mit verhältnismäßig niedrigem Kohlenstoffgehalt, die für Bauteile verwendet werden, deren Randschicht vor dem Härten üblicherweise aufgekohlt oder carbonitriert wird. Einsatzgehärtete Bauteile weisen in der Regelfall in der Randschicht eine sehr viel höhere Härte als im Kern auf.

Anmerkung: Bauteile aus Einsatzstählen können auch anderen Wärmebehandlungen, wie z. B. Härten (ohne Aufkohlen), Anlassen, Nitrieren, Nitrocarburieren, Borieren, unterzogen werden.

5 Bezeichnung und Bestellung

Beispiel 1: **Stahl DIN 17 210 – Ck 15**
oder
Stahl DIN 17 210 – 1.1141

Beispiel 2: **Stahl DIN 17 210 – 16 MnCr 5 HH G**
oder
Stahl DIN 17 210 – 1.7131 HH G

6 Sorteneinteilung

6.1 Stahlsorten

6.1.1 Diese Norm unterscheidet zwischen unlegierten Qualitätsstählen sowie unlegierten und legierten Edelstählen (siehe EURONORM 20).

Die Edelstähle unterscheiden sich von den Qualitätsstählen durch:

- Grenzwerte der Härtbarkeit im Stirnabschreckversuch (sie sind nur für die legierten Stähle angegeben);

- gleichmäßigeres Ansprechen auf die Wärmebehandlung;

- begrenzten Gehalt an oxidischen Einschlüssen;

- niedrigere zulässige Gehalte an Phosphor und Schwefel.

6.1.2 In der Gruppe der Edelstähle sind zwei Reihen von Stahlsorten aufgeführt, und zwar eine Reihe nur mit Angabe nur des Höchstwertes für den Massenanteil an Schwefel von 0,035 %, die andere mit Angabe eines geregelten Massenanteiles an Schwefel von 0,020 bis 0,035 % (siehe Tabelle 2).

7 Anforderungen

7.4 Technologische Eigenschaften

7.4.1 Schweißeignung
Die Stähle dieser Norm sind bei Einhaltung erprobter Schweißbedingungen für z. B. die Abbrennstumpfschweißung und Schmelzschweißung geeignet. Bei der Schmelzschweißung sind jedoch bei legierten Stählen besondere Vorsichtsmaßnahmen, z. B. Vorwärmen, anzuwenden. (Siehe auch DIN 8528 Teil 1.)

7.4.2 Zerspanbarkeit
Hinsichtlich einer verbesserten Bearbeitbarkeit beim Spanen wird auf die Stähle verwiesen, für die ein Mindestmassenanteil an Schwefel festgelegt ist.

Die für diesen Zweck in Betracht kommenden Behandlungszustände sind G, BF und BG (siehe Tabelle 5).

Im Behandlungszustand BG muß ein gut ausgeprägtes Ferrit-Perlit-Gefüge vorliegen. Über die Zulässigkeit von geringen Bainitanteilen können Vereinbarungen getroffen werden.

●● Sofern die durch die Härtewerte in Tabelle 5 gekennzeichneten Zustände für eine zufriedenstellende Bearbeitbarkeit unter den vorgesehenen Bearbeitungsbedingungen nicht ausreichen, sind Sonderwärmebehandlungen zu vereinbaren.

7.4.3 Scherbarkeit
7.4.3.1 Unter geeigneten Bedingungen sind sämtliche Stahlsorten nach dieser Norm in den Behandlungszuständen G, BF und BG scherbar.

7.4.3.2 Im unbehandelten Zustand (U) und unter geeigneten Bedingungen sind die unlegierten Stähle und die Stähle 17 Cr 3, 20 Cr 4, 20 CrS 4, 16 MnCr 5, 16 MnCrS 5, 20 MoCr 4, 20 MoCrS 4, 21 NiCrMo 2 und 21 NiCrMoS 2 scherbar.

7.4.3.3 ●● Bei den Stählen 20 MnCr 5, 20 MnCrS 5, 22 CrMoS 3 5, 15 CrNi 6 und 17 CrNiMo 6 kann der Zustand „behandelt auf Scherbarkeit" (C) mit einer Härte ≤ 255 HB als Beurteilungsmaßstab bei der Bestellung vereinbart werden (siehe Tabelle 5).

7.5 ●● Korngröße
Wenn bei der Bestellung die Anforderung „Feinkornstahl" vereinbart wurde, muß der Stahl bei Prüfung nach DIN 50 601 eine Korngrößen-Kennzahl des Austenits von 5 und/oder feiner haben.

Anmerkung: Es ist zu beachten, daß unlegierte feinkörnige Einsatzstähle zu Weichfleckigkeit neigen können.

7.6 ●● Nichtmetallische Einschlüsse
Sofern bei der Bestellung von Edelstählen Anforderungen an den nach DIN 50 602 ermittelten mikroskopischen Reinheitsgrad (gültig für oxidische nichtmetallische Einschlüsse) vereinbart wurden, gelten für den Summenkennwert K der einzelnen Schmelze die Angaben in Tabelle 6.

Tabelle 2. **Chemische Zusammensetzung der Einsatzstähle (Schmelzenanalyse)**

Stahlsorte		Chemische Zusammensetzung, Massenanteil in % [1], [2]							
Kurzname	Werkstoff-nummer	C	Si max.	Mn	P max.	S [3]	Cr	Mo	Ni
C 10 [4]	1.0301 [4]	0,07 bis 0,13	0,40	0,30 bis 0,60	0,045	0,045	—	—	—
Ck 10	1.1121	0,07 bis 0,13	0,40	0,30 bis 0,60	0,035	0,035	—	—	—
C 15 [4]	1.0401 [4]	0,12 bis 0,18	0,40	0,30 bis 0,60	0,045	0,045	—	—	—
Ck 15	1.1141	0,12 bis 0,18	0,40	0,30 bis 0,60	0,035	0,035	—	—	—
Cm 15	1.1140	0,12 bis 0,18	0,40	0,30 bis 0,60	0,035	0,020 bis 0,035	—	—	—
17 Cr 3	1.7016	0,14 bis 0,20	0,40	0,40 bis 0,70	0,035	0,035	0,60 bis 0,90	—	-
20 Cr 4	1.7027	0,17 bis 0,23	0,40	0,60 bis 0,90	0,035	0,035	0,90 bis 1,20	—	—
20 CrS 4	1.7028	0,17 bis 0,23	0,40	0,60 bis 0,90	0,035	0,020 bis 0,035	0,90 bis 1,20	—	—
16 MnCr 5	1.7131	0,14 bis 0,19	0,40	1,00 bis 1,30	0,035	0,035	0,80 bis 1,10	—	—
16 MnCrS 5	1.7139	0,14 bis 0,19	0,40	1,00 bis 1,30	0,035	0,020 bis 0,035	0,80 bis 1,10	—	—
20 MnCr 5	1.7147	0,17 bis 0,22	0,40	1,10 bis 1,40	0,035	0,035	1,00 bis 1,30	—	—
20 MnCrS 5	1.7149	0,17 bis 0,22	0,40	1,10 bis 1,40	0,035	0,020 bis 0,035	1,00 bis 1,30	—	—
20 MoCr 4	1.7321	0,17 bis 0,22	0,40	0,70 bis 1,00	0,035	0,035	0,30 bis 0,60	0,40 bis 0,50	—
20 MoCrS 4	1.7323	0,17 bis 0,22	0,40	0,70 bis 1,00	0,035	0,020 bis 0,035	0,30 bis 0,60	0,40 bis 0,50	—
22 CrMoS 3 5	1.7333	0,19 bis 0,24	0,40	0,70 bis 1,00	0,035	0,020 bis 0,035	0,70 bis 1,00	0,40 bis 0,50	—
21 NiCrMo 2	1.6523	0,17 bis 0,23	0,40	0,65 bis 0,95	0,035	0,035	0,40 bis 0,70	0,15 bis 0,25	0,40 bis 0,70
21 NiCrMoS 2	1.6526	0,17 bis 0,23	0,40	0,65 bis 0,95	0,035	0,020 bis 0,035	0,40 bis 0,70	0,15 bis 0,25	0,40 bis 0,70
15 CrNi 6	1.5919	0,14 bis 0,19	0,40	0,40 bis 0,60	0,035	0,035	1,40 bis 1,70	—	1,40 bis 1,70
17 CrNiMo 6	1.6587	0,15 bis 0,20	0,40	0,40 bis 0,60	0,035	0,035	1,50 bis 1,80	0,25 bis 0,35	1,40 bis 1,70

[1] In dieser Tabelle nicht aufgeführte Elemente dürfen dem Stahl außer zum Fertigbehandeln der Schmelze ohne Zustimmung des Bestellers nicht absichtlich zugesetzt werden. In Zweifelsfällen sind die Grenzgehalte nach EURO-NORM 20 maßgebend.

[2] Außer bei den Elementen Phosphor und Schwefel sind geringfügige Abweichungen von den Grenzen für die **Schmelzenanalyse** zulässig, wenn eingeengte Streubänder der Härtbarkeit im Stirnabschreckversuch (vgl. Fußnote 1 zu Tabelle 4) bestellt werden; die Abweichungen dürfen die Werte nach Tabelle 3 nicht überschreiten.

[3] Jeweils Höchstgehalte außer in den Fällen, in denen Spannen angegeben sind.

[4] ●● Der Stahl kann auch mit einem Massenanteil an Blei von 0,15 bis 0,30 % (gültig für die Stückanalyse) bestellt werden. In diesem Falle ist der Kurzname C 10 Pb (Werkstoffnummer 1.0302) bzw. C 15 Pb (Werkstoffnummer 1.0403) zu verwenden.

Tabelle 5.   **Brinellhärte in verschiedenen Behandlungszuständen**

1		2	3	4	5
Stahlsorte		Härte im Behandlungszustand [1])			
Kurzname	Werkstoff-nummer	C (behandelt auf Scherbarkeit) HB max.	G [1]) (weichgeglüht) HB max.	BF [2]) (behandelt auf Festigkeit) HB	BG [3]) (behandelt auf Ferrit-Perlit-Gefüge) HB
C 10	1.0301	–	131	–	–
Ck 10	1.1121	–	131	–	–
C 15	1.0401	–	143	–	–
Ck 15	1.1141	–	143	–	–
Cm 15	1.1140	–	143	–	–
17 Cr 3	1.7016	–	174	–	–
20 Cr 4	1.7027	–	197	149 bis 197	145 bis 192
20 CrS 4	1.7028	–	197	149 bis 197	145 bis 192
16 MnCr 5	1.7131	–	207	156 bis 207	140 bis 187
16 MnCrS 5	1.7139	–	207	156 bis 207	140 bis 187
20 MnCr 5	1.7147	255	217	170 bis 217	152 bis 201
20 MnCrS 5	1.7149	255	217	170 bis 217	152 bis 201
20 MoCr 4	1.7321	–	207	156 bis 207	140 bis 187
20 MoCrS 4	1.7323	–	207	156 bis 207	140 bis 187
22 CrMoS 3 5	1.7333	255	217	170 bis 217	152 bis 201
21 NiCrMo 2	1.6523	–	197	152 bis 201	145 bis 192
21 NiCrMoS 2	1.6526	–	197	152 bis 201	145 bis 192
15 CrNi 6	1.5919	255	217	170 bis 217	152 bis 201
17 CrNiMo 6	1.6587	255	229	179 bis 229	159 bis 207

[1])   Der Behandlungszustand „geglüht auf kugelige Carbide" (GKZ) wird in DIN 1654 Teil 3 behandelt.
[2])   Für Durchmesser bis ≈ 150 mm.
[3])   Für Durchmesser bis ≈ 60 mm.

Tabelle 6.   ● ● **Mikroskopischer Reinheitsgrad von Edelstählen** [1]) (gültig für oxidische nichtmetallische Einschlüsse)

Stabstahl Durchmesser d oder flächengleicher Querschnitt mm	Summenkennwert K (Oxide) für die einzelne Schmelze
$140 < d \leq 200$	$K\,4 \leq 55$
$100 < d \leq 140$	$K\,4 \leq 50$
$70 < d \leq 100$	$K\,4 \leq 50$
$35 < d \leq 70$	$K\,4 \leq 45$
$17 < d \leq 35$	$K\,3 \leq 45$
$8 < d \leq 17$	$K\,3 \leq 35$
$d \leq 8$	$K\,2 \leq 40$

[1]) Siehe Abschnitt 7.6

Anhang A
Ergänzende Angaben

Tabelle A.1.   Übliche Temperaturen beim Einsatzhärten [1])

Stahlsorte		a	b			c
			Härten von			
Kurzname	Werkstoff-nummer	Aufkohlungs-temperatur [2]) °C	Kernhärte-temperatur [3]) °C	Randhärte-temperatur [3]) °C	Abkühlmittel	Anlassen °C
C 10	1.0301					
Ck 10	1.1121					
C 15	1.0401		880			
Ck 15	1.1141		bis		Die Wahl des Abkühl-	
Cm 15	1.1140		920		(Abschreck-)mittels	
					richtet sich, im Hinblick	
17 Cr 3	1.7016				auf die erforderlichen	
20 Cr 4	1.7027				Bauteileigenschaften,	
20 CrS 4	1.7028	880		780	nach der Härtbarkeit	150
16 MnCr 5	1.7131	bis		bis	bzw. der Einsatzhärt-	bis
16 MnCrS 5	1.7139	980	860	820	barkeit des verwen-	200
20 MnCr 5	1.7147		bis		deten Stahles, der	
20 MnCrS 5	1.7149		900		Gestalt und dem Quer-	
20 MoCr 4	1.7321				schnitt des zu härten-	
20 MoCrS 4	1.7323				den Werkstückes	
22 CrMoS 3 5	1.7333				sowie der Wirkung	
21 NiCrMo 2	1.6523				des Abkühlmittels.	
21 NiCrMoS 2	1.6526					
15 CrNi 6	1.5919		830			
			bis			
17 CrNiMo 6	1.6587		870			

[1]) Übliche Wärmebehandlungsfolgen siehe Bild A.1.

[2]) Für die Wahl der Aufkohlungstemperatur maßgebende Kriterien sind hauptsächlich die gewünschte Aufkohlungsdauer, das gewählte Aufkohlungsmittel und die zur Verfügung stehende Anlage, der vorgesehene Verfahrensablauf sowie der geforderte Gefügezustand. Für ein Direkthärten wird üblicherweise unterhalb 950 °C aufgekohlt. In besonderen Fällen werden Aufkohlungstemperaturen bis über 1000 °C angewendet.

[3]) Beim Direkthärten wird entweder von Aufkohlungstemperatur oder einer niedrigeren Temperatur abgeschreckt. Besonders bei Verzugsgefahr kommen aus diesem Bereich vorzugsweise die niedrigeren Härtetemperaturen in Betracht.

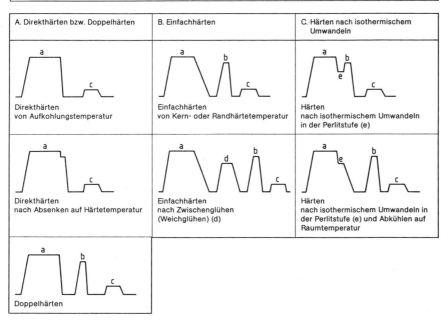

A. Direkthärten bzw. Doppelhärten	B. Einfachhärten	C. Härten nach isothermischem Umwandeln
Direkthärten von Aufkohlungstemperatur	Einfachhärten von Kern- oder Randhärtetemperatur	Härten nach isothermischem Umwandeln in der Perlitstufe (e)
Direkthärten nach Absenken auf Härtetemperatur	Einfachhärten nach Zwischenglühen (Weichglühen) (d)	Härten nach isothermischem Umwandeln in der Perlitstufe (e) und Abkühlen auf Raumtemperatur
Doppelhärten		

Bild A.1.   Wärmebehandlungsfolgen beim Einsatzhärten (vergleiche Tabelle A.1)

	Nitrierstähle Technische Lieferbedingungen	**DIN** **17 211**

1 Anwendungsbereich

1.1 Diese Norm gilt für

- Halbzeug, z. B. Vorblöcke, Vorbrammen, Knüppel,
- warmgewalzten Draht,
- warmgewalzten, warmgeschmiedeten oder blanken Stabstahl (Rund-, Vierkant-, Sechskant-, Achtkant- und Flachstahl),
- warmgewalzten Breitflachstahl,
- warm- oder kaltgewalztes Blech und Band,
- Freiform- und Gesenkschmiedestücke aus den in Tabelle 2 aufgeführten Nitrierstählen.

2 Begriffe

2.1 Nitrierstähle

Nitrierstähle im Sinne dieser Norm sind vergütbare Stähle, die wegen der in ihnen enthaltenen Nitridbildner für das Nitrieren und Nitrocarburieren zur Erzielung hoher Randschichthärte besonders geeignet sind. Dabei ist unter Nitrieren bzw. Nitrocarburieren ein Glühen in Stickstoff bzw. Stickstoff und Kohlenstoff abgebenden Mitteln zum Erzielen einer mit Stickstoff bzw. Stickstoff und Kohlenstoff angereicherten Randschicht zur Erhöhung der Randschichthärte, des Verschleißwiderstandes, der Dauerfestigkeit und/oder der Rostträgheit zu verstehen.

5 Bezeichnung

Beispiel 1: Stahl DIN 17 211 − 34 CrAlNi 7

oder

Stahl DIN 17 211 − 1.8550

6 Sorteneinteilung

6.1 Stahlsorten

6.1.1 Die in dieser Norm aufgeführten Stahlsorten sind legierte Edelstähle (siehe EURONORM 20) mit niedriger Höchstgrenze für den Massenanteil an Phosphor.

7 Anforderungen

7.4 Technologische Eigenschaften

7.4.1 ●● Zerspanbarkeit

Sofern der durch die Härtewerte in Tabelle 4 gekennzeichnete Zustand „weichgeglüht" (G) für eine zufriedenstellende Zerspanbarkeit unter den vorgesehenen Verarbeitungsbedingungen nicht ausreicht, sind Sonderwärmebehandlungen und/oder ein Mindestschwefelgehalt zu vereinbaren.

7.4.2 Scherbarkeit

Unter geeigneten Bedingungen sind sämtliche Stahlsorten nach dieser Norm im Behandlungszustand „weichgeglüht" (G) scherbar.

7.5 ●● Gefüge

Bei größeren Abmessungen lassen sich Ferritanteile im Kern nicht vermeiden. Bei der Bestellung können Vereinbarungen über den höchstzulässigen Ferritanteil im Kern vergüteter Erzeugnisse getroffen werden.

Tabelle 6. Anhaltsangaben über die Temperaturen für die Wärmebehandlung

Stahlsorte		Weichglühen	Vergüten		
			Härten		Anlassen
Kurzname	Werkstoff-nummer	°C	°C	in	°C
31 CrMo 12	1.8515	650 bis 700	870 bis 910	Öl	570 bis 700
31 CrMoV 9	1.8519	680 bis 720	840 bis 880	Öl, Wasser	570 bis 680
15 CrMoV 5 9	1.8521	680 bis 740	940 bis 980	Öl, Wasser	600 bis 700
34 CrAlMo 5	1.8507	650 bis 700	900 bis 940	Öl, Wasser	570 bis 650
34 CrAlNi 7	1.8550	650 bis 700	850 bis 890	Öl	570 bis 660

Stahlsorte		Gasnitrieren [1] Plasmanitrieren	Nitrocarburieren [2] Medium	
			Gas Salzbad	Pulver Plasma
Kurzname	Werkstoff-nummer	°C	°C	°C
31 CrMo 12	1.8515	500 bis 520	570 bis 580	max. 580
31 CrMoV 9	1.8519	500 bis 520	570 bis 580	max. 580
15 CrMoV 5 9	1.8521	500 bis 520	570 bis 580	max. 580
34 CrAlMo 5	1.8507	500 bis 520	570 bis 580	max. 580
34 CrAlNi 7	1.8550	500 bis 520	570 bis 580	max. 580

[1] Die Nitrierdauer hängt von der gewünschten Nitrierhärtetiefe ab.

[2] Siehe Erläuterungen

Tabelle 2.   Chemische Zusammensetzung der Nitrierstähle (Schmelzenanalyse)

Stahlsorte		Chemische Zusammensetzung (Massenanteil in %) [1]									
Kurzname	Werkstoff-nummer	C	Si max.	Mn	P max.	S max.	Al	Cr	Mo	Ni	V
31 CrMo 12	1.8515	0,28 bis 0,35	0,40	0,40 bis 0,70	0,025	0,030	–	2,80 bis 3,30	0,30 bis 0,50	≤ 0,30	–
31 CrMoV 9	1.8519	0,26 bis 0,34	0,40	0,40 bis 0,70	0,025	0,030	–	2,30 bis 2,70	0,15 bis 0,25	–	0,10 bis 0,20
15 CrMoV 5 9	1.8521	0,13 bis 0,18	0,40	0,80 bis 1,10	0,025	0,030	–	1,20 bis 1,50	0,80 bis 1,10	–	0,20 bis 0,30
34 CrAlMo 5	1.8507	0,30 bis 0,37	0,40	0,50 bis 0,80	0,025	0,030	0,80 bis 1,20	1,00 bis 1,30	0,15 bis 0,25	–	–
34 CrAlNi 7	1.8550	0,30 bis 0,37	0,40	0,40 bis 0,70	0,025	0,030	0,80 bis 1,20	1,50 bis 1,80	0,15 bis 0,25	0,85 bis 1,15	–

[1] In dieser Tabelle nicht aufgeführte Elemente dürfen dem Stahl außer zum Fertigbehandeln der Schmelze ohne Zustimmung des Bestellers nicht absichtlich zugesetzt werden. In Zweifelsfällen sind die Grenzgehalte nach EURONORM 20 maßgebend.

Tabelle 4.   Mechanische Eigenschaften der Stähle in weichgeglühtem und in vergütetem Zustand

Stahlsorte		Weichgeglüht (G) Härte	Vergütet (V)				Kerbschlagarbeit J min.		Anhaltsangaben zur Randschichthärte nach Nitrieren oder Nitrocarburieren
Kurzname	Werkstoff-nummer	HB max.	Durchmesser mm	Streckgrenze (0,2%-Dehngrenze) N/mm² min.	Zugfestigkeit N/mm²	Bruchdehnung ($L_0 = 5 d_0$) % min.	DVM-Proben	ISO-V-Proben	HV 1 [1] ≈
31 CrMo 12	1.8515	248	≤ 100 / > 100 ≤ 250	800 / 700	1000 bis 1200 / 900 bis 1100	11 / 12	40 / 50	35 / 45	800
31 CrMoV 9	1.8519	248	≤ 100 / > 100 ≤ 250	800 / 700	1000 bis 1200 / 900 bis 1100	11 / 12	40 / 50	35 / 45	800
15 CrMoV 5 9	1.8521	248	≤ 100 / > 100 ≤ 250	750 / 700	900 bis 1100 / 850 bis 1050	10 / 12	35 / 40	30 / 35	800
34 CrAlMo 5	1.8507	248	≤ 70	600	800 bis 1000	14	40	35	950
34 CrAlNi 7	1.8550	248	≤ 100 / > 100 ≤ 250	650 / 600	850 bis 1050 / 800 bis 1000	12 / 13	35 / 40	30 / 35	950

[1] Siehe Erläuterungen

Stähle für Flamm- und Induktionshärten	**DIN**
Gütevorschriften	**17 212**

1. Geltungsbereich

1.1. Diese Norm gilt für Stähle für Flamm- und Induktionshärten nach Tabelle 1 in Form von gewalztem oder geschmiedetem Halbzeug (z. B. Vorblöcken, Vorbrammen, Knüppel),

warmgewalztem oder warmgeschmiedetem Stabstahl (Rund-, Vierkant-, Sechskant-, Achtkant- und Flachstahl),

warmgewalztem Draht,

warmgewalztem Blech, Band und Breitflachstahl,

nahtlosen Rohren, Ringen und Reifen,

Freiform- und Gesenkschmiedestücken,

und zwar im allgemeinen bis zu den in Tabelle 6 angegebenen Durchmessern oder anderen vergleichbaren Abmessungen.

2. Begriff

2.1. Stähle für das Flamm- und Induktionshärten sind dadurch gekennzeichnet, daß sich, üblicherweise im vergüteten Zustand, durch örtliches Erhitzen und Abschrecken in der Randzone härten lassen, ohne daß die Festigkeits- und Zähigkeitseigenschaften des Kerns wesentlich beeinflußt werden.

2.2. Flamm- und Induktionshärten siehe DIN 17 014.

5. Sorteneinteilung

5.1. Stahlsorten

Die in Tabelle 1 angegebenen Stahlsorten sind Edelstähle mit im Vergleich zu den üblichen Vergütungsstählen nach DIN 17 200 eingeengter Spanne des Kohlenstoffgehaltes und niedrigeren Höchstwerten für den Phosphorgehalt.

5.1.2. Für ein Flamm- oder Induktionshärten ist die Verwendung feinkörniger Stähle im Hinblick auf eine geringere Rißempfindlichkeit empfehlenswert.

6. Bezeichnungen

Beispiel:

Bezeichnung eines warmgewalzten Rundstahles von 85 mm Durchmesser aus der Stahlsorte 45 Cr 2 im vergüteten Zustand (siehe Beispiel im Abschnitt 6.1.1):

Rund 85 DIN 1013 – 45 Cr 2 V

oder **Rund 85 DIN 1013 – 1.7705.05**

7. Anforderungen

7.4. Härtbarkeit

7.4.1. Für die Lieferarten 2 bis 2 c und gegebenenfalls 4 bis 4 c (siehe Abschnitt 7.5.2 a) mit Anforderungen an die Härtbarkeit im Stirnabschreckversuch werden die vorläufigen Härtewerte nach Tabelle 5 und die vorläufigen Streubänder nach den Bildern 1 a bis 1 e gewährleistet.

7.4.1.1. ● Bei der Bestellung können bis auf ²/₃ der ursprünglichen Spanne eingeengte Streubänder der Härtbarkeit im Stirnabschreckversuch vereinbart werden, und zwar mit einer beliebigen, über die Länge des Streubandes hinweg jedoch im Verhältnis gleichbleibenden Lage zu den Grenzen des ursprünglichen Streubandes. Bei solchen Vereinbarungen muß die Spanne der Härte jedoch mindestens 6 HRC-Einheiten (z. B. 51 bis 57 HRC betragen).

7.4.2. Die Härtebereiche gelten bei den in Tabelle 11 angegebenen Härtetemperaturen für den Stirnabschreckversuch.

7.6. Technologische Eigenschaften

7.6.1. Schweißeignung

Alle Stähle dieser Norm sind bei Einhaltung erprobter Schweißbedingungen für das Abbrennstumpfschweißen geeignet. Gegebenenfalls sind besondere Vorsichtsmaßnahmen, z. B. Vorwärmen, anzuwenden.

7.6.2. Bearbeitbarkeit

Zum Erreichen einer verbesserten Bearbeitbarkeit (beim Spanen) können die Stähle einem Weichglühen (siehe Abschnitt 9.3) unterworfen werden, das sich nach der Stahlsorte und nach den jeweiligen Abmessungen richtet. Für Stähle in diesem Behandlungszustand (G) gelten die in Tabelle 7 jeweils angegebenen Härtewerte.

7.6.3. Kaltscherbarkeit

7.6.3.1. Im Behandlungszustand G (siehe Tabelle 7) sind sämtliche Stähle dieser Norm, im Behandlungszustand N (siehe Tabelle 8) nur die unlegierten Stähle in allen in Betracht kommenden Abmessungen kaltscherbar.

7.6.3.2. Im Walz- oder Schmiedezustand sind die unlegierten Stähle (einschließlich des Stahles Cf 70) sowie der Stahl 45 Cr 2 im allgemeinen in allen Abmessungen kaltscherbar.

7.6.3.3. ● Für die übrigen Stähle und Abmessungsbereiche ist gegebenenfalls Kaltscherbarkeit bei der Bestellung zu vereinbaren (Lieferarten 11 bis 11 k).

7.7. Nichtmetallische Einschlüsse

● Für die Stähle kann ein höchstzulässiger Gehalt an nichtmetallischen Einschlüssen bei der Bestellung vereinbart werden.

Tabelle 1. Chemische Zusammensetzung der Stähle für Flamm- und Induktionshärten (Schmelzenanalyse)

Stahlsorte		Vergleichbare Stahlsorte (Bezeichnung) nach		Chemische Zusammensetzung in Gew.-%[1]						
Kurzname	Werkstoffnummer	Euronorm 86-70	ISO-Norm 683/XII-1972	C	Si	Mn	P höchstens	S höchstens	Cr	Mo
Cf 35	1.1183	C 36	1	0,33 bis 0,39	0,15 bis 0,35	0,50 bis 0,80	0,025	0,035	–	–
Cf 45	1.1193	C 46	3	0,43 bis 0,49	0,15 bis 0,35	0,50 bis 0,80	0,025	0,035	–	–
Cf 53	1.1213	C 53	5	0,50 bis 0,57	0,15 bis 0,35	0,40 bis 0,70	0,025	0,035	–	–
Cf 70	1.1249	–	–	0,68 bis 0,75	0,15 bis 0,35	0,20 bis 0,35	0,025	0,035	–	–
45 Cr 2	1.7005	45 Cr 2	6	0,42 bis 0,48	0,15 bis 0,40	0,50 bis 0,80	0,025	0,035	0,40 bis 0,60	–
38 Cr 4	1.7043	38 Cr 4	7	0,34 bis 0,40	0,15 bis 0,40	0,60 bis 0,90	0,025	0,035	0,90 bis 1,20	–
42 Cr 4	1.7045	–	8	0,38 bis 0,44	0,15 bis 0,40	0,50 bis 0,80	0,025	0,035	0,90 bis 1,20	–
41 CrMo 4	1.7223	41 CrMo 4	9	0,38 bis 0,44	0,15 bis 0,40	0,50 bis 0,80	0,025	0,035	0,90 bis 1,20	0,15 bis 0,30
49 CrMo 4	1.7238	–	–	0,46 bis 0,52	0,15 bis 0,40	0,50 bis 0,80	0,025	0,035	0,90 bis 1,20	0,15 bis 0,30

[1] In dieser Tabelle nicht aufgeführte Elemente dürfen dem Stahl außer zum Fertigbehandeln der Schmelze ohne Zustimmung des Bestellers nicht absichtlich zugesetzt werden. Es sind alle angemessenen Vorkehrungen zu treffen, um die Zufuhr solcher Elemente aus dem Schrott und anderen bei der Herstellung verwendeten Stoffen zu vermeiden, die die Härtbarkeit, die mechanischen Eigenschaften und die Verwendbarkeit beeinträchtigen.

Tabelle 8. Gewährleistete mechanische Eigenschaften für normalgeglühte unlegierte Stähle (Kennbuchstabe N)

(gültig für Durchmesser > 16 ≦ 100 mm)

Stahlsorte		Streckgrenze (0,2-Grenze) N/mm²[1] (kg/mm²) mindestens	Zugfestigkeit N/mm²[1] (kg/mm²)	Bruchdehnung ($L_0 = 5\,d_0$) % mindestens
Kurzname	Werkstoffnummer			
Cf 35	1.1183	270 (28)	490 bis 640 (50 bis 65)	21
Cf 45	1.1193	330 (34)	590 bis 740 (60 bis 75)	17
Cf 53	1.1213	340 (35)	610 bis 760 (62 bis 77)	16

[1] Siehe Vorbemerkung

Tabelle 7. Härte nach dem Weichglühen

Stahlsorte		Härte nach dem Weichglühen (Kennbuchstabe G) HB 30 höchstens
Kurzname	Werkstoffnummer	
Cf 35	1.1183	183
Cf 45	1.1193	207
Cf 53	1.1213	223
Cf 70	1.1249	223
45 Cr 2	1.7005	207
38 Cr 4	1.7043	217
42 Cr 4	1.7045	217
41 CrMo 4	1.7223	217
49 CrMo 4	1.7238	235

Tabelle 5. **Vorläufige Grenzwerte der Rockwell-C-Härte bei Prüfung auf Härtbarkeit im Stirnabschreckversuch**
Die Grenzwerte der Rockwell-C-Härte sind zunächst nur vorläufig festgelegt; sie sollen später auf Grund der Erfahrungen bei Erzeugern und Verbrauchern überprüft werden.
In dieser Tabelle nicht angegebene Härtewerte können den Bildern 1 a bis 1 e entnommen werden.

Stahlsorte		Grenzen der Spanne	Härte in HRC in einem Abstand von der abgeschreckten Stirnfläche (in mm) von														
Kurzname	Werkstoffnummer		1,5	3	5	7	9	11	13	15	20	25	30	35	40	45	50
45 Cr 2	1.7005	höchstens	62	60	57	52	46	42	40	38	35	33	31	29	28	27	26
		mindestens	54	49	40	32	28	25	23	22	20	–	–	–	–	–	–
38 Cr 4	1.7043	höchstens	58	58	58	57	55	52	50	48	42	39	37	36	35	34	33
		mindestens	51	50	48	44	39	36	33	31	26	24	22	20	–	–	–
42 Cr 4	1.7045	höchstens	60	60	60	59	58	56	54	52	46	42	40	38	37	36	35
		mindestens	53	52	50	47	44	40	37	35	30	27	25	23	22	21	20
41 CrMo 4	1.7223	höchstens	60	60	60	60	60	59	59	58	56	53	51	48	47	46	45
		mindestens	53	53	52	51	50	48	45	43	38	35	34	33	32	32	32
49 CrMo 4	1.7238	höchstens	63	63	63	63	63	62	61	60	59	57	55	54	53	52	52
		mindestens	56	55	54	53	51	50	48	46	42	40	39	38	37	36	36

Tabelle 6. Gewährleistete mechanische Eigenschaften der Stähle im vergüteten Zustand (Kennbuchstabe: V) (gültig für Längsproben)

Stahlsorte		bis 16 mm Durchmesser[1]					über 16 bis 40 mm Durchmesser[1]				
Kurzname	Werkstoffnummer	Streckgrenze (0,2-Grenze) N/mm² (kg/mm²) mindestens	Zugfestigkeit N/mm² (kg/mm²)	Bruchdehnung ($L_0 = 5\,d_0$) %	Brucheinschnürung % mindestens	Kerbschlagzähigkeit J[3] (kgm/cm²) mindestens	Streckgrenze (0,2-Grenze) N/mm² (kg/mm²) mindestens	Zugfestigkeit N/mm² (kg/mm²)	Bruchdehnung ($L_0 = 5\,d_0$) %	Brucheinschnürung % mindestens	Kerbschlagzähigkeit J[3] (kgm/cm²)
Cf 35	1.1183	420 (43)	620 bis 760 (63 bis 78)	17	40	42 (6)	360 (37)	580 bis 730 (59 bis 74)	19	45	42 (6)
Cf 45	1.1193	480 (49)	700 bis 840 (71 bis 86)	14	35	28 (4)	410 (42)	660 bis 800 (67 bis 82)	16	40	28 (4)
Cf 53	1.1213	510 (52)	740 bis 880 (75 bis 90)	12	25	—	430 (44)	690 bis 830 (70 bis 85)	14	35	—
Cf 70	1.1249	560 (57)	780 bis 930 (80 bis 95)	11	25	—	480 (49)	740 bis 880 (75 bis 90)	13	30	—
45 Cr 2	1.7005	640 (65)	880 bis 1080 (90 bis 110)	12	40	35 (5)	540 (55)	780 bis 930 (80 bis 95)	14	45	42 (6)
38 Cr 4	1.7043	740 (75)	930 bis 1130 (95 bis 115)	11	40	35 (5)	630 (64)	830 bis 980 (85 bis 100)	13	45	42 (6)
42 Cr 4	1.7045	780 (80)	980 bis 1180 (100 bis 120)	11	40	35 (5)	670 (68)	880 bis 1080 (90 bis 110)	12	45	42 (6)
41 CrMo 4	1.7223	880 (90)	1080 bis 1270 (110 bis 130)	10	40	35 (5)	760 (78)	980 bis 1180 (100 bis 120)	11	45	42 (6)
49 CrMo 4[2]	1.7238	—	—	—	—	—	—	—	—	—	—

[1] Beachte Abschnitte 7.5.1.1 und 7.5.1.2
[2] Dieser Stahl kommt vorwiegend für größere Abmessungen und einfache Teile in Betracht.
[3] Siehe Vorbemerkung

Tabelle 6 (Fortsetzung)

Stahlsorte		über 40 bis 100 mm Durchmesser[1]					über 100 bis 160 mm Durchmesser[1]				
Kurzname	Werkstoffnummer	Streckgrenze (0,2-Grenze) N/mm² (kg/mm²) mindestens	Zugfestigkeit N/mm² (kg/mm²)	Bruchdehnung ($L_0 = 5\,d_0$) %	Brucheinschnürung % mindestens	Kerbschlagzähigkeit J[3] (kgm/cm²)	Streckgrenze (0,2-Grenze) N/mm² (kg/mm²) mindestens	Zugfestigkeit N/mm² (kg/mm²)	Bruchdehnung ($L_0 = 5\,d_0$) %	Brucheinschnürung % mindestens	Kerbschlagzähigkeit J[3] (kgm/cm²)
Cf 35	1.1183	320 (33)	540 bis 690 (55 bis 70)	20	50	42 (6)	—	—	—	—	—
Cf 45	1.1193	370 (38)	620 bis 760 (63 bis 78)	17	45	28 (4)	—	—	—	—	—
Cf 53	1.1213	400 (41)	640 bis 780 (65 bis 80)	15	40	—	—	—	—	—	—
Cf 70	1.1249	—	—	—	—	—	—	—	—	—	—
45 Cr 2	1.7005	440 (45)	690 bis 830 (70 bis 85)	15	50	42 (6)	—	—	—	—	—
38 Cr 4	1.7043	510 (52)	740 bis 880 (75 bis 90)	14	50	42 (6)	—	—	—	—	—
42 Cr 4	1.7045	560 (57)	780 bis 930 (80 bis 95)	14	50	42 (6)	—	—	—	—	—
41 CrMo 4	1.7223	640 (65)	880 bis 1080 (90 bis 110)	12	50	42 (6)	560 (57)	780 bis 930 (80 bis 95)	13	55	42 (6)
49 CrMo 4[2]	1.7238	690 (70)	880 bis 1080 (90 bis 110)	12	50	35 (5)	640 (65)	830 bis 980 (85 bis 100)	13	50	35 (5)

Stahlsorte		über 160 bis 250 mm Durchmesser[1]				
Kurzname	Werkstoffnummer	Streckgrenze (0,2-Grenze) N/mm² (kg/mm²) mindestens	Zugfestigkeit N/mm² (kg/mm²)	Bruchdehnung ($L_0 = 5\,d_0$) %	Brucheinschnürung % mindestens	Kerbschlagzähigkeit J[3] (kgm/cm²)
41 CrMo 4	1.7223	510 (52)	740 bis 880 (75 bis 90)	14	55	42 (6)
49 CrMo 4[2]	1.7238	590 (60)	780 bis 930 (80 bis 95)	13	50	35 (5)

[1] Beachte Abschnitte 7.5.1.1 und 7.5.1.2

[2] Dieser Stahl kommt vorwiegend für größere Abmessungen und einfache Teile in Betracht.

[3] Siehe Vorbemerkung

Tabelle 9. **Härte an den oberflächengehärteten Zonen**

Stahlsorte		Härte an den ober-flächengehärteten Zonen[1]) HRC mindestens
Kurzname	Werkstoff-nummer	
Cf 35	1.1183	51
Cf 45	1.1193	55
Cf 53	1.1213	57
Cf 70	1.1249	60
45 Cr 2	1.7005	55
38 Cr 4	1.7043	53
42 Cr 4	1.7045	54
41 CrMo 4	1.7223	54
49 CrMo 4	1.7238	56

[1]) Die Werte gelten für den Zustand nach Vergüten (Härten und Anlassen) und Oberflächenhärten entsprechend den Angaben in Tabelle 11 mit anschließendem Entspannen bei 150 bis 180 °C für rd. 1h, und zwar für Querschnitte bis 40 mm Durchmesser beim Stahl Cf 70, bis 100 mm Durchmesser bei den Stählen 45 Cr 2, 38 Cr 4 und 42 Cr 4, bis 250 mm Durchmesser bei den Stählen 42 CrMo 4 und 49 CrMo 4. Bei den Stählen Cf 35, Cf 45 und Cf 53 können dieselben Werte auch für den Zustand nach Normalglühen und Oberflächenhärten unter denselben Bedingungen für Querschnitte bis 100 mm Durchmesser vereinbart werden. Es ist zu beachten, daß eine Entkohlung der Oberfläche zu niedrigeren Werten der Härte an den oberflächengehärteten Zonen führen kann.

Tabelle 11. **Temperaturen für das Abschrecken im Stirnabschreckversuch, für Warmformgeben und Wärmebehandeln[1])**

Stahlsorte Kurzname	Härte-temperatur für Stirn-abschreck-versuch °C ± 5	Warm-formgeben °C	Weich-glühen °C	Normal-glühen °C	Vergüten		Anlassen °C
					Härten[2])		
					in Wasser[3]) °C	in Öl[3]) °C	
Cf 35	—	1100 bis 850	⎫	860 bis 890	840 bis 870	850 bis 880	⎫
Cf 45	—	1100 bis 850	⎬ 650 bis 700	840 bis 870	820 bis 850	830 bis 860	⎬ 550 bis 660
Cf 53	—	1050 bis 850	⎭	830 bis 860	805 bis 835	815 bis 845	⎭
Cf 70	—	1000 bis 800	650 bis 700	820 bis 850	790 bis 820	—	
45 Cr 2	850	1100 bis 850	650 bis 700	840 bis 870	820 bis 850	830 bis 860	550 bis 660
38 Cr 4	850	⎫ 1050 bis 850	⎫ 680 bis 720	845 bis 885	825 bis 855	835 bis 865	⎫ 540 bis 680
42 Cr 4	850	⎭	⎭	840 bis 880	820 bis 850	830 bis 860	⎭
41 CrMo 4	⎫ 850	⎫ 1050 bis 850	⎫ 680 bis 720	⎫ 840 bis 880	⎫ 820 bis 850	⎫ 830 bis 860	⎫ 540 bis 680
49 CrMo 4	⎭	⎭	⎭	⎭	⎭	⎭	⎭

[1]) Mit Ausnahme der Härtetemperaturen für den Stirnabschreckversuch sind die angegebenen Temperaturen Anhaltswerte.

[2]) ● Für die Nachprüfung der Härte der oberflächengehärteten Zonen ist die Härtetemperatur gegebenenfalls zu vereinbaren.

[3]) Wahl des Abschreckmittels je nach Form und Abmessung des Werkstücks.

	Wälzlagerstähle	**DIN**
	Technische Lieferbedingungen	**17 230**

1 Geltungsbereich

Diese Norm umfaßt die für Teile von Wälzlagern (Kugeln, Rollen, Nadeln, Ringe und Scheiben) üblicherweise verwendeten Stähle. Sie gilt für die in Tabelle 1 angegebenen Stahlsorten sowie die in Tabelle 2 aufgeführten Erzeugnisformen und Wärmebehandlungs- und Oberflächenzustände.

3 Begriffe

3.1 Wälzlagerstähle

Wälzlagerstähle sind Stähle für Teile von Wälzlagern, die im Betrieb vor allem hohen örtlichen Wechselbeanspruchungen und Verschleißwirkungen unterliegen. Sie weisen im Gebrauchszustand – zumindest in der Randzone – ein Härtungsgefüge auf.

6 Sorteneinteilung

6.1 Stahlsorten

6.1.1 Bei den in dieser Norm aufgeführten Stahlsorten handelt es sich um **Edelstähle**.

Die Stähle sind in folgende Gruppen unterteilt (siehe Tabelle 1):

7 Bezeichnungen

Beispiel 1:

Stahl 100 Cr 6, Werkstoffnummer 1.3505, im Zustand „geglüht auf kugelige Carbide" (GKZ):

100 Cr 6 GKZ

8 Anforderungen

8.1 ● Erschmelzungs- und Formgebungsverfahren

Wenn bei der Bestellung nichts anderes vereinbart wird, bleiben die Erschmelzungsart des Stahles und das Formgebungsverfahren des Erzeugnisses dem Hersteller überlassen. Die Erschmelzungsart des Stahles muß jedoch dem Besteller auf Wunsch bekanntgegeben werden. Der Stahl 80 MoCrV 42 16 ist nach dem Vakuum-Umschmelz- oder dem Elektro-Schlacke-Umschmelzverfahren oder einem gleichwertigen Verfahren zu erschmelzen.

8.4 Technologische Eigenschaften

8.4.1 Scherbarkeit

Unter zweckmäßigen Bedingungen (Vermeidung örtlicher Spannungsspitzen, Vorwärmen, Messer mit angepaßtem Profil, genaue Führung des Werkstückes und Anpassen des Scherspaltes) sind die Stahlsorten nach dieser Norm in den hierfür jeweils als geeignet genannten Behandlungszuständen scherbar.

Bei den nichtrostenden und den warmharten Stählen ist Scherbarkeit im allgemeinen nur im Zustand nach Glühen auf kugelige Carbide (GKZ) gegeben. Für diesen Zustand vorgegebene Härtewerte siehe Tabelle 5.

8.4.2 Bearbeitbarkeit bei spanender Formgebung

Als Ausgangszustand für eine spanende Formgebung kommt der Zustand „geglüht auf kugelige Carbide" (GKZ) und, bei Einsatzstählen, auch „wärmebehandelt auf bestimmte Zugfestigkeit" (BF) sowie „wärmebehandelt auf Ferrit-Perlit-Gefüge" (BG) in Betracht.

8.4.3 Kaltumformbarkeit

Für eine Kaltumformung (hauptsächlich Kaltpressen) der Einsatzstähle und der durchhärtenden Stähle kommt vorwiegend der Behandlungszustand „geglüht auf kugelige Carbide" (GKZ) (siehe Tabelle 5) in Betracht.

8.5 Gefüge

8.5.1 Austenitkorngröße der Einsatzstähle und der Vergütungsstähle

Die Stähle müssen feinkörnig sein, d. h., ihr Gefüge muß grundsätzlich aus Körnern entsprechend den Größenkennzahlen ≥ 5 bestehen. Jedoch sind bei der Nachprüfung nach EURONORM 103 – 71, Abschnitte 3.5.1 und 3.5.3, vereinzelte Körner der Größen 4 und 3 noch zulässig.

Anmerkung: Eine DIN-Norm mit entsprechenden Angaben ist in Vorbereitung.

8.5.2 Carbidausbildung

Bei Lieferungen in den Behandlungszuständen „geglüht auf kugelige Carbide" (GKZ) und „geglüht auf kugelige Carbide + kalt geformt" (GKZ + K) müssen die Carbide bei den durchhärtenden Wälzlagerstählen kugelig eingeformt, bei den nichtrostenden und bei den warmharten Wälzlagerstählen weitgehend kugelig eingeformt sein. Die Einsatzstähle dürfen in diesen Zuständen unvollständig eingeformte Carbide (Perlit) aufweisen.

● Anforderungen hinsichtlich Carbidgröße, Perlitanteil, Carbidnetzwerk, Carbideinformung und Carbidzeiligkeit sind, wenn erforderlich, bei der Bestellung auf Grundlage des Stahl-Eisen-Prüfblattes 1520 [1]) zu vereinbaren.

3.6 Nichtmetallische Einschlüsse

Die Stähle müssen einen hohen Reinheitsgrad aufweisen.

Die dafür maßgebenden Summenkennwerte K nach Stahl-Eisen-Prüfblatt 1570 [1]) sind in Tabelle 7 aufgeführt. Bei den lufterschmolzenen durchhärtenden Wälzlagerstählen werden Oxide und Sulfide bewertet, bei den Einsatz- und Vergütungsstählen nur die Oxide.

---

[1]) Verlag Stahleisen mbH, Postfach 8229, 4000 Düsseldorf 1

Fußnoten zur Tabelle 1.

¹) In dieser Tabelle nicht aufgeführte Elemente dürfen dem Stahl außer zum Fertigbehandeln der Schmelze nicht absichtlich zugesetzt werden. Es sind alle angemessenen Vorkehrungen zu treffen, um die Zufuhr solcher Elemente aus dem Schrott oder anderen bei der Herstellung verwendeten Stoffen zu vermeiden; Gehalte an Begleitelementen sind jedoch zulässig, sofern die angegebenen Werte der mechanischen Eigenschaften und der Härtbarkeit eingehalten werden und die Verwendbarkeit des Erzeugnisses nicht beeinträchtigt wird.

²) Bei unter Vakuum erschmolzenem oder umgeschmolzenem Stahl darf die untere Grenze des Mangangehaltes geringfügig unterschritten werden.

³) Bei Erschmelzen oder Umschmelzen unter Vakuum oder Umschmelzen nach dem Elektroschlackenverfahren sollen die Gehalte an Phosphor und Schwefel je $\leq 0,015\%$ sein.

⁴) ● Bei der Bestellung kann ein niedrigerer Kohlenstoffgehalt vereinbart werden.

⁵) ● Bei der Bestellung kann auch ein C-Gehalt von 0,95 bis 1,10 % vereinbart werden.

⁶) ● Wenn bei der Bestellung nicht anders vereinbart, darf die untere Grenze des Siliciumgehaltes unterschritten werden.

⁷) ● Nach Absprache zwischen Besteller und Hersteller kann der Stahl mit höherem Höchstgehalt an Schwefel bestellt werden.

⁸) Diese Sorte wird immer nach Sonderverfahren erschmolzen.

Tabelle 1. Chemische Zusammensetzung der Wälzlagerstähle (nach der Schmelzenanalyse) ¹)

Stahlsorte Kurzname	Werkstoffnummer	C	Si	Mn ²)	P ³) max.	S ³) max.	Cr	Mo	Ni	V	W	Cu max.
Durchhärtende Stähle												
100 Cr 2	1.3501	0,90 bis 1,05⁴)	0,15 bis 0,35⁶)	0,25 bis 0,45	0,030	0,025	0,40 bis 0,60	–	–	–	–	0,30
100 Cr 6	1.3505	0,90 bis 1,05⁵)	0,15 bis 0,35⁶)	0,25 bis 0,45	0,030	0,025⁷)	1,35 bis 1,65	–	max. 0,30	–	–	0,30
100 CrMn 6	1.3520	0,90 bis 1,05	0,50 bis 0,70	1,00 bis 1,20	0,030	0,025	1,40 bis 1,65	–	max. 0,30	–	–	0,30
100 CrMo 7	1.3537	0,90 bis 1,05	0,20 bis 0,40⁶)	0,25 bis 0,45	0,030	0,025	1,65 bis 1,95	0,15 bis 0,25	max. 0,30	–	–	0,30
100 CrMo 7 3	1.3536	0,90 bis 1,05	0,20 bis 0,40⁶)	0,60 bis 0,80	0,030	0,025	1,65 bis 1,95	0,20 bis 0,35	max. 0,30	–	–	0,30
100 CrMnMo 8	1.3539	0,90 bis 1,05	0,40 bis 0,60	0,80 bis 1,10	0,030	0,025	1,80 bis 2,05	0,50 bis 0,60	max. 0,30	–	–	0,30
Einsatzstähle												
17 MnCr 5	1.3521	0,14 bis 0,19	max. 0,40	1,00 bis 1,30	0,035	0,035	0,80 bis 1,10	–	–	–	–	0,30
19 MnCr 5	1.3523	0,17 bis 0,22	max. 0,40	1,10 bis 1,40	0,035	0,035	1,00 bis 1,30	–	–	–	–	0,30
16 CrNiMo 6	1.3531	0,15 bis 0,20	max. 0,40	0,40 bis 0,60	0,035	0,035	1,50 bis 1,80	0,25 bis 0,35	1,40 bis 1,70	–	–	0,30
17 NiCrMo 14	1.3533	0,15 bis 0,20	max. 0,40	0,40 bis 0,70	0,035	0,035	1,30 bis 1,60	0,15 bis 0,25	3,25 bis 3,75	–	–	0,30
Vergütungsstähle												
Cf 54	1.1219	0,50 bis 0,57	max. 0,40	0,40 bis 0,70	0,025	0,035	–	–	–	–	–	0,30
44 Cr 2	1.3561	0,42 bis 0,48	max. 0,40	0,50 bis 0,80	0,025	0,035	0,40 bis 0,60	–	–	–	–	0,30
43 CrMo 4	1.3563	0,40 bis 0,46	max. 0,40	0,60 bis 0,90	0,025	0,035	0,90 bis 1,20	0,15 bis 0,30	–	–	–	0,30
48 CrMo 4	1.3565	0,46 bis 0,52	max. 0,40	0,50 bis 0,80	0,025	0,035	0,90 bis 1,20	0,15 bis 0,30	–	–	–	0,30
Nichtrostende Stähle												
X 45 Cr 13	1.3541	0,42 bis 0,50	max. 1,00	max. 1,00	0,040	0,030	12,5 bis 14,5	–	max. 1,00	–	–	0,30
X 102 CrMo 17	1.3543	0,95 bis 1,10	max. 1,00	max. 1,00	0,040	0,030	16,0 bis 18,0	0,35 bis 0,75	max. 0,50	–	–	0,30
X 89 CrMoV 18 1	1.3549	0,85 bis 0,95	max. 1,00	max. 1,00	0,045	0,030	17,0 bis 19,0	0,90 bis 1,30	–	0,07 bis 0,12	–	0,30
Warmharte Stähle												
80 MoCrV 42 16	1.3551	0,77 bis 0,85	max. 0,25	max. 0,35	0,015⁸)	0,015⁸)	3,75 bis 4,25	4,00 bis 4,50	–	0,90 bis 1,10	–	–
X 82 WMoCrV 6 5 4	1.3553	0,78 bis 0,86	max. 0,40	max. 0,40	0,030	0,030	3,80 bis 4,50	4,70 bis 5,20	–	1,70 bis 2,00	6,00 bis 6,70	–
X 75 WCrV 18 4 1	1.3558	0,70 bis 0,78	max. 0,45	max. 0,40	0,030	0,030	3,80 bis 4,50	max. 0,60	–	1,00 bis 1,20	17,5 bis 18,5	–

Chemische Zusammensetzung in Gew.-%

¹) bis ⁸) siehe Seite 119

Tabelle 2. Für die Stähle hauptsächlich in Betracht kommende Erzeugnisformen und Behandlungszustände [1]

Behandlungszustände nach Erzeugnisform (Kennzeichnung durch ein Kreuz X). Steel groups nach Stahlsorte:

Erzeugnis	Behandlungszustand	100 Cr 2 (1.3501)	100 Cr 6 (1.3505)	100 CrMn 6 (1.3520)	100 CrMo 7 (1.3537)	100 CrMo 7 3 (1.3536)	100 CrMnMo 8 (1.3539)	17 MnCr 5 (1.3521)	19 MnCr 5 (1.3523)	16 CrNiMo 6 (1.3531)	17 NiCrMo 14 (1.3533)	Cf 54 (1.1219)	44 Cr 2 (1.3561)	43 CrMo 4 (1.3563)	48 CrMo 4 (1.3565)	X 45 Cr 13 (1.3541)	X 102 CrMo 17 (1.3543)	X 89 CrMoV 18 1 (1.3549)	80 MoCrV 42 16 (1.3551)	X 82 WMoCrV 6 5 4 (1.3553)	X 75 WCrV 18 4 1 (1.3558)
		Durchhärtende Stähle						Einsatzstähle				Vergütungsstähle				Nichtrostende Stähle			Warmharte Stähle		
Knüppel	Unbehandelt (U)		X	X	X	X	X	X	X	X	X	X	X	X	X						
	Behandelt auf Scherbarkeit [2] (C)		X	X	X	X	X	X	X	X		X	X	X							
Stabstahl	Unbehandelt (U)	X	X		X	X	X	X	X	X											
	Wärmebehandelt auf bestimmte Zugfestigkeit (BF)							X	X	X											
	Wärmebehandelt auf Ferrit-Perlit-Gefüge (BG)							X	X	X											
	Geglüht auf kugelige Carbide (GKZ)	X	X		X	X	X	X	X	X		X				X			X		
	Geglüht auf kugelige Carbide + kalt gezogen (GKZ + K)		X	X				X				X									
	Geglüht auf kugelige Carbide + geschält (GKZ + SH)	X	X		X	X	X	X	X	X		X				X			X		
	Geglüht auf kugelige Carbide + geschliffen (GKZ + geschliffen)	X	X		X		X	X	X							X			X		
Draht	Unbehandelt (U)	X	X	X				X	X												
	Geglüht auf kugelige Carbide (GKZ)	X	X	X				X	X	X						X			X		
	Geglüht auf kugelige Carbide + kalt gezogen (GKZ + K)	X	X	X				X	X	X						X			X		
	Geglüht auf kugelige Carbide + kalt gezogen + weichgeglüht (GKZ + K + G)	X	X	X						X						X			X		
Rohre	Wärmebehandelt auf Ferrit-Perlit-Gefüge (BG)							X	X												
	Wärmebehandelt auf Ferrit-Perlit-Gefüge + kalt gefertigt (BG + K)							X	X												
	Geglüht auf kugelige Carbide (GKZ)	X	X	X		X	X	X	X												
	Geglüht auf kugelige Carbide + geschält (GKZ + SH)	X	X	X		X	X	X	X												
	Geglüht auf kugelige Carbide + kalt gefertigt (GKZ + K)	X	X	X		X	X	X	X												
	Geglüht auf kugelige Carbide + kalt gefertigt + weichgeglüht (GKZ + K + G)	X	X			X	X														
Ringe und Scheiben	Wärmebehandelt auf bestimmte Zugfestigkeit (BF)							X	X	X		X									
	Wärmebehandelt auf Ferrit-Perlit-Gefüge (BG)							X	X	X											
	Geglüht auf kugelige Carbide (GKZ)		X	X		X	X	X	X								X		X		
	Geglüht auf kugelige Carbide + spanend bearbeitet (GKZ + spanend bearbeitet)		X	X		X	X	X	X								X		X		
	Vergütet (V)											X	X	X	X						

[1] Kennzeichnung des jeweiligen Zusammenhangs durch ein Kreuz X.

[2] Diese Stähle werden bei Durchmessern über etwa 120 mm üblicherweise nicht geschert; bei solchen Maßen müssen die Stähle sägbar sein.

Tabelle 5. **Härte in den üblichen Lieferzuständen**

Stahlsorte		Härte im Zustand						
		C	BF	BG	BG + K	GKZ; GKZ + SH; GKZ + geschliffen	GKZ + K	GKZ+K+G
Kurzname	Werkstoff-nummer	HB¹) max.	HB¹)	HB¹)	HB¹) max.	HB¹) max.	HB¹) max.	HB¹)²) max.
Durchhärtende Stähle								
100 Cr 2	1.3501	³)	–	–	–	207	241⁴)⁵)	207⁶)
100 Cr 6	1.3505	³)	–	–	–	207	241⁴)⁵)	207⁶)
100 CrMn 6	1.3520	³)	–	–	–	217	251⁵)	– ⁶)
100 CrMo 7	1.3537	³)	–	–	–	217	251⁵)	– ⁶)
100 CrMo 7 3	1.3536	³)	–	–	–	217	251⁵)	– ⁶)
100 CrMnMo 8	1.3539	³)	–	–	–	217	–	–
Einsatzstähle								
17 MnCr 5	1.3521	255	156 bis 207	140 bis 187	240⁷)	170	207⁸)	170⁹)
19 MnCr 5	1.3523	255	170 bis 217	152 bis 201	250⁷)	180	220⁸)	–
16 CrNiMo 6	1.3531	255	179 bis 227	159 bis 207	–	180	229⁸)	180
17 NiCrMo 14	1.3533	255	–	–	–	241	–	–
Vergütungsstähle¹⁰)								
Cf 54	1.1219	255	–	–	–	–	–	–
44 Cr 2	1.3561	255	–	–	–	–	–	–
43 CrMo 4	1.3563	255	–	–	–	–	–	–
48 CrMo 4	1.3565	255	–	–	–	–	–	–
Nichtrostende Stähle								
X 45 Cr 13	1.3541	³)	–	–	–	248	269⁸)	248
X 102 CrMo 17	1.3543	³)	–	–	–	255	285⁸)	255
X 89 CrMoV 18 1	1.3549	³)	–	–	–	255	285⁸)	255
Warmharte Stähle								
80 MoCrV 42 16	1.3551	³)	–	–	–	248	285⁸)	248
X 82 WMoCrV 6 5 4	1.3553	³)	–	–	–	248	285⁸)	248
X 75 WCrV 18 4 1	1.3558	³)	–	–	–	255	293⁸)	255

¹) Für dünne Erzeugnisse HV.

²) Anhaltsangaben.

³) Wegen der Scherbarkeit dieses Stahles siehe Abschnitt 8.4.1.

⁴) Die Härte von auf kugelige Carbide geglühtem und kalt gezogenem Draht für Nadellager darf bis zu rund 320 HB betragen.

⁵) Für kalt gefertigte Rohre darf die Härte bis zu rund 320 HB betragen.

⁶) Bei Rohren kann die Härte in diesem Zustand bis 250 HB betragen.

⁷) Anhaltsangabe für Rohre.

⁸) Anhaltsangaben. Je nach dem Kaltumformungsgrad können die Werte bis zu etwa 50 HB über denen für den Zustand „geglüht auf kugelige Carbide" (GKZ) liegen.

⁹) Bei Rohren kann die Härte in diesem Zustand bis 220 HB betragen.

¹⁰) Siehe auch Tabelle 6.

Tabelle 7. **Reinheitsgrad von lufterschmolzenen durchhärtenden Wälzlagerstählen sowie von Einsatz- und Vergütungsstählen**

Stabstahl Durchmesser d mm	Geschmiedete Ringe oder gewalzte Rohre Wanddicke s mm	Summenkennwert K (Oxide + Sulfide) für durchhärtende Wälzlagerstähle [1]	Summenkennwert K (Oxide) für Einsatz- und Vergütungsstähle [2], [3]
$d > 200$	$s > 100$	K4 $\leq$ 22	K 4 $\leq$ 45
$140 < d \leq 200$	$70 < s \leq 100$	K4 $\leq$ 20	K 4 $\leq$ 40
$100 < d \leq 140$	$50 < s \leq 70$	K4 $\leq$ 18	K 4 $\leq$ 35
$70 < d \leq 100$	$35 < s \leq 50$	K4 $\leq$ 15	K 4 $\leq$ 30
$35 < d \leq 70$	$17,5 < s \leq 35$	K4 $\leq$ 12	K 4 $\leq$ 25
$17 < d \leq 35$	$8,5 < s \leq 17,5$	K3 $\leq$ 15	K 3 $\leq$ 30
$8 < d \leq 17$	$s \leq 8,5$	K3 $\leq$ 10	K 3 $\leq$ 20
$d \leq 8$	–	K2 $\leq$ 12	K 2 $\leq$ 25

[1] Für den Stahl 100 Cr 6 (1.3505) gelten die Werte nur dann, wenn bei der Bestellung kein höherer Höchstgehalt an Schwefel als 0,025 % vereinbart wurde.

[2] Es handelt sich um vorläufige Angaben.

[3] ● Die Gesamtsummenkennwerte (Oxide + Sulfide) sind gegebenenfalls unter Berücksichtigung des höchstzulässigen Schwefelgehaltes zu vereinbaren.

Tabelle 8. **Zulässige Tiefe von Oberflächenrissen und Entkohlung für die durchhärtenden, die nichtrostenden und die warmharten Stähle**

Erzeugnisform und Oberflächenausführung	Zulässige Rißtiefe [1]		Zulässige Entkohlungstiefe	
	unbehandelt	wärmebehandelt max.	unbehandelt	mm wärmebehandelt max.
gewalzter Stabstahl $d > 20$ mm	Rißtiefenklasse A [2]	Rißtiefenklasse A	$0,008 \times d$	$0,01 \times d$
	Rißtiefenklasse B [2]	–	$0,008 \times d$	–
blanker Stabstahl, gezogen	–	Rißtiefenklasse C	–	nach Vereinbarung
blanker Stabstahl, bearbeitet	–	keine Risse (siehe Abschnitt 8.7.2)	–	keine Entkohlung
Walzdraht	Rißtiefenklasse C	Rißtiefenklasse C	nach Vereinbarung	nach Vereinbarung
blanker Draht, gezogen	–	Rißtiefenklasse C	–	nach Vereinbarung

[1] Wegen der für die verschiedenen Rißtiefenklassen zulässigen Rißtiefen siehe Bild 1.

[2] ● Die gewünschte Rißtiefenklasse ist bei der Bestellung anzugeben.

Tabelle 9. **Zulässige Tiefe von Oberflächenrissen und Entkohlung für die Einsatz- und Vergütungsstähle**

Erzeugnisform und Oberflächenausführung	Zulässige Rißtiefe [1] max.	Zulässige Entkohlungstiefe [2]	
		unbehandelt	mm wärmebehandelt max.
gewalzter Stabstahl und Draht	Rißtiefenklasse A [3]	$0,015 \times d$	$0,02 \times d$
	Rißtiefenklasse B [3]	$0,015 \times d$	$0,02 \times d$
	Rißtiefenklasse C [3]	$0,015 \times d$	$0,02 \times d$

[1] Wegen der für die verschiedenen Rißtiefenklassen zulässigen Rißtiefen siehe Bild 1.

[2] Gilt nicht für Einsatzstähle.

[3] ● Die gewünschte Rißtiefenklasse ist bei der Bestellung anzugeben.

Tabelle 11. Wärmebehandlung [1]

Stahlsorte		Härtetemperatur für Stirnabschreckversuch °C ±5°C	Normalglühen °C	Vorwärmtemperatur °C	Härten in Öl [2] °C	Härten in Wasser [2] °C	Anlassen °C
Kurzname	Werkstoffnummer	2	3	4	5	6	7
1							
Durchhärtende Stähle							
100 Cr 2	1.3501	–	–	–	820 bis 850	–	150 bis 180
100 Cr 6	1.3505	–	–	–	830 bis 870	–	150 bis 180
100 CrMn 6	1.3520	–	–	–	830 bis 870	–	150 bis 180
100 CrMo 7	1.3537	–	–	–	840 bis 880	–	150 bis 180
100 CrMo 7 3	1.3536	–	–	–	840 bis 880	–	150 bis 180
100 CrMnMo 8	1.3539	–	–	–	840 bis 880	–	150 bis 180
Einsatzstähle							
17 MnCr 5	1.3521	870	–	–	810 bis 840	–	150 bis 180
19 MnCr 5	1.3523	870	–	–	810 bis 840	–	150 bis 180
16 CrNiMo 6	1.3531	860	–	–	800 bis 830	–	150 bis 180
17 NiCrMo 14	1.3533	830	–	–	780 bis 820	–	150 bis 180
Vergütungsstähle							
Cf 54	1.1219	840	830 bis 860	–	815 bis 845	805 bis 835	550 bis 660
44 Cr 2	1.3561	850	840 bis 870	–	830 bis 860	820 bis 850	550 bis 660
43 CrMo 4	1.3563	850	840 bis 880	–	830 bis 860	820 bis 850	540 bis 680
48 CrMo 4	1.3565	850	840 bis 880	–	830 bis 860	820 bis 850	540 bis 680
Nichtrostende Stähle							
X 45 Cr 13	1.3541	–	–	–	1020 bis 1070	–	100 bis 200
X 102 CrMo 17	1.3543	–	–	–	1030 bis 1080	–	100 bis 200
X 89 CrMoV 18 1	1.3549	–	–	–	1030 bis 1080	–	100 bis 200
Warmharte Stähle							
80 MoCrV 42 16	1.3551	–	–	750 bis 875	1070 bis 1120 [3]	–	500 bis 580 [4]
X 82 WMoCrV 6 5 4	1.3553	–	–	750 bis 875	1180 bis 1230 [3]	–	500 bis 580 [4]
X 75 WCrV 18 4 1	1.3558	–	–	750 bis 875	1220 bis 1270 [3]	–	500 bis 580 [4]

[1] Es handelt sich, außer bei den Härtetemperaturen für den Stirnabschreckversuch, um Anhaltsangaben; betrieblich sind die Temperaturen und die sonstigen Bedingungen so zu wählen, daß die gewünschten Eigenschaften erreicht werden.

[2] Wahl des Abschreckmittels bei den Vergütungsstählen je nach Form und Maßen des Werkstückes.

[3] Dieser Stahl wird üblicherweise in einem Salzbad mit einer Temperatur von 500 bis 560 °C abgeschreckt.

[4] Anlaßdauer 2 h.

Stähle für größere Schmiedestücke Gütevorschriften	STAHL-EISEN- WERKSTOFFBLATT **550** 3. Ausgabe

1. Geltungsbereich

1.1. Dieses Werkstoffblatt behandelt Stähle, die im vergüteten oder normalgeglühten Zustand für größere freiformge-schmiedete Bauteile auch bei höheren Temperaturen (siehe dazu auch Abschnitt 7.4.) verwendet werden[1]).

1.1.1. In seinem Geltungsbereich bezüglich der in Betracht kommenden Verwendungsquerschnitte schließt das Werk-stoffblatt an DIN 17 200 – Vergütungsstähle – an.

2. Begriffe

Stähle für größere Schmiedestücke sind Vergütungsstähle mit einer den in Betracht kommenden Querschnitten und Anforderungen entsprechenden chemischen Zusammensetzung.

3. Maße und zulässige Maßabweichungen

● Die Maße und die zulässigen Maßabweichungen sind bei der Bestellung zu vereinbaren.

5. Sorteneinteilung und Stahlauswahl

5.1. Dieses Werkstoffblatt umfaßt die in Tafel 1 angegebenen Stahlsorten, sie sind im wesentlichen nach der chemischen Zusammensetzung eingeteilt und sind beruhigt. Die Stähle sind Edelstähle.

6. Bezeichnungen

Die Kurznamen für die Stahlsorten sind entsprechend Abschnitt 2.1.2 der Erläuterungen zum Normenheft 3, die Werkstoffnummern sind nach DIN 17 007 Blatt 2 gebildet worden.

7. Anforderungen

7.2. **Lieferzustand**

7.2.1. Im allgemeinen werden die Schmiedestücke im fertig wärmebehandelten, nach den Zeichnungsangaben des Be-stellers bearbeiteten Zustand geliefert.

7.4. **Mechanische Eigenschaften**

7.4.1. Für die Schmiedestücke werden die in den Tafeln 2 bis 4 angegebenen Werte für die mechanischen Eigenschaften gewährleistet.

7.4.1.1. Dem maßgeblichen Wärmebehandlungsdurchmesser (siehe Tafeln 2 bis 4) können die folgenden Querschnitts-formen und -abmessungen näherungsweise gleichgesetzt werden:

a) bei zylindrischen Vollstücken – der Durchmesser;

b) bei nichtzylindrischen Vollstücken – das 1,5-fache der kleinsten Kantenlänge;

c) bei offenen zylindrischen Hohlkörpern
   – das 2-fache der Wanddicke, wenn der Innendurchmesser kleiner als 80 mm ist,
   – das 1,75-fache der Wanddicke, wenn der Innendurchmesser zwischen 80 und 200 mm beträgt,
   – das 1,5-fache der Wanddicke, wenn der Innendurchmesser mehr als 200 mm beträgt;

d) bei geschlossenen zylindrischen Hohlkörpern – das 2,5-fache der Wanddicke;

e) bei nichtzylindrischen Hohlkörpern ist der maßgebliche Wärmebehandlungsdurchmesser sinngemäß nach Abschnitt c) oder d) zu beurteilen.

7.5. **Technologische Eigenschaften**

Schweißeignung

Die Stähle nach diesem Werkstoffblatt können nur unter Beachtung der für den Werkstoff jeweils erforderlichen Maßnahmen geschweißt werden. Sofern beim Besteller Schweißungen vorgenommen werden, empfiehlt sich eine Rücksprache mit dem Hersteller.

Für Konstruktionsschweißungen sind die Stähle Ck 22, 20 Mn 5, 28 Mn 6, 20 MnMoNi 4 5, 22 NiMoCr 4 7 und 24 CrMo 5 zu bevorzugen.

7.7. **Beschaffenheit an der Oberfläche und im Innern**

7.7.1. Die Schmiedestücke müssen frei sein von Fehlern, die ihre Verwendung mehr als unerheblich beeinträchtigen.

7.7.2. Die im unbearbeiteten Zustand gelieferten Stücke sollen eine schmiedetechnisch glatte Oberfläche haben.

7.7.2.1. Innerhalb einer Bearbeitungszugabe dürfen Oberflächenfehler vorhanden sein und gegebenenfalls beseitigt werden, sofern die Verwendung des Erzeugnisses nicht beeinträchtigt wird.

---

[1]) *Außerdem liegt DIN 17 201 „Schmiedestücke und geschmiedeter Stabstahl aus Vergütungsstählen; Technische Lieferbedin-gungen" im Entwurf 12/89 vor.*

Tafel 1. Chemische Zusammensetzung der Stähle für größere Schmiedestücke

Kurzname	Werkstoffnummer	% C	% Si	% Mn	% P höchstens	% S höchstens	% Cr	% Mo	% Ni	% V
Ck 22	1.1151	0,18/0,25	≦ 0,35	0,30/0,60	0,035	0,035				
Ck 35	1.1181	0,32/0,39	≦ 0,35	0,50/0,80	0,035	0,035				
Ck 45	1.1191	0,42/0,50	≦ 0,35	0,50/0,80	0,035	0,035				
Ck 50	1.1206	0,47/0,55	≦ 0,35	0,60/0,90	0,035	0,035				
Ck 60	1.1221	0,57/0,65	≦ 0,35	0,60/0,90	0,035	0,035				
20 Mn 5	1.1133	0,17/0,23	0,30/0,60	1,00/1,30	0,035	0,035				
28 Mn 6	1.1170	0,25/0,32	≦ 0,40	1,30/1,65	0,035	0,035				
20 MnMoNi 4 5	1.6311	0,17/0,23	≦ 0,40	1,00/1,50	0,035	0,035	≦ 0,50	0,45/0,60	0,40/0,80[1]	
22 NiMoCr 4 7	1.6755	0,17/0,27	≦ 0,40	0,50/1,00	0,035	0,035	0,30/0,50	0,50/0,80	0,60/1,20[2]	
24 CrMo 5	1.7258	0,20/0,28	≦ 0,40	0,50/0,80	0,035	0,035	0,90/1,20	0,20/0,35		
34 CrMo 4	1.7220	0,30/0,37	≦ 0,40	0,50/0,80	0,035	0,035	0,90/1,20	0,15/0,30	≧ 0,60	
42 CrMo 4	1.7225	0,38/0,45	≦ 0,40	0,50/0,80	0,035	0,035	0,90/1,20	0,15/0,30	≧ 0,60	
50 CrMo 4	1.7228	0,46/0,54	≦ 0,40	0,50/0,80	0,035	0,035	0,90/1,20	0,15/0,30	≧ 0,60	
32 CrMo 12	1.7361	0,28/0,35	≦ 0,40	0,40/0,70	0,035	0,035	2,80/3,30	0,30/0,50	≧ 0,60	
34 CrNiMo 6	1.6582	0,30/0,38	≦ 0,40	0,40/0,70	0,035	0,035	1,40/1,70	0,15/0,30	1,40/1,70	
30 CrNiMo 8	1.6580	0,26/0,33	≦ 0,40	0,30/0,60	0,035	0,035	1,80/2,20	0,30/0,50	1,80/2,20	
28 NiCrMoV 8 5	1.6932	0,24/0,32	≦ 0,40	0,30/0,60	0,035	0,035	1,00/1,50	0,35/0,55	1,80/2,10	≦ 0,15
33 NiCrMo 14 5	1.6956	0,28/0,36	≦ 0,40	0,20/0,50	0,035	0,035	1,00/1,70	0,30/0,60	3,20/4,00	≦ 0,15

1) Bei größeren Querschnitten ist ein Nickelgehalt bis 1,00 % zulässig. – 2) Bei größeren Querschnitten ist ein Nickelgehalt bis 1,50 % zulässig.

Tafel 2. Für Schmiedestücke aus unlegierten Stählen im normalgeglühten Zustand gewährleistete Werte der mechanischen Eigenschaften bei 20° C

Stahlsorte		Maßgeblicher Wärmebehandlungsdurchmesser[1]	Streckgrenze oder 0,2 %-Dehngrenze[2]	Zugfestigkeit	Bruchdehnung ($L_0 = 5\,d_0$) Probenlage in Beziehung zum Faserverlauf[3]			Kerbschlagarbeit (DVM-Proben) Probenlage in Beziehung zum Faserverlauf[3]		
Kurzname	Werkstoffnummer	mm	N/mm², mind.	N/mm²	L	T	Q	L	T	Q
					%, mind.			J, mind.		
Ck 22	1.1151	≦ 250	225	410 bis 520	26	23	19	48	41	34
		> 250 ≦ 500	215	410 bis 520	25	21	17	41	34	27
		> 500 ≦ 1000	205	410 bis 520	24	20	16	38	31	24
Ck 35	1.1181	≦ 250	275	490 bis 610	22	19	15	38	31	24
		> 250 ≦ 500	255	490 bis 610	21	17	14	34	27	21
		> 500 ≦ 1000	245	490 bis 610	20	16	12	31	24	17
Ck 45	1.1191	≦ 250	325	590 bis 720	18	14	12	31	24	17
		> 250 ≦ 500	305	590 bis 720	16	13	11	27	21	14
		> 500 ≦ 1000	295	590 bis 720	15	12	10	24	17	14
Ck 50	1.1206	≦ 250	345	620 bis 770	16	13	11	–	–	–
		> 250 ≦ 500	325	620 bis 770	15	12	10	–	–	–
		> 500 ≦ 1000	315	620 bis 770	14	11	9	–	–	–
Ck 60	1.1221	≦ 250	375	680 bis 830	14	12	10	–	–	–
		> 250 ≦ 500	355	680 bis 830	13	11	9	–	–	–
		> 500 ≦ 1000	345	680 bis 830	12	10	8	–	–	–

1) Siehe Abschnitte 7.4.1.1 und 7.4.1.2. – 2) Die 0,2%-Dehngrenze ist nur dann maßgebend, wenn eine ausgeprägte Streckgrenze nicht auftritt. – 3) Siehe Abschnitte 8.4.2 bis 8.4.2.2.

Tafel 3. Für vergütete Schmiedestücke gewährleistete Werte der mechanischen Eigenschaften bei 20 °C[1]

Stahlsorte		Maßgeblicher Wärmebehandlungsdurchmesser[2]	Streckgrenze oder 0,2 %-Dehngrenze[3]	Zugfestigkeit	Bruchdehnung (L₀ = 5 d₀) Probenlage in Beziehung zum Faserverlauf[4]			Kerbschlagarbeit (DVM-Proben) Probenlage in Beziehung zum Faserverlauf[4]		
Kurzname	Werkstoffnummer	mm	N/mm², mind.	N/mm²	L	T	Q	L	T	Q
					%, mind.			J, mind.		
Ck 22	1.1151	≦ 250	225	410 bis 540	26	23	19	51	45	34
		> 250 ≦ 500	215	410 bis 540	25	21	17	41	34	27
Ck 35	1.1181	≦ 250	295	490 bis 640	22	19	15	41	34	27
		> 250 ≦ 500	275	490 bis 640	21	18	14	38	31	24
Ck 45	1.1191	≦ 250	345	590 bis 740	18	15	12	31	24	17
		> 250 ≦ 500	325	590 bis 740	17	14	11	27	21	14
Ck 50	1.1206	≦ 250	365	630 bis 780	17	14	11	–	–	–
		> 250 ≦ 500	335	630 bis 780	16	13	10	–	–	–
Ck 60	1.1221	≦ 250	390	690 bis 840	15	13	10	–	–	–
		> 250 ≦ 500	355	690 bis 840	14	12	9	–	–	–
20 Mn 5	1.1133	≦ 250	295	490 bis 640	22	19	15	48	34	24
		> 250 ≦ 500	275	490 bis 640	21	18	14	48	34	24
28 Mn 6	1.1170	≦ 250	390	590 bis 740	18	15	12	41	27	21
		> 250 ≦ 500	345	540 bis 690	19	16	13	41	27	21
20 MnMoNi 4 5	1.6311	≦ 250	420	580 bis 730	17	15	14	41	34	24
		> 250 ≦ 500	390	550 bis 700	17	15	14	41	34	24
22 NiMoCr 4 7	1.6755	≦ 500	400	560 bis 710	19	17	15	41	34	24
24 CrMo 5	1.7258	≦ 250	410	640 bis 790	17	15	13	48	34	27
		> 250 ≦ 500	375	590 bis 740	18	16	14	48	34	27
34 CrMo 4	1.7220	≦ 250	460	690 bis 840	15	13	11	41	31	24
		> 250 ≦ 500	410	640 bis 790	16	14	12	41	31	24

Stahl	Werkstoff-Nr.	Durchmesser (mm)	Klasse	Rp (N/mm²)	Rm (N/mm²)						
42 CrMo 4	1.7225	250	VII	510	740 bis 890	14	12	10	38	27	21
		> 250 500	VII	460	690 bis 840	15	13	11	38	27	21
		> 500 750	VI	390	590 bis 740	16	14	12	38	27	21
50 CrMo 4	1.7228	250	VII	590	780 bis 930	13	11	9	31	24	14
		> 250 500	VII	540	740 bis 890	14	12	10	31	24	14
		> 500 750	VI	490	690 bis 840	15	13	11	31	24	14
32 CrMo 12	1.7361	250	VII	685	880 bis 1080	12	10	8	41	31	24
		> 250 500	VII	635	830 bis 980	13	11	9	41	31	24
		> 500 750	VII	590	780 bis 930	14	12	10	34	24	17
		> 750 1250	VII	490	690 bis 840	15	13	11	34	24	17
34 CrNiMo 6	1.6582	250	VII	590	780 bis 930	13	11	9	41	31	21
		> 250 500	VII	540	740 bis 890	14	12	10	41	31	21
		> 500 1000	VI	490	690 bis 840	15	13	11	41	31	21
30 CrNiMo 8	1.6580	250	VII	685	880 bis 1080	12	10	8	45	34	24
		> 250 500	VII	635	830 bis 980	12	10	8	45	34	24
		> 500 1000	VI	590	780 bis 930	12	10	8	45	34	24
28 NiCrMoV 8 5	1.6932	500	VII	635	780 bis 930	14	12	10	41	34	24
		> 500 1000	VI	590	740 bis 890	15	13	11	41	34	24
		> 1000 1500	VII	540	690 bis 840	16	14	12	41	34	24
33 NiCrMo 14 5	1.6956	1000	VII	785	930 bis 1130	12	10	8	34	27	24
		> 1000 1500	VI	735	880 bis 1080	13	11	9	34	27	24
		> 1500 2000	VI	685	830 bis 980	14	12	10	34	27	24

1) ● Wenn die für einen Bereich größerer Wärmebehandlungsdurchmesser angegebenen mechanischen Eigenschaften für eine Abmessung aus einem Bereich geringerer maßgeblicher Wärmebehandlungsdurchmesser gewährleistet werden sollen, ist dies bei der Bestellung zu vereinbaren. – 2) Siehe Abschnitte 7.4.1.1 und 7.4.1.2. – 3) Die 0,2%-Dehngrenze ist nur dann maßgebend, wenn eine ausgeprägte Streckgrenze nicht auftritt. – 4) Siehe Abschnitte 8.4.2 bis 8.4.2.2.

Tafel 4. Gewährleistete Werte für die Warmstreckgrenze der Stähle im vergüteten Zustand entsprechend Tafel 3[1]

Stahlsorte Kurzname	Werkstoffnummer	Maßgeblicher Wärmebehandlungsdurchmesser[2] mm	20°C	100°C	200°C	250°C	300°C	350°C	400°C	450°C
							Streckgrenze oder 0,2 %-Dehngrenze[3][4] N/mm², mind.				
Ck 22	1.1151	⩽ 250[5]	225	211	196	177	147	118	(98)	
		> 250 ⩽ 500[5]	215	201	186	167	137	108	(88)	
		> 500 ⩽ 1000[6]	205	186	172	152	123	98	(78)	
Ck 35	1.1181	⩽ 250	295	265	235	216	196	177		
		> 250 ⩽ 500	275	245	216	206	186	167		
Ck 45	1.1191	⩽ 250	345	314	284	255	235	206		
		> 250 ⩽ 500	325	294	265	245	226	196		
Ck 50	1.1206	⩽ 250	365	333	304	284	255	226		
		> 250 ⩽ 500	335	304	275	255	235	206		
Ck 60	1.1221	⩽ 250	390	358	324	304	284	255		
		> 250 ⩽ 500	355	324	294	275	255	231		
20 Mn 5	1.1133	⩽ 250	295	280	265	235	226	206		
		> 250 ⩽ 500	275	260	245	226	216	196		
28 Mn 6	1.1170	⩽ 250	390	363	333	314	294	265		
		> 250 ⩽ 500	345	324	304	275	255	235		
20 MnMoNi 4 5	1.6311	⩽ 250	420	407	392	371	353	338	309	
		> 250 ⩽ 500	390	367	343	333	314	294	274	
22 NiMoCr 4 7	1.6755	> 250 ⩽ 500	400	372	363	363	353	343	324	(294)
24 CrMo 5	1.7258	⩽ 250	410	397	382	371	343	324	294	(265)
		> 250 ⩽ 500	375	358	333	314	294	275	255	(216)

Stahl	Werkstoff-Nr.	Durchmesser mm								
34 CrMo 4	1.7220	≦ 250	460	441	422	392	363	333	304	(275)
		> 250 ≦ 500	410	392	371	343	314	294	265	(235)
42 CrMo 4	1.7225	≦ 250	510	486	461	441	422	392	363	
		> 250 ≦ 500	460	431	412	402	382	353	324	
		> 500 ≦ 750	390	363	333	324	304	275	245	
50 CrMo 4	1.7228	≦ 250	590	554	520	490	451	412	371	
		> 250 ≦ 500	540	510	481	461	431	392	353	
		> 500 ≦ 750	490	461	431	402	371	333	294	
32 CrMo 12	1.7361	≦ 250	685	657	628	608	579	539	500	
		> 250 ≦ 500	635	608	579	559	539	500	461	
		> 500 ≦ 750	590	559	530	510	490	451	412	
		> 750 ≦ 1250	490	471	451	441	422	392	363	
34 CrNiMo 6	1.6582	≦ 250	590	549	510	481	441	412	371	
		> 250 ≦ 500	540	505	471	451	412	382	353	
		> 500 ≦ 1000	490	466	441	422	392	363	343	
30 CrNiMo 8	1.6580	≦ 250	685	657	628	598	559	520	481	
		> 250 ≦ 500	635	608	579	549	510	471	431	
		> 500 ≦ 1000	590	559	530	500	471	431	392	
28 NiCrMoV 8 5	1.6932	≦ 500	635	608	579	549	510	471	431	
		> 500 ≦ 1000	590	559	530	500	471	431	392	
		> 1000 ≦ 1500	540	515	490	461	431	402	363	
33 NiCrMo 14 5	1.6956	≦ 1000	785	745	706	677	647	598	559	
		> 1000 ≦ 1500	735	696	657	628	598	559	520	
		> 1500 ≦ 2000	685	647	608	579	549	510	471	

1) ● Wenn die für einen Bereich größerer maßgeblicher Wärmebehandlungsdurchmesser angegebene Warmstreckgrenze für eine Abmessung aus einem Bereich geringerer maßgeblicher Wärmebehandlungsdurchmesser gewährleistet werden soll, ist dies bei der Bestellung zu vereinbaren. – 2) Siehe Abschnitte 7.4.1.1 und 7.4.1.2. – 3) Die 0,2%-Dehngrenze ist nur dann maßgebend, wenn eine ausgeprägte Streckgrenze nicht auftritt. – 4) Eine Einklammerung von Werten bedeutet, daß der Stahl für eine Anwendung (und eine Prüfung) bei jener Temperatur nicht vorgesehen ist. – 5) Die Werte in dieser Zeile gelten auch für den normalgeglühten Zustand (vgl. Tafel 2). – 6) Die Werte in dieser Zeile gelten nur für den normalgeglühten Zustand (vgl. Tafel 2).

Stähle für größere Schmiedestücke für Bauteile von Turbinen- und Generatorenanlagen	STAHL-EISEN-WERKSTOFFBLATT 555 1. Ausgabe

1. Geltungsbereich

1.1 Dieses Werkstoffblatt behandelt diejenigen Stähle, die für größere freiformgeschmiedete Bauteile im vergüteten Zustand in Turbinen- und Generatorenanlagen namentlich als Wellen und Scheiben verwendet werden. Die Temperaturen, bis zu denen die Stähle eingesetzt werden können, hängen von der Gesamtbeanspruchung des Bauteils ab.

1.2 Hinsichtlich seines Geltungsbereiches ist das vorliegende Werkstoffblatt vor allem gegenüber dem Stahl-Eisen-Werkstoffblatt 550 abzugrenzen.

2. Begriff

Die in diesem Werkstoffblatt behandelten Stähle sind Vergütungsstähle mit einer den in Betracht kommenden Bauteilen und Anforderungen entsprechenden chemischen Zusammensetzung.

3. Maße und zulässige Maßabweichungen

● Die Maße und die zulässigen Maßabweichungen sind bei der Bestellung zu vereinbaren.

7. Anforderungen

7.2 *Lieferzustand*

7.2.1 Im allgemeinen werden die Schmiedestücke im fertig wärmebehandelten, nach den Zeichnungsangaben des Bestellers vorgearbeiteten Zustand geliefert.

7.5 *Technologische Eigenschaften*

Schweißeignung

Die Stähle nach diesem Werkstoffblatt können unter Beachtung der für den Werkstoff jeweils erforderlichen Maßnahmen geschweißt werden. Sofern beim Besteller Schweißungen vorgenommen werden sollen, empfiehlt sich eine Rücksprache mit dem Hersteller.

8. Prüfung

8.1 *Ablieferungsprüfungen*

●● Bei der Bestellung können für Schmiedestücke aus den Stählen nach diesem Werkstoffblatt Ablieferungsprüfungen vereinbart werden, die durch Sachverständige des Lieferwerkes, des Bestellers oder durch einen vom Besteller beauftragten unabhängigen Sachverständigen ausgeführt werden.

Tafel 1. Chemische Zusammensetzung der Stähle für größere Schmiedestücke für Bauteile von Turbinen- und Generatorenanlagen

Stahlsorte		Massengehalte in %									Anhaltsangaben über den größten bei Wellen in Betracht kommenden Durchmesser mm
Kurzname	Werk-stoff-nummer	C	Si höch-stens	Mn	P	S	Cr	Mo	Ni	V	
					höchstens						
23 CrMo 5	1.7255	0,20/0,28	0,30	0,30/0,80	0,020	0,020	0,90/ 1,2	0,20/0,35	≦0,60	–	1)
20 CrMoNiV 4 7²)	1.6979	0,17/0,25	0,30	0,30/0,80	0,015	0,018	1,1 / 1,4	0,80/1,0	0,50/0,75	0,25/0,35	750
28 CrMoNiV 4 9²)	1.6985	0,25/0,30	0,30	0,30/0,80	0,015	0,018	1,1 / 1,4	0,80/1,0	0,50/0,75	0,25/0,35	1000
30 CrMoNiV 5 11²)	1.6946	0,28/0,34	0,30	0,30/0,80	0,015	0,018	1,1 / 1,4	1,0 /1,2	0,50/0,75	0,25/0,35	1500
X 21 CrMoV 12 1	1.4926	0,20/0,26	0,50	0,30/0,80	0,025	0,020	11,0 /12,5	0,80/1,2	0,30/0,80	0,25/0,35	1500
23 CrNiMo 7 4 7³)	1.6749	0,20/0,26	0,30	0,50/0,80	0,015	0,018	1,7 / 2,0	0,60/0,80	0,90/1,2	–	1)
28 NiCrMo 5 5	1.6732	0,26/0,32	0,30	0,15/0,40	0,015	0,018	1,0 / 1,3	0,25/0,45	1,0 /1,3	≦0,15	1)
26 NiCrMoV 8 5	1.6931	0,22/0,32⁴)	0,30	0,15/0,40	0,015	0,018	1,0 / 1,5	0,25/0,45	1,8 /2,1	0,05/0,15	1)
26 NiCrMoV 11 5	1.6948	0,22/0,32⁴)	0,30	0,15/0,40	0,015	0,018	1,2 / 1,8	0,25/0,45	2,4 /3,1	0,05/0,15	1)
26 NiCrMoV 14 5	1.6957	0,22/0,32⁴)	0,30	0,15/0,40	0,015	0,018	1,2 / 1,8	0,25/0,45	3,4 /4,0	0,05/0,15	1)

1) Siehe Tafel 2 wegen des in Betracht kommenden „Bereichs der maßgeblichen Abmessung".
2) Im Hinblick auf die Zeitstandeigenschaften (Zeitstandbruchdehnung und Zeitstandbrucheinschnürung) ist der Aluminiumgehalt bei diesem Stahl zu begrenzen.
3) Der Stahl ist für Verwendungszwecke mit besonderen Anforderungen an die Schweißeignung vorgesehen.
4) Bei Anforderungen an die magnetischen Eigenschaften bis höchstens 0,28% C.

Tafel 2. Werte der mechanischen Eigenschaften bei Raumtemperatur für vergütete Schmiedestücke[1])[2])

Stahlsorte		Bereich der maßgeb- lichen Abmes- sung[3])	0,2%- Dehn- grenze	Zugfestigkeit	Bruchdehnung ($L_0 = 5 d_0$) Probenrichtung in Beziehung zum Faserverlauf[5])			Brucheinschnürung Probenrichtung in Beziehung zum Faserverlauf[5])			Kerbschlagarbeit (ISO-V-Proben)[4]) Probenrichtung in Beziehung zum Faserverlauf[5])		
Kurzname	Werk- stoff- nummer				L	T	Q	L	T	Q	L	T	Q
		mm	N/mm² mind.[6])	N/mm²	% mind.			% mind.			J mind.		
23 CrMo 5	1.7255	≦ 750	400	550 bis 700	18	16	13	40	40	40	47	31	20
20 CrMoNiV 4 7	1.6979	≦ 750	550	700 bis 850	17	15	12	40	40	40	31	24	16
28 CrMoNiV 4 9	1.6985	≦1000	550	700 bis 850	17	15	12	40	40	40	31	24	16
30 CrMoNiV 5 11	1.6946	≦1500	550	700 bis 850	17	15	12	40	40	40	31	24	16
X 21 CrMoV 12 1	1.4926	≦1500	600	750 bis 900	16	14	11	40	40	40	24	20	12
23 CrNiMo 7 4 7	1.6749	≦1000	600	750 bis 900	17	15	12	40	40	40	47	35	24
28 NiCrMo 5 5	1.6732	≦ 750	500	670 bis 820	17	15	12	40	40	40	55	39	24
26 NiCrMoV 8 5	1.6931	≦ 500[7])	650	800 bis 950	17	15	12	40	40	40	55	39	24
		≦1000	600	750 bis 900	18	16	13	40	40	40	63	47	31
26 NiCrMoV 11 5	1.6948	≦ 500[7])	750	900 bis 1050	16	14	11	40	40	40	63	55	39
		≦1250	700	850 bis 1000	17	15	12	40	40	40	71	63	47
		≦1800	600	750 bis 900	18	16	13	40	40	40	71	63	47
26 NiCrMoV 14 5	1.6957	≦1000[7])	850	950 bis 1100	15	13	10	40	40	40	63	55	39
		≦1250	750	900 bis 1050	17	15	12	40	40	40	71	63	47
		≦1800	700	850 bis 1000	18	16	13	40	40	40	71	63	47

[1]) Angegeben sind die unter günstigen Bedingungen einhaltbaren Kombinationen von Abmessungen und Eigenschaftswerten. – ●● Wenn die für einen Bereich größerer Abmessungen angegebenen mechanischen Eigenschaften für eine Abmessung aus einem Bereich geringerer Abmessungen gelten sollen, ist dies bei der Bestellung zu vereinbaren.
[2]) Siehe Abschnitt 8.3 und Bild 1.
[3]) Bei Wellen der Durchmesser, bei Scheiben die Nabendicke.
[4]) ● Bei einem Kerbschlagbiegeversuch an DVM-Proben ist der einzuhaltende Mindestwert bei der Bestellung zu vereinbaren.
[5]) Beachte besonders Abschnitt 8.3.2.2.
[6]) Für die Kernzone von Schmiedestücken des betreffenden Abmessungsbereiches gilt jeweils ein um 50 N/mm² geringerer Mindestwert der 0,2%-Dehn- grenze.
[7]) Die Angaben in dieser Zeile beziehen sich speziell auf Scheiben.

Tafel 3. Mindestwerte der 0,2%-Dehngrenze der Stähle im vergüteten Zustand entsprechend Tafel 2 bei erhöhten Temperaturen[1])[2])

Stahlsorte		Bereich der maßgeb- lichen Abmes- sung[3])	Zugfestigkeit bei Raumtempe- ratur	0,2%-Dehngrenze											
Kurzname	Werk- stoff- nummer			20°C	100°C	200°C	250°C	300°C	350°C	400°C	450°C	500°C	550°C	600°C
		mm	N/mm²	N/mm² mind.[4])										
23 CrMo 5	1.7255	≦ 750	550 bis 700	400	375	350	330	305	285	265	225	–	–	–
20 CrMoNiV 4 7	1.6979	≦ 750	700 bis 850	550	525	500	480	465	445	425	400	(365)	–	–
28 CrMoNiV 4 9	1.6985	≦1000	700 bis 850	550	525	500	480	465	445	425	400	(365)	–	–
30 CrMoNiV 5 11	1.6946	≦1500	700 bis 850	550	525	500	480	465	445	425	400	(365)	–	–
X 21 CrMoV 12 1	1.4926	≦1500	750 bis 900	600	575	530	505	480	450	425	380	345	285	205
23 CrNiMo 7 4 7	1.6749	≦1000	750 bis 900	600	565	535	515	490	435	405	(375)	–	–	–
28 NiCrMo 5 5	1.6732	≦ 750	670 bis 820	500	480	465	455	440	415	380	340	380	–	–
26 NiCrMoV 8 5	1.6931	≦ 500[5])	800 bis 950	650	615	585	565	545	520	480	430	370	–	–
		≦1000	750 bis 900	600	570	545	530	510	485	450	400	340	–	–
26 NiCrMoV 11 5	1.6948	≦ 500[5])	900 bis 1050	750	710	675	650	630	600	555	505	445	–	–
		≦1250	850 bis 1000	700	660	625	600	580	550	510	460	400	–	–
		≦1800	750 bis 900	600	570	545	530	510	485	450	400	340	–	–
26 NiCrMoV 14 5	1.6957	≦1000[5])	950 bis 1100	800	760	720	680	645	605	550	490	–	–	–
		≦1250	900 bis 1050	750	710	675	650	630	600	555	505	445	–	–
		≦1800	850 bis 1000	700	660	625	600	580	550	510	460	400	–	–

[1]) Angegeben sind die unter günstigen Bedingungen einhaltbaren Kombinationen von Abmessungen und Werten der 0,2%-Dehngrenze. – ●● Wenn die für einen Bereich größerer Abmessungen angegebenen Werte der 0,2%-Dehngrenze für eine Abmessung aus einem Bereich geringerer Abmessungen gelten sollen, ist dies bei der Bestellung zu vereinbaren.
[2]) Siehe Abschnitt 8.3 und Bild 1.
[3]) Bei Wellen der Durchmesser, bei Scheiben die Nabendicke.
[4]) Für die Kernzone von Schmiedestücken des betreffenden Abmessungsbereiches gilt jeweils ein um 50 N/mm² geringerer Mindestwert der 0,2%-Dehn- grenze.
[5]) Die Angaben in dieser Zeile beziehen sich speziell auf Scheiben.

Anhang A enthält Angaben für die Langzeit-Warmfestigkeitswerte (0,2 %- und 1 %-Zeitdehngrenze bis 100 000 h; Zeitstand- festigkeit bis 200 000 h).

| | Schmiedestücke aus schweißgeeigneten Feinkornbaustählen
Technische Lieferbedingungen | **DIN**
17 103 |

1 Anwendungsbereich

1.1 Diese Norm gilt für die in Tabelle 1 aufgeführten schweißgeeigneten Feinkornbaustähle, sofern diese in Form von Schmiedestücken oder geschmiedetem Stabstahl zu liefern sind.

Anmerkung: In Übereinstimmung mit EURONORM 79 sind über den Begriff „Schmiedestücke" auch Warmpreßteile (z. B. Sammler oder Behälterschüsse mit angepreßten Böden), ferner auf Ringwalzwerken hergestellte Teile (z. B. nahtlos gewalzte Ringe) erfaßt.

Diese Norm gilt für Erzeugnisse bis zu den in den Tabellen angegebenen größten maßgeblichen Wärmebehandlungsdurchmessern. Die Erzeugnisse nach dieser Norm weisen im Lieferzustand nach Abschnitt 7.2.1 Mindeststreckgrenzen von 285 bis 500 N/mm², bezogen auf den untersten Maßbereich nach Tabelle 3, auf.

1.2 ●● Diese Norm gilt auch für geschmiedetes oder gewalztes Halbzeug, das zur Herstellung der in Abschnitt 1.1 genannten Schmiedefertigerzeugnisse bestimmt ist. Hinsichtlich des Lieferzustandes und der Prüfung müssen jedoch bei der Bestellung derartigen Halbzeugs besondere Vereinbarungen getroffen werden.

2 Begriff *Siehe DIN 17 102, Pkt. 2, Seite 75.*

3 ● Maße und Grenzabmaße

Die Nennmaße und die Grenzabmaße der Erzeugnisse sind, möglichst unter Bezugnahme auf die dafür geltenden Maßnormen (siehe Anhang B), bei der Bestellung zu vereinbaren.

5 Sorteneinteilung

5.1 Diese Norm umfaßt die in Tabelle 1 aufgeführten Stahlsorten in drei Reihen:

a) die Grundreihe (StE ...),

b) die warmfeste Reihe (WStE ...) mit Mindestwerten für die 0,2%-Dehngrenze bei erhöhten Temperaturen (siehe Tabelle 5),

c) die kaltzähe Reihe (TStE ...) mit Mindestwerten für die Kerbschlagarbeit an ISO-Spitzkerbproben bis zu Temperaturen von − 50 °C (siehe Tabelle 6).

Tabelle 1: Siehe DIN 17 102, Tabelle 1 ohne die Festigkeitsgruppen 255, 315 und 380, Seite 76.

6 Bezeichnung und Bestellung

Beispiel:

Stahl DIN 17 103 − StE 420

7 Anforderungen

7.2 Lieferzustand

7.2.1 ●● Die Wahl der Wärmebehandlungsart (Normalglühen oder Vergüten) bleibt, wenn nicht anders vereinbart, dem Hersteller überlassen. Der Wärmebehandlungszustand ist dem Besteller bekanntzugeben. Im allgemeinen kommt für maßgebliche Wärmebehandlungsdurchmesser ≤ 100 mm ein Normalglühen und für maßgebliche Wärmebehandlungsdurchmesser > 100 mm ein Vergüten in Betracht.

7.4 Mechanische Eigenschaften

7.4.1 Falls entsprechend Tabelle 8, Spalte 10 bis Spalte 13, zwecks Überprüfung der Gleichmäßigkeit der Erzeugnisse einer Prüfeinheit Härteprüfungen durchzuführen sind, darf der Härteunterschied zwischen dem härtesten und weichsten geprüften Stück der Prüfeinheit nicht größer als 30 HB sein.

7.4.2 Die in den Tabellen 3, 5 und 6 angegebenen Werte der mechanischen Eigenschaften gelten für den üblichen Wärmebehandlungszustand (siehe Abschnitt 7.2.1) sowie für den Zustand nach üblichem Spannungsarmglühen nach Abschnitt A.3, für die bei der Wärmebehandlung vorhandenen Maße, aus denen unter Berücksichtigung der Erzeugnisgestalt als Vergleichsgröße der maßgebliche Wärmebehandlungsdurchmesser errechnet wird (siehe Tabelle 4), und für die Prüfbedingungen nach Abschnitt 9.

7.4.3 Für die Stähle der warmfesten Reihe und, falls bei der Bestellung vereinbart, auch für die Stähle der kaltzähen Reihe gelten die in Tabelle 5 angegebenen Mindestwerte für die 0,2%-Dehngrenze bei erhöhter Temperatur.

7.5 Schweißeignung

Die Stähle sind bei Beachtung der allgemeinen Regeln der Technik (siehe Stahl-Eisen-Werkstoffblatt 088) schweißgeeignet.

7.6 Beschaffenheit an der Oberfläche und im Innern

7.6.2 Innerhalb der Bearbeitungszugabe dürfen Oberflächenfehler vorhanden sein und gegebenenfalls beseitigt werden, sofern die Verwendung des Stückes nicht beeinträchtigt wird.

7.6.3 ●● Falls zerstörungsfreie Prüfungen auf Oberflächenbeschaffenheit oder innere Beschaffenheit durchzuführen sind oder vereinbart wurden (siehe Abschnitt 9.2.2.3 und Tabelle 7, Zeile 10), gelten für die zulässigen Anzeigengrößen die Angaben in Abschnitt 9.4.5.

9 Prüfung

9.1 Abnahmeprüfungen

Lieferungen nach dieser Norm sind einer Abnahmeprüfung zu unterziehen.

9.2 Durchzuführende Prüfungen und Prüfumfang

9.2.1 Für Lieferungen im normalgeglühten oder vergüteten Zustand sind die in jedem Fall durchzuführenden Prüfungen zusammen mit den Angaben über den Prüfumfang in Tabelle 7, Spalten 1 bis 5, aufgeführt.

Tabelle 3. Sorteneinteilung und Anforderungen an die mechanischen Eigenschaften der Stähle im Zugversuch bei Raumtemperatur

Stahlsorte						Mechanische Eigenschaften											
Grundreihe		Warmfeste Reihe		Kaltzähe Reihe		Zugfestigkeit R_m für maßgebliche Wärmebehandlungsdurchmesser[2] in mm		Obere Streckgrenze R_{eH}[1] für maßgebliche Wärmebehandlungsdurchmesser[2] in mm						Bruchdehnung ($L_0 = 5\,d_0$) für maßgebliche Wärmebehandlungsdurchmesser[2] in mm			
														≤ 150		> 150 ≤ 600	
														Probenlage in Beziehung zum Faserverlauf[4]			
Kurzname	Werkstoffnummer	Kurzname	Werkstoffnummer	Kurzname	Werkstoffnummer	≤ 100	> 100 ≤ 600	≤ 24[3]	> 24 ≤ 50	> 50 ≤ 100	> 100 ≤ 150	> 150 ≤ 375	> 375 ≤ 600	L	T/Q	L	T/Q
						N/mm²		N/mm² mindestens						% mindestens			
StE 285	1.0486	WStE 285	1.0487	TStE 285	1.0488	390 bis 510	370 bis 510	285	285	265	245	225	205	24	23	22	21
StE 355	1.0562	WStE 355	1.0565	TStE 355	1.0566	490 bis 630	470 bis 630	355	355	335	315	295	275	23	21	21	19
StE 420	1.8902	WStE 420	1.8932	TStE 420	1.8912	510 bis 680	510 bis 670	420	410	385	365	345	325	20	19	18	17
StE 460	1.8905	WStE 460	1.8935	TStE 460	1.8915	560 bis 730	520 bis 710	460	450	420	400	380	360	19	17	18	16
StE 500	1.8907	WStE 500	1.8937	TStE 500	1.8917	610 bis 780	540 bis 740	500	480	450	430	410	390	17	16	16	15

[1] Wenn keine ausgeprägte Streckgrenze auftritt, gelten die Werte für die 0,2 %-Dehngrenze.
[2] Die Maßangaben beziehen sich grundsätzlich auf den maßgeblichen Wärmebehandlungsdurchmesser (siehe Tabelle 4). Bei der Ermittlung des maßgeblichen Wärmebehandlungsdurchmessers ist von den Maßen zum Zeitpunkt der Wärmebehandlung auszugehen. Dies ist gegebenenfalls bei der Berechnung zu berücksichtigen.
[3] Bei Schmiedestücken kommt dieser Maßbereich üblicherweise nicht in Betracht.
[4] Die Kurzzeichen L, T und Q gelten für die Probenrichtung in Bezug zum Faserverlauf (siehe Abschnitt 9.3.3.1).

Tabelle 5.   **Anforderungen an die 0,2 %-Dehngrenze bei erhöhten Temperaturen¹)**

Mindestwerte der 0,2 %-Dehngrenze für maßgebliche Wärmebehandlungsdurchmesser²) in mm — N/mm²

Stahlsorte		100 °C					150 °C					200 °C				250 °C			
Kurzname	Werkstoffnummer	≤ 50	> 50 ≤ 100	> 100 ≤ 150	> 150 ≤ 375	> 375 ≤ 600	≤ 50	> 50 ≤ 100	> 100 ≤ 150	> 150 ≤ 375	> 375 ≤ 600	≤ 100	> 100 ≤ 150	> 150 ≤ 375	> 375 ≤ 600	≤ 100	> 100 ≤ 150	> 150 ≤ 375	> 375 ≤ 600
WStE 285	1.0487	255	245	226	206	186	235	226	206	186	167	206	186	167	147	186	167	147	128
WStE 355	1.0565	304	294	275	255	235	284	275	255	235	215	255	235	216	197	235	216	196	179
WStE 420	1.8932	363	353	333	314	294	343	335	314	294	275	314	294	275	255	284	265	245	226
WStE 460	1.8935	402	392	373	353	333	373	363	343	324	309	343	324	304	287	314	294	275	269
WStE 500	1.8937	422	412	392	373	353	392	382	363	343	324	363	343	324	304	333	314	294	289

Stahlsorte		300 °C				350 °C				400 °C			
Kurzname	Werkstoffnummer	≤ 100	> 100 ≤ 150	> 150 ≤ 375	> 375 ≤ 600	≤ 100	> 100 ≤ 150	> 150 ≤ 375	> 375 ≤ 600	≤ 100	> 100 ≤ 150	> 150 ≤ 375	> 375 ≤ 600
WStE 285	1.0487	157	137	118	98	137	118	98	78	118	98	78	59
WStE 355	1.0565	216	196	177	160	196	177	157	142	167	147	127	117
WStE 420	1.8932	265	245	226	206	245	216	196	176	206	186	167	147
WStE 460	1.8935	294	275	255	238	275	245	226	212	235	216	196	186
WStE 500	1.8937	314	294	275	257	294	265	245	226	255	235	216	196

¹) Die in Tabelle 3 angegebenen Streckgrenzenwerte gelten als Berechnungskennwerte bis 50 °C. Für Temperaturen zwischen 50 und 100 °C ist linear zwischen den für Raumtemperatur und 100 °C angegebenen Streckgrenzenwerten zu interpolieren.

²) Die Maßangaben beziehen sich grundsätzlich auf den maßgeblichen Wärmebehandlungsdurchmesser (siehe Tabelle 4). Bei der Ermittlung des maßgeblichen Wärmebehandlungsdurchmessers ist von den Maßen zum Zeitpunkt der Wärmebehandlung auszugehen. Dies ist gegebenenfalls bei der Berechnung zu berücksichtigen.

	Automatenstähle Technische Lieferbedingungen	**DIN** **1651**

1 Anwendungsbereich

1.1 Diese Norm gilt für
- Halbzeug, z. B. Vorblöcke, Vorbrammen, Knüppel,
- warmgewalzten Draht,
- warmgewalzten Stabstahl (Rund-, Vierkant-, Sechskant-, Achtkant- und Flachstahl),
- Blankstahl

aus den in Tabelle 2 aufgeführten Automatenstählen.

2 Begriffe

2.1 Automatenstähle

Automatenstähle sind durch gute Zerspanbarkeit und gute Spanbrüchigkeit gekennzeichnet, die im wesentlichen durch hohe Massenanteile Schwefel, gegebenenfalls gemeinsam mit weiteren Zusätzen, wie z. B. Blei, erzielt werden.

5 Bezeichnung und Bestellung

Beispiel:

Stahl DIN 1651 — 9 SMn 28 K+S

6 Sorteneinteilung

6.1 Stahlsorten

6.1.1 Diese Norm umfaßt die in Tabelle 2 angegebenen Stahlsorten für allgemeine Verwendung, Einsatzhärtung und Vergüten.

6.1.2 Die Stahlsorten 9 SMn 28 und 9 SMnPb 28 können bedingt für eine Einsatzhärtung verwendet werden. Der Besteller muß sich von ihrer Eignung für den vorgesehenen Verwendungszweck überzeugen.

Tabelle 1 gibt einen Überblick über die üblichen Kombinationen von Ausführungen und Wärmebehandlungszuständen bei der Lieferung und die dafür geltenden Anforderungen an die mechanischen Eigenschaften.

7.4 Technologische Eigenschaften

7.4.1 Zerspanbarkeit

Die Automatenstähle müssen eine ihrer Sorte und ihrem Behandlungszustand entsprechende Zerspanbarkeit und Spanbrüchigkeit aufweisen. Die beruhigten Automatenstähle für Einsatz- und Vergütungszwecke sind im allgemeinen weniger gut zerspanbar. Ferner sinkt die Zerspanbarkeit im allgemeinen mit steigendem Massenanteil an Kohlenstoff, Silicium und Mangan. Eine Kaltumformung verbessert im allgemeinen die Zerspanbarkeit bei den kohlenstoffarmen Stahlsorten.

7.4.2 Schweißeignung

Wegen ihres hohen Massenanteils an Schwefel und Phosphor lassen sich Automatenstähle nur bedingt schweißen.

7.5 Innere Beschaffenheit

7.5.2 Sulfideinschlüsse und Seigerungszeilen, die im Wesen des Automatenstahls begründet sind, sind nicht als Werkstofffehler zu betrachten.

7.5.3 Die für eine Einsatzhärtung oder Vergütung geeigneten Stahlsorten 15 S 10 bis 60 SPb 20 (entsprechend Tabelle 2), die beruhigt vergossen werden, sind seigerungsärmer als die Stahlsorten 9 SMn 28 bis 9 SMnPb 36.

7.6 Oberflächenbeschaffenheit

Leichtere Oberflächenfehler, wie kleinere Poren, Narben und Abblätterungen sowie, bei blankem Automatenstahl, Zieh-, Schäl- und Polierriefen, dürfen vereinzelt vorkommen.

7.6.1.2 Bei warmgewalztem Automatenstahl dürfen Fehlstellen, z. B. Schalen, Riefen, Überwalzungen und Risse, mit geeigneten Mitteln beseitigt werden. Die hierdurch gebildeten Vertiefungen müssen ausgeebnet werden, wobei aber die Grenzabmaße für die Dicken oder Bearbeitungszugaben eingehalten werden müssen.

7.2.2 ●● Besondere Oberflächenausführung

Falls bei der Bestellung vereinbart, sind die Erzeugnisse in einer der folgenden — in Tabelle 1 nicht aufgeführten — besonderen Oberflächenausführungen zu liefern:
- warmgeformt und gebeizt;
- warmgeformt und gestrahlt;
- sonstige Oberflächenausführungen (in diesem Falle sind die Einzelheiten zu vereinbaren).

7.6.2 ●● Zulässige Rißtiefe

Bei der Bestellung kann vereinbart werden, daß eine bestimmte Rißtiefe nicht überschritten werden darf.

Die Festlegung der zulässigen Rißtiefe erfolgt bei den Erzeugnisformen warmgewalzter Stabstahl und Walzdraht mit rundem Querschnitt nach den Güteklassen 1 oder 2 der Stahl-Eisen-Lieferbedingungen 055 (z. Z. Entwurf).

Für Blankstahl gelten die Angaben in Tabelle 8 sowie (z. B. bezüglich Prüfbarkeit und der Möglichkeit zur Vereinbarung zulässiger Fehleranteile) in den Stahl-Eisen-Lieferbedingungen 055 (z. Z. Entwurf).

Tabelle 1. **Kombinationen von Ausführungen und Wärmebehandlungszuständen bei der Lieferung[1])**

	1	2	3	4
Wärmebehandlungszustand (Kennbuchstabe) / Ausführung [Kennbuchstabe]		unbehandelt (U)	spannungsarmgeglüht (S)	vergütet (V)
warmgeformt [U]		X (Tabelle 4, Spalte 3)[2])	–	–
geschält[3]),[4]) [SH]		X (Tabelle 4, Spalte 3)[2])	X (Tabelle 4, Spalte 5)	X (Tabelle 4, Spalte 6)
kaltgezogen[5]) [K]		X (Tabelle 4, Spalte 4)	X (Tabelle 4, Spalte 5)	X (Tabelle 4, Spalte 6)

[1]) Durch ein X in den Spalten 2 bis 4 wird angezeigt, daß diese Kombination von Ausführung und Wärmebehandlungszustand üblich ist. In den nachstehenden Klammern ist angegeben, in welcher Spalte von Tabelle 4 die für diese Kombination geltenden Anforderungen an die Höchsthärte bzw. die mechanischen Eigenschaften für die einzelnen Stahlsorten zu finden sind.

[2]) Bei Lieferungen in den Ausführungen U und SH müssen nach sachgemäßer Wärmebehandlung die in Tabelle 4, Spalte 6, für den vergüteten Zustand angegebenen mechanischen Eigenschaften erreichbar sein.

[3]) Schälen im allgemeinen ab 16 mm Durchmesser möglich. Der Lieferer kann das Schälen durch ein Schruppschleifen ersetzen.

[4]) ●● Für die Stahlsorten 45 S 20, 45 SPb 20, 60 S 20 und 60 SPb 20 kann bei der Bestellung ein Spannungsarmglühen zwecks Beseitigung von Randschichtverfestigungen vereinbart werden.

[5]) Für Rundstahl über 50 mm Durchmesser kommt üblicherweise nicht mehr Kaltziehen, sondern nur noch Schälen in Betracht.

Tabelle 2. **Chemische Zusammensetzung der Automatenstähle (Schmelzenanalyse)**

Stahlsorte		Chemische Zusammensetzung, Massenanteil in %[1])					
Kurzname	Werkstoffnummer	C	Si	Mn	P max.	S	Pb[2])
Automatenstähle für allgemeine Verwendung[3])							
9 SMn 28	1.0715	≤ 0,14	≤ 0,05	0,90 bis 1,30	0,100[4])	0,27 bis 0,33	–
9 SMnPb 28	1.0718	≤ 0,14	≤ 0,05	0,90 bis 1,30	0,100[4])	0,27 bis 0,33	0,15 bis 0,35
9 SMn 36	1.0736	≤ 0,15	≤ 0,05	1,10 bis 1,50	0,100[4])	0,34 bis 0,40	–
9 SMnPb 36	1.0737	≤ 0,15	≤ 0,05	1,10 bis 1,50	0,100[4])	0,34 bis 0,40	0,15 bis 0,35
Automaten-Einsatzstähle[3]),[5]),[6])							
15 S 10	1.0710	0,12 bis 0,18	0,10 bis 0,30	0,70 bis 1,10	0,060	0,080[7]) bis 0,130	
10 S 20	1.0721	0,07 bis 0,13	0,10 bis 0,30	0,70 bis 1,10	0,060	0,18 bis 0,25	–
10 SPb 20	1.0722	0,07 bis 0,13	0,10 bis 0,30	0,70 bis 1,10	0,060	0,18 bis 0,25	0,15 bis 0,35
Automaten-Vergütungsstähle[8])							
35 S 20	1.0726	0,32 bis 0,39	0,10 bis 0,30	0,70 bis 1,10	0,060	0,18 bis 0,25	–
35 SPb 20	1.0756	0,32 bis 0,39	0,10 bis 0,30	0,70 bis 1,10	0,060	0,18 bis 0,25	0,15 bis 0,35
45 S 20	1.0727	0,42 bis 0,50	0,10 bis 0,30	0,70 bis 1,10	0,060	0,18 bis 0,25	–
45 SPb 20	1.0757	0,42 bis 0,50	0,10 bis 0,30	0,70 bis 1,10	0,060	0,18 bis 0,25	0,15 bis 0,35
60 S 20	1.0728	0,57 bis 0,65	0,10 bis 0,30	0,70 bis 1,10	0,060	0,18 bis 0,25	–
60 SPb 20	1.0758	0,57 bis 0,65	0,10 bis 0,30	0,70 bis 1,10	0,060	0,18 bis 0,25	0,15 bis 0,35

[1]) In dieser Tabelle nicht aufgeführte Elemente dürfen dem Stahl – außer zum Fertigbehandeln der Schmelze – nicht absichtlich zugesetzt werden, es sei denn, der Zusatz ist zur Verbesserung der Zerspanbarkeit mit dem Besteller vereinbart worden.

[2]) Die Werte gelten für die Stückanalyse.

[3]) Die Stähle 9 SMn 28 und 9 SMnPb 28 können bedingt für eine Einsatzhärtung verwendet werden. Der Besteller muß sich von ihrer Eignung für den vorgesehenen Verwendungszweck überzeugen.

[4]) ●● Der Stickstoffgehalt liegt üblicherweise, ohne daß dies nachgewiesen werden müßte, bei ≥ 0,006 %. Bei der Bestellung kann eine Begrenzung des Phosphor- und Stickstoffgehaltes auf ≤ 0,050 % bzw. ≤ 0,007 % vereinbart werden. Es ist dabei zu beachten, daß auch die mechanischen Eigenschaften im kaltverfestigten Zustand beeinflußt werden können.

[5]) Die Stähle C 10 Pb (1.0302) und C 15 Pb (1.0403) sind in DIN 17 210 genormt.

[6]) ●● Bei der Bestellung kann eine feinkörnige Erschmelzung vereinbart werden. Dies bedeutet, daß bei Prüfung nach DIN 50 601 die Korngrößen-Kennzahl des Austenits 5 und/oder feiner sein muß.

[7]) Bei Vormaterial für Rohre gilt ein Mindestwert von 0,070 % S.

[8]) Die Stähle C 22 Pb (1.0404), C 25 Pb (1.0411), C 30 Pb (1.0598), C 35 Pb (1.0502), C 40 Pb (1.0512), C 45 Pb (1.0504), C 50 Pb (1.0542), C 55 Pb (1.0537), und C 60 Pb (1.0602) sind über Fußnote 5 zu Tabelle 2 der DIN 17 200/03.87 genormt.

Tabelle 4. **Mechanische Eigenschaften in den verschiedenen Behandlungszuständen**

1	2	3		4			5	6		
					Ausführung und Wärmebehandlungszustand[1], [2]					
Stahlsorte	Dicke	U oder U+SH[3]		K[4], [5]			K+S[3]	SH+V oder K+V		
		Härte	Zugfestigkeit	Streck-grenze	Zugfestigkeit	Bruch-dehnung ($L_0 = 5d_0$)	Zug-festigkeit	Streck-grenze	Zugfestigkeit	Bruch-dehnung ($L_0 = 5d_0$)
Kurzname / Werkstoff-nummer	mm über — bis	HB max.	N/mm²	N/mm² min.	N/mm²	% min.	N/mm² max.	N/mm² min.	N/mm²	% min.
9 SMn 28 / 9 SMnPb 28 — 1.0715 / 1.0718	— 10	170	380 bis 570	440	560 bis 810	6	550	–	–	–
	10 16	170	380 bis 570	410	510 bis 760	7				
	16 40	159	380 bis 570	375[6]	460 bis 710[7]	8				
	40 63	159	380 bis 570	305	410 bis 660	9				
	63 100	156	360 bis 520	245	380 bis 630	10				
9 SMn 36 / 9 SMnPb 36 — 1.0736 / 1.0737	— 10	174	390 bis 590	440	560 bis 800	6	550	–	–	–
	10 16	174	390 bis 580	430	540 bis 780	7				
	16 40	163	380 bis 550	390	490 bis 740	8				
	40 63	159	370 bis 540	315	430 bis 680	9				
	63 100	156	360 bis 520	265	390 bis 640	10				
15 S 10 — 1.0710	— 10	176	420 bis 600	420	520 bis 820	6	580	–	–	–
	10 16	176	410 bis 600	400	500 bis 780	7				
	16 40	166	400 bis 560	360	450 bis 720	8				
	40 63	162	380 bis 550	300	400 bis 650	9				
	63 100	162	360 bis 550	250	380 bis 620	10				
10 S 20 / 10 SPb 20 — 1.0721 / 1.0722	— 10	159	360 bis 530	410	540 bis 780	7	550	–	–	–
	10 16	159	360 bis 530	390	490 bis 740	8				
	16 40	149	360 bis 530	355[6]	460 bis 710[7]	9				
	40 63	149	360 bis 530	295	390 bis 640	10				
	63 100	146	350 bis 490	235	360 bis 610	11				
35 S 20 / 35 SPb 20 — 1.0726 / 1.0756	— 10	197	490 bis 660	480	640 bis 880	6	680	420	620 bis 760	13
	10 16	197	490 bis 660	400	590 bis 830	7		420	620 bis 760	14
	16 40	192	490 bis 660	315	540 bis 740	8		365	580 bis 730	16
	40 63	192	490 bis 640	285	510 bis 710	9		325	540 bis 690	17
	63 100	187	480 bis 630	255	480 bis 680	10	–	–	–	–
45 S 20 / 45 SPb 20 — 1.0727 / 1.0757	— 10	229	590 bis 760	570	740 bis 980	5	750	480	700 bis 840	10
	10 16	229	590 bis 760	470	690 bis 930	6		480	700 bis 840	11
	16 40	223	590 bis 760	375	640 bis 830	7		410	660 bis 800	13
	40 63	223	590 bis 740	325	610 bis 800	8		375	620 bis 760	14
	63 100	217	580 bis 730	305	580 bis 770	9	–	–	–	–
60 S 20 / 60 SPb 20 — 1.0728 / 1.0758	— 10	269	670 bis 880	645[8]	830 bis 1080[8]	5[8]	850	570	830 bis 980	7
	10 16	269	670 bis 880	540[8]	780 bis 1030[8]	6[8]		570	830 bis 980	8
	16 40	261	660 bis 870	430[8]	740 bis 930[8]	7[8]		490	780 bis 930	10
	40 63	261	650 bis 860	355[8]	710 bis 900[8]	8[8]		450	740 bis 890	11
	63 100	255	640 bis 840	335[8]	640 bis 880[8]	9[8]	–	450	740 bis 880	11

[1]) Bedeutung der Kennbuchstaben siehe Tabelle 1.

[2]) Es ist üblich, zuerst die Ausführung festzulegen und dann die Wärmebehandlung durchzuführen (z. B. „K+V"). Bei einer Umkehrung der Reihenfolge – insbesondere bei den Stählen 45 S 20, 45 SPb 20, 60 S 20 und 60 SPb 20 – sind die dann einzuhaltenden Werte zu vereinbaren.

[3]) Für die Stahlsorten 9 SMn 28, 9 SMnPb 28, 15 S 10, 10 S 20 und 10 SPb 20 in den Ausführungen bzw. Wärmebehandlungszuständen U+SH und K+S gilt ein Mindestwert der Dehnung in Querrichtung im Aufdornversuch (siehe Abschnitt 7.3.4 und Tabelle 7).

[4]) Bei Rundstahl über 50 mm Durchmesser wird im allgemeinen nicht mehr die kaltgezogene, sondern die geschälte Ausführung geliefert.

[5]) Beachte Fußnote 4 zu Tabelle 2.

[6]) ●● Bei der Bestellung kann die Lieferung mit einer Streckgrenze von ≥ 390 N/mm² vereinbart werden.

[7]) ●● Bei der Bestellung kann die Lieferung mit einer Zugfestigkeit von ≥ 490 N/mm² vereinbart werden.

[8]) ●● Die für den Zustand K angegebenen Werte gelten, wenn nicht anders vereinbart, nur dann, wenn zuvor der Zustand U oder N (normalgeglüht) vorlag.

Tabelle 5. **Übliche Temperaturen beim Einsatzhärten der Stahlsorten 15 S 10, 10 S 20 und 10 SPb 20 (Anhaltswerte)**

| Aufkohlungs-temperatur[1] °C | Härten von | | Abkühlmittel | Anlassen °C |
	Kernhärte-temperatur[2] °C	Randhärte-temperatur[2] °C		
880 bis 980	880 bis 920	780 bis 820	Die Wahl des Abkühl(Abschreck-)mittels richtet sich, im Hinblick auf die erforderlichen Bauteileigenschaften, nach der Härtbarkeit bzw. der Einsatzhärtbarkeit des verwendeten Stahles, der Gestalt und dem Querschnitt des zu härtenden Werkstückes sowie der Wirkung des Abkühlmittels.	150 bis 200

[1] Für die Wahl der Aufkohlungstemperatur maßgebende Kriterien sind hauptsächlich die gewünschte Aufkohlungsdauer, das gewählte Aufkohlungsmittel und die zur Verfügung stehende Anlage, der vorgesehene Verfahrensablauf sowie der geforderte Gefügezustand. Für ein Direkthärten wird üblicherweise unterhalb 950 °C aufgekohlt. In besonderen Fällen werden Aufkohlungstemperaturen bis über 1000 °C angewendet.

[2] Beim Direkthärten wird entweder von Aufkohlungstemperatur oder einer niedrigeren Temperatur abgeschreckt. Besonders bei Verzugsgefahr kommen aus diesem Bereich vorzugsweise die niedrigeren Härtetemperaturen in Betracht.

Tabelle 6. **Temperaturen für das Vergüten der Stahlsorten 35 S 20, 35 SPb 20, 45 S 20, 45 SPb 20, 60 S 20 und 60 SPb 20 (Anhaltswerte)**

| Stahlsorte Kurzname | Härten | | Anlassen[2] °C |
	in Wasser[1] °C	in Öl[1] °C	
35 S 20, 35 SPb 20	840 bis 870	850 bis 880	540 bis 680
45 S 20, 45 SPb 20	820 bis 850	830 bis 860	540 bis 680
60 S 20, 60 SPb 20	800 bis 830	810 bis 840	540 bis 680

[1] Wahl des Abschreckmittels je nach Form und Maß des Werkstücks.

[2] Abkühlen an Luft.

Tabelle 8. **Zulässige Rißtiefe von Blankstahl**

| Dicke[1] mm | | Vom Istmaß aus zu messende zulässige Tiefe in mm der Oberflächenlängsrisse bei | | | |
| über | bis | gezogenem | gezogenem und rißgeprüftem | geschältem | geschältem und geschliffenem |
		Rund-, Vierkant-, Sechskant- und Flachstahl		Rundstahl	
3	10	0,20	prüftechnisch rißfrei[2]	–	–
10	18	0,25		0,15[3]	0,10[3]
18	30	0,30			
30	50	0,50		0,20	0,15
50	80	0,70			
80	100	nach Vereinbarung		nach Vereinbarung	nach Vereinbarung

[1] Siehe Anmerkung in Abschnitt 7.3.3.

[2] ● Die zulässigen Rißtiefen sind bei der Bestellung zu vereinbaren (siehe auch Abschnitt 8.4.3.2).

[3] Für Durchmesser ab 16 mm.

Warmfeste und hochwarmfeste Werkstoffe für Schrauben und Muttern Gütevorschriften	**DIN** **17 240**

Für „Hochwarmfeste austenitische Stähle; Technische Lieferbedingungen für Blech, kalt- und warmgewalztes Band, Stabstahl und Schmiedestücke" liegt DIN 17 460 im Entwurf November 1988 vor.

1 Geltungsbereich

1.1 Diese Norm gilt für Stäbe und Draht bis zu den in Tabelle 4 angegebenen Abmessungen aus den Werkstoffen nach Tabelle 1. Die Werkstoffe werden in der Regel für Schrauben und Muttern nach DIN 267 Teil 13 — Schrauben, Muttern und ähnliche Gewinde- und Formteile; Technische Lieferbedingungen; Schrauben und Muttern vorwiegend aus kaltzähen oder warmfesten Stählen — bei Temperaturen über etwa 300 °C bis zu den in Tabelle 4 für den Dauerbetrieb als Anhalt angegebenen höchsten Betriebstemperaturen verwendet. Diese Temperaturen können überschritten werden, sofern die Werkstoffeigenschaften für die Betriebsbeanspruchung ausreichen. Maßgebend ist die Gesamtbeanspruchung des Werkstoffes durch Temperatur, mechanische Belastung und umgebende Medien während der vorgesehenen Betriebszeit.

2 Begriffe

2.1 Im Sinne dieser Norm gelten als warmfest solche Werkstoffe, die gute mechanische Eigenschaften unter langzeitiger Beanspruchung, unter anderem hohe Zeitdehngrenzen und Zeitstandfestigkeiten sowie einen guten Relaxationswiderstand (siehe Abschnitt 2.2) bis zu Temperaturen von ≈ 540 °C aufweisen, als hochwarmfest solche Stähle und Legierungen, für die das gleiche bis ≈ 800 °C zutrifft.

2.2 Als Relaxation wird die Verringerung der Vorspannung von Schrauben infolge des Kriechens des Werkstoffes bezeichnet. Zur Kennzeichnung des Relaxationswiderstandes der Werkstoffe wird in dieser Norm die Restspannung angegeben, auf die die zu einer Anfangsdehnung $\varepsilon_{A\ gesamt}$ führende Anfangsspannung σ_A nach einer bestimmten Beanspruchungsdauer, z. B. 1000, 10 000 oder 30 000 Stunden abgefallen ist (siehe Tabelle 10).

5 Sorteneinteilung

5.1 Werkstoffe

Diese Norm umfaßt die in Tabelle 1 angegebenen Stähle und Legierungen.

5.2 Lieferzustand

5.2.1 ● Der Behandlungszustand, in dem der Werkstoff geliefert werden soll, ist vom Besteller jeweils anzugeben.

6 Bezeichnung

Beispiel:

Bezeichnung eines warmgewalzten Rundstahles mit 65 mm Durchmesser aus der Stahlsorte 24 CrMo 5 im vergüteten Zustand (siehe Beispiel in Abschnitt 6.1):

$$\text{Rund 65 DIN 1013} - \text{24 CrMo 5 V}$$
$$\text{oder Rund 65 DIN 1013} - 1.7258.05$$

7 Anforderungen

7.3 Mechanische Eigenschaften

7.3.2 Anhaltsangaben über die Langzeit-Warmfestigkeitseigenschaften und die Relaxationseigenschaften der Werkstoffe sind in Tabelle 9 und 10 bzw. in den Bildern 4 bis 7 enthalten. Die angegebenen Werte sind Mittelwerte der bisher erfaßten Streubereiche, und zwar bei den Langzeit-Warmfestigkeitseigenschaften Mittelwerte für glatte und gekerbte Proben. Es kann angenommen werden, daß die untere Grenze des Streubereiches der Zeitstandfestigkeit von glatten und gekerbten Proben um rund 20 % niedriger liegt als die angegebenen Werte. Die Werte werden nach Vorliegen weiterer Versuchsergebnisse von Zeit zu Zeit überprüft und unter Umständen berichtigt.

7.3.3 Anhaltsangaben über den statischen Elastizitätsmodul der Werkstoffe in Abhängigkeit von der Temperatur sind in Tabelle 6 bzw. Bild 3 aufgeführt.

7.4 Physikalische Eigenschaften

7.4.1 Anhaltsangaben über die Dichte, die Wärmeausdehnung, die Wärmeleitfähigkeit und die spezifische Wärme der Werkstoffe befinden sich in Tabelle 7.

8 Prüfung

8.1 ● Ablieferungsprüfungen

Der Besteller kann für alle Werkstoffe dieser Norm Ablieferungsprüfungen vereinbaren, die im allgemeinen durch Sachverständige des Lieferwerkes, auf besondere Vereinbarung bei der Bestellung aber auch durch werksfremde Beauftragte des Bestellers ausgeführt werden. Bei der Lieferung von Draht in Ringen kommen jedoch üblicherweise keine Ablieferungsprüfungen in Betracht.

Tabelle 1. Chemische Zusammensetzung der warmfesten und hochwarmfesten Werkstoffe für Schrauben und Muttern (Schmelzenanalyse)

| Werkstoff | | Chemische Zusammensetzung in Gew.-% | | | | | | | | | | | | |
Kurzname	Werkstoffnummer	C	Si	Mn	P	S	Al	B	Cr	Mo	Ni	Ti	V	Sonstige
					höchstens									
C 35 [1]	1.0501	0,32 bis 0,39	0,15 bis 0,35	0,50 bis 0,80	0,045	0,045								
Ck 35	1.1181	0,32 bis 0,39	0,15 bis 0,35	0,50 bis 0,80	0,035	0,035								
Cq 35	1.1172	0,32 bis 0,39	0,15 bis 0,40 [4]	0,50 bis 0,80	0,035	0,035								
24 CrMo 5	1.7258	0,20 bis 0,28	0,15 bis 0,35	0,50 bis 0,80	0,030	0,035			0,90 bis 1,20	0,20 bis 0,35				
21 CrMoV 5 7 [2]	1.7709	0,17 bis 0,25	0,15 bis 0,35	0,35 bis 0,85	0,030	0,035			1,20 bis 1,50	0,65 bis 0,80			0,25 bis 0,35	
40 CrMoV 4 7	1.7711	0,36 bis 0,44	0,15 bis 0,35	0,35 bis 0,85	0,030	0,035			0,90 bis 1,20	0,60 bis 0,75			0,25 bis 0,35	
X 22 CrMoV 12 1	1.4923	0,18 bis 0,24	0,10 bis 0,50	0,30 bis 0,80	0,035	0,035			11,0 bis 12,5	0,80 bis 1,20	0,30 bis 0,80		0,25 bis 0,35	
X 19 CrMoVNbN 11 1	1.4913	0,16 bis 0,22	0,10 bis 0,50	0,30 bis 0,80	0,035	0,035		≦0,010	10,0 bis 11,5	0,50 bis 1,00	0,30 bis 0,80		0,10 bis 0,30	Nb 0,15 bis 0,50, N 0,05 bis 0,10
X 8 CrNiMoBNb 16 16	1.4986	0,04 bis 0,10	0,30 bis 0,60	≦1,5	0,045	0,030		0,05 bis 0,10	15,5 bis 17,5	1,60 bis 2,00	15,5 bis 17,5			Nb + Ta: 10 × % C bis 1,20
NiCr20TiAl [3]	2.4952	≦0,10	≦1,00	≦1,0	0,030	0,015	1,00 bis 1,80	≦0,008	18,0 bis 21,0		≧65	1,8 bis 2,7		Co ≦ 2,00, Fe ≦ 3,00

1) Kommt nur für Muttern in Betracht.
2) An Stelle von Schrauben und Muttern aus diesem Stahl können für eine Übergangszeit auch solche aus den Stählen 24 CrMo V 5 5 (Werkstoffnummer 1.7733) und 21 CrMo V 5 11 (Werkstoffnummer 1.8070) verwendet werden (siehe Erläuterungen). In besonderen Fällen kann anstelle dieses Werkstoffes auch der Stahl 21 CrMoNi V 4 7 (Werkstoffnummer 1.6981) verwendet werden.
3) Für diese Legierung sind jeweils die Werte der letzten Ausgabe von DIN 17 742 maßgebend.
4) ● Bei der Bestellung können niedrigere Siliziumgehalte vereinbart werden, wobei gegebenenfalls deren Auswirkungen auf die gewährleisteten Eigenschaften zu berücktigen sind.

Tabelle 4. Gewährleistete Werte der mechanischen Eigenschaften bei Raumtemperatur der warmfesten und hochwarmfesten Werkstoffe für Schrauben und Muttern (gültig für Längsproben)

Werkstoff Kurzname	Werkstoffnummer	Zustand [2]	Gültigkeit der Angaben für Durchmesser mm	Streckgrenze bzw. 0,2-Grenze N/mm^2 min.	Zugfestigkeit N/mm^2	Bruchdehnung ($L_0 = 5\,d_0$) % min.	Brucheinschnürung % min.	Kerbschlagarbeit [3] DVM-Proben J min.	Kerbschlagarbeit [3] ISO-V-Proben J min.	Anhalt für die übliche obere Grenze der Verwendungstemperatur im Dauerbetrieb °C
C 35 [1]	1.0501	N V	≦100 ≦160	280 280	500 bis 650 500 bis 650	21 22	– 40	– –	– –	350 400
Ck 35	1.1181	V V	≦ 60 >60 ≦160	280 280	500 bis 650 500 bis 650	22 22	45 45	55 41	55 39	350 [4] 350 [4]
Cq 35	1.1172	V [5]	≦ 40	280	500 bis 650	22	45	55	55	350 [4]
24 CrMo 5	1.7258	V	≦100 >100 ≦160	440 420	600 bis 750 600 bis 750	18 18	60 60	103 89	118 102	400 400
21 CrMoV 5 7	1.7709	V	≦250	550	700 bis 850 [6]	16	60	69	63	540
40 CrMoV 4 7	1.7711	V	≦100	700	850 bis 1000 [6]	14	45	41 [7]	47 [7]	540
X 22 CrMoV 12 1	1.4923	V	≦250	600 700	800 bis 950 900 bis 1050	14 11	40 35	34 27	27 20	580 580
X 19 CrMoVNbN 11 1	1.4913	V	≦250	780	900 bis 1050	10	40	24	20	580
X 8 CrNiMoBNb 16 16	1.4986	(WK + AL)	≦100	500	650 bis 850	16	40	48	47	650
NiCr20TiAl	2.4952	(AH)	≦160	600	≧1000	12	12	17	20	700

1) Kommt nur für Muttern in Betracht.

2) Siehe hierzu Tabellen 3 und 8.

3) Für Abnahmeprüfungen kann vereinbart werden, welche der beiden angegebenen Probenformen zu verwenden ist. Werden die für ISO-V-Proben geforderten Mindestwerte der Kerbschlagarbeit unterschritten, ist so zu verfahren, als sei der Nachweis der Kerbschlagarbeit an DVM-Proben verlangt.

4) Für Muttern kann die übliche obere Grenze der Verwendungstemperatur im Dauerbetrieb um 50 °C höher sein.

5) Der Stahl Cq 35 wird im allgemeinen wegen seiner Weiterverarbeitung durch Kaltumformung im Zustand „geglüht auf kugeligen Zementit" (GKZ) geliefert.

6) Die obere Grenze der Zugfestigkeitsspanne darf nicht überschritten werden; eine geringfügige Unterschreitung der unteren Grenze der Zugfestigkeitsspanne ist zulässig, falls der Mindestwert der Streckgrenze erreicht ist.

7) Die angegebenen Werte sind vorläufige Werte, die überprüft werden.

Tabelle 5. Gewährleistete Werte der Streckgrenze bei erhöhten Temperaturen der warmfesten und hochwarmfesten Werkstoffe für Schrauben und Muttern (gültig für Längsproben)

Werkstoff Kurzname	Werkstoffnummer	Zustand 1)	Gültigkeit der Angaben für Durchmesser mm	Streckgrenze bzw. 0,2-Grenze bei der Temperatur von 2), 3) N/mm² min.										
				20 °C	200 °C	250 °C	300 °C	350 °C	400 °C	450 °C	500 °C	550 °C	600 °C	650 °C
Ck 35	1.1181	V	≤160	280	220	203	186	167	147	–	–	–	–	–
Cq 35	1.1172	V	≤ 40	280	220	203	186	167	147	–.	–	–	–	–
24 CrMo 5	1.7258	V	≤100 / >100 ≤160	440 / 420	412 / 382	392 / 372	363 / 344	333 / 324	304 / 294	275 / 265	235 / 226	–	–	–
21 CrMoV 5 7	1.7709	V	≤250	550	500	480	460	412	412	372	334	275	–	–
40 CrMoV 4 7	1.7711	V	≤100	700	635	617	598	578	540	500	460	403	–	–
X 22 CrMoV 12 1	1.4923	V	≤250	600 / 700	530 / 603	505 / 578	480 / 550	452 / 515	423 / 485	382 / 442	344 / 392	284 / 329	206 / 250	–
X 19 CrMoVNbN 11 1	1.4913	V	≤250	780	700	680	655	620	580	530	470	400	315	–
X 8 CrNiMoBNb 16 16	1.4986	(WK + AL)	≤100	500	432	412	393	372	353	334	314	284	255	206
NiCr20TiAl	2.4952	(AH)	≤160	600	568	564	560	550	540	530	520	510	500	480

1) Siehe Tabellen 3 und 8.
2) Für die unlegierten und niedriglegierten, ferritisch-perlitischen Stähle ist die Streckgrenze, oder wenn diese nicht ausgeprägt ist, die 0,2-Grenze, für die anderen Werkstoffe ist nur die 0,2-Grenze maßgebend.
3) Die Werte für Temperaturen, die oberhalb des Schnittpunktes mit der entsprechenden Zeitdehngrenzkurve liegen, gelten als Anhaltsangaben und werden nicht nachgeprüft.

Tabelle 6. Anhaltsangaben für den statischen Elastizitätsmodul der warmfesten und hochwarmfesten Werkstoffe für Schrauben und Muttern

Werkstoffgruppe [1]	Statischer Elastizitätsmodul bei der Temperatur von 10^3 N/mm²										
	20 °C	100 °C	200 °C	300 °C	400 °C	450 °C	500 °C	550 °C	600 °C	700 °C	800 °C
Ferritische Stähle (1.0501, 1.1181, 1.1172, 1.7258, 1.7709, 1.7711)	211	204	196	186	177	172	164	152	127	–	–
Stähle mit rund 12 % Cr (1.4923, 1.4913)	216	209	200	190	179	175	167	157	127	–	–
Austenitische Stähle (1.4986)	196	192	186	181	174	170	165	161	157	147	–
NiCr20TiAl	216	212	208	202	196	193	189	184	179	161	130

1) Die zu den genannten Werkstoffgruppen gehörenden Stähle sind mit ihrer Werkstoffnummer angegeben.

Tabelle 7. Anhaltsangaben über die physikalischen Eigenschaften der warmfesten und hochwarmfesten Werkstoffe für Schrauben und Muttern

Werkstoff (Werkstoffnummer / Kurzname)	Dichte bei 20 °C kg/dm³	Thermischer Ausdehnungskoeffizient zwischen 20 °C und 10^{-6} K^{-1}								(Mittlere) Wärmeleitfähigkeit [1]		(Mittlere) spezifische Wärmekapazität [1]	
		100 °C	200 °C	300 °C	400 °C	500 °C	600 °C	700 °C	800 °C	bei °C	$\frac{W}{K \cdot m}$	bei °C	$\frac{J}{kg \cdot K}$
1.0501 / C 35 1.1181 / Ck 35 1.1172 / Cq 35	7,85	11,1	12,1	12,9	13,5	13,9	14,1			20	42	20	460
1.7258 / 24 CrMo 5 1.7709 / 21 CrMoV 5 7 1.7711 / 40 CrMoV 4 7	7,7	10,5	11	11,5	12	12,3	12,5			20	33	20	460
1.4923 / X 22 CrMoV 12 1 1.4913 / X 19 CrMoVNbN 11 1	7,7									20 20 bis 650	24 29	20 0 bis 800	460 540
1.4986 / X 8 CrNiMoBNb 16 16	7,9	16,6	17,7	17,9	17,9	17,9	18,1	18,3	18,6	20 650	15 25	20 0 bis 800	460 590
2.4952 / NiCr20TiAl	8,2	11,9	12,6	13,1	13,5	13,7	14,0	14,5	15,1	20 100 900	13 12 28	20 0 bis 800	460 590

1) Es handelt sich zum großen Teil um die Ergebnisse von Messungen an einzelnen Schmelzen. Nach Vorliegen weiterer Meßergebnisse sollen die Werte vereinheitlicht und gegebenenfalls berichtigt werden.

Tabelle 8. Angaben für Warmformgebung und Wärmebehandlung der warmfesten und hochwarmfesten Werkstoffe für Schrauben und Muttern 1)

Werkstoff		Warmformgebung °C	Härten, Abschrecken oder Lösungsglühen °C	Abkühlen in	Anlassen bzw. Auslagern bzw. Aushärten °C	Spannungsarmglühen °C
Kurzname	Werkstoffnummer					
C 35	1.0501	1100 bis 850	870 bis 900	Öl	650 bis 710, min. 2 h	550 bis 620
Ck 35	1.1181					
Cq 35	1.1172					
24 CrMo 5	1.7258	1100 bis 850	900 bis 950	Öl oder Luft	650 bis 710, min. 2 h	550 bis 620
21 CrMoV 5 7 2)	1.7709	1100 bis 850	890 bis 940	Öl oder Luft	680 bis 720, min. 2 h	580 bis 650
40 CrMoV 4 7 2)	1.7711	1100 bis 850	880 bis 930	Öl (oder Luft)	670 bis 730, min. 2 h	570 bis 640
X 22 CrMoV 12 1	1.4923	1100 bis 850	1020 bis 1070	Luft oder Öl	640 bis 720, min. 2 h	600 bis 680
X 19 CrMoVNbN 11 1	1.4913	1100 bis 850	1100 bis 1150	Luft oder Öl	670 bis 750, min. 2 h	630 bis 710
X 8 CrNiMoBNb 16 16	1.4986	1150 bis 850 3)	–	–	750 bis 800, 5 bis 1 h/Luft	750 bis 800
NiCr20TiAl 4)	2.4952	1150 bis 1050	1050 bis 1080, 8 h	Luft	840 bis 860, 24 h/Luft und 690 bis 710, 16 h/Luft	–

1) Die Temperaturen für die Warmformgebung sind Anhaltswerte, die anderen Angaben sind möglichst einzuhalten.
2) Wegen der Bedeutung für die Versprödung darf die Abschrecktemperatur nicht über- und die Anlaßtemperatur nicht unterschritten werden.
3) Warmkaltverfestigen bei 750 bis 850 °C.
4) Die vollständige, dreistufige Wärmebehandlung ist nach der letzten bildsamen Formgebung (z. B. nach dem Gewinderollen) durchzuführen.

Tabelle 9. Anhaltsangaben für die Langzeit-Warmfestigkeitswerte

Werkstoff Kurzname	Werkstoffnummer	Temperatur °C	0,2 %-Zeitdehngrenze für N/mm²			1 %-Zeitdehngrenze für N/mm²			Zeitstandfestigkeit für N/mm²		
			10000h	30000h	100000h	10000h	30000h	100000h	10000h	30000h	100000h
Ck 35 und Cq 35	1.1181 1.1172	350	199	172	133	208	185	151	246	230	218
		360	182	157	122	197	177	139	236	215	202
		370	167	142	112	185	163	130	224	200	185
		380	149	128	100	174	154	120	212	188	169
		390	133	114	90	161	140	109	200	174	154
		400	118	101	79	147	127	98	187	159	138
		410	103	88	69	132	115	87	173	145	122
		420	90	77	60	116	100	77	156	130	106
		430	79	67	51	102	88	67	138	113	93
		440	68	57	43	89	76	58	118	98	80
		450	59	49	35	78	66	49	100	86	69
		460	50	40	29	68	56	40	87	75	61
		470	43	34	25	58	48	34	77	64	53
		480	35	29	21	49	41	29	69	55	45
		490	29	24	18	42	35	26	61	48	39
		500	25	21	16	35	30	22	53	43	34
24 CrMo 5	1.7258	420	204	180	165	274	248	221	387	344	308
		430	188	170	152	258	230	203	364	322	281
		440	174	155	138	242	212	186	338	292	253
		450	162	143	125	226	195	171	311	266	226
		460	149	130	113	210	180	155	283	240	200
		470	135	118	100	195	163	141	255	213	178
		480	124	105	87	180	148	127	226	188	157
		490	112	94	75	163	135	112	200	165	136
		500	100	82	64	147	120	98	176	145	118
		510	88	70	53	130	105	83	153	125	100
		520	77	58	42	115	90	69	133	106	82
		530	66	47	32	98	74	54	114	88	66
		540	55	37	24	81	58	39	95	71	51
		550	46	29	18	64	41	25	79	54	36
21 CrMoV 7 und 40 CrMoV 4 7	1.7709 1.7711	420	394	373	351	437	409	364	481	445	410
		430	369	349	323	412	382	338	455	419	385
		440	343	322	293	387	359	314	429	392	358
		450	317	294	262	361	334	288	405	364	328
		460	287	264	228	337	308	265	378	336	299
		470	267	235	197	313	284	242	351	308	268
		480	242	204	168	288	259	220	324	281	240
		490	216	178	142	266	239	197	298	256	207
		500	191	154	119	242	215	175	271	230	188
		510	166	131	99	221	193	154	248	208	167
		520	144	112	83	199	172	132	226	187	146
		530	123	94	67	177	150	112	207	168	128
		540	106	81	55	157	130	94	189	151	111
		550	89	67	44	138	108	74	170	135	95
X 22 CrMoV 12 1, vergütet auf 800 bis 950 N/mm² Zugfestigkeit	1.4923	450	343	310	264	436	401	373	480	453	432
		460	314	283	240	405	372	341	451	422	397
		470	285	256	215	375	338	308	422	396	368
		480	258	230	193	344	306	278	394	360	336
		490	230	204	168	316	278	248	366	335	306
		500	204	179	147	289	254	221	338	304	275
		510	178	156	127	262	228	195	312	278	245
		520	155	133	108	235	200	170	286	250	216
		530	132	114	91	211	177	148	261	222	187
		540	114	96	77	187	156	127	235	196	161
		550	96	81	63	165	135	108	211	172	137
		560	80	67	51	144	117	91	187	150	118
		570	68	55	41	126	99	77	165	128	99
		580	58	46	33	108	84	64	143	111	83
		590	51	39	28	92	71	53	122	93	70
		600	46	36	27	79	60	44	103	79	59
		650	—	—	—	—	—	—	46	35	26
		700	—	—	—	—	—	—	25	20	14
		750	—	—	—	—	—	—	14	—	—
		800	—	—	—	—	—	—	9	—	—
X 22 CrMoV 12 1, vergütet auf 900 bis 1050 N/mm² Zugfestigkeit	1.4923	450	359	322	273	475	450	403	516	489	445
		460	330	295	249	445	418	372	487	459	414
		470	300	268	226	415	386	340	458	428	382
		480	274	242	203	386	356	310	428	398	352
		490	246	216	180	356	325	280	398	366	319
		500	219	192	160	327	296	251	368	334	288
		510	194	168	139	298	266	221	337	303	256
		520	170	147	119	270	238	193	308	272	226
		530	148	127	101	242	210	167	278	242	196
		540	128	108	86	215	183	142	250	215	170
		550	109	91	70	189	158	120	222	185	144
		560	92	76	57	166	134	99	196	160	122
		570	78	62	45	142	114	81	171	136	101
		580	65	51	37	123	95	65	148	115	84
		590	55	43	31	104	80	53	126	97	70
		600	47	37	27	87	66	42	108	82	59

Tabelle 9. (Fortsetzung)

Werkstoff		Tempe-ratur	0,2 %-Zeitdehngrenze für			1 %-Zeitdehngrenze für			Zeitstandfestigkeit für		
Kurzname	Werk-stoff-nummer	°C	10000h	30000h	100000h	10000h	30000h	100000h	10000h	30000h	100000h
			N/mm²			N/mm²			N/mm²		
X 19 CrMoVNbN 11 1	1.4913	450	442	413	373	500	478	448	578	560	530
		460	408	380	338	475	450	416	545	522	488
		470	376	348	305	450	423	388	512	485	448
		480	344	316	274	424	392	358	480	452	410
		490	315	285	245	398	366	328	450	415	373
		500	286	257	216	374	339	298	420	382	334
		510	261	230	191	349	310	268	394	353	298
		520	238	205	168	323	281	238	368	323	265
		530	215	181	143	298	253	210	341	292	232
		540	191	159	120	274	224	181	315	262	201
		550	170	135	98	250	197	153	289	235	172
		560	147	113	—	225	167	—	263	207	144
		570	127	90	—	201	138	—	238	180	119
		580	105	68	—	177	110	—	213	155	96
		590	88	45	—	154	81	—	188	132	75
		600	69	23	—	133	49	—	164	111	59
X 8 CrNiMoBNb 16 16, warmkaltverformt	1.4986	580	245	200	164	358	328	302	381	352	323
		590	240	193	158	336	303	278	364	330	298
		600	235	186	147	324	288	255	344	308	275
		610	230	180	137	306	264	230	325	288	251
		620	225	170	126	287	242	204	306	263	228
		630	210	156	112	268	220	179	287	242	204
		640	195	145	96	247	196	153	267	220	181
		650	176	127	79	226	171	128	245	196	157
		660	145	104	64	204	148	104	221	173	133
		670	120	85	51	182	125	85	198	151	113
NiCr20TiAl	2.4952	500	533	494	452	624	576	530	(745)	(666)	(578)
		510	516	475	426	608	557	504	(711)	(633)	(545)
		520	498	452	402	586	533	477	(680)	(601)	(510)
		530	480	430	377	567	512	450	646	570	480
		540	462	407	353	544	488	418	615	538	447
		550	445	386	330	523	465	390	582	510	416
		560	425	363	309	500	442	362	552	476	384
		570	410	344	284	474	412	334	520	445	354
		580	385	321	262	450	386	308	491	417	327
		590	364	299	243	425	361	282	462	382	298
		600	343	278	220	398	336	257	433	360	272
		610	322	259	201	370	311	230	403	333	247
		620	302	238	181	348	289	210	378	309	222
		630	283	220	162	326	265	187	351	282	198
		640	265	202	145	303	245	167	325	258	176
		650	245	184	128	275	224	149	300	235	157
		660	228	169	113	260	202	132	275	212	135
		670	211	152	98	240	185	115	251	190	118
		680	191	138	84	219	165	99	229	170	102
		690	174	123	72	201	149	85	208	152	88
		700	157	110	61	183	133	72	186	133	75
		710	140	96	52	167	118	64	170	118	65
		720	125	84	43	150	103	55	153	104	57
		730	108	71	35	135	90	47	137	93	49
		740	93	61	30	122	79	40	125	82	44
		750	83	50	24	106	69	33	114	75	37
		760	66	41	20	97	59	29	103	67	33
		770	54	33	16	85	53	24	94	59	29
		780	45	25	12	75	46	20	86	53	25
		790	33	20	9	68	40	17	78	47	23
		800	24	15	5	58	35	16	70	43	20

	Schmiedestücke und gewalzter oder geschmiedeter Stabstahl aus warmfesten schweißgeeigneten Stählen Technische Lieferbedingungen	**DIN** **17 243**

1 Anwendungsbereich

1.1 Diese Norm gilt für die in Tabelle 1 aufgeführten warmfesten schweißgeeigneten Stähle, sofern diese in Form von Schmiedestücken oder gewalztem oder geschmiedetem Stabstahl zu liefern sind.

Bei Verwendung der Erzeugnisse für überwachungsbedürftige Anlagen sind zusätzlich die entsprechenden Regelwerke (z. B. TRD, TRG und TRB) zu beachten. Gleiches gilt für andere Anwendungsbereiche, für die zusätzliche Regelwerke bestehen.

2 Begriff

Als **warmfest** im Sinne dieser Norm gelten Stähle, für die bei höheren Temperaturen, zum Teil bis zu 600 °C, Eigenschaften bei langzeitiger Beanspruchung ausgewiesen werden.

5 Sorteneinteilung

Diese Norm umfaßt Erzeugnisse nach Abschnitt 1.1 aus den in Tabelle 1 angegebenen Stahlsorten. Sie sind nach der chemischen Zusammensetzung eingeteilt.

Die Wahl der Stahlsorte ist Angelegenheit des Bestellers.

6 Bezeichnung und Bestellung

Beispiel:

Stahl DIN 17 243 – X 20 CrMoV 12 1

oder

Stahl DIN 17 243 – 1.4922

7 Anforderungen

7.2 Lieferzustand

7.2.1 Die Stücke sind sachgemäß wärmebehandelt zu liefern. Als Wärmebehandlung kommen je nach Stahlsorte und Maß Normalglühen oder Vergüten (Vergüten mit Härten durch Abkühlen an Luft oder in Flüssigkeit) in Betracht.

●● Wird die Lieferung in einem hiervon abweichenden Wärmebehandlungszustand gewünscht, so ist er bei der Bestellung festzulegen.

7.2.2 Bei gewalztem Stabstahl aus den Stahlsorten C 22.8, 17 Mn 4 und 20 Mn 5 kann das Normalglühen durch ein normalisierendes Umformen ersetzt werden.¹)

¹) Falls das Normalglühen im Rahmen einer thermomechanischen Behandlung durch ein normalisierendes Umformen ersetzt wird, ist bei Verwendung der Erzeugnisse für überwachungsbedürftige Anlagen vom Hersteller ein erstmaliger Nachweis zu führen, daß der dem normalgeglühten Zustand gleichwertige Zustand mit ausreichender Sicherheit erreicht wird.

Tabelle 1. Chemische Zusammensetzung nach der Schmelzenanalyse

Stahlsorte Kurzname	C	Si höchstens	Mn	P höchstens	S höchstens	Cr	Mo	Ni	V
				Massenanteile in %²)					
C 22.8	0,18 bis 0,23	0,40	0,40 bis 0,90¹)	0,035	0,030				
17 Mn 4	0,14 bis 0,20	0,40	0,90 bis 1,20	0,035	0,030	bis 0,30			
20 Mn 5	0,17 bis 0,23	0,60	1,00 bis 1,50	0,035	0,030	bis 0,30			
15 Mo 3	0,12 bis 0,22	0,40	0,40 bis 0,80	0,035	0,030	bis 0,30	0,25 bis 0,35		
13 CrMo 4 4	0,10 bis 0,18	0,40	0,40 bis 0,70	0,035	0,030	0,80 bis 1,15	0,40 bis 0,80		
10 CrMo 9 10	0,08 bis 0,15	0,40	0,40 bis 0,70	0,035	0,030	2,00 bis 2,50	0,90 bis 1,10		
14 MoV 6 3	0,10 bis 0,18	0,40	0,40 bis 0,70	0,035	0,030	0,30 bis 0,60	0,50 bis 0,70	bis 0,50	0,22 bis 0,32
X 20 CrMoV 12 1	0,17 bis 0,23	0,40	bis 1,00	0,030	0,030	10,00 bis 12,50	0,80 bis 1,20	0,30 bis 0,80	0,25 bis 0,35

¹) Bei Stücken mit dem maßgeblichen Wärmebehandlungsdurchmesser bis 150 mm oder entsprechenden dicken (siehe Tabelle 4) gilt für den Mangangehalt nach der Schmelzanalyse 0,30 bis 0,90 %.

²) Der Al_{ges}-Gehalt beträgt bei C 22.8, 17 Mn 4 und 20 Mn 5 0,015–0,050 %; für die anderen Stahlmarken ist der Aluminiumgehalt der Schmelze zu ermitteln und in der Bescheinigung anzugeben.

Tabelle 3. **Mechanische Eigenschaften bei Raumtemperatur**

Kurzname	Werk-stoff-nummer	Maßgeblicher Wärme-behandlungs-durchmesser [1] mm	Streck-grenze [2] N/mm² mindestens	Zugfestig-keit N/mm²	Bruchdehnung [3] ($L_0 = 5 \cdot d_0$) L	T	Q % mindestens	Kerbschlag-arbeit [3],[4] ISO-V-Proben L	T+Q J mindestens
C 22.8	1.0460	bis 60	250	410 bis 540	25	23	20	44	31
		über 60 bis 105	240	410 bis 540	25	23	20	44	31
		über 105 bis 225	230	410 bis 540	25	23	19	44	31
		über 225 bis 375	210	400 bis 520	25	21	19	40	27
		über 375 bis 750	200	400 bis 520	25	21	19	40	27
17 Mn 4	1.0481	bis 750	250	460 bis 550	23	21	21	40	27
20 Mn 5 N	1.1133	bis 750	260	490 bis 610	22	20	20	40	27
20 Mn 5 V	1.1133	bis 375	295	490 bis 610	23	21	21	44	35
		über 375 bis 750	275	490 bis 610	23	21	21	44	35
15 Mo 3	1.5415	bis 60	295	440 bis 570	23	21	21	50	34
		über 60 bis 90	285	440 bis 570	23	21	21	50	34
		über 90 bis 150	275	440 bis 570	23	21	21	50	34
		über 150 bis 375	265	440 bis 570	23	21	21	50	34
		über 375 bis 750	250	420 bis 550	23	21	21	50	34
13 CrMo 4 4	1.7335	bis 60	295	440 bis 590	20	18	18	44	27
		über 60 bis 90	285	440 bis 590	20	18	18	44	27
		über 90 bis 150	275	440 bis 590	20	18	18	44	27
		über 150 bis 375	265	440 bis 590	20	18	18	44	27
		über 375 bis 750	240	420 bis 570	20	18	18	44	27
10 CrMo 9 10	1.7380	bis 60	300	480 bis 630	22	20	20	60	50
		über 60 bis 90	290	480 bis 630	22	20	20	60	50
		über 90 bis 150	275	460 bis 610	22	20	20	60	50
		über 150 bis 375	265	450 bis 600	22	20	20	60	50
		über 375 bis 750	240	430 bis 580	22	20	20	60	50
14 MoV 6 3	1.7715	bis 60	320	490 bis 690	20	18	18	40	31
		über 60 bis 90	310	490 bis 690	20	18	18	35	27
		über 90 bis 300	300	490 bis 690	20	18	18	30	24
X 20 CrMoV 12 1	1.4922	bis 160	500	700 bis 850	16	14	14	39	27
		über 160 bis 375	500	700 bis 850	16	14	14	31	27
		über 375 bis 500	500	700 bis 850	16	14	14	27	24

[1]) Es gelten zusätzlich die Angaben der Tabelle 4.
[2]) Die Werte gelten für die obere Streckgrenze; wenn sich diese nicht ausprägt, gelten sie für die 0,2%-Dehngrenze.
[3]) Die Kurzzeichen L, T und Q gelten für die Probenrichtung in bezug zum Faserverlauf (siehe Abschnitt 9.3.3.1).
[4]) Mittelwert aus drei Proben, wobei nur ein Einzelwert den vorgeschriebenen Mindestwert unterschreiten darf, und zwar um höchstens 30%.

7.4 Mechanische Eigenschaften

7.4.2 Die in den Tabellen 3 und 5 angegebenen Werte der mechanischen Eigenschaften gelten für den üblichen Wärmebehandlungszustand.

Nach einer Wärmebehandlung nach dem Schweißen, entsprechend den Angaben in Abschnitt B.1.2 und Tabelle B.1, können die in den Tabellen 3 und 5 für die Streckgrenze und Zugfestigkeit angegebenen Werte bis zu 10% unterschrit-ten werden. Die Werte der Langzeit-Warmfestigkeit sind dadurch nicht beeinträchtigt.

9 Prüfung

9.1 Abnahmeprüfungen

Lieferungen nach dieser Norm sind einer Abnahmeprüfung zu unterziehen.

Tabelle 5.   **Mindestwerte der 0,2%-Dehngrenze bei erhöhten Temperaturen**

Stahlsorte Kurzname	Werkstoffnummer	Maßgeblicher Wärmebehandlungsdurchmesser [1] mm	20°C	100°C	150°C	200°C	250°C	300°C	350°C	400°C	450°C	500°C	550°C	600°C
			0,2%-Dehngrenze bei N/mm² mindestens											
C 22.8	1.0460	bis 60	250	237	216	190	170	150	130	110	90			
		über 60 bis 105	240	230	210	185	165	145	125	100	80			
		über 105 bis 225	230	220	200	175	155	135	115	90	70			
		über 225 bis 375	210	200	180	160	140	125	105	85	65			
		über 375 bis 750	200	190	170	155	135	115	100	80	60			
17 Mn 4	1.0481	bis 750	250	225	210	180	165	150	135	120	100			
20 Mn 5 N	1.1133	bis 750	260	245	225	210	190	170	150	130	105			
20 Mn 5 V	1.1133	bis 375	295	270	255	235	215	195	175	155	130			
		über 375 bis 750	275	260	240	220	200	180	160	140	115			
15 Mo 3	1.5415	bis 60	295	264	245	225	205	180	170	160	155	150		
		über 60 bis 90	285	250	230	210	195	170	160	150	145	140		
		über 90 bis 150	275	240	220	200	185	160	155	145	140	135		
		über 150 bis 375	265	235	210	190	175	150	145	140	135	130		
		über 375 bis 750	250	220	200	180	165	145	140	135	130	125		
13 CrMo 4 4	1.7335	bis 60	295	260	245	240	230	215	200	190	180	175		
		über 60 bis 90	285	250	240	230	220	205	190	180	170	165		
		über 90 bis 150	275	250	235	220	210	195	180	170	160	155		
		über 150 bis 375	265	240	225	210	200	185	175	165	155	150		
		über 375 bis 750	240	220	210	200	190	175	165	160	150	145		
10 CrMo 9 10	1.7380	bis 60	300	275	260	245	240	230	215	205	195	185		
		über 60 bis 90	290	265	250	235	230	220	205	195	185	175		
		über 90 bis 150	275	255	240	225	220	210	195	185	175	165		
		über 150 bis 375	265	245	230	215	210	200	185	175	165	155		
		über 375 bis 750	240	225	215	205	200	190	175	165	155	145		
14 MoV 6 3	1.7715	bis 60	320	300	285	270	255	230	215	200	185	170		
		über 60 bis 90	310	290	275	260	245	220	205	190	175	160		
		über 90 bis 300	300	280	265	250	235	210	195	180	165	150		
X 20 CrMoV 12 1	1.4922	bis 500	500	460	445	430	415	390	380	360	330	290	250	160

[1] Es gelten zusätzlich die Angaben der Tabelle 4.

Anhang A

Vorläufige Anhaltsangaben über die Langzeitwarmfestigkeit

Anmerkung: Die Angabe von Werten der 1%-Zeitdehngrenze oder der Zeitstandfestigkeit bis zu den in Tabelle A.1 aufgeführten hohen Temperaturen bedeutet nicht, daß die Stähle im Dauerbetrieb bis zu diesen Temperaturen eingesetzt werden dürfen. Maßgebend dafür sind die Gesamtbeanspruchungen im Betrieb, besonders die Verzunderungsbedingungen.

Tabelle A.1.

Stahlsorte [1] Kurzname	Temperatur °C	1%-Zeitdehngrenze [2] für		Zeitstandfestigkeit [3] für		
		10 000 h N/mm²	100 000 h N/mm²	10 000 h N/mm²	100 000 h N/mm²	200 000 h N/mm²
C 22.8	380	164	118	229	165	145
	390	150	106	211	148	129
	400	136	95	191	132	115
	410	124	84	174	118	101
	420	113	73	158	103	89
	430	101	65	142	91	78
	440	91	57	127	79	67
	450	80	49	113	69	57
	460	72	42	100	59	48
	470	62	35	86	50	40
	480	53	30	75	42	33
17 Mn 4 20 Mn 5 N 20 Mn 5 V	380	195	153	291	227	206
	390	182	137	266	203	181
	400	167	118	243	179	157
	410	150	105	221	157	135
	420	135	92	200	136	115
	430	120	80	180	117	97
	440	107	69	161	100	82
	450	93	59	143	85	70
	460	83	51	126	73	60
	470	71	44	110	63	52
	480	63	38	96	55	44
	490	55	33	84	47	37
	500	49	29	74	41	30
15 Mo 3	450	216	167	298	245	228
	460	199	146	273	209	189
	470	182	126	247	174	153
	480	166	107	222	143	121
	490	149	89	196	117	96
	500	132	73	171	93	75
	510	115	59	147	74	57
	520	99	46	125	59	45
	530	84	36	102	47	36

[1] Die Tabelle enthält vorläufige Anhaltsangaben über die Langzeitwarmfestigkeit der warmfesten Stähle für Schmiedestücke. Die in der Tabelle aufgeführten Werte sind die Mittelwerte des bisher erfaßten Streubereichs, die nach Vorliegen weiterer Versuchsergebnisse von Zeit zu Zeit überprüft und unter Umständen berichtigt werden. Nach den bisher zur Verfügung stehenden Unterlagen aus Langzeit-Standversuchen kann angenommen werden, daß die untere Grenze dieses Streubereichs bei den angegebenen Temperaturen für die aufgeführten Stahlsorten um rund 20 % tiefer liegt als der angegebene Mittelwert.

[2] Das ist die auf den Ausgangsquerschnitt bezogene Spannung, die zu einer bleibenden Dehnung von 1 % nach 10 000 oder 100 000 Stunden führt.

[3] Das ist die auf den Ausgangsquerschnitt bezogene Spannung, die zum Bruch nach 10 000, 100 000 oder 200 000 Stunden führt.

Tabelle A.1.   (Fortsetzung)

Stahlsorte [1] Kurzname	Temperatur °C	1%-Zeitdehngrenze [2] für		Zeitstandfestigkeit [3] für		
		10 000 h N/mm²	100 000 h N/mm²	10 000 h N/mm²	100 000 h N/mm²	200 000 h N/mm²
13CrMo 4 4	450	245	191	370	285	260
	460	228	172	348	251	226
	470	210	152	328	220	195
	480	193	133	304	190	167
	490	173	116	273	163	139
	500	157	98	239	137	115
	510	139	83	209	116	96
	520	122	70	179	94	76
	530	106	57	154	78	62
	540	90	46	129	61	50
	550	76	36	109	49	39
	560	64	30	91	40	32
	570	53	24	76	33	26
10 CrMo 9 10	450	240	166	306	221	201
	460	219	155	286	205	186
	470	200	145	264	188	169
	480	180	130	241	170	152
	490	163	116	219	152	136
	500	147	103	196	135	120
	510	132	90	176	118	105
	520	119	78	156	103	91
	530	107	68	138	90	79
	540	94	58	122	78	68
	550	83	49	108	68	58
	560	73	41	96	58	50
	570	65	35	85	51	43
	580	57	30	75	44	37
	590	50	26	68	38	32
	600	44	22	61	34	28
14 MoV 6 3	480	243	177	299	218	182
	490	219	155	268	191	163
	500	195	138	241	170	145
	510	178	122	219	150	127
	520	161	107	198	131	109
	530	146	94	179	116	91
	540	133	81	164	100	76
	550	120	69	148	85	61
	560	109	59	134	72	48
X 20 CrMoV 12 1	470	324	260	368	309	285
	480	299	236	345	284	262
	490	269	213	319	260	237
	500	247	190	294	235	215
	510	227	169	274	211	191
	520	207	147	253	186	167
	530	187	130	232	167	147
	540	170	114	213	147	128
	550	151	98	192	128	111
	560	135	85	173	112	96
	570	118	72	154	96	81
	580	103	61	136	82	68
	590	90	52	119	70	58
	600	75	43	101	59	48
	610	64	36	87	50	40
	620	53	30	73	42	33
	630	44	25	60	34	27
	640	36	20	49	28	22
	650	29	17	40	23	18

[1]) bis [3]) siehe Seite 12

Tabelle B.1. **Anhaltsangaben für Wärmebehandlung und Schweißverfahren**

Stahlsorte		Temperaturbereich für			Schweißverfahren	Temperaturbereich für das Glühen bei erforderlicher Wärmebehandlung nach dem Schweißen[1] °C
		Normalglühen °C	Vergüten			
Kurzname	Werkstoffnummer		Austenitisieren °C	Anlassen °C		
C 22.8	**1.0460**	890 bis 950	–	–	alle Schmelzschweißverfahren und Abbrennstumpfschweißen	520 bis 580
17 Mn 4	**1.0481**	890 bis 950	–	–		520 bis 580
20 Mn 5	**1.1133**	890 bis 950	880 bis 910	580 bis 650		520 bis 580
15 Mo 3	**1.5415**	890 bis 950[2]	890 bis 960	620 bis 700		530 bis 620
13 CrMo 4 4	**1.7335**	–	890 bis 950[3]	630 bis 740		600 bis 700
10 CrMo 9 10	**1.7380**	–	900 bis 960[3]	650 bis 750		650 bis 750
14 MoV 6 3	**1.7715**	–	950 bis 980[4]	690 bis 740	alle Schmelzschweißverfahren	690 bis 730[5]
X 20 CrMoV 12 1[6]	**1.4922**[6]	–	1020 bis 1070	730 bis 780	außer Gasschmelzschweißung	720 bis 780[7]

[1]) Siehe Abschnitt B.1.2

[2]) Normalglühen kommt nur bei kleinen Erzeugnisdicken (maßgeblicher Wärmebehandlungsdurchmesser bis 150 mm) in Betracht.

[3]) Eine Flüssigkeitsvergütung ist bei Erzeugnisdicken bis 100 mm im Hinblick auf das Zeitstandverhalten nicht zulässig.

[4]) Bis 40 mm Erzeugnisdicke Luftvergütung, ab 40 mm Erzeugnisdicke Flüssigkeitsvergütung.

[5]) Bei Mehrfachglühungen sollte nach vorliegenden Erfahrungen die gesamte Haltedauer 10 Stunden nicht überschreiten, dabei sollte die bei Folgeglühungen nach der ersten Glühung angewendete Temperatur 710 °C nicht überschreiten.

[6]) Nach dem Schweißen ist ein Abkühlen auf unter 130 °C (bei Erzeugnissen größer Dicke jedoch nicht unter 80 °C) erforderlich.

[7]) Für die Glühdauer gelten, abweichend von Abschnitt B.1.2, folgende Empfehlungen:

    bis   8 mm Dicke mindestens   30 Minuten
    über 8 bis 30 mm Dicke mindestens   60 Minuten
    über 30 bis 60 mm Dicke mindestens 120 Minuten
    über 60 mm   Dicke mindestens 180 Minuten.

	Kaltzähe Stähle	**DIN**
	Technische Lieferbedingungen für Blech, Band, Breitflachstahl, Formstahl, Stabstahl und Schmiedestücke	**17 280**

1 Anwendungsbereich

1.1 Diese Norm gilt für Blech und Band, Breitflachstahl, Formstahl, Stabstahl, Freiform- und Gesenkschmiedestücke aus den legierten kaltzähen Stählen nach Tabelle 1 für die Verwendung bei tiefen Temperaturen. Sie werden insbesondere im Apparate-, Behälter- und Leitungsbau sowie im allgemeinen Maschinen- und Gerätebau eingesetzt.

1.2 Werden die Erzeugnisse aus Stählen nach dieser Norm für überwachungsbedürftige Anlagen hergestellt oder verwendet, sind die entsprechenden Regelwerke, z. B. Technische Regeln Druckbehälter (TRB), Merkblätter der Arbeitsgemeinschaft Druckbehälter (AD-Merkblätter), Technische Regeln für brennbare Flüssigkeiten (TRbF), Technische Regeln Druckgase (TRG), zu beachten. Gleiches gilt für andere Anwendungsbereiche, für die zusätzliche Festlegungen bestehen.

2 Begriff

2.1 Als **kaltzäh** im Sinne dieser Norm gelten Stähle, für die ein Mindestwert der Kerbschlagarbeit von 27 J an ISO-Spitzkerbproben in Quer- bzw. Tangentialrichtung bei einer Temperatur von $-60\,°C$ oder tiefer im Lieferzustand angegeben wird.

6 Bezeichnung und Bestellung

Beispiel:

Stahl DIN 17 280 – 11 MnNi 5 3 N

oder

Stahl DIN 17 280 – 1.6212 N

7 Anforderungen

7.2 Lieferzustand

7.2.1 Wärmebehandlungszustand

7.2.1.1 Die Wärmebehandlungszustände, in denen Rollen aus den Stahlsorten 11 MnNi 5 3 und 13 MnNi 6 3 sowie sämtliche sonstigen Erzeugnisse nach dieser Norm üblicherweise geliefert werden, gehen aus den Tabellen 3 und 4 hervor. (Beachte die Anmerkung zu Abschnitt 7.2.1.2.)

Die Wahl des Wärmebehandlungszustandes nach den Tabellen 3 und 4 bleibt dem Hersteller überlassen.

Normalglühen kann bei den Stahlsorten 11 MnNi 5 3 und 13 MnNi 6 3 durch eine gleichwertige Temperaturführung beim und nach dem Warmumformen ersetzt werden. Das bedeutet, daß auch nach einer entsprechenden nachträglichen Wärmebehandlung (N oder N + A) die Anforderungen wieder erfüllt sein müssen.[2]

7.2.1.2 ●● Bei der Bestellung kann die Lieferung im unbehandelten Zustand, in einem der in den Tabellen 3 und 4 bezeichneten Wärmebehandlungszustände oder in einem anderen Zustand vereinbart werden.

Anmerkung: Bei Lieferung von Rollen in den Sorten 26 CrMo 4, 14 NiMn 6, 10 Ni 14, 12 Ni 19, X 7 NiMo 6 und X 8 Ni 9 kommt im allgemeinen der unbehandelte Zustand in Betracht.

7.5 Schweißeignung und Schweißbarkeit

7.5.1 Die Erzeugnisse aus den Stahlsorten dieser Norm sind bei Beachtung der allgemein anerkannten Regeln der Technik – der Stahl 26 CrMo 4 nur bedingt – schweißgeeignet.

●● Für die Stähle 12 Ni 19, X 7 NiMo 6 und X 8 Ni 9 können bei der Bestellung Vereinbarungen über eine Begrenzung des Restmagnetismusses bei der Auslieferung getroffen werden (siehe DVS-Merkblatt 1501).

8 Prüfung

8.1 Abnahmeprüfungen

Lieferungen nach dieser Norm sind einer Abnahmeprüfung zu unterziehen (siehe Abschnitt 8.5).

Tabelle 1. Chemische Zusammensetzung der kaltzähen Stähle (nach der Schmelzenanalyse)

Stahlsorte		Massenanteil in %										
Kurzname	Werkstoffnummer	C	Si max.	Mn	P max.	S max.	$Al_{ges.}$ min.	Cr	Mo	Nb max.	Ni	V max.
26 CrMo 4	1.7219	0,22 bis 0,29	0,35	0,50 bis 0,80	0,030	0,025	–	0,90 bis 1,20	0,15 bis 0,30	–	–	–
11 MnNi 5 3	1.6212	max. 0,14	0,50	0,70 bis 1,50	0,030	0,025	0,020	–	–	0,05	0,30¹) bis 0,80	0,05
13 MnNi 6 3	1.6217	max. 0,16	0,50	0,85 bis 1,65	0,030	0,025	0,020	–	–	0,05	0,30¹) bis 0,85	0,05
14 NiMn 6	1.6228	max. 0,18	0,35	0,80 bis 1,50	0,025	0,020	–	–	–	–	1,30 bis 1,70	0,05
10 Ni 14	1.5637	max. 0,15	0,35	0,30 bis 0,80	0,025	0,020	–	–	–	–	3,25 bis 3,75	0,05
12 Ni 19	1.5680	max. 0,15	0,35	0,30 bis 0,80	0,025	0,020	–	–	–	–	4,50 bis 5,30	0,05
X 7 NiMo 6	1.6349	max. 0,10	0,35	0,60 bis 1,40	0,025	0,020	–	–	0,20 bis 0,35	–	5,00 bis 6,00	0,05
X 8 Ni 9	1.5662	max. 0,10	0,35	0,30 bis 0,80	0,025	0,020	–	–	max. 0,10	–	8,00 bis 10,00	0,05

¹) Bei Erzeugnisdicken ≦ 30 mm darf die untere Grenze bis auf 0,15% Ni unterschritten werden.

Tabelle 3.　**Mechanische Eigenschaften im Zugversuch bei Raumtemperatur[1]**

Stahlsorte		Wärmebehandlungszustand[2]	Obere Streckgrenze R_{eH}[3] für Erzeugnisdicken s in mm			Zugfestigkeit R_m	Bruchdehnung $(L_0 = 5\,d_0)$ $(L_0 = 5{,}65\,\sqrt{S_0})$
			$s \leqq 30$	$30 < s \leqq 50$	$50 < s \leqq 70$		
			für Durchmesser d[4] in mm				
			$d \leqq 45$	$45 < d \leqq 75$	$75 < d \leqq 105$		
			N/mm² min.			N/mm²	% min.
Kurzname	Werkstoff-nummer						
26 CrMo 4	1.7219	H + A	450	440	430	590 bis 740	18
11 MnNi 5 3	1.6212	N oder N + A	285	275	265	410 bis 530	24
13 MnNi 6 3	1.6217	N oder N + A	355	345	335	490 bis 610	22
14 NiMn 6	1.6228	N oder N + A oder H + A	355	345	–	470 bis 640[5]	20[5]
10 Ni 14	1.5637	N oder N + A oder H + A	355	345	335	470 bis 640	20
12 Ni 19	1.5680	N oder N + A oder H + A	390	380	–	510 bis 710[5]	19[5]
X 7 NiMo 6	1.6349	H + H + A	490	480	–	640 bis 840[5]	18[5]
X 8 Ni 9	1.5662	N + N + A oder H + A	490	480	470	640 bis 840	18

1) ● Bei größeren Dicken bzw. Durchmessern als für die jeweilige Stahlsorte in der Tabelle angegeben sind die Werte bei der Bestellung zu vereinbaren.
2) N normalgeglüht, H gehärtet, A angelassen
3) Wenn keine ausgeprägte Streckgrenze auftritt, gelten die Werte für die 0,2%-Dehngrenze.
4) Für Schmiedestücke gilt der maßgebliche Wärmebehandlungsdurchmesser (siehe Abschnitt 7.4.3).
5) Gültig für Erzeugnisdicken ≦ 50 bzw. Durchmesser ≦ 75 mm.

Tabelle 4. Anforderungen an die Kerbschlagarbeit beim Kerbschlagbiegeversuch an ISO-Spitzkerbproben[1]

Mindestwert der Kerbschlagarbeit in J[5][6] bei Prüftemperatur in °C

Stahlsorte Kurzname	Werkstoffnummer	Wärmebehandlungszustand[2]	Erzeugnisdicke s oder Durchmesser d[3] mm	Probenrichtung	−196	−160	−140	−120	−110	−100	−90	−80	−70	−60	−50	−40	−20	+20
26 CrMo 4	1.7219	H + A	s ≤ 50	längs										40	40	45	50	60
			d ≤ 75	quer/tangential										27	27	30	35	40
			50 < s ≤ 70[4]	längs											40	40	50	60
			75 < d ≤ 105[4]	quer/tangential											27	27	35	40
11 MnNi 5 3	1.6212	N oder N + A	s ≤ 70[4]	längs										40	45	50	55	70
13 MnNi 6 3	1.6217		d ≤ 105[4]	quer/tangential										27	30	35	40	45
14 NiMn 6	1.6228	N oder N + A oder H + A	s ≤ 30	längs								40	45	50	50	60	65	65
			d ≤ 45	quer/tangential								27	30	35	35	40	45	45
			30 < s ≤ 50[4]	längs									40	45	50	50	60	65
			45 < d ≤ 75[4]	quer/tangential									27	30	35	35	40	45
10 Ni 14	1.5637	N oder N + A oder H + A	s ≤ 30	längs						40	45	50	50	50	55	55	60	65
			d ≤ 45	quer/tangential						27	30	35	35	35	35	40	45	45
			30 < s ≤ 50	längs							40	45	50	50	50	55	55	65
			45 < d ≤ 75	quer/tangential							27	30	35	35	35	35	40	45
			50 < s ≤ 70[4]	längs								40[7]	45	50	50	50	55	65
			75 < d ≤ 105[4]	quer/tangential								27[7]	30	35	35	35	40	45

[1] bis [7] siehe Seite 159

Tabelle 4. (Fortsetzung)

Stahlsorte Kurzname	Werkstoffnummer	Wärmebehandlungszustand[2]	Erzeugnisdicke s oder Durchmesser d[3] mm	Probenrichtung	\-196	\-160	\-140	\-120	\-110	\-100	\-90	\-80	\-70	\-60	\-50	\-40	\-20	+20
12 Ni 19	1.5680	N oder N + A oder H + A	s ≤ 30	längs				40	45	50	55	60	60	65	65	65	70	70
			d ≤ 45	quer/ tangential				27	30	30	35	40	40	45	45	45	50	50
			30 < s ≤ 50[4]	längs					40	45	50	55	60	60	65	65	65	70
			45 < d ≤ 75[4]	quer/ tangential					27	30	30	35	40	40	45	45	45	50
X 7 NiMo 6	1.6349	H + H + A	s ≤ 30	längs		40	45	45	45	50	55	60	65	70	70	70	70	70
			d ≤ 45	quer/ tangential		27	30	30	35	35	40	45	45	50	50	50	50	50
			30 < s ≤ 50[4]	längs			40	45	45	45	50	55	60	65	70	70	70	70
			45 < d ≤ 75[4]	quer/ tangential			27	30	30	35	35	40	45	45	50	50	50	50
X 8 Ni 9	1.5662	N + N + A oder H + A	s ≤ 70[4]	längs	40	50	50	50	50	60	60	70	70	70	70	70	70	70
			d ≤ 105[4]	quer/ tangential	27	35	35	35	35	40	40	50	50	50	50	50	50	50

Mindestwert der Kerbschlagarbeit in J[5][6] bei Prüftemperatur in °C

[1]) Der Nachweis der Kerbschlagarbeitswerte erfolgt jeweils bei der für die betreffende Stahlsorte und Erzeugnisdicke angegebenen tiefsten Prüftemperatur; die Werte der Kerbschlagarbeit für höhere Prüftemperaturen gelten damit ebenfalls als nachgewiesen.

[2]) N normalgeglüht, H gehärtet, A angelassen.

[3]) Bei Schmiedestücken gilt der maßgebliche Wärmebehandlungsdurchmesser (siehe Abschnitt 7.4.3).

[4]) ● Bei größeren Dicken bzw. Durchmessern sind die Werte zu vereinbaren.

[5]) Mittelwert von drei Proben, wobei nur ein Einzelwert den angegebenen Mindestwert um höchstens 30% unterschreiten darf.

[6]) Bei Erzeugnisdicken < 10 mm gelten die Angaben in Abschnitt 8.3.3.

[7]) Dieser Wert gilt für die Prüftemperatur – 85 °C.

Tabelle 6. **Anhaltsangaben für die Wärmebehandlung**

Stahlsorte	Wärmebehandlung	Normalglühen (N) °C	Härten (H) °C	Anlassen (A) [1] °C	Spannungsarm-glühen °C
26 CrMo 4	H + A	–	830 bis 860	600 bis 670	520 bis 570
11 MnNi 5 3	N .... **oder** N + A	890 bis 940 .... 890 bis 940	– .... –	– .... 580 bis 640	520 bis 560
13 MnNi 6 3	N .... **oder** N + A	890 bis 940 .... 890 bis 940	– .... –	– .... 580 bis 640	520 bis 560
14 NiMn 6	N .... **oder** N + A .... **oder** H + A	850 bis 900 .... 850 bis 900 .... –	– .... – .... 850 bis 900	– .... 600 bis 650 .... 600 bis 650	520 bis 570
10 Ni 14	N .... **oder** N + A .... **oder** H + A	830 bis 880 .... 830 bis 880 .... –	– .... – .... 820 bis 880	– .... 580 bis 660 .... 580 bis 660	520 bis 560
12 Ni 19	N .... **oder** N + A .... **oder** H + A	800 bis 850 .... 800 bis 850 .... –	– .... – .... 800 bis 850	– .... 580 bis 660 .... 580 bis 660	520 bis 560
X 7 NiMo 6	H + H + A	–	850 bis 920 + 690 bis 740	590 bis 630	520 bis 570
X 8 Ni 9	N + N + A .... **oder** H + A	880 bis 930 + 680 bis 800 [2] .... –	– .... 770 bis 820	540 bis 600 .... 540 bis 600	[3]

[1] Das Abkühlen beim Anlassen erfolgt üblicherweise in Luft.
[2] Je nach den vorliegenden Bedingungen (z. B. Erzeugnisdicke) wählt der Hersteller eine engere Spanne in diesem Bereich.
[3] Spannungsarmglühen nach dem Schweißen ist zu vermeiden.

	Nichtrostende Stähle	DIN
	Technische Lieferbedingungen für Blech, Warmband, Walzdraht, gezogenen Draht, Stabstahl, Schmiedestücke und Halbzeug	17 440

1 Anwendungsbereich

1.1 Diese Norm gilt für warmgewalzte Bänder, kalt- oder warmgewalzte Tafelbleche, Walzdraht, gezogenen Draht, Stabstahl, Schmiedestücke und Halbzeug aus nichtrostenden Stählen mit einem weiten Verwendungsbereich.

Kaltgewalzte Bänder und Spaltbänder sowie daraus geschnittene Bleche aus nichtrostenden Stählen mit einem weiten Verwendungsbereich sind in DIN 17441, Rohre aus nichtrostenden Stählen in DIN 17455 bis DIN 17458 genormt.

1.3 Diese Norm gilt nicht für die durch Weiterverarbeitung der in Abschnitt 1.1 genannten Erzeugnisformen hergestellten Teile mit fertigungsbedingten abweichenden Gütemerkmalen.

2 Begriffe

2.1 Nichtrostende Stähle

Als nichtrostend gelten Stähle, die sich durch besondere Beständigkeit gegen chemisch angreifende Stoffe auszeichnen; sie haben im allgemeinen einen Massenanteil Chrom von mindestens 12 % und einen Massenanteil Kohlenstoff von höchstens 1,2 %.

5 Bezeichnung und Bestellung

Beispiel:

 Stahl DIN 17440 – X 5 CrNi 18 10 c2
 oder
 Stahl DIN 17440 – X 5 CrNi 18 10 II a
 oder
 Stahl DIN 17440 – 1.4301 c2
 oder
 Stahl DIN 17440 – 1.4301 II a

6.2 Lieferzustand

Die üblichen Behandlungszustände und Ausführungsarten gehen aus den Tabellen 3 bis 5 und 8 hervor (siehe auch Tabelle B.2).

6.3 Chemische Zusammensetzung

6.3.1 Schmelzenanalyse

Die chemische Zusammensetzung der Stähle nach der Schmelzenanalyse muß Tabelle 1 entsprechen. Geringe Abweichungen von diesen Werten sind im Einvernehmen mit dem Besteller oder dessen Beauftragten zulässig, wenn die mechanischen Eigenschaften, die Schweißeignung und das korrosionschemische Verhalten des Stahles den Anforderungen dieser Norm entsprechen.

6.4 Korrosionschemische Eigenschaften

Für die Beständigkeit der ferritischen und austenitischen Stähle gegen interkristalline Korrosion bei Prüfung nach DIN 50914 gelten die Angaben in den Tabellen 3 und 5.

Anmerkung: Das Verhalten der nichtrostenden Stähle gegen Korrosion kann durch Versuche im Laboratorium nicht eindeutig gekennzeichnet werden. Es empfiehlt sich daher, auf vorliegende Betriebserfahrungen zurückzugreifen. Hinweise über das Verhalten unter bestimmten Korrosionsbedingungen sind z. B. in den DECHEMA-Werkstofftabellen zu finden.

6.5 Mechanische Eigenschaften

6.5.1 Für die mechanischen Eigenschaften bei Raumtemperatur im wärmebehandelten Zustand gelten die Tabellen 3 bis 5. Diese Tabellen gelten nicht für Erzeugnisse der Ausführungsarten a1 und a2 nach Tabelle 8.

●● Wenn die Erzeugnisse in den Ausführungsarten a1 oder a2 geliefert werden, müssen bei sachgemäßer Behandlung die mechanischen Eigenschaften nach Tabelle 3, 4 oder 5 erreichbar sein. Bei der Bestellung können der Nachweis der mechanischen Eigenschaften an Bezugsproben und die Wärmebehandlung dieser Bezugsproben vereinbart werden.

Für die mechanischen Eigenschaften bei Raumtemperatur von kaltverfestigten Stäben und Drähten gilt Tabelle 7.

6.6 Oberflächenbeschaffenheit

Angaben zur Oberflächenbeschaffenheit finden sich in Tabelle 8.

6.7 Sprödbruchunempfindlichkeit und Kaltzähigkeit

Die in dieser Norm aufgeführten austenitischen Stähle sind sprödbruchunempfindlich. Darüber hinaus sind die in Tabelle 11 aufgeführten austenitischen Stähle kaltzäh und können daher auch bei tiefen Temperaturen eingesetzt werden. Zum Nachweis der Kaltzähigkeit reicht die Prüfung der Kerbschlagarbeit bei Raumtemperatur aus.

Anmerkung: Die in Tabelle 11 aufgeführten Stähle sind im AD-Merkblatt W 10 enthalten. Neben diesen Stählen kommen auch andere austenitische Stähle für die Verwendung bei tiefen Temperaturen in Betracht.

Tabelle 1. Stahlsorten und ihre chemische Zusammensetzung nach der Schmelzenanalyse¹)

Stahlsorte		Chemische Zusammensetzung (Massenanteil in %)				
Kurzname²)	Werkstoffnummer	C	Cr	Mo	Ni	Sonstige³)
Ferritische und martensitische Stähle						
X6Cr13	1.4000	≦ 0,08	12,0 bis 14,0	–	–	–
X6CrAl13	1.4002	≦ 0,08	12,0 bis 14,0	–	–	Al 0,10 bis 0,30
X10Cr13	1.4006	0,08 bis 0,12	12,0 bis 14,0	–	–	–
X15Cr13	1.4024	0,12 bis 0,17	12,0 bis 14,0	–	–	–
X20Cr13	1.4021	0,17 bis 0,25	12,0 bis 14,0	–	–	–
X30Cr13	1.4028	0,28 bis 0,35	12,0 bis 14,0	–	–	–
X38Cr13	1.4031	0,35 bis 0,42	12,5 bis 14,5	–	–	–
X46Cr13	1.4034	0,42 bis 0,50	12,5 bis 14,5	–	–	–
X45CrMoV15	1.4116	0,42 bis 0,50	13,8 bis 15,0	0,45 0,60	–	V 0,10 bis 0,15
X6Cr17	1.4016	≦ 0,08	15,5 bis 17,5	–	–	–
X6CrTi17	1.4510	≦ 0,08	16,0 bis 18,0	–	–	Ti 7 x %C bis 1,20
X4CrMoS18	1.4105	≦ 0,06	16,5 bis 18,5	0,2 bis 0,6	–	P ≦ 0,060; S 0,15 bis 0,35; Mn ≦ 1,5
X12CrMoS17	1.4104	0,10 bis 0,17	15,5 bis 17,5	0,2 bis 0,6	–	P ≦ 0,060; S 0,15 bis 0,35; Mn ≦ 1,5
X20CrNi172	1.4057	0,14 bis 0,23	15,5 bis 17,5	–	1,5 bis 2,5	–
Austenitische Stähle						
X5CrNi1810	1.4301	≦ 0,07	17,0 bis 19,0	–	8,5 bis 10,5	–
X5CrNi1812	1.4303	≦ 0,07	17,0 bis 19,0	–	11,0 bis 13,0	–
X10CrNiS189	1.4305	≦ 0,12	17,0 bis 19,0	–	8,0 bis 10,0	P ≦ 0,060; S 0,15 bis 0,35
X2CrNi1911	1.4306	≦ 0,030	18,0 bis 20,0	–	10,0 bis 12,5	–
X2CrNi1810	1.4311	≦ 0,030	17,0 bis 19,0	–	8,5 bis 11,5	N 0,12 bis 0,22
X6CrNiTi1810	1.4541	≦ 0,08	17,0 bis 19,0	–	9,0 bis 12,0	Ti 5 x %C bis 0,80
X6CrNiNb1810	1.4550	≦ 0,08	17,0 bis 19,0	–	9,0 bis 12,0	Nb 10 x %C bis 1,00⁴)
X5CrNiMo17122	1.4401	≦ 0,07	16,5 bis 18,5	2,0 bis 2,5	10,5 bis 13,5	–
X2CrNiMo17132	1.4404	≦ 0,030	16,5 bis 18,5	2,0 bis 2,5	11,0 bis 14,0	–
X2CrNiMoN17122	1.4406	≦ 0,030	16,5 bis 18,5	2,0 bis 2,5	10,5 bis 13,5	N 0,12 bis 0,22
X6CrNiMoTi17122	1.4571	≦ 0,08	16,5 bis 18,5	2,0 bis 2,5	10,5 bis 13,5	Ti 5 x %C bis 0,80
X6CrNiMoNb17122	1.4580	≦ 0,08	16,5 bis 18,5	2,0 bis 2,5	10,5 bis 13,5	Nb 10 x %C bis 1,00⁴)
X2CrNiMoN17133	1.4429	≦ 0,030	16,5 bis 18,5	2,5 bis 3,0	11,5 bis 14,5	N 0,14 bis 0,22; S ≦ 0,025
X2CrNiMo18143	1.4435	≦ 0,030	17,0 bis 18,5	2,5 bis 3,0	12,5 bis 15,0	S ≦ 0,025
X5CrNiMo17133	1.4436	≦ 0,07	16,5 bis 18,5	2,5 bis 3,0	11,0 bis 14,0	S ≦ 0,025
X2CrNiMo18164	1.4438	≦ 0,030	17,5 bis 19,5	3,0 bis 4,0	14,0 bis 17,0	S ≦ 0,025
X2CrNiMoN17135	1.4439	≦ 0,030	16,5 bis 18,5	4,0 bis 5,0	12,5 bis 14,5	N 0,12 bis 0,22; S ≦ 0,025

1) Die für die einzelnen Stähle in dieser Tabelle zahlenmäßig nicht aufgeführten Elemente dürfen, soweit sie nicht zum Fertigbehandeln der Schmelze erforderlich sind, nur mit Zustimmung des Bestellers absichtlich zugesetzt werden. Die Verwendbarkeit sowie die Verarbeitbarkeit, z. B. Schweißeignung, sowie die in dieser Norm angegebenen Eigenschaften dürfen dadurch nicht beeinträchtigt werden.
2) Die in der Ausgabe 12.72 der DIN 17440 enthaltenen Kurznamen dürfen während der Laufzeit dieser Norm weiterverwendet werden (siehe Vergleichstabelle in den Erläuterungen).
3) Wenn nichts anderes angegeben: P ≦ 0,045%, S ≦ 0,030%, Si ≦ 1,0%, Mn bei den ferritischen und martensitischen Stählen ≦ 1,0%, bei den austenitischen Stählen ≦ 2,0%.
4) Tantal zusammen mit Niob als Niobgehalt bestimmt.

Tabelle 3. **Mechanische Eigenschaften bei Raumtemperatur der ferritischen Stähle sowie Beständigkeit gegen interkristalline Korrosion**

Stahlsorte Kurzname	Werkstoffnummer	Wärmebehandlungszustand[1]	Härte HB oder HV[2] max.	Streckgrenze oder 0,2%-Dehngrenze N/mm² min.	Zugfestigkeit N/mm² (Flacherzeugnisse ≤12 mm Dicke; Draht ≥2 ≤20 mm; Stabstahl ≤25 mm)	Bruchdehnung in % min. Flacherzeugnisse <3 mm Dicke (A₈₀ₘₘ) längs quer	≥3 ≤12 mm Dicke (A₅) längs	≥3 ≤12 mm Dicke (A₅) quer	Stabstahl ≤25 mm (A₅) längs	Beständigkeit geg. interkristalline Korrosion (DIN 50914) im Lieferzustand	im geschweißten Zustand
X 6 Cr 13	**1.4000**	geglüht	185	250	400 bis 600	15	20	15	20	nein	nein
		vergütet	–	400	550 bis 700	–	–	13	18	nein	nein
X 6 CrAl 13	**1.4002**	geglüht	185	250	400 bis 600	15	20	15	20	nein	nein
		vergütet	–	400	550 bis 700	–	–	13	18	nein	nein
X 6 Cr 17	**1.4016**	geglüht	185	270	450 bis 600	18	20	18	20	ja	nein
X 6 CrTi 17	**1.4510**	geglüht	185	270	450 bis 600	18	20	18	20	ja	ja
X 4 CrMoS 18	**1.4105**	geglüht	200	270	450 bis 650	–	–	–	20	nein	–

Anmerkung: Härte- und Streckgrenzenwerte gelten für Flacherzeugnisse ≤12 mm Dicke sowie Stabstahl ≤25 mm Durchmesser oder Dicke.

1) Anhaltsangaben über die Wärmebehandlung siehe Tabelle B.2.
2) Anhaltswerte; eine Umrechnung der Zugfestigkeit aus der Härte ist mit einer großen Streuung behaftet.

Tabelle 4. Mechanische Eigenschaften bei Raumtemperatur der martensitischen Stähle

Kurzname	Werkstoffnummer	Wärmebehandlungszustand[1]	Härte[2] HB oder HV max. Flacherzeugnisse ≦25 mm Dicke, Halbzeug, Stabstahl und Schmiedestücke	Streckgrenze oder 0,2%-Dehngrenze N/mm² min. (Flacherzeugnisse ≦25 mm Dicke / Stabstahl und Schmiedestücke)	Zugfestigkeit N/mm² (Flacherzeugnisse ≦25 mm Dicke / Draht ≧2 ≦20 mm Durchmesser o. Dicke / Stabstahl und Schmiedestücke)
X10Cr13	1.4006	geglüht	200	250	450 bis 650
		vergütet	–	420	600 bis 800
X15Cr13	1.4024	geglüht	225	–	≦720
		vergütet	–	450	650 bis 800
X20Cr13	1.4021	geglüht	230	–	≦740
		vergütet	–	450	650 bis 800
		vergütet	–	550	750 bis 950
X30Cr13	1.4028	geglüht	245	–	≦780
		vergütet	–	600	800 bis 1000
X38Cr13	1.4031	geglüht	250	–	≦800
X46Cr13	1.4034	geglüht	250	–	≦800
X45CrMoV15	1.4116	geglüht	280	–	≦900
X12CrMoS17	1.4104	geglüht	230	–	540 bis 740
		vergütet	–	450	640 bis 840
X20CrNi172	1.4057	geglüht	295	–	≦950
		vergütet	–	550	750 bis 950

Bruchdehnung in % min. (A₅)

Kurzname	Wärmebehandlung	Flacherzeugnisse <3 mm Dicke (A₈₀mm) längs/quer	Flacherzeugnisse ≧3 ≦25 mm Dicke (A₅) längs/quer	Stabstahl und Schmiedestücke maßgebliches Maß (Bild 3) mm	längs	quer	tang.[3]
X10Cr13	geglüht	15 / –	20 / 15	≦25	20	–	–
	vergütet		16 / 12	≦60	18	–	15
				>60 ≦160	15	–	13
X15Cr13	geglüht	–	–	≦100	–	–	–
	vergütet	–	15 / 11	≦60	14	–	12
				>60 ≦160	14	–	12
X20Cr13	geglüht	–	–	≦100	–	–	–
	vergütet	–	15 / 11	≦60	14	–	12
				>60 ≦160	14	–	12
	vergütet	–	13 / 10	>160 ≦400	–	10	10
				≦60	14	–	10
				>60 ≦160	12	8	10
				>160 ≦400	–	–	–
X30Cr13	geglüht	–	–	≦100	–	–	–
	vergütet	–	–	≦100	11	–	–
X38Cr13	geglüht	–	–	≦100	–	–	–
X46Cr13	geglüht	–	–	≦100	–	–	–
X45CrMoV15	geglüht	–	–	≦100	–	–	–
X12CrMoS17	geglüht	–	–	≦100	16	–	–
	vergütet	–	–	≦100	11	–	–
X20CrNi172	geglüht	–	14	≦60	14	–	10
	vergütet	–	10	>60 ≦160	12	5	10
				>160 ≦400	–	–	10

Mittelwert der Kerbschlagarbeit in J min. (Bewertung nach DIN 17 010) Stabstahl und Schmiedestücke

Kurzname	Wärmebehandlung	maßgebliches Maß (Bild 3) mm	ISO-V-Proben längs	ISO-V-Proben quer	ISO-V-Proben tang.[3]	DVM-Proben längs	DVM-Proben quer	DVM-Proben tang.[3]
X10Cr13	geglüht	≦25	–	–	–	–	–	–
	vergütet	≦60	–	–	–	–	–	–
		>60 ≦160	–	–	–	–	–	–
X15Cr13	geglüht	≦100	–	–	–	–	–	–
	vergütet	≦60	30	20	–	40	–	30
		>60 ≦160	25	–	–	35	–	25
X20Cr13	geglüht	≦100	–	–	–	–	–	–
	vergütet	≦60	30	20	–	40	–	30
		>60 ≦160	25	–	–	35	20	25
	vergütet	>160 ≦400	–	–	–	–	–	20
		≦60	–	–	–	30	–	–
		>60 ≦160	–	–	–	30	–	–
		>160 ≦400	–	–	–	–	–	–
X30Cr13	geglüht	≦100	–	–	–	–	–	–
	vergütet	≦100	–	–	–	–	–	–
X38Cr13	geglüht	≦100	–	–	–	–	–	–
X46Cr13	geglüht	≦100	–	–	–	–	–	–
X45CrMoV15	geglüht	≦100	–	–	–	–	–	–
X12CrMoS17	geglüht	≦100	–	–	–	–	–	–
	vergütet	≦100	–	–	–	–	–	–
X20CrNi172	geglüht	≦60	20	–	–	30	–	30
	vergütet	>60 ≦160	20	–	–	25	–	25
		>160 ≦400	–	–	–	–	–	20

[1] Anhaltsangaben über die Wärmebehandlung siehe Tabelle B.2.
[2] Anhaltswerte; eine Umrechnung der Zugfestigkeit aus der Härte ist mit einer großen Streuung behaftet. Für Stäbe und Schmiedestücke im geglühten Zustand ist jedoch in der Regel die Ermittlung der Härte ausreichend.
[3] Nur für Schmiedestücke (siehe Bild 3).
[4] Der Kerbschlagbiegeversuch ist – sofern vereinbart – an ISO-V-Proben durchzuführen. Werden die hierfür geforderten Mindestwerte der Kerbschlagarbeit im geglühten Zustand unterschritten oder sind für die entsprechenden Maßbereiche und Probenlagen keine ISO-V-Werte angegeben, so ist der Nachweis einer ausreichenden Kerbschlagarbeit an DVM-Proben zu erbringen.

Tabelle 5. Mechanische Eigenschaften bei Raumtemperatur der austenitischen Stähle im abgeschreckten Zustand (siehe Tabelle B.2) sowie Beständigkeit gegen interkristalline Korrosion

Stahlsorte Kurzname	Werkstoffnummer	0,2%-Dehngrenze N/mm² min. (Flacherzeugnisse ≦75 mm Dicke[1], Stabstahl und Schmiedestücke)	1%-Dehngrenze N/mm² min.	Zugfestigkeit N/mm² (Flacherzeugnisse ≦75 mm Dicke[1], Draht[1] ≦2 Durchmesser oder Dicke, Stabstahl und Schmiedestücke)	Bruchdehnung in % min. Flacherzeugnisse <3 mm Dicke (A80mm) längs	<3 mm quer	Flacherzeugnisse ≧3≦75 mm Dicke[1] (A5) längs quer	Stabstahl und Schmiedestücke (A5) maßgebliches Maß (Bild 3) mm	längs	quer[2]	tang.[3]	Mittelwert der Kerbschlagarbeit (ISO-V-Probe) in J min. (Bewertung nach DIN 17 010) Stabstahl und Schmiedestücke maßgebliches Maß (Bild 3) mm	längs	quer[2]	tang.[3]	Flacherzeugnisse ≦75 mm Dicke quer	Beständigkeit gegen interkristalline Korrosion bei Prüfung nach DIN 50 914 im Lieferzustand	im geschweißten Zustand
X5CrNi18 10	1.4301	195	230	500 bis 700[4]	35	40	40	≦160 / >160≦250	45[4] / –	– / 35	40 / 40	≦160 / >160≦250	85 / –	55[5] / 55[5]	70 / 65	55	ja[6]	ja[7]
X5CrNi18 12	1.4303	185	220	490 bis 690	35	40	35	≦160	45	–	–	≦160	85	55[5]	–	55	ja[6]	ja[7]
X10CrNiS18 9	1.4305	195	230	500 bis 700	–	–	35	≦160	35	–	–	≦160	–	–	–	–	nein	nein
X2CrNi19 11	1.4306	180	215	460 bis 680	37	42	40	≦160 / >160≦250	45 / –	– / 35	40 / 40	≦160 / >160≦250	85 / –	55[5] / 55	70 / 65	55	ja	ja
X2CrNiN18 10	1.4311	270	305	550 bis 760	35	40	35	≦160 / >160≦250	40 / –	– / 30	35 / 35	≦160 / >160≦250	85 / –	55[5] / 55(50)	65 / 60	55	ja	ja
X6CrNiTi18 10	1.4541	200[8]	235[8]	500 bis 730[4]	35	42	35	≦160 / >160≦450	40[4] / –	– / 30(26)	35 / 35	≦160 / >160≦450	85 / –	55[5] / 55(45)	60 / 55	55	ja	ja
X6CrNiNb18 10	1.4550	205	240	510 bis 740	35	42	30	≦160 / >160≦450	40[4] / –	– / 30(26)	35 / 35	≦160 / >160≦450	85 / –	55[5] / 55(45)	60 / 55	55	ja	ja
X5CrNiMo17 12 2	1.4401	205	240	510 bis 710[4]	35	40	40	≦160 / >160≦250	40[4] / –	– / 30	35 / 35	≦160 / >160≦250	85 / –	55[5] / 55(50)	65 / 60	55	ja[6]	ja[7]
X2CrNiMo17 13 2	1.4404	190	225	490 bis 690	35	40	40	≦160 / >160≦250	40 / –	– / 30	35 / 35	≦160 / >160≦250	85 / –	55[5] / 55(50)	65 / 60	55	ja	ja
X2CrNiMoN17 12 2	1.4406	280	315	580 bis 800	35	40	35	≦160	40	–	35	≦160	85	55[5]	65	55	ja	ja
X6CrNiMoTi17 12 2	1.4571	210[8]	245[8]	500 bis 730[4]	35	40	35	≦160 / >160≦450	35[4] / –	– / 30(26)	30 / 30	≦160 / >160≦450	85 / –	55[5] / 55(45)	60 / 55	55	ja	ja
X6CrNiMoNb17 12 2	1.4580	215	250	510 bis 740	–	–	30	≦160 / >160≦250	35 / –	– / 30	30 / 30	≦160 / >160≦250	85 / –	55[5] / 55(45)	60 / 55	55	ja	ja
X2CrNiMoN17 13 3	1.4429	295	330	580 bis 800	35	40	35	≦160 / >160≦400	40 / –	– / 30	35 / 35	≦160 / >160≦400	85 / –	55[5] / 55(50)	65 / 60	55	ja	ja
X2CrNiMo18 14 3	1.4435	190	225	490 bis 690	35	40	40	≦160 / >160≦250	35 / –	– / 30	30 / 30	≦160 / >160≦250	85 / –	55[5] / 55(50)	65 / 60	55	ja	ja
X5CrNiMo17 13 3	1.4436	205	240	510 bis 710	35	40	40	≦160	40	–	35	≦160	85	55[5]	65	55	ja[6]	ja[7]
X2CrNiMo18 16 4	1.4438	195	230	490 bis 690	35	40	35	≦160	35	–	30	≦160	85	55[5]	60	55	ja	ja
X2CrNiMoN17 13 5	1.4439	285	315	580 bis 800	35	40	35	≦160	35	–	30	≦160	85	55[5]	60	55	ja	ja

[1] bis [8] siehe Tabelle 7 unten.

165

Tabelle 6. Mindestwerte der 0,2%- und 1%-Dehngrenze bei erhöhten Temperaturen für Flacherzeugnisse, Stabstahl und Schmiedestücke für die in den Tabellen 3 bis 5 angegebenen Maßbereiche

Kurzname	Werkstoff-nummer	Wärmebe-handlungs-zustand[1]	0,2%-Dehngrenze bei einer Temperatur in °C von (N/mm² min.)											1%-Dehngrenze bei einer Temperatur in °C von (N/mm² min.)											Grenz-temperatur[2] °C
			50	100	150	200	250	300	350	400	450	500	550	50	100	150	200	250	300	350	400	450	500	550	
Ferritische und martensitische Stähle																									
X6Cr13	1.4000	geglüht	240	235	230	225	225	220	210	195	–	–	–												
X6CrAl13	1.4002	geglüht																								
X10Cr13	1.4006	geglüht																								
X10Cr13	1.4006	vergütet	430	420	410	400	382	365	335	305	–	–	–												
X15Cr13	1.4024	vergütet	430	420	410	400	382	365	335	305	–	–	–												
X20Cr13	1.4021	vergütet	430	420	410	400	382	365	335	305	–	–	–												
X20CrNi172	1.4057	vergütet	515	495	475	460	450	430	390	345	–	–	–												
Austenitische Stähle																									
X5CrNi1810	1.4301	abgeschreckt	177	157	142	127	118	110	104	98	95	92	90	211	191	172	157	145	135	129	125	122	120	120	300
X5CrNi1812	1.4303	abgeschreckt	175	155	142	127	118	110	104	98	95	92	90	208	188	172	157	145	135	129	125	122	120	120	300
X2CrNi1911	1.4306	abgeschreckt	162	147	132	118	108	100	94	89	85	81	80	201	181	162	147	137	127	121	116	112	109	108	350
X2CrNiN1810	1.4311	abgeschreckt	245	175	157	145	136	130	125	125	121	119	118	280	240	210	185	175	167	161	156	152	149	147	400
X6CrNiTi1810[3]	1.4541	abgeschreckt	190	176	167	157	147	136	130	125	121	119	118	222	208	195	185	175	167	161	156	152	149	147	400
X6CrNiNb1810	1.4550	abgeschreckt	191	177	167	157	147	136	130	125	121	119	118	226	211	196	186	177	167	161	156	152	149	147	400
X5CrNiMo17122	1.4401	abgeschreckt	196	177	162	147	137	127	120	115	112	110	108	230	211	191	177	167	156	150	144	141[1]	139	137	300
X2CrNiMo17132	1.4404	abgeschreckt	182	166	152	137	127	118	113	108	103	100	98	217	199	181	167	157	145	139	135	130	128	127	400
X2CrNiMoN17122	1.4406	abgeschreckt	250	211	185	167	155	145	140	135	131	129	127	284	246	218	198	183	175	169	164	160	158	157	400
X6CrNiMoTi17122[3]	1.4571	abgeschreckt	202	185	177	167	157	145	140	135	131	129	127	234	218	206	196	186	175	169	164	160	158	157	400
X6CrNiMoNb17122	1.4580	abgeschreckt	206	186	177	167	157	145	140	135	131	129	127	240	221	206	196	186	175	169	164	160	158	157	400
X2CrNiMoN17133	1.4429	abgeschreckt	265	225	197	178	165	155	150	145	140	138	136	300	260	227	208	195	185	180	175	170	168	166	400
X2CrNiMo18143	1.4435	abgeschreckt	182	166	152	137	127	118	113	108	103	100	98	217	199	181	167	157	145	139	135	130	128	127	400
X5CrNiMo17133	1.4436	abgeschreckt	196	177	162	147	137	127	120	115	112	110	108	230	211	191	177	167	156	150	144	141	139	137	300
X2CrNiMo18164	1.4438	abgeschreckt	186	172	157	147	137	127	120	115	112	110	108	221	186	186	167	167	156	148	144	140	138	136	350
X2CrNiMoN17135	1.4439	abgeschreckt	260	225	200	185	175	165	155	150	–	–	–	290	255	230	210	200	190	180	175	–	–	–	400

1) Siehe Tabelle B.2.
2) Bei Einsatz bis zu den genannten Temperaturen und einer Betriebsdauer bis zu 100 000 h tritt keine interkristalline Korrosion bei Prüfung nach DIN 50914 auf.
3) Bei Stäben und Schmiedestücken mit maßgeblichen Maßen ≥ 160 mm (siehe Bild 3) können die Werte um 10 N/mm² unterschritten werden.

Tabelle 7. Angaben [1]) über die mechanischen Eigenschaften von kaltverfestigten Stäben und Drähten aus nichtrostenden Stählen

Verfestigungsstufe	0,2%-Dehngrenze N/mm² min.	Zugfestigkeit N/mm²	Bruchdehnung (A_5) % min.	Lieferbare Durchmesser mm	In Betracht kommende Stahlsorten (Werkstoffnummern)
Ferritische und martensitische Stähle					
K 550	400	550 bis 750	15	≦ 12	1.4016, 1.4104
K 800	650	800 bis 1000	10	≦ 3,0	1.4016
Austenitische Stähle					
K 700	350	700 bis 850	20	≦ 12	1.4301, 1.4305, 1.4401, 1.4541, 1.4571
K 800	500	800 bis 1000	12	≦ 9	1.4301, 1.4305, 1.4401, 1.4541, 1.4571
K 1000	750	1000 bis 1200	–	≦ 4	1.4301, 1.4401, 1.4541, 1.4571
K 1200	950	1200 bis 1400	–	≦ 3	1.4301, 1.4401, 1.4541, 1.4571

[1]) Einzuhalten ist die Zugfestigkeit. Bei 0,2%-Dehngrenze und Bruchdehnung handelt es sich um Anhaltsangaben.

Fußnoten zu Tabelle 5, Seite 165.

[1]) Für die Stähle 1.4301, 1.4306, 1.4404, 1.4406, 1.4541, 1.4571 und 1.4435 bis 100 mm Dicke.

[2]) Bei von den Festlegungen nach Abschnitt 7.3.2.3 abweichenden Probelagen gelten die Klammerwerte.

[3]) Nur für Schmiedestücke (siehe Bild 3).

[4]) Für abgeschreckte und kalt nachgezogene Stäbe im Durchmesserbereich ≧4 bis ≦20 mm ist abweichend von den Angaben dieser Tabelle eine obere Zugfestigkeitsgrenze von 850 N/mm² und eine Bruchdehnung von ≧20% zulässig.

[5]) Dieser Wert gilt nur für Stäbe mit einem Durchmesser > 100 mm.

[6]) Nur für Dicken ≦6 mm oder Durchmesser ≦40 mm.

[7]) ●● Die Maßgrenzen für die Beständigkeit gegen interkristalline Korrosion können je nach vorliegender chemischer Zusammensetzung und den Schweißbedingungen variieren und sind bei der Bestellung zu vereinbaren.

[8]) Für Flacherzeugnisse in Dicken ≦30 mm gilt ein um 5 N/mm² höherer Mindestwert.

Tabelle 8. **Ausführungsart und Oberflächenbeschaffenheit der Erzeugnisse**

Kurzzeichen	Ausführungsart	Oberflächenbeschaffenheit	Erzeugnisform					Bemerkungen
			Flacherzeugnisse	Draht	Stabstahl	Schmiedestücke	Halbzeug	
a1	warmgeformt, nicht wärmebehandelt, nicht entzundert	mit Walzhaut bedeckt, gegebenenfalls mit Putzstellen	X	X	X	–	X	Geeignet nur für warm weiterzuverarbeitende Erzeugnisse (siehe Abschnitt B.2.7).
a2	warmgeformt, nicht wärmebehandelt, allseitig geschliffen	metallisch (Halbzeugschliff)	–	–	–	–	X	
b oder Ic	warmgeformt, wärmebehandelt[2], nicht entzundert	mit Walzhaut bedeckt	X	X	X	X	X[3]	Geeignet nur für Teile, die nach der Fertigung allseits entzundert oder bearbeitet werden (siehe Abschnitt B.2.7).
c1 oder IIa	warmgeformt, wärmebehandelt[4], mechanisch entzundert	metallisch sauber	X	X	X	X	–	●● Die Art der mechanischen Entzunderung, z.B. Schleifen, Strahlen oder Schälen, hängt von der Erzeugnisform ab und bleibt, wenn nicht anders vereinbart, dem Hersteller überlassen.
c2 oder IIa	warmgeformt, wärmebehandelt[2], gebeizt	metallisch blank	X	X	X	X	–	
e	warmgeformt, wärmebehandelt[2], spangebend vorbearbeitet	metallisch blank	–	X	X	X	–	
f oder IIIa	wärmebehandelt, mechanisch oder chemisch entzundert, abschließend kaltgeformt	glatt und blank, wesentlich glatter als nach Ausführung c2 oder IIa	X	X	X	–	–	Durch Kaltumformen ohne anschließende Wärmebehandlung werden die Eigenschaften je nach Umformgrad verändert (vgl. Tabelle 7).
h oder IIIb	mechanisch oder chemisch entzundert, kaltgeformt, wärmebehandelt[2], gebeizt	glatter als bei Ausführung c2 oder IIa	X	X	X	–	–	
m oder IIId	mechanisch oder chemisch entzundert, kaltgeformt, blankgeglüht[5] oder blankgeglüht[5] und leicht kalt nachgewalzt oder nachgezogen	glänzend und glatter als bei Ausführung h oder IIIb	X	X	–	–	–	Besonders geeignet zum Schleifen und Polieren.
n oder IIIc	mechanisch oder chemisch entzundert, kaltgeformt, wärmebehandelt[2], gebeizt, blankgezogen (ziehpoliert)	matt und glatter als bei Ausführung h oder IIIb	–	X	X	–	–	Die Erzeugnisse nach dieser Ausführung sind etwas härter als nach Ausführung h oder IIIb, m oder IIId; sie sind besonders geeignet zum Schleifen, Bürsten oder Polieren.
o oder IV	geschliffen	●● Art, Grad und Umfang des Schliffes bzw. der Politur sind bei der Bestellung zu vereinbaren	X	–	X	–	–	Als Ausgangszustand werden üblicherweise die Ausführungen b oder Ic, c1 oder IIa, f oder IIIa, n oder IIIc, m oder IIId verwendet.
p oder V	poliert		X	X	X	–	–	
q	gebürstet	seidenmatt	X	–	–	–	–	Bester Ausgangszustand ist Ausführung n oder IIIc.

1) bis 5) siehe Seite 16

Tabelle B.1. Anhaltsangaben über physikalische Eigenschaften

Stahlsorte Kurzname	Werkstoffnummer	Dichte kg/dm³	Elastizitätsmodul bei kN/mm²						Wärmeausdehnung zwischen 20 °C und $10^{-6}\cdot K^{-1}$					Wärmeleitfähigkeit bei 20 °C W/(m·K)	Spezifische Wärmekapazität bei 20 °C J/(kg·K)	Elektrischer Widerstand bei 20 °C $\Omega\cdot mm^2/m$	Magnetisierbarkeit
			20 °C	100 °C	200 °C	300 °C	400 °C	500 °C	100 °C	200 °C	300 °C	400 °C	500 °C				
Ferritische und martensitische Stähle																	
X 6 Cr 13 X 6 CrAl 13 X 10 Cr 13 X 15 Cr 13 X 20 Cr 13	1.4000 1.4002 1.4006 1.4024 1.4021	7,7	216	213	207	200	192		10,5	11,0	11,5	12,0		30	460	0,60	vorhanden
X 30 Cr 13 X 38 Cr 13	1.4028 1.4031		220	218	212	205	197				11,0	11,5	12,0			0,65	
X 46 Cr 13 X 45 CrMoV 15	1.4034 1.4116										11,0	11,5					
X 6 Cr 17 X 6 CrTi 17	1.4016 1.4510	7,7	220	218	212	205	197		10,0	10,0	10,5	10,5		25	460	0,60	vorhanden
X 4 CrMoS 18 X 12 CrMoS 17	1.4105 1.4104		216	213	207	200	192			10,0	10,5	11,0				0,70	
X 20 CrNi 17 2	1.4057										11,0	11,0	11,0				
Austenitische Stähle																	
X 5 CrNi 18 10 X 5 CrNi 18 12 X 10 CrNiS 18 9 X 2 CrNi 19 11 X 2 CrNi 18 10 X 6 CrNiTi 18 10 X 6 CrNiNb 18 10	1.4301 1.4303 1.4305 1.4306 1.4311 1.4541 1.4550	7,9	200	194	186	179	172	165	16,0	17,0	17,0	18,0	18,0	15	500	0,73	nicht vorhanden[1]
X 5 CrNiMo 17 12 2 X 2 CrNiMo 17 13 2 X 2 CrNiMoN 17 12 2	1.4401 1.4404 1.4406	7,98	200						16,5	17,5	17,5	18,5					
X 6 CrNiMoTi 17 12 2	1.4571										18,0	19,0				0,75	
X 6 CrNiMoNb 17 12 2	1.4580	7,98									18,0	18,5					
X 2 CrNiMoN 17 13 3 X 2 CrNiMo 18 14 3 X 5 CrNiMo 17 13 3	1.4429 1.4435 1.4436										18,5	18,5					
X 2 CrNiMo 18 16 4	1.4438	8,00									18,0	19,0		14		0,85	
X 2 CrNiMoN 17 13 5	1.4439	8,02									17,5	18,5					

1) Austenitische Stähle können im abgeschreckten Zustand unter Umständen schwach magnetisierbar sein. Ihre Magnetisierbarkeit kann mit steigender Kaltumformung zunehmen.

Tabelle B.2. Anhaltsangaben zum Warmumformen bei der Weiterverarbeitung und zur Wärmebehandlung

| Stahlsorte | | Warmumformen | | Glühen | | Härten bzw. Abschrecken | | Anlassen |
Kurzname	Werkstoff-nummer	Temperatur °C	Abkühlungs-art	Temperatur [1] °C	Abkühlungs-art	Temperatur [1] °C	Abkühlungs-art	Temperatur °C
Ferritische Stähle								
X6Cr13 X6CrAl13	1.4000 1.4002	1100 bis 800	Luft	750 bis 800	Ofen, Luft	950 bis 1000	Öl, Luft [2]	650 bis 750
X6Cr17 X6CrTi17 X4CrMoS18	1.4016 1.4510 1.4105			750 bis 850	Luft, Wasser			
Martensitische Stähle								
X10Cr13 X15Cr13	1.4006 1.4024	1100 bis 800	Luft	750 bis 800	Ofen, Luft	950 bis 1000	Öl, Luft [2]	680 bis 780
X20Cr13	1.4021							650 bis 750; 600 bis 700
X30Cr13	1.4028		langsame Abkühlung	730 bis 780		980 bis 1030		640 bis 740
X38Cr13 X46Cr13 X45CrMoV15	1.4031 1.4034 1.4116							100 bis 200
X12CrMoS17	1.4104		Luft	750 bis 850				550 bis 650
X20CrNi172	1.4057		langsame Abkühlung	650 bis 750 [3]				620 bis 720 [4]
Austenitische Stähle [5]								
X5CrNi1810 X5CrNi1812 X10CrNiS189 X2CrNi1911 X2CrNiN1810	1.4301 1.4303 1.4305 1.4306 1.4311	1150 bis 750	Luft			1000 bis 1080	Wasser, Luft [2]	
X6CrNiTi1810 X6CrNiNb1810 X5CrNiMo17122 X2CrNiMo17132 X2CrNiMo17122 X2CrNiMoN17122 X6CrNiMoTi17122 X6CrNiMoNb17122	1.4541 1.4550 1.4401 1.4404 1.4406 1.4571 1.4580					1020 bis 1100		
X2CrNiMoN17133	1.4429					1040 bis 1120		
X2CrNiMo18143 X5CrNiMo17133	1.4435 1.4436					1020 bis 1100		
X2CrNiMo18164 X2CrNiMoN17135	1.4438 1.4439					1040 bis 1120		

[1] Bei Bandglühungen im Durchlauf dürfen die oberen Temperaturgrenzen überschritten werden.

[2] Abkühlung ausreichend schnell.

[3] Gegebenenfalls nach vorhergehender Umwandlung in der Martensitstufe.

[4] Bei höherem Nickelgehalt wird ein zweimaliges Anlassen mit Zwischenabkühlung auf Raumtemperatur empfohlen.

[5] Bei einer Wärmebehandlung im Rahmen der Weiterverarbeitung ist der untere Bereich der für das Lösungsglühen angegebenen Spanne anzustreben. Falls bei der Warmformgebung eine Temperatur von 850 °C nicht unterschritten wurde oder falls das Erzeugnis kalt geformt wurde, darf bei einer erneuten Lösungsglühung die Untergrenze der Lösungsglühtemperatur um 20 K unterschritten werden.

Tabelle B.3. Anhaltsangaben über Schweißzusätze zum Lichtbogenschweißen der in Betracht kommenden Stähle und über die Wärmebehandlung nach dem Schweißen (siehe Abschnitt B.2.4)

Stahlsorte		Geeignete Schweißzusätze [1]			Wärmebehandlung nach dem Schweißen
		Schweißstäbe, Drahtelektroden, Schweißdrähte			
Kurzname	Werkstoffnummer	Kurzzeichen des Schweißgutes der umhüllten Stabelektroden	Kurzzeichen	Werkstoffnummer	
Ferritische und martensitische Stähle [2]					
X6Cr13	1.4000	199, 199Nb, 13[3]	X5CrNi199, X5CrNiNb199, X8Cr14[3]	1.4302, 1.4551, 1.4009[3]	Glühen
X6CrAl13	1.4002	199, 199Nb, 13[3]	X5CrNi199, X5CrNiNb199, X8Cr14[3]	1.4302, 1.4551, 1.4009[3]	Anlassen
X10Cr13	1.4006	199, 199Nb, 13[3]	X5CrNi199, X5CrNiNb199, X8Cr14[3]	1.4302, 1.4551, 1.4009[3]	
X15Cr13	1.4024	199, 199Nb, 13[3]	X5CrNi199, X5CrNiNb199, X8Cr14[3]	1.4302, 1.4551, 1.4009[3]	
X20Cr13	1.4021	199, 199Nb, 13[3]	X5CrNi199, X5CrNiNb199, X8Cr14[3]	1.4302, 1.4551, 1.4009[3]	
X30Cr13	1.4028	S-NiCr19Nb, S-NiCr16FeMn	S-NiCr20Nb	2.4806	
X38Cr13	1.4031				
X46Cr13	1.4034				
X45CrMoV15	1.4116				
X6Cr17 [4]	1.4016	(199), (199Nb), 17[3]	(X5CrNi199), (X5CrNiNb199), X8CrTi18[3]	(1.4302), (1.4551), 1.4502[3]	Im allgemeinen nicht erforderlich; bei größeren Querschnitten Glühen bei 600 bis 800 °C
X6CrTi17 [4]	1.4510	(199), (199Nb), (17)[3]	(X5CrNi199), (X5CrNiNb199), (X8CrTi18)[3]	(1.4302), (1.4551), (1.4502)[3]	
X20CrNi172	1.4057	S-NiCr19Nb, S-NiCr16FeMn	S-NiCr20Nb	2.4806	Anlassen 650 bis 700 °C
Austenitische Stähle					
X5CrNi1810	1.4301	199, 199L, 199Nb	X5CrNi199, X2CrNi199, X5CrNiNb199	1.4302, 1.4316, 1.4551	Im allgemeinen nicht erforderlich
X5CrNi1812	1.4303	199, 199L, 199Nb	X5CrNi199, X2CrNi199, X5CrNiNb199	1.4302, 1.4316, 1.4551	
X2CrNi1911	1.4306	199L, (199Nb)	X2CrNi199, (X5CrNiNb199)	1.4316, (1.4551)	
X2CrNi1810	1.4311	199L, (20163MnL)	X2CrNi199, (X2CrNiMnMoN2016)	1.4316, (1.4455)	
X6CrNiTi1810	1.4541	199Nb, 199L	X5CrNiNb199, X2CrNi199	1.4551, 1.4316	
X6CrNiNb1810	1.4550	199Nb, 199L	X5CrNiNb199, X2CrNi199	1.4551, 1.4316	
X5CrNiMo17122	1.4401	19123, 19123L, 19123Nb	X5CrNiMo1911, X2CrNiMo1912, X5CrNiMoNb1912	1.4403, 1.4430, 1.4576	Im allgemeinen nicht erforderlich
X2CrNiMo17132	1.4404	19123L, (19123Nb)	X2CrNiMo1912, (X5CrNiMoNb1912)	1.4430, (1.4576)	
X2CrNiMoN17122	1.4406	19123L, 20163MnL	X2CrNiMo1912, X2CrNiMnMoN2016	1.4430, 1.4455	
X6CrNiMoTi17122	1.4571	19123Nb, 19123L	X5CrNiMoNb1912, X2CrNiMo1912	1.4576, 1.4430	
X6CrNiMoNb17122	1.4580	19123Nb, 19123L	X5CrNiMoNb1912, X2CrNiMo1912	1.4576, 1.4430	
X2CrNiMoN17133	1.4429	19123L, 20163MnL	X2CrNiMo1912, X2CrNiMnMoN2016	1.4430, 1.4455	Im allgemeinen nicht erforderlich
X2CrNiMo18143	1.4435	19123L, (19123Nb)	X2CrNiMo1912, (X5CrNiMoNb1912)	1.4430, (1.4576)	
X5CrNiMo17133	1.4436	19123, 19123L, 19123Nb	X5CrNiMo1911, X2CrNiMo1912, X5CrNiMoNb1912	1.4403, 1.4430, 1.4576	
X2CrNiMo18164	1.4438	18165	X2CrNiMo18165	1.4440	
X2CrNiMoN17135	1.4439	18165	X2CrNiMo18165	1.4440	

[1] Weitere Angaben zu den Schweißzusätzen siehe DIN 8556 Teil 1 und DIN 1736 Teil 1. Eine Einklammerung weist auf eine nur eingeschränkte Bedeutung des betreffenden Schweißzusatzes hin.
[2] Nur unter Einhaltung bestimmter Maßnahmen schweißbar; über 0,25 % C ist Schweißeignung nur bedingt gegeben.
[3] Decklagen mit artähnlichen Schweißzusätzen.
[4] Die Stähle mit 17 % Cr sind vorwiegend geeignet zum Schweißen mit Verfahren, die ein geringes Wärmeeinbringen verursachen, wie Punkt- oder Rollnahtschweißen. Schweißen mit Zusätzen stellt bei diesen Stählen die Ausnahme dar.

Nichtrostende Walz- und Schmiedestähle	**SEW 400** 6. Ausgabe

1 Anwendungsbereich

1.1 Dieses Werkstoffblatt gilt für betriebsmäßig hergestellte Walz- und Schmiedestähle, die aufgrund ihres im allgemeinen begrenzteren Anwendungsumfanges nicht in den Normen DIN 17 440, DIN 17 441 sowie DIN 17 455, DIN 17 456, DIN 17 457 und DIN 17 458 erfaßt sind.

1.2 Es gilt für warm- und kaltgewalzte Bänder und daraus geschnittene Bleche, warm- oder kaltgewalzte Tafelbleche, Stabstahl, Walzdraht, gezogenen Draht, nahtlose und geschweißte Rohre, Schmiedestücke und Halbzeug, wobei jedoch nicht alle Erzeugnisformen aus allen Stahlsorten lieferbar sind.

1.4 Dieses Werkstoffblatt gilt nicht für die durch Weiterverarbeitung der in Abschnitt 1.2 genannten Erzeugnisformen hergestellten Teile mit fertigungsbedingten abweichenden Gütemerkmalen.

5 Bezeichnung

Beispiel: Stahl SEW 400 – X 4 CrNi 13 4 c2 V2 oder
Stahl SEW 400 – X 4 CrNi 13 4 IIa V2 oder
Stahl SEW 400 – 1.4313 c2 V2 oder
Stahl SEW 400 – 1.4313 IIa V2

6 Anforderungen

6.2 Lieferzustand

Die üblichen Behandlungszustände und Ausführungsarten gehen aus den **Tafeln 3, 4, 6 und 6a** hervor.

6.3 Chemische Zusammensetzung

6.3.1 Schmelzenanalyse

Die chemische Zusammensetzung der Stähle nach der Schmelzenanalyse muß Tafel 1 entsprechen. Geringe Abweichungen von diesen Werten sind im Einvernehmen mit dem Besteller oder dessen Beauftragten zulässig, wenn die mechanischen Eigenschaften, die Schweißeignung und das korrosionschemische Verhalten des Stahles den Anforderungen dieses Werkstoffblattes entsprechen.

6.4 Korrosionschemische Eigenschaften

Das Korrosionsverhalten nichtrostender Stähle kann nicht für jeden Stahl in jedem beliebigen Angriffsmedium gesondert angegeben werden. Es empfiehlt sich daher, auf vorliegende Betriebserfahrungen zurückzugreifen. Hinweise über das Verhalten unter bestimmten Korrosionsbedingungen sind z. B. in den DECHEMA-Werkstofftabellen zu finden.

Für die Beständigkeit der austenitischen Stähle gegen **interkristalline Korrosion** gelten die Angaben der Tafel 4. Die ferritischen Stähle 1.4520, 1.4521 und 1.4522 sind im Lieferzustand und im geschweißten Zustand gegen interkristalline Korrosion bei Prüfung nach DIN 50 914 beständig.

6.5 Mechanische Eigenschaften

6.5.1 Für die mechanischen Eigenschaften bei Raumtemperatur im wärmebehandelten Zustand gelten die Tafeln 3 und 4. Diese Tafeln gelten nicht für Erzeugnisse der Ausführungsarten a1 und a2 nach Tafel 6.

●● Wenn die Erzeugnisse in den Ausführungsarten a1 oder a2 geliefert werden, müssen bei sachgemäßer Behandlung die mechanischen Eigenschaften nach Tafel 3 und 4 erreichbar sein. Bei der Bestellung können der Nachweis der mechanischen Eigenschaften an Bezugsproben und die Wärmebehandlung dieser Bezugsproben vereinbart werden.

6.6 Oberflächenbeschaffenheit

Angaben zur Oberflächenbeschaffenheit finden sich in den Tafeln 6 und 6a.

6.7 Sprödbruchunempfindlichkeit und Kaltzähigkeit

Die in diesem Werkstoffblatt aufgeführten austenitischen Stähle sind sprödbruchunempfindlich und kaltzäh und können daher auch bei tiefen Temperaturen eingesetzt werden.

Für den Einsatz unter –10 °C sind auch die Stähle 1.4313, 1.4418, 1.4462 und weitere Stähle geeignet, wobei jedoch die in Betracht kommenden Anwendungsgrenzen, Erzeugnisarten und Maßgrenzen mit den Herstellern abzustimmen sind.

Zum Nachweis der Kaltzähigkeit der austenitischen Stähle reicht die Prüfung der Kerbschlagarbeit bei Raumtemperatur aus.

Tafel 1. Stahlsorten und ihre chemische Zusammensetzung nach der Schmelzenanalyse

Kurzname[1]	Werkstoff-nummer	% C	% Si max.	% Mn	% P max.	% S max.	% Cr	% Mo	% Ni	% Sonstige
Ferritische und martensitische Stähle										
X2Cr11	1.4003	≤0,03	1,0	0,5 bis 1,5	0,040	0,015	10,5 bis 12,5	–	0,3 bis 1,0	N≤0,03
X6CrTi12	1.4512	≤0,08	1,0	≤1,0	0,040	0,015	10,5 bis 12,5	–	–	Ti≥6×%C≤1,0
X1CrTi15	1.4520	≤0,015	0,5	≤0,5	0,040	0,015	14,0 bis 16,0	–	–	N≤0,015; Ti 0,25 bis 0,40
X2CrMoTi18 2	1.4521	≤0,025	1,0	≤1,0	0,040	0,015	17,0 bis 19,0	1,8 bis 2,3	≤0,25	C+N≤0,040; Ti≥7(C+N)≤0,80
X2CrMoNb18 2	1.4522	≤0,025	1,0	≤1,0	0,040	0,015	17,0 bis 19,0	1,8 bis 2,3	≤0,25	C+N≤0,040; Nb≥15(C+N)≤1,20[2]
X20CrMo13	1.4120	0,17 bis 0,22	1,0	≤1,0	0,040	0,015	12,0 bis 14,0	0,9 bis 1,3	≤1,0	–
X35CrMo17	1.4122	0,33 bis 0,45	1,0	≤1,0	0,040	0,015	15,5 bis 17,5	0,8 bis 1,3	≤1,0	–
X65Cr13	1.4037	0,58 bis 0,70	1,0	≤1,0	0,040	0,015	12,5 bis 14,5	–	–	–
X55CrMo14	1.4110	0,48 bis 0,60	1,0	≤1,0	0,040	0,015	13,0 bis 15,0	0,5 bis 0,8	–	V≤0,15
X90CrMoV18	1.4112	0,85 bis 0,95	1,0	≤1,0	0,040	0,020	17,0 bis 19,0	0,9 bis 1,3	–	V 0,07 bis 0,12
X105CrMo17	1.4125	0,95 bis 1,20	1,0	≤1,0	0,040	0,020	16,0 bis 18,0	0,4 bis 0,8	–	–
X4CrNi13 4	1.4313	≤0,05	0,6	≤1,0	0,035	0,015	12,5 bis 14,0	0,4 bis 0,7	3,5 bis 4,5	N≥0,020; Co[3]
X4CrNiMo16 5	1.4418	≤0,05	1,0	≤1,5	0,035	0,015	15,0 bis 16,5	0,8 bis 1,5	4,5 bis 6,0	N≥0,020
Austenitisch – ferritische Stähle										
X4CrNiMoN27 5 2	1.4460	≤0,05	1,0	≤2,0	0,045	0,030	25,0 bis 28,0	1,3 bis 2,0	4,5 bis 6,0	N 0,05/0,20
X2CrNiMoN22 5 3	1.4462	≤0,030	1,0	≤2,0	0,030	0,020	21,0 bis 23,0	2,5 bis 3,5	4,5 bis 6,5	N 0,08/0,20
X2CrNiN23 4	1.4362	≤0,030	1,0	≤2,5	0,035	0,015	21,5 bis 24,5	≤0,60	3,0 bis 5,5	N 0,05/0,20
Austenitische Stähle										
X12CrNi17 7	1.4310	≤0,12	1,5	≤2,0	0,045	0,015	16,0 bis 18,0	≤0,8	6,0 bis 9,0	–
X2CrNiN18 7	1.4318	≤0,030	1,0	≤2,0	0,045	0,015	16,5 bis 18,5	–	6,0 bis 8,0	N 0,10 bis 0,15
X1CrNiMoTi18 13 2	1.4561	≤0,020	0,5	≤2,0	0,035	0,015	17,0 bis 18,5	2,0 bis 2,5	11,5 bis 13,5	Ti 0,10 bis 0,60
X1CrNi25 21	1.4335	≤0,020	0,15	≤2,0	0,025	0,005	24,0 bis 26,0	≤0,10	20,0 bis 22,0	–
X4NiCrMoCuNb20 18 2	1.4505	≤0,05	1,0	≤2,0	0,045	0,015	16,5 bis 18,5	2,0 bis 2,5	19,0 bis 21,0	Cu 1,8 bis 2,2; Nb≥8×%C[2]
X1NiCrMoCuN25 20 6	1.4529	≤0,020	1,0	≤2,0	0,030	0,015	19,0 bis 21,0	6,0 bis 7,0	24,0 bis 26,0	Cu 0,5 bis 1,5; N 0,10 bis 0,25
X1NiCrMoCuN25 20 5	1.4539	≤0,020	0,7	≤2,0	0,030	0,015	19,0 bis 21,0	4,0 bis 5,0	24,0 bis 26,0	Cu 1,0 bis 2,0; N 0,04 bis 0,15
X3CrNiMnMoNbN23 17 5 3	1.4565	≤0,04	1,0	4,5 bis 6,5	0,030	0,015	21,0 bis 25,0	3,0 bis 4,5	15,0 bis 18,0	Nb≤0,30[2]; N 0,30 bis 0,50
X3CrNiMoTi25 25	1.4577	≤0,04	0,5	≤2,0	0,030	0,015	24,0 bis 26,0	2,0 bis 2,5	24,0 bis 26,0	Ti≥10×%C≤0,6
X1CrNiMoN25 25 2	1.4465	≤0,020	0,7	≤2,0	0,020	0,015	24,0 bis 26,0	2,0 bis 2,5	22,0 bis 25,0	N 0,08 bis 0,16
X1NiCrMoCuN31 27 4	1.4563	≤0,020	0,7	≤2,0	0,020	0,015	26,0 bis 28,0	3,0 bis 4,0	30,0 bis 32,0	Cu 0,8 bis 1,5; N 0,04 bis 0,15
X2NiCrAlTi32 20	1.4558	≤0,030	0,7	≤1,0	0,020	0,015	20,0 bis 23,0	–	32,0 bis 35,0	Al 0,15 bis 0,45; Ti≥8×(C+N)≤0,6

[1]) Die in der Ausgabe 12.73 des Stahl-Eisen-Werkstoffblattes 400 angegebenen Kurznamen dürfen während der Laufzeit dieses Werkstoffblattes weiter verwendet werden.
[2]) Tantal zusammen mit Niob als Niobgehalt bestimmt.
[3]) In Sonderfällen kann bei der Bestellung ein maximaler Cobaltgehalt von 0,2 % vereinbart werden.

Tafel 3. Mechanische Eigenschaften bei Raumtemperatur der ferritischen und martensitischen Stähle im geglühten oder vergüteten Zustand

Stahlsorte Kurzname	Werkstoffnummer	Wärmebehandlungszustand[1]	Härte[2] HB oder HV	Streckgrenze N/mm² mind.	Zugfestigkeit N/mm²	Bruchdehnung A_5[3] längs % mind.	quer	Kerbschlagarbeit (Mittelwerte) (ISO-V-Probe) längs J mind.	quer	Geltungsbereich (Dicke bzw. Wanddicke) Fl = Flacherzeugnisse; St = Stabstahl; Sch = Schmiedestücke; D = Draht (nur Zugfestigkeit); R = Rohre
X2 Cr11	1.4003	geglüht	≤ 180	320[5]	450 bis 600	20	20	–	–	Fl ≤ 10 mm; D > 2 ≤ 20 mm; St ≤ 60 mm; R ≤ 5 mm
X6 CrTi12	1.4512	geglüht	≤ 180	220[6]	390 bis 560	20	20	–	–	Fl < 10 mm (warmgewalzt)
X1 CrTi15	1.4520	geglüht	≤ 180	220	380 bis 530	24	24	–	–	Fl ≤ 3 mm (kaltgewalzt)
X2 CrMoTi18 2	1.4521	geglüht	≤ 200	320	450 bis 650	20	18	–	–	Fl ≤ 3 mm (kaltgewalzt); D > 2 ≤ 20 mm; R ≤ 5 mm
X2 CrMoNb18 2	1.4522	geglüht	≤ 200	320	450 bis 650	20	–	–	–	St ≤ 15 mm
X20 CrMo13	1.4120	geglüht	≤ 240	–	≤ 770	–	–	–	–	Fl ≤ 10 mm; D > 2 ≤ 20 mm; St, Sch ≤ 160 mm
		vergütet	220 bis 280	550	750 bis 900	14	10[7]	28[4]	–	
X35 CrMo17	1.4122	geglüht	≤ 280	–	≤ 900	–	–	–	–	
		vergütet	220 bis 280	550	750 bis 950	12	10[7]	20[4)8]	–	
X65 Cr13	1.4037	geglüht	≤ 265	–	≤ 840	–	–	–	–	
X55 CrMo14	1.4110	geglüht	≤ 260	–	≤ 830	–	–	–	–	
X90 CrMoV18	1.4112	geglüht	≤ 265	–	–	–	–	–	–	
X105 CrMo17	1.4125	geglüht	≤ 285	–	–	–	–	–	–	
X4 CrNi13 4	1.4313	vergütet V1	240 bis 290	550	760 bis 900	17	16	90	70	Fl ≤ 100 mm; D > 2 ≤ 20 mm; St, Sch ≤ 450 mm; R ≤ 20 mm
		vergütet V2	245 bis 310	685[9]	780 bis 980	17	15	90	70	
		vergütet V3	275 bis 380	850	900 bis 1200	14	11	80	50	
X4 CrNiMo16 5	1.4418	vergütet V1	260 bis 325	550	830 bis 1030	16	14	90	70	Fl ≤ 20 mm; D > 2 ≤ 20 mm; St, Sch ≤ 450 mm; R ≤ 20 mm
		vergütet V2	265 bis 345	685[9]	850 bis 1100	16	14	80	60	
		vergütet V3	280 bis 385	850	900 bis 1200[10]	14	11	70	40	

[1] Anhaltsangaben für die Wärmebehandlung siehe Tafel B.2.
[2] Anhaltswerte; eine Berechnung der Zugfestigkeit aus der Härte ist mit einer großen Streuung behaftet. Für Stäbe und Schmiedestücke der martensitischen Stähle im geglühten Zustand ist jedoch in der Regel die Ermittlung der Härte ausreichend. – Bei Band ≤ 3 mm kommen nur HV-Werte in Betracht.
[3] Für Flacherzeugnisse < 3 mm ist in der Regel A_{80mm} mit um 5 %-Punkte verringerten Mindestwerten.
[4] Der Kerbschlagbiegeversuch ist – sofern vereinbart – an ISO-V-Proben durchzuführen. Werden die hierfür geforderten Mindestwerte der Kerbschlagarbeit unterschritten, kann der Nachweis an DVM-Proben erbracht werden.
[5] Bei Dicken > 8 mm 280 N/mm².
[6] Bei der Verwendung für Konstruktionszwecke kann bei der Bestellung ein Mindestwert von 260 N/mm² vereinbart werden.
[7] Für Bleche; für Schmiedestücke an Tangentialproben.
[8] > 100 ≤ 160 mm 14 J (dieser Werkstoff liegt bei Raumtemperatur im Übergangsbereich der Kerbschlagzähigkeit).
[9] Für Stabstahl > 160 mm und Schmiedestücke 635 N/mm².
[10] Vgl. Fußnote 7 in Tafel B.2.

Tafel 4. Mechanische Eigenschaften bei Raumtemperatur der austenitisch-ferritischen und der austenitischen Stähle im abgeschreckten Zustand[1])

Stahlsorte Kurzname	Werkstoffnummer	0,2-Grenze N/mm² mind.	1%-Dehngrenze N/mm² mind.	Zugfestigkeit N/mm²	Bruchdehnung (A5)[1]) (bei 1.4558 auch A80) längs % mind.	quer % mind.	Rohre längs % mind.	Rohre quer % mind.	Kerbschlagarbeit (ISO-V-Probe) längs J mind.	quer J mind.	Beständigkeit gegen interkristalline Korrosion im Lieferzustand	im geschweißten Zustand	Prüfung nach DIN 50914 oder SEP 1877 Verfahren	Geltungsbereich (Dicke bzw. Wanddicke)
Austenitisch – ferritische Stähle														
X4CrNiMoN27 5 2	1.4460	450	–	600 bis 800	20	–	–	–	55[2])	–	ja	ja[3])	Verfahren I	Fl ≤ 10 mm (1.4462 ≤ 20 mm)
X2CrNiMoN22 5 3	1.4462	450[4])	–	640[4]) bis 900	30	25	25	25	120	90[5])	ja	ja	DIN 50914	St, Sch ≤ 160 mm (1.4462 ≤ 250 mm)
X2CrNiN23 4	1.4362	400	–	600 bis 820	25	20	25	25	85	55	ja	ja	DIN 50914	R ≤ 10 mm Wanddicke; D > 2 ≤ 20 mm
Austenitische Stähle														
X12CrNi17 7	1.4310	260	290	600 bis 950	35	35	–	–	–	–	nein	nein	–	Fl ≤ 6 mm; D > 2 ≤ 15 mm
X2CrNiN18 7	1.4318	350	380	600 bis 900	40	40	–	–	–	–	ja	ja	DIN 50914	Fl ≤ 6 mm
X1CrNiMoTi18 13 2	1.4561	190	225	490 bis 690	40	40	–	–	120	90	ja	ja	DIN 50914	Fl ≤ 20 mm
X1CrNi25 21	1.4335	180	210	470 bis 670	–	40	–	–	120	90	ja	ja	Verfahren II	Fl ≤ 30 mm (1.4505 ≤ 20 mm)
X4NiCrMoCuNb20 18 2	1.4505	225	265	490 bis 740	40	30	35	30	120	90	ja	ja	DIN 50914	St, Sch ≤ 160 mm (1.4529, 1.4563 ≤ 100 mm)
X1NiCrMoCuN25 20 6	1.4529	270	310	600 bis 800	40	35	35	30	120	90	ja	ja	DIN 50914	R ≤ 20 mm Wanddicke
X1NiCrMoCuN25 20 5	1.4539	220	250	520 bis 720	40	35	35	30	120	90	ja	ja	DIN 50914	D > 2 ≤ 20 mm
X3CrNiMnMoNbN23 17 5 3	1.4565	420	460	800 bis 1000	35	30	–	–	85	55	ja	ja	Verfahren II	
X3CrNiMoTi25 25	1.4577	205	245	490 bis 740	40	30	–	–	120	90	ja	ja	Verfahren II	
X1CrNiMoN25 25 2	1.4465	260	295	540 bis 740	40	35	–	–	120	90	ja	ja	Verfahren II	
X1NiCrMoCuN31 27 4	1.4563	215	245	500 bis 750	40	35	–	–	120	90	ja	ja	Verfahren II	
X2NiCrAlTi32 20	1.4558	180	210	450 bis 700	35	35	–	–	120	90	ja	ja[6])	DIN 50914	

Geltungsbereich (Dicke bzw. Wanddicke):
Fl = Flacherzeugnisse
St = Stabstahl
Sch = Schmiedestücke
D = Draht (nur Zugfestigkeit)
R = Rohre

[1]) Für Flacherzeugnisse < 3 mm gilt A80mm mit um 5%-Punkte verringerten Mindestwerten.
[2]) Bei Schmiedestücken mind. 30 J.
[3]) •• Die Maßgrenzen für die Beständigkeit gegen interkristalline Korrosion können je nach vorliegender chemischer Zusammensetzung und den Schweißbedingungen variieren und sind bei der Bestellung zu vereinbaren.
[4]) Bei Flacherzeugnissen beträgt die 0,2-Grenze 480 N/mm² und die untere Grenze der Zugfestigkeit 680 N/mm².
[5]) Bei Band ≤ 10 mm und aus Band geschnittenem Blech mind. 40 J.
[6]) Bei Rohren für Wanddicken ≤ 6 mm.

Tafel 5. Mindestwerte der 0,2%- und 1%-Dehngrenze bei erhöhten Temperaturen für Flacherzeugnisse, nahtlose Rohre, Stabstahl und Schmiedestücke für die in den Tafeln 3 und 4 angegebenen Maßbereiche sowie Anhaltsangaben über die Grenztemperaturen bei Beanspruchung auf interkristalline Korrosion

Kurzname	Werkstoffnummer	Wärmebehandlungszustand (s. Tafel B.2)	0,2%-Dehngrenze bei einer Temperatur in °C von (N/mm² mind.)											1%-Dehngrenze (N/mm² mind.)											Grenztemperatur²) °C
			50	100	150	200	250	300	350	400	450	500	550	50	100	150	200	250	300	350	400	450	500	550	
Ferritische und martensitische Stähle																									
X2Cr11	1.4003³)	geglüht	310	240	235	230	220	215																	
X1CrTi15	1.4520	geglüht	215	195	180	170	160	155																	
X2CrMoTi18 2	1.4521	geglüht	300	280	260	245	230	220																	
X2CrMoNb18 2	1.4522	geglüht	300	280	260	245	230	220																	
X20CrMo13	1.4120	vergütet	530	520	510	500	480	450	450	410															
X35CrMo17	1.4122	vergütet	550	550	540	530	520	510	490	470															
X4CrNi13 4	1.4313	vergütet V1	540	530	515	500	490	475																	
X4CrNi13 4	1.4313	vergütet V2	670	650	635	620	605	590	575³)																
X4CrNiMo16 5	1.4418	V2	620	600	585	570	555	540	525																
X4CrNiMo16 5	1.4418	V3	810	770	740	715	690	670																	
Austenitisch – ferritische Stähle																									
X4CrNiMoN27 5 2	1.4460	abgeschreckt	400	360	335	310	295																		
X2CrNiMoN22 5 3	1.4462	abgeschreckt	400	360	335	310	295																		
X2CrNiN23 4	1.4362	abgeschreckt	370	330	310	290	280																		
Austenitische Stähle																									
X1CrNiMoTi18 13 2	1.4561	abgeschreckt	182	166	152	137	127	118	113	108	103	100	98	217	199	181	167	157	145	139	135	130	128	127	400⁴)
X1CrNi25 21	1.4335	abgeschreckt	165	150	140	130	120	115	110	105	–	–	–	195	180	170	160	150	140	135	130	–	–	–	400
X4NiCrMoCuNb20 18 2	1.4505	abgeschreckt	205	185	175	165	155	145	140	135	130	130	130	240	220	205	195	185	175	170	165	160	160	155	400
X1NiCrMoCuN25 20 6	1.4529	abgeschreckt	240	230	210	190	180	170	160	140	130	120	105	280	270	245	225	215	205	190	170	160	150	135	400
X1NiCrMoCuN25 20 5	1.4539	abgeschreckt	190	175	165	155	145	135	130	125	120	110	105	220	205	195	185	175	165	160	155	150	140	135	400
X3CrNiMnMoNbN23 17 5 3	1.4565	abgeschreckt	400	350	310	270	255	240	225	210	210	210	200	435	400	355	310	290	270	255	240	240	240	230	450
X3CrNiMoTi25 25	1.4577	abgeschreckt	195	175	160	145	135	130	125	120	–	–	–	230	205	190	175	165	160	155	150	145	–	–	400
X1CrNiMoN25 25 2	1.4465	abgeschreckt	225	195	175	155	145	135	130	125	120	115	110	260	225	205	185	170	160	155	150	145	140	135	400
X1NiCrMoCuN31 27 4	1.4563	abgeschreckt	200	190	175	160	155	150	145	135	125	120	115	230	220	205	190	185	180	175	165	155	150	145	400
X2NiCrAlTi32 20	1.4558	abgeschreckt	170	155	145	140	135	125	120	125	110	110	90	200	185	175	170	165	160	155	150	140	130	120	400

¹) Die Symbole V1, V2 bzw. V3 kennzeichnen die Festigkeitsstufe (vgl. Tafel 3).
²) Nach einer Betriebsdauer bis zu 100 000 h bei Temperaturen bis zur Grenztemperatur tritt bei Prüfung nach DIN 50914 keine interkristalline Korrosion auf.
³) 1. Zeile ≤ 160 mm, 2. Zeile > 160 ≤ 450 mm.
⁴) Nach einer Betriebsdauer bis zu 2000 h im Temperaturbereich 500 bis 550 °C tritt bei Prüfung nach DIN 50914 keine interkristalline Korrosion auf.

Tafel 6. Ausführungsart und Oberflächenbeschaffenheit der Erzeugnisse[7])

Kurzzeichen[1])	Ausführungsart	Oberflächenbeschaffenheit	Erzeugnisform[2])						Bemerkungen
			Fl	D	St	Sch	naht-lose Rohre[3])	H	
a1	warmgeformt, nicht wärmebehandelt, nicht entzundert	mit Walzhaut bedeckt, ggf. mit Putzstellen	x	x	x	–	–	x	Geeignet nur für warm weiterzu-verarbeitende Erzeugnisse
a2	warmgeformt, nicht wärmebehandelt, all-seitig geschliffen	metallisch (Halbzeug-schliff)	–	–	–	–	–	x	
b oder Ic	warmgeformt, wärme-behandelt[4]) nicht entzundert	mit Walzhaut bedeckt	x	x	x	x	x	x	Geeignet nur für Teile, die nach der Fertigung allseits entzundert oder bearbeitet werden
c1 oder IIa	warmgeformt, wärme-behandelt[4]), mechanisch entzundert[5])	metallisch sauber	x	x	x	x	x	–	•• Die Art der mechanischen Entzun-derung, z. B. Schleifen, Strahlen oder Schälen, hängt von der Erzeugnisform ab und bleibt, wenn nicht anders verein-bart, dem Hersteller überlassen
c2 oder IIa	warmgeformt, wärme-behandelt[4]), gebeizt		x	x	x	x	x	–	
e	warmgeformt, wärme-behandelt[4]), spangebend vorbearbeitet	metallisch blank	–	–	x	x	x	–	
f oder IIIa	wärmebehandelt, mecha-nisch oder chemisch entzundert, abschließend kaltgeformt	glatt und blank, wesentlich glatter als nach Ausführung c2 oder IIa	x	x	x	–	x	–	Durch Kaltumformen ohne anschließende Wärmebehandlung werden die Eigen-schaften je nach Umformgrad verändert
g	kaltgeformt, wärme-behandelt, nicht ent-zundert	verzundert	–	–	–	–	x	–	Geeignet nur für solche Teile, die nach der Fertigung entzundert oder bearbeitet werden.
h oder IIIb	mechanisch oder chemisch entzundert, kaltgeformt, wärme-behandelt[4]), gebeizt	glatter als bei Ausführung c2 oder IIa	x	x	x	–	x	–	
m oder IIId	mechanisch oder chemisch entzundert, kaltgeformt, blank-geglüht[5]), oder blank-geglüht[5]) und leicht kalt nachgewalzt oder nachgezogen	gänzend und glatter als bei Ausführung h oder IIIb	x	x	–	–	x	–	Besonders geeignet zum Schleifen und Polieren
n oder IIIc	mechanisch oder chemisch entzundert, kaltgeformt, wärme-behandelt[4]), gebeizt, blankgezogen (ziehpoliert)	matt und glatter als bei Ausführung h oder IIIb	x	x	x	–	x	–	Die Erzeugnisse nach dieser Ausführung sind etwas härter als nach Ausführung h oder IIIb, m oder IIId; sie sind besonders geeignet zum Schleifen, Bürsten oder Polieren
n2	kalt nachgezogen (ziehpoliert), zunderfrei wärmebehandelt	metallisch blankgeglüht matt und glatter als bei Ausführung h	–	–	–	–	x	–	Besonders geeignet zum Schleifen und Polieren
o oder IV	geschliffen	• Art, Grad und Umfang des Schliffes bzw. der Politur sind bei der Bestellung zu vereinbaren	x	–	x	–	x	–	Als Ausgangszustand werden üblicher-weise die Ausführungen b oder Ic, c1 oder IIa, f oder IIIa, n oder IIIc, m oder IIId verwendet
p oder V	poliert		x	x	x	–	x	–	
q	gebürstet	seidenmatt	x	–	–	–	–	–	Bester Ausgangszustand ist Ausführung n oder IIIc

[1]) Die neuen Kurzzeichen in alphabetischer Reihenfolge haben sich noch nicht allgemein eingeführt. Außerdem wird an einem inter-nationalen Kurzzeichensystem gearbeitet, so daß die Zweckmäßigkeit der Umstellung auf die in der Tafel wiedergegebenen Buchstaben fragwürdig geworden ist. Deshalb werden hier wie in DIN 17 440 und DIN 17 441 noch beide Kurzzeichen angegeben.

[2]) Für geschweißte Rohre siehe Tafel 6a. Fl = Flacherzeugnisse; D = Draht; St = Stabstahl; Sch = Schmiedestücke; H = Halbzeug.

[3]) Zur Oberflächenbeschaffenheit nahtloser Rohre s. a. Abschnitte 5.8.2 und 5.8.3 der DIN 17 456.

[4]) Unter „wärmebehandelt" wird hier der übliche Wärmebehandlungszustand entsprechend den Tafeln 3 und 4 verstanden.

[5]) Nach Vereinbarung bei der Bestellung können insbesondere Flacherzeugnisse in dieser Oberflächenausführung kurzzeitig gebeizt geliefert werden.

[6]) Unter „blankgeglüht" wird hier der übliche Wärmebehandlungszustand entsprechend den Tafeln 3 und 4 verstanden.

[7]) Für Rohre siehe DIN 17 455, Tabelle 6, Seite 560.

Tafel B.1. Anhaltsangaben über physikalische Eigenschaften

Werkstoff-nummer[1]	Kurzname	Dichte kg/dm³	E-Modul 20°C	100°C	200°C	300°C	400°C	500°C (kN/mm²)	Wärmeausdehnung 20–100°C	20–200°C	20–300°C	20–400°C	20–500°C (10⁻⁶·K⁻¹)	Wärmeleit-fähigkeit 20°C W/(m·K)	Spez. Wärme-kapazität 20°C J/(kg·K)	Elektr. Widerstand 20°C Ω·mm²/m	Magnetisier-barkeit
	*Ferritische und martensitische Stähle*															
1.4003	X2Cr11	7,7	220	216	209	200	192	183	10,4	10,8	11,2	11,6	11,9	25	430	0,6	vorhanden
1.4512	X6CrTi12													25		0,6	
1.4520	X1CrTi15													20		0,7	
1.4521	X2CrMoTi18 2													15		0,8	
1.4522	X2CrMoNb18 2													15		0,8	
1.4120	X20CrMo13	7,7	220	216	209	200	192	183	10,4	10,8	11,2	11,6	11,9	25	430	0,6	vorhanden
1.4122	X35CrMo17													15		0,8	
1.4037	X65Cr13													25		0,6	
1.4110	X55CrMo14													15		0,8	
1.4112	X90CrMoV18													15		0,8	
1.4125	X105CrMo17													15		0,8	
1.4313 V1/V2/V3	X4CrNi13 4	7,7	198	193	183	175	172	159	11,7/11,0/10,4	12,3/11,7/10,8	12,6/12,1/11,2	–	–	25	430	0,6	vorhanden
1.4418 V1/V2/V3	X4CrNiMo16 5	7,7	198	193	183	175	172	159	12,7/12,0/11,4	13,3/12,7/11,8	13,6/13,1/12,2	–	–	15	430	0,8	vorhanden
	*Austenitisch – ferritische Stähle*															
1.4460	X4CrNiMoN27 5 2	7,8	200	194	186	180	–	–	12,0	12,5	13,0	–	–	15	450	0,8	vorhanden
1.4462	X2CrNiMoN22 5 3																
1.4362	X2CrNiN23 4																
	*Austenitische Stähle*															
1.4310	X12CrNi17 7	8,0							16,4	16,9	17,4	17,8	18,2	15	450	0,8	nicht[2]
1.4318	X2CrNiN18 7																vorhanden
1.4561	X1CrNiMoTi18 13 2	8,0	198	193	183	175	172	159	15,8	16,1	16,5	16,9	17,3	12	450	1,0	nicht[2]
1.4335	X1CrNi25 21																
1.4505	X4NiCrMoCuNb20 18 2																
1.4529	X1NiCrMoCuN25 20 6																
1.4539	X1NiCrMoCuN25 20 5																
1.4565	X3CrNiMnMoNbN23 17 5 3																
1.4577	X3CrNiMoTi25 25																
1.4465	X1CrNiMoN25 25 2																
1.4563	X1NiCrMoCuN31 27 4																
1.4558	X2NiCrAlTi32 20																vorhanden

[1]) Die Symbole V1, V2 bzw. V3 kennzeichnen die Festigkeitsstufe (vgl. Tafel 3).
[2]) Austenitische Stähle können im abgeschreckten Zustand unter Umständen schwach magnetisierbar sein. Ihre Magnetisierbarkeit kann mit steigender Kaltumformung zunehmen.

Tafel B.2. Anhaltsangaben zum Warmumformen bei der Weiterverarbeitung und zur Wärmebehandlung

Stahlsorte Kurzname	Werkstoff-nummer	Warmumformen Temperatur °C	Warmumformen Abkühlungsart	Glühen Temperatur °C	Glühen Abkühlungsart[1]	Härten bzw. Abschrecken Temperatur °C	Härten bzw. Abschrecken Abkühlungsart	Anlassen Temperatur °C
Ferritische und martensitische Stähle								
X 2 Cr 11	1.4003	1100 bis 800	Luft	700 bis 750	Luft, Wasser	–	–	–
X 6 CrTi 12	1.4512	1100 bis 800		750 bis 850		–	–	–
X 1 CrTi 15	1.4520	1100 bis 800		800 bis 900		–	–	–
X 2 CrMoTi 18 2	1.4521	1150 bis 750		750 bis 850		–	–	–
X 2 CrMoNb 18 2	1.4522	1150 bis 750		750 bis 900		–	–	–
X 20 CrMo 13	1.4120	1150 bis 750	langsame Abkühlung	750 bis 850	Ofen	950 bis 1000	Öl	650 bis 750
X 35 CrMo 17	1.4122	1100 bis 750		750 bis 850		980 bis 1030		650 bis 750
X 65 Cr 13	1.4037	1100 bis 800		730 bis 800		980 bis 1030		100 bis 300
X 55 CrMo 14	1.4110	1100 bis 800		750 bis 850		1000 bis 1050		100 bis 300
X 90 CrMoV 18	1.4112	1100 bis 800		800 bis 850		1000 bis 1050		100 bis 300
X 105 CrMo 17	1.4125	1100 bis 900		800 bis 850		1000 bis 1050		100 bis 300
X 4 CrNi 13 4	1.4313 V1[3] 1.4313 V2[3] 1.4313 V3[3]	1150 bis 900	Luft	600 bis 640[4]	Luft	950 bis 1050	Luft[2], Öl	580 bis 620 560 bis 600[5] 520 bis 560
X 4 CrMo 16 5	1.4418 V1[3] 1.4418 V2[3] 1.4418 V3[3]	1150 bis 900	Luft	600 bis 640[4]	Luft	950 bis 1050	Luft[2], Öl	590 bis 620[5] 560 bis 600[5] 500 bis 540[6][7]
Austenitisch – ferritische Stähle								
X 4 CrNiMo 27 5 2	1.4460	1150 bis 900	Luft	–	–	1020 bis 1100	Wasser, Luft[1]	–
X 2 CrNiMoN 22 5 3	1.4462			–				–
X 2 CrNiN 23 4	1.4362			–				–
Austenitische Stähle[8]								
X 12 CrNi 17 7	1.4310	1150 bis 750	Luft	–	–	1020 bis 1100	Wasser, Luft[1]	–
X 2 CrNiN 18 7	1.4318	1150 bis 750		–		1020 bis 1100		–
X 1 CrNiMoTi 18 13 2	1.4561	1150 bis 750		–		1020 bis 1100		–
X 1 CrNi 25 21	1.4335	1200 bis 850		–		1020 bis 1100		–
X 4 NiCrMoCuNb 20 18 2	1.4505	1150 bis 850		–		1050 bis 1100		–
X 1 NiCrMoCuN 25 20 6	1.4529			–		1100 bis 1180		–
X 1 NiCrMoCuN 25 20 5	1.4539			–		1050 bis 1150		–
X 3 CrNiMnMoNbN 23 17 5 3	1.4565	1200 bis 950	Luft	–		1020 bis 1100		–
X 3 CrNiMoTi 25 25	1.4577			–		1080 bis 1150		–
X 1 CrNiMoN 25 25 2	1.4465			–		1050 bis 1150		–
X 1 NiCrMoCuN 31 27 4	1.4563	1150 bis 850	Luft	–		1050 bis 1150		–
X 2 NiCrAlTi 32 20	1.4558	1150 bis 850	Luft	–		950 bis 1050		–

[1] Bei Bandglühung im Durchlauf dürfen die oberen Temperaturgrenzen überschritten werden.
[2] Abkühlung ausreichend schnell.
[3] Die Symbole V1, V2 bzw. V3 kennzeichnen die Festigkeitsstufe (vgl. Tafel 3).
[4] Nach Umwandlung in der Martensitstufe; dieser Zustand wird durch $\leqq$ 325 HB gekennzeichnet.
[5] 2 × mind. 4 h oder mind. 8 h; für Bleche mind. 5 h.
[6] Mind. 4 h.
[7] Ein Anlassen bei 350 bis 400 °C ist ebenfalls werkstoffgerecht. Dabei können sich Werte der Zugfestigkeit bis zu 1250 N/mm² ergeben.
[8] Bei einer Wärmebehandlung im Rahmen der Weiterverarbeitung ist der untere Bereich der für das Lösungsglühen angegebenen Spanne anzustreben.

Hitzebeständige Walz- und Schmiedestähle	STAHL-EISEN-WERKSTOFFBLATT 470 5. Ausgabe

1. Geltungsbereich

1.1. In diesem Werkstoffblatt werden die handelsüblichen hitzebeständigen Walz- und Schmiedestähle behandelt. Das Blatt gilt für warm- und kaltgeformte Bleche, Bänder, Stäbe, Drähte, nahtlose und geschweißte Rohre sowie für Schmiedestücke. Für die Lieferung in anderen Erzeugnisformen, z. B. Halbzeug (wie vorgewalzte Brammen und Blöcke), können besondere Vereinbarungen bei der Bestellung getroffen werden.

2. Begriff

Als hitzebeständig gelten Stähle, die sich bei guten mechanischen Eigenschaften bei Kurz- und Langzeitbeanspruchung durch besondere Beständigkeit gegen die Einwirkung heißer Gase und Verbrennungsprodukte sowie Salz- und Metallschmelzen bei Temperaturen etwa oberhalb 550°C auszeichnen. Das Ausmaß ihrer Beständigkeit ist jedoch sehr stark von den Angriffsbedingungen abhängig und kann daher nicht durch in einem einzelnen Prüfverfahren erhaltene Werte gekennzeichnet werden (siehe auch Abschnitt 8).

5. Bezeichnung

Bezeichnungsbeispiel
Bezeichnung des Stahles X 12 CrNiTi 18 9 (Werkstoff-Nr. 1.4878) in der Ausführungsart warmgeformt, wärmebehandelt, nicht entzundert (= Ausführungsart b nach Tafel 4):
X 12 CrNiTi 18 9 – warmgeformt, wärmebehandelt, nicht entzundert oder
X 12 CrNiTi 18 9 b oder
1.4878 – warmgeformt, wärmebehandelt, nicht entzundert oder
1.4878 b

6. Sorteneinteilung und Stahlauswahl

6.1. Die in diesem Werkstoffblatt erfaßten Stahlsorten sind nach ihrer chemischen Zusammensetzung und dem durch sie bedingten Gefügezustand eingeteilt und in Tafel 1a aufgeführt.

7. Anforderungen

7.2. Lieferzustand

Im allgemeinen werden die ferritischen Stähle im geglühten, die austenitisch-ferritischen und die austenitischen Stähle im abgeschreckten Zustand geliefert. Diese Wärmebehandlungszustände sind in Tafel 2 aufgeführt. Abweichungen können vereinbart werden. Der Wärmebehandlungszustand von Erzeugnissen, die zur Weiterverarbeitung durch Warmumformen vorgesehen sind, ist zu vereinbaren.

7.5. Technologische Eigenschaften

7.5.1. Die Stähle sind für eine Warmumformung geeignet.

7.5.2. Ebenso sind die Stähle für eine Kaltumformung geeignet. Es empfiehlt sich jedoch, die ferritischen Stähle mit ≧ 13% Cr vor der Umformung anzuwärmen. Die austenitischen Stähle sind im allgemeinen sehr gut für eine Kaltumformung geeignet, jedoch ist zu beachten, daß sie stärker zur Kaltverfestigung neigen.

7.5.3. Die Stähle sind für die üblichen Schmelzschweißverfahren geeignet. Angaben über die geeigneten Schweißzusatzstoffe enthält die Tafel 4. Auf die Neigung der ferritischen Stähle zur Grobkornbildung beim Schweißen sei hingewiesen. Bei mangelnder Erfahrung empfiehlt sich Rücksprache mit dem Stahl- und/oder Schweißzusatzwerkstoff-Hersteller.

7.5.4. Brennschneiden ist unter Anwendung geeigneter Verfahren möglich. Bei mangelnder Erfahrung empfiehlt sich Rücksprache mit dem Stahlhersteller.

7.6. Physikalische Eigenschaften

Anhaltsangaben über die physikalischen Eigenschaften enthält Tafel 5.

Tafel 1a. Chemische Zusammensetzung der Stähle (nach der Schmelzenanalyse)¹)

Stahlsorte Kurzname	Werkstoffnummer	% C	% Si	% Mn höchstens	% P höchstens	% S höchstens	% Al	% Cr	% Ni	% Sonstige
Ferritische Stähle										
X 10 CrAl 7	1.4713	≦ 0,12	0,5 bis 1,0	1,0	0,040	0,030	0,5 bis 1,0	6,0 bis 8,0	—	—
X 7 CrTi 12	1.4720	0,08	≦ 1,0	1,0	0,040	0,030	—	10,5 bis 12,5	—	Ti ≧ 6 x % C ≦ 1,0
X 10 CrAl 13	1.4724	≦ 0,12	0,7 bis 1,4	1,0	0,040	0,030	0,7 bis 1,2	12,0 bis 14,0	—	—
X 10 CrAl 18	1.4742	≦ 0,12	0,7 bis 1,4	1,0	0,040	0,030	0,7 bis 1,2	17,0 bis 19,0	—	—
X 10 CrAl 24	1.4762	≦ 0,12	0,7 bis 1,4	1,0	0,040	0,030	1,2 bis 1,7	23,0 bis 26,0	—	—
Ferritisch-austenitische Stähle										
X 20 CrNiSi 25 4	1.4821	0,10 bis 0,20	0,8 bis 1,5	2,0	0,040	0,030	—	24,0 bis 27,0	3,5 bis 5,5	—
Austenitische Stähle										
X 12 CrNiTi 18 9	1.4878	≦ 0,12	≦ 1,0	2,0	0,045	0,030	—	17,0 bis 19,0	9,0 bis 12,0	Ti ≧ 4 x % C ≦ 0,80
X 15 CrNiSi 20 12	1.4828	≦ 0,20	1,5 bis 2,5	2,0	0,045	0,030	—	19,0 bis 21,0	11,0 bis 13,0	—
X 7 CrNi 23 14	1.4833	0,08	≦ 1,0	2,0	0,045	0,030	—	21,0 bis 23,0	12,0 bis 15,0	—
X 12 CrNi 25 21	1.4845	≦ 0,15	≦ 0,75	2,0	0,045	0,030	—	24,0 bis 26,0	19,0 bis 22,0	—
X 15 CrNiSi 25 20	1.4841	≦ 0,20	1,5 bis 2,5	2,0	0,045	0,030	—	24,0 bis 26,0	19,0 bis 22,0	—
X 12 NiCrSi 36 16	1.4864	≦ 0,15	1,0 bis 2,0	2,0	0,030	0,020	—	15,0 bis 17,0	33,0 bis 37,0	—
X 10 NiCrAlTi 32 20	1.4876	≦ 0,12	≦ 1,0	2,0	0,030	0,020	0,15 bis 0,6	19,0 bis 23,0	30,0 bis 34,0	Ti 0,15 bis 0,6

¹) In dieser Tafel nicht aufgeführte Elemente dürfen dem Stahl außer zum Fertigbehandeln der Schmelze ohne Zustimmung des Bestellers nicht absichtlich zugesetzt werden. Es sind alle angemessenen Vorkehrungen zu treffen, um die Zufuhr solcher Elemente aus dem Schrott und anderen bei der Herstellung verwendeten Stoffen zu vermeiden, welche die Verwendbarkeit beeinträchtigen.

7.7. Ausführungsart und Oberflächenbeschaffenheit

Die Erzeugnisse können je nach Bestellung in der in Tafel 6 angegebenen Ausführungsart und Oberflächenbeschaffenheit geliefert werden.

Geringfügige, durch das Formgebungsverfahren bedingte Oberflächenfehler, z.B. Narben, Walzeindrücke und flache Walz- und Ziehriefen sowie Schleifstellen sind zulässig, sofern die zulässigen Maßabweichungen eingehalten werden.

8. Hitzebeständigkeit

Aufgrund ihres erhöhten Legierungsgehaltes an Aluminium, Chrom, Nickel und Silicium weisen die hitzebeständigen Stähle eine erhöhte Beständigkeit in heißen Gasen und Verbrennungsprodukten sowie Salz- und Metallschmelzen auf. Die höchsten Anwendungstemperaturen in Luft, die je nach Legierungsgehalt bis zu rd. 1150° C reichen, können durch Beimengungen im Gas, z.b. schwefelhaltige Bestandteile, Wasserdampf oder Aschebestandteile, stark herabgesetzt werden*). Es wird empfohlen, sich bei unzureichenden Erfahrungen durch den Werkstofflieferer beraten zu lassen. Als Anhaltswerte für die Beständigkeit der hitzebeständigen Stähle sind in Tafel 7 Zundergrenztemperaturen für den Einsatz in Luft enthalten.

Tafel 2. Mechanische Eigenschaften bei Raumtemperatur[1])

Stahlsorte		Wärmebehandlungs-zustand	Härte[2])	0,2-Grenze	Zugfestigkeit	Bruchdehnung[3]) $(L_0 = 5 d_0)$ Probenlage	
Kurzname	Werkstoff-nummer		HB höchst.	N/mm² mind.	N/mm²	längs	quer
						% mind.	
Ferritische Stähle							
X 10 CrAl 7	1.4713	geglüht	192	220	420 bis 620	20	15
X 7 CrTi 12	1.4720	geglüht	179	210	400 bis 600	25	20
X 10 CrAl 13	1.4724	geglüht	192	250	450 bis 650	15	11
X 10 CrAl 18	1.4742	geglüht	212	270	500 bis 700	12	9
X 10 CrAl 24	1.4762	geglüht	223	280	520 bis 720	10	7
Ferritisch-austenitische Stähle							
X 20 CrNiSi 25 4	1.4821	abgeschreckt	235	400	600 bis 850	16	12
Austenitische Stähle							
X 12 CrNiTi 18 9	1.4878	abgeschreckt	192	210	500 bis 750	40	30
X 15 CrNiSi 20 12	1.4828	abgeschreckt	223	230	500 bis 750	30	22
X 7 CrNi 23 14	1.4833	abgeschreckt	192	210	500 bis 750	35	26
X 12 CrNi 25 21	1.4845	abgeschreckt	192	210	500 bis 750	35	26
X 15 CrNiSi 25 20	1.4841	abgeschreckt	223	230	550 bis 800	30	22
X 12 NiCrSi 36 16	1.4864	abgeschreckt	223	230	550 bis 800	30	22
X 10 NiCrAlTi 32 20	1.4876	rekristallisierend geglüht	192	210	500 bis 750	30	22
		lösungsgeglüht	192	170	450 bis 700	30	22

1) Die Werte gelten für die in Abschnitt 7.4.1 angegebenen Abmessungsbereiche.
2) Für die Abnahme nicht bindend. Eine Errechnung der Zugfestigkeit aus der Härte in HB ist mit großen Streuungen behaftet und besonders bei austenitischen Stählen zu ungenau; in Schiedsfällen ist die Zugfestigkeit maßgebend.
3) Die Werte gelten für Probendicken $\geq$ 3 mm. Für kleinere Dicken sind die Werte bei der Bestellung zu vereinbaren; die aufgeführten Werte können als Anhaltsangaben angesehen werden.

Tafel 3. Anhaltsangaben über das Langzeitverhalten bei hohen Temperaturen (Mittelwerte des bisher erfaßten Streubereichs)

Stahlsorte		Temperatur	1 %-Zeitdehngrenze für		Zeitstandfestigkeit für		
Kurzname	Werkstoff-nummer		1 000 h	10 000 h	1 000 h	10 000 h	100 000 h
		°C	N/mm²		N/mm²		
X 10 CrAl 7	1.4713	500	80	50	160	100	55
X 7 CrTi 12	1.4720	600	27,5	17,5	55	35	20
X 10 CrAl 13	1.4724	700	8,5	4,7	17	9,5	5
X 10 CrAl 18	1.4742	800	3,7	2,1	7,5	4,3	2,3
X 10 CrAl 24	1.4762	900	1,8	1,0	3,6	1,9	1,0
X 18 CrN 28	1.4749						
X 20 CrNiSi 25 4	1.4821						
X 12 CrNiTi 18 9	1.4878	600	110	85	185	115	65
		700	45	30	80	45	22
		800	15	10	35	20	10
X 15 CrNiSi 20 12	1.4828	600	120	80	190	120	65
X 7 CrNi 23 14	1.4833	700	50	25	75	36	16
		800	20	10	35	18	7,5
		900	8	4	15	8,5	3,0
X 12 CrNi 25 21	1.4845	600	150	105	230	160	80
X 15 CrNiSi 25 20	1.4841	700	53	37	80	40	18
		800	23	12	35	18	7
		900	10	5,7	15	8,5	3,0
X 12 NiCrSi 36 16	1.4864	600	105	80	180	125	75
		700	50	35	75	45	25
		800	25	15	35	20	7
		900	12	5	15	8	3
X 10 NiCrAlTi 32 20 (lösungsgeglüht)	1.4876	600	130	90	200	152	114
		700	70	40	90	68	47
		800	30	15	45	30	19
		900	13	5	20	11	4

Tafel 7. Anhaltsangaben über die Temperaturen für Warmformgebung und Wärmebehandlung sowie über die Zunderbeständigkeit in Luft

Stahlsorte		Warmformgebung	Glühen[1]	Abschrecken[2]	Zundergrenz-temperatur in Luft[3]
Kurzname	Werkstoff-nummer	Temperatur °C	Temperatur °C	Temperatur °C	°C
X 10 CrAl 7	1.4713	1100 bis 750	750 bis 800	–	620
X 7 CrTi 12	1.4720	1050 bis 750	750 bis 850	–	800
X 10 CrAl 13	1.4724	1100 bis 750	800 bis 850	–	800
X 10 CrAl 18	1.4742	1100 bis 750	800 bis 850	–	850
X 10 CrAl 24	1.4762	1100 bis 750	800 bis 850	–	1000
					1150
X 20 CrNiSi 25 4	1.4821	1150 bis 800	–	1000 bis 1050	1100
X 12 CrNiTi 18 9	1.4878	1150 bis 800	–	1020 bis 1070	850
X 15 CrNiSi 20 12	1.4828	1150 bis 800	–	1050 bis 1100	1000
X 7 CrNi 23 14	1.4833	1150 bis 900	–	1050 bis 1100	1000
X 12 CrNi 25 21	1.4845	1150 bis 800	–	1050 bis 1100	1050
X 15 CrNiSi 25 20	1.4841	1150 bis 800	–	1050 bis 1100	1150
X 12 NiCrSi 36 16	1.4864	1150 bis 800	–	1050 bis 1100	1100
X 10 NiCrAlTi 32 20	1.4876	1150 bis 800	900 bis 980[4]	1100 bis 1150[5]	1100

1) Abkühlung in Luft (Wasser)
2) Abkühlung in Wasser (Luft)
3) Vgl. Abschnitt 8
4) Rekristallisierungsglühen
5) Lösungsglühen

Tafel 4. Anhaltsangaben über in Betracht kommende Zusatzwerkstoffe zum Lichtbogenschweißen und über die Wärmebehandlung nach dem Schweißen[1])

Stahlsorte		Geeignete Schweißzusatzwerkstoffe			Wärmebehandlung nach dem Schweißen
Kurzname	Werkstoffnummer	Kurzzeichen des Schweißgutes der umhüllten Stabelektroden	Schweißstäbe, Drahtelektroden, Schweißdrähte — Kurzname	Werkstoffnummer	
Ferritische Stähle					
8 CrSi 7 7	1.4700	—	X 8 Cr 9	1.4716	Im allgemeinen keine; bei Teilen mit stark unterschiedlichen Querschnitten oder nach stärkerer Kaltverformung ist nach dem Schweißen ein Spannungsarmglühen bei 750 bis 800° C 30 bis 45 min mit nachfolgender Luftkühlung zu empfehlen.
X 10 CrAl 7	1.4713	–, 19 9 Nb	X 8 Cr 9, X 5 CrNiNb 19 9	1.4716, 1.4551	
X 7 CrTi 12	1.4720	19 9 nC, 18 8 Mn 6	X 2 CrNi 19 9, X 15 CrNiMn 18 8	1.4316, 1.4370	
X 10 CrAl 13	1.4724	22 12, 25 4	X 12 CrNi 22 12, X 12 CrNi 25 4	1.4829, 1.4820	
X 10 CrAl 18	1.4742	22 12, 25 4	X 12 CrNi 22 12, X 12 CrNi 25 4	1.4829, 1.4820	
X 10 CrAl 24	1.4762	30, 25 4, 25 20	X 8 Cr 30, X 12 CrNi 25 4, X 12 CrNi 25 20	1.4773, 1.4820, 1.4842	
Ferritisch-austenitische Stähle					
X 20 CrNiSi 25 4	1.4821	25 4, 25 20	X 12 CrNi 25 4, X 12 CrNi 25 20	1.4820, 1.4842	keine
Austenitische Stähle					
X 12 CrNiTi 18 9	1.4878	19 9 Nb, 22 12	X 5 CrNiNb 19 9, X 12 CrNi 22 12	1.4551, 1.4829	keine
X 15 CrNiSi 20 12	1.4828	22 12	X 12 CrNi 22 12	1.4829	
X 7 CrNi 23 14	1.4833	25 20	X 12 CrNi 25 20	1.4842	
X 12 CrNi 25 21	1.4845	25 20	X 12 CrNi 25 20	1.4842	
X 15 CrNiSi 25 20	1.4841	25 20	X 12 CrNi 25 20	1.4842	
X 12 NiCrSi 36 16	1.4864	18 36	X 12 NiCr 36 18	1.4863	
X 10 NiCrAlTi 32 20	1.4876[2])	S-NiCr 15 FeNb, S-NiCr 15 FeMn	S-NiCr 20 Nb	2.4806	

1) Weitere Angaben zu den Schweißzusatzwerkstoffen siehe DIN 8556 Blatt 1 – Schweißzusatzwerkstoffe für das Schweißen nichtrostender und hitzebeständiger Stähle: Bezeichnung, Technische Lieferbedingungen – und Stahl-Eisen-Werkstoffblatt 880 – Gewalzte und gezogene Stähle für Schweißzusatzwerkstoffe –.

2) Über die Schweißzusatzwerkstoffe zum Schweißen dieses Stahles siehe DIN 1736, Blatt 1 – Schweißzusatzwerkstoffe für Nickel und Nickellegierungen; Zusammensetzung, Verwendung und Technische Lieferbedingungen –.

Tafel 5. Anhaltsangaben über die physikalischen Eigenschaften

Stahlsorte		Dichte	Mittlerer linearer Wärmeausdehnungskoeffizient zwischen 20°C und $\frac{10^{-3}\,m}{m\cdot°C}$					Wärmeleitfähigkeit bei $\frac{W}{m\cdot°C}$		Spezifische Wärmekapazität bei 20°C $\frac{J}{g\cdot°C}$	Spezifischer elektrischer Widerstand bei 20°C $\frac{\Omega\cdot mm^2}{m}$
Kurzname	Werkstoff-nummer	g/cm³	200°C	400°C	600°C	800°C	1000°C	20°C	500°C		
Ferritische Stähle											
X 10 CrAl 7	1.4713	7,7	11,5	12,0	12,5	13,0	—	23	25	0,45	0,70
X 7 CrTi 12	1.4720	7,7	11,0	12,0	12,5	13,0	—	25	28		0,60
X 10 CrAl 13	1.4724	7,7	11,0	11,5	12,0	12,5	13,5	21	23		0,90
X 10 CrAl 18	1.4742	7,7	10,5	11,5	12,0	12,5	13,5	19	25		0,95
X 10 CrAl 24	1.4762	7,7	10,5	11,5	12,0	12,5	13,5	17	23		1,10
Ferritisch-austenitische Stähle											
X 20 CrNiSi 25 4	1.4821	7,7	13,0	13,5	14,0	14,5	15,0	17	23	0,50	0,90
Austenitische Stähle											
X 12 CrNiTi 18 9	1.4878	7,9	17,0	18,0	18,5	19,0	—	15	21	0,50	0,75
X 15 CrNiSi 20 12	1.4828	7,9	16,5	17,5	18,0	18,5	19,5	15	21		0,85
X 7 CrNi 23 14	1.4833	7,9	16,0	17,5	18,0	18,5	19,5	15	19		0,80
X 12 CrNi 25 21	1.4845	7,9	15,5	17,0	17,5	18,0	19,0	14	19		0,85
X 15 CrNiSi 25 20	1.4841	7,9	15,5	17,0	17,5	18,0	19,0	14	19		0,90
X 12 NiCrSi 36 16	1.4864	8,0	15,0	16,0	17,0	17,5	18,5	13	19		1,00
X 10 NiCrAlTi 32 20	1.4876	8,0	15,0	16,0	17,0	17,5	18,5	12	19		1,00

Tafel 6. Ausführungsart und Oberflächenbeschaffenheit der Erzeugnisse aus hitzebeständigen Stählen

Kurzzeichen[1] in alphabetischer Reihenfolge	früheres Kennzeichen	Ausführungsart	Oberflächenbeschaffenheit	Bleche	Bänder	Stäbe	Drähte	nahtlose Rohre	geschweißte Rohre	Schmiedestücke	Bemerkungen
a		warmgeformt, nicht wärmebehandelt	mit Walzhaut bedeckt	–	X	X	X	–	–	–	vorzugsweise für warm weiterzuverarbeitende Erzeugnisse
b	Ic	warmgeformt, wärmebehandelt, nicht entzundert	mit Walzhaut bedeckt	X	X	X	X	X	–	X	
c1	IIa	warmgeformt, wärmebehandelt, mechanisch entzundert	metallisch sauber, geringfügige Oberflächenfehler sind jedoch zulässig	X	X	X	X	X	–	X	
c2		warmgeformt, wärmebehandelt, gebeizt		X	X	X	X	X	–	–	
d4		aus Blech oder Band der Oberflächenausführung c1 oder c2 geschweißte Rohre	metallisch blank; Anlauffarben im Schweißnahtbereich	–	–	–	–	–	X	–	
g	IIIs	mechanisch oder chemisch entzundert, kaltgeformt, wärmebehandelt, anschließend nicht entzundert	wesentlich glatter als bei der Ausführung b	–	X	–	–	X	–	–	
h	IIIb	mechanisch oder chemisch entzundert, kaltgeformt, wärmebehandelt, gebeizt	glatter als bei den Ausführungen c1 oder c2 und weitgehend frei von Oberflächenfehlern	X	X	X	X	X	–	–	
k4		aus Blech oder Band der Oberflächenausführung h oder n geschweißte Rohre	metallisch blank; Anlauffarben im Schweißnahtbereich; abgesehen von der Schweißnaht wesentlich glatter als bei der Ausführung d4	–	–	–	–	–	X	–	
m	IIId	mechanisch oder chemisch entzundert, kaltgeformt, blankgeglüht und leicht nachgewalzt oder, bei Rohren, zunderfrei wärmebehandelt	glänzend und glatter als bei Ausführung h	X	X	–	X	X	–	–	besonders geeignet zum Schleifen und Polieren
n	IIIc	mechanisch oder chemisch entzundert, kaltgeformt, wärmebehandelt, gebeizt, leicht nachgewalzt oder blankgezogen (ziehpoliert)	matt und glatter als nach Ausführung h	X	X	X	X	–	–	–	Die Erzeugnisse nach dieser Ausführung sind mit Ausnahme von Blechen und Bändern etwas härter als nach Ausführung h oder m; sie sind besonders geeignet zum Schleifen, Bürsten und Polieren

1) Für die Kurzzeichen der Oberflächenbeschaffenheit von Stahlerzeugnissen aller Art wird zur Zeit eine Norm vorbereitet. Für die Zwischenzeit werden hier die bei hitzbeständigen Stählen in Betracht kommenden Ausführungsarten in alphabetischer Aufzählung angegeben und dazu die früheren Bezeichnungen nach dem Stahl-Eisen-Lieferbedingungen 401–62 und 402–62 angeführt.

	Werkzeugstähle Technische Lieferbedingungen	**DIN** **17 350**

1 Geltungsbereich

1.1 Diese Norm gilt für

a) unlegierte Kaltarbeitsstähle (siehe Tabelle 2),

b) legierte Kaltarbeitsstähle (siehe Tabelle 3),

c) Warmarbeitsstähle (siehe Tabelle 4),

d) Schnellarbeitsstähle (siehe Tabelle 5)

sowie für die in Tabelle 7 aufgeführten Stahlsorten, die überwiegend nur für einen Verwendungszweck eingesetzt werden, in den Erzeugnisformen und Lieferzuständen nach den Abschnitten 6.3 und 8.2.

1.4 ● Auch die nicht in den Tabellen 2, 3, 4, 5 oder 7 genannten Werkzeugstähle können nach dieser Norm bestellt und geliefert werden. In diesem Falle sind für den betreffenden Stahl die Werte für die in den Tabellen 2, 3, 4 bzw. 5 aufgeführten Gütemerkmale, falls erforderlich, bei der Bestellung zu vereinbaren.

3 Begriffe

3.1 Werkzeugstähle sind Edelstähle, die zum Be- und Verarbeiten von Werkstoffen sowie Handhaben und Messen von Werkstücken geeignet sind. Sie weisen eine dem Verwendungszweck angepaßte hohe Härte, hohen Verschleißwiderstand und Zähigkeit auf.

3.2 Man unterscheidet zwischen folgenden Werkzeugstahlgruppen:

a) Kaltarbeitsstähle, das sind unlegierte oder legierte Stähle für Verwendungszwecke, bei denen die Oberflächentemperatur im Einsatz im allgemeinen unter etwa 200 °C liegt.

b) Warmarbeitsstähle, das sind legierte Stähle für Verwendungszwecke, bei denen die Oberflächentemperatur im Einsatz im allgemeinen über 200 °C liegt.

c) Schnellarbeitsstähle, das sind Stähle, die auf Grund ihrer chemischen Zusammensetzung die höchste Warmhärte und Anlaßbeständigkeit haben und deshalb bis zu Temperaturen von rund 600 °C hauptsächlich zum Zerspanen und auch zum Umformen einsetzbar sind.

6.3 Erzeugnisformen

Die Stähle nach dieser Norm werden in Form von Draht, Stabstahl (Rund-, Vierkant-, Flachstahl und andere Querschnittsformen), Scheiben und anderen Formstücken sowie Blech und Band geliefert.

7 Bezeichnung

Beispiel:

Bestellung von 1000 kg freiformgeschmiedeten Rundstäben aus einem Stahl mit dem Kurznamen X 155 CrVMo 12 1 bzw. der Werkstoffnummer 1.2379 im weichgeglühten Zustand (G oder .02), der Querschnittsform A und nach Schmiedemaß (S) nach DIN 7527 Teil 6, vom Durchmesser d = 120 mm, in Herstellänge:

1000 kg Stäbe DIN 7527 − X 155 CrVMo 12 1 G − AS 120 in Herstellänge

oder

1000 kg Stäbe DIN 7527 − 1.2379.02 − AS 120 in Herstellänge

8 Anforderungen

8.2 Lieferzustand

8.2.1 ● **Oberflächenzustand und Bearbeitungszugaben**

Je nach Erzeugnis können Werkzeugstähle nach verschiedenen Bearbeitungszugabeklassen bestellt und geliefert werden, und zwar

a) mit voller Bearbeitungszugabe, das heißt im allgemeinen unbearbeitet;

b) mit eingeschränkter Bearbeitungszugabe, das heißt im allgemeinen allseitig vorbearbeitet;

c) ohne Bearbeitungszugabe.

Innerhalb der Bearbeitungszugabe sind Oberflächenfehler und Randentkohlung zulässig.

8.2.2 ● Wärmebehandlungszustand

Mit Ausnahme der Stähle C 45 W (siehe Tabelle 2) und 40 CrMnMoS 8 6 (siehe Tabelle 3) werden die Stähle dieser Norm, wenn bei der Bestellung nicht anders vereinbart, im weichgeglühten Zustand (G bzw. .02) geliefert.

8.6 Gefügezustand

Für den nach den Tabellen 2, 3, 4 und 5 im allgemeinen üblichen Wärmebehandlungszustand „weichgeglüht" (mit Ausnahme von C 45 W [1.1730] in Tabelle 2 und 40 CrMnMoS 8 6 [1.2312] in Tabelle 3) sind die Gefügezustände nach den Abschnitten 8.6.1 bis 8.6.4 zu erwarten.

9 Wärmebehandlung

9.1 Anhaltsangaben über die Wärmebehandlung der Werkzeugstähle und über die zugehörigen Härte-Anlaßtemperatur-Kurven siehe Tabellen 2, 3, 4 und 5 und Bilder 1, 2, 3 und 4.

9.2 Ergänzende Angaben zur Wärmebehandlung einschließlich der ZTU-Schaubilder für die Stähle nach den Tabellen 2, 3, 4 und 5 sowie Anhaltsangaben über den Einfluß des Werkstückdurchmessers auf die Kernhärte und Einhärtungstiefe legierter Kaltarbeitsstähle und über die Abhängigkeit der mechanischen Eigenschaften von der Prüftemperatur bei Warmarbeitsstählen enthält Beiblatt 1 zu DIN 17 350.

Tabelle 2. Chemische Zusammensetzung (Schmelzenanalyse), Angaben für die Wärmebehandlung, Härtbarkeitsverhalten und Härte im weichgeglühten sowie im gehärteten + angelassenen Zustand für unlegierte Kaltarbeitsstähle

Stahlsorte		Chemische Zusammensetzung Gew.-%					Härte im weichgeglühten Zustand 1)	Anhaltsangaben für das Härten und das Härtbarkeitsverhalten						Härte nach dem Anlassen 5)			
Kurzname	Werkstoff-Nr	C	Si	Mn	P max.	S max.	HB 2) max.	Härte-Temperatur °C	Mittel 3)	Einhärtungstiefe für 30 mm vkt 4) mm	Durchhärtender Durchmesser mm	Anlaßtemperatur °C	Härte nach dem Anlassen HRC	Härte-Temperatur °C	Mittel 3)	Anlaßtemperatur °C	Härte nach dem Anlassen HRC min.
C 45 W	1.1730	0,40 bis 0,50	0,15 bis 0,40	0,60 bis 0,80	0,035	0,035	wird üblicherweise ohne besondere Wärmebehandlung mit einer Härte von rund 190 HB geliefert										
C 60 W	1.1740	0,55 bis 0,65	0,15 bis 0,40	0,60 bis 0,80	0,035	0,035	231	800 bis 830	O	3,5	12	Siehe Härte-Anlaßtemperatur-Kurven in Bild 1		810	O	180	52
C 70 W2	1.1620	0,65 bis 0,74	0,10 bis 0,30	0,10 bis 0,35	0,030	0,030	183	790 bis 820	W	3,0	10			800	W	180	57
C 80 W1	1.1525	0,75 bis 0,85	0,10 bis 0,25	0,10 bis 0,25	0,020	0,020	192	780 bis 810	W	2,5	10			790	W	180	59
C 85 W	1.1830	0,80 bis 0,90	0,25 bis 0,40	0,50 bis 0,70	0,025	0,020	222	800 bis 830	O	4,5	12 6)			810	O	180	57
C 105 W1	1.1545	1,00 bis 1,10	0,10 bis 0,25	0,10 bis 0,25	0,020	0,020	213	770 bis 800	W	2,5	10			780	W	180	60

1) Bei kalt nachgezogenen oder nachgewalzten Erzeugnissen ist mit bis zu 20 HB höheren Werten zu rechnen.
2) Bei kleinen Maßen kann die Härte nach Vickers ermittelt werden. In diesem Falle sind die nach Vickers ermittelten Härtewerte nach DIN 50 150 in Härtewerte nach Brinell umzuwerten.
3) Abschreckmittel O = Öl, W = Wasser.
4) Die Werte gelten für visuelle Prüfung nach Stahl-Eisen-Prüfblatt 1665.
5) Siehe Abschnitt 10.3.3 und Bild 5.
6) Bei Blechen ist bis zu ≈ 8 mm Dicke eine gleichmäßige Härteannahme über Querschnitt und Oberfläche zu erwarten.

Tabelle 3. Chemische Zusammensetzung (Schmelzenanalyse), Angaben für die Wärmebehandlung sowie Härte im weichgeglühten oder gehärteten + angelassenen Zustand für legierte Kaltarbeitsstähle

Stahlsorte Kurzname	Werkstoff-Nr	C	Si	Mn	Cr	Mo	Ni	V	W	Härte im weichgeglühten Zustand[2] HB[3] max.	Anhaltsangaben für Härte — Temperatur °C	Mittel[4]	Anlaß-temperatur °C / Härte nach dem Anlassen HRC	Härte nach dem Anlassen[5] — Temperatur °C	Mittel[4]	Anlaß-temperatur °C	Härte nach dem Anlassen HRC min.
X 210 CrW 12	1.2436	2,00 bis 2,25	0,10 bis 0,40	0,15 bis 0,45	11,00 bis 12,00	–	–	–	0,60 bis 0,80	255	950 bis 980	O, Wb, L		960	O	180	60
(X 210 Cr 12)[6]	(1.2080)[6]	1,90 bis 2,20	0,10 bis 0,40	0,15 bis 0,45	11,00 bis 12,00	–	–	–	–	248	940 bis 970	O, Wb		960	O	180	60
(X 165 CrMoV 12)[6]	(1.2601)[6]	1,55 bis 1,75	0,25 bis 0,40	0,20 bis 0,40	11,00 bis 12,00	0,50 bis 0,70	–	0,10 bis 0,50	0,40 bis 0,60	255	980 bis 1010	O, L, Wb		1000[7]	L	180	60[7]
X 155 CrVMo 12 1	1.2379	1,50 bis 1,60	0,10 bis 0,40	0,15 bis 0,45	11,00 bis 12,00	0,60 bis 0,80	–	0,90 bis 1,10	–	255	1020 bis 1050[8]	O, Wb, L		1030	O	180	59
115 CrV 3	1.2210	1,10 bis 1,25	0,15 bis 0,30	0,20 bis 0,40	0,50 bis 0,80	–	–	0,07 bis 0,12	–	223	(760 bis 810 / 810 bis 840)	O (<12 mm Ø) / W	Siehe Härte-Anlaß-temperatur-Kurven in Bild 2	790	W	180	60
100 Cr 6	1.2067	0,95 bis 1,10	0,15 bis 0,35	0,25 bis 0,45	1,35 bis 1,65	–	–	–	–	223	820 bis 850	O		840	O	180	60
145 V 33	1.2838	1,40 bis 1,50	0,20 bis 0,35	0,30 bis 0,50	–	–	–	3,00 bis 3,50	–	229	800 bis 950[9]	W		850	W	180	60
21 MnCr 5	1.2162	0,18 bis 0,24	0,15 bis 0,35	1,10 bis 1,40	1,00 bis 1,30	–	–	–	–	212	810 bis 840	O		820	O	180	58[10]
90 MnCrV 8	1.2842	0,85 bis 0,95	0,10 bis 0,40	1,90 bis 2,10	0,20 bis 0,50	–	–	0,05 bis 0,15	–	229	790 bis 820	O		800	O	180	58
105 WCr 6	1.2419	1,00 bis 1,10	0,10 bis 0,40	0,80 bis 1,10	0,90 bis 1,10	–	–	–	1,00 bis 1,30	229	800 bis 830	O		820	O	180	59
60 WCrV 7	1.2550	0,55 bis 0,65	0,50 bis 0,70	0,15 bis 0,45	0,90 bis 1,20	–	–	0,10 bis 0,20	1,80 bis 2,10	229	870 bis 900	O		890	O	180	57
X 45 NiCrMo 4	1.2767	0,40 bis 0,50	0,10 bis 0,40	0,15 bis 0,45	1,20 bis 1,50	0,15 bis 0,35[11]	3,80 bis 4,30	–	–	262	840 bis 870	O		850	O	180	52
X 19 NiCrMo 4	1.2764	0,16 bis 0,22	0,10 bis 0,40	0,15 bis 0,45	1,10 bis 1,40	0,15 bis 0,25[12]	3,80 bis 4,30	–	–	255	(780 bis 810 / 800 bis 830)	O / L		800	O	180	59[10]
X 36 CrMo 17	1.2316	0,33 bis 0,43	max. 1,00	max. 1,00	15,00 bis 17,00	1,00 bis 1,30	max. 1,00	–	–	285	1000 bis 1040	O		1010	O	180	46
40 CrMnMoS 8 6[13]	1.2312[13]	0,35 bis 0,45	0,30 bis 0,50	1,40 bis 1,60	1,80 bis 2,00	0,15 bis 0,25	–	–	–	wird üblicherweise im vergüteten Zustand mit einer Härte von rund 300 HB geliefert.							

1) Für alle Stähle gilt ≦ 0,030 % P und ≦ 0,030 % S (siehe aber Fußnote 13).
2) Bei kalt nachgezogenen oder nachgewalzten Erzeugnissen ist mit bis zu 20 HB höheren Werten zu rechnen.
3) Bei kleinen Maßen kann die Härte nach Vickers ermittelt werden. In diesem Falle sind die nach Vickers ermittelten Härtewerte nach DIN 50 150 in Härtewerte nach Brinell umzuwerten.
4) Abschreckmittel O = Öl, L = Luft, W = Wasser, Wb = Warmbad.
5) Siehe Abschnitt 10.3.3 und Bild 5.
6) Dieser Stahl wird in einer späteren Ausgabe dieser Norm voraussichtlich nicht mehr enthalten sein (siehe Erläuterungen).
7) Wegen der Verzugsgefahr ist eine niedrigere Härtetemperatur angegeben als für die vergleichbare Sorte in EU 96 und daraus folgend auch ein niedrigerer Härtewert.
8) Wird nach Härten und Anlassen nitriert und soll die Härte nicht zu stark abfallen, dann werden Härtetemperaturen von 1050 bis 1080 °C empfohlen.
9) Mit der Härtetemperatur in weiten Grenzen regelbare Einhärtungstiefe.
10) Oberflächenhärte nach Einsatzhärtung; die Härtetemperatur bezieht sich auf die aufgekohlte Randschicht.
11) Der Molybdänzusatz kann durch Zugabe von 0,40 bis 0,60 % Wolfram ersetzt werden.
12) Der Molybdänzusatz kann durch Zugabe von 0,15 bis 0,25 % Wolfram ersetzt werden.
13) 0,05 bis 0,10 % S.

Tabelle 4. Chemische Zusammensetzung (Schmelzenanalyse), Angaben für die Wärmebehandlung sowie Härte im weichgeglühten oder gehärteten + angelassenen Zustand für Warmarbeitsstähle

Stahlsorte		Chemische Zusammensetzung 1) Gew.-%							Härte im weichgeglühten Zustand 2)	Anhaltsangaben für				Härte nach dem Anlassen 5)			
Kurzname	Werkstoff-Nr	C	Si	Mn	Cr	Mo	Ni	V	HB 3) max.	Härte-Temperatur °C	Mittel 4)	Anlaßtemperatur °C	Härte nach dem Anlassen HRC	Härte-Temperatur °C	Mittel 4)	Anlaßtemperatur °C	Härte nach dem Anlassen HRC min.
55 NiCrMoV 6	1.2713	0,50 bis 0,60	0,10 bis 0,40	0,65 bis 0,95	0,60 bis 0,80	0,25 bis 0,35	1,50 bis 1,80	0,07 bis 0,12	248	830 bis 870	O			850	O	500	40
56 NiCrMoV 7	1.2714	0,50 bis 0,60	0,10 bis 0,40	0,65 bis 0,95	1,00 bis 1,20	0,45 bis 0,55	1,50 bis 1,80	0,07 bis 0,12	248	{ 830 bis 870 / 860 bis 900 }	O / L	Siehe Härte-Anlaßtemperatur-Kurven in Bild 3		850	O	500	44
X 38 CrMoV 5 1	1.2343	0,36 bis 0,42	0,90 bis 1,20	0,30 bis 0,50	4,80 bis 5,50	1,10 bis 1,40	–	0,25 bis 0,50	229	1000 bis 1040	O, L, Wb			1020	O	550	50
X 40 CrMoV 5 1	1.2344	0,37 bis 0,43	0,90 bis 1,20	0,30 bis 0,50	4,80 bis 5,50	1,20 bis 1,50	–	0,90 bis 1,10	229	1020 bis 1060	O, L, Wb			1030	O	550	51
X 32 CrMoV 3 3	1.2365	0,28 bis 0,35	0,10 bis 0,40	0,15 bis 0,45	2,70 bis 3,20	2,60 bis 3,00	–	0,40 bis 0,70	229	1010 bis 1050	O, Wb			1040	O	550	47

1) Für alle Stähle gilt ≦0,030 % P und ≦0,030 % S.

2) Bei kalt nachgezogenen oder nachgewalzten Erzeugnissen ist mit bis zu 20 HB höheren Werten zu rechnen.

3) Bei kleinen Maßen kann die Härte nach Vickers ermittelt werden. In diesem Falle sind die nach Vickers ermittelten Härtewerte nach DIN 50 150 in Härtewerte nach Brinell umzuwerten.

4) Abschreckmittel O = Öl, L = Luft, Wb = Warmbad.

5) Siehe Abschnitt 10.3.3 und Bild 5.

Tabelle 5. Chemische Zusammensetzung (Schmelzenanalyse), Angaben für die Wärmebehandlung sowie Härte im weichgeglühten oder gehärteten + angelassenen Zustand für Schnellarbeitsstähle

Stahlsorte		Chemische Zusammensetzung [1] Gew.-%						Härte im weich-geglühten Zustand [2]	Anhaltsangaben für Härte- und Anlaßtemperatur				Härte nach dem Anlassen [6]			
Kurzname	Werk-stoff-Nr	C	Co	Cr	Mo	V	W	HB [3]	Härte Temperatur °C	Mittel [4]	Anlaß-temperatur °C	Härte nach dem Anlassen HRC	Härte Temperatur °C	Mittel [4], [5]	Anlaß-temperatur °C	Härte nach dem Anlassen HRC / (HV 10)[7] min.
S 6-5-2 [8]	1.3343 [8]	0,86 bis 0,94	–	3,80 bis 4,50	4,70 bis 5,20	1,70 bis 2,00	6,00 bis 6,70	240 bis 300	1190 bis 1230	O, Wb, L			1210	O, Wb	560	64 (850)
SC 6-5-2 [8]	1.3342 [8]	0,95 bis 1,05	–	3,80 bis 4,50	4,70 bis 5,20	1,70 bis 2,00	6,00 bis 6,70	240 bis 300	1180 bis 1220	O, Wb, L			1200	O, Wb	560	65 (880)
S 6-5-3	1.3344	1,17 bis 1,27	–	3,80 bis 4,50	4,70 bis 5,20	2,70 bis 3,20	6,00 bis 6,70	240 bis 300	1200 bis 1240	O, Wb, L	Siehe Härte-Anlaß-temperatur-Kurven in Bild 4		1220	O, Wb	560	65 (880)
S 6-5-2-5 [8]	1.3243 [8]	0,88 bis 0,96	4,50 bis 5,00	3,80 bis 4,50	4,70 bis 5,20	1,70 bis 2,00	6,00 bis 6,70	240 bis 300	1200 bis 1240	O, Wb, L			1220	O, Wb	560	64 (850)
S 7-4-2-5	1.3246	1,05 bis 1,15	4,80 bis 5,20	3,80 bis 4,50	3,60 bis 4,00	1,70 bis 1,90	6,60 bis 7,10	240 bis 300	1180 bis 1220	O, Wb, L			1200	O, Wb	540	66 (910)
S 10-4-3-10	1.3207	1,20 bis 1,35	9,50 bis 10,50	3,80 bis 4,50	3,20 bis 3,90	3,00 bis 3,50	9,00 bis 10,00	240 bis 300	1210 bis 1250	O, Wb, L			1230	O, Wb	560	66 (910)
S 12-1-4-5	1.3202	1,30 bis 1,45	4,50 bis 5,00	3,80 bis 4,50	0,70 bis 1,00	3,50 bis 4,00	11,50 bis 12,50	240 bis 300	1210 bis 1250	O, Wb, L			1230	O, Wb	560	65 (880)
S 18-1-2-5	1.3255	0,75 bis 0,83	4,50 bis 5,00	3,80 bis 4,50	0,50 bis 0,80	1,40 bis 1,70	17,50 bis 18,50	240 bis 300	1260 bis 1300	O, Wb, L			1280	O, Wb	560	64 (850)
(S 2-10-1-8) [9]	(1.3247) [9]	1,05 bis 1,12	7,50 bis 8,50	3,60 bis 4,40	9,00 bis 10,00	1,00 bis 1,30	1,20 bis 1,80	240 bis 300	1170 bis 1210	O, Wb, L			1190	O, Wb	540	66 (910)

1) Für alle Stähle gilt ≦ 0,45 % Si, ≦ 0,40 % Mn, ≦ 0,030 % P und ≦ 0,030 % S (siehe auch Fußnote 8).
2) Bei kalt nachgezogenen oder nachgewalzten Erzeugnissen ist mit Werten bis zu 320 HB zu rechnen.
3) Bei kleinen Maßen kann die Härte nach Vickers ermittelt werden. In diesem Fall sind die nach Vickers ermittelten Härtewerte nach DIN 50 150 in Härtewerte nach Brinell umzuwerten.
4) Abschreckmittel O = Öl, Wb = Warmbad, L = Luft.
5) In Schiedsfällen Warmbad.
6) Siehe Abschnitt 10.3.3 und Bild 5.
7) Es handelt sich hierbei um empirisch ermittelte, den Mindestwerten bei Prüfung nach Rockwell-C vergleichbare Werte.
8) Unter den Bezeichnungen S 6-5-2 S (1.3341), SC 6-5-2 S (1.3340) und S 6-5-2-5 S (1.3245) gibt es diese Stähle auch mit 0,06 bis 0,15 % S bei sonst gleicher chemischer Zusammensetzung.
9) Dieser Stahl wird in einer späteren Ausgabe der Norm voraussichtlich nicht mehr enthalten sein (siehe Erläuterungen).

Tabelle 7. Chemische Zusammensetzung (Schmelzenanalyse) und Verwendung der Werkzeugstähle für besondere Verwendungszwecke

Stahlsorte		Chemische Zusammensetzung [1] in Gew.-%							Verwendungszweck
Kurzname	Werkstoff-Nr	C	Si	Mn	Cr	Mo	V	W	
75 Cr 1	1.2003	0,70 bis 0,80	0,25 bis 0,50	0,60 bis 0,80	0,30 bis 0,40	–	–	–	Stammblätter und Kreissägen
62 SiMnCr 4	1.2101	0,58 bis 0,66	0,90 bis 1,20	0,90 bis 1,20	0,40 bis 0,70	–	–	–	Scherenmesser
31 CrV 3	1.2208	0,28 bis 0,35	0,25 bis 0,40	0,40 bis 0,60	0,40 bis 0,70	–	0,07 bis 0,12	–	Schraubwerkzeuge
80 CrV 2	1.2235	0,75 bis 0,85	0,25 bis 0,40	0,30 bis 0,50	0,40 bis 0,70	–	0,15 bis 0,25	–	Stammblätter, Kreissägen, Sägen und Maschinenmesser
51 CrV 4	1.2241	0,47 bis 0,55	0,15 bis 0,35	0,80 bis 1,10	0,90 bis 1,20	–	0,10 bis 0,20	–	Schraubwerkzeuge
48 CrMoV 6 7	1.2323	0,40 bis 0,50	0,15 bis 0,35	0,60 bis 0,90	1,30 bis 1,60	0,65 bis 0,85	0,25 bis 0,35	–	Strangpreßwerkzeuge
45 CrMoV 7	1.2328	0,42 bis 0,47	0,20 bis 0,30	0,85 bis 1,00	1,70 bis 1,90	0,25 bis 0,30	ca. 0,05	–	Meißel
X 96 CrMoV 12	1.2376	0,92 bis 1,00	0,20 bis 0,40	0,20 bis 0,40	11,00 bis 12,00	0,80 bis 1,00	0,80 bis 1,00	–	Scherenmesser
110 WCrV 5 [2]	1.2519 [2]	1,05 bis 1,15	0,15 bis 0,30	0,20 bis 0,40	1,10 bis 1,30	–	0,15 bis 0,25	1,20 bis 1,40	Schneidwerkzeuge für Papierindustrie
60 MnSiCr 4	1.2826	0,58 bis 0,65	0,80 bis 1,00	0,80 bis 1,20	0,20 bis 0,40	–	–	–	Spannzeuge
S 3-3-2	1.3333	0,95 bis 1,03	max. 0,45	max. 0,40	3,80 bis 4,50	2,50 bis 2,80	2,20 bis 2,50	2,70 bis 3,00	Metallsägen
S 2-9-2 [3]	1.3348 [3]	0,97 bis 1,07	max. 0,45	max. 0,40	3,50 bis 4,20	8,00 bis 9,20	1,80 bis 2,20	1,50 bis 2,00	Gewindebohrer

[1] Für alle Stähle gilt $\leq$ 0,030 % P und $\leq$ 0,030 % S.
[2] Dieser Stahl ist vorläufig aufgenommen und soll wahrscheinlich durch den Stahl 105 WCr 6 (1.2419) aus Tabelle 3 ersetzt werden.
[3] Dieser Stahl ist vorläufig aufgenommen (siehe Erläuterungen).

Tabelle 8.   Besonders kennzeichnende Anwendungsmöglichkeiten der Werkzeugstähle nach den Tabellen 2, 3, 4 und 5

Stahlgruppe	Stahlsorte		Hauptsächlicher Verwendungszweck
	Kurzname	Werkstoff-Nr	
Unlegierte Kaltarbeitsstähle nach Tabelle 2	C 45 W	1.1730	Handwerkzeuge und landwirtschaftliche Werkzeuge aller Art, Aufbauteile für Werkzeuge, Zangen.
	C 60 W	1.1740	Handwerkzeuge und landwirtschaftliche Werkzeuge aller Art, Schäfte und Körper von Schnellarbeitsstahl- oder Hartmetall-Verbundwerkzeugen, ungehärtete Warmsägeblätter, Aufbauteile für Werkzeuge.
	C 70 W 2	1.1620	Drucklufteinsteckwerkzeuge im Berg- und Straßenbau.
	C 80 W 1	1.1525	Gesenke mit flachen Gravuren, Kaltschlagmatrizen, Messer, Handmeißel, Spitzeisen.
	C 85 W	1.1830	Gatter- und Kreissägen sowie Bandsägen für die Holzverarbeitung, Handsägen für die Forstwirtschaft, Mähmaschinenmesser.
	C 105 W 1	1.1545	Gewindeschneidwerkzeuge, Kaltschlagmatrizen, Fließpreß- und Prägewerkzeuge, Endmaße.
Legierte Kaltarbeitsstähle nach Tabelle 3	X 210 CrW 12	1.2436	Schnittwerkzeuge, Scherenmesser zum Schneiden von Stahlblech bis rund 3 mm Dicke und zum Schneiden von gehärtetem Bandstahl, Räumnadeln, hochbeanspruchte Holzbearbeitungswerkzeuge bei nicht zu hoher Zähigkeitsbeanspruchung, Profilier- und Bördelrollen, Messer für die Drahtstiftenerzeugung, Gewindewalzwerkzeuge, Tiefziehwerkzeuge, Preßwerkzeuge für die keramische und pharmazeutische Industrie, Ziehkonen für Drahtzug, Fließpreßwerkzeuge und Führungsleisten, Sandstrahldüsen.
	X 210 Cr 12	1.2080	Gleicher Verwendungszweck wie Stahl 1.2436 bei verminderter Härtbarkeit.
	X 165 CrMoV 12	1.2601	Gleicher Verwendungszweck wie Stahl 1.2379.
	X 155 CrVMo 12 1	1.2379	Maßbeständiger Hochleistungsschnittstahl, bruchempfindliche Schnitte, Metallsägen, Schlagsäume, Biegestanzen, Scherenmesser für Blechdicken bis 6 mm, Kaltscherenmesser, Abgratmatrizen, Gewindewalzwerkzeuge, hochbeanspruchte Holzbearbeitungswerkzeuge, Einsenkpfaffen, Fließpreßwerkzeuge. Allgemein: Verwendungszweck ähnlich wie Stähle 1.2436 und 1.2080 bei höherer Zähigkeitsbeanspruchung.
	115 CrV 3	1.2210	Gewindebohrer, Auswerfer, Stempel, Senker, Zahnbohrer, Stemmeisen, Ausstoßer (wird vorzugsweise in Silberstahlausführung verwendet).
	100 Cr 6	1.2067	Lehren, Dorne, Kaltwalzen, Holzbearbeitungswerkzeuge, Bördelrollen, Stempel, Rohraufwalzdorne, Ziehdorne.
	145 V 33	1.2838	Kaltschlagwerkzeuge mit hohem Verschleißwiderstand, Schlagsäume.
	21 MnCr 5	1.2162	Werkzeuge für die Kunststoffverarbeitung, die spanend bearbeitet und einsatzgehärtet werden.
	90 MnCrV 8	1.2842	Stanzen, Schnitte, Tiefziehwerkzeuge, Schneidwerkzeuge, Kunststofformen, Schnittplatten und Stempel, Industriemesser, Meßwerkzeuge.

Tabelle 8. (Fortsetzung)

Stahlgruppe	Stahlsorte		Hauptsächlicher Verwendungszweck
	Kurzname	Werkstoff-Nr	
Legierte Kaltarbeitsstähle nach Tabelle 3	105 WCr 6	1.2419	Schneideisen, Fräser, Reibahlen, Lehren, Schnittplatten und Stempel, Feinstformmesser, Holzbearbeitungswerkzeuge, kleinere Kunststofformen, Prüfdorne, Papierschneidmesser, Meßwerkzeuge, Gewindestrehler, Schneidbacken, Kluppenschneidbacken.
	60 WCrV 7	1.2550	Schnitte für dickeres Metall (für Stahlblech von 6 bis 15 mm), Rund- und Langscherenmesser, Stempel zum Kaltlochen von Schienen und Blechen, Holzbearbeitungswerkzeuge, Industriemesser, Zähne für Kettensägen, Massivprägewerkzeuge, Abgratmatrizen, Kaltloch- und Stauchstempel, Auswerfer.
	X 45 NiCrMo 4	1.2767	Höchstbeanspruchte Massivprägewerkzeuge höchster Zähigkeit, Werkzeuge für schwere Kaltverformung, höchstbeanspruchte Besteckstanzen, Bijouteriegesenke, Einsenkpfaffen, Scherenmesser für dickstes Schneidgut.
	X 19 NiCrMo 4	1.2764	Lufthärtender Einsatzstahl für Kunststofformen.
	X 36 CrMo 17	1.2316	Werkzeuge für die Verarbeitung von chemisch angreifenden Thermoplasten.
	X 40 CrMnMoS 8 6	1.2312	Werkzeuge für die Kunststoffverarbeitung, Formrahmen.
Warmarbeitsstähle nach Tabelle 4	55 NiCrMoV 6	1.2713	Hammergesenke für mittlere und kleinere Abmessungen.
	56 NiCrMoV 7	1.2714	Hammergesenke bis zu größten Abmessungen, besonders auch bei schwierigen Gravuren; Teilpreßgesenke, Matrizenhalter; Preßstempel für Strangpressen.
	X 38 CrMoV 5 1	1.2343	Gesenke und Gesenkeinsätze, Werkzeuge für Schmiedemaschinen; Druckgießformen für Leichtmetalle; hochbeanspruchte Werkzeuge zum Strangpressen von Leichtmetall wie Innenbüchsen, Preßmatrizen, Preßstempel.
	X 40 CrMoV 5 1	1.2344	Gesenke und Gesenkeinsätze, Werkzeuge für Schmiedemaschinen; Druckgießformen für Leichtmetalle; hochbeanspruchte Werkzeuge für das Strangpressen von Leichtmetallen, vor allen Dingen Rohrpreßdorne, Teilpreßgesenke.
	X 32 CrMoV 3 3	1.2365	Gesenkeinsätze, Werkzeuge für die Schrauben- und Nietenfertigung, Werkzeuge für Schmiedemaschinen, hochbeanspruchte Werkzeuge für das Strangpressen zur Verarbeitung von Kupferlegierungen (Innenbüchsen, Preßmatrizen) sowie für Leichtmetall (Brückenwerkzeuge, Preßdorne); Druckgießformen für Messing und Leichtmetall.
Schnellarbeitsstähle nach Tabelle 5	S 6-5-2	1.3343	Räumnadeln, Spiralbohrer, Fräser, Reibahlen, Gewindebohrer, Senker, Hobelwerkzeuge, Kreissägen, Umformwerkzeuge, Schneid- und Feinschneidwerkzeuge, Einsenkpfaffen.
	SC 6-5-2	1.3342	Räumnadeln, Spiralbohrer, Fräser, Reibahlen, Gewindebohrer, Senker, Umformwerkzeuge, Schneid- und Feinschneidwerkzeuge.
	S 6-5-3	1.3344	Gewindebohrer und Reibahlen.
	S 6-5-2-5	1.3243	Fräser, Spiralbohrer und Gewindebohrer.
	S 7-4-2-5	1.3246	Fräser, Spiralbohrer, Gewindebohrer, Formstähle.
	S 10-4-3-10	1.3207	Drehmeißel und Formstähle.
	S 12-1-4-5	1.3202	Drehmeißel und Formstähle.
	S 18-1-2-5	1.3255	Dreh-, Hobelmeißel und Fräser.
	S 2-10-1-8	1.3247	Schaftfräser.

Sachgebiet 3

Technische
Lieferbedingungen
und Maßnormen

Warmgewalztes Stahlblech von 3 mm Dicke an
Grenzabmaße, Formtoleranzen, zulässige Gewichtsabweichungen
Deutsche Fassung EN 10 029 : 1991

DIN
EN 10 029

1 Anwendungsbereich

Diese Europäische Norm enthält die Anforderungen an die Grenzabmaße und Formtoleranzen von warmgewalztem Blech aus unlegierten und legierten (einschließlich nichtrostenden) Stählen mit folgenden Merkmalen:

a) Nenndicken $\geq$ 3 mm $\leq$ 250 mm,

b) Nennbreite $\geq$ 600 mm,

c) Festgelegter Mindestwert der Streckgrenze $< 700\,N/mm^2$.

Die Grenzabmaße und Formtoleranzen für aus Blech geschnittene Erzeugnisse mit Breiten $\leq$ 600 mm können bei der Bestellung vereinbart werden.

Diese Europäische Norm gilt nicht für Ronden, Skizzenbleche, Bleche mit eingewalzten Mustern und Breitflachstahl. für die andere EURONORMEN bestehen oder Euro-

Warmgewalzter Breitflachstahl, Maße, zulässige Maß-, Form- und Gewichtsabweichungen DIN 59 200.
Warmgewalztes Blech mit Mustern, Maße, Gewichte, zulässige Abweichungen DIN 59 220.

4.2 Zusätzliche Anforderungen

Falls der Besteller davon keinen Gebrauch macht und die Bestellung keine entsprechenden Anforderungen enthält, werden die Erzeugnisse nach den allgemeingültigen Festlegungen dieser Norm geliefert.

5 Bezeichnung

Blech EN 10 029 — 20A × 2000 × 4500

Stahl EN 10 025 — *R St 37-2*

Blech EN 10 029 — 4,5B × 1500 NK × 2800 S G

Stahl *DIN 17 440 — X 5 CrNi 18 10*

7 Grenzabmaße

7.1 Dicke

7.1.1 Die Grenzabmaße der Dicke sind in Tabelle 1 angegeben. Die Bleche können wie folgt geliefert werden:

- Klasse A: Unteres Grenzabmaß abhängig von der Nenndicke,

- Klasse B: Konstantes unteres Grenzabmaß von 0,3 mm,

- Klasse C: Unteres Grenzabmaß Null, oberes Grenzabmaß abhängig von der Nenndicke,

- Klasse D: Symmetrisch zum Nennwert verteilte Grenzabmaße in Abhängigkeit von der Nenndicke.

Bei der Bestellung ist anzugeben, ob die Klasse A, B, C oder D gewünscht wird (siehe 4.1).

Zusätzlich gelten gleichermaßen für die Klassen A, B, C und D die Festlegungen nach Tabelle 1 für den innerhalb des Bereichs der absoluten Grenzabmaße zulässigen Unterschied zwischen der kleinsten und größten Dicke des einzelnen Blechs.

7.1.2 Für die zulässigen Unvollkommenheiten der Oberfläche sowie für die Beseitigung von Oberflächenfehlern gelten DIN EN 10 163 Teil 1 und Teil 2 oder Stahl-Eisen-Lieferbedingungen 071.

7.2 Breite

7.2.1 Für die Grenzabmaße der Breite gilt Tabelle 2.

Tabelle 2. **Grenzabmaße der Breite**

Maße in Millimeter

Nennbreite	Unteres Grenzabmaß	Oberes Grenzabmaß
$\geq$ 600 < 2000	0	+ 20
$\geq$ 2000 < 3000	0	+ 25
$\geq$ 3000	0	+ 30

7.2.2 Die Grenzabmaße der Breite für Blech mit Naturwalzkanten (NK) sind bei der Bestellung zu vereinbaren. Zusätzliche Anforderung 1.

7.3 Länge

Für die Grenzabmaße der Länge gilt Tabelle 3.

Tabelle 3. **Grenzabmaße der Länge**

Maße in Millimeter

Nennlänge	Unteres Grenzabmaß	Oberes Grenzabmaß
< 4 000	0	+ 20
$\geq$ 4 000 < 6 000	0	+ 30
$\geq$ 6 000 < 8 000	0	+ 40
$\geq$ 8 000 < 10 000	0	+ 50
$\geq$ 10 000 < 15 000	0	+ 75
$\geq$ 15 000 $\leq$ 20 000 [1]	0	+ 100

[1] Für Nennlängen > 20 000 mm sind die Grenzabmaße bei der Bestellung zu vereinbaren.
Zusätzliche Anforderung 4

8 Formtoleranzen

8.1 Seitengeradheit und Rechtwinkligkeit

Die Abweichung von der Seitengeradheit und der Rechtwinkligkeit des Blechs ist durch die Festlegung begrenzt, daß in jedem Blech ein Rechteck mit den bestellten Nennmaßen enthalten sein muß.

Zusätzlich kann bei der Bestellung vereinbart werden, daß die Abweichung von der Seitengeradheit 0,2 % der tatsächlichen Blechlänge und die Abweichung von der Rechtwinkligkeit 1 % der tatsächlichen Blechbreite nicht überschreiten darf (G).

Zusätzliche Anforderung 2.

Tabelle 1. Grenzabmaße der Dicke

Maße in Millimeter

Nenndicke	Grenzabmaße der Dicke (siehe 7.1.1) [1]								Zulässiger Unterschied zwischen der kleinsten und größten Dicke desselben Blechs bei Nennbreiten					
	Klasse A		Klasse B		Klasse C		Klasse D		≥600 <2000	≥2000 <2500	≥2500 <3000	≥3000 <3500	≥3500 <4000	≥4000
	Unteres Abmaß	Oberes Abmaß	Unteres Abmaß	Oberes Abmaß	Unteres Abmaß	Oberes Abmaß	Unteres Abmaß	Oberes Abmaß						
≥3 <5	−0,4	+0,8	−0,3	+0,9	0	+1,2	−0,6	+0,6	0,8	0,9	0,9	−	−	−
≥5 <8	−0,4	+1,1	−0,3	+1,2	0	+1,5	−0,75	+0,75	0,9	0,9	1,0	1,0	−	−
≥8 <15	−0,5	+1,2	−0,3	+1,4	0	+1,7	−0,85	+0,85	0,9	1,0	1,0	1,1	1,1	1,2
≥15 <25	−0,6	+1,3	−0,3	+1,6	0	+1,9	−0,95	+0,95	1,0	1,1	1,2	1,2	1,3	1,4
≥25 <40	−0,8	+1,4	−0,3	+1,9	0	+2,2	−1,1	+1,1	1,1	1,2	1,2	1,3	1,3	1,4
≥40 <80	−1,0	+1,8	−0,3	+2,5	0	+2,8	−1,4	+1,4	1,2	1,3	1,4	1,4	1,5	1,6
≥80 <150	−1,0	+2,2	−0,3	+2,9	0	+3,2	−1,6	+1,6	1,3	1,4	1,5	1,5	1,6	1,7
≥150 ≤250	−1,2	+2,4	−0,3	+3,3	0	+3,6	−1,8	+1,8	1,4	1,5	1,6	1,6	1,7	−

1) Die Grenzabmaße gelten nicht für durch Schleifen ausgebesserte Zonen (siehe 7.1.2)

8.2 Ebenheit

8.2.1 Für die normalen Ebenheitstoleranzen gilt Tabelle 4, für die eingeschränkten Ebenheitstoleranzen gilt Tabelle 5. Wenn bei der Bestellung nichts anderes angegeben wird, werden die Bleche mit normalen Ebenheitstoleranzen geliefert.

Zusätzliche Anforderung 3.

Tabelle 4. Normale Ebenheitstoleranzen, Klasse N

Maße in Millimeter

Nenndicke	Stahlgruppe L [1]		Stahlgruppe H [1]	
	Meßlänge			
	1000	2000	1000	2000
≥3 <5	9	14	12	17
≥5 <8	8	12	11	15
≥8 <15	7	11	10	14
≥15 <25	7	10	10	13
≥25 <40	6	9	9	12
≥40 ≤250	5	8	8	11

1) Siehe 8.2.2

Bei kürzeren Abständen als 1000 mm zwischen zwei Berührungspunkten des Blechs mit dem Lineal gelten folgende Festlegungen:

Bei der Stahlgruppe L max. 1 %, bei der Stahlgruppe H max. 1,5 % des Abstandes zwischen zwei Berührungspunkten im Bereich von 300 bis 1000 mm, höchstens jedoch die Werte nach Tabelle 4.

Tabelle 5. Eingeschränkte Ebenheitstoleranzen, Klasse S

Maße in Millimeter

Nenndicke	Stahlgruppe L [1] [2] Blechbreite				Stahlgruppe H [1]	
	< 2750		≥ 2750			
	Meßlänge					
	1000	2000	1000	2000	1000	2000
≥3 < 8	4	8	5	10	Die Werte sind bei der Bestellung zu vereinbaren. Zusätzliche Anforderung 6	
≥8 ≤ 250	3	6	3	6		

1) Siehe 8.2.2
2) Kleinere zulässige Abweichungen sind bei der Bestellung besonders zu vereinbaren.

Zusätzliche Anforderung 5

Bei kürzeren Abständen als 1000 mm zwischen zwei Berührungspunkten des Blechs mit dem Lineal gelten folgende Festlegungen:

Max. 0,5 % des Abstandes zwischen zwei Berührungspunkten, jedoch mindestens 2 mm und höchstens die Werte nach Tabelle 5.

8.2.2 Die Stahlgruppen in den Tabellen 4 und 5 sind wie folgt definiert:

Stahlgruppe L: Erzeugnisse mit einem festgelegten Mindestwert der Streckgrenze $\leq 460\,N/mm^2$ mit Ausnahme von Erzeugnissen im abgeschreckten und im vergüteten Zustand.

Stahlgruppe H: Erzeugnisse mit einem festgelegten Mindestwert der Streckgrenze $> 460\,N/mm^2$ $< 700\,N/mm^2$ sowie alle Erzeugnisse im abgeschreckten und im vergüteten Zustand.

Änderungen

Gegenüber DIN 1543/10.81 wurden folgende Änderungen vorgenommen:

a) Erweiterung des Geltungsbereichs auf Nenndicken bis 250 mm.

b) Einführung der Klassen C und D für die Grenzabmaße der Dicke (siehe 7.1.1 und Tabelle 1).

c) Festlegungen von Werten für eingeschränkte Ebenheitstoleranzen (Tabelle 5).

d) Einschränkung des Geltungsbereichs der Anforderungen an die zulässige Überschreitung des theoretischen Gewichts der Bleche (siehe 9.4 und Tabelle 6).

Plattierte Bleche von 6 bis 150 mm Dicke Zulässige Maß-, Gewichts- und Formabweichungen	STAHL-EISEN- LIEFERBEDINGUNGEN 408 1. Ausgabe

1 Geltungsbereich

Die Lieferbedingungen gelten für plattierte Bleche mit Nenndicken von 6 bis 150 mm und Nennbreiten $\geqq$ 600 mm aus den im Abschnitt 5 genannten Werkstoffen.

2 Begriff

Als plattierte Bleche im Sinne dieser Lieferbedingungen gelten Verbundwerkstoffe, bei denen auf einen Grundwerkstoff ein- oder beidseitig eine oder mehrere Lagen Plattierungsschichten durch Sprengen und/oder Warmwalzen aufgebracht wurden.

3 Bezeichnung

3.1.3 Beispiel für die Normbezeichnung

Blech Stahl-Eisen-Lieferbedingungen 408 – 20 + 2
DIN 17155 H II / DIN 17440 X 2 CrNi 18 9

oder

Bl SEL 408 – 20 + 2
DIN 17155 1.0425 / DIN 17440 1.4306

Bestellhinweis: vor der Normbezeichnung ist die Stückzahl, und nach der Blechdicke (20 + 2) sind Breite und Länge zu ergänzen.

4 Lieferart

4.1 Plattierte Bleche nach dieser Lieferbedingung werden im allgemeinen mit geschliffener oder gebeizter Auflagewerkstoffoberfläche und unbehandelter Grundwerkstoffoberfläche geliefert. Die Oberflächenausführung der Grundwerkstoffoberfläche entspricht der Euronorm 163 [1]).

Andere Oberflächenzustände für den Auflagewerkstoff, z. B. geschliffen mit Korn 240 bzw. für den Grundwerkstoff entzundert, ohne oder mit einem Farbanstrich (geprimert), müssen besonders vereinbart werden.

4.2 Die Bleche werden im allgemeinen mit geschnittenen bzw. brenngeschnittenen Kanten geliefert.

4.3 Fehlen Angaben oder Kennbuchstaben für die Lieferart, so werden die plattierten Bleche wie folgt geliefert:

– Auflagewerkstoffoberfläche geschliffen Korn 60;
– Grundwerkstoffoberfläche unbehandelt, Oberflächenbeschaffenheit nach Euronorm 163 [1]);
– übliche zulässige Unterschreitung der Nenndicke für den Grundwerkstoff nach Tabelle 1;
– übliche zulässige Unterschreitung der Auflagewerkstoffnenndicke nach Tabelle 2.

5 Werkstoffe

Für die Grundwerkstoffe kommen vorzugsweise allgemeine Baustähle, warmfeste Stähle und Feinkornbaustähle in Betracht. In Sonderfällen können auch nichtrostende, hitzebeständige und verschleißfeste Stähle sowie Nichteisen-metalle und deren Legierungen als Grundwerkstoff verwendet werden.

Als Auflagewerkstoffe werden je nach Verwendungszweck nichtrostende, hitzebeständige und verschleißfeste Stähle sowie Nichteisenmetalle und deren Legierungen verwendet.

6 Zulässige Maß-, Gewichts- und Formabweichungen

6.1 Dicke

6.1.1 Die zulässige Dickenabweichung bei ü b l i c h e r z u l ä s s i g e r U n t e r s c h r e i t u n g der Gesamtdicke sowie bei e i n - g e s c h r ä n k t e r z u l ä s s i g e r U n t e r s c h r e i t u n g der Gesamtdicke sind in Tabelle 1 angegeben.

Die zulässige Dickenunterschreitung der Nenndicke des Auflagewerkstoffes ist in Tabelle 2 angegeben.

---

[1]) *Siehe DIN EN 10163 Teil 1/Teil 2 Ausgabe 10, 1991.*

Tabelle 1. Zulässige Abweichungen von der Nenndicke[1] (Gesamtdicke) und zulässiger Dickenunterschied innerhalb desselben Blechs in mm

Nenndicke (mm)		Zulässige Abweichungen in mm von der Nenndicke bei		Zulässiger Unterschied in mm zwischen der kleinsten und größten Dicke desselben Blechs bei Nennbreiten in mm				
von	bis unter	üblicher Unter- schreitung der Nenndicke A	eingeschränkter Unterschreitung der Nenndicke B	von 600 bis unter 2000	von 2000 bis unter 2500	von 2500 bis unter 3000	von 3000 bis unter 3500	von 3500 bis 4000
6	8	+ 1,6 − 0,4	+ 1,7 − 0,3	1,8	1,8	2,0	2,0	–
8	15	+ 1,8 − 0,5	+ 2,0 − 0,3	1,8	2,0	2,0	2,2	2,2
15	25	+ 1,9 − 0,6	+ 2,2 − 0,3	2,0	2,2	2,4	2,4	2,6
25	40	+ 2,1 − 0,8	+ 2,6 − 0,3	2,2	2,4	2,4	2,6	2,6
40	80	+ 2,7 − 1,0	+ 3,4 − 0,3	2,4	2,6	2,8	2,8	3,0
80	150[2]	+ 3,3 − 1,0	+ 4,0 − 0,3	2,6	2,8	3,0	3,0	3,2

1) Die nach dieser Tabelle zulässigen Unterschreitungen der Nenndicke gelten auch für den Grundwerkstoff.
2) Einschließlich 150 mm

Tabelle 2. Zulässige Dickenunterschreitung für Auflagewerkstoffe

Nenndicke mm	Zulässige Dickenunterschreitung in mm
1,0	− 0,10
1,5	− 0,15
2,0	− 0,20
2,5	− 0,25
3,0	− 0,35
3,5	− 0,45
4,0	− 0,50
4,5	− 0,50
≥ 5,0	− 0,50

1) Abweichungen von den Werten dieser Tabelle bedürfen der besonderen Vereinbarung.

2) Für Zwischendicken gilt die zulässige Abweichung der in der Tabelle angegebenen nächstkleineren Dicke.

6.2   **Breite** *Siehe DIN EN 10 029, Pkt. 7.2, Tabelle 2, Seite 197.*

6.3   **Länge** *Siehe DIN EN 10 029, Pkt. 7.3, Tabelle 3, Seite 197.*

6.5   Geradheit der Längskante und Rechtwinkligkeit

6.5.1   In jedem gelieferten Blech muß ein Rechteck mit den bestellten Nennmaßen für die Breite und Länge enthalten sein.

6.5.2   Zusätzlich kann besonders vereinbart werden, daß die Abweichung von der Geradheit der Längskante 0,2 % der tatsächlichen Blechlänge, die Abweichung von der Rechtwinkligkeit 1,0 % der tatsächlichen Blechbreite nicht übersteigen darf (siehe Abschnitt 7.2.4 und 7.2.5).

6.6   **Ebenheit**

6.6.1   Die zulässigen Abweichungen von der Ebenheit (siehe Abschnitt 7.2.6) gehen aus Tabelle 6 hervor.

6.6.2   Die eingeschränkte zulässige Abweichung von der Ebenheit (feineben), Tabelle 7, ist bei der Bestellung besonders zu vereinbaren.

Tabelle 6. Zulässige Abweichungen von der Ebenheit

Nenndicke (mm)		Meßlänge	Zulässige Abweichungen von der Ebenheit für die Nennbreiten							
von	bis unter	(mm)	< 1500	≥ 1500 < 2000	≥ 2000 < 2500	≥ 2500 < 2750	≥ 2750 < 3000	≥ 3000 < 3250	≥ 3250 < 3500	≥ 3500 < 4000
6	8	1000 2000	8 15	8 15	9 17	9 18	9 21	–	–	–
8	15	1000 2000	8 14	8 14	8 15	8 16	9 17	9 17	9 19	9 21
15	25	1000 2000	8 13	8 13	8 13	8 14	8 15	9 16	9 18	10 20
25	40	1000 2000	8 12	8 12	8 12	8 13	8 13	9 14	9 15	10 17
40	80	1000 2000	8 11	8 11	8 12	8 12	8 12	9 13	9 14	10 16
80	150	Nach Vereinbarung								

Tabelle 7. Eingeschränkte zulässige Abweichung von der Ebenheit in mm

Nenndicke (mm)		Meßlänge	Zulässige Abweichungen von der Ebenheit für die Nennbreiten							
von	bis unter	(mm)	< 1500	≥ 1500 < 2000	≥ 2000 < 2500	≥ 2500 < 2750	≥ 2750 < 3000	≥ 3000 < 3250	≥ 3250 < 3500	≥ 3500 < 4000
6	8	1000 2000	6 12	6 12	7 13	7 15	7 16	–	–	–
8	15	1000 2000	6 11	6 11	6 12	6 13	7 14	7 15	8 17	8 19
15	25	1000 2000	6 10	6 10	6 11	6 12	6 13	6 14	7 15	7 17
25	40	1000 2000	5 9	5 9	5 10	5 11	5 12	6 12	6 13	6 15
40	80	1000 2000	5 8	5 8	5 8	5 8	5 9	5 9	5 10	6 12
80	150	Nach Vereinbarung								

	Blech und Band aus warmfesten Stählen	**DIN**
	Technische Lieferbedingungen	**17 155**

Ersatz für
DIN 17 155 T 1/01.59,
DIN 17 155 T 2/01.59x und
DIN 17 155 T 2 Bbl./06.69

1 Anwendungsbereich

1.1 Diese Norm gilt für warmgewalzte Bleche und Bänder aus den warmfesten Stählen nach Tabelle 1, die vorwiegend für Dampfkesselanlagen, Druckbehälter, große Druckrohrleitungen und ähnliche Bauteile verwendet werden.

Werden die Erzeugnisse aus Stählen nach dieser Norm für überwachungsbedürftige Anlagen hergestellt oder verwendet, sind die entsprechenden Regelwerke, z. B. Technische Regeln Druckbehälter (TRB), Technische Regeln für Dampfkessel (TRD), Technische Regeln Druckgase (TRG), zu beachten. Gleiches gilt für andere Anwendungsbereiche, für die zusätzliche Festlegungen bestehen.

2 Begriffe

2.1 Als **warmfest** im Sinne dieser Norm gelten Stähle, für die bei höheren Temperaturen, zum Teil bis zu 600 °C, Eigenschaften bei langzeitiger Beanspruchung ausgewiesen werden.

7 Anforderungen

7.1.2 Außer dem Stahl UH I, der unberuhigt geliefert wird, müssen alle Stähle nach dieser Norm beruhigt sein, das heißt hier, sie dürfen weder unberuhigt noch halbberuhigt sein.

7.2 Lieferzustand

7.2.1 Die Stähle UH I, H I, H II, 17 Mn 4, 19 Mn 6 und 15 Mo 3 werden üblicherweise im normalgeglühten Zustand, die Stähle 13 CrMo 4 4 und 10 CrMo 9 10 im luftvergüteten Zustand geliefert.

●● Auf besondere Vereinbarung bei der Bestellung können die Stähle UH I, H I, H II, 17 Mn 4, 19 Mn 6 und 15 Mo 3 auch im unbehandelten Zustand, die Stähle 13 CrMo 4 4 und 10 CrMo 9 10 im normalgeglühten Zustand und nur in Ausnahmefällen im unbehandelten Zustand geliefert werden.

7.2.2 Bei den Stahlsorten UH I, H I, H II, 17 Mn 4 und 19 Mn 6 kann das Normalglühen durch eine gleichwertige Temperaturführung beim und nach dem Walzen ersetzt werden. Das bedeutet, daß auch nach nachträglichem Normalglühen die Anforderungen wieder erfüllt sein müssen [1].

7.3 Chemische Zusammensetzung

7.3.1 Für die chemische Zusammensetzung nach der Schmelzenanalyse gelten die Angaben der Tabelle 1. Geringe Abweichungen von diesen Werten sind zulässig, wenn die mechanischen Eigenschaften den Anforderungen dieser Norm entsprechen und die Schweißeignung nicht beeinträchtigt wird.

7.4 Mechanische Eigenschaften

7.4.1 Für Proben, die entsprechend Abschnitt 8.4.2 entnommen und vorbereitet werden, gelten die in den Tabellen 3 und 4 angegebenen Werte. Nach Spannungsarmglühen nach Tabelle B.1 können die in den Tabellen 3 und 4 für die Streckgrenze und Zugfestigkeit angegebenen Werte bis zu 10 % unterschritten werden; die Langzeitwarmfestigkeitswerte [2] werden dadurch nicht beeinträchtigt.

7.4.3 Die in den Tabellen 3 und 4 angegebenen Werte gelten für Querproben.

7.4.4 ●● Bei der Bestellung kann die Einhaltung einer der durch eine Mindestbrucheinschnürung an Zugproben senkrecht zur Erzeugnisoberfläche gekennzeichneten Güteklasse Z1, Z2 oder Z3 nach den Stahl-Eisen-Lieferbedingungen 096 vereinbart werden (*siehe auch DIN 50 180*).

7.5 Oberflächenbeschaffenheit und innere Beschaffenheit

Siehe Oberflächenbeschaffenheit DIN EN 10163 Teil 1 Seite 33 bis Seite 41, und zur inneren Beschaffenheit SEL 072.

8 Prüfung

8.1 Abnahmeprüfungen

Lieferungen nach dieser Norm sind einer Abnahmeprüfung zu unterziehen.

---

[1] Falls das Normalglühen durch eine gleichwertige Temperaturführung beim und nach dem Walzen ersetzt wird, ist bei Verwendung der Erzeugnisse für überwachungsbedürftige Anlagen vom Hersteller ein erstmaliger Nachweis zu führen, daß der dem normalgeglühten Zustand gleichwertige Zustand mit ausreichender Sicherheit erreicht wird.
[2] Siehe Tabelle A.1 im Original.

Tabelle 1. Chemische Zusammensetzung (Schmelzenanalyse)

Stahlsorte		Massengehalte in %												
Kurzname	Werkstoff-Nummer	C	Si	Mn	P max.	S max.	Al$_{ges}$	Cr	Cu max.	Mo	Nb max.	Ni max.	Ti max.	V max.
UH I	1.0348	≤ 0,14	—	0,20 bis 0,80	0,035	0,030	—	≤ 0,30[1]	—	—	—	—	—	—
H I	1.0345	≤ 0,16	≤ 0,35	0,40 bis 1,20	0,035	0,030	≥ 0,020	≤ 0,25[1],[2]	0,30[1],[2]	≤ 0,10[1],[2]	0,01[1]	0,30[1],[2]	0,03[1]	0,03[1]
H II	1.0425	≤ 0,20	≤ 0,35	0,50 bis 1,30	0,035	0,030	≥ 0,020	≤ 0,25[1],[2]	0,30[1],[2]	≤ 0,10[1],[2]	0,01[1]	0,30[1],[2]	0,03[1]	0,03[1]
17 Mn 4	1.0481	0,14 bis 0,20	≤ 0,40	0,90 bis 1,40	0,035	0,030	≥ 0,020	≤ 0,25[1],[2]	0,30[1],[2]	≤ 0,10[1],[2]	0,01[1]	0,30[1],[2]	0,03[1]	0,03[1]
19 Mn 6	1.0473	0,15 bis 0,22	0,30 bis 0,60	1,00 bis 1,60	0,035	0,030	≥ 0,020	≤ 0,25[1],[2]	0,30[1]	≤ 0,10[1],[2]	0,01[1]	0,30[1],[2]	0,03[1]	0,03[1]
15 Mo 3	1.5415	0,12 bis 0,20	0,10 bis 0,35	0,40 bis 0,90	0,035	0,030	3)	≤ 0,25[1]	0,30[1]	0,25 bis 0,35		0,30[1]		
13 CrMo 4 4	1.7335	0,08 bis 0,18	0,10 bis 0,35	0,40 bis 1,00	0,035	0,030	3)	0,70 bis 1,10	0,30[1]	0,40 bis 0,60				
10 CrMo 9 10	1.7380	0,06 bis 0,15	≤ 0,50	0,40 bis 0,70	0,035	0,030	3)	2,00 bis 2,50	0,30[1]	0,90 bis 1,10				

1) Die Einhaltung dieser Grenzwerte ist nur nach besonderer Vereinbarung nachzuweisen.
2) Die Summe der Massengehalte an Cr, Cu, Mo und Ni darf nicht größer als 0,70 % sein.
3) Der Al-Gehalt der Schmelze ist zu ermitteln und in der Bescheinigung anzugeben.

Tabelle 3. Mechanische Eigenschaften [1]

Stahlsorte		obere Streckgrenze R_{eH} [2] N/mm² min.					Zugfestigkeit R_m für Erzeugnisdicken in mm N/mm²			Bruchdehnung ($L_0 = 5 d_0$) % min.		Kerbschlagarbeit (ISO-V-Querproben) Mittelwert aus drei Proben J min.			
												bei 0 °C		bei + 20 °C	
Kurzname	Werkstoff-Nummer	≤ 16	> 16 bis ≤ 40	> 40 bis ≤ 60	> 60 bis ≤ 100	> 100 bis ≤ 150	≤ 60	> 60 bis ≤ 100	> 100 bis ≤ 150	≤ 60	> 60 bis ≤ 150	≤ 60	> 60 bis ≤ 150	≤ 60	> 60 bis ≤ 150
UH I	1.0348	195	185	175	–	–	280 bis 400	–	–	25	–	–	–	–	–
H I	1.0345	235	225	215	200	185	360 bis 480	360 bis 480	350 bis 480	24	23	31	31	–	–
H II	1.0425	265	255	245	215	200	410 bis 530	410 bis 530	400 bis 530	22	21	31	31	–	–
17 Mn 4	1.0481	290	285	280	255	230	460 bis 580	450 bis 570	440 bis 570	21	20	31	31	–	–
19 Mn 6	1.0473	355	345	335	315	295	510 bis 650	490 bis 630	480 bis 630	20	20	31	31	–	–
15 Mo 3	1.5415	275 [3]	270	260	240	220	440 bis 590	430 bis 580	420 bis 570	20	19	–	–	31	27
13 CrMo 4 4	1.7335	300	295	295	275	255	440 bis 590	430 bis 580	420 bis 570	20	19	–	–	31	27
10 CrMo 9 10	1.7380	310	300	290	270	250	480 bis 630	460 bis 630	460 bis 630	18	17	–	–	31	27

[1] Für Erzeugnisdicken über 150 mm sind die Werte zu vereinbaren.
[2] Wenn keine ausgeprägte Streckgrenze auftritt, gelten die Werte für die 0,2%-Dehngrenze.
[3] Für Erzeugnisdicken ≤ 10 mm gilt ein Mindestwert von 285 N/mm².

Tabelle 4. **0,2%-Dehngrenze bei erhöhten Temperaturen** [1], [2]

Stahlsorte		Erzeugnisdicke	0,2%-Dehngrenze bei der Temperatur						
			200 °C	250 °C	300 °C	350 °C	400 °C	450 °C	500 °C
Kurzname	Werk-stoff-Nummer	mm	N/mm² min.						
UH I	1.0348	≤ 60	135	115	95	80	70	–	–
H I	1.0345	≤ 16	185	165	140	120	110	105	–
		> 16 bis ≤ 40	180	165	135	120	110	105	–
		> 40 bis ≤ 60	175	165	135	120	110	105	–
		> 60 bis ≤ 100	165	155	125	115	105	100	–
		> 100 bis ≤ 150	155	145	115	110	100	95	–
H II	1.0425	≤ 60	205	185	155	140	130	125	–
		> 60 bis ≤ 100	195	175	145	135	125	120	–
		> 100 bis ≤ 150	185	165	135	130	120	115	–
17 Mn 4	1.0481	≤ 60	245	225	205	175	155	135	–
		> 60 bis ≤ 100	230	210	190	165	135	115	–
		> 100 bis ≤ 150	215	195	175	155	135	115	–
19 Mn 6	1.0473	≤ 60	265	245	225	205	175	155	–
		> 60 bis ≤ 100	250	230	210	190	165	145	–
		> 100 bis ≤ 150	235	215	195	175	155	135	–
15 Mo 3	1.5415	≤ 10	240	220	195	185	175	170	165
		> 10 bis ≤ 40	225	205	180	170	160	155	150
		> 40 bis ≤ 60	210	195	170	160	150	145	140
		> 60 bis ≤ 100	200	185	160	155	145	140	135
		> 100 bis ≤ 150	190	175	150	145	140	135	130
13 CrMo 4 4	1.7335	≤ 10	255	245	230	215	205	195	190
		> 10 bis ≤ 40	240	230	215	200	190	180	175
		> 40 bis ≤ 60	230	220	205	190	180	170	165
		> 60 bis ≤ 100	220	210	195	185	175	165	160
		> 100 bis ≤ 150	210	200	185	175	170	160	155
10 CrMo 9 10	1.7380	≤ 40	245	240	230	215	205	195	185
		> 40 bis ≤ 60	235	230	220	205	195	185	175
		> 60 bis ≤ 100	225	220	210	195	185	175	165
		> 100 bis ≤ 150	215	210	200	185	175	165	155

[1] Die in Tabelle 3 für Raumtemperatur angegebenen Streckgrenzenwerte gelten als Berechnungskennwerte bis 50 °C. Für Temperaturen zwischen 50 und 200 °C ist linear zwischen den für Raumtemperatur und 200 °C angegebenen Werten zu interpolieren; dabei ist von Raumtemperatur auszugehen, und zwar von dem für die jeweilige Erzeugnisdicke in Tabelle 3 angegebenen Streckgrenzenwert.

[2] Für Dicken über 60 mm beim Stahl UH I bzw. für Dicken über 150 mm bei den übrigen Stählen sind die Werte zu vereinbaren.

Warmgewalzte Feinkornstähle zum Kaltumformen Gütevorschriften	**SEW** **092** 3. Ausgabe

1 Geltungsbereich

1.1 Dieses Werkstoffblatt gilt für warmgewalztes Flachzeug in Form von Band, Blech und Breitflachstahl in Dicken bis 16 mm aus Feinkornstählen, die im thermomechanisch behandelten Zustand Mindeststreckgrenzen von 340 bis 550 N/mm² und im normalgeglühten Zustand Mindeststreckgrenzen von 260 bis 500 N/mm² aufweisen. Für Erzeugnisformen in größeren Dicken als 16 mm sind besondere Vereinbarungen zu treffen.

2 Begriff

Warmgewalzte Feinkornstähle sind voll beruhigt und durch ihren Gehalt an Elementen gekennzeichnet, die feinverteilte, erst bei hohen Temperaturen in Lösung gehende Ausscheidungen, vor allem von Nitriden und/oder Carbiden, ergeben. Diese Elemente und die durch sie bedingten Feinausscheidungen führen zu feinem Korn im Lieferzustand (Ferritkorngröße 6 und feiner bei Prüfung nach EURONORM 103).

Zur Erzielung einer guten Kaltumformbarkeit unter Berücksichtigung der Mindeststreckgrenzenwerte wird durch Zusatz bestimmter Legierungselemente eine günstige Sulfidausbildung bewirkt und/oder ein besonders niedriger Schwefelgehalt eingestellt.

6.1 Bezeichnung der Stahlsorten

Der Lieferzustand der Stähle (siehe Abschnitt 7.2) wird im Kurznamen durch die Buchstaben

TM = thermomechanisch behandelt oder
N = normalgeglüht

gekennzeichnet.
Der Buchstabe Q im Kurznamen kennzeichnet die gute Kaltumformbarkeit.

7.2 Lieferzustand der Erzeugnisse

Die Erzeugnisse werden je nach Stahlsorte (siehe Tafel 1)

a) im thermomechanisch behandelten Zustand

oder

b) im normalgeglühten Zustand, zu dem auch ein durch normalisierendes Umformen erreichter gleichwertiger Zustand zu rechnen ist,

geliefert.

7.3 Chemische Zusammensetzung

7.3.1 Chemische Zusammensetzung nach der Schmelzenanalyse

In Tafel 2 sind Werte für die chemische Zusammensetzung nach der Schmelzenanalyse angegeben.

7.4 Mechanische und technologische Eigenschaften

siehe Tafel 1

7.4.1.3 Für die Kerbschlagarbeit (ISO-Spitzkerbproben) kann für Erzeignisdicken ≧ 10 mm ein Wert von mindestens 27 J an Längsproben bei − 20 °C bei der Bestellung vorgegeben werden. Prüfergebnis ist der Mittelwert aus drei Versuchen, von denen keiner einen Wert untert 19 J liefern darf.

7.4.2 Umformbarkeit

Entsprechend den in Tafel 1 aufgeführten Eigenschaftswerten zeichnen sich die Stähle durch eine gute Kaltumformbarkeit aus. Der Schwierigkeitsgrad der Umformbedingungen muß auf das jeweils gewählte Streckgrenzenniveau abgestimmt sein. Sowohl beim Kaltrichten und Kaltabkanten als auch beim Preßformen sind kleine Kantenradien möglich, wobei die in Tafel 1 angegebenen Dorndurchmesser lediglich eine Orientierung bieten. Die gute Kaltumformbarkeit, die sich aus dem feinkörnigen Gefügezustand in Verbindung mit einer günstigen Sulfidausbildung und/oder einem niedrigen Schwefelgehalt der Stähle erklärt, begründet gleichzeitig die Eignung der Stähle zum Feinschneiden. Das gilt in besonderem Maße für die perlitarmen Stähle im thermomechanisch behandelten Zustand.

Die im normalgeglühten Zustand gelieferten Stähle lassen sich darüber hinaus auch warmumformen bzw. warmrichten. Hingegen sind die Stähle im thermomechanisch behandelten Zustand für eine Warmformgebung nicht geeignet, da hierbei eine Veränderung der mechanischen Eigenschaften eintritt (vgl. Abschnitt 8).

7.4.3 Schweißeignung

Bei den Stählen im normalgeglühten Zustand wird für das Schweißen bei Werkstücktemperaturen unter + 5 °C von Stählen mit einer Mindeststreckgrenze < 380 N/mm² in allen Erzeugnisdicken Vorwärmen empfohlen; bei Stählen mit einer Mindeststreckgrenze ≧ 380 N/mm² ist es erforderlich.

Bei den thermomechanisch behandelten Stählen ist aufgrund der niedrigen Kohlenstoffgehalte im allgemeinen ein Vorwärmen nicht erforderlich. Abweichend hiervon kann sich besonders bei den Sorten QStE 460 TM bis QStE 550 TM je nach konstruktiven Gegebenheiten, Blechdicke, Schweißverfahren und Schweißzusatzwerkstoff ein Vorwärmen als notwendig erweisen.

Wärmebehandlung

8.1 Anhaltsangaben für die Wärmebehandlung der normalgeglühten Stähle sind beim Hersteller zu erfragen.

8.2 Für die thermomechanisch behandelten Stähle kommt in der Regel eine Wärmebehandlung (außer Spannungsarmglühen, siehe Abschnitt 8.3) nicht in Betracht, da durch sie die mechanischen Eigenschaften verändert werden. Das gilt jedoch im allgemeinen nicht für Temperatur-Zeit-Folgen, wie sie beim Schweißen auftreten.

8.3 Das Spannungsarmglühen wird im Temperaturbereich zwischen 530 und 580 °C mit Abkühlung an ruhender Luft durchgeführt. Die Haltedauer (nach DIN 17 014, Teil 1) beträgt mindestens 30 min, bei mehrfacher Glühung jedoch insgesamt höchstens 150 min. Bei einer Haltedauer über 90 min ist die untere Grenze der Temperaturspanne anzustreben.

Tafel 1. Sorteneinteilung und mechanisch-technologische Eigenschaften[1] warmgewalzter Feinkornstähle zum Kaltumformen in Dicken ≦ 16 mm (zusätzlich siehe Abschnitte 2 und 7.4.1.3)

Stahlsorte			Streck-grenze	Zugfestig-keit[2]	Bruchdehnung			für Dicke	Dorndurchmesser D beim technologischen Biegeversuch a = Probendicke Biegewinkel 180°
Kurzname	Werkstoff-Nr.				für Dicke < 3 mm	≧ 3 mm ≦ 6 mm	≧ 3 mm		
	neu	früher			$L_0 = 80$ mm	$L_0 = 50$ mm	$L_0 = 50$ mm	$L_0 = 5 d_0$	
			N/mm^2 mind.	N/mm^2	% mind.				
QStE 260 N	1.0971	1.8941	260	370 bis 490	24	26	28	30	D = 0 a
QStE 340 TM	1.0974	1.8942	340	420 bis 540	19	21	23	25	D = 0,5 a
QStE 340 N	1.0975	1.8945		460 bis 580	21	23	25	27	
QStE 380 TM	1.0978	1.8951	380	450 bis 590	18	20	21	23	D = 0,5 a
QStE 380 N	1.0979	1.8950		500 bis 640	19	21	23	25	
QStE 420 TM	1.0980	1.8953	420	480 bis 620	16	18	20	21	D = 0,5 a
QStE 420 N	1.0981	1.8952		530 bis 670	18	20	21	23	
QStE 460 TM	1.0982	1.8956	460	520 bis 670	14	15	18	19	D = 1 a
QStE 460 N	1.0983	1.8955		550 bis 700	16	18	20	21	
QStE 500 TM	1.0984	1.8959	500[3]	550 bis 700	12	13	16	17	D = 1 a
QStE 500 N	1.0985	1.8957		580 bis 730	14	15	18	19	
QStE 550 TM	1.0986	1.8948	550[3]	600 bis 760	10	11	14	15	D = 1,5 a

[1] Die Werte gelten für Erzeugnisse mit einer Breite ≧ 600 mm für Querproben, für Erzeugnisse mit einer Breite < 600 mm
   für Längsproben; beim Biegeversuch gelten die Werte nur für Querproben.
[2] Die Grenzwerte dürfen um 20 N/mm^2 unter- oder überschritten werden.
[3] Für Dicken > 8 mm darf die Mindeststreckgrenze um 20 N/mm^2 unterschritten werden.

Tafel 2. Chemische Zusammensetzung der warmgewalzten Feinkornstähle nach der Schmelzenanalyse

Stahlsorte		% C	% Si	% Mn	% P	% S	% Al_{ges.}	% Nb[1]	% Ti[1]
Kurzname	Werkstoff-Nr.			höchstens			mindestens	höchstens	
QStE 260 N	1.0971	0,16		1,20					
QStE 340 TM	1.0974	0,12		1,30					
QStE 340 N	1.0975	0,16		1,50					
QStE 380 TM	1.0978	0,12		1,40					
QStE 380 N	1.0979	0,18		1,60					
QStE 420 TM	1.0980	0,12	0,50	1,50	0,03	0,03	0,015	0,09	0,22
QStE 420 N	1.0981	0,20		1,60					
QStE 460 TM	1.0982	0,12		1,60					
QStE 460 N	1.0983	0,21		1,70					
QStE 500 TM	1.0984	0,12		1,70					
QStE 500 N	1.0985	0,22		1,70					
QStE 550 TM	1.0986	0,12		1,80					

[1] Alle Stähle enthalten im allgemeinen Zusätze an Niob und/oder Titan. Darüber hinaus kann Vanadin zugesetzt werden.
   Die Summe der Gehalte an allen drei Elementen darf 0,22 % nicht überschreiten.

	Flacherzeugnisse aus Stahl **Warmgewalztes Band warmgewalztes Feinblech** Grenzabmaße, Form- und Gewichtstoleranzen	**DIN** **1016**

Hinweis:
Als teilweiser Ersatz für die DIN 1016 wird die Europäische Norm DIN EN 10 051 vorgesehen. Sie liegt als Entwurf vom Juli 1989 vor.

Ersatz für
Ausgabe 11.72

1 Anwendungsbereich

1.1 Diese Norm enthält die Festlegungen für die Grenzabmaße sowie die Form- und Gewichtstoleranzen für warmgewalzte Flacherzeugnisse aus Stahl ohne Oberflächenüberzüge, und zwar für

– Band für die unmittelbare Verwendung in Breiten von 10 bis 2000 mm und Dicken von 0,8 bis 20 mm,
– Band, das zum Kaltwalzen bestimmt ist, in Breiten von 10 bis 2000 mm und Dicken von 0,8 bis 8 mm,
– aus Band unter 600 mm Breite abgelängte Stäbe (Streifen) in Dicken von 0,8 bis 15 mm,
– aus Band geschnittenes Feinblech in Breiten von 600 bis 2000 mm und Dicken von 0,8 bis unter 3 mm

aus den im Abschnitt 5 genannten Stählen.

1.2 Längsgeteiltes Warmband darf nur nach vorheriger Vereinbarung mit dem Besteller geliefert werden.

1.3 Diese Norm gilt **nicht** für

– warmgewalztes Blech von 3 bis 150 mm Dicke (siehe DIN 1543)
– warmgewalztes Blech mit Mustern (siehe DIN 59 220)
– Warmbreitband mit Mustern (siehe Stahl-Eisen-Lieferbedingungen 014).

3.2.2 Beispiele für die Bestellangaben

a)   50 t Band DIN 1016 – RSt 37-2 – 4,5 × 1500
       oder 50 t Band DIN 1016 – 1.0038 – 4,5 × 1500

b)   5 t Blech DIN 1016 – 34 Cr 4 V – 2,0 × 1200 GK × 2500
       oder 5 t Blech DIN 1016 – 1.7033 V – 2,0 × 1200 GK × 2500

4 Lieferzustand und Lieferart

4.1 Lieferzustand

Der Lieferzustand (z. B. Walzzustand, kalt nachgewalzt, normalgeglüht usw.) der Erzeugnisse sowie die Oberflächenausführung (z. B. unbehandelt, entzundert, geölt usw.) richten sich in Abhängigkeit von der Stahlsorte nach den Festlegungen in den jeweiligen technischen Lieferbedingungen oder Gütenormen.

Wenn solche Festlegungen fehlen und die Bestellbezeichnung keine entsprechenden Angaben enthält, werden die Flacherzeugnisse nach dieser Norm im Walzzustand mit unbehandelter Oberfläche geliefert.

4.2 Lieferart

4.2.1 Band wird in Rollen geliefert, deren Innendurchmesser und Gewicht bei der Bestellung zu vereinbaren sind (siehe Abschnitte 6.7 und 6.8).

Bandstahl mit Breiten unter 600 mm kann nach Abwickeln der Rolle und Ablängen in Stäben (Streifen) geliefert werden.

4.2.2 Warmgewalztes Band nach dieser Norm wird mit Naturwalzkanten und mit Walzzungen geliefert. Die Länge der Walzzungen darf höchstens

– 0,6 m bei Bandbreiten < 250 mm,
– 1,0 m bei Bandbreiten ≥ 250 mm

betragen.

Tabelle 1. **Grenzabmaße der Dicke**

Nenndicke		Grenzabmaße der Dicke für Nennbreiten					
von	bis unter	≥ 10 < 100	≥ 100 < 600	≥ 600 < 1200	≥ 1200 < 1500	≥ 1500 < 1800	≥ 1800 ≤ 2000
0,80	1,50	± 0,12	± 0,14	± 0,16	± 0,18	± 0,20	–
1,50	2,00	± 0,14	± 0,16	± 0,17	± 0,19	± 0,21	–
2,00	2,50	± 0,15	± 0,17	± 0,18	± 0,21	± 0,23	± 0,25
2,50	3,00	± 0,15	± 0,17	± 0,20	± 0,22	± 0,24	± 0,26
3,00	4,00	± 0,15	± 0,17	± 0,22	± 0,24	± 0,26	± 0,27
4,00	5,00	± 0,16	± 0,18	± 0,24	± 0,26	± 0,28	± 0,29
5,00	6,00	± 0,17	± 0,19	± 0,26	± 0,28	± 0,29	± 0,31
6,00	8,00	± 0,18	± 0,20	± 0,29	± 0,30	± 0,31	± 0,35
8,00	10,00	± 0,18	± 0,20	± 0,32	± 0,33	± 0,34	± 0,40
10,00	12,50	± 0,22	± 0,24	± 0,35	± 0,36	± 0,37	± 0,43
12,50	15,00	± 0,22	± 0,24	± 0,37	± 0,38	± 0,40	± 0,46
15,00	20,00¹)	–	–	± 0,40	± 0,42	± 0,45	± 0,50

¹) Einschließlich 20,00 mm

4.2.3 Die Lieferbarkeit von Rollen mit Schweißnähten ist bei der Bestellung zu vereinbaren. Die Kennzeichnung der Lage der Schweißnähte ist dabei ebenfalls zu vereinbaren.

4.3 Feinblech wird in Paketen (Bunden) geliefert. Für die Kantenbeschaffenheit von warmgewalztem Feinblech nach dieser Norm gelten dieselben Festlegungen wie für Band (siehe Abschnitt 4.2.2).

5 Werkstoff

Warmgewalzte Flacherzeugnisse nach dieser Norm können aus allen unlegierten und legierten Stählen mit Ausnahme von nichtrostenden Stählen und von Stählen zur Herstellung von Elektroblech und -band geliefert werden.

6 Grenzabmaße, Form- und Gewichtstoleranzen

6.1 Dicke

6.1.1 Die Grenzabmaße der Dicke sind in Tabelle 1 angegeben (Prüfung siehe Abschnitte 7.2.1 und 7.2.2).

6.1.2 Für warmgewalztes, zum Kaltwalzen bestimmtes Band (z. B. aus den Stählen nach DIN 1614 Teil 1) gelten die in den Abschnitten 6.1.2.1 und 6.1.2.2 enthaltenen ergänzenden Festlegungen.

6.1.2.1 Die Wölbung (Bombierung), gemessen als Dickenzunahme einer auf der Mittellinie des Bandes liegenden Meßstelle gegenüber einer 20, 25 oder 40 mm von der Längskante entfernten Meßstelle (siehe Abschnitt 7.2.2), darf die in Tabelle 2 genannten Werte nicht überschreiten. Bei nicht längsgeteiltem Band soll die Wölbung möglichst gleichmäßig und symmetrisch zur Bandmitte verlaufen.

6.1.2.2 Der Dickenunterschied innerhalb einer Rolle – in gleichbleibendem Abstand von einer Längskante gemessen – darf die in Tabelle 3 genannten Werte nicht überschreiten. Die Dickenänderungen müssen allmählich verlaufen; sie dürfen nicht sprunghaft auftreten.

Tabelle 2. **Zulässige Wölbung bei Warmband zum Kaltwalzen**

Nennbreite des Bandes		Abstand der Meßstelle von einer Längskante mindestens	Zulässige Wölbung
von	bis unter		
–	250	20	0 bis 0,06
250	600	20	0 bis 0,07
600	1200	40[1])	0 bis 0,10[2])
1200	1500	40[1])	0 bis 0,13[2])
1500	1800	40[1])	0 bis 0,16[2])
1800	2000[3])	40[1])	0 bis 0,20[2])

[1]) Mindestens 25 mm bei Band mit geschnittenen Kanten

[2]) Bei Warmband, das zum Längsteilen und anschließenden Kaltwalzen vorgesehen ist, müssen die Werte um 20 % niedriger liegen.

[3]) Einschließlich 2000 mm

Tabelle 4. **Zuschläge zu den Werten für die Maßtoleranzen nach den Tabellen 1, 2, 3 und 5 bei Flacherzeugnissen aus Stählen mit hohem Warmformänderungswiderstand**

nach DIN bzw. Stahl-Eisen-Werkstoffblatt (SEW)	Stahlsorte	Zuschläge
	Kurzname[1])	
17 100[2])	St 52-3, St 50-2, St 60-2, St 70-2	
17 102	StE 355	
17 155	17 Mn 4, 19 Mn 6, 15 Mo 3, 13 CrMo 4 4, 10 CrMo 9 10	
17 200[3])	C 35, C 45, C 50, 28 Mn 6, 32 Cr 2, 38 Cr 2, 46 Cr 2, 28 Cr 4, 34 Cr 4, 41 Cr 4	
17 210	17 Cr 3, 20 Cr 4, 16 MnCr 5, 20 MnCr 5, 20 MoCr 4, 22 CrMoS 3 5	20 %
17 212	Cf 35, Cf 45, 45 Cr 2, 38 Cr 4, 42 Cr 4	
17 350	C 45 W	
SEW 083	BStE 355 TM	
SEW 087	WTSt 52-3	
SEW 092	QStE 340 N	
17 102	StE 380, StE 420, StE 460	
17 172	StE 360.7, StE 385.7	
17 200	C 55, C 60, 25 CrMo 4, 34 CrMo 4, 42 CrMo 4	
17 210[3])	15 CrNi 6, 21 NiCrMo 2, 17 CrNiMo 6	
17 212	Cf 53, 41 CrMo 4	30 %
17 222	C 55, C 60, C 67	
17 350	C 60 W	
SEW 083	BStE 420 TM, BStE 460 TM	
SEW 092	QStE 380 N, QStE 420 N, QStE 460 N	
17 102	StE 500	
17 172	StE 415.7, StE 445.7 TM, StE 480.7 TM	
17 200[3])	50 CrMo 4, 36 CrNiMo 4, 34 CrNiMo 6, 30 CrNiMo 8, 30 CrMoV 9, 50 CrV 4	
17 211	alle Stahlsorten	
17 212	Cf 70, 49 CrMo 4	
17 221	alle Stahlsorten	40 %
17 222	C 75, Ck 85, Ck 101, 55 Si 7, 71 Si 7, 67 SiCr 5, 50 CrV 4	
17 350	C 70 W2, C 80 W1, C 85 W, C 105 W1, sowie alle legierten Stähle	
SEW 083	BStE 500 Tm, BStE 550 Tm	
SEW 092	QStE 500 N, QStE 550 TM	

[1]) In dieser Spalte sind nicht alle in den jeweiligen DIN-Normen und Stahl-Eisen-Werkstoffblättern erfaßten Stahlsorten enthalten. Für Zwischensorten und Sorten mit identischen Kennzahlen für die Festigkeitswerte oder die chemische Zusammensetzung im Kurznamen gelten dieselben Zuschläge wie für die in der Tabelle angegebenen Grundsorten bzw. angrenzenden Sorten.

Beispiele:
37 Cr 4 (nach DIN 17 200) wie 34 Cr 4 und 41 Cr 4,
Ck 35 (nach DIN 17 200) wie C 35,
WStE 420, TStE 420, EStE 420 (nach DIN 17 102) wie StE 420
QStE 340 TM (nach SEW 092) wie QStE 340 N

[2]) *Neu DIN EN 10 025.*

[3]) *Neu DIN EN 10 083 Teil 1, Teil 2*

Tabelle 3.　**Zulässiger Dickenunterschied innerhalb einer Rolle bei Warmband zum Kaltwalzen**

Nenndicke des Bandes		Zulässiger Dickenunterschied bei einer Nennbreite des Bandes			
von	bis unter	< 600	≥ 600 < 1200	≥ 1200 < 1500	≥ 1500 ≤ 2000
0,8	2,0	0,14	0,20	0,24	0,28
2,0	3,0	0,14	0,22	0,27	0,33
3,0	4,0	0,14	0,28	0,32	0,40
4,0	8,0[1]	0,17	0,28	0,32	0,40

[1] Einschließlich 8,0 mm

6.1.3 Für Flacherzeugnisse aus Stählen mit hohem Warmformänderungswiderstand erhöhen sich die in den Tabellen 1, 2 und 3 genannten Werte um die in Tabelle 4 angegebenen Zuschläge.

6.2　Breite

6.2.1　Für die Grenzabmaße der Breite gelten

Tabelle 5 für Flacherzeugnisse mit Naturwalzkanten,
Tabelle 6 für Flacherzeugnisse mit geschnittenen Kanten.
Breitenänderungen müssen allmählich verlaufen; sie dürfen nicht sprunghaft auftreten.

6.2.2 Für Flacherzeugnisse aus Stählen mit hohem Warmformänderungswiderstand erhöhen sich die in Tabelle 5 genannten Werte um die in Tabelle 4 angegebenen Zuschläge.

6.3　Länge (Stäbe und Feinblech)

6.3.1 Die Grenzabmaße der Länge bei Stäben (Breite < 600 mm) und Feinblech (Breite ≥ 600 mm) sind in Tabelle 7 angegeben.

6.3.2 Die gewünschte Art der Maßgenauigkeit (Festlänge oder Genaulänge) bei Stäben ist bei der Bestellung anzugeben.

6.4　Geradheit

6.4.1　Band

Das Band soll walzgerade sein. Für kürzere Bandabschnitte gelten die in Tabelle 8 genannten Werte der Geradheitstoleranz der Kante (Prüfung siehe Abschnitt 7.2.5). Bei Stäben (Streifen) mit einer Länge unter 2500 mm ist die Geradheitstoleranz bei der Bestellung zu vereinbaren.

6.4.2　Feinblech

Für das warmgewalzte Feinblech sind keine Zahlenwerte für die Geradheitstoleranz festgelegt. In jedem gelieferten Blech muß ein Rechteck mit den bestellten Maßen für die Breite und Länge enthalten sein.

6.5　Ebenheit (bei Feinblech)

Die für warmgewalztes Feinblech gültigen Werte der Ebenheitstoleranz sind in Tabelle 9 angeführt.

6.6　Rechtwinkligkeit (bei Feinblech)

Für das warmgewalzte Feinblech sind keine Zahlenwerte für die Rechtwinkligkeitstoleranz festgelegt. In jedem gelieferten Blech muß ein Rechteck mit den bestellten Maßen für die Breite und Länge enthalten sein.

6.7　Form der Rollen

Die Rollen sollen fest gewickelt, möglichst rund und kantengerade sein. Ein allmähliches treppenförmiges Verlaufen der Bandkanten nach einer Seite soll

– bei Band mit Naturwalzkanten

35 mm bei Breiten < 600 mm und
60 mm bei Breiten ≥ 600 mm,

– bei Band mit geschnittenen Kanten

25 mm bei Breiten < 600 mm und
40 mm bei Breiten ≥ 600 mm

nicht überschreiten.

Vom Innendurchmesser, der bei der Bestellung zu vereinbaren ist, sind bei den festanliegenden Windungen Grenzabmaße von

– $\pm 7\%$ bei Band mit Naturwalzkanten,
– $\pm 3\%$ bei Band mit geschnittenen Kanten

zulässig.

Tabelle 5. **Genzabmaße der Breite bei Flacherzeugnissen mit Naturwalzkanten**

Nennbreite von	Nennbreite bis unter	Grenzabmaße der Breite
–	40	$+1{,}6$ 0
40	80	$+2{,}0$ 0
80	150	$+2{,}4$ 0
150	250	$+3{,}0$ 0
250	400	$+3{,}6$ 0
400	600	$+4{,}2$ 0
600	2000[1])	$+20{,}0$ 0

[1]) Einschließlich 2000 mm

Tabelle 6. **Grenzabmaße der Breite bei Flacherzeugnissen mit geschnittenen Kanten (GK)**

Nennbreite von	Nennbreite bis unter	Grenzabmaße der Breite $< 3{,}0$	$\geq 3{,}0$ $< 5{,}0$	$\geq 5{,}0$ $< 7{,}0$	$\geq 7{,}0$ $< 10{,}0$	$\geq 10{,}0$
–	80	$+0{,}8$ 0	$+0{,}9$ 0	$+1{,}0$ 0	$+1{,}1$ 0	
80	250	$+1{,}0$ 0	$+1{,}1$ 0	$+1{,}2$ 0	$+1{,}4$ 0	
250	400	$+1{,}1$ 0	$+1{,}3$ 0	$+1{,}6$ 0	$+1{,}7$ 0	nach Verein-
400	600	$+1{,}6$ 0	$+1{,}8$ 0	$+2{,}0$ 0	$+2{,}1$ 0	barung
600	1200	$+2{,}4$ 0	$+2{,}7$ 0	$+3{,}0$ 0	$+3{,}2$ 0	
1200	2000[1])	$+3{,}0$ 0	$+4{,}0$ 0	$+5{,}0$ 0	$+5{,}0$ 0	

[1]) Einschließlich 2000 mm

Tabelle 7. **Grenzabmaße der Länge bei Stäben (Streifen) und Feinblech**

Nennlänge über	Nennlänge bis	Grenzabmaße der Länge bei Stäben Festlängen	Genaulängen	Feinblech
1000[1])	2000	$+25$ 0	$+15$ 0	$+10$ 0
2000	4000	$+35$ 0	$+20$ 0	$+0{,}005$ 0 $\times$ Nennlänge in mm
4000	6000	$+50$ 0	$+20$ 0	
6000	12000	$+50$ 0 (zusätzlich $+5$ je 1000 mm über 6000)	$+20$ 0 (zusätzlich $+3$ je 1000 mm über 6000)	$+40$ 0

[1]) Einschließlich 1000 mm

Tabelle 8. **Geradheitstoleranz der Kante bei Warmband und Stäben**

Nennbreite von	Nennbreite bis unter	Meßlänge	Geradheitstoleranz der Kante bei Erzeugnissen mit Naturwalzkanten	mit geschnittenen Kanten
10	40	2500	20	20
40	600	2500	10	10
600	2000[1])	5000	25	15

[1]) Einschließlich 2000 mm

Tabelle 9. **Ebenheitstoleranz bei warmgewalztem Feinblech**

Nennbreite von	Nennbreite bis unter	Ebenheitstoleranz bei Nenndicken $< 2{,}0$	$\geq 2{,}0 < 3{,}0$
600	1200	18	15
1200	1500	20	18
1500	2000[1])	25	23

[1]) Einschließlich 2000 mm

Flacherzeugnisse aus Stahl

Warmgewalztes Band und Blech

Technische Lieferbedingungen

Weiche unlegierte Stähle zum unmittelbaren Kaltformgeben

DIN

1614

Teil 2

1 Anwendungsbereich

1.1 Diese Norm gilt für warmgewalzte Flacherzeugnisse (Band, Blech und Stäbe bzw. Streifen) aus weichen unlegierten Stählen nach Tabelle 1, die zur unmittelbaren Kaltformgebung bestimmt sind.

1.2 Die Anwendung der Norm auf längsgeteiltes Band muß besonders vereinbart werden.

1.4 Diese Norm gilt **nicht** für warmgewalzte Flacherzeugnisse aus

– weichen unlegierten Stählen zum Kaltwalzen (siehe DIN 1614 Teil 1).
– allgemeinen Baustählen (siehe DIN 17 100),
– schweißgeeigneten Feinkornbaustählen, normalgeglüht (siehe DIN 17 102)
– warmfesten Stählen (siehe DIN 17 155),
– Vergütungsstählen (siehe DIN 17 200),
– Einsatzstählen (siehe DIN 17 210*)).

3 Maße und zulässige Maßabweichungen

Für die Maße und zulässigen Maßabweichungen gelten DIN 1016 oder DIN 1543.

5 Sorteneinteilung

5.1 Diese Norm umfaßt die in Tabelle 1 angegebenen Stahlsorten, die durch ihre mechanischen Eigenschaften gekennzeichnet und zur unmittelbaren Kaltformgebung (z. B. durch Stanzen, Falzen, Biegen, Pressen, Ziehen, Kaltprofilieren oder Kaltfließpressen) bestimmt sind.

6 Bezeichnung und Bestellung

Beispiel:
> Stahl DIN 1614 – StW22
> oder Stahl DIN 1614 – 1.0332

7.3 Chemische Zusammensetzung

Die für die Schmelzenanalyse geltenden Werte sind in Tabelle 1 angegeben.

7.4 Wahl der Eigenschaften

7.4.1 entweder mit den mechanischen Eigenschaften nach Tabelle 1

7.4.2 oder mit der Eignung für die Herstellung eines bestimmten Werkstückes. In diesem Fall darf der durch den Werkstoff bedingte Ausschuß bei der Verarbeitung einen bestimmten zu vereinbarenden Anteil nicht überschreiten. Für die Stahlsorten StW 24 und RRStW 23 gilt dabei eine Frist von 6 Monaten, für die Sorten UStW 23 und StW 22 eine Frist von 6 Wochen nach der vereinbarten Zurverfügungstellung.

7.5 Mechanische Eigenschaften

7.5.1 Bei der Bestellung nach Abschnitt 7.4.1 gelten bei den Lieferzuständen nach den Abschnitten 7.7.1 und 7.7.2 für die Zugfestigkeit, Streckgrenze und Bruchdehnung die Werte nach Tabelle 1, und zwar für eine Frist nach der bei der Auftragserteilung vereinbarten Zurverfügungstellung der Erzeugnisse von

6 Monaten für die Sorten StW 24 und RRStW 23,

8 Tagen für die Sorten UStW 23 und StW 22.

7.5.2 Die Werte nach Tabelle 1 gelten bei Flachzeug < 600 mm Breite für Längsproben, bei Flachzeug ≥ 600 mm Breite für Querproben.

7.6 Schweißeignung

Die Eignung der Stähle für übliche Schweißverfahren ist gegeben. Es ist jedoch erwünscht, das Schweißverfahren bei der Bestellung anzugeben. Bei nicht entzunderten Flacherzeugnissen muß das Vorhandensein einer Zunderschicht beim Schweißen berücksichtigt werden.

7.7 Oberflächenbeschaffenheit

7.7.1 Die Flacherzeugnisse nach dieser Norm werden üblicherweise im Walzzustand, d. h. mit nicht entzunderter Oberfläche geliefert.

7.7.2 Falls die Lieferzustände

– chemisch entzundert (gebeizt) und geölt oder
– chemisch entzundert (gebeizt) und ungeölt

gewünscht werden, ist dies bei der Bestellung im Klartext anzugeben (siehe Abschnitt 6.3).

Anmerkung: Bei Lieferung in ungeöltem Zustand besteht die erhöhte Gefahr, daß beim Hersteller oder beim Verbraucher Kratzer oder Riefen auf den Flacherzeugnissen entstehen. Außerdem besteht eine erhöhte Gefahr der Rostbildung.

7.7.3 Auf besondere Vereinbarung bei der Bestellung kommen ferner folgende Lieferzustände in Betracht:

– mechanisch entzundert, geölt,
– mechanisch entzundert, ungeölt,
– streckgerichtet,
– kalt nachgewalzt, wobei der Kaltwalzgrad höchstens 5 % betragen darf.

7.7.4 Wenn die Erzeugnisse für das Emaillieren, Verzinken oder das Aufbringen anderer Arten von Oberflächenüberzügen vorgesehen sind, so ist darauf bei der Bestellung besonders hinzuweisen.

7.7.5 Durch die Oberflächenbeschaffenheit soll eine der Flachzeugsorte angemessene Verwendung bei sachgemäßer Verarbeitung nicht beeinträchtigt werden. Poren, kleine Riefen, kleine Narben, leichte Kratzer und Knicke durch das Abhaspeln sind zulässig. Bei der Lieferung in Rollen ist der Anteil der Oberflächenfehler im allgemeinen größer als bei der Lieferung in Tafeln.

7.7.6 Werden die Flacherzeugnisse nicht entzundert geliefert, muß sich der Zunder mit den üblichen Verfahren in angemessener Zeit über die ganze Länge und Breite entfernen lassen. Die Oberfläche muß deshalb frei von Ölen und

Tabelle 1. **Sorteneinteilung und Eigenschaften der zur unmittelbaren Kaltformgebung bestimmten warmgewalzten Flacherzeugnisse**

Stahlsorte		Desoxi-dations-art[1])	Chemische Zusammen-setzung[2]) Massenanteile in %		Streck-grenze [3]) ($R_{p\,0,2}$ oder R_{eL})[4]) N/mm^2	Zug-festig-keit[3]) N/mm^2	Bruchdehnung[3]), [6]) $L_0 = 80\ mm$	$L_0 = 5\ d_0$
Kurzname	Werk-stoff-nummer		C max.	N	max.[5])	max.	% min.	
StW 22	1.0332	freigestellt	0,10	0,007[7])	–	440	25	29
UStW 23	1.0334	U	0,10	0,007[7])	–	390	28	33
RRStW 23	1.0398	RR	0,10	[8])	–	420	27	31
StW 24	1.0335	RR	0,08	[8])	320	410	30	34

[1]) Siehe Abschnitt 7.2

[2]) Gültig für die Schmelzenanalyse. Andere Elemente – außer Mangan und Aluminium – dürfen der Schmelze nicht absichtlich ohne Zustimmung des Bestellers zugesetzt werden.

[3]) Die angegebenen Werte gelten für Erzeugnisdicken von 2 bis 8 mm im Lieferzustand nach Abschnitt 7.7.1 und 7.7.2. Für größere und kleinere Dicken sowie für andere Lieferzustände (siehe z. B. Abschnitt 7.7.3) sind die Werte bei der Bestellung zu vereinbaren.

[4]) Siehe Abschnitt 7.5.3

[5]) Der Mindestwert der Streckgrenze ($R_{p\,0,2}$ oder R_{eL}) kann mit 200 N/mm^2 bei der Stahlsorte UStW 23 und mit 215 N/mm^2 bei den anderen Stahlsorten angenommen werden.

[6]) Siehe Abschnitt 8.5.3

[7]) Die Werte gelten für den Gehalt an nicht abgebundenem Stickstoff.

[8]) Der Stickstoff muß abgebunden sein. Der Stahl muß deshalb mindestens 0,02 % metallisches Aluminium enthalten. Die Verwendung anderer Stickstoff abbindender Elemente ist mit dem Besteller zu vereinbaren.

Fetten sowie von Farben sein, die beim üblichen Entzundern nicht zu entfernen sind. Ausgenommen sind vereinbarte Farbmarkierungen oder Beschriftungen auf den zulässigen Walzzungen.

7.7.7 Warmgewalztes Band aus Stählen nach dieser Norm ist anfällig für Knicke beim Abhaspeln. Verminderte Empfindlichkeit gegen Knicke des Bandes beim Abhaspeln muß bei der Bestellung besonders vereinbart werden. Dabei wird vorausgesetzt, daß die Abwickelanlagen dem Stand der Technik entsprechen.

7.8 Kantenbeschaffenheit

7.8.1 Die Flacherzeugnisse werden je nach der Bestellung entweder mit Naturwalzkanten (NK) oder mit geschnittenen Kanten (GK) geliefert.

7.8.2 Die Kantenbeschaffenheit darf die Verwendbarkeit der Flacherzeugnisse bei sachgemäßer Verarbeitung nicht beeinträchtigen.

	Kaltgewalzte Flacherzeugnisse ohne Überzug aus weichen Stählen sowie aus Stählen mit höherer Streckgrenze zum Kaltumformen Grenzabmaße und Formtoleranzen Deutsche Fassung EN 10131 : 1991	**DIN** **EN 10131**

Änderungen

Gegenüber DIN 1541/08.75 wurden folgende Änderungen vorgenommen:

a) Erweiterung des Anwendungsbereichs auf Stähle mit höherer Streckgrenze (siehe Abschnitte 6.2 und 9.2).

b) Teilweise Senkung der Werte für die Grenzabmaße der Dicke (Tabelle 1) und der Breite (Tabellen 3 und 4).

c) Einführung einer Toleranzklasse mit eingeschränkten Grenzabmaßen der Breite bei längsgeteiltem Breitband (Tabelle 4).

d) Aufnahme von Festlegungen über die zulässige Welligkeit von Blech aus weichen Stählen (siehe Abschnitt 9.1).

1 Anwendungsbereich

Diese Europäische Norm gilt für kaltgewalzte Flacherzeugnisse ohne Überzug in Dicken von 0,35 mm bis – sofern bei der Bestellung nichts anderes vereinbart wird – 3 mm einschließlich aus weichen Stählen sowie aus Stählen mit höherer Streckgrenze, die als Blech, Breitband, längsgeteiltes Breitband oder aus längsgeteiltem Breitband oder Blech hergestellte Stäbe geliefert werden.

4.3 Bezeichnungsbeispiele

Band EN 10131 – 1,20 × 1500
Stahl EN 10130 – Fe P04 Am

Blech EN 10131 – 0,80 S × 1200 S × 2500 FS
Stahl EN 10130 – Fe P06 Bg

6 Grenzabmaße der Dicke

6.1 Flacherzeugnisse aus weichen Stählen

Die Grenzabmaße der Dicke sind in Tabelle 1 angegeben, sie gelten für die gesamte Erzeugnislänge.

Kleinere Grenzabmaße als die eingeschränkten Grenzabmaße der Dicke können bei der Bestellung vereinbart werden.

Tabelle 1. **Grenzabmaße der Dicke** Maße in mm

Nenndicke	Normale Grenzabmaße [1] für Nennbreiten			Eingeschränkte Grenzabmaße (S) [1] für Nennbreiten		
	≤ 1200	> 1200 ≤ 1500	> 1500	≤ 1200	> 1200 ≤ 1500	> 1500
≥ 0,35 ≤ 0,40	± 0,04	± 0,05	–	± 0,025	± 0,035	–
> 0,40 ≤ 0,60	± 0,05	± 0,06	± 0,07	± 0,035	± 0,045	± 0,05
> 0,60 ≤ 0,80	± 0,06	± 0,07	± 0,08	± 0,04	± 0,05	± 0,05
> 0,80 ≤ 1,00	± 0,07	± 0,08	± 0,09	± 0,045	± 0,06	± 0,06
> 1,00 ≤ 1,20	± 0,08	± 0,09	± 0,10	± 0,055	± 0,07	± 0,07
> 1,20 ≤ 1,60	± 0,10	± 0,11	± 0,11	± 0,07	± 0,08	± 0,08
> 1,60 ≤ 2,00	± 0,12	± 0,13	± 0,13	± 0,08	± 0,09	± 0,09
> 2,00 ≤ 2,50	± 0,14	± 0,15	± 0,15	± 0,10	± 0,11	± 0,11
> 2,50 ≤ 3,00	± 0,16	± 0,17	± 0,17	± 0,11	± 0,12	± 0,12

[1] Bei Breitband und längsgeteiltem Breitband können im Bereich kaltgewalzter Schweißnähte über eine Länge von 15 m die Grenzabmaße der Dicke maximal 60 % größer sein.

Diese Erhöhung gilt für alle Dicken und – sofern bei der Bestellung nichts anderes vereinbart wird – sowohl für die untere als auch für die obere Grenze der normalen und der eingeschränkten Dickenabmaße.

6.2 Flacherzeugnisse aus Stählen mit höherer Streckgrenze

In Abhängigkeit vom festgelegten Mindestwert für die Streckgrenze erhöhen sich die Grenzabmaße der Dicke nach Tabelle 1 um die in Tabelle 2 angegebenen Zuschläge.

Tabelle 2. **Erhöhung der Grenzabmaße der Dicke bei Flacherzeugnissen aus Stählen mit höherer Streckgrenze**

Festgelegter Mindestwert der Streckgrenze N/mm^2	Erhöhung der Werte für die Grenzabmaße der Dicke gegenüber den Werten für weiche Stähle %
< 280	0
≥ 280 < 360	20
≥ 360	40

7 Grenzabmaße der Breite

7.1 Blech und Breitband

Tabelle 3. **Grenzabmaße der Breite bei Blech und Breitband** Maße in mm

Nennbreite	Normale Grenzabmaße		Eingeschränkte Grenzabmaße (S)	
	Unteres Abmaß	Oberes Abmaß	Unteres Abmaß	Oberes Abmaß
≤ 1200	0	+ 4	0	+ 2
> 1200 ≤ 1500	0	+ 5	0	+ 2
> 1500	0	+ 6	0	+ 3

7.2 Längsgeteiltes Breitband in Nennbreiten < 600 mm

Tabelle 4. **Grenzabmaße der Breite bei längsgeteiltem Breitband** Maße in mm

Toleranz-klasse	Nenndicke	Nennbreite							
		< 125		≥ 125 < 250		≥ 250 < 400		≥ 400 < 600	
		Unteres Abmaß	Oberes Abmaß	Unteres Abmaß	Oberes Abmaß	Unteres Abmaß	Oberes Abmaß	Unteres Abmaß	Oberes Abmaß
Normal	< 0,6	0	+ 0,4	0	+ 0,5	0	+ 0,7	0	+ 1,0
	≥ 0,6 < 1,0	0	+ 0,5	0	+ 0,6	0	+ 0,9	0	+ 1,2
	≥ 1,0 < 2,0	0	+ 0,6	0	+ 0,8	0	+ 1,1	0	+ 1,4
	≥ 2,0 ≤ 3,0	0	+ 0,7	0	+ 1,0	0	+ 1,3	0	+ 1,6
Ein-geschränkt (S)	< 0,6	0	+ 0,2	0	+ 0,2	0	+ 0,3	0	+ 0,5
	≥ 0,6 < 1,0	0	+ 0,2	0	+ 0,3	0	+ 0,4	0	+ 0,6
	≥ 1,0 < 2,0	0	+ 0,3	0	+ 0,4	0	+ 0,5	0	+ 0,7
	≥ 2,0 ≤ 3,0	0	+ 0,4	0	+ 0,5	0	+ 0,6	0	+ 0,8

8 Grenzabmaße der Länge

Tabelle 5. **Grenzabmaße der Länge** Maße in mm

Nennlänge	Grenzabmaße der Länge			
	Normal		Eingeschränkt (S)	
	unteres Abmaß	oberes Abmaß	unteres Abmaß	oberes Abmaß
< 2000	0	6	0	3
≥ 2000	0	0,3 % der Länge	0	0,15 % der Länge

9 Ebenheitstoleranzen

Die Ebenheitstoleranzen gelten nur für Bleche. Für Bleche, die ohne Kaltnachwalzen bestellt wurden, kommen nur die normalen Ebenheitstoleranzen in Betracht.

Kleinere Ebenheitstoleranzen als die eingeschränkten Toleranzen können bei der Bestellung vereinbart werden.

9.1 Blech aus weichen Stählen und aus Stählen mit $R_e < 280\,\text{N/mm}^2$

Für die Ebenheitstoleranzen von Blechen aus weichen Stählen sowie aus Stählen mit einer Streckgrenze $R_e < 280\,\text{N/mm}^2$ gilt Tabelle 6.

Wenn die Bleche mit eingeschränkten Toleranzen nach Tabelle 6 bestellt werden, ist ferner – jedoch nur in Schiedsfällen – nachzuweisen, daß bei einer Wellenlänge $\geq 200\,\text{mm}$ die Wellenhöhe kleiner ist als

– 1 % der Länge bei einer Nennbreite $< 1500\,\text{mm}$
– 1,5 % der Länge bei einer Nennbreite $\geq 1500\,\text{mm}$

Bei einer Wellenlänge $< 200\,\text{mm}$ ist nachzuweisen, daß die Wellenhöhe max. 2 mm beträgt.

Tabelle 6. **Ebenheitstoleranzen für Blech aus weichen Stählen**

Maße in mm

Toleranzklasse	Nennbreite	Nenndicke		
		$< 0,7$	$\geq 0,7 < 1,2$	$\geq 1,2$
Normal	$\geq 600 < 1200$	12	10	8
	$\geq 1200 < 1500$	15	12	10
	≥ 1500	19	17	15
Eingeschränkt (FS)	$\geq 600 < 1200$	5	4	3
	$\geq 1200 < 1500$	6	5	4
	≥ 1500	8	7	6

9.2 Blech aus Stählen mit höherer Streckgrenze

Für die Ebenheitstoleranzen von Blechen aus Stählen mit höherer Streckgrenze gilt Tabelle 7, und zwar für Mindestwerte der Streckgrenze $(R_e) \geq 280 < 360\,\text{N/mm}^2$.

Für Mindestwerte der Streckgrenze $\geq 360\,\text{N/mm}^2$ sind die Ebenheitstoleranzen bei der Bestellung zu vereinbaren.

Tabelle 7. **Ebenheitstoleranzen für Blech aus Stählen mit höherer Streckgrenze ($280\,\text{N/mm}^2 \leq R_e < 360\,\text{N/mm}^2$)**

Maße in mm

Toleranzklasse	Nennbreite	Nenndicke		
		$< 0,7$	$\geq 0,7 < 1,2$	$\geq 1,2$
Normal	$\geq 600 < 1200$	15	13	10
	$\geq 1200 < 1500$	18	15	13
	≥ 1500	22	20	19
Eingeschränkt (FS)	$\geq 600 < 1200$	8	6	5
	$\geq 1200 < 1500$	9	8	6
	≥ 1500	12	10	9

10 Rechtwinkligkeit

Die Abweichung von der Rechtwinkligkeit darf max. 1 % der tatsächlichen Blechbreite betragen.

11 Geradheitstoleranz

Die Abweichung von der Geradheit darf höchstens 6 mm auf einer Länge von 2 m betragen. Für Längen unter 2 m beträgt die Geradheitstoleranz 0,3 % der tatsächlichen Länge.

Für längsgeteiltes Breitband in Nennbreiten $< 600\,\text{mm}$ kann eine eingeschränkte Geradheitstoleranz (CS) von 2 mm auf 2 m Länge gefordert werden. Diese eingeschränkte Geradheitstoleranz gilt nicht für längsgeteiltes Breitband aus Stählen mit höherer Streckgrenze.

12 Bestellformat

Auf Vereinbarung bei der Bestellung können die Festlegungen über die Toleranzen für die Rechtwinkligkeit und die Geradheit durch die Anforderung ersetzt werden, daß das bestellte Blechformat in den gelieferten Blechen enthalten sein muß.

	Flachzeug aus Stahl **Kaltgewalztes Breitband und Blech aus nichtrostenden Stählen** Maße, zulässige Maß- und Formabweichungen	**DIN** **59 382**

1 Geltungsbereich

1.1. Diese Norm gilt für kaltgewalztes Flachzeug $\geq 0,40$ $\leq 6,0$ mm Dicke, und zwar für

Breitband und daraus geschnittenes Blech in Walzbreiten $> 650 \leq 1600$ mm sowie

aus Breitband durch Längsteilen hergestelltes Band und daraus geschnittene Stäbe (Streifen) $\geq 10 \leq 650$ mm Breite

aus den in Abschnitt 5 genannten Stählen.

1.2. Für kaltgewalztes Flachzeug aus nichtrostenden Stählen in Walzbreiten ≤ 650 mm gilt DIN 59 381.

3 Bezeichnungen

Bestellbeispiele:

a) *10 t Band 0,80 X 1000*
DIN 59 382 – X 5 CrNi 18 9 f (K 80)

b) *15 t Blech 1,20 F X 1250 X 3000 F*
DIN 59 382 – X 5 CrNiMo 18 10 p

5 Werkstoff

Kaltgewalztes Flachzeug nach dieser Norm wird aus ferritischen, martensitischen und austenitischen nichtrostenden Stählen, vorzugsweise nach DIN 17 440 und Stahl-Eisen-Werkstoffblatt 400, hergestellt.

Die gewünschte Stahlsorte ist in der Bezeichnung anzugeben.

6 Maße und zulässige Maß- und Formabweichungen

6.1. Dicke

6.1.1. Die zu bevorzugenden Nenndicken sind in Tabelle 1 angegeben. Alle anderen Dicken im Bereich $\geq 0,40 \leq 6,0$ mm sind jedoch ebenfalls lieferbar.

6.1.2. Die zulässigen Dickenabweichungen bei Regelabweichungen und Feinabweichungen (F) gehen aus Tabelle 1 hervor (siehe auch Abschnitt 8.1).

6.2. Breite

6.2.2. Die Werte für die zulässige Überschreitung der Nennbreite gehen aus Tabelle 2 hervor. Eine Unterschreitung der Nennbreite ist nicht statthaft (siehe Abschnitte 6.2.3 und 6.8).

6.2.3. Auf besondere Vereinbarung können die Erzeugnisse nur mit zulässigen Unterschreitungen der Nennbreite geliefert werden. Auch in diesem Fall gelten die Werte nach Tabelle 2.

6.4. Länge (bei Blech und Stäben)

6.4.1. Die zu bevorzugenden Nennlängen sind 2000, 2500 und 3000 mm.

6.4.2. Es gelten die in Tabelle 3 angegebenen Werte für die zulässigen Überschreitungen der Nennlänge bei Regel- und Feinabweichungen. Eine Unterschreitung der Nennlänge ist nicht statthaft (siehe auch Abschnitt 6.8).

Tabelle 3. **Zulässige Überschreitung der Nennlänge bei Blech und Stäben (Streifen)**

Nennlänge l	Zulässige Überschreitung der Nennlänge	
	Regel- abweichung	Fein- abweichung (F)
≤ 2000	5	3
> 2000	$0,0025 \cdot l$	$0,0015 \cdot l$

6.5. Geradheit der Längskanten

Die zulässige Abweichung von der Geradheit der Längskanten beträgt 5 mm (siehe Abschnitte 6.8 und 8.2).

6.6. Ebenheit

6.6.1. Bei Band darf die Welligkeit der Kanten, d. h. das Verhältnis von Wellenhöhe zur Wellenlänge höchstens 3 % betragen (siehe Abschnitte 6.6.3 und 8.3).

6.6.2. Die zulässige Abweichung von der Ebenheit bei Blech und Stäben beträgt 10 mm (siehe Abschnitte 6.6.3 und 8.4).

6.6.3. Die Festlegungen in den Abschnitten 6.6.1 und 6.6.2 gelten nicht für kaltverfestigte Erzeugnisse (Ausführungsart f nach DIN 17 440); für diese Ausführungsart sind besondere Vereinbarungen zu treffen.

6.7. Rechtwinkligkeit (bei Blech und Stäben)

Die Abweichungen von der Rechtwinkligkeit (siehe Abschnitt 8.5) dürfen 1 % der Erzeugnisbreite nicht überschreiten (siehe auch Abschnitt 6.8).

Tabelle 1. **Zu bevorzugende Nenndicken und zulässige Dickenabweichungen**

Zu bevorzugende Nenndicken [1])	Zulässige Dickenabweichungen [2])				
	bei einer Nenndicke		Regel-abweichung	Feinabweichung (F)	
			für Nennbreiten		
	$\geqq$	$<$	$\geqq 10 \leqq 1600$	$\geqq 10 < 1000$	$\geqq 1000 \leqq 1600$
0,40	0,40	0,50	$\pm 0,04$	$\pm 0,025$	$\pm 0,03$
0,50; 0,60	0,50	0,70	$\pm 0,05$	$\pm 0,035$	$\pm 0,04$
0,70; 0,80; 0,90; 1,00	0,70	1,10	$\pm 0,06$	$\pm 0,045$	$\pm 0,05$
1,20;	1,10	1,50	$\pm 0,08$	$\pm 0,055$	$\pm 0,06$
1,50; 2,00	1,50	2,50	$\pm 0,10$	$\pm 0,07$	$\pm 0,075$
2,50; 3,00	2,50	3,50	$\pm 0,12$	$\pm 0,085$	$\pm 0,09$
3,50; 4,00	3,50	4,50	$\pm 0,14$	$\pm 0,10$	$\pm 0,11$
4,50; 5,00; 6,00	4,50	6,00 [3])	$\pm 0,15$	$\pm 0,12$	$\pm 0,13$

[1]) Siehe Abschnitt 6.1.1
[2]) Siehe Abschnitt 8.1
[3]) Einschließlich 6,00 mm

Tabelle 2. **Zulässige Überschreitung der Nennbreite**

Nenndicke		Zulässige Überschreitung der Nennbreite bei Nennbreiten [1])			
$\geqq$	$<$	< 100	$\geqq 100 < 300$	$\geqq 300 < 750$	$\geqq 750 \leqq 1600$
0,40	1,00	0,5	0,8	1,0	1,5
1,00	1,75	0,7	1,0	1,5	1,5
1,75	3,00	1,0	1,5	1,5	2,0
3,00	6,00 [2])	–	–	2,0	2,0

[1]) Siehe Abschnitt 6.2.3
[2]) Einschließlich 6,00 mm

	Kaltgewalzte Flacherzeugnisse aus weichen Stählen zum Kaltumformen Technische Lieferbedingungen Deutsche Fassung EN 10 130 : 1991	**DIN** **EN 10 130**

Stähle mit Cu-Zusatz für Schienenfahrzeuge St 12 Cu 3 03 und St 14 Cu 3 03 m siehe auch DIN 5512 Teil 2.

Gegenüber DIN 1623 Teil 1/02.83 wurden folgende Änderungen vorgenommen:

Ersatz für
DIN 1623 T 1/02.83

a) Änderungen der Bezeichnungen für die Stahlsorten.

b) Streichung der Stahlsorte USt 13, Erweiterung der Norm um die Stahlsorten Fe P05 und Fe P06.

c) Ergänzung der Angaben zur chemischen Zusammensetzung, Entfall der Anforderungen an die Tiefungswerte und die Härte, Aufnahme von Festlegungen über die senkrechte Anisotropie (*r*-Wert), und den Verfestigungsexponenten (*n*-Wert).

Erläuterungen zu den Änderungen:
zu a) b) Bis zur Verbindlichkeit der EN 10 027 „Kurzbenennung von Stählen" empfiehlt es sich die bisherige Bezeichnung der Stahlsorten nach DIN 1623 Teil 1 beizubehalten oder die dort aufgeführten Werkstoffnummern zu verwenden. Unter Berücksichtigung der in Aufzählung c) erwähnten Änderungen bei den Anforderungen an die chemische Zusammensetzung und die mechanischen Eigenschaften lassen sich die Stahlsorten nach dieser Norm mit denen nach DIN 1623 Teil 1 wie folgt vergleichen:

	Stahlsorte nach DIN 1623 Teil 1 (02.83)	
DIN EN 10 130	Kurzname	Werkstoffnummer
Fe P01	St 12	1.0330
–	USt 13	1.0333
Fe P03	RRSt 13	1.0347
Fe P04	St 14	1.0338
Fe P05	– [1]	– [1]
Fe P06	– [2]	– [2]

[1] Der Kurzname St 15 und die Werkstoffnummer 1.0312 sind in Gebrauch.

[2] Vergleichbar mit der Stahlsorte IF 18 (Werkstoffnummer 1.0873) nach Stahl-Eisen-Werkstoffblatt SEW 095; Ausgabe 07.1987

1 Anwendungsbereich

Diese Europäische Norm gilt für kaltgewalzte Flacherzeugnisse ohne Überzug in Walzbreiten ≥ 600 mm und Dicken von 0,35 bis – sofern bei der Bestellung nichts anderes vereinbart wird – 3 mm aus weichen Stählen, die zum Kaltumformen bestimmt sind und als Blech, Breitband, längsgeteiltes Breitband oder Stäbe aus längsgeteiltem Breitband oder Blech geliefert werden.

Diese Norm gilt nicht für Kaltband (in Walzbreiten < 600 mm), ferner nicht für kaltgewalzte Flacherzeugnisse, für die eigene Normen bestehen.

zu c)

Die Angaben zur chemischen Zusammensetzung (Schmelzanalyse) wurden um Höchstwerte für die Gehalte an Phosphor, Schwefel, Mangan und (beim FePO6) Titan erweitert.
Die Anforderungen an die Härte und die Tiefung wurden gestrichen. Stattdessen wurden für die Stahlsorten FePO3 bis FePO6 die in Tabelle 2 genannten Mindestwerte für die senkrechte Anisotropie (r-Wert) und den Verfestigungsexponenten (n-Wert) eingeführt. Die Verfahren zur Ermittlung dieser Werte sind in den Anhängen beschrieben.

4 Bezeichnung

Beispiele:

Blech EN 10 130-Fe P01A m
Breitband EN 10 130-Fe P06 Bg.

5 Anforderungen

5.3 Chemische Zusammensetzung

Die Höchstwerte für die chemische Zusammensetzung nach der Schmelzenanalyse sind in Tabelle 2 angegeben.

5.4 Lieferzustand

5.4.1 Die Erzeugnisse nach dieser Norm werden üblicherweise im kalt nachgewalzten Zustand geliefert. Auf besondere Vereinbarung bei der Bestellung können auch nicht kalt nachgewalzte Erzeugnisse geliefert werden.

5.5 Wahl der Eigenschaften

Auf besondere Vereinbarung bei der Bestellung können die Erzeugnisse mit der besonderen Eignung zur Herstellung eines bestimmten Werkstücks geliefert werden; in diesem Fall kann ein höchstzulässiger Ausschußanteil vereinbart werden; es werden dann keine Abnahmeprüfungen zum Nachweis der mechanischen Eigenschaften durchgeführt.

5.6 Mechanische Eigenschaften

Die mechanischen Eigenschaften nach Tabelle 2 gelten nur für den kalt nachgewalzten Zustand (siehe 5.8.2). Diese mechanischen Eigenschaften gelten für die in Tabelle 2 angegebene Zeitdauer nach der Zurverfügungstellung der Erzeugnisse.

Für nicht kalt nachgewalzte Erzeugnisse (siehe 5.8.3) sind die mechanischen Eigenschaften bei der Bestellung zu vereinbaren.

Der Zeitpunkt der Zurverfügungstellung ist dem Besteller rechtzeitig im Hinblick auf die Gültigkeitsdauer der mechanischen Eigenschaften mitzuteilen. Ein längeres Lagern von Erzeugnissen aus der Stahlsorte Fe P01 kann zu einer Änderung der mechanischen Eigenschaften, besonders zu einer Verminderung der Eignung zum Kaltumformen führen.

5.7 Oberflächenbeschaffenheit

5.7.1 Allgemeines

Als Oberflächenbeschaffenheit gilt die Art und die Ausführung der Oberfläche.

Die Oberflächenart und die Oberflächenausführung sind bei der Bestellung anzugeben.

Für nicht kalt nachgewalzte Erzeugnisse kann die Oberflächenart B und eine bestimmte Oberflächenausführung nicht gefordert werden.

5.7.2 Oberflächenart

Die Erzeugnisse werden mit einer der beiden Oberflächenarten A oder B geliefert.

- **Oberflächenart A**

Fehler wie Poren, kleine Riefen, kleine Warzen, leichte Kratzer und eine leichte Verfärbung, die die Eignung zum Umformen und die Haftung von Oberflächenüberzügen nicht beeinträchtigen, sind zulässig.

- **Oberflächenart B**

Die bessere Seite muß soweit fehlerfrei sein, daß das einheitliche Aussehen einer Qualitätslackierung oder eines elektrolytisch aufgebrachten Überzuges nicht beeinträchtigt wird (siehe 5.9).

Die andere Seite muß mindestens den Anforderungen an die Oberflächenart A entsprechen.

Bei der Lieferung von Breitband oder längsgeteiltem Breitband kann der Anteil der Oberflächenfehler größer sein als bei der Lieferung von Blech oder Stäben. Dies ist vom Käufer in Betracht zu ziehen; der zulässige Anteil an Oberflächenfehlern ist in besonderer Vereinbarung bei der Bestellung festzulegen.

Falls nicht anders vereinbart, muß nur eine Seite des Erzeugnisses den Anforderungen entsprechen. Die andere Seite muß so beschaffen sein, daß sich bei der späteren Verarbeitung keine negativen Auswirkungen auf die Qualität der besseren Seite ergeben.

5.7.3 Oberflächenausführung

Die Oberflächenausführung kann rauh, matt, glatt oder besonders glatt sein. Fehlen nähere Angaben bei der Bestellung, werden die Erzeugnisse in der Oberflächenausführung „matt" geliefert.

Den 4 genannten Oberflächenausführungen entsprechen die Mittenrauhwerte nach Tabelle 1.

Tabelle 1. **Oberflächenausführungen und Mittenrauhwerte**

Oberflächenausführung	Kennzeichen	Mittenrauhwert R_a µm
Besonders glatt	b	$\leq 0,4$
Glatt	g	$\leq 0,9$
Matt	m	$> 0,6 \leq 1,9$
Rauh	r	$> 1,6$

5.8 Fließfiguren

5.8.1 Allgemeines

Alle Erzeugnisse werden im allgemeinen nach dem Glühen beim Hersteller leicht kalt nachgewalzt, um die Bildung von Fließfiguren bei der späteren Verarbeitung zu vermeiden. Da jedoch die Neigung zur Bildung von Fließfiguren einige Zeit nach dem Kaltwalzen erneut auftreten kann, liegt es im Interesse des Verbrauchers, die Erzeugnisse möglichst bald zu verarbeiten.

Erzeugnisse aus der Stahlsorte Fe P06 weisen keine Fließfiguren auf; das gilt sowohl für den kalt nachgewalzten als auch den nicht kalt nachgewalzten Lieferzustand.

5.8.2 Kalt nachgewalzte Erzeugnisse

Für die Freiheit von Fließfiguren gelten folgende Fristen:

- 6 Monate nach der Zurverfügungstellung für Erzeugnisse aus den Stahlsorten Fe P03, Fe P04 und Fe P05 bei den Oberflächenarten A und B,

- 3 Monate nach der Zurverfügungstellung für Erzeugnisse der Stahlsorte Fe P01 bei der Oberflächenart B.

5.8.3 Nicht kalt nachgewalzte Erzeugnisse

Fließfiguren sind im Lieferzustand und auf den umgeformten Werkstücken zulässig mit Ausnahme der Stahlsorte Fe O6.

5.9 Eignung zu Oberflächenüberzügen

Die Erzeugnisse können für das Aufbringen eines metallischen Überzuges durch Schmelztauchen, das Aufbringen eines elektrolytischen Überzuges und/oder eines organischen oder anderen Überzuges verwendet werden. Falls ein solcher Überzug vorgesehen ist, muß dies bei der Bestellung angegeben werden.

5.10 Schweißeignung

Die Eignung für das Schweißen nach gebräuchlichen industriellen Verfahren ist gegeben. Es ist jedoch zweckmäßig, das Schweißverfahren bei der Bestellung anzugeben; bei beabsichtigtem Gasschmelzschweißen ist diese Angabe erforderlich.

5.11 Grenzabmaße und Formtoleranzen

Für die Grenzabmaße und Formtoleranzen gilt DIN 1541 *.

*) siehe DIN EN 10 131

Tabelle 2. **Mechanische Eigenschaften** [1]) **und chemische Zusammensetzung**

Stahl-sorte	Einteilung nach EN 10 020	Desoxi-dations-art	Geltungs-dauer der mechani-schen Eigen-schaften	Ober-flä-chen-art	Freiheit von Fließ-figuren	R_e N/mm² [2])	R_m N/mm²	A_{80} % min. [3])	r_{90} min. [4]), [5])	n_{90} min. [4])	Chemische Zusammensetzung (Schmelzenanalyse) Massenanteile in %, max.				
											C	P	S	Mn	Ti
Fe P01 [6])	Unlegier-ter Quali-tätsstahl [7])	Nach Wahl des Her-stellers	– / –	A B	– 3 Monate	[8]) [10]) – /280	270 bis 410	28	–	–	0,12	0,045	0,045	0,60	
Fe P03	Unlegier-ter Quali-tätsstahl [7])	Voll beruhigt	6 Monate 6 Monate	A B	6 Monate 6 Monate	[8]) – /240	270 bis 370	34	1,3	–	0,10	0,035	0,035	0,45	
Fe P04	Unlegier-ter Quali-tätsstahl [7])	Voll beruhigt	6 Monate 6 Monate	A B	6 Monate 6 Monate	[8]) – /210	270 bis 350	38	1,6	0,180	0,08	0,030	0,030	0,40	
Fe P05	Unlegier-ter Quali-tätsstahl [7])	Voll beruhigt	6 Monate 6 Monate	A B	6 Monate 6 Monate	[8]) – /180	270 bis 330	40	1,9	0,200	0,06	0,025	0,025	0,35	
									$\bar{r}$ [4]), [5]) min.	$\bar{n}$ [4]) min.					
Fe P06	Legier-ter Quali-tätsstahl	Voll beruhigt	6 Monate 6 Monate	A B	unbegrenzt unbegrenzt	[9]) – /180	270 bis 350	38	1,8	0,220	0,02	0,020	0,020	0,25	0,3 [11])

[1]) Die Werte für die mechanischen Eigenschaften gelten nur für den kalt nachgewalzten Zustand.
Die Proben für den Zugversuch sind quer zur Walzrichtung zu entnehmen, falls es die Erzeugnisbreite erlaubt.

[2]) Die Werte für die Streckgrenze gelten bei nicht ausgeprägter Streckgrenze für die 0,2 %-Dehngrenze ($R_{p0,2}$), sonst für die untere Streckgrenze (R_{eL}). Bei Dicken $\leq$ 0,7 mm, jedoch > 0,5 mm, sind um 20 N/mm² höhere Maximalwerte für die Streckgrenze zulässig. Bei Dicken $\leq$ 0,5 mm sind um 40 N/mm² höhere Maximalwerte für die Streckgrenze zulässig.

[3]) Bei Dicken $\leq$ 0,7 mm, jedoch > 0,5 mm, sind um 2 Einheiten niedrigere Mindestwerte für die Bruchdehnung zulässig. Bei Dicken $\leq$ 0,5 mm sind um 4 Einheiten niedrigere Mindestwerte für die Bruchdehnung zulässig.

[4]) Die r- und n- bzw. $\bar{r}$- und $\bar{n}$-Werte gelten nur für Erzeugnisdicken $\geq$ 0,5 mm (siehe Anhänge A und B).

[5]) Für Dicken > 2 mm vermindert sich der r- bzw. $\bar{r}$-Wert um 0,2.

[6]) Es wird empfohlen, Erzeugnisse aus der Stahlsorte Fe P01 innerhalb von 6 Wochen nach der Zurverfügungstellung zu verarbeiten.

[7]) Sofern bei der Bestellung nichts anderes vereinbart wird, können die Stahlsorten Fe P01, Fe P03, Fe P04 und Fe P05 als (z. B. mit Bor, Titan) legierte Stähle geliefert werden.

[8]) Für Konstruktionszwecke kann bei den Stahlsorten Fe P01, Fe P03, Fe P04 und Fe P05 ein Mindestwert der Streckgrenze von 140 N/mm² angenommen werden.

[9]) Für Konstruktionszwecke kann bei der Stahlsorte Fe P06 ein Mindestwert der Streckgrenze von 120 N/mm² angenommen werden.

[10]) Der obere Grenzwert von 280 N/mm² gilt bei der Stahlsorte Fe P01 nur für eine Frist von 8 Tagen nach der Zurverfügungstellung durch den Hersteller.

[11]) Titan kann durch Niob ersetzt werden. Der Kohlenstoff und der Stickstoff müssen vollständig abgebunden sein.

	Flacherzeugnisse aus Stahl **Kaltgewalztes Band und Blech** **Technische Lieferbedingungen** Allgemeine Baustähle	**DIN** **1623** Teil 2

1 Anwendungsbereich

1.1 Diese Norm gilt für kaltgewalzte Flacherzeugnisse (Band und Blech) ohne Überzug in Walzbreiten ab 600 mm und Dicken bis einschließlich 3 mm aus allgemeinen Baustählen nach Tabelle 1, die im wesentlichen aufgrund ihrer mechanischen Eigenschaften im Lieferzustand bei klimabedingten Temperaturen verwendet werden.

1.3 Diese Norm gilt nicht für

- kaltgewalztes Band und Blech aus weichen unlegierten Stählen zum Kaltumformen (siehe DIN 1623 Teil 1),

- kaltgewalztes Band und Blech aus weichen unlegierten Stählen zum Emaillieren (siehe DIN 1623 Teil 3),

- kaltgewalztes Band in Walzbreiten bis 650 mm aus weichen unlegierten Stählen (siehe DIN 1624),

- kaltgewalztes Feinblech und Band mit gewährleisteter Mindeststreckgrenze zum Kaltumformen (siehe Stahl-Eisen-Werkstoffblatt 093-75),

- Feinstblech (siehe DIN 1616),

- Elektroblech und -band (siehe DIN 46 400 Teil 1 bis Teil 4).

3 Maße und zulässige Maßabweichungen

Für die Maße und zulässigen Maßabweichungen gilt DIN 1541.

5 Sorteneinteilung

5.1 Diese Norm umfaßt die in Tabelle 1 angegebenen Stahlsorten.

6 Bezeichnung

Beispiel:

    20 t Blech DIN 1541 —
    USt 37-2 G O3 r — 0,80 × 1000 GK × 3000

    oder

    20 t Blech DIN 1541 —
    1.0036 G O3 r — 0,80 × 1000 GK × 3000

Stähle mit Cu-Zusatz für Schienenfahrzeuge St 37-2 Cu 3 G O3 und St 52-3 Cu 3 G O3 siehe auch DIN 5512 Teil 2.

7.3 Chemische Zusammensetzung

7.3.1 Für die chemische Zusammensetzung (Schmelzen- und Stückanalyse) gelten die Werte in Tabelle 1. Darüber hinaus gilt (außer für die Stähle St 50-2 G, St 60-2 G und St 70-2 G), daß die Massenanteile an den in Tabelle 1 nicht aufgeführten Elementen die in Tafel 1 der Euronorm 20 (Ausgabe September 1974) angegebenen Grenzwerte für die Schmelzenanalyse nicht überschreiten dürfen.

7.4 Mechanische und technologische Eigenschaften

7.4.1 Beim Zugversuch nach Abschnitt 8.5.3 müssen die Anforderungen nach Tabelle 1 erfüllt werden.

7.5 Schweißeignung

7.5.1 Eine uneingeschränkte Eignung der Stähle für die verschiedenen Schweißverfahren kann nicht zugesagt werden, da das Verhalten eines Stahles beim und nach dem Schweißen nicht nur vom Werkstoff, sondern auch von den Maßen und der Form sowie den Fertigungs- und Betriebsbedingungen des Bauteils abhängt.

7.5.2 Für das Lichtbogen- und Gasschmelzschweißen sind die Stähle dieser Norm bis einschließlich des Stahles St 52-3 G im allgemeinen geeignet. Dabei ist bei den Stählen St 37 mit gleicher Mindeststreckgrenze der Stahl der Gütegruppe 3 dem der Gütegruppe 2 vorzuziehen. Die Stähle St 50-2 G, St 60-2 G und St 70-2 G sind nicht für das Lichtbogen- und Gasschmelzschweißen vorgesehen.

7.5.3 Eignung zum Abbrennstumpfschweißen und Gaspreßschweißen ist im allgemeinen bei allen Stählen vorhanden, dabei ist bei Stählen mit höheren Kohlenstoffgehalten (St 50-2 G, St 60-2 G und St 70-2 G) gegebenenfalls ein Nachwärmen nach dem Schweißen notwendig.

7.5.4 Eignung zum Punkt- und Rollnahtschweißen ist im allgemeinen nur bei den Stählen mit maximal 0,20 % C in der Schmelzenanalyse gegeben.

7.6 Oberflächenbeschaffenheit
7.6.1 Oberflächenart

7.6.1.1 Für alle Sorten nach dieser Norm kommen die Oberflächenarten O3 und O5 mit den in Tabelle 2 angegebenen Merkmalen in Betracht.

7.7 Eignung zum Aufbringen von Oberflächenüberzügen und -beschichtungen

7.7.1 Das Aufbringen von Oberflächenüberzügen und -beschichtungen erfordert eine zweckmäßige Vorbereitung beim Verarbeiter.

7.7.2 Alle Flachzeugsorten und Oberflächen sind für das Aufbringen eines Lacküberzuges geeignet.

7.7.3 Zum Spritzlackieren sind beide Oberflächenarten geeignet. Das Aussehen nach dem Spritzlackieren entspricht den in Tabelle 2 angegebenen Merkmalen.

7.7.4 Alle Flachzeugsorten sind für das Aufbringen eines metallischen Korrosionsschutz-Überzuges im Schmelztauchverfahren, z. B. Zink, Zinn, Blei bedingt geeignet. Die Absicht zum Aufbringen eines solchen Überzuges ist unter Angabe des Verfahrens bei der Bestellung zu vereinbaren.

Tabelle 1. Sorteneinteilung der allgemeinen Baustähle für kaltgewalzte Flacherzeugnisse und Eigenschaften im Lieferzustand bei Raumtemperatur von 15 bis 35 °C nach DIN 50 014 geprüft an Querproben

Stahlsorte		Desoxi-dationsart [1]	Chemische Zusammensetzung, Massenanteile in %									Mechanische und technologische Eigenschaften			
			Schmelzenanalyse				Zusatz an stickstoff-abbindenden Elementen [3]	Stückanalyse				Zugfestigkeit	Streckgrenze	Bruchdehnung	Technologischer Biegeversuch (a Probendicke) (Biegewinkel 180°) [4]
Kurzname	Werk-stoff-nummer		C	P	S	N [2]		C	P	S	N [2]	R_m	$(R_{p\,0,2}$ oder $R_{eH})$	$(L_0 = 80\ mm)$ %	Dorndurch-messer
			max.					max.				N/mm²	N/mm² min.	min.	
St 37-2 G	1.0037 G	freigestellt	0,17	0,040	0,035	0,009	–	0,21	0,055	0,050	0,010	360 bis 510	215	20	0,5 a
USt 37-2 G	1.0036 G	U	0,17	0,040	0,035	0,007	–	0,21	0,055	0,050	0,009	360 bis 510	215	20	0,5 a
St 37-3 G	1.0116 G	RR	0,17	0,040	0,035	–	ja	0,19	0,050	0,045	–	360 bis 510	215	20	0,5 a
St 44-3 G	1.0144 G	RR	0,20	0,040	0,035	–	ja	0,23	0,050	0,045	–	430 bis 580	245	18	1,0 a
St 52-3 G [5]	1.0570 G	RR	0,20	0,040	0,035	–	ja	0,22	0,050	0,045	–	510 bis 680	325	16	1,0 a
St 50-2 G	1.0050 G	R	0,40	0,050	0,050	0,009	–	0,43	0,060	0,060	0,010	490 bis 660	295	14	–
St 60-2 G	1.0060 G	R	0,50	0,050	0,050	0,009	–	0,53	0,060	0,060	0,010	590 bis 770	335	10	–
St 70-2 G	1.0070 G	R	0,65	0,050	0,050	0,009	–	0,69	0,060	0,060	0,010	690 bis 900	365	6	–

1) U unberuhigt   R beruhigt (einschließlich halbberuhigt)   RR besonders beruhigt.
2) Eine Überschreitung des angegebenen Höchstwertes ist zulässig, wenn je 0,001 % N ein um 0,005 % P unter dem angegebenen Höchstwert liegender Phosphorgehalt eingehalten wird. Der Stickstoffgehalt darf jedoch einen Wert von 0,012 % N in der Schmelzenanalyse und von 0,014 % N in der Stückanalyse nicht übersteigen.
3) Zum Beispiel mindestens 0,020 % Al-gesamt.
4) Siehe Abschnitt 7.4.1
5) Der Gehalt darf 0,55 % Si und 1,60 % Mn in der Schmelzenanalyse bzw. 0,60 % Si und 1,70 % Mn in der Stückanalyse nicht übersteigen.

7.7.5 Die Eignung zur elektrolytischen Oberflächenveredlung kann bei der Oberflächenart O5 bei der Bestellung vereinbart werden. Das Aussehen nach dem Oberflächenveredeln entspricht den in Tabelle 2 angegebenen Merkmalen.

Tabelle 2. **Kennzeichen und Merkmale für die Oberflächenart und Oberflächenausführung (siehe Abschnitt 7.6)**

	Benennung	Kennzeichen	Merkmale
Oberflächen-art[1]	Übliche kaltgewalzte Oberfläche	O3	Fehler, die die Umformung und das Aufbringen von Oberflächenüberzügen nicht beeinträchtigen, sind zulässig.
	beste Oberfläche	O5	Wie O3. Die bessere Seite muß jedoch so weit fehlerfrei sein, daß das einheitliche Aussehen einer Qualitätslackierung oder eines elektrolytischen Überzugs nicht beeinträchtigt wird (siehe Abschnitt 7.7).
Oberflächen-ausführung[2],[3]	besonders glatt	b	Die Oberfläche muß gleichmäßig glatt (blank) aussehen. Richtwert für den Mittenrauhwert R_a: unter 0,4 µm *(für O5)*
	glatt	g	Die Oberfläche muß gleichmäßig glatt aussehen. Richtwert für den Mittenrauhwert R_a: unter 0,9 µm *(für O5)*
	matt	m	Die Oberfläche muß gleichmäßig matt aussehen. Richtwert für den Mittenrauhwert R_a: über 0,6 bis 1,9 µm *(für O3 und O5)*
	rauh	r	Die Oberfläche ist mit einer größeren Rauhtiefe aufgerauht. Richtwert für den Mittenrauhwert R_a: über 1,6 µm *(für O3 und O5)*

[1] Siehe Abschnitt 7.6.1
[2] Siehe Abschnitt 7.6.2
[3] Andere Richtwerte oder kleinere Spannen für die Mittenrauhwerte können bei der Bestellung vereinbart werden.

Januar 1987

| | Flacherzeugnisse aus Stahl
Kaltgewalztes Band und Blech
Technische Lieferbedingungen
Weiche unlegierte Stähle zum Emaillieren | **DIN**
1623
Teil 3 |

1 Anwendungsbereich

1.1 Diese Norm gilt für kaltgewalzte Flacherzeugnisse (Band und Blech) ohne Überzug bis einschließlich 3 mm Dicke aus weichen unlegierten Stählen nach Tabelle 1, die durch besondere Verfahren bei der Herstellung zum Emaillieren geeignet sind. Die Anwendung der Norm auf kaltgewalzte Flacherzeugnisse aus diesen Stählen mit größeren Dicken bis etwa 4 mm kann vereinbart werden.

1.3 Diese Norm gilt **nicht** für

- kaltgewalztes Band und Blech aus weichen unlegierten Stählen zum Kaltumformen (siehe DIN 1623 Teil 1),

- kaltgewalztes Band und Blech aus allgemeinen Baustählen (siehe DIN 1623 Teil 2),

- kaltgewalztes Band in Walzbreiten bis 650 mm aus weichen unlegierten Stählen (siehe DIN 1624 *)),

- kaltgewalztes Feinblech und Band mit Mindeststreckgrenze zum Kaltumformen (siehe Stahl-Eisen-Werkstoffblatt 093)

- Feinstblech (siehe DIN 1616),

- Elektroblech und -band (siehe DIN 46 400 Teil 1, Teil 2, Teil 3 und Teil 4).

3 Maße und zulässige Maßabweichungen

Für die Maße und zulässigen Maßabweichungen gilt DIN 1541.

5 Sorteneinteilung

5.1 Diese Norm umfaßt die in Tabelle 1 angegebenen Stahlsorten mit der im Abschnitt 7.5 beschriebenen Eignung zum Emaillieren.

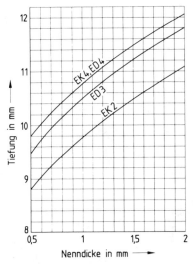

Bild 1. Mindestwerte der Tiefung
(siehe auch Abschnitt 7.7.4)

6 Bezeichnung

Beispiel: 20 t Blech DIN 1541 − ED 3 r −
0,80 × 1000 GK × 3000
oder 20 t Blech DIN 1541 − 1.0393 r −
0,80 × 1000 GK × 3000

7 Anforderungen

7.3 Entkohlungsbehandlung

Die Stahlsorten ED 3 und ED 4 sind in der festen Phase entkohlend behandelt.

7.4 Chemische Zusammensetzung

Die für die chemische Zusammensetzung geltenden Werte sind in Tabelle 1 angegeben.

7.5 Eignung zum Emaillieren

7.5.1 Die Stahlsorten EK 2 und EK 4 sind für das konventionelle Emaillieren, d. h. für das Emaillieren mit Grundemail oder mit Grund- und Deckemail (Zweischichtemaillierung) geeignet.

7.5.2 Die Stahlsorten ED 3 und ED 4 sind für übliche Direktemaillierverfahren geeignet. Beide Sorten eignen sich auch für das konventionelle Emaillieren entsprechend Abschnitt 7.5.1, besonders wenn möglichst verzugsarm emailliert werden soll.

7.5.3 Die Oberflächenschicht der Erzeugnisse muß so beschaffen sein, daß folgende Anforderungen erfüllt werden.

7.5.3.1 Bei sachgemäßem Emaillieren unter Verwendung geeigneter Fritten dürfen keine Blasen, Zeilen, Punkte, Abplatzungen oder Fischschuppen auftreten.

7.5.3.2 Für den Standard-Beizabtrag (siehe Abschnitt 8.5.2) können Werte bei der Bestellung vereinbart werden.

7.6 Wahl der Eigenschaften

Je nach der Vereinbarung bei der Bestellung erfolgt die Lieferung bei allen Stahlsorten nach dieser Norm

7.6.1 entweder mit den mechanischen und technologischen Eigenschaften nach Tabelle 1,

7.6.2 oder mit der Eignung für die Herstellung eines bestimmten Werkstücks. In diesem Fall darf der durch den Werkstoff bedingte Ausschuß bei der Verarbeitung einen bestimmten zu vereinbarenden Anteil nicht überschreiten. Für die Stahlsorten EK 4 und ED 4 gilt dabei eine Frist von 6 Monaten, für die Sorten EK 2 und ED 3 eine Frist von 6 Wochen nach der vereinbarten Zurverfügungstellung.

7.7 Mechanische und technologische Eigenschaften

7.7.1 Bei der Bestellung nach Abschnitt 7.6.1 gelten für die Zugfestigkeit, Streckgrenze, Bruchdehnung und Härte die Werte nach Tabelle 1 sowie die Mindestwerte der Tiefung nach Bild 1, und zwar für eine Frist nach der bei der Auftragserteilung vereinbarten Zurverfügungstellung der Erzeugnisse von

- 6 Monaten für die Sorten EK 4 und ED 4,
- 8 Tagen für die Sorten EK 2 und ED 3.

7.8 Schweißeignung

Die Eignung der Stähle für übliche Schweißverfahren ist gegeben.

7.9 Oberflächenbeschaffenheit

7.9.1 Oberflächenart

Die Erzeugnisse nach dieser Norm werden mit einer Oberflächenart geliefert, die die Umformung und das Aufbringen der Emailschicht sowie auf der Sichtseite das einheitliche Aussehen der Emailschicht nicht beeinträchtigt.

7.9.2 Oberflächenausführung

7.9.2.1 Die Erzeugnisse können in der Oberflächenausführung „matt" und „rauh" mit den in der Tabelle 2 angegebenen Merkmalen geliefert werden.

7.10 Fließfiguren

Die Flacherzeugnisse werden im allgemeinen beim Hersteller kalt nachgewalzt. Sie können dann innerhalb einer bestimmten Zeitspanne nach der vereinbarten Zurverfügungstellung fließfigurenfrei verarbeitet werden.

Dafür gelten folgende Fristen:

- 10 Wochen bei den Sorten EK 2 und ED 3, wenn die Flacherzeugnisse unter üblichen Bedingungen gelagert und unmittelbar vor dem Verarbeiten gewalzt werden.
- 6 Monate bei den Sorten EK 4 und ED 4; die Erzeugnisse aus diesen Sorten können ohne Walken beim Verbraucher verarbeitet werden.

Tabelle 1. **Sorteneinteilung der Stähle und Eigenschaften im Lieferzustand bei Raumtemperatur von 15 bis 35 °C nach DIN 50014 geprüft an Querproben**

Stahlsorte		Desoxidationsart [1]	Chemische Zusammensetzung [2] in %		Zugfestigkeit	Streckgrenze ($R_{p\,0,2}$ oder R_{cL}) [3]	Bruchdehnung $L_0 = 80$ mm	Härte [6]			Tiefung [7]
Kurzname	Werkstoffnummer		C	N	N/mm²	N/mm²	%	HRBm	HRFm	HR30Tm	
			max.			max. [4]	mm [5]	max.			min.
EK 2	1.0391	R	0,08	0,007 [9]	270 bis 390	270	30	62	92	58	Siehe Bild 1
EK 4	1.0392	RR	0,08	[10]	270 bis 350	210 [11]	38	50	86	50	
ED 3	1.0393	R	0,004 [8]	0,007 [9]	270 bis 370	250	32	57	90	55	
ED 4	1.0394	RR	0,004 [8]	[10]	270 bis 350	210 [11]	38	50	86	50	

[1]   Siehe Abschnitte 7.2.1 und 7.2.2
[2]   Gültig für die Schmelzenanalyse (siehe jedoch Fußnote 8). Andere Elemente — außer Mangan und Aluminium — dürfen der Schmelze nicht absichtlich ohne Zustimmung des Bestellers zugesetzt werden.
[3]   Siehe Abschnitt 7.7.2
[4]   Bei Dicken ≤ 0,7 mm sind um 20 N/mm² höhere Maximalwerte für die Streckgrenze zulässig.
[5]   Bei Dicken ≤ 0,7 mm sind um 2 Einheiten niedrigere Mindestwerte für die Bruchdehnung zulässig.
[6]   Siehe Abschnitte 7.7.3 und 8.5.6
[7]   Siehe Abschnitt 7.7.4
[8]   Diese Werte gelten für die Stückanalyse.
[9]   Die Werte gelten für den Gehalt an nicht abgebundenem Stickstoff.
[10]   Der Stickstoff muß abgebunden sein. Der Stahl muß deshalb mindestens 0,02% metallisches Aluminium enthalten. Die Verwendung anderer Stickstoff abbindender Elemente ist mit dem Besteller zu vereinbaren.
[11]   Bei Dicken ≥ 1,5 mm ist eine Streckgrenze von max. 225 N/mm² zulässig.

Tabelle 2. **Kennbuchstabe und Merkmale für die Oberflächenausführung**

Benennung	Kennbuchstabe	Merkmale [1]
matt	m [2]	Die Oberfläche muß gleichmäßig matt aussehen. Richtwert für den Mittenrauhwert R_a: über 0,6 bis 1,9 μm
rauh	r	Die Oberfläche ist mit einer größeren Rauhtiefe aufgerauht. Richtwerte für den Mittenrauhwert R_a: über 1,6 μm

[1] Andere Richtwerte oder kleinere Spannen für die Mittenrauhwerte können bei der Bestellung vereinbart werden.
[2] Siehe Abschnitt 7.9.2.2

	Nichtrostende Stähle	DIN
	Technische Lieferbedingungen für kaltgewalzte Bänder und Spaltbänder sowie daraus geschnittene Bleche	17 441

1 Anwendungsbereich

1.1 Diese Norm gilt für kaltgewalzte Bänder in Dicken bis 6 mm und bis 1600 mm Breite aus nichtrostenden Stählen mit einem weiten Verwendungsbereich. Sie gilt ebenfalls für aus Band geschnittenes Blech sowie für durch Längsteilen hergestelltes Spaltband und daraus geschnittene Stäbe (Streifen).

2 Begriffe

2.1 Nichtrostende Stähle

(Siehe DIN 17 440 Pkt. 2.1)

3 Maße und zulässige Maßabweichungen

Für die Maße und die zulässigen Maßabweichungen gelten die Festlegungen in DIN 59 381 oder DIN 59 382.

5 Bezeichnung und Bestellung

Beispiele:

Stahl DIN 17 441 – X 5 CrNi 18 10 n
oder
Stahl DIN 17 441 – X 5 CrNi 18 10 III c
oder
Stahl DIN 17 441 – 1.4301 n
oder
Stahl DIN 17 441 – 1.4301 III c

6 Anforderungen

6.2 Lieferzustand

Die üblichen Behandlungszustände und Ausführungsarten gehen aus den Tabellen 3 bis 5 und 8 hervor (siehe auch Tabelle A.2).

6.3 Chemische Zusammensetzung

6.3.1 Schmelzenanalyse

Die chemische Zusammensetzung der Stähle nach der Schmelzenanalyse muß Tabelle 1 entsprechen.

6.4 Korrosionschemische Eigenschaften

Für die Beständigkeit der ferritischen Stähle gegen interkristalline Korrosion bei Prüfung nach DIN 50 914 gelten die Angaben in der Tabelle 3. Alle austenitischen Stähle dieser Norm sind im Anlieferzustand wie im geschweißten Zustand bei der Prüfung nach DIN 50 914 beständig gegen interkristalline Korrosion.

Anmerkung: *Siehe DIN 17 440 Pkt. 6.4*

6.5 Mechanische Eigenschaften

6.5.1 Für die mechanischen Eigenschaften bei Raumtemperatur gelten für die ferritischen und martensitischen Stähle im geglühten Zustand die Tabellen 3 und 4, für die austenitischen Stähle im abgeschreckten Zustand die Tabelle 5 (siehe auch Abschnitt 6.5.3). Mit dem Nachweis der Eigenschaften an Querproben gelten die Mindestwerte in Längsrichtung als erfüllt.

6.5.2 Für die 0,2 %- und 1 %-Dehngrenze bei erhöhten Temperaturen gilt Tabelle 6 (siehe auch Abschnitt 6.5.3).

6.5.3 Werden bei der Weiterverarbeitung Erzeugnisse aus austenitischen Stählen wärmebehandelt (im Regelfall abgeschreckt entsprechend Tabelle A.2), so gelten statt der in den Tabellen 5 und 6 angegebenen Werte die in den Tabellen A.3 und A.4 angegebenen Werte. Die mit dem Schweißen verbundene Erwärmung ist in diesem Zusammenhang nicht als Wärmebehandlung zu betrachten.

6.5.4 Für die mechanischen Eigenschaften bei Raumtemperatur von kaltverfestigten Bändern gilt Tabelle 7. ●● Dabei kann vereinbart werden, ob die bestellte Zugfestigkeitsspanne in Walzrichtung oder quer dazu gelten soll; wird nichts vereinbart, gelten die Werte quer zur Walzrichtung.

6.6 Oberflächenbeschaffenheit

Angaben zur Oberflächenbeschaffenheit finden sich in Tabelle 8.

6.7 Sprödbruchunempfindlichkeit und Kaltzähigkeit

Die in dieser Norm aufgeführten austenitischen Stähle sind sprödbruchunempfindlich und kaltzäh und können daher auch bei tiefen Temperaturen eingesetzt werden.

Anhaltsangaben:

a) *über physikalische Eigenschaften siehe DIN 17 440 Tabelle A.1 im Original DIN 17 441*

b) *zur Wärmebehandlung von kaltgewalzten Bändern siehe Tabelle A.2 im Original DIN 17 441*

c) *zu mechanischen Eigenschaften bei Raumtemperatur der austenitischen Stähle nach einer Wärmebehandlung im Rahmen der Weiterverarbeitung siehe Tabelle A.3 im Original DIN 17 441*

d) *für Mindestwerte der 0,2 %- und 1 %-Dehngrenze der austenitischen Stähle bei erhöhten Temperaturen nach einer Wärmebehandlung im Rahmen der Weiterverarbeitung siehe Tabelle A.4 im Original DIN 17 441*

e) *über Schweißzusätze zum Lichtbogenschweißen siehe DIN 17 440 Tabelle B.3*

Tabelle 1. Stahlsorten und ihre chemische Zusammensetzung nach der Schmelzenanalyse¹⁾

| Stahlsorte | | Chemische Zusammensetzung (Massenanteil in %)¹⁾ | | | | |
Kurzname²⁾	Werkstoffnummer	C	Cr	Mo	Ni	Sonstige³⁾
Ferritische und martensitische Stähle						
X6CrTi12	1.4512	≦ 0,08	10,5 bis 12,5	–	–	Ti 6 x % C bis 1,00
X6Cr13	1.4000	≦ 0,08	12,0 bis 14,0	–	–	–
X6CrAl13	1.4002	≦ 0,08	12,0 bis 14,0	–	–	Al 0,10 bis 0,30
X10Cr13	1.4006	0,08 bis 0,12	12,0 bis 14,0	–	–	–
X15Cr13	1.4024	0,12 bis 0,17	12,0 bis 14,0	–	–	–
X20Cr13	1.4021	0,17 bis 0,25	12,0 bis 14,0	–	–	–
X30Cr13	1.4028	0,28 bis 0,35	12,0 bis 14,0	–	–	–
X38Cr13	1.4031	0,35 bis 0,42	12,5 bis 14,5	–	–	–
X46Cr13	1.4034	0,42 bis 0,50	12,5 bis 14,5	–	–	–
X45CrMoV15	1.4116	0,42 bis 0,50	13,8 bis 15,0	0,45 bis 0,60	–	V 0,10 bis 0,15
X6Cr17	1.4016	≦ 0,08	15,5 bis 17,5	–	–	–
X6CrTi17	1.4510	≦ 0,08	16,0 bis 18,0	–	–	Ti 7 x % C bis 1,20
X6CrNb17	1.4511	≦ 0,08	16,0 bis 18,0	–	–	Nb 12 x % C bis 1,20⁴⁾
X6CrMo171	1.4113	≦ 0,08	16,0 bis 18,0	0,9 bis 1,3	–	–
Austenitische Stähle						
X5CrNi1810	1.4301	≦ 0,07	17,0 bis 19,0	–	8,5 bis 10,5	–
X5CrNi1812	1.4303	≦ 0,07	17,0 bis 19,0	–	11,0 bis 13,0	–
X2CrNi1911	1.4306	≦ 0,030	18,0 bis 20,0	–	10,0 bis 12,5	–
X2CrNIN1810	1.4311	≦ 0,030	17,0 bis 19,0	–	8,5 bis 11,5	N 0,12 bis 0,22
X6CrNiTi1810	1.4541	≦ 0,08	17,0 bis 19,0	–	9,0 bis 12,0	Ti 5 x % C bis 0,80
X6CrNiNb1810	1.4550	≦ 0,08	17,0 bis 19,0	–	9,0 bis 12,0	Nb 10 x % C bis 1,00⁴⁾
X5CrNiMo17122	1.4401	≦ 0,07	16,5 bis 18,5	2,0 bis 2,5	10,5 bis 13,5	–
X2CrNiMo17132	1.4404	≦ 0,030	16,5 bis 18,5	2,0 bis 2,5	11,0 bis 14,0	–
X2CrNiMoN17122	1.4406	≦ 0,030	16,5 bis 18,5	2,0 bis 2,5	10,5 bis 13,5	N 0,12 bis 0,22
X6CrNiMoTi17122	1.4571	≦ 0,08	16,5 bis 18,5	2,0 bis 2,5	10,5 bis 13,5	Ti 5 x % C bis 0,80
X2CrNiMoN17133	1.4429	≦ 0,030	16,5 bis 18,5	2,5 bis 3,0	11,5 bis 14,5	N 0,14 bis 0,22; S ≦ 0,025
X2CrNiMo18143	1.4435	≦ 0,030	17,0 bis 18,5	2,5 bis 3,0	12,5 bis 15,0	S ≦ 0,025
X5CrNiMo17133	1.4436	≦ 0,07	16,5 bis 18,5	2,5 bis 3,0	11,0 bis 14,0	S ≦ 0,025
X2CrNiMo18164	1.4438	≦ 0,030	17,5 bis 19,5	3,0 bis 4,0	14,0 bis 17,0	S ≦ 0,025
X2CrNiMoN17135	1.4439	≦ 0,030	16,5 bis 18,5	4,0 bis 5,0	12,5 bis 14,5	N 0,12 bis 0,22; S ≦ 0,025

¹⁾ Die für die einzelnen Stähle in dieser Tabelle zahlenmäßig nicht aufgeführten Elemente dürfen, soweit sie nicht zum Fertigbehandeln der Schmelze erforderlich sind, nur mit Zustimmung des Bestellers absichtlich zugesetzt werden. Die Verwendbarkeit sowie die Verarbeitbarkeit, z. B. Schweißbeignung, sowie die in dieser Norm angegebenen Eigenschaften dürfen dadurch nicht beeinträchtigt werden.
²⁾ Die in der Ausgabe 12.72 der DIN 17 440 enthaltenen Kurznamen dürfen während der Laufzeit dieser Norm weiterverwendet werden (siehe Vergleichstabelle in den Erläuterungen).
³⁾ Wenn nichts anderes angegeben: P ≦ 0,045 %, S ≦ 0,030 %, Si ≦ 1,0 %, Mn bei den ferritischen und martensitischen Stählen ≦ 1,0 %, bei den austenitischen Stählen ≦ 2,0 %.
⁴⁾ Tantal zusammen mit Niob als Niobgehalt bestimmt.

Tabelle 3. **Mechanische Eigenschaften bei Raumtemperatur der nichtrostenden ferritischen Kaltbänder im geglühten Zustand¹) sowie Beständigkeit gegen interkristalline Korrosion**

Stahlsorte		Streckgrenze oder 0,2%-Dehngrenze N/mm^2 min.		Zugfestigkeit längs und quer N/mm^2	Bruchdehnung längs und quer % min.		Beständigkeit gegen interkristalline Korrosion bei Prüfung nach DIN 50914	
Kurzname	Werkstoffnummer	längs	quer		$A_{80\,mm}$	A_5	Lieferzustand	geschweißt
X 6 CrTi 12	**1.4512**	200²)	220²)	390 bis 560	18	20	nein	nein
X 6 Cr 13	**1.4000**	250	250	400 bis 600	15	17	nein	nein
X 6 CrAl 13	**1.4002**	250	250	400 bis 600	15	17	nein	nein
X 6 Cr 17	**1.4016**	250	270	450 bis 600	18	20	ja	nein
X 6 CrTi 17	**1.4510**	270	280	430 bis 600	18	20	ja	ja
X 6 CrNb 17	**1.4511**	250	260	450 bis 600	18	20	ja	ja
X 6 CrMo 17 1	**1.4113**	260	280	480 bis 630	18	20	ja	nein

1) Die Werte gelten auch nach Warm- oder Kaltumformung und anschließendem Glühen entsprechend den Angaben in Tabelle A.2.
2) ●● Bei der Verwendung für Konstruktionszwecke kann bei der Bestellung ein Mindestwert von 260 N/mm² vereinbart werden.

Tabelle 4. **Mechanische Eigenschaften bei Raumtemperatur der nichtrostenden martensitischen Kaltbänder im geglühten Zustand (Längs- und Querwerte)¹)**

Stahlsorte		Härte²) HB oder HV max.	Zugfestigkeit N/mm^2	Bruchdehnung % min.	
Kurzname	Werkstoffnummer			$A_{80\,mm}$	A_5
X 10 Cr 13	**1.4006**	200	450 bis 600	13	15
X 15 Cr 13	**1.4024**	215	480 bis 680	13	15
X 20 Cr 13	**1.4021**	225	500 bis 700	13	15
X 30 Cr 13	**1.4028**	235	540 bis 740	13	15
X 38 Cr 13	**1.4031**	240	560 bis 760	13	15
X 46 Cr 13	**1.4034**	245	580 bis 780	13	15
X 45 CrMoV 15	**1.4116**	280	650 bis 850	13	15

1) Die Werte gelten auch nach Warm- oder Kaltumformung und anschließendem Glühen ensprechend den Angaben in Tabelle A.2.
2) Anhaltswerte; eine Umrechnung der Zugfestigkeit aus der Härte ist mit einer großen Streuung behaftet.

Tabelle 5.   Mechanische Eigenschaften bei Raumtemperatur der nichtrostenden austenitischen Kaltbänder im abgeschreckten Zustand¹)

Stahlsorte		0,2%-Dehngrenze²) N/mm² min.		1%-Dehngrenze²) N/mm² min.		Zugfestigkeit längs und quer N/mm²	Bruchdehnung % min. A80 mm		A5	
Kurzname	Werkstoff-nummer	längs	quer	längs	quer		längs	quer	längs	quer
X5 CrNi 18 10	1.4301	220	235	250	265	550 bis 750	35	40	43	45
X5 CrNi 18 12	1.4303	200	215	230	245	500 bis 650	35	40	43	45
X2 CrNi 19 11	1.4306	220	235	250	265	520 bis 670	35	40	43	45
X2 CrNiN 18 10	1.4311	270	285	300	315	550 bis 760	35	40	43	45
X6 CrNiTi 18 10	1.4541	230	245	260	275	540 bis 740	35	40	43	45
X6 CrNiNb 18 10	1.4550	240	255	270	285	550 bis 750	33	38	38	40
X5 CrNiMo 17 12 2	1.4401	240	255	270	285	550 bis 700	35	40	43	45
X2 CrNiMo 17 13 2	1.4404	240	255	270	285	550 bis 700	35	40	43	45
X2 CrNiMoN 17 12 2	1.4406	280	295	310	325	580 bis 800	30	35	38	40
X6 CrNiMoTi 17 12 2	1.4571	240	255	270	285	540 bis 690	35	40	43	45
X2 CrNiMoN 17 13 3	1.4429	300	315	330	345	580 bis 800	30	35	38	40
X2 CrNiMo 18 14 3	1.4435	240	255	270	285	540 bis 690	35	40	43	45
X5 CrNiMo 17 13 3	1.4436	240	255	270	285	550 bis 700	35	40	43	45
X2 CrNiMo 18 16 4	1.4438	220	235	250	265	500 bis 700	35	40	43	45
X2 CrNiMoN 17 13 5	1.4439	300	315	330	345	600 bis 800	30	35	38	40

¹) Nach einer Wärmebehandlung im Rahmen der Weiterverarbeitung gelten die Werte nach Tabelle A.3. Die mit dem Schweißen verbundene Erwärmung ist in diesem Zusammenhang nicht als Wärmebehandlung zu betrachten.

²) Bei Dicken unter 1,0 mm können die Dehngrenzenwerte um 15 N/mm² unterschritten werden.

Tabelle 6. Mindestwerte der 0,2%- und 1%-Dehngrenze bei erhöhten Temperaturen¹)

Stahlsorte Kurzname	Werkstoffnummer	Wärmebehandlungszustand²)	0,2%-Dehngrenze bei einer Temperatur in °C von N/mm² min.										1%-Dehngrenze bei einer Temperatur in °C von N/mm² min.										Grenztemperatur³) °C
			50	100	150	200	250	300	350	400	450	500	50	100	150	200	250	300	350	400	450	500	
Ferritische und martensitische Stähle																							
X6Cr13 X6CrAl13 X10Cr13	1.4000 1.4002 1.4006	geglüht	240	235	230	225	225	220	210	195	–	–	–	–	–	–	–	–	–	–	–	–	
Austenitische Stähle⁴)																							
X5CrNi1810	1.4301	abgeschreckt	204	182	165	152	143	135	128	123	120	117	234	212	195	182	173	165	158	153	150	147	300
X5CrNi1812	1.4303		185	162	149	134	125	117	110	105	102	99	215	192	179	164	155	147	140	135	132	129	300
X2CrNi1911	1.4306		204	182	165	152	143	135	128	123	120	117	234	212	195	182	173	165	158	153	150	147	350
X2CrNiN1810	1.4311		245	205	175	157	145	136	130	125	121	119	280	240	210	187	175	167	161	156	152	149	400
X6CrNiTi1810	1.4541		210	196	186	177	164	156	147	145	142	139	240	226	216	207	194	186	177	175	172	169	400
X6CrNiNb1810	1.4550		210	196	186	177	164	156	147	145	142	139	240	226	216	207	194	186	177	175	172	169	400
X5CrNiMo17122	1.4401	abgeschreckt	222	197	182	167	157	147	140	135	132	130	252	227	212	197	187	177	170	165	162	160	300
X2CrNiMo17132	1.4404		212	186	172	157	147	138	128	123	120	120	242	216	202	187	177	168	163	158	153	150	400
X2CrNiMoN17122	1.4406		252	216	187	167	155	145	140	135	131	129	282	246	218	198	183	175	169	164	160	158	400
X6CrNiMoTi17122	1.4571		225	205	197	187	175	165	157	155	151	149	255	235	227	217	205	195	187	185	181	179	400
X2CrNiMoN17133	1.4429	abgeschreckt	265	225	197	178	165	155	150	145	140	138	300	260	227	208	195	185	180	175	170	168	400
X2CrNiMo18143	1.4435		212	186	172	157	147	138	133	128	123	120	242	216	202	187	177	168	163	158	153	150	400
X5CrNiMo17133	1.4436		222	197	182	167	157	147	140	135	132	130	252	227	212	197	187	177	170	165	162	160	300
X2CrNiMo18164	1.4438		186	172	157	147	137	127	120	115	112	110	221	206	186	177	167	156	148	144	140	138	350
X2CrNiMoN17135	1.4439		260	225	200	185	175	165	155	150	–	–	290	255	230	210	200	190	180	175	–	–	400

¹) Werte für 550 °C siehe Tabelle A.4.

²) Siehe Tabelle A.2.

³) Bei Einsatz bis zu den genannten Temperaturen und einer Betriebsdauer bis zu 100 000 h tritt keine interkristalline Korrosion bei Prüfung nach DIN 50914 auf.

⁴) Nach einer Wärmebehandlung im Rahmen der Weiterverarbeitung gelten die Werte nach Tabelle A.4. Die mit dem Schweißen verbundene Erwärmung ist in diesem Zusammenhang nicht als Wärmebehandlung zu betrachten.

Tabelle 7. **Angaben über die mechanischen Eigenschaften von kaltverfestigten austenitischen Bändern**

Verfestigungsstufe	0,2%-Dehngrenze (Anhaltsangabe) N/mm^2 min.	Zugfestigkeit N/mm^2	Bruchdehnung $A_{80\,mm}$ (Anhaltsangabe) % min.	Lieferbare Dicke mm
K 700	350	700 bis 850	25 [2])	$\leq$ 3,0
K 800	500	800 bis 1000	12 [2])	$\leq$ 3,0
K 1000	750	1000 bis 1200	–	$\leq$ 2,5
K 1200 [1])	950	1200 bis 1400	–	$\leq$ 1,5

[1]) Nicht für alle austenitischen Stahlsorten nach dieser Norm möglich.
[2]) Für die Dicken $<$ 0,5 mm kann dieser Wert abmessungsabhängig unterschritten werden.

Tabelle 8. **Ausführungsart und Oberflächenbeschaffenheit der Bänder**

Kurzzeichen [1])	Ausführungsart	Oberflächenbeschaffenheit	Bemerkungen
f oder **IIIa**	wärmebehandelt, mechanisch oder chemisch entzundert, abschließend kaltgewalzt	glatt und blank	Durch Kaltwalzen werden die Eigenschaften je nach Umformgrad verändert (vgl. Tabelle 7). Falls diese Ausführungsart für ferritische oder martensitische Stähle verlangt wird, sind die mechanischen Eigenschaften zu vereinbaren.
h oder **IIIb**	mechanisch oder chemisch entzundert, kaltgewalzt, wärmebehandelt [2]), gebeizt	glatter als warmgewalzt und gebeiztes Band	
m oder **IIId**	mechanisch oder chemisch entzundert, kaltgewalzt, blankgeglüht [3]) oder blankgeglüht [3]) und leicht kalt nachgewalzt	glänzend und glatter als bei Ausführung h oder IIIb	besonders geeignet zum Schleifen und Polieren
n oder **IIIc**	mechanisch oder chemisch entzundert, kaltgewalzt, wärmebehandelt [2]), gebeizt, leicht nachgewalzt	glatter als bei Ausführung h oder IIIb	besonders geeignet zum Schleifen, Bürsten oder Polieren
o oder **IV**	geschliffen	●● Art, Grad und Umfang des Schliffes bzw. der Politur sind bei der Bestellung zu vereinbaren	Als Ausgangszustand werden üblicherweise die Ausführungen n oder IIIc und m oder IIId, aber auch f oder IIIa verwendet.
p oder **V**	poliert		
q	gebürstet	seidenmatt	Bester Ausgangszustand ist die Ausführung n oder IIIc.

[1]) Die neuen Kurzzeichen in alphabetischer Reihenfolge haben sich noch nicht allgemein eingeführt. Außerdem wird an einem internationalen Kurzzeichensystem gearbeitet, so daß die Zweckmäßigkeit der Umstellung auf die in der Tabelle wiedergegebenen Buchstaben fragwürdig geworden ist. Deshalb werden hier wie in der Ausgabe 12.72 der DIN 17 440 noch beide Kurzzeichen angegeben.
[2]) Unter „wärmebehandelt" wird hier der übliche Wärmebehandlungszustand entsprechend den Tabellen 3 bis 5 verstanden.
[3]) Unter „blankgeglüht" wird hier der übliche Wärmebehandlungszustand entsprechend den Tabellen 3 bis 5 verstanden.

233

| Flacherzeugnisse aus Stahl mit besonderen magnetischen Eigenschaften **Elektroblech und -band** kaltgewalzt, nichtkornorientiert, schlußgeglüht Technische Lieferbedingungen | **DIN 46 400** Teil 1 |

1 Anwendungsbereich

Diese Lieferbedingungen gelten für kaltgewalztes nichtkornorientiertes Stahlblech und -band mit Höchstwerten für den Ummagnetisierungsverlust P 1,5 (siehe Abschnitt 2.2) von 2,5 bis 9,4 W/kg, das durch hohe Magnetisierbarkeit im magnetischen Wechselfeld gekennzeichnet ist, im schlußgeglühten Zustand geliefert wird und für den Bau magnetischer Kreise bestimmt ist.

Diese Lieferbedingungen gelten nicht für

Elektroblech und -band, kaltgewalzt, nicht schlußgeglüht (siehe DIN 46 400 Teil 2),

Elektroblech und -band, kornorientiert (siehe DIN 46 400 Teil 3).

Elektroblech und -band aus legierten Stählen, kaltgewalzt nicht kornorientiert, nicht schlußgeglüht (siehe DIN 46 400 Teil 4).

3 Sorteneinteilung

Diese Norm umfaßt die in Tabelle 1 angegebenen Sorten in den Lieferarten und Lieferzuständen nach den Abschnitten 5.2 und 5.3.

4 Bezeichnung

4.1 Der vollständige Kurzname für die Elektroblech- oder -bandsorte besteht in der angegebenen Reihenfolge aus dem

a) Kennbuchstaben V

b) Hundertfachen des Höchstwertes für den Ummagnetisierungsverlust P 1,5 in W/kg,

c) Hundertfachen der Nenndicke des Erzeugnisses in mm

d) Kennbuchstaben A für die schlußgeglühte Ausführung.

Bestellbeispiele:

a) 10 t Elektroband DIN 46 400 — V 300-35 A — 250

b) 20 t Elektroblech DIN 46 400 — V 530-50 A — 1000 X 2000

5 Anforderungen

5.3 Lieferzustand

5.3.1 Die Erzeugnisse werden schlußgeglüht geliefert.

5.3.2 Auf Vereinbarung können die Erzeugnisse einseitig oder doppelseitig isoliert werden. In diesem Fall sind auch die Art der Isolierung, ihre Eigenschaften und deren Nachweis besonders zu vereinbaren.

5.4 Chemische Zusammensetzung

Die chemische Zusammensetzung der Stähle bleibt dem Hersteller überlassen.

Die Stähle sind im allgemeinen mit Silicium legiert. Einige Sorten können jedoch auch ohne Zusatz an Silicium hergestellt werden.

5.5 Magnetische Eigenschaften

5.5.1 Magnetische Polarisation

5.5.1.1 Die einzuhaltenden Mindestwerte für die magnetische Polarisation (siehe Abschnitt 2.1) bei den Feldstärken 2500, 5000 und 10 000 A/m sind in Tabelle 1 angegeben. Sie gelten für die Prüfung im Wechselfeld bei einer Frequenz von 50 Hz (siehe Abschnitt 7.5.2).

5.5.1.2 Die Werte in Tabelle 1 beziehen sich auf Proben, die je zur Hälfte aus Längs- und Querstreifen bestehen (Probenherstellung siehe Abschnitt 7.4.2).

5.5.2 Ummagnetisierungsverlust

5.5.2.1 Die einzuhaltenden Höchstwerte für den Ummagnetisierungsverlust sind in Tabelle 1 angegeben. Sie gelten bei den Dicken 0,35 und 0,50 mm für gealterte Proben, bei der Dicke 0,65 mm für nicht gealterte Proben (Prüfung siehe Abschnitt 7.5.3). Über den Nachweis des Alterungsverhaltens bei Erzeugnissen der Dicke 0,65 mm können bei der Bestellung besondere Vereinbarungen getroffen werden.

Einzuhalten ist der P 1,5-Wert; die Einhaltung des P 1,0-Wertes kann vereinbart werden.

5.5.3 Anisotropie des Ummagnetisierungsverlustes

Für die Anisotropie des Ummagnetisierungsverlustes (Begriff siehe Abschnitt 2.4, Prüfung siehe Abschnitt 7.5.4) sind die Höchstwerte nach Tabelle 1 einzuhalten (siehe Abschnitt 5.5.2.1).

5.6 Technologische Eigenschaften

5.6.1 Die einzuhaltenden Mindestwerte für den Stapelfaktor (Begriff siehe Abschnitt 2.5, Prüfung siehe Abschnitt 7.5.5) sind in Tabelle 1 angegeben.

5.6.2 Für die Biegezahl (Begriff siehe Abschnitt 2.6, Prüfung siehe Abschnitt 7.5.6) sind die in Tabelle 1 angegebenen Mindestwerte einzuhalten. Die Werte gelten sowohl für parallel als auch für senkrecht zur Walzrichtung entnommene Proben.

5.6.3 Die Erzeugnisse müssen sich bei ordnungsgemäßem Arbeiten an jeder Stelle oder in jeder üblichen Schnittform ohne vorzeitige Werkzeugabnutzung einwandfrei schneiden lassen.

5.7 Oberflächenbeschaffenheit

5.7.1 Die Oberfläche muß glatt und so beschaffen sein, daß die weitere Verarbeitung und Verwendung der Erzeugnisse nicht beeinträchtigt wird. Vereinzelte Narben, Grübchen und Pickel sind zulässig, durch sie dürfen jedoch die Werte für die zulässigen Dickenabweichungen nicht überschritten und die Verwendbarkeit der Erzeugnisse nicht beeinträcht werden.

Tabelle 1.   Magnetische und technologische Eigenschaften von Elektroblech und -band

Sorte		Nenn-dicke	Ummagnetisie-rungsverlust P [1] W/kg max. bei		Magnetische Polarisation J [2] T min. bei einer Feldstärke in A/m			Anisotropie ΔP des Um-magneti-sierungsver-lustes P 1,5 [3] % max.	Stapel-faktor [4] min.	Biege-zahl [5] min.	Dichte [6]
Kurzname	Werkstoff-nummer	mm	1,5 T	1,0 T	2500	5000	10 000				kg/dm³
V 250-35 A	1.0800	0,35	2,50	1,00	1,49	1,60	1,70	± 18	0,95	2	7,60
V 270-35 A	1.0801		2,70	1,10	1,49	1,60	1,70	± 18		2	7,60
V 300-35 A	1.0803		3,00	1,20	1,49	1,60	1,70	± 18		3	7,65
V 330-35 A	1.0804		3,30	1,30	1,49	1,60	1,70	± 18		3	7,65
V 270-50 A	1.0806	0,50	2,70	1,10	1,49	1,60	1,70	± 18	0,97	2	7,60
V 290-50 A	1.0807		2,90	1,15	1,49	1,60	1,70	± 18		2	7,60
V 310-50 A	1.0808		3,10	1,25	1,49	1,60	1,70	± 14		3	7,60
V 330-50 A	1.0809		3,30	1,35	1,49	1,60	1,70	± 14		3	7,60
V 350-50 A	1.0810		3,50	1,50	1,50	1,60	1,70	± 12		5	7,65
V 400-50 A	1.0811		4,00	1,70	1,51	1,61	1,71	± 12		5	7,65
V 470-50 A	1.0812		4,70	2,00	1,52	1,62	1,72	± 10		10	7,70
V 530-50 A	1.0813		5,30	2,30	1,54	1,64	1,74	± 10		10	7,70
V 600-50 A	1.0814		6,00	2,60	1,55	1,65	1,75	± 10		10	7,75
V 700-50 A	1.0815		7,00	3,00	1,58	1,68	1,76	± 10		10	7,80
V 800-50 A	1.0816		8,00	3,60	1,58	1,68	1,77	± 10		10	7,80
V 330-65 A	1.0819	0,65	3,30	1,35	1,49	1,60	1,70	± 14	0,97	2	7,60
V 350-65 A	1.0820		3,50	1,50	1,49	1,60	1,70	± 14		2	7,60
V 400-65 A	1.0821		4,00	1,70	1,50	1,60	1,70	± 14		2	7,65
V 470-65 A	1.0823		4,70	2,00	1,51	1,61	1,71	± 12		5	7,65
V 530-65 A	1.0824		5,30	2,30	1,52	1,62	1,72	± 12		5	7,70
V 600-65 A	1.0825		6,00	2,60	1,54	1,64	1,74	± 10		10	7,70
V 700-65 A	1.0826		7,00	3,00	1,55	1,65	1,75	± 10		10	7,80
V 800-65 A	1.0827		8,00	3,60	1,58	1,68	1,76	± 10		10	7,80
V 940-65 A	1.0828		9,40	4,20	1,58	1,68	1,77	± 10		10	7,80

[1]) Einzuhalten ist — sofern nicht anders vereinbart — der P 1,5-Wert (siehe Abschnitt 5.5.2.1).
[2]) Siehe Abschnitte 2.1, 5.5.1 und 7.5.2.
[3]) Siehe Abschnitte 2.4 und 7.5.4.
[4]) Siehe Abschnitte 2.5 und 7.5.5.
[5]) Siehe Abschnitte 2.6 und 7.5.6.
[6]) Siehe Abschnitte 5.8.1 und 7.5.8.

5.7.2 Wenn die Erzeugnisse eine Oberflächenschicht aufweisen, muß diese so fest haften, daß sie sich beim Isolieren und Schneiden nicht ablöst. Beim Hin- und Herbiegeversuch mit einem Biegehalbmesser um 5 mm darf sich die Oberflächenschicht nach einer Biegung um 90° nicht ablösen, andernfalls kann das Erzeugnis einer betrieblichen Schneidbarkeitsprüfung unterzogen werden. Bei diesem Versuch darf die Oberflächenschicht nicht in größeren Flächen abspringen, ein leichtes Abblättern an den Schnittkanten ist dagegen zulässig.

5.8 Dichte, Maße und zulässige Maß- und Formabweichungen

5.8.1 Dichte

Wenn nichts anders vereinbart wird, gelten zur Ermittlung der magnetischen Eigenschaften und des Stapelfaktors die in Tabelle 1 angeführten Anhaltswerte der Dichte.

5.8.2 Nennmaße

5.8.2.1 Die Nenndicke der Erzeugnisse nach dieser Norm beträgt 0,35, 0,50 und 0,65 mm entsprechend den Angaben in Tabelle 1. Falls größere Dicken benötigt werden, sollten die Nennwerte 0,75 und 1,0 mm bevorzugt werden.

5.8.2.2 Die üblichen Nennbreiten betragen max. 1250 mm.

5.8.3 Zulässige Maßabweichungen

5.8.3.1 Dicke

5.8.3.1.1 Die zulässigen Abweichungen von der Nenn-dicke innerhalb einer Prüfeinheit betragen ± 10% des Nennwertes bei Erzeugnissen der Dicke 0,35 mm und ± 8% des Nennwertes bei Erzeugnissen der Dicken 0,50 und 0,65 mm (Prüfung nach Abschnitt 7.5.9).

235

5.8.3.1.2 Der Dickenunterschied innerhalb eines Bleches oder eines Bandabschnittes von 2 m Länge darf höchstens 10% der Nenndicke bei Erzeugnissen der Dicke 0,35 mm und höchstens 8% der Nenndicke bei Erzeugnissen der Dicken 0,50 und 0,65 mm betragen.

5.8.3.1.3 Der zulässige Dickenunterschied senkrecht zur Walzrichtung beträgt 0,020 mm bei einer Nenndicke von 0,35 und 0,50 mm und 0,030 mm bei der Nenndicke 0,65 mm, wobei in einem Abstand von mindestens 40 mm von den Kanten gemessen wird.

5.8.3.2 Breite

5.8.3.2.1 Für die zulässigen Abweichungen von der Nennbreite bei Band und Blech mit geschnittenen Kanten gelten die Werte nach Tabelle 2.

Tabelle 2. **Zulässige Abweichungen von der Nennbreite**

Nennbreite mm	Zulässige Abweichungen mm
bis 150	$+ 0{,}3 \atop 0$
über 150 bis 500	$+ 0{,}5 \atop 0$
über 500 bis 1250	$+ 1{,}5 \atop 0$

5.8.3.2.2 Bei Erzeugnissen mit Naturwalzkanten sind die zulässigen Abweichungen von der Nennbreite zu vereinbaren.

5.8.3.3 Länge

Die zulässigen Abweichungen von der Länge betragen für Blech $+ 1 \atop 0$ % des Nennwertes, höchstens jedoch $+ 10 \atop 0$ mm.

5.8.4 Zulässige Formabweichungen

5.8.4.1 Welligkeit

Die Welligkeit, d. h. das Verhältnis von Wellenhöhe zur Wellenlänge, darf höchstens 2% betragen (Prüfung siehe Abschnitt 7.5.11).

5.8.4.2 Bogigkeit

Das von einer Rolle abgewickelte Band soll eine möglichst geringe bleibende Krümmung in Längsrichtung (Bogigkeit) aufweisen. Bei der Prüfung nach IEC 404-9 (1987) darf der Abstand a 10 mm nicht überschreiten.

5.8.4.3 Geradheitstoleranz der Längskante

Die Geradheitstoleranz der Längskante bei einer Meßlänge von 2 m beträgt

4 mm für Bandbreiten bis 150 mm und

2 mm für Bandbreiten über 150 mm

(Prüfung siehe Abschnitt 7.5.11).

5.8.4.4 Innere Spannungen (Schnittlinienabweichung)

5.8.4.4.1 Die Erzeugnisse sollen möglichst frei von inneren Spannungen sein.

5.8.4.4.2 An einem Blech oder einem 2 m langen Bandabschnitt muß bei der Prüfung nach Abschnitt 7.5.11 die Breite des an den Schnittkanten verbliebenen Spaltes weniger als 2 mm betragen.

6 Verarbeitung

Kaltumformung verschlechtert die magnetischen Eigenschaften. Schlußgeglühte Erzeugnisse sind daher möglichst nicht nachträglich durch Hämmern, Biegen oder Kaltrichten umzuformen. Das Schneiden darf nur mit scharfen Werkzeugen vorgenommen werden.

Flacherzeugnisse aus Stahl mit besonderen magnetischen Eigenschaften **Elektroblech und -band** aus unlegierten Stählen kaltgewalzt, nichtkornorientiert, nicht schlußgeglüht Technische Lieferbedingungen	**DIN** **46 400** Teil 2

1 Anwendungsbereich

Diese Lieferbedingungen gelten für kaltgewalztes nicht-kornorientiertes Elektroblech und -band aus unlegierten Stählen (siehe Tabelle 1), das im nicht schlußgeglühten Zustand geliefert wird und für den Bau magnetischer Kreise bestimmt ist.

Diese Lieferbedingungen gelten nicht für

— Elektroblech und -band, kaltgewalzt, nichtkorn-orientiert, schlußgeglüht (siehe DIN 46 400 Teil 1),

— Elektroblech und -band, kornorientiert (siehe DIN 46 400 Teil 3.

— Elektroblech und -band aus legierten Stählen, kalt-gewalzt, nichtkornorientiert, nicht schlußgeglüht (siehe DIN 46 400 Teil 4).

3 Sorteneinteilung

Diese Norm umfaßt die in Tabelle 1 angegebenen Sorten in den Lieferarten und Lieferzuständen nach den Abschnitten 5.2 und 5.3.

4 Bezeichnung

4.1 Der Kurzname für die Elektroblech- oder -bandsorte besteht in der angegebenen Reihenfolge aus

a) den Kennbuchstaben VH,

b) dem Hundertfachen des Höchstwertes für den Um-magnetisierungsverlust P 1,5 in W/kg,

c) dem Hundertfachen der Nenndicke des Erzeugnisses in mm.

Bestellbeispiele:

a) 10 t Elektroband DIN 46 400 —
   VH 660-50 — 300

b) 20 t Elektroblech DIN 46 400 —
   VH 800-65 — 600 NK X 1500

5 Anforderungen

5.3 Lieferzustand

5.3.1 Die Erzeugnisse nach dieser Norm werden ohne Schlußglühung geliefert.

5.3.2 Das nicht schlußgeglühte Band oder Blech kann auf Vereinbarung einseitig oder doppelseitig beschichtet werden. Die Art der Beschichtung, ihre Eigenschaften und deren Nachweis sind bei der Bestellung besonders zu vereinbaren.

5.4 Chemische Zusammensetzung

Die chemische Zusammensetzung der Stähle bleibt dem Hersteller überlassen.

5.5 Magnetische Eigenschaften

5.5.1 Magnetische Polarisation

Die für Proben im Bezugszustand (siehe Abschnitt 5.5.3 und 5.5.4) geltenden Mindestwerte der magnetischen Polarisation sind in Tabelle 1 angegeben.

Tabelle 1. **Magnetische und technologische Eigenschaften**

Sorte		Nenndicke mm	Ummagnetisierungs- verlust P [1]) [2]) W/kg max. bei		Magnetische Polarisation J [1]) T min. bei einer Feldstärke in A/m		
Kurzname	Werkstoffnummer		1,5 T (P 1,5)	1,0 T (P 1,0)	2500	5000	10 000
VH 660-50	1.0361	0,50	6,60	2,80	1,62	1,70	1,79
VH 890-50	1.0362	0,50	8,90	3,70	1,60	1,68	1,78
VH 1050-50	1.0363	0,50	10,50	4,30	1,58	1,65	1,77
VH 800-65	1.0364	0,65	8,00	3,30	1,62	1,70	1,79
VH 1000-65	1.0365	0,65	10,00	4,20	1,60	1,68	1,78
VH 1200-65	1.0366	0,65	12,00	5,00	1,58	1,65	1,77

[1]) Die Werte gelten für Proben im Bezugszustand nach Abschnitt 5.5.4.

[2]) Einzuhalten ist — sofern nicht anders vereinbart — der P 1,5-Wert (siehe Abschnitt 5.5.2).

5.5.2 Ummagnetisierungsverlust

Die für Proben im Bezugszustand (siehe Abschnitte 5.5.3 und 5.5.4) geltenden Höchstwerte für den Ummagnetisierungsverlust sind in Tabelle 1 angegeben. Einzuhalten ist der P 1,5-Wert (Ummagnetisierungsverlust bei 1,5 T); die Einhaltung des P 1,0-Wertes kann vereinbart werden.

5.5.3 Proben

5.5.3.1 Die Werte in Tabelle 1 beziehen sich auf Proben, die je zur Hälfte aus Längs- und Querstreifen bestehen

5.5.4 Bezugszustand (Referenzglühung) der Proben

Die in Tabelle 1 bzw. den Abschnitten 5.5.1 und 5.5.2 angegebenen Werte für die magnetischen Eigenschaften gelten für Proben, die folgender Wärmebehandlung unterworfen wurden:

— Die Proben sind bei (790 ± 10) °C in entkohlender Atmosphäre zu glühen. Die Temperatur ist für eine Dauer von 2 h aufrechtzuerhalten. Die Aufheizgeschwindigkeit sollte 200 K/h nicht überschreiten.

— Das verwendete Gas besteht aus 20 % Volumenanteil H_2, 80 % Volumenanteil N_2 und einer Wasserdampfmenge entsprechend einem Taupunkt von 35 °C bei Atmosphärendruck.

— Zur Einstellung der entkohlenden Atmosphäre muß die Luft vor dem Aufheizen aus dem Glühraum des Ofens entfernt werden. Dies geschieht dadurch, daß man durch die Glühzone gleichmäßig Schutzgas strömen läßt. Während des Glühens ist die Gasmenge (unter Berücksichtigung des Gesamtvolumens und des Ausgangskohlenstoffgehaltes der Proben) so einzustellen, daß eine ausreichende Entkohlung an jedem Punkt der Proben sichergestellt ist. Dazu muß das Gas ungehindert mit dem an die Oberfläche diffundierenden Kohlenstoff reagieren und die gasförmigen Reaktionsprodukte austragen können. Aus diesem Grund sollten sich die Proben gegenseitig nicht berühren.

— Nach dem Glühen sind die Proben im Ofen unter Schutzgas bis zu einer Temperatur von 200 °C abzukühlen. Bis zu einer Temperatur von 550 °C darf dabei die Abkühlgeschwindigkeit höchstens 120 K/h betragen.

5.6 Schneidbarkeit
(Siehe DIN 46 400 Teil 1, Pkt. 5.6.3)

5.7 Oberflächenbeschaffenheit

5.7.2 Bei der Bestellung können Vereinbarungen über die Beschichtung und Oberflächenrauheit getroffen werden.

Weiterhin siehe DIN 46 400 Teil 1, Pkt. 5.7.1.

5.8 Dichte, Maße, Grenzabmaße und Formtoleranzen

5.8.1 Dichte

Bei der Ermittlung der magnetischen Eigenschaften ist für die Dichte ein Wert von 7,85 kg/dm^3 einzusetzen.

5.8.2 Nennmaße

5.8.2.1 Die Nenndicke der Erzeugnisse nach dieser Norm beträgt 0,50 oder 0,65 mm entsprechend den Angaben in Tabelle 1. Falls eine größere Dicke benötigt wird, sollte die Nenndicke 1,0 mm bevorzugt werden.

5.8.2.2 Die üblichen Nennbreiten liegen im Bereich bis 1250 mm.

5.8.3 Grenzabmaße

5.8.3.1 Dicke

5.8.3.1.1 Die Grenzabmaße der Nenndicke innerhalb einer Prüfeinheit betragen ± 8 % des Nennwertes (Prüfung nach Abschnitt 6.5.5).

5.8.3.1.2 Der Dickenunterschied innerhalb eines Bleches oder eines Bandabschnittes von 2 m Länge, gemessen auf einer parallel zu den Längskanten verlaufenden Linie, darf 8 % der Nenndicke nicht übersteigen.

5.8.3.1.3 Der Dickenunterschied über die Breite senkrecht zur Walzrichtung darf höchstens 0,020 mm bei der Nenndicke 0,50 mm und höchstens 0,030 mm bei der Nenndicke 0,65 mm betragen.

5.8.3.2 Breite

5.8.3.2.2 Bei Erzeugnissen mit Naturwalzkanten betragen die Grenzabmaße der Breite $^{+5}_{0}$ mm.

Weiterhin siehe DIN 46 400 Teil 1, Pkt. 5.8.3.2.1.

5.8.3.3 Länge
(siehe DIN 46 400 Teil 1, Pkt. 5.8.3.3)

5.8.4 Formtoleranzen

5.8.4.1 Welligkeit
(siehe DIN 46 400 Teil 1, Pkt. 5.8.4.1)

5.8.4.2 Geradheit der Längskante

Bei Erzeugnissen mit geschnittenen Kanten beträgt die Geradheitstoleranz der Längskante 4 mm bei einer Meßlänge von 2 m (Prüfung nach Abschnitt 6.5.7). Kleinere Toleranzen müssen bei der Bestellung vereinbart werden.

Bei Erzeugnissen mit Naturwalzkanten beträgt die Geradheitstoleranz der Längskanten 6 mm bei einer Meßlänge von 2 m.

5.8.4.3 Bogigkeit, innere Spannungen

Durch die Herstellungsart bedingt kann Elektroband nach dieser Norm im Lieferzustand eine bleibende Krümmung in Längsrichtung (Bogigkeit) aufweisen. Ferner können bei den Erzeugnissen innere Spannungen bestehen. Beide Merkmale sind vom Verbraucher bei der Weiterverarbeitung zu berücksichtigen.

| Flacherzeugnisse aus Stahl mit besonderen magnetischen Eigenschaften
Elektroblech und -band
kornorientiert
Technische Lieferbedingungen | **DIN**
46 400
Teil 3 |

1 Anwendungsbereich

1.1 Diese Norm gilt für kornorientiertes Elektroblech und -band der Sorten nach den Tabellen 1 bis 3 mit Nenndicken von 0,27 mm, 0,30 mm und 0,35 mm, das durch hohe Magnetisierbarkeit im magnetischen Wechselfeld gekennzeichnet ist, im schlußgeglühten Zustand geliefert wird und für den Bau magnetischer Kreise bestimmt ist.

1.2 Diese Norm gilt nicht für

– kaltgewalztes, nichtkornorientiertes, schlußgeglühtes Elektroblech und -band (siehe DIN 46 400 Teil 1),
– kaltgewalztes, nicht schlußgeglühtes Elektroblech und -band aus unlegierten Stählen (siehe DIN 46 400 Teil 2),
– kaltgewalztes, nicht schlußgeglühtes Elektroblech und -band aus legierten Stählen (siehe DIN 46 400 Teil 4).

3 Sorteneinteilung

Diese Norm erfaßt die in den Tabellen 1 bis 3 angegebenen Sorten. Der Anwendung entsprechend sind die Erzeugnisse in drei Klassen unterteilt:

— Erzeugnisse mit normalen Ummagnetisierungsverlusten (Tabelle 1),

— Erzeugnisse mit eingeschränkten Ummagnetisierungsverlusten (Tabelle 2),

— Erzeugnisse mit niedrigen Ummagnetisierungsverlusten (Tabelle 3) — international als Erzeugnisse mit hoher Permeabilität bezeichnet.

Innerhalb dieser Klassen sind die Sorten nach dem Höchstwert für den Ummagnetisierungsverlust bei der Polarisation 1,5 T (P 1,5) oder 1,7 T (P 1,7) sowie nach der Nenndicke der Erzeugnisse gestaffelt.

4 Bezeichnung

4.1 Der Kurzname für die Elektroblech- oder -bandsorte besteht in der angegebenen Reihenfolge aus

a) den Kennbuchstaben VM

b) dem Hundertfachen des Höchstwertes für den Ummagnetisierungsverlust (in W/kg)

   – P 1,5 für Erzeugnisse mit normalen Ummagnetisierungsverlusten

   – P 1,7 für Erzeugnisse mit eingeschränkten Ummagnetisierungsverlusten

   – P 1,7 für Erzeugnisse mit niedrigen Ummagnetisierungsverlusten

c) dem Hundertfachen der Nenndicke des Erzeugnisses in mm

d) dem Kennbuchstaben

   – N für Erzeugnisse mit normalen Ummagnetisierungsverlusten

   – S für Erzeugnisse mit eingeschränkten Ummagnetisierungsverlusten

   – P für Erzeugnisse mit niedrigen Ummagnetisierungsverlusten.

Bestellbeispiele:

  a) 10 t Elektroblech DIN 46 400 – VM 89-27 N – 1000 NK X 2000

  b) 20 t Elektroband DIN 46 400 – VM 111-30 P 250 GK

5 Anforderungen

5.3 Lieferzustand

5.3.1 Die Erzeugnisse werden schlußgeglüht geliefert.

5.3.2 Das Erzeugnis wird mit einem isolierenden Überzug auf beiden Oberflächen geliefert. Dieser Überzug besteht im allgemeinen aus einem glasartigen Film, der hauptsächlich aus Magnesiumsilikaten zusammengesetzt ist und auf den eine zweite Beschichtung mit anorganischen Stoffen, z. B. Phosphaten, aufgebracht wurde.

Diese Erzeugnisse sind warm gerichtet.

5.3.3 Die Lieferung von Erzeugnissen mit anderen isolierenden Überzügen ist möglich und muß bei der Bestellung besonders vereinbart werden. Es kommen in Betracht

– nur mit einem glasartigen Film überzogene Erzeugnisse (nicht warm gerichtet),

– nur mit einem phosphatartigen Film überzogene Erzeugnisse.

Für diese Erzeugnisse gelten die Festlegungen in dieser Norm nicht uneingeschränkt (siehe Abschnitt 5.6).

5.4 Oberflächenbeschaffenheit

Die Oberflächenisolationsschicht auf den Erzeugnissen muß so fest haften, daß sie sich beim Schneiden oder bei einem Spannungsarmglühen nach den Angaben des Lieferers nicht löst.

Wenn die Erzeugnisse in Flüssigkeiten getaucht werden, so können auf Initiative des Bestellers Vereinbarungen getroffen werden, um sicherzustellen, daß die Flüssigkeit mit der Oberflächenisolationsschicht verträglich ist.

Weiterhin siehe DIN 46 400 Teil 1, Pkt. 5.7.1.

5.5 Magnetische Eigenschaften

5.5.1 Magnetische Polarisation

Die einzuhaltenden Mindestwerte für die magnetische Polarisation bei der Feldstärke $\hat{H} = 800$ A/m sind in den Tabellen 1, 2 und 3 angegeben.

Sie gelten für die Prüfung im Wechselfeld bei einer Frequenz von 50 Hz.

5.5.2 Ummagnetisierungsverlust

Die einzuhaltenden Höchstwerte für den Ummagnetisierungsverlust sind in den Tabellen 1, 2 und 3 angegeben. Sie gelten für Messungen an Proben im gealterten Zustand (siehe Abschnitt 7.5.4).

Bei Erzeugnissen mit normalen Ummagnetisierungsverlusten ist bei der Bestellung anzugeben, ob die Höchstwerte der Ummagnetisierungsverluste bei 1,5 T oder bei 1,7 T gelten sollen. Es gilt jeweils nur einer der beiden Werte, nicht beide gleichzeitig.

5.6 Technologische Eigenschaften

Die technologischen Eigenschaften gelten für Erzeugnisse mit dem in Abschnitt 5.3.2 beschriebenen isolierenden Überzug.

5.6.1 Glühverbesserung

Über die zulässige Höhe der Glühverbesserung können Vereinbarungen getroffen werden.

5.6.2 Widerstand der Isolationsschicht

Über Mindestwerte des Widerstandes der Isolationsschicht können Vereinbarungen getroffen werden. Dabei ist auch zu vereinbaren, ob sich die Prüfung auf Erzeugnisse beziehen soll, die spannungsarmgeglüht wurden oder nicht.

5.6.3 Stapelfaktor

Die einzuhaltenden Mindestwerte für den Stapelfaktor sind in den Tabellen 1, 2 und 3 angegeben.

5.6.4 Biegezahl

Die Mindestbiegezahl ist 1.

5.7 Dichte, Maße, Grenzabmaße und Formtoleranzen

5.7.1 Dichte

Bei der Ermittlung der magnetischen Eigenschaften und des Stapelfaktors ist für die Dichte ein Wert von 7,65 kg/dm^3 einzusetzen.

5.7.2 Nennmaße

5.7.2.2 Nennbreite

Die üblichen Nennbreiten betragen maximal 1000 mm. Es wird unterschieden nach Nennbreiten, die als Herstellungsbreiten (Kennbuchstaben NK) und Nennbreiten, die als Verwendungsbreiten (Kennbuchstaben GK) geliefert werden.

5.7.3 Grenzabmaße

5.7.3.1 Dicke

5.7.3.1.1 Die Grenzabmaße der Nenndicke innerhalb einer Prüfeinheit betragen ± 0,03 mm (Prüfung nach Abschnitt 7.5.9).

5.7.3.1.2 Der Dickenunterschied innerhalb eines Bleches oder eines Bandabschnitts von 1,5 m Länge parallel zur Walzrichtung darf höchstens 0,03 mm betragen.

5.7.3.1.3 Innerhalb eines Blechs oder eines Bandabschnittes darf der Dickenunterschied über die Breite senkrecht zur Walzrichtung höchstens 0,020 mm betragen. Die Meßpunkte müssen dabei mindestens 40 mm von den Kanten entfernt liegen.

5.7.3.2 Breite

5.7.3.2.1 Für Erzeugnisse in Herstellungsbreiten betragen die Grenzabmaße der Nennbreite $^{+2}_{0}$ mm.

5.7.3.2.1 Für Erzeugnisse in Verwendungsbreiten sind die Grenzabmaße der Nennbreite in Tabelle 4 angegeben.

5.7.3.3 Länge

Die Grenzabmaße der Länge betragen für Blech $^{+1}_{0}$% des Nennwertes, höchstens jedoch $^{+10}_{0}$ mm.

Tabelle 4. **Grenzabmaße der Nennbreite bei Verwendungsbreiten**

Nennbreite mm	Grenzabmaße[1] mm
bis 150	0 − 0,2
über 150 bis 400	0 − 0,3
über 400 bis 750	0 − 0,5
über 750	0 − 0,6

[1]) Die genannten Toleranzfelder können nach Vereinbarung auch das untere Grenzabmaß 0 haben, z. B. $^{+0,2}_{0}$.

5.7.4 Formtoleranzen

5.7.4.1 Welligkeit

Der Welligkeitsfaktor (siehe Abschnitt 2.9) darf höchstens 1,5 % betragen (Prüfung siehe Abschnitt 7.5.11).

5.7.4.2 Bogigkeit

Der die Bogigkeit kennzeichnende Ausschlag (a) bei Erzeugnissen über 150 mm Nennbreite darf höchstens 35 mm betragen (Prüfung siehe Abschnitt 7.5.11).

Bei Erzeugnissen bis 150 mm Nennbreite können besondere Vereinbarungen getroffen werden.

5.7.4.3 Geradheitstoleranz der Längskante

Die Geradheitstoleranz für die Längskante beträgt 0,8 mm bei einer Meßlänge von 1,5 m (Prüfung siehe Abschnitt 7.5.11).

5.7.4.4 Schnittlinienabweichung

Die Schnittlinienabweichung darf höchstens 1 mm bei einer Meßlänge von 1,5 m betragen (Prüfung siehe Abschnitt 7.5.11). Dieser Wert gilt nur für Erzeugnisbreiten über 500 mm.

5.7.4.5 Grathöhe

Bei Erzeugnissen in Verwendungsbreiten über 50 mm darf die Grathöhe 0,025 mm nicht überschreiten (Prüfung nach Abschnitt 7.5.11).

6 Verarbeitung

Kaltumformung verschlechtert die magnetischen Eigenschaften. Die Erzeugnisse sind daher möglichst nicht durch Hämmern, Biegen oder Kaltrichten umzuformen. Das Schneiden darf nur mit scharfen Werkzeugen vorgenommen werden.

Tabelle 1. Magnetische und technologische Eigenschaften von kornorientiertem Elektroblech und -band mit normalen Ummagnetisierungsverlusten

Sorte		Nenndicke	Ummagnetisierungs- verlust P[1] W/kg max.		Magnetische Polarisation J[2] T min.	Stapelfaktor[3]
Kurzname	Werkstoff- nummer	mm	bei 1,5 T	1,7 T	bei der Feldstärke 800 A/m	min.
VM 89–27 N	1.0865	0,27	0,89	1,40	1,75	0,950
VM 97–30 N	1.0861	0,30	0,97	1,50	1,75	0,955
VM 111–35 N	1.0856	0,35	1,11	1,65	1,75	0,960

[1]) Die Werte gelten für gealterte Proben. Bei der Bestellung ist anzugeben, ob die Werte bei 1,5 T oder bei 1,7 T gelten sollen (siehe Abschnitt 5.5.2).
[2]) Siehe Abschnitte 2.1, 5.5.1 und 7.5.2
[3]) Siehe Abschnitte 2.6, 5.6 und 7.5.7

Tabelle 2. Magnetische und technologische Eigenschaften von kornorientiertem Elektroblech und -band mit einge- schränkten Ummagnetisierungsverlusten

Sorte		Nenndicke	Ummagnetisierungs- verlust P[1] W/kg max.	Magnetische Polarisation J[2] T min.	Stapelfaktor[3]
Kurzname	Werkstoff- nummer	mm	bei 1,7 T	bei der Feldstärke 800 A/m	min.
VM 130–27 S	1.0866	0,27	1,30	1,78	0,950
VM 140–30 S	1.0862	0,30	1,40	1,78	0,955
VM 155–35 S	1.0857	0,35	1,55	1,78	0,960

[1]) Die Werte gelten für gealterte Proben (siehe Abschnitt 5.5.2)
[2]) Siehe Abschnitte 2.1, 5.5.1 und 7.5.2
[3]) Siehe Abschnitte 2.6, 5.6 und 7.5.7

Tabelle 3. Magnetische und technologische Eigenschaften von kornorientiertem Elektroblech und -band mit niedrigen Ummagnetisierungsverlusten[1]

Sorte		Nenndicke	Ummagnetisierungs- verlust P[1] W/kg max.	Magnetische Polarisation J[2] T min.	Stapelfaktor[3]
Kurzname	Werkstoff- nummer	mm	bei 1,7 T	bei der Feldstärke 800 A/m	min.
VM 111–30 P	1.0881	0,30	1,11	1,85	0,955
VM 117–30 P	1.0882	0,30	1,17	1,85	0,955

[1]) Die Werte gelten für gealterte Proben (siehe Abschnitt 5.5.2)
[2]) Siehe Abschnitte 2.1, 5.5.1 und 7.5.2
[3]) Siehe Abschnitte 2.6, 5.6 und 7.5.7

	Flacherzeugnisse aus Stahl mit besonderen magnetischen Eigenschaften **Elektroblech und -band** aus legierten Stählen kaltgewalzt, nichtkornorientiert, nicht schlußgeglüht Technische Lieferbedingungen	**DIN** **46 400** Teil 4

1 Anwendungsbereich

Diese Lieferbedingungen gelten für kaltgewalztes nichtkornorientiertes Elektroblech und -band aus legierten Stählen (siehe Tabelle 1), das im nicht schlußgeglühten Zustand geliefert wird und für den Bau magnetischer Kreise bestimmt ist.

Diese Lieferbedingungen gelten nicht für

— Elektroblech und -band, kaltgewalzt, nichtkornorientiert, schlußgeglüht (siehe DIN 46 400 Teil 1),

— Elektroblech und -band aus unlegierten Stählen, kaltgewalzt, nichtkornorientiert, nicht schlußgeglüht (siehe DIN 46 400 Teil 2),

— Elektroblech und -band, kornorientiert (siehe DIN 46 400 Teil 3).

3 Sorteneinteilung

Diese Norm umfaßt die in Tabelle 1 angegebenen Sorten in den Lieferarten und Lieferzuständen nach den Abschnitten 5.2 und 5.3. Die Sorten sind nach dem Höchstwert für den Ummagnetisierungsverlust bei der Polarisation 1,5 T (P 1,5) im Bezugszustand nach Abschnitt 5.5.4 sowie nach der Nenndicke (0,50 und 0,65 mm) gestaffelt.

4 Bezeichnung

4.1 Der Kurzname für die Elektroblech- oder -bandsorte besteht in der angegebenen Reihenfolge aus

a) den Kennbuchstaben VE,

b) dem Hundertfachen des Höchstwertes für den Ummagnetisierungsverlust P 1,5 in W/kg,

c) dem Hundertfachen der Nenndicke des Erzeugnisses in mm.

Bestellbeispiele:

a) 20 t Elektroblech DIN 46 400 —
VE 390-65 — 600 NK X 1500

b) 10 t Elektroband DIN 46 400 —
VE 340-50 — 300

5 Anforderungen

5.3 Lieferzustand

5.3.1 Die Erzeugnisse nach dieser Norm werden ohne Schlußglühung geliefert.

5.4 Chemische Zusammensetzung

Die chemische Zusammensetzung der Stähle bleibt dem Hersteller überlassen.

5.5 Magnetische Eigenschaften

5.5.1 Magnetische Polarisation

Die für Proben im Bezugszustand (siehe Abschnitte 5.5.3 und 5.5.4) geltenden Mindestwerte der magnetischen Polarisation sind in Tabelle 1 angegeben.

5.5.2 Ummagnetisierungsverlust

Die für Proben im Bezugszustand (siehe Abschnitte 5.5.3 und 5.5.4) geltenden Höchstwerte für den Ummagnetisierungsverlust sind in Tabelle 1 angegeben. Einzuhalten ist der P 1,5-Wert (Ummagnetisierungsverlust bei 1,5 T); die Einhaltung des P 1,0-Wertes kann vereinbart werden.

5.5.3 Proben

5.5.3.1 Die Werte in Tabelle 1 beziehen sich auf Proben, die je zur Hälfte aus Längs- und Querstreifen bestehen.

5.5.4 Bezugszustand (Referenzglühung) der Proben

Die in Tabelle 1 bzw. den Abschnitten 5.5.1 und 5.5.2 angegebenen Werte für die magnetischen Eigenschaften gelten für Proben, die folgender Wärmebehandlung unterworfen wurden:

— Die Proben sind bei (840 ± 10) °C in entkohlender Atmosphäre zu glühen.

Weiterhin siehe DIN 46 400 Teil 2, Pkt. 5.5.4, Seite 238.

5.6 Schneidbarkeit

(Siehe DIN 46 400 Teil 1, Pkt. 5.6.3, Seite 234.)

5.7 Oberflächenbeschaffenheit

(Siehe DIN 46 400 Teil 1, Pkt. 5.7.1 und DIN 46 400 Teil 2, Pkt. 5.7.2, Seiten 234 und 238.)

5.8 Dichte, Maße, Grenzabmaße und Formtoleranzen

5.8.1 Dichte

Für die Ermittlung der magnetischen Eigenschaften sind, sofern nichts anderes vereinbart wurde, die in Tabelle 1 angeführten Werte für die Dichte einzusetzen.

5.8.2 Nennmaße

5.8.2.1 Die Nenndicke der Erzeugnisse nach dieser Norm beträgt 0,50 oder 0,65 mm entsprechend den Angaben in Tabelle 1. Falls größere Dicken benötigt werden, sollten die Nenndicken 0,75 und 1,0 mm bevorzugt werden.

5.8.2.2 Die üblichen Nennbreiten liegen im Bereich bis 1250 mm.

5.8.3 Grenzabmaße

5.8.3.1 Dicke

(Siehe DIN 46 400 Teil 2, Pkt. 5.8.3.1, Seite 238.)

5.8.3.2 Breite

(Siehe DIN 46 400 Teil 1, Pkt. 5.8.3.2, Seite 236.)

5.8.3.3 Länge

(Siehe DIN 46 400 Teil 1, Pkt. 5.8.3.3, Seite 236.)

5.8.4 Formtoleranzen

5.8.4.1 Welligkeit

(Siehe DIN 46 400 Teil 1, Pkt. 5.8.4.1, Seite 536.)

5.8.4.2 Geradheit der Längskante
(Siehe DIN 46 400, Teil 2, Pkt. 5.8.4.2, Seite 238.)

5.8.4.3 Bogigkeit, innere Spannungen
(Siehe DIN 46 400, Teil 2, Pkt. 5.8.4.3, Seite 238.)

Tabelle 1. **Magnetische und technologische Eigenschaften**

Sorte		Nenndicke mm	Ummagnetisierungs- verlust P [1] [2] W/kg max. bei		Magnetische Polarisation J [1] T min. bei einer Feldstärke in A/m			Dichte [3]
Kurzname	Werkstoff- nummer		1,5 T (P 1,5)	1,0 T (P 1,0)	2500	5000	10 000	
VE 340-50	1.0841	0,50	3,40	1,40	1,52	1,62	1,73	7,65
VE 390-50	1.0842	0,50	3,90	1,60	1,54	1,64	1,75	7,70
VE 450-50	1.0843	0,50	4,50	1,90	1,55	1,65	1,76	7,75
VE 560-50	1.0844	0,50	5,60	2,40	1,56	1,66	1,77	7,80
VE 390-65	1.0846	0,65	3,90	1,60	1,52	1,62	1,73	7,65
VE 450-65	1.0847	0,65	4,50	1,90	1,54	1,64	1,75	7,70
VE 520-65	1.0848	0,65	5,20	2,20	1,55	1,65	1,76	7,75
VE 630-65	1.0849	0,65	6,30	2,70	1,56	1,66	1,77	7,80

[1] Die Werte gelten für Proben im Bezugszustand nach Abschnitt 5.5.4.
[2] Einzuhalten ist — sofern nicht anders vereinbart — der P 1,5-Wert (siehe Abschnitt 5.5.2).
[3] Siehe Abschnitte 5.8.1 und 6.5.8

Kaltgewalztes Band und Blech mit höherer Streckgrenze zum Kaltumformen aus mikrolegierten Stählen Technische Lieferbedingungen	SEW 093 2. Ausgabe

1 Geltungsbereich

1.1 Dieses Werkstoffblatt gilt für kaltgewalzte Flacherzeugnisse (Band, Blech und Stäbe) ohne Überzug in Dicken ≤ 3 mm aus mikrolegierten Stählen mit Mindeststreckgrenzenwerten im Bereich von 260 bis 420 N/mm². Für Erzeugnisformen in Dicken > 3 mm sind besondere Vereinbarungen zu treffen.

2 Begriffe

In Abgrenzung zu den weichen unlegierten Stählen zum Kaltumformen nach DIN 1623 Teil 1[1]) und DIN 1624 weisen die hier behandelten mikrolegierten Stähle höhere Streckgrenzenwerte auf. Als „mikrolegiert" im Sinne dieses Stahl-Eisen-Werkstoffblattes gelten Stähle mit den gemäß Tafel 2 angegebenen Massenanteilen an Niob, Titan und/oder Vanadin.

Aufgrund der chemischen Zusammensetzung und der Herstellungsbedingungen der Stähle ergibt sich, gemessen an den höheren Streckgrenzenwerten, dennoch eine gute Kaltumformbarkeit. Alle Stähle haben einen niedrigen Kohlenstoffgehalt und sind besonders beruhigt. Die höheren Streckgrenzenwerte beruhen auf einer durch Kornfeinung und Aushärtung durch feinste Nitride und/oder Carbide bedingten Verfestigung.

3 Maße und zulässige Maßabweichungen

Für die in Abschnitt 1 genannten Erzeugnisse bestehen die Maßnormen DIN 1541 und DIN 1544.

5 Sorteneinteilung

5.1 Die in diesem Werkstoffblatt behandelten und in **Tafel 1** angegebenen Stahlsorten sind nach ihrer Streckgrenze bei Raumtemperatur eingeteilt.

6.2 Bezeichnung des Erzeugnisses

6.2.3 Wenn die Bezeichnung keine Angaben über die in den Abschnitten 6.2.1 und 6.2.2 genannten Merkmale enthält, werden die Erzeugnisse nach diesem Werkstoffblatt wie folgt geliefert:

Feinblech und Band in Walzbreiten ≧ 600 mm Breite nach DIN 1541	Band in Walzbreiten < 600 mm nach DIN 1544
– Oberflächenart 03	– Oberflächenart BK
– Oberflächenausführung „matt"	– Oberflächenausführung „glatt"
– geölt	– geölt

Bestellbeispiel:

20 t Blech DIN 1541 – ZStE 340 O3r – 0,80 x 1000 GK x 3000

oder 20 t Blech DIN 1541 – 1.0548 O3r – 0,80 x 1000 GK x 3000

---

[1]) siehe DIN EN 10130

7.2 Lieferzustand

Die Stähle werden im kaltgewalzten rekristallisierend geglühten und üblicherweise leicht nachgewalzten Zustand geliefert.

7.3 Chemische Zusammensetzung

7.3.1 Chemische Zusammensetzung nach der Schmelzenanalyse

In **Tafel 2** sind Werte für die chemische Zusammensetzung nach der Schmelzenanalyse angegeben. Dem Besteller oder seinem Beauftragten ist auf Verlangen die kennzeichnende chemische Zusammensetzung der Stahlsorte bekanntzugeben.

7.4 Mechanische und technologische Eigenschaften

7.4.1. Eigenschaften gemäß Zugversuch und technologischem Biegeversuch nach Tafel 1 ˙

7.4.2 Kaltumformbarkeit

Im allgemeinen ist davon auszugehen, daß mit zunehmender Streckgrenze und abnehmender Blechdicke die Neigung zu verformungsbedingten Reißern, Einschnürungen, Falten und Formungenauigkeiten durch elastische Rückfederung größer wird. Die Umformbedingungen sind daher auf die jeweiligen Sorten und Abmessungen abzustimmen.

7.4.3 Schweißeignung

Die gute Schweißeignung der Stähle sowohl beim Widerstandspunkt- als auch beim Schmelzschweißen leitet sich vor allem aus ihren niedrigen Kohlenstoff- und begrenzten Mangangehalten ab, die einer zu hohen Aufhärtung in der Wärmeeinflußzone entgegenwirken. Die höherfesten Stähle lassen sich sowohl untereinander als auch mit weichen unlegierten Stählen verschweißen, wenn die allgemeinen Regeln der Technik beachtet werden (siehe z.B. DIN 8563).

Zum Nachweis der Schweißeignung können bei der Bestellung Vereinbarungen getroffen werden.

7.5 Oberflächenbeschaffenheit

7.5.1 Oberfächenart und -ausführung für Feinblech und Band in Walzbreiten ≧ 600 mm nach DIN 1541 siehe DIN 1623 Teil 2 Tabelle 2 Seite 225.

7.5.2 Oberflächenart und -ausführung für Band in Walzbreiten < 600 mm nach DIN 1544, siehe Tafel 5, Seite 252.

7.6 Eignung zum Aufbringen von Oberflächenüberzügen und -beschichtungen

Für Feinblech und Band in Walzbreiten $\geqq 600$ mm nach DIN 1541, siehe DIN 1623 Teil 2, Pkt. 7.7.1 bis 7.7.4, Seite 223.

Für Band in Walzbreiten $\geqq 600$ mm nach DIN 1544, siehe DIN 1624, Pkt. 7.9.1 bis 7.9.3, Seite 258.

7.6.5 Für elektrolytisches Oberflächenveredeln sind alle Oberflächenarten geeignet. Das Aussehen nach dem Oberflächenveredeln ergibt sich unter anderem aus den Merkmalen nach Tafel 5 und DIN 1623 Teil 2 Tabelle 2. Bei schwierigen Teilen mit besonderen Anforderungen an die Oberfläche empfiehlt sich die Verwendung der Oberflächenarten O5 oder RP und RPG.

7.6.6 Ist das Aufbringen von Oberflächenüberzügen mittels Schmelztauchverfahren oder elektrolytische Oberflächenveredlung vorgesehen, so ist darauf bei der Bestellung besonders hinzuweisen.

Tafel 1. Stahlsorten und ihre mechanischen und technologischen Eigenschaften[1] im Lieferzustand

Stahlsorte		Streckgrenze	Zugfestigkeit	Bruchdehnung[3]	Dorndurchmesser beim technologischen Biegeversuch a = Probendicke Biegewinkel 180°
Kurzname	Werkstoff-Nr.	$R_{p\,0,2}$ oder R_{eL}[2])	R_m	A_{80}	
		N/mm²	N/mm²	% mind.	
ZStE 260	1.0480	260 bis 340	350 bis 450	24	D = 0a
ZStE 300	1.0489	300 bis 380	380 bis 480	22	D = 0a
ZStE 340	1.0548	340 bis 440	410 bis 530	20	D = 0a
ZStE 380	1.0550	380 bis 500	460 bis 600	18	D = 0,5a
ZStE 420	1.0556	420 bis 540	480 bis 620	16	D = 0,5a

[1]) Die Werte gelten für Querproben (siehe Abschnitt 7.4.1.2); in Walzrichtung gemessene R_e-Werte können um bis zu 10% unter den Querwerten liegen.

[2]) Die Werte gelten bei nicht ausgeprägter Streckgrenze für die 0,2%-Dehngrenze ($R_{p\,0,2}$), sonst für die untere Streckgrenze (R_{eL}).

[3]) Für die Oberflächenarten O5, RP und RPG sowie bei besonderen Anforderungen an die Ebenheit erniedrigen sich die Werte für die Mindestbruchdehnung um zwei Einheiten.

Tafel 2. Stahlsorten und ihre chemische Zusammensetzung nach der Schmelzenanalyse

Stahlsorte	% C	% Si	% Mn	% P	% S	% Al$_{ges}$	% Nb[1]	% Ti[1]
				(Massenanteile)				
			höchstens			mind.	höchstens	
ZStE 260			0,60					
ZStE 300			0,80					
ZStE 340	0,10	0,50	1,00	0,030	0,030	0,015	0,09	0,22
ZStE 380			1,20					
ZStE 420			1,40					

[1]) Alle Stähle enthalten im allgemeinen Zusätze an Niob und/oder Titan; auch Vanadin kann zugesetzt werden. Die Summe der Gehalte an allen drei Elementen darf 0,22% nicht überschreiten.

Tafel 5. Kennzeichen und Merkmale für die Oberflächenart und Oberflächenausführung von Band in Walzbreiten < 600 mm nach DIN 1544

	Benennung	Kennzeichen	Merkmale
Oberflächen-art[1])	blank	BK	Blanke, metallisch reine Oberfläche, Poren, kleine Narben und leichte Kratzer sind zulässig.
	riß- und porenfrei	RP	Wie BK, jedoch Narben, Risse, Kratzer und Poren nur in so geringem Umfang zulässig, daß bei Betrachten mit bloßem Auge das einheitlich glatte Aussehen nicht wesentlich beeinträchtigt wird.
	riß- und porenfrei hellglänzend	RPG	Wie RP, jedoch mit hellglänzender Oberfläche
Oberflächen-aus-führung[2])	besonders glatt	b	Die Oberfläche muß gleichmäßig glatt (blank) aussehen. Richtwert für den Mittenrauhwert R_a: ≤ 0,3 μm
	glatt	g	Die Oberfläche muß gleichmäßig glatt aussehen. Richtwert für den Mittenrauhwert R_a: ≥ 0,6 μm
	matt	m	Die Oberfläche muß gleichmäßig matt aussehen. Richtwert für den Mittenrauhwert R_a: > 0,6 ≤ 1,8 μm
	rauh	r	Die Oberfläche ist mit einer größeren Rauhtiefe aufgerauht. Richtwert für den Mittenrauhwert R_a: ≥ 1,5 μm

[1]) Siehe Abschnitt 7.5.2
[2]) Siehe Abschnitt 7.5.4

Kaltgewalztes Band und Blech mit höherer Streckgrenze zum Kaltumformen aus phosphorlegierten Stählen sowie aus Stählen mit zusätzlicher Verfestigung nach Wärmeeinwirkung (Bake-hardening) Technische Lieferbedingungen	SEW 094 1. Ausgabe

1 Geltungsbereich

1.1 Dieses Werkstoffblatt gilt für kaltgewalzte Flacherzeugnisse (Band, Blech und Stäbe) ohne Überzug in Dicken $\leq$ 3 mm aus Stählen mit Mindeststreckgrenzenwerten im Bereich von 180 bis 300 N/mm². Entsprechend **Tafel 1** wird nach phosphorlegierten Stählen (Sorten ZStE 220 P bis ZStE 300 P) und Stählen mit zusätzlicher Verfestigung nach Wärmeeinwirkung (Sorten ZStE 180 BH bis ZStE 300 BH) unterschieden. Für Erzeugnisse in Dicken > 3 mm sind besondere Vereinbarungen zu treffen.

2 Begriffe

In Abgrenzung zu den weichen unlegierten Stählen zum Kaltumformen nach DIN 1623 Teil 1*) und DIN 1624 weisen die hier behandelten Stähle höhere Steckgrenzenwerte auf. In Abgrenzung zu den mikrolegierten Stählen nach Stahl-Eisen-Werkstoffblatt 093 handelt es sich hier um Stähle ohne die „Mikrolegierungselemente" Niob, Titan oder Vanadin.
Aufgrund der chemischen Zusammensetzung und der Herstellungsbedingungen der Stähle ergibt sich, gemessen an den höheren Streckgrenzenwerten, dennoch eine gute Kaltumformbarkeit. Alle Stähle haben einen niedrigen Kohlenstoffgehalt und sind besonders beruhigt. Bezogen auf den Lieferzustand beruhen die höheren Streckgrenzenwerte bei allen Stählen auf einer Kornfeinung in Verbindung mit einer Mischkristallverfestigung.

Bei den Stählen mit einer Verfestigung nach Wärmeeinwirkung ergibt sich die gewünschte Streckgrenzenerhöhung, wenn eine nachträgliche Erwärmung durchgeführt wird, deren Bedingungen sich an einer üblichen Lackeinbrennbehandlung orientieren. Dieser auf einer Ausscheidung von Kohlenstoffatomen beruhende Effekt setzt eine vorherige Mindestverformung voraus, die entweder bereits bei der Herstellung (durch Nachwalzen) oder bei der Verarbeitung (verformungsbedingte Dehnung) erfolgen kann. Hieran ausgerichtet sind die nach **Tafel 6** dargestellten Prüfbedingungen:

Fall 1) berücksichtigt im wesentlichen solche Anwendungsfälle, bei denen auch in unverformten Partien von Bauteilen eine Mindestverfestigung durch Wärmeeinwirkung angestrebt wird.

Fall 2) bezieht sich demgegenüber auf die überwiegenden Anwendungsfälle, bei denen eine ausreichende Mindestverformung gesichert ist.

Aufgrund dieser Besonderheiten der hier behandelten Stahlsorten ist auch die Abgrenzung gegenüber den Stahlsorten nach DIN 1623 Teil 2 und DIN 1624 gegeben.

Tafel 1. Stahlsorten und ihre mechanischen und technologischen Eigenschaften[1] im Lieferzustand

Stahlsorte		Streckgrenze	Streckgrenzenerhöhung durch Wärmeeinwirkung	Zugfestigkeit	Bruchdehnung	Dorndurchmesser beim technologischen Biegeversuch
Kurzname	Werkstoff-Nr.	$R_{p0,2}$ oder R_{eL} [2]) N/mm²	BH Richtwert[3]) N/mm²	R_m N/mm²	A_{80} % mind.	a = Probendicke Biegewinkel 180°
Stahlsorten mit Phosphorlegierung						
ZStE 220 P	1.0397	220 bis 280	–	340 bis 420	30	D = 0a
ZStE 260 P	1.0417	260 bis 320	–	380 bis 460	28	D = 0a
ZStE 300 P	1.0448	300 bis 360	–	420 bis 500	26	D = 0a
Stahlsorten mit Streckgrenzenerhöhung durch Wärmeeinwirkung						
ZStE 180 BH	1.0395	180 bis 240	40	300 bis 380	32	D = 0a
ZStE 220 BH	1.0396	220 bis 280	40	320 bis 400	30	D = 0a
ZStE 260 BH	1.0400	260 bis 320	40	360 bis 440	28	D = 0a
ZStE 300 BH	1.0444	300 bis 360	40	400 bis 480	26	D = 0a

[1]) Die Werte gelten für Erzeugnisse mit einer Breite $\geq$ 250 mm für Querproben, für Erzeugnisse mit einer Breite < 250 mm für Längsproben

[2]) Die Werte gelten bei nicht ausgeprägter Streckgrenze für die 0,2%-Dehngrenze ($R_{p0,2}$), sonst für die untere Streckgrenze (R_{eL}).

[3]) Definition des Richtwertes siehe Abschnitt 8.5.4.

[4]) Für die Oberflächenarten O5, RP und RPG sowie bei besonderen Anforderungen an die Ebenheit erniedrigen sich die Werte für die Mindestbruchdehnung um zwei Einheiten.

---

*) siehe DIN EN 10130

Tafel 2. Stahlsorten und ihre chemische Zusammensetzung nach der Schmelzenanalyse

Stahlsorte	% C	% Si	% Mn	% P	% S	% Al_{ges}
			(Massenanteile)			
			höchstens			mind.
Stahlsorten mit Phosphorlegierung						
ZStE 220 P	0,06	0,50	0,70	0,08	0,030	0,020
ZStE 260 P[1])	0,08	0,50	0,70	0,10	0,030	0,020
ZStE 300 P[1])	0,10	0,50	0,70	0,12	0,030	0,020
Stahlsorten mit Streckgrenzenerhöhung durch Wärmeeinwirkung						
ZStE 180 BH	0,04	0,50	0,70	0,06	0,030	0,020
ZStE 220 BH	0,06	0,50	0,70	0,08	0,030	0,020
ZStE 260 BH[1])	0,08	0,50	0,70	0,10	0,030	0,020
ZStE 300 BH[1])	0,10	0,50	0,70	0,12	0,030	0,020

[1]) % C + % P $\leq$ 0,16 %

3 Maße und zulässige Maßabweichungen

(Siehe SEW 093, Pkt. 3, Seite 244.)

5 Sorteneinteilung

5.1 Die in diesem Werkstoffblatt behandelten und in Tafel 1 angegebenen Stahlsorten sind nach ihrer Streckgrenze bei Raumtemperatur eingeteilt.

6.2 Bezeichnung des Erzeugnisses

6.2.3 Wenn die Bezeichnung keine Angaben über die in den Abschnitten 6.2.1 und 6.2.2 genannten Merkmale enthält, werden die Erzeugnisse nach diesem Werkstoffblatt wie folgt geliefert:

Feinblech und Band in Walzbreiten $\geq$ 600 mm nach DIN 1541	Band in Walzbreiten < 600 mm nach DIN 1544
– Oberflächenart O3 – Oberflächenausführung „matt" – geölt	– Oberflächenart BK – Oberflächenausführung „glatt" – geölt

6.2.4 Bestellbeispiel

20 t Blech DIN 1541 – ZStE 300 P O3r – 0,80 x 1000 GK x 3000

oder 20 t Blech DIN 1541 – 1.0448 O3r – 0,80 x 1000 GK x 3000

7.2 Lieferzustand

Die Stähle werden im kaltgewalzten rekristallisierend geglühten und üblicherweise leicht nachgewalzten Zustand geliefert.

7.3 Chemische Zusammensetzung

7.3.1 Chemische Zusammensetzung nach der Schmelzenanalyse
In **Tafel 2** sind Werte für die chemische Zusammensetzung nach der Schmelzenanalyse angegeben.

7.4 Mechanische und technologische Eigenschaften

7.4.1. Eigenschaften gemäß Zugversuch und technologischem Biegeversuch nach Tafel 1

7.4.2 Kaltumformbarkeit
(Siehe SEW 093, Pkt. 7.4.2, Seite 244.)

7.4.3 Fließfiguren/Alterung
Alle Stahlsorten nach Tafel 1 werden im allgemeinen beim Hersteller kalt nachgewalzt. Sie können dann innerhalb einer Zeitspanne von 6 Monaten nach der vereinbarten Zurverfügungstellung fließfigurenfrei verarbeitet werden.

Stähle mit Verfestigung nach Wärmeeinwirkung können – je nach Herstellungsbedingungen – einer natürlichen Alterung unterliegen, wobei die in Tafel 1 angegebenen Grenzwerte eingehalten werden. Ebenso bleibt die Streckgrenzenerhöhung durch Wärmeeinwirkung erhalten.

7.4.4 Schweißeignung
Die gute Schweißeignung der Stähle sowohl beim Widerstandspunkt – als auch beim Schmelzschweißen leitet sich vor allem aus ihren niedrigen Kohlenstoff- und begrenzten Mangangehalten ab, die einer zu hohen Aufhärtung in der Wärmeeinflußzone entgegenwirken; außerdem ist die Summe aus Kohlenstoff- und Phosphorgehalt begrenzt (Tafel 2).

(Weiterhin siehe SEW 093, Pkt. 7.4.3, Seite 244.)

7.5 Oberflächenbeschaffenheit

7.5.1 Oberflächenart und -ausführung für Feinblech und Band in Walzbreiten $\geq$600 mm nach DIN 1541.
(Siehe Tabelle 2, DIN 1623 Teil 2, Seite 225.)

7.5.2 Oberflächenart und -ausführung für Band in Walzbreiten <600 mm nach DIN 1544
(Siehe SEW 093 Tafel 5, Seite 246.)

7.6 Eignung zum Aufbringen von Oberflächenüberzügen und -beschichtungen

(Siehe SEW 093, Pkt. 7.6, 7.6.5 und 7.6.6, Seite 245.)

Tafel 6. Ermittlung der Streckgrenzenerhöhung durch Wärmeeinwirkung (in Anlehnung an eine übliche Lackeinbrennbehandlung: Temperatur 170°C ± 5°C, Mindesthaltedauer auf dieser Temperatur 20 min); siehe Abschnitte 2 und 8.5.4

Fall 1: Ermittlung der Streckgrenzenerhöhung durch Wärmeeinwirkung im Lieferzustand (BH$_o$); **Bild a**
Vorgehensweise: Herstellen von Flachzugproben nach DIN 50 114 – 20 x 80 und Ermittlung der Streckgrenze im Lieferzustand und nach Wärmeeinwirkung an getrennten Proben.

BH$_o$ = R$_{eL}$ nach Wärmeeinwirkung minus R$_{p0,2}$(R$_{eL}$) im Lieferzustand

Fall 2: Ermittlung der Streckgrenzenerhöhung durch Wärmeeinwirkung nach Vorverformung durch recken um
2% (BH$_2$); **Bild b**
Vorgehensweise: Herstellen einer Flachzugprobe nach DIN 50 114 – 20 x 80, Probe um 2% Gesamtdeh-
nung recken und die auf den Ausgangsquerschnitt bezogene Spannung ermitteln (R$_{p2,0}$), ausgespannte
Probe bei 170°C/20 min auslagern und Zugversuch bei Raumtemperatur durchführen, Streckgrenze R$_{eL}$
bezogen auf Probenquerschnitt nach recken und auslagern bestimmen

BH$_2$ = R$_{eL}$ nach Wärmeeinwirkung minus R$_{p2,0}$

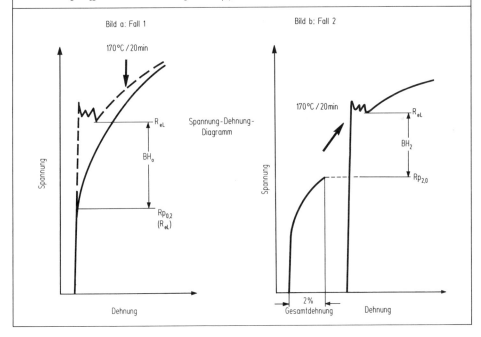

Kaltgewalztes Band und Blech zum Kaltumformen aus weichem mikrolegiertem Stahl Technische Lieferbedingungen	SEW 095 1. Ausgabe

1 Geltungsbereich

1.1 Dieses Werkstoffblatt gilt für kaltgewalzte Flacherzeugnisse (Band, Blech und Stäbe) ohne Überzug in Dicken $\leq$ 3 mm aus weichem mikrolegiertem Stahl, der für besonders hohe Umformbeanspruchungen bestimmt ist. Für Erzeugnisformen in Dicken > 3 mm sind besondere Vereinbarungen zu treffen.

2 Begriffe

In Abgrenzung zu den weichen unlegierten Stählen zum Kaltumformen nach DIN 1623 Teil 1[*]) und DIN 1624 weist der hier behandelte mikrolegierte Stahl außer einem sehr niedrigen Kohlenstoffgehalt Legierungselemente auf, die dazu dienen, Kohlenstoff und Stickstoff vollständig abzubinden. Als „mikrolegiert" im Sinne dieses Stahl-Eisen-Werkstoffblattes gilt Stahl mit den in **Tafel 1** angegebenen Massenanteilen an Titan und/oder Niob.

Da der Stahl keine im Ferrit gelösten Gehalte an Kohlenstoff und Stickstoff enthält, wird er international als „interstitial free", kurz IF-Stahl, bezeichnet. Der Stahl ist besonders beruhigt.

Aufgrund der chemischen Zusammensetzung und der Herstellungsbedingungen ergibt sich eine ausgezeichnete Kaltumformbarkeit bei Tiefzieh- und Streckziehbeanspruchungen. Diese ist gekennzeichnet durch hohe Werte der senkrechten Anisotropie und des Verfestigungsexponenten sowie durch niedrige Streckgrenzenwerte. Der Stahl weist auch im geglühten Zustand keine ausgeprägte Streckgrenze auf und ist alterungsfrei.

Durch nachgeschaltete Arbeitsgänge wie z.B. Nachwalzen tritt eine Erhöhung der Streckgrenze und eine Verminderung der Umformbarkeit ein.

---

[*]) siehe DIN EN 10130

3 Maße und zulässige Maßabweichungen

(siehe SEW 093, Pkt. 3)

5.2 Bezeichnung des Erzeugnisses

5.2.2 Gegebenenfalls sind zusätzlich die gewünschte Eignung zum Aufbringen von Oberflächenüberzügen (siehe Abschnitt 6.8) sowie die gewünschte Lieferung mit ungeölter Oberfläche (siehe Abschnitt 8.2.2) im Klartext anzugeben. Ferner ist bei der Bestellung besonders darauf hinzuweisen, wenn die Erzeugnisse mit Eignung zur Herstellung eines bestimmten Werstücks (siehe Abschnitt 6.4.2) geliefert werden sollen. Bei der Bestellung der Oberflächenarten O5, RP oder RPG ist gegebenenfalls die gewünschte Lage der besseren Seite vorzugeben.

5.2.4 Wenn die Bezeichnung keine Angaben über die in den Abschnitten 5.2.1 und 5.2.2 genannten Merkmale enthält, werden die Erzeugnisse nach diesem Werkstoffblatt wie folgt geliefert:

Feinblech und Band in Walzbreiten $\geq$ 600 mm nach DIN 1541	Band in Walzbreiten < 600 mm nach DIN 1544
– Lieferzustand geglüht (G) – Oberflächenart O3 – Oberflächenausführung „matt" – geölt	– Lieferzustand geglüht (G) – Oberflächenart BK – Oberflächenausführung „glatt" – geölt

5.2.5 Bestellbeispiel

20 t Blech DIN 1541 – IF 18 G O3m –
0,80 x 1000 GK x 3000

oder 20 t Blech DIN 1541 – 1.0873 G O3m –
0,80 x 1000 GK x 3000

Tafel 1. Eigenschaften von IF-Stahl im geglühten Lieferzustand[1])

Stahlsorte		Desoxidationsart[2])	Chemische Zusammensetzung[3]) (Massenanteile)		Mechanische Eigenschaften				
Kurzname	Werkstoff Nr.		% C	% Ti[4])	Zugfestigkeit R_m N/mm² höchstens	Streckgrenze $R_{p0,2}$ N/mm² mind.	Bruchdehnung A_{80} % mind.	Senkrechte Anisotropie r_m	Verfestigungsexponent n_m
IF 18	1.0873	RR	$\leq$ 0,02	$\leq$ 0,3	270 bis 350	160	38	1,8	0,22

[1]) Bei Anforderungen an die Oberflächenbeschaffenheit, die nur durch Nachwalzen erfüllt werden können, ist mit einer Änderung der kennzeichnenden Eigenschaftswerte zu rechnen: Streckgrenzensteigerung $\leq$ 40 N/mm², Bruchdehnungsabnahme $\leq$ 4 % und n-Wert-Abnahme $\leq$ 0,03.

[2]) RR besonders beruhigt.

[3]) Gültig für die Schmelzenanalyse
Für die Ergebnisse der Stückanalyse ist folgende Abweichung von den Grenzwerten nach der Schmelzenanalyse zulässig: für Kohlenstoff + 0,01 %, für Titan + 0,05 %.

[4]) Titan kann durch Niob ersetzt werden; in Verbindung mit Aluminium müssen Kohlenstoff und Stickstoff vollständig abgebunden sein.

6.2　Lieferzustand

Der Stahl wird im kaltgewalzten rekristallisierend geglühten und üblicherweise nicht nachgewalzten Zustand G
geliefert. Bei besonderen Anforderungen an die Oberflächenbeschaffenheit ist die Lieferung im leicht nachgewalzten Zustand LG möglich.

6.3　Chemische Zusammensetzung

6.3.1　Chemische　Zusammensetzung　nach　der
Schmelzenanalyse *(siehe Tafel 1)*

6.4　Wahl der Eigenschaften

Je nach der Vereinbarung bei der Bestellung erfolgt die
Lieferung nach diesem Werkstoffblatt

6.4.1　entweder mit den mechanischen Eigenschaften
nach Tafel 1 oder

6.4.2　mit der Eignung für die Herstellung eines bestimmten Werkstückes. In diesem Fall darf der durch den
Werkstoff bedingte Ausschuß bei der Verarbeitung einen
bestimmten zu vereinbarenden Anteil nicht überschreiten.

6.4.3　Für die mechanischen Eigenschaften sowie für
die Eignung zur Herstellung eines bestimmten Werkstük-
kes gilt eine Frist von 6 Monaten nach der vereinbarten
Zurverfügungstellung.

Mechanische Eigenschaften

6.5.1　Für den Zugversuch nach Abschnitt 7.5.3 an Proben, die entsprechend den Angaben in Abschnitt 7.4 entnommen worden sind, gelten die Werte nach Tafel 1.

6.5.2　Die Werte des Zugversuches sind bei Erzeugnissen mit einer Breite $\geq$ 250 mm an Querproben nachzuweisen. Bei Erzeugnissen < 250 mm Breite sind dagegen
Längsproben zu prüfen.

6.5.3　Die Werte der senkrechten Anisotropie und des
Verfestigungsexponenten sind bei Erzeugnissen mit
$\geq$ 250 mm Breite als r_m- und n_m-Wert nachzuweisen. Bei
Erzeugnissen mit geringerer Breite sind die Prüfbedingungen zu vereinbaren.

6.6　Schweißeignung

Die Eignung der Stähle für übliche Schweißverfahren ist
gegeben.

6.7　Oberflächenbeschaffenheit

6.7.1　Oberflächenbeschaffenheit im geglühten nicht
　　　　nachgewalzten Lieferzustand G

Die Erzeugnisse weisen eine Oberflächenbeschaffenheit
auf, die durch das Kaltwalzen vor der Glühbehandlung
bestimmt wird. Für Feinblech und Band $\geq$ 600 mm Walzbreite nach DIN 1541 wird die Oberflächenart O3, für Band
in Walzbreiten < 600 mm nach DIN 1544 die Oberflächenart BK geliefert.

6.7.2　Oberflächenbeschaffenheit im leicht nachge-
　　　　walzten Lieferzustand LG

Im leicht nachgewalzten Zustand können unterschiedliche Oberflächenarten und Oberflächenausführungen
nach den Tafeln 2 und 3 gewählt werden.

**6.7.2.1 Oberflächenart für Feinblech und Band in Walz-
breiten $\geq$ 600 mm nach DIN 1541**
(siehe DIN 1623 Teil 2 Tabelle 2)

**6.7.2.2. Oberflächenart und -ausführung für Band in
Walzbreiten < 600 mm nach DIN 1544**
(siehe SEW 093 Tafel 5)

6.8　Eignung zum Aufbringen von Ober-
　　　flächenüberzügen und -beschichtungen

6.8.1　Der Stahl ist für das Aufbringen von Oberflächenüberzügen und -beschichtungen durch

– Lackieren und Kunststoffbeschichten

– Aufbringen von metallischen Überzügen durch
  Schmelztauchverfahren oder elektrolytische Ab-
  scheidung

– Emaillieren

geeignet; dies erfordert eine zweckentsprechende Vorbereitung beim Verarbeiter.

Beim Stückverzinken sind Anpassungsmaßnahmen hinsichtlich Zinkbadzusammensetzung, -temperatur und
Tauchzeit erforderlich.

Für das konventionelle Emaillieren ist die Stahlsorte
geeignet, wenn bei der Verarbeitung zusätzliche Maßnahmen zur Haftungsverbesserung getroffen werden,
wie eine Tauchvernickelung, eine Erhöhung der Haftoxid-
gehalte oder erhöhte Brenntemperaturen.

Für das Direktemaillieren ist die chemische Zusammensetzung im Rahmen der Angaben in Tafel 1 der Verwendung anzupassen.

6.8.2　Ist das Aufbringen von Oberflächenüberzügen
und -beschichtungen (außer Lackierung) vorgesehen, so
ist darauf bei der Bestellung besonders hinzuweisen.

	Flachzeug aus Stahl ## Kaltgewalztes Band aus Stahl Maße, zulässige Maß- und Formabweichungen	**DIN** **1544**

1 Geltungsbereich

1.1. Diese Norm gilt für kaltgewalztes Flachzeug $\geq 0{,}10$ ≤ 6 mm Dicke ohne Oberflächenüberzüge, und zwar für Kaltband in Walzbreiten ≤ 650 mm sowie aus diesem Band geschnittene Stäbe (Streifen) aus den im Abschnitt 5 genannten Stählen.

1.2. Unter diese Norm fallen nicht

kaltgewalztes Feinblech nach DIN 1540 (Vornorm),

kaltgewalztes Breitband und Blech aus unlegierten Stählen nach DIN 1541,

kaltgewalztes Breitband und Blech aus nichtrostenden Stählen nach DIN 59 382,

kaltgewalztes Band aus nichtrostenden und hitzebeständigen Stählen nach DIN 59 381.

3 Bezeichnungen

Bestellbeispiele:

a) 5 t Band 1,50 F X 200 GK DIN 1544 – St 2 K 60

b) 3 t Band 2,50 X 125 NK X 3000
DIN 1544 – St 4 G

c) 10 t Band 0,80 P X 450 GK X 2150 PS
DIN 1544 – Ck 60

4 Lieferart

4.2.2. Auf besondere Vereinbarung und je nach den technischen Möglichkeiten des Lieferers ist Flachzeug mit Sonderkanten (SK), z. B. mit scharfkantig gewalzten oder gerundeten Kanten lieferbar.

5 Werkstoff

Flachzeug nach dieser Norm wird aus allen unlegierten und legierten Stählen mit Ausnahme von nichtrostenden und hitzebeständigen Stählen (siehe DIN 59 381) hergestellt.

6 Maße und zulässige Maß- und Formabweichungen

6.1. Dicke

6.1.1. Die zu bevorzugenden Nenndicken sind in Tabelle 2 angegeben. Alle anderen Dicken im Bereich $\geq 0{,}10$ $\leq 6{,}0$ mm sind jedoch ebenfalls lieferbar.

6.1.2. Die zulässigen Dickenabweichungen bei Regelabweichungen, Feinabweichungen (F) und Präzisionsabweichungen (P) gehen aus Tabelle 2 hervor (siehe auch Abschnitt 7.1).

6.1.2.1. Bei Bandabschnitten mit einer Länge von je 3 m am Anfang und Ende der Rollen sind die doppelten Werte für die Dickenabweichungen als nach Abschnitt 6.1.2 zulässig.

6.1.2.2. Bei der Bestellung kann die Lieferung nur mit Überschreitung oder nur mit Unterschreitung der Nenndicke vereinbart werden; in diesem Falle kommt die Gesamtspanne der zulässigen Abweichungen nach den Abschnitten 6.1.2 und 6.1.2.1 zur Anwendung.

6.2. Breite

6.2.1. Die Werte für die zulässige Überschreitung der Nennbreite bei Flachzeug mit Naturwalzkanten (NK) und mit geschnittenen Kanten (GK) gehen aus Tabelle 3 hervor. Eine Unterschreitung der Nennbreite ist nicht statthaft.

6.2.2. Für Flachzeug mit Sonderkanten (SK) sind bei der Bestellung besondere Vereinbarungen über die zulässigen Breitenabweichungen zu treffen.

6.4. Länge (bei Stäben)

6.4.1. Bei der Lieferung von Herstellängen liegen je nach der Bestellung oder nach Wahl des Herstellers die Maße $\geq 1000 \leq 4000$ mm; kleinere oder größere Längen müssen besonders vereinbart werden. Eine bestimmte zulässige Längenabweichung kann nicht vorgeschrieben werden.

6.4.2. Die bei der Bestellung von Festlängen (F) oder Genaulängen (P) gültigen Werte für die zulässige Überschreitung der Nennlänge sind in Tabelle 4 angegeben. Eine Unterschreitung des Bestellmaßes ist nicht statthaft (siehe jedoch Abschnitt 4.1 b)).

6.5. Geradheit der Längskanten

Für die zulässigen Abweichungen von der Geradheit der Längskanten bei Regelabweichungen und Feinabweichungen (S) gelten die Werte in Tabelle 5 (siehe auch Abschnitt 7.2).

Tabelle 5. **Zulässige Abweichungen von der Geradheit**

Zulässige Abweichung von der Geradheit [1]			
bei einer Nennbreite		Regel- abweichung	Fein- abweichung (S)
$\geq$	$<$		
10	25	5	2
25	40	3,5	1,5
40	125	2,5	1,25
125	650 [2]	2	1

[1] Gültig für eine Meßlänge von 1000 mm, siehe Abschnitt 7.2

[2] Einschließlich 650 mm

6.6. Ebenheit (bei Stäben)

Die zulässigen Abweichungen von der Ebenheit bei Stäben beträgt 10 mm (siehe auch Abschnitt 7.3). Weitergehende Anforderungen an die Ebenheit müssen bei der Bestellung besonders vereinbart werden.

Tabelle 1.　**Bestellbare Lieferarten für kaltgewalztes Flachzeug ≦ 650 mm Breite**

Erzeugnis-form	Kanten-aus-führung[2])	Bestellbare Lieferarten[1])							
		Dicke[3])			Länge[4])			Geradheit[5])	
		Regel-abweichung	Fein-abweichung	Präzisions-abweichung	Her-stell-länge	Fest-länge	Genau-länge	Regel-abweichung	Fein-abweichung
Band	NK	✕	F	P	–	–	–	✕	S
	GK	✕	F	P	–	–	–	✕	S
	SK	✕	F	P	–	–	–	✕	S
Stab (Streifen)	NK	✕	F	P	✕	F	P	✕	S
	GK	✕	F	P	✕	F	P	✕	S
	SK	✕	F	P	✕	F	P	✕	S

[1]) Die durch ein Kreuz (✕) gekennzeichneten Regelabweichungen sind die übliche Lieferart (siehe Abschnitte 3.1.1 und 4.3). Bei gewünschter Lieferung mit Fein- oder Präzisionsabweichungen oder von Stäben in Festlänge oder Genaulänge sind die angegebenen Kennbuchstaben in der Bezeichnung zu verwenden (siehe Abschnitt 3.1).

[2]) NK = Naturwalzkanten, GK = geschnittene Kanten, SK = Sonderkanten (siehe Abschnitte 4.2.1, 4.2.2 und 4.3).

[3]) Siehe Abschnitt 6.1 und Tabelle 2.

[4]) Siehe Abschnitt 6.4 und Tabelle 4.

[5]) Siehe Abschnitt 6.5 und Tabelle 5.

Tabelle 2.　**Zu bevorzugende Nenndicken und zulässige Dickenabweichungen**

Zu bevorzugende Nenndicken	bei einer Nenndicke ≧	bei einer Nenndicke <	Zulässige Dickenabweichungen[1]) bei Nennbreiten								
			< 125			≧ 125 < 250			≧ 250 ≦ 650		
			Regel-abweichung	Fein-abweichung (F)	Präzisions-abweichung (P)	Regel-abweichung	Fein-abweichung (F)	Präzisions-abweichung (P)	Regel-abweichung	Fein-abweichung (F)	Präzisions-abweichung (P)
0,10; 0,12	0,10	0,15	±0,010	±0,008	±0,005	±0,020	±0,012	±0,010	±0,020	±0,015	±0,010
0,15; 0,20	0,15	0,25	±0,020	±0,012	±0,010	±0,020	±0,015	±0,010	±0,030	±0,020	±0,015
0,25; 0,30; 0,35	0,25	0,40	±0,020	±0,015	±0,010	±0,030	±0,020	±0,015	±0,030	±0,025	±0,015
0,40; 0,50	0,40	0,60	±0,030	±0,020	±0,015	±0,030	±0,025	±0,015	±0,040	±0,030	±0,020
0,60; 0,70; 0,80; 0,90	0,60	1,00	±0,030	±0,025	±0,015	±0,040	±0,030	±0,020	±0,050	±0,035	±0,025
1,00; 1,20	1,00	1,50	±0,040	±0,030	±0,020	±0,050	±0,035	±0,025	±0,060	±0,045	±0,030
1,50; 2,00	1,50	2,50	±0,050	±0,035	±0,025	±0,060	±0,045	±0,030	±0,080	±0,060	±0,040
2,50; 3,00; 3,50	2,50	4,00	±0,060	±0,045	±0,030	±0,070	±0,055	±0,035	±0,090	±0,070	±0,045
4,00; 4,50; 5,00; 6,00	4,00	6,00[2])	±0,080	±0,060	–	±0,090	±0,070	–	±0,100	±0,080	–

[1]) Beachte Abschnitte 6.1.2.1, 6.1.2.2, 7.1 und 7.1.1

[2]) Einschließlich 6,00 mm

Tabelle 3. **Zulässige Überschreitung der Nennbreite**

bei einer Nenndicke		Zulässige Überschreitung der Nennbreite [1]			
		bei Nennbreiten			
≥	<	< 125	≥ 125 < 250	≥ 250 < 400	≥ 400 ≤ 650
Flachzeug mit Naturwalzkanten (NK)					
0,3	6,00 [2]	3,0	3,5	4,0	4,5
Flachzeug mit geschnittenen Kanten (GK)					
0,10	0,40	0,3	0,4	0,6	0,6
0,40	1,50	0,4	0,6	0,8	0,8
1,50	2,50	0,6	0,8	1,0	1,0
2,50	6,00 [2]	0,8	1,0	1,2	1,2

[1] Siehe Abschnitt 6.2.2.
[2] Einschließlich 6,00 mm.

Tabelle 4. **Zulässige Längenabweichungen bei Stäben (Streifen) in Festlängen und Genaulängen**

Nennlänge l	Zulässige Überschreitung der Nennlänge bei	
	Festlängen (F)	Genaulängen (P)
≤ 1000	10	10
> 1000 ≤ 2500	0,01 · l	10
> 2500	0,01 · l	0,004 · l

Flachzeug aus Stahl ## Kaltgewalztes Band aus nichtrostenden und aus hitzebeständigen Stählen Maße, zulässige Maß-, Form- und Gewichtsabweichungen	**DIN** **59 381**

1 Geltungsbereich

1.1 Diese Norm gilt für kaltgewalztes Flachzeug ≤ 3 mm Dicke, und zwar für Band in Walzbreiten ≤ 650 mm sowie aus diesem Band geschnittene Stäbe (Streifen) aus den im Abschnitt 5 genannten Stählen.

1.2 Für kaltgewalztes Flachzeug aus nichtrostenden Stählen in Walzbreiten > 650 mm gilt DIN 59 382.

3 Bezeichnungen

3.2.3 Beispiele für die Bestell-Bezeichnung

a) 50 t Band DIN 59 381 – X 5 CrNi 18 9 f (K 80) – 0,80 x 500 GK

b) 5 t Band DIN 59 381 – X 5 CrNi 18 9 p – 1,60 P x 450 GKF x 3000

c) 5 t Band DIN 59 381 – X 5 CrNiMo 18 10 p DIN 17 440 1,20 F x 300 GKP x 4000 FS

4 Lieferart

4.2 Für kaltgewalztes Flachzeug nach Abschnitt 4.1 kommen ferner die in Tabelle 1 angegebenen Lieferarten (Kantenausführung, zulässige Maß- und Formabweichungen) in Betracht.

4.2.1 Flachzeug mit geschnittenen Kanten (GK) weist einen Schneidgrat auf. Werden an diese Kanten besondere Anforderungen gestellt, so sind bei der Bestellung entsprechende Vereinbarungen zu treffen. In diesem Fall gilt Band als gratarm geschnitten, wenn die Höhe des Schneidgrates $< 10\,\%$ der Erzeugnisdicke ist.

4.2.2 Auf besondere Vereinbarung und je nach den technischen Möglichkeiten des Lieferers ist Flachzeug nach dieser Norm mit Sonderkanten (SK), z. B. mit entgrateten oder gerundeten Kanten lieferbar.

5 Werkstoff

Band nach dieser Norm wird aus ferritischen, martensitischen und austenitischen nichtrostenden Stählen (z. B. nach DIN 17 224, DIN 17 440 und Stahl-Eisen-Werkstoffblatt 400) sowie aus hitzebeständigen Stählen*)(DIN-Norm in Vorbereitung) hergestellt.

6 Maße und zulässige Maß- und Formabweichungen

6.1 Dicke

6.1.1 Die zu bevorzugenden Nenndicken sind in Tabelle 2 angegeben. Alle anderen Dicken im Bereich ≤ 3 mm sind jedoch ebenfalls lieferbar.

6.1.2 Die zulässigen Dickenabweichungen bei Regelabweichungen, Feinabweichungen (F) und Präzisionsabweichungen (P) gehen aus Tabelle 2 hervor (siehe auch Abschnitt 8.1).

_____

*) siehe SEW 470 Ausgabe 02.1976

Tabelle 1. **Bestellbare Lieferarten für kaltgewalztes Flachzeug**

Erzeugnis-form	Kanten-aus-führung 2)	Bestellbare Lieferarten 1)												
		Dicke 3)			Breite 4)			Länge 5)				Geradheit 6)	
								Her-stell-länge	Genaulänge				
		Regel-abweichung	Fein-abweichung	Präzisions-abweichung	Regel-abweichung	Fein-abweichung	Präzisions-abweichung		Regel-abweichung	Fein-abweichung	Präzisions-abweichung	Regel-abweichung	Fein-abweichung
Band	GK	X	F	P	X	F	P	–	–	–	–	X	S
	SK	X	F	P	7)	7)	7)	–	–	–	–	X	S
Stab (Streifen)	GK	X	F	P	X	F	P	X	N	F	P	X	S
	SK	X	F	P	7)	7)	7)	X	N	F	P	X	S

1) Die durch ein Kreuz (X) gekennzeichneten Regelabweichungen sind die übliche Lieferart (siehe Abschnitte 3.1.1 und 4.3). Bei gewünschter Lieferung mit Fein- oder Präzisionsabweichungen oder von Stäben in Genaulänge sind die angegebenen Kennbuchstaben in der Bezeichnung zu verwenden (siehe Abschnitt 3.1).

2) Siehe Abschnitte 4.2.1, 4.2.2 und 4.3

3) Siehe Abschnitt 6.1 und Tabelle 2

4) Siehe Abschnitt 6.2 und Tabelle 3

5) Siehe Abschnitt 6.4

6) Siehe Abschnitt 6.5 und Tabelle 4

7) Siehe Abschnitt 6.2.4

Tabelle 2. **Zu bevorzugende Nenndicken und zulässige Dickenabweichungen**

Zu bevorzugende Nenndicken ¹)	bei einer Nenndicke d ≥	<	Zulässige Dickenabweichungen ²) bei Nennbreiten <125 Regel-abweichung	Fein-abweichung (F)	Präzisions-abweichung (P)	≥125<250 Regel-abweichung	Fein-abweichung (F)	Präzisions-abweichung (P)	≥250≤650 Regel-abweichung	Fein-abweichung (F)	Präzisions-abweichung (P)
0,10; 0,12 0,15	0,10 0,15	0,10 0,15 0,20	±0,1·d ±0,008 ±0,015	±0,05·d ±0,008 ±0,010	±0,04·d ±0,005 ±0,008	±0,010 ±0,015 ±0,020	±0,1·d ±0,012 ±0,012	±0,08·d ±0,008 ±0,010	±0,020 ±0,020 ±0,025	±0,010 ±0,015 ±0,015	±0,010 ±0,010 ±0,012
0,20 0,25 0,30; 0,35	0,20 0,25 0,30	0,25 0,30 0,40	±0,015 ±0,020 ±0,020	±0,012 ±0,015 ±0,015	±0,008 ±0,010 ±0,010	±0,020 ±0,025 ±0,025	±0,015 ±0,015 ±0,020	±0,010 ±0,012 ±0,012	±0,025 ±0,030 ±0,030	±0,020 ±0,020 ±0,025	±0,012 ±0,015 ±0,015
0,40 0,50 0,60; 0,70	0,40 0,50 0,60	0,50 0,60 0,80	±0,025 ±0,030 ±0,030	±0,020 ±0,020 ±0,025	±0,012 ±0,012 ±0,015	±0,030 ±0,030 ±0,035	±0,020 ±0,025 ±0,030	±0,015 ±0,015 ±0,018	±0,035 ±0,040 ±0,040	±0,025 ±0,030 ±0,035	±0,018 ±0,020 ±0,025
0,80; 0,90 1,00; 1,20	0,80 1,00 1,25	1,00 1,25 1,50	±0,030 ±0,035 ±0,040	±0,025 ±0,030 ±0,030	±0,015 ±0,020 ±0,020	±0,040 ±0,045 ±0,050	±0,030 ±0,035 ±0,035	±0,020 ±0,025 ±0,025	±0,050 ±0,050 ±0,060	±0,035 ±0,040 ±0,045	±0,025 ±0,030 ±0,030
1,50 2,00 2,50; 3,00	1,50 2,00 2,50	2,00 2,50 3,00 ³)	±0,050 ±0,050 ±0,060	±0,035 ±0,035 ±0,045	±0,025 ±0,025 ±0,030	±0,060 ±0,070 ±0,070	±0,040 ±0,045 ±0,050	±0,030 ±0,030 ±0,035	±0,070 ±0,080 ±0,090	±0,050 ±0,060 ±0,070	±0,035 ±0,040 ±0,045

¹) Siehe Abschnitt 6.1.1
²) Beachte Abschnitte 8.1 und 8.1.1
³) Einschließlich 3,00 mm

Tabelle 3. **Zulässige Überschreitung der Nennbreite**

Nenndicke ≥	<	Zulässige Überschreitung der Nennbreite ¹), ²), bei Nennbreiten <40 Regel-abweichung	Fein-abweichung (F)	Präzisions-abweichung (P)	≥40<125 Regel-abweichung	Fein-abweichung (F)	Präzisions-abweichung (P)	≥125<250 Regel-abweichung	Fein-abweichung (F)	Präzisions-abweichung (P)	≥250≤650 Regel-abweichung	Fein-abweichung (F)	Präzisions-abweichung (P)
	0,25	0,25	0,15	0,12	0,25	0,20	0,15	0,40	0,30	0,25	0,50	0,50	0,40
0,25	0,50	0,30	0,20	0,12	0,30	0,25	0,15	0,50	0,30	0,25	0,60	0,50	0,40
0,50	1,00	0,30	0,20	0,15	0,30	0,30	0,20	0,50	0,40	0,30	0,80	0,60	0,50
1,00	2,00	0,40	0,30	0,20	0,50	0,40	0,30	0,80	0,60	0,50	1,00	0,80	0,60
2,00	3,00 ³)	0,50	0,40	0,30	0,70	0,50	0,40	1,00	0,80	0,60	1,20	1,00	0,80

¹) Zu bevorzugende Nennbreiten siehe Abschnitt 6.2.1
²) Gültig für Flachzeug mit geschnittenen Kanten (siehe auch Abschnitte 6.2.3 und 6.2.4)
³) Einschließlich 3,00 mm

6.2 Breite

6.2.1 Die zu bevorzugenden Nennbreiten sind 3, 4, 5, 6, 8, 10, 12, 16, 18, 20, 22, 25, 28, 32, 36, 40, 45, 50, 56, 63, 70, 80, 90, 100, 110, 125, 140, 160, 180, 200, 220, 250, 280, 320, 360, 400, 450, 500, 550, 600 und 650 mm.

6.2.2 Die Werte für die zulässige Überschreitung der Nennbreite bei Regelabweichungen, Feinabweichungen (F) und Präzisionsabweichungen (P) für Band mit geschnittenen Kanten (GK) gehen aus Tabelle 3 hervor. Eine Unterschreitung der Nennbreite ist jedoch nicht statthaft (siehe Abschnitt 6.2.3).

6.2.3 Auf besondere Vereinbarung kann Band mit geschnittenen Kanten nur mit zulässigen Unterschreitungen der Nennbreite geliefert werden. Auch in diesem Fall gelten die Werte nach Tabelle 3.

6.2.4 Bei Band mit Sonderkanten (SK) sind die Werte für die zulässigen Breitenabweichungen besonders zu vereinbaren.

6.4 Länge (bei Stäben)

6.4.1 Bei der Lieferung von Herstellängen liegen je nach der Bestellung oder nach Wahl des Herstellers die Maße zwischen 1000 und 4000 mm; kleinere oder größere Längen müssen besonders vereinbart werden. Eine bestimmte zulässige Längenabweichung kann nicht vorgeschrieben werden.

6.4.2 Bei der Bestellung von Genaulängen sind folgende Überschreitungen der Nennlänge zulässig:

Regelabweichungen (N): 10 mm,
Feinabweichungen (F): 5 mm,
Präzisionsabweichungen (P): 2 mm.

Eine Unterschreitung der Nennlänge ist nicht statthaft (siehe jedoch Abschnitt 4.1 b)).

6.5 Geradheit der Längskanten

Für die zulässigen Abweichungen von der Geradheit der Längskanten bei Regelabweichungen und Feinabweichungen (S) gelten die Werte in Tabelle 4 (siehe auch Abschnitt 8.2). Für kaltverfestigtes Band (Ausführungsart f nach DIN 17 440) sind besondere Vereinbarungen über die zulässigen Abweichungen von der Geradheit zu treffen.

6.6 Ebenheit

6.6.1 Bei Band im kalt nachgewalzten Zustand (Ausführungsarten m und n nach DIN 17 440) darf die Welligkeit der Kanten, d. h. das Verhältnis von Wellenhöhe zur Wellenlänge, höchstens 3 % betragen (siehe auch Abschnitt 8.3).

Für kaltverfestigtes Band (Ausführungsart f) sind besondere Vereinbarungen über die zulässige Welligkeit zu treffen. Bei Band in den Ausführungsarten g und h nach DIN 17 440 können keine besonderen Anforderungen gestellt werden.

6.6.2 Bei Stäben beträgt die zulässige Abweichung von der Ebenheit 10 mm (siehe auch Abschnitt 8.4).

Die Welligkeit von Stäben im weichen und kalt nachgewalzten Zustand (Ausführungsarten g, h, m und n nach DIN 17 440) darf höchstens 1 % bei einer größten zulässigen Wellenhöhe von 10 mm betragen. Für kaltverfestigte Erzeugnisse (Ausführungsart f) sind besondere Vereinbarungen über die zulässige Welligkeit zu treffen.

Tabelle 4.   **Zulässige Abweichungen von der Geradheit**

Zulässige Abweichung von der Geradheit [1]			
bei einer Nennbreite		Regel-abweichung	Fein-abweichung (S)
$\geqq$	<		
10	25	4	1,5
25	40	3	1,25
40	125	2	1
125	650 [2]	1,5	0,75

[1] Prüfung nach Abschnitt 8.2
[2] Einschließlich 650 mm

Flacherzeugnisse aus Stahl
Kaltgewalztes Band in Walzbreiten bis 650 mm aus weichen unlegierten Stählen
Technische Lieferbedingungen

DIN

1624

1 Anwendungsbereich

1.1 Diese Norm gilt für kaltgewalzte Flacherzeugnisse (Band sowie daraus auf Länge geschnittene Stäbe) ohne Überzug in Walzbreiten ≤ 650 mm und Dicken bis 6 mm aus weichen unlegierten Stählen nach Tabelle 1, die für Umformungsarbeiten und Oberflächenveredelung, aber nicht für das Abschreckhärten oder Vergüten bestimmt sind. Einsatzhärten ist möglich, jedoch kann die Eignung dazu nur bei Stählen nach DIN 17 210, die nicht unter diese Norm fallen, vorausgesetzt werden.

1.3 Diese Norm gilt nicht für

– warmgewalztes Band und Blech aus weichen unlegierten Stählen (siehe DIN 1614 Teil 1 und DIN 1614 Teil 2.

– kaltgewalztes Band und Blech aus weichen unlegierten Stählen zum Kaltumformen (siehe DIN 1623 Teil 1)[1]),

– kaltgewalztes Band und Blech aus allgemeinen Baustählen (siehe DIN 1623 Teil 2),

– kaltgewalztes Band und Blech aus weichen unlegierten Stählen zum Emaillieren (siehe DIN 1623 Teil 3),

– Feinstblech (siehe DIN 1616),

– kaltgewalztes Feinblech und Band mit Mindeststreckgrenze zum Kaltumformen (siehe Stahl-Eisen-Werkstoffblatt 093)

– Elektroblech und -band (siehe DIN 46 400 Teil 1, Teil 2, Teil 3, Teil 4).

3 Maße und Grenzabmaße

Für die Maße und Grenzabmaße gilt DIN 1544.

5 Sorteneinteilung

5.1 Diese Norm umfaßt die in Tabelle 1 angegebenen Stahlsorten.

6 Bezeichnung und Bestellung

Bestellbeispiele:

a) 5 t Stahl DIN 1624 – St 2 K 32 RPG

b) 12 t Stahl DIN 1624 – St 4 LG
   RPm UG FE

7 Anforderungen

7.3 Chemische Zusammensetzung

7.3.1 Die für die Schmelzenanalyse und für die Stückanalyse geltenden Werte sind in Tabelle 1 angegeben.

7.4 Wahl der Eigenschaften

7.4.1 Im Regelfall kommt die Lieferung nach mechanischen und technologischen Eigenschaften in Betracht (siehe Abschnitt 7.5).

7.4.2 In Sonderfällen kann statt dessen die Lieferung mit Eignung für die Herstellung eines bestimmten Werkstücks vereinbart werden. In diesem Fall darf der durch den Werkstoff bedingte Ausschuß bei der Verarbeitung einen bestimmten, zu vereinbarenden Anteil nicht überschreiten. Für die Stahlsorten St 4 und St 3 gilt dabei eine Frist von 6 Monaten, für die Sorten USt 3 und St 3 eine Frist von 6 Wochen nach der vereinbarten Zurverfügungstellung.

7.5 Mechanische und technologische Eigenschaften

7.5.1 Sofern nicht anders vereinbart (siehe Abschnitt 7.4.2), gelten die Werte für die Streckgrenze, Zugfestigkeit und Bruchdehnung nach Tabelle 1 sowie die Werte der Tiefung nach Bild 1, und zwar für eine Frist nach der bei der Auftragserteilung vereinbarten Zurverfügungstellung der Erzeugnisse von

— 6 Monaten für die Sorten St 4 und R R St 3,

— 8 Tagen für die Sorten USt 3 und St 2.

7.5.3 Die aus Bild 1 zu entnehmenden Mindestwerte der Tiefung sind Einzelwerte, die nicht unterschritten werden dürfen. Bei Erzeugnissen mit besonders glatter Oberfläche (Mittenrauhwert $R_a \leq 0,3$ µm) erniedrigen sich die Mindestwerte um 0,3 mm.

7.6 Schweißeignung

7.6.1 Die Eignung der Stähle für übliche Schweißverfahren ist gegeben.

7.6.2 Bei den Behandlungszuständen K 32 bis K 70 muß aber ein möglicher Einfluß des Einwirkens höherer Temperaturen auf die in Tabelle 1 angegebenen Mindestwerte für die Streckgrenze und die Zugfestigkeit beachtet werden.

7.7 Oberflächenbeschaffenheit

7.7.1 Oberflächenart

7.7.1.1 Kaltgewalzte Flacherzeugnisse nach dieser Norm können mit den in Tabelle 2 angeführten Oberflächenarten geliefert werden. Andere Oberflächenarten sind besonders zu vereinbaren. Für den Behandlungszustand G müssen bezüglich der Oberflächenart besondere Vereinbarungen getroffen werden.

7.9 Eignung zum Aufbringen von Oberflächenüberzügen und -beschichtungen

7.9.1 Das Aufbringen von Oberflächenüberzügen erfordert eine zweckentsprechende Vorbereitung beim Verarbeiter.

---

[1]) siehe DIN EN 10130

Tabelle 1. Sorteneinteilung, chemische Zusammensetzung sowie mechanische und technologische Eigenschaften
(gültig für Längsproben bei Raumtemperatur von 15 bis 35 °C nach DIN 50 014)

Stahlsorte Kurzzeichen	Werkstoffnummer	Desoxidationsart [1]	Chemische Zusammensetzung [2] Massenanteile in % C max.	N max.	Behandlungszustand Kurzzeichen	Zustand	Streckgrenze ($R_{p\,0,2}$ oder R_{eL}) N/mm²	Zugfestigkeit N/mm²	Bruchdehnung <3 mm Dicke [6] % min.	≥ 3 mm Dicke [7] % min.	Tiefung [5] mm min.
St 2	1.0330	freigestellt	0,10 (0,12)	0,007 [9] (0,008)	K	keine Festlegungen					−
					G	geglüht	−	270 bis 390	28	32	siehe Bild 1
					LG	leicht nachgewalzt	max. 280 [8]	270 bis 410	28	32	siehe Bild 1
					K 32		200 bis 380	290 bis 430	18	24	−
					K 40	kalt nachgewalzt	min. 310	390 bis 540	4	12	−
					K 50		min. 420	490 bis 640	−	−	−
					K 60		min. 520	590 bis 740	−	−	−
					K 70		min. 630	min. 690	−	−	−
USt 3	1.0333	U	0,08 (0,10)	0,007 [9] (0,008)	G	geglüht	−	270 bis 370	32	35	siehe Bild 1
					LG	leicht nachgewalzt	max. 250 [8]	270 bis 370	32	35	siehe Bild 1
					K 32		210 bis 355	290 bis 390	22	26	−
					K 40	kalt nachgewalzt	min. 330	390 bis 490	5	13	−
					K 50		min. 440	490 bis 590	−	−	−
					K 60		min. 540	590 bis 690	−	−	−
RRSt 3	1.0347	RR	0,10 (0,11)	10)	G	geglüht	−	270 bis 370	34	37	siehe Bild 1
					LG	leicht nachgewalzt	max. 240 [8]	270 bis 370	34	37	siehe Bild 1
					K 32		210 bis 355	290 bis 390	22	26	−
					K 40	kalt nachgewalzt	min. 330	390 bis 490	5	13	−
					K 50		min. 440	490 bis 590	−	−	−
					K 60		min. 540	590 bis 690	−	−	−
St 4	1.0338	RR	0,08 (0,09)	10)	G	geglüht	−	270 bis 350	38	40	siehe Bild 1
					LG	leicht nachgewalzt	max. 210 [8] [11]	270 bis 350	38	40	siehe Bild 1
					K 32		220 bis 325	290 bis 390	24	28	−
					K 40	kalt nachgewalzt	min. 350	390 bis 490	6	14	−
					K 50		min. 460	490 bis 590	−	−	−
					K 60		min. 560	590 bis 690	−	−	−

[1] Siehe Abschnitt 7.2

[2] Gültig für die Schmelzenanalyse; die Werte in Klammern gelten für die Stückanalyse. Andere Elemente — außer Mangan und Aluminium — dürfen der Schmelze nicht absichtlich ohne Zustimmung des Bestellers zugesetzt werden.

[3] Siehe Abschnitte 7.5.1 und 7.5.2.

[4] Bei den Oberflächenarten RP und RPG erhöhen sich die maximal zulässigen Werte für die Streckgrenze und die Zugfestigkeit um 20 N/mm², die Mindestwerte für die Bruchdehnung erniedrigen sich um 2 % Bruchdehnung.

[5] Siehe Abschnitte 7.5.3 und 8.5.4.

[6] Für Proben von der Meßlänge L_0 = 80 mm und der Breite b = 20 mm nach DIN 50 114. Die angegebenen Mindestwerte erniedrigen sich um 2 % Bruchdehnung bei Dicken ≥ 0,5 ≤ 0,7 mm und um 4 % Bruchdehnung bei Dicken < 0,5 mm.

[7] Für Proportionalproben von der Meßlänge L_0 = 5,65 · $\sqrt{\text{Anfangsquerschnitt}}$ nach DIN 50 125.

[8] Bei Dicken ≤ 0,7 mm sind um 20 N/mm² höhere Werte zulässig.

[9] Die Werte gelten für den Gehalt an nicht abgebundenem Stickstoff.

[10] Der Stickstoff muß abgebunden sein. Der Stahl muß deshalb mindestens 0,02 % metallisches Aluminium enthalten. Die Verwendung anderer stickstoffabbindender Elemente ist mit dem Besteller zu vereinbaren.

[11] Bei Dicken ≥ 1,5 mm ist eine Streckgrenze von max. 225 N/mm² zulässig.

7.9.2 Alle Sorten und Oberflächen sind für das Aufbringen eines Lacküberzuges geeignet.

7.9.3 Alle Sorten sind für das Aufbringen eines metallischen Überzuges, z. B. aus Zink, Zinn, Blei, durch Schmelztauchen oder thermisches Spritzen geeignet (Kennbuchstaben US; siehe Abschnitt 7.9.6).

7.9.4 Für elektrolytisches Oberflächenveredeln sind alle Sorten mit den Oberflächenarten RP und RPG geeignet (Kennbuchstaben UG; siehe auch Abschnitt 7.9.6).

7.9.5 Zum Emaillieren mit Grundierung sind alle Sorten geeignet (Kennbuchstaben UE; siehe auch Abschnitt 7.9.6).

Weiterhin siehe DIN 1623 Teil 3.

7.9.6 Ist das Aufbringen von Oberflächenüberzügen nach den Abschnitten 7.9.3 bis 7.9.5 vorgesehen, so sind die genannten Kennbuchstaben in der Bezeichnung anzugeben (siehe Abschnitt 6.1).

7.9.7 Beim Aufbringen eines metallischen Überzuges nach Abschnitt 7.9.3 oder beim Emaillieren nach Abschnitt 7.9.5 muß besonders für die Behandlungszustände K 32 bis K 70 ein möglicher Einfluß der Erholung oder Rekristallisierung durch Einwirken höherer Temperaturen auf die mechanischen Eigenschaften der Flacherzeugnisse beachtet werden.

Tabelle 2. Kennzeichen und Merkmale für die Oberflächenart

Ober-flächenart	Kenn-zeichen	Merkmale [1]
blank	BK	Blanke, metallisch reine Oberfläche. Poren, kleine Narben und leichte Kratzer sind zulässig.
riß- und porenfrei	RP [2]	Wie BK, jedoch sind Poren, Riefen, Narben und Kratzer nur in so geringem Umfang zulässig, daß bei Betrachten mit bloßem Auge das einheitlich glatte Aussehen nicht wesentlich beeinträchtigt scheint.
riß- und porenfrei, hell glänzend	RPG [2]	Wie RP, jedoch mit hell glänzender Oberfläche

[1]) Siehe Abschnitt 7.7.1.2.

[2]) Im allgemeinen wird die Oberflächenart RP nur für Flacherzeugnisse bis 2 mm Dicke, die Oberflächenart RPG nur für Flacherzeugnisse bis 1 mm Dicke geliefert; eine Erweiterung auf größere Dicken muß besonders vereinbart werden. Beide Oberflächenarten kommen nicht für den Behandlungszustand G (geglüht) in Betracht.

7.7.2 Oberflächenausführung

7.7.2.1 Sofern bei der Bestellung nicht anders vereinbart, werden die Flacherzeugnisse nach dieser Norm in der Oberflächenausführung „glatt" (ohne Kennbuchstabe) geliefert.

7.7.2.2 Auf Vereinbarung sind auch die Oberflächenausführungen „matt" oder „rauh" und bei Dicken $\leq$ 3 mm auch „besonders glatt" lieferbar. In diesem Fall sind die Kennbuchstaben m (matt), r (rauh), b (besonders glatt) in der Bezeichnung anzugeben (siehe Abschnitt 6.1).

7.7.2.3 Die Oberflächenausführungen sind durch folgende Richtwerte für die Mittenrauheit R_a gekennzeichnet:

besonders glatt $R_a \leq$ 0,3 μm, glatt $R_a \leq$ 0,6 μm, matt 0,6 μm $<R_a \leq$ 1,8 μm, rauh $R_a \geq$ 1,5 μm.

7.8 Fließfiguren

Die Neigung zum Knicken und zur Bildung von Fließfiguren beim Umformen kann bei den Sorten St 2 und USt 3 durch Nachwalzen (Behandlungszustände LG und K 32) für einige Zeit behoben werden; bei stärkerem Nachwalzen (Behandlungszustände K 40 bis K 70) tritt die Neigung nicht auf.

Für die Sorten St 2 und USt 3 in den Behandlungszuständen LG und K 32 ist die Freiheit von Fließfiguren für die Dauer von 4 Wochen; für die Sorten RRSt 3 und St 4 in den kalt nachgewalzten Behandlungszuständen für die Dauer von 6 Monaten nach der vereinbarten Zurverfügungstellung gegeben.

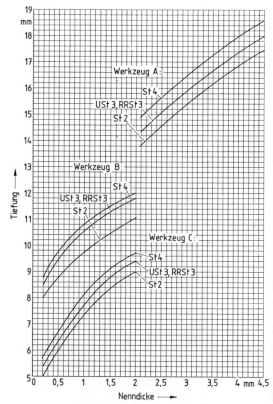

Bild 1. Mindestwerte der Tiefung in den Behandlungszuständen G und LG (siehe Abschnitte 7.5.3 und 8.5.4).

	Kaltgewalzte Stahlbänder für Federn Technische Lieferbedingungen	**DIN** **17 222**

1 Geltungsbereich

1.1 Diese Norm gilt für kaltgewalztes Band aus den Stählen nach Tabelle 1 in Dicken $\leq$ 5 mm und Breiten $\leq$ 600 mm, das in den Lieferzuständen nach Tabelle 3 bestellt und vorwiegend für Federn, aber auch für andere hochbeanspruchte Teile der verschiedensten Art verwendet wird.

1.2 Diese Norm gilt nicht für

— Federdraht und Federband aus nichtrostenden Stählen (siehe DIN 17 224 [Vornorm])[1] und

3 Begriffe

3.1 Kaltgewalzte Stahlbänder für Federn

K a l t g e w a l z t e s S t a h l b a n d f ü r F e d e r n zeichnet sich durch hohe Maßgenauigkeit und gute Oberflächenbeschaffenheit aus und bietet im kaltgewalzten + gehärteten + angelassenen Zustand (H + A) die Möglichkeit zum Erzielen hoher Härte-, Zugfestigkeits- und Elastizitätsgrenzenwerte.

4 Maße und zulässige Maß- und Formabweichungen

4.1 Für die M a ß e und die z u l ä s s i g e n M a ß - und F o r m a b w e i c h u n g e n gilt DIN 1544.

6 Sorteneinteilung

6.1 Stahlsorten

6.1.1 Die in Tabelle 1 aufgeführten S t a h l s o r t e n sind in Qualitätsstähle und Edelstähle eingeteilt.

6.1.2 Die Edelstähle unterscheiden sich von den Qualitätsstählen nicht durch die niedrigeren Phosphor- und Schwefelgehalte, sondern auch durch die Gleichmäßigkeit ihrer Eigenschaften im Hinblick auf das Ergebnis der Wärmebehandlung sowie durch weitergehende Freiheit von nichtmetallischen Einschlüssen und bessere Oberflächenbeschaffenheit.

6.2 ● **Behandlungszustand bei der Lieferung**

Je nach Vereinbarung bei der Bestellung werden die Stähle in einem der B e h a n d l u n g s z u s t ä n d e nach Tabelle 3 geliefert.

7 Bezeichnungen

7.3 Bestellbezeichnung

20 t Band DIN 1544 – 67 SiCr 5 G – 5
DIN 17 222 – 1,5 × 200 NK × 4000

8 Anforderungen

8.2 Anforderungsklassen

8.2.1 Die Stähle nach dieser Norm werden in einer der A n f o r d e r u n g s k l a s s e n (Kombination von Güteanforderungen) nach Tabelle 4 geliefert.

8.2.2 ● Der Behandlungszustand bei der Lieferung (siehe Tabelle 3) und die Anforderungsklasse (siehe Tabelle 4) sind bei der Bestellung zu vereinbaren.

---

[1]) siehe DIN 17 224 Ausgabe 02. 1982

8.4 Chemische Zusammensetzung

8.4.1 Die chemische Zusammensetzung nach der S c h m e l z e n a n a l y s e muß den Angaben in Tabelle 1 entsprechen (siehe Abschnitt 8.4.3).

8.5 Mechanische Eigenschaften

8.5.1 Für den kaltgewalzten + weichgeglühten Zustand (G) gelten [1]) (siehe auch Abschnitte 8.5.4 und 8.5.5) die nachfolgenden Angaben.

8.5.1.1 Bei Bestellung der Anforderungsklassen 5 und 5a die Zugfestigkeits- und Bruchdehnungswerte in Tabelle 5.

8.5.1.2 Bei Bestellung der Anforderungsklasse 5a zusätzlich die in Tabelle 5 angegebenen Biegedorndurchmesser, bis zu denen beim Faltversuch sich die Proben quer bzw. längs zur Walzrichtung um 180° bzw. 90° biegen lassen müssen, ohne daß Risse auftreten.

8.5.2 ● Für den kaltgewalzten + weichgeglühten + kaltgewalzten Lieferzustand (G + K) sind bei Bestellung der Anforderungsklasse 5 die einzuhaltenden Werte der Zugfestigkeit und Bruchdehnung zu vereinbaren [1]) (siehe auch Abschnitte 8.5.4 und 8.5.5).

8.5.3 ● Für den kaltgewalzten + gehärteten + angelassenen Lieferzustand (H + A) gelten bei Bestellung der Anforderungsklasse 5 die Zugfestigkeitswerte nach Tabelle 6, wobei innerhalb der dort angegebenen Bereiche für die Lieferung eine engere, mindestens aber 200 N/mm² betragende Zugfestigkeitsspanne vom Besteller bei der Bestellung entsprechend seinen Erfordernissen beliebig festgelegt werden kann.

8.5.4 ● Bei Bestellung der Anforderungsklasse 5 oder 5a kann für die Streuung der Zugfestigkeit bzw. der Härte innerhalb einer Rolle ein Höchstwert bei der Bestellung vereinbart werden.

8.5.5 Im kaltgewalzten + weichgeglühten (G) oder kaltgewalzten + weichgeglühten + kaltgewalzten (G + K) Zustand zu lieferndes Band muß durch Härten und Anlassen unter den in Tabelle 8 angegebenen Bedingungen auf die in Tabelle 6 bzw. Tabelle 7 angegebenen Zugfestigkeits- bzw. Härtewerte zu bringen sein (siehe jedoch Fußnote 2 in Tabelle 7). Tabelle 8 enthält darüber hinaus Anhaltsangaben für die nach Härten unter den in Tabelle 8 angegebenen Bedingungen zu erwartenden Mindesthärtewerte.

8.5.6 Der E l a s t i z i t ä t s m o d u l der Stähle beträgt rund 206 kN/mm², der S c h u b m o d u l rund 78 kN/mm².

---

[1]) *A n m e r k u n g :* Die Festigkeitseigenschaften von kaltgewalztem + weichgeglühtem (G) bzw. kaltgewalztem + weichgeglühtem + kaltgewalztem (G + K) Band sind für die Weiterverarbeitung wichtig. Je nachdem, ob mehr Wert z. B. auf gratfreies Stanzen oder auf Tiefziehbarkeit und Biegbarkeit gelegt wird, ist eine höhere oder geringere Härte im kaltgewalzten + weichgeglühten + kaltgewalzten Zustand (G + K) oder der kaltgewalzte + weichgeglühte Zustand (G) zu wählen. Der Besteller sollte daher dem Hersteller Mitteilung über die Art der Verarbeitung machen.

Tabelle 1. **Stahlsorten und chemische Zusammensetzung** (Schmelzenanalyse) [1]

Stahlsorte		Chemische Zusammensetzung in Gew.-%						
Kurzname	Werkstoff-nummer	C	Si	Mn	P höchstens	S höchstens	Cr	V
Qualitätsstähle								
C 55	1.0535	0,52 bis 0,60	0,15 bis 0,35	0,60 bis 0,90	0,045	0,045	–	–
C 60	1.0601	0,57 bis 0,65	0,15 bis 0,35	0,60 bis 0,90	0,045	0,045	–	–
C 67	1.0603	0,65 bis 0,72	0,15 bis 0,35	0,60 bis 0,90	0,045	0,045	–	–
C 75	1.0605	0,70 bis 0,80	0,15 bis 0,35	0,60 bis 0,80	0,045	0,045	–	–
55 Si 7	1.0904	0,52 bis 0,60	1,50 bis 1,80	0,70 bis 1,00	0,045	0,045	–	–
Edelstähle								
Ck 55	1.1203	0,52 bis 0,60	0,15 bis 0,35	0,60 bis 0,90	0,035	0,035	–	–
Ck 60	1.1221	0,57 bis 0,65	0,15 bis 0,35	0,60 bis 0,90	0,035	0,035	–	–
Ck 67	1.1231	0,65 bis 0,72	0,15 bis 0,35	0,60 bis 0,90	0,035	0,035	–	–
Ck 75	1.1248	0,70 bis 0,80	0,15 bis 0,35	0,60 bis 0,80	0,035	0,035	–	–
Ck 85	1.1269	0,80 bis 0,90	0,15 bis 0,35	0,45 bis 0,65	0,035	0,035	–	–
Ck 101	1.1274	0,95 bis 1,05	0,15 bis 0,35	0,40 bis 0,60	0,035	0,035	–	–
71 Si 7	1.5029	0,68 bis 0,75	1,50 bis 1,80	0,60 bis 0,80	0,035	0,035	–	–
67 SiCr 5	1.7103	0,62 bis 0,72	1,20 bis 1,40	0,40 bis 0,60	0,035	0,035	0,40 bis 0,60	–
50 CrV 4	1.8159	0,47 bis 0,55	0,15 bis 0,40	0,70 bis 1,10	0,035	0,035	0,90 bis 1,20	0,10 bis 0,20

[1] **Hinweis:** In dieser Tabelle nicht aufgeführte Elemente dürfen dem Stahl außer zum Fertigbehandeln der Schmelze nicht absichtlich zugesetzt werden. Es sind alle angemessenen Vorkehrungen zu treffen, um die Zufuhr solcher Elemente aus dem Schrott oder anderen bei der Herstellung verwendeten Stoffen zu vermeiden; Gehalte an Begleitelementen sind jedoch zulässig, sofern die angegebenen Werte der mechanischen Eigenschaften und der Härtbarkeit eingehalten werden und die Verwendbarkeit des Erzeugnisses nicht beeinträchtigt wird.

Tabelle 3. **Behandlungszustände bei der Lieferung**

Behandlungszustand	Kennbuchstaben
kaltgewalzt + weichgeglüht [1], [2]	G [1], [2]
kaltgewalzt + gehärtet + angelassen	H + A

[1] **Hinweis:** In Sonderfällen kann im Hinblick auf eine Verbesserung der Weiterverarbeitungseigenschaften auch der Zustand „kaltgewalzt + weichgeglüht + kaltgewalzt (G + K)" bestellt werden (siehe hierzu auch Fußnote 1 zu Abschnitt 8.5.2).

[2] **Hinweis:** Dieser Zustand kann bei geringeren Dicken, soweit die Anforderungen nach Tabelle 5 eingehalten werden, ein Nachglätten einschließen. Wenn ausdrücklich ein Nachglätten gewünscht wird, so ist der Zustand „kaltgewalzt + weichgeglüht + kaltgewalzt (G + K)" (siehe Fußnote 1) anzugeben.

Tabelle 4. **Anforderungsklassen**

Art der Güteanforderung	Behandlungszustand bei der Lieferung [1]				
	G		G + K		H + A
	In Betracht kommende Anforderungsklassen [2]				
	5	5a	1	5	5
Chemische Zusammensetzung	X	X	X	X	X
Mechanische Eigenschaften im Zugversuch	X	X	−	X	X
Biegbarkeit	−	X	−	−	−
Entkohlungstiefe	X	X	X	X	X

[1] *A n m e r k u n g :* Siehe Tabelle 3.
[2] *A n m e r k u n g :* Die Kennzahlen und -buchstaben für die verschiedenen Anforderungsklassen sind bis zur Aufstellung eines Systems für die Kennzeichnung der Anforderungsklassen als vorläufig zu betrachten.

Tabelle 5. **Mechanische Eigenschaften im kaltgewalzten + weichgeglühten Zustand (G)** [1]

Stahlsorte		Zugfestigkeit N/mm²	Bruchdehnung (L_0 = 80 mm) %	Härte nach Vickers [2]	$D_{T180°}$ bzw. $D_{L90°}$ [3] höchstens für Banddicken t		
Kurzname	Werkstoff-nummer	höchstens	mindestens	höchstens	< 1,0 mm	≧1,0<2,0mm	≧2,0≦3,0mm
C 55	1.0535	610	13	180	1 mm	2 t	3 t
Ck 55	1.1203	610	13	180			
C 60	1.0601	620	13	185			
Ck 60	1.1221	620	13	185			
C 67	1.0603	640	12	190			
Ck 67	1.1231	640	12	190			
C 75	1.0605	640	12	190	2 t	3 t	4 t
Ck 75	1.1248	640	12	190			
Ck 85	1.1269	670	11	200			
Ck 101	1.1274	690	11	205			
55 Si 7	1.0904	740	10	220			
71 Si 7	1.5029	800	9	240			
67 SiCr 5	1.7103	800	9	240			
50 CrV 4	1.8159	740	10	220			

[1] **Hinweis:** ● Die Angaben dieser Tafel gelten für Banddicken bis 3 mm. Für dickere Bänder sind die einzuhaltenden Werte gegebenenfalls bei der Bestellung zu vereinbaren.
[2] **Hinweis:** Im Schiedsfalle gelten die Zugfestigkeitswerte.
[3] **Hinweis:** $D_{T180°}$ bzw. $D_{L90°}$ = Biegedorndurchmesser, um den die Probe beim Faltversuch nach DIN 50 111 um 180° bzw. 90° biegbar sein muß, ohne Anrisse zu zeigen. D_T gilt für quer, D_L für längs zur Walzrichtung zu biegende Proben.

8.6 Oberflächenbeschaffenheit

8.6.1 Im kaltgewalzten + weichgeglühten (G) oder kaltgewalzten + weichgeglühten + kaltgewalzten (G + K) Zustand zu lieferndes Band muß eine blanke, metallisch reine O b e r f l ä c h e aufweisen. In dieser Hinsicht nicht einwandfreie Stellen auf dem ersten inneren und äußeren Umgang einer Rolle berechtigen jedoch nicht zur Beanstandung.

8.6.2 ● Kaltgewalztes + gehärtetes + angelassenes (H + A) Band wird je nach Vereinbarung bei der Bestellung mit

a) graublauer (GR),

b) blanker (BK),

c) polierter (P) oder

d) polierter und auf Farbe angelassener (P + AF)

Oberfläche geliefert.

A n m e r k u n g : Federn für höchste Ansprüche sollten möglichst eine polierte Oberfläche aufweisen.

8.6.3 ● Anforderungen an die Oberflächenrauheit sind, wenn erforderlich, bei der Bestellung besonders zu vereinbaren.

8.7 Randentkohlung

8.7.1 Die E n t k o h l u n g s t i e f e (siehe Abschnitt 9.5.5) darf bei der Prüfung nach den Abschnitten 9.4.2 und 9.5.5 die nachfolgenden Werte je Breitseite nicht überschreiten.

Bei Stählen mit einem zulässigen Höchstgehalt (in Gew.-%) an Phosphor und Schwefel von jeweils ≦0,035 %

mit Silicium legiert . . . .   ≦ 3 % der Banddicke,

sonstige . . . .   ≦ 2 % der Banddicke,

bei Stählen mit einem zulässigen Höchstgehalt an Phosphor und Schwefel von jeweils

≦0,045 % . . . .   ≦ 4 % der Banddicke

(siehe auch Abschnitt 8.7.3).

8.7.2 Die Stähle dürfen keine A u s k o h l u n g aufweisen, das heißt, sie dürfen keine rein ferritischen Randschichten haben (siehe auch DIN 50 192).

Tabelle 6. **Zugfestigkeit im kaltgewalzten + gehärteten + angelassenen Zustand (H + A)**

Stahlsorte		Zugfestigkeit [1] N/mm²	Banddicke, bis zu der die Zugfestigkeitswerte gelten [2] mm
Kurzname	Werkstoffnummer		höchstens
C 55	1.0535	1150 bis 1650	2,0
Ck 55	1.1203		
C 60	1.0601	1180 bis 1680	2,0
Ck 60	1.1221		
C 67	1.0603	1230 bis 1770	2,5
Ck 67	1.1231		
C 75	1.0605	1320 bis 1870	2,5
Ck 75	1.1248		
Ck 85	1.1269	1400 bis 1950	2,5
Ck 101	1.1274	1500 bis 2100	2,0
55 Si 7	1.0904	1300 bis 1800	2,0
71 Si 7	1.5029	1500 bis 2200	3,0
67 SiCr 5	1.7103	1500 bis 2200	3,0
50 CrV 4	1.8159	1400 bis 2000	3,0

[1] **Hinweis:** ● Innerhalb der hier angegebenen Zugfestigkeitsbereiche kann vom Besteller eine seinen Erfordernissen entsprechende engere Zugfestigkeitsspanne von im allgemeinen ≧ 200 N/mm² bei der Bestellung festgelegt werden. Wenn in Sonderfällen, zum Beispiel für Lieferungen für zu biegende Federn, die Einhaltung engerer Zugfestigkeitsbereiche als 200 N/mm² erforderlich ist, so sind diese bei der Bestellung besonders zu vereinbaren. Für eine vorgegebene Zugfestigkeit sollte die Stahlsorte unter Berücksichtigung vor allem der Dicke und der Einsatzbedingungen der Federn ausgesucht werden.

[2] **Hinweis:** ● Bei größeren Dicken sind die Zugfestigkeitswerte bei der Bestellung zu vereinbaren.

Tabelle 7. Anhaltsangaben für die Härte nach Vickers im kaltgewalzten + gehärteten + angelassenen Zustand (H + A)

Stahlsorte		Härte nach Vickers [1], [2]	Banddicke, bis zu der die Härtewerte gelten [3] mm
Kurzname	Werkstoffnummer		höchstens
C 55	1.0535	340 bis 490	2,0
Ck 55	1.1203		
C 60	1.0601	350 bis 500	2,0
Ck 60	1.1221		
C 67	1.0603	365 bis 525	2,5
Ck 67	1.1231		
C 75	1.0605	390 bis 555	2,5
Ck 75	1.1248		
Ck 85	1.1269	415 bis 580	2,5
Ck 101	1.1274	445 bis 620	2,0
55 Si 7	1.0904	385 bis 535	2,0
71 Si 7	1.5029	445 bis 650	3,0
67 SiCr 5	1.7103	445 bis 650	3,0
50 CrV 4	1.8159	415 bis 590	3,0

[1] **Hinweis:** ● Innerhalb der hier angegebenen Härtebereiche kann vom Besteller eine seinen Erfordernissen entsprechende engere Härtespanne von im allgemeinen ≧66 HV bei der Bestellung festgelegt werden. Wenn in Sonderfällen, zum Beispiel für Lieferungen für zu biegende Federn, die Einhaltung engerer Härtebereiche als 66 HV erforderlich ist, so sind diese bei der Bestellung besonders zu vereinbaren.

[2] **Hinweis:** In Schiedsfällen gelten die Zugfestigkeitswerte nach Tabelle 6.

[3] **Hinweis:** ● Bei größeren Dicken sind die Härtewerte bei der Bestellung zu vereinbaren.

Tabelle 8. Anhaltsangaben [1] für die Wärmebehandlung und die Mindesthärtewerte im gehärteten Zustand der kaltgewalzten Stahlbänder für Federn

Stahlsorte		Weichglühen °C	Härten und Anlassen		Härte nach Vickers im gehärteten Zustand	Banddicke, bis zu der die Mindesthärtewerte gelten [4] mm
			Härten [2] in Öl von °C	Anlassen [3] auf °C		
Kurzname	Werkstoffnummer				mindestens	höchstens
C 55	1.0535	650 bis 690	830 bis 860	300 bis 500	650	2,0
Ck 55	1.1203					
C 60	1.0601		825 bis 855		670	2,0
Ck 60	1.1221					
C 67	1.0603		815 bis 845		680	2,5
Ck 67	1.1231					
C 75	1.0605		810 bis 840		700	2,5
Ck 75	1.1248					
Ck 85	1.1269		800 bis 830		730	2,5
Ck 101	1.1274		790 bis 820		750	2,0
55 Si 7	1.0904		830 bis 860		650	2,0
71 Si 7	1.5029		810 bis 840		680	3,0
67 SiCr 5	1.7103		845 bis 875		680	3,0
50 CrV 4	1.8159		845 bis 875		680	3,0

[1] **Hinweis:** Beachte Abschnitt 8.5.5.
[2] **Hinweis:** Zum Teil ist auch eine Zwischenstufenhärtung üblich.
[3] **Hinweis:** Je nach dem gewünschten Zugfestigkeitsbereich.
[4] **Hinweis:** ● Bei größeren Dicken sind die Härtewerte bei der Bestellung zu vereinbaren.

| | Flachzeug aus Stahl
**Feuerverzinktes Breitband und Blech
aus weichen unlegierten Stählen
und aus allgemeinen Baustählen**
Maße, zulässige Maß- und Formabweichungen | $\overline{\underline{\text{DIN}}}$
59 232 |

1 Geltungsbereich

1.1 Diese Norm gilt für feuerverzinktes Flachzeug von 0,40 bis 3 mm Dicke, und zwar für

Breitband und daraus geschnittenes Blech in Walzbreiten ≥ 600 mm sowie

aus Breitband durch Längsteilen hergestelltes Band und daraus geschnittene Stäbe (Streifen)

aus den in Abschnitt 5 genannten Stählen.

Bei Anwendung der Norm auf Erzeugnisdicken unter 0,40 oder über 3 mm sind über die zulässigen Maß- und Formabweichungen besondere Vereinbarungen zu treffen.

1.2 Diese Norm gilt nicht für verzinkte Wellbleche und Pfannenbleche (siehe DIN 59 231).

3 Bezeichnung

3.2 Bestellbezeichnung

50 t Band DIN 59 232 – St 02 Z 275 NA –
0,80 X 1200 F oder
20 t Blech DIN 59 232 – St 04 Z 200 SC –
1,25 F X 1050 F X 3000 S

5 Werkstoff

Feuerverzinktes Flachzeug nach dieser Norm wird aus weichen unlegierten Stählen nach DIN 17 162 Teil 1 sowie aus allgemeinen Baustählen (Norm in Vorbereitung)* hergestellt.

Die gewünschte Stahlsorte ist in der Bezeichnung anzugeben.

6 Maße und zulässige Maß- und Formabweichungen

6.2 Dicke

6.2.1 Die zu bevorzugenden Nenndicken sind in den Tabellen 1 und 2 angegeben. Alle anderen Dicken im Bereich von 0,40 bis 3 mm sind jedoch ebenfalls lieferbar.

6.2.2 Die zulässigen Dickenabweichungen (nur Regelabweichungen) für feuerverzinktes Flachzeug aus der Sorte St 01 Z nach DIN 17 162 Teil 1 sowie aus allgemeinen Baustählen* gehen aus Tabelle 1 hervor (siehe auch Abschnitt 7.1).

6.2.3 Die zulässigen Dickenabweichungen bei Regelabweichungen und Feinabweichungen (F) für feuerverzinktes Flachzeug aus den Sorten St 02 Z bis St 05 Z nach DIN 17 162 Teil 1 sind Tabelle 2 zu entnehmen (siehe auch Abschnitt 7.1).

6.2.4 Bei feuerverzinktem Band sind an den Enden über eine Länge von insgesamt 30 m je Rolle bei Dicken <1,5 mm um 50 %, bei Dicken ≥1,5 mm um 30 % höhere Werte für die Dickenabweichungen als nach den Tabellen 1 und 2 zulässig.

6.2.5 Bei feuerverzinktem Band sind im Bereich von Schweißnähten über eine Länge von insgesamt 20 m bei Dicken <1,5 mm um 100 %, bei Dicken ≥1,5 mm um 60 % höhere Werte für die Dickenabweichungen als nach den Tabellen 1 und 2 zulässig (siehe auch Abschnitt 4.3).

Tabelle 1. **Zu bevorzugende Nenndicken und zulässige Dickenabweichungen bei feuerverzinktem Flachzeug aus Stahl St 01Z sowie aus allgemeinen Baustählen**

Zu bevor- zugende Nenndicke [1]	Zulässige Dickenabweichungen [1], [2], [3] für die Nennbreiten		
	< 1200	≥ 1200 < 1500	≥ 1500
0,40	± 0,07	–	–
0,50	± 0,08	± 0,09	–
0,60	± 0,08	± 0,09	–
0,70	± 0,09	± 0,10	± 0,10
0,80	± 0,09	± 0,10	± 0,11
0,90	± 0,10	± 0,11	± 0,11
1,00	± 0,10	± 0,11	± 0,12
1,20	± 0,11	± 0,12	± 0,13
1,50	± 0,13	± 0,14	± 0,14
2,00	± 0,15	± 0,16	± 0,16
2,50	± 0,17	± 0,18	± 0,18
3,00	± 0,19	± 0,20	± 0,20

[1] Bei Zwischendicken gelten die zulässigen Abweichungen für die in der Tabelle genannte nächstgrößere Nenndicke (siehe Abschnitt 6.2.1).

[2] Für die Bandenden und für den Bereich von Schweißnähten gelten besondere Festlegungen (siehe Abschnitte 6.2.4 und 6.2.5).

[3] Die Dickenabweichungen bei Stählen mit einer Mindest-Streckgrenze ≥ 320 N/mm^2 erhöhen sich um 10 %. Die Werte werden auf volle Hundertstel aufgerundet.

6.3 Breite

6.3.1 Für feuerverzinktes Breitband und Blech gelten die in Tabelle 3 angegebenen Werte für die zulässige Überschreitung der Nennbreite. Eine Unterschreitung der Nennbreite ist nicht statthaft.

6.3.2 Für längsgeteiltes Band und daraus geschnittene Stäbe (Streifen) < 600 mm Breite gelten die in Tabelle 4 angegebenen Werte für die zulässige Überschreitung der Nennbreite. Eine Unterschreitung der Nennbreite ist nicht statthaft.

6.5 Länge (bei Blech und Stäben)

6.5.1 Blech ist üblicherweise in Längen bis 6000 mm lieferbar. Größere Längen müssen vereinbart werden. Die lieferbaren Längen bei Stäben (Streifen) sind beim Hersteller zu erfragen.

---

*) siehe DIN EN 10 147

Tabelle 2. **Zu bevorzugende Nenndicken und zulässige Dickenabweichungen bei feuerverzinktem Flachzeug aus den Stählen St 02Z bis St 05Z**

Zu bevorzugende Nenndicke [1]	Zulässige Dickenabweichungen [1], [2]					
	Regelabweichungen für die Nennbreiten			Feinabweichungen (F) für die Nennbreiten		
	< 1200	≧ 1200 < 1500	≧ 1500	< 1200	≧ 1200 < 1500	≧ 1500
0,40	± 0,05	–	–	± 0,04	–	–
0,50	± 0,06	± 0,07	–	± 0,05	± 0,06	–
0,60	± 0,06	± 0,07	–	± 0,05	± 0,06	–
0,70	± 0,07	± 0,08	± 0,08	± 0,06	± 0,07	± 0,07
0,80	± 0,07	± 0,08	± 0,09	± 0,06	± 0,07	± 0,07
0,90	± 0,08	± 0,09	± 0,09	± 0,07	± 0,08	± 0,08
1,00	± 0,08	± 0,09	± 0,10	± 0,07	± 0,08	± 0,08
1,20	± 0,09	± 0,10	± 0,11	± 0,08	± 0,09	± 0,09
1,50	± 0,11	± 0,12	± 0,12	± 0,09	± 0,10	± 0,10
2,00	± 0,13	± 0,14	± 0,14	± 0,10	± 0,11	± 0,11
2,50	± 0,15	± 0,16	± 0,16	± 0,12	± 0,13	± 0,13
3,00	± 0,17	± 0,18	± 0,18	± 0,14	± 0,15	± 0,15

[1] Bei Zwischendicken gelten die zulässigen Abweichungen für die in der Tabelle genannte nächstgrößere Nenndicke (siehe Abschnitt 6.2.1).

[2] Für die Bandenden und für den Bereich von Schweißnähten gelten besondere Festlegungen (siehe Abschnitte 6.2.4 und 6.2.5).

Tabelle 3. **Zulässige Überschreitung der Nennbreite bei feuerverzinktem Breitband und Blech**

Nennbreite	Zulässige Überschreitung der Nennbreite	
	Regelabweichung	Feinabweichung (F) [1]
≧ 600 < 1200	6	2
≧ 1200	6	3

[1] Siehe Abschnitt 4.2 b

Tabelle 4. **Zulässige Überschreitung der Nennbreite bei längsgeteiltem Band und daraus geschnittenen Stäben (Streifen)**

Nenndicke		Zulässige Überschreitung der Nennbreite bei Breiten			
≧	<	< 125	≧ 125 < 250	≧ 250 < 400	≧ 400 < 600
0,35	0,40	0,3	0,6	1,0	1,5
0,40	1,00	0,5	0,8	1,2	1,5
1,00	1,75	0,7	1,0	1,5	2,0
1,75	3,00 [1]	1,0	1,3	1,7	2,0

[1] Einschließlich 3,00

6.5.2 Für die zulässige Überschreitung der Nennlänge bei Regelabweichungen und Feinabweichungen (F) gelten die Werte in Tabelle 5. Eine Unterschreitung der Nennlänge ist nicht statthaft.

Tabelle 5. **Zulässige Überschreitung der Nennlänge bei Blech und Stäben (Streifen)**

Nennlänge l	Zulässige Überschreitung der Nennlänge	
	Regelabweichung	Feinabweichung (F)
≦ 2000	6	3
> 2000	0,003 · l	0,0015 · l

6.6 Geradheit der Längskanten

6.6.1 Die zulässigen Abweichungen von der Geradheit der Längskanten bei Band sind in Tabelle 6 angegeben (siehe auch Abschnitt 7.2).

6.6.2 Bei Blech ≦ 2500 mm Länge und Stäben (Streifen) ≦ 1000 mm Länge beträgt die zulässige Abweichung von der Geradheit 0,3 % der Erzeugnislänge (siehe Abschnitt 7.2). Bei größeren Längen gelten die in Tabelle 6 genannten Höchstwerte und Meßlängen für Band entsprechender Breite.

6.7 Rechtwinkligkeit (bei Blech und Stäben)

Die Abweichungen von der Rechtwinkligkeit (siehe Abschnitt 7.3) dürfen 1 % der Erzeugnisbreite nicht überschreiten.

6.8 Ebenheit (bei Blech und Stäben)

Die zulässigen Abweichungen von der Ebenheit bei Regelabweichungen und Feinabweichungen (S) gehen aus Tabelle 7 hervor (siehe auch Abschnitt 7.4).

Tabelle 6. **Zulässige Abweichungen von der Geradheit der Längskanten bei Band**

Erzeugnisform	Nennbreite	Zulässige Abweichung von der Geradheit	
		Höchstwert	gültig für die Meßlänge
Breitband	≧ 600	5	2500
Band (längsgeteilt)	< 125	2,5	1000
	≧ 125 < 600	2	1000

Tabelle 7. **Zulässige Abweichungen von der Ebenheit bei Blech und Stäben**

Nennbreite		Zulässige Abweichungen von der Ebenheit					
		Regelabweichungen bei Nenndicken			Feinabweichungen (S) bei Nenndicken		
>	≦	< 0,70	≧ 0,70 < 1,20	≧ 1,20 ≦ 3,00	< 0,70	≧ 0,70 < 1,20	≧ 1,20 ≦ 3,00
–	1200	12	10	8	5	4	3
1200	1500	15	12	10	6	5	4
1500	–	19	17	15	8	7	6

	Kontinuierlich feuerverzinktes Blech und Band aus weichen Stählen zum Kaltumformen Technische Lieferbedingungen Deutsche Fassung EN 10 142 : 1990	**DIN** **EN 10 142**

Ersatz für
DIN 17 162 T 1/09.77

Hinweise auf Änderungen:

a) Einteilung und Bezeichnung der Stahlsorten
In der folgenden Tabelle sind die in DIN EN 10 142 berücksichtigten Stahlsorten den früher in DIN 17 162 Teil 1 erfaßten Sorten gegenübergestellt.

	Stahlsorte nach	
DIN EN 10 142	DIN 17 162 Teil 1 (09.77)	
	Kurzname	Werkstoffnummer
Fe P02 G	St 02 Z	1.0226
Fe P03 G	St 03 Z	1.0350
Fe P05 G	St 05 Z	1.0355
Fe P06 G	St 06 Z [1])	1.0306 [1])

[1]) Siehe DIN 17 162 Teil 1, Entwurf 04.88

Die Stahlsorten St 01 Z und St 04 Z wurden gestrichen; die Sorte Fe P06 G (St 06 Z) mit höchsten Anforderungen an die Umformbarkeit wurde neu aufgenommen.

Die Bezeichnungen in DIN EN 10 142 sind noch nach EURONORM 27 gebildet. Diese EURONORM wird zur Zeit in eine Europäische Norm (EN 10 027 Teil 1) umgewandelt; dabei wird auch eine weitgehende Änderung der Kurznamen vorgenommen. Es empfiehlt sich deshalb nicht, die Bezeichnungen jetzt auf die in Kürze ebenfalls überholten Kurznamen nach EURONORM 27 umzustellen. Vielmehr sollten für die Übergangszeit bis zur Veröffentlichung der EN 10 027 Teil 1 entweder die in obiger Tabelle angegebenen Kurznamen nach der früheren DIN 17 162 Teil 1 oder die dort ebenfalls aufgeführten Werkstoffnummern verwendet werden.

b) Mechanische und technologische Eigenschaften
Die Anforderungen an die Stahlsorten Fe P03 G (St 03 Z), Fe P05 G (St 05 Z) und Fe P06 G (St 06 Z) wurden um Maximalwerte für die Streckgrenze erweitert. Ferner wurde der Mindestwert der Bruchdehnung bei der Sorte Fe P03 G auf 26 % angehoben.

Die Anforderungen an die Tiefung wurden gestrichen.

c) Überzüge und Auflagegewichte wurden erweitert.

d) Oberflächenausführungen
Die Oberflächenausführung S wurde gestrichen und das Kaltnachwalzen an die Oberflächenarten B und C gebunden. Für die Überzüge aus Eisen-Zink-Legierung ist die Oberflächenausführung R (matte, blumenfreie Oberfläche) vorgesehen.

e) Für die Ermittlung des Auflagegewichtes wurde das Referenzverfahren geändert.

1 Zweck und Anwendungsbereich

1.1 Diese Europäische Norm enthält die Anforderungen an kontinuierlich feuerverzinkte Flacherzeugnisse mit – sofern bei der Bestellung nichts anderes vereinbart wird – einer Dicke ≦ 3,0 mm aus den in Abschnitt 5.1 und Tabelle 1 genannten Stählen. Als Dicke gilt die Enddicke des gelieferten Erzeugnisses nach dem Verzinken.

Diese Europäische Norm gilt für Band aller Breiten sowie für daraus abgelängte Bleche ($\geq$ 600 mm Breite) und Stäbe ($<$ 600 mm Breite).

1.3 Diese Europäische Norm gilt nicht für
— feuerverzinktes Blech und Band aus unlegierten Baustählen mit festgelegter Mindest-Streckgrenze (siehe EURONORM 147,*)
— elektrolytisch verzinkte Flacherzeugnisse aus Stahl (siehe EURONORM 152),**)
— organisch bandbeschichtetes Flachzeug aus Stahl (siehe EURONORM 169).

3 Definitionen
Im vorliegenden Fall wird Breitband aus Stahl kontinuierlich feuerverzinkt; der Zinkgehalt des Bades muß dabei mindestens 99 % betragen.

4 Bezeichnung

oder
Band EN 10 142 – Fe P03 G Z275 NA – C

Blech EN 10 142 – Fe P05 G ZF100 RB – O

5 Sorteneinteilung und Lieferarten
5.1 Stahlsorten
Eine Übersicht über die lieferbaren Stahlsorten gibt Tabelle 1. Sie enthält – mit zunehmender Eignung zum Kaltumformen geordnet – die Stahlsorten
Fe P02 G: Maschinenfalzgüte, *St 02Z,*
Fe P03 G: Ziehgüte, *St 03Z,*
Fe P05 G: Tiefziehgüte, *St 05Z,*
Fe P06 G: Sondertiefziehgüte, *St 06Z.*

---

*) siehe DIN EN 10 147
**) siehe DIN 17 163

Tabelle 1. **Stahlsorten und mechanische Eigenschaften**

Stahlsorte	Streckgrenze[1]) R_e N/mm² max.[2])	Zugfestigkeit R_m N/mm² max.[2])	Bruchdehnung A_{80} % min.[3])
Fe P02 G	–	500	22
Fe P03 G	300 [4])	420	26
Fe P05 G	260	380	30
Fe P06 G	220	350	36

[1]) Die Werte für die Streckgrenze gelten bei nicht ausgeprägter Streckgrenze für die 0,2 %-Dehngrenze ($R_{p0,2}$), sonst für die untere Streckgrenze (R_{eL}).

[2]) Bei allen Stahlsorten kann mit einem Mindestwert der Streckgrenze (R_e) von 140 N/mm² und einem Mindestwert der Zugfestigkeit (R_m) von 270 N/mm² gerechnet werden.

[3]) Bei Erzeugnisdicken ≤ 0,7 mm (einschließlich Zinkauflage) verringern sich die Mindestwerte der Bruchdehnung (A_{80}) um 2 Einheiten.

[4]) Dieser Wert gilt nur für kalt nachgewalzte Erzeugnisse (Oberflächenarten B und C).

5.2 Überzüge

5.2.1 Für die Erzeugnisse kommen die in den Tabellen 2 und 3 genannten Überzüge aus Zink (Z) oder Zink-Eisen-Legierung (ZF) in Betracht.

5.2.2 Die lieferbaren Auflagegewichte sind in den Tabellen 2 und 3 angegeben. Andere Auflagegewichte müssen bei der Bestellung besonders vereinbart werden.

Dickere Zinkschichten schränken die Umformbarkeit und die Schweißeignung der Erzeugnisse ein. Bei der Bestellung des Auflagegewichts sind daher die Anforderungen an die Umformbarkeit und die Schweißeignung zu berücksichtigen.

5.2.3 Auf Vereinbarung bei der Bestellung sind die feuerverzinkten Flacherzeugnisse mit unterschiedlichen Auflagegewichten je Seite lieferbar. Die beiden Oberflächen können herstellungsbedingt ein unterschiedliches Aussehen haben.

5.3 Ausführung des Überzugs (siehe Tabellen 2 und 3)

5.3.1 Übliche Zinkblume (N)

Diese Ausführung ergibt sich bei einer unbeeinflußten Erstarrung des Zinküberzugs. In Abhängigkeit von den Verzinkungsbedingungen können entweder keine Zinkblume oder Zinkkristalle mit unterschiedlichem Glanz und unterschiedlicher Größe vorliegen. Die Qualität des Überzugs wird dadurch nicht beeinflußt.

5.3.2 Kleine Zinkblume (M)

Die Oberfläche weist durch gezielte Beeinflussung des Erstarrungsvorgangs kleine Zinkblumen auf. Diese Ausführung kommt in Betracht, wenn die übliche Zinkblume (siehe 5.3.1) den Ansprüchen an das Aussehen der Oberfläche nicht genügt.

5.3.3 Zink-Eisen-Legierung üblicher Beschaffenheit (R)

Dieser Überzug entsteht durch eine Wärmebehandlung, bei der Eisen durch das Zink diffundiert. Die Oberfläche hat ein einheitliches mattgraues Aussehen.

5.4 Oberflächenart

(siehe Tabellen 2 und 3 sowie Abschnitt 6.8)

5.4.1 Übliche Oberfläche (A)

Unvollkommenheiten wie kleine Pickel, unterschiedliche Zinkblumengröße, dunkle Punkte, streifenförmige Markierungen und kleine Passivierungsflecke sind zulässig. Es können Streckrichtbrüche und Zinkablaufwellen auftreten.

5.4.2 Verbesserte Oberfläche (B)

Die Oberflächenart B wird durch Kaltnachwalzen erzielt. Bei dieser Oberflächenart sind in geringem Umfang Unvollkommenheiten wie Streckrichtbrüche, Dressierabdrücke, Riefen, Eindrücke, Zinkblumenstruktur und Zinkablaufwellen sowie leichte Passivierungsfehler zulässig. Die Oberfläche weist keine Pickel auf.

5.4.3 Beste Oberfläche (C)

Die Oberflächenart C wird durch Kaltnachwalzen erzielt. Die bessere Seite darf das einheitliche Aussehen einer Qualitätslackierung nicht beeinträchtigen. Die andere Seite muß mindestens den Merkmalen für die Oberflächenart B (siehe 5.4.2) entsprechen.

Tabelle 2. Lieferbare Auflagen, Ausführungen und Oberflächenarten bei Überzügen aus Zink (Z)

Stahlsorte	Auflage [1]) [2])	Ausführung des Überzugs			
		N	M		
			Oberflächenart [2])		
		A	A	B	C
Fe P02 G	Z100	X	X	X	X
	Z140	X	X	X	X
	Z200	X	X	X	X
	(Z225)	X	X	X	X
	Z275	X	X	X	X
	Z350	X	X	–	–
	(Z450)	X	–	–	–
	(Z600)	X	–	–	–
Fe P03 G	Z100	X	X	X	X
	Z140	X	X	X	X
	Z200	X	X	X	X
	(Z225)	X	X	X	X
	Z275	X	X	X	X
Fe P05 G und Fe P06 G	Z100	X	X	X	X
	Z140	X	X	X	X
	Z200	X	X	X	X
	(Z225)	X	X	X	X
	(Z275)	X	X	X	X

[1]) Siehe auch Abschnitt 5.2.2

[2]) Die in Klammern angegebenen Auflagen mit den zugehörigen Oberflächenarten sind nach Vereinbarung lieferbar.

Tabelle 3. Lieferbare Auflagen, Ausführungen und Oberflächenarten bei Überzügen aus Zink-Eisen-Legierung (ZF)

Stahlsorten	Auflage [1])	Ausführung des Überzugs		
		R		
		Oberflächenart		
		A	B	C
Alle	ZF100	X	X	X
	ZF140	X	X	–

[1]) Siehe auch Abschnitt 5.2.2

5.5 Oberflächenbehandlung (Oberflächenschutz)

5.5.2 Chemisch passiviert (C)

Das chemische Passivieren schützt die Oberfläche vor Feuchtigkeitseinwirkungen und vermindert die Gefahr einer Weißrostbildung bei Transport und Lagerung. Örtliche Verfärbungen durch diese Behandlung sind zulässig und beeinträchtigen nicht die Güte.

5.5.3 Geölt (O)

Auch diese Behandlung vermindert die Gefahr einer frühzeitigen Korrosion der Oberfläche.

Die Ölschicht muß sich mit geeigneten zinkschonenden und entfettenden Lösungsmitteln entfernen lassen.

5.5.4 Chemisch passiviert und geölt (CO)

Diese Kombination der Oberflächenbehandlung kann vereinbart werden, wenn ein erhöhter Schutz gegen Weißrostbildung erforderlich ist.

269

5.5.5 Unbehandelt (U)

Nur auf ausdrücklichen Wunsch und auf Verantwortung des Bestellers werden feuerverzinkte Flacherzeugnisse nach dieser Norm ohne Oberflächenbehandlung geliefert. In diesem Fall besteht die erhöhte Gefahr der Korrosion.

6 Anforderungen

6.3 Mechanische Eigenschaften

6.3.1 Bei der Bestellung nach Abschnitt 6.2.1 gelten die Werte für die mechanischen Eigenschaften nach Tabelle 1, und zwar für eine Frist nach der bei der Auftragserteilung vereinbarten Zurverfügungstellung der Erzeugnisse von

– 8 Tagen bei den Stahlsorten Fe P02 G und Fe P03 G,
– 6 Monaten bei den Stahlsorten Fe P05 G und Fe P06 G.

6.3.2 Die Werte des Zugversuchs gelten für Querproben und beziehen sich auf den Probenquerschnitt ohne Zinküberzug.

6.4 Freiheit von Rollknicken

Bei besonderen Anforderungen an die Freiheit von Rollknicken kann ein Kaltnachwalzen oder Streckrichten der Erzeugnisse erforderlich sein. Eine solche Behandlung kann die Umformbarkeit einschränken. Für das Auftreten von Rollknicken bestehen ähnliche Voraussetzungen und Bedingungen wie für das Auftreten von Fließfiguren (siehe Abschnitt 6.5).

6.5 Fließfiguren

6.5.1 Um die Bildung von Fließfiguren beim Kaltumformen zu vermeiden, kann es erforderlich sein, daß die Erzeugnisse beim Hersteller kalt nachgewalzt werden. Da die Neigung zur Bildung von Fließfiguren nach einiger Zeit erneut auftreten kann, liegt es im Interesse des Verbrauchers, die Erzeugnisse möglichst bald zu verarbeiten.

6.5.2 Freiheit von Fließfiguren bei den Oberflächenarten B und C liegt für folgende Zeitdauer nach der vereinbarten Zurverfügungstellung der Erzeugnisse vor:

– 1 Monat bei den Stahlsorten Fe P02 G und Fe P03 G,
– 6 Monate bei den Stahlsorten Fe P05 G und Fe P06 G.

6.6 Auflagegewicht

6.6.1 Das Auflagegewicht muß den Angaben in Tabelle 4 entsprechen. Die Werte gelten für das Gesamtgewicht des Überzugs auf beiden Seiten bei der Dreiflächenprobe und der Einzelflächenprobe (siehe Abschnitte 7.4.4 und 7.5.3).

Die Zinkauflage ist nicht immer gleichmäßig auf beiden Erzeugnisseiten verteilt. Es kann jedoch davon ausgegangen werden, daß auf jeder Seite eine Auflage von mindestens 40 % des in Tabelle 4 genannten Wertes für die Einzelflächenprobe vorhanden ist.

6.7 Haftung des Überzuges

Die Haftung des Überzuges ist nach dem in Abschnitt 7.5.2 angegebenen Verfahren zu prüfen. Nach dem Falten darf der Überzug keine Abblätterungen aufweisen, jedoch bleibt ein Bereich von 6 mm an jeder Probenkante außer Betracht, um den Einfluß des Schneidens auszuschalten. Rißbildungen, Aufrauhungen sind zulässig, ebenso ein Abstauben bei Überzügen aus Zink-Eisen-Legierung (ZF).

6.9 Maße, Grenzabmaße und Formtoleranzen

Es gelten die Festlegungen in EURONORM 143 bzw. *DIN 59 232.*

6.10 Eignung für die weitere Verarbeitung

6.10.1 Die Erzeugnisse nach dieser Norm sind zum Schweißen mit den üblichen Schweißverfahren geeignet. Bei größeren Auflagegewichten sind gegebenenfalls besondere Maßnahmen beim Schweißen erforderlich.

6.10.2 Die Erzeugnisse nach dieser Norm sind für das Zusammenfügen durch Kleben geeignet.

6.10.3 Alle Stahlsorten und Oberflächenarten sind für das Aufbringen von organischen Beschichtungen geeignet. Das Aussehen nach dieser Behandlung wird von der bestellten Oberflächenart (siehe Abschnitt 5.4) beeinflußt.

Anmerkung: Das Aufbringen von Oberflächenüberzügen und Beschichtungen erfordert eine zweckentsprechende Vorbehandlung beim Verarbeiter.

Tabelle 4. **Auflagegewichte**

Auflage [1]	Auflagegewicht in g/m^2, zweiseitig [2] min.	
	Dreiflächen-probe [3]	Einzelflächen-probe [3]
Z100, ZF100	100	85
Z140, ZF140	140	120
Z200	200	170
Z225	225	195
Z275	275	235
Z350	350	300
Z450	450	385
Z600	600	510

[1] Die für die einzelnen Stahlsorten lieferbaren Auflagen sind in den Tabellen 2 und 3 angegeben.

[2] Einem Auflagegewicht von 100 g/m^2 (zweiseitig) entspricht eine Schichtdicke von etwa 7,1 μm je Seite.

[3] Siehe Abschnitte 7.4.4 und 7.5.3

Kontinuierlich feuerverzinktes Blech und Band aus Baustählen Technische Lieferbedingungen Deutsche Fassung EN 10 147 : 1991	**DIN** **EN 10 147**

Einteilung und Bezeichnung der Stahlsorten

Ersatz für DIN 17 162 T2/09.80

In der folgenden Tabelle sind die in DIN EN 10 147 berücksichtigten Stahlsorten den früher in DIN 17 162 Teil 2 erfaßten Sorten gegenübergestellt.

DIN EN 10 147	Stahlsorte nach DIN 17 162 T 2/09.80	
	Kurzname	Werkstoffnummer
Fe E 220 G	–	–
Fe E 250 G	StE 250-2 Z	1.0242
Fe E 280 G	StE 280-2 Z	1.0244
Fe E 320 G	StE 320-3 Z	1.0250
Fe E 350 G	StE 350-3 Z	1.0529
Fe E 550 G	–	–

Änderungen

Gegenüber DIN 17 162 Teil 2/09.80 wurden folgende Änderungen vorgenommen:

a) Bezeichnung der Stahlsorten geändert.

b) Stahlsorte StE 280-3 Z gestrichen, Aufnahme der Sorten Fe E 220 G und Fe E 550 G (siehe Tabelle).

c) Anforderungen an die chemische Zusammensetzung der Grundwerkstoffe gestrichen.

d) Festlegungen über die mechanischen Eigenschaften geringfügig geändert (siehe Tabelle 1).

e) Lieferbare Überzüge und Auflagengewichte erweitert (siehe Tabellen 2 und 3).

f) Überzüge aus Zink-Eisen-Legierung (ZF) berücksichtigt.

1 Anwendungsbereich

1.1 Diese Europäische Norm enthält die Anforderungen an kontinuierlich feuerverzinkte Flacherzeugnisse mit einer Dicke $\leq$ 3,0 mm aus den in Tabelle 1 genannten Stählen. Als Dicke gilt die Enddicke des gelieferten Erzeugnisses nach dem Verzinken. Diese Europäische Norm gilt für Band aller Breiten sowie für daraus abgelängte Bleche ($\geq$ 600 mm Breite) und Stäbe (< 600 mm Breite).

1.2 Nach Vereinbarung bei der Bestellung kann diese Europäische Norm auch auf kontinuierlich feuerverzinkte Flacherzeugnisse in Dicken > 3,0 mm angewendet werden. In diesem Falle sind die Anforderungen an die mechanischen Eigenschaften, die Oberflächenbeschaffenheit und die Haftung des Überzugs bei der Bestellung zu vereinbaren.

1.3 Die Erzeugnisse nach dieser Europäischen Norm eignen sich für Verwendungszwecke, bei denen der Mindestwert der Streckgrenze und der Widerstand gegen Korrosion von vorrangiger Bedeutung sind. Der durch den Überzug bewirkte Korrosionsschutz ist dem Auflagegewicht proportional (siehe auch 5.2.2).

1.4 Diese Europäische Norm gilt nicht für

- feuerverzinktes Blech und Band aus weichen Stählen zum Kaltumformen (siehe EN 10 142),
- elektrolytisch verzinkte Flacherzeugnisse aus Stahl (siehe EURONORM 152 bzw. DIN 17 163),
- organisch bandbeschichtetes Flacherzeug aus Stahl (siehe EURONORM 169).

2 Definitionen

2.1 Feuerverzinken: Aufbringen eines Zinküberzuges durch Eintauchen entsprechend vorbereiteter Erzeugnisse in geschmolzenes Zink. Im vorliegenden Fall wird Breitband aus Stahl kontinuierlich feuerverzinkt; der Zinkgehalt des Bades muß dabei mindestens 99 % betragen.

3.2 Auflagegewicht: Gesamtgewicht des Überzuges auf beiden Seiten des Erzeugnisses (ausgedrückt in g/m^2).

4 Bezeichnung

Band EN 10 147 – Fe E 250 G Z275 NA-C

Blech EN 10 147 – Fe E 320 G ZF100 RB-O

5 Sorteneinteilung und Lieferarten

5.1 Stahlsorten *(siehe Tabelle 1)*

5.2 Überzüge

5.2.1 Für die Erzeugnisse kommen die in den Tabellen 2 und 3 genannten Überzüge aus Zink (Z) oder Zink-Eisen-Legierung (ZF) in Betracht.

5.2.2 Die lieferbaren Auflagegewichte sind in den Tabellen 2 und 3 angegeben. Andere Auflagegewichte müssen bei der Bestellung besonders vereinbart werden.

Dickere Zinkschichten schränken die Umformbarkeit und die Schweißeignung der Erzeugnisse ein. Bei der Bestellung des Auflagegewichts sind daher die Anforderungen an die Umformbarkeit und die Schweißeignung zu berücksichtigen.

5.2.3 Auf Vereinbarung bei der Bestellung sind die feuerverzinkten Flacherzeugnisse mit unterschiedlichen Auflagegewichten je Seite lieferbar. Die beiden Oberflächen können herstellungsbedingt ein unterschiedliches Aussehen haben.

271

Tabelle 1. **Stahlsorten und mechanische Eigenschaften der Stähle (für Dicken ≤ 3 mm)**

Stahlsorte	Streck-grenze R_{eH} N/mm² min.	Zugfestig-keit R_m N/mm² min.	Bruch-dehnung A_{80} % min. [1]
Fe E 220 G	220	300	20
Fe E 250 G	250	330	19
Fe E 280 G	280	360	18
Fe E 320 G	320	390	17
Fe E 350 G	350	420	16
Fe E 550 G	550	560	–

[1]) Bei Erzeugnisdicken ≤ 0,7 mm (einschließlich Zink-auflage) verringern sich die Mindestwerte der Bruch-dehnung um 2 Einheiten.

5.3 Ausführung des Überzugs (siehe Tabellen 2 und 3)

5.3.1 Übliche Zinkblume (N)
siehe DIN EN 10 142, Pkt. 5.3.1

5.3.2 Kleine Zinkblume (M)
siehe DIN EN 10 142, Pkt. 5.3.2

5.3.3 Zink-Eisen-Legierung üblicher Beschaffenheit (R)
siehe DIN EN 10 142, Pkt. 5.3.3

5.4 Oberflächenart
(siehe Tabellen 2 und 3 sowie Abschnitt 6.6)

5.4.1 Übliche Oberfläche (A)
siehe DIN EN 10 142, Pkt. 5.4.1

5.4.2 Verbesserte Oberfläche (B)
siehe DIN EN 10 142, Pkt. 5.4.2

5.4.3 Beste Oberfläche (C)
siehe DIN EN 10 142, Pkt. 5.4.3

Tabelle 2. **Lieferbare Auflagen, Ausführungen und Ober-flächenarten bei Überzügen aus Zink (Z)**

Stahl-sorten	Auflage [1],[2]	Ausführung des Überzugs			
		N	M		
		Oberflächenart [2]			
		A	A	B	C
Alle	Z 100	×	×	×	×
	Z 140	×	×	×	×
	Z 200	×	×	×	×
	Z 225	×	×	×	×
	Z 275	×	×	×	×
	Z 350	×	×	–	–
	(Z 450)	(×)	–	–	–
	(Z 600) [3]	(×)	–	–	–

[1]) Siehe auch 5.2.2

[2]) Die in Klammern angegebenen Auflagen mit den zugehörigen Oberflächenarten sind nach Vereinbarung lieferbar.

[3]) Kommt nicht für die Stahlsorte Fe E 550 G in Betracht.

Tabelle 3. **Lieferbare Auflagen, Ausführungen und Ober-flächenarten bei Überzügen aus Zink-Eisen-Legierung (ZF)**

Stahl-sorten	Auflage [1]	Ausführung des Überzugs R		
		Oberflächenart		
		A	B	C
Alle	ZF 100	×	×	×
	ZF 140	×	×	–

[1]) Siehe auch 5.2.2

5.5 Oberflächenbehandlung (Oberflächenschutz)

5.5.1 Allgemeines

Feuerverzinkte Flacherzeugnisse erhalten üblicherweise im Herstellerwerk einen Oberflächenschutz nach den Angaben in 5.5.2 bis 5.5.4. Die Schutzwirkung ist zeitlich begrenzt, ihre Dauer hängt von den atmosphärischen Bedingungen ab.

5.5.2 Chemisch passiviert (C)

siehe DIN EN 10 142, Pkt. 5.5.2

5.5.3 Geölt (O)

siehe DIN EN 10 142, Pkt. 5.5.3

5.5.4 Chemisch passiviert und geölt (CO)

siehe DIN EN 10 142, Pkt. 5.5.4

5.5.5 Unbehandelt (U)

siehe DIN EN 10 142, Pkt. 5.5.5

6 Anforderungen

6.1 Herstellungsverfahren

Die Verfahren zur Herstellung des Stahls und der Erzeugnisse bleiben dem Hersteller überlassen.

6.2 Mechanische Eigenschaften

6.2.1 Für die mechanischen Eigenschaften gelten die Anforderungen nach Tabelle 1. Die Werte gelten für jede Probenlage, d. h. sowohl für Längsproben als auch für Querproben.

6.2.2 Die Werte des Zugversuchs sind auf den Probenquerschnitt ohne Zinküberzug zu beziehen.

6.2.3 Bei allen feuerverzinkten Erzeugnissen nach dieser Norm kann mit der Zeit eine Verminderung der Umformbarkeit eintreten. Es liegt daher im Interesse des Verbrauchers, die Erzeugnisse möglichst bald nach Erhalt zu verarbeiten.

6.3 Freiheit von Rollknicken

Die gewünschte Lieferung mit Freiheit von Rollknicken ist bei der Bestellung besonders anzugeben.

6.4 Auflagegewicht

6.4.1 siehe DIN EN 10 142, Pkt. 6.6.1

6.4.2 Für jede Auflage nach Tabelle 4 kann ein Höchstwert oder ein Mindestwert des Auflagegewichts je Erzeugnisseite (Einzelflächenprobe) vereinbart werden.

6.5 Haftung des Überzuges

siehe DIN EN 10 142, Pkt. 6.7

Tabelle 4. **Auflagegewichte**

Auflage [1]	Auflagegewicht in g/m^2, zweiseitig [2] min.	
	Dreiflächenprobe [3]	Einzelflächenprobe [3]
Z 100, ZF 100	100	85
Z 140, ZF 140	140	120
Z 200	200	170
Z 225	225	195
Z 275	275	235
Z 350	350	300
Z 450	450	385
Z 600	600	510

[1] Die für die einzelnen Stahlsorten lieferbaren Auflagen sind in den Tabellen 2 und 3 angegeben.

[2] Einem Auflagegewicht von 100 g/m^2 (zweiseitig) entspricht eine Schichtdicke von 7,1 µm je Seite.

[3] Siehe 7.4.4 und 7.5.3

6.6 Oberflächenbeschaffenheit

6.6.1 Die Oberfläche muß den Angaben in 5.3 bis 5.5 entsprechen. Falls bei der Bestellung nicht anders vereinbart, wird beim Hersteller nur eine Oberfläche kontrolliert. Der Hersteller muß dem Besteller auf dessen Verlangen angeben, ob die oben- oder die untenliegende Seite kontrolliert wurde.

Kleine Kantenrisse, die bei nicht geschnittenen Kanten auftreten können, berechtigen nicht zur Beanstandung.

6.6.2 Bei der Lieferung von Band in Rollen besteht in größerem Maß die Gefahr des Vorhandenseins von Oberflächenfehlern als bei der Lieferung von Blech und Stäben, da es dem Hersteller nicht möglich ist, alle Fehler in einer Rolle zu beurteilen. Dies ist vom Besteller bei der Beurteilung der Erzeugnisse in Betracht zu ziehen.

6.7 Maße, Grenzabmaße und Formtoleranzen

Es gelten die Festlegungen in EURONORM 148 bzw. DIN 59 232.

6.8 Eignung für die weitere Verarbeitung

6.8.1 Die Erzeugnisse nach dieser Norm — mit Ausnahme der Sorte Fe E 550 G — sind zum Schweißen mit geeigneten, d. h. der Stahlsorte und dem Auflagegewicht angemessenen Schweißverfahren geeignet.

6.8.2 Die Erzeugnisse nach dieser Norm sind für das Zusammenfügen durch Kleben geeignet.

6.8.3 Alle Stahlsorten und Oberflächenarten sind für das Aufbringen von organischen Beschichtungen geeignet. Das Aussehen nach dieser Behandlung wird von der bestellten Oberflächenart (siehe 5.4) beeinflußt.

Anmerkung: Das Aufbringen von Oberflächenüberzügen und Beschichtungen erfordert eine zweckentsprechende Vorbehandlung beim Verarbeiter.

Flacherzeugnisse aus Stahl **Elektrolytisch verzinktes kaltgewalztes Band und Blech** Technische Lieferbedingungen	**DIN** **17163**

1 Anwendungsbereich

1.1 Diese Norm gilt für im Durchlaufverfahren elektrolytisch verzinkte kaltgewalzte Flacherzeugnisse mit einer Dicke von 0,35 bis 3 mm, und zwar für Breitband sowie daraus durch Längs- und/oder Querteilen hergestellte Erzeugnisse (Spaltband, Bleche, Stäbe) aus den in Abschnitt 5 und Tabelle 1 genannten Stählen, die mit den in Tabelle 2 angegebenen Zinkauflagen geliefert werden können.

Die Anwendung der Norm auf Erzeugnisse mit geringerer oder größerer Dicke (bis 4 mm) kann vereinbart werden. Die Flacherzeugnisse werden mit Überzugsdicken hergestellt, die ohne geeignete zusätzliche Beschichtung nicht für einen Außeneinsatz geeignet sind.

1.3 Diese Norm gilt nicht für

– feuerverzinkte Flacherzeugnisse aus Stahl (siehe DIN 17162 Teil 1[1]) und Teil 2, z. Z. Entwürfe),[2]

– Flacherzeugnisse aus Stahl mit sonstigen, nicht elektrolytisch aufgebrachten Zinküberzügen.

2 Begriffe

2.1 Als elektrolytisches Verzinken bezeichnet man das Aufbringen eines Zinküberzuges durch Abscheiden von Zink aus einer wäßrigen Lösung eines Zinksalzes unter Einfluß eines elektrischen Feldes auf eine entsprechende vorbereitete Oberfläche.

2.2 Die Flacherzeugnisse können einseitig oder zweiseitig mit einer Zinkauflage versehen sein.

Im Falle einer zweiseitigen Zinkauflage können unterschiedliche Zinkschichtdicken je Seite hergestellt werden (elektrolytische Differenzverzinkung).

3 Maße, Grenzabmaße und Formtoleranzen

Für die Maße, die Grenzabmaße und die Formtoleranzen der elektrolytisch verzinkten Flacherzeugnisse nach dieser Norm gilt DIN 1541 bzw. DIN EN 10 131.

Als Nenndicke ist dabei die Nenndicke des fertigen elektrolytisch verzinkten Erzeugnisses zu verstehen.

5 Sorteneinteilung

5.1 Diese Norm umfaßt die in Tabelle 1 angegebenen Stahlsorten. Auf entsprechende Vereinbarung sind auch elektrolytisch verzinkte Flacherzeugnisse aus anderen Stahlsorten lieferbar.

6 Bezeichnung und Bestellung

Stahl DIN 17163 – St 14 ZE50/50 – 03 PH

7 Anforderungen

7.2 Desoxidationsart und chemische Zusammensetzung

Für die Desoxidationsart und die chemische Zusammensetzung der Stähle gelten die Angaben in Tabelle 1.

7.3 Wahl der Eigenschaften

Je nach der Vereinbarung bei der Bestellung erfolgt die Lieferung bei allen Stahlsorten nach dieser Norm

7.3.1 entweder mit den mechanischen und technologischen Eigenschaften nach Tabelle 1,

7.3.2 oder mit der Eignung für die Herstellung eines bestimmten Werkstückes. In diesem Fall darf der durch den Werkstoff bedingte Ausschuß bei der Verarbeitung einen bestimmten, zu vereinbarenden Anteil nicht überschreiten.

Für die Stahlsorte St 12 gilt dabei eine Frist von 6 Wochen, für alle anderen Stahlsorten nach Tabelle 1 eine Frist von 6 Monaten nach der vereinbarten Zurverfügungstellung.

7.4 Mechanische und technologische Eigenschaften

7.4.1 Bei der Bestellung nach Abschnitt 7.3.1 gelten die mechanischen und technologischen Eigenschaften nach Tabelle 1, und zwar für eine Frist nach der bei der Auftragserteilung vereinbarten Zurverfügungstellung der Erzeugnisse von

– 8 Tagen für die Stahlsorte St 12,
– 6 Monaten für alle anderen Stahlsorten nach Tabelle 1.

7.4.2 Die Werte des Zugversuches gelten für Querproben und beziehen sich auf den Probenquerschnitt ohne Zinküberzug. Die Werte für die Streckgrenze gelten bei nicht ausgeprägter Streckgrenze für die 0,2%-Dehngrenze ($R_{p\,0,2}$), sonst für die untere Streckgrenze (R_{eL}), bei der Stahlsorte St 37-3 G jedoch für die obere Streckgrenze (R_{eH}).

7.4.3 Bei den Stahlsorten St 12, RRSt 13 und St 14 gelten die Anforderungen an die Tiefung und die Härte nach DIN 1623 Teil 1 (siehe auch Abschnitt 8.3).

7.4.4 Für den technologischen Biegeversuch gelten bei der Stahlsorte St 37-3 G die Anforderungen nach DIN 1623 Teil 2, bei den Stahlsorten Z StE 260, Z StE 300 und Z StE 340 die Anforderungen nach Stahl-Eisen-Werkstoffblatt 093 (siehe auch Abschnitt 8.3).

7.5 Fließfiguren

Flacherzeugnisse nach dieser Norm mit der Oberflächenart 05 können innerhalb von

– 10 Wochen bei der Stahlsorte St 12,
– 6 Monaten bei allen anderen Stahlsorten

nach der vereinbarten Zurverfügungstellung fließfigurenfrei verarbeitet werden.

7.6 Schweißeignung

Elektrolytisch verzinkte Flacherzeugnisse nach dieser Norm sind für das Schweißen geeignet, wobei die für den Grundwerkstoff geltenden Anforderungen einzuhalten sind. Im Hinblick auf die Dicke der Zinkschicht und eine etwaige Phosphatierung können jedoch besondere Maßnahmen beim Schweißen erforderlich sein.

7.7 Zinkauflage

Die lieferbaren Zinkauflagen sind in Tabelle 2 aufgeführt.

Die Zinkauflage wird als zehnfacher Wert der Nennschichtdicke in μm angegeben, und zwar für beide Seiten getrennt.

7.8 Haftung des Zinküberzuges

Nach dem technologischen Biegeversuch darf der Zinküberzug keine Abblätterungen aufweisen, dabei bleibt jedoch ein Bereich von je 6 mm an den beiden Probenkanten außer Betracht.

---

[1]) siehe DIN EN 10142
[2]) siehe DIN EN 10147

Tabelle 1. Sorteneinteilung und mechanische und technologische Eigenschaften der elektrolytisch verzinkten Flacherzeugnisse

Stahlsorte		Desoxidations-art und chemische Zusammensetzung nach	Streck-grenze [1] [2] N/mm^2	Zugfestig-keit [1] N/mm^2	Bruch-dehnung [1] % min. [3]	Tiefung [4] min.	Härte [4] max.	Techno-logischer Biege-versuch [4]
Kurzname	Werk-stoff-nummer							
St 12	1.0330	DIN 1623 [7] Teil 1	max. 280 [5]	270 bis 410	28	nach DIN 1623 [7] Teil 1	nach DIN 1623 [7] Teil 1	−
RR St 13	1.0347		max. 240 [5]	270 bis 370	34			−
St 14	1.0338		max. 210 [5] [6]	270 bis 350	38			−
St 37-3 G	1.0116 G	DIN 1623 Teil 2	min. 215	360 bis 510	20	−	−	nach DIN 1623 Teil 2
Z StE 260	1.0480	SEW 093	260 bis 340	350 bis 450	24	−	−	nach SEW 093
Z StE 300	1.0489		300 bis 380	380 bis 480	22	−	−	
Z StE 340	1.0548		340 bis 440	410 bis 530	20	−	−	

[1]) Siehe Abschnitt 8.4.1

[2]) Siehe Abschnitt 7.4.2

[3]) Bei Dicken ≦ 0,7 mm sind um 2 Einheiten niedrigere Mindestwerte für die Bruchdehnung zulässig.

[4]) Siehe Abschnitt 8.3

[5]) Bei Dicken ≦ 0,7 mm sind um 20 N/mm² höhere Maximalwerte für die Streckgrenze zulässig. Die Werte der Tabelle gelten nicht für sehr gering kalt nachgewalzte Erzeugnisse (siehe DIN 1623 Teil 1/02.83) [7]) Abschnitt 7.8.2)

[6]) Bei Dicken ≧ 1,5 mm ist eine Streckgrenze von max. 225 N/mm² zulässig.

[7]) DIN EN 10130 Ausgabe 10.1991 ersetzt DIN 1623 Teil 1.

Tabelle 2. Zinkauflagen bei elektrolytisch verzinkten Flacherzeugnissen

Kennzahlen für die Zinkauflage	Benennung	Nennschichtdicke S [1] je Seite μm	Nennflächengewicht G_A je Seite g/m^2	Mindestflächengewicht [2] je Seite g/m^2
ZE 10/10	Feinauflage	1/1	7/7	4/4
ZE 25/25	Normalauflage	2,5/2,5	18/18	12/12
ZE 50/50	Verstärkte Auflage	5/5	36/36	28/28
ZE 75/75		7,5/7,5	54/54	47/47
ZE 25/0	Einseitige Auflage	2,5/0	18/0	12/0
ZE 50/0		5/0	36/0	28/0
ZE 75/0		7,5/0	54/0	47/0
ZE 100/0		10/0	72/0	65/0
ZE 50/25	Unterschiedliche Auflage	5/2,5	36/18	28/12
ZE 75/25		7,5/2,5	54/18	47/12
ZE 75/50		7,5/5	54/36	47/28

[1]) Die Nennschichtdicke S des Zinküberzuges in μm kann aus dem Nennflächengewicht G_A nach folgender Zahlenwertgleichung annähernd errechnet werden:

$$S = \frac{G_A}{7,15} = (Dichte \ des \ Zinküberzuges)$$

Dabei ist G_A in g/m² einzusetzen.

[2]) Siehe Abschnitt 8.5.2.1.

7.9 Oberflächenbeschaffenheit

7.9.1 Oberflächenart und -ausführung

Elektrolytisch verzinkte Oberflächen sind ein geeigneter Untergrund für Beschichtungen, jedoch können andere Vorbehandlungen und andere Grundbeschichtungen als bei Stahl ohne Überzug erforderlich sein.

Für alle Sorten nach dieser Norm kommen die Oberflächenarten 03 und 05 mit den in Tabelle 3 angegebenen Merkmalen in Betracht. Bei besonderen Anforderungen an das Aussehen im beschichteten Zustand ist bevorzugt die Oberflächenart 05 zu bestellen.

Elektrolytisch verzinkte Oberflächen wie auch die unverzinkte Oberfläche bei einseitiger Verzinkung werden in der Oberflächenausführung „matt" mit den Merkmalen nach DIN 1623 Teil 1 geliefert.

7.9.2 Oberflächennachbehandlung

Elektrolytisch verzinktes Band und Blech kann mit einer der in Tabelle 4 genannten Arten der Oberflächennachbehandlung geliefert werden. Durch die Nachbehandlung wird die Gefahr einer meist durch Feuchtigkeit verursachten Korrosion unter Bildung von Weißrost während des Transportes oder der Lagerung der Erzeugnisse verringert. Dieser Korrosionsschutz ist im allgemeinen bei der Behandlungsart „phosphatiert und chromatgespült, geölt" am größten. Der Schutz ist jedoch zeitlich begrenzt, so daß für werkstoffgerechte Lagerungs- und Transportbedingungen zu sorgen ist.

Durch eine geeignete Oberflächennachbehandlung läßt sich ferner die Haftung und Korrosionsschutzwirkung einer vom Verarbeiter aufgebrachten Beschichtung verbessern. Dabei ist auf eine Abstimmung zwischen Vorbehandlung und Lacksystem zu achten. Oberflächennachbehandlungen mit Chromat sind im allgemeinen mit einer beim Verarbeiter durchgeführten Phosphatierung nicht verträglich. Verfärbungen, die bei der Chromatbehandlung auftreten können, beeinträchtigen die Verarbeitbarkeit nicht.

Ein Phosphatieren kann in Verbindung mit einem geeigneten Schmiermittel die Umformbarkeit verbessern (siehe Abschnitt 7.10). Die Lieferung ohne Oberflächennachbehandlung (N nach Tabelle 4) erfolgt nur auf ausdrücklichen Wunsch des Bestellers. In diesem Fall können Korrosionsschäden schon nach kurzer Lagerdauer und während des Transportes auftreten. Außerdem werden das Entstehen von Kratzern sowie die Reiboxidation begünstigt.

Bei geölten Oberflächen muß sich die Ölschicht mit geeigneten zinkschonenden Reinigungsmitteln entfernen lassen. Es wird vorausgesetzt, daß der Verarbeiter mit geeigneten Anlagen für die Entfettung ausgerüstet ist.

7.10 Umformbarkeit

Elektrolytisch verzinkte Flacherzeugnisse nach dieser Norm lassen sich allgemein wie vergleichbare kaltgewalzte Erzeugnisse ohne Überzug umformen. Die Umformbarkeit wird im wesentlichen vom Trägerwerkstoff bestimmt. Oberflächenschonende Fertigungsverfahren und auf die Oberfläche abgestimmte Korrosionsschutz- und Schmiermittel, gegebenenfalls auch die Phosphatierung als Oberflächennachbehandlung, verbessern die Eignung zur Formgebung und tragen zur Vermeidung von Abrieb bei.

Tabelle 3. **Kennzahlen und Merkmale für die Oberflächenart**

Benennung	Kennzahlen	Merkmale
Übliche Oberfläche	03	Fehler, die die Umformung und das Aufbringen von Oberflächenüberzügen nicht beeinträchtigen, sind zulässig
Beste Oberfläche	05	Die bessere Seite muß so weit fehlerfrei sein, daß das einheitliche Aussehen einer Qualitätslackierung nicht beeinträchtigt wird. Im Falle der einseitigen Verzinkung gilt diese Festlegung für die unverzinkte Seite.

Tabelle 4. **Kennbuchstaben und Arten der Oberflächennachbehandlung**

Kennbuchstaben	Art der Oberflächennachbehandlung
PH	Phosphatiert
PHCR	Phosphatiert und chromatgespült
CR	Chromatpassiviert
PHCROL	Phosphatiert und chromatgespült, geölt
CROL	Chromatpassiviert, geölt
PHOL	Phosphatiert, geölt
OL	Geölt
N	Ohne Oberflächennachbehandlung

	Kaltgewalztes Feinstblech in Rollen zur Herstellung von Weißblech oder von elektrolytisch spezialverchromtem Stahl Deutsche Fassung EN 10 205 : 1991	**DIN** **EN 10 205**

Mit DIN EN 10 203
Ersatz für DIN 1616/10.84

Bei der Bestellung können statt der in den Tabellen 2 und 3 genannten Bezeichnungen auch die Werkstoffnummern nach folgender Tabelle verwendet werden:

Stahlsorte	
Bezeichnung (siehe Tabellen 2 und 3)	Werkstoff- nummer
T 50	1.0371
T 52	1.0372
T 57	1.0375
T 61	1.0377
T 65	1.0378
DR 550	1.0373
DR 620	1.0374
DR 660	1.0376

Änderungen

Gegenüber DIN 1616/10.84 wurden folgende Änderungen vorgenommen:

a) Beschränkung des Anwendungsbereichs auf Feinstblech in Rollen (die Anforderungen an Weißblech sind in DIN EN 10 203 erfaßt).

b) Doppeltreduziertes Feinstblech wurde neu aufgenommen (siehe Tabelle 3).

c) Streichung der Sorte T 70 beim einfach kaltgewalzten Feinstblech.

d) Neugestaltung des Textes in Anlehnung an DIN EN 10 203.

1 Anwendungsbereich

Dieser Entwurf der Europäischen Norm enthält die Anforderungen an einfach kaltgewalztes sowie an doppeltreduziertes Feinstblech in Form von Band, das für die Herstellung von elektrolytisch spezialverchromtem Stahl nach EN 10 202 oder von Weißblech nach EN 10 203 bestimmt ist.

Einfach kaltgewalztes Feinstblech wird in Nenndicken von 0,17 mm bis 0,49 mm in Stufen von 0,005 mm geliefert. Doppeltreduziertes Feinstblech wird in Nenndicken von 0,14 mm bis 0,29 mm in Stufen von 0,005 mm geliefert.

Diese Norm gilt für Band in Rollen mit geschnittenen oder ungeschnittenen Kanten in Nennbreiten von mindestens 600 mm.

3 Definitionen

3.1 Feinstblech: Kaltgewalzter weicher unlegierter Stahl, üblicherweise geölt, zur Herstellung von elektrolytisch spezialverchromtem Stahl oder von Weißblech nach EN 10 202 oder EN 10 203.

3.2 Einfach kaltgewalzt: Begriff zur Beschreibung von Feinstblech, das auf die gewünschte Dicke kaltgewalzt und anschließend geglüht und dressiert wird.

3.3 Doppeltreduziert: Begriff zur Beschreibung von Feinstblech, das nach dem Glühen eine zweite größere Kaltumformung erhält.

3.4 Haubengeglüht (BA): Verfahren, bei dem das kaltgewalzte Band als dicht gewickelte Rolle in Schutzgas-Atmosphäre nach einer vorgegebenen Zeit-Temperatur-Folge geglüht wird.

3.5 Kontinuierlich geglüht (CA): Verfahren, bei dem die kaltgewalzten Rollen abgewickelt und als Band in Schutzgas-Atmosphäre geglüht werden.

3.6 Oberflächenausführung: Das Erscheinungsbild der Oberfläche von Feinstblech, das sich aus der Verwendung von Arbeitswalzen mit bestimmter Oberflächentextur während der letzten Stufen des Kaltwalzens ergibt.

3.6.1 Matt: Oberfläche, die sich bei der Verwendung gestrahlter Dressierwalzen ergibt.

3.6.2 Glatt: Oberfläche, die sich bei Verwendung von Dressierwalzen mit hohem Glanzgrad ergibt. Diese Ausführung wird für die Herstellung von Weißblech mit glänzender Oberfläche verwendet.

3.6.3 Stone finish: Oberfläche, die durch eine gerichtete Oberflächenstruktur gekennzeichnet ist, wie sie sich bei der Verwendung von geschliffenen Dressierwalzen mit ausgeprägter Schleifstruktur ergibt.

3.7 Rolle: Gewalztes Flacherzeugnis, das in regelmäßigen Lagen zu einer Rolle aufgewickelt wird, deren Seitenflächen ungefähr in einer Ebene liegen.

3.8 Krümmung

3.8.1 Längskrümmung: Bleibende Krümmung des Bandes in Walzrichtung.

3.8.2 Querkrümmung: Bleibende Krümmung des Bandes quer zur Walzrichtung, aufgrund derer der Abstand der beiden parallel zur Walzrichtung liegenden Kanten kleiner als die Bandbreite ist.

3.9 Mittenwelligkeit: Welligkeit außerhalb des Kantenbereiches des Bandes.

3.10 Randwellen: Wellen an der Kante, wenn das Band auf einer ebenen Unterlage ruht. Sie kommen nur bei Band mit geschnittenen Kanten vor.

3.11 Kantenanschärfung: (Dickenprofil in Querrichtung): Dickenänderung senkrecht zur Walzrichtung, gekennzeichnet durch eine Verminderung der Dicke in unmittelbarer Nähe der Kanten. Sie kommt nur bei Band mit geschnittenen Kanten vor.

3.12 Schneidgrat: Über die Oberflächenebene des Bandes hinausragendes Metall als Folge des Schneidens.

3.13 Walzbreite: Breite des Bandes senkrecht zur Walzrichtung.

3.14 Liefereinheit: Die Menge an Erzeugnissen mit gleichen Anforderungen, die zur gleichen Zeit zum Versand bereitgestellt wird.

3.15 Gestell: Untersatz, auf dem die Rolle zur Erleichterung des Transports plaziert wird.

3.16 Amboß-Effekt: Einfluß, den eine harte Unterlage (Amboß) auf die ermittelten numerischen Härtewerte haben kann, wenn die Härteprüfung an sehr dünnen Erzeugnissen mit einer solchen Unterlage durchgeführt wird.

4.2 Wahlmöglichkeiten

Wenn der Besteller keinen Wunsch zu den in dieser Norm enthaltenen Wahlmöglichkeiten äußert und keine Anforderungen bei der Bestellung nennt, werden die Erzeugnisse wie folgt geliefert:

a) mit der Oberflächenausführung stone finish bei doppeltreduziertem Feinstblech (siehe 6.2.2),

b) bei Rollen mit Kennzeichnung der Lage jeder Naht durch ein eingefügtes Stück aus weichem Material und durch eingestanzte Löcher (siehe 10.3),

c) mit einem geeigneten Öl überzogen (siehe 6.3),

d) mit einem Innendurchmesser der Rollen von 420 (+ 10/ − 15) mm (siehe Abschnitt 14).

4.3 Zusätzliche Angaben

Bei der Bestellung muß der Verwender alle notwendigen Informationen über

a) seine Produktionseinrichtungen, die er als geeignet für die Verarbeitung des bestellten Feinstblechs ansieht,

b) die beabsichtigte Endverwendung

geben.

5 Bezeichnung

5.1 Einfach kaltgewalztes Feinstblech

Feinstblech EN 10 205 −

T 61 − CA − Stone − 0,20 × 800, geschnitten

5.2 Doppeltreduziertes Feinstblech

Feinstblech EN 10 205 −

DR 620 − CA − 0,18 × 750, Walzkanten

6 Fertigungsverfahren

6.2 Oberflächenausführung

6.2.1 Einfach kaltgewalztes Feinstblech

Einfach kaltgewalztes Feinstblech kann in den Oberflächenausführungen glatt, stone finish oder matt geliefert werden; die gewünschte Oberflächenausführung ist bei der Bestellung anzugeben (siehe 4.1 c).

6.2.2 Doppeltreduziertes Feinstblech

Doppeltreduziertes Feinstblech wird üblicherweise mit der Oberflächenausführung stone finish geliefert (siehe 3.6.3).

6.3 Einölen

Zur Vermeidung von Korrosion wird Feinstblech üblicherweise mit einer ausreichenden Schicht eines geeigneten nicht mineralischen Schutzöls geliefert. Das Öl muß vor einer etwaigen Beschichtung mit einem angemessenen kontinuierlichen Reinigungsverfahren entfernt werden.

Wenn Feinstblech ungeölt geliefert werden soll, ist dies bei der Bestellung anzugeben (siehe 4.2 c).

Anmerkung: Bei der Lieferung von ungeöltem Feinstblech besteht eine erhöhte Gefahr für Oberflächenkorrosion.

8 Mechanische Eigenschaften

8.1 Allgemeines

In dieser Norm wird das einfach kaltgewalzte Feinstblech nach Härtegraden auf der Grundlage der Rockwellhärte HR 30 Tm, das doppeltreduzierte Feinstblech auf der Grundlage der 0,2 %-Dehngrenze und der Rockwellhärte HR 30 Tm eingeteilt.

Andere mechanische Eigenschaften sind von merklichem Einfluß auf das Verhalten des Feinstblechs bei der Verarbeitung und der nachfolgend vorgesehenen Endverwendung, sie variieren in Abhängigkeit von der Stahlsorte und der Vergießungsart sowie der angewendeten Art des Glühens und Nachwalzens.

Anmerkung: Das Glühverfahren, z. B. BA oder CA (siehe 3.4 oder 3.5), kann bei der Bestellung vereinbart werden.

8.2 Einfach kaltgewalztes Feinstblech

Bei einfach kaltgewalztem Feinstblech müssen die Härtewerte bei der Prüfung nach 12.2 den Angaben in Tabelle 1 entsprechen.

8.3 Doppeltreduziertes Feinstblech

Bei der Prüfung nach den Angaben in 12.2 und 12.3 müssen die mechanischen Eigenschaften den Werten nach Tabelle 2 entsprechen.

9 Grenzabmaße und Formtoleranzen

9.2 Bandbreite

Die gemessene Breite darf nicht unter der bestellten Breite und bei Band mit geschnittenen Kanten nicht um mehr als 3 mm über der bestellten Breite liegen.

9.3 Banddicke

9.3.2 Dicke einer Rolle

Die Dicke einer Rolle darf um nicht mehr als ± 8,5 % von der Nenndicke der Rolle abweichen.

Tabelle 1. Härtewerte (HR 30 Tm) von einfach kaltgewalztem Feinstblech

Härtegrad	Härte HR 30 Tm bei Nenndicken x					
	$x \leq 0,21$ mm		$0,21 < x \leq 0,28$ mm		$x > 0,28$ mm	
	Nennwert	Bereich der Durchschnittswerte der Proben	Nennwert	Bereich der Durchschnittswerte der Proben	Nennwert	Bereich der Durchschnittswerte der Proben
T 50	53 max.		52 max.		51 max.	
T 52	53	± 4	52	± 4	51	± 4
T 57	58	± 4	57	± 4	56	± 4
T 61	62	± 4	61	± 4	60	± 4
T 65	65	± 4	65	± 4	64	± 4

9.3.3 Durchschnittliche Dicke einer Liefereinheit

Die durchschnittliche Dicke einer Liefereinheit darf bei der Prüfung durch Wägen nach 12.1.1 an nach 11.1 entnommenen Proben höchstens um folgende Beträge von der bestellten Nenndicke abweichen:

a) ± 2,5 % für eine Liefereinheit von mehr als 15 000 m,

b) ± 4 % für eine Liefereinheit bis zu 15 000 m.

9.3.4 Dickenunterschied über die Breite

Bei keiner der beiden Einzelproben darf die nach 12.1.1 ermittelte Dicke um mehr als 4 % von der Durchschnittsdicke der ganzen Tafel abweichen.

Anmerkung: Diese Festlegung gilt nur für Feinstblech mit geschnittenen Kanten.

9.3.5 Kantenanschärfung (Dickenprofil in Querrichtung)

Bei der Prüfung mit der Meßschraube (siehe 12.1.2) darf die Mindestdicke um nicht mehr als 8 % von der Dicke in der Mitte des Erzeugnisses abweichen.

Anmerkung: Diese Festlegung gilt nur für mit geschnittenen Kanten geliefertes Feinstblech.

9.4 Seitengeradheit bei Band mit geschnittenen Kanten

Die Abweichung von der Seitengeradheit bei einer Meßlänge von 6 m darf 0,1 % (d. h. 6 mm) nicht überschreiten.

Tabelle 2. Mechanische Eigenschaften von doppeltreduziertem Feinstblech

Sorte	Durchschnittliche 0,2 %-Dehngrenze N/mm^2		Durchschnittliche Rockwellhärte HR 30 Tm [1])	
	Nennwert	zulässiger Bereich	Nennwert	Grenzabweichungen
DR 550	550	480 bis 620	73	± 3
DR 620	620	550 bis 690	76	± 3
DR 660	660	590 bis 730	77	± 3

[1]) Es ist wichtig, zwischen HR 30 Tm- und HR 30 T-Werten zu unterscheiden; bei den zuerst genannten Härtewerten sind Verformungen auf der Rückseite der Proben zulässig (siehe EURONORM 109).

9.5 Seitengeradheit (kurze Länge) bei Band

Bei der Messung vor dem Schneiden darf die Abweichung von der Seitengeradheit bei einer Meßstrecke von 1 m nicht mehr als 1,0 mm betragen.

Anmerkung: Bei Band, Das für Formschnitte vorgesehen ist, sind die zulässigen Abweichungen bei der Bestellung zu vereinbaren.

10 Nähte in einer Rolle

10.1 Allgemeines

Der Hersteller muß die Kontinuität des Bandes innerhalb der Grenzen der bestellten Länge sicherstellen, gegebenenfalls durch nach dem Kaltwalzen hergestellte elektrisch geschweißte Nähte. Die Anforderungen an die Anzahl, die Lage und die Maße der in einer Rolle zulässigen Nähte sind in 10.2 bis 10.4 genannt.

10.2 Anzahl der Nähte

Eine Rolle darf nicht mehr als drei Nähte bei einer Bandlänge von 10 000 m enthalten.

10.3 Lage der Nähte

Die Lage jeder Naht in einer Rolle ist deutlich zu kennzeichnen.

Anmerkung: Die Lage jeder Naht in einer Rolle kann z. B. durch Einfügen eines Stückes aus einem weichen Material und gestanzte Löcher gekennzeichnet werden. Auf Vereinbarung zwischen Hersteller und Besteller sind jedoch auch andere Verfahren anwendbar.

10.4 Maße der Nähte

10.4.1 Dicke

Die Gesamtdicke einer Naht darf höchstens das Dreifache der Nenndicke des Bandes betragen.

10.4.2 Überlappung

Bei jeder überlappenden Naht darf die Gesamtlänge der Überlappung höchstens 10 mm betragen. Das freie Ende der Überlappung darf nicht länger als 5 mm sein (siehe Bild 2).

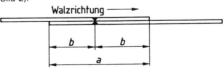

a = Gesamtlänge der Überlappung
b = freies Ende der Überlappung

Bild 2. Überlappte Naht

	Kaltgewalztes elektrolytisch verzinntes Weißblech Deutsche Fassung EN 10 203 : 1991	**DIN** **EN 10 203**

Teilweise Ersatz
für
DIN 1616/10.84

Hinweise:

DIN EN 10 203 ersetzt DIN 1616/10.84 mit Ausnahme der Festlegungen für Feinstblech, die zukünftig in einer eigenen Norm (siehe DIN EN 10 205, z. Z. Entwurf) erfaßt werden.

Gegenüber DIN 1616/10.84 wurden folgende Änderungen vorgenommen:

a) Ausdehnung des Anwendungsbereichs auf doppeltreduziertes Weißblech (siehe Tabelle 3) sowie auf Erzeugnisse in Rollen (Band).

b) Entfall der Festlegungen für Feinstblech (das zukünftig in DIN EN 10 205 erfaßt wird).

c) Streichung der Sorte T 70 beim einfach kaltgewalzten Weißblech.

d) Änderung der Festlegungen für die Zinnauflage und die Grenzabweichungen für das Auflagegewicht (siehe Abschnitt 8 und Tabelle 1).

Bei der Bestellung können statt der in den Tabellen 2 und 3 genannten Bezeichnungen der Grundwerkstoffe auch die Werkstoffnummern nach folgender Tabelle verwendet werden (siehe auch Abschnitt 5.1 und Abschnitt 5.2):

Stahlsorte	
Bezeichnung (siehe Tabellen 2 und 3)	Werkstoff- nummer
T 50	1.0371
T 52	1.0372
T 57	1.0375
T 61	1.0377
T 65	1.0378
DR 550	1.0373
DR 620	1.0374
DR 660	1.0376

1 Anwendungsbereich

Diese Europäische Norm enthält die Anforderungen an einfach kaltgewalztes sowie an doppeltreduziertes elektrolytisch verzinntes Weißblech aus unlegiertem Stahl mit niedrigem Kohlenstoffgehalt in Form von Tafeln oder von Band für das nachfolgende Schneiden zu Tafeln.

Einfach kaltgewalztes Weißblech wird in Nenndicken von 0,17 bis 0,49 mm in Stufen von 0,005 mm geliefert. Doppeltreduziertes Weißblech wird in Nenndicken von 0,14 bis 0,29 mm in Stufen von 0,005 mm geliefert.

Diese Norm gilt für Band in Rollen und für aus Band geschnittene Tafeln in Nennbreiten von mindestens 600 mm.

3 Definitionen

3.1 Elektrolytisch verzinntes Weißblech: Blech oder Band aus unlegiertem Stahl mit niedrigem Kohlenstoffgehalt, das auf beiden Seiten mit in kontinuierlichem elektrolytischem Verfahren aufgebrachten Zinn überzogen ist.

3.2 Elektrolytisch differenzverzinntes Weißblech: Kaltgewalztes elektrolytisch verzinntes Weißblech, bei dem eine Seite eine größere Zinnauflage als die andere Seite aufweist.

3.3 Einfach kaltgewalzt: [1]

3.4 Doppeltreduziert: [1]

3.5 Standardgüte Weißblech: [1]

3.7 Haubengeglüht (BA): [1]

3.8 Kontinuierlich geglüht (CA) [1]

3.9 Oberflächenausführung: Das Erscheinungsbild der Oberfläche von Weißblech wird bestimmt durch die Oberflächenmerkmale des Grundwerkstoffs und die Art des Zinnüberzugs, der entweder aufgeschmolzen oder nicht aufgeschmolzen sein kann.

3.9.1 Glänzend: Oberfläche, die sich bei der Verwendung von Dressierwalzen mit hohem Glanzgrad und bei aufgeschmolzenem Zinnüberzug ergibt.

3.9.2 Stone finish: Oberfläche, die durch eine gerichtete Oberflächenstruktur gekennzeichnet ist, wie sie sich bei der Verwendung von geschliffenen Dressierwalzen mit ausgeprägter Schleifstruktur und bei aufgeschmolzenem Zinnüberzug ergibt.

3.9.3 Silbermatt: Oberfläche, die sich bei der Verwendung gestrahlter Dressierwalzen und bei aufgeschmolzenem Zinnüberzug ergibt.

3.9.4 Matt: Oberfläche, die sich aus der Verwendung gestrahlter Dressierwalzen und bei nicht aufgeschmolzenem Zinnüberzug ergibt.

---

[1] siehe DIN EN 10 202

4 Bestellangaben

4.1 Allgemeines

e) etwaige sonstige besondere Anforderungen.

Anmerkung: Bestimmte Sorten eignen sich für Formgebungsverfahren wie Stanzen, Ziehen, Falten, Sicken und Biegen sowie für Fügeverfahren wie Löten, Falzen und Schweißen, jedoch ist bei Zinnauflagen unter 2,8 g/m² die Eignung zum Weichlöten bei hoher Geschwindigkeit nicht sichergestellt. Ebenso ist bei Zinnauflagen unter 1,4 g/m² die Eignung zum Schweißen nicht sichergestellt. Bei der Wahl der Sorte ist der Endverwendungszweck zu berücksichtigen.

4.3 Zusätzliche Angaben

Anmerkung: Es wird empfohlen, bei der Bestellung von doppeltreduziertem Weißblech den vorgesehenen Verwendungszweck bekanntzugeben. Es ist zu beachten, daß doppeltreduziertes Weißblech eine geringere Zähigkeit als einfach kaltgewalztes Weißblech und ausgesprochene richtungsabhängige Eigenschaften hat; deshalb sollte für bestimmte Verwendungszwecke, z. B. für Dosenrümpfe, die Walzrichtung angegeben werden. Wenn doppeltreduziertes Weißblech für Dosenrümpfe verwendet wird, sollte die Walzrichtung der Umfangsrichtung der Dosen entsprechen, um die Gefahr von Bördelrissen zu verringern.

5 Bezeichnung

5.1 Einfach kaltgewalztes Weißblech

Weißblech Tafel
EN 10 203-T61-CA-stone-E 2,8/2,8-0,22 × 800 × 900

5.2 Doppeltreduziertes Weißblech

Weißblech Band
EN 10 203-DR 620-CA-D8,4/5,6-0,18 × 750.

6 Fertigungsverfahren

6.1 Herstellung

Das für den Überzug verwendete Zinn muß einen Reinheitsgrad von mindestens 99,85 % haben.

6.2 Oberflächenausführung

6.2.1 Einfach kaltgewalztes Weißblech

Einfach kaltgewalztes Weißblech kann in den Oberflächenausführungen glänzend, silbermatt, stone finish oder matt geliefert werden, die gewünschte Oberflächenausführung ist bei der Bestellung anzugeben (siehe Abschnitt 4.1c).

Das Aussehen wird bestimmt durch

a) die Oberflächenmerkmale des Grundwerkstoffs, die sich aus der gezielten Bearbeitung der während der letzten Stufen des Kaltnachwalzens verwendeten Arbeitswalzen ergeben,

b) das Zinnauflagegewicht und

c) das Aufschmelzen oder Nicht-Aufschmelzen (matt) des Zinnüberzuges.

6.2.2 Doppeltreduziertes Weißblech

Doppeltreduziertes Weißblech wird üblicherweise mit der Oberflächenausführung stone finish geliefert, der Zinnüberzug ist aufgeschmolzen.

6.3 Passivieren und Einölen

Die Oberfläche von elektrolytisch verzinntem Weißblech wird üblicherweise einer Passivierungsbehandlung unterzogen und eingeölt. Das Passivieren, das entweder durch

eine chemische oder eine elektrochemische Behandlung erfolgt, ergibt eine Oberfläche mit erhöhter Beständigkeit gegen Oxidation und verbesserter Eignung zum Lackieren und Bedrucken. Die übliche Passivierung besteht in der kathodischen Behandlung in einer Dichromatsalz-Lösung eines Alkalimetalls.

Bei üblichen Lagerungs- und Transportbedingungen muß das elektrolytisch verzinnte Weißblech für Oberflächenbehandlungen wie Lackieren und Bedrucken nach eingeführten Verfahren geeignet sein.

Weißblech in Tafeln und Rollen wird mit einem Ölfilm geliefert. Es muß sich dabei um ein (von den zuständigen nationalen oder internationalen Behörden) anerkanntes, für Lebensmittelpackungen geeignetes Öl handeln. Sofern bei der Bestellung nicht anders vereinbart (siehe Abschnitt 4.2), wird DOS (dioctyl sebacate) angewendet.

8 Zinnauflage

Die Zinnauflage auf jeder Seite ist in Gramm je Quadratmeter (g/m²) anzugeben. Der kleinste in dieser Norm festgelegte Wert beträgt 1 g/m² auf jeder Seite, ein oberer Grenzwert ist nicht festgelegt. Bevorzugte Werte der Zinnauflage sind 1,0 – 1,5 – 2,0 – 2,8 – 4,0 – 5,0 – 5,6 – 8,4 und 11,2 g/m².

Bei allen Zinnauflagen müssen die Grenzabweichungen den Werten nach Tabelle 1 entsprechen; das Auflagegewicht je Flächeneinheit bei gleichverzinntem und bei differenzverzinntem Weißblech ist an Proben aus nach Abschnitt 13 entnommenen Tafeln zu prüfen und nach Abschnitt 14.2 zu ermitteln.

Tabelle 1. **Grenzabweichungen der Zinnauflage**

Bereich der Zinnauflage (×) auf jeder Seite g/m²	Grenzabweichung vom Nennwert der Zinnauflage g/m²
$1 \leq \times < 1,5$	− 0,25
$1,5 \leq \times < 2,8$	− 0,30
$2,8 \leq \times < 4,1$	− 0,35
$4,1 \leq \times < 7,6$	− 0,50
$7,6 \leq \times < 10,1$	− 0,65
$10,1 \leq \times$	− 0,90

9 Mechanische Eigenschaften

9.1 Allgemeines

In dieser Norm wird das einfach kaltgewalzte Weißblech nach Härtegraden auf der Grundlage der Rockwellhärte HR 30 Tm, das doppeltreduzierte Weißblech auf der Grundlage der 0,2 %-Dehngrenze und der Rockwellhärte HR 30 Tm eingeteilt.

9.2 Einfach kaltgewalztes Weißblech

Bei einfach kaltgewalztem Weißblech müssen die Härtewerte bei der Prüfung nach Abschnitt 14.3 den Angaben in Tabelle 2 entsprechen.

9.3 Doppeltreduziertes Weißblech

Bei der Prüfung nach den Angaben in Abschnitt 14.3 und Abschnitt 14.4 müssen die mechanischen Eigenschaften den Werten nach Tabelle 3 entsprechen.

10 Grenzabmaße und Formtoleranzen

10.2 Band

10.2.1 Länge
siehe DIN EN 10 202, Pkt. 10.2.1

10.2.2 Breite
siehe DIN EN 10 202, Pkt. 10.2.2

10.2.3 Dicke

10.2.3.2 siehe DIN EN 10 202, Pkt. 10.2.3.2

10.2.3.4 Dickenunterschied über die Breite. Bei keiner der beiden Einzelproben darf die nach Abschnitt 14.1.1, ermittelte Dicke um mehr als 4 % von der Durchschnittsdicke der ganzen Tafel abweichen.

10.2.3.5 Kantenanschärfung (Dickenprofil in Querrichtung). Bei der Prüfung mit der Meßschraube (siehe Abschnitt 14.1.2) darf die Mindestdicke um nicht mehr als 8 % von der Dicke in der Mitte des Erzeugnisses abweichen.

10.2.4 Seitengeradheit bei Band
siehe DIN EN 10 202, Pkt. 10.2.4

10.2.5 Seitengeradheit (kurze Länge) bei Band
siehe DIN EN 10 202, Pkt. 10.2.5

10.3 Tafeln

10.3.1 Länge und Breite der Tafeln
siehe DIN EN 10 202, Pkt. 10.3.1

10.3.2 Dicke der Tafeln

10.3.2.2 Einzeltafeln. Die Dicke jeder einzelnen nach Abschnitt 13.2 entnommenen Probetafel darf um nicht mehr als ± 8,5 % von der bestellten Nenndicke abweichen.

10.3.2.5 Kantenanschärfung (Dickenprofil in Querrichtung). Bei der Prüfung mit der Meßschraube (siehe Abschnitt 14.1.2) darf die Mindestdicke um nicht mehr als 8 % von der Dicke in der Mitte des Erzeugnisses abweichen.

10.3.3 Seitengeradheit bei Tafeln.
siehe DIN EN 10 202, Pkt. 10.3.3

Tabelle 3. **Mechanische Eigenschaften von doppelt-reduziertem Weißblech**

Sorte	Durchschnittliche 0,2 %-Dehngrenze N/mm²		Durchschnittliche Rockwellhärte HR 30 Tm [1])	
	Nennwert	zulässiger Bereich	Nennwert	Grenzab-weichungen
DR 550	550	480 bis 620	73	± 3
DR 620	620	550 bis 690	76	± 3
DR 660	660	590 bis 730	77	± 3

[1]) Es ist wichtig, zwischen HR 30 Tm und HR 30 T-Werten zu unterscheiden; bei den zuerst genannten Härtewerten sind Verformungen auf der Rückseite der Proben zulässig (siehe EURONORM 109).

10.3.4 Rechtwinkligkeit bei Tafeln.
siehe DIN EN 10 202, Pkt. 10.3.4

11 Nähte in einer Rolle

11.2 Anzahl der Nähte
siehe DIN EN 10 202, Pkt. 11.2

11.3 Lage der Nähte
siehe DIN EN 10 202, Pkt. 11.3

11.4 Maße der Nähte

11.4.1 Dicke
siehe DIN EN 10 202, Pkt. 11.4.1

11.4.2 Überlappung
siehe DIN EN 10 202, Pkt. 11.4.2

Tabelle 2. **Härtewerte (HR 30 Tm) von einfach kaltgewalztem Weißblech**

Härte-grad	Härte HR 30 Tm bei Nenndicken ×					
	× ≤ 0,21 mm		0,21 < × ≤ 0,28 mm		× > 0,28 mm	
	Nenn-wert	Bereich der Durchschnitts-werte der Proben	Nenn-wert	Bereich der Durchschnitts-werte der Proben	Nenn-wert	Bereich der Durchschnitts-werte der Proben
T 50	53 max.		52 max.		51 max.	
T 52	53	± 4	52	± 4	51	± 4
T 57	58	± 4	57	± 4	56	± 4
T 61	62	± 4	61	± 4	60	± 4
T 65	65	± 4	65	± 4	64	± 4

	Kaltgewalzter elektrolytisch spezialverchromter Stahl Deutsche Fassung EN 10 202 : 1989	**DIN** **EN 10 202**

1 Zweck und Anwendungsbereich

Diese Europäische Norm enthält die Anforderungen an einfach kaltgewalzten sowie an doppeltreduzierten elektrolytisch spezialverchromten Stahl (ECCS) in Form von Tafeln oder von Band in Rollen für das nachfolgende Schneiden zu Tafeln.

Einfach kaltgewalzte Erzeugnisse werden in Nenndicken von 0,17 bis 0,49 mm in Stufen von 0,005 mm geliefert. Doppeltreduzierte Erzeugnisse werden in Nenndicken von 0,14 bis 0,29 mm in Stufen von 0,005 mm geliefert.

Diese Norm gilt für Band und für aus Band geschnittene Tafeln in Nennbreiten von mindestens 600 mm.

3 Definitionen

Im Rahmen dieser Europäischen Norm gelten folgende Definitionen:

3.1 Elektrolytisch spezialverchromter Stahl (ECCS): Elektrolytisch behandeltes Blech oder Band aus weichem Stahl mit niedrigem Kohlenstoffgehalt, das auf beiden Seiten einen Doppelfilm aus metallischem Chrom unmittelbar auf dem Stahl-Grundwerkstoff und eine Decklage aus hydratisiertem Chromoxid oder -hydroxid aufweist.

3.2 Einfach kaltgewalzt: Begriff zur Beschreibung von Erzeugnissen, bei denen der Stahlgrundwerkstoff auf die gewünscte Dicke kaltgewalzt, anschließend geglüht und dressiert wird.

3.3 Doppeltreduziert: Begriff zur Benennung von Erzeugnissen, bei denen der Grundwerkstoff nach dem Glühen eine zweite größere Kaltumformung erhält.

3.4 Standardgüte des ECCS: Erzeugnisse in Form von Tafeln nach der Fertigungsüberprüfung. Sie ist bei üblichen Lagerungsbedingungen auf der gesamten Oberfläche zum Lackieren und Bedrucken nach eingeführten Verfahren geeignet und darf keines der folgenden Merkmale aufweisen:

a) Löcher, d.h. Perforationen der gesamten Erzeugnisdicke,

b) Dickenabmaße außerhalb der Toleranzgrenze nach 10.3,

c) Oberflächenfehler, die das Erzeugnis für den vorgesehenen Verwendungszweck unbrauchbar machen,

d) Schäden oder Formabweichungen, die das Erzeugnis für den vorgesehenen Verwendungszweck unbrauchbar machen.

3.5 Haubengeglüht (BA): Verfahren, bei dem das kaltgewalzte Band als dicht gewickelte Rolle in Schutzgas-Atmosphäre nach einer vorgegebenen Zeit-Temperatur-Folge geglüht wird.

3.6 Kontinuierlich geglüht (CA): Verfahren, bei dem die kaltgewalzten Rollen abgewickelt und als Band in Schutzgas-Atmosphäre geglüht werden.

3.7 Oberflächenausführung: Erscheinungsbild der Oberfläche von ECCS, bestimmt durch die Oberflächenmerkmale des Grundwerkstoffs, das sich aus der Verwendung von Arbeitswalzen mit bestimmter Oberflächentextur während der letzten Stufen des Kaltnachwalzens ergibt.

3.7.1 Matt: Oberfläche, die sich bei Verwendung gestrahlter Dressierwalzen ergibt.

3.7.2 Glatt: Oberfläche, die sich bei der Verwendung von Dressierwalzen mit hohem Glanzgrad ergibt.

3.7.3 Stone finish: Oberfläche, die durch eine gerichtete Oberflächenstruktur gekennzeichnet ist, wie sie sich bei der Verwendung von geschliffenen Dressierwalzen mit ausgeprägter Schleifstruktur ergibt.

4 Bestellangaben

4.3 Zusätzliche Angaben

Anmerkung: Es wird empfohlen, bei der Bestellung von kaltgewalztem ECCS den vorgesehenen Verwendungszweck bekanntzugeben.

Wenn doppeltreduzierter ECCS für Dosenrümpfe verwendet wird, sollte die Walzrichtung der Umfangsrichtung der Dosen entsprechen, um die Gefahr von Bördelrissen zu verringern. In diesen Fällen ist es erforderlich, daß die Walzrichtung in der Auftragsbestätigung eindeutig angegeben wird.

5 Bezeichnung

5.1 Einfach kaltgewalzter ECCS

ECCS Tafel EN 10 202 − T 61 − CA − stone − 0,22 × 800 × 900

5.2 Doppeltreduzierter ECCS

ECCS Band EN 10 202 − DR 620 − CA − 0,18 × 750

6 Fertigungsverfahren

6.2 Oberflächenausführung

6.2.1 Einfach kaltgewalzter ECCS

Einfach kaltgewalzter ECCS kann in den Oberflächenausführungen glatt, stone oder matt geliefert werden, die gewünschte Oberflächenausführung ist bei der Bestellung anzugeben (siehe 4.1 c).

6.2.2 Doppeltreduzierter ECCS

Doppeltreduzierter ECCS wird üblicherweise mit der Oberflächenausführung stone finish geliefert (siehe 3.7.3).

6.3 Einölen

Bei üblichen Lagerungs- und Transportbedingungen muß ECCS für Oberflächenbehandlungen wie Lackieren und Bedrucken nach eingeführten Verfahren geeignet sein. ECCS in Tafeln und Rollen wird mit einem Ölfilm geliefert. Es muß sich dabei um ein (von den zuständigen nationalen oder internationalen Behörden) anerkanntes, für Lebensmittelpackungen geeignetes Öl handeln. Sofern bei der Bestellung nicht anders vereinbart (siehe 4.2 f), ist DOS (dioctyl sebacate) oder BSO (butyl stearate) zu verwenden.

8 Chrom-/Chromoxidüberzug

Die unteren und oberen Grenzwerte des mittleren Überzuggewichts bei Proben, die nach Abschnitt 12 entnommen und nach 13.2 geprüft wurden, müsen den Angaben in Tabelle 1 entsprechen. Kein Einzelwert darf unter 30 mg/m^2 für metallisches Chrom und unter 5 mg/m^2 für Chrom in den Oxiden liegen.

Tabelle 1. **Mittlerer Chrom-/Chromoxidüberzug**

Art des Chroms	Mittleres Überzuggewicht in mg/m^2 auf jeder Seite	
	min.	max.
Metallisches Chrom	50	140
Chrom in den Oxiden	7	35

Anmerkung: Der Gesamtgehalt an Chrom setzt sich aus dem Gehalt an metallischem Chrom und an Chrom in den Oxiden zusammen. Beide Gehalte werden getrennt ermittelt.

9 Mechanische Eigenschaften

9.1 Allgemeines

In dieser Norm wird einfach kaltgewalzter ECCS nach Härtegraden auf der Grundlage der Rockwellhärte HR 30Tm, doppeltreduzierter ECCS auf der Grundlage der 0,2 %-Dehngrenze und der Rockwellhärte HR 30Tm eingeteilt.

Andere mechanische Eigenschaften sind von merklichem Einfluß auf das Verhalten von ECCS bei der Verarbeitung und der nachfolgend vorgesehenen Endverwendung, sie variieren in Abhängigkeit von der Stahlsorte und der Vergießungsart sowie der angewendeten Art des Glühens und Nachwalzens.

9.2 Einfach kaltgewalzter ECCS

Bei einfach kaltgewalztem ECCS müssen die Härtewerte bei der Prüfung nach 13.3 den Angaben in Tabelle 2 entsprechen.

9.3 Doppeltreduzierter ECCS

Bei der Prüfung nach den Angaben in 13.3 und 13.4 müssen die mechanischen Eigenschaften den Werten nach Tabelle 3 entsprechen.

10 Grenzabmaße und Formtoleranzen

10.1 Allgemeines

Die Grenzabmaße (der Dicke, Breite und Länge) und die Formtoleranzen (Abweichungen von der Rechtwinkligkeit und Seitengeradheit) sowie die geeigneten Prüfverfahren sind in 10.2 und 10.3 angegeben.

Anmerkung: Darüber hinaus können bei aus Rollen geschnittenen Tafeln andere Formabweichungen auftreten, z.B. Schneidgrate, Randwellen, Mittenwelligkeit, Längskrümmung und Querkrümmung.

10.2 Band

10.2.1 Länge

Der Unterschied zwischen der tatsächlichen und der vom Hersteller angegebenen Länge darf bei jeder einzelnen Rolle nicht mehr als ± 3 % betragen.

10.2.2 Breite

Die gemessene Breite darf nicht unter der bestellten Breite und nicht um mehr als 3 mm über der bestellten Breite liegen.

10.2.3 Dicke

10.2.3.2 Einzeltafeln

Beim Schneiden einer Rolle sind alle Tafeln auszusondern, deren Dicke um mehr als ± 8,5 % von der Nenndicke abweicht.

10.2.3.4 Dickenunterschied über die Breite

Bei keiner der beiden Einzelproben darf die nach 13.1.1 ermittelte Dicke um mehr als 4 % von der Durchschnittsdicke der ganzen Tafel abweichen.

10.2.3.5 Kantenanschärfung (Dickenprofil in Querrichtung)

Bei der Prüfung mit der Meßschraube (siehe 13.1.2) darf die Mindestdicke um nicht mehr als 8 % von der Dicke in der Mitte des Erzeugnisses abweichen.

10.2.4 Seitengeradheit bei Band

Die Abweichung von der Seitengeradheit bei einer Meßlänge von 6 m darf 0,1 %, d.h. 6 mm, nicht überschreiten.

10.2.5 Seitengeradheit (kurze Länge) bei Band

Bei der Messung vor dem Schneiden darf die Abweichung von der Seitengeradheit bei einer Meßstrecke von 1 m nicht mehr als 1,0 mm betragen.

10.3 Tafeln

10.3.1 Länge und Breite der Tafeln

Bei keiner Probetafel dürfen die bestellten Nennmaße unterschritten werden, kein Maß darf das Bestellmaß um mehr als 3 mm überschreiten.

10.3.2 Dicke der Tafeln

10.3.2.2 Einzeltafeln

Die Dicke jeder einzelnen nach 12.2 entnommenen Probetafel darf um nicht mehr als ± 8,5 % von der bestellten Nenndicke abweichen.

10.3.2.5 Kantenschärfung (Dickenprofil in Querrichtung) (Siehe Pkt. 10.2.3.5)

10.3.3 Seitengeradheit bei Tafeln

Bei keiner Probetafel darf die Abweichung von der Seitengeradheit mehr als 0,15 % betragen.

10.3.4 Rechtwinkligkeit bei Tafeln

Bei keiner Probetafel darf die Abweichung von der Rechtwinkligkeit mehr als 0,20 % betragen.

11 Nähte in einer Rolle

11.2 Anzahl der Nähte

Eine Rolle darf nicht mehr als 3 Nähte bei einer Bandlänge von 10 000 m enthalten.

11.3 Lage der Nähte

Die Lage jeder Naht in einer Rolle ist deutlich zu kennzeichnen.

11.4 Maße der Nähte

11.4.1 Dicke

Die Gesamtdicke einer Naht darf höchstens das Dreifache der Nenndicke des Bandes betragen.

11.4.2 Überlappung

Bei jeder überlappenden Naht darf die Gesamtlänge der Überlappung höchstens 10 mm betragen. Das freie Ende der Überlappung darf nicht länger als 5 mm sein (siehe DIN EN 10 205 Bild 2).

Tabelle 2. **Härtewerte (HR 30 Tm) von einfach kaltgewalztem ECCS**

Härtegrad	Härte HR 30 Tm bei Nenndicken x					
	$x \leq 0,21$ mm		$0,21 < x \leq 0,28$ mm		$x > 0,28$ mm	
	Nennwert	Bereich der Durchschnittswerte der Proben	Nennwert	Bereich der Durchschnittswerte der Proben	Nennwert	Bereich der Durchschnittswerte der Proben
T 50	53 max.		52 max.		51 max.	
T 52	53	± 4	52	± 4	51	± 4
T 57	58	± 4	57	± 4	56·	± 4
T 61	62	± 4	61	± 4	60	± 4
T 65	65	± 4	65	± 4	64	± 4

Tabelle 3. **Mechanische Eigenschaften von doppeltreduziertem ECCS**

Sorte	Durchschnittliche 0,2 %-Dehngrenze N/mm^2		Durchschnittliche Rockwellhärte HR 30 Tm [1]	
	Nennwert	zulässiger Bereich	Nennwert	Grenzabweichungen
DR 550	550	480 bis 620	73	± 3
DR 620	620	550 bis 690	76	± 3
DR 660	660	590 bis 730	77	± 3

[1] Es ist wichtig, zwischen HR 30 Tm- und HR 30 T-Werten zu unterscheiden; bei den zuerst genannten Härtewerten sind Verformungen auf der Rückseite der Proben zulässig (siehe EURONORM 109).

	Kranschienen Maße, statische Werte, Stahlsorten für Kranschienen mit Fußflansch Form A	**DIN** **536** Teil 1

Maße in mm

1 Anwendungsbereich

Diese Norm gilt für warmgewalzte Kranschienen der Form A (mit Fußflansch) mit den Maßen nach Tabelle 1 aus den in Abschnitt 4 genannten Stahlsorten.

2 Maße, Bezeichnung

2.1 Bezeichnung

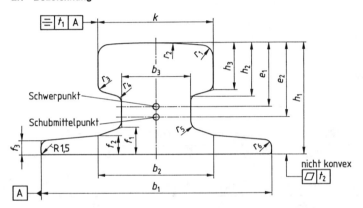

Bild 1. Kranschienenprofil Form A (Maße siehe Tabelle 1, Gewichte und stabstatische Querschnittswerte Tabelle 2)

Bezeichnung einer Kranschiene Form A mit Fußflansch und einer Schienenkopfbreite von $k = 100$ mm (A 100) aus Stahl mit einer Zugfestigkeit von mindestens 690 N/mm^2:

Kranschiene DIN 536 – A 100 – 690

2.2 Maße, Grenzabmaße und Formtoleranzen

2.2.1 Für die Nennmaße, die Grenzabmaße und die Formtoleranzen gelten die Angaben in Tabelle 1. Alle nicht tolerierten Maße gelten als Ungefährmaße.

Tabelle 1. **Maße, Grenzabmaße und Formtoleranzen** (siehe auch Abschnitt 2.2.1)

Kurz-zeichen	k	Grenz-abmaße	b_1	Grenz-abmaße	b_2	b_3	f_1	f_2	f_3	h_1	Grenz-abmaße	h_2	h_3	r_1	$r_2{}^3)$	r_3	r_4	r_5	r_6	$t_1{}^1)$	$t_2{}^2)$
A 45	45	± 0,6	125	$^{+1,5}_{-3}$	54	24	14,5	11	8	55	± 1	24	20	4	400	3	4	5	4	2	$^{+0,6}_{0}$
A 55	55	± 0,6	150	$^{+1,5}_{-3}$	66	31	17,5	12,5	9	65	± 1	28,5	25	5	400	5	5	6	5	2	$^{+0,6}_{0}$
A 65	65	± 0,8	175	$^{+1,5}_{-4}$	78	38	20	14	10	75	± 1	34	30	6	400	5	5	6	5	2	$^{+0,6}_{0}$
A 75	75	± 0,8	200	$^{+2}_{-5}$	90	45	22	15,4	11	85	± 1	39,5	35	8	500	6	6	8	6	2	$^{+0,8}_{0}$
A 100	100	± 1	200	$^{+2}_{-5}$	100	60	23	16,5	12	95	± 1,5	45,5	40	10	500	6	6	8	6	3	$^{+0,8}_{0}$
A 120	120	± 1	220	$^{+2}_{-5}$	120	72	30	20	14	105	± 1,5	55,5	47,5	10	600	6	10	10	6	3	$^{+1,0}_{0}$
A 150	150	± 1	220	$^{+2}_{-5}$	–	80	31,5	–	14	150	± 1,5	64,5	50	10	800	10	30	30	6	3	$^{+1,0}_{0}$

$^1)$ Siehe Abschnitte 2.2.2 und 2.2.4 $^2)$ Siehe Abschnitte 2.2.3 und 2.2.4 $^3)$ Siehe Erläuterungen

2.2.2 Die Symmetrietoleranz t_1 am Schienenkopf liegt zwischen zwei parallelen Ebenen im Abstand t_1. Bezug ist die Mittelebene in $\frac{b_1}{2}$.

2.2.3 Die Ebenheitstoleranz t_2 der Auflagefläche des Kranschienenfußes (siehe Bild 2) ist in Tabelle 1 angegeben. Die Auflagefläche darf nicht konvex gewölbt sein.

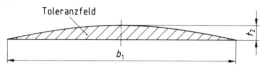

Bild 2. Ebenheitstoleranz des Kranschienenfußes

2.2.4 Für Form- und Lagetoleranzen t_1 und t_2 gelten die Festlegungen nach DIN ISO 1101.

3 Gewichte und stabstatische Querschnittswerte

3.1 In Bild 3 sind die Spannungskomponenten nach DIN 1080 Teil 1 und Teil 2 dargestellt.

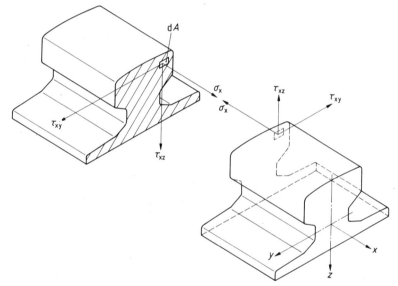

Bild 3. Orientierung von Spannungskomponenten auf Schnittflächen parallel zur YZ-Ebene

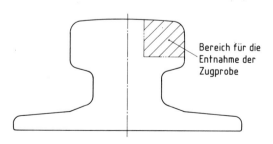

Bild 4. Lage der Zugproben

3.2 Die Gewichte der Kranschienen und die auf die Angaben in Bild 3 bezogenen stabstatischen Querschnittswerte sind in Tabelle 2 angegeben.

Tabelle 2. **Gewichte und stabstatische Querschnittswerte**

Kurzzeichen	Gewicht kg/m	e_1 cm	e_2 cm	A_x cm²	A_y cm²	A_z cm²	I_x cm⁴	I_y cm⁴	I_z cm⁴	$\bar{S}_y$ cm³	$\bar{S}_z$ cm³
					Stabstatische Querschnittswerte [1]						
A 45	22,1	3,33	4,24	28,2	17,0	9,6	39	90	170	22,88	26,12
A 55	31,8	3,90	4,91	40,5	24,8	14,6	88	178	337	38,45	48,64
A 65	43,1	4,47	5,61	54,9	33,7	20,2	173	319	606	60,18	69,22
A 75	56,2	5,04	6,29	71,6	44,1	26,9	311	531	1011	88,41	102,09
A 100	74,3	5,29	6,27	94,7	65,8	41,6	666	856	1345	128,78	141,58
A 120	100,0	5,79	6,53	127,4	97,1	58,5	1302	1361	2350	187,23	222,35
A 150	150,3	7,73	8,48	191,4	153,6	107,1	2928	4373	3605	412,00	342,60

[1] Hierin bedeuten nach DIN 1080 Teil 1 und Teil 2:

A_x Querschnittsfläche

A_y, A_z Schubflächen

I_x Flächenmoment 2. Grades (bisherige Benennung Flächenträgheitsmoment) – Torsion

I_y, I_z Flächenmoment 2. Grades (bisherige Benennung Flächenträgheitsmoment) – Biegung

$\bar{S}_y$, $\bar{S}_z$ Statische Momente der durch die Hauptachsen begrenzten Querschnittsteile bezogen auf diese Hauptachsen

4 Werkstoff

4.1 Warmgewalzte Kranschienen nach dieser Norm werden aus den Stählen nach Tabelle 3 hergestellt. Bei den Kranschienen mit den Kurzzeichen A 75, A 100, A 120 und A 150 ist die gewünschte Mindestzugfestigkeit (690 oder 880 N/mm²) bei der Bestellung anzugeben.

4.2 Die angegebenen Mindestwerte der Zugfestigkeit dürfen um 20 N/mm² unterschritten werden, sofern bei der Bestellung nichts anderes vereinbart wurde.

4.3 Die Zugfestigkeit ist an Längsproben zu ermitteln. Die Proben sind dem in Bild 4 gekennzeichneten Bereich des Querschnitts der Kranschiene zu entnehmen.

4.4 Über die Durchführung und die Ergebnisse der Prüfungen des Werkstoffes kann je nach der Vereinbarung bei der Bestellung eine der Bescheinigungen über Materialprüfungen nach DIN 50 049 ausgestellt werden.

4.5 Für den Festigkeitsnachweis der Kranschiene kann als Richtwert für die Streckgrenze 60 % des Wertes der Zugfestigkeit nach Tabelle 3 zugrunde gelegt werden.

Tabelle 3. **Zugfestigkeit und chemische Zusammensetzung der Stähle**

Kurzzeichen [1]	Zugfestigkeit [2] N/mm² min.	Chemische Zusammensetzung [3] Massenanteile in %				
		C	Si max.	Mn	P max.	S max.
A 45, A 55 A 65, A 75 A 100, A 120 A 150	690	0,40 bis 0,60	0,35	0,80 bis 1,20	0,045	0,045
A 75, A 100	880 [4]	0,60 bis 0,80	0,50	0,80 bis 1,30	0,045	0,045
A 120, A 150		0,55 bis 0,75	0,50	1,30 bis 1,70	0,045	0,045

[1] Siehe Abschnitt 4.1
[2] Siehe Abschnitte 4.2 und 4.3
[3] Richtwerte für die Schmelzenanalyse
[4] Chemische Zusammensetzung im Rahmen der Tabelle nach Wahl des Herstellers

	Kranschienen Form F (flach) Maße, statische Werte, Stahlsorten	**DIN** **536** Blatt 2

Maße in mm

1. Geltungsbereich

Diese Norm gilt für warmgewalzte Kranschienen der Form F für spurkranzlose Laufräder mit den Maßen nach der Tabelle im Abschnitt 2 und aus den im Abschnitt 4 genannten Stählen.

2. Bezeichnung

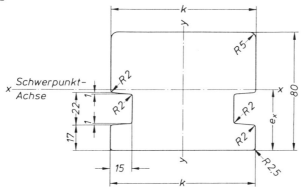

Bezeichnung einer Kranschiene Form F von Kopfbreite k = 100 mm:

Kranschiene F 100 DIN 536

Kurz- zeichen	Kopf- breite k	Quer- schnitt cm²	Gewicht[1)] kg/m	Trägheits- moment J_x cm⁴	Schwerpunkt- abstand e_x cm	Widerstands- moment W_x cm³	Trägheits- moment J_y cm⁴	Widerstands- moment W_y cm³
F 100	100	73,2	57,5	414	4,09	101	541	108
F 120	120	89,2	70,1	499	4,07	123	962	160
[1)] Siehe Abschnitt 5								

3. Maße und statische Werte

3.1. Warmgewalzte Kranschienen der Form F nach dieser Norm werden mit den Maßen nach der Tabelle im Abschnitt 2 geliefert.

3.2. Die statischen Werte sind ebenfalls in dieser Tabelle angegeben.

4. Werkstoff

4.1. Warmgewalzte Kranschienen nach dieser Norm werden aus Stahl mit einer Zugfestigkeit von mindestens 690 N/mm² hergestellt.

5. Gewicht und zulässige Gewichtsabweichungen

5.2. Die zulässige Gewichtsabweichung beträgt
± 6 % für die einzelne Kranschiene,
± 4 % für die Gesamtlieferung.

Als Gewichtsabweichung in diesem Sinne gilt der Unterschied zwischen dem Gewicht der gelieferten Kranschienen und dem aus den Werten nach der Tabelle im Abschnitt 2 zu errechnenden theoretischen Gewicht.

	Formstahl **Warmgewalzte I-Träger** Schmale I-Träger, I-Reihe Maße, Gewichte, zulässige Abweichungen, statische Werte	**DIN** **1025** Blatt 1

Maße in mm

1. Geltungsbereich

Diese Norm gilt für warmgewalzte schmale I-Träger mit geneigten inneren Flanschflächen (I-Reihe) von 80 bis 600 mm Höhe.

2. Bezeichnung

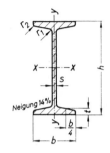

3. Maße und zulässige Maß- und Formabweichungen

3.1. Querschnitt

3.1.1. Warmgewalzte schmale I-Träger nach dieser Norm werden mit den Maßen und zulässigen Abweichungen nach Tabelle 1 geliefert.

3.1.2. Die Flanschunparallelität k darf die Werte nach Tabelle 2 nicht überschreiten.

Tabelle 2

Breite b		Flanschunparallelität k höchstens
über	bis	
—	100	1,0
100	215	1% von b

3.1.3. Die Stegausbiegung f darf die Werte nach Tabelle 3 nicht überschreiten.

Tabelle 3

Höhe h		Stegausbiegung f höchstens
über	bis	
—	100	0,5
100	200	1,0
200	400	1,5
400	600	2,0

3.1.4. Die Stegaußermittigkeit $m = \dfrac{b_2 - b_1}{2}$ darf die Werte nach Tabelle 4 nicht überschreiten.

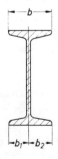

Tabelle 4

Breite b		Stegaußermittigkeit m höchstens
über	bis	
—	100	1,0
100	215	1% von b

Tabelle 1.

Kurz-zeichen I	h	h zulässige Abweichung	b	b zulässige Abweichung	s	s zulässige Abweichung	t	t zulässige Abweichung[1]	r_1	r_2	Querschnitt F cm²	Gewicht G kg/m	Mantel-fläche U m²/m	J_x cm⁴	W_x cm³	i_x cm	J_y cm⁴	W_y cm³	i_y cm	S_x[3] cm³	s_x[4] cm
80	80		42		3,9		5,9		3,9	2,3	7,57	5,94	0,304	77,8	19,5	3,20	6,29	3,00	0,91	11,4	6,84
100	100		50	±1,5	4,5		6,8	−0,5	4,5	2,7	10,6	8,34	0,370	171	34,2	4,01	12,2	4,88	1,07	19,9	8,57
120	120	±2,0	58		5,1		7,7		5,1	3,1	14,2	11,1	0,439	328	54,7	4,81	21,5	7,41	1,23	31,8	10,3
140	140		66		5,7	±0,5	8,6		5,7	3,4	18,2	14,3	0,502	573	81,9	5,61	35,2	10,7	1,40	47,7	12,0
160	160		74		6,3		9,5		6,3	3,8	22,8	17,9	0,575	935	117	6,40	54,7	14,8	1,55	68,0	13,7
180	180		82	±2,0	6,9		10,4		6,9	4,1	27,9	21,9	0,640	1450	161	7,20	81,3	19,8	1,71	93,4	15,5
200	200		90		7,5		11,3	−1,0	7,5	4,5	33,4	26,2	0,709	2140	214	8,00	117	26,0	1,87	125	17,2
220	220		98		8,1		12,2		8,1	4,9	39,5	31,1	0,775	3060	278	8,80	162	33,1	2,02	162	18,9
240	240		106	±2,5	8,7		13,1		8,7	5,2	46,1	36,2	0,844	4250	354	9,59	221	41,7	2,20	206	20,6
260	260		113		9,4		14,1		9,4	5,6	53,3	41,9	0,906	5740	442	10,4	288	51,0	2,32	257	22,3
280	280		119		10,1		15,2		10,1	6,1	61,0	47,9	0,966	7590	542	11,1	364	61,2	2,45	316	24,0
300	300	±3,0	125		10,8	±0,6	16,2		10,8	6,5	69,0	54,2	1,03	9800	653	11,9	451	72,2	2,56	381	25,7
320	320		131		11,5		17,3		11,5	6,9	77,7	61,0	1,09	12510	782	12,7	555	84,7	2,67	457	27,4
340	340		137		12,2		18,3		12,2	7,3	86,7	68,0	1,15	15700	923	13,5	674	98,4	2,80	540	29,1
360	360		143		13,0	±0,7	19,5		13,0	7,8	97,0	76,1	1,21	19610	1090	14,2	818	114	2,90	638	30,7
380	380		149		13,7		20,5		13,7	8,2	107	84,0	1,27	24010	1260	15,0	975	131	3,02	741	32,4
400	400		155		14,4	±0,8	21,6		14,4	8,6	118	92,4	1,33	29210	1460	15,7	1160	149,	3,13	857	34,1
425	425		163	±3,0	15,3		23,0		15,3	9,2	132	104	1,41	36970	1740	16,7	1440	176	3,30	1020	36,2
450	450		170		16,2		24,3	−1,5	16,2	9,7	147	115	1,48	45850	2040	17,7	1730	203	3,43	1200	38,3
475	475	±4,0	178		17,1	±0,9	25,6		17,1	10,3	163	128	1,55	56480	2380	18,6	2090	235	3,60	1400	40,4
500	500		185		18,0		27,0		18,0	10,8	179	141	1,63	68740	2750	19,6	2480	268	3,72	1620	42,4
550	550		200		19,0	±1,0	30,0		19,0	11,9	212	166	1,80	99180	3610	21,6	3490	349	4,02	2120	46,8
600	600		215		21,6		32,4		21,6	13,0	254	199	1,92	139000	4630	23,4	4670	434	4,30	2730	50,9

Maße für — zulässige Abweichungen jeweils für h, b, s, t. Für die Biegeachse[2]: $x-x$, $y-y$.

[1] Die zulässige Plusabweichung ist durch die zulässige Gewichtsüberschreitung begrenzt.

[2] J = Trägheitsmoment, W = Widerstandsmoment, i = Trägheitshalbmesser, jeweils bezogen auf die zugehörige Biegeachse.

[3] S_x = statisches Moment des halben Querschnittes.

[4] $s_x = J_x : S_x$; S_x = Abstand der Druck- und Zugmittelpunkte.

Die Querschnitte, Gewichte, Mantelflächen und statischen Werte sind aus den in der Tabelle angegebenen Maßen errechnet.

3.2. Geradheit

Bei schmalen I-Trägern gelten die in Tabelle 5 angegebenen zulässigen Abweichungen q von der Geradheit.

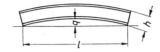

Tabelle 5

Höhe h		zulässige Abweichung q
über	bis	von der Geradheit
–	400	$0{,}0015 \cdot l$
400	600	$0{,}0010 \cdot l$

5. Gewicht und zulässige Gewichtsabweichungen

5.1. Das in Tabelle 1 jeweils angegebene Gewicht ist mit einer Dichte von 7,85 kg/dm³ aus dem Querschnitt errechnet worden.

5.2. Die zulässige Gewichtsabweichung darf

für die Gesamtlieferung ± 4 %,

für den einzelnen Träger ± 6 %

betragen. Eine Lieferung darf schmale I-Träger mit unterschiedlichen Höhen enthalten.

6. Lieferart

6.1. Für die Lieferung von warmgewalzten schmalen I-Trägern (I-Reihe) gelten die Längenangaben nach Tabelle 6.

6.4. Bestellbeispiel

100 t schmale I-Träger von Höhe $h = 360$ aus einem Stahl mit dem Kurznamen St 37-2 bzw. der Werkstoffnummer 1.0112 nach DIN 17 100 in Herstellängen:

100 t I 360 DIN 1025 — St 37-2

oder 100 t I 360 DIN 1025 — 1.0112

7. Prüfung der Maßhaltigkeit

7.2. Durchführung der Prüfung

Bei der Prüfung der Geradheit nach Abschnitt 3.2 ist das Maß q über die Gesamtlänge des Trägers zu messen.

Tabelle 6

Längenart		Länge	Bestellangabe für die Länge
	Bereich	zulässige Abweichung	
Herstellänge	4000 bis 15 000	beliebig zwischen 4000 und 15 000	keine
Festlänge	bis 15 000	±50	gewünschte Festlänge in mm
Genaulänge [1]	bis 15 000	zwischen ±50 und ±5; zu bevorzugen: ±25, ±10, ±5	gewünschte Genaulänge und gewünschte zulässige Maßabweichung in mm

[1] Bei Genaulängen mit eingeschränkten Längenabweichungen muß die Abschrägung bei nicht geradem Schnitt in den zulässigen Längenabweichungen enthalten sein.

| | Formstahl
Warmgewalzte I-Träger
Breite I-Träger, IPB- und IB-Reihe
Maße, Gewichte, zulässige Abweichungen, statische Werte | **DIN**
1025
Blatt 2 |

Maße in mm

1. Geltungsbereich

Diese Norm gilt für warmgewalzte breite I-Träger mit parallelen Flanschflächen (IPB-Reihe) nach Tabelle 1 und für warmgewalzte breite I-Träger mit geneigten inneren Flanschflächen (IB-Reihe) nach Tabelle 2.

2. Bezeichnung

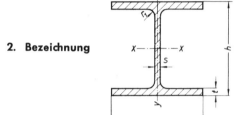
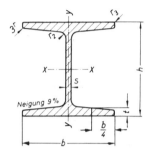

3. Maße und zulässige Maß- und Formabweichungen
(IPB- und IB-Reihe)

3.1. Querschnitt

3.1.1. Warmgewalzte breite I-Träger mit parallelen Flanschflächen werden mit den Maßen und zulässigen Abweichungen nach Tabelle 1, mit geneigten inneren Flanschflächen mit den Maßen und zulässigen Abweichungen nach Tabelle 2 geliefert.

3.1.2. Die Flanschunparallelität k darf die Werte nach Tabelle 3 nicht überschreiten.

Tabelle 3

Höhe h über	bis	Flanschunparallelität k höchstens
–	240	1 % von b
240	1000	1,2 % von b

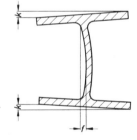

3.1.3. Die Stegausbiegung f darf die Werte nach Tabelle 4 nicht überschreiten.

Tabelle 4

Höhe h über	bis	Stegausbiegung f höchstens
	450	1,5
450	700	2,0
700	1000	3,0

3.1.4. Die Stegaußermittigkeit $m = \dfrac{b_2 - b_1}{2}$ darf die Werte nach Tabelle 5 nicht überschreiten.

Tabelle 5

Höhe h über	bis	Stegaußermittigkeit m höchstens
–	300	2,5
300	1000	3,0

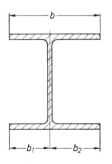

Tabelle 1. Breite I-Träger mit parallelen Flanschflächen (IPB-Reihe)

Kurz-zeichen*) IPB	Maße für h	h zul. Abw.	b	b zul. Abw.	s	s zul. Abw.	t	t zul. Abw.	r_1	Quer-schnitt F cm²	Gewicht G kg/m	Mantel-fläche U m²/m	J_x cm⁴	W_x cm³	i_x cm	J_y cm⁴	W_y cm³	i_y cm	S_x[2] cm³	s_x[3] cm
100	100		100		6		10		12	26,0	20,4	0,567	450	89,9	4,16	167	33,5	2,53	52,1	8,63
120	120	+4,0	120		6,5		11		12	34,0	26,7	0,686	864	144	5,04	318	52,9	3,06	82,6	10,5
140	140	−2,0	140		7	±1,0	12		12	43,0	33,7	0,805	1510	216	5,93	550	78,5	3,58	123	12,3
160	160		160		8		13	±1,5	15	54,3	42,6	0,918	2490	311	6,78	889	111	4,05	177	14,1
180	180		180		8,5		14		15	65,3	51,2	1,04	3830	426	7,66	1360	151	4,57	241	15,9
200	200		200		9		15		18	78,1	61,3	1,15	5700	570	8,54	2000	200	5,07	321	17,7
220	220		220		9,5		16		18	91,0	71,5	1,27	8090	736	9,43	2840	258	5,59	414	19,6
240	240	±3,0	240	±3,0	10		17		21	106	83,2	1,38	11260	938	10,3	3920	327	6,08	527	21,4
260	260		260		10		17,5		24	118	93,0	1,50	14920	1150	11,2	5130	395	6,58	641	23,3
280	280		280		10,5		18		24	131	103	1,62	19270	1380	12,1	6590	471	7,09	767	25,1
300	300		300		11		19		27	149	117	1,73	25170	1680	13,0	8560	571	7,58	934	26,9
320	320		300		11,5	±1,5	20,5		27	161	127	1,77	30820	1930	13,8	9240	616	7,57	1070	28,7
340	340		300		12		21,5		27	171	134	1,81	36660	2160	14,6	9690	646	7,53	1200	30,4
360	360		300		12,5		22,5		27	181	142	1,85	43190	2400	15,5	10140	676	7,49	1340	32,2
400	400		300		13,5		24	±2,0	27	198	155	1,93	57680	2880	17,1	10820	721	7,40	1620	35,7
450	450	±4,0	300		14		26		27	218	171	2,03	79890	3550	19,1	11720	781	7,33	1990	40,1
500	500		300		14,5		28		27	239	187	2,12	107200	4290	21,2	12620	842	7,27	2410	44,5
550	550		300		15		29		27	254	199	2,22	136700	4970	23,2	13080	872	7,17	2800	48,9
600	600		300		15,5		30		27	270	212	2,32	171000	5700	25,2	13530	902	7,08	3210	53,2
650	650	±5,0	300		16		31		27	286	225	2,42	210600	6480	27,1	13980	932	6,99	3660	57,5
700	700		300		17		32		27	306	241	2,52	256900	7340	29,0	14440	963	6,87	4160	61,7
800	800		300		17,5	±2,0	33		30	334	262	2,71	359100	8980	32,8	14900	994	6,68	5110	70,2
900	900		300		18,5		35		30	371	291	2,91	494100	10980	36,5	15820	1050	6,53	6290	78,5
1000	1000		300		19		36		30	400	314	3,11	644700	12890	40,1	16280	1090	6,38	7430	86,8

*) In Euronorm 53-62 lautet das Kurzzeichen für breite I-Träger dieser Reihe HE...B, wobei die Kennzahl die gleiche ist wie im DIN-Kurzzeichen, z. B. HE 300 B entspricht IPB 300.

[1] J = Trägheitsmoment, W = Widerstandsmoment, i = Trägheitshalbmesser, jeweils bezogen auf die zugehörige Biegeachse.   [2] S_x = statisches Moment des halben Querschnittes.   [3] $s_x = J_x : S_x$ = Abstand der Druck- und Zugmittelpunkte.

Die Querschnitte, Gewichte, Mantelflächen und statischen Werte sind aus den in der Tabelle angegebenen Maßen errechnet.

Tabelle 2. Breite I-Träger mit geneigten inneren Flanschflächen (I B-Reihe)

Kurz-zeichen IB	Maße für						Quer-schnitt	Gewicht	Mantel-fläche	Für die Biegeachse [1]						S_x [2]	s_x [3]
	h	b	s	t	r_2	r_3				$x-x$			$y-y$				
		zul. Abw.		zul. Abw.		zul. Abw.		zul. Abw.				F	G	U	J_x	W_x	i_x	J_y	W_y	i_y		
							cm2	kg/m	m2/m	cm4	cm3	cm	cm4	cm3	cm	cm3	cm
100	100	100	7,5	10,25	10	1,5	26,8	21,0	0,556	447	89,4	4,09	151	30,1	2,37	53	8,4
120	120	+4,0	120	8	11	11	1,5	34,6	27,2	0,665	852	142	4,95	276	46,0	2,82	82	10,4
140	140	−2,0	140	±3,0	8	±1,0	12	±1,5	12	−	43,3	34,0	0,780	1490	213	5,86	475	67,8	3,31	122	12,2
160	160	160	9	14	14	−	57,4	45,0	0,888	2580	322	6,70	831	104	3,81	184	14,0
180	180	±3,0	180	9	14	14	−	64,7	50,8	1,018	3750	417	7,62	1170	130	4,25	237	15,9

[1]) J = Trägheitsmoment, W = Widerstandsmoment, i = Trägheitshalbmesser, jeweils bezogen auf die zugehörige Biegeachse.

[2]) S_x = statisches Moment des halben Querschnittes.   [3]) $s_x = J_x : S_x$ = Abstand der Druck- und Zugmittelpunkte.

Die Querschnitte, Gewichte, Mantelflächen und statischen Werte sind aus den in der Tabelle angegebenen Maßen errechnet.

3.2. Geradheit

Bei breiten I-Trägern gelten die in Tabelle 6 angegebenen zulässigen Abweichungen q von der Geradheit:

Tabelle 6

Höhe h		zulässige Abweichung q von der Geradheit
über	bis	
−	400	0,0015 · l
400	1000	0,0010 · l

Weitergehende Anforderungen an die Geradheit sind bei der Bestellung zu vereinbaren.

5. Gewicht und zulässige Gewichtsabweichungen

5.2. Die zulässige Gewichtsabweichung darf

für die Gesamtlieferung ± 4 %,
für die einzelnen Träger ± 6 %

betragen. Eine Lieferung darf breite I-Träger mit unterschiedlichen Höhen enthalten.

6. Lieferart

6.1. Für die Lieferung von warmgewalzten breiten I-Trägern (IPB- und IB-Reihe) gelten die Längenangaben nach Tabelle 7.

6.4. Bestellbeispiel

100 t breite I-Träger mit parallelen Flanschflächen (IPB) von Höhe h = 360 mm aus einem Stahl mit dem Kurznamen St 37-2 bzw. der Werkstoffnummer 1.0112 nach DIN 17 100 in Herstellängen:

100 t IPB 360 DIN 1025 − St 37-2
oder 100 t IPB 360 DIN 1025 − 1.0112

7. Prüfung der Maßhaltigkeit

7.1. Prüfumfang

Die Anzahl der Träger, an denen die Maßhaltigkeit bei der Ablieferung beim Hersteller gemessen werden soll, ist bei der Bestellung zu vereinbaren.

7.2. Durchführung der Prüfung

Bei Prüfung der Geradheit nach Abschnitt 3.2 ist das Maß q über die Gesamtlänge des Trägers zu messen.

Tabelle 7

Längenart	Länge		Bestellangabe für die Länge
	Bereich	zulässige Abweichung	
Herstellänge	4000 bis 15 000	beliebig zwischen 4000 und 15 000	keine
Festlänge	bis 15 000	± 50	gewünschte Festlänge in mm
Genaulänge [1])	bis 15 000	zwischen ± 50 und ± 5; zu bevorzugen: ± 25, ± 10, ± 5	gewünschte Genaulänge und gewünschte zulässige Maßabweichung in mm

[1]) Bei Genaulängen mit eingeschränkten Längenabweichungen muß die Abschrägung bei nicht geradem Schnitt in den zulässigen Längenabweichungen enthalten sein.

	Formstahl **Warmgewalzte I-Träger** Breite I-Träger, leichte Ausführung, IPBl-Reihe Maße, Gewichte, zulässige Abweichungen, statische Werte	**DIN** **1025** Blatt 3

Maße in mm

1. Geltungsbereich

Diese Norm gilt für warmgewalzte breite I-Träger mit parallelen Flanschflächen, leichte Ausführung (IPBl-Reihe), deren Stege und Flansche dünner und deren Höhen h damit kleiner als die der IPB-Reihe nach DIN 1025 Blatt 2 sind, mit den Maßen nach Tabelle 1.

2. Bezeichnung

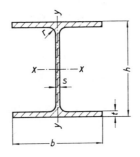

3. Maße und zulässige Maß- und Formabweichungen

3.1. Querschnitt

3.1.1. Warmgewalzte breite I-Träger, leichte Reihe (IPBl), werden mit den Maßen und zulässigen Abweichungen nach Tabelle 1 geliefert.

3.1.2. Die Flanschunparallelität k darf die Werte nach Tabelle 2 nicht überschreiten.

Tabelle 2

Höhe h		Flanschunparallelität k höchstens
über	bis	
−	240	1% von b
240	990	1,2% von b

3.1.3. Die Stegausbiegung f darf die Werte nach Tabelle 3 nicht überschreiten.

Tabelle 3

Höhe h		Stegausbiegung f höchstens
über	bis	
−	450	1,5
450	700	2,0
700	990	3,0

3.1.4. Die Stegaußermittigkeit $m = \dfrac{b_2 - b_1}{2}$ darf die Werte nach Tabelle 4 nicht überschreiten.

Tabelle 4

Höhe h		Stegaußermittigkeit m höchstens
über	bis	
−	300	2,5
300	990	3,0

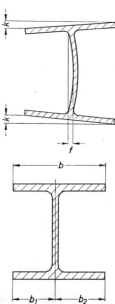

3.2. Geradheit

Bei breiten I-Trägern (IPBl-Reihe) gelten die in Tabelle 5 angegebenen zulässigen Abweichungen q von der Geradheit.

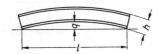

296

Tabelle 1

Kurzzeichen *) IPBl [1]	h	zul. Abweichung	Maße für b	zul. Abweichung	s	zul. Abweichung	t	zul. Abweichung	r	Querschnitt F cm²	Gewicht G kg/m	Mantelfläche U m²/m	Jx cm⁴	Wx cm³	ix cm	Jy cm⁴	Wy cm³	iy cm	Sx [3] cm³	sx [4] cm
100	96		100		5		8		12	21,2	16,7	0,561	349	72,8	4,06	134	26,8	2,51	41,5	8,41
120	114	+4,0 −2,0	120		5		8		12	25,3	19,9	0,677	606	106	4,89	231	38,5	3,02	59,7	10,1
140	133		140		5,5		8,5	±1,5	12	31,4	24,7	0,794	1030	155	5,73	389	55,6	3,52	86,7	11,9
160	152		160		6	±1,0	9		15	38,8	30,4	0,906	1670	220	6,57	616	76,9	3,98	123	13,6
180	171		180		6		9,5		15	45,3	35,5	1,02	2510	294	7,45	925	103	4,52	162	15,5
200	190		200		6,5		10		18	53,8	42,3	1,14	3690	389	8,28	1340	134	4,98	215	17,2
220	210		220		7		11		18	64,3	50,5	1,26	5410	515	9,17	1950	178	5,51	284	19,0
240	230	±3,0	240		7,5		12		21	76,8	60,3	1,37	7760	675	10,1	2770	231	6,00	372	20,9
260	250		260		7,5		12,5		24	86,8	68,2	1,48	10450	836	11,0	3670	282	6,50	460	22,7
280	270		280	±3,0	8		13		24	97,3	76,4	1,60	13670	1010	11,9	4760	340	7,00	556	24,6
300	290		300		8,5		14		27	112	88,3	1,72	18260	1260	12,7	6310	421	7,49	692	26,4
320	310		300		9	±1,5	15,5		27	124	97,6	1,76	22930	1480	13,6	6990	466	7,49	814	28,2
340	330		300		9,5		16,5		27	133	105	1,79	27690	1680	14,4	7440	496	7,46	925	29,9
360	350		300		10		17,5		27	143	112	1,83	33090	1890	15,2	7890	526	7,43	1040	31,7
400	390		300		11		19		27	159	125	1,91	45070	2310	16,8	8560	571	7,34	1280	35,2
450	440	±4,0	300		11,5		21	±2,0	27	178	140	2,01	63720	2900	18,9	9470	631	7,29	1610	39,6
500	490		300		12		23		27	198	155	2,11	86970	3550	21,0	10370	691	7,24	1970	44,1
550	540		300		12,5		24		27	212	166	2,21	111900	4150	23,0	10820	721	7,15	2310	48,4
600	590		300		13		25		27	226	178	2,31	141200	4790	25,0	11270	751	7,05	2680	52,8
650	640		300		13,5		26		27	242	190	2,41	175200	5470	26,9	11720	782	6,97	3070	57,1
700	690	±5,0	300		14,5		27		27	260	204	2,50	215300	6240	28,8	12180	812	6,84	3520	61,2
800	790		300		15		28		30	286	224	2,70	303400	7680	32,6	12640	843	6,65	4350	69,8
900	890		300		16	±2,0	30		30	320	252	2,90	422100	9480	36,3	13550	903	6,50	5410	78,1
1000	990		300		16,5		31		30	347	272	3,10	553800	11190	40,0	14000	934	6,35	6410	86,4

(Spalten x − x und y − y gehören zu „Für die Biegeachse [2]".)

*) In Euronorm 53-62 lautet das Kurzzeichen für breite I-Träger dieser Reihe HE.....A, wobei die Kennzahl die gleiche ist wie im DIN-Kurzzeichen, z. B. HE 300 A entspricht IPBl 300.

[1]) Von den mit gleichen Zahlen bezeichneten IPB-Trägern nach DIN 1025 Blatt 2 abgeleitete Profile.

[2]) J = Trägheitsmoment, W = Widerstandsmoment, i = Trägheitshalbmesser, jeweils bezogen auf die zugehörige Biegeachse.

[3]) S_x = statisches Moment des halben Querschnittes.

[4]) $s_x = J_x : S_x$ = Abstand der Druck- und Zugmittelpunkte.

Die Querschnitte, Gewichte, Mantelflächen und statischen Werte sind aus den in der Tabelle angegebenen Maßen errechnet.

Tabelle 5

Höhe h über	bis	zulässige Abweichung q von der Geradheit
—	400	$0{,}0015 \cdot l$
400	—	$0{,}0010 \cdot l$

5. Gewicht und zulässige Gewichtsabweichungen

5.2. Die zulässige Gewichtsabweichung darf

für die Gesamtlieferung ± 4 %,
für den einzelnen Träger ± 6 %

betragen. Eine Lieferung darf breite I-Träger mit unterschiedlichen Höhen enthalten.

6. Lieferart

6.1. Für die Lieferung von warmgewalzten breiten I-Trägern, leichte Reihe (IPBl), gelten die Längenangaben nach Tabelle 6.

6.4. Bestellbeispiel

100 t breite I-Träger mit parallelen Flanschflächen, leichte Reihe (IPBl), von Höhe h = 350 mm aus einem Stahl mit dem Kurznamen St 37-2 bzw. der Werkstoffnummer 1.0112 nach DIN 17 100 in Herstellängen:

100 t I PBl 360 DIN 1025 — St 37-2
oder 100 t I PBl 360 DIN 1025 — 1.0112

7. Prüfung der Maßhaltigkeit

7.1. Prüfumfang

Die Anzahl der Träger, an denen die Maßhaltigkeit bei der Ablieferung beim Hersteller gemessen werden soll, ist bei der Bestellung zu vereinbaren.

7.2. Durchführung der Prüfung

Bei Prüfung der Geradheit nach Abschnitt 3.2 ist das Maß q über die Gesamtlänge des Trägers zu messen.

Tabelle 6

Längenart	Bereich	Länge zulässige Abweichung	Bestellangabe für die Länge
Herstellänge	4000 bis 15 000	beliebig zwischen 4000 und 15 000	keine
Festlänge	bis 15 000	± 50	gewünschte Festlänge in mm
Genaulänge [1]	bis 15 000	zwischen ± 50 und ± 5; zu bevorzugen: ± 25, ± 10, ± 5	gewünschte Genaulänge und gewünschte zulässige Maßabweichung in mm

[1] Bei Genaulängen mit eingeschränkten Längenabweichungen muß die Abschrägung bei nicht geradem Schnitt in den zulässigen Längenabweichungen enthalten sein.

	Formstahl **Warmgewalzte I-Träger** Breite I-Träger, verstärkte Ausführung, IPBv-Reihe Maße, Gewichte, Zulässige Abweichungen, statische Werte	**DIN 1025** Blatt 4

Maße in mm

1. Geltungsbereich

Diese Norm gilt für warmgewalzte breite I-Träger mit parallelen Flanschflächen, verstärkte Ausführung (IPBv-Reihe), deren Stege und Flansche dicker und deren Höhen h damit größer als die der IPB-Reihe nach DIN 1025 Blatt 2 sind, mit den Maßen nach Tabelle 1.

2. Bezeichnung

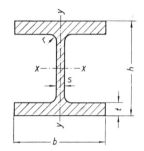

3. Maße und zulässige Maß- und Formabweichungen

3.1. Querschnitt

3.1.1. Warmgewalzte breite I-Träger, verstärkte Reihe (IPBv), nach dieser Norm werden mit den Maßen und zulässigen Abweichungen nach Tabelle 1 geliefert.

3.1.2. Die Flanschunparallelität k darf die Werte nach Tabelle 2 nicht überschreiten.

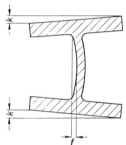

Tabelle 2

Höhe h über	bis	Flanschunparallelität k höchstens
—	240	1% von b
240	1008	1,2% von b

3.1.3. Die Stegausbiegung f darf die Werte nach Tabelle 3 nicht überschreiten.

Tabelle 3

Höhe h über	bis	Stegausbiegung f höchstens
—	450	1,5
450	700	2,0
700	1008	3,0

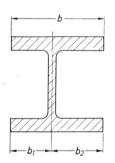

3.1.4. Die Stegaußermittigkeit $m = \dfrac{b_2 - b_1}{2}$ darf die Werte nach Tabelle 4 nicht überschreiten.

Tabelle 4

Höhe h über	bis	Stegaußermittigkeit m höchstens
—	300	2,5
300	500	3,5
500	1008	5

3.2. Geradheit

Bei breiten I-Trägern (IPBv) gelten die in Tabelle 5 angegebenen Abweichungen q von der Geradheit.

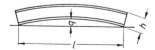

Tabelle 1

Kurzzeichen IPBv [1])	h	h zul. Abw.	b	b zul. Abw.	s	s zul. Abw.	t	t zul. Abw.	r	Querschnitt F cm²	Gewicht G kg/m	Mantelfläche U m²/m	J_x cm⁴	W_x cm³	i_x cm	J_y cm⁴	W_y cm³	i_y cm	S_x [3]) cm³	s_x [4]) cm
100	120	+4,0 / −2,0	106		12		20		12	53,2	41,8	0,619	1140	190	4,63	399	75,3	2,74	118	9,69
120	140		126		12,5	±1,0	21	±2,0	12	66,4	52,1	0,738	2020	288	5,51	703	112	3,25	175	11,5
140	160		146		13		22		12	80,6	63,2	0,857	3290	411	6,39	1140	157	3,77	247	13,3
160	180	±3,0	166		14		23		15	97,1	76,2	0,970	5100	566	7,25	1760	212	4,26	337	15,1
180	200		186	±3,0	14,5		24		15	113	88,9	1,09	7480	748	8,13	2580	277	4,77	442	16,9
200	220		206		15		25		18	131	103	1,20	10640	967	9,00	3650	354	5,27	568	18,7
220	240		226		15,5		26		18	149	117	1,32	14600	1220	9,89	5010	444	5,79	710	20,6
240	270		248		18		32	±2,5	21	200	157	1,46	24290	1800	11,0	8150	657	6,39	1060	22,9
260	290	±4,0	268		18		32,5		24	220	172	1,57	31310	2160	11,9	10450	780	6,90	1260	24,8
280	310		288		18,5		33		24	240	189	1,69	39550	2550	12,8	13160	914	7,40	1480	26,7
300	340		310		21	±1,5	39		27	303	238	1,83	59200	3480	14,0	19400	1250	8,00	2040	29,0
320/305	320		305		16		29		27	225	177	1,78	40950	2560	13,5	13740	901	7,81	1460	28,0
320	359		309		21		40		27	312	245	1,87	68130	3800	14,8	19710	1280	7,95	2220	30,7
340	377		309		21		40		27	316	248	1,90	76370	4050	15,6	19710	1280	7,90	2360	32,4
360	395	±5,0	308		21		40		27	319	250	1,93	84870	4300	16,3	19520	1270	7,83	2490	34,0
400	432		307		21		40		27	326	256	2,00	104100	4820	17,9	19330	1260	7,70	2790	37,4
450	478		307		21		40		27	335	263	2,10	131500	5500	19,8	19340	1260	7,59	3170	41,5
500	524		306		21		40		27	344	270	2,18	161900	6180	21,7	19150	1250	7,46	3550	45,7
550	572		306		21		40	±3,0	27	354	278	2,28	198000	6920	23,6	19160	1250	7,35	3970	49,9
600	620		305		21		40		27	364	285	2,37	237400	7660	25,6	18970	1240	7,22	4390	54,1
650	668	+8,0 / −6,0	305		21	±2,0	40		27	374	293	2,47	281700	8430	27,5	18980	1240	7,13	4830	58,3
700	716		304		21		40		27	383	301	2,56	329300	9200	29,3	18800	1240	7,01	5270	62,5
800	814		303		21		40		30	404	317	2,75	442600	10870	33,1	18630	1230	6,79	6240	70,9
900	910		302		21		40		30	424	333	2,93	570400	12540	36,7	18450	1220	6,60	7220	79,0
1000	1008		302		21		40		30	444	349	3,13	722300	14330	40,3	18460	1220	6,45	8280	87,2

*) In Euronorm 53-62 lautet das Kurzzeichen für breite I-Träger dieser Reihe HE...M, wobei die Kennzahl die gleiche ist wie im DIN-Kurzzeichen, z. B. HE 400 M entspricht IPBv 400. Für IPBv 320/305 lautet das Kurzzeichen nach Euronorm 53-62: HE 300 C.

[1]) Von den mit gleichen Zahlen bezeichneten IPB-Trägern nach DIN 1025 Blatt 2 abgeleitete Profile.

[2]) J = Trägheitsmoment, W = Widerstandsmoment, i = Trägheitshalbmesser, jeweils bezogen auf die zugehörige Biegeachse.

[3]) S_x = statisches Moment des halben Querschnittes.

[4]) $s_x = J_x : S_x$ = Abstand der Druck- und Zugmittelpunkte.

Die Querschnitte, Gewichte, Mantelflächen und statischen Werte sind aus den in der Tabelle angegebenen Maßen errechnet.

Tabelle 5

Höhe h über	bis	zulässige Abweichung q von der Geradheit
—	400	$0,0015 \cdot l$
400	1008	$0,0010 \cdot l$

5. Gewicht und zulässige Gewichtsabweichungen

5.2. Die zulässige Gewichtsabweichung darf
für die Gesamtlieferung $\pm 4\,^0/_0$,
für den einzelnen Träger $\pm 6\,^0/_0$
betragen. Eine Lieferung darf breite I-Träger mit unterschiedlichen Höhen enthalten.

6. Lieferart

6.1. Für die Lieferung von warmgewalzten breiten I-Trägern (IPBv-Reihe) gelten die Längenangaben nach Tabelle 6.

6.4. Bestellbeispiel

100 t breite I-Träger mit parallelen Flanschflächen, verstärkte Reihe (IPBv), Höhe $h = 395$ mm aus einem Stahl mit dem Kurznamen St 37-2 bzw. der Werkstoffnummer 1.0112 nach DIN 17 100 in Herstellängen:

100 t IPBv 360 DIN 1025 — St 37-2
oder 100 t IPBv 360 DIN 1025 — 1.0112

7. Prüfung der Maßhaltigkeit

7.1. Prüfumfang

Die Anzahl der Träger, an denen die Maßhaltigkeit bei der Ablieferung beim Hersteller gemessen werden soll, ist bei der Bestellung zu vereinbaren.

7.2. Durchführung der Prüfung

Bei Prüfung der Geradheit nach Abschnitt 3.2 ist das Maß q über die Gesamtlänge des Trägers zu messen.

Tabelle 6

Längenart	Länge Bereich	Länge zulässige Abweichung	Bestellangabe für die Länge
Herstellänge	4000 bis 15 000	beliebig zwischen 4000 und 15 000	keine
Festlänge	bis 15 000	± 50	gewünschte Festlänge in mm
Genaulänge [1]	bis 15 000	zwischen ± 50 und ± 5; zu bevorzugen: ± 25, ± 10, ± 5	gewünschte Genaulänge und gewünschte zulässige Maßabweichung in mm

[1] Bei Genaulängen mit eingeschränkten Längenabweichungen muß die Abschrägung bei nicht geradem Schnitt in den zulässigen Längenabweichungen enthalten sein.

	Formstahl **Warmgewalzte I-Träger** Mittelbreite I-Träger, IPE-Reihe Maße, Gewichte, zulässige Abweichungen, statische Werte	**DIN** **1025** Blatt 5

Maße in mm

1. Geltungsbereich

Diese Norm gilt für warmgewalzte mittelbreite I-Träger mit parallelen Flanschflächen (IPE-Reihe) von 80 bis 600 mm Höhe.

2. Bezeichnung

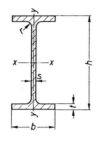

3. Maße und zulässige Maß- und Formabweichungen

3.1. Querschnitt

3.1.1. Warmgewalzte mittelbreite I-Träger nach dieser Norm werden mit den Maßen und zulässigen Abweichungen nach Tabelle 1 geliefert.

3.1.2. Die Flanschunparallelität k darf die Werte nach Tabelle 2 nicht überschreiten.

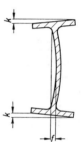

Tabelle 2

Höhe h		Flanschunparallelität k
über	bis	höchstens
—	120	1,0
120	600	1,5 % von b

3.1.3. Die Stegausbiegung f darf die Werte nach Tabelle 3 nicht überschreiten.

Tabelle 3

Höhe h		Stegausbiegung f
über	bis	höchstens
—	120	1,0
120	360	1,5
360	600	2,0

3.1.4. Die Stegaußermittigkeit $m = \dfrac{b_2 - b_1}{2}$ darf die Werte nach Tabelle 4 nicht überschreiten.

Tabelle 4

Höhe h		Stegaußermittigkeit m
über	bis	höchstens
—	120	1,5
120	270	2,5
270	600	3,5

3.2. Geradheit

Bei mittelbreiten I-Trägern gelten die in Tabelle 5 angegebenen zulässigen Abweichungen q von der Geradheit.

Tabelle 5

Höhe h		zulässige Abweichung q
über	bis	von der Geradheit
—	360	0,0015 · l
360	600	0,0010 · l

Tabelle 1. Maße, zulässige Abweichungen und statische Werte der mittelbreiten I-Träger

Kurzzeichen IPE	h	b	s	t	r	Querschnitt F cm²	Gewicht G kg/m	Mantelfläche U m²/m	J_x cm⁴	W_x cm³	i_x cm	J_y cm⁴	W_y cm³	i_y cm	S_x ²⁾ cm³	s_x ³⁾ cm
80	80	46	3,8	5,2	5	7,64	6,0	0,328	80,1	20,0	3,24	8,49	3,69	1,05	11,6	6,90
100	100	55	4,1	5,7	7	10,3	8,1	0,400	171	34,2	4,07	15,9	5,79	1,24	19,7	8,68
120	120	64	4,4	6,3	7	13,2	10,4	0,475	318	53,0	4,90	27,7	8,65	1,45	30,4	10,5
140	140	73	4,7	6,9	7	16,4	12,9	0,551	541	77,3	5,74	44,9	12,3	1,65	44,2	12,3
160	160	82	5,0	7,4	9	20,1	15,8	0,623	869	109	6,58	68,3	16,7	1,84	61,9	14,0
180	180	91	5,3	8,0	9	23,9	18,8	0,698	1320	146	7,42	101	22,2	2,05	83,2	15,8
200	200	100	5,6	8,5	12	28,5	22,4	0,768	1940	194	8,26	142	28,5	2,24	110	17,6
220	220	110	5,9	9,2	12	33,4	26,2	0,848	2770	252	9,11	205	37,3	2,48	143	19,4
240	240	120	6,2	9,8	15	39,1	30,7	0,922	3890	324	9,97	284	47,3	2,69	183	21,2
270	270	135	6,6	10,2	15	45,9	36,1	1,04	5790	429	11,2	420	62,2	3,02	242	23,9
300	300	150	7,1	10,7	15	53,8	42,2	1,16	8360	557	12,5	604	80,5	3,35	314	26,6
330	330	160	7,5	11,5	18	62,6	49,1	1,25	11770	713	13,7	788	98,5	3,55	402	29,3
360	360	170	8,0	12,7	18	72,7	57,1	1,35	16270	904	15,0	1040	123	3,79	510	31,9
400	400	180	8,6	13,5	21	84,5	66,3	1,47	23130	1160	16,5	1320	146	3,95	654	35,4
450	450	190	9,4	14,6	21	98,8	77,6	1,61	33740	1500	18,5	1680	176	4,12	851	39,7
500	500	200	10,2	16,0	21	116	90,7	1,74	48200	1930	20,4	2140	214	4,31	1100	43,9
550	550	210	11,1	17,2	24	134	106	1,88	67120	2440	22,3	2670	254	4,45	1390	48,2
600	600	220	12,0	19,0	24	156	122	2,01	92080	3070	24,3	3390	308	4,66	1760	52,4

Maße für — zulässige Abweichung:

Maß	zulässige Abweichung
h	±2,0 (80, 100); +3,0/−2,0 (120…180); ±3,0; ±4,0; ±5,0
b	±2,0; +3,0/−2,0; ±3,0; ±4,0
s	±0,5; ±0,75; ±1,0
t	±1,0; ±1,5; ±2,0

¹) J = Trägheitsmoment, W = Widerstandsmoment, i = Trägheitshalbmesser, bezogen auf die zugehörige Biegeachse.
²) S_x = statisches Moment des halben Querschnittes.
³) $s_x = J_x : S_x$ = Abstand der Druck- und Zugmittelpunkte.

Die Querschnitte, Gewichte, Mantelflächen und statischen Werte sind aus den in der Tabelle angegebenen Maßen errechnet.

5. Gewicht
und zulässige Gewichtsabweichungen

5.2. Die zulässige Gewichtsabweichung darf

für die Gesamtlieferung $\pm 4\,^0/_0$

für den einzelnen Träger $\pm 6\,^0/_0$

betragen. Eine Lieferung darf mittelbreite I-Träger mit unterschiedlichen Höhen enthalten.

6. Lieferart

6.1. Für die Lieferung von warmgewalzten mittelbreiten I-Trägern gelten die Längenangaben nach Tabelle 6.

6.4. Bestellbeispiel

100 t mittelbreite I-Träger von Höhe $h = 360$ mm aus einem Stahl mit dem Kurznamen St 37 bzw. der Werkstoffnummer 1.0110 nach DIN 17 100 in Herstellängen:

100 t IPE 360 DIN 1025 — St 37

oder **100 t IPE 360 DIN 1025 — 1.0110**

7. Prüfung der Maßhaltigkeit
7.2. Durchführung der Prüfung

7.2.1. Die Höhe h nach der Tabelle 1 ist in der Mitte des Trägers zu messen, und zwar an der Stelle, an der die Biegeachse $y - y$ verläuft.

7.2.2. Bei der Prüfung der Geradheit nach Abschnitt 3.2 ist das Maß q über die Gesamtlänge des Trägers zu messen.

Tabelle 6. **Längenarten und zulässige Längenabweichungen**

Längenart	Länge		Bestellangabe für die Länge
	Bereich	zulässige Abweichung	
Herstellänge	4000 bis 15 000	beliebig zwischen 4000 bis 15 000	keine
Festlänge	bis 15 000	± 50	gewünschte Festlänge in mm
Genaulänge [1])	bis 15 000	kleiner als ± 50; zu bevorzugen: ± 25, ± 10, ± 5	gewünschte Genaulänge und gewünschte zulässige Maßabweichung in mm

[1]) Bei Genaulängen mit eingeschränkten Längenabweichungen muß die Abschrägung bei nicht geradem Schnitt in den zulässigen Längenabweichungen enthalten sein.

	Stabstahl Formstahl	DIN
	# Warmgewalzter rundkantiger U-Stahl Maße, Gewichte, zulässige Abweichungen, statische Werte	**1026**

Maße in mm

1. Geltungsbereich

Diese Norm gilt für warmgewalzten rundkantigen U-Stahl in Höhen zwischen 30 und 400 mm.

2. Bezeichnung

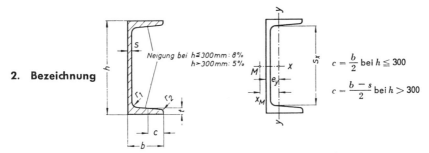

Neigung bei $h \lneq 300\,mm : 8\%$
$h > 300\,mm : 5\%$

$c = \dfrac{b}{2}$ bei $h \leqq 300$

$c = \dfrac{b - s}{2}$ bei $h > 300$

3. Maße und zulässige Maß- und Formabweichungen

3.1. Querschnitt

3.1.1. Warmgewalzter rundkantiger U-Stahl wird in den Abmessungen und zulässigen Abweichungen für die Höhe, Breite, Steg- und Flanschdicke nach Tabelle 1 geliefert.

3.1.2. Die Flanschunparallelität k darf die Werte nach Tabelle 2 nicht überschreiten.

Tabelle 2

Breite b		Flanschunparallelität k
über	bis	höchstens
–	100	1,0
100	110	1% von b

3.1.3. Die Stegausbiegung f darf die Werte nach Tabelle 3 nicht überschreiten.

Tabelle 3

Höhe h		Stegausbiegung f
über	bis	höchstens
–	100	0,5
100	200	1,0
200	400	1,5

3.2. Geradheit

Bei U-Stahl nach dieser Norm ist üblicherweise bei Höhen bis 400 mm eine Abweichung q von der Geradheit von höchstens $0,0015 \cdot l$ zulässig.

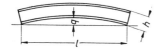

5. Gewicht
und zulässige Gewichtsabweichungen

5.2. Die zulässige Gewichtsabweichung darf

für die Gesamtlieferung $\pm 4\%$,
für den Einzelstab $\pm 6\%$,

6. Lieferart

6.1. Für die Lieferung von warmgewalztem rundkantigem U-Stahl gelten die Längenangaben nach Tabelle 4.

6.4. Bestellbeispiel

100 t rundkantiger U-Stahl von Höhe $h = 300$ mm aus einem Stahl mit dem Kurznamen St 37-2 bzw. der Werkstoffnummer 1.0112 nach DIN 17 100 in Herstellängen:

100 t U 300 DIN 1026 — St 37-2
oder **100 t U 300 DIN 1026 — 1.0112**

7. Prüfung der Maßhaltigkeit

7.2. Durchführung der Prüfung

Bei Prüfung der Geradheit nach Abschnitt 3.2 ist das Maß q über die Gesamtlänge des Stabes zu messen.

305

Tabelle 1.

Kurzzeichen U	h	zul. Abw.	b	zul. Abw.	s	zul. Abw.	t	zul. Abw.[1]	r_1	r_2	Querschnitt F cm²	Gewicht G kg/m	Mantelfläche U m²/m	J_x cm⁴	W_x cm³	i_x cm	J_y cm⁴	W_y cm³	i_y cm	S_x[3] cm³	s_x[4] cm	e_y cm	x_M[5] cm
30 × 15	30		15		4		4,5		4,5	2	2,21	1,74	0,103	2,53	1,69	1,07	0,38	0,39	0,42	–	–	0,52	0,74
30	30		33		5		7	−0,5	7	3,5	5,44	4,27	0,174	6,39	4,26	1,08	5,33	2,68	0,99	–	–	1,31	2,22
40 × 20	40	±1,5	20	±1,5	5		5,5		5	2,5	3,66	2,87	0,142	7,58	3,79	1,44	1,14	0,86	0,56	–	–	0,67	1,01
40	40		35		5		7		7	3,5	6,21	4,87	0,199	14,1	7,05	1,50	6,68	3,08	1,04	–	–	1,33	2,32
50 × 25	50		25		5		6		6	3	4,92	3,86	0,181	16,8	6,73	1,85	2,49	1,48	0,71	–	–	0,81	1,34
50	50		38		5	±0,5	7		7	3,5	7,12	5,59	0,232	26,4	10,6	1,92	9,12	3,75	1,13	–	–	1,37	2,47
60	60		30		6		6		6	3	6,46	5,07	0,215	31,6	10,5	2,21	4,51	2,16	0,84	–	–	0,91	1,50
65	65		42		5,5		7,5		7,5	4	9,03	7,09	0,273	57,5	17,7	2,52	14,1	5,07	1,25	–	–	1,42	2,60
80	80		45		6		8		8	4	11,0	8,64	0,312	106	26,5	3,10	19,4	6,36	1,33	15,9	6,65	1,45	2,67
100	100		50		6		8,5		8,5	4,5	13,5	10,6	0,372	206	41,2	3,91	29,3	8,49	1,47	24,5	8,42	1,55	2,93
120	120	±2,0	55	±2,0	7		9		9	4,5	17,0	13,4	0,434	364	60,7	4,62	43,2	11,1	1,59	36,3	10,0	1,60	3,03
140	140		60		7		10	−1,0	10	5	20,4	16,0	0,489	605	86,4	5,45	62,7	14,8	1,75	51,4	11,8	1,75	3,37
160	160		65		7,5		10,5		10,5	5,5	24,0	18,8	0,546	925	116	6,21	85,3	18,3	1,89	68,8	13,3	1,84	3,56
180	180		70		8		11		11	5,5	28,0	22,0	0,611	1350	150	6,95	114	22,4	2,02	89,6	15,1	1,92	3,75
200	200		75		8,5		11,5		11,5	6	32,2	25,3	0,661	1910	191	7,70	148	27,0	2,14	114	16,8	2,01	3,94
220	220		80		9		12,5		12,5	6,5	37,4	29,4	0,718	2690	245	8,48	197	33,6	2,30	146	18,5	2,14	4,20
240	240		85		9,5		13		13	6,5	42,3	33,2	0,775	3600	300	9,22	248	39,6	2,42	179	20,1	2,23	4,39
260	260		90		10		14		14	7	48,3	37,9	0,834	4820	371	9,99	317	47,7	2,56	221	21,8	2,36	4,66
280	280		95		10		15		15	7,5	53,3	41,8	0,890	6280	448	10,9	399	57,2	2,74	266	23,6	2,53	5,02
300	300		100		10		16		16	8	58,8	46,2	0,950	8030	535	11,7	495	67,8	2,90	316	25,4	2,70	5,41
320	320	±3,0	100	+2,5	14		17,5	−1,5	17,5	8,75	75,8	59,5	0,982	10870	679	12,1	597	80,6	2,81	413	26,3	2,60	4,82
350	350		100		14		16		16	8	77,3	60,6	1,05	12840	734	12,9	570	75,0	2,72	459	28,6	2,40	4,45
380	380		102		13,5		16		16	8	80,4	63,1	1,11	15760	829	14,0	615	78,7	2,77	507	31,1	2,38	4,58
400	400		110		14		18		18	9	91,5	71,8	1,18	20350	1020	14,9	846	102	3,04	618	32,9	2,65	5,11

[1] Die zulässige Plusabweichung ist durch die zulässige Gewichtsüberschreitung begrenzt.

[2] J = Trägheitsmoment, W = Widerstandsmoment, i = Trägheitshalbmesser, jeweils bezogen auf die zugehörige Biegeachse.

[3] S_x = statisches Moment des halben Querschnittes.

[4] $s_x = J_x : S_x$ = Abstand der Druck- und Zugmittelpunkte.

[5] x_M = Abstand des Schubmittelpunktes M von der y-y-Achse.

Die Querschnitte, Gewichte, Mantelflächen und statischen Werte sind aus den in der Tabelle angegebenen Maßen errechnet.

Tabelle 4

Längenart	Länge		Bestellangabe für die Länge
	Bereich	zulässige Abweichung	
Herstellänge	3000 bis 15 000	beliebig zwischen 3000 und 15 000	keine
Festlänge	bis 15 000	± 50	gewünschte Festlänge in mm
Genaulänge [1])	bis 15 000	zwischen ± 50 und ± 5; zu bevorzugen: ± 25, ± 10, ± 5	gewünschte Genaulänge u n d gewünschte zulässige Maßabweichung in mm

[1]) Bei Genaulängen mit eingeschränkten Längenabweichungen muß die Abschrägung bei nicht geradem Schnitt in den zulässigen Längenabweichungen enthalten sein.

Stabstahl		DIN
Warmgewalzter Rundstahl für allgemeine Verwendung Maße, zulässige Maß- und Formabweichungen		**1013** Teil 1

Maße in mm

1 Geltungsbereich

Diese Norm gilt für warmgewalzten, für allgemeine Verwendung vorgesehenen Rundstahl in geraden Stäben von 8 bis 200 mm Durchmesser

2 Bezeichnung

3 Maße und zulässige Maß- und Formabweichungen

3.1 Durchmesser

3.1.1 Die in dieser Norm erfaßten Durchmesser sind in Tabelle 1 angegeben.

Reihe A enthält die zu bevorzugenden Durchmesser. Rundstahl mit Durchmessern der Reihe B sollte nur bestellt werden, wenn die Verwendung eines Maßes nach Reihe A nicht möglich ist.

3.1.2 Die zulässigen Abweichungen vom Nenndurchmesser (Regelabweichungen oder Präzisionsabweichungen) sind ebenfalls in Tabelle 1 genannt. Bei gewünschter Lieferung mit Präzisionsabweichungen ist der Kennbuchstabe P in der Bezeichnung anzugeben (siehe Abschnitt 2).

3.1.3 Der Unterschied zwischen dem größten und kleinsten Durchmesser, gemessen in derselben Querschnittsebene, darf höchstens 80% der zulässigen Gesamt-Durchmesserabweichungen nach Tabelle 1 betragen (z.B. höchstens 0,8 mm bei d = 20 mm).

3.2 Geradheit

Für die Geradheit bei Rundstahl nach dieser Norm gelten die zulässigen Abweichungen nach Tabelle 2.

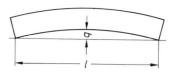

Tabelle 2. **Zulässige Abweichungen von der Geradheit**

Durchmesser d Nennwert		Zulässige Abweichung q von der Geradheit
>	≦	
–	25	keine Festlegungen
25	80	$0,004 \cdot l$
80	200	$0,0025 \cdot l$

6.3 Bestellbeispiel

100 t warmgewalzter Rundstahl von Durchmesser d = 20 mm mit Regelabweichungen aus einem Stahl mit dem Kurznamen USt 37-2 bzw. der Werkstoffnummer 1.0036*) nach DIN 17 100 in Herstellängen:

100 t Rund 20 DIN 1013 — USt 37-2
oder **100 t Rund 20 DIN 1013 — 1.0036**

Anstelle der Benennung ,,Rund'' darf die Abkürzung ,,Rd'' oder das Bildzeichen ⌀ nach DIN 1353 Teil 2 gesetzt werden.

7.2.2 Bei Prüfung der Geradheit nach Abschnitt 3.2 ist das Maß q über die Gesamtlänge des Stabes zu messen.

Tabelle 1. Durchmesser, zulässige Abweichungen, Querschnitt, Gewicht und Mantelfläche

Durchmesser d				Querschnitt[3]	Gewicht[4]	Mantelfläche
			Zul. Abw.[2]			
Reihe A[1]	Reihe B[1]	Regelabweichung	Präzisionsabweichung (P)	cm^2	kg/m	cm^2/m
8			± 0,15	0,503	0,395	251
10				0,785	0,617	314
12				1,13	0,888	377
	13	± 0,4		1,33	1,04	408
14				1,54	1,21	440
	15			1,77	1,39	471
16			± 0,2	2,01	1,58	503
	17			2,27	1,78	534
18				2,54	2,00	565
	19			2,84	2,23	597
20		± 0,5		3,14	2,47	628
	21			3,46	2,72	660
22				3,80	2,98	691
	23			4,15	3,26	723
24				4,52	3,55	754
25			± 0,25	4,91	3,85	785
	26			5,31	4,17	817
27				5,73	4,49	848
28				6,16	4,83	880
30		± 0,6		7,07	5,55	942
31				7,55	5,92	974
32				8,04	6,31	1010
	34		± 0,3	9,08	7,13	1070
35				9,62	7,55	1100
	36			10,2	7,99	1130
37				10,8	8,44	1160
38		± 0,8		11,3	8,90	1190
40			± 0,4	12,6	9,86	1260
42				13,9	10,9	1320

[1] Siehe Abschnitt 3.1.1.

[2] Siehe Abschnitt 3.1.2.

[3] Querschnitt $= \dfrac{d^2 \cdot \pi}{4} \approx 0{,}785 \cdot d^2$

[4] Siehe Abschnitt 5 (siehe Originalfassung).

Tabelle 1. **Fortsetzung**

Reihe A[1]	Reihe B[1]	Durchmesser d Zul. Abw.[2] Regel-abweichung	Präzisions-abweichung (P)	Querschnitt[3] cm²	Gewicht[4] kg/m	Mantelfläche cm²/m
44				15,2	11,9	1380
45				15,9	12,5	1410
	47	± 0,8	± 0,4	17,3	13,6	1480
	48			18,1	14,2	1510
50				19,6	15,4	1570
52				21,2	16,7	1630
	53			22,1	17,3	1670
55				23,8	18,7	1730
60				28,3	22,2	1880
	63	± 1		31,2	24,5	1980
65				33,2	26,0	2040
70				38,5	30,2	2200
75				44,2	34,7	2360
80				50,3	39,5	2510
	85			56,7	44,5	2670
90				63,6	49,9	2830
	95	± 1,3		70,9	55,6	2980
100				78,5	61,7	3140
110				95,0	74,6	3460
120		± 1,5		113	88,8	3770
	130			133	104	4080
140				154	121	4400
150		± 2		177	139	4710
160				201	158	5030
	170			227	178	5340
180				254	200	5650
	190	± 2,5		284	223	5970
200				314	247	6280

[1]) bis [4]) siehe Seite 309.

	Stabstahl	
	Warmgewalzter Vierkantstahl für allgemeine Verwendung Maße, zulässige Maß- und Formabweichungen	**DIN** **1014** Teil 1

1 Geltungsbereich

Maße in mm

Diese Norm gilt für warmgewalzten, für allgemeine Verwendung vorgesehenen Vierkantstahl in geraden Stäben von 8 bis 120 mm Seitenlänge.

2 Bezeichnung

3 Maße und zulässige Maß- und Formabweichungen

3.1 Seitenlängen

3.1.1 Die in dieser Norm erfaßten Seitenlängen und deren zulässige Abweichung sind in Tabelle 1 angegeben.

Reihe A enthält die zu bevorzugenden Seitenlängen. Die Seitenlängen der Reihe B sollten nur bestellt werden, wenn die Verwendung eines Maßes nach Reihe A nicht möglich ist.

Tabelle 1. **Seitenlänge, zulässige Abweichungen, Querschnitt, Gewicht und Mantelfläche**

Seitenlänge a			Querschnitt	Gewicht	Mantelfläche	Seitenlänge a			Querschnitt	Gewicht	Mantelfläche
Reihe A	Reihe B	zul. Abw.	cm²	kg/m	cm²/m	Reihe A	Reihe B	zul. Abw.	cm²	kg/m	cm²/m
8			0,640	0,502	320	32		± 0,6	10,2	8,04	1280
10			1,00	0,785	400	35			12,3	9,62	1400
12			1,44	1,13	480	40			16,0	12,6	1600
	13	± 0,4	1,69	1,33	520		45	± 0,8	20,3	15,9	1800
14			1,96	1,54	560	50			25,0	19,6	2000
	15		2,25	1,77	600		55		30,3	23,7	2200
16			2,56	2,01	640	60			36,0	28,3	2400
18			3,24	2,54	720		65	± 1,0	42,3	33,2	2600
	19		3,61	2,83	760	70			49,0	38,5	2800
20		± 0,5	4,00	3,14	800	80			64,0	50,2	3200
22			4,84	3,80	880		90	± 1,3	81,0	63,6	3600
	24		5,76	4,52	960	100			100	78,5	4000
25			6,25	4,91	1000		110	± 1,5	121	95,0	4400
	28	± 0,6	7,84	6,15	1120	120			144	113	4800
30			9,00	7,07	1200						

3.1.2 Beim warmgewalzten Vierkantstahl nach dieser Norm ist eine Kantenabrundung r nach Tabelle 2 zulässig.

3.1.3 Der Unterschied zwischen den beiden Diagonalen desselben Querschnitts darf höchstens 4 % betragen; die Kantenabrundung r ist dabei zu berücksichtigen.

3.2 Geradheit

Für die Geradheit bei Vierkantstahl nach dieser Norm gelten die zulässigen Abweichungen nach Tabelle 3.

Tabelle 2. **Zulässige Kantenabrundung** r

Seitenlänge a		Zulässige Kantenabrundung r
über	bis	höchstens
	12	1
12	20	1,5
20	30	2
30	50	2,5
50	100	3
100	120	4

Tabelle 3. **Zulässige Abweichungen von der Geradheit**

Seitenlänge a		Zulässige Abweichung q von der Geradheit
über	bis	
	25	keine Festlegungen
25	80	$0,004 \cdot l$
80	120	$0,0025 \cdot l$

Tabelle 4. **Zulässige Verdrillung**

Seitenlänge a		Zulässige Verdrillung
über	bis	
	14	4°/m, max. 24°
14	50	3°/m, max. 18°
50		3°/m, max. 15°

3.3 Verdrillung

Die Verdrillung bei Vierkantstahl darf höchstens die Werte nach Tabelle 4 erreichen.

6 Lieferart

6.1 Für die Lieferung von warmgewalztem Vierkantstahl nach dieser Norm gelten die Längenangaben nach Tabelle 5.

6.3 Bestellbeispiel

100 t warmgewalzter Vierkantstahl von Seitenlänge a = 20 mm aus einem Stahl mit dem Kurznamen USt 37-2 bzw. der Werkstoffnummer 1.0036 nach DIN 17 100 in Herstellängen:

100 t Vierkant DIN 1014 − USt 37-2 − 20

oder **100 t Vierkant DIN 1014 − 1.0036 − 20**

Anstelle der Benennung „Vierkant" darf die Abkürzung „4kt" nach DIN 1353 Teil 2 gesetzt werden.

7.2.2 Bei Prüfung der Geradheit nach Abschnitt 3.2 ist das Maß q über die Gesamtlänge des Stabes zu messen.

7.2.3 Die Verdrillung (siehe Abschnitt 3.3) ist über die Gesamtlänge des Stabes zu messen.

Tabelle 5. **Längenarten und zulässige Längenabweichungen**

Längenart	Seitenlänge a	Länge		Bestellangaben für die Länge
		Bereich [1]	zulässige Abweichung	
Herstellänge [2]	< 70	≥ 6 000 ≤ 12 000	Siehe Abschnitt 6.2	keine [2]
	≥ 70 < 120	≥ 3 000 ≤ 9 000		
	≥ 120	≥ 3 000 ≤ 6 000		
Festlänge	< 70	≥ 6 000 ≤ 12 000	± 100 [3]	gewünschte Festlänge in mm
	≥ 70 < 120	≥ 3 000 ≤ 9 000		
	≥ 120	≥ 3 000 ≤ 6 000		
Genaulänge	< 70	≥ 6 000 ≤ 12 000	< ± 100	gewünschte Genaulänge und gewünschte zulässige Abweichung in mm
	≥ 70 < 120	≥ 3 000 ≤ 9 000	zu bevorzugen:	
	≥ 120	≥ 3 000 ≤ 6 000	± 50, ± 25, ± 10, ± 5 [3]	

[1] Die Lieferbarkeit kleinerer oder größerer Längen ist beim Hersteller zu erfragen.

[2] Vierkantstahl kann auch in eingeschränkten Herstellängen mit einem bei der Bestellung anzugebenden Längenbereich geliefert werden. Die Spanne zwischen der kleinsten und größten Länge dieses Bereichs muß mindestens 2000 mm betragen (z. B. 6000 bis 8000).

[3] Auf Vereinbarung können die Gesamtspannen für die zulässigen Abweichungen ganz auf die Plusseite gelegt werden, z. B. $^{+200}_{0}$ (statt ± 100) für Festlängen oder $^{+50}_{0}$ (statt ± 25) bei Genaulängen.

| | Stabstahl
Warmgewalzter Sechskantstahl
Maße, Gewichte, zulässige Abweichungen | **DIN**
1015 |

Maße in mm

1. Geltungsbereich

Diese Norm gilt für warmgewalzten Sechskantstahl in geraden Stäben von 13 bis 103 mm Schlüsselweite.

Diese Norm gilt nicht für Sechskantwalzdraht (siehe DIN 59 110).

2. Bezeichnung

3. Maße und zulässige Maß- und Formabweichungen

3.1. Querschnitt

3.1.1. Die Schlüsselweiten, mit denen warmgewalzter Sechskantstahl bevorzugt geliefert wird, und deren zulässige Abweichungen sind in Tabelle 1 angegeben.

Tabelle 1.

Schlüsselweite s		Quer-schnitt [2] A cm²	Gewicht G kg/m	Mantel-fläche U cm²/m	Schlüsselweite s		Quer-schnitt [2] A cm²	Gewicht G kg/m	Mantel-fläche U cm²/m
Nenn-maß [1]	zul. Abw.				Nenn-maß [1]	zul. Abw.			
(13)	± 0,4	1,46	1,15	450	(39,5)	± 0,8	13,5	10,6	1370
(14)	± 0,4	1,70	1,33	485	42,5	± 0,8	15,6	12,3	1470
15	± 0,4	1,95	1,53	520	47,5	± 0,8	19,5	15,3	1650
(16)	± 0,5	2,22	1,74	554	52	± 1,0	23,4	18,4	1800
(17)	± 0,5	2,50	1,96	589	57	± 1,0	28,1	22,1	1970
18	± 0,5	2,81	2,20	624	(62)	± 1,0	33,3	26,1	2150
20,5	± 0,5	3,64	2,86	710	(67)	± 1,0	38,9	30,5	2320
22,5	± 0,5	4,38	3,44	780	(72)	± 1,0	44,9	35,2	2490
23,5	± 0,5	4,78	3,75	815	(78)	± 1,0	52,7	41,4	2700
25,5	± 0,6	5,63	4,42	884	(83)	± 1,0	59,7	46,8	2880
28,5	± 0,6	7,03	5,52	997	(88)	± 1,3	67,1	52,6	3050
31,5	± 0,6	8,59	6,75	1090	(93)	± 1,3	74,9	58,8	3220
33,5	± 0,6	9,72	7,63	1160	(98)	± 1,3	83,2	65,3	3390
37,5	± 0,8	12,2	9,56	1300	(103)	± 1,5	91,9	72,1	3570

[1]) Bei den in Klammern angegebenen Schlüsselweiten sind vorherige Rückfragen beim Hersteller wegen der Lieferbarkeit zweckmäßig.

[2]) Querschnitt $A = \frac{1}{2}\sqrt{3} \cdot s^2 \approx 0,866 \cdot s^2$

3.1.2. Beim warmgewalzten Sechskantstahl ist eine Kantenabrundung r nach Tabelle 2 zulässig.

3.2. Geradheit

Für die Geradheitstoleranz der Mantellinie bei warmgewalztem Sechskantstahl nach dieser Norm gelten die Werte nach Tabelle 3.

3.3. Verdrillung

Die höchstzulässige Verdrillung von warmgewalztem Sechskantstahl ist gegebenenfalls bei der Bestellung zu vereinbaren.

5. Gewicht und zulässige Gewichtsabweichungen

5.2. Die zulässigen Gewichtsabweichungen in Prozenten des Gesamtgewichts sind Tabelle 4 zu entnehmen.

Als Gewichtsabweichung in diesem Sinne gilt der Unterschied zwischen dem tatsächlichen Liefergewicht und dem aus dem Gewicht nach Tabelle 1 und (bei Bestellung von Herstellängen) der gelieferten Meter oder (bei Bestellung von Fest- und Genaulängen) der bestellten Meter errechneten Gewicht.

6. Ausführung

Beim zum Kaltziehen bestimmten warmgewalzten Sechskantstahl dürfen die Stabenden keine Verdrillung aufweisen. Ein Ende des Stabes, das sorgfältig zu entgraten ist und keinen Stauchwulst aufweisen darf, muß das übliche Einführen in die Ziehvorrichtung gestatten. Das andere Stabende muß soweit frei sein von Graten und Wülsten, daß beim Austritt aus der Ziehvorrichtung keine Schläge auftreten.

7. Lieferart

7.1. Für die Lieferung von warmgewalztem Sechskantstahl gelten die Längenangaben nach Tabelle 5.

7.2. Bei Bestellung nur nach Gewicht darf die Länge zwischen den für die Herstellänge angegebenen größten und kleinsten Werten schwanken.

Tabelle 2.

Schlüsselweite s		Zulässige Kantenab-rundung r
über	bis	höchstens
—	20	1
20	30	1,5
30	50	2
50	83	2,5
83	103	3

Tabelle 5.

Längenart	Länge	
	Bereich	zulässige Abweichung
Herstellänge	3000 bis 8000	beliebig zwischen den für den Längenbereich angegebenen Grenzen
Festlänge	bis 8000	± 100
Genaulänge	bis 8000	zu bevorzugen: ± 50, ± 25, ± 10, ± 5

Tabelle 4.

Schlüsselweite s		Zulässige Gewichts-abweichungen für Liefermengen	
über	bis	$\geqq 5$ t	< 5 t
—	15	± 6 %	± 8 %
15	103	± 4 %	± 5,3 %

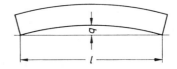

Tabelle 3.

Schlüsselweite		q
über	bis	
	40	Keine Festlegungen
40	83	0,004 · l
83	103	0,0025 · l

7.3. Bestellbeispiel

100 t warmgewalzter Sechskantstahl von Schlüsselweite s = 18 mm aus Automatenstahl mit dem Kurznamen 9 SMn 28 bzw. der Werkstoffnummer 1.0715 nach DIN 1651 in Herstellängen:

$$\text{100 t Sechskant 18 DIN 1015} - \text{9 SMn 28}$$

$$\text{oder 100 t Sechskant 18 DIN 1015} - \text{1.0715}$$

Die Benennung „Sechskant" darf durch die Kurzform „6kt" nach DIN 1353 ersetzt werden.

8.2. Durchführung der Prüfungen

8.2.1. Die Schlüsselweite wird bei der Lieferung in Herstellängen in mindestens 150 mm Abstand vom Ende der Stäbe gemessen, bei der Lieferung von Fest- und Genaulängen beliebig.

8.2.2. Bei der Prüfung der Geradheit nach Abschnitt 3.2 ist das Maß q über die Gesamtlänge des Stabes zu messen.

	Stabstahl **Warmgewalzter Flachstahl** für allgemeine Verwendung Maße, Gewichte, zulässige Abweichungen	**DIN** **1017** Blatt 1

Maße in mm

1. Geltungsbereich

Diese Norm gilt für warmgewalzten Flachstahl mit Querschnitten $b \times s$ von 10 mm × 5 mm bis 150 mm × 60 mm.

2. Bezeichnung

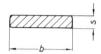

3. Maße und zulässige Maß- und Formabweichungen

3.1. Breiten und Dicken

3.1.1. Die Breiten und Dicken, mit denen Flachstahl bevorzugt geliefert wird, und deren zulässige Maßabweichungen sind in Tabelle 1 enthalten

3.2. Geradheit

Für die Geradheit von Flachstahl nach dieser Norm gelten die zulässigen Abweichungen nach Tabelle 2.

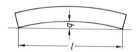

Tabelle 2

Querschnitt mm²		Zulässige Abweichung q von der Geradheit
über	bis	
—	1000	$0{,}004 \cdot l$
1000	—	$0{,}0025 \cdot l$

5.2. Die zulässigen Gewichtsabweichungen in Prozenten des Gesamtgewichtes sind Tabelle 3 zu entnehmen.

6. Lieferart

6.1. Für die Lieferung von warmgewalztem Flachstahl gelten die Längenangaben nach Tabelle 4.

Tabelle 3

Dicke s Nennwert		Zulässige Gewichtsabweichung für Lieferungen	
über	bis	von 5 t und darüber	unter 5 t
—	5	$\pm 6\,\%$	$\pm 8\,\%$
5	60	$\pm 4\,\%$	$\pm 5{,}3\,\%$

6.3. Bestellbeispiele

100 t warmgewalzter Flachstahl von Breite $b = 40$ mm und Dicke $s = 12$ mm aus einem Stahl mit dem Kurznamen USt 37-2 oder der Werkstoffnummer 1.0112 nach DIN 17 100 in Herstellängen:

100 t Flach 40 × 12 DIN 1017 — USt 37-2
oder **100 t Flach 40 × 12 DIN 1017 — 1.0112**

An Stelle der Benennung „Flach" darf auch die Kurzform „Fl" gesetzt werden.

7. Prüfung der Maßhaltigkeit

7.2.1. Die Dicke und Breite nach Abschnitt 3.1 werden bei der Lieferung in Herstellängen in mindestens 150 mm Abstand vom Ende der Stäbe gemessen, bei Lieferung von Fest- und Genaulängen beliebig.

7.2.2. Bei Prüfung der Geradheit nach Abschnitt 3.2 ist das Maß q über die Gesamtlänge des Stabes zu messen.

Tabelle 4

Längenart	Bereich	Länge	Bestellangabe für die Länge
		zulässige Abweichung	
Herstellänge	3 000 bis 12 000	beliebig zwischen 3 000 und 12 000	keine
Festlänge	bis 12 000	± 100	gewünschte Festlänge in mm
Genaulänge	bis 12 000	unter ± 100 bis ± 5; zu bevorzugen: ± 50, ± 25, ± 10, ± 5	gewünschte Genaulänge u n d gewünschte zulässige Abweichung in mm

Tabelle 1

Gewicht in kg/m. Breite b¹)²) (linke Spalte) über Dicke s¹)²) (Kopfzeile).

Zulässige Abweichung der Dicke s: ±0,5 (s = 5 … 13); ±1,0 (s = 14 … 40); ±1,5 (s = 50; 60).
Zulässige Abweichung der Breite b: ±0,75 (b = 10 … 19); ±1,0 (b = 20 … 55); ±1,5 (b = 60 … 90); ±2,0 (b = 100 … 120); ±2,5 (b = 130 … 150).

b \ s	5	6	6,5	7	8	9	10	11	12	13	14	15	16	17	18	20	22	25	30	35	40	50	60
10	0,393	–	–	–	–	–	–	–	–	–	–	–	–	–	–	–	–	–	–	–	–	–	–
11	0,432	0,518	–	–	–	–	–	–	–	–	–	–	–	–	–	–	–	–	–	–	–	–	–
12	0,471	0,565	–	–	–	–	–	–	–	–	–	–	–	–	–	–	–	–	–	–	–	–	–
13	0,510	0,612	0,663	0,714	0,816	(0,918)	–	–	–	–	–	–	–	–	–	–	–	–	–	–	–	–	–
14	0,550	0,659	–	0,769	0,879	–	–	–	–	–	–	–	–	–	–	–	–	–	–	–	–	–	–
15	0,589	0,707	–	0,824	0,942	–	1,18	–	–	–	–	–	–	–	–	–	–	–	–	–	–	–	–
16	0,628	0,754	0,816	0,879	1,00	1,13	1,26	1,38	–	–	–	–	–	–	–	–	–	–	–	–	–	–	–
17	(0,667)	0,801	–	0,934	1,07	–	–	1,47	–	–	–	–	–	–	–	–	–	–	–	–	–	–	–
18	0,707	0,848	(0,918)	(0,989)	1,13	1,27	1,41	(1,55)	–	–	–	–	–	–	–	–	–	–	–	–	–	–	–
19	(0,746)	(0,895)	–	(1,04)	(1,19)	1,34	–	1,64	–	1,94	–	–	–	–	–	–	–	–	–	–	–	–	–
20	0,785	0,942	1,02	1,10	1,26	1,41	1,57	–	1,88	2,04	–	–	–	–	–	–	–	–	–	–	–	–	–
22	0,864	1,04	1,12	1,21	1,38	–	1,73	1,90	2,07	2,25	2,42	(2,59)	–	2,94	–	–	–	–	–	–	–	–	–
25	0,981	1,18	1,28	1,37	1,57	–	1,96	–	2,36	2,55	2,75	2,94	3,14	–	–	–	–	–	–	–	–	–	–
26	1,02	1,22	1,33	1,43	1,63	–	2,04	–	2,45	2,65	2,86	3,06	3,27	–	3,67	4,08	–	–	–	–	–	–	–
28	1,10	1,32	1,43	1,54	1,76	–	2,20	–	2,64	2,86	3,08	–	3,52	–	3,96	–	–	–	–	–	–	–	–
30	1,18	1,41	1,53	1,65	1,88	2,12	2,36	–	2,83	3,06	3,30	3,53	3,77	–	4,24	4,71	5,18	5,89	–	–	–	–	–
32	1,26	1,51	1,63	–	2,01	–	2,51	–	3,01	(3,27)	3,52	3,77	4,02	–	–	5,02	5,53	6,28	–	–	–	–	–
35	1,37	1,65	1,79	1,92	2,20	–	2,75	–	3,30	3,57	3,85	4,12	4,40	–	4,95	5,50	6,04	6,87	–	–	–	–	–
38	1,49	1,79	1,94	–	2,39	–	2,98	–	3,58	3,88	4,18	4,47	4,77	–	–	5,97	6,56	7,46	–	–	–	–	–
40	1,57	1,88	2,04	2,20	2,51	2,83	3,14	–	3,77	4,08	4,40	4,71	5,02	–	5,65	6,28	6,91	7,85	9,42	–	–	–	–
45	1,77	2,12	2,30	2,47	2,83	–	3,53	–	4,24	4,59	4,95	5,30	5,65	–	–	7,07	7,77	8,83	10,6	–	–	–	–
50	1,96	2,36	2,55	2,75	3,14	3,53	3,93	–	4,71	5,10	5,50	5,89	6,28	–	7,07	7,85	8,64	9,81	11,8	–	–	–	–
55	2,16	2,59	2,81	–	3,45	–	4,32	–	5,18	5,61	6,04	6,48	6,91	–	7,77	8,64	9,50	10,8	13,0	–	–	–	–
60	2,36	2,83	3,06	3,30	3,77	4,24	4,71	–	5,65	6,12	6,59	7,07	7,54	–	8,48	9,42	10,4	11,8	14,1	16,5	18,8	23,6	28,3
65	2,55	3,06	3,32	–	4,08	4,59	5,10	–	6,12	6,63	7,14	7,65	8,16	–	–	10,2	11,2	12,8	15,3	–	20,4	25,5	–
70	2,75	3,30	3,57	3,85	4,40	4,95	5,50	–	6,59	7,14	7,69	8,24	8,79	–	9,89	11,0	12,1	13,7	16,5	19,2	22,0	27,5	–
75	2,94	3,53	3,83	–	4,71	–	5,89	–	7,07	7,65	8,24	8,83	9,42	–	–	11,8	–	14,7	17,7	20,6	23,6	–	(35,3)
80	3,14	3,77	4,08	4,40	5,02	–	6,28	6,91	7,54	8,16	8,79	9,42	10,0	–	11,3	12,6	–	15,7	18,8	(22,0)	25,1	31,4	(37,7)
90	3,53	4,24	4,59	–	5,65	6,36	7,07	7,77	8,48	9,18	–	10,6	11,3	–	12,7	14,1	15,7	17,7	21,2	–	28,3	35,3	42,4
100	3,93	4,71	5,10	–	6,28	–	7,85	8,64	9,42	10,2	11,0	11,8	12,6	–	–	15,7	–	19,6	23,6	–	31,4	39,3	47,1
110	–	–	–	–	–	–	8,64	9,50	10,4	11,2	12,1	13,0	13,8	–	–	17,3	–	21,6	25,9	–	34,5	43,2	–
120	–	–	–	–	–	–	9,42	10,4	11,3	12,2	13,2	14,1	15,1	–	–	18,8	–	23,6	28,3	–	37,7	47,1	56,5
130	–	–	–	–	–	–	–	–	12,2	13,3	14,3	15,3	16,3	–	–	20,4	–	25,5	30,6	–	40,8	51,0	–
140	–	–	–	–	–	–	–	–	13,2	–	15,4	16,5	17,6	–	–	22,0	–	27,5	33,0	(38,5)	44,0	55,0	–
150	–	–	–	–	–	–	–	–	14,1	15,3	16,5	17,7	18,8	–	–	23,6	–	29,4	35,3	–	47,1	58,9	70,7

¹) Nur die durch Angabe ihres Gewichtes gekennzeichneten Größen fallen unter diese Norm. Größen, deren Gewichtswerte in Klammern gesetzt sind, sollen nach Möglichkeit vermieden werden. ²) Für Edelstähle sind die Abmessungen bevorzugt zu verwenden, für die die Gewichtsangaben rot gedruckt sind.

	Stabstahl **Warmgewalzter Wulstflachstahl** Maße, Gewichte, zulässige Abweichungen, statische Werte	$\overline{\text{DIN}}$ **1019**

Maße in mm

1 Geltungsbereich

Diese Norm gilt für warmgewalzten Wulstflachstahl mit einseitigem Wulst in dem in Tabelle 1 angegebenen Maßbereich.

2 Bezeichnung

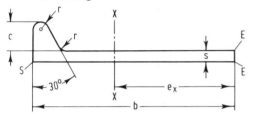

3 Maße und zulässige Maß- und Formabweichungen

3.1 Querschnitt

3.1.1 Warmgewalzter Wulstflachstahl nach dieser Norm wird mit den in Tabelle 1 angegebenen Abmessungen geliefert.

3.1.2 Die zulässigen Abweichungen für die Breite und Dicke sind in Tabelle 2 enthalten.

3.1.3 In Tabelle 3 sind die Höchstwerte für die Rundungshalbmesser an den Kanten E und S angegeben.

3.2 Geradheit

Die zulässige Abweichung q von der Geradheit beträgt $0,0035 \cdot l$. Weitergehende Anforderungen an die Geradheit sind bei der Bestellung besonders zu vereinbaren.

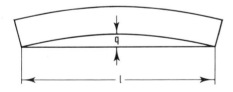

5 Gewicht und zulässige Gewichtsabweichungen

5.2 Die zulässigen Gewichtsabweichungen betragen:

$^{+\,6}_{-\,2}$ % des Gesamtgewichts bei Liefermengen $\geqq 5\,t$,

$^{+\,8}_{-\,2,7}$ % des Gesamtgewichts bei Liefermengen $< 5\,t$.

Als Gewichtsabweichung in diesem Sinne gilt der Unterschied zwischen dem tatsächlichen Liefergewicht und dem theoretischen Gewicht, das aus den Angaben in Tabelle 1 und der Anzahl der gelieferten bzw. bestellten Meter zu errechnen ist.

6 Lieferart

6.1 Für die Lieferung von warmgewalztem Wulstflachstahl gelten die Längenangaben nach Tabelle 4.

Tabelle 2. Zulässige Maßabweichungen

Maße				Zulässige Abweichungen	
b		s		für b	für s
$>$	$\leqq$	$\geqq$	$\leqq$		
	120	6	8	$\pm\,1,5$	$+\,0,7$ $-\,0,3$
120	180	7	10	$\pm\,2,0$	$+\,1,0$ $-\,0,3$
180	300	9	13	$\pm\,3,0$	$+\,1,0$ $-\,0,4$
300	430	12	17	$+\,4,0$	$+\,1,2$ $-\,0,4$

Tabelle 3. Rundungshalbmesser an den Kanten E und S

Dicke s		Rundungshalbmesser
$>$	$\leqq$	höchstens
	6	1,5
6	9	2
9	13	3
13	17	4

Tabelle 4. Längenarten und zulässige Längenabweichungen

Längenart	Länge		Bestellangabe für die Länge
	Bereich	zul. Abw.	
Herstellänge	$\geqq\ 6\,000$ $\leqq 16\,000$	beliebig zwischen den für den Längenbereich angegebenen Grenzen	keine
Festlänge	$\leqq 18\,000$	$+\,100$ 0	gewünschte Festlänge in mm

6.3 Bestellbeispiel

100 t warmgewalzter Wulstflachstahl von Breite $b = 200$ mm und Dicke $s = 10$ mm aus Schiffbaustahl A nach den Vorschriften des Germanischen Lloyd, Werkstoffnummer 1.0441, in Herstellängen.

100 t Wulstflach DIN 1019 – A – GL – HP 200 $\times$ 10

oder **100 t Wulstflach DIN 1019 – 1.0441 – HP 200 $\times$ 10**

An Stelle der Benennung „Wulstflach" darf die Abkürzung „Wulst Fl" nach DIN 1353 Teil 2 angewendet werden.

7.2 Durchführung der Prüfung

Bei der Prüfung der Geradheit nach Abschnitt 3.2 ist das Maß q über die Gesamtlänge des Stabes zu messen.

Tabelle 1. **Maße, Querschnitt, Gewicht und Mantelfläche sowie statische Werte von warmgewalztem Wulstflachstahl**

Kurzzeichen	Maße ¹) für				Quer-schnitt	Gewicht	Mantel-fläche	Abstand der Achse	Kennwerte für die Biegeachse ⁴) x – x	
HP	b	s	c	r	A ²) cm²	G kg/m	U ³) m²/m	e_x cm	I_x cm⁴	W_x cm³
80 × 6	80	6	14	4	6,20	4,87	0,192	4,78	39,0	8,15
80 × 7	80	7	14	4	7,00	5,50	0,194	4,69	43,3	9,24
100 × 7	100	7	15,5	4,5	8,74	6,86	0,236	5,87	85,3	14,5
100 × 8	100	8	15,5	4,5	9,74	7,65	0,238	5,78	94,3	16,3
120 × 7	120	7	17	5	10,5	8,25	0,278	7,07	148	21,0
120 × 8	120	8	17	5	11,7	9,19	0,280	6,96	164	23,6
140 × 7	140	7	19	5,5	12,6	9,74	0,320	8,31	241	29,0
140 × 8	140	8	19	5,5	13,8	10,8	0,322	8,18	266	32,5
160 × 7	160	7	22	6	14,6	11,4	0,365	9,66	373	38,6
160 × 8	160	8	22	6	16,2	12,7	0,367	9,49	411	43,3
160 × 9	160	9	22	6	17,8	14,0	0,369	9,36	448	47,9
180 × 8	180	8	25	7	18,9	14,8	0,411	10,9	609	55,9
180 × 9	180	9	25	7	20,7	16,2	0,413	10,7	663	61,8
180 × 10	180	10	25	7	22,5	17,6	0,415	10,6	717	67,8
200 × 9	200	9	28	8	23,6	18,5	0,457	12,1	941	77,7
200 × 10	200	10	28	8	25,6	20,1	0,459	11,9	1020	85,0
200 × 11,5	200	11,5	28	8	28,6	22,5	0,462	11,7	1126	96,2
220 × 10	220	10	31	9	29,0	22,8	0,503	13,4	1400	105
220 × 11,5	220	11,5	31	9	32,3	25,4	0,506	13,1	1550	118
240 × 10	240	10	34	10	32,4	25,4	0,547	14,7	1860	126
240 × 11	240	11	34	10	34,9	27,4	0,549	14,6	2000	137
240 × 12	240	12	34	10	37,3	29,3	0,551	14,4	2130	148
260 × 10	260	10	37	11	36,1	28,3	0,593	16,2	2477	153
260 × 11	260	11	37	11	38,7	30,3	0,593	16,0	2610	162
260 × 12	260	12	37	11	41,3	32,4	0,595	15,8	2770	175
280 × 11	280	11	40	12	42,6	33,5	0,637	17,4	3330	191
280 × 12	280	12	40	12	45,5	35,7	0,639	17,2	3550	206
300 × 11	300	11	43	13	46,7	36,7	0,681	18,9	4190	222
300 × 12	300	12	43	13	49,7	39,0	0,683	18,7	4460	239
300 × 13	300	13	43	13	52,8	41,5	0,685	18,5	4720	256
320 × 12	320	12	46	14	54,2	42,5	0,728	20,1	5530	274
320 × 13	320	13	46	14	57,4	45,0	0,730	19,9	5850	294
340 × 12	340	12	49	15	58,8	46,1	0,772	21,5	6760	313
340 × 14	340	14	49	15	65,5	51,5	0,776	21,1	7540	357
370 × 13	370	13	53,5	16,5	69,6	54,6	0,840	23,5	9470	402
370 × 15	370	15	53,5	16,5	77,0	60,5	0,844	23,0	10490	455
400 × 14	400	14	58	18	81,4	63,9	0,908	25,5	12930	507
400 × 16	400	16	58	18	89,4	70,2	0,912	25,0	14220	568
430 × 15	430	15	62,5	19,5	94,1	73,9	0,976	27,4	17260	628
430 × 17	430	17	62,5	19,5	103	80,6	0,980	26,9	18860	700

¹) Zulässige Abweichungen siehe Tabelle 2.

²) $A = b \cdot s + 0{,}2887 \cdot c^2 + 1{,}5774 \cdot c \cdot r - 0{,}2416 \cdot r^2$

³) $U = 2 \cdot (b + s) + 1{,}5774 \cdot c - 0{,}6442 \cdot r$

⁴) I Trägheitsmoment, W Widerstandsmoment

	Stabstahl **Warmgewalzter gleichschenkliger scharfkantiger** **Winkelstahl (LS-Stahl)** Maße, Gewichte, Zulässige Abweichungen	**DIN** **1022**

Maße in mm

1. Geltungsbereich

Diese Norm gilt für warmgewalzten gleichschenkligen scharfkantigen Winkelstahl (LS-Stahl) in geraden Stäben von 20×3 bis 50×5 mm Schenkelbreiten × Schenkeldicke.

2. Bezeichnung

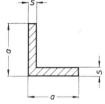

3. Maße und zulässige Maß- und Formabweichungen

3.1. Schenkelbreiten und Schenkeldicke

3.1.1. Die Schenkelbreiten und Schenkeldicken, mit denen warmgewalzter gleichschenkliger scharfkantiger Winkelstahl bevorzugt geliefert wird, und deren zulässige Maßabweichungen sind in Tabelle 1 enthalten.

3.1.2. Die Abweichung von der Winkelhaltigkeit k darf höchstens 1,0 mm betragen (siehe Bild).

Tabelle 1

Kurzzeichen LS	Maße für a zul. Abw.		Maße für s zul. Abw.		Quer- schnitt $F^1)$ cm²	Gewicht G kg/m	Mantel- fläche U m²/m
$20 \times \dfrac{3}{4}$	20		3		1,11	0,871	0,080
			4		1,44	1,13	
$25 \times \dfrac{3}{4}$	25		3		1,41	1,11	0,100
			4		1,84	1,44	
$30 \times \dfrac{3}{4}$	30	±1,0	3	±0,5	1,71	1,34	0,120
			4		2,24	1,76	
$35 \times \, 4$	35		4		2,64	2,07	0,140
$40 \times \dfrac{4}{5}$	40		4		3,04	2,39	0,160
			5		3,75	2,94	
$45 \times \, 5$	45		5		4,25	3,34	0,180
$50 \times \, 5$	50		5		4,75	3,73	0,200

$^1)$ Querschnitt $F = 2\,as - s^2$

3.2. Geradheit

Winkelstahl wird üblicherweise in walzgeraden Stäben geliefert. Besondere Anforderungen an die Geradheit der Stäbe sind bei der Bestellung zu vereinbaren.

5. Gewicht und zulässige Gewichtsabweichungen

5.1. Das in Tabelle 1 angegebene Gewicht ist mit einer Dichte von 7,85 kg/dm³ aus dem Querschnitt errechnet worden.

5.2. Die zulässigen Gewichtsabweichungen in Prozenten des Gesamtgewichtes sind Tabelle 2 zu entnehmen.

Tabelle 2

Schenkel- dicke s Nennwert		zulässige Gewichtsabweichungen für Liefermengen	
über	bis	von 5 t und darüber	unter 5 t
−	4	±8%	±10,6%
4	5	±5%	± 6,6%

Als Gewichtsabweichung in diesem Sinne gilt der Unterschied zwischen dem tatsächlichen Liefergewicht und dem aus dem Gewicht nach Tabelle 1 und (bei Bestellung von

6. Lieferart

6.1. Für die Lieferung von scharfkantigem warmgewalztem Winkelstahl gelten die Längenangaben nach Tabelle 3.

6.3. Bestellbeispiel

10 t warmgewalzter gleichschenkliger scharfkantiger Winkelstahl von Schenkelbreite a = 20 mm und Schenkeldicke s = 4 mm aus einem Stahl mit dem Kurznamen St 37-2 bzw. der Werkstoffnummer 1.0112 nach DIN 17 100 in Herstellängen:

10 t Winkel 20×4 DIN 1022–St 37-2

oder   **10 t Winkel 20×4 DIN 1022–1.0112**

7. Prüfung der Maßhaltigkeit

7.2. Durchführung der Prüfung

Bei Vereinbarung besonderer Anforderungen an die Geradheit ist auch die Art der Messung der Geradheit zu vereinbaren.

Tabelle 3

Längenart	Länge		Bestellangabe für die Länge
	Bereich	zulässige Abweichung	
Herstellänge	3 000 bis 12 000	beliebig zwischen 3 000 und 12 000	keine
Festlänge	bis 12 000	±100	gewünschte Festlänge in mm
Genaulänge	bis 12 000	unter ±100 bis ±5; zu bevorzugen: ±50, ±25, ±10, ±5	gewünschte Genaulänge u n d gewünschte zulässige Abweichung in mm

	Stabstahl **Warmgewalzter rundkantiger T-Stahl** Maße, Gewichte, zulässige Abweichungen, statische Werte	$\overline{\underline{\text{DIN}}}$ **1024**

Maße in mm

1 Anwendungsbereich

Diese Norm gilt für warmgewalzten rundkantigen T-Stahl in hochstegiger Ausführung sowie in breitfüßiger Ausführung in dem in Tabelle 1 angegebenen Maßbereich.

Diese Norm gilt nicht für warmgewalzten scharfkantigen T-Stahl (siehe DIN 59 051).

2 Bezeichnung

Rundkantiger hochstegiger T-Stahl (T)

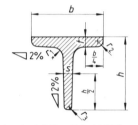
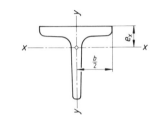

Rundkantiger breitfüßiger T-Stahl (TB)

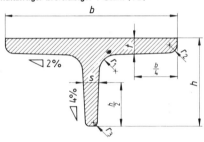
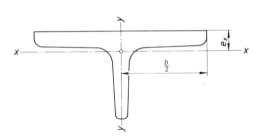

3 Maße und zulässige Maß- und Formabweichungen

3.1 Querschnitt

3.1.1 Warmgewalzter T-Stahl nach dieser Norm wird mit den Maßen und zulässigen Maßabweichungen nach Tabelle 1 geliefert.

3.1.2 Die zulässigen Abweichungen von der Winkelhaltigkeit k sind in Tabelle 2 genannt.

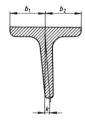

Tabelle 2. **Zulässige Abweichungen von der Winkelhaltigkeit**

Fußbreite b		Zulässige Abweichung k
über	bis	höchstens
—	100	1,0
100	140	1,5

Tabelle 1. Maße, zulässige Abweichungen, Querschnitt, Gewicht, Mantelfläche und statische Werte

Kurz-zeichen	h (zul. Abw.)	b (zul. Abw.)	s = t (zul. Abw.)	r_1	r_2	r_3	Quer-schnitt cm²	Gewicht kg/m	Mantel-fläche m²/m	e_x cm	I_x cm⁴	W_x cm³	i_x cm	I_y cm⁴	W_y cm³	i_y cm
									Abstand der Achse x–x		Für die Biegeachse [1] x–x			y–y		
Rundkantiger hochstegiger T-Stahl																
T 20	20	20	3	3	1,5	1	1,12	0,88	0,075	0,58	0,38	0,27	0,58	0,20	0,20	0,42
T 25	25	25	3,5	3,5	2	1	1,64	1,29	0,094	0,73	0,87	0,49	0,73	0,43	0,34	0,51
T 30	30	30	4	4	2	1	2,26	1,77	0,114	0,85	1,72	0,80	0,87	0,87	0,58	0,62
T 35	35 ± 1,0	35 ± 1,0	4,5 ± 0,5	4,5	2,5	1	2,97	2,33	0,133	0,99	3,10	1,23	1,04	1,57	0,90	0,73
T 40	40	40	5	5	2,5	1	3,77	2,96	0,153	1,12	5,28	1,84	1,18	2,58	1,29	0,83
T 45	45	45	5,5	5,5	3	1,5	4,67	3,67	0,171	1,26	8,13	2,51	1,32	4,01	1,78	0,93
T 50	50	50	6	6	3	1,5	5,66	4,44	0,191	1,39	12,1	3,36	1,46	6,06	2,42	1,03
T 60	60	60	7	7	3,5	2	7,94	6,23	0,229	1,66	23,8	5,48	1,73	12,2	4,07	1,24
T 70	70	70	8	8	4	2	10,6	8,32	0,268	1,94	44,5	8,79	2,05	22,1	6,32	1,44
T 80	80 ± 1,5	80 ± 1,5	9 ± 0,75	9	4,5	2	13,6	10,7	0,307	2,22	73,7	12,8	2,33	37,0	9,25	1,65
T 90	90	90	10	10	5	2,5	17,1	13,4	0,345	2,48	119	18,2	2,64	58,5	13,0	1,85
T 100	100	100	11	11	5,5	3	20,9	16,4	0,383	2,74	179	24,6	2,92	88,3	17,7	2,05
T 120	120 ± 2,0	120 ± 2,0	13 ± 1,0	13	6,5	3	29,6	23,2	0,459	3,28	366	42,0	3,51	178	29,7	2,45
T 140	140	140	15	15	7,5	4	39,9	31,3	0,537	3,80	660	64,7	4,07	330	47,2	2,88
Rundkantiger breitfüßiger T-Stahl																
TB 30	30	60	5,5	5,5	3	1,5	4,64	3,64	0,171	0,67	2,58	1,11	0,75	8,62	2,87	1,36
TB 35	35 ± 1,0	70 ± 1,5	6 ± 0,75	6	3	1,5	5,94	4,66	0,201	0,77	4,49	1,65	0,87	15,1	4,31	1,59
TB 40	40	80	7	7	3,5	2	7,91	6,21	0,233	0,88	7,81	2,50	0,99	28,5	7,13	1,90
TB 50	50	100	8,5	8,5	4,5	2	12,0	9,42	0,287	1,09	18,7	4,78	1,25	67,7	13,5	2,38
TB 60	60 ± 1,5	120 ± 2,0	10 ± 1,0	10	5	2,5	17,0	13,4	0,345	1,30	38,0	8,09	1,49	137	22,8	2,84

Die Querschnitte, Gewichte, Mantelflächen und statischen Werte sind aus den in der Tabelle angegebenen Maßen errechnet.

[1] I = Flächenmoment 2. Grades (Trägheitsmoment), W = Widerstandsmoment, i = Trägheitsradius, jeweils bezogen auf die zugehörige Biegeachse.

3.1.3 Die Stegaußermittigkeit $m = \dfrac{b_1 - b_2}{2}$ darf die in Tabelle 3 genannten Werte nicht überschreiten.

3.2 Geradheit

Die zulässige Abweichung q von der Geradheit beträgt $0{,}004 \cdot l$.

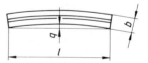

5 Gewicht und zulässige Gewichtsabweichungen

5.2 Die zulässige Unterschreitung des theoretischen Gewichts geht aus Tabelle 4 hervor. Die Werte gelten für den einzelnen Stab (Prüfung nach Abschnitt 7.2.2). Die zulässige Überschreitung des theoretischen Gewichts ergibt sich aus den zulässigen Maßabweichungen nach Tabelle 1.

Tabelle 3. Zulässige Stegaußermittigkeit

Fußbreite b		Stegaußermittigkeit m
über	bis	höchstens
–	60	1,0
60	140	1,5

Tabelle 4. Zulässige Gewichtsabweichungen

Stegdicke s Nennwert		Zulässige Unterschreitung des theoretischen Gewichts
über	bis	%
–	3,5	10
3,5	7	8
7	15	6

6 Lieferart

6.1 Für die Lieferung von warmgewalztem T-Stahl gelten die Längenangaben nach Tabelle 5.

Tabelle 5. **Längenarten und zulässige Längenabweichungen**

Längenart	Länge		Bestellangabe für die Länge
	Bereich	Zulässige Abweichung	
Festlänge	$\geqq 6\ 000 \leqq 12\ 000$	± 100 [1]	gewünschte Festlänge in mm
Genaulänge	$\geqq 6\ 000 \leqq 12\ 000$	$< \pm 100$ [1], [2]	gewünschte Genaulänge und gewünschte zulässige Abweichung in mm

[1] Auf Vereinbarung können die Gesamtspannen für die zulässigen Abweichungen entweder ganz auf die Plusseite oder ganz auf die Minusseite gelegt werden, z. B. $^{+\ 200}_{\ \ \ 0}$ (statt ± 100) für Festlängen oder $^{\ \ \ 0}_{-\ 50}$ (statt ± 25) für Genaulängen.

[2] Die Werte sind bei der Bestellung zu vereinbaren.

6.2 Bestellbeispiele

a) 100 t warmgewalzter hochstegiger T-Stahl T 80 aus Stahl mit dem Kurznamen St 37-2 bzw. der Werkstoffnummer 1.0037 nach DIN 17 100 in Festlängen von 7500 mm:

100 t T-Profil DIN 1024 − St 37-2 − T 80 × 7500

oder **100 t T-Profil DIN 1024 − 1.0037 − T 80 × 7500**

b) 50 t warmgewalzter breitfüßiger T-Stahl TB 50 aus Stahl mit dem Kurznamen St 37-2 bzw. der Werkstoffnummer 1.0037 nach DIN 17 100 in Genaulängen von 8000 mm mit einer gewünschten zulässigen Längenabweichung von ± 50 mm:

50 t T-Profil DIN 1024 − St 37-2 − TB 50 × 8000 ± 50

oder **50 t T-Profil DIN 1024 − 1.0037 − TB 50 × 8000 ± 50**

Anstelle der Benennung „T-Profil" darf bei hochstegigem T-Stahl die Abkürzung „T", bei breitfüßigem T-Stahl die Abkürzung „TB" nach DIN 1353 Teil 2 gesetzt werden.

7 Prüfung der Maßhaltigkeit

7.2 Durchführung der Prüfung

7.2.1 Bei der Prüfung der Geradheit nach Abschnitt 3.2 ist das Maß q über die Gesamtlänge des Stabes zu messen.

	Stabstahl ## Warmgewalzter rundkantiger Z-Stahl Maße, Gewichte, zulässige Abweichungen, statische Werte	**DIN** **1027**

Maße in mm

1. Geltungsbereich

Diese Norm gilt für warmgewalzten Z-Stahl mit runden Kanten in Höhen von 30 bis 200 mm.

2. Bezeichnung

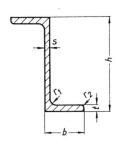
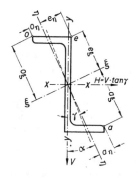

3. Maße und zulässige Maß- und Formabweichungen

3.1. Querschnitt

3.1.1. Warmgewalzter Z-Stahl wird in den Abmessungen und mit den zulässigen Abweichungen nach Tabelle 1 geliefert.

3.1.2. Die Flanschunparallelität k darf höchstens 1 mm betragen.

3.1.3. Die Stegausbiegung f darf die Werte nach Tabelle 2 nicht überschreiten.

Tabelle 2

Höhe h		Stegausbiegung f *) höchstens
über	bis	
—	100	0,5
100	200	1,0

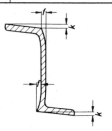

*) Sie gilt für Stegausbiegungen sowohl nach der rechten als auch nach der linken Seite.

3.2. Geradheit

Bei Z-Stahl gelten die zulässigen Abweichungen q von der Geradheit nach Tabelle 3.

Tabelle 3

Höhe h		zulässige Abweichung q von der Geradheit
über	bis	
50	150	$0,004 \cdot l$
150	200	$0,0025 \cdot l$

5. Gewicht und zulässige Gewichtsabweichungen

5.2. Die zulässigen Gewichtsabweichungen in Prozenten des Gesamtgewichtes sind Tabelle 4 zu entnehmen.

Tabelle 4

Stegdicke s Nennwert		zulässige Gewichtsabweichung bei einer Lieferung	
über	bis	von 5t und darüber	unter 5t
	4	± 8%	± 10,6%
4	6	± 5%	± 6,6%
6	10	± 4%	± 5,3%

Tabelle 1.

Kurz- zeichen ⌐	\(h\)	zul. Abw.	\(b\)	zul. Abw.	\(s\)	zul. Abw.	\(t\)	zul. Abw.	\(r_1\)	\(r_2\)	Quer- schnitt \(F\) cm²	Gewicht \(G\) kg/m	Mantel- fläche \(U\) m²/m	Lage der Achse \(\eta-\eta\) \(\tan\alpha\)	\(o_\xi\) cm	\(o_\eta\) cm	\(e_\xi\) cm	\(e_\eta\) cm	\(a_\xi\) cm	\(a_\eta\) cm
															Abstände der Achsen \(\xi-\xi\) und \(\eta-\eta\)					
30	30	±1,0	38	±1,0	4	±0,5	4,5	±0,5	4,5	2,5	4,32	3,39	0,198	1,655	3,86	0,58	0,61	1,39	3,54	0,87
40	40	±1,0	40	±1,0	4,5	±0,5	5	±0,5	5	2,5	5,43	4,26	0,225	1,181	4,17	0,91	1,12	1,67	3,82	1,19
50	50	±1,5	43	±1,0	5	±0,5	5,5	±0,5	5,5	3	6,77	5,31	0,253	0,939	4,60	1,24	1,65	1,89	4,21	1,49
60	60	±1,5	45	±1,0	5	±0,5	6	±0,5	6	3	7,91	6,21	0,282	0,779	4,98	1,51	2,21	2,04	4,56	1,76
80	80	±1,5	50	±1,0	6	±0,5	7	±0,5	7	3,5	11,1	8,71	0,339	0,558	5,83	2,02	3,30	2,29	5,35	2,25
100	100	±2,0	55	±1,5	6,5	±0,75	8	±0,75	8	4	14,5	11,4	0,397	0,492	6,77	2,43	4,34	2,50	6,24	2,65
120	120	±2,0	60	±1,5	7	±0,75	9	±0,75	9	4,5	18,2	14,3	0,454	0,433	7,75	2,80	5,37	2,70	7,16	3,02
140	140	±2,0	65	±1,5	8	±0,75	10	±0,75	10	5	22,9	18,0	0,511	0,385	8,72	3,18	6,39	2,89	8,08	3,39
160	160	±4,0	70	±1,5	8,5	±0,75	11	±0,75	11	5,5	27,5	21,6	0,569	0,357	9,74	3,51	7,39	3,09	9,04	3,72
180*)	180	±4,0	75	±1,5	9,5	±0,75	12	±0,75	12	6	33,3	26,1	0,626	0,329	10,7	3,86	8,40	3,27	9,99	4,08
200*)	200	±4,0	80	±1,5	10	±0,75	13	±0,75	13	6,5	38,7	30,4	0,683	0,313	11,8	4,17	9,39	3,47	11,0	4,39

Statische Werte für die Biegeachse¹)

Kurz- zeichen ⌐	\(J_x\) cm⁴	\(W_x\) cm³	\(i_x\) cm	\(J_y\) cm⁴	\(W_y\) cm³	\(i_y\) cm	\(J_\xi\) cm⁴	\(W_\xi\) cm³	\(i_\xi\) cm	\(J_\eta\) cm⁴	\(W_\eta\) cm³	\(i_\eta\) cm	Zentri- fugal- moment \(J_{xy}\) cm⁴	\(W_x\) cm³	\(\frac{H}{V}=\tan\gamma\)	freier Ausbiegung zur Seite \(W\) cm³
	\(x-x\)			\(y-y\)			\(\xi-\xi\)			\(\eta-\eta\)				Bei lotrechter Belastung \(V\) und bei Verhinderung seitlicher Ausbiegung durch \(H\)		
30	5,96	3,97	1,17	13,7	3,80	1,78	18,1	4,69	2,04	1,54	1,11	0,60	7,35	3,97	1,227	1,26
40	13,5	6,75	1,58	17,6	4,66	1,80	28,0	6,72	2,27	3,05	1,83	0,75	12,2	6,75	0,913	2,26
50	26,3	10,5	1,97	23,8	5,88	1,88	44,9	9,76	2,57	5,23	2,76	0,88	19,6	10,5	0,752	3,64
60	44,7	14,9	2,38	30,1	7,09	1,95	67,2	13,5	2,81	7,60	3,73	0,98	28,8	14,9	0,647	5,24
80	109	27,3	3,13	47,4	10,1	2,07	142	24,4	3,58	14,7	6,44	1,15	55,6	27,3	0,509	10,1
100	222	44,4	3,91	72,5	14,0	2,24	270	39,8	4,31	24,6	9,26	1,30	97,2	44,4	0,438	16,8
120	402	67,0	4,70	106	18,8	2,42	470	60,6	5,08	37,7	12,5	1,44	158	67,0	0,392	25,6
140	676	96,6	5,43	148	24,3	2,54	768	88,0	5,79	56,4	16,6	1,57	239	96,6	0,353	38,0
160	1060	132	6,20	204	31,0	2,72	1180	121	6,57	79,5	21,4	1,70	349	132	0,330	52,9
180*)	1600	178	6,92	270	38,4	2,84	1760	164	7,26	110	27,0	1,82	490	178	0,307	72,4
200*)	2300	230	7,71	357	47,6	3,04	2510	213	8,06	147	33,4	1,95	674	230	0,293	94,1

Die Querschnitte, Gewichte, Mantelflächen und statischen Werte sind aus den in der Tabelle angegebenen Maßen errechnet.
¹) \(J\) = Trägheitsmoment, \(W\) = Widerstandsmoment, \(i\) = Trägheitshalbmesser, jeweils bezogen auf die zugehörige Biegeachse.
*) Diese Maße sollte möglichst vermieden werden; es ist geplant, es bei der nächsten Ausgabe der Norm zu streichen.

6. Lieferart

6.1. Für die Lieferung von warmgewalztem Z-Stahl gelten die Längenangaben nach Tabelle 5.

6.4. Bestellbeispiel

100 t warmgewalzter Z-Stahl von Höhe, h =100 mm aus einem Stahl mit dem Kurznamen USt 37-2 bzw. der Werkstoffnummer 1.0112 nach DIN 17100 in Herstellängen:

100 t Z 100 DIN 1027 — USt 37-2

oder **100 t Z 100 DIN 1027 — 1.0112**

7. Prüfung der Maßhaltigkeit

7.2. Durchführung der Prüfung

Bei Prüfung der Geradheit nach Abschnitt 3.2 ist das Maß q über die Gesamtlänge des Stabes zu messen.

Tabelle 5

Längenart	Länge		Bestellangabe für die Länge
	Bereich	zulässige Abweichung	
Herstellänge	3000 bis 15 000	beliebig zwischen 3000 und 15 000	keine
Festlänge	bis 15 000	± 100	gewünschte Festlänge in mm
Genaulänge [1]	bis 15 000	unter ± 100 bis ± 5; zu bevorzugen: ± 50, ± 25, ± 10, ± 5	gewünschte Genaulänge u n d gewünschte zulässige Maßabweichung in mm

[1] Bei Genaulängen mit eingeschränkten Maßabweichungen muß die Abschrägung bei nicht geradem Schnitt in den zulässigen Maßabweichungen enthalten sein.

	Stabstahl Warmgewalzter gleichschenkliger rundkantiger Winkelstahl Maße, Gewichte, zulässige Abweichungen, statische Werte	**DIN** **1028**

Maße in mm

1 Geltungsbereich

Diese Norm gilt für warmgewalzten Winkelstahl mit gleichlangen Schenkeln und runden Kanten in dem in Tabelle 1 an-gegebenen Maßbereich.

2 Bezeichnung

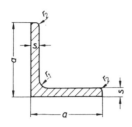 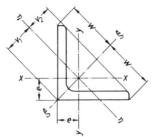

3 Maße und zulässige Maß- und Formabweichungen

3.1 Querschnitt und zulässige Abweichungen

3.1.1 Warmgewalzter Winkelstahl nach dieser Norm wird mit den Maßen und zulässigen Abweichungen nach Tabelle 1 geliefert.

Die zu bevorzugenden Winkel sind in Tabelle 1 besonders gekennzeichnet. Die anderen Winkel sollten nur bestellt wer-den, wenn die Verwendung einer Vorzugsabmessung nicht möglich ist. Die in Klammern angeführten Winkel sind mög-lichst zu vermeiden.

3.1.2 Für die Rechtwinkligkeit gilt, daß k nach innen oder außen bei Schenkelbreiten ≤ 100 mm höchstens 1 mm, bei Schenkelbreiten > 100 mm höchstens 1,5 mm betragen darf.

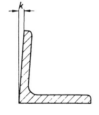 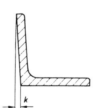

3.2 Geradheit

Für die zulässigen Abweichungen q von der Geradheit gelten die Werte nach Tabelle 2.

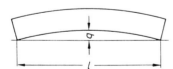

Tabelle 2. Zulässige Abweichungen von der Geradheit

Schenkelbreite a		Zulässige Abweichung q von der Geradheit
$>$	$\leq$	
—	150	$0{,}004 \cdot l$
150	200	$0{,}0025 \cdot l$

5 Gewicht und zulässige Gewichtsabweichungen

5.2 Die zulässige Unterschreitung des theoretischen Ge-wichts geht aus Tabelle 3 hervor. Die Werte gelten für den einzelnen Stab.

Tabelle 3. Zulässige Gewichtsabweichungen

Schenkeldicke s		Zulässige Unterschreitung des theoretischen Gewichts %
$>$	$\leq$	
	3	15
3	5	12
5	8	10
8	18	8
18	24	6

Tabelle 1. Maße, zulässige Abweichungen, Querschnitt, Gewicht, Mantelfläche und statische Werte

Kurzzeichen [1]	a	a Zul. Abw.	s	s Zul. Abw.	r₁	r₂	Querschnitt [2] cm²	Gewicht kg/m	Mantelfläche m²/m	e cm	w cm	v_1 cm	v_2 cm	I_x cm⁴	W_x cm³	i_x cm	I_ξ cm⁴	i_ξ cm	I_η cm⁴	W_η cm³	i_η cm
															x–x = y–y			ζ–ζ		η–η	
20 × 3	20		3		3,5	2	1,12	0,88	0,077	0,60	1,41	0,85	0,70	0,39	0,28	0,59	0,62	0,74	0,15	0,18	0,37
25 × 3	25		3		3,5	2	1,42	1,12	0,097	0,73	1,77	1,03	0,87	0,79	0,45	0,75	1,27	0,95	0,31	0,30	0,47
25 × 4			4		3,5	2	1,85	1,45		0,76		1,08	0,89	1,01	0,58	0,74	1,61	0,93	0,40	0,37	0,47
30 × 3	30		3		5	2,5	1,74	1,36	0,116	0,84	2,12	1,18	1,04	1,41	0,65	0,90	2,24	1,14	0,57	0,48	0,57
30 × 4			4		5	2,5	2,27	1,78		0,89		1,24	1,05	1,81	0,86	0,89	2,85	1,12	0,76	0,61	0,58
(30 × 5)			5		5	2,5	2,78	2,18		0,92		1,30	1,07	2,16	1,04	0,88	3,41	1,11	0,91	0,70	0,57
35 × 4	35	±1	4	±0,5	5	2,5	2,67	2,1	0,136	1,00	2,47	1,41	1,24	2,96	1,18	1,05	4,68	1,33	1,24	0,88	0,68
35 × 5			5		5	2,5	3,28	2,57		1,04		1,47	1,25	3,56	1,45	1,04	5,63	1,31	1,49	1,10	0,67
40 × 4	40		4		6	3	3,08	2,42	0,155	1,12	2,83	1,58	1,40	4,48	1,55	1,21	7,09	1,52	1,86	1,18	0,78
40 × 5			5		6	3	3,79	2,97		1,16		1,64	1,42	5,43	1,91	1,20	8,64	1,51	2,22	1,35	0,77
45 × 4	45		4		7	3,5	3,49	2,74	0,174	1,23	3,18	1,75	1,57	6,43	1,97	1,36	10,2	1,71	2,68	1,53	0,88
45 × 5			5		7	3,5	4,3	3,38		1,28		1,81	1,58	7,83	2,43	1,35	12,4	1,70	3,25	1,80	0,87
50 × 5	50		5		7	3,5	4,8	3,77	0,194	1,40	3,54	1,98	1,76	11,0	3,05	1,51	17,4	1,90	4,59	2,32	0,98
50 × 6			6		7	3,5	5,69	4,47		1,45		2,04	1,77	12,8	3,61	1,50	20,4	1,89	5,24	2,57	0,96
50 × 7			7		7	3,5	6,56	5,15		1,49		2,11	1,78	14,6	4,15	1,49	23,1	1,88	6,02	2,85	0,96
(55 × 6)	55		6		8	4	6,31	4,95	0,213	1,56	3,89	2,21	1,94	17,3	4,40	1,66	27,4	2,08	7,24	3,28	1,07
60 × 5	60		5		8	4	5,82	4,57	0,233	1,64	4,24	2,32	2,11	19,4	4,45	1,82	30,7	2,30	8,03	3,46	1,17
60 × 6			6		8	4	6,91	5,42		1,69		2,39	2,11	22,8	5,29	1,82	36,1	2,29	9,43	3,95	1,17
60 × 8			8		8	4	9,03	7,09		1,77		2,50	2,14	29,1	6,88	1,80	46,1	2,26	12,1	4,84	1,16
65 × 7	65		7		9	4,5	8,7	6,83	0,252	1,85	4,60	2,62	2,29	33,4	7,18	1,96	53,0	2,47	13,8	5,27	1,26
(70 × 6)	70	±1,5	6	±0,75	9	4,5	8,13	6,38	0,272	1,93	4,95	2,73	2,46	36,9	7,27	2,13	58,5	2,68	15,3	5,60	1,37
70 × 7			7		9	4,5	9,4	7,38		1,97		2,79	2,47	42,4	8,43	2,12	67,1	2,67	17,6	6,31	1,37
70 × 9			9		9	4,5	11,9	9,34		2,05		2,90	2,50	52,6	10,6	2,10	83,1	2,64	22,0	7,59	1,36
75 × 7	75		7		10	5	10,1	7,94	0,291	2,09	5,30	2,95	2,63	52,4	9,67	2,28	83,6	2,88	22,1	7,15	1,45
75 × 8			8		10	5	11,5	9,03		2,13		3,01	2,65	58,9	11,0	2,26	93,3	2,85	24,4	8,11	1,46
80 × 6	80		6		10	5	9,35	7,34	0,311	2,17	5,66	3,07	2,80	55,8	9,57	2,44	88,5	3,08	23,1	7,54	1,57
80 × 8			8		10	5	12,3	9,66		2,26		3,20	2,82	72,3	12,6	2,42	115	3,06	29,6	9,25	1,55
80 × 10			10		10	5	15,1	11,9		2,34		3,31	2,85	87,5	15,5	2,41	139	3,03	35,9	10,9	1,54

Statische Werte für die Biegeachse [3]

[1] bis [3] =

[3]) Die Querschnitte, Gewichte, Mantelflächen und statischen Werte sind aus den in der Tabelle angegebenen Maßen errechnet.

Tabelle 1. (Fortsetzung)

Kurzzeichen [1]	a	a Zul. Abw.	s	s Zul. Abw.	r₁	r₂	Querschnitt [2] cm²	Gewicht kg/m	Mantelfläche m²/m	e cm	w cm	v₁ cm	v₂ cm	Iₓ cm⁴	Wₓ cm³	iₓ cm	I_ξ cm⁴	i_ξ cm	I_η cm⁴	W_η cm³	i_η cm
																	ζ-ζ		η-η		
90 × 7	90		7		11	5,5	12,2	9,61	0,351	2,45	6,36	3,47	3,16	92,6	14,1	2,75	147	3,46	38,3	11,0	1,77
90 × 9		± 1,5	9	± 0,75	11	5,5	15,5	12,2		2,54		3,59	3,18	116	18,0	2,74	184	3,45	47,8	13,3	1,76
100 × 8	100		8		12	6	15,5	12,2	0,390	2,74	7,07	3,87	3,52	145	19,9	3,06	230	3,85	59,9	15,5	1,96
100 × 10			10		12	6	19,2	15,1		2,82		3,99	3,54	177	24,7	3,04	280	3,82	73,3	18,4	1,95
100 × 12			12				22,7	17,8		2,90		4,10	3,57	207	29,2	3,02	328	3,80	86,2	21,0	1,95
110 × 10	110		10		12	6	21,2	16,6	0,430	3,07	7,78	4,34	3,89	239	30,1	3,36	379	4,23	98,6	22,7	2,16
120 × 10	120		10		13	6,5	23,2	18,2	0,469	3,31	8,49	4,69	4,22	313	36,0	3,67	497	4,63	129	27,5	2,36
(120 × 11)			11				25,4	19,9		3,36		4,75	4,24	341	39,5	3,66	541	4,62	140	29,5	2,35
120 × 12			12				27,5	21,6		3,40		4,80	4,26	368	42,7	3,65	584	4,60	152	31,6	2,35
130 × 12	130	± 2	12	± 1	14	7	30	23,6	0,508	3,64	9,19	5,15	4,60	472	50,4	3,97	750	5,00	194	37,7	2,54
140 × 13	140		13		15	7,5	35	27,5	0,547	3,92	9,90	5,54	4,96	638	63,3	4,27	1010	5,38	262	47,3	2,74
150 × 12	150		12		16	8	34,8	27,3	0,586	4,12	10,6	5,83	5,29	737	67,7	4,60	1170	5,80	303	52,0	2,95
(150 × 14)			14				40,3	31,6		4,21		5,95	5,31	845	78,2	4,58	1340	5,77	347	58,3	2,94
150 × 15			15				43	33,8		4,25		6,01	5,33	898	83,5	4,57	1430	5,76	370	61,6	2,93
160 × 15	160		15		17	8,5	46,1	36,2	0,625	4,49	11,3	6,35	5,67	1100	95,6	4,88	1750	6,15	453	71,3	3,14
(160 × 17)			17				51,8	40,7		4,57		6,46	5,70	1230	108	4,86	1950	6,13	506	78,3	3,13
180 × 16	180	± 3	16	± 1,2	18	9	55,4	43,5	0,705	5,02	12,7	7,11	6,39	1680	130	5,51	2690	6,96	679	95,5	3,50
180 × 18			18				61,9	48,6		5,10		7,22	6,41	1870	145	5,49	2970	6,93	757	105	3,49
200 × 16	200		16		18	9	61,8	48,5	0,785	5,52	14,1	7,80	7,09	2430	162	6,15	3740	7,78	943	121	3,91
(200 × 18)			18				69,1	54,3		5,60		7,92	7,12	2600	181	6,13	4150	7,75	1050	133	3,90
200 × 20			20				76,4	59,9		5,68		8,04	7,15	2850	199	6,11	4540	7,72	1160	144	3,89
200 × 24			24				90,6	71,1		5,84		8,26	7,21	3330	235	6,06	5280	7,64	1380	167	3,90

Statische Werte für die Biegeachse [3]: Spalten x-x = y-y (I_x, W_x, i_x), ζ-ζ (I_ξ, i_ξ), η-η (I_η, W_η, i_η).

[1] zu bevorzugende Winkel, siehe Abschnitt 3.1.1

[2] Querschnitt $\approx 2a \cdot s - s^2 + 0{,}2146\,(r_1^2 - 2\,r_2^2)$

[3] I Trägheitsmoment, W Widerstandsmoment, i Trägheitshalbmesser, jeweils bezogen auf die zugehörige Biegeachse.

Die Querschnitte, Gewichte, Mantelflächen und statischen Werte sind aus den in der Tabelle angegebenen Maßen errechnet.

6 Lieferart

6.1 Für die Lieferung von warmgewalztem Winkelstahl gelten die Längenangaben in Tabelle 4.

6.3 Bestellbeispiel

100 t warmgewalzter Winkelstahl von Schenkelbreite a = 80 mm und Schenkeldicke s = 8 mm aus Stahl mit dem Kurznamen USt 37-2 bzw. der Werkstoffnummer 1.0036 *) nach DIN 17 100 in Herstellängen:

100 t Winkel 80 × 8 DIN 1028 − USt 37-2

100 t Winkel 80 × 8 DIN 1028 − 1.0036 *)

Anstelle der Benennung „Winkel" darf die Abkürzung „L" nach DIN 1353 Teil 2 gesetzt werden.

7 Prüfung der Maßhaltigkeit

7.2 Durchführung der Prüfung

7.2.1 Bei der Prüfung der Geradheit nach Abschnitt 3.2 ist das Maß q über die Gesamtlänge des Stabes zu messen.

Tabelle 4. Längenarten und zulässige Längenabweichungen

Längenart	Länge		Bestellangabe für die Länge
	Bereich [1])	zulässige Abweichung	
Herstellänge [2])	≧ 6 000 ≦ 12 000	siehe Abschnitt 6.2	keine [2])
Festlänge	≧ 6 000 ≦ 12 000	± 100 [3])	gewünschte Festlänge in mm
Genaulänge	≧ 6 000 ≦ 12 000	< ± 100 zu bevorzugen: ± 50, ± 25; ± 10, ± 5 [3])	gewünschte Genaulänge und gewünschte zulässige Abweichung in mm

[1]) Die Lieferbarkeit kleinerer oder größerer Längen ist beim Hersteller zu erfragen.

[2]) Winkelstahl kann auch in eingeschränkten Herstellängen mit einem bei der Bestellung anzugebenden Längenbereich geliefert werden. Die Spanne zwischen der kleinsten und größten Länge dieses Bereichs muß mindestens 2 000 mm betragen (z. B. 6 000 bis 8 000 mm).

[3]) Auf Vereinbarung bei der Bestellung können die Gesamtspannen für die zulässigen Abweichungen entweder ganz auf die Plusseite oder ganz auf die Minusseite gelegt werden, z. B. $^{+200}_{0}$ (statt ± 100) für Festlängen oder $-^{0}_{50}$ (statt ± 25) für Genaulängen.

Stabstahl **Warmgewalzter ungleichschenkliger rundkantiger Winkelstahl** Maße, Gewichte, zulässige Abweichungen, statische Werte	**DIN 1029**

1 Geltungsbereich

Maße in mm

Diese Norm gilt für warmgewalzten Winkelstahl mit ungleichlangen Schenkeln und runden Kanten in dem in Tabelle 1 angegebenen Maßbereich.

2 Bezeichnung

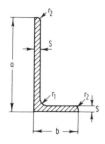

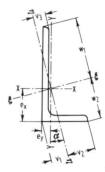

3 Maße und zulässige Maß- und Formabweichungen

3.1 Querschnitt

3.1.1 Warmgewalzter Winkelstahl nach dieser Norm wird mit den Maßen und zulässigen Abweichungen nach Tabelle 1 geliefert.

Die zu bevorzugenden Winkel sind in Tabelle 1 besonders gekennzeichnet. Die anderen (in Klammern stehenden) Winkel sollten für Neukonstruktionen nicht mehr verwendet und nur dann bestellt werden, wenn die Verwendung eines Vorzugsmaßes nicht möglich ist.

3.1.2 Für die Rechtwinkligkeit gilt, daß k nach innen oder außen bei Schenkelbreiten $\leqq 100$ mm höchstens 1 mm, bei Schenkelbreiten > 100 mm höchstens 1,5 mm betragen darf.

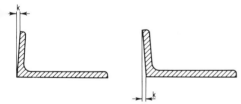

3.2 Geradheit

Für die zulässigen Abweichungen q von der Geradheit gelten die Werte nach Tabelle 2.

Tabelle 2. Zulässige Abweichungen von der Geradheit

Schenkelbreite a		Zulässige Abweichung q von der Geradheit
>	$\leqq$	
−	150	$0{,}004 \cdot l$
150	200	$0{,}0025 \cdot l$

5 Gewicht und zulässige Gewichtsabweichungen

5.2 Die zulässige Unterschreitung des theoretischen Gewichts geht aus Tabelle 3 hervor. Die Werte gelten für den einzelnen Stab (Prüfung nach Abschnitt 7.2.2). Die zulässige Überschreitung des theoretischen Gewichts ergibt sich aus den zulässigen Maßabweichungen nach Tabelle 1.

Tabelle 3. Zulässige Gewichtsabweichungen

Schenkeldicke s		Zulässige Unterschreitung des theoretischen Gewichts %
>	$\leqq$	
	3	15
3	5	12
5	8	10
8	14	8

6 Lieferart

6.1 Für die Lieferung von warmgewalztem Winkelstahl gelten die Längenangaben in Tabelle 4.

Tabelle 1. Maße, zulässige Abweichungen, Querschnitt, Gewicht, Mantelfläche und statische Werte

Kurzzeichen [1]	Maße für a	a zul. Abw.	b	b zul. Abw.	s	s zul. Abw.	r_1 [2]	r_2 [2]	Querschnitt [3] cm^2	Gewicht kg/m	Mantelfläche m^2/m	e_x cm	e_y cm	w_1 cm	w_2 cm	u_1 cm	u_2 cm	u_3 cm	Lage der Achse η–η $\tan\alpha$	I_x cm^4	W_x cm^3	i_x cm	I_y cm^4	W_y cm^3	i_y cm	I_ξ cm^4	i_ξ cm	I_η cm^4	i_η cm
30 × 20 × 3	30	±1	20	±1	3	±0,5	3,5	2	1,42	1,11	0,097	0,99	0,50	2,04	1,51	0,86	1,04	0,56	0,431	1,25	0,62	0,94	0,44	0,29	0,56	1,43	1,00	0,25	0,42
30 × 20 × 4	30	±1	20	±1	4	±0,5	3,5	2	1,85	1,45	0,097	1,03	0,54	2,02	1,52	0,91	1,03	0,58	0,423	1,59	0,81	0,93	0,55	0,38	0,55	1,81	0,99	0,33	0,42
40 × 20 × 3	40	±1	20	±1	3	±0,5	3,5	2	1,72	1,35	0,117	1,43	0,44	2,61	1,77	0,79	1,19	0,46	0,259	2,79	1,08	1,27	0,47	0,30	0,52	2,96	1,31	0,30	0,42
40 × 20 × 4	40	±1	20	±1	4	±0,5	3,5	2	2,25	1,77	0,117	1,47	0,48	2,57	1,80	0,83	1,18	0,50	0,252	3,59	1,42	1,26	0,60	0,39	0,52	3,79	1,30	0,39	0,42
(40 × 25 × 4)	40	±1	25	±1	4	±0,5	4	2	2,46	1,93	0,127	1,36	0,62	2,69	1,90	1,10	1,35	0,68	0,381	3,89	1,47	1,26	1,16	0,62	0,69	4,35	1,33	0,70	0,53
(45 × 30 × 3)	45	±1	30	±1	3	±0,5	4,5	2	2,19	1,72	0,146	1,43	0,70	3,09	2,23	1,21	1,59	0,80	0,436	4,47	1,46	1,43	1,60	0,70	0,86	5,15	1,56	0,93	0,65
45 × 30 × 4	45	±1	30	±1	4	±0,5	4,5	2	2,87	2,25	0,146	1,48	0,74	3,07	2,26	1,27	1,58	0,83	0,436	5,78	1,91	1,42	2,05	0,91	0,85	6,65	1,52	1,18	0,64
45 × 30 × 5	45	±1	30	±1	5	±0,5	4,5	2	3,53	2,77	0,146	1,52	0,78	3,05	2,32	1,32	1,58	0,85	0,430	6,99	2,35	1,41	2,47	1,11	0,84	8,02	1,51	1,44	0,64
50 × 30 × 4	50	±1	30	±1	4	±0,5	4,5	2	3,07	2,41	0,156	1,68	0,70	3,36	2,35	1,24	1,67	0,78	0,356	7,71	2,33	1,59	2,09	0,91	0,82	8,53	1,67	1,27	0,64
50 × 30 × 5	50	±1	30	±1	5	±0,5	4,5	2	3,78	2,96	0,156	1,73	0,74	3,33	2,38	1,28	1,66	0,80	0,353	9,41	2,88	1,58	2,54	1,12	0,82	10,4	1,66	1,56	0,64
(50 × 40 × 4)	50	±1	40	±1	4	±0,5	4	2	3,46	2,71	0,177	1,52	1,03	3,50	2,85	1,67	1,84	1,26	0,629	8,54	2,47	1,57	4,86	1,64	1,19	10,9	1,78	2,46	0,84
50 × 40 × 5	50	±1	40	±1	5	±0,5	4	2	4,27	3,35	0,177	1,56	1,07	3,49	2,88	1,73	1,84	1,27	0,625	10,4	3,02	1,56	5,89	2,01	1,18	13,3	1,76	3,02	0,84
60 × 30 × 5	60	±1	30	±1	5	±0,5	6	3	4,29	3,37	0,175	2,15	0,68	3,90	2,67	1,20	1,77	0,72	0,256	15,6	4,04	1,90	2,60	1,12	0,78	16,5	1,96	1,69	0,63
60 × 40 × 5	60	±1	40	±1	5	±0,5	6	3	4,79	3,76	0,195	1,96	0,97	4,08	3,01	1,68	2,09	1,10	0,437	17,2	4,25	1,89	6,11	2,02	1,13	19,8	2,03	3,50	0,86
60 × 40 × 6	60	±1	40	±1	6	±0,5	6	3	5,68	4,46	0,195	2,00	1,01	4,06	3,02	1,72	2,08	1,12	0,433	20,1	5,03	1,88	7,12	2,38	1,12	23,1	2,02	4,12	0,85
(60 × 40 × 7)	60	±1	40	±1	7	±0,5	6	3	6,55	5,14	0,195	2,04	1,05	4,04	3,03	1,77	2,07	1,14	0,429	23,0	5,79	1,87	8,07	2,74	1,11	26,3	2,00	4,73	0,85
65 × 50 × 5	65	±1	50	±1	5	±0,5	6	3	5,54	4,35	0,224	1,99	1,25	4,52	3,61	2,08	2,38	1,50	0,583	23,1	5,11	2,04	11,9	3,18	1,47	28,8	2,28	6,21	1,06
(65 × 50 × 7)	65	±1	50	±1	7	±0,5	6	3	7,60	5,97	0,224	2,07	1,33	4,50	3,62	2,19	2,37	1,52	0,574	31,0	6,99	2,02	15,8	4,31	1,44	38,4	2,25	8,37	1,05
(65 × 50 × 9)	65	±1	50	±1	9	±0,5	6	3	9,58	7,52	0,224	2,15	1,41	4,48	3,63	2,28	2,36	1,57	0,567	38,2	8,77	2,00	19,4	5,39	1,42	47,0	2,22	10,5	1,05
70 × 50 × 6	70	±1,5	50	±1,5	6	±0,75	6	3	6,88	5,40	0,235	2,24	1,25	4,82	3,68	2,20	2,52	1,42	0,497	33,5	7,04	2,21	14,3	3,81	1,44	39,9	2,41	7,94	1,07
75 × 50 × 7	75	±1,5	50	±1,5	7	±0,75	6,5	3,5	8,30	6,51	0,244	2,48	1,25	5,10	3,77	2,13	2,63	1,38	0,433	46,4	9,24	2,36	16,5	4,39	1,41	53,3	2,53	9,56	1,07
(75 × 50 × 9)	75	±1,5	50	±1,5	9	±0,75	6,5	3,5	10,5	8,23	0,244	2,56	1,32	5,06	3,80	2,22	2,62	1,44	0,427	57,4	11,6	2,34	20,2	5,49	1,39	65,7	2,50	11,9	1,07
75 × 55 × 5	75	±1,5	55	±1,5	5	±0,75	7	3,5	6,30	4,95	0,254	2,31	1,33	5,19	4,00	2,27	2,71	1,58	0,530	35,5	6,84	2,37	16,2	3,89	1,60	43,1	2,61	8,68	1,17
75 × 55 × 7	75	±1,5	55	±1,5	7	±0,75	7	3,5	8,66	6,80	0,254	2,40	1,41	5,16	4,02	2,37	2,70	1,62	0,525	47,9	9,39	2,35	21,8	5,52	1,59	57,9	2,59	11,8	1,17
(75 × 55 × 9)	75	±1,5	55	±1,5	9	±0,75	7	3,5	10,9	8,59	0,254	2,47	1,48	5,14	4,04	2,46	2,70	1,66	0,518	59,4	11,8	2,33	26,8	6,66	1,57	71,3	2,55	14,8	1,16
80 × 40 × 6	80	±1,5	40	±1,5	6	±0,75	7	3,5	6,89	5,41	0,234	2,85	0,88	5,21	3,53	1,55	2,42	0,89	0,259	44,9	8,73	2,55	7,59	2,44	1,05	47,6	2,63	4,90	0,84
80 × 40 × 8	80	±1,5	40	±1,5	8	±0,75	7	3,5	9,01	7,07	0,234	2,94	0,95	5,15	3,57	1,65	2,38	1,04	0,253	57,6	11,4	2,53	9,68	3,18	1,04	60,9	2,60	6,41	0,84
80 × 60 × 7	80	±1,5	60	±1,5	7	±0,75	8	4	9,38	7,36	0,274	2,51	1,52	5,55	4,42	2,70	2,92	1,68	0,546	59,0	10,7	2,51	28,4	6,34	1,74	72,0	2,77	15,4	1,28

[1] zu bevorzugende Winkel (siehe Abschnitt 3.1.1)

[2] Anhaltswerte, die mit einer Toleranz von etwa ±30 % eingehalten werden

[3] Querschnitt $\approx 2\,a \cdot s - s^2 + 0{,}2416 \cdot (r_1^2 - 2\,r_2^2)$

[4] I Trägheitsmoment, W Widerstandsmoment, i Trägheitshalbmesser, jeweils bezogen auf die zugehörige Biegeachse

Die Querschnitte, Gewichte, Mantelflächen und statischen Werte sind aus den in der Tabelle angegebenen Maßen errechnet.

Tabelle 1. (Fortsetzung)

Anmerkungen: Bei den Maßen für a, b und s gelten die eingeklammerten zulässigen Abweichungen (zul. Abw.) gruppenweise. Die Werte r_1/r_2 sind den jeweiligen Profilgruppen zugeordnet.

Kurzzeichen	a	b	s	s zul. Abw.	r_1	r_2	Querschnitt cm²	Gewicht kg/m	Mantelfläche m²/m	e_x cm	e_y cm	w_1 cm	w_2 cm	u_1 cm	u_2 cm	u_3 cm	$\tan\alpha$	I_x cm⁴	W_x cm³	i_x cm	I_y cm⁴	W_y cm³	i_y cm	I_ξ cm⁴	i_ξ cm	I_η cm⁴	i_η cm
80 × 65 × 8	80	65	8		8	4	11,0	8,66	0,283	2,47	1,73	5,59	4,65	2,79	2,94	2,05	0,645	68,1	12,3	2,49	40,1	8,41	1,91	88,0	2,82	20,3	1,36
(80 × 65 × 10)	80	65	10		8	4	13,6	10,7	0,283	2,55	1,81	5,56	4,68	2,90	2,95	2,11	0,640	82,2	15,1	2,46	48,3	10,3	1,89	106	2,79	24,8	1,35
90 × 60 × 6	90	60	6		7	3,5	8,69	6,82	0,294	2,89	1,41	6,14	4,50	2,46	3,16	1,60	0,442	71,7	11,7	2,87	25,8	5,61	1,72	82,8	3,09	14,6	1,30
90 × 60 × 8	90	60	8		7	3,5	11,4	8,96	0,294	2,97	1,49	6,11	4,54	2,56	3,15	1,69	0,437	92,5	15,4	2,85	33,0	7,31	1,70	107	3,06	19,0	1,29
100 × 50 × 6	100	50	6	±0,75	9	4,5	8,73	6,85	0,292	3,49	1,04	6,50	4,39	1,91	2,98	1,15	0,263	89,7	13,8	3,20	15,3	3,86	1,32	95,2	3,30	9,78	1,06
100 × 50 × 8	100	50	8		9	4,5	11,5	8,99	0,292	3,59	1,13	6,48	4,44	2,00	2,95	1,18	0,258	116	18,0	3,18	19,5	5,04	1,31	123	3,28	12,6	1,05
100 × 50 × 10	100	50	10		9	4,5	14,1	11,1	0,292	3,67	1,20	6,43	4,49	2,08	2,91	1,22	0,252	141	22,3	3,16	23,4	6,17	1,29	149	3,25	15,5	1,04
100 × 65 × 7	100	65	7		10	5	11,2	8,77	0,321	3,23	1,51	6,83	4,91	2,66	3,48	1,73	0,419	113	16,6	3,17	37,6	7,54	1,84	128	3,39	21,6	1,39
100 × 65 × 9	100	65	9		10	5	14,2	11,1	0,321	3,32	1,59	6,78	4,94	2,76	3,46	1,78	0,415	141	21,0	3,15	46,7	9,52	1,82	160	3,36	27,2	1,39
(100 × 65 × 11)	100	65	11		10	5	17,1	13,4	0,321	3,40	1,67	6,74	4,97	2,85	3,45	1,83	0,410	167	25,3	3,13	55,1	11,4	1,80	190	3,34	32,6	1,38
(100 × 75 × 7)	100	75	7		10	5	11,9	9,32	0,341	3,06	1,83	6,96	5,42	3,10	3,61	2,18	0,553	118	17,0	3,15	56,9	10,0	2,19	145	3,49	30,1	1,59
100 × 75 × 9	100	75	9		10	5	15,1	11,8	0,341	3,15	1,91	6,91	5,45	3,22	3,63	2,22	0,549	148	21,5	3,13	71,0	12,7	2,17	181	3,47	37,8	1,59
(100 × 75 × 11)	100	75	11		10	5	18,2	14,3	0,341	3,23	1,99	6,87	5,49	3,32	3,65	2,27	0,545	176	25,9	3,11	84,0	15,3	2,15	214	3,44	45,4	1,58
120 × 80 × 8	120	80	8	±1	11	5,5	15,5	12,2	0,391	3,83	1,87	8,23	5,99	3,27	4,20	2,16	0,441	226	27,6	3,82	80,8	13,2	2,29	261	4,10	45,8	1,72
120 × 80 × 10	120	80	10		11	5,5	19,1	15,0	0,391	3,92	1,95	8,18	6,03	3,37	4,19	2,19	0,438	276	34,1	3,80	98,1	16,2	2,27	318	4,07	56,1	1,71
120 × 80 × 12	120	80	12		11	5,5	22,7	17,8	0,391	4,00	2,03	8,14	6,06	3,46	4,18	2,25	0,433	323	40,4	3,77	114	19,1	2,25	371	4,04	66,1	1,71
130 × 65 × 8	130	65	8		11	5,5	15,1	11,9	0,381	4,56	1,37	8,50	5,71	2,58	3,86	1,47	0,263	263	31,1	4,17	44,8	8,72	1,72	280	4,31	28,6	1,38
130 × 65 × 10	130	65	10		11	5,5	18,6	14,6	0,381	4,65	1,45	8,43	5,76	2,66	3,82	1,54	0,259	321	38,4	4,15	54,2	10,7	1,71	340	4,27	35,0	1,37
(130 × 65 × 12)	130	65	12		11	5,5	22,1	17,3	0,381	4,74	1,53	8,37	5,81	2,66	3,80	1,60	0,255	376	45,5	4,12	63,0	12,7	1,69	397	4,24	41,2	1,37
(130 × 90 × 12)	130	90	12		12	6	25,1	19,7	0,430	4,24	2,26	8,88	6,72	3,85	4,60	2,56	0,468	420	48,0	4,09	165	24,4	2,56	492	4,43	92,6	1,92
150 × 75 × 9	150	75	9		10,5	5,5	19,5	15,3	0,441	5,28	1,57	9,79	6,62	2,90	4,46	1,72	0,265	455	46,8	4,83	78,3	13,2	2,00	484	4,98	50,0	1,60
150 × 75 × 11	150	75	11		10,5	5,5	23,6	18,6	0,441	5,37	1,65	9,73	6,66	2,97	4,44	1,77	0,261	545	56,6	4,80	93,0	15,9	1,98	578	4,95	59,8	1,59
150 × 100 × 10	150	100	10		13	6,5	24,2	19,0	0,489	4,80	2,34	10,3	7,50	4,10	5,25	2,68	0,442	552	54,1	4,78	198	25,8	2,86	637	5,13	112	2,15
150 × 100 × 12	150	100	12		13	6,5	28,7	22,6	0,489	4,89	2,42	10,2	7,53	4,19	5,24	2,73	0,439	650	64,2	4,76	232	30,6	2,84	749	5,10	132	2,15
(150 × 100 × 14)	150	100	14		13	6,5	33,2	26,1	0,489	4,97	2,50	10,2	7,56	4,28	5,23	2,77	0,435	744	74,1	4,73	264	35,2	2,82	856	5,07	152	2,14
(160 × 80 × 12)	160	80	12	±1,25	13	6,5	27,5	21,6	0,469	5,72	1,77	11,8	7,10	3,15	4,75	1,89	0,259	720	70,0	5,11	122	19,6	2,10	763	5,26	78,9	1,69
180 × 90 × 10	180	90	10		14	7	26,2	20,6	0,528	6,28	1,93	11,8	7,89	3,48	5,42	2,22	0,262	880	75,1	5,80	151	21,2	2,40	934	5,97	97,4	1,93
(180 × 90 × 12)	180	90	12		14	7	31,2	24,5	0,528	6,37	1,97	11,7	7,95	3,48	5,38	2,07	0,261	1040	89,3	5,77	177	25,1	2,38	1100	5,94	114	1,92
200 × 100 × 10	200	100	10		15	7,5	29,2	23,0	0,587	6,93	2,01	13,2	8,76	3,75	5,98	2,22	0,266	1220	93,2	6,46	210	26,3	2,68	1300	6,66	133	2,14
200 × 100 × 12	200	100	12		15	7,5	34,8	27,3	0,587	7,03	2,10	13,1	8,82	3,84	5,95	2,26	0,264	1440	111	6,43	247	31,3	2,67	1530	6,63	158	2,13
200 × 100 × 14	200	100	14		15	7,5	40,3	31,6	0,587	7,12	2,18	13,0	8,88	3,93	5,92	2,32	0,262	1650	128	6,41	282	36,1	2,65	1760	6,60	181	2,12

Zulässige Abweichungen für a und b: ±1,5 (für a bis 100); ±2 (für a = 120 und 130); ±3 (für a ab 150).

$^1)$ bis $^4)$ siehe Seite 332

6.3 Bestellbeispiel

100 t warmgewalzter Winkelstahl von Schenkelbreite $a = 100$ mm und $b = 50$ mm, Schenkeldicke $s = 8$ mm aus Stahl mit dem Kurznamen USt 37-2 bzw. der Werkstoffnummer 1.0036 *) nach DIN 17 100 in Herstelllängen:

100 t Winkel DIN 1028 – USt 37-2 – 100 × 50 × 8

100 t Winkel DIN 1028 – 1.0036 – 100 × 50 × 8

Anstelle der Benennung „Winkel" darf die Abkürzung „L" nach DIN 1353 Teil 2 gesetzt werden.

7 Prüfung der Maßhaltigkeit

7.2 Durchführung der Prüfung

7.2.1 Bei der Prüfung der Geradheit nach Abschnitt 3.2 ist das Maß q über die Gesamtlänge des Stabes zu messen.

Tabelle 4. Längenarten und zulässige Längenabweichungen

Längenart	Länge		Bestellangabe für die Länge
	Bereich [1]	zulässige Abweichung	
Herstellänge [2]	$\geq 6\,000 \leq 12\,000$	siehe Abschnitt 6.2	keine [2]
Festlänge	$\geq 6\,000 \leq 12\,000$	± 100 [3]	gewünschte Festlänge in mm
Genaulänge	$\geq 6\,000 \leq 12\,000$	$< \pm 100$ zu bevorzugen: ± 50, ± 25; ± 10, ± 5 [3]	gewünschte Genaulänge und gewünschte zulässige Abweichung in mm

[1] Die Lieferbarkeit kleinerer oder größerer Längen ist beim Hersteller zu erfragen.

[2] Winkelstahl kann auch in eingeschränkten Herstellängen mit einem bei der Bestellung anzugebenden Längenbereich geliefert werden. Die Spanne zwischen der kleinsten und größten Länge dieses Bereichs muß mindestens 2000 mm betragen (z. B. 6000 bis 8000 mm).

[3] Auf Vereinbarung können die Gesamtspannen für die zulässigen Abweichungen entweder ganz auf die Plusseite oder ganz auf die Minusseite gelegt werden, z. B. $^{+200}_{\ \ 0}$ (statt ± 100) für Festlängen oder $^{\ \ 0}_{-50}$ (statt ± 25) für Genaulängen.

	Warmgewalzter gerippter Federstahl	$\overline{\text{DIN}}$
	Maße, Gewichte, zulässige Abweichungen, statische Werte	1570

Maße in mm

1 Geltungsbereich

Diese Norm gilt für warmgewalzten gerippten Federstahl mit den in Tabelle 1 angegebenen Maßen aus den in Abschnitt 5 genannten Stahlsorten, der bevorzugt für den Schienenfahrzeugbau verwendet wird.

2 Mitgeltende Normen

DIN 17 221 Warmgewalzte Stähle für vergütbare Federn; Gütevorschriften

3 Bezeichnung

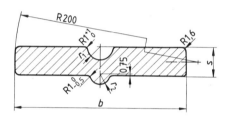

3.2.2 Beispiel für die Bestellbezeichnung

20 t Federstahl mit der Norm-Bezeichnung nach Abschnitt 3.1.2 in Genaulängen von 6500 mm, zulässige Längenabweichung ± 10 mm, Anforderungsklasse 1 nach DIN 17 221:

20 t Federstahl DIN 1570 — 51 Si 7 U — 90 × 13 × 6500 ± 10, Anforderungsklasse 1

4 Maße und zulässige Maß- und Formabweichungen

Tabelle 1. Maße und zulässige Maßabweichungen

Nennmaß $b \times s$	Zulässige Abweichungen für		Zulässiger Dickenunterschied innerhalb desselben Querschnitts	Gewicht [1] kg/m	Widerstandsmoment [2] cm³
	b	s			
60 × 8	± 0,3	± 0,2	0,2	3,68	0,640
70 × 10	± 0,3	± 0,2	0,2	5,41	1,17
90 × 13	± 0,5	± 0,2	0,2	9,09	2,53
90 × 16	± 0,5	± 0,2	0,2	11,2	3,84
100 × 13	± 0,5	± 0,2	0,2	11,1	2,81
120 × 13	± 0,5	± 0,2	0,2	12,1	3,38
120 × 16	± 0,5	± 0,2	0,2	15,0	5,12

[1] Errechnet mit einer Dichte von 7,85 kg/dm³
[2] Errechnet für den glatten Rechteckquerschnitt ohne Rille und Rippe

4.1.3 Die Kantenrundung der Seitenflächen hat einen Halbmesser von ≈ 1,6 mm.

4.2 Rippe und Rille

4.2.1 Der Halbmesser r_1 für die Rille muß beim Nennmaß 60 × 8 mindestens 3,25 mm und bei den anderen Nennmaßen nach Tabelle 1 mindestens 4,5 mm betragen.

Für die Rippe darf der Halbmesser r_2 höchstens 3,5 mm betragen. (Der Kreismittelpunkt für r_2 wird um 0,75 mm von der die Rippe tragenden breiten Seite ins Stabinnere abgerückt; siehe Bild in Abschnitt 3).

4.2.2 Für den Halbmesser r_1 der Rille ist eine Abweichung von $^{+\,0,5}_{\ \ 0}$ mm, für den Halbmesser r_2 der Rippe eine Abweichung von $^{\ \ 0}_{-\,0,5}$ mm zulässig.

4.2.3 Rille und Rippe dürfen seitlich nicht mehr als 0,3 mm versetzt sein. Die Ungleichachsigkeit innerhalb dieser zulässigen seitlichen Versetzung darf auch nicht mehr als 0,3 mm betragen.

4.3 Hohlwölbung

Die Hohlwölbung (Konkavität) darf die Werte in Tabelle 2 nicht übersteigen.

Tabelle 2. **Zulässige Hohlwölbung**

Dicke s		Zulässige Hohlwölbung
über	bis	
—	10	0,2
10	16	0,3

Diese Hohlwölbung ist auf jeder Seite zulässig, jedoch darf durch sie an dieser Stelle die größtzulässige untere Dickenabweichung nicht um mehr als 50 % unterschritten werden.

4.4 Geradheit

Die Abweichung q von der Geradheit darf höchstens 0,0015 · l betragen.

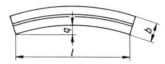

5 Werkstoff

Warmgewalzter geripter Federstahl nach dieser Norm wird aus Stahlsorten nach DIN 17 221 hergestellt, und zwar:
— vorzugsweise aus 51 Si 7 (Werkstoffnummer 1.0903),
— ausnahmsweise aus 50 CrV 4 (Werkstoffnummer 1.8159).

Tabelle 3. **Längenarten und zulässige Längenabweichungen**

Längenart	Länge		Bestellangaben für die Länge
	Bereich [1]	zulässige Abweichung	
Herstellänge [2]	3000 bis 8000	siehe Abschnitt 6.2	keine [2]
Festlänge	3000 bis 8000	± 100 [3]	gewünschte Festlänge in mm
Genaulänge	3000 bis 8000	± 50; ± 25 oder ± 10 [3]	gewünschte Genaulänge und gewünschte zulässige Abweichung in mm

[1] Die Lieferbarkeit kleinerer oder größerer Längen ist beim Hersteller zu erfragen.

[2] Gerippter Federstahl kann auch in eingeschränkten Herstellängen mit einem bei der Bestellung anzugebenden Längenbereich geliefert werden. Die Spanne zwischen der kleinsten und der größten Länge dieses Bereichs muß mindestens 2000 mm betragen (z. B. 6000 bis 8000).

[3] Auf Vereinbarung bei der Bestellung können die Gesamtspannen für die zulässigen Abweichungen ganz auf die Plusseite gelegt werden, z. B. $^{+\,200}_{\ \ \ 0}$ mm (statt ± 100 mm) bei Festlängen oder $^{+\,50}_{\ \ 0}$ mm (statt ± 25 mm) bei Genaulängen.

Federstahl
rund, warmgewalzt
Maße, zulässige Maß- und Formabweichungen

Maße in mm

1 Geltungsbereich

Diese Norm gilt für warmgewalzten runden Federstahl aus den in Abschnitt 5 genannten Stahlsorten, der zur Herstellung warmgeformter Federn bestimmt ist und in Form von Stäben (mit Durchmessern von 7 bis 80 mm) oder von Draht (mit Durchmessern von 7 bis 30 mm) geliefert wird.

2 Mitgeltende Normen

DIN 17 221 Warmgewalzte Stähle für vergütbare Federn; Gütevorschriften

4 Maße und zulässige Maß- und Formabweichungen

4.1.2 Der Unterschied zwischen dem größten und kleinsten Durchmesser, gemessen in derselben Querschnittsebene, darf höchstens 80 % der Gesamtspanne für die zulässigen Durchmesserabweichungen nach Tabelle 1 betragen (z. B. höchstens 0,4 mm bei d = 25 mm).

Tabelle 1. Durchmesser und zulässige Abweichungen

Durchmesser d		Stufung der bestellbaren Durchmesser	Zulässige Abweichungen von d
$\geqq$	$\leqq$		
7	11,5	0,5	±0,15
12	21,5	0,5	±0,2
22	29,5	0,5	±0,25
30	39	1,0	±0,3
40	50	2,0	±0,4
52	60	2,0	±0,5
65 [1]	80	5,0	$±0,01 \cdot d$ [1]

[1] Für den Durchmesser 65 mm beträgt die zulässige Abweichung ± 0,5 mm

5 Werkstoff

Erzeugnisse nach dieser Norm werden üblicherweise aus Stählen nach DIN 17 221 mit Ausnahme der Sorten 38 Si 7 und 51 Si 7 hergestellt.

7 Lieferart

7.1 Runder Federstahl nach dieser Norm ist lieferbar

a) in geraden Stäben (bei allen Nenndurchmessern) mit den in Tabelle 2 genannten Längenarten und zulässigen Längenabweichungen,

b) als Draht in Ringen (im allgemeinen bei Durchmessern $\leqq$ 30 mm). Die Ringgewichte sowie die Maße (Innendurchmesser, Außendurchmesser) der Ringe sind bei der Bestellung zu vereinbaren.

7.2 Bei der Bestellung von Stäben nach Gewicht darf die Länge zwischen den in Tabelle 2 für die Herstellängen angegebenen größten und kleinsten Maßen schwanken.

7.3 Stäbe werden zu Bunden zusammengefaßt geliefert.

7.4 Bei der Lieferung von Draht sind die Ringe im Uhrzeigersinn aufzuhaspeln.

7.5 Die Bunde und Ringe müssen mehrfach und haltbar gebunden sein und ausreichend gekennzeichnet werden.

3.2.2 Beispiele für die Bestellbezeichnung

10 t Federstahl in Stäben mit der Norm-Bezeichnung nach Abschnitt 3.1.2 in Genaulängen von 5000 mm, zulässige Längenabweichung ± 10 mm; Anforderungsklasse 1 nach DIN 17 221:

10 t Rund DIN 2077 – 50 CrV 4 G – 20 x 5000 ± 10,
Anforderungsklasse 1

5 t Federstahl in Ringen (Draht) mit der Norm-Bezeichnung nach Abschnitt 3.1.2, Ringgewicht 500 kg, Anforderungsklasse 3 a nach DIN 17 221:

5 t Rund DIN 2077 – 50 CrV 4 G – 20 – Ring 500 kg,
Anforderungsklasse 3 a

Tabelle 2. Längenarten und zulässige Längenabweichungen (bei Stäben)

Längenart	Länge		Bestellangabe für die Länge
	Bereich [1]	zulässige Abweichung	
Herstellänge [2]	2000 bis 8000	siehe Abschnitt 7.2	keine [2]
Festlänge	2000 bis 10 000	± 100 [3]	gewünschte Festlänge in mm
Genaulänge	2000 bis 10 000	± 50, ± 25, ± 10 oder ± 5 [3]	gewünschte Genaulänge und gewünschte zulässige Abweichung in mm

[1] Die Lieferbarkeit kleinerer oder größerer Längen ist beim Hersteller zu erfragen.

[2] Runder Federstahl kann auch in eingeschränkten Herstellängen mit einem bei der Bestellung anzugebenden Längenbereich geliefert werden. Die Spanne zwischen der kleinsten und größten Länge dieses Bereichs muß mindestens 2000 mm betragen (z. B. 6000 bis 8000).

[3] Auf Vereinbarung bei der Bestellung können die Gesamtspannen für die zulässigen Abweichungen ganz auf die Plusseite gelegt werden, z. B. $^{+200}_{0}$ (statt ±100 mm) bei Festlängen oder $^{+20}_{0}$ mm (statt ± 10 mm) bei Genaulängen.

Stabstahl	
Warmgewalzter Rundstahl für Schrauben und Niete Maße, zulässige Maß- und Formabweichungen	**DIN** **59130**

Maße in mm

1 Geltungsbereich

Diese Norm gilt für warmgewalzten zur Warm- oder Kaltformgebung von Schrauben und Nieten bestimmten Rundstahl in geraden Stäben von 9,75 bis 51,5 mm Durchmesser aus den in Abschnitt 5 genannten Stahlsorten.

4 Maße und zulässige Maß- und Formabweichungen

4.1 Durchmesser

4.1.1 Die Durchmesser, mit denen Rundstahl für Schrauben und Niete bevorzugt geliefert wird, und deren zulässige Abweichungen sind in Tabelle 1 angegeben.

Reihe A enthält die zu bevorzugenden Durchmesser. Rundstahl mit Durchmessern der Reihe B sollte nur bestellt werden, wenn die Verwendung eines Maßes nach Reihe A nicht möglich ist.

4.1.2 Der Unterschied zwischen dem größten und kleinsten Durchmesser, gemessen in derselben Querschnittsebene, darf höchstens 80 % der zulässigen Gesamt-Durchmesserabweichungen nach Tabelle 1 betragen (z. B. höchstens 0,4 mm bei $d = 26{,}65$ mm).

4.2 Geradheit

Bei Rundstahl mit Durchmessern über 25 mm darf die zulässige Abweichung q von der Geradheit höchstens $0{,}004 \cdot l$ betragen.

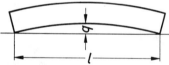

Weitergehende Anforderungen an die Geradheit sind bei der Bestellung besonders zu vereinbaren.

5 Werkstoff

Rundstahl nach dieser Norm wird vorzugsweise aus Stahlsorten nach DIN 1654 Teil 1 bis Teil 5, DIN 17 100 und DIN 17 111 hergestellt. Die gewünschte Stahlsorte ist in der Bezeichnung anzugeben.

Tabelle 1. **Nenndurchmesser, zulässige Abweichungen, Querschnitt und Gewicht**

Durchmesser Nennmaß d [1]			Querschnitt [2]	Gewicht [3]
Reihe A	Reihe B	zul. Abw.	mm²	kg/m
	9,75	± 0,15	74,7	0,586
11,75			108	0,851
15,7		± 0,20	194	1,52
	17,7		246	1,93
19,7			305	2,39
21,7			370	2,90
23,65		± 0,25	439	3,45
26,65			558	4,38
29,6			688	5,40
	32,55	± 0,30	832	6,53
	35,55		993	7,79
	38,55		1167	9,16
	41,5	± 0,40	1353	10,6
	44,5		1555	12,2
	47,5		1772	13,9
	51,5		2083	16,4

[1] Siehe Abschnitt 4.1.1
[2] Querschnitt $\approx 0{,}785 \cdot d^2$
[3] Siehe Abschnitt 6

Tabelle 2. **Längenarten und zulässige Längenabweichungen**

Längenart	Länge		Bestellangaben für die Länge
	Bereich [1]	zul. Abw.	
Herstellänge [2]	6000 bis 12 000	siehe Abschnitt 7.2	keine [2]
Festlänge	6000 bis 12 000	± 100 [3]	gewünschte Festlänge in mm
Genaulänge	6000 bis 12 000	unter ± 100 zu bevorzugen: ± 50, ± 25, ± 10, ± 5 [3]	gewünschte Genaulänge und gewünschte zulässige Abweichung in mm

[1] Die Lieferbarkeit kleinerer oder größerer Längen ist beim Hersteller zu erfragen.
[2] Rundstahl kann auch in eingeschränkten Herstellängen mit einem bei der Bestellung anzugebenden Längenbereich geliefert werden. Die Spanne zwischen der kleinsten und größten Länge dieses Bereichs muß mindestens 2000 mm betragen (z. B. 6000 bis 8000 mm).
[3] Auf Vereinbarung bei der Bestellung können die Gesamtspannen für die zulässigen Abweichungen ganz auf die Plusseite gelegt werden, z. B. $^{+200}_{\ 0}$ mm (statt ± 100 mm) für Festlängen oder $^{+50}_{\ 0}$ mm (statt ± 25 mm) bei Genaulängen.

7.3 Bestellbeispiel

100 t warmgewalzter Rundstahl aus einem Stahl mit dem Kurznamen USt 37-2 bzw. der Werkstoffnummer 1.0036 nach DIN 17 100 von Durchmesser d = 15,7 mm in Herstellänge

$$\text{100 t Rund DIN 59 130} - \text{USt 37-2} - 15{,}7$$

	Kohlenstoffarme unlegierte Stähle für Schrauben, Muttern und Niete Technische Lieferbedingungen	**DIN** **17 111**

1 Geltungsbereich

1.1 Diese Norm gilt für die in Tabelle 1 aufgeführten unlegierten kohlenstoffarmen Stähle bis höchstens 40 mm Erzeugnisdicke, die nicht für eine Vergütung und Einsatzhärtung bestimmt sind und in den in Abschnitt 7.2 angegebenen Behandlungszuständen bei der Lieferung für die Warm- oder Kaltfertigung von Schrauben, Muttern und Nieten (und ähnliche Formteile) verwendet werden, wobei die Festigkeitsanforderungen oder die Zerspanbarkeit im Vordergrund stehen können.

1.2 Diese Norm gilt nicht für

— Kaltstauch- und Kaltfließpreßstähle nach DIN 1654 Teil 1 bis Teil 5,

— warmfeste und hochwarmfeste Werkstoffe für Schrauben und Muttern (siehe DIN 17 240),

— Automatenstahl (siehe DIN 1651),

— blanken unlegierten Stahl (siehe DIN 1652),

— Walzdraht aus Grundstahl sowie aus unlegierten Qualitäts- und Edelstählen (siehe DIN 17 140),

— Vergütungsstähle (siehe DIN 17 200),

— Einsatzstähle (siehe DIN 17 210),

— allgemeine Baustähle (siehe DIN 17 100).

3 Maße und zulässige Maßabweichungen

Für die Maße und zulässigen Maßabweichungen gelten:

DIN	668	Blanker Rundstahl; Maße, Zulässige Abweichungen nach ISA-Toleranzfeld h11, Gewichte
DIN	671	Blanker Rundstahl; Maße, Zulässige Abweichungen nach ISA-Toleranzfeld h9, Gewichte
DIN	1013 Teil 1	Stabstahl;Warmgewalzter Rundstahl für allgemeine Verwendung, Maße, zulässige Maß- und Formabweichungen
DIN	1013 Teil 2	Stabstahl;Warmgewalzter Rundstahl für besondere Verwendung, Maße, zulässige Maß- und Formabweichungen
DIN	1014 Teil 1	Stabstahl; Warmgewalzter Vierkantstahl für allgemeine Verwendung, Maße, zulässige Maß- und Formabweichungen
DIN	1014 Teil 2	Stabstahl; Warmgewalzter Vierkantstahl für besondere Verwendung, Maße, zulässige Maß- und Formabweichungen
DIN	1015	Stabstahl; Warmgewalzter Sechskantstahl; Maße, Gewichte, zulässige Abweichungen
DIN	1016	Flachzeug aus Stahl; Warmgewalztes Band, warmgewalztes Blech unter 3 mm Dicke, Maße, zulässige Maß-, Form- und Gewichtsabweichungen
DIN	59 110	Walzdraht aus Stahl; Maße, Zulässige Abweichungen, Gewichte

DIN 59 115   Walzdraht aus Stahl für Schrauben, Muttern und Niete; Maße, zulässige Abweichungen, Gewichte

DIN 59 130   Stabstahl; Warmgewalzter Rundstahl für Schrauben und Niete; Maße, zulässige Maß- und Formabweichungen

● Die gewünschte Maßnorm ist in der Bestellung anzugeben.

5 Sorteneinteilung

Die Sorteneinteilung der Stähle geht aus den Tabellen 1 und 2 hervor. Man unterscheidet zwei Gruppen:

5.1 Sorten, die durch einen Mindestwert der Zugfestigkeit gekennzeichnet sind.

5.2 Sorten, die durch ihren Schwefelgehalt gekennzeichnet sind.

6 Bezeichnungen

6.1 Bezeichnung der Stahlsorten und der Behandlungszustände

Die Kurznamen sind entsprechend den Abschnitten 2.1.1.1 und 2.1.2.1 der Erläuterungen zum DIN-Normenheft 3, die Werkstoffnummern nach DIN 17 007 Teil 2 gebildet worden. An den Kurznamen bzw. die Werkstoffnummer für die Stahlsorte ist der Kennbuchstabe bzw. die Anhängezahl für den Behandlungszustand anzufügen.

Beispiel: Stahl UQSt 36, Werkstoffnummer 1.0204, im Zustand „unbehandelt mit gewalzter Oberfläche" (U bzw. 00):

    UQSt 36 U

6.2 Bestellbezeichnung

In der Bestellung sind die Menge, die Erzeugnisform, die Maßnorm, der Kurzname oder die Werkstoffnummer der gewünschten Stahlsorte, der Behandlungszustand, die Maße und das Kurzzeichen für die Anforderungsklasse anzugeben.

Beispiel: 20 t Rundwalzdraht vom Durchmesser $d = 10$ mm in der Maßgenauigkeitsklasse B nach DIN 59 115 aus einem Stahl mit dem Kurznamen UQSt 36 bzw. der Werkstoffnummer 1.0204, im Zustand unbehandelt mit gewalzter Oberfläche (U bzw. 00), Anforderungsklasse 1v:

    20 t Draht DIN 59 115 — UQSt 36 U — 10 B — 1v

7.2 Behandlungszustand bei der Lieferung

Die Stähle werden im allgemeinen im unbehandelten Zustand mit gewalzter Oberfläche (U bzw. 00) geliefert.

● Andere Behandlungszustände und Oberflächenausführungen (z. B. kalt gezogen) bedürfen der Vereinbarung bei der Bestellung.

7.3 ● Anforderungsklassen

Bei der Bestellung von Stählen nach dieser Norm ist eine der folgenden Anforderungsklassen zu vereinbaren: 1r oder 1v (siehe Erläuterungen in Tabelle 4).

7.5 Mechanische Eigenschaften

Es gelten die Angaben nach Tabelle 2 für Längsproben im warmgewalzten Zustand bei Raumtemperatur.

● Für andere Behandlungszustände (siehe Abschnitt 7.2) sind die Anforderungen an die mechanischen Eigenschaften bei der Bestellung zu vereinbaren.

Anmerkung: Es ist zu beachten, daß jede Weiterverarbeitung, insbesondere jede Kaltumformung, die mechanischen Eigenschaften der Stähle wesentlich verändern kann.

7.6 Technologische Eigenschaften

7.6.1 Umformbarkeit

7.6.1.1 Nur die Stähle UQSt 36 (1.0204) und UQSt 38 (1.0224) sind kaltstauchbar (bezüglich Stahl USt 36 [1.0203] beachte Fußnote 6 in Tabelle 2).

7.6.1.2 Die Stähle müssen sich im Warm- bzw. Kaltstauchversuch bei den in Tabelle 2 angegebenen Bedingungen ohne Risse stauchen lassen (beachte Abschnitt 7.8.3 Absatz a). Der Stauchversuch ist an Längsproben durchzuführen.

Draht aus den Stählen UQSt 36 und UQSt 38 mit Durchmessern unter 5,0 mm wird im Wechselverwindeversuch geprüft.

7.6.2 Sprödbruchunempfindlichkeit

7.6.2.1 Zur Sicherstellung ausreichender Sprödbruchunempfindlichkeit sind bei den durch ihre Mindestzugfestigkeit gekennzeichneten Stählen die Mindestwerte der Kerbschlagarbeit (ISO-V-Proben) entsprechend Tabelle 2 einzuhalten (siehe auch Abschnitt 8.4.2). Die Werte gelten für Längsproben.

7.6.2.2 ● Die Sprödbruchunempfindlichkeit wird nur nachgewiesen, wenn dies bei der Bestellung besonders vereinbart wurde.

7.7 Schweißbarkeit

Die Stähle sind für das Widerstandsstumpfschweißen geeignet.

7.8 Innere und äußere Beschaffenheit

7.8.1 Die Walzerzeugnisse müssen eine walztechnisch glatte Oberfläche haben. Oberflächenfehler, z. B. Schalen, Riefen, Überwalzungen und Risse, dürfen mit geeigneten Mitteln beseitigt werden; die hierdurch gebildeten Vertiefungen müssen ausgeebnet werden, wobei aber die zulässigen Dickenabweichungen eingehalten werden und etwa vorgesehene Bearbeitungszugaben verbleiben müssen.

7.8.2 Innere Fehler, wie z. B. Lunker, Dopplungen und grobe nichtmetallische Einschlüsse, dürfen die der Stahlsorte angemessene Verarbeitung und Verwendung nicht mehr als unerheblich beeinträchtigen.

7.8.3 Bei den Stählen UQSt 36 (1.0204) und UQSt 38 (1.0224) sind zum Nachweis einer entsprechenden Fehlerfreiheit folgende Anforderungen zu erfüllen:

a) Beim Kaltstauchversuch nach den Abschnitten 8.4.5 und 8.5.3:
 Die Proben dürfen nach dem Versuch keine Risse aufweisen. Jedoch sind bei Proben mit gewalzter Oberfläche von Walznarben herrührende Riefen und typische Hautrisse nicht als Fehler zu betrachten.

b) Bei der Oberflächenrißprüfung nach den Abschnitten 8.4.6 und 8.5.4:
 Es gelten die unter a) aufgeführten Anforderungen.

c) Beim Wechselverwindeversuch nach den Abschnitten 8.4.7 und 8.5.5:
 Die Verwindezahl in jeder Richtung beträgt 5.
 Es gelten die unter a) aufgeführten Anforderungen.

Bei der Bewertung von Proben aus Ringen ist zu berücksichtigen, daß die Proben entsprechend Abschnitt 8.4.8 nur an den Enden entnommen worden sind.

● In Zweifelsfällen kann ein Verarbeitungsversuch vereinbart werden.

Tabelle 1. Chemische Zusammensetzung nach der Schmelzenanalyse

Stahlsorte		Desoxidationsart [1]	Chemische Zusammensetzung in Gew.-%				
Kurzname	Werkstoffnummer		C [2]	Si	Mn	P	S
USt 36	1.0203	U	≦ 0,14 [3]	Spuren	0,25 bis 0,50	≦ 0,050	≦ 0,050
UQSt 36	1.0204	U	≦ 0,14 [3]	Spuren	0,25 bis 0,50	≦ 0,040	≦ 0,040
RSt 36	1.0205	R	≦ 0,14 [3]	≦ 0,30	0,25 bis 0,50	≦ 0,050	≦ 0,050
USt 38 [4]	1.0217 [4]	U	≦ 0,19 [5]	Spuren	0,25 bis 0,50	≦ 0,050	≦ 0,050
UQSt 38 [4]	1.0224 [4]	U	≦ 0,19 [5]	Spuren	0,25 bis 0,50	≦ 0,040	≦ 0,040
RSt 38	1.0223	R	≦ 0,19 [5]	≦ 0,30	0,25 bis 0,50	≦ 0,050	≦ 0,050
U 7 S 6 [6]	1.0708 [6]	U [6]	≦ 0,10	Spuren	0,30 bis 0,60	≦ 0,050	0,04 bis 0,08
U 10 S 10 [7]	1.0702 [7]	U [7]	≦ 0,15	Spuren	0,30 bis 0,60	≦ 0,050	0,08 bis 0,12

[1] U unberuhigt, R beruhigt (einschließlich halbberuhigt).

[2] ● Bei der Bestellung kann ein niedrigerer Höchstgehalt an Kohlenstoff vereinbart werden; in diesem Falle gilt jedoch der Mindestwert der Zugfestigkeit nach Tabelle 2 nicht.

[3] Bei Abmessungen über 22 mm beträgt der Höchstgehalt 0,18 % C.

[4] Für die Folgeausgabe dieser Norm ist zu prüfen, ob dieser Stahl gestrichen werden kann (siehe Erläuterungen).

[5] Bei Abmessungen über 22 mm beträgt der Höchstgehalt 0,22 % C.

[6] ● Auf Vereinbarung bei der Bestellung kann auch der beruhigte Stahl R 7 S 6 (Werkstoffnummer 1.0709) mit höchstens 0,40 % Si und einer oberen Grenze des Mangangehaltes von 0,80 % geliefert werden.

[7] ● Auf Vereinbarung bei der Bestellung kann auch der beruhigte Stahl R 10 S 10 (Werkstoffnummer 1.0703) mit höchstens 0,40 % Si und einer oberen Grenze des Mangangehaltes von 0,80 % geliefert werden.

Tabelle 2. Mechanische und technologische Eigenschaften im warmgewalzten Zustand (Längsproben)

Stahlsorte		Zugfestigkeit [1],[2] N/mm²	Streckgrenze [1],[3] N/mm² mindestens	Bruchdehnung ($L_0 = 5\,d_0$) % mindestens	Stauchversuch [4] $h_1 : h_0 = 1:3$ bei °C	Kerbschlagarbeit (ISO-V-Probe) Mittelwert [5] J mindestens	bei °C
Kurzname	Werkstoffnummer						
USt 36	1.0203	330 bis 430	205	30	900 [6]	—	—
UQSt 36	1.0204				20	27	+ 20
RSt 36	1.0205				900	27	+ 10
USt 38	1.0217	370 bis 460	225	25	900	—	—
UQSt 38	1.0224				20	27	+ 20
RSt 38	1.0223				900	27	+ 10
U 7 S 6	1.0708	(310 bis 440)	(205)	—	—	—	—
U 10 S 10	1.0702	(340 bis 470)	(225)	—	—	—	—

1) Die eingeklammerten Werte dienen nur zur Unterrichtung.
2) Siehe auch Fußnote 2 in Tabelle 1.
3) Gültig für Dicken bis 16 mm. Für Dicken über 16 bis 40 mm sind um 10 N/mm² niedrigere Mindestwerte zulässig.
4) h_1 Höhe nach dem Stauchen, h_0 (= 1,5 d_0) Ausgangshöhe. Die angegebenen Prüftemperaturen sind Ungefährwerte.
5) Mittelwert aus 3 Einzelversuchen (siehe Abschnitt 8.6.3.2), wobei kein Einzelwert kleiner als 19 J sein darf.
6) Der Stahl USt 36 ist für die Herstellung kaltgestauchter Niete einfacher Form bis zu einem Durchmesser von höchstens 16 mm bedingt geeignet.

Tabelle 4. Übersicht über die bei den verschiedenen Anforderungsklassen einzuhaltenden Güteanforderungen

Nr	Art der Güteanforderung	Anforderungsklasse [1]		Güteanforderung nach	
		1r	1v	Tabelle	Abschnitt
1	Chemische Zusammensetzung				
1 a	Schmelzenanalyse	X	X	1	7.4.1
1 b	Stückanalyse	X	X	3	7.4.2
2	Mechanische Eigenschaften in dem für die Umformung üblichen Ausgangszustand (siehe Abschnitt 7.2)	–	X	2	7.5
3	Innere und äußere Beschaffenheit				
3 a	nachgewiesen durch Stauch- [2] oder Wechselverwindeversuch [3]	X	X	2	7.8.3
3 b	nachgewiesen durch zerstörungsfreie Prüfung [4]	X	X		7.8.3

[1] Die Kennzahlen und -buchstaben für die verschiedenen Anforderungsklassen sind bis zur Aufstellung eines Systems für die Kennzeichnung der Anforderungsklassen als vorläufig zu betrachten.

[2] Bei Erzeugnissen aus den Stählen UQSt 36 (1.0204) und UQSt 38 (1.0224) als Kaltstauchversuch durchzuführen.

[3] Nur bei Erzeugnissen aus den Stählen UQSt 36 (1.0204) und UQSt 38 (1.0224) mit Durchmessern unter 5 mm.

[4] Nur bei Erzeugnissen aus den Stählen UQSt 36 (1.0204) und UQSt 38 (1.0224).

	Stähle für geschweißte Rundstahlketten	**DIN**
	Technische Lieferbedingungen	**17 115**

1 Anwendungsbereich

1.1 Diese Norm gilt für die in Tabelle 2 aufgeführten unlegierten und legierten Stähle, die mit rundem Querschnitt in Form von warmgewalztem Stabstahl, Walzdraht oder Blankstahl geliefert werden und im allgemeinen für eine Verarbeitung zu geprüften geschweißten Rundstahlketten (siehe DIN 685 Teil 2 und DIN 22 252) bestimmt sind.

3 ● Maße und zulässige Maß- und Formabweichungen

Die Nennmaße und die zulässigen Maß- und Formabweichungen der Erzeugnisse sind bei der Bestellung zu vereinbaren, möglichst unter Bezugnahme auf die dafür geltenden Maßnormen (siehe Anhang A).

5 Bezeichnung und Bestellung

– gegebenenfalls dem Kennbuchstaben für die Härtbarkeitsanforderungen (siehe Abschnitt 7.3.6),
– der Bezeichnung des Behandlungszustandes (siehe Abschnitt 7.2.1).

Beispiel 1:

Stahl DIN 17 115 – 27 MnSi 5

Beispiel 2:

Stahl DIN 17 115 – 20 NiCrMo 2 H G

5.2 Für die **Normbezeichnung der Erzeugnisse** gelten die Angaben der betreffenden Maßnorm.

5.3 Die **Bestellung** muß alle notwendigen Angaben zur eindeutigen Beschreibung der gewünschten Erzeugnisse und ihrer Beschaffenheit und Prüfung enthalten. Falls hierzu ein Beispiel bei Vereinbarungen entsprechend den mit ● und ●● gekennzeichneten Abschnitten die Bezeichnungen nach den Abschnitten 5.1 und 5.2 nicht ausreichen, sind an diese die erforderlichen zusätzlichen Angaben anzufügen.

6 Sorteneinteilung

6.1 Stahlsorten

6.1.1 Die in dieser Norm aufgeführten Stahlsorten sind in Qualitätsstähle und Edelstähle eingeteilt (siehe EURONORM 20).

Die Edelstähle unterscheiden sich von den Qualitätsstählen durch folgende Merkmale:

– Mindestwerte der Kerbschlagarbeit im vergüteten Zustand,
– Grenzwerte der Härtbarkeit im Stirnabschreckversuch,
– gleichmäßigeres Ansprechen auf die Wärmebehandlung,
– niedrigere zulässige Gehalte an Phosphor und Schwefel.

6.1.2 Neben den in Tabelle 2 aufgeführten Stahlsorten kommt auch die Stahlsorte St 52-3 (1.0570) mit den in DIN 17 100 festgelegten Eigenschaften in Betracht.

7.2 Behandlungszustand und Oberflächenausführung bei der Lieferung

7.2.1 ●● **Behandlungszustand**

Falls in der Bestellung nicht anders angegeben, werden die Erzeugnisse unbehandelt, das heißt warmgewalzt, geliefert.

7.2.2 ●● **Oberflächenausführung**

Falls eine andere Oberflächenausführung als „warmgewalzt" gewünscht wird, ist dies ebenfalls in der Bestellung anzugeben.

7.4 Technologische Eigenschaften

7.4.1 Umformbarkeit

●● Die Anforderungen an das Verhalten im technologischen Biegeversuch nach Tabelle 5 können bei der Bestellung vereinbart werden.

Bis zu Durchmessern von 26 mm müssen sich die Stähle im technologischen Biegeversuch um die in Tabelle 5 – je nach der Stahlsorte für den unbehandelten, den weichgeglühten oder den auf kugelige Carbide geglühten Zustand – angegebenen Durchmesser um 180° ohne Anrisse auf der Zug- und Druckseite kalt biegen lassen.

7.4.2 Schweißeignung

Alle Stähle nach dieser Norm sind zum Abbrennstumpfschweißen, bei kleineren Durchmessern auch zum Widerstands-Preßschweißen geeignet.

7.4.3 ●● Scherbarkeit

Bei den Stahlsorten 21 Mn 5, 27 MnSi 5, 20 NiCrMo 2, 20 NiCrMo 3, 23 MnNiCrMo 5 2, 23 MnNiCrMo 5 3 und 23 MnNiMoCr 5 4 ist bei Bestellung des Zustandes „behandelt auf Scherbarkeit" (C) der für diesen Zustand in Tabelle 4 angegebene maximale Härtewert einzuhalten.

7.5 Korngröße

Alle Al-beruhigten Stähle (siehe Tabelle 2) müssen feinkörnig sein. Dies bedeutet, daß der Stahl bei Prüfung nach DIN 50 601 eine Austenitkorngröße (Abschreckkorngröße) von 5 und feiner haben muß.

7.7 Oberflächenbeschaffenheit

● Genauere Anforderungen an die Oberflächenbeschaffenheit sind, möglichst unter Berücksichtigung der Stahl-Eisen-Lieferbedingungen 055 (z. Z. Entwurf), bei der Bestellung zu vereinbaren.

Oberflächenfehler dürfen mit geeigneten Mitteln beseitigt werden; die hierdurch gebildeten Vertiefungen sind auszuebnen. Der nach der Maßnorm zulässige kleinste Durchmesser darf in solchen Fällen jedoch nicht unterschritten werden.

7.7.2 ●● Für die Edelstähle in sämtlichen der in Tabelle 1 angegebenen Wärmebehandlungszuständen bei der Lieferung kann bei der Bestellung die Einhaltung einer zulässigen Randentkohlungstiefe vereinbart werden. Es gelten dann die Werte nach Tabelle 8.

Tabelle 2. Chemische Zusammensetzung (Schmelzenanalyse) der Stähle für geschweißte Rundstahlketten

Stahlsorte		Chemische Zusammensetzung (Massenanteil in %) [1], [2]										
Kurzname	Werkstoff-nummer	C	Si	Mn	P max.	S max.	Alges[3]	N[4] max.	Cr	Cu[5] max.	Mo	Ni
Unlegierte Qualitätsstähle												
(USt 35-2)[6]	(1.0207)[6]	0,06 bis 0,14	Spuren	0,40 bis 0,60	0,035	0,035	–	0,012	–	0,25	–	–
RSt 35-2	1.0208	0,06 bis 0,12	≤ 0,25	0,40 bis 0,60	0,035	0,035	–	0,012	–	0,25	–	–
15 Mn 3 Al	1.0468	0,12 bis 0,18[7]	≤ 0,20	0,70 bis 0,90	0,035	0,035	0,020 bis 0,050	0,012	–	0,25	–	–
21 Mn 4 Al	1.0470	0,18 bis 0,24	≤ 0,25	0,80 bis 1,10[8]	0,035	0,035	0,020 bis 0,050	0,012	–	0,25	–	–
21 Mn 5	1.0495	0,18 bis 0,24	≤ 0,25	1,10 bis 1,60	0,035	0,035	0,020 bis 0,050	0,012	–	0,25	–	–
27 MnSi 5	1.0412	0,24 bis 0,30	0,25 bis 0,45	1,10 bis 1,60	0,035	0,035	0,020 bis 0,050	0,012	–	0,25	–	–
Edelstähle												
20 NiCrMo 2	1.6522	0,17 bis 0,23	≤ 0,25	0,60 bis 0,90	0,020[9]	0,020[9]	0,020 bis 0,050	0,012	0,35 bis 0,65	0,25	0,15 bis 0,25	0,40 bis 0,70
20 NiCrMo 3	1.6527	0,17 bis 0,23	≤ 0,25	0,60 bis 0,90	0,020[9]	0,020[9]	0,020 bis 0,050	0,012	0,35 bis 0,65	0,25	0,15 bis 0,25	0,70 bis 0,90
23 MnNiCrMo 5 2	1.6541	0,20 bis 0,26	≤ 0,25	1,10 bis 1,40	0,020[9]	0,020[9]	0,020 bis 0,050	0,012	0,40 bis 0,60	0,25	0,20 bis 0,30	0,40 bis 0,70
23 MnNiCrMo 5 3	1.6540	0,20 bis 0,26	≤ 0,25	1,10 bis 1,40	0,020[9]	0,020[9]	0,020 bis 0,050	0,012	0,40 bis 0,60	0,25	0,20 bis 0,30	0,70 bis 0,90
23 MnNiMoCr 5 4	1.6758	0,20 bis 0,28	≤ 0,25	1,10 bis 1,40	0,020[9]	0,020[9]	0,020 bis 0,050	0,012	0,40 bis 0,60	0,25	0,50 bis 0,60	0,90 bis 1,10

[1] In dieser Tabelle nicht aufgeführte Elemente dürfen dem Stahl außer zum Fertigbehandeln der Schmelze ohne Zustimmung des Bestellers nicht absichtlich zugesetzt werden. Im Zweifelsfalle sind die Grenzgehalte nach EURONORM 20 maßgebend.

[2] Geringfügige Abweichungen von den Grenzwerten für die Schmelzenanalyse sind zulässig, sofern die vereinbarten Werte der mechanischen Eigenschaften bzw. Härtbarkeit (entsprechend Tabelle 4, 5 bzw. 6) eingehalten werden.

[3] Nach Vereinbarung kann die Festlegung für den Mindestgehalt an Aluminium entfallen, wenn Stickstoff zusätzlich durch Niob, Titan oder Vanadin abgebunden wird und die Alterungsbeständigkeit gesondert nachgewiesen wird (siehe Erläuterungen). Die Forderung nach Feinkörnigkeit nach Abschnitt 7.5 bleibt hiervon unberührt.

[4] Überschreitungen bis 0,014 % sind zulässig, wenn der Al-Gehalt entsprechend abgestimmt ist.

[5] ●● Ein niedrigerer maximaler Cu-Gehalt kann bei der Bestellung vereinbart werden.

[6] Wegen der Entwicklung zum Stranguß wird diese Stahlsorte voraussichtlich in der nächsten Ausgabe dieser Norm nicht mehr enthalten sein.

[7] Höchstens 0,20 % C bei Durchmessern über 26 mm

[8] Höchstens 1,30 % Mn bei Durchmessern über 26 mm

[9] Die Summe der Massenanteile an Phosphor und Schwefel darf höchstens 0,035 % betragen.

Tabelle 4. Höchsthärte und -zugfestigkeit¹) für in den Zuständen „behandelt auf Scherbarkeit" (C), „weichgeglüht" (G), „kaltgezogen+weichgeglüht" (K+G), „kaltgezogen+weichgeglüht+kaltgezogen" (K+G+K), „geglüht auf kugelige Carbide" (GKZ), „kaltgezogen+geglüht auf kugelige Carbide" (K+GKZ), „kaltgezogen+geglüht auf kugelige Carbide+kaltgezogen" (K+GKZ+K) gelieferte Erzeugnisse

Stahlsorte		behandelt auf Scherbarkeit (C)			weichgeglüht (G) oder kaltgezogen+weichgeglüht (K+G)			kaltgezogen+weichgeglüht+kaltgezogen (K+G+K)			geglüht auf kugelige Carbide (GKZ) oder kaltgezogen+geglüht auf kugelige Carbide (K+GKZ)			kaltgezogen+geglüht auf kugelige Carbide+kaltgezogen (K+GKZ+K)		
Kurzname	Werkstoffnummer	R_m N/mm²	HB 30 max.	HV 10	R_m N/mm²	HB 30 max.	HV 10	R_m N/mm²	HB 30 max.	HV 10	R_m N/mm²	HB 30 max.	HV 10	R_m N/mm²	HB 30 max.	HV 10
USt 35-2	1.0207	—[2]	—[2]	—[2]	—	—	—	—	—	—	—	—	—	—	—	—
RSt 35-2	1.0208	—[2]	—[2]	—[2]	—	—	—	—	—	—	—	—	—	—	—	—
15 Mn 3 Al	1.0468	—[2]	—[2]	—[2]	—	—	—	—	—	—	—	—	—	—	—	—
21 Mn 4 Al	1.0470	—[2]	—[2]	—[2]	—	—	—	—	—	—	—	—	—	—	—	—
21 Mn 5	1.0495	860[3]	255[3]	268[3]	680	200	211	810	240	253	—	—	—	—	—	—
27 MnSi 5	1.0412	860[3]	255[3]	268[3]	710	210	221	850	250	263	—	—	—	—	—	—
20 NiCrMo 2	1.6522	860[3]	255[3]	268[3]	710	210	221	850	250	263	610[4]	180[4]	189[4]	740	220	233
20 NiCrMo 3	1.6527	860[3]	255[3]	268[3]	710	210	221	850	250	263	610[4]	180[4]	189[4]	740	220	233
23 MnNiCrMo 5 2	1.6541	860[3]	255[3]	268[3]	790	235	247	930	275	289	710[4]	210[4]	221[4]	850	250	263
23 MnNiCrMo 5 3	1.6540	860[3]	255[3]	268[3]	790	235	247	930	275	289	710[4]	210[4]	221[4]	850	250	263
23 MnNiMoCr 5 4	1.6758	860[3]	255[3]	268[3]	790	235	247	930	275	289	—	—	—	850	250	263

¹) In Schiedsfällen ist der Zugfestigkeitswert entscheidend.

²) Siehe Abschnitt 7.4.3

³) ●● Falls nichts anderes vereinbart wurde

⁴) ●● Wenn bei höheren Anforderungen an die Kaltverformbarkeit niedrigere Werte der Zugfestigkeit bzw. Härte erforderlich sind, können Sondervereinbarungen über mehrfache Wärmebehandlungen getroffen werden.

Tabelle 5.   Mechanische Eigenschaften der Stähle in unterschiedlichen Behandlungszuständen

Stahlsorte Kurzname	Werkstoffnummer	Dorndurchmesser im technologischen Biegeversuch [2] — Unbehandelt (U) mm	Dorndurchmesser im technologischen Biegeversuch [2] — Geglüht [1] mm	Normalgeglüht (N) — Gültig für Durchmesser mm max.	Normalgeglüht (N) — Streckgrenze N/mm² min.	Normalgeglüht (N) — Zugfestigkeit N/mm²	Normalgeglüht (N) — Bruchdehnung ($L_0=5d_0$) % min.	Vergütet (V) [3] — Gültig für Durchmesser mm max.	Vergütet (V) [3] — Streckgrenze N/mm² min.	Vergütet (V) [3] — Zugfestigkeit N/mm² min.	Vergütet (V) [3] — Bruchdehnung ($L_0=5d_0$) % min.	Vergütet (V) [3] — Brucheinschnürung % min.	Vergütet (V) [3] — Mittelwert der Kerbschlagarbeit aus 3 Versuchen [4] (ISO-V-Proben) J min.
Unlegierte Qualitätsstähle													
USt 35-2	1.0207	0,5 a	—	40	215	345 bis 440	30	—	—	—	—	—	—
RSt 35-2	1.0208	0,5 a	—	30	215	345 bis 440	30	—	—	—	—	—	—
15 Mn 3 Al	1.0468	1 a	—	60	245	440 bis 540 [5]	25	—	—	—	—	—	—
21 Mn 4 Al	1.0470	1 a	—	80	295	490 bis 635 [5]	22	18	540	685	12	40	—
21 Mn 5	1.0495	—	—	—	—	—	—	13	785 [6]	980 [6]	8 [6]	40 [6]	—
27 MnSi 5	1.0412	—	1 a	—	—	—	—	25	785	980	8	40	—
Edelstähle													
20 NiCrMo 2	1.6522	—	1 a	—	—	—	—	10	980	1180	10	50	40 [7]
20 NiCrMo 3	1.6527	—	1 a	—	—	—	—	14	980	1180	10	50	40
23 MnNiCrMo 52	1.6541	—	1 a	—	—	—	—	20	980	1180	10	50	40
23 MnNiCrMo 53	1.6540	—	1 a	—	—	—	—	24	980	1180	10	50	40
23 MnNiMoCr 54	1.6758	—	1 a	—	—	—	—	30	980	1180	10	50	40

[1] Bei Stahl 27 MnSi 5 Zustand G, bei den legierten Stählen Zustand GKZ (siehe Tabelle 4).

[2] a = Probendurchmesser. Der technologische Biegeversuch kommt bis zu einem Durchmesser von 26 mm in Betracht.

[3] Die angegebenen Werte gelten für folgendes Vergüten: Härten 880 °C/Wasser + Anlassen min. 400 °C für ≈ 1 h.

[4] Die Prüfung erfolgt bei +20 °C nach Vergüten entsprechend Fußnote 3.

[5] Eine Unterschreitung des unteren Grenzwertes der Zugfestigkeit um 30 N/mm² darf nicht beanstandet werden.

[6] Vorläufiger Wert, der während der Laufzeit dieser Norm überprüft wird.

[7] Es ist zu beachten, daß dieser Wert für eine Probe mit einer Dicke von 10 mm (Querschnitt 10 mm × 10 mm) gilt.

| Warmgewalzte Stähle für vergütbare Federn | **DIN** |
| Technische Lieferbedingungen | **17 221** |

1 Anwendungsbereich

1.1 Diese Norm gilt für

- warmgewalztes Halbzeug,
- warmgewalzten, gegebenenfalls anschließend geschälten oder geschliffenen Stabstahl (Rund- und Flachstahl),
- warmgewalzten gerippten Federstahl,
- warmgewalzten Draht,
- warmgewalzten Breitflachstahl,
- warmgewalztes Band

aus den in Tabelle 2 aufgeführten Federstählen, die im allgemeinen zu vergüteten Blatt-, Drehstab-, Kegel-, Schrauben- und Tellerfedern, Federringen sowie anderen federnden Teilen aller Art verarbeitet werden.

Die für die verschiedenen Erzeugnisformen in Betracht kommenden Wärmebehandlungszustände bei der Lieferung sind Tabelle 1, die Oberflächenausführungen sind Abschnitt 7.2.2 zu entnehmen.

2 Begriffe

2.1 Federstähle

Federstähle nach dieser Norm sind Stähle, die wegen ihres Federungsvermögens im vergüteten Zustand zur Herstellung von federnden Teilen aller Art verwendet werden. Das Federungsvermögen der Stähle beruht auf ihrer elastischen Verformbarkeit, aufgrund deren sie innerhalb eines bestimmten Bereichs belastet werden können, ohne daß nach der Entlastung eine bleibende Formänderung auftritt. Die für Federn gewünschten Eigenschaften der Stähle werden durch höhere Massenanteile Kohlenstoff und Legierungsbestandteile wie Silicium, Mangan, Chrom, Molybdän und Vanadin sowie durch die Wärmebehandlung, d. h. Härten in Öl oder Wasser mit nachfolgendem Anlassen, erreicht.

7.2 Wärmebehandlungszustand und Oberflächenausführung bei der Lieferung

7.2.1 ●● Wärmebehandlungszustand

In Betracht kommen die Wärmebehandlungszustände nach Tabelle 1. Falls bei der Bestellung nicht anders vereinbart, werden die Erzeugnisse im unbehandelten Zustand geliefert.

7.2.2 ●● Oberflächenausführung

Wenn bei der Bestellung nicht anders vereinbart, werden die Erzeugnisse mit Walzoberfläche geliefert.

Falls bei der Bestellung vereinbart, sind die Erzeugnisse in einer der folgenden bestimmten Oberflächenausführungen zu liefern:

- warmgewalzt und gebeizt;
- warmgewalzt und gestrahlt;
- warmgewalzt und geschält oder geschliffen;
- sonstige Oberflächenausführungen (in diesem Falle sind auch die Einzelheiten zu vereinbaren).

7.4 Scherbarkeit

7.4.1 Unter geeigneten Bedingungen sind sämtliche Stahlsorten nach dieser Norm im weichgeglühten Zustand (G) scherbar.

7.4.2 Die Stahlsorten 54 SiCr 6, 60 SiCr 7, 55 Cr 3, 50 CrV 4 und 51 CrMoV 4 sind unter geeigneten Bedingungen auch im Zustand „behandelt auf Scherbarkeit" (C) mit den in Tabelle 6 dafür angegebenen maximalen Härtewerten scherbar.

7.4.3 Die Stahlsorte 38 Si 7 ist unter geeigneten Bedingungen auch im unbehandelten Zustand scherbar.

7.5 ●● Korngröße

Der Stahl muß bei Prüfung nach DIN 50 601 eine Korngrößen-Kennzahl des Austenits von 5 und/oder feiner haben.

7.6 ●● Nichtmetallische Einschlüsse

Sofern bei der Bestellung Anforderungen an den nach DIN 50 602 ermittelten mikroskopischen Reinheitsgrad (gültig für oxidische nichtmetallische Einschlüsse) vereinbart wurden, gelten für den Kennwert K der einzelnen Schmelze die Angaben in Tabelle 7.

7.8 Oberflächenbeschaffenheit

7.8.1.2 Beim Ausbessern von Oberflächenfehlern sind Überschreitungen der in den Maßnormen angegebenen Maßtoleranzen nur mit Zustimmung des Bestellers oder seines Beauftragten zulässig.

Tabelle 2. **Chemische Zusammensetzung (Schmelzenanalyse)**

Stahlsorte		Massenanteil in % [1]							
Kurzname	Werkstoffnummer	C	Si	Mn	P max.	S max.	Cr	Mo	V
38 Si 7	**1.5023**	0,35 bis 0,42	1,50 bis 1,80	0,50 bis 0,80	0,030	0,030	–	–	–
54 SiCr 6	**1.7102**	0,51 bis 0,59	1,20 bis 1,60	0,50 bis 0,80	0,030	0,030	0,50 bis 0,80	–	–
60 SiCr 7	**1.7108**	0,57 bis 0,65	1,50 bis 1,80	0,70 bis 1,00	0,030	0,030	0,20 bis 0,40	–	–
55 Cr 3	**1.7176**	0,52 bis 0,59	0,25 bis 0,50	0,70 bis 1,00	0,030	0,030	0,70 bis 1,00	–	–
50 CrV 4	**1.8159**	0,47 bis 0,55	0,15 bis 0,40	0,70 bis 1,10	0,030	0,030	0,90 bis 1,20	–	0,10 bis 0,20
51 CrMoV 4	**1.7701**	0,48 bis 0,56	0,15 bis 0,40	0,70 bis 1,10	0,030	0,030	0,90 bis 1,20	0,15 bis 0,25	0,08 bis 0,15

[1] In dieser Tabelle nicht aufgeführte Elemente dürfen dem Stahl außer zum Fertigbehandeln der Schmelze ohne Zustimmung des Bestellers nicht absichtlich zugesetzt werden. In Zweifelsfällen sind die Grenzgehalte nach EURONORM 20 maßgebend.

Tabelle 5. **Grenzabmessungen für die Härtbarkeit der Stähle** (siehe Abschnitt 7.3.3)

1		2		3			4		
Stahlsorte		Härten		Mindestwert der Härte im Kern nach dem Abschrecken [1],[2]	Größte Maße bei		Mindestwert der Härte im Kern nach dem Abschrecken [1],[3]	Größte Maße bei	
Kurzname	Werkstoffnummer	von °C	in	HRC	Flacherzeugnissen (Dicke) mm	Rundstahl (Durchmesser) mm	HRC	Flacherzeugnissen (Dicke) mm	Rundstahl (Durchmesser) mm
38 Si 7	**1.5023**	830 bis 860	Wasser	47	10	12	56	–	–
54 SiCr 6	**1.7102**	830 bis 860	Öl [4]	54	[5]	20 [6],[7]	56	12 [7]	18 [7]
60 SiCr 7	**1.7108**	830 bis 860	Öl [4]	54	18 [7]	25 [7]	56	14 [7]	22 [7]
55 Cr 3	**1.7176**	830 bis 860	Öl [4]	54	16 [7]	25 [7]	56	14 [7]	22 [7]
50 CrV 4	**1.8159**	830 bis 860	Öl [4]	54	25 [7]	40 [7]	56	20 [7]	30 [7]
51 CrMoV 4	**1.7701**	830 bis 860	Öl [4]	54	45 [7]	65 [7]	56	35 [7]	60 [7]

[1] Gültig für die Abschrecktemperaturen nach Spalte 2
[2] Es muß mit größeren Bainitanteilen gerechnet werden
[3] Mit geringen Bainitanteilen ist zu rechnen
[4] Beim Härten ist ein Hochleistungshärteöl zu verwenden.
[5] ●● Der Wert ist gegebenenfalls bei der Bestellung zu vereinbaren.
[6] Vorläufiger Wert
[7] Die in dieser Tabelle angegebenen größten Maße sind nur erreichbar, wenn die chemische Zusammensetzung derart eingegrenzt wird, daß die Jominy-Kurven innerhalb des oberen 2/3-Streubandes nach Tabelle 4 liegen.

Tabelle 6. **Höchsthärte in verschiedenen Wärmebehandlungszuständen**

	1	2	3	4
Stahlsorte		Höchsthärte nach Brinell im Zustand		
Kurzname	Werkstoff-nummer	behandelt auf Scherbarkeit C	weich-geglüht G	geglüht auf kugelige Carbide GKZ
38 Si 7	1.5023	–	217	200
54 SiCr 6	1.7102	280	248	230
60 SiCr 7	1.7108	280	248	230
55 Cr 3	1.7176	280	248	200
50 CrV 4	1.8159	280	248	210
51 CrMoV 4	1.7701	280	248	225

Tabelle 7. **Mikroskopischer Reinheitsgrad**
(gültig für oxidische nichtmetallische Einschlüsse, siehe Abschnitt 7.6)

Stabstahl Durchmesser d oder flächengleicher Querschnitt mm	Summenkennwert K (Oxide) für die einzelne Schmelze
$70 < d \leq 100$	$K 4 \leq 40$
$35 < d \leq 70$	$K 4 \leq 35$
$17 < d \leq 35$	$K 3 \leq 40$
$8 < d \leq 17$	$K 3 \leq 30$
$d \leq 8$	$K 2 \leq 35$

Tabelle 8. **Zulässige Entkohlungstiefe** [1])

Stahlsorte		Flacherzeugnisse		Rundstahl	
Kurzname	Werkstoff-nummer	Dicke s mm	Entkohlungs-tiefe [1]) max. mm	Durch-messer d mm	Entkohlungs-tiefe [1]) max. mm
38 Si 7	1.5023			$\leq 14,5$	0,25
54 SiCr 6	1.7102	$5 \leq s \leq 25$	$0,01 \cdot s + 0,25$		
60 SiCr 7	1.7108			$> 14,5$	$0,017 \cdot d$
55 Cr 3	1.7176			≤ 10	0,15
50 CrV 4	1.8159	$5 \leq s \leq 80$	$0,01 \cdot s + 0,15$		
51 CrMoV 4	1.7701			> 10	$0,015 \cdot d$

[1]) Bei den Stahlsorten 38 Si 7, 54 SiCr 6 und 60 SiCr 7 ist eine partielle Auskohlung nicht immer zu vermeiden. Die Stahlsorten 55 Cr 3, 50 CrV 4 und 51 CrMoV 4 müssen im Sinne der Erläuterungen zu dieser Norm auskohlungsfrei sein.

	Kaltprofile aus Stahl Zulässige Maß-, Form- und Gewichtsabweichungen	DIN 59 413

Maße in mm

1 Geltungsbereich

Diese Norm gilt für auf Walzprofiliermaschinen hergestellte Kaltprofile in den handelsüblichen Lieferformen aus den in Abschnitt 4 genannten Stählen.

Diese Norm gilt nicht für gezogene, gepreßte und abgekantete Kaltprofile.

2 Bezeichnung

Bilder 1 bis 5. Beispiele für Kaltprofile und deren Bezeichnung

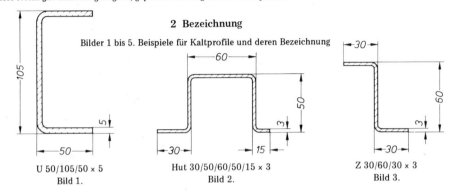

U 50/105/50 × 5
Bild 1.

Hut 30/50/60/50/15 × 3
Bild 2.

Z 30/60/30 × 3
Bild 3.

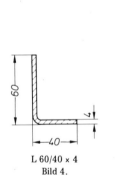

L 60/40 × 4
Bild 4.

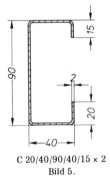

C 20/40/90/40/15 × 2
Bild 5.

2.2 Bezeichnungsbeispiele

Bezeichnung des U-Profils nach Bild 1 aus einem Stahl mit dem Kurznamen St 37-3 und der Werkstoffnummer 1.0116:

U 50/105/50 × 5 DIN 59 413 − St 37-3

oder U 50/105/50 × 5 DIN 59 413 − 1.0116

Bezeichnung des C-Profils nach Bild 5 mit Naturkanten aus einem Stahl mit dem Kurznamen USt 37-2 und der Werkstoffnummer 1.0036:

C 20/40/90/40/15 × 2 NK

DIN 59 413 − USt 37-2

oder C 20/40/90/40/15 × 2 NK

DIN 59 413 − 1.0036

2.3
Kaltprofilen anderer Querschnittsformen, die nach Abschnitt 2.1 nicht eindeutig bezeichnet werden können, ist eine Zeichnung über die gewünschte Form zugrundezulegen.

3 Zulässige Maß- und Formabweichungen

3.1 Querschnitt

3.1.1 Wegen der Vielfalt der herstellbaren Kaltprofilformen und -abmessungen gibt es keine genormten Vorzugsmaße. Die Maße sind jeweils bei der Bestellung zu vereinbaren. Das gilt auch für die zulässigen Abweichungen von den Querschnittsmaßen, sofern die im Abschnitt 3.1.2 genannten Voraussetzungen nicht zutreffen.

3.1.2 Die in den Abschnitten 3.1.3 bis 3.1.5 angegebenen zulässigen Abweichungen von den Querschnittsmaßen gelten für L-, U-, Z-, C- und Hut-Kaltprofile mit folgenden kennzeichnenden Merkmalen:

Gewährleistete Mindest-Streckgrenze des Stahls ≤ 500 N/mm^2

Biegewinkel bei allen Umkantungen 90°

Biegehalbmesser nach Tabelle 4

Außenmaße, die durch zwei Rundungen begrenzt sind (Steg) $\geq 10 \times$ Wanddicke

Außenmaße, die durch eine Rundung und eine freie Kante begrenzt sind (Flansch, Schenkel) $\geq 4\times$ Wanddicke (bei der Stahlsorte St 52-3 $\geq 6\times$ Wanddicke)

Längenverhältnis der beiden freien Schenkel (Flansche) ≤ 2

3.1.3 Für Außenmaße, die durch zwei Rundungen des Kaltprofiles begrenzt sind (z. B. Steg eines U-Profiles), gelten die zulässigen Abweichungen nach Tabelle 1.

Tabelle 1.

Wanddicke s	Zulässige Abweichungen bei Außenmaßen		
	≤ 50	$> 50 \leq 100$	$> 100 \leq 220$
$< 3,0$	± 0,75	± 1,00	± 1,00
$\geq 3,0 < 5,0$	± 1,00	± 1,00	± 1,25
$\geq 5,0 \leq 8,0$	± 1,00	± 1,25	± 1,50

3.1.4 Für Außenmaße, die von einer Rundung und einer freien Kante begrenzt sind (z. B. Flansch eines U-Profiles) gelten die zulässigen Abweichungen nach Tabelle 2.

3.1.5 Kleinere zulässige Maßabweichungen als nach den Tabellen 1 und 2 können — besonders bei Kaltprofilen aus Kaltband mit geringer Dicke und aus Warmband mit geschnittenen Kanten — bei der Bestellung vereinbart werden.

Tabelle 2.

Wanddicke s	Zulässige Abweichungen bei Außenmaßen[1])		
	≤ 40	$> 40 \leq 80$	$> 80 \leq 120$
$< 3,0$	± 1,20	± 1,50	± 1,50
$\geq 3,0 < 5,0$	± 1,50	± 1,50	± 2,00
$\geq 5,0 \leq 8,0$	± 2,00	± 2,00	± 2,00

[1]) Der jeweils größere der beiden Flansche oder Schenkel ist für die Ermittlung der Abweichungen maßgebend.

3.1.6 Für die zulässigen Abweichungen von der Nennwanddicke s in den unverformten Querschnittsteilen der Kaltprofile gelten die Regelabweichungen für die Nenndicke des als Ausgangserzeugnis dienenden Bandes oder Blechs. Die Werte sind festgelegt in den jeweils gültigen Ausgaben von

DIN	1016	Warmgewalztes Band, warmgewalztes Blech unter 3 mm Dicke,
DIN	1541	Kaltgewalztes Breitband und Blech aus unlegierten Stählen,
DIN	1544	Kaltgewalztes Band,
DIN	59 381	Kaltgewalztes Band aus nichtrostenden Stählen,
DIN	59 382	Kaltgewalztes Breitband und Blech aus nichtrostenden Stählen.

3.1.6.1 In den Biegezonen (Rundungen) der Kaltprofile ist mit einer Verringerung der Wanddicke entsprechend DIN 6935 zu rechnen.

3.1.7 Die zulässige Abweichung von der Winkelstellung darf die in Tabelle 3 angegebenen Werte nicht überschreiten.

Tabelle 3.

Länge des kleineren Schenkels		Zulässige Abweichung von der Winkelstellung
über	bis	in Grad
	10	± 3,0
10	40	± 2,0
40	80	± 1,5
80		± 1,0

Tabelle 4.

Stahlsorten nach DIN 17 100 und vergleichbare Warmband- und Kaltbandsorten	Innenhalbmesser bei Wanddicken s	
	$\leq 6,0$	$> 6,0 \leq 8,0$
St 33-2	2,0 s	2,0 s
St 34-2, St 37-2, St 37-3	1,0 s	1,5 s
St 42-2, St 42-3	1,5 s	2,0 s
St 52-3	2,0 s	2,5 s

3.1.8 In Tabelle 4 sind die Richtwerte für die allgemein üblichen Biegehalbmesser (Innenhalbmesser) angegeben. Kleinere Biegehalbmesser können vereinbart werden. Die Innenhalbmesser werden mit einer Abweichung von ± 20 % eingehalten.

3.2. Geradheit
Die zulässige Abweichung q von der Geradheit beträgt höchstens $0,0025 \cdot l$.

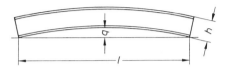

3.3 Verdrillung
Die Verdrillung darf im allgemein höchstens 1° je m betragen. Bei ungünstigen (z. B. unsymmetrischen) Kaltprofilformen sind die Werte zu vereinbaren.

4 Werkstoff
Die Kaltprofile nach dieser Norm werden vorzugsweise aus den in DIN 17 118 aufgeführten Stahlsorten hergestellt.

6 Lieferart
6.1 Für die Lieferung der Kaltprofile gelten die Längenangaben in Tabelle 5.

Tabelle 5.

Längenart	Länge		zul. Abw.	Bestellangabe für die Länge
	Bereich			
Festlänge	6000 [1])		+ 50 / 0	keine [1])
Genaulänge		≤ 2000	± 1	gewünschte
	> 2000	≤ 6000	± 2	Genaulänge
	> 6000	≤ 10000	± 3	in mm

[1]) Kleinere und größere Festlängen (bis etwa 15 000 mm) können vereinbart werden; in diesem Fall ist die gewünschte Festlänge in mm bei der Bestellung anzugeben.

6.2 Bei Bestellung von Festlängen dürfen Unterlängen, jedoch nicht unter 1500 mm, mit einem Anteil bis zu 6 % des Liefergewichtes beigefügt werden.

8.2 Durchführung der Prüfungen
8.2.1 Die Nachprüfung der Maße ist in einem Abstand von mindestens 250 mm von den Enden der Kaltprofile vorzunehmen, da beim Schneiden ein mehr oder weniger starkes Auf- oder Einfedern an den Enden unvermeidbar ist.

8.2.2 Bei der Prüfung der Geradheit und der Verdrillung (siehe Abschnitt 3.2 und 3.3) erfolgt die Messung über die Gesamtlänge des auf ebener Unterlage frei liegenden Kaltprofils.

| | Kaltprofile aus Stahl
Technische Lieferbedingungen | DIN
17 118 |

1 Geltungsbereich

Diese Norm gilt für auf Walzprofiliermaschinen hergestellte Kaltprofile, bevorzugt in den Lieferformen nach
DIN 59 413, aus den im Abschnitt 2 angegebenen Stählen.
Diese Norm gilt nicht für gezogene, gepreßte und
abgekantete Kaltprofile.

2 Werkstoff

2.1 Die Kaltprofile nach dieser Norm werden im allgemeinen aus warm- oder kaltgewalztem Band aus kaltformbaren Stählen nach

DIN   1614 Teil 1   Flachzeug aus Stahl; Warmgewalztes
                     Band und Blech aus weichen unlegierten
                     Stählen; Gütevorschriften

DIN 17 100 Allgemeine Baustähle; Gütevorschriften

Stahleisen-Werkstoffblatt 092 — Warmgewalzte Feinkornstähle zum Kaltumformen; Gütevorschriften (z. Z. noch
Entwurf)

DIN   1623 Teil 1   Flachzeug aus Stahl; Kaltgewalztes
                     Band und Blech aus weichen unlegierten
                     Stählen; Gütevorschriften

DIN   1624 Flachzeug aus Stahl; Kaltgewalztes Band
           bis 650 mm Breite aus weichen unlegierten
           Stählen; Gütevorschriften (Folgeausgabe
           z. Z. noch Entwurf)

Stahleisen-Werkstoffblatt 093 — Kaltgewalztes Feinblech
und Band mit gewährleisteter Mindeststreckgrenze zum
Kaltumformen; Gütevorschriften (z. Z. noch Entwurf)
hergestellt. Lieferbar sind auch Kaltprofile aus anderen
kaltformbaren Stählen, z. B. aus nichtrostenden und
säurebeständigen Stählen nach DIN 17 440 oder aus ober-
flächenveredelten Stählen.

4 Anforderungen

4.1 Erschmelzungs- und Desoxidationsart des Stahls

Es gelten die Festlegungen in den im Abschnitt 2.1
angeführten Normen.

4.3 Chemische Zusammensetzung

Es gelten die Festlegungen in den im Abschnitt 2.1
angeführten Normen.

4.4 Mechanische und technologische Eigenschaften

Es gelten die Festlegungen in den im Abschnitt 2.1 angeführten Normen. Geringe Abweichungen von den gewährleisteten Werten sind zulässig, wenn die Bedingungen
nach den Abschnitten 6.3.1 und 6.3.2 nicht erfüllt sind.

4.5 Oberflächenbeschaffenheit

4.5.1 Für die Oberfläche gelten im allgemeinen die
Bedingungen, denen der zur Verarbeitung gelangende
Ausgangswerkstoff entsprechen muß. Jedoch können
geringfügige Narben durch abgesprungene Walzhaut,
kleine Riefen, Druckstellen usw. vorhanden sein, die durch
das Profilieren oder Richten entstanden sind. Bei chemisch
entzunderter Oberfläche sind Beizflecken in geringem
Umfang zulässig.

4.5.2 Mit dem Anhaften von Resten des bei der Profil-
gebung benutzten Gleitmittels muß gerechnet werden.
Besondere Anforderungen an die Sauberkeit der Oberfläche sind zu vereinbaren.

7 Beanstandungen

7.1 Äußere und innere Fehler dürfen nur dann
beanstandet werden, wenn sie eine der bestellten Kalt-
profilform und Stahlsorte angemessene Verarbeitung
und Verwendung mehr als unerheblich beeinträchtigen.

	Blankstahl	**DIN**
	Technische Lieferbedingungen	**1652**
	Allgemeines	Teil 1

1 Anwendungsbereich

1.1 Diese Norm legt die technischen Lieferbedingungen für Blankstahl fest.

2 Begriffe

2.1 Blankstahl

2.1.1 Gezogener Blankstahl

Hierzu zählen Stahlerzeugnisse verschiedenster Querschnittsformen, die aus warmgewalztem Stabstahl oder Draht nach Entzunderung durch Ziehen auf einer Ziehbank (spanlose Kaltverformung) hergestellt werden. Dieser Arbeitsgang führt zu besonderen Merkmalen hinsichtlich der Form, der Maßgenauigkeit und der Oberflächenausführung des Erzeugnisses. Außerdem führt der Arbeitsvorgang zu einer Kaltverfestigung, die durch eine Wärmebehandlung rückgängig gemacht werden kann. Unabhängig von ihren Maßen werden die Stäbe stets gerichtet; Blankstahl mit kleineren Querschnittsmaßen wird auch in Ringen geliefert.

2.1.2 Geschälter Blankstahl

Geschälter Blankstahl ist Rundstahl mit den besonderen Merkmalen des gezogenen Blankstahls betreffend Form, Maßgenauigkeit (siehe Anhang A) und blanke Oberfläche, der durch Schälen auf Schälmaschinen hergestellt und anschließend gerichtet und druckpoliert wird.

Die Spanabnahme beim Schälen zum Herstellen von Blankstahl ist so bemessen, daß eine von z. B. Walzfehlern und Randentkohlung nahezu freie Oberfläche erzielt wird.

Das Schälen führt zu einer verfahrensbedingten Randschichtverfestigung.

2.1.3 Geschliffener Blankstahl

Geschliffener Blankstahl ist gezogener oder geschälter Rundstahl, der zusätzlich durch Schleifen oder Schleifen und Polieren eine noch bessere Beschaffenheit der Oberfläche und eine noch höhere Maßgenauigkeit erhalten hat.

2.2 Wärmebehandlungsarten

Für die in dieser Norm erwähnten Arten der Wärmebehandlung gelten die Begriffsbestimmungen in DIN 17 014 Teil 1.

2.3 Dicke

Als Dicke gilt in sämtlichen Teilen dieser Norm das Nennmaß, und zwar bei blankem Rundstahl und blanken Stahlwellen der Durchmesser, bei Vierkantstahl die Seitenlänge (des Querschnitts), bei Sechskantstahl die Schlüsselweite und bei Flachstahl die kleinere Seitenlänge des Querschnitts.

3 Erzeugnisformen, Maße und Grenzabmaße

3.1 Blankstahl wird im allgemeinen mit rundem, quadratischem, sechseckigem oder rechteckigem Querschnitt, aber auch als Sonderprofil in Form von Stäben und Ringen geliefert.

3.2 ● Die Nennmaße und die Grenzabmaße der Erzeugnisse sind unter Bezugnahme auf die dafür geltenden Maßnormen (siehe Anhang A) bei der Bestellung zu vereinbaren.

●● Nennmaße und Grenzabmaße außerhalb des Anwendungsbereiches dieser Maßnormen sind besonders zu vereinbaren.

7.2 Wärmebehandlungszustand und Oberflächenausführung bei der Lieferung (Lieferzustand)

7.2.1 Üblich sind die in DIN 1652 Teil 2 bis Teil 4 (jeweils Ausgabe 11.90), Tabelle 1, aufgeführten Lieferzustände.

In Betracht kommen darüber hinaus weitere Lieferzustände für besondere Anforderungen wie in den Abschnitten 7.7.4 bis 7.7.6 dieser Norm gekennzeichnet.

7.2.2 ● Der gewünschte Lieferzustand ist bei der Bestellung zu vereinbaren. Dabei ist zu berücksichtigen,

— daß die verschiedenen Lieferzustände die Verarbeitbarkeit, z. B. die Zerspanbarkeit und die Biegefähigkeit, unterschiedlich beeinflussen,

— daß geschältes Material nur oberhalb einer Mindestdicke (siehe DIN 1652 Teil 2 bis Teil 4 (jeweils Ausgabe 11.90), Tabelle 1, lieferbar ist.

7.4 Chemische Zusammensetzung

Nach DIN 1652 Teil 2 bis Teil 4.

7.5 Mechanische Eigenschaften, Härte und Härtbarkeit

Nach DIN 1652 Teil 2 bis Teil 4.

7.6 Technologische Eigenschaften

Nach DIN 1652 Teil 2 bis Teil 4.

7.7 Oberflächenbeschaffenheit

7.7.1 Bei Sechskant-, Vierkant- und Flachstahl sowie bei Profilen mit besonderen Querschnittsformen (Sonderprofile) ist aus herstellungstechnischen Gründen eine hellblanke Oberfläche nicht zu erzielen; die Oberfläche fällt dunkler an als bei blankem Rundstahl.

7.7.2 Durch eine auf das Ziehen, Schälen, Schleifen oder Polieren folgende Wärmebehandlung (z. B. Spannungsarmglühen, Weichglühen, Normalglühen, Vergüten) wird die Oberfläche dunkler und rauher.

7.7.3 Poren, Narben und Riefen dürfen vereinzelt vorkommen; ihre Tiefe darf bei Rundstahl nicht größer als ISO-Toleranzfeld h 11 sein.

●● Bei Blankstahl mit anderem Querschnitt können Grenzmuster vereinbart werden.

7.7.4 ●● Wird eine bessere Oberflächenausführung als die beim üblichen einmaligen Ziehen oder beim Schälen sich ergebende gewünscht, kann bei der Bestellung eine zusätzliche Behandlung, z. B. mehrfaches Ziehen, Schleifen oder Polieren, vereinbart werden.

Insbesondere ist dies hinsichtlich einer hellblanken und sehr glatten Oberfläche, wie sie für galvanische Oberflächenüberzüge erforderlich sein kann, notwendig.

7.7.5 ●● Da sich Oberflächenlängsrisse bei der Herstellung des Walzstahles nicht ganz vermeiden lassen und beim Ziehen erhalten bleiben, können über deren zulässige Tiefe bei gezogenem Blankstahl – als Anhaltswerte – sowie gegebenenfalls über die Art der Rißprüfung Vereinbarungen getroffen werden.

Hierbei ist bei Rundstahl von den Stahl-Eisen-Lieferbedingungen 055 (z. Z. Entwurf) auszugehen.

7.7.6 ●● Werden besondere Anforderungen an die Grenzen von Oberflächenfehlern und/oder Randentkohlung beim blanken Rundstahl gestellt, muß dieser zweckmäßigerweise geschält, gegebenenfalls auch zur Verbesserung der Oberflächenfeingestalt bei Rundstahl geschliffen werden. Diese Anforderungen sind bei der Bestellung zu vereinbaren.

7.8 ●● Korngröße

Korngröße von Einsatzstählen nach DIN 1652 Teil 3 siehe DIN 17 210/09.86, Abschnitt 7.5, Korngröße von Vergütungsstählen nach DIN 1652 Teil 4 siehe DIN 17 200/03.87, Abschnitt 7.5.

7.9 Nichtmetallische Einschlüsse

Nichtmetallische Einschlüsse bei Einsatzstählen nach DIN 1652 Teil 3 siehe DIN 17 210/09.86, Abschnitt 7.6 und Tabelle 6; nichtmetallische Einschlüsse bei Vergütungsstählen nach DIN 1652 Teil 4 siehe DIN 17 200/03.87, Abschnitt 7.6 und Tabelle 10.

7.10 Innere Beschaffenheit

Innere Beschaffenheit von Einsatzstählen nach DIN 1652 Teil 3 siehe DIN 17 210/09.86, Abschnitt 7.7, innere Beschaffenheit von Vergütungsstählen nach DIN 1652 Teil 4 siehe DIN 17 200/03.87, Abschnitt 7.7.

11 Versand

11.1 Blankstahl wird handelsüblich leicht eingefettet geliefert, soweit dem nicht Bestimmungen des Verfrachters (z. B. der Deutschen Bundesbahn) für unverpacktes Stückgut entgegenstehen.

11.2 ●● Die übliche leichte Einfettung mit gebräuchlichen Mitteln ergibt vor allem bei der Bildung von Kondenswasser (Schwitzwasser) keinen Rostschutz. Bei der Bestellung kann die Verwendung ausgesuchter Rostschutzmittel oder eine besondere Verpackungsart zur Erzielung eines gewissen Rostschutzes vereinbart werden.

357

	Blankstahl Technische Lieferbedingungen Allgemeine Baustähle	**DIN 1652** Teil 2

1 Anwendungsbereich

Diese Norm legt die werkstoffspezifischen Anforderungen für Blankstahl aus allgemeinen Baustählen nach DIN 17 100 fest. Ergänzend hierzu gelten die Angaben in DIN 1652 Teil 1.

5 Bezeichnung

Beispiel:

Stahl DIN 1652 – ZSt 37-2 K

oder

Stahl DIN 1652 – 1.0159 K

In Tabelle 2 sind sowohl die Stahlsorten mit dem Kennbuchstaben Z, die zum Blankziehen geeignet sind, als auch die üblichen allgemeinen Baustähle, die durch Schälen bearbeitet werden, aufgeführt. Die Bestellung ist mit den entsprechenden Kurznamen und Werkstoffnummern vorzunehmen; bei der Bestellung von gezogenem Material kann der Buchstabe Z im Kurznamen entfallen (siehe auch Fußnote[5]) in Tabelle 2).

7.4 Chemische Zusammensetzung

Für die chemische Zusammensetzung (Schmelzen- und Stückanalyse) gelten die Werte nach DIN 17 100, Tabelle 1. Darüber hinaus gilt (außer für die Stähle ZSt 50-2/St 50-2, ZSt 60-2/St 60-2 und ZSt 70-2/St 70-2), daß die Massenanteile an den in DIN 17 100/01.80, Tabelle 1, nicht aufgeführten Elementen die in DIN EN 10 020/08.89, Tabelle 1, angegebenen Grenzgehalte nicht überschreiten dürfen.

7.5 Mechanische Eigenschaften,
Härte und Härtbarkeit

7.5. Eigenschaften im Zug- und
Kerbschlagbiegeversuch

Tabelle 1 gibt eine Übersicht über die für die einzelnen Lieferzustände bezüglich der Eigenschaften im Zug- und Kerbschlagbiegeversuch geltenden Anforderungen.

Die Werte für die Eigenschaften im Zugversuch sind Tabelle 2 dieser Norm, für die Eigenschaften im Kerbschlagbiegeversuch DIN 17 100/01.80, Tabelle 2, zu entnehmen.

Anforderungen an die Härtbarkeit bestehen nicht.

7.6 Technologische Eigenschaften

7.6.1 Schweißeignung

Beim Schweißen der Stähle im kaltgezogenen Lieferzustand ist auf mögliche Festigkeitsveränderungen und Versprödungserscheinungen zu achten.

7.6.1.1 Eine uneingeschränkte Eignung der Stähle für die verschiedenen Schweißverfahren kann nicht zugesagt werden, da das Verhalten eines Stahles beim und nach dem Schweißen nicht nur vom Werkstoff, sondern auch von den Maßen und der Form sowie den Fertigungs- und Betriebsbedingungen des Bauteils abhängt[1]).

7.6.1.2 Für das Lichtbogen- und Gasschmelzschweißen sind die Stähle der Gütegruppe 2 und 3 bis einschließlich des St 52-3 (d. h. die Stähle nach dieser Norm mit einem Massenanteil von höchstens 0,22 % C in der Schmelzenanalyse) im allgemeinen geeignet. Dabei sind bei gleicher Mindeststreckgrenze die Stähle der Gütegruppe 3 denen der Gütegruppe 2 vorzuziehen und innerhalb der Gütegruppe 2 die beruhigten Stähle gegenüber den unberuhigten zu bevorzugen, besonders, wenn beim Schweißen Seigerungszonen angeschnitten werden können.

Die Stähle ZSt 50-2 bzw. St 50-2, ZSt 60-2 bzw. St 60-2 und ZSt 70-2 bzw. St 70-2 sind nicht für das Lichtbogen- und Gasschmelzschweißen vorgesehen.

7.6.1.3 Eignung zum Abbrennstumpfschweißen und Gaspreßschweißen ist im allgemeinen bei allen Stählen nach dieser Norm vorhanden. Bei Stählen mit höheren Kohlenstoffgehalten (ZSt 50-2 bzw. St 50-2, ZSt 60-2 bzw. St 60-2 und ZSt 70-2 bzw. St 70-2) ist gegebenenfalls ein partielles Nachwärmen und/oder eine Wärmebehandlung nach dem Schweißen notwendig.

7.6.1.4 Eignung zum Preßschweißen nach anderen Verfahren ist im allgemeinen nur bei den Stählen nach DIN 17 100/01.80, Tabelle 1, mit höchstens 0,22 % C in der Schmelzenanalyse gegeben; sie wird auch noch stark vom Siliciumgehalt des Stahles beeinflußt.

In Abhängigkeit vom Kohlenstoffgehalt ist gegebenenfalls ein partielles Nachwärmen und/oder eine Wärmebehandlung erforderlich.

7.7 Oberflächenbeschaffenheit

Nach DIN 1652 Teil 1.

Tabelle 1. Übersicht über übliche Lieferzustände und die dafür geltenden Anforderungen an die chemische Zusammensetzung und die mechanischen Eigenschaften

Nr	1			2	3	4
	Lieferzustand[1])		Kenn-buch-stabe	Es gelten die Anforderungen an		
				die chemische Zusammen-setzung in	die Eigenschaften im	
					Zugver-such in Tabelle	Kerbschlagbiege-versuch in
1	kaltgezogen[1])	und nicht wärmebe-handelt	K	DIN 17 100/ 01.80, Tabelle 1	2	–
2	geschält[2])		SH		2	DIN 17 100/01.80, Tabelle 2
3	kaltgezogen[1])	und span-nungsarm-geglüht	K + S		● Die mechanischen Eigenschaften sind bei der Bestellung zu vereinba-ren.	
4	geschält[2])		SH + S			
5	kaltgezogen[1])	und weich-geglüht	K + G		2	–
6	geschält[2])		SH + G		2	–
7	kaltgezogen[1])	und normal-geglüht	K + N		2	DIN 17 100/01.80, Tabelle 2
8	geschält[2])		SH + N		2	

[1]) Für Rundstahl über 50 mm Durchmesser kommt üblicherweise nicht mehr Kaltziehen, sondern nur noch Schälen in Betracht.

[2]) Schälen im allgemeinen ab 16 mm Durchmesser möglich. Der Lieferer kann das Schälen durch ein Schruppschleifen ersetzen.

Tabelle 2. Mechanische Eigenschaften für Blankstahl aus allgemeinen Baustählen im Lieferzustand bei Raumtemperatur

| Stahlsorte nach DIN 17 100 | | Dicke [1] mm | | Lieferzustand | | | | | | | | | | |
Kurzname	Werkstoff-nummer	von	bis unter	kaltgezogen und nicht wärmebehandelt (K) [2] — Zugfestigkeit N/mm² (mindestens)	Streck-grenze N/mm² (mindestens)	Bruch-dehnung $(L_0=5d_0)$ % (mindestens)	geschält und nicht wärmebehandelt (SH) — Zugfestigkeit [3] N/mm² (mindestens)	Streck-grenze N/mm² (mindestens)	Bruch-dehnung $(L_0=5d_0)$ % (mindestens)	kaltgezogen u. weichgeglüht [2],[4] (K+G) / geschält und weichgeglüht [4] (SH+G) — Zugfestigkeit N/mm² (max)	Bruch-dehnung $(L_0=5d_0)$ % (mindestens)	kaltgezogen und normalgeglüht (K+N) / geschält und normalgeglüht (SH+N) — Zugfestigkeit N/mm²	Streck-grenze N/mm² (mindestens)	Bruch-dehnung $(L_0=5d_0)$ % (mindestens)
ZSt 37-2 [5]	1.0159		5	520 bis 820	390	7	340 bis 470	—	—	440	26	340 bis 470	235	26
St 37-2	1.0037	5	10	470 bis 770	355	8								
UZSt 37-2 [5]	1.0161	10	16	440 bis 690	300	9								
USt 37-2	1.0036	16	25	440 bis 690	285	10		225	24				225	25
RZSt 37-2 [5]	1.0165	25	40	420 bis 690	260	11			23	470	25		215	24
RSt 37-2	1.0038	40	63	380 bis 630	235	12		215	22					
ZSt 37-3 [5]	1.0168	63	80	350 bis 600	215	12								
St 37-3	1.0116	80		nach Vereinbarung [6]			nach Vereinbarung [6]							
ZSt 44-2 [5]	1.0129		5	590 bis 890	470	6	410 bis 50	—	—	500	22	410 bis 560	275	22
St 44-2	1.0044	5	10	580 bis 840	420	7								
ZSt 44-3 [5]	1.0153	10	16	530 bis 820	380	8								
St 44-3	1.0144	16	25	510 bis 790	330	9			20				265	21
		25	40	490 bis 740	300	10		265		520	21			
		40	63	440 bis 690	265	11		255	19				255	20
		63	80	420 bis 670	245	11		245	18		20		245	
		80		nach Vereinbarung [6]			nach Vereinbarung [6]							

Stahlsorte	Werkstoffnummer	über mm	bis mm	Rm (gezogen)	Re	A	Rm	Re	A	Rm	Re	A
ZSt 52‑3	1.0597	5	5	700 bis 1000	600	5	—	—	—	—	355	22
St 52‑3	1.0570	10	10	650 bis 950	520	6	—	—	—	—	345	21
		16	16	600 bis 850	450	7	—	—	—	490 bis 630	335	20
		25	25	550 bis 800	400	8	490 bis 630	345	20		325	
		40	40	530 bis 780	350	9		335	19	600		21
		63	63	520 bis 770	345	10		325	18	620		22 / 21 / 20
		80	80	500 bis 750	325	10	nach Vereinbarung⁶)					
ZSt 50‑2	1.0533	5	5	660 bis 960	590	5	—	—	—	—	295	20
St 50‑2	1.0050	10	10	620 bis 920	510	6	—	—	—	—	285	19
		16	16	580 bis 830	420	7	—	—	—	470 bis 610	275	18
		25	25	550 bis 800	390	8	470 bis 610	285	18		265	
		40	40	540 bis 790	335	9		275	17	580		20
		63	63	500 bis 760	300	10		265	16	600		19
		80	80	490 bis 740	265	10	nach Vereinbarung					18
ZSt 60‑2	1.0543	5	5	780 bis 1080	665	5	—	—	—	—	335	16
St 60‑2	1.0060	10	10	740 bis 1040	590	5	—	—	—	—	325	15
		16	16	680 bis 990	490	6	—	—	—	570 bis 710	315	14
		25	25	670 bis 920	440	7	570 bis 710	325	14		305	
		40	40	640 bis 890	380	8		315	13	680		16
		63	63	620 bis 870	340	9		305	12	710		15
		80	80	590 bis 810	305	9	nach Vereinbarung					14

¹) bis ⁶) Siehe Seite 6.

Tabelle 2. (Fortsetzung)

Stahlsorte nach DIN 17 100		Dicke [1] (mm)		Lieferzustand										
				kaltgezogen und nicht wärmebehandelt (K) [2]			geschält und nicht wärmebehandelt (SH)			kaltgezogen u. weichgeglüht [2],[4] (K+G) geschält und weichgeglüht [4] (SH+G)		kaltgezogen und normalgeglüht (K+N) geschält und normalgeglüht (SH+N)		
Kurzname	Werkstoffnummer	von	bis unter	Zugfestigkeit · N/mm²	Streckgrenze N/mm²	Bruchdehnung ($L_0=5d_0$) %	Zugfestigkeit [3] N/mm²	Streckgrenze N/mm²	Bruchdehnung ($L_0=5d_0$) %	Zugfestigkeit N/mm² max.	Bruchdehnung ($L_0=5d_0$) %	Zugfestigkeit N/mm²	Streckgrenze N/mm²	Bruchdehnung ($L_0=5d_0$) %
						mindestens			mindestens		mindestens			mindestens
			5	880 bis 1180	745	5	—	—	—	810	11	670 bis 830	360	11
		5	10	830 bis 1130	665	5	—	—	—					
		10	16	780 bis 1080	560	6	670 bis 830	355	9				355	
ZSt 70-2 [5]	1.0633	16	25	750 bis 1000	520	6		345	8	830	10		345	10
		25	40	720 bis 970	450	7		335	8					
St 70-2	1.0070	40	63	700 bis 950	360	8					9		335	9
		63	80	680 bis 930	355	8								
		80		nach Vereinbarung										

1) Siehe DIN 1652 Teil 1/11.90, Abschnitt 2.3.
2) Für Flachstahl und mehrfach gezogenen Stahl gelten die Angaben als Anhaltswerte; es ist mit Abweichungen der Grenzwerte von ± 10 % zu rechnen. Für Sonderprofile können keine Werte angegeben werden.
3) Die obere Grenze der Zugfestigkeit darf bei Dicken bis 25 mm um 10 N/mm² höher sein als in der Tabelle angegeben.
4) Siehe DIN 1652 Teil 1/11.90, Abschnitt 7.2.2.
5) Bei Bestellung von gezogenem Material kann im Kurznamen der Buchstabe Z entfallen.
6) Werte > 100 mm in Anlehnung an Stahl-Eisen-Werkstoffblatt 011.

	Blankstahl	
	Technische Lieferbedingungen Blankstahl aus Einsatzstählen	**1652** Teil 3

1 Anwendungsbereich

Diese Norm legt die werkstoffspezifischen Anforderungen für Blankstahl aus Einsatzstählen nach DIN 17 210 fest.

Ergänzend hierzu gelten die Angaben in DIN 1652 Teil 1.

5 Bezeichnung

Beispiel:

Stahl DIN 1652 – 16 MnCr 5 HH K + BG

6 Sorteneinteilung

6.1 Stahlsorten

Siehe DIN 17 210/09.86, Abschnitt 6.1.

7.2 Wärmebehandlungszustand und Oberflächenausführung bei der Lieferung (Lieferzustand)

Üblich sind die in Tabelle 1 aufgeführten Lieferzustände. Darüber hinaus gilt DIN 1652 Teil 1.

7.4 Chemische Zusammensetzung

7.4.1 Für die chemische Zusammensetzung nach der Schmelzenanalyse gilt DIN 17 210/09.86, Tabelle 2.

7.5 Mechanische Eigenschaften, Härte und Härtbarkeit

7.5.1 ●● Tabelle 1 gibt einen Überblick über die für die einzelnen Lieferzustände im Regelfall geltenden Kombinationen von Anforderungen an die chemische Zusammensetzung, die mechanischen Eigenschaften, die Härte und die Härtbarkeit. Die einzuhaltenden Werte bzw. Anhaltsangaben sind für die mechanischen Eigenschaften und die Härte den Tabellen 2 und 3, für die Härtbarkeit der Edelstähle DIN 17 210/09.86, Tabelle 4, zu entnehmen

7.5.2 ●● Eingeengte Streubänder für die Härtbarkeit – mit Ausnahme für die Stähle 20 Cr 4 und 20 CrS 4 – entsprechend DIN 17 210/09.86, Bilder 1 a und 1 c bis 1 i, sowie DIN 17 210/09.86, Tabelle 4, Fußnote 1, können bei der Bestellung vereinbart werden. Bei gewünschter Einengung des Härtbarkeitsstreubandes zur oberen bzw. unteren Grenzkurve ist in der Bestellung das Kurzzeichen HH bzw. HL an den Kurznamen oder die Werkstoffnummer des Stahles anzuhängen.

7.6 Technologische Eigenschaften

7.6.1 Schweißeignung

Siehe DIN 17 210/09.86, Abschnitt 7.4.1.

7.6.2 Scherbarkeit

Unter geeigneten Bedingungen sind sämtliche Stahlsorten nach dieser Norm in den angegebenen Lieferzuständen und Maßen scherbar; ausgenommen ist der Stahl 17 CrNiMo 6 im Zustand K für den Bereich ≤ 16 mm.

7.6.3 Zerspanbarkeit

Hinsichtlich einer verbesserten Bearbeitbarkeit beim Spanen wird auf die Stähle verwiesen, für die ein Mindestmassenanteil an Schwefel festgelegt ist.

In den Behandlungszuständen K + BG, SH + BG und BG + K muß ein gut ausgeprägtes Ferrit-Perlit-Gefüge vorliegen. Bei den mit Nickel legierten Stählen können Anteile an Bainitgefüge auftreten.

7.7 Oberflächenbeschaffenheit

Siehe DIN 1652 Teil 1/11.90, Abschnitt 7.7.

7.8 ●● Korngröße

Siehe DIN 17 210/09.86, Abschnitt 7.5.

7.9 ●● Nichtmetallische Einschlüsse

Siehe DIN 17 210/09.86, Abschnitt 7.6 und Tabelle 6.

7.10 ●● Innere Beschaffenheit

Siehe DIN 17 210/09.86, Abschnitt 7.7.

Tabelle 1. **Kombinationen von üblichen Lieferzuständen und Anforderungen**

Nr	Lieferzustand [1]		Kenn-buch-stabe	Anforderungsklasse wenn nicht anders vereinbart — Es gelten folgende Anforderungen bzw. Anhaltswerte:		H		
	1		2	3		4		
				3.1	3.2	4.1	4.2	4.3
1	kaltgezogen [2]		K		Bei den unlegierten Stählen mechanische Eigenschaften nach Tabelle 2, Spalte 4, bei den legierten Stählen maximale Zugfestigkeit nach Tabelle 3, Spalte 4			
2	unbehandelt und geschält [3]		SH					
3	kaltgezogen [2]	und spannungs-armgeglüht	K + S	Chemische Zusammen-setzung nach DIN 17 210/09.86, Tabellen 2 und 3	●● Die Werte (gegebenen-falls die Anhaltsangaben) müs-sen, falls erforderlich, aus-gehend von den betreffen-den Angaben in den Tabel-len 2 und 3 vereinbart werden	wie in den Spalten 3.1 und 3.2		Härtbar-keit nach DIN 17 210/09.86, Tabelle 4 [4]
4	geschält [3]		SH + S					
5	kaltgezogen [2]	und weich-geglüht	K + G		Höchsthärte nach Tabelle 2, Spalte 5, bzw. Tabelle 3, Spalte 5			
6	geschält [3]		SH + G					
7	kaltgezogen [2]	und behandelt auf Ferrit-Perlit-Gefüge	K + BG		Härtebereich nach Tabelle 3, Spalte 6			
8	geschält [3]		SH + BG					
9	behandelt auf Ferrit-Perlit-Gefüge	und kalt-gezogen [2]	BG + K		Härtebereich nach Tabelle 3, Spalte 7			

[1] ●● Falls ein von den Zeilen 1 bis 9 abweichender Lieferzustand gewünscht wird, ist dieser in der Bestellung im Klartext anzugeben; die Erzeugnisform und die Anforderungen sind in diesem Fall bei der Bestellung zu vereinbaren.

[2] Für Rundstahl über 50 mm Durchmesser kommt üblicherweise nicht mehr Kaltziehen, sondern nur noch Schälen in Betracht.

[3] Schälen im allgemeinen ab 16 mm Durchmesser möglich. Der Lieferer kann das Schälen durch ein Schruppschleifen ersetzen.

[4] Mit Ausnahme der als vorläufig gekennzeichneten Werte.

Tabelle 2. **Mechanische Eigenschaften für blanke unlegierte Einsatzstähle**

1	2	3		4			5
					Lieferzustand		
Stahlsorte		Dicke ¹) mm		Kaltgezogen ²) (K)			kaltgezogen und weichgeglüht (K + G) ³)
				Zug-festig-keit	Streck-grenze	Bruch-dehnung ($L_0 = 5\ d_0$)	geschält und weichgeglüht (SH + G) ³)
Kurz-name	Werk-stoff-nummer	über	bis	N/mm²	N/mm²	%	Härte HB
					min.		max.
			5	500	400	7	
		5	10	480	365	8	
C 10	1.0301	10	16	450	300	9	131
		16	25	420	270	10	
Ck 10	1.1121	25	40	380	240	11	
		40	100	340	180	12	
		100	160	nach Vereinbarung			
			5	540	440	6	
C 15	1.0401	5	10	500	385	7	
		10	16	480	340	8	143
Ck 15	1.1141	16	25	450	300	9	
		25	40	420	250	10	
Cm 15	1.1140	40	100	370	200	12	
		100	160	nach Vereinbarung			

¹) Siehe DIN 1652 Teil 11.90, Abschnitt 2.3.

²) Für Flachstahl und mehrfach gezogenen Stahl gelten die Angaben als Anhaltswerte; es ist jedoch mit Abweichungen der Grenzwerte von ± 10 % zu rechnen. Für Sonderprofile können keine Werte angegeben werden.

³) Der Behandlungszustand „geglüht auf kugelige Carbide (GKZ)" wird in DIN 1654 Teil 3 behandelt.

Tabelle 3. **Mechanische Eigenschaften für blanke legierte Einsatzstähle**

1	2	3		4	5	6	7
					Lieferzustand		
Stahlsorte		Dicke		kalt-gezogen (K)[2] R_m	kaltgezogen bzw. geschält und weichgeglüht	kaltgezogen bzw. geschält und behandelt auf Ferrit-Perlit-Gefüge K + BG	behandelt auf Ferrit-Perlit-Gefüge und kaltgezogen BG + K
Kurzname	Werk-stoff-nummer	[1] mm			[3], [4]		
					K + G bzw. SH + G	bzw. SH + BG [4], [5]	[6]
		über	bis	N/mm² max.	HB max.	HB	HB
17 Cr 3	1.7016	16 40	16 40 80[7]	750 720 670	174	–	–
20 Cr 4 20 CrS 4	1.7027 1.7028	16 40	16 40 80[7]	820 800 750	197	145 bis 192	145 bis 292
16 MnCr 5 16 MnCrS 5	1.7131 1.7139	16 40	16 40 80[7]	820 780 720	207	140 bis 187	140 bis 287
20 MnCr 5 20 MnCrS 5	1.7147 1.7149	16 40	16 40 80[7]	850 830 780	217	152 bis 201	152 bis 301
20 MoCr 4 20 MoCrS 4	1.7321 1.7323	16 40	16 40 80[7]	800 780 720	207	140 bis 187	140 bis 287
22 CrMoS 3 5	1.7333	16 40	16 40 80[7]	850 830 780	217	152 bis 201	152 bis 301
21 NiCrMo 2 21 NiCrMoS 2	1.6523 1.6526	16 40	16 40 80[7]	820 800 750	197	145 bis 192	145 bis 292
15 CrNi 6	1.5919	16 40	16 40 80[7]	850 830 780	217	152 bis 201	152 bis 301
17 CrNiMo 6	1.6587	16 40	16 40 80[7]	900 870 820	229	159 bis 207	159 bis 307

[1] Siehe DIN 1652 Teil 1/11.90, Abschnitt 2.3.

[2] Vorgeschaltete Wärmebehandlung nach Wahl des Herstellers.

[3] Der Zustand „geglüht auf kugelige Carbide (GKZ)" wird in DIN 1654 Teil 3 behandelt.

[4] Es gelten die Werte nach DIN 17 210.

[5] Die Werte gelten für Durchmesser bis rd. 60 mm.

[6] Die Werte gelten für Durchmesser bis rd. 60 mm und für Umformgrade von max. 10%.

[7] ●● Auf Vereinbarung können auch Querschnitte mit Maßen > 80 mm bestellt und geliefert werden.

	Blankstahl	DIN
	Technische Lieferbedingungen	**1652**
	Blankstahl aus Vergütungsstählen	Teil 4

1 Anwendungsbereich

Diese Norm legt die werkstoffspezifischen Anforderungen für Blankstahl aus Vergütungsstählen nach DIN 17 200 fest. Ergänzend hierzu gelten die Angaben in DIN 1652 Teil 1.

5 Bezeichnung

Beispiel:

Stahl DIN 1652 – 34 Cr 4 K + G

6 Sorteneinteilung

6.1 Stahlsorten

Siehe DIN 17 200/03.87, Abschnitt 6.1.

7.2 Wärmebehandlungszustand und Oberflächenausführung bei der Lieferung (Lieferzustand)

Üblich sind die in Tabelle 1 aufgeführten Lieferzustände. Darüber hinaus gilt DIN 1652 Teil 1.

7.4 Chemische Zusammensetzung

7.4.1 Für die chemische Zusammensetzung nach der Schmelzenanalyse gilt DIN 17 200/03.87, Tabelle 2.

7.5 Mechanische Eigenschaften, Härte und Härtbarkeit

7.5.1 Tabelle 1 gibt einen Überblick über die für die einzelnen Lieferzustände im Regelfall geltenden Kombinationen von bzw. zusätzlich zu vereinbarenden Anforderungen an die chemische Zusammensetzung, die mechanischen Eigenschaften, die Härte und die Härtbarkeit. Die einzuhaltenden Werte bzw. die Anhaltsangaben für sie sind für die mechanischen Eigenschaften und die Härte den Tabellen 2 und 3, für die Härtbarkeit der Edelstähle DIN 17 200/03.87, Tabellen 4 und 5 sowie Bild 1, zu entnehmen.

7.5.2 Die in DIN 17 200/03.87, Tabelle 4, angegebenen Werte für den Stirnabschreckversuch können bei den Stahlsorten nach dieser Norm unter den Prüfbedingungen entsprechend Tabelle 4 im allgemeinen vorausgesetzt werden.

7.6 Technologische Eigenschaften

7.6.1 Schweißeignung

Siehe DIN 17 200/03.87, Abschnitt 7.4.1.

7.6.2 Scherbarkeit

Wird die Brinell-Härte von max. 255 HB überschritten, ist eine Wärmebehandlung erforderlich (Normalglühen oder Weichglühen). Die Stahlsorten C 22, Ck 22, Cm 22, C 35, Ck 35 und Cm 35 sind unter geeigneten Bedingungen auch im Lieferzustand K bzw. SH scherbar.

7.7 Oberflächenbeschaffenheit

Nach DIN 1652 Teil 1/11.90, Abschnitt 7.7.

7.7.1 ●● Zulässige Riß- und/oder Randentkohlungstiefe

Bei der Bestellung kann vereinbart werden, daß eine bestimmte Riß- und/oder Randentkohlungstiefe nicht überschritten werden darf.

Die Festlegung der zulässigen Rißtiefe erfolgt bei Stabstahl und Walzdraht mit rundem Querschnitt nach den Stahl-Eisen-Lieferbedingungen 055 (z. Z. Entwurf).

7.8 ●● Korngröße

Siehe DIN 17 200/03.87, Abschnitt 7.5.

7.9 ●● Nichtmetallische Einschlüsse

Siehe DIN 17 200/03.87, Abschnitt 7.6 und Tabelle 10.

7.10 ●● Innere Beschaffenheit

Siehe DIN 17 200/03.87, Abschnitt 7.7.

Tabelle 1. Kombinationen von üblichen Lieferzuständen und Anforderungen

Nr	1		2	3		4		
Nr	Lieferzustand		Kenn-buch-stabe	Anforderungsklasse wenn nicht anders vereinbart [1]) Es gelten folgende Anforderungen bzw. Anhaltswerte:			H	
				3.1	3.2	4.1	4.2	4.3
1	kaltgezogen [2])		K	Chemische Zusammen-setzung nach DIN 17 200/03.87, Tabellen 2 und 3	Mechanische Eigenschaften im Zugversuch nach Tabelle 2, Spalte 4 [3]) oder Tabelle 3, Spalte 4 [3])	wie in den Spalten 3.1 und 3.2		Härtbar-keit nach DIN 17 200/ 03.87, Tabelle 4 [5])
2	geschält [4])		SH		–			
3	kaltgezogen [2])	und span-nungsarm-geglüht	K + S		●● Die Werte (gegebenen-falls die Anhaltsangaben) müssen, wenn erforderlich, ausgehend von den betref-fenden Angaben in den Ta-bellen 2 und 3 vereinbart · werden [3])			
4	geschält [4])		SH + S					
5	kaltgezogen [2])	und weich-geglüht	K + G		Höchsthärte nach Tabelle 2, Spalte 5 [3]), bzw. Tabelle 3, Spalte 5 [3])			
6	geschält [4])		SH + G					
7	kaltgezogen [2])	und normalgeglüht	K + N		Mechanische Eigenschaften im Zugversuch nach Tabelle 2, Spalte 6			
8	geschält [4])		SH + N					
9	kaltgezogen [2])	und vergütet	K + V		Mechanische Eigenschaften im Zugversuch und teils im Kerbschlagbiegeversuch nach Tabelle 2, Spalte 7, bzw. Tabelle 3, Spalte 6			
10	geschält [4])		SH + V					
11	vergütet	und geschält	V + SH					

[1]) Die Härtewerte nach DIN 17 200/03.87, Tabelle 4, sind in diesem Fall als Anhaltsangaben zu betrachten (siehe Abschnitt 7.5.2).

[2]) Für Rundstahl über 50 mm Durchmesser kommt üblicherweise nicht mehr Kaltziehen, sondern nur noch Schälen in Betracht.

[3]) Bei Lieferungen in den Zuständen K, SH, K + S, SH + S, K + G, SH + G müssen nach sachgemäßer Wärmebehandlung die mechanischen Eigenschaften in Tabelle 2, Spalten 6 und 7, bzw. Tabelle 3, Spalte 6, erreichbar sein.

[4]) Schälen im allgemeinen ab 16 mm Durchmesser möglich. Der Lieferer kann das Schälen durch ein Schruppschleifen ersetzen.

[5]) Siehe auch Fußnoten 1 und 2 in DIN 17 200/03.87, Tabelle 4.

Fußnoten zu Tabellen 2 und 3

[1]) Siehe DIN 1652 Teil 1/11.90, Abschnitt 2.3

[2]) Diese Werte gelten nicht für mehrfach gezogenen Stahl und Sonderprofile.

[3]) Siehe Abschnitt 7.6.2 und DIN 1652 Teil 1/11.90, Abschnitt 7.2.2.

[4]) Vorgeschaltete Wärmebehandlung nach Wahl des Herstellers.

[5]) Für den Zustand V + K verringern sich die angegebenen Mindestwerte für A_5, Z und A_V auf ca. 75 %. Gleichzeitig erhöhen sich die Werte für R_e und R_m um ca. 100 N/mm² bei einem Umformgrad von bis zu max. 10 %.

[6]) ●● Auf Vereinbarung können auch Querschnitte mit Maßen > 80 mm bestellt und geliefert werden.

[7]) Vorläufige Werte.

Tabelle 2. Mechanische Eigenschaften für blanke unlegierte Vergütungsstähle

1	2	3		4			5	6			7				
Stahlsorte		Dicke [1] mm		kaltgezogen [3],[4] (K)			kaltgezogen und weichgeglüht (K+G) / geschält und weichgeglüht (SH+G) Härte HB	Lieferzustand [2] — kaltgezogen und normalgeglüht (K+N) / geschält und normalgeglüht (SH+N)			kaltgezogen und vergütet (K+V) [5] / geschält und vergütet (SH+V)				
Kurzname	Werkstoffnummer	über	bis	Zugfestigkeit N/mm²	Streckgrenze N/mm² min.	Bruchdehnung $(L_0=5d_0)$ % min.	HB max.	Zugfestigkeit N/mm²	Streckgrenze N/mm²	Bruchdehnung $(L_0=5d_0)$ % min.	Streckgrenze N/mm² min.	Zugfestigkeit N/mm²	Bruchdehnung $(L_0=5d_0)$ % min.	Brucheinschnürung % min.	Kerbschlagarbeit Ck- und Cm-Güten (ISO-V-Probe) J
C 22	1.0402		5	580	460	5	—	430	240	24	340	500 bis 650	20	50	50
Ck 22	1.1151	5	10	540	410	6	nach Vereinbarung								
Cm 22	1.1149	10	16	500	350	7									
		16	25	450	320	8	—	410	210	25	290	470 bis 620	22	50	50
		25	40	450	270	9									
		40	100	410	230	11					nach Vereinbarung				
		100	160	nach Vereinbarung				nach Vereinbarung							
C 35	1.0501		5	680	570	5	—	550	300	18	430	630 bis 780	17	40	35
Ck 35	1.1181	5	10	640	480	6	nach Vereinbarung								
Cm 35	1.1180	10	16	580	400	7									
		16	25	550	370	8	—	520	270	19	380.	600 bis 750	19	45	35
		25	40	550	310	8					320	550 bis 700	20	50	35
		40	100	520	280	9					nach Vereinbarung				
		100	160	nach Vereinbarung				nach Vereinbarung							

[1]) bis [5]) siehe Seite 368.

Tabelle 2. (Fortsetzung)

Kurzname	Werkstoff-nummer	Dicke (mm) über	Dicke (mm) bis	kaltgezogen (K) Zugfestigkeit N/mm²	(K) Streckgrenze N/mm² min.	(K) Bruchdehnung (L₀=5d₀) % min.	kaltgezogen und weichgeglüht (K+G) / geschält und weichgeglüht (SH+G) Härte HB max.	kaltgezogen und normalgeglüht (K+N) / geschält und normalgeglüht (SH+N) Zugfestigkeit N/mm²	(K+N) Streckgrenze N/mm²	(K+N) Bruchdehnung (L₀=5d₀) % min.	kaltgezogen und vergütet (K+V) / geschält und vergütet (SH+V) Streckgrenze N/mm² min.	(K+V) Zugfestigkeit N/mm²	(K+V) Bruchdehnung (L₀=5d₀) % min.	(K+V) Brucheinschnürung % min.	(K+V) Kerbschlagarbeit Ck- und Cm-Güten (ISO-V-Probe) J
			5	770	640	4	207	620	340	14	490	700 bis 850	14	35	25
C 45	1.0503	5	10	730	560	5									
Ck 45	1.1191	10	16	680	470	6					430	650 bis 800	16	40	25
Cm 45	1.1201	16	25	630	430	6		580	305	16	370	630 bis 780	17	45	25
		25	40	630	370	7									
		40	100	580	330	8		nach Vereinbarung							
		100	160												
			5	860	700	4	241	710	380	10	580	850 bis 1000	11	25	–
C 60	1.0601	5	10	800	630	5									
Ck 60	1.1221	10	16	750	520	6					520	800 bis 950	13	30	–
Cm 60	1.1223	16	25	700	470	6		670	340	11	450	750 bis 900	14	35	–
		25	40	700	410	7									
		40	100	670	380	8		nach Vereinbarung							
		100	160									nach Vereinbarung			

¹) bis ⁵) siehe Seite 368.

Tabelle 3. **Mechanische Eigenschaften für blanke legierte Vergütungsstähle und den Stahl 28 Mn 6**

1	2	3	4	5	6				
Stahlsorte		Dicke [1])			Lieferzustand [2])				
		mm		kalt-gezogen (K) [3]), [4])	kaltgezogen und weichgeglüht (K + G) geschält und weichgeglüht (SH + G)	kaltgezogen und vergütet (K + V) [5]) geschält und vergütet (SH + V) vergütet und geschält (V + SH)			
Kurzname	Werk-stoff-nummer			R_m		R_e	R_m	A_5	Z	A_V (ISO-V-Probe)
		über	bis	N/mm² max.	HB max.	N/mm² min.	N/mm²	% min.	% min.	J min.
28 Mn 6	1.1170		16	920	223	590	800 bis 950	13	40	35
		16	40	900		490	700 bis 850	15	45	40
		40	80 [6])	880		440	650 bis 800	16	50	40
32 Cr 2 32 CrS 2	1.7020 1.7021		16	830	197	450	700 bis 850	15	40	35
		16	40	800		350	600 bis 750	15	45	35
		40	80 [6])	770		300	500 bis 650	17	50	35
38 Cr 2 38 CrS 2	1.7003 1.7023		16	880	207	550	800 bis 950	14	35	35
		16	40	850		450	700 bis 850	15	40	35
		40	80 [6])	820		350	600 bis 750	17	45	35
46 Cr 2 46 CrS 2	1.7006 1.7025		16	950	223	650	900 bis 1100	12	35	30
		16	40	920		550	800 bis 950	14	40	35
		40	80 [6])	890		400	650 bis 800	15	45	35
28 Cr 4 28 CrS 4	1.7030 1.7036		16	950	217	650	850 bis 1000	12	40	35
		16	40	880		550	750 bis 900	14	45	40
		40	80 [6])	860		410	650 bis 800	15	50	45
34 Cr 4 34 CrS 4	1.7033 1.7037		16	940	223	700	900 bis 1100	12	35	35
		16	40	920		590	800 bis 950	14	40	40
		40	80 [6])	900		460	700 bis 850	15	45	40
37 Cr 4 37 CrS 4	1.7034 1.7038		16	960	235	750	950 bis 1150	11	35	30
		16	40	940		630	850 bis 1000	13	40	35
		40	80 [6])	920		510	750 bis 900	14	40	35
41 Cr 4 41 CrS 4	1.7035 1.7039		16	980	241	800	1000 bis 1200	11	30	30
		16	40	960		660	900 bis 1100	12	35	35
		40	80 [6])	940		560	800 bis 950	14	40	35
25 CrMo 4 25 CrMoS 4	1.7218 1.7213		16	880	212	700	900 bis 1100	12	50	45
		16	40	860		600	800 bis 950	14	55	50
		40	80 [6])	840		450	700 bis 850	15	60	50

[1]) bis [7]) siehe Seite 368.

Tabelle 3. (Fortsetzung)

1	2	3		4	5	6				
Stahlsorte		Dicke [1])				Lieferzustand [2])				
		mm		kalt-gezogen (K) [3]), [4])	kaltgezogen und weichgeglüht (K + G) geschält und weichgeglüht (SH + G)	kaltgezogen und vergütet (K + V) [5]) geschält und vergütet (SH + V) vergütet und geschält (V + SH)				
Kurzname	Werk-stoff-nummer			R_m		R_e	R_m	A_5	Z	A_V (ISO-V-Probe)
				N/mm²	HB	N/mm²	N/mm²	%	%	J
		über	bis	max.	max.	min.		min.	min.	min.
34 CrMo 4 34 CrMoS 4	1.7220 1.7226		16	940		800	1000 bis 1200	11	45	35
		16	40	920	223	650	900 bis 1100	12	50	40
		40	80 [6])	900		550	800 bis 950	14	55	45
42 CrMo 4 42 CrMoS 4	1.7225 1.7227		16	980		900	1100 bis 1300	10	40	30
		16	40	960	241	750	1000 bis 1200	11	45	35
		40	80 [6])	940		650	900 bis 1100	12	50	35
50 CrMo 4	1.7228		16	1050		900	1100 bis 1300	9	40	30 [7])
		16	40	990	248	780	1000 bis 1200	10	45	30 [7])
		40	80 [6])	970		700	900 bis 1100	12	50	30 [7])
36 CrNiMo 4	1.6511		16	1000		900	1100 bis 1300	10	45	35
		16	40	980	248	800	1000 bis 1200	11	50	40
		40	80 [6])	960		700	900 bis 1100	12	55	45
34 CrNiMo 6	1.6582		16	1000		1000	1200 bis 1400	9	40	35
		16	40	980	248	900	1100 bis 1300	10	45	45
		40	80 [6])	960		800	1000 bis 1200	11	50	45
30 CrNiMo 8	1.6580		16	1000		1050	1250 bis 1450	9	40	30
		16	40	980	248	1050	1250 bis 1450	9	40	30
		40	80 [6])	960		900	1100 bis 1300	10	45	35
50 CrV 4	1.8159		16	1050		900	1100 bis 1300	9	40	30 [7])
		16	40	990	248	800	1000 bis 1200	10	45	30 [7])
		40	80 [6])	970		700	900 bis 1100	12	50	30 [7])
30 CrMoV 9	1.7707		16	1050		1050	1250 bis 1450	9	35	25
		16	40	1000	248	1020	1200 bis 1450	9	35	25
		40	80 [6])	970		900	1100 bis 1300	10	40	30

[1]) bis [7]) siehe Seite 368.

Kaltstauch- und Kaltfließpreßstähle Technische Lieferbedingungen Allgemeines	**DIN** **1654** Teil 1

1 Anwendungsbereich

1.1 Diese Norm gilt für Stähle, die für eine Verarbeitung durch Kaltstauchen oder Kaltfließpressen bestimmt sind und in Form von Draht oder Stabstahl geliefert werden. Sie umfaßt folgende Stahlgruppen und Durchmesserbereiche:

a) nicht für eine Wärmebehandlung bestimmte beruhigte unlegierte Stähle mit Durchmessern von 2 bis 100 mm (siehe DIN 1654 Teil 2),

b) Einsatzstähle mit Durchmessern von 2 bis 100 mm (siehe DIN 1654 Teil 3),

c) Vergütungsstähle mit Durchmessern von 2 bis 100 mm (siehe DIN 1654 Teil 4),

d) nichtrostende Stähle mit Durchmessern von 5 oder nach Sondervereinbarung 1,5 bis 15 mm bei den ferritischen und 63 mm bei den martensitischen und austenitischen Sorten (siehe DIN 1654 Teil 5).

●● Nach Vereinbarung bei der Bestellung kann auch Stabstahl und Draht mit größeren Durchmessern als unter a) bis d) genannt geliefert werden.

1.2 Diese Norm gilt nicht für die Eigenschaften im kaltgestauchten bzw. kaltfließgepreßten und nicht nachträglich wärmebehandelten Zustand, denn diese hängen in starkem Maße von den Kaltumformbedingungen ab.

2 Begriffe

2.1 Kaltstauch- und Kaltfließpreßstähle

Kaltstauch- und Kaltfließpreßstähle zeichnen sich durch gute Kaltumformbarkeit, gute Oberflächenbeschaffenheit und je nach der Stahlsorte eine dem Umformverfahren angepaßte, gegebenenfalls durch eine besondere Glühbehandlung erreichte niedrige Ausgangsfestigkeit aus.

2.3 Wärmebehandlungsarten

Für die in dieser Norm erwähnten Arten der Wärmebehandlung gelten die Begriffsbestimmungen in DIN 17 014 Teil 1.

3 ● Maße und Grenzabmaße

Die Maße und Grenzabmaße sind bei der Bestellung zu vereinbaren, möglichst nach den in Anhang A angegebenen Maßnormen.

4 Gewichtserrechnung und zulässige Gewichtsabweichungen

4.1 Das Nenngewicht ist bei den nichtrostenden Stählen mit den in DIN 1654 Teil 5/10.89, Tabelle 7, angegebenen Werten, bei allen anderen Stählen dieser Norm mit der Dichte 7,85 kg/dm³ zu errechnen.

5 Bezeichnung und Bestellung

5.1 Die Normbezeichnung für einen Stahl nach dieser Norm setzt sich entsprechend nachfolgendem Beispiel zusammen aus

– der Benennung „Stahl",

– der Norm-Hauptnummer dieser Norm,

– dem Kurznamen oder der Werkstoffnummer der Stahlsorte (siehe DIN 1654 Teil 2 bis Teil 5, Ausgaben 10.89, Tabellen 2) [1]),

– dem Kurzzeichen für den Behandlungszustand bei der Lieferung (siehe DIN 1654 Teil 2 bis Teil 5, Ausgaben 10.89, Tabellen 1).

Beispiel:

Stahl DIN 1654-16 MnCr 5 GKZ

5.2 Für die Normbezeichnung der Erzeugnisse gelten die Angaben der betreffenden Maßnorm.

6 Sorteneinteilung

Die Sorteneinteilung innerhalb der in Abschnitt 1.1, Aufzählung a) bis d), aufgeführten Stahlgruppen ist aus DIN 1654 Teil 2 bis Teil 5, Ausgaben 10.89, Tabellen 2, zu ersehen.

7 Anforderungen

7.2 Behandlungszustand bei der Lieferung

7.2.1 ● Der Behandlungszustand, in dem der Stahl zu liefern ist, ist bei der Bestellung zu vereinbaren. Üblich sind die in DIN 1654 Teil 2 bis Teil 5, Ausgaben 10.89, Tabellen 1, angegebenen Behandlungszustände.

7.2.2 ●● Oberflächenbehandlungen, die das Kaltumformen erleichtern und zum Teil auch einen gewissen Rostschutz ergeben, wie Entzundern, Verkupfern, Kälken, Phosphatieren, Einfetten, Einölen usw., können bei der Bestellung besonders vereinbart werden.

7.3 Chemische Zusammensetzung, mechanische Eigenschaften und Härtbarkeit

DIN 1654 Teil 2 bis Teil 5, Ausgaben 10.89, Tabellen 1, geben einen Überblick über die für die Stähle nach DIN 1654 Teil 2 bis Teil 5 jeweils in Betracht kommenden Kombinationen von üblichen Behandlungszuständen bei der Lieferung, Erzeugnisformen und Anforderungen an die chemische Zusammensetzung, die mechanischen Eigenschaften und – bei den Stählen nach DIN 1654 Teil 3 und Teil 4 – die Härtbarkeit.

7.3.1 Für die chemische Zusammensetzung nach der Schmelzenanalyse gelten die Festlegungen von DIN 1654 Teil 2 bis Teil 5, Ausgaben 10.89, Tabellen 2.

7.3.2 Für die Grenzabweichungen der Stückanalyse von den Grenzwerten für die Schmelzenanalyse gelten die Festlegungen von DIN 1654 Teil 2 bis Teil 5, Ausgaben 10.89, Tabellen 3.

7.3.3 Die mechanischen Eigenschaften müssen den in DIN 1654 Teil 2 bis Teil 5, Ausgaben 10.89, Abschnitte 7.3.3, gegebenen Anforderungen entsprechen.

7.3.4 Die Erzeugnisse aus Einsatz- und Vergütungsstählen müssen den in DIN 1654 Teil 3 bzw. Teil 4, Ausgaben 10.89, Abschnitte 7.3.4, genannten Anforderungen an die Härtbarkeit im Stirnabschreckversuch entsprechen.

7.3.5 Die Erzeugnisse aus Vergütungsstählen müssen den in DIN 1654 Teil 4/10.89, Abschnitt 7.3.5, genannten Anforderungen an die Kernhärte entsprechen.

7.4 Gefüge

7.4.1 ●● Austenitkorngröße

Wenn bei der Bestellung für Erzeugnisse aus den Einsatz- bzw. Vergütungsstählen nach DIN 1654 Teil 3 und Teil 4 die Anforderung „Feinkornstahl" vereinbart wurde, müssen die nach DIN 50 601 für die Austenitkorngröße ermittelten Kennzahlen Werte $\geq$ 5 aufweisen.

Anmerkung: Es ist zu beachten, daß unlegierte feinkörnige Einsatzstähle zu Weichfleckigkeit neigen können.

7.4.2 ●● Carbideinformung

Wenn bei der Bestellung für Erzeugnisse aus den Einsatz- und Vergütungsstählen nach DIN 1654 Teil 3 und Teil 4 Anforderungen an die Carbideinformung vereinbart wurden, so müssen diese Stähle ein Gefüge mit vorwiegend kugeligen Carbiden aufweisen. Es ist jedoch zu beachten, daß die Erzielung einer kugeligen Ausbildungsform der Carbide mit abnehmendem Kohlenstoffgehalt schwieriger wird.

7.5 Innere und äußere Beschaffenheit

7.5.1 Die Stähle müssen frei von Fehlern sein, die bei sachgemäßem Kaltstauchen bzw. Kaltfließpressen oder bei sachgemäßem Härten zum Aufplatzen führen.

Für den Nachweis einer der Güteklasse 4 der Stahl-Eisen-Lieferbedingungen 055 (z. Z. Entwurf) entsprechenden Freiheit von Oberflächenfehlern sind folgende Anforderungen zu erfüllen:

a) Beim Kaltstauchversuch nach den Abschnitten 8.4.9 und 8.5.7:
   Die Proben dürfen nach dem Versuch keine Risse aufweisen.

b) Bei der Oberflächenrißprüfung nach den Abschnitten 8.4.10 und 8.5.8:
   Es gelten die unter a) aufgeführten Anforderungen.

c) Beim Wechselverwindeversuch nach den Abschnitten 8.4.11 und 8.5.9:
   Die Mindestanzahl der Verwindungen in jeder Richtung muß 5 betragen.
   Es gelten die unter a) aufgeführten Anforderungen.

●● Bei geschältem oder geschliffenem Stabstahl sowie geschältem oder geschliffenem Draht können Vereinbarungen über die Rißtiefe unter Berücksichtigung der anzuwendenden Prüfverfahren getroffen werden. Von der sachgemäßen Bearbeitung herrührende nicht scharfkantige Riefen sind nicht als Fehler zu betrachten.

7.5.2 ●● Sofern bei der Bestellung von Stählen nach DIN 1654 Teil 3 und Teil 4 Anforderungen an den nach DIN 50 602 ermittelten mikroskopischen Reinheitsgrad (gültig für oxidische, nichtmetallische Einschlüsse) vereinbart wurden, gelten für den Kennwert K der einzelnen Schmelze die Angaben in Tabelle 1.

7.5.3 Bei der Bewertung der Proben aus Ringmaterial ist zu berücksichtigen, daß die Proben nach Abschnitt 8.4.10 nur an den Enden entnommen worden sind.

In Zweifelsfällen kann ein Verarbeitungsversuch vereinbart werden.

7.6 Randentkohlung

Warmgewalzter oder gezogener Draht und warmgewalzter oder gezogener Stabstahl aus den Stählen nach DIN 1654 Teil 3 und Teil 4 und aus martensitischem nichtrostendem Stahl nach DIN 1654 Teil 5 müssen in allen hier genormten Wärmebehandlungszuständen frei von saumartiger Auskohlung sein.

Ihre Abkohlung darf die in Tabelle 2 angegebenen Werte nicht überschreiten.

Tabelle 2. **Zulässige Abkohlungstiefe**

Durchmesser d mm	Zulässige Abkohlungstiefe höchstens mm
$\leq$ 8	0,10
> 8 $\leq$ 12	0,12
> 12 $\leq$ 17	0,16
> 17 $\leq$ 23	0,20
> 23 $\leq$ 27	0,24
> 27	$(0,007 \cdot d) + 0,05$

●● Wenn in Sonderfällen niedrigere Werte für die zulässige Abkohlung erforderlich sind, so sind diese bei der Bestellung besonders zu vereinbaren.

Geschälter oder geschliffener Stabstahl sowie geschälter oder geschliffener Draht aus den Stählen nach DIN 1654 Teil 3 bis Teil 5 müssen frei von Aus- und Abkohlung sein.

Tabelle 1. ●● **Mikroskopischer Reinheitsgrad von Edelstählen**[1])
(gültig für oxidische nichtmetallische Einschlüsse)

Stabstahl Durchmesser d oder flächengleicher Querschnitt mm	Einsatzstähle (DIN 1654 Teil 3) Summenkennwert K (Oxide) für die einzelne Schmelze	Vergütungsstähle (DIN 1654 Teil 4) Summenkennwert K (Oxide) für die einzelne Schmelze
$70 < d \leq 100$	K 4 $\leq$ 50	K 4 $\leq$ 40
$35 < d \leq\ \ 70$	K 4 $\leq$ 45	K 4 $\leq$ 35
$17 < d \leq\ \ 35$	K 3 $\leq$ 45	K 3 $\leq$ 40
$8 < d \leq\ \ 17$	K 3 $\leq$ 35	K 3 $\leq$ 30
$d \leq\ \ \ 8$	K 2 $\leq$ 40	K 2 $\leq$ 35

[1]) Siehe Abschnitt 7.5.2

Anhang A
Für Erzeugnisse nach dieser Norm in Betracht kommende Maßnormen

DIN 668   Blanker Rundstahl; Maße, zulässige Abweichungen nach ISO-Toleranzfeld h11

DIN 671   Blanker Rundstahl; Maße, zulässige Abweichungen nach ISO-Toleranzfeld h9

DIN 1013 Teil 1   Stabstahl; Warmgewalzter Rundstahl für allgemeine Verwendung; Maße, zulässige Maß- und Formabweichungen

DIN 1013 Teil 2   Stabstahl; Warmgewalzter Rundstahl für besondere Verwendung; Maße, zulässige Maß- und Formabweichungen

DIN 1014 Teil 1   Stabstahl; Warmgewalzter Vierkantstahl für allgemeine Verwendung; Maße, zulässige Maß- und Formabweichungen

DIN 1014 Teil 2   Stabstahl; Warmgewalzter Vierkantstahl für besondere Verwendung; Maße, zulässige Maß- und Formabweichungen

DIN 1015   Stabstahl; Warmgewalzter Sechskantstahl; Maße, Gewichte, zulässige Abweichungen

DIN 1017 Teil 1   Stabstahl; Warmgewalzter Flachstahl; für allgemeine Verwendung, Maße, Gewichte, zulässige Abweichungen

DIN 1017 Teil 2   Stabstahl; Warmgewalzter Flachstahl; für besondere Verwendung (in Stabziehereien, Schraubenwerken usw.), Maße, Gewichte, zulässige Abweichungen

DIN 59 110   Walzdraht aus Stahl; Maße, zulässige Abweichungen, Gewichte

DIN 59 115   Walzdraht aus Stahl, für Schrauben, Muttern und Niete, Maße, zulässige Abweichungen, Gewichte

DIN 59 130   Stabstahl; Warmgewalzter Rundstahl für Schrauben und Niete; Maße, zulässige Maß- und Formabweichungen

	Kaltstauch- und Kaltfließpreßstähle Technische Lieferbedingungen für nicht für eine Wärmebehandlung bestimmte beruhigte unlegierte Stähle	**DIN** **1654** Teil 2

1 Anwendungsbereich

Diese Norm gilt für die nicht für eine Wärmebehandlung bestimmten Al-beruhigten unlegierten Kaltstauch- und Kaltfließpreßstähle, bei denen die Anforderungen an die chemische Zusammensetzung im Vordergrund stehen, mit Durchmessern von 2 bis 100 mm. Sie wird ergänzt durch DIN 1654 Teil 1.

2 Begriffe,
Maßnormen, Bezeichnung, Bestellung, Sorteneinteilung

Nach DIN 1654 Teil 1.

7.2 ● Behandlungszustand bei der Lieferung

Die Stähle werden im allgemeinen in den Behandlungszuständen nach Tabelle 1 geliefert.

Tabelle 1. **Kombinationen von üblichen Behandlungszuständen bei der Lieferung, Erzeugnisformen und Anforderungen nach den Tabellen 2 bis 4**

Nr	1		2	3	4	5	
1	Behandlungszustand bei der Lieferung		Erzeugnisform			Es gelten folgende Anforderungen der Tabellen 2 bis 4	
			warm- gewalzter Stabstahl	Walz- draht	gezogene Erzeugnisse		
		Kenn- buchstabe				5.1	5.2
2	unbehandelt mit gewalzter Oberfläche	ohne Kenn- buchstabe oder U	×	×	−	Chemische Zusammen- setzung nach den Tabellen 2 und 3	Mechanische Eigenschaften nach Tabelle 4
3	unbehandelt mit geschälter Oberfläche	SH	×	−	−		
4	kaltgezogen	K	−	−	×		1)

1) ●● Die mechanischen Eigenschaften sind, soweit erforderlich, bei der Bestellung zu vereinbaren.

7.3 Chemische Zusammensetzung, mechanische Eigenschaften und Härtbarkeit

Tabelle 1 gibt einen Überblick über die Kombinationen von üblichen Behandlungszuständen bei der Lieferung, Erzeugnisformen und Anforderungen an die chemische Zusammensetzung und die mechanischen Eigenschaften.

7.3.4 Anforderungen an die Härtbarkeit bestehen nicht.

7.4 Gefüge, Innere und äußere Beschaffenheit, Randentkohlung, Wärmebehandlung und Weiterverarbeitung
Nach DIN 1654 Teil 1.

Tabelle 2. Chemische Zusammensetzung (Schmelzenanalyse)

Stahlsorte		Massenanteil in %[1])					
Kurzname	Werkstoff-nummer	C max.	Si max.	Mn	P max.	S max.	Sonstige
QSt 32-3	1.0303	≤ 0,06	0,10	0,20 bis 0,40	0,040	0,040	[2])
QSt 34-3	1.0213	0,05 bis 0,10	0,10	0,20 bis 0,40	0,040	0,040	[2])
QSt 36-3	1.0214	0,06 bis 0,13[3])	0,10	0,25 bis 0,45	0,040	0,040	[2])
QSt 38-3	1.0234	0,10 bis 0,18[3])	0,10	0,25 bis 0,45	0,040	0,040	[2])

[1]) In dieser Tabelle nicht aufgeführte Elemente dürfen dem Stahl außer zum Fertigbehandeln der Schmelze ohne Zustimmung des Bestellers nicht absichtlich zugesetzt werden. Es sind alle angemessenen Vorkehrungen zu treffen, um die Zufuhr solcher Elemente aus dem Schrott und anderen bei der Herstellung verwendeten Stoffen zu vermeiden, die die mechanischen Eigenschaften und die Verwendbarkeit beeinträchtigen.

[2]) Statt mit Aluminium (> 0,02 % Al_{gesamt}) kann auch mit ähnlich wirkenden Elementen desoxidiert und Stickstoff abgebunden werden.

[3]) ●● Bei der Bestellung kann vereinbart werden, daß die untere Grenze des C-Gehaltes höher liegen soll.

Tabelle 4. Mechanische Eigenschaften der Stähle nach Tabelle 2 im Lieferzustand „unbehandelt" (U) oder „unbehandelt + geschält" (SH)

Stahlsorte		Zugfestigkeit R_m	Bruch-einschnürung Z
Kurzname	Werkstoff-nummer	N/mm² max.	% min.
QSt 32-3	1.0303	400	60
QSt 34-3	1.0213	420	60
QSt 36-3	1.0214	430	60
QSt 38-3	1.0234	460	55

Tabelle 5. Anhaltsangaben für die mechanischen Eigenschaften der Stähle nach Tabelle 2 im normalgeglühten Zustand bei Raumtemperatur

Stahlsorte		Streckgrenze R_e	Zugfestigkeit R_m	Bruchdehnung A_5[1])	Kerbschlagarbeit A_v (ISO-V-Proben)
Kurzname	Werkstoff-nummer	N/mm² min.	N/mm²	% min.	J min.
QSt 32-3	1.0303	170	290 bis 400	30	27
QSt 34-3	1.0213	180	310 bis 420	30	27
QSt 36-3	1.0214	200	320 bis 430	30	27
QSt 38-3	1.0234	220	360 bis 460	25	27

[1]) Für Durchmesser kleiner als 6 mm beträgt die Meßlänge $L_o = 10 d_o$; hierfür gilt statt 30 % ein Mindestwert von 23 % und statt 25 % ein Mindestwert von 19 %.

	Kaltstauch- und Kaltfließpreßstähle	**DIN**
	Technische Lieferbedingungen	**1654**
	für Einsatzstähle	Teil 3

1 Anwendungsbereich

Diese Norm gilt für die Einsatzstähle mit Durchmessern von 2 bis 100 mm, die bevorzugt zum Kaltstauchen und Kaltfließpressen verwendet werden sollten. Sie wird ergänzt durch DIN 1654 Teil 1.

2 Begriffe, Maßnormen, Bezeichnungen, Sorteneinteilung, Anforderung, Herstellverfahren

Nach DIN 1654 Teil 1

7.2 Behandlungszustand bei der Lieferung

Die Stähle werden im allgemeinen in den Behandlungszuständen nach Tabelle 1 geliefert.

7.3 Chemische Zusammensetzung, mechanische Eigenschaften und Härtbarkeit

Tabelle 1 gibt einen Überblick über die üblichen Kombinationen von Behandlungszuständen bei der Lieferung, Erzeugnisformen und Anforderungen an die chemische Zusammensetzung, die mechanischen Eigenschaften und die Härtbarkeit.

●● Wenn nicht anders vereinbart, gelten für den jeweiligen Behandlungszustand bei der Lieferung und die jeweilige Erzeugnisform die in Tabelle 1, Spalte 5, bezeichneten Anforderungen.

●● Bei Bestellung der nur für die legierten Stähle in Betracht kommenden Anforderungsklasse H gelten darüber hinaus die Anforderungen an die Härtbarkeit nach Tabelle 5.

7.3.1 Für die chemische Zusammensetzung nach der Schmelzenanalyse gilt Tabelle 2.

7.3.2 Für die Grenzabweichungen der Stückanalyse von den Grenzwerten für die Schmelzenanalyse (siehe Tabelle 2) gelten die Festlegungen in Tabelle 3.

7.3.3 Für die mechanischen Eigenschaften in den üblichen Behandlungszuständen bei der Lieferung gelten die in Tabelle 4 angegebenen Werte.

7.3.4 Die in Tabelle 5 angegebenen Werte für den Stirnabschreckversuch können bei den Stahlsorten nach dieser Norm unter den Prüfbedingungen nach DIN 1654 Teil 1 im allgemeinen vorausgesetzt werden.

●● Sollen die in Tabelle 5 angegebenen Werte für den Stirnabschreckversuch als Anforderung gelten, ist in der Bestellung der Kennbuchstabe H an den Kurznamen oder die Werkstoffnummer des Stahles anzuhängen.

7.3.4.1 ●● Eingeengte Streubänder für die Härtbarkeit können für die legierten Stähle nach dieser Norm entsprechend den Bildern 1a bis 1e sowie Tabelle 5, Fußnote 1, bei der Bestellung vereinbart werden. Bei gewünschter Einengung des Härtbarkeitsstreubandes zur oberen bzw. unteren Grenzkurve ist in der Bestellung das Kurzzeichen HH bzw. HL an den Kurznamen oder die Werkstoffnummer des Stahles anzuhängen.

7.4 Gefüge

Es gelten die Angaben in DIN 1654 Teil 1.

7.5 Innere und äußere Beschaffenheit

Nach DIN 1654 Teil 1

7.6 Randentkohlung

Nach DIN 1654 Teil 1

Tabelle 1. Kombinationen von üblichen Behandlungszuständen bei der Lieferung, Erzeugnisformen und Anforderungen nach den Tabellen 2 bis 5

Nr	Behandlungszustand bei der Lieferung	Kennbuchstabe	Erzeugnisform: warmgewalzter Stabstahl (2)	Walzdraht (3)	gezogene Erzeugnisse (4)	Anforderungsklasse 5.1	5.2	Anforderungsklasse (H²) 6.1	6.2	6.3
1						es gelten folgende Anforderungen der Tabellen 2 bis 5:		wenn nicht anders vereinbart¹) (siehe Abschnitt 7.3.4)		
2	unbehandelt³)	ohne Kennbuchstabe oder U	X	X	—	Chemische Zusammensetzung nach den Tabellen 2 und 3	—	wie in den Spalten 5.1 und 5.2		Härtbarkeit nach Tabelle 5
3	geglüht auf kugelige Carbide	GKZ	X	X	—		Mechanische Eigenschaften nach Tabelle 4 — Spalte 2			
4	geglüht auf kugelige Carbide und geschält	GKZ + SH	X	—	—		Spalte 2			
5	kaltgezogen und geglüht auf kugelige Carbide	K + GKZ	—	—	X		Spalte 3			
6	kaltgezogen und geglüht auf kugelige Carbide und leicht kalt nachgezogen (mit z. B. 3 % Querschnittsabnahme)	K+GKZ+K	—	—	X		Spalte 4			
7	Falls ein von den Zeilen 2 bis 6 abweichender Behandlungszustand gewünscht wird, ist dieser in der Bestellung im Klartext anzugeben; die Erzeugnisform und die Anforderungen sind in diesem Falle bei der Bestellung anzugeben.									

¹) Die Härtewerte nach Tabelle 5 sind in diesem Falle als Anhaltsangaben zu betrachten (siehe Abschnitt 7.3.4).
²) Kommt nur für die legierten Stähle in Betracht. In der Bestellung ist der Kennbuchstabe H anzugeben.
³) Kommt im wesentlichen für Lieferungen an Ziehereien in Betracht

Tabelle 2. Chemische Zusammensetzung (Schmelzenanalyse)

| Stahlsorte | | Massenanteil in %[1],[2] | | | | | | | |
Kurzname	Werkstoff-nummer	C	Si max.	Mn	P max.	S max.	Cr	Mo	Ni
Cq 15	1.1132	0,12 bis 0,18	0,40	0,30 bis 0,60	0,035	0,035	–	–	–
17 Cr 3[3]	1.7016[3]	0,14 bis 0,20	0,40	0,40 bis 0,70	0,035	0,035	0,60 bis 0,90	–	–
16 MnCr 5[3]	1.7131[3]	0,14 bis 0,19	0,40	1,00 bis 1,30	0,035	0,035	0,80 bis 1,10	–	–
20 MoCr 4[3]	1.7321[3]	0,17 bis 0,22	0,40	0,70 bis 1,00	0,035	0,035	0,30 bis 0,60	0,40 bis 0,50	–
21 NiCrMo 2[3]	1.6523[3]	0,17 bis 0,23	0,40	0,65 bis 0,95	0,035	0,035	0,40 bis 0,70	0,15 bis 0,25	0,40 bis 0,70
15 CrNi 6[3]	1.5919[3]	0,14 bis 0,19	0,40	0,40 bis 0,60	0,035	0,035	1,40 bis 1,70	–	1,40 bis 1,70

[1]) In dieser Tabelle nicht aufgeführte Elemente dürfen dem Stahl außer zum Fertigbehandeln der Schmelze ohne Zustimmung des Bestellers nicht absichtlich zugesetzt werden. Im Zweifelsfalle sind die Grenzgehalte nach DIN EN 10 020 maßgebend.

[2]) Außer bei den Elementen Phosphor und Schwefel sind geringfügige Abweichungen von den Grenzen für die Schmelzenanalyse zulässig, wenn eingeengte Streubänder der Härtbarkeit im Stirnabschreckversuch (siehe Tabelle 5, Fußnote 1) bestellt werden; die Abweichungen dürfen die Werte nach Tabelle 3 nicht überschreiten.

[3]) Die Angaben zur chemischen Zusammensetzung dieses Stahles stimmen mit denen in DIN 17 210/09.86 überein.

Tabelle 4. **Mechanische Eigenschaften** [1]) **in den üblichen Behandlungszuständen bei der Lieferung*)**

. 1		2		3		4	
Stahlsorte		GKZ oder GKZ + SH		Behandlungszustand[2]) K + GKZ		K + GKZ + K	
Kurzname	Werkstoff- nummer	R_m N/mm^2 max.	Z % min.	R_m N/mm^2 max.	Z % min.	R_m N/mm^2 max.	Z % min.
Cq 15	1.1132	460	65	460	65	490	65
17 Cr 3	1.7016	520	60	500	61	520	61
16 MnCr 5	1.7131	550	60	530	62	550	62
20 MoCr 4	1.7321	550	60	530	62	550	62
21 NiCrMo 2	1.6523	590	60	570	62	590	62
15 CrNi 6	1.5919	600	59	580	61	600	61

*) Die Werte sind vorläufige Angaben, die später aufgrund zusätzlicher Unterlagen gegebenenfalls berichtigt werden müssen.
[1]) R_m = Zugfestigkeit; Z = Brucheinschnürung
[2]) Siehe Abschnitt 7.2

	Kaltstauch- und Kaltfließpreßstähle	**DIN**
	Technische Lieferbedingungen	**1654**
	für Vergütungsstähle	Teil 4

1 Anwendungsbereich

Diese Norm gilt für die Vergütungsstähle mit Durchmessern von 2 bis 100 mm, die bevorzugt zum Kaltstauchen und Kaltfließpressen verwendet werden sollten. Sie wird ergänzt durch DIN 1654 Teil 1.

2 Begriffe,
Maßnormen, Bezeichnung, Sorteneinteilung,
Anforderung, Herstellverfahren

Nach DIN 1654 Teil 1.

7.2 Behandlungszustand bei der Lieferung

Die Stähle werden im allgemeinen in den Behandlungszuständen nach Tabelle 1 geliefert.

7.3 Chemische Zusammensetzung, mechanische Eigenschaften und Härtbarkeit

Tabelle 1 gibt einen Überblick über die üblichen Kombinationen von Behandlungszuständen bei der Lieferung, Erzeugnisformen und Anforderungen an die chemische Zusammensetzung, die mechanischen Eigenschaften und die Härtbarkeit.

●● Wenn nicht anders vereinbart, gelten für den jeweiligen Behandlungszustand bei der Lieferung und die jeweilige Erzeugnisform die in Tabelle 1, Spalte 5, bezeichneten Anforderungen.

●● Bei Bestellung der nur für die nicht mit Bor legierten Stähle (außer Cq 22) in Betracht kommenden Anforderungsklasse H gelten darüber hinaus die Anforderungen an die Härtbarkeit nach Tabelle 6.

●● Bei Bestellung der Anforderungsklasse CH gelten zusätzlich zu den in Spalte 5 der Tabelle 1 bezeichneten Anforderungen die Anforderungen an die Mindesthärte im Kern und den größten Durchmesser nach Tabelle 8.

7.3.1 Für die chemische Zusammensetzung nach der Schmelzenanalyse gilt Tabelle 2.

7.3.3 Für die mechanischen Eigenschaften in den üblichen Behandlungszuständen bei der Lieferung gelten die in Tabelle 4 angegebenen Werte.

Für die mechanischen Eigenschaften an Bezugsproben und für den maßgeblichen Querschnitt nach dem Vergüten gelten die in Tabelle 5 angegebenen Werte.

7.3.4 Die in Tabelle 6 angegebenen Werte für den Stirnabschreckversuch können bei den Stahlsorten nach dieser Norm unter den Prüfbedingungen nach DIN 1654 Teil 1 im allgemeinen vorausgesetzt werden.

●● Sollen die in Tabelle 6 angegebenen Werte für den Stirnabschreckversuch als Anforderung gelten, ist in der Bestellung der Kennbuchstabe H an den Kurznamen oder die Werkstoffnummer des Stahles anzuhängen.

7.3.4.1 ●● Eingeengte Streubänder für die Härtbarkeit entsprechend Tabelle 7 und den Bildern 1c bis 1l sowie den Fußnoten 1 und 2 zu Tabelle 6 können bei der Bestellung vereinbart werden. Bei gewünschter Einengung des Härtbarkeitsstreubandes zur oberen bzw. unteren Grenzkurve ist in der Bestellung das Kurzzeichen HH bzw. HL an den Kurznamen oder die Werkstoffnummer des Stahles anzuhängen.

7.3.5 Für die Kernhärte und den größten Durchmesser gelten die Angaben in Tabelle 8.

7.4 Gefüge

Es gelten die Angaben in DIN 1654 Teil 1.

7.5 Innere und äußere Beschaffenheit

Nach DIN 1654 Teil 1

7.6 Randentkohlung

Nach DIN 1654 Teil 1

Tabelle 1. Kombinationen von üblichen Behandlungszuständen bei der Lieferung, Erzeugnisformen und Anforderungen nach den Tabellen 2 bis 8

Nr	Behandlungszustand bei der Lieferung	Kennbuchstabe	Erzeugnisform (2) warmgewalzter Stabstahl	(3) Walzdraht	(4) gezogene Erzeugnisse	Anforderungsklasse 5 — wenn nicht anders vereinbart¹) 5.1	5.2	6 — H²) (siehe Abschnitt 7.3.4) 6.1	6.2	6.3	7 — CH³) 7.1	7.2	7.3
1													
2	unbehandelt⁴)	ohne Kennbuchstabe oder U	X	X	—	Chemische Zusammensetzung nach den Tabellen 2 und 3	⁵)	wie in den Spalten 5.1 und 5.2		Härtbarkeit nach Tabelle 6 oder 7	wie in den Spalten 5.1 und 5.2		Mindestkernhärte und größter Durchmesser nach Tabelle 8
3	geglüht auf kugelige Carbide	GKZ	X	X	—	Chemische Zusammensetzung nach den Tabellen 2 und 3	Spalte 2⁵)						
4	geglüht auf kugelige Carbide und geschält	GKZ + SH	X	—	—	Chemische Zusammensetzung nach den Tabellen 2 und 3	Spalte 2⁵)						
5	kaltgezogen und geglüht auf kugelige Carbide	K + GKZ	—	—	X	Mechanische Eigenschaften nach Tabelle 4	Spalte 3⁵)						
6	kaltgezogen und geglüht auf kugelige Carbide und leicht kalt nachgezogen (mit z. B. 3 % Querschnittsabnahme)	K+GKZ+K	—	—	X	Mechanische Eigenschaften nach Tabelle 4	Spalte 4⁵)						
7	●● Falls ein von den Zeilen 2 bis 6 abweichender Behandlungszustand gewünscht wird, ist dieser in der Bestellung im Klartext anzugeben; die Erzeugnisform und die Anforderungen sind in diesem Falle bei der Bestellung zu vereinbaren.												

¹) Die Härtewerte nach Tabelle 6 sind in diesem Falle als Anhaltsangaben zu betrachten (siehe Abschnitt 7.3.4).
²) In der Bestellung ist der Kennbuchstabe H anzugeben.
³) In der Bestellung sind die Kennbuchstaben CH anzugeben.
⁴) Kommt im wesentlichen für Lieferungen an Ziehereien in Betracht.
⁵) Bei sachgemäßer Wärmebehandlung müssen die in Tabelle 5 für den vergüteten Zustand angegebenen mechanischen Eigenschaften erreichbar sein.

Tabelle 2.   Chemische Zusammensetzung (Schmelzenanalyse)[1], [2]

Stahlsorte		Massenanteil in %								
Kurzname	Werkstoff-nummer	C	Si max.	Mn	P max.	S max.	Cr	Mo	Ni	B
Nicht mit Bor legierte Stähle										
Cq 22	1.1152	0,17 bis 0,24	0,40	0,30 bis 0,60	0,035	0,035	–	–	–	–
Cq 35	1.1172	0,32 bis 0,39	0,40	0,50 bis 0,80	0,035	0,035	–	–	–	–
Cq 45	1.1192	0,42 bis 0,50	0,40	0,50 bis 0,80	0,035	0,035	–	–	–	–
38 Cr 2[3]	1.7003[3]	0,35 bis 0,42	0,40	0,50 bis 0,80	0,035	0,035	0,40 bis 0,60	–	–	–
46 Cr 2[3]	1.7006[3]	0,42 bis 0,50	0,40	0,50 bis 0,80	0,035	0,035	0,40 bis 0,60	–	–	–
34 Cr 4[3]	1.7033[3]	0,30 bis 0,37	0,40	0,60 bis 0,90	0,035	0,035	0,90 bis 1,20	–	–	–
37 Cr 4[3]	1.7034[3]	0,34 bis 0,41	0,40	0,60 bis 0,90	0,035	0,035	0,90 bis 1,20	–	–	–
41 Cr 4[3]	1.7035[3]	0,38 bis 0,45	0,40	0,60 bis 0,90	0,035	0,035	0,90 bis 1,20	–	–	–
25 CrMo 4[3]	1.7218[3]	0,22 bis 0,29	0,40	0,60 bis 0,90	0,035	0,035	0,90 bis 1,20	0,15 bis 0,30	–	–
34 CrMo 4[3]	1.7220[3]	0,30 bis 0,37	0,40	0,60 bis 0,90	0,035	0,035	0,90 bis 1,20	0,15 bis 0,30	–	–
42 CrMo 4[3]	1.7225[3]	0,38 bis 0,45	0,40	0,60 bis 0,90	0,035	0,035	0,90 bis 1,20	0,15 bis 0,30	–	–
34 CrNiMo 6[3]	1.6582[3]	0,30 bis 0,38	0,40	0,40 bis 0,70	0,035	0,035	1,40 bis 1,70	0,15 bis 0,30	1,40 bis 1,70	–
30 CrNiMo 8[3]	1.6580[3]	0,26 bis 0,34	0,40	0,30 bis 0,60	0,035	0,035	1,80 bis 2,20	0,30 bis 0,50	1,80 bis 2,20	–
Borlegierte Stähle[4]										
22 B 2	1.5508	0,19 bis 0,25	0,40	0,50 bis 0,80	0,035	0,035	–	–	–	0,0008 bis 0,0050
28 B 2	1.5510	0,25 bis 0,32	0,40	0,50 bis 0,80	0,035	0,035	–	–	–	0,0008 bis 0,0050
35 B 2	1.5511	0,32 bis 0,40	0,40	0,50 bis 0,80	0,035	0,035	–	–	–	0,0008 bis 0,0050
19 MnB 4	1.5523	0,17 bis 0,24	0,40	0,80 bis 1,15	0,035	0,035	–	–	–	0,0008 bis 0,0050

[1] In dieser Tabelle nicht aufgeführte Elemente dürfen dem Stahl außer zum Fertigbehandeln der Schmelze ohne Zustimmung des Bestellers nicht absichtlich zugesetzt werden. In Zweifelsfällen sind die Grenzgehalte nach DIN EN 10 020 maßgebend.

[2] Außer bei den Elementen Phosphor und Schwefel sind geringfügige Abweichungen von den Grenzen für die Schmelzenanalyse zulässig, wenn entweder eingeengte Streubänder der Härtbarkeit im Stirnabschreckversuch (Tabelle 6, Fußnoten 1 und 2) oder vergütete Erzeugnisse bestellt und hierfür die in Tabelle 5 angegebenen mechanischen Eigenschaften eingehalten werden; die Abweichungen dürfen die Werte nach Tabelle 3 nicht überschreiten.

[3] Die Angaben zur chemischen Zusammensetzung dieses Stahles stimmen mit denen in DIN 17 200/03.87 überein.

[4] Die für diese Stähle aufgeführten Werte sind vorläufig Angaben, die später aufgrund zusätzlicher Unterlagen gegebenenfalls berichtigt werden müssen.

Tabelle 4. Mechanische Eigenschaften[1]) der Stähle der Tabelle 2 in den üblichen Behandlungszuständen bei der Lieferung*)

1		2		3		4	
Stahlsorte		Behandlungszustand[2])					
		GKZ oder GKZ + SH		K + GKZ		K + GKZ + K	
Kurzname	Werkstoff-nummer	R_m N/mm² max.	Z % min.	R_m N/mm² max.	Z % min.	R_m N/mm² max.	Z % min.
Nicht mit Bor legierte Stähle							
Cq 22	1.1152	500	64	480	66	500	66
Cq 35	1.1172	570	62	550	64	570	64
Cq 45	1.1192	590	60	570	62	590	62
38 Cr 2	1.7003	600	60	580	62	600	62
46 Cr 2	1.7006	620	58	600	60	620	60
34 Cr 4	1.7033	600	60	580	62	600	62
37 Cr 4	1.7034	610	59	590	61	610	61
41 Cr 4	1.7035	620	58	600	60	620	60
25 CrMo 4	1.7218	580	60	560	62	580	62
34 CrMo 4	1.7220	610	59	590	61	610	61
42 CrMo 4	1.7225	630	58	610	60	630	60
34 CrNiMo 6	1.6582	680	58	660	60	680	60
30 CrNiMo 8	1.6580	700	58	680	60	700	60
Borlegierte Stähle							
22 B 2	1.5508	500	64	480	66	500	66
28 B 2	1.5510	540	62	520	64	540	64
35 B 2	1.5511	570	62	550	64	570	64
19 MnB 4	1.5523	520	62	500	64	520	62

*) Die Werte sind vorläufige Angaben, die später aufgrund zusätzlicher Unterlagen gegebenenfalls berichtigt werden müssen; dies gilt insbesondere für die Stähle 34 CrNiMo 6 und 30 CrNiMo 8.

[1]) R_m = Zugfestigkeit, Z = Brucheinschnürung

[2]) Siehe Abschnitt 7.2

Tabelle 5. **Mechanische Eigenschaften[1] im vergüteten Zustand**
Der bei der Anwendung dieser Tabelle in Betracht zu ziehende Durchmesser soll dem tatsächlichen wärmebehandelten (d. h. vergüteten) Querschnitt entsprechen

Stahlsorte		$\leq$ 16 mm Durchmesser[2], [3], [4]					
		R_e oder $R_{p\,0,2}$	R_m	A_5	Z	A_v[5]	
						(ISO-U-Probe)[6]	(ISO-V-Probe)[6]
Kurzname	Werkstoff-nummer	N/mm² min.	N/mm²	% min.	% min.	J[7] min.	
Cq 22	1.1152	350	550 bis 700	20	50	39	50
Cq 35	1.1172	430	630 bis 780	17	40	29	35
Cq 45	1.1192	500	700 bis 850	14	35	20	25
38 Cr 2	1.7003	550	800 bis 950	14	35	29	35
46 Cr 2	1.7006	650	900 bis 1100	12	35	25	30
34 Cr 4	1.7033	700	900 bis 1100	11	35	29	35
37 Cr 4	1.7034	750	950 bis 1150	11	35	25	30
41 Cr 4	1.7035	800	1000 bis 1200	10	30	25	30
25 CrMo 4	1.7218	700	900 bis 1100	12	50	34	45
34 CrMo 4	1.7220	800	1000 bis 1200	11	45	29	35
42 CrMo 4	1.7225	900	1100 bis 1300	10	40	25	30
34 CrNiMo 6	1.6582	1000	1200 bis 1400	9	40	29	35
30 CrNiMo 8	1.6580	1050	1250 bis 1450	9	40	25	30

Stahlsorte		> 16 $\leq$ 40 mm Durchmesser[2], [3], [4]					
		R_e oder $R_{p\,0,2}$	R_m	A_5	Z	A_v[5]	
						(ISO-U-Probe)[6]	(ISO-V-Probe)[6]
Kurzname	Werkstoff-nummer	N/mm² min.	N/mm²	% min.	% min.	J[7] min.	
Cq 22	1.1152	300	500 bis 650	22	50	39	50
Cq 35	1.1172	370	600 bis 750	19	45	29	35
Cq 45	1.1192	430	650 bis 800	16	40	20	25
38 Cr 2	1.7003	450	700 bis 850	15	40	29	35
46 Cr 2	1.7006	550	800 bis 950	14	40	29	35
34 Cr 4	1.7033	590	800 bis 950	14	40	34	40
37 Cr 4	1.7034	630	850 bis 1000	13	40	29	35
41 Cr 4	1.7035	660	900 bis 1100	12	35	29	35
25 CrMo 4	1.7218	600	800 bis 950	14	55	39	50
34 CrMo 4	1.7220	650	900 bis 1100	12	50	34	40
42 CrMo 4	1.7225	750	1000 bis 1200	11	45	29	35
34 CrNiMo 6	1.6582	900	1100 bis 1300	10	45	34	45
30 CrNiMo 8	1.6580	1050	1250 bis 1450	9	40	25	30

Tabelle 5. (Fortsetzung)

Stahlsorte		$> 40 \leq 100$ mm Durchmesser[2]), [3])					
		R_e oder $R_{p\,0,2}$	R_m	A_5	Z	A_v[5])	
						(ISO-U-Probe)[6])	(ISO-V-Probe)[6])
Kurzname	Werkstoff- nummer	N/mm^2 min.	N/mm^2	% min.	% min.	J[7]) min.	
Cq 22	1.1152	–	–	–	–	–	–
Cq 35	1.1172	320	550 bis 700	20	50	29	35
Cq 45	1.1192	370	630 bis 780	17	45	20	25
38 Cr 2	1.7003	350	600 bis 750	17	45	29	35
46 Cr 2	1.7006	400	650 bis 800	15	45	29	35
34 Cr 4	1.7033	460	700 bis 850	15	45	34	40
37 Cr 4	1.7034	510	750 bis 900	14	40	29	35
41 Cr 4	1.7035	560	800 bis 950	14	40	29	35
25 CrMo 4	1.7218	450	700 bis 850	15	60	39	50
34 CrMo 4	1.7220	550	800 bis 950	14	55	34	45
42 CrMo 4	1.7225	650	900 bis 1100	12	50	29	35
34 CrNiMo 6	1.6582	800	1000 bis 1200	11	50	34	45
30 CrNiMo 8	1.6580	900	1100 bis 1300	10	45	29	35

[1]) R_e = Streckgrenze; $R_{p\,0,2}$ = 0,2 %-Dehngrenze; R_m = Zugfestigkeit; A_5 = Bruchdehnung (L_o = 5 d_o); A_v = Kerbschlag-arbeit; Z = Brucheinschnürung.

[2]) Die Angaben stimmen für die legierten Stähle, abgesehen von den Angaben für die Kerbschlagarbeit an ISO-U-Proben, mit denen in DIN 17 200/03.87 überein.

[3]) Die Festlegung der Maßgrenzen bedeutet nicht, daß bis zur festgelegten Probenentnahmestelle weitgehend marten-sitisch durchvergütet werden kann. Die Einhärtungstiefe ergibt sich aus dem Verlauf der Stirnabschreckkurven (siehe Bild 1a bis 1l).

[4]) ●● Bei im Ring vergütetem Walzdraht gelten die hier angegebenen Werte nicht ohne weiteres; sie sind gegebenenfalls zu vereinbaren.

[5]) Mittelwert aus 3 Prüfungen. Ein Einzelwert darf den Mindestwert unterschreiten, jedoch um nicht mehr als 30 %.

[6]) ●● Falls bei der Bestellung nicht anders vereinbart, bleibt dem Hersteller die Wahl zwischen der ISO-U- und der ISO-V-Probe überlassen. In der Folgeausgabe dieser Norm werden nur noch Werte für die ISO-V-Probe enthalten sein.

[7]) ●● Wenn für Proben mit nicht normgerechten Maßen die Nachprüfung der Kerbschlagarbeit vereinbart wird (siehe DIN 1654 Teil 1/10.89, Abschnitt 8.4.4, letzter Satz), so sind auch die einzuhaltenden Werte zu vereinbaren.

	Kaltstauch- und Kaltfließpreßstähle	**DIN**
	Technische Lieferbedingungen für nichtrostende Stähle	**1654** Teil 5

1 Anwendungsbereich

Diese Norm gilt für die nichtrostenden Stähle mit Durchmessern von 5 oder nach Sondervereinbarung 1,5 bis 15 mm bei dem ferritischen und bis 63 mm bei dem martensitischen Stahl und den austenitischen Stählen, die bevorzugt zum Kaltstauchen und Kaltfließpressen verwendet werden sollten. Sie wird ergänzt durch DIN 1654 Teil 1.

2 Begriffe,
Maßnormen, Bezeichnung, Bestellung, Sorteneinteilung

Nach DIN 1654 Teil 1.

7.2 Behandlungszustand bei der Lieferung

Die Stähle werden im allgemeinen in den Behandlungszuständen nach Tabelle 1 geliefert.

7.3 Chemische Zusammensetzung, mechanische Eigenschaften und Härtbarkeit

Tabelle 1 gibt einen Überblick über die Kombinationen von üblichen Behandlungszuständen bei der Lieferung, Erzeugnisformen und Anforderungen an die chemische Zusammensetzung und die mechanischen Eigenschaften.

7.3.1 Für die chemische Zusammensetzung nach der Schmelzenanalyse gilt Tabelle 2.

7.3.3 Für die mechanischen Eigenschaften in den üblichen Behandlungszuständen bei der Lieferung gelten die in Tabelle 4 angegebenen Werte.

●● Für die mechanischen Eigenschaften an Bezugsproben in den Wärmebehandlungszuständen nach Tabelle 8 gelten die in den Tabellen 5 und 6 angegebenen Werte.

7.3.4 Anforderungen an die Härtbarkeit bestehen nicht.

7.4 Gefüge

Anforderungen an das Gefüge (s. hierzu DIN 1654 Teil 1/10.89, Abschnitt 7.4) bestehen nicht.

7.5 Innere und äußere Beschaffenheit

Nach DIN 1654 Teil 1

7.6 Randentkohlung

Für den martensitischen Stahl gelten die Anforderungen entsprechend DIN 1654 Teil 1/10.89, Abschnitt 7.6.

7.7 Schmelzentrennung

Nach DIN 1654 Teil 1

7.8 Korrosionschemische Eigenschaften

Für die Beständigkeit der Stähle gegen interkristalline Korrosion bei Prüfung nach DIN 50 914 gelten die Angaben in Tabelle 8 (siehe Abschnitt 10.2 und DIN 1654 Teil 1/10.89, Abschnitt 1.2).

Anmerkung: Das Verhalten der nichtrostenden Stähle gegen Korrosion kann durch Versuche im Laboratorium nicht eindeutig gekennzeichnet werden. Es empfiehlt sich daher, auf vorliegende Betriebserfahrungen zurückzugreifen. Hinweise über das Verhalten unter bestimmten Korrosionsbedingungen sind z. B. in den DECHEMA-Werkstofftabellen zu finden.

7.9 Physikalische Eigenschaften

Für die physikalischen Eigenschaften in den Wärmebehandlungszuständen nach Tabelle 8 gelten die Anhaltswerte der Tabelle 7 (siehe DIN 1654 Teil 1/10.89, Abschnitt 1.2).

8 ●● Prüfung

Nach DIN 1654 Teil 1

9 Kennzeichnung

Nach DIN 1654 Teil 1

10 Wärmebehandlung und Weiterverarbeitung

10.1 Anhaltsangaben für die Wärmebehandlung nach Tabelle 8.

10.2 Da die Korrosionsbeständigkeit der nichtrostenden Stähle nur bei metallisch sauberer Oberfläche gesichert ist, müssen Zunderschichten und Anlauffarben, die bei der Wärmebehandlung entstanden sind, vor dem Gebrauch entfernt werden. Fertigteile aus Stählen mit ca. 13 % Cr verlangen zur Erzielung ihrer höchsten Korrosionsbeständigkeit besten Oberflächenzustand (feingeschliffen oder poliert).

Tabelle 1. Kombinationen von üblichen Behandlungszuständen bei der Lieferung, Erzeugnisformen und Anforderungen nach den Tabellen 2 bis 4

Nr	Behandlungszustand bei der Lieferung		Kennbuchstaben für		Erzeugnisform			Es gelten folgende Anforderungen	
1	für ferritische und martensitische Stähle	für austenitische Stähle	ferritische und martensitische Stähle	austenitische Stähle	warmgewalzter Stabstahl (3)	Walzdraht (4)	gezogene Erzeugnisse (5)	6.1	6.2
2	geglüht auf kugelige Carbide	abgeschreckt	GKZ	abgeschreckt	X	X	–	Chemische Zusammensetzung nach den Tabellen 2 und 3	Spalte 2 · Mechanische Eigenschaften nach Tabelle 4
3	geglüht auf kugelige Carbide und geschält	abgeschreckt und geschält	GKZ+SH	abgeschreckt +SH	X	–	–		Spalte 2
4	kaltgezogen und geglüht auf kugelige Carbide	kaltgezogen und abgeschreckt	K+GKZ	K+abgeschreckt	–	–	X		Spalte 3
5	kaltgezogen und geglüht auf kugelige Carbide und leicht kalt nachgezogen (mit z.B. 3% Querschnittsabnahme)	kaltgezogen und abgeschreckt und leicht kalt nachgezogen (mit z.B. 3% Querschnittsabnahme)	K+GKZ+K	K+abgeschreckt+K	–	–	X		Spalte 4
6	●● Falls ein von den Zeilen 2 bis 5 abweichender Behandlungszustand gewünscht wird, ist dieser in der Bestellung im Klartext anzugeben; die Erzeugnisform und die Anforderungen sind in diesem Falle bei der Bestellung zu vereinbaren. (Siehe DIN 1654 Teil 1/10.89, Abschnitt 7.2).								

Tabelle 2. Chemische Zusammensetzung (Schmelzenanalyse)[1]

| Stahlsorte | | Massenanteil in % | | | | | | | | |
Kurzname[2]	Werkstoff-nummer[2]	C	Si	Mn	P max.	S	Cr	Mo	Ni	Sonstige
Ferritischer Stahl										
X 6 Cr 17[3]	1.4016[3]	≤ 0,08	1,0	1,0	0,045	0,030	15,5 bis 17,5	–	–	–
Martensitischer Stahl										
X 10 Cr 13[3]	1.4006[3]	0,08 bis 0,12	1,0	1,0	0,045	0,030	12,0 bis 14,0	–	–	–
Austenitische Stähle[4]										
X 2 CrNi 19 11[3]	1.4306[3]	≤ 0,030	1,0	2,0	0,045	0,030	18,0 bis 20,0	–	10,0 bis 12,5	–
X 5 CrNi 18 12[3]	1.4303[3]	≤ 0,07	1,0	2,0	0,045	0,030	17,0 bis 19,0	–	11,0 bis 13,0	–
X 5 CrNiMo 17 12 2[3]	1.4401[3]	≤ 0,07	1,0	2,0	0,045	0,030	16,5 bis 18,5	2,0 bis 2,5	10,5 bis 13,5	–
X 2 CrNiN 18 10[3]	1.4311[3]	≤ 0,030	1,0	2,0	0,045	0,030	17,0 bis 19,0	–	8,5 bis 11,5	N: 0,12 bis 0,22
X 2 CrNiMoN 17 13 3[3]	1.4429[3]	≤ 0,030	1,0	2,0	0,045	0,025	16,5 bis 18,5	2,5 bis 3,0	12,0 bis 14,5	N: 0,14 bis 0,22
X 6 CrNiTi 18 10[3]	1.4541[3]	≤ 0,08	1,0	2,0	0,045	0,030	17,0 bis 19,0	–	9,0 bis 12,0	Ti: 5 X % C bis 0,80
X 6 CrNiMoTi 17 12 2[3]	1.4571[3]	≤ 0,08	1,0	2,0	0,045	0,030	16,5 bis 18,5	2,0 bis 2,5	10,5 bis 13,5	Ti: 5 X % C bis 0,80
X 3 CrNiCu 18 9	1.4567	≤ 0,04	1,0	2,0	0,045	0,030	17,0 bis 19,0	–	8,0 bis 10,0	Cu: 3,0 bis 4,0

[1] Die für die einzelnen Stähle in dieser Tabelle zahlenmäßig nicht aufgeführten Elemente dürfen, soweit sie nicht zum Fertigbehandeln der Schmelze erforderlich sind, nur mit Zustimmung des Bestellers absichtlich zugesetzt werden. Die Verwendbarkeit sowie die Verarbeitbarkeit, z. B. Schweißeignung, sowie die in dieser Norm angegebenen Eigenschaften dürfen dadurch nicht beeinträchtigt werden.

[2] Die in der Ausgabe 03.80 der DIN 1654 Teil 5 enthaltenen Kurznamen dürfen während der Laufzeit dieser Norm weiterverwendet werden (siehe Vergleichstabelle in den Erläuterungen zu DIN 17440).

[3] Die Angaben zur chemischen Zusammensetzung dieses Stahles stimmen mit denen in DIN 17440/07.85 überein.

[4] Die Eignung der austenitischen Stähle zum Kaltfließpressen hängt stark von den Bedingungen bei der Verarbeitung ab.

Tabelle 4. Mechanische Eigenschaften[1]) der Stähle nach Tabelle 2 in den üblichen Behandlungszuständen bei der Lieferung[2]), *)

1		2		3		4	
		Behandlungszustand[2]) für die Stähle X 6 Cr 17 und X 10 Cr 13					
		GKZ oder GKZ + SH		K + GKZ		K + GKZ + K	
Stahlsorte		Behandlungszustand[2]) für die austenitischen Stähle					
		abgeschreckt oder abgeschreckt + SH		K + abgeschreckt		K + abgeschreckt + K	
Kurzname	Werkstoff-nummer	R_m N/mm^2 max.	Z % min.	R_m N/mm^2 max.	Z % min.	R_m N/mm^2 max.	Z % min.
Ferritischer Stahl							
X 6 Cr 17	1.4016	560	63	560	65	600	65
Martensitischer Stahl							
X 10 Cr 13	1.4006	600	60	600	62	640	62
Austenitische Stähle							
X 2 CrNi 19 11	1.4306	630	55	630	55	680	55
X 5 CrNi 18 12	1.4303	650	55	650	55	700	55
X 5 CrNiMo 17 12 2	1.4401	660	55	660	55	710	55
X 2 CrNiN 18 10	1.4311	730	55	730	55	790	55
X 2 CrNiMoN 17 13 3	1.4429	780	55	780	55	840	55
X 6 CrNiTi 18 10	1.4541	680	55	680	55	730	55
X 6 CrNiMoTi 17 12 2	1.4571	680	55	680	55	730	55
X 3 CrNiCu 18 9	1.4567	590	60	590	60	620	55

*) Die Werte sind vorläufige Angaben, die später aufgrund zusätzlicher Unterlagen gegebenenfalls berichtigt werden müssen.

[1]) R_m = Zugfestigkeit; Z = Brucheinschnürung

[2]) Siehe Abschnitt 7.2

Tabelle 5. Mechanische Eigenschaften¹) in dem in Tabelle 8 aufgeführten Wärmebehandlungszustand

Stahlsorte		Wärmebehand-lungszustand²)	R_e oder $R_{p\,0,2}$ N/mm² min.	$R_{p\,1,0}$ N/mm² min.	R_m N/mm²	A_5 % min.	A_v (ISO-V-Probe)³⁾ J min.	(ISO-U-Probe)³⁾ J min.
Kurzname	Werkstoff-nummer							
Ferritischer Stahl								
X 6 Cr 17⁴⁾	1.4016⁴⁾	geglüht	270	–	450 bis 600	20	–	–
Martensitischer Stahl								
X 10 Cr 13⁴⁾	1.4006⁴⁾	vergütet	420	–	600 bis 800	18	50	–
Austenitische Stähle								
X 2 CrNi 19 11⁴⁾	1.4306⁴⁾	abgeschreckt	180	215	460 bis 680	50	60	85
X 5 CrNi 18 12⁴⁾	1.4303⁴⁾		185	220	490 bis 690	50	60	85
X 5 CrNiMo 17 12 2⁴⁾	1.4401⁴⁾		205	240	510 bis 710	45	60	85
X 2 CrNiN 18 10⁴⁾	1.4311⁴⁾		270	305	550 bis 760	40	60	85
X 2 CrNiMoN 17 13 3⁴⁾	1.4429⁴⁾		295	330	580 bis 800	40	60	85
X 6 CrNiTi 18 10⁴⁾	1.4541⁴⁾		200	235	500 bis 730	40	60	85
X 6 CrNiMoTi 17 12 2⁴⁾	1.4571⁴⁾		210	245	500 bis 730	40	60	85
X 3 CrNiCu 18 9	1.4567		195	235	470 bis 670	45	60	85

¹) R_e = Streckgrenze, $R_{p\,0,2}$ = 0,2%-Dehngrenze, $R_{p\,1,0}$ = 1%-Dehngrenze, R_m = Zugfestigkeit, A_5 = Bruchdehnung (L_o = 5 d_o), A_v = Kerbschlagarbeit

²) Siehe Tabelle 8

³) ●● Falls bei der Bestellung nicht anders vereinbart, bleibt dem Hersteller die Wahl zwischen der ISO-U- und der ISO-V-Probe überlassen. In der Folgeausgabe dieser Norm werden nur noch Werte für die ISO-V-Probe enthalten sein.

⁴) Die Angaben stimmen, abgesehen von den Angaben für die Kerbschlagarbeit an ISO-U-Proben und teilweise den Angaben für die Bruchdehnung, mit denen in DIN 17 440/07.85 überein.

Tabelle 6. **Mindestwerte der 0,2%- und 1%-Dehngrenze bei erhöhten Temperaturen in dem in Tabelle 8 aufgeführten Wärmebehandlungszustand**

| Stahlsorte | | Wärme-behandlungs-zustand[1] | 0,2%-Dehngrenze N/mm² min. | | | | | | 1%-Dehngrenze bei einer Temperatur von N/mm² min. | | | | | |
Kurzname	Werkstoff-nummer		50°C	100°C	150°C	200°C	250°C	300°C	50°C	100°C	150°C	200°C	250°C	300°C
X 10 Cr 13[2]	1.4006[2]	vergütet	430	420	410	400	382	365	–	–	–	–	–	–
Martensitischer Stahl														
Austenitische Stähle														
X 2 CrNi 19 11[2]	1.4306[2]	abgeschreckt	162	147	132	118	108	100	201	181	162	147	137	127
X 5 CrNi 18 12[2]	1.4303[2]	abgeschreckt	175	155	142	127	118	110	208	188	172	157	145	135
X 5 CrNiMo 17 12 2[2]	1.4401[2]	abgeschreckt	196	177	162	147	137	127	230	211	191	177	167	156
X 2 CrNiN 18 10[2]	1.4311[2]	abgeschreckt	245	205	175	157	145	136	280	240	210	187	175	167
X 2 CrNiMoN 17 13 3[2]	1.4429[2]	abgeschreckt	265	225	197	178	165	155	300	260	227	208	195	185
X 6 CrNiTi 18 10[2]	1.4541[2]	abgeschreckt	190	176	167	157	147	136	222	208	195	185	175	167
X 6 CrNiMoTi 17 12 2[2]	1.4571[2]	abgeschreckt	202	185	177	167	157	145	234	218	206	196	186	175
X 3 CrNiCu 18 9	1.4567	abgeschreckt	188	180	174	170	167	165	227	215	208	205	202	200

[1] Siehe Tabelle 8
[2] Die hier angegebenen Werte stimmen mit denen in DIN 17440/07.85 überein.

393

Tabelle 7. Angaben über die physikalischen Eigenschaften der Stähle nach Tabelle 2 in dem in Tabelle 8 aufgeführten Wärmebehandlungszustand

Kurzname	Werkstoffnummer	Dichte kg/dm³	Elastizitätsmodul bei kN/mm²						Wärmeausdehnung zwischen 20°C und 10⁻⁶·K⁻¹					Wärmeleitfähigkeit bei 20°C W/m·K	Spezifische Wärmekapazität bei 20°C J/kg·K	Elektrischer Widerstand bei 20°C Ω·mm²/m	Magnetisierbarkeit
			20°C	100°C	200°C	300°C	400°C	500°C	100°C	200°C	300°C	400°C	500°C				
Ferritischer Stahl																	
X 6 Cr 17¹)	1.4016¹)	7,7	220	218	212	205	197		10,0	10,0	10,5	10,5	11,0	25	460	0,60	vorhanden
Martensitischer Stahl																	
X 10 Cr 13¹)	1.4006¹)	7,7	216	213	207	200	192		10,5	11,0	11,5	12,0	12,0	30	460	0,60	vorhanden
Austenitische Stähle																	
X 2 CrNi 19 11¹)	1.4306¹)	7,9	200	194	186	179	172	165	16,0	17,0	17,0	18,0	18,0	15	500	0,73	nicht vorhanden²)
X 5 CrNi 18 12¹)	1.4303¹)	7,9	200	194	186	179	172	165	16,0	17,0	17,0	18,0	18,0	15	500	0,73	nicht vorhanden²)
X 5 CrNiMo 17 12 2¹)	1.4401¹)	7,98	200	194	186	179	172	165	16,5	17,5	17,5	18,5	18,5	15	500	0,75	nicht vorhanden²)
X 2 CrNiN 18 10¹)	1.4311¹)	7,9	200	194	186	179	172	165	16,0	17,0	17,0	18,0	18,0	15	500	0,73	nicht vorhanden²)
X 2 CrNiMoN 17 13 3¹)	1.4429¹)	7,98	200	194	186	179	172	165	16,5	17,5	17,5	18,5	18,5	15	500	0,75	nicht vorhanden²)
X 6 CrNiTi 18 10¹)	1.4541¹)	7,9	200	194	186	179	172	165	16,0	17,0	17,0	18,0	18,0	15	500	0,73	nicht vorhanden²)
X 6 CrNiMoTi 17 12 2¹)	1.4571¹)	7,98	200	194	186	179	172	165	16,5	18,5	18,5	18,5	18,5	15	500	0,75	nicht vorhanden²)
X 3 CrNiCu 18 9	1.4567	7,85	200	194	186	179	172	165	16,5	17,5	17,5	18,5	18,5	15	500	0,75	vorhanden²)

¹) Die hier angegebenen Werte stimmen mit den in DIN 17 440/07.85 überein.

²) Austenitische Stähle können im abgeschreckten Zustand unter Umständen schwach magnetisierbar sein. Ihre Magnetisierbarkeit kann mit steigender Kaltumformung zunehmen.

Tabelle 8. Anhaltsangaben für die Stähle nach Tabelle 2 über die Temperaturen für die Wärmebehandlung sowie die Beständigkeit gegen interkristalline Korrosion

Stahlsorte	Glühen		Härten bzw. Abschrecken		Anlassen	Beständigkeit gegen interkristalline Korrosion bei Prüfung nach DIN 50914	
	Temperatur °C	Abkühlungs- art	Temperatur °C	Abkühlungs- art	Temperatur °C	im Liefer- zustand	im geschweißten Zustand
Ferritischer Stahl							
X 6 Cr 17[1]	750 bis 850	Luft, Wasser				ja	nein
Martensitischer Stahl							
X 10 Cr 13[1]	750 bis 800	Ofen, Luft	950 bis 1000	Öl, Luft[2]	680 bis 780	nein	nein
Austenitische Stähle[3]							
X 2 CrNi 19 11[1]			1000 bis 1080	Wasser, Luft[2]		ja	ja
X 5 CrNi 18 12[1]			1000 bis 1080			ja[4]	ja[5]
X 5 CrNiMo 17 12 2[1]			1020 bis 1100			ja[4]	ja[5]
X 2 CrNiN 18 10[1]			1000 bis 1080			ja	ja
X 2 CrNiMoN 17 13 3[1]			1040 bis 1120			ja	ja
X 6 CrNiTi 18 10[1]			1020 bis 1100			ja	ja
X 6 CrNiMoTi 17 12 2[1]			1020 bis 1100			ja	ja
X 3 CrNiCu 18 9			1050 bis 1100			ja[4]	ja[4]

[1] Die Anhaltsangaben stimmen mit denen in DIN 17 440/07.85 überein.

[2] Abkühlung ausreichend schnell

[3] Bei einer Wärmebehandlung im Rahmen der Weiterverarbeitung ist der untere Bereich der für das Lösungsglühen angegebenen Spanne anzustreben. Falls bei der Warmformge-bung eine Temperatur von 850 °C nicht unterschritten wurde oder falls das Erzeugnis kaltgeformt wurde, darf bei einer erneuten Lösungsglühung die Untergrenze der Lösungs-glühtemperatur um 20 K unterschritten werden.

[4] Nur für Dicken ≤ 6 mm oder Durchmesser ≤ 40 mm.

[5] ●● Die Maßgrenzen für die Beständigkeit gegen interkristalline Korrosion können je nach vorliegender chemischer Zusammensetzung und den Schweißbedingungen variieren und sind bei der Bestellung zu vereinbaren.

	Blanker Flachstahl Maße, zulässige Abweichungen, Gewichte	DIN 174

Maße in mm

1. Geltungsbereich

Diese Norm gilt für blanken Flachstahl von rechteckigem Querschnitt mit den in Tabelle 1 angegebenen Abmessungen aus den Stahlsorten nach Abschnitt 5.

Diese Norm gilt n i c h t für blanken Keilstahl mit rechteckigem Querschnitt (siehe DIN 6880)

2. Begriff

Blanker Flachstahl ist ein entzunderter und spanlos kalt umgeformter Stahl mit glatter blanker Oberfläche und entsprechend hoher Maßgenauigkeit.

Bei Flachstahl ist aus Herstellungsgründen eine metallisch völlig blanke Oberfläche nicht zu erzielen.

4. Maße und zulässige Maß- und Formabweichungen

4.2. Kantenausführung

Blanker Flachstahl nach dieser Norm wird bei Breiten bis 200 mm mit scharfen Kanten geliefert. Bei Breiten über 120 mm kann allerdings nicht mit voll ausgezogenen Kanten gerechnet werden; der Rundungshalbmesser darf jedoch höchstens 2 mm betragen. Falls in diesem Breitenbereich Flachstahl mit scharfen Kanten geliefert werden soll, ist dies bei der Bestellung besonders zu vereinbaren.

4.3. Geradheit

Die Stäbe werden nach dem Auge gerade gerichtet geliefert; besondere Anforderungen an die Geradheit sind bei der Bestellung zu vereinbaren (siehe Erläuterungen).

5. Werkstoff

Blanker Flachstahl nach dieser Norm wird vorzugsweise aus Stahl USt 37—1 K nach DIN 1652 hergestellt; andere Stahlsorten sind besonders zu vereinbaren.

7. Lieferart

7.2. Blanker Flachstahl in kleineren Abmessungen kann auch in Ringen geliefert werden. Diese Lieferart ist bei der Bestellung unter Angabe der gewünschten Gewichte und Abmessungen der Ringe besonders zu vereinbaren.

7.3. Bestellbeispiel

1000 kg blanker Flachstahl von Breite $b = 16$ mm und Dicke $h = 8$ mm aus der Stahlsorte mit dem Kurznamen USt 37-1 K oder der Werkstoffnummer 1.0120.07 in Herstellängen:

1000 kg Flach 16 × 8 DIN 174—USt 37-1 K

Tabelle 2.

Längenart	Bereich	Länge		Bestellangabe für die Länge
		Länge	zulässige Abweichung	
Herstellänge	6000 bis 8000 ¹)	beliebig zwischen den für den Längenbereich angegebenen Grenzen; bei höchstens 10 % der Liefermenge dürfen Unterlängen bis zur Hälfte der unteren Grenze mitgeliefert werden.		keine
Lagerlänge	3000 bis 4000	beliebig zwischen den für den Längenbereich angegebenen Grenzen.		Lagerlänge
Festlänge	1000 bis 12 000	± 100		gewünschte Festlänge in mm
Genaulänge	1000 bis 12 000	unter ± 100 bis ±2; zu bevorzugen: ± 50, ± 25, ± 10, ± 5, ± 2		gewünschte Genaulänge und gewünschte zulässige Abweichung in mm

¹) Gegebenenfalls sind Herstellängen bis 15 000 mm lieferbar.

Tabelle 1.   Breite, Dicke und Gewicht sowie zulässige Breiten- und Dickenabweichungen

Gewicht in kg/m

Breite b	zul. Abweich.	(1,5)	1,6	2	2,5	3	4	5	6	8	10	12	(15)	16	20	25	(30)	32	40	50
Dicke h → zul. Abweichung		-0,060	-0,060	-0,060	-0,060	-0,060	-0,060	-0,075	-0,075	-0,090	-0,090	-0,110	-0,110	-0,110	-0,130	-0,130	-0,250	-0,250	-0,250	-0,250
5	-0,075	—	—	0,079	0,098	0,118	—	—	—	—	—	—	—	—	—	—	—	—	—	—
6	-0,075	—	—	0,094	0,118	0,141	0,188	—	—	—	—	—	—	—	—	—	—	—	—	—
8	-0,090	(0,094)	0,100	0,126	0,157	0,188	0,251	0,314	0,377	—	—	—	—	—	—	—	—	—	—	—
10	-0,090	(0,118)	0,126	0,157	0,196	0,236	0,314	0,393	0,471	—	—	—	—	—	—	—	—	—	—	—
12	-0,110	(0,141)	0,151	0,188	0,236	0,283	0,377	0,471	0,565	0,754	—	—	—	—	—	—	—	—	—	—
14	-0,110	(0,165)	0,176	0,220	0,275	0,330	0,440	0,550	0,659	0,879	[1,10]	—	—	—	—	—	—	—	—	—
(15)	-0,110	(0,177)	(0,188)	(0,236)	(0,294)	(0,353)	(0,471)	(0,589)	(0,707)	(0,942)	(1,18)	—	—	—	—	—	—	—	—	—
16	-0,110	(0,188)	0,201	0,251	0,314	0,377	0,502	0,628	0,754	1,00	1,26	—	—	—	—	—	—	—	—	—
18	-0,110	(0,212)	0,226	0,283	0,354	0,424	0,565	0,707	0,848	1,13	1,41	1,70	—	—	—	—	—	—	—	—
20	-0,110	(0,236)	0,251	0,314	0,393	0,471	0,628	0,785	0,942	1,26	1,57	1,88	[2,36]	2,51	—	—	—	—	—	—
22	-0,130	—	—	0,345	—	0,518	0,691	0,864	1,04	1,38	1,73	2,07	—	—	—	—	—	—	—	—
25	-0,130	—	—	0,393	0,491	0,589	0,785	0,981	1,18	1,57	1,96	2,36	(2,94)	3,14	3,93	—	—	—	—	—
28	-0,130	—	—	0,440	—	0,659	0,879	1,10	1,32	1,76	2,20	2,64	—	3,52	4,40	—	—	—	—	—
(30)	-0,130	—	—	(0,471)	(0,589)	(0,707)	(0,942)	(1,18)	(1,41)	(1,88)	(2,36)	(2,83)	[(3,53)]	(3,77)	(4,71)	[(5,89)]	—	—	—	—
32	-0,130	—	—	0,502	0,628	0,754	1,00	1,26	1,51	2,01	2,51	[3,01]	(3,77)	4,02	5,02	6,28*	—	—	—	—
(35)	-0,130	—	—	(0,550)	(0,687)	(0,824)	(1,10)	(1,37)	(1,65)	(2,20)	(2,75)	(3,30)	(4,12)	(4,40)	(5,50)	(6,87)	—	—	—	—
36	-0,160	—	—	0,565	0,707	0,848	1,13	1,41	1,70	[2,26]	2,83	3,39	(4,24)	[4,52]	5,65	—	—	—	—	—
40	-0,160	—	—	0,628	—	0,942	1,26	1,57	1,88	2,51	3,14	3,77	(4,71)	5,02	6,28	7,85	(9,42)	10,0	—	—
45	-0,160	—	—	0,707	—	1,06	1,41	1,77	2,12	2,83	3,53	(4,24)	(5,30)	5,65	7,07	8,83	[(10,6)]	11,3	—	—
50	-0,160	—	—	0,785	—	1,18	1,57	1,96	2,36	3,14	3,93	4,71	(5,89)	6,28	7,85	9,81	(11,8)	12,6	—	—

Fortsetzung Seite 3

Tabelle 1. (Fortsetzung)

Breite h¹) b	zulässige Abweichung²)	Dicke h¹)																		
		(1,5)	1,6	2	2,5	3	4	5	6	8	10	12	(15)	16	20	25	(30)	32	40	50
	zulässige Abweichung²)	−0,060					−0,075		−0,090			−0,110			−0,130					−0,250	
		Gewicht in kg/m																			
(55)		—	—	—	—	(1,30)	(1,73)	(2,16)	—	(3,45)	(4,32)	(5,18)	(6,48)	(6,91)	(8,64)	—	—	—	—	—
56		—	—	—	—	1,32*	1,76*	2,20*	—	3,52*	4,40*	5,28*	(6,59)	7,03*	8,79*	11,0*	—	14,1	—	—
(60)		—	—	—	—	(1,41)	(1,88)	(2,36)	(2,83)	(3,77)	(4,71)	(5,65)	(7,07)	(7,54)	(9,42)	(11,8)	(14,1)	—	(18,8)	—
63	−0,190	—	—	—	—	1,48	1,98	2,47	2,97	3,96	4,95	5,93	(7,42)	7,91*	9,89	12,4*	(16,5)	15,8	19,8*	—
(65)		—	—	—	—	—	(2,04)	(2,55)	(3,06)	—	—	—	—	—	—	—	—	—	—	—
70		—	—	—	—	—	2,20	2,75	3,30	(4,40)	5,50	6,59	(8,24)	8,79	11,0	13,7	(16,5)	—	22,0	—
80		—	—	—	—	—	—	3,14	3,77	(5,02)	6,28	7,54	(9,42)	10,0	12,6	15,7	(18,8)	—	[25,1]	[31,4]
90	−0,220	—	—	—	—	—	—	3,53	4,24	[5,65]	7,07	8,48	(10,6)	11,3	14,1	17,7	—	—	[31,4]	[39,3]
100		—	—	—	—	—	—	3,93	4,71	[6,28]	7,85	9,42	(11,8)	12,6	15,7	19,6	(23,6)	—	[31,4]	[39,3]
(120)	−2,0	—	—	—	—	—	—	—	(5,65)	[7,54]	(9,42)	(11,3)	(14,1)	(15,1)	(18,8)	(23,6)	(28,3)	—	—	—
125		—	—	—	—	—	—	4,91*	5,89*	7,85*	9,81*	11,8*	—	15,7*	19,6*	24,5*	—	31,4*	39,3*	49,1*
(130)	−2,5	—	—	—	—	—	—	—	(6,12)	[8,16]	(10,2)	(12,2)	(15,3)	—	—	—	—	—	—	—
140		—	—	—	—	—	—	—	6,59	[8,79]	11,0	13,2	(16,5)	—	—	—	—	—	—	—
(150)	±3,0	—	—	—	—	—	—	—	(7,07)	[9,42]	(11,8)	(14,1)	(17,7)	(18,8)	(23,6)	(29,4)	(35,3)	(37,7)	(47,1)	(58,9)
160		—	—	—	—	—	—	—	—	—	12,6	—	(18,8)	—	25,1	31,4	(37,7)	—	—	—
180	±4,0	—	—	—	—	—	—	—	—	—	14,1	—	(21,2)	—	28,3	35,3	(42,4)	—	—	—
200		—	—	—	—	—	—	—	—	—	15,7	—	(23,6)	—	31,4	39,3	[47,1]	50,2	[62,8]	78,5

Maße, deren Längengewichte in runden Klammern ( ) stehen, sind nicht in den Normzahlenreihen R 10 und R 20 nach DIN 323 enthalten oder werden nur wenig gebraucht und sollen deshalb möglichst vermieden werden. Es ist beabsichtigt, diese Maße später zu streichen.

Maße, deren Längengewichte in eckigen Klammern [ ] stehen, sollten ebenfalls möglichst vermieden werden. Flachstahl mit diesen wie auch mit anderen Maßen ohne Gewichtsangabe kann aus dem genormten Vorzeug nur durch mehrmaliges Ziehen hergestellt und muß deshalb besonders angefertigt werden.

Maße, deren Gewichte mit einem Stern (*) gekennzeichnet sind, sind in den Normzahlenreihen R 10 und R 20 nach DIN 323 enthalten und sollten an Stelle angrenzender Maße in runden Klammern bevorzugt bestellt werden. Da diese Maße derzeit aber nur wenig angewendet werden, empfehlen sich Rückfragen wegen der Lieferbarkeit.

¹) Außer den in der Tabelle angegebenen Abmessungen ist auch Flachstahl mit Breiten von 250 und 300 mm und Dicken von 10, 20, 32, 40 und 50 mm lieferbar. Über die Ausbildung der Kanten und Seitenflächen sowie über die zulässigen Abweichungen sind bei der Bestellung besondere Vereinbarungen zu treffen.

²) Entsprechend ISO-Toleranzfeld h 11 für die Dicken von 1,5 bis 30 mm und die Breiten 5 bis 100 mm, entsprechend ISO-Toleranzfeld h 12 für die Dicken über 30 mm. Für Breiten über 100 mm besondere Maßabweichungen im Hinblick auf die Maßgenauigkeit des warmgewalzten üblichen Flachstahles oder Breitflachstahles, aus dem die Abmessungen gezogen werden müssen.

	Polierter Rundstahl Maße zulässige Abweichungen nach ISO-Toleranzfeld h9	$\overline{\underline{\text{DIN}}}$ 175

Maße in mm

1 Anwendungsbereich

Diese Norm gilt für blanken, polierten Rundstahl mit Nenndurchmessern von 1 bis 30 mm aus den im Abschnitt 5 genannten Stählen. Die in Betracht kommenden Ausführungen und Lieferarten sind im Abschnitt 6 angegeben.

2 Begriff

Blanker Stahl (auch Blankstahl genannt) ist Stahl, der durch Entzunderung und spanlose Kaltumformung oder durch spanende Bearbeitung eine glatte, blanke Oberfläche erhalten hat und eine hohe Maßgenauigkeit aufweist. Eine noch bessere Oberflächenbeschaffenheit und größere Maßgenauigkeit ergibt sich bei polierter Ausführung.

4 Maße, zulässige Maß- und Formabweichungen

4.1.3 Der Unterschied zwischen dem größten und kleinsten Durchmesser in derselben Querschnittsebene darf höchstens 50 % der zulässigen Spanne für die Durchmesserabweichung betragen (z. B. höchstens 0,026 mm bei $d = 20$ mm).

Tabelle 1. **Durchmesser und zulässige Abweichungen von poliertem Rundstahl**

Nenndurchmesser d [1]) Bereich	Zulässige Abweichung von d
von 1 bis 3	0 $-0,025$
über 3 bis 6	0 $-0,030$
über 6 bis 10	0 $-0,036$
über 10 bis 18	0 $-0,043$
über 18 bis 30	0 $-0,052$

[1]) Das Gewicht (in kg/m) für den bestellten Nenndurchmesser d kann aus dem Produkt $0,00617 \cdot d^2$ (d in mm) bei einer zugrundegelegten Dichte von 7,85 kg/dm^3 errechnet werden.

4.2 Geradheit

Stäbe werden geradegerichtet geliefert. Besondere Anforderungen an die Geradheit sind bei der Bestellung zu vereinbaren.

5 Werkstoff

Polierter Rundstahl nach dieser Norm wird vorzugsweise aus Stahlsorten nach DIN 17 350 geliefert. Andere Stahlsorten sind nach Vereinbarung lieferbar.

6 Ausführung und Lieferart

6.1 Ausführung

Rundstahl nach dieser Norm wird in polierter Ausführung geliefert.

6.2 Lieferart

6.2.2 Bei der Bestellung von Stäben in Herstellänge oder in Lagerlänge darf die Länge zwischen den in Tabelle 2 genannten größten und kleinsten Maßen schwanken. Stäbe mit einem Gesamtgewicht bis zu höchstens 10 % der Liefermenge dürfen die angegebene untere Grenze des Längenbereichs unterschreiten, jedoch muß die Länge mindestens 50 % dieses unteren Grenzwertes betragen.

6.2.3 Die Stabenden werden bei Herstell- und Lagerlänge üblicherweise in abgescherter Ausführung geliefert. Abgestochene, gesägte, getrennte oder gefaste Enden können vereinbart werden.

Tabelle 2. **Längenarten und zulässige Längenabweichungen**

Längenart	Länge		Bestellangabe für die Länge
	Bereich	zulässige Abweichung	
Herstellänge	2 000 bis 12 000	siehe Abschnitt 6.2.2	keine
Lagerlänge	3 000 bis 4 000 6 000 bis 7 000	siehe Abschnitt 6.2.2	„Lagerlänge" und gewünschter Längenbereich
Genaulänge	1 000 bis 12 000	bei der Bestellung anzugeben [1])	gewünschte Genaulänge und gewünschte zulässige Abweichung [1]) in mm

[1]) Die kleinsten bestellbaren Längenabweichungen betragen
± 2 mm bei Genaulängen $\leqq$ 4000 mm
± 5 mm bei Genaulängen > 4000 mm

6.2.4 Bestellbeispiele

a) 5000 kg polierter Rundstahl aus Stahl 115 CrV 3 von Durchmesser $d = 20$ mm in Herstellängen
5000 kg Rund DIN 175 — 115 CrV 3 — 20

b) 3000 kg polierter Rundstahl aus Stahl 115 CrV 3 von Durchmesser $d = 25$ mm in Lagerlängen 3000 bis 4000 mm:
3000 kg Rund DIN 175 — 115 CrV 3 — 25
Lagerlänge 3000 bis 4000

c) 1000 kg blanker Rundstahl aus Stahl 115 CrV 3 von Durchmesser $d = 10$ mm in Genaulängen von 3500 mm mit einer zulässigen Längenabweichung von ± 10 mm:
1000 kg Rund DIN 175 — 115 CrV 3 — 10 × 3500 ± 10
oder
1000 kg Rund DIN 175 — 1.2210 — 10 × 3500 ± 10

	Blanker Sechskantstahl Maße, zulässige Abweichungen, Gewichte	DIN 176

Maße in mm

1. Geltungsbereich

Diese Norm gilt für blanken Sechskantstahl mit den in
Tabelle 1 angegebenen Schlüsselweiten aus den Stahlsorten nach Abschnitt 5.

2. Begriff

Blanker Stahl (auch Blankstahl genannt) ist Stabstahl, der
gegenüber dem warmgeformten Zustand durch Entzunderung und spanlose Kaltformung eine verhältnismäßig
glatte, blanke Oberfläche und eine wesentlich größere
Maßgenauigkeit erhalten hat.

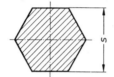

4. Maße und
zulässige Maß- und Formabweichungen

Falls eine galvanische Oberflächenveredelung des blanken
Sechskantstahls vorgesehen ist, sind das Nennmaß der
Schlüsselweite oder das Toleranzfeld gegebenenfalls be-
sonders zu vereinbaren.

4.3. Geradheit

Die Stäbe werden nach dem Auge gerade gerichtet geliefert; besondere Anforderungen an die Geradheit sind bei
der Bestellung zu vereinbaren (siehe Erläuterungen).

5. Werkstoff

Blanker Sechskantstahl nach dieser Norm wird aus allen
Stahlsorten, vorzugsweise aus Stählen nach DIN 1651
und DIN 1652 hergestellt.

Die gewünschte Stahlsorte ist bei der Bestellung anzugeben.

7.2. Blanker Sechskantstahl in kleineren Abmessungen
kann auch in Ringen geliefert werden. Diese Lieferart ist
bei der Bestellung unter Angabe der gewünschten Gewichte und Abmessungen der Ringe besonders zu vereinbaren.

Tabelle 1. Schlüsselweite, zulässige Abweichung, Querschnitt und Gewicht

Schlüsselweite		Querschnitt	Gewicht	Schlüsselweite		Querschnitt	Gewicht
s	Zulässige Abweichung [1]	mm²	kg/m	s	Zulässige Abweichung [1]	mm²	kg/m
1,5		1,949	0,0153	19		312,6	2,45
2	0 − 0,060	3,464	0,0272	21		381,9	3,00
2,5		5,413	0,0425	22	0 − 0,130	419,2	3,29
3		7,794	0,0612	24		498,8	3,92
3,2		8,868	0,0696	27		631,3	4,96
3,5		10,61	0,0833	30		779,4	6,12
4		13,86	0,109	32		886,8	6,96
4,5	0 − 0,075	17,54	0,138	36		1122	8,81
5		21,65	0,170	38	0 − 0,160	1251	9,82
5,5		26,20	0,206	41		1456	11,4
6		31,18	0,245	46		1833	14,4
7		42,44	0,333	50		2165	17,0
8	0 − 0,090	55,43	0,435	55		2620	20,6
9		70,15	0,551	60	0 − 0,190	3118	24,5
10		86,60	0,680	65		3684	28,7
11		104,8	0,823	70		4244	33,3
12		124,7	0,979	75	0 − 0,300	4884	38,2
13		146,4	1,15	80		5543	43,5
14	0 − 0,110	169,7	1,33	85		6257	49,1
15		194,9	1,53	90		7015	55,1
16		221,7	1,74	95	0 − 0,350	7816	61,4
17		250,3	1,96	100		8660	68,0

[1] Entsprechend ISO-Toleranzfeld h11 für Schlüsselweiten bis 65 mm, entsprechend ISO-Toleranzfeld h12 für
Schlüsselweiten über 65 mm (siehe auch Abschnitt 4.1).

7.3. Bestellbeispiele

1000 kg blanker Sechskantstahl von Schlüsselweite s = 10 mm aus der Stahlsorte mit dem Kurznamen 9 SMn 28 K oder der Werkstoffnummer 1.0715.07 in Herstellängen:

1000 kg Sechskantstahl 10 DIN 176 − 9 SMn 28 K

3 t blanker Sechskantstahl von Schlüsselweite s = 15 mm aus der Stahlsorte mit dem Kurznamen C 35 K oder der Werkstoffnummer 1.0501.07 in Genaulängen von 3000 mm mit einer gewünschten zulässigen Längenabweichung von ± 50 mm:

3 t Sechskantstahl 15 DIN 176 − C 35 K − 3000 ± 50

Tabelle 2.

Längenart	Länge		Angabe für die Bestellung
	Bereich	zulässige Abweichung	
Herstellänge	6000 bis 8000 [1])	beliebig zwischen den für den Längenbereich angegebenen Grenzen; bei höchstens 10 % der Gewichtsmenge dürfen Unterlängen bis zur Hälfte der unteren Grenze mitgeliefert werden	keine
Lagerlänge	3000 bis 4000		Lagerlänge
Festlänge	1000 bis 12 000	± 100	gewünschte Festlänge in mm
Genaulänge	1000 [2]) bis 12 000	zu bevorzugen [3]): ± 75, ± 50, ± 25, ± 10, ± 5, ± 2	gewünschte Genaulänge und gewünschte zulässige Abweichung in mm

[1]) Gegebenenfalls sind Herstellängen bis 15 000 mm lieferbar.
[2]) Kürzere Genaulängen als 1000 mm sind bei der Bestellung besonders zu vereinbaren.
[3]) Andere als die in der Tabelle genannten zulässigen Längenabweichungen müssen bei der Bestellung besonders vereinbart werden.

| | Blanker Vierkantstahl
Maße, zulässige Abweichungen, Gewichte | DIN
178 |

Maße in mm

1. Geltungsbereich

Diese Norm gilt für blanken Vierkantstahl von quadratischem Querschnitt mit den in Tabelle 1 angegebenen Seitenlängen aus den Stahlsorten nach Abschnitt 5.

Diese Norm gilt n i c h t für blanken Keilstahl mit quadratischem Querschnitt (siehe DIN 6880).

2. Begriff

Blanker Vierkantstahl ist ein entzunderter und spanlos kalt umgeformter Stahl mit glatter blanker Oberfläche und entsprechend hoher Maßgenauigkeit.

4. Maße und zulässige Maß- und Formabweichungen

4.1. Seitenlängen

Die Seitenlängen, mit denen blanker Vierkantstahl nach dieser Norm bevorzugt geliefert wird, und deren zulässige Abweichungen sind in Tabelle 1 angegeben.

4.2. Kantenausführung

Besondere Anforderungen an die Maßgenauigkeit der Kanten sind bei der Bestellung zu vereinbaren.

4.3. Geradheit

Die Stäbe werden nach dem Auge gerade gerichtet geliefert; besondere Anforderungen an die Geradheit sind bei der Bestellung zu vereinbaren (siehe Erläuterungen).

5. Werkstoff

Blanker Vierkantstahl nach dieser Norm wird vorzugsweise aus Stahl USt37-1K nach DIN 1652 hergestellt; andere Stahlsorten sind besonders zu vereinbaren.

Tabelle 2.

Längenart	Bereich	Länge zulässige Abweichung	Bestellangabe für die Länge
Herstellänge	6000 bis 8000 ¹)	beliebig zwischen den für den Längenbereich angegebenen Grenzen; bei höchstens 10 % der Liefermenge dürfen Unterlängen bis zur Hälfte der unteren Grenze mitgeliefert werden	keine
Lagerlänge	3000 bis 4000	beliebig zwischen den für den Längenbereich angegebenen Grenzen	Lagerlänge
Festlänge	1000 bis 12 000	± 100	gewünschte Festlänge in mm
Genaulänge	1000 bis 12 000	unter ± 100 bis ± 2; zu bevorzugen: ± 50, ± 25, ± 10, ± 5, ± 2	gewünschte Genaulänge und gewünschte zulässige Abweichung in mm

¹) Gegebenenfalls sind Herstelllängen bis 15 000 mm lieferbar.

7. Lieferart

7.1. Für die Lieferung von blankem Vierkantstahl gelten die Längenangaben nach Tabelle 2.

7.2. Blanker Vierkantstahl in kleineren Abmessungen kann auch in Ringen geliefert werden. Diese Lieferart ist bei der Bestellung unter Angabe der gewünschten Gewichte und Abmessungen der Ringe besonders zu vereinbaren.

7.3. Bestellbeispiel

1000 kg blanker Vierkantstahl von Seitenlänge $a = 30$ mm aus der Stahlsorte mit dem Kurznamen USt37-1 K oder der Werkstoffnummer 1.0120.07 in Herstelllängen:

1000 kg Vierkant 30 DIN 178—USt37-1 K

Tabelle 1. **Seitenlänge, zulässige Abweichung, Querschnitt und Gewicht**

Seitenlänge a	zulässige Abweichung¹)	Querschnitt mm²	Gewicht kg/m	Seitenlänge a	zulässige Abweichung¹)	Querschnitt mm²	Gewicht kg/m
2	−0,060	4	0,0314	22		484	3,80
3		9	0,0707	(24)		576	4,52
3,5		12,25	0,0962	25	−0,130	625	4,91
4		16	0,126	(27)		729	5,72
4,5	−0,075	20,25	0,159	28*		784	6,15
5		25	0,196	(30)		900	7,07
5,5		30,25	0,237	32		1024	8,04
6		36	0,283	(35)		1225	9,62
7		49	0,385	36	−0,160	1296	10,2
8	−0,090	64	0,502	40		1600	12,6
9		81	0,636	45		2025	15,9
10		100	0,785	50		2500	19,6
11		121	0,950	(55)		3025	23,7
12		144	1,13	(60)		3600	28,3
13		169	1,33	63*	−0,190	3970	31,2
14	−0,110	196	1,54	[(65)]		4225	33,2
(15)		225	1,77	70		4900	38,5
16		256	2,01	[(75)]	−0,300	5625	44,2
(17)		289	2,27	80		6400	50,2
18		324	2,54	100	−0,350	10 000	78,5
(19)	−0,130	361	2,83				
20		400	3,14				

Maße in runden Klammern ( ) sind nicht in den Normzahlenreihen R 10 und R 20 nach DIN 323 enthalten oder werden nur wenig gebraucht und sollten deshalb möglichst vermieden werden. Es ist geplant, diese Maße später zu streichen.

Maße in eckigen Klammern [ ] können aus dem genormten Vorwerkstoff nur durch mehrmaliges Ziehen hergestellt und müssen deshalb besonders angefertigt werden.

Die durch * gekennzeichneten Maße, die in den Normzahlenreihen R 10 und R 20 nach DIN 323 enthalten sind, sollten an Stelle angrenzender Maße in runden Klammern bevorzugt bestellt werden. Da diese Maße derzeit aber nur wenig angewendet werden, empfehlen sich jeweils Rückfragen wegen der Lieferbarkeit.

¹) Entsprechend ISO-Toleranzfeld h11 für Seitenlängen bis 65 mm,
   entsprechend ISO-Toleranzfeld h12 für Seitenlängen über 65 mm.

	Blanker Rundstahl	**DIN**
	Maße zulässige Abweichungen nach ISO-Toleranzfeld h11	**668**

Maße in mm

1 Anwendungsbereich

Diese Norm gilt für blanken Rundstahl mit Nenndurchmessern von 1 bis 200 mm aus den im Abschnitt 5 genannten Stählen. Die in Betracht kommenden Ausführungen und Lieferarten sind im Abschnitt 6 angegeben.

2 Begriff

Blanker Stahl (auch Blankstahl genannt) ist Stahl, der durch Entzunderung und spanlose Kaltumformung oder durch spanende Bearbeitung eine glatte, blanke Oberfläche erhalten hat und eine hohe Maßgenauigkeit aufweist.

4 Maße, zulässige Maß- und Formabweichungen

4.1.3 Der Unterschied zwischen dem größten und kleinsten Durchmesser in derselben Querschnittsebene darf höchstens 50 % der zulässigen Spanne für die Durchmesserabweichung betragen (z. B. höchstens 0,065 mm bei d = 20 mm).

4.2 Geradheit

Stäbe werden geradegerichtet geliefert. Besondere Anforderungen an die Geradheit sind bei der Bestellung zu vereinbaren.

5 Werkstoff

Blanker Rundstahl nach dieser Norm wird vorzugsweise aus Stahlsorten nach DIN 1651, DIN 1652, DIN 1654 Teil 1 bis Teil 5, DIN 17 100, DIN 17 111, DIN 17 200, DIN 17 210 und DIN 17 440 geliefert. Andere Stahlsorten sind nach Vereinbarung lieferbar.

Die gewünschte Stahlsorte ist in der Bezeichnung anzugeben (siehe Abschnitt 3).

6 Ausführung und Lieferart

6.1.2 Die üblichen Ausführungen sind
kaltgezogen (K) bei Durchmessern < 45 mm,
geschält (SH) bei Durchmessern ≥ 45 ≤ 150 mm.

Blankstahl in Ringen (Draht) wird grundsätzlich nur in kaltgezogener Ausführung, Stäbe mit Durchmessern > 150 mm werden im allgemeinen nur in geschälter Ausführung geliefert.

6.2.1 Blanker Rundstahl nach dieser Norm wird üblicherweise in Stäben mit den Längenarten und zulässigen Längenabweichungen nach Tabelle 2 geliefert.

6.2.2 Bei der Bestellung von Stäben in Herstellänge oder in Lagerlänge darf die Länge zwischen den in Tabelle 2 genannten größten und kleinsten Maßen schwanken. Stäbe mit einem Gesamtgewicht bis zu höchstens 10 % der Liefermenge dürfen die angegebene untere Grenze des Längenbereiches unterschreiten, jedoch muß die Länge mindestens 50 % dieses unteren Grenzwertes betragen.

6.2.3 Die Stabenden werden bei Durchmessern < 45 mm bei Herstell- und Lagerlängen üblicherweise in abgescherter Ausführung geliefert. Abgestochene, gesägte, getrennte oder angefaste Enden können vereinbart werden.

6.2.4 Blankstahl kann auch in Ringen (Draht) geliefert werden. Bei gewünschter Lieferung in Ringen sind die Gewichte und Maße der Ringe bei der Bestellung zu vereinbaren.

6.2.5 Bestellbeispiele

a) 5000 kg blanker Rundstahl aus Stahl St 50-2 K (kaltgezogen) von Durchmesser d = 20 mm in Herstelllängen

5000 kg Rund DIN 668 – St 50-2 K – 20

b) 3000 kg blanker Rundstahl aus Stahl Ck 35 SH (geschält) von Durchmesser d = 45 mm in Lagerlängen 3000 bis 4000 mm:

3000 kg Rund DIN 668 – Ck 35 SH – 45
Lagerlänge 3000 bis 4000

c) 1000 kg blanker Rundstahl aus Stahl Ck 35 K (kaltgezogen) von d = 10 mm in Genaulängen von 3500 mm mit einer zulässigen Längenabweichung von ± 10 mm:

1000 kg Rund DIN 668 – Ck 35 K – 10 × 3500 ± 10

Tabelle 2. **Längenarten und zulässige Längenabweichungen**

Längenart	Länge		Bestellangabe für die Länge
	Bereich	zulässige Abweichung	
Herstellänge	3000[1]) bis 12000	siehe Abschnitt 6.2.2	keine
Lagerlänge	3000 bis 4000 6000 bis 7000	siehe Abschnitt 6.2.2	„Lagerlänge" und gewünschter Längenbereich
Genaulänge	1000 bis 12000	bei der Bestellung anzugeben[2])	gewünschte Genaulänge und gewünschte zulässige Abweichung[2]) in mm

[1]) Bei Edelstahl 2000 bis 12 000 mm

[2]) Die kleinsten bestellbaren Längenabweichungen betragen
± 2 mm bei Genaulängen ≤ 4000 mm
± 5 mm bei Genaulängen > 4000 mm

Tabelle 1. **Durchmesser, zulässige Abweichungen, Querschnitte und Gewichte von blankem Rundstahl**

Durchmesser d [1]	zul. Abw.	Querschnitt mm²	Gewicht kg/m	Durchmesser d [1]	zul. Abw.	Querschnitt mm²	Gewicht kg/m
1		0,7854	0,00617	27		572,6	4,49
1,5	0	1,767	0,0139	28	0	615,8	4,83
2	−0,060	3,142	0,0247	29	−0,130	660,5	5,19
2,5		4,909	0,0385	30		706,9	5,55
3		7,069	0,0555				
				32		804,2	6,31
3,5		9,621	0,0755	34		907,9	7,13
4		12,57	0,0986	35		962,1	7,55
4,5	0	15,90	0,125	36		1 018	7,99
5	−0,075	19,63	0,154	38	0	1 134	8,90
5,5		23,76	0,187	40	−0,160	1 257	9,86
6		28,27	0,222	42		1 385	10,9
				45		1 590	12,5
6,5		33,18	0,260	48		1 810	14,2
7		38,48	0,302	50		1 963	15,4
7,5		44,18	0,347				
8	0	50,27	0,395	52		2 124	16,7
8,5	−0,090	56,75	0,445	55		2 376	18,7
9		63,62	0,499	58		2 642	20,7
9,5		70,88	0,556	60		2 827	22,2
10		78,54	0,617	63	0 −0,190	3 117	24,5
				65		3 318	26,0
11		95,03	0,746	70		3 848	30,2
12		113,1	0,888	75		4 418	34,7
13		132,7	1,04	80		5 027	39,5
14	0	153,9	1,21				
15	−0,110	176,7	1,39	85		5 675	44,5
16		201,1	1,58	90	0	6 362	49,9
17		227,0	1,78	100	−0,220	7 854	61,7
18		254,5	2,00	110		9 503	74,6
				120		11 310	88,8
19		283,5	2,23	125		12 270	96,3
20		314,2	2,47	130		13 270	104
21		346,4	2,72	140	0	15 390	121
22	0	380,1	2,98	150	−0,250	17 670	139
23	−0,130	415,5	3,26	160		20 110	158
24		452,4	3,55	180		25 450	200
25		490,9	3,85				
26		530,9	4,17	200	0 −0,290	31 420	247

[1] Andere Nenndurchmesser sind nach Vereinbarung ebenfalls lieferbar. Das Gewicht (in kg/m) kann in diesen Fällen aus dem Produkt $0{,}00617 \cdot d^2$ (d in mm) bei einer zugrundegelegten Dichte von 7,85 kg/dm³ errechnet werden.

| | Blanke Stahlwellen
Maße   zulässige Abweichungen
nach ISO-Toleranzfeld h9 | **DIN**
669 |

Maße in mm

1 Anwendungsbereich

Diese Norm gilt für blanke Stahlwellen mit Nenndurchmessern von 5 bis 200 mm aus den im Abschnitt 5 genannten Stählen. Die in Betracht kommenden Ausführungen und Lieferarten sind im Abschnitt 6 angegeben.

2 Begriff

Als blanke Stahlwelle wird ein Erzeugnis mit rundem Querschnitt bezeichnet, das durch Entzunderung und spanlose Kaltumformung oder durch spanende Bearbeitung und anschließendes Polieren eine glatte, blanke Oberfläche erhalten hat und das sauber bearbeitete Endflächen aufweist.

4 Maße, zulässige Maß- und Formabweichungen

4.1.3 Der Unterschied zwischen dem größten und kleinsten Durchmesser in derselben Querschnittsebene darf höchstens 50 % der zulässigen Spanne für die Durchmesserabweichung betragen (z. B. höchstens 0,026 mm bei d = 20 mm).

4.2 Geradheit

Die Wellen werden geradegerichtet geliefert. Besondere Anforderungen an die Geradheit sind bei der Bestellung zu vereinbaren.

5 Werkstoff

Blanke Stahlwellen nach dieser Norm werden vorzugsweise aus Stahlsorten nach DIN 1651, DIN 1652, DIN 17 100, DIN 17 200, DIN 17 210 und DIN 17 440 geliefert. Andere Stahlsorten sind nach Vereinbarung lieferbar.

6 Ausführung und Lieferart

6.1.2 Die üblichen Ausführungen sind

kaltgezogen (K) und poliert bei Durchmessern < 45 mm, geschält (SH) und poliert bei Durchmessern ≧ 45 ≦ 150 mm.

Wellen mit Durchmessern > 150 mm werden im allgemeinen nur in geschälter und polierter Ausführung geliefert.

6.2.2 Bei der Bestellung in Herstellängen oder in Lagerlänge darf die Länge zwischen den in Tabelle 2 genannten größten und kleinsten Maßen schwanken. Wellen mit einem Gesamtgewicht bis zu höchstens 10 % der Liefermenge dürfen die angegebene untere Grenze des Längenbereichs unterschreiten, jedoch muß die Länge mindestens 50 % dieses unteren Grenzwertes betragen.

6.2.3 Die Wellen müssen an beiden Enden bei Durchmessern < 30 mm abgeschert oder getrennt, bei Durchmessern ≧ 30 mm abgestochen oder abgesägt sein.

6.2.4 Bestellbeispiele

a) 5000 kg blanke Stahlwellen St 50-2 K (kaltgezogen und poliert) von Durchmesser d = 20 mm in Herstelllängen
5000 kg Rund DIN 669 — St 50-2 K — 20

b) 3000 kg blanke Stahlwellen aus Stahl Ck 35 SH (geschält und poliert) von Durchmesser d = 45 mm in Lagerlängen 3000 bis 4000 mm:
3000 kg Rund DIN 669 — Ck 35 SH — 45
Lagerlänge 3000 bis 4000

c) 1000 kg blanke Stahlwellen aus Stahl Ck 35 K (kaltgezogen und poliert) von Durchmesser d = 10 mm in Genaulängen von 3500 mm mit einer zulässigen Längenabweichung von ± 10 mm:
1000 kg Rund DIN 669 — Ck 35 K — 10 X 3500 ± 10

Tabelle 2. Längenarten und zulässige Längenabweichungen

Längenart	Länge		Bestellangabe für die Länge
	Bereich	zulässige Abweichung	
Herstellänge	3000[1)] bis 12000	siehe Abschnitt 6.2.2	keine
Lagerlänge	3000 bis 4000 6000 bis 7000	siehe Abschnitt 6.2.2	„Lagerlänge" und gewünschter Längen- bereich
Genaulänge	1000 bis 12000	bei der Bestellung anzugeben[2)]	gewünschte Genaulänge und gewünschte zulässige Ab- weichung[2)] in mm

[1)] Bei Edelstahl 2000 bis 12 000 mm

[2)] Die kleinsten bestellbaren Längenabweichungen betragen

± 2 mm bei Genaulängen ≦ 4000 mm

± 5 mm bei Genaulängen > 4000 mm

Tabelle 1. **Durchmesser, zulässige Abweichungen, Querschnitte und Gewichte von blanken Stahlwellen**

Durchmesser d [1]	zul. Abw.	Querschnitt mm²	Gewicht kg/m	Durchmesser d [1]	zul. Abw.	Querschnitt mm²	Gewicht kg/m
5	0	19,63	0,154	32	0	804,2	6,31
5,5	−0,030	23,76	0,187	34		907,9	7,13
6		28,27	0,222	35		962,1	7,55
				36		1 018	7,99
6,5		33,18	0,260	38	−0,062	1 134	8,90
7		38,48	0,302	40		1 257	9,86
7,5		44,18	0,347	42		1 385	10,9
8	0	50,27	0,395	45		1 590	12,5
8,5	−0,036	56,75	0,445	48		1 810	14,2
9		63,62	0,499	50		1 963	15,4
9,5		70,88	0,556				
10		78,54	0,617	52		2 124	16,7
				55		2 376	18,7
11		95,03	0,746	58		2 642	20,7
12		113,1	0,888	60		2 827	22,2
13		132,7	1,04	63	−0,074	3 117	24,5
14	0	153,9	1,21	65		3 318	26,0
15	−0,043	176,7	1,39	70		3 848	30,2
16		201,1	1,58	75		4 418	34,7
17		227,0	1,78	80		5 027	39,5
18		254,5	2,00				
				85		5 675	44,5
19		283,5	2,23	90		6 362	49,9
20		314,2	2,47	100	−0,087	7 854	61,7
21		346,4	2,72	110		9 503	74,6
22		380,1	2,98	120		11 310	88,8
23		415,5	3,26				
24	0	452,4	3,55	125		12 270	96,3
25	−0,052	490,0	3,85	130		13 270	104
26		530,9	4,17	140	0	15 390	121
27		572,6	4,49	150	−0,100	17 670	139
28		615,8	4,83	160		20 110	158
29		660,5	5,19	180		25 450	200
30		706,9	5,55	200	0 −0,115	31 420	247

[1] Andere Nenndurchmesser sind nach Vereinbarung ebenfalls lieferbar. Das Gewicht (in kg/m) kann in diesen Fällen aus dem Produkt $0{,}00617 \cdot d^2$ (d in mm) bei einer zugrundegelegten Dichte von 7,85 kg/dm³ errechnet werden.

	Blanker Rundstahl Maße zulässige Abweichungen nach ISO-Toleranzfeld h8	D̲I̲N̲ 670

Maße in mm

1 Anwendungsbereich

Diese Norm gilt für blanken Rundstahl mit Nenndurchmessern von 1 bis 150 mm aus den im Abschnitt 5 genannten Stählen. Die in Betracht kommenden Ausführungen und Lieferarten sind im Abschnitt 6 angegeben.

2 Begriff

Blanker Stahl (auch Blankstahl genannt) ist Stahl, der durch Entzunderung und spanlose Kaltumformung oder durch spanende Bearbeitung eine glatte, blanke Oberfläche erhalten hat und eine hohe Maßgenauigkeit aufweist. Eine noch bessere Oberflächenbeschaffenheit und größere Maßgenauigkeit ergibt sich bei geschliffener bzw. geschliffener und polierter Ausführung.

4 Maße, zulässige Maß- und Formabweichungen

4.1.3 Der Unterschied zwischen dem größten und kleinsten Durchmesser in derselben Querschnittsebene darf höchstens 50 % der zulässigen Spanne für die Durchmesserabweichung betragen (z. B. höchstens 0,011 mm bei $d = 10$ mm).

4.2 Geradheit

Stäbe werden geradegerichtet geliefert. Besondere Anforderungen an die Geradheit sind bei der Bestellung zu vereinbaren.

5 Werkstoff

Blanker Rundstahl nach dieser Norm wird vorzugsweise aus Stahlsorten nach DIN 1651, DIN 1652, DIN 17 100, DIN 17 200, DIN 17 210 und DIN 17 440 geliefert. Andere Stahlsorten sind nach Vereinbarung lieferbar.

6 Ausführung und Lieferart

6.1.2 Die üblichen Ausführungen sind

kaltgezogen (K) und anschließend geschliffen bei Durchmessern < 45 mm,

geschält (SH) und anschließend geschliffen bei Durchmessern ≥ 45 ≤ 150 mm.

6.2.2 Bei der Bestellung von Stäben in Herstellänge oder in Lagerlänge darf die Länge zwischen den in Tabelle 2 genannten größten und kleinsten Maßen schwanken. Stäbe mit einem Gesamtgewicht bis zu höchstens 10 % der Liefermenge dürfen die angegebene untere Grenze des Längenbereichs unterschreiten, jedoch muß die Länge mindestens 50 % dieses unteren Grenzwertes betragen.

6.2.3 Die Stabenden werden bei Durchmessern < 45 mm bei Herstell- und Lagerlängen üblicherweise in abgescherter Ausführung geliefert. Abgestoche, gesägte, getrennte oder angefaste Enden können vereinbart werden.

6.2.5 Bestellbeispiele

a) 5000 kg blanker Rundstahl aus Stahl St 50-2 K (kaltgezogen) von Durchmesser $d = 20$ mm in Herstelllängen

5000 kg Rund DIN 670 — St 50-2 K — 20

b) 3000 kg blanker Rundstahl Ck 35 SH (geschält) von Durchmesser $d = 50$ mm in Lagerlängen 3000 bis 4000 mm:

3000 kg Rund DIN 670 — Ck 35 SH — 50
Lagerlänge 3000 bis 4000

c) 1000 kg blanker Rundstahl aus Stahl Ck 35 K (kaltgezogen) von Durchmesser $d = 10$ mm in Genaulängen von 3500 mm mit einer zulässigen Längenabweichung von ± 10 mm:

1000 kg Rund DIN 670 — Ck 35 K — 10 × 3500 ± 10

Tabelle 2. Längenarten und
zulässige Längenabweichungen

Längenart	Länge		Bestellangabe für die Länge
	Bereich	zulässige Abweichung	
Herstellänge	3000[1] bis 12000	siehe Abschnitt 6.2.2	keine
Lagerlänge	3000 bis 4000 6000 bis 7000	siehe Abschnitt 6.2.2	„Lagerlänge" und gewünschter Längenbereich
Genaulänge	1000 bis 12000	bei der Bestellung anzugeben[2]	gewünschte Genaulänge und gewünschte zulässige Abweichung[2] in mm

[1] Bei Edelstahl 2000 bis 12 000 mm

[2] Die kleinsten bestellbaren Längenabweichungen betragen

± 2 mm bei Genaulängen ≤ 4000 mm

± 5 mm bei Genaulängen > 4000 mm

Tabelle 1. **Durchmesser, zulässige Abweichungen, Querschnitte und Gewichte von blankem Rundstahl**

Durchmesser d [1]	zul. Abw.	Querschnitt mm²	Gewicht kg/m	Durchmesser d [1]	zul. Abw.	Querschnitt mm²	Gewicht kg/m
1		0,7854	0,00617	26		530,9	4,17
1,5	0	1,767	0,0139	27		572,6	4,49
2	−0,014	3,142	0,0247	28	0	615,8	4,83
2,5		4,909	0,0385	29	−0,033	660,5	5,19
3		7,069	0,0555	30		706,9	5,55
3,5		9,621	0,0755	32		804,2	6,31
4		12,57	0,0986	34		907,9	7,13
4,5	0	15,90	0,125	35		962,1	7,55
5	−0,018	19,63	0,154	36		1 018	7,99
5,5		23,76	0,187	38	0	1 134	8,90
6		28,27	0,222	40	−0,039	1 257	9,86
6,5		33,18	0,260	42		1 385	10,9
7		38,48	0,302	45		1 590	12,5
7,5		44,18	0,347	48		1 810	14,2
8	0	50,27	0,395	50		1 963	15,4
8,5	−0,022	56,75	0,445	52		2 124	16,7
9		63,62	0,499	55		2 376	18,7
9,5		70,88	0,556	58		2 642	20,7
10		78,54	0,617	60		2 827	22,2
11		95,03	0,746	63	0	3 117	24,5
12		113,1	0,888	65	−0,046	3 318	26,0
13		132,7	1,04	70		3 848	30,2
14	0	153,9	1,21	75		4 418	34,7
15	−0,027	176,7	1,39	80		5 027	39,5
16		201,1	1,58	85		5 675	44,5
17		227,0	1,78	90		6 362	49,9
18		254,5	2,00	100	0	7 854	61,7
19		283,5	2,23	110	−0,054	9 503	74,6
20		314,2	2,47	120		11 310	88,8
21		346,4	2,72	125		12 270	96,3
22	0	380,1	2,98	130	0	13 270	104
23	−0,033	415,5	3,26	140	−0,063	15 390	121
24		452,4	3,55	150		17 670	139
25		490,9	3,85				

[1] Andere Nenndurchmesser sind nach Vereinbarung ebenfalls lieferbar. Das Gewicht (in kg/m) kann in diesen Fällen aus dem Produkt $0,00617 \cdot d^2$ (d in mm) bei einer zugrundegelegten Dichte von 7,85 kg/dm³ errechnet werden.

	Blanker Rundstahl	**DIN**
	Maße zulässige Abweichungen nach ISO-Toleranzfeld h9	**671**

Maße in mm

1 Anwendungsbereich

Diese Norm gilt für blanken Rundstahl mit Nenndurchmessern von 1 bis 150 mm aus den im Abschnitt 5 genannten Stählen. Die in Betracht kommenden Ausführungen und Lieferarten sind im Abschnitt 6 angegeben.

2 Begriff

Blanker Stahl (auch Blankstahl genannt) ist Stahl, der durch Entzunderung und spanlose Kaltumformung oder durch spanende Bearbeitung eine glatte, blanke Oberfläche erhalten hat und eine hohe Maßgenauigkeit aufweist.

4 Maße, zulässige Maß- und Formabweichungen

4.1.3 Der Unterschied zwischen dem größten und kleinsten Durchmesser in derselben Querschnittsebene darf höchstens 50 % der zulässigen Spanne für die Durchmesserabweichung betragen (z. B. höchstens 0,026 mm bei d = 20 mm).

4.2 Geradheit

Stäbe werden geradegerichtet geliefert. Besondere Anforderungen an die Geradheit sind bei der Bestellung zu vereinbaren.

5 Werkstoff

Blanker Rundstahl nach dieser Norm wird vorzugsweise aus Stahlsorten nach DIN 1651, DIN 1652, DIN 1654 Teil 1 bis Teil 5, DIN 17 100, DIN 17 111, DIN 17 200, DIN 17 210 und DIN 17 440 geliefert. Andere Stahlsorten sind nach Vereinbarung lieferbar.

6 Ausführung und Lieferart

6.1 Ausführung

6.1.1 Für blanken Rundstahl nach dieser Norm kommen die Ausführungen kaltgezogen (K) oder geschält (SH) in Betracht.

6.1.2 Die üblichen Ausführungen sind
kaltgezogen (K) bei Durchmessern < 45 mm,
geschält (SH) bei Durchmessern ≥ 45 ≤ 150 mm.

Blankstahl in Ringen (Draht) wird grundsätzlich nur in kaltgezogener Ausführung geliefert.

6.2 Lieferart

6.2.1 Blanker Rundstahl nach dieser Norm wird üblicherweise in Stäben mit den Längenarten und zulässigen Längenabweichungen nach Tabelle 2 geliefert.

6.2.2 Bei der Bestellung von Stäben in Herstellänge oder in Lagerlänge darf die Länge zwischen den in Tabelle 2 genannten größten und kleinsten Maßen schwanken. Stäbe mit einem Gesamtgewicht bis zu höchstens 10 % der Liefermenge dürfen die angegebene untere Grenze des Längenbereichs unterschreiten, jedoch muß die Länge mindestens 50 % dieses unteren Grenzwertes betragen.

6.2.3 Die Stabenden werden bei Durchmessern < 45 mm bei Herstell- und Lagerlängen üblicherweise in abgescherter Ausführung geliefert. Abgestochene, gesägte, getrennte oder angefaste Enden können vereinbart werden.

6.2.4 Blankstahl kann auch in Ringen (Draht) geliefert werden. Bei gewünschter Lieferung in Ringen sind die Gewichte und Maße der Ringe bei der Bestellung zu vereinbaren.

6.2.5 Bestellbeispiele

a) 5000 kg blanker Rundstahl aus Stahl St 50-2 K (kaltgezogen) von Durchmesser d = 20 mm in Herstelllängen
5000 kg Rund DIN 671 − St 50-2 K − 20

b) 3000 kg blanker Rundstahl aus Stahl Ck 35 SH (geschält) von Durchmesser d = 45 mm in Lagerlängen 3000 bis 4000 mm:
3000 kg Rund DIN 671 − Ck 35 SH − 45
Lagerlänge 3000 bis 4000

c) 1000 kg blanker Rundstahl aus Stahl Ck 35 K (kaltgezogen) von Durchmesser d = 10 mm in Genaulängen von 3500 mm mit einer zulässigen Längenabweichung von ± 10 mm:
1000 kg Rund DIN 671 − Ck 35 K − 10 × 3500 ± 10

Tabelle 2. **Längenarten und zulässige Längenabweichungen**

Längenart	Länge		Bestellangabe für die Länge
	Bereich	zulässige Abweichung	
Herstellänge	3000 [1]) bis 12000	siehe Abschnitt 6.2.2	keine
Lagerlänge	3000 bis 4000 6000 bis 7000	siehe Abschnitt 6.2.2	„Lagerlänge" und gewünschter Längenbereich
Genaulänge	1000 bis 12000	bei der Bestellung anzugeben [2])	gewünschte Genaulänge und gewünschte zulässige Abweichung [2]) in mm

[1]) Bei Edelstahl 2000 bis 12 000 mm

[2]) Die kleinsten bestellbaren Längenabweichungen betragen
± 2 mm bei Genaulängen ≤ 4000 mm
± 5 mm bei Genaulängen > 4000 mm

Tabelle 1. **Durchmesser, zulässige Abweichungen, Querschnitte und Gewichte von blankem Rundstahl**

Durchmesser d [1]	zul. Abw.	Querschnitt mm²	Gewicht kg/m	Durchmesser d [1]	zul. Abw.	Querschnitt mm²	Gewicht kg/m
1		0,7854	0,00617	26		530,9	4,17
1,5	0	1,767	0,0139	27	0	572,6	4,49
2	−0,025	3,142	0,0247	28	−0,052	615,8	4,83
2,5		4,909	0,0385	29		660,5	5,19
3		7,069	0,0555	30		706,9	5,55
3,5		9,621	0,0755	32		804,2	6,31
4		12,57	0,0986	34		907,9	7,13
4,5	0	15,90	0,125	35		962,1	7,55
5	−0,030	19,63	0,154	36		1 018	7,99
5,5		23,76	0,187	38	0	1 134	8,90
6		28,27	0,222	40	−0,062	1 257	9,86
6,5		33,18	0,260	42		1 385	10,9
7		38,48	0,302	45		1 590	12,5
7,5		44,18	0,347	48		1 810	14,2
8	0	50,27	0,395	50		1 963	15,4
8,5	−0,036	56,75	0,445	52		2 124	16,7
9		63,62	0,499	55		2 376	18,7
9,5		70,88	0,556	58		2 642	20,7
10		78,54	0,617	60		2 827	22,2
11		95,03	0,746	63	0	3 117	24,5
12		113,1	0,888	65	−0,074	3 318	26,0
13		132,7	1,04	70		3 848	30,2
14	0	153,9	1,21	75		4 418	34,7
15	−0,043	176,7	1,39	80		5 027	39,5
16		201,1	1,58	85		5 675	44,5
17		227,0	1,78	90		6 362	49,9
18		254,5	2,00	100	0	7 854	61,7
19		283,5	2,23	110	−0,087	9 503	74,6
20		314,2	2,47	120		11 310	88,8
21		346,4	2,72	125		12 270	96,3
22	0	380,1	2,98	130	0	13 270	104
23	−0,052	415,5	3,26	140	−0,100	15 390	121
24		452,4	3,55	150		17 670	139
25		490,9	3,85				

[1] Andere Nenndurchmesser sind nach Vereinbarung ebenfalls lieferbar. Das Gewicht (in kg/m) kann in diesen Fällen aus dem Produkt $0{,}00617 \cdot d^2$ (d in mm) bei einer zugrundegelegten Dichte von 7,85 kg/dm³ errechnet werden.

411

| | Präzisionsflach- und -vierkantstahl
Maße, Gewichte, zulässige Abweichungen | **DIN**
59 350 |

1 Anwendungsbereich

Maße in mm

1.1 Diese Norm gilt für feinbearbeiteten Präzisionsflachstahl und Präzisionsvierkantstahl in Stäben von 500 mm Länge mit den in den Tabellen 1 bis 4 angegebenen Nennmaßen aus den im Abschnitt 5 genannten Werkstoffen.

Anmerkung: Abweichend von den Regeln nach EURONORM 79 wird die Benennung „Flachstahl" in der vorliegenden Norm auch bei Erzeugnisbreiten über 150 mm verwendet.

1.2 Diese Norm gilt nicht für

— blanken Flachstahl (siehe DIN 174)

— blanken Vierkantstahl (siehe DIN 178)

— kaltgewalztes Band (siehe DIN 1544).

2 Begriff

Als Präzisionsflachstahl bzw. Präzisionsvierkantstahl bezeichnet man einen Stab mit scharfkantig rechteckigem bzw. quadratischem Querschnitt aus Stahl mit fein bearbeiteten, entkohlungsfreien Längsflächen.

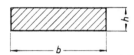
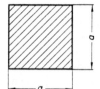

4.3 Zulässige Formabweichungen

4.3.1 Rechtwinkligkeit

Die zulässige Abweichung vom rechten Winkel zwischen den Seitenflächen des Erzeugnisses sowie zwischen dem Anschlagende (siehe Abschnitt 6.2) und den Seitenflächen beträgt 0° 15′.

4.3.2 Parallelität der Seitenflächen

Die Seitenflächen des Erzeugnisses müssen innerhalb der zulässigen Maßabweichungen nach Abschnitt 4.2.1 zueinander parallel verlaufen, sofern bei der Bestellung nichts anderes vereinbart wurde.

4.3.3 Geradheit

Als Abweichung von der Geradheit gilt der größte Abstand zwischen dem Erzeugnis und einer waagerechten, ebenen Platte, auf der es frei ruht. Die zulässigen Abweichungen sind in Tabelle 5 angegeben (siehe Abschnitt 8).

Tabelle 5. **Zulässige Abweichungen von der Geradheit**

Breite b oder Seitenlänge a	Zulässige Abweichungen von der Geradheit [1]) bei Dicke h oder Seitenlänge a				
	von 1 bis 2,2	über 2,2 bis 5,2	über 5,2 bis 10,4	über 10,4 bis 20,4	über 20,4 bis 30,4
bis 100,3	(1,0)	0,8	0,7	0,5	0,3
über 100,3 bis 200,3	(1,5)	1,1	0,8	0,6	0,4
über 200,3 bis 300,3	(2,0)	1,5	0,9	0,8	0,5

[1]) Bei kleinen Erzeugnisdicken sind größere Abweichungen möglich, die Angaben in Klammern sind daher nur als Anhaltswerte anzusehen.

5 Werkstoff

5.1 Präzisionsflach- und -vierkantstahl nach dieser Norm wird vorzugsweise geliefert aus

— legierten Werkzeugstählen (z. B. 90 MnCrV 8) nach DIN 17 350 bei Erzeugnissen mit Fertigmaßen nach den Tabellen 1 und 2

— ledeburitischen Chromstählen (z. B. X 210 CrW 12) nach DIN 17 350 bei Erzeugnissen mit Bearbeitungszugabe nach den Tabellen 3 und 4.

5.2 Die Erzeugnisse aus den im Abschnitt 5.1 genannten Stählen werden üblicherweise im weichgeglühten Zustand geliefert; andere Wärmebehandlungszustände sind bei der Bestellung zu vereinbaren.

6 Ausführung

6.1 Oberflächenrauheit

Der Mittenrauhwert R_a der Oberflächen beträgt

max. 2 μm für Erzeugnisse mit Fertigmaßen

max. 6 μm für Erzeugnisse mit Bearbeitungszugabe.

Diese Werte gelten für Präzisionsflachstahl für die Oberfläche der breiten Seiten, bei Präzisionsvierkantstahl für die Oberfläche aller Längsseiten.

6.2 Lieferart

Die Erzeugnisse werden mit je einem feinbearbeiteten Anschlagende und einem grob bearbeiteten Ende geliefert.

3.2 Bestellbezeichnung

Bei der Bestellung sind die Angaben zur gewünschten Liefermenge oder Stückzahl der Normbezeichnung voranzustellen.

Beispiel:

10 Stück Präzisionsflachstahl mit der Normbezeichnung nach Abschnitt 3.1 a:

10 Stück Präz-Flach DIN 59 350 − 90 MnCrV 8 − 150 X 25

oder **10 Stück Präz-Flach DIN 59 350 − 1.2842 − 150 X 25**

4 Maße und zulässige Maß- und Formabweichungen

4.1 Nennmaße

Die bevorzugt zu bestellenden Nennmaße sind in den Tabellen 1 und 2 für die Erzeugnisse mit Fertigmaßen, in den Tabelle 3 und 4 für die Erzeugnisse mit Bearbeitungszugaben angegeben.

Die in Klammern angeführten Nennmaße gehören nicht zu den Vorzugsmaßen, sie werden üblicherweise nicht am Lager geführt.

Tabelle 1. **Nennmaße und Nenngewichte von Präzisionsflachstahl mit Fertigmaßen**

Breite b [1]	Dicke h [1]												
	(1)	2	3	4	5	6	8	10	12	15	20	25	(30)
	Gewicht in kg [2]												
10	(0,039)	0,079	0,118	0,158	0,197	0,236	0,315						
15	(0,059)	0,118	0,177	0,236	0,296	0,355	0,473	0,591	0,709				
20	(0,079)	0,158	0,236	0,315	0,394	0,473	0,631	0,788	0,946	1,18			
25	(0,098)	0,197	0,295	0,394	0,493	0,591	0,788	0,985	1,18	1,48	1,97		
30	(0,118)	0,236	0,355	0,473	0,591	0,709	0,946	1,18	1,42	1,77	2,36	2,96	
40	(0,158)	0,315	0,473	0,630	0,788	0,946	1,26	1,58	1,89	2,36	3,15	3,94	(4,73)
50	(0,197)	0,394	0,591	0,788	0,985	1,18	1,58	1,97	2,36	2,96	3,94	4,93	(5,91)
60	(0,236)	0,473	0,709	0,946	1,18	1,42	1,89	2,36	2,84	3,55	4,73	5,91	(7,09)
70	(0,276)	0,552	0,828	1,10	1,38	1,66	2,21	2,76	3,31	4,14	5,52	6,90	(8,28)
(75)	(0,296)	(0,591)	(0,887)	(1,18)	(1,48)	(1,77)	(2,36)	(2,96)	(3,55)	(4,43)	(5,91)	(7,39)	(8,87)
80	(0,315)	0,631	0,946	1,26	1,58	1,89	2,52	3,15	3,78	4,73	6,31	7,88	(9,46)
100	(0,394)	0,788	1,18	1,58	1,97	2,36	3,15	3,94	4,73	5,91	7,88	9,85	(11,82)
(120)	(0,473)	(0,946)	(1,42)	(1,89)	(2,36)	(2,84)	(3,78)	(4,73)	(5,67)	(7,09)	(9,46)	(11,82)	(14,19)
125	(0,493)	(0,985)	1,48	1,97	2,29	2,96	3,94	4,93	5,91	7,39	9,85	12,31	(14,78)
150	(0,591)	(1,18)	(1,77)	2,36	2,96	3,55	4,73	5,91	7,09	8,87	11,82	14,78	(17,73)
(160)	(0,631)	(1,26)	(1,89)	(2,52)	(3,15)	(3,78)	(5,04)	(6,31)	(7,57)	(9,46)	(12,61)	(15,76)	(18,92)
200	(0,788)	(1,58)	(2,36)	3,15	3,94	4,73	6,31	7,88	9,46	11,82	15,76	19,70	(23,64)
250	(0,985)	(1,97)	(2,96)	3,94	4,93	5,91	7,88	9,85	11,82	14,78	19,70	24,63	(29,56)
300	(1,18)	(2,36)	(3,55)	4,73	5,91	7,09	9,46	11,82	14,19	17,73	23,64	29,56	(35,47)

[1] Siehe Abschnitt 4.1
[2] Gültig für eine Stablänge von 500 mm; siehe Abschnitt 7

Tabelle 2. Nennmaße und Nenngewichte von Präzisionsvierkantstahl mit Fertigmaßen

Seitenlänge a [1]	Gewicht kg [2]	Seitenlänge a [1]	Gewicht kg [2]
(6)	(0,142)	20	1,58
(8)	(0,252)	25	2,46
10	0,394	30	3,55
12	0,567	40	6,31
15	0,887	50	9,85

[1] Siehe Abschnitt 4.1
[2] Gültig für eine Stablänge von 500 mm; siehe Abschnitt 7

Tabelle 3. Nennmaße und Nenngewichte von Präzisionsflachstahl mit Bearbeitungszugaben

Breite b [1]	Dicke h [1]											
	2,2	3,2	4,2	5,2	6,2	8,2	10,4	12,4	15,4	20,4	25,4	(30,4)
	Gewicht in kg [2]											
10,3	0,089	0,130	0,170	0,211	0,252	0,333						
15,3	0,133	0,193	0,253	0,314	0,374	0,494	0,627	0,748				
20,3	0,176	0,256	0,336	0,416	0,496	0,656	0,832	0,992	1,23			
25,3	0,219	0,319	0,419	0,518	0,618	0,818	1,04	1,24	1,54	2,03		
30,3	0,263	0,382	0,501	0,621	0,740	0,979	1,24	1,48	1,84	2,44	3,03	
40,3	0,349	0,508	0,667	0,826	0,985	1,30	1,65	1,97	2,45	3,24	4,03	(4,82)
50,3	0,436	0,634	0,833	1,03	1,23	1,63	2,06	2,46	3,05	4,04	5,03	(6,03)
60,3	0,523	0,760	0,998	1,24	1,47	1,95	2,47	2,95	3,66	4,85	6,04	(7,22)
70,3	0,609	0,886	1,16	1,44	1,72	2,27	2,88	3,44	4,27	5,65	7,04	(8,42)
(75,3)	(0,653)	(0,950)	(1,25)	(1,54)	(1,84)	(2,43)	(3,09)	(3,68)	(4,57)	(6,05)	(7,54)	(9,02)
80,3	0,696	1,01	1,33	1,65	1,96	2,59	3,29	3,92	4,87	6,46	8,04	(9,62)
100,3	0,870	1,26	1,66	2,06	2,45	3,24	4,11	4,90	6,09	8,06	10,04	(12,02)
125,3	(1,09)	1,58	2,07	2,57	3,06	4,05	5,14	6,12	7,60	10,07	12,54	(15,01)
150,3	(1,30)	(1,90)	2,49	3,08	3,67	4,86	6,16	7,34	9,12	12,08	15,04	(18,01)
200,3	(1,74)	(2,53)	3,32	4,10	4,89	6,47	8,21	9,79	12,16	16,10	20,05	(24,0)
250,3	(2,17)	(3,16)	4,14	5,13	6,12	8,09	10,26	12,23	15,19	20,12	25,05	(29,99)
300,3	(2,60)	(3,79)	4,97	6,15	7,34	9,70	12,31	14,67	18,22	24,14	30,06	(35,98)

[1] Siehe Abschnitt 4.1
[2] Gültig für eine Stablänge von 500 mm; siehe Abschnitt 7

Tabelle 4. Nennmaße und Nenngewichte von Präzisionsvierkantstahl mit Bearbeitungszugaben

Seitenlänge a [1]	Gewicht kg [2]
(8,2)	(0,261)
10,4	0,426
12,4	0,606
15,4	0,935
20,4	1,64
25,4	2,54
(30,4)	(3,64)

[1] Siehe Abschnitt 4.1
[2] Gültig für eine Stablänge von 500 mm; siehe Abschnitt 7

4.2 Zulässige Maßabweichungen

4.2.1 Die zulässigen Abweichungen betragen

a) bei Erzeugnissen mit Fertigmaßen nach den Tabellen 1 und 2:
$^{+0,05}_{0}$ mm für die Dicke h und die Seitenlänge a,
$^{+0,2}_{0}$ mm für die Breite b,

b) bei Erzeugnissen mit Bearbeitungszugaben nach den Tabellen 3 und 4:
$^{+0,2}_{0}$ mm für die Breite b, die Dicke h und die Seitenlänge a.

4.2.2 Die zulässige Abweichung von der Länge (500 mm) beträgt bei den Erzeugnissen mit Fertigmaßen sowie mit Bearbeitungszugaben $^{+5}_{0}$ mm.

Geschliffen-polierter blanker Rundstahl

Maße   zulässige Abweichungen
nach ISO-Toleranzfeld h7

DIN
59 360

Maße in mm

1 Anwendungsbereich

Diese Norm gilt für geschliffen-polierten blanken Rundstahl mit Nenndurchmessern von 1 bis 150 mm aus den im Abschnitt 5 genannten Stählen. Die in Betracht kommenden Ausführungen und Lieferarten sind im Abschnitt 6 angegeben.

2 Begriff

Blanker Stahl (auch Blankstahl genannt) ist Stahl, der durch Entzunderung und spanlose Kaltumformung oder durch spanende Bearbeitung eine glatte, blanke Oberfläche erhalten hat und eine hohe Maßgenauigkeit aufweist. Eine noch bessere Oberflächenbeschaffenheit und größere Maßgenauigkeit ergibt sich bei geschliffener bzw. geschliffen-polierter Ausführung.

4 Maße, zulässige Maß- und Formabweichungen

4.1 Durchmesser

4.1.1 Die lieferbaren Nenndurchmesser sind in Tabelle 1 angegeben.

4.1.2 Die zulässigen Abweichungen vom Nenndurchmesser entsprechend ISO-Toleranzfeld h7 (siehe auch DIN 7160) sind in Tabelle 1 genannt.

4.1.3 Der Unterschied zwischen dem größten und kleinsten Durchmesser in derselben Querschnittsebene darf höchstens 50 % der zulässigen Spanne für die Durchmesserabweichung betragen (z. B. höchstens 0,009 mm bei d = 15 mm).

4.2 Geradheit

Stäbe werden geradegerichtet geliefert. Besondere Anforderungen an die Geradheit sind bei der Bestellung zu vereinbaren.

5 Werkstoff

Blanker Rundstahl nach dieser Norm wird vorzugsweise aus Stahlsorten nach DIN 1651, DIN 1652, DIN 17 100, DIN 17 200, DIN 17 210 und DIN 17 440 geliefert. Andere Stahlsorten sind nach Vereinbarung lieferbar.

6 Ausführung und Lieferart

6.1.1 Blanker Rundstahl nach dieser Norm wird üblicherweise kaltgezogen (K) oder geschält (SH) und in beiden Fällen anschließend geschliffen und poliert. Bei gewünschter Lieferung nur in geschliffener Ausführung sind die Kennbuchstaben (SL) in der Bezeichnung anzugeben (siehe Abschnitt 3.1).

6.1.2 Die üblichen Ausführungen sind

kaltgezogen (K) und anschließend geschliffen-poliert bei Durchmessern < 45 mm,

geschält (SH) und anschließend geschliffen-poliert bei Durchmessern ≥ 45 ≤ 150 mm.

6.2.2 Bei der Bestellung von Stäben in Herstellänge oder in Lagerlänge darf die Länge zwischen den in Tabelle 2 genannten größten und kleinsten Maßen schwanken. Stäbe mit einem Gesamtgewicht bis zu höchstens 10 % der Liefermenge dürfen die angegebene untere Grenze des Längenbereichs unterschreiten, jedoch muß die Länge mindestens 50 % dieses unteren Grenzwertes betragen.

6.2.3 Die Stabenden werden bei Durchmessern < 45 mm bei Herstell- und Lagerlängen überlicherweise in abgescherter Ausführung geliefert. Abgestochene, gesägte, getrennte oder angefaste Enden können vereinbart werden.

6.2.4 Bestellbeispiele

a) 5000 kg geschliffen-polierter blanker Rundstahl aus Stahl C 35 K von Durchmesser d = 20 mm in Herstellängen

5000 kg Rund DIN 59 360 – C 35 K – 20

b) 3000 kg geschliffen-polierter blanker Rundstahl aus Stahl Ck 35 SH (geschält) von Durchmesser d = 50 mm in Lagerlängen 3000 bis 4000 mm:

**3000 kg Rund DIN 59 360 – Ck 35 SH – 50
Lagerlänge 3000 bis 4000**

c) 1000 kg blanker Rundstahl aus Stahl Ck 35 K (kaltgezogen) von Durchmesser d = 10 mm, Ausführung „geschliffen", in Genaulängen von 3500 mm mit einer zulässigen Längenabweichung von ± 10 mm:

1000 kg Rund DIN 59 360–Ck 35 K–10 SL × 3500 ± 10

Tabelle 2. **Längenarten und zulässige Längenabweichungen**

Längenart	Länge		Bestellangabe für die Länge
	Bereich	zulässige Abweichung	
Herstellänge	3000[1] bis 12000	siehe Abschnitt 6.2.2	keine
Lagerlänge	3000 bis 4000 6000 bis 7000	siehe Abschnitt 6.2.2	„Lagerlänge" und gewünschter Längenbereich
Genaulänge	1000 bis 12000	bei der Bestellung anzugeben [2]	gewünschte Genaulänge und gewünschte zulässige Abweichung [2] in mm

[1] Bei Edelstahl 2000 bis 12 000 mm

[2] Die kleinsten bestellbaren Längenabweichungen betragen
± 2 mm bei Genaulängen ≤ 4000 mm
± 5 mm bei Genaulängen > 4000 mm

Tabelle 1. **Durchmesser, zulässige Abweichungen, Querschnitte und Gewichte von geschliffen-poliertem blankem Rundstahl**

Durchmesser d [1]	zul. Abw.	Querschnitt mm²	Gewicht kg/m	Durchmesser d [1]	zul. Abw.	Querschnitt mm²	Gewicht kg/m
1		0,7854	0,00617	26		530,9	4,17
1,5	0	1,767	0,0139	27	0	572,6	4,49
2	−0,010	3,142	0,0247	28	−0,021	615,8	4,83
2,5		4,909	0,0385	29		660,5	5,19
3		7,069	0,0555	30		706,9	5,55
3,5		9,621	0,0755	32		804,2	6,31
4		12,57	0,0986	34		907,9	7,13
4,5	0	15,90	0,125	35		962,1	7,55
5	−0,012	19,63	0,154	36		1 018	7,99
5,5		23,76	0,187	38	0	1 134	8,90
6		28,27	0,222	40	−0,025	1 257	9,86
6,5		33,18	0,260	42		1 385	10,9
7		38,48	0,302	45		1 590	12,5
7,5		44,18	0,347	48		1 810	14,2
8	0	50,27	0,395	50		1 963	15,4
8,5	−0,015	56,75	0,445	52		2 124	16,7
9		63,62	0,499	55		2 376	18,7
9,5		70,88	0,556	58		2 642	20,7
10		78,54	0,617	60		2 827	22,2
11		95,03	0,746	63	0	3 117	24,5
12		113,1	0,888	65	−0,030	3 318	26,0
13		132,7	1,04	70		3 848	30,2
14	0	153,9	1,21	75		4 418	34,7
15	−0,018	176,7	1,39	80		5 027	39,5
16		201,1	1,58	85		5 675	44,5
17,		227,0	1,78	90		6 362	49,9
18		254,5	2,00	100	0	7 854	61,7
19		283,5	2,23	110	−0,035	9 503	74,6
20		314,2	2,47	120		11 310	88,8
21		346,4	2,72	125		12 270	96,3
22	0	380,1	2,98	130	0	13 270	104
23	−0,021	415,5	3,26	140	−0,040	15 390	121
24		452,4	3,55	150		17 670	139
25		490,9	3,85				

[1] Andere Nenndurchmesser sind nach Vereinbarung ebenfalls lieferbar. Das Gewicht (in kg/m) kann in diesen Fällen aus dem Produkt $0,00617 \cdot d^2$ (d in mm) bei einer zugrundegelegten Dichte von 7,85 kg/dm³ errechnet werden.

	Geschliffen-polierter blanker Rundstahl Maße zulässige Abweichungen nach ISO-Toleranzfeld h6	**DIN** **59 361**

Maße in mm

1 Anwendungsbereich

Diese Norm gilt für geschliffen-polierten blanken Rundstahl mit Nenndurchmessern von 1 bis 150 mm aus den im Abschnitt 5 genannten Stählen. Die in Betracht kommenden Ausführungen und Lieferarten sind im Abschnitt 6 angegeben.

2 Begriff

Blanker Stahl (auch Blankstahl genannt) ist Stahl, der durch Entzunderung und spanlose Kaltumformung oder durch spanende Bearbeitung eine glatte, blanke Oberfläche erhalten hat und eine hohe Maßgenauigkeit aufweist. Eine noch bessere Oberflächenbeschaffenheit und größere Maßgenauigkeit ergibt sich bei geschliffener bzw. geschliffen-polierter Ausführung.

4 Maße, zulässige Maß- und Formabweichungen

4.1.2 Die zulässigen Abweichungen vom Nenndurchmesser entsprechend ISO-Toleranzfeld h6 (siehe auch DIN 7160) sind in Tabelle 1 genannt.

4.1.3 Der Unterschied zwischen dem größten und kleinsten Durchmesser in derselben Querschnittsebene darf höchstens 50 % der zulässigen Spanne für die Durchmesserabweichung betragen (z. B. höchstens 0,004 mm bei $d = 5$ mm).

4.2 Geradheit

Stäbe werden geradegerichtet geliefert. Besondere Anforderungen an die Geradheit sind bei der Bestellung zu vereinbaren.

5 Werkstoff

Blanker Rundstahl nach dieser Norm wird vorzugsweise aus Stahlsorten nach DIN 1651, DIN 1652, DIN 17 100, DIN 17 200, DIN 17 210 und DIN 17 440 geliefert. Andere Stahlsorten sind nach Vereinbarung lieferbar.

6 Ausführung und Lieferart

6.1.2 Die üblichen Ausführungen sind

kaltgezogen (K) und anschließend geschliffen-poliert bei Durchmessern < 45 mm,

geschält (SH) und anschließend geschliffen-poliert bei Durchmessern ≥ 45 ≤ 150 mm.

6.2.2 Bei der Bestellung von Stäben in Herstellänge oder in Lagerlänge darf die Länge zwischen den in Tabelle 2 genannten größten und kleinsten Maßen schwanken. Stäbe mit einem Gesamtgewicht bis zu höchstens 10 % der Liefermenge dürfen die angegebene untere Grenze des Längenbereichs unterschreiten, jedoch muß die Länge mindestens 50 % dieses unteren Grenzwertes betragen.

6.2.3 Die Stabenden werden bei Durchmessern < 45 mm bei Herstell- und Lagerlängen üblicherweise in abgescherter Ausführung geliefert. Abgestochene, gesägte, getrennte oder angefaste Enden können vereinbart werden.

6.2.4 Bestellbeispiele

a) 5000 kg geschliffen-polierter blanker Rundstahl aus Stahl C 35 K von Durchmesser $d = 20$ mm in Herstelllängen

5000 kg Rund DIN 59 361 — C 35 K — 20

b) 3000 kg geschliffen-polierter blanker Rundstahl aus Stahl Ck 35 SH (geschält) von Durchmesser $d = 50$ mm in Lagerlängen 3000 bis 4000 mm:

3000 kg Rund DIN 59 361 — Ck 35 SH — 50

c) 1000 kg blanker Rundstahl aus Stahl Ck 35 K (kaltgezogen) von Durchmesser $d = 10$ mm in Genaulängen von 3500 mm mit einer zulässigen Längenabweichung von ± 10 mm:

1000 kg Rund DIN 59 361 Ck 35 K—10 ✕ 3500 ± 10

Tabelle 2. **Längenarten und zulässige Längenabweichungen**

Längenart	Länge		Bestellangabe für die Länge
	Bereich	zulässige Abweichung	
Herstellänge	3000[1]) bis 12000	siehe Abschnitt 6.2.2	keine
Lagerlänge	3000 bis 4000 6000 bis 7000	siehe Abschnitt 6.2.2	„Lagerlänge" und gewünschter Längenbereich
Genaulänge	1000 bis 12000	bei der Bestellung anzugeben [2])	gewünschte Genaulänge und gewünschte zulässige Abweichung[2]) in mm

[1]) Bei Edelstahl 2000 bis 12 000 mm

[2]) Die kleinsten bestellbaren Längenabweichungen betragen

± 2 mm bei Genaulängen ≤ 4000 mm

± 5 mm bei Genaulängen > 4000 mm

Tabelle 1. **Durchmesser, zulässige Abweichungen, Querschnitte und Gewichte von geschliffen-poliertem blankem Rundstahl**

Durchmesser d [1]		Querschnitt	Gewicht	Durchmesser d [1]		Querschnitt	Gewicht
	zul. Abw.	mm²	kg/m		zul. Abw.	mm²	kg/m
1		0,7854	0,00617	26		530,9	4,17
1,5		1,767	0,0139	27		572,6	4,49
2	0 −0,006	3,142	0,0247	28	0 −0,013	615,8	4,83
2,5		4,909	0,0385	29		660,5	5,19
3		7,069	0,0555	30		706,9	5,55
3,5		9,621	0,0755	32		804,2	6,31
4		12,57	0,0986	34		907,9	7,13
4,5	0 −0,008	15,90	0,125	35		962,1	7,55
5		19,63	0,154	36		1 018	7,99
5,5		23,76	0,187	38	0 −0,016	1 134	8,90
6		28,27	0,222	40		1 257	9,86
6,5		33,18	0,260	42		1 385	10,9
7		38,48	0,302	45		1 590	12,5
7,5		44,18	0,347	48		1 810	14,2
8	0 −0,009	50,27	0,395	50		1 963	15,4
8,5		56,75	0,445	52		2 124	16,7
9		63,62	0,499	55		2 376	18,7
9,5		70,88	0,556	58		2 642	20,7
10		78,54	0,617	60		2 827	22,2
11		95,03	0,746	63	0 −0,019	3 117	24,5
12		113,1	0,888	65		3 318	26,0
13		132,7	1,04	70		3 848	30,2
14		153,9	1,21	75		4 418	34,7
15	0 −0,011	176,7	1,39	80		5 027	39,5
16		201,1	1,58	85		5 675	44,5
17		227,0	1,78	90		6 362	49,9
18		254,5	2,00	100	0 −0,022	7 854	61,7
19		283,5	2,23	110		9 503	74,6
20		314,2	2,47	120		11 310	88,8
21		346,4	2,72	125		12 270	96,3
22	0 −0,013	380,1	2,98	130		13 270	104
23		415,5	3,26	140	0 −0,025	15 390	121
24		452,4	3,55	150		17 670	139
25		490,9	3,85				

[1] Andere Nenndurchmesser sind nach Vereinbarung ebenfalls lieferbar. Das Gewicht (in kg/m) kann in diesen Fällen aus dem Produkt $0,00617 \cdot d^2$ (d in mm) bei einer zugrundegelegten Dichte von 7,85 kg/dm³ errechnet werden.

	Walzdraht zum Kaltziehen	**DIN**
	Technische Lieferbedingungen für Grundstahl und unlegierte Qualitätsstähle	**17 140** Teil 1

1 Anwendungsbereich

1.1 Diese Norm gilt für Walzdraht aus dem in Tabelle 1 aufgeführten Grundstahl und den dort genannten unlegierten Qualitätsstählen in den in DIN 59 110 erfaßten Querschnittsformen (rund, vierkant, sechskant, halbrund, rechteckig).

1.2 Zusätzlich zu den Angaben dieser Norm gelten die allgemeinen technischen Lieferbedingungen für Stahl und Stahlerzeugnisse (siehe DIN 17 010), soweit nicht in dieser Norm andere Festlegungen getroffen sind.

1.3 Diese Norm gilt nicht für Walzdraht
— aus Stählen für Schweißzusätze (siehe DIN 17 145),
— aus Kaltstauch- und Kaltfließpreßstählen (siehe DIN 1654 Teil 1 bis Teil 4),
— aus allgemeinen Baustählen (siehe DIN 17 100),
— aus kohlenstoffarmen unlegierten Stählen für Schrauben, Muttern und Niete (siehe DIN 17 111),
— für geschweißte Rundstahlketten (siehe DIN 17 115),
— aus Vergütungsstählen (siehe DIN 17 200),
— aus Einsatzstählen (siehe DIN 17 210),
— aus vergütbaren Federstählen (siehe DIN 17 221),
— für Schrauben und Muttern mit Anforderungen an die mechanischen Eigenschaften bei erhöhten Temperaturen (siehe DIN 17 240).

2 Begriffe

2.1 Für den Begriff Walzdraht gilt die Begriffsbestimmung nach EURONORM 79.

2.2 Für die Begriffe Grundstahl und Qualitätsstahl gelten die Begriffsbestimmungen nach EURONORM 20.

3 Querschnittsform, Maße, Gewichte und zulässige Abweichungen

Für die zulässigen Maß- und Gewichtsabweichungen gelten die Angaben in DIN 59 110.

4 Bezeichnungen

4.2 Bestellbezeichnung

4.1 In der Bestellung sind die Menge, die Erzeugnisform, die Maßnorm, der Kurzname oder die Werkstoffnummer der gewünschten Stahlsorte, die Querschnittsmaße des Erzeugnisses und das Ringgewicht anzugeben.

Beispiel:

100 t Walzdraht nach DIN 59 110, aus einem Stahl mit dem Kurznamen D 85-2 bzw. der Werkstoffnummer 1.0616, Rundwalzdraht (A) vom Durchmesser 5,5 mm, in Ringen von 1000 kg:

100 t Rund DIN 59 110 — D 85-2 — A 5,5 in Ringen von 1000 kg

4.2.2 Wird eine andere Oberflächenausführung als „gewalzt, nicht oberflächenbehandelt" gewünscht, ist bei der Bestellung zu vereinbaren. Falls eine Bescheinigung über Materialprüfungen gewünscht wird, ist dies unter Bekanntgabe der gewünschten Bescheinigung (siehe Abschnitt 7.1) ebenfalls anzugeben.

6 Anforderungen

6.1 Herstellungsverfahren

Es gelten die Angaben in DIN 17 010 mit der Einschränkung, daß für den Grundstahl D 9 die Bekanntgabe des angewendeten Herstellungsverfahrens nicht vereinbart werden kann.

6.2 Lieferart

Die Stahlsorte D 9 wird nur losweise, alle übrigen Stahlsorten werden nach Schmelzen getrennt gekennzeichnet geliefert.

6.3 Lieferzustand

Der Walzdraht wird im Walzzustand in regellos aufgehaspelten Ringen, die entgegengesetzt dem Uhrzeigersinn von oben ablaufen müssen, geliefert.

6.4 Chemische Zusammensetzung

Für die chemische Zusammensetzung nach der Schmelzenanalyse gelten die Werte nach Tabelle 1. Die zulässigen Abweichungen der Stückanalyse von der Schmelzenanalyse gehen aus Tabelle 2 hervor. Die zulässigen Abweichungen beziehen sich beim Kohlenstoffgehalt, mit Ausnahme beim Grundstahl D 9, auf den im Werks-, Werksprüf- oder Abnahmeprüfzeugnis mitgeteilten Wert der Schmelzenanalyse. Bei den übrigen Elementen sowie beim Kohlenstoffgehalt des Grundstahles D 9 beziehen sich die zulässigen Abweichungen auf die Grenzwerte der Schmelzenanalyse nach Tabelle 1.

6.5 Innere und äußere Beschaffenheit

6.5.1 Der Walzdraht darf keine inneren Fehler und Oberflächenfehler wie Lunker, Risse, Überwalzungen, Schalen, Splitter, Fältelungen und Grate sowie bei den beruhigten Stahlsorten keine Seigerungen aufweisen, die seine Verwendbarkeit bei sachgemäßem Einsatz mehr als unerheblich beeinträchtigen.

6.5.2 Für die zulässigen Rißtiefen von Rundwalzdraht gelten die Oberflächen-Güteklassen nach den Stahl-Eisen-Lieferbedingungen 055 (z. Z. Entwurf), und zwar für den Grundstahl die Güteklasse 1 und für die Qualitätsstähle die Güteklasse 2.

Tabelle 1. Chemische Zusammensetzung nach der Schmelzenanalyse

Stahlsorte		Massengehalte in % [1]				
Kurzname	Werkstoff-Nummer	C	Si	Mn [2]	P max.	S max.
		Grundstahl				
D 9	1.0010	≤ 0,10	≤ 0,30	≤ 0,50	0,070	0,060
		Qualitätsstähle [3]				
D 5-2	1.0288	≤ 0,06	[4]	≤ 0,40	0,030	0,030
D 6-2	1.0314	≤ 0,06	[4]	≤ 0,40	0,040	0,040
D 8-2	1.0313	≤ 0,08	[4]	≤ 0,45	0,040	0,040
D 10-2	1.0310	0,08 bis 0,13	[4]	≤ 0,50	0,040	0,040
D 15-2	1.0413	0,13 bis 0,18	0,10 bis 0,30	0,30 bis 0,60	0,040	0,040
D 20-2	1.0414	0,18 bis 0,23	0,10 bis 0,30	0,30 bis 0,60	0,040	0,040
D 25-2	1.0415	0,23 bis 0,28	0,10 bis 0,30	0,30 bis 0,60	0,040	0,040
D 30-2	1.0530	0,28 bis 0,33	0,10 bis 0,30	0,30 bis 0,60	0,040	0,040
D 35-2	1.0516	0,33 bis 0,38	0,10 bis 0,30	0,30 bis 0,60	0,040	0,040
D 40-2	1.0541	0,38 bis 0,43	0,10 bis 0,30	0,30 bis 0,60	0,040	0,040
D 45-2	1.0517	0,43 bis 0,48	0,10 bis 0,30	0,30 bis 0,70	0,040	0,040
D 50-2	1.0586	0,48 bis 0,53	0,10 bis 0,30	0,30 bis 0,70	0,040	0,040
D 53-2	1.0588	0,50 bis 0,55	0,10 bis 0,30	0,30 bis 0,70	0,040	0,040
D 55-2	1.0518	0,53 bis 0,58	0,10 bis 0,30	0,30 bis 0,70	0,040	0,040
D 58-2	1.0609	0,55 bis 0,60	0,10 bis 0,30	0,30 bis 0,70	0,040	0,040
D 60-2	1.0610	0,58 bis 0,63	0,10 bis 0,30	0,30 bis 0,70	0,040	0,040
D 63-2	1.0611	0,60 bis 0,65	0,10 bis 0,30	0,30 bis 0,70	0,040	0,040
D 65-2	1.0612	0,63 bis 0,68	0,10 bis 0,30	0,30 bis 0,70	0,040	0,040
D 68-2	1.0613	0,65 bis 0,70	0,10 bis 0,30	0,30 bis 0,70	0,040	0,040
D 70-2	1.0615	0,68 bis 0,73	0,10 bis 0,30	0,30 bis 0,70	0,040	0,040
D 73-2	1.0617	0,70 bis 0,75	0,10 bis 0,30	0,30 bis 0,70	0,040	0,040
D 75-2	1.0614	0,73 bis 0,78	0,10 bis 0,30	0,30 bis 0,70	0,040	0,040
D 78-2	1.0620	0,75 bis 0,80	0,10 bis 0,30	0,30 bis 0,70	0,040	0,040
D 80-2	1.0622	0,78 bis 0,83	0,10 bis 0,30	0,30 bis 0,70	0,040	0,040
D 83-2	1.0626	0,80 bis 0,85	0,10 bis 0,30	0,30 bis 0,70	0,040	0,040
D 85-2	1.0616	0,83 bis 0,88	0,10 bis 0,30	0,30 bis 0,70	0,040	0,040
D 88-2	1.0628	0,85 bis 0,90	0,10 bis 0,30	0,30 bis 0,70	0,040	0,040
D 95-2	1.0618	0,90 bis 0,99	0,10 bis 0,30	0,30 bis 0,70	0,040	0,040

[1] In dieser Tabelle nicht aufgeführte Elemente dürfen dem Stahl außer zum Fertigbehandeln der Schmelze ohne Zustimmung des Bestellers nicht absichtlich zugesetzt werden.

[2] Für die Qualitätsstähle ab D 15-2 kann bei der Bestellung ein höherer Mangangehalt vereinbart werden.

[3] Bei der Bestellung kann ein Höchstgehalt an Kupfer von 0,20 % vereinbart werden.

[4] Diese Stahlsorten können unberuhigt (≤ 0,05 % Si) oder beruhigt – einschließlich halbberuhigt – (≤ 0,25 % Si) geliefert werden.

Tabelle 4. Anwendungsbereiche des Stauch- und des Wechselverwindeversuches

Stahlsorte nach Tabelle 1	Versuchsart bei einem Nennmaß des Walzdrahtes von		
	≤ 8 mm	> 8 < 15 mm	≥ 15 mm
D 5-2 bis D 25-2	Wechselverwindeversuch		Stauchversuch
D 30-2 bis D 95-2	Wechselver-windeversuch	Stauchversuch	

Tabelle 5. Mindestanzahl der Verwindungen im Wechselverwindeversuch

Stahlsorte nach Tabelle 1	Mindestanzahl der Verwindungen in jeder Richtung bei einem Nennmaß des Walzdrahtes von		
	≤ 8 mm	> 8 ≤ 10 mm	> 10 < 15 mm
D 5-2 bis D 25-2	5	4	3
D 30-2 bis D 55-2	4	–	–
D 58-2 bis D 95-2	3	–	–

	Runder Walzdraht für Schweißzusätze	DIN
	Technische Lieferbedingungen	17 145

1 Geltungsbereich

Diese Norm gilt für runden warm gewalzten Draht, der zu Zusätzen zum Gasschmelzschweißen, zum Lichtbogenhandschweißen, zum Elektro-Schlacke-Schweißen oder zum Schutzgas- und Unter-Pulver-Schweißen, und zwar sowohl für Verbindungs- als auch für Auftragsschweißung, verarbeitet wird. Sie gilt nicht für gegossene oder gezogene Vorerzeugnisse für Schweißzusätze.

3 Begriff

Walzdraht ist ein Erzeugnis, das nach dem Walzen im warmen Zustand in Ringen regellos aufgehaspelt wird.

4 Maße und zulässige Maßabweichungen

Für die Maße und zulässigen Maßabweichungen gilt DIN 59 110.

6 Bezeichnung

6.1 Die **Kurznamen** und die **Werkstoffnummern** der Stahlsorten sind Tabelle 2 zu entnehmen.

6.2 Der Kurzname oder die Werkstoffnummer für die Stahlsorte ist entsprechend den in der Maßnorm DIN 59 110 angeführten Beispielen in die Norm-Bezeichnung für das Erzeugnis einzufügen. Außerdem ist der gewünschte Lieferzustand (siehe Abschnitt 8.4 sowie Tabelle 2) anzugeben.

.2 Lieferzustand und Lieferart

.2.1 Bei der Bestellung ist der gewünschte Lieferzustand eindeutig anzugeben.

Üblich sind die in der rechten Spalte von Tabelle 2 angegebenen Wärmebehandlungszustände und folgende Oberflächenausführungen:

nicht entzundert

gebeizt + gekälkt oder

gebeizt + phosphatiert.

.2.2 Die Ringe sind nach Schmelzen getrennt zu liefern.

4 Mechanische Eigenschaften

e Zugfestigkeit bei Anlieferung im geglühten Zustand kann bei der Bestellung vereinbart werden.

5 Innere und äußere Beschaffenheit

er Walzdraht muß frei von Lunkern, Knicken und Oberflächenfehlern wie Risse, Überwalzungen, Schalen und Grate in, die seine Verwendbarkeit mehr als unerheblich beeinträchtigen.

6 Kennzeichnung

e Ringe sind nach Schmelzen getrennt zu kennzeichnen.

e Art der Kennzeichnung ist bei der Bestellung zu vereinbaren (siehe auch DIN 1599).

.2 Üblich ist die Ausstellung eines Werkszeugnisses nach DIN 50 049 über die chemische Zusammensetzung der hmelze.

.3 Falls in Sonderfällen eine **Abnahmeprüfung** erforderlich ist, so ist das bei der Bestellung unter Angabe der genschten Art der Abnahmeprüfbescheinigung und unter Angabe der durchzuführenden Prüfungen zu vereinbaren.

lich ist in diesen Sonderfällen die Ausstellung eines Abnahmeprüfzeugnisses B nach DIN 50 049 über die am Stück hgeprüfte chemische Zusammensetzung.

Tabelle 2. Chemische Zusammensetzung der Walzdrähte nach der Stückanalyse [1]) und üblicher Wärmebehandlungszustand

Stahlsorte Kurzname	Werkstoff-nummer	C	Si	Mn	P	S	Al_ges	Cu	Cr	Mo	Ni	Sonstige	Üblicher Wärme-behandlungs-zustand [2])
					höchstens								
USD 7	1.0323	0,04 bis 0,12	Spuren	0,42 bis 0,68	0,030	0,030	–	0,20	≤ 0,15	–	≤ 0,15	–	
USD 6	1.1116	0,04 bis 0,12	Spuren	0,42 bis 0,68	0,025	0,025	–	0,20	≤ 0,15	–	≤ 0,15	–	
USD 5	1.1112	0,04 bis 0,12	Spuren	0,42 bis 0,68	0,015	0,015	–	0,20	≤ 0,15	–	≤ 0,15	–	
RSD 7	1.0324	0,03 bis 0,10	0,02 bis 0,20	0,35 bis 0,65	0,030	0,025	0,010	0,20	≤ 0,15	–	≤ 0,15	–	
RSD 10 Si	1.0339	0,06 bis 0,12	0,15 bis 0,50	0,35 bis 0,60	0,030	0,030	0,010	0,20	≤ 0,15	–	≤ 0,15	–	
RRSD 10	1.0351	0,06 bis 0,12	≤ 0,15	0,35 bis 0,60	0,030	0,030	0,040[3])	0,20	≤ 0,15	–	≤ 0,15	–	warm gewalzt (unbehandelt)
11 Mn 4 Si	1.0492	0,07 bis 0,15	0,15 bis 0,40	0,80 bis 1,20	0,030	0,030	0,030	0,20	≤ 0,15	–	≤ 0,15	–	
11 Mn 4 Al	1.0494	0,07 bis 0,15	≤ 0,15	0,80 bis 1,20	0,030	0,030	0,040[3])	0,20	≤ 0,15	–	≤ 0,15	–	
12 Mn 6	1.0496	0,07 bis 0,15	0,05 bis 0,25	1,30 bis 1,70	0,030	0,030	0,030	0,20	≤ 0,15	–	≤ 0,15	–	
13 Mn 6	1.0479	0,07 bis 0,15	0,25 bis 0,50	1,30 bis 1,70	0,030	0,030	–	0,20	≤ 0,15	–	≤ 0,15	–	
10 MnSi 5	1.5112	0,06 bis 0,12	0,50 bis 0,80	1,00 bis 1,30	0,025	0,025	0,020	0,20	≤ 0,15	≤ 0,15	≤ 0,15	Ti + Zr ≤ 0,15	
11 MnSi 6	1.5125	0,07 bis 0,14	0,70 bis 1,00	1,30 bis 1,60	0,025	0,025	0,020	0,20	≤ 0,15	≤ 0,15	≤ 0,15	Ti + Zr ≤ 0,15	
10 MnSi 7	1.5130	0,07 bis 0,14	0,80 bis 1,20	1,60 bis 1,90	0,025	0,025	0,020	0,20	≤ 0,15	≤ 0,15	≤ 0,15	Ti + Zr ≤ 0,15	
12 Mn 8	1.5086	0,08 bis 0,16	0,05 bis 0,25	1,75 bis 2,25	0,025	0,025	0,030	0,20	≤ 0,15	–	≤ 0,15	–	
13 Mn 12	1.5089	0,05 bis 0,15	0,15 bis 0,35	2,75 bis 3,25	0,025	0,025	0,030	0,20	≤ 0,15	–	≤ 0,15	–	
9 MnNi 4	1.6215	0,08 bis 0,16	0,05 bis 0,20	0,95 bis 1,25	0,020	0,020	0,030	0,20	≤ 0,20	–	0,35 bis 0,60	–	
17 MnNi 4	1.6216	0,14 bis 0,25	0,10 bis 0,35	0,80 bis 1,20	0,025	0,025	0,030	0,20	≤ 0,20	–	0,65 bis 0,90	–	
11 NiMn 5 4	1.6225	0,07 bis 0,15	≤ 0,15	0,80 bis 1,20	0,015	0,015	0,030	0,20	≤ 0,20	–	1,10 bis 1,60	–	
11 NiMn 9 4	1.6227	0,07 bis 0,15	≤ 0,15	0,80 bis 1,20	0,015	0,015	0,030	0,20	≤ 0,20	–	2,00 bis 2,50	–	
10 MnMo 4 5	1.5424	0,07 bis 0,13	0,50 bis 0,80	0,90 bis 1,30	0,025	0,025	0,030	0,20	≤ 0,15	0,45 bis 0,65	≤ 0,15	–	warm gewalzt (unbehandelt) oder geglüht
11 MnMo 4 5	1.5425	0,08 bis 0,15	0,05 bis 0,25	0,80 bis 1,20	0,025	0,025	0,030	0,20	≤ 0,15	0,45 bis 0,65	≤ 0,15	–	
13 MnMo 6 5	1.5426	0,08 bis 0,15	0,05 bis 0,25	1,30 bis 1,70	0,025	0,025	0,030	0,20	≤ 0,15	0,45 bis 0,65	≤ 0,15	–	
13 MnMo 8 5-	1.5427	0,08 bis 0,15	0,05 bis 0,25	1,75 bis 2,25	0,025	0,025	0,030	0,20	≤ 0,15	0,45 bis 0,65	≤ 0,15	–	
11 CrMo 4 5	1.7346	0,10 bis 0,16	0,05 bis 0,25	0,80 bis 1,20	0,020	0,020	0,030	–	0,85 bis 1,20	0,45 bis 0,65	–	–	
11 CrMo 5 5	1.7339	0,08 bis 0,15	0,50 bis 0,80	0,80 bis 1,20	0,020	0,020	0,030	–	1,00 bis 1,30	0,45 bis 0,65	–	–	
12 CrMo 11 10	1.7305	0,08 bis 0,15	0,15 bis 0,35	0,40 bis 0,70	0,020	0,020	0,030	–	2,50 bis 3,00	0,90 bis 1,15	–	–	
7 CrMo 11 10	1.7384	0,03 bis 0,10	0,50 bis 0,80	0,80 bis 1,20	0,020	0,020	0,030	–	2,50 bis 3,00	0,90 bis 1,15	–	–	
6 CrMo 9 10	1.7385	0,03 bis 0,10	0,05 bis 0,25	0,40 bis 0,70	0,020	0,020	0,030	–	2,00 bis 2,40	0,90 bis 1,15	–	–	
X 11 CrMo 6 1	1.7374	0,08 bis 0,15	0,15 bis 0,40	0,40 bis 0,75	0,020	0,020	–	–	5,50 bis 6,50	0,50 bis 0,80	–	–	
X 7 CrMo 6 1	1.7373	0,03 bis 0,10	0,20 bis 0,60	0,40 bis 0,75	0,020	0,020	–	–	5,50 bis 6,50	0,50 bis 0,80	–	–	

Chemische Zusammensetzung in Gewichtsprozent

Fußnoten siehe Tabelle 1, Seite 4

Stahlsorte Kurzname	Werkstoffnummer	Chemische Zusammensetzung in Gewichtsprozent C	Si	Mn	P	S (höchstens)	Al ges. (höchstens)	Cu	Cr	Mo	Ni	Sonstige	Üblicher Wärmebehandlungszustand 2)
X 7 CrMo 9 1	1.7388	0,03 bis 0,10	0,40 bis 0,80	0,40 bis 0,75	0,020	0,020	–	–	8,50 bis 10,00	0,85 bis 1,15	–	–	warm gewalzt (unbehandelt) oder geglüht
X 24 CrMoV 12 1	1.4936	0,22 bis 0,30	0,10 bis 0,40	0,40 bis 1,20	0,025	0,020	–	–	11,00 bis 13,00	0,80 bis 1,20	≦ 1,00	V 0,25 bis 0,40 / W 0,40 bis 0,70	
X 23 CrMoV 12 1	1.4937	0,17 bis 0,25	0,30 bis 0,60	0,40 bis 0,75	0,025	0,020	–	–	11,00 bis 13,00	0,80 bis 1,20	≦ 1,00	V 0,25 bis 0,40 / W 0,40 bis 0,70	
X 8 Cr 14	1.4009	≦ 0,10	≦ 1,20	≦ 1,00	0,035	0,025	–	–	12,00 bis 15,00	–	–	–	
X 8 CrTi 18	1.4502	≦ 0,10	≦ 1,50	≦ 1,50	0,035	0,025	–	–	16,50 bis 18,50	–	–	Ti 0,30 bis 0,70	
X 3 CrNi 13 4	1.4351	≦ 0,05	0,20 bis 0,60	0,50 bis 1,00	0,030	0,020	–	–	12,50 bis 15,00	0,30 bis 0,80	3,00 bis 5,00	–	
X 5 CrNi 19 9	1.4302	≦ 0,06	≦ 1,50	≦ 2,00	0,030	0,020	–	–	18,00 bis 20,00	–	8,50 bis 10,50	–	
X 5 CrNiNb 19 9	1.4551	≦ 0,07	≦ 1,50	≦ 2,00	0,030	0,020	–	–	18,00 bis 21,00	–	8,00 bis 10,00	12 × %C ≦ Nb ≦ 1,20 4)	
X 2 CrNi 19 9	1.4316	≦ 0,025	≦ 1,50	≦ 2,00	0,030	0,020	–	–	18,00 bis 21,00	–	9,00 bis 11,00	–	
X 2 CrNiMo 18 14	1.4433	≦ 0,025	≦ 1,50	≦ 2,00	0,030	0,020	–	–	17,00 bis 19,00	2,50 bis 3,50	13,00 bis 16,00	–	
X 5 CrNiMo 19 11	1.4403	≦ 0,06	≦ 1,50	≦ 2,00	0,030	0,020	–	–	18,00 bis 20,00	2,40 bis 3,10	10,00 bis 12,00	–	
X 2 CrNiMo 19 12	1.4430	≦ 0,025	≦ 1,50	≦ 2,00	0,030	0,020	–	–	17,00 bis 20,00	2,40 bis 3,10	10,50 bis 13,50	–	
X 5 CrNiMoNb 19 12	1.4576	≦ 0,07	≦ 1,50	≦ 2,00	0,030	0,020	–	–	18,00 bis 20,00	2,40 bis 3,10	10,00 bis 13,00	12 × %C ≦ Nb ≦ 1,20 4)	
X 15 CrNiMn 18 8	1.4370	≦ 0,20	≦ 1,00	5,50 bis 8,00	0,040	0,025	–	–	17,00 bis 20,00	–	7,50 bis 9,50	–	
X 2 CrNiMnMoN 20 16	1.4455	≦ 0,035	≦ 1,00	6,00 bis 9,00	0,040	0,030	–	–	18,00 bis 21,50	2,50 bis 3,50	14,00 bis 16,50	N 0,11 bis 0,21	
X 8 Cr 30	1.4773	≦ 0,10	≦ 2,00	≦ 1,50	0,035	0,030	–	–	28,50 bis 31,50	–	≦ 2,00	–	
X 12 CrNi 26 5	1.4820	≦ 0,15	≦ 1,50	≦ 1,50	0,035	0,030	–	–	24,50 bis 27,50	–	4,00 bis 6,00	–	
X 12 CrNi 22 12	1.4829	≦ 0,15	0,80 bis 2,00	≦ 2,00	0,030	0,020	–	–	20,50 bis 23,50	–	10,00 bis 13,00	–	
X 12 CrNi 25 20	1.4842	≦ 0,15	≦ 1,50	1,50 bis 3,50	0,025	0,020	–	–	24,00 bis 27,00	–	19,00 bis 22,00	–	
X 110 Mn 14	1.3402	0,97 bis 1,28	0,30 bis 0,75	13,35 bis 14,65	0,090	0,025	–	–	–	–	–	–	
X 45 CrSi 9 3	1.4718	0,38 bis 0,52	2,60 bis 3,40	≦ 0,85	0,045	0,035	–	–	7,90 bis 10,10	–	–	–	
X 10 CrNi 30 9	1.4337	≦ 0,15	≦ 0,60	1,00 bis 2,50	0,030	0,020	–	–	28,50 bis 31,50	–	8,50 bis 10,50	–	

Fußnoten siehe Tabelle 1, Seite 4

Tabelle 3. Stahlsorten nach Tabelle 1 und Tabelle 2 und vergleichbare Sorten in anderen Normen

Kurzname	Werkstoffnummer	Stähle für allgemeine Verwendung	Warmfeste Stähle	Kaltzähe Stähle	Nichtrostende Stähle	Hitzebeständige Stähle	Verschleißbare Stähle	Nichtmagnetisierbare Stähle	DIN 8554 Teil 1 (03.76)	DIN 8556 Teil 1 (03.76)	DIN 8557 Teil 1 *) (07.79)	DIN 8559 Teil 1 (06.76)	DIN 8574 Teil 1 (10.78)	DIN 8575 Teil 1 (09.70)	Euronorm 133 (02.79)	Euronorm 144 (06.79)
USD 7	1.0323	X													1 CE 8	
USD 6	1.1116	X		X											2 CE 8	
USD 5	1.1112	X		X											2 CE 8	
RSD 5	1.0324	X														
RSD 10 Si	1.0339	X							G II ¹⁾							
RRSD 10	1.0351	X													CE 9	
11 Mn 4 Si	1.0492	X							¹⁾				RES 2 Si		10 Mn 4 KE	
11 Mn 4 Al	1.0494	X											RES 2		CE 10 Mn	
12 Mn 6	1.0496	X											RES 3		11 Mn 6 KE	
13 Mn 6	1.0479	X									S 1 Si	SG 1	RES 3 Si		9 MnSi 5 3 KE	
10 MnSi 5	1.5112	X									S 1	SG 2			10 MnSi 6 3 KE	
11 MnSi 6	1.5125	X									S 2 Si	SG 3			10 MnSi 7 4 KE	
10 MnSi 7	1.5130	X									S 3				11 Mn 8 KE	
12 Mn 8	1.5086	X														
13 Mn 12	1.5089	X														
9 MnNi 4	1.6215	X		X					G III		S 4					
17 MnNi 4	1.6216	X		X					G VII		S 6		RES 4			
11 NiMn 5 4	1.6225	X		X							S 2 Ni 1					
11 NiMn 9 4	1.6227	X		X							S 2 Ni 2					
10 MnMo 4 5	1.5424		X						G IV		S 2 Mo	SG Mo	RES 2 Mo	SG Mo	10 MnSiMo 5 3 5 KE	
11 MnMo 4 5	1.5425		X								S 3 Mo		RES 3 Mo	UPS 2 Mo	10 MnMo 4 5 KE	
13 MnMo 6 5	1.5426		X								S 4 Mo			UPS 3 Mo	11 MnMo 6 5 KE	
13 MnMo 8 5	1.5427		X											UPS 4 Mo	11 MnMo 8 5 KE	
11 CrMo 4 5	1.7346		X						G V			SG CrMo 1		UPS 2 CrMo 1		
11 CrMo 5 5	1.7339		X											SG CrMo 1		
12 CrMo 11 10	1.7305		X									SG CrMo 2		UPS 1 Cr Mo 2		
7 CrMo 11 10	1.7384		X											SG CrMo 2		
6 CrMo 9 10	1.7385		X													
X 11 CrMo 6 1	1.7374		X						G VI			UPS 1 CrMo 5		UPS 1 CrMo 5		
X 7 CrMo 6 1	1.7373		X									SG CrMo 5		SG CrMo 5		
X 7 CrMo 9 1	1.7388		X									SG CrMo 9		SG CrMo 9		
X 24 CrMoV 12 1	1.4936		X									SG CrMoWV 12		SG CrMoWV 12		
X 23 CrMoV 12 1	1.4937		X													
X 8 Cr 14	1.4009				X					X 8 Cr 14						X 4 Cr 13 KE/X 8 Cr 13 KE
X 8 CrTi 18	1.4502				X	X				X 8 CrTi 18						X 6 Cr 17 KE
X 3 CrNi 13 4	1.4351				X					X 3 CrNi 13 4						X 3 CrNi 14 04 KE
X 5 CrNi 19 9	1.4301			X	X	X				X 5 CrNi 19 9						X 6 CrNi 20 10 KE
X 5 CrNiNb 19 9	1.4302				X					X 5 CrNiNb 19 9						X 5 CrNiNb 20 10 KE
X 2 CrNi 19 9	1.4316			X	X					X 2 CrNi 19 9						X 2 CrNi 20 10 KE
X 2 CrNiMo 18 14	1.4551				X					X 2 CrNiMo 18 15						
X 5 CrNiMo 19 11	1.4433				X					X 5 CrNiMo 18 11						X 6 CrNiMo 19 13 02 KE
X 2 CrNiMo 19 12	1.4403				X					X 2 CrNiMo 19 11						X 2 CrNiMo 19 13 03 KE
X 5 CrNiMoNb 19 12	1.4430				X					X 2 CrNiMo 19 12						X 5 CrNiMoNb 19 12 03 KE
X 15 CrNiMn 18 8	1.4576				X					X 5 CrNiMoNb 19 12						X 15 CrNiMn 18 08 KE
X 2 CrNiMnMoN 20 16	1.4370				X			X		X 15 CrNiMn 18 8						X 2 CrNiMnMoN 20 15 08 KE
X 8 Cr 30	1.4773					X				X 8 Cr 30						
X 12 CrNi 26 5	1.4820					X										
X 12 CrNi 22 12	1.4829					X				X 12 CrNi 22 12						X 12 CrNiSi 22 12 KE
X 12 CrNi 25 20	1.4842					X				X 12 CrNi 25 20						X 12 CrNi 26 21 KE
X 110 Mn 14	1.3402						X	X								
X 45 CrSi 9 3	1.4718					X	X									
X 10 CrNi 30 9	1.4337						X	X								X 12 CrNi 30 09 KE

*) Z. Z. noch Entwurf

¹⁾ Die in dieser Zeile genannte Stahlsorte entspricht in etwa dem Gasschweißstab G II.

	Walzdraht aus Stahl	**DIN**
	Maße Zulässige Abweichungen Gewichte	**59 110**

Maße in mm

1. Begriff

Walzdraht ist ein Erzeugnis, das im warmen Zustand unmittelbar von den Walzen aus in Ringen regellos aufgehaspelt wird.

2. Geltungsbereich

2.1. Diese Norm gilt für Rund-, Vierkant-, Sechskant-, Halbrund- und Flachwalzdraht aus allen Stahlsorten, soweit nicht für sie besondere Maßnormen bestehen.

2.2. Unter diese Norm fällt nicht Walzdraht für Schrauben, Muttern und Niete, für den eine Norm in Vorbereitung ist.

3. Maße

3.1. A Rundwalzdraht

Bezeichnung eines Rundwalzdrahtes (A) vom Durchmesser d = 5 mm aus Walzdrahtsorte D 9-1 nach DIN 17 140:

Rund A 5 DIN 59 110 – D 9-1

oder   Rd A 5 DIN 59 110 – D 9-1

Durchmesser		Querschnitt	Gewicht je Längeneinheit
	zulässige	F²⁾	(7,85 kg/dm³)
d	Abweichung	mm²	kg/m
5		19,6	0,154
5,5	± 0,3	23,8	0,187
6		28,3	0,222
6,5		33,2	0,260
7		38,5	0,302
7,5		44,2	0,347
8		50,3	0,395
8,5		56,7	0,445
9		63,6	0,499
9,5		70,9	0,556
10		78,5	0,617
10,5		86,6	0,680
11	± 0,4	95,0	0,746
11,5		104	0,815
12		113	0,888
12,5		123	0,963
13		133	1,04
13,5		143	1,12
14		154	1,21
14,5		165	1,30
15		177	1,39

Zu beziehen durch Beuth-Vertrieb GmbH

Querschnitt $F = \dfrac{d^2 \pi}{4} \approx 0{,}785\, d^2$

Durchmesser		Querschnitt	Gewicht je Längeneinheit
	zulässige	F²⁾	(7,85 kg/dm³)
d	Abweichung	mm²	kg/m
15,5		189	1,48
16		201	1,58
16,5		214	1,68
17		227	1,78
17,5		241	1,89
18		254	2,00
18,5		269	2,11
19		284	2,23
19,5		299	2,34
20	± 0,5	314	2,47
20,5		330	2,59
21		346	2,72
21,5		363	2,85
22		380	2,98
22,5		398	3,12
23		415	3,26
23,5		434	3,40
24		452	3,55
24,5		471	3,70
25		491	3,85
25,5		511	4,01
26		531	4,17
26,5		552	4,33
27		573	4,49
27,5		594	4,66
28	± 0,6	616	4,83
28,5		638	5,01
29		661	5,19
29,5		683	5,38
30		707	5,55

Die zulässige Unrundheit, d. h. der Unterschied zwischen dem größten und kleinsten Durchmesser desselben Querschnittes, darf höchstens 80 % der zulässigen Gesamt-Durchmesserabweichung betragen.

3.2. B Vierkantwalzdraht

Bezeichnung eines Vierkantwalzdrahtes (B) von Seitenlänge a = 8 mm aus Walzdrahtsorte D 12-2 nach DIN 17 140:

Vierkant B 8 DIN 59 110 – D 12-2

oder   **4kt B 8 DIN 59 110 – D 12-2**

Seitenlänge	zulässige Abweichung	Zulässiger Unterschied zwischen größter und kleinster Seitenlänge desselben Querschnittes	Querschnitt	Gewicht je Längeneinheit (7,85 kg/dm³)
a	chung	schnittes	mm²	kg/m
5	± 0,3	0,5	25,0	0,196
5,5			30,2	0,237
6			36,0	0,283
7	± 0,4	0,6	49,0	0,385
8			64,0	0,502
9		0,7	81,0	0,636
10			100	0,785

Seitenlänge	zulässige Abweichung	Zulässiger Unterschied zwischen größter und kleinster Seitenlänge desselben Querschnittes	Querschnitt F	Gewicht je Längeneinheit (7,85 kg/dm³)
a	chung		mm²	kg/m
(11)*)			121	0,950
12			144	1,13
13	± 0,4	0,8	169	1,33
14			196	1,54
15			225	1,77
16			256	2,01
17			289	2,27
18			324	2,54
19			361	2,83
20			400	3,14
21	± 0,5	0,8	441	3,46
21,5			462	3,63
22			484	3,80
23			529	4,15
24			576	4,52
25			625	4,91
26			676	5,31
26,5			702	5,51
28	± 0,6	1,0	784	6,15
29			841	6,60
30			900	7,07

*) Dieses Maß sollte möglichst vermieden werden; es ist geplant, es bei der nächsten Ausgabe der Norm zu streichen.

3.3 C Sechskantwalzdraht

Bezeichnung eines Sechskantwalzdrahtes (C) von Schlüsselweite s = 10 mm aus Automatenstahl 9 S 20 nach DIN 1651:

Sechskant C 10 DIN 59 110 – 9 S 20

oder   **6kt C 10 DIN 59 110 – 9 S 20**

Schlüsselweite	zulässige Abweichung	Zulässiger Unterschied zwischen größter und kleinster Schlüsselweite desselben Querschnittes	Querschnitt F [3]	Gewicht je Längeneinheit (7,85 kg/dm³)
s	chung		mm²	kg/m
6		0,5	31,2	0,245
7		0,6	42,4	0,333
8		0,6	55,4	0,435
9		0,7	70,1	0,551
10	± 0,4	0,7	86,6	0,680
11		0,8	105	0,823
12		0,8	125	0,978
13		0,8	146	1,15
14		0,8	170	1,33
15		0,8	195	1,53
16		1,0	222	1,74
17		1,0	250	1,96
18		1,0	281	2,20
19		1,0	313	2,45
20	± 0,5	1,0	346	2,72
22		1,0	419	3,29
23		1,0	458	3,60
24		1,0	499	3,92
25		1,2	541	4,25
27	± 0,6	1,2	631	4,96
28		1,2	679	5,33

[3] Querschnitt $F = \frac{1}{2}\sqrt{3}\cdot s^2 \approx 0,866\ s^2$.

3.4. D Halbrunder Walzdraht

Bezeichnung eines halbrunden Walzdrahtes (D) vom Durchmesser $d = 8$ mm aus Walzdrahtsorte D 20-2 nach DIN 17 140:

Halbrund D 8 DIN 59 110 – D 20-2
oder   Hrd D 8 DIN 59 110 – D 20-2

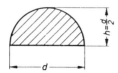

Durchmesser		Zulässige Abweichung	Querschnitt	Gewicht je Längeneinheit
d	zulässige Abweichung	für $h = \dfrac{d}{2}$	F [4] mm²	(7,85 kg/dm³) kg/m
7			19,2	0,156
8	± 0,4	± 0,25	25,1	0,197
9			31,8	0,250
10			39,2	0,308
11	± 0,5	± 0,25	47,5	0,373
12			56,5	0,444
13			66,3	0,521
14			76,9	0,605
15	± 0,6	± 0,3	88,3	0,695
16			101	0,790

[4]) Querschnitt $F = \dfrac{d^2\,\pi}{8} \approx 0{,}3925\, d^2$

3.5. E Flachwalzdraht

Bezeichnung eines Flachwalzdrahtes (E) von Dicke $a = 5{,}5$ mm und Breite $b = 30$ mm aus Walzdrahtsorte D 35-2 nach DIN 17 140:

Flach E 5,5×30 DIN 59 110 – D 35-2
oder   Fl E 5,5×30 DIN 59 110 – D 35-2

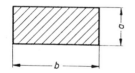

Breite		Dicke	
b mindestens	zulässige Abweichung	a	zulässige Abweichung
8	± 0,6	1,8 bis $(b-1)$	± 0,3

4. Werkstoff

Die Walzdrahtsorte ist bei der Bestellung anzugeben.

6. Lieferart

6.1. Der Walzdraht wird in Ringen, die entgegengesetzt dem Uhrzeigersinn von oben ablaufen müssen, geliefert.

6.2. Das Gewicht der Ringe und ihre Abmessungen können bei der Bestellung vereinbart werden. Die einzelnen Ringe werden mit einer zulässigen Gewichtsabweichung von +5% bis −15% (bezogen auf das Bestellgewicht) geliefert. Höchstens 6% der Ringe, mindestens jedoch 2 Ringe, dürfen mit darüberhinausgehenden Gewichtsabweichungen geliefert werden.

Bestellbeispiele

100 t Rundwalzdraht A vom Durchmesser $d = 5$ mm aus Walzdrahtsorte D 9-1 nach DIN 17 140 in Ringen von 200 kg:

100 t Rund A 5 DIN 59 110—D 9-1 in Ringen von 200 kg

50 t Flachwalzdraht E von Dicke $a = 5{,}5$ mm und Breite $b = 30$ mm aus Walzdrahtsorte D 12-2 in Ringen von 300 kg:

50 t Flach E 5,5×30 DIN 59 110—D 12-2 in Ringen von 300 kg

	Walzdraht aus Stahl für Schrauben, Muttern und Niete Maße, zulässige Abweichungen, Gewichte	**DIN** 59 115

Maße in mm

1. Geltungsbereich

Diese Norm gilt für Rundwalzdraht mit einem Nenndurchmesser von 5,5 bis 30 mm aus den in Abschnitt 5 genannten Stählen, die zum Herstellen von Schrauben, Muttern und Niete bestimmt sind.

2. Begriff

Walzdraht ist ein Erzeugnis beliebiger Querschnittsform, das in warmem Zustand unmittelbar von der Walze aus in Ringen in ungeordneten Lagen aufgehaspelt wird.

4. Maße und zulässige Abweichungen

4.1. Die Durchmesser, mit denen Walzdraht aus Stahl für die Herstellung von Schrauben, Muttern und Niete bevorzugt geliefert wird, und die zulässigen Abweichungen sind in der Tabelle angegeben. Die gewünschte Maßgenauigkeit (A oder B) ist in der Bezeichnung anzugeben.

4.2. Die Unrundheit, das ist der Unterschied zwischen dem größten und dem kleinsten Durchmesser, gemessen in einer Querschnittsebene, darf höchstens 80% der zulässigen Gesamt-Durchmesserabweichung nach der Tabelle betragen.

5. Werkstoff

Walzdraht nach dieser Norm wird vorzugsweise aus den Stählen nach DIN 1654 und DIN 17 111 hergestellt. Die gewünschte Stahlsorte ist in der Bezeichnung anzugeben.

6. Lieferart

6.1. Walzdraht nach dieser Norm wird in Ringen nach Gewicht geliefert.

6.2. Das Ringgewicht und die Abmessungen der Ringe sind zu vereinbaren.

6.4. Die Ringe müssen im Uhrzeigersinn gehaspelt, mehrfach haltbar gebunden und ausreichend gekennzeichnet sein.

6.5. Bestellbeispiel

20 t Walzdraht vom Durchmesser $d = 12,5$ mm in Ringen von 300 kg mit der Maßgenauigkeit A nach DIN 59 115 aus Stahl mit dem Kurznamen UQSt 36-2 oder der Werkstoffnummer 1.0204:

**20 t Draht 12,5 A DIN 59 115 — UQSt 36-2
in Ringen von 300 kg**

Nenndurchmesser, zulässige Abweichungen,
Querschnitt und Gewicht des Walzdrahtes aus Stahl für Schrauben, Muttern und Niete.

Durchmesser					Durchmesser				
Nennmaß d	Zulässige Abweichungen bei Maßgenauigkeit		Quer- schnitt [1] $\approx$	Gewicht [2]	Nennmaß d	Zulässige Abweichungen bei Maßgenauigkeit		Quer- schnitt [1] $\approx$	Gewicht [2]
	A	B	mm²	kg/m		A	B	mm²	kg/m
5,5 6 6,5			23,8 28,3 33,2	0,187 0,222 0,260	16 16,5 17			201 214 227	1,58 1,68 1,78
7 7,5 7,8			38,5 44,2 47,8	0,302 0,347 0,375	17,5 18 18,5			241 254 269	1,89 2,00 2,11
8 8,25 8,5	± 0,20	± 0,15	50,3 53,5 56,7	0,395 0,420 0,445	19 19,5 20	± 0,30	± 0,25	284 299 314	2,23 2,34 2,47
8,75 9 9,5			60,1 63,6 70,9	0,472 0,499 0,556	20,5 21 21,5			330 346 363	2,59 2,72 2,85
9,75 10			74,7 78,5	0,586 0,617	22 22,5 23			380 398 415	2,98 3,12 3,26
10,5 11 11,5			86,6 95,0 104	0,680 0,746 0,815	24 24,5 25			452 471 491	3,55 3,70 3,85
11,75 12 12,5			108 113 123	0,851 0,888 0,963	26 26,5 27	± 0,35	± 0,30	531 552 573	4,17 4,33 4,49
13 13,5 14	± 0,25	± 0,20	133 143 154	1,04 1,12 1,21	28 29 30			616 661 707	4,83 5,19 5,55
14,5 15 15,5			165 177 189	1,30 1,39 1,48					

[1] Querschnitt $\approx 0{,}785 \cdot d^2$

[2] Errechnet mit einer Dichte von 7,85 kg/dm³

	Runder Stahldraht kaltgezogen Maße, Grenzabmaße, Gewichte	$\overline{\underline{\text{DIN}}}$ 177

1 Anwendungsbereich

Maße in mm

Diese Norm gilt für kaltgezogenen, runden Stahldraht mit den in Abschnitt 3 angegebenend Grenzabmaßen des Durchmessers und vorzugsweise aus den in Abschnitt 4 aufgeführten Stählen.

Sie gilt nicht für kaltgezogenen Rundstahl, an den höhere Anforderungen bezüglich der Grenzabmaße des Durchmessers gestellt werden, z.B. Rundstahl nach DIN 175, DIN 668, DIN 669, DIN 670 und DIN 671.

3 Maße, Grenzabmaße, Gewichte

Nenndurchmesser				Nenndurchmesser			
d[1])	Grenzabmaße bei Ausführung mit der Oberflächenbeschaffenheit		Gewicht[2]) (7,85 kg/dm^3) kg/1000 m	d[1])	Grenzabmaße bei Ausführung mit der Oberflächenbeschaffenheit		Gewicht[2]) (7,85 kg/dm^3) kg/1000 m
	blank, geglüht verkupfert verzinkt gezogen verzinnt gezogen [3])	schluß- verzinkt schluß- verzinnt [4])	$\approx$		blank, geglüht verkupfert verzinkt gezogen verzinnt gezogen [3])	schluß- verzinkt schluß- verzinnt [4])	$\approx$
0,1	± 0,01		0,0616	1,6	± 0,06	± 0,09	15,8
0,11			0,0746	1,8			19,9
0,12			0,0887	2			24,6
0,14			0,121	2,24			30,9
0,16	± 0,01	± 0,02	0,158	2,5	± 0,08	± 0,12	38,5
0,18			0,199	2,8			48,4
0,2			0,246	3,15			61,2
0,22			0,298	3,55			77,7
0,25	± 0,015	± 0,025	0,385	4	± 0,10	± 0,16	98,9
0,28			0,484	4,5			125
0,32			0,631	5			154
0,36			0,798	5,6			193
0,4	± 0,02	± 0,035	0,989	6,3	± 0,15	± 0,23	245
0,45			1,25	7,1			311
0,5			1,54	8			395
0,56			1,93	9			499
0,63	± 0,03	± 0,05	2,45	10	± 0,20	± 0,30	616
0,71			3,11	11,2			773
0,8			3,95	12,5			966
0,9			4,99	14			1210
1	± 0,04	± 0,065	6,16	16	± 0,25		1580
1,12			7,69	18			1990
1,25			9,66	20			2460
1,4			12,1	–			–

[1]) Für Zwischendurchmesser gelten die Grenzabmaße des in der Tabelle angegebenen nächstkleineren Nenndurchmessers.

[2]) Die in der Tabelle angegebenen Gewichte beziehen sich auf den Nenndurchmesser d ohne Berücksichtigung der Grenzabmaße.

[3]) einschließlich der Unterteilungen nach DIN 1653.

[4]) „feuer-" bzw. „galvanisch-".

Abweichungen von der Rundheit

Die Abweichung von der Rundheit, d. h. der Unterschied zwischen dem größten und dem kleinsten Durchmesser des selben Querschnittes, darf höchstens 50% der in der Tabelle durch die Grenzabmaße festgelegten Toleranz betragen. Bei schlußverzinktem und schlußverzinntem Draht sind darüber hinausgehende Abweichungen von der Rundheit sowie Verdickungen, die die Grenzabmaße in der Tabelle überschreiten, auf kurzen Längen zulässig, sofern sie den Verwendungszweck des Drahtes nicht beeinträchtigen.

4 Werkstoff

Vorzugsweise Stähle mit niedrigem Kohlenstoffgehalt nach DIN 17 140, z. B. D 5-2 (Werkstoffnummer 1.0288).

Andere Werkstoffe sind zu vereinbaren.

5 Oberflächenbeschaffenheit

Nach Abschnitt 3, Kurzzeichen nach DIN 1653.

7 Bestellangabe

Bestellangabe für 1000 kg kaltgezogenen, runden Stahldraht mit Nenndurchmesser $d = 4$ mm aus Stahlsorte D 5-2 (Werkstoffnummer 1.0288) nach DIN 17 140, Ausführung feuerschlußverzinkt (t s zn), Lieferart in Ringen:

1000 kg Draht DIN 177 – 4 – D 5-2 – t s zn in Ringen

	Oberflächenbeschaffenheit handelsüblicher Stahldrähte Benennungen und deren Abkürzungen	DIN 1653

1 Geltungsbereich

Diese Norm gilt für handelsübliche Stahldrähte, deren Oberflächenbeschaffenheit sich aus den in der Drahtverfeinerung üblicherweise angewendeten Arbeitsvorgängen ergibt und die in großem Umfang hergestellt werden.

Diese Norm gilt nicht für Stahldrähte, deren Oberflächenbeschaffenheit durch Sonderverfahren erzielt wird. Zu ihnen gehören Stahldrähte mit Überzügen, die durch galvanisches (elektrolytisches) Vernickeln, Verchromen, Verkadmen usw. oder durch Emaillieren erzeugt werden, oder deren bereits vorhandene metallische Überzüge nachträglich chemisch behandelt werden. Solche Stahldrähte gelten nicht als handelsüblich.

2 Zweck

Durch diese Norm werden für die Oberflächenbeschaffenheit von gezogenem Stahldraht die Benennungen und deren Abkürzungen einheitlich festgelegt; ihnen liegt die Herstellungstechnik zu Grunde. Die Benennungen oder bei Bedarf, z. B. aus Platzersparnisgründen, deren Abkürzungen nach dieser Norm sollen beim Bilden von Bezeichnungen, vor allem beim Festlegen genormter Stahldrähte beim Bilden von Norm-Bezeichnungen, angewendet werden.

3 Oberflächenbeschaffenheit

Nr	Benennung	Abkürzung	Bedeutung
1 Oberflächen, die durch Ziehen ohne Nachbehandlung erzielt werden			
1.1	blank*)	bk *)	
1.1.1	trockenblank*)	tr bk *)	Durch pulverförmige Schmiermittel, wie Seife, Stearate oder ähnliche Mittel gezogen
1.1.1.1	trockenblank grau	tr bk gr	Ohne Verkupferung gezogen
1.1.1.2	trockenblank rötlich	tr bk rt	Mit geringer Verkupferung gezogen
1.1.1.3	trockenblank verkupfert	tr bk cu	Mit dickerer Verkupferung gezogen
1.1.1.4	trockenblank phosphatiert	tr bk phr	Mit phosphatierter Oberfläche gezogen
1.1.2	schmierblank	sm bk	Durch zähflüssige Fette auf Mineralölbasis, Talg, synthetische Wachse oder ähnliche Mittel gezogen
1.1.3	graublank	gr bk	Durch Rüböl, dünnflüssige Mineralöle oder ähnliche Mittel gezogen
1.1.3.1	graublank phosphatiert	gr bk phr	Mit phosphatierter Oberfläche gezogen
1.1.4	hellblank*)	he bk *)	Durch Hellblankziehfett oder ähnliche Mittel gezogen
1.1.4.1	hellblank rötlich	he bk rt	Mit geringer Verkupferung gezogen
1.1.4.2	hellblank verkupfert	he bk cu	Mit dickerer Verkupferung gezogen
1.1.5	naßblank*)	n bk *)	Durch wäßrige Fette oder Ölemulsionen gezogen
1.1.5.1	naßblank grau	n bk gr	Ohne Metallzusatz gezogen
1.1.5.2	naßblank weiß	n bk ws	Mit Zinnsalzzusatz gezogen
1.1.5.3	naßblank rötlich	n bk rt	Mit geringer Verkupferung gezogen
1.1.5.4	naßblank verkupfert	n bk cu	Mit dickerer Verkupferung gezogen
1.1.5.5	naßblank gelblich	n bk ge	Mit Zinnsalz- und Kupfersalzzusatz gezogen

*) Bei Angabe dieser Oberflächenbenennungen oder Abkürzungen in Bestellbezeichnungen für Stahldrähte ist es dem Hersteller freigestellt, handelsübliche Stahldrähte (z. B. nach DIN 177) mit Oberflächen zu liefern, die diesen angegebenen Oberflächenbeschaffenheiten oder Abkürzungen nach dieser Norm untergeordnet sind.

Nr	Benennung	Abkürzung [1])	Bedeutung
2 Oberflächen, die durch Ziehen und mechanische Nachbehandlung erzielt werden			
2.1	geschliffen	sl	Nach dem Ziehen zur Verbesserung der Oberfläche geschliffen
2.2	poliert	po	Nach dem Ziehen zur Beseitigung von Ziehmittelrückständen und Verbesserung der Oberfläche poliert
3 Oberflächen mit metallischen Überzügen			
3.1	verkupfert *)	cu *)	
3.1.1	tauchverkupfert	ta cu	Elektrochemisch ohne Anwendung einer äußeren Stromquelle erzeugter Kupferüberzug
3.1.2	galvanisch [2]) verkupfert	gal cu	Unter Anwendung einer äußeren Stromquelle kathodisch aufgebrachter Kupferüberzug
3.2	verbronzt *)	bz *)	
3.2.1	tauchverbronzt	ta bz	Elektrochemisch ohne Anwendung einer äußeren Stromquelle erzeugter Kupfer-Zinn-(Bronze-)Überzug
3.2.2	galvanisch [2]) verbronzt	gal bz	Unter Anwendung einer äußeren Stromquelle kathodisch aufgebrachter Kupfer-Zinn-(Bronze-)Überzug
3.3	vermessingt *)	ms *)	
3.3.1	galvanisch [2]) vermessingt	gal ms	Unter Anwendung einer äußeren Stromquelle kathodisch aufgebrachter Kupfer-Zink-(Messing-)Überzug
3.4	verzinkt *) [3])	zn *)	
3.4.1	feuerverzinkt *)	t zn *)	Durch Tauchen in flüssiges Zink erzeugter Zinküberzug
3.4.1.1	feuerschlußverzinkt	t s zn	Aufbringen des Zinküberzugs als abschließender Arbeitsvorgang
3.4.1.2	feuerverzinkt gezogen	t zn k	Draht nach dem Aufbringen des Zinküberzugs mit unterschiedlicher Querschnittsabnahme kaltgezogen
3.4.2	galvanisch [2]) verzinkt *)	gal zn *)	Unter Anwendung einer äußeren elektrischen Stromquelle kathodisch aufgebrachter Zinküberzug
3.4.2.1	galvanisch schlußverzinkt	gal s zn	Aufbringen des Zinküberzugs als abschließender Arbeitsvorgang
3.4.2.2	galvanisch verzinkt gezogen	gal zn k	Draht nach dem Aufbringen des Zinküberzugs mit unterschiedlicher Querschnittsabnahme kaltgezogen
3.5	verzinkt-verbleit	zn pb	nach dem Aufbringen eines Zinküberzugs verbleit
3.6	verzinnt *)	sn *)	
3.6.1	feuerverzinnt *)	t sn *)	Durch Tauchen in flüssiges Zinn erzeugter Zinnüberzug
3.6.1.1	feuerschlußverzinnt	t s sn	Aufbringen des Zinnüberzugs als abschließender Arbeitsvorgang
3.6.1.2	feuerverzinnt gezogen	t sn k	Draht nach dem Aufbringen des Zinnüberzugs mit unterschiedlicher Querschnittsabnahme kaltgezogen
3.6.2	galvanisch [2]) verzinnt *)	gal sn *)	Unter Anwendung einer äußeren elektrischen Stromquelle kathodisch aufgebrachter Zinnüberzug
3.6.2.1	galvanisch schlußverzinnt	gal s sn	Aufbringen des Zinnüberzugs als abschließender Arbeitsvorgang
3.6.2.2	galvanisch verzinnt gezogen	gal sn k	Draht nach dem Aufbringen des Zinnüberzugs mit unterschiedlicher Querschnittsabnahme kaltgezogen
3.7	aluminiert *)	al *)	
3.7.1	feueraluminiert *)	t al *)	Durch Tauchen in flüssiges Aluminium erzeugter Aluminiumüberzug
3.7.1.1	feuerschlußaluminiert	t s al	Aufbringen des Aluminiumüberzugs als abschließender Arbeitsvorgang
3.7.1.2	feueraluminiert gezogen	t al k	Draht nach dem Aufbringen des Aluminiumüberzugs mit unterschiedlicher Querschnittsabnahme kaltgezogen

*) Siehe Seite 1
[1]) Die Abkürzung ta bedeutet Eintauchen in eine angesäuerte wäßrige Lösung eines Salzes des betreffenden Metalls, die Abkürzung t Eintauchen in das flüssige Metall selbst (thermische Behandlung), siehe auch DIN 50975.
[2]) Auch „elektrolytisch" genannt.
[3]) **Hinweis:** Je nach Dicke des Zinküberzuges wird zwischen normalverzinkt (no zn) und dickverzinkt (di zn) unterschieden (siehe hierzu z. B. DIN 1548).

Nr	Benennung	Abkürzung	Bedeutung
4	**Oberflächen mit nichtmetallischen Überzügen**		
4.1	lackiert	la	Mit Einbrennlack oberflächenbehandelt
4.2	kunststofüberzogen	kst	
4.2.1	kunststoffummantelt	E kst	Im Extruderverfahren kunststofüberzogen
4.2.2	kunststoffbeschichtet	W kst	Im Wirbelsinterverfahren kunststofüberzogen
4.3	phosphatiert	phr	Durch Eintauchen in eine Metallphosphate enthaltende Lösung erzeugte Deckschicht
4.4	geboraxt	bx	Durch Eintauchen in eine Borax-(Natriumborat-)Lösung erzeugte Deckschicht
4.5	gekälkt	ca	Durch Eintauchen in Kalkmilch erzeugte Deckschicht
5	**Oberflächen, wie sie sich aus einer Wärmebehandlung mit oder ohne Nachbehandlung ergeben**		
5.1	geglüht *)	g *)	
5.1.1	blank geglüht	bk g	Unter Luftabschluß, im Vakuum oder unter Schutzgas zur Vermeidung einer Oxidation der Oberfläche geglüht
5.1.2	zunderfrei geglüht	z g	Unter weitgehender Verhinderung des Luftzutritts geglüht, so daß sich auf der Oberfläche nur Anlauffarben und verkrackte Ziehmittelrückstände ohne Zunderbildung befinden
5.1.3	blau geglüht	bl g	Unter weitgehender Verhinderung des Luftzutritts geglüht, so daß sich auf der Oberfläche nur Ziehmittelrückstände und nur eine dünne blaue Zunderschicht befinden
5.1.4	schwarz geglüht	sw g	Unter Luftzutritt und Oxidation der Oberfläche geglüht
5.1.5	geglüht, gebeizt	g gb	Nach dem Glühen gebeizt
5.1.5.1	geglüht, gebeizt und phosphatiert	g gb phr	Durch Eintauchen in eine Metallphosphate enthaltende Lösung erzeugte Deckschicht
5.1.5.2	geglüht, gebeizt und geboraxt	g gb bx	Durch Eintauchen in eine Borax-(Natriumborat-)Lösung erzeugte Deckschicht
5.1.5.3	geglüht, gebeizt 4) und gekälkt	g gb ca	Durch Eintauchen in Kalkmilch erzeugte Deckschicht
5.2	vergütet *)	v *)	
5.2.1	blank vergütet	bk v	Zur Vermeidung einer Oxidation der Oberfläche unter Schutzgas vergütet
5.2.2	dunkel vergütet	dl v	Ohne zusätzliches oxidationsverhinderndes Mittel vergütet
5.2.3	vergütet und poliert	v po	Nach dem Vergüten zur Verbesserung der Oberfläche poliert

*) Siehe Seite 1
4) Die Abkürzungen für andere mögliche Nachbehandlungen sind sinngemäß zu bilden, z. B.: g gb cu.

Dezember 1984

| | Runder Federdraht
Maße, Gewichte, zulässige Abweichungen | **DIN**
2076 |

Maße in mm

1 Anwendungsbereich

Diese Norm gilt für runden Federdraht aus den in Abschnitt 4 genannten Werkstoffen. Die im Rahmen des erfaßten Durchmesserbereiches von 0,07 bis 20 mm lieferbaren Durchmesser für die einzelnen Werkstoffe sind in den dafür geltenden Technischen Lieferbedingungen angegeben.

3 Maße, zulässige Maßabweichungen und Abweichungen von der Rundheit

3.1 Die Nenndurchmesser und die zulässigen Abweichungen nach den Maßgenauigkeiten B und C sind Tabelle 1 zu entnehmen. Die Zuordnung der zulässigen Abweichungen nach den Maßgenauigkeiten B und C zu den Federdrahtsorten ist in den entsprechenden Technischen Lieferbedingungen (siehe Abschnitt 4) festgelegt und aus den Fußnoten 1 und 2 zu Tabelle 1 ersichtlich.

3.2 Die Abweichungen von der Rundheit, das heißt der Unterschied zwischen dem größten und kleinsten Durchmessser derselben Querschnittsebene darf höchstens 50 % der in Tabelle 1 angegebenen zulässigen Gesamtabweichungen betragen.

4 Werkstoff

Runder Federdraht nach dieser Norm wird vorzugsweise hergestellt aus den Stählen nach

DIN 17 223 Teil 1,
DIN 17 223 Teil 2 und
DIN 17 224

sowie aus den Kupfer-Knetlegierungen nach DIN 18 682

6 Lieferform

Die Federdrähte werden üblicherweise in Ringen oder auf Spulen geliefert. Die Gewichte und Maße der Ringe bzw. Spulen sind bei der Bestellung zu vereinbaren und in Klartext anzugeben.

2 Bezeichnung

2.1 Normbezeichnung

Beispiel 1:

Normbezeichnung eines Federstahldrahtes der Sorte C nach DIN 17 223 Teil 1 mit dem Nenndurchmesser 2,5 mm:

Draht DIN 2076 – C 2,5

Beispiel 2:

Normbezeichnung eines Federdrahtes aus einer Kupfer-Knetlegierung mit dem Werkstoff-Kurzzeichen CuZn36F70 und der Werkstoffnummer 2.0335.39 nach DIN 17 682 mit dem Nenndurchmesser 0,20 mm:

Draht DIN 2076 – CuZn36F70 – 0,20

2.2 Bestellbezeichnung

Beispiel 3:

Bestellbezeichnung für 1000 kg Federstahldraht der Sorte C nach DIN 17 223 Teil 1 mit dem Nenndurchmesser 2,5 mm mit trockenblank phosphatierter (tr bk phr nach DIN 1653) Oberfläche:

1000 kg Draht DIN 2076 – C – 2,5 – trockenblank phosphatiert

Beispiel 4:

Die Bestellbezeichnung für 50 kg Federdraht aus einer Kupfer-Knetlegierung mit dem Werkstoff-Kurzzeichen CuZn36F70 und der Werkstoffnummer 2.0335.39 nach DIN 17 682 mit dem Nenndurchmesser 0,20 mm:

50 kg Draht DIN 2076 – CuZn36F70 – 0,20

Tabelle 1. **Maße und zulässige Abweichungen** (siehe Abschnitt 3)

Durchmesser d			Quer-schnitt[3]	Gewicht[4] für					
Nennmaß	Zulässige Abweichung für Maßgenauigkeit			Stahl nach DIN 17 223 Teil 1 und Teil 2	Stahl nach DIN 17 224[5]	CuBe 2	CuZn36	CuNi18Zn20	CuSn6, CuSn8, CuCo2Be
	B [1]	C [2]	mm²	kg/1000 m ≈	kg/1000 m ≈	kg/1000 m ≈	kg/1000 m ≈	kg/1000 m ≈	kg/1000 m ≈
0,07			0,003848	0,0302	0,0304	0,0319	0,0323	0,0335	0,0339
0,08			0,005027	0,0395	0,0396	0,0417	0,0422	0,0437	0,0442
0,09			0,006362	0,0499	0,0503	0,0528	0,0534	0,0534	0,0560
0,10			0,007854	0,0617	0,0620	0,0652	0,0660	0,0683	0,0691
0,11		± 0,004	0,009503	0,0746	0,0750	0,0789	0,0798	0,0827	0,0839
0,12			0,01131	0,0888	0,0893	0,0939	0,0950	0,0984	0,0995
0,14			0,01539	0,121	0,122	0,128	0,129	0,134	0,135
0,16			0,02011	0,158	0,159	0,167	0,169	0,175	0,177
0,18			0,02545	0,200	0,201	0,211	0,214	0,221	0,224
0,20			0,03142	0,247	0,248	0,261	0,264	0,273	0,276
0,22			0,03801	0,298	0,300	0,315	0,319	0,331	0,334
0,25			0,04909	0,385	0,388	0,407	0,412	0,427	0,432
0,28		± 0,008	0,06158	0,483	0,486	0,511	0,517	0,536	0,542
0,30			0,07069	0,555	0,558	0,557	0,594	0,615	0,622
0,32			0,08042	0,631	0,635	0,667	0,676	0,700	0,708
0,34			0,09079	0,713	0,717	0,754	0,763	0,790	0,799
0,36			0,1018	0,799	0,804	0,845	0,855	0,886	0,896
0,38	± 0,015		0,1134	0,890	0,896	0,941	0,953	0,987	0,998
0,40			0,1257	0,985	0,993	1,04	1,06	1,09	1,11
0,43			0,1452	1,14	1,15	1,21	1,22	1,26	1,28
0,45			0,1590	1,25	1,26	1,32	1,34	1,38	1,40
0,48			0,1810	1,42	1,43	1,50	1,52	1,57	1,59
0,50			0,1963	1,54	1,55	1,63	1,65	1,71	1,73
0,53		± 0,010	0,2206	1,73	1,74	1,83	1,85	1,92	1,94
0,56			0,2463	1,93	1,95	2,04	2,07	2,14	2,17
0,60			0,2827	2,22	2,23	2,35	2,37	2,46	2,49
0,63	± 0,020		0,3117	2,45	2,46	2,59	2,62	2,71	2,74
0,65			0,3318	2,60	2,62	2,75	2,79	2,89	2,92
0,70			0,3848	3,02	3,04	3,19	3,23	3,35	3,39
0,75			0,4416	3,47	3,49	3,66	3,71	3,84	3,89
0,80			0,5027	3,95	3,97	4,17	4,22	4,37	4,42
0,85			0,5657	4,45	4,47	4,70	4,75	4,92	4,98
0,90			0,6362	4,99	5,03	5,28	5,34	5,53	5,60
0,95			0,7088	5,56	5,60	5,88	5,95	6,17	6,24
1,00			0,7854	6,17	6,20	6,52	6,60	6,83	6,91
1,05	± 0,025	± 0,015	0,8659	6,80	6,84	7,19	7,27	7,53	7,62
1,10			0,9503	7,46	7,51	7,89	7,98	8,27	8,36
1,20			1,131	8,88	8,93	9,39	9,50	9,84	9,95
1,25			1,227	9,63	9,69	10,18	10,31	10,67	10,80
1,30			1,327	10,42	10,48	11,01	11,15	11,54	11,68
1,40			1,539	12,08	12,16	12,77	12,93	13,39	13,54
1,50			1,767	13,9	14,0	14,7	14,8	15,4	15,5
1,60			2,011	15,8	15,9	16,7	16,9	17,5	17,7
1,70			2,270	17,8	17,9	18,8	19,1	19,7	20,0
1,80			2,545	20,0	20,1	21,1	21,4	22,1	22,4
1,90			2,835	22,3	22,4	23,5	23,8	24,7	24,9
2,00			3,142	24,7	24,8	26,1	26,4	27,3	27,6
2,10	± 0,035	± 0,020	3,464	27,2	27,4	28,8	29,1	30,1	30,5
2,25			3,976	31,2	31,4	33,0	33,4	34,6	35,0
2,40			4,524	35,5	35,7	37,5	38,0	39,4	39,8
2,50			4,909	38,5	39,8	40,7	41,2	42,7	43,2
2,60			5,309	41,7	41,9	44,1	44,6	46,2	46,7
2,80			6,158	48,3	48,6	51,1	51,7	53,6	54,2
3,00			7,069	55,5	55,8	58,7	59,4	61,5	62,2
3,20			8,042	63,1	63,5	66,7	67,6	70,0	70,8

1) bis 5) siehe Seite 4

Tabelle 1. (Fortsetzung)

Durchmesser d Nennmaß	Zulässige Abweichung für Maßgenauigkeit B¹)	C²)	Querschnitt³) mm² $\approx$	Stahl nach DIN 17 223 Teil 1 und Teil 2 kg/1000 m $\approx$	Stahl nach DIN 17 224⁵) kg/1000 m $\approx$	CuBe 2 kg/1000 m $\approx$	CuZn36 kg/1000 m $\approx$	CuNi18Zn20 kg/1000 m $\approx$	CuSn6, CuSn8, CuCo2Be kg/1000 m $\approx$
3,40			9,079	71,3	71,7	75,4	76,3	79,0	79,9
3,60			10,18	79,9	80,4	84,5	85,5	88,6	89,6
3,80			11,34	89,0	89,6	94,1	95,3	98,7	99,8
4,00	± 0,045	± 0,025	12,57	98,6	99,3	104	106	109	111
4,25			14,19	111	112	118	119	123	125
4,50			15,90	125	126	132	134	138	140
4,75			17,72	139	140	147	149	154	156
5,00			19,63	154	155	163	165	171	173
5,30			22,06	173	174				
5,60			24,63	193	195				
6,00			28,27	222	223				
6,30			31,17	245	246				
6,50			33,18	260	262				
7,00	± 0,060	± 0,035	38,48	302	304				
7,50			44,18	347	349				
8,00			50,27	395	397				
8,50			56,57	445	447				
9,00			63,62	499	503				
9,50	± 0,070	± 0,050	70,88	556	560				
10,00			78,54	617	621				
10,50			86,59	680					
11,00			95,03	746					
12,00			113,1	888					
12,50	± 0,090	± 0,070	122,7	963					
13,00			132,7	1042					
14,00			153,9	1208					
15,00			176,7	1387					
16,00	± 0,12	± 0,080	201,1	1578					
17,00			226,9	1782					
18,00			254,3	1998					
19,00	± 0,15	± 0,100	283,4	2225					
20,00			314,0	2466					

¹) Die frühere Maßgenauigkeit A ist jetzt mit Maßgenauigkeit B zusammengefaßt und daher entfallen. Maßgenauigkeit B gilt für die Drahtsorten A und B nach DIN 17 223 Teil 1 und für Federdraht nach DIN 17 223 Teil 2.

²) Gültig für die Drahtsorten C und D nach DIN 17 223 Teil 1, Ventilfederdraht nach DIN 17 223 Teil 2 sowie für alle Werkstoffe nach DIN 17 224 und DIN 17 682.

³) Querschnitt $S \approx 0{,}785 \cdot d^2$.

⁴) Gewichtserrechnung siehe Abschnitt 5.

⁵) Die hier angegebenen Werte gelten für die Stähle X 12 CrNi 17 7 (1.4310) und X 7 CrNiAl 17 7 (1.4568); für den Stahl X 5 CrNiMo 18 10 (1.4401) sind sie mit dem Faktor 1.0063 zu multiplizieren.

	Stahldrähte für Drahtseile	**DIN** 2078

Maße in mm

1 Anwendungsbereich

Diese Norm gilt für handelsübliche, nicht verseilte Stahldrähte mit rundem Querschnitt für Drahtseile.

2 Bezeichnung

Für die eindeutige Bezeichnung von Stahldrähten für Drahtseile gelten folgende Angaben:

— Benennung: Seildraht

— DIN-Nummer: DIN 2078

— Nenndurchmesser in mm

— Oberflächenausführung:

    blank (bk)

    normalverzinkt (no zn)

    dickverzinkt (di zn)

— Nennfestigkeit in N/mm^2

Bezeichnung eines Seildrahtes von 1,5 mm Nenndurchmesser, Oberflächenausführung blank, Nennfestigkeit 1770 N/mm^2:

Seildraht DIN 2078 — 1,5 — bk 1770

Beispiel für die Bestellung von 1000 kg Seildraht von 1,5 mm Nenndurchmesser, Oberflächenausführung blank, Nennfestigkeit 1770 N/mm^2:

1000 kg Seildraht DIN 2078 — 1,5 — bk 1770

3 Drahtdurchmesser

3.1 Drahtnenndurchmesser

Der Drahtnenndurchmesser ist der vom Besteller in der Bestellung angegebene Durchmesser in Millimeter. Die Grenzabmaße sind in Tabelle 1 enthalten. Über diese Abmaße hinaus sind bei dickverzinkten Drähten Verdickungen auf kurzen Längen zulässig, sofern sie den Verwendungszweck nicht beeinträchtigen.

3.2 Wirklicher Durchmesser

Der Durchmesser des Drahtes ist in zwei zueinander senkrechten Richtungen zu messen. Der Mittelwert dieser beiden Messungen ist der wirkliche Durchmesser des Drahtes.

Tabelle 1. Nenndurchmesser, Grenzabmaße

Drahtnenn- durchmesser d	Grenzabmaße bei Ausführung	
	blank und normal- verzinkt	dick- verzinkt
0,2 bis < 0,4 0,4 bis < 0,8 0,8 bis < 1,0	± 0,01 ± 0,015 ± 0,02	— ± 0,03 ± 0,03
1,0 bis < 1,6 1,6 bis < 2,4 2,4 bis < 3,7	± 0,02 ± 0,03 ± 0,03	± 0,04 ± 0,05 ± 0,06
3,7 bis < 5,2 5,2 bis ≤ 6,0	± 0,04 ± 0,05	± 0,08 ± 0,1

3.3 Rundheitsabweichung

Der Unterschied zwischen dem größten und kleinsten Durchmesser derselben Querschnittsebene darf höchstens 50 % der in Tabelle 1 angegebenen Toleranz betragen. Bei dickverzinkten Drähten dürfen diese Unterschiede im Durchmesser auf kurzen Längen überschritten werden, sofern sie den Verwendungszweck der Drähte nicht beeinträchtigen.

4 Zinküberzüge für normalverzinkte und dickverzinkte Seildrähte

Für die Herstellung des Zinküberzuges ist Zink mit einem Reinheitsgrad von 99,9 % einzusetzen. Andere Zinklegierungen sind zu vereinbaren.

Die Zusammensetzung der Zinkschicht auf dem Draht verändert sich während des Verzinkungsprozesses.

Die Mindestwerte der flächenbezogenen Masse der Zinküberzüge für normalverzinkte und dickverzinkte Seildrähte sind in Tabelle 2 angegeben:

Die flächenbezogene Masse des Zinküberzuges wird nach DIN 51 213 geprüft.

Tabelle 2. Flächenbezogene Masse des Zinküberzuges

Drahtnenn- durchmesser d	Mindestwerte der flächen- bezogenen Masse des Zinküberzuges in g/m^2	
	bei Ausführung	
	normal- verzinkt	dick- verzinkt
0,2 bis < 0,25 0,25 bis < 0,4 0,4 bis < 0,5	15 20 30	— — 75
0,5 bis < 0,6 0,6 bis < 0,7 0,7 bis < 0,8	40 50 60	90 110 120
0,8 bis < 1,0 1,0 bis < 1,2 1,2 bis < 1,5	70 80 90	130 150 165
1,5 bis < 1,9 1,9 bis < 2,5 2,5 bis < 3,2	100 110 125	180 205 230
3,2 bis < 3,7 3,7 bis < 4,0 4,0 bis < 4,5	135 135 150	250 260 270
4,5 bis < 5,5 5,5 bis ≤ 6,0	165 180	280 280

5   Nennfestigkeit und Zugfestigkeit

5.1   Nennfestigkeit

Die Nennfestigkeiten, nach denen die Stahldrähte für Drahtseile geliefert werden, sowie die Grenzabweichungen in den einzelnen Drahtnenndurchmesserbereichen enthält Tabelle 3.

Tabelle 3.   **Grenzabweichungen der Nennfestigkeiten**

Nennfestigkeit in N/mm^2	1370	1570	1770	1960
Drahtnenndurchmesser d	Grenzabweichungen N/mm^2			
0,20 bis < 0,50	+ 390			
0,50 bis < 1,00	+ 350			
1,00 bis < 1,50	+ 320			
1,50 bis < 2,00	+ 290			
2,00 bis ≤ 6,00	+ 260			

5.2   Zugfestigkeit

Die Zugfestigkeit wird aus der im Zugversuch ermittelten Bruchkraft und dem Nennquerschnitt errechnet.

Der Zugversuch ist nach DIN 51 210 Teil 1 oder Teil 2 durchzuführen.

6   Biege- und Verwindezahlen

Die einzuhaltenden Biege- und Verwindezahlen sind in den Tabellen 5 und 6 angegeben.

Der Hin- und Herbiegeversuch ist nach DIN 51 211, der Verwindeversuch nach DIN 51 212 durchzuführen.

7   Lieferart

Die Art und das Gewicht der zu liefernden Einheiten, z. B. Ringe und Spulen, werden zwischen Hersteller und Besteller vereinbart. Bei bis zu 10 % der gelieferten Fertigungseinheiten kann das vereinbarte Stückgewicht unterschritten oder überschritten werden.

7.1   Rostschutz

Zum Schutz gegen Flugrost kann die Lieferung blanker, normalverzinkter und dickverzinkter Seildrähte in eingeöltem Zustand vereinbart werden.

7.2   Verpackung, Kennzeichnung

Seildrähte werden, sofern nicht anders vereinbart, unverpackt und mindestens 3mal abgebunden geliefert. Die Einheiten sind mit den folgenden Angaben zu kennzeichnen:

— Nenndurchmesser

— Nennfestigkeit

— Oberflächenausführung.

Zur besseren Unterscheidung der Nennfestigkeiten sind außerdem deutlich und unverwechselbar Farbmarkierungen nach Tabelle 4 anzubringen.

Tabelle 4.   **Markierung der Nennfestigkeiten**

Nennfestigkeit in N/mm^2	Farbe
1370	braun
1570	weiß
1770	grün
1960	gelb

8   Abnahme

Werden Abnahme- oder Werksprüfungen mit entsprechenden Bescheinigungen verlangt, so ist nach DIN 50 049 zu verfahren.

Tabelle 5. Biege- und Verwindezahlen für blanke und normalverzinkte Seildrähte

Drahtnenn-durchmesser $d^{1)}$	Biege-zylinder-radius	Mindestbiegezahlen der Drähte bei einer Nennfestigkeit von N/mm²²)				Versuchs-länge	Mindestverwindezahlen der Drähte bei einer Nennfestigkeit von N/mm²²)			
		1370	1570	1770	1960		1370	1570	1770	1960
0,2 bis < 0,5			³)	³)	³)			³)	³)	³)
0,5 bis < 0,55	1,75		15	14	13	100 × d		30	28	25
0,55 bis < 0,6			14	13	12					
0,6 bis < 0,65			12	11	10					
0,65 bis < 0,7			11	10	9					
0,7 bis < 0,75	2,5		17	16	15					
0,75 bis < 0,8			16	15	14					
0,8 bis < 0,85			14	13	12					
0,85 bis < 0,9			13	12	11					
0,9 bis < 0,95			12	11	10					
0,95 bis < 1,0			11	10	9					
1,0 bis < 1,1	3,75		18	17	16			29	26	23
1,1 bis < 1,2			17	16	15					
1,2 bis < 1,3			16	15	14					
1,3 bis < 1,4			14	13	12					
1,4 bis < 1,5			12	11	10					
1,5 bis < 1,6	5		15	14	13			28	25	22
1,6 bis < 1,7			14	13	12					
1,7 bis < 1,8			12	11	11					
1,8 bis < 1,9			11	10	10					
1,9 bis < 2,0			10	9	9					
2,0 bis < 2,1	7,5		16	15	14			27	24	21
2,1 bis < 2,2			15	14	13					
2,2 bis < 2,4			14	13	12					
2,4 bis < 2,5		15	13	12	11		28	26	23	20
2,5 bis < 2,6		14	12	11	10					
2,6 bis < 2,7		12	11	10	9					
2,7 bis < 3,0		11	10	9	8					
3,0 bis < 3,1	10	15	14	13	12		27	25	21	18
3,1 bis < 3,2		14	13	12	11					
3,2 bis < 3,3		13	12	11	10					
3,3 bis < 3,4		12	11	10	9					
3,4 bis < 3,5		11	10	9	8					
3,5 bis < 3,6		10	9	8	7		26	24	20	16
3,6 bis < 3,7		9	8	7	6					
3,7 bis < 3,8		8	7	6	5		25	23	19	15
3,8 bis < 4,0		8	7	6	5		24	22	18	14
4,0 bis < 4,2		8	7	6	5		23	21	17	13
4,2 bis < 4,4	15	11	10	9	8		21	19	15	11
4,4 bis < 4,6		10	9	8	7		20	18	14	10
4,6 bis < 4,8		9	8	8	6		18	16	12	8
4,8 bis < 5,0		8	7	6	5		17	14	11	7
5,0 bis < 5,2		7	6	5	4		17	14	11	7
5,2 bis < 5,4		6	5	4		500 mm	14	12	10	
5,4 bis < 5,6		5	4	3			12	10	8	
5,6 bis < 5,8		5	4	3			10	8	6	
5,8 bis ≤ 6,0		4	3	3			8	6	6	

¹) Drahtnenndurchmesser für solche Nennfestigkeiten, für die keine Biege- und Verwindezahlen aufgeführt sind, fallen nicht unter diese Norm, ausgenommen die durch Fußnote 3 gekennzeichneten Drahtnenndurchmesser.

²) Für Zwischenwerte der Nennfestigkeit gelten die Biege- und Verwindezahlen der nächsthöheren Nennfestigkeit.

³) Das Einhalten bestimmter Biege- und Verwindezahlen wird nicht vorgeschrieben. An Stelle des Hin- und Her-biegeversuchs und Verwindeversuchs tritt der Knotenzugversuch nach DIN 51 214 bei dem der Draht, zu einem Knoten gebunden, mindestens 50 % der vorgeschriebenen Nennfestigkeit aufweisen muß.

Tabelle 6. **Biege- und Verwindezahlen für dickverzinkte Seildrähte**

Drahtnenndurchmesser d[1]	Biegezylinderradius	Mindestbiegezahlen der Drähte bei einer Nennfestigkeit von N/mm^2 [2]				Versuchslänge	Mindestverwindezahlen der Drähte bei einer Nennfestigkeit von N/mm^2 [2]			
		1370	1570	1770	1960		1370	1570	1770	1960
0,4 bis < 0,45			[3]	[3]	[3]			[3]	[3]	[3]
0,45 bis < 0,5										
0,5 bis < 0,55	1,75		11	10	9					
0,55 bis < 0,6			10	9	8					
0,6 bis < 0,65			8	8	7					
0,65 bis < 0,7			7	6	5					
0,7 bis < 0,75	2,5		13	12	11			21	19	17
0,75 bis < 0,8			12	11	10					
0,8 bis < 0,85			11	10	9					
0,85 bis < 0,9			10	9	8					
0,9 bis < 0,95			9	8	7					
0,95 bis < 1,0			8	7	6					
1,0 bis < 1,1	3,75		15	12	10			20	18	13
1,1 bis < 1,2			14	13	11					
1,2 bis < 1,3			12	11	9					
1,3 bis < 1,4			10	8	7					
1,4 bis < 1,5			8	7	6					
1,5 bis < 1,6	5		11	10	9			18	15	10
1,6 bis < 1,7			10	9	8					
1,7 bis < 1,8			9	8	7					
1,8 bis < 1,9			8	7	6					
1,9 bis < 2,0			7	6	5	100 × d		17	14	9
2,0 bis < 2,1	7,5		13	12	11					
2,1 bis < 2,2			12	11	10					
2,2 bis < 2,4			11	10	9					
2,4 bis < 2,5		11	10	9	8					
2,5 bis < 2,6		10	9	8	7		18	15	12	7
2,6 bis < 2,7		9	8	7	6					
2,7 bis < 3,0		8	7	6	5					
3,0 bis < 3,1	10	11	10	9	8					
3,1 bis < 3,2		10	9	8	7					
3,2 bis < 3,3		9	8	7	6		13	12	8	5
3,3 bis < 3,4		9	8	7	6					
3,4 bis < 3,5		8	7	6	5					
3,5 bis < 3,6		7	6	5	4		11	10	6	5
3,6 bis < 3,7		6	5	4	3		11	10	6	5
3,7 bis < 3,8		5	4	3	3		11	7	6	4
3,8 bis < 4,0		5	4	3	3		10	7	6	4
4,0 bis < 4,2		5	4	3	3		9	6	6	4
4,2 bis < 4,4	15	7	6	5			8	6	5	
4,4 bis < 4,6		6	5	5			7	6	5	
4,6 bis < 4,8		6	5	4			6	5	4	
4,8 bis < 5,0		5	4	4			5	4	3	
5,0 bis < 5,2		4	3	3			5	4	3	
5,2 bis < 5,4		4	3	3		500 mm	5	4	3	
5,4 bis < 5,6		3	2	2			4	3	2	
5,6 bis < 5,8		3	2	2			3	2	2	
5,8 bis ≤ 6,0		3	2	2			3	2	2	

[1] bis [3] siehe Seite 5

	Runder Federstahldraht Patentiert-gezogener Federdraht aus unlegierten Stählen Technische Lieferbedingungen	**DIN** **17 223** Teil 1

1 Anwendungsbereich

1.1 Diese Norm gilt für patentiert-gezogenen, runden Federdraht aus unlegierten Stählen, der im allgemeinen für Schraubenfedern (Zug-, Druck- und Drehfedern), Federringe und sonstige Drahtfedern verwendet wird.

Anmerkung: Erfahrungsgemäß wird auf diese Norm auch bei Bestellungen von patentiert-gezogenem Federdraht mit nicht kreisförmigem Querschnitt, von aus Federdraht gerichteten, geschnittenen Stäben und bei Bestellungen von oberflächenveredeltem (z. B. verzinkt oder verzinnt) Federdraht Bezug genommen. In diesen Fällen ist zu beachten, daß die in dieser Norm angegebenen mechanischen und technologischen Eigenschaften, Maßgenauigkeit und Oberflächengüten für diese Erzeugnisse nicht zutreffen und dementsprechend gesondert zu vereinbaren sind.

1.2 Diese Norm gilt nicht für:

Vergüteten Federdraht und vergüteten Ventilfederdraht (siehe DIN 17 223 Teil 2),

Federdraht aus nichtrostenden Stählen (siehe DIN 17 224),

Federdraht aus warmfesten Stählen (siehe DIN 17 225).

1.3 Zusätzlich zu den Angaben dieser Norm gelten, soweit im folgenden nichts anderes festgelegt ist, die in DIN 17 010 wiedergegebenen allgemeinen technischen Lieferbedingungen für Stahl und Stahlerzeugnisse.

2 Begriff

Unter Patentieren versteht man nach DIN 17 014 Teil 1 eine Wärmebehandlung, die aus Austenitisieren und schnellem Abkühlen auf eine Temperatur oberhalb des Martensitpunktes besteht, um ein für das nachfolgende Kaltumformen günstiges Gefüge zu erzielen.

3 Sorteneinteilung

Diese Norm sieht folgende Federstahldrahtsorten (im weiteren Text kurz Drahtsorte genannt) vor:

— Drahtsorte A im Nenndurchmesserbereich von 1,00 bis 10,00 mm

— Drahtsorte B im Nenndurchmesserbereich von 0,30 bis 20,00 mm

— Drahtsorte C im Nenndurchmesserbereich von 2,00 bis 20,00 mm

— Drahtsorte D im Nenndurchmesserbereich von 0,07 bis 20,00 mm

Die Drahtsorten A, B, C und D sind durch ihre mechanischen und technologischen Eigenschaften gekennzeichnet; bei der Drahtsorte D sind darüber hinaus besondere Gütewerte für die Oberflächenbeschaffenheit festgelegt. Hinweise über die Verwendung der verschiedenen Drahtsorten enthalten Abschnitt 7 und Tabelle 6.

4 Bezeichnung

4.2 Die Bestellbezeichnung muß zusätzlich zur Normbezeichnung die zu liefernde Menge, die Oberflächenausführung, falls eine andere Oberflächenausführung als trockenblank phosphatiert oder naßblank phosphatiert gezogen gewünscht wird (siehe Abschnitt 5.2), und gegebenenfalls getroffene Sondervereinbarungen (siehe mit ● gekennzeichnete Abschnitte) beinhalten.

Beispiel:

1000 kg Draht DIN 2076 − A − 2,0 trockenblank rötlich

oder

1000 kg Draht DIN 2076 − A − 2,0 − tr bk rt

5 Anforderungen

5.1 Lieferform

Der Draht ist in Form von Ringen oder auf Spulen in der in den Abschnitten 5.6 bis 5.8 beschriebenen Beschaffenheit zu liefern.

● Wenn bei der Bestellung nicht anders vereinbart, bleibt dem Lieferer die Wahl zwischen diesen beiden Möglichkeiten überlassen.

5.2 Oberflächenausführung

5.2.1 ● Der Draht kann in folgenden Oberflächenausführungen geliefert werden:

trockenblank phosphatiert gezogen (tr bk phr nach DIN 1653)

trockenblank grau gezogen (tr bk gr nach DIN 1653)

trockenblank rötlich gezogen (tr bk rt nach DIN 1653)

naßblank phosphatiert gezogen (n bk phr) *)

naßblank grau gezogen (n bk gr nach DIN 1653)

naßblank rötlich gezogen (n bk rt nach DIN 1653)

Wenn in der Bestellung nichts angegeben ist, wird nach Wahl des Herstellers entweder trockenblank phosphatiert oder naßblank phosphatiert gezogen geliefert.

5.2.2 ● Bei allen Oberflächenausführungen kann der Draht zusätzlich mit geölter Oberfläche bestellt werden.

5.4 Mechanische Eigenschaften

5.4.2 Die Spannweite der Zugfestigkeitswerte innerhalb eines Ringes darf höchstens betragen:

— Nenndurchmesser $< 0,80$ mm $\quad$ 150 N/mm²
— Nenndurchmesser $\geq 0,80$ bis $< 1,60$ mm $\quad$ 100 N/mm²
— Nenndurchmesser $\geq 1,60 \quad$ mm $\quad$ 70 N/mm²

Die Festlegungen gelten für Ringe mit einem Gewicht, das in Kilogramm den Zahlenwert $100 \cdot d$ (d = Drahtnenndurchmesser in mm) bzw. den Höchstwert von 500 kg nicht überschreitet.

● Bei Ringen mit größeren Gewichten sind Vereinbarungen zu treffen.

5.4.3 Der Elastizitätsmodul wird mit 206 kN/mm², der Schubmodul mit 81,5 kN/mm² angenommen.

Für die Federberechnung gelten die in den Berechnungsnormen festgelegten Werte.

5.5 Technologische Eigenschaften

5.5.1 Verhalten beim Wickelversuch

Zur Beurteilung der Gleichmäßigkeit der Verformbarkeit und der Oberflächenbeschaffenheit wird bei den Drahtsorten B und D der Wickelversuch bis zu einem Drahtnenndurchmesser von 0,70 mm durchgeführt. Dabei muß die Probe entsprechend Abschnitt 6.4.3 nach der plastischen Verformung eine einwandfreie Oberflächenbeschaffenheit und eine gleichmäßige Steigung der Windungen aufweisen.

5.5.2 Verhalten beim Verwindeversuch

Zur Beurteilung der Verformbarkeit, des Bruchverhaltens und der Oberflächenbeschaffenheit wird bei den Drahtsorten A, B, C und D der Verwindeversuch im Drahtnenndurchmesserbereich über 0,70 bis 10,00 mm durchgeführt. Die in Tabelle 3 angegebenen Mindest-Verwindezahlen sind bis zum Nenndurchmesser 7,00 mm verbindlich, darüber hinaus gelten sie als Richtwerte.

Die verbindlichen Verwindezahlen müssen bei der Prüfung nach Abschnitt 6.4.4 mindestens erreicht werden, bevor der Bruch der Probe eintritt. Der Bruch der Verwindeprobe muß bei den Drahtsorten A, B, C und D senkrecht zur Drahtachse liegen.

Rückfederungsanrisse oder Rückfederungsbrüche (Löffel- bzw. Sekundärbrüche) werden nicht zur Beurteilung herangezogen. Bei den Drahtsorten A, B, C und D muß eine gleichmäßige Verwindung der beiden Bruchstücke in sich vorhanden sein, wobei sich die beiden Bruchstücke jedoch in der Steigung unterschiedlich verhalten dürfen. Bei der Drahtsorte D dürfen nach dem Verwindeversuch keine mit bloßem Auge erkennbaren Oberflächenrisse vorhanden sein.

5.7 Oberflächenbeschaffenheit und Randentkohlung

5.7.1 Die Oberfläche der Drähte muß glatt sein.

5.7.2 Die Oberfläche muß bei den Drahtsorten A, B und C möglichst frei von Riefen, Narben und sonstigen Oberflächenfehlern sein, so daß die Verwendbarkeit der Drähte nicht mehr als unerheblich beeinträchtigt wird.

5.7.3 Die Tiefe von Oberflächenfehlern der Drahtsorte D wird nach Abschnitt 6.4.6 ermittelt; die zulässigen Werte sind Tabelle 3 zu entnehmen.

5.7.4 Bei der Drahtsorte D darf keine saumartige Auskohlung vorhanden sein; die nach Abschnitt 6.4.7 ermittelte Abkohlungstiefe darf die in Tabelle 3 angegebenen zulässigen Werte nicht überschreiten.

5.8 Maße und zulässige Maßabweichungen

5.8.1 Für die Maße und zulässigen Maßabweichungen gilt, mit der Einschränkung nach Abschnitt 5.8.2, die Maßnorm DIN 2076.

Anmerkung: Die in Tabelle 3 aufgeführten Nennmaße und zulässigen Maßabweichungen stimmen mit DIN 2076 überein.

5.8.2 Die Abweichung des Durchmessers des angelieferten Drahtes vom bestellten Nenndurchmesser muß innerhalb der in Tabelle 3 angegebenen Grenzen liegen. Diese Festlegungen gelten für Ringe mit einem Gewicht, das in Kilogramm den Zahlenwert $100 \cdot d$ (d = Drahtnenndurchmesser in mm) bzw. den Höchstwert von 500 kg nicht überschreitet.

● Bei Ringen mit größeren Gewichten sind die zulässigen Abweichungen zu vereinbaren.

5.8.3 Die Rundheitstoleranz, das heißt der Unterschied zwischen dem größten und kleinsten Durchmesser derselben Querschnittsebene, darf höchstens 50 % der in Tabelle 3 angegebenen zulässigen Gesamtabweichung betragen.

Tabelle 1. Chemische Zusammensetzung der Drahtsorten nach der Schmelzenanalyse

Draht-sorte	Nenndurchmesser mm	C	Si [1] max.	Mn	P max.	S max.	Cu max.
				Chemische Zusammensetzung (Schmelzenanalyse) Massenanteil in %			
A	1,00 bis 10,00	0,40 [2] bis 0,85	0,35	0,30 bis 1,00	0,040	0,040	0,20
B	0,30 bis 6,00 6,30 bis 14,00 15,00 bis 20,00	0,55 bis 0,85 0,40 bis 0,85 0,40 bis 0,85	0,35 0,35 0,35	0,30 bis 1,00 0,30 bis 1,00 0,30 bis 1,50	0,040 0,040 0,040	0,040 0,040 0,040	0,20 0,20 0,20
C	2,00 bis 6,00 6,30 bis 20,00	0,70 bis 1,00 0,50 bis 1,00	0,35 0,35	0,30 bis 1,50 0,30 bis 1,50	0,030 0,030	0,030 0,030	0,12 0,12
D	0,07 bis 6,00 6,30 bis 20,00	0,70 bis 1,00 0,50 bis 1,00	0,35 0,35	0,30 bis 1,50 0,30 bis 1,50	0,030 0,030	0,030 0,030	0,12 0,12

[1] Der Stahl muß beruhigt sein.
[2] Wenn der Draht für Zwecke verwendet wird, bei denen das Setzverhalten keine Rolle spielt, kann ein niedrigerer Kohlenstoffgehalt vereinbart werden.

Tabelle 3. Mechanische und technologische Eigenschaften [1]) und Güteanforderungen für die Drahtsorten A, B, C und D

1	2	3	4	5	6	7	8	9	10	11	12	13
Drahtdurchmesser d [1])	zul. Abweichungen nach DIN 2076 für die Drahtsorten		Gewicht kg/1000 m	Zugfestigkeit R_m für die Drahtsorten				Mindest-Brucheinschnürung Z für die Drahtsorten	Mindest-Verwindezahlen für die Drahtsorten	zul. Tiefe von Oberflächenfehlern für die Drahtsorte	zul. Abkohlungstiefe für die Drahtsorte	Drahtdurchmesser d
Nennmaß	A und B	C und D		A	B	C	D	A, B, C, D	A, B, C, D	D	D	Nennmaß
mm	mm	mm	≈	N/mm²	N/mm²	N/mm²	N/mm²	%		mm	mm	mm
0,07		±0,004	0,0302				2800 bis 3100					0,07
0,08			0,0395				2800 bis 3100					0,08
0,09			0,0499				2800 bis 3100					0,09
0,10			0,0617				2800 bis 3100					0,10
0,11			0,0746				2800 bis 3100					0,11
0,12	—		0,0888				2800 bis 3100					0,12
0,14			0,121				2800 bis 3100					0,14
0,16			0,158				2800 bis 3100					0,16
0,18		±0,008	0,200				2800 bis 3100					0,18
0,20			0,247	—	—	—	2800 bis 3100	—	Wickelversuch nach Abschnitt 6.4.3	—[2])	—[2])	0,20
0,22			0,298				2770 bis 3060					0,22
0,25			0,385				2720 bis 3010					0,25
0,28			0,488				2680 bis 2970					0,28
0,30			0,555		2370 bis 2650		2660 bis 2940					0,30
0,32	±0,015		0,631		2350 bis 2630		2640 bis 2920					0,32
0,34			0,713		2330 bis 2600		2610 bis 2890					0,34
0,36		±0,010	0,799		2310 bis 2580		2590 bis 2870					0,36
0,38			0,890		2290 bis 2560		2570 bis 2850					0,38
0,40			0,985		2270 bis 2550		2560 bis 2830					0,40
0,43			1,14		2250 bis 2520		2530 bis 2800					0,43

Durchmesser mm	Grenzabmaß (1)	Grenzabmaß (2)	Gewicht g/m	σ_B (Sorte I) N/mm²	σ_B (Sorte II) N/mm²	σ_B (Sorte III) N/mm²
0,45		±0,015	1,25	2510 bis 2780	2240 bis 2500	—
0,48	±0,015		1,42	2490 bis 2760	2220 bis 2480	—
0,50			1,54	2480 bis 2740	2200 bis 2470	—
0,53			1,73	2460 bis 2720	2180 bis 2450	—
0,56			1,93	2440 bis 2700	2170 bis 2430	—
0,60	±0,010		2,22	2410 bis 2670	2140 bis 2400	—
0,63		±0,020	2,45	2390 bis 2650	2130 bis 2380	—
0,65			2,60	2380 bis 2640	2120 bis 2370	—
0,70			3,02	2360 bis 2610	2090 bis 2350	—
0,75			3,47	2330 bis 2580	2070 bis 2320	—
0,80			3,95	2310 bis 2560	2050 bis 2300	—
0,85	±0,015		4,45	2290 bis 2530	2030 bis 2280	—
0,90			4,99	2270 bis 2510	2010 bis 2260	—
0,95			5,59	2250 bis 2490	2000 bis 2240	—
1,00			6,17	2230 bis 2470	1980 bis 2220	1720 bis 1970
1,05		±0,025	6,80	2210 bis 2450	1960 bis 2200	1710 bis 1950
1,10			7,46	2200 bis 2430	1950 bis 2190	1690 bis 1940
1,20			8,88	2170 bis 2400	1920 bis 2160	1670 bis 1910
1,25			9,63	2150 bis 2380	1910 bis 2140	1660 bis 1900
1,30			10,42	2140 bis 2370	1900 bis 2130	1640 bis 1890
1,40	±0,020		12,08	2110 bis 2340	1870 bis 2100	1620 bis 1860
1,50		±0,035	13,9	2090 bis 2310	1850 bis 2080	1600 bis 1840
1,60			15,8	2060 bis 2290	1830 bis 2050	1590 bis 1820
1,70			17,8	2040 bis 2260	1810 bis 2030	1570 bis 1800
1,80			20,0	2020 bis 2240	1790 bis 2010	1550 bis 1780
1,90			22,3	2000 bis 2220	1770 bis 1990	1540 bis 1760
2,00			24,7	1980 bis 2200	1760 bis 1970	1520 bis 1750
2,10			27,2	1970 bis 2180	1740 bis 1960	1510 bis 1730
2,25	±0,020	±0,035	31,2	1940 bis 2150	1720 bis 1930	1490 bis 1710
2,40			35,5	1920 bis 2130	1700 bis 1910	1470 bis 1690
2,50			38,5	1900 bis 2110	1690 bis 1890	1460 bis 1680
2,60			41,7	1890 bis 2100	1670 bis 1880	1450 bis 1660
2,80			48,3	1860 bis 2070	1650 bis 1850	1420 bis 1640

Wickelversuch nach Abschnitt 6.4.3 (Zahl der Windungen): — / 25 / 22 / 22; Verwindeversuch: 40 / — / 40

Zulässige Abkohlungstiefe: max 1 % vom Drahtdurchmesser (—²)) bzw. max 1,5 % vom Drahtdurchmesser (—²))

1) Für Zwischenwerte des Drahtdurchmessers gelten die Angaben des nächsthöheren Durchmessers.
2) Wegen der geringen Drahtdurchmesser ist die Messung der Fehler- bzw. Abkohlungstiefe nur schwierig durchzuführen. Daher wurde für diesen Durchmesserbereich kein Höchstwert festgelegt.

Tabelle 3. (Fortsetzung)

1	2	3	4	5	6	7	8	9	10	11	12	13
Drahtdurchmesser d^1)	zul. Abweichungen nach DIN 2076 für die Drahtsorten		Gewicht kg/1000 m	Zugfestigkeit R_m für die Drahtsorten				Mindest-Brucheinschnürung Z für die Drahtsorten	Mindest-Verwindezahlen für die Drahtsorten	zul. Tiefe von Oberflächenfehlern für die Drahtsorte	zul. Abkohlungstiefe für die Drahtsorte	Drahtdurchmesser d
Nennmaß	A und B	C und D		A	B	C	D	A, B, C, D	A, B, C, D	D	D	Nennmaß
mm	mm	mm	≈	N/mm²	N/mm²	N/mm²	N/mm²	%		mm	mm	mm
3,00			55,5	1410 bis 1620	1630 bis 1830	1840 bis 2040	1840 bis 2040					3,00
3,20			63,1	1390 bis 1600	1610 bis 1810	1820 bis 2020	1820 bis 2020					3,20
3,40			71,3	1370 bis 1580	1590 bis 1780	1790 bis 1990	1790 bis 1990		16	max. 1 % vom Drahtdurchmesser	max. 1,5 % vom Drahtdurchmesser	3,40
3,60			79,9	1350 bis 1560	1570 bis 1760	1770 bis 1970	1770 bis 1970					3,60
3,80			89,0	1340 bis 1540	1550 bis 1740	1750 bis 1950	1750 bis 1950					3,80
4,00			98,6	1320 bis 1520	1530 bis 1730	1740 bis 1930	1740 bis 1930					4,00
4,25	±0,045	±0,025	111	1310 bis 1500	1510 bis 1700	1710 bis 1900	1710 bis 1900	35				4,25
4,50			125	1290 bis 1490	1500 bis 1680	1690 bis 1880	1690 bis 1880					4,50
4,75			139	1270 bis 1470	1480 bis 1670	1680 bis 1860	1680 bis 1860		12			4,75
5,00			154	1260 bis 1450	1460 bis 1650	1660 bis 1840	1660 bis 1840					5,00
5,30			173	1240 bis 1430	1440 bis 1630	1640 bis 1820	1640 bis 1820		11			5,30
5,60			193	1230 bis 1420	1430 bis 1610	1620 bis 1800	1620 bis 1800					5,60
6,00			222	1210 bis 1390	1400 bis 1580	1590 bis 1770	1590 bis 1770		10			6,00
6,30			245	1190 bis 1380	1390 bis 1560	1570 bis 1750	1570 bis 1750		9			6,30
6,50			260	1180 bis 1370	1380 bis 1550	1560 bis 1740	1560 bis 1740		9			6,50
7,00	±0,060	±0,035	302	1160 bis 1340	1350 bis 1530	1540 bis 1710	1540 bis 1710	30	9			7,00
7,50			347	1140 bis 1320	1330 bis 1500	1510 bis 1680	1510 bis 1680		7³)			7,50
8,00			395	1120 bis 1300	1310 bis 1480	1490 bis 1660	1490 bis 1660		7³)			8,00
8,50			445	1110 bis 1280	1290 bis 1460	1470 bis 1630	1470 bis 1630		6³)			8,50

Durch- messer	Toleranz 1	Toleranz 2		1090 bis 1260	1270 bis 1440	1450 bis 1610	1450 bis 1610			
9,00	±0,070		499	1090 bis 1260	1270 bis 1440	1450 bis 1610	1450 bis 1610	30	6³)	
9,50		±0,050	559	1070 bis 1250	1260 bis 1420	1430 bis 1590	1430 bis 1590		5³)	
10,00			617	1060 bis 1230	1240 bis 1400	1410 bis 1570	1410 bis 1570		5³)	
10,50			680		1220 bis 1380	1390 bis 1550	1390 bis 1550			max. 1 % vom Drahtdurchmesser
11,00		±0,070	746		1210 bis 1370	1380 bis 1530	1380 bis 1530			
12,00			888		1180 bis 1340	1350 bis 1500	1350 bis 1500			
12,50	±0,090		963		1170 bis 1320	1330 bis 1480	1330 bis 1480			
13,00			1042		1160 bis 1310	1320 bis 1470	1320 bis 1470			
14,00			1208	—	1130 bis 1280	1290 bis 1440	1290 bis 1440	—	—	
15,00			1387		1110 bis 1260	1270 bis 1410	1270 bis 1410			max. 1,5 % vom Drahtdurchmesser
16,00	±0,080	±0,12	1578		1090 bis 1230	1240 bis 1390	1240 bis 1390			
17,00			1782		1070 bis 1210	1220 bis 1360	1220 bis 1360			
18,00			1998		1050 bis 1190	1200 bis 1340	1200 bis 1340			
19,00	±0,100	±0,15	2225		1030 bis 1170	1180 bis 1320	1180 bis 1320			
20,00			2466		1020 bis 1150	1160 bis 1300	1160 bis 1300			

1) und 2) siehe Seite 5
3) Richtwerte; für die Abnahme nicht bindend

Tabelle 6. **Verwendungshinweise**

Draht-sorte	Verwendung für
A	Zug-, Druck-, Dreh- und Formfedern mit geringer statischer oder selten dynamischer Beanspruchung
B	Zug-, Druck-, Dreh- und Formfedern mit mitt-lerer statischer und geringer dynamischer Beanspruchung
C	Zug-, Druck-, Dreh- und Formfedern mit hoher statischer und geringer dynamischer Beanspruchung
D	Zug- und Druckfedern mit hoher statischer und mittlerer dynamischer Beanspruchung sowie bei Dreh- und Formfedern mit hoher statischer und hoher dynamischer Bean-spruchung

Runder Federstahldraht
Ölschlußvergüteter Federstahldraht
aus unlegierten und legierten Stählen
Technische Lieferbedingungen

DIN
17 223
Teil 2

1 Anwendungsbereich

1.1 Diese Norm gilt für runde, ölschlußvergütete Federstahldrähte aus unlegierten oder legierten Stählen, die vorzugsweise auf Torsion beansprucht werden, wie z. B. bei Druck- und Zugfedern, in Sonderfällen auch auf Biegung, wie z. B. bei Schenkelfedern im Dauerfestigkeits- und Zeitfestigkeitsbereich (siehe Tabelle A.1). Bei Raumtemperatur werden üblicherweise unlegierte Stähle, bei höheren Temperaturen legierte Stähle eingesetzt.

Anmerkung: Erfahrungsgemäß wird auf diese Norm auch bei Bestellungen von Federstahldraht mit nicht kreisförmigem Querschnitt und von aus ölschlußvergütetem Federstahldraht geschnittenen Stäben Bezug genommen. In diesen Fällen ist zu beachten, daß die in dieser Norm angegebenen mechanischen und technologischen Eigenschaften, Maßgenauigkeit und Oberflächengüten für diese Erzeugnisse nicht ohne weiteres zutreffen und dementsprechend gegebenenfalls gesondert zu vereinbaren sind.

1.2 Diese Norm gilt nicht für:

Patentiert-gezogenen Federstahldraht (siehe DIN 17 223 Teil 1) und Federdraht aus nichtrostenden Stählen (siehe DIN 17 224).

2 Begriff

Als ölschlußvergütete Federstahldrähte gelten solche Drähte, die im Durchlaufverfahren einer Wärmebehandlung (Abschrecken aus dem Austenitbereich in Öl und unmittelbarem Anlassen) unterworfen worden sind.

3 Sorteneinteilung

Diese Norm umfaßt die unlegierten und legierten ölschlußvergüteten Ventilfederstahldrähte (im weiteren Text kurz Drahtsorte VD genannt) und die unlegierten und legierten ölschlußvergüteten Federstahldrähte (im weiteren Text kurz Drahtsorte FD genannt).

VD (unlegiert)	im Nenndurchmesserbereich 0,50 bis 10,00 mm
VD CrV (legiert)	im Nenndurchmesserbereich 0,50 bis 10,00 mm
VD SiCr (legiert)	im Nenndurchmesserbereich 0,50 bis 10,00 mm
FD (unlegiert)	im Nenndurchmesserbereich 0,50 bis 17,00 mm
FD CrV (legiert)	im Nenndurchmesserbereich 0,50 bis 17,00 mm
FD SiCr (legiert)	im Nenndurchmesserbereich 0,50 bis 17,00 mm

Die Drahtsorten VD, VD CrV und VD SiCr sind durch ihren Reinheitsgrad, ihre chemischen, mechanischen und technologischen Eigenschaften sowie durch ihre definierte Oberflächenbeschaffenheit bezüglich zulässiger Fehlertiefen und Randabkohlung gekennzeichnet.

Die Drahtsorten FD, FD CrV und FD SiCr sind durch ihre chemischen, mechanischen und technologischen Eigenschaften sowie durch ihre definierte Oberflächenbeschaffenheit bezüglich zulässiger Fehlertiefen und Randabkohlung gekennzeichnet. Für den Reinheitsgrad können Vereinbarungen getroffen werden.

Hinweise über die Verwendung der verschiedenen Drahtsorten enthält Tabelle A.1.

4 Bezeichnung und Bestellung

4.2 Die Bestellbezeichnung muß zusätzlich zur Normbezeichnung die zu liefernde Menge und gegebenenfalls getroffene Vereinbarungen (siehe mit ● und ●● gekennzeichnete Abschnitte) beinhalten.

Beispiel:

1000 kg Draht DIN 17 223 – VD – 2,0

Tabelle 1. **Kurzzeichen für die Drahtsorten nach dieser Norm**

	unlegiert	legiert	
Ventilfederstahldraht	VD	VD CrV	VD SiCr
Federstahldraht	FD	FD CrV	FD SiCr

5 Anforderungen

5.1 ●● Lieferform

Erzeugnisse nach dieser Norm werden üblicherweise in Ringen geliefert. Die Ringe sollen aus einem Stück sein. Eine Lieferung in Form von Stäben oder anderen Gebinden kann bei der Bestellung vereinbart werden (beachte Abschnitt 5.5.1).

5.2 Lieferzustand

5.2.1 Erzeugnisse nach dieser Norm werden in ölschlußvergütetem Zustand geliefert (siehe Abschnitt 2).

5.2.2 ●● Erzeugnisse nach dieser Norm sind bei üblichen Beförderungsbedingungen gegen Korrosion und mechanische Beschädigungen zu schützen. Der Korrosionsschutz ist gegebenenfalls zu vereinbaren.

5.5 Mechanische Eigenschaften

5.5.2 Die Spannweite der Zugfestigkeitswerte innerhalb eines Ringes darf bei ölschlußvergütetem Federstahldraht der Sorten VD, VD CrV, VD SiCr höchstens 50 N/mm², bei ölschlußvergütetem Federstahldraht der Sorten FD, FD CrV, FD SiCr höchstens 70 N/mm² betragen.

5.5.3 Der Elastizitätsmodul der Drähte kann mit etwa 206 kN/mm², der Schubmodul mit etwa 79,5 kN/mm² angenommen werden.

Tabelle 2. **Chemische Zusammensetzung der Drahtsorten nach der Schmelzenanalyse**

Draht-sorte	Massenanteil in %							
	C	Si	Mn	P max.	S max.	Cu max.	Cr	V
VD	0,63 bis 0,73	0,10 bis 0,30	0,50 bis 1,00	0,020	0,020	0,06		
VD CrV	0,62 bis 0,72	0,15 bis 0,30	0,50 bis 0,90	0,025	0,020	0,06	0,40 bis 0,60	0,15 bis 0,25
VD SiCr	0,50 bis 0,60	1,20 bis 1,60	0,50 bis 0,90	0,025	0,020	0,06	0,50 bis 0,80	
FD	0,60 bis 0,75	0,10 bis 0,30	$\geq$ 0,50	0,030	0,025	0,12		
FD CrV	0,62 bis 0,72	0,15 bis 0,30	0,50 bis 0,90	0,030	0,025	0,12	0,40 bis 0,60	0,15 bis 0,25
FD SiCr	0,50 bis 0,60	1,20 bis 1,60	0,50 bis 0,90	0,030	0,025	0,12	0,50 bis 0,80	

5.5.1 Es gelten die in den Tabellen 5 und 6 festgelegten Werte. Diese Werte beziehen sich auf den tatsächlichen Querschnitt und gelten nur für runden Federstahldraht in Ringen.

● Prüfwerte für gerichtete Stäbe und für andere Querschnittsformen sind bei der Bestellung besonders zu vereinbaren.

5.6 Technologische Eigenschaften

5.6.1 Ölschlußvergüteter Ventilfederstahldraht der Drahtsorten VD, VD CrV, VD SiCr muß mindestens die Verwindezahlen nach Tabelle 5 erreichen und der Versuch muß bis zum Bruch durchgeführt werden. Der Bruch der Verwindeprobe muß einen glatten, senkrecht zur Verwindeachse stehenden Verdreh-Schiebungsbruch aufweisen. Im Bruch dürfen keine Längsrisse und Stufen vorhanden sein. Die Verwindegeschwindigkeit darf höchstens 30 Umdrehungen je Minute betragen.

Der Verwindeversuch wird bei Drähten im Nenndurchmesserbereich von > 0,70 mm bis 7,00 mm durchgeführt.

5.6.2 ●● Bei ölschlußvergütetem Federstahldraht der Drahtsorten FD, FD CrV, FD SiCr wird der Verwindeversuch im Nenndurchmesserbereich von > 0,70 mm bis 7,00 mm durchgeführt, und zwar mit Verwindung in einer Richtung bis zum Bruch. Der Bruch der Verwindeprobe muß einen glatten, senkrecht zur Verwindeachse stehenden Verdreh-Schiebungsbruch aufweisen; im Bruch sollen keine Längsrisse und Stufen vorhanden sein. Werte für die Verwindezahlen können bei der Bestellung vereinbart werden.

5.6.3 Bei ölschlußvergütetem Federstahldraht der Drahtsorten VD, VD CrV, VD SiCr und FD, FD CrV, FD SiCr wird der Wickelversuch im Nenndurchmesserbereich bis 0,70 mm durchgeführt. Ferner muß die nach Abschnitt 6.4.4 geprüfte Feder nach der plastischen Verformung eine einwandfreie Oberflächenbeschaffenheit und eine gleichmäßige Steigung der Windungen aufweisen.

5.7 Randabkohlung

Für die in dieser Norm erfaßten Drahtsorten werden die Höchstwerte der Abkohlungstiefe im ölschlußvergüteten Zustand an den Ringenden im Lieferzustand geprüft. Werte für die zulässige Randabkohlung (einschließlich Ferritinseln) sind in Tabelle 5 (VD-Güten) und Tabelle 6 (FD-Güten) festgelegt.

5.8 Oberflächenbeschaffenheit

Die Oberfläche der Drähte muß glatt sein.

Für die Prüfung der Ringenden nach Abschnitt 6.4.5 gelten für die zulässige Fehlertiefen die Angaben in den Tabellen 5 und 6. Für im Ringinnern bei der Eingangskontrolle oder Weiterverarbeitung festgestellte fehlerhafte Anteile können unter Zugrundelegung der Tabellen 5 und 6 zulässige Ausfallprozentsätze vereinbart werden.

Bei der Durchlaufprüfung von Ventilfederstahldrähten nach Abschnitt 6.4.6 sind Ringanteile mit Fehlertiefen $\geq$ 40 µm zu kennzeichnen.

5.9 Grenzabmaße des Draht-Nenndurchmessers, zulässige Unrundheit und Gewichtserrechnung

5.9.1 Für die Grenzabmaße des Draht-Nenndurchmessers gelten die Angaben in Tabelle 5 (VD-Güten) und Tabelle 6 (FD-Güten).

5.9.2 Die Unrundheit, d. h. der Unterschied zwischen dem größten und kleinsten Durchmesser derselben Querschnittsebene, darf höchstens 50 % der in Tabelle 5 und Tabelle 6 angegebenen zulässigen Gesamtabweichung betragen.

5.9.3 Für die Gewichtserrechnung der in dieser Norm erfaßten Stähle wird eine Dichte von 7,85 kg/dm³ angenommen.

Verwendungshinweise

A.1 Verwendungshinweise enthält Tabelle A.1

A.2 Vergüteter Ventilfederstahldraht kann für alle Federn mit hoher Dauerschwingbeanspruchung verwendet werden. Dabei betragen in der Regel die Richtwerte der Dauerhubfestigkeit ($N = 10^7$) von ungestrahlten Schraubenfedern (mit $D_m/d = 6$ bis 8; $i_f = 5,5$) im kaltgesetzten, entspannten Zustand im allgemeinen mindestens (auch bei ungünstigstem Zusammentreffen der zugelassenen Fehler):

VD: bis 4 mm τ_{KH} = 480 N/mm²
über 4 bis 6 mm τ_{KH} = 440 N/mm² [1])

VD CrV: bis 4 mm τ_{KH} = 600 N/mm²
über 4 bis 6 mm τ_{KH} = 480 N/mm² [1])

VD SiCr: bis 4 mm τ_{KH} = 540 N/mm²
über 4 bis 6 mm τ_{KH} = 460 N/mm² [1])

Bei der Konstruktion von Federn sind Sicherheitsfaktoren zu berücksichtigen, siehe DIN 2089 Teil 1.

A.3 Vergüteter Federstahldraht wird für Federn eingesetzt, die im Zeitfestigkeitsgebiet arbeiten oder eine mäßige Dauerschwingbeanspruchung haben (siehe DIN 2088 und DIN 2089 Teil 1).

Tabelle A.1. **Verwendungshinweise**

Drahtsorte	Verwendung für
VD	hohe dynamische Torsionsbeanspruchung bei Raumtemperatur [1])
VD CrV	sehr hohe dynamische Torsionsbeanspruchung bis 80 °C Betriebstemperatur [1])
VD SiCr	sehr hohe dynamische Torsionsbeanspruchung bis 100 °C Betriebstemperatur [1])
FD	statische Beanspruchung
FD CrV	
FD SiCr	
[1]) Diese Werte gelten ohne das Warmsetzen und können durch das Warmsetzen wesentlich erhöht werden.	

Tabelle 5. Mechanische und technologische Eigenschaften und Güteanforderungen für die Drahtsorten VD, VD CrV und VD SiCr

1	2	3	4	5	6	7	8	9		10		11		12	13
Draht-Nenndurchmesser mm	Grenzabmaß mm	Zugfestigkeit R_m VD N/mm²	Zugfestigkeit R_m VD CrV N/mm²	Zugfestigkeit R_m VD SiCr N/mm²	Mindest-Brucheinschnürung Z VD %	Mindest-Brucheinschnürung Z VD CrV %	Mindest-Brucheinschnürung Z VD SiCr %	Mindest-Verwindezahlen VD vor	VD zurück	VD CrV vor	VD CrV zurück	VD SiCr vor	VD SiCr zurück	Zulässige Tiefe von Oberflächenfehlern bei Endenprüfung [1]	Zulässige Abkohlungstiefe [1]
0,50		1850 bis 2000	1910 bis 2060	2080 bis 2230	–	–	–	–	–						
> 0,50 bis 0,60	± 0,010	1850 bis 2000	1910 bis 2060	2080 bis 2230				6	24	6	12	6	0		
> 0,60 bis 0,80		1850 bis 2000	1910 bis 2060	2080 bis 2230											
> 0,80 bis 1,00		1850 bis 1950	1910 bis 2060	2080 bis 2230								5	0		
> 1,00 bis 1,30	± 0,015	1750 bis 1850	1860 bis 2010	2080 bis 2230											
> 1,30 bis 1,40		1700 bis 1800	1820 bis 1970	2060 bis 2210				6	16	6	8				
> 1,40 bis 1,60		1700 bis 1800	1820 bis 1970	2060 bis 2210	50	50	50								
> 1,60 bis 2,00		1670 bis 1770	1770 bis 1920	2010 bis 2160				6	12						
> 2,00 bis 2,50	± 0,020	1630 bis 1730	1720 bis 1860	1960 bis 2060											
> 2,50 bis 2,70		1600 bis 1700	1670 bis 1810	1910 bis 2010				6	10	6	4	4	0		
> 2,70 bis 3,00		1600 bis 1700	1670 bis 1810	1910 bis 2010	45	45	45								
> 3,00 bis 3,20		1570 bis 1670	1670 bis 1770	1910 bis 2010											
> 3,20 bis 3,50		1570 bis 1670	1670 bis 1770	1910 bis 2010											
> 3,50 bis 4,00		1550 bis 1650	1620 bis 1720	1860 bis 1960				6	8						
> 4,00 bis 4,20		1550 bis 1650	1570 bis 1670	1860 bis 1960											
> 4,20 bis 4,50	± 0,025	1550 bis 1650	1570 bis 1670	1860 bis 1960								3	0		
> 4,50 bis 4,70		1540 bis 1640	1570 bis 1670	1810 bis 1910	40	40	40	6	6						
> 4,70 bis 5,00		1540 bis 1640	1570 bis 1670	1810 bis 1910											
> 5,00 bis 5,60		1520 bis 1620	1520 bis 1620	1810 bis 1910											
> 5,60 bis 6,00		1520 bis 1620	1520 bis 1620	1760 bis 1860				6	4						
> 6,00 bis 6,50		1470 bis 1570	1470 bis 1570	1760 bis 1860											
> 6,50 bis 7,00	± 0,035	1470 bis 1570	1470 bis 1570	1710 bis 1810											
> 7,00 bis 8,00		1420 bis 1520	1420 bis 1520	1710 bis 1810	38		35	–		–		–			
> 8,00 bis 8,50		1390 bis 1490	1390 bis 1490	1670 bis 1770											
> 8,50 bis 10,00	± 0,050	1390 bis 1490	1390 bis 1490	1670 bis 1770											

Spalte 12 (Zulässige Tiefe von Oberflächenfehlern bei Endenprüfung):
Drahtsorten VD: max. 0,5 % vom Drahtdurchmesser
VD CrV: max. 0,7 % vom Drahtdurchmesser
VD SiCr: max. 1,0 % vom Drahtdurchmesser

Spalte 13 (Zulässige Abkohlungstiefe):
Drahtsorten VD: max. 0,5 % vom Drahtdurchmesser
VD CrV: max. 0,7 % vom Drahtdurchmesser
VD SiCr: max. 1,0 % vom Drahtdurchmesser

[1] Bei mechanisch bearbeitetem Vormaterial können niedrigere Werte vereinbart werden.

Tabelle 7. **Prüfumfang und Probenahme bei Abnahmeprüfungen und Übersicht über die Angaben zur Durchführung der Prüfungen und über die Anforderungen**

	1	2	3	4	5	6	7	8	9	10
Zeile Nr	Prüf-verfahren	gilt für Draht-sorten	Prüfung 1)	Prüf-einheit	Anzahl der			Probe-nahme	Durchfüh-rung der Prüfung siehe Ab-schnitt	Anforde-rungen siehe Ab-schnitt (oder Tabelle)
					Probe-stücke je Prüf-einheit	Proben-abschnitte je Ring	Proben je Pro-benab-schnitt			
1	Stück-analyse		n.V. 2)	Liefer-menge je Schmelze	1	1	1	nach SEP 1805 7)	6.4.1	(3)
2	Zug-versuch	VD			100 %	2	1		6.4.2	5.5.2 (5)
		FD			10 % 4)					(6)
3	Verwinde-versuch 5)	VD			100 %	2	1		6.4.3	5.6.1 (5)
		FD			10 % 4)					5.6.2 (6)
4	Wickel-versuch 6)	VD		Liefer-menge je Ferti-gungs-los 3)	100 %	2	1	an Ab-schnitten von beiden Ringenden	6.4.4	5.6.3
		FD			10 % 4)					
5	Prüfung auf Ober-flächen-fehler	VD	o		100 %	2	1		6.4.5	5.8 (5)
		FD			10 % 4)					(6)
6	Prüfung auf Ab-kohlung	VD			10 %	2	1		6.4.7	5.7 (5)
		FD			10 % 4)					(6)
7	Maß-kontrolle	VD			100 %	2	1		6.4.8	5.9 (5)
		FD			10 % 4)					(6)

1) o = die Prüfung ist in jedem Falle, wenn die Ausstellung eines Abnahmeprüfzeugnisses oder -protokolles vereinbart wurde, durchzuführen; n. V. = die Prüfung erfolgt, auch wenn die Ausstellung eines Abnahmeprüfzeugnisses oder -protokolles vereinbart wurde, nur nach besonderer Vereinbarung bei der Bestellung.

2) Wenn eine Abnahmeprüfung vereinbart wurde, ist in jedem Fall dem Besteller das Ergebnis der Schmelzenanalyse für die in Tabelle 2 für die betreffende Sorte aufgeführten Elemente bekanntzugeben.

3) Als Fertigungslos gilt eine Erzeugungsmenge, die aus derselben Schmelze stammt, denselben Wärmebehandlungs-bedingungen unterworfen wurde und dieselbe Querschnittsabnahme und Oberflächenausführung aufweist.

4) 10 % der im Fertigunslos enthaltenen Ringe oder Spulen, jedoch mindestens 2, höchstens 10 Ringe oder spulen.

5) Nur für Durchmesser über 0,7 bis 7 mm

6) Nur für Durchmesser bis 0,7 mm

7) Bezugsquelle siehe Verzeichnis „Zitierte Normen und andere Unterlagen"

Tabelle 6.   Mechanische und technologische Eigenschaften und Güteanforderungen für die Drahtsorten FD, FD CrV und FD SiCr

1	2	3	4	5	6	7	8	9	10	11	12	13
Draht-Nenndurchmesser	Grenzabmaß	Zugfestigkeit R_m für die Drahtsorten FD	FD CrV	FD SiCr	Mindest-Brucheinschnürung Z für die Drahtsorten FD	FD CrV	FD SiCr	Mindest-Verwindezahlen für die Drahtsorten FD	FD CrV	FD SiCr	Zulässige Tiefe von Oberflächenfehlern bei Endenprüfung	Zulässige Abkohlungstiefe
mm	mm	N/mm²	N/mm²	N/mm²	%	%	%					
0,50	±0,020	1900 bis 2100	2000 bis 2200	2100 bis 2300							–	–
> 0,50 bis 0,60	±0,020	1900 bis 2100	2000 bis 2200	2100 bis 2300								
> 0,60 bis 0,80	±0,020	1900 bis 2100	2000 bis 2200	2100 bis 2300	–	–	–	–	–	–		
> 0,80 bis 1,00	±0,025	1860 bis 2060	1960 bis 2160	2100 bis 2300								
> 1,00 bis 1,30	±0,025	1810 bis 2010	1900 bis 2100	2070 bis 2260								
> 1,30 bis 1,40	±0,025	1790 bis 1970	1870 bis 2070	2060 bis 2250								
> 1,40 bis 1,60		1760 bis 1940	1840 bis 2030	2040 bis 2220	45	45	45					
> 1,60 bis 2,00		1720 bis 1890	1790 bis 1970	2000 bis 2180								
> 2,00 bis 2,50	±0,035	1670 bis 1820	1750 bis 1900	1970 bis 2140	42	42	42					
> 2,50 bis 2,70		1640 bis 1790	1720 bis 1870	1950 bis 2120								
> 270 bis 3,00		1620 bis 1770	1700 bis 1850	1930 bis 2100	40	40	40					
> 3,00 bis 3,20		1600 bis 1750	1680 bis 1830	1910 bis 2080								
> 3,20 bis 3,50		1580 bis 1730	1660 bis 1810	1900 bis 2060	38	38	38					
> 3,50 bis 4,00		1550 bis 1700	1620 bis 1770	1870 bis 2030							Drahtsorten FD und FD CrV: max. 1,0 % vom Drahtdurchmesser FD SiCr: max. 1,5 % vom Drahtdurchmesser	Drahtsorten FD und FD CrV: max. 1,0 % vom Drahtdurchmesser FD SiCr: max. 1,5 % vom Drahtdurchmesser
> 4,00 bis 4,20	±0,045	1540 bis 1690	1610 bis 1760	1860 bis 2020	35	35	35					
> 4,20 bis 4,50		1520 bis 1670	1590 bis 1740	1850 bis 2000								
> 4,50 bis 4,70		1510 bis 1660	1580 bis 1730	1840 bis 1990	32	32	32	● nach Vereinbarung	● nach Vereinbarung	● nach Vereinbarung		
> 4,70 bis 5,00		1500 bis 1650	1560 bis 1710	1830 bis 1980								
> 5,00 bis 5,60		1470 bis 1620	1540 bis 1690	1800 bis 1950	30	30	30					
> 5,60 bis 6,00		1460 bis 1610	1520 bis 1670	1780 bis 1930								
> 6,00 bis 6,50	±0,060	1440 bis 1590	1510 bis 1660	1760 bis 1910								
> 6,50 bis 7,00		1430 bis 1580	1500 bis 1650	1740 bis 1890								
> 7,00 bis 8,00		1400 bis 1550	1480 bis 1630	1710 bis 1860	–	–	–					
> 8,00 bis 8,50		1380 bis 1530	1470 bis 1620	1700 bis 1850								
> 8,50 bis 10,00	±0,070	1360 bis 1510	1450 bis 1600	1660 bis 1810								
> 10,00 bis 12,00	±0,070	1320 bis 1470	1430 bis 1580	1620 bis 1770								
> 12,00 bis 14,00	±0,090	1280 bis 1430	1420 bis 1570	1580 bis 1730								
> 14,00 bis 15,00	±0,090	1270 bis 1420	1410 bis 1560	1570 bis 1720								
> 15,00 bis 17,00	±0,12	1250 bis 1400	1400 bis 1550	1550 bis 1700								

| | Federdraht und Federband
aus nichtrostenden Stählen
Technische Lieferbedingungen | **DIN**
17 224 |

1 Anwendungsbereich

1.1 Diese Norm gilt für die nichtrostenden Stähle nach Tabelle 1, die derzeit üblicherweise kaltverfestigt in Form von Draht bis etwa 10 mm Durchmesser oder Band bis etwa 1,6 mm Dicke für die Fertigung von Federn und federnden Teilen, die Korrosionseinflüssen und mitunter leicht erhöhten Temperaturen (siehe Abschnitt A. 1) ausgesetzt sind, verwendet werden. Sie gilt jedoch nicht für aus Draht gewalztes Flachzeug, sogenannten Flachdraht.

1.2 Außer den Stählen nach Tabelle 1 werden auch einige der in DIN 17 440 behandelten Stahlsorten, allerdings in wesentlich geringerem Umfang, für Federn verwendet.

1.3 Für andere Durchmesser- und Dickenbereiche als in Abschnitt 1.1 angegeben, können bei der Bestellung besondere Vereinbarungen getroffen werden.

1.4 Bei Lieferungen nach dieser Norm gelten ebenfalls die allgemeinen technischen Lieferbedingungen nach DIN 17 010.

2 Begriff

Als **nichtrostend** gelten Stähle, die sich durch besondere Beständigkeit gegenüber chemisch angreifenden Stoffen auszeichnen; sie haben im allgemeinen einen Chromgehalt von mindestens 12 %.

Die in dieser Norm behandelten **nichtrostenden Federstähle** haben jedoch einen Chromgehalt von mindestens 16 % und einen Nickelgehalt von mindestens 6,0 %, da erst diese Gehalte an Legierungselementen die für Erzeugnisse nach dieser Norm angestrebte Beständigkeit gegen Korrosionseinflüsse ergeben. Ihr Federungsvermögen erhalten sie durch eine Kaltverfestigung und/oder eine Wärmebehandlung.

3 Maße und zulässige Maßabweichungen

3.1 Für Draht gilt DIN 2076 Maßgenauigkeitsklasse C, sofern bei der Bestellung nichts anderes vereinbart wird.

3.2 Für Band gilt DIN 59 381, sofern keine besondere Vereinbarung getroffen wird.

3.3 Kaltgewalzte Stahlbänder für Federn werden, wenn in der Bestellung nicht anders vereinbart, mit geschnittenen Kanten (GK) geliefert. Auf besondere Vereinbarung können die Bänder auch mit Naturkanten (NK) oder mit Sonderkanten (SK), z. B. mit entgrateten oder gerundeten Kanten, geliefert werden.

4 Gewichtserrechnung

Das Nenngewicht der Stähle X 12 CrNi 17 7 (1.4310) und X 7 CrNiAl 17 7[1]) (1.4568) ist mit einer Dichte von 7,90 kg/dm^3, das Nenngewicht des Stahles X 5 CrNiMo 18 10 (1.4401)[1]) mit einer Dichte von 7,95 kg/dm^3 zu errechnen.

5 Bezeichnungen

5.1 Bezeichnung der Stahlsorten

Die Kurznamen für die Stahlsorten sind entsprechend Abschnitt 2.1.2.2 der Erläuterungen zum DIN-Normenheft 3, die Werkstoffnummern nach DIN 17 007 Teil 2 gebildet worden.

5.2 Bestellbezeichnung

In der Bestellung sind die Menge, die Erzeugnisform, die Maßnorm, der Kurzname oder die Werkstoffnummer der gewünschten Stahlsorte, der Lieferzustand (siehe Abschnitt 7.2.2), die Nummer dieser Norm, die Maße sowie, wenn erforderlich, die Kantenbeschaffenheit (siehe Abschnitt 3.3) anzugeben.

Die Bestellbezeichnung ist entsprechend den in den Maßnormen angegebenen Beispielen zu bilden.

7.4 Mechanische Eigenschaften

7.4.1 Für die Zugfestigkeit gelten bei federhartgezogenem Draht die Angaben in Tabelle 3, bei federhartgewalztem Band die Angaben der Tabelle 4 (siehe auch Abschnitt A. 2 und die Bilder A. 1 bis A. 4).

7.4.2 Der größte Unterschied der Zugfestigkeit in einem Ring, in einer Spule oder in einer Rolle darf unabhängig vom Gewicht des Ringes, der Spule oder der Rolle bei Draht mit Durchmessern unter 1,6 mm und bei Band höchstens 100 N/mm^2, bei Draht ab 1,6 mm Durchmesser höchstens 70 N/mm^2 betragen.

7.5 Technologische Eigenschaften

7.5.1 Bei Draht mit Durchmessern bis 1,5 mm muß nach dem Auseinanderziehen und Rückfedern der nach Abschnitt 8.5.3 gewickelten Schraubenfedern die Steigung der Windungen gleichmäßig sein.

7.5.2 Draht mit Durchmessern über 1,5 bis 10 mm muß im Verwindeversuch (durchgeführt als Wechselverwindeversuch) den Anforderungen nach Abschnitt 8.5.4 genügen.

7.5.3 Band darf bei Prüfung nach Abschnitt 8.5.5 und bei Verwendung der Biegedornhalbmesser nach Tabelle 5 keine mit bloßem Auge erkennbaren Risse aufweisen.

7.6 Oberflächenbeschaffenheit

7.6.1 Die Oberfläche von Draht soll möglichst frei von Riefen sein. Beim Verwindeversuch (Wechselverwindeversuch) nach Abschnitt 8.5.4 dürfen keine Risse zeigen.

Wenn, z. B. für Erzeugnisse, die für höher dynamisch beanspruchte Federn vorgesehen sind, vorstehende Anforderungen an die Oberflächenbeschaffenheit nicht ausreichen, sind besondere Vereinbarungen bei der Bestellung zu treffen.

7.6.2 Die Oberfläche von Band muß blank und metallisch rein sein, jedoch berechtigen Ölrückstände vom Kaltwalzen nicht zur Beanstandung. Poren, Riefen, Narben und Kratzer sind nur in so geringem Umfang zulässig, daß bei Betrachten mit bloßem Auge das einheitlich glatte Aussehen nicht wesentlich beeinträchtigt scheint.

---

[1]) neue Bezeichnung X 5 CrNiMo 17 12 2

Tabelle 1. **Chemische Zusammensetzung der Stähle (Schmelzenanalyse)**

Stahlsorte		Chemische Zusammensetzung [1] in Gew.-%						
Kurzname	Werkstoff-nummer	C max.	Si max.	Mn max.	Al	Cr	Mo	Ni
X 12 CrNi 17 7	1.4310	0,12	1,5	2,0	–	16,0 bis 18,0	≦ 0,8	6,0 bis 9,0
X 5 CrNiMo 18 10*)	1.4401	0,07	1,0	2,0	–	16,5 bis 18,5	2,0 bis 2,5	10,5 bis 13,5
X 7 CrNiAl 17 7	1.4568	0,09	1,0	1,0	0,75 bis 1,50	16,0 bis 18,0	–	6,5 bis 7,75

[1] Für alle Sorten ≦ 0,045 % P und ≦ 0,030 % S.

A. 7.2.2 Vor der Wärmebehandlung sind die Federn gründlich zu reinigen. Sind die bei der Wärmebehandlung entstehenden Anlauffarben aus optischen Gründen oder wegen der Korrosionsbeständigkeit unzulässig, so kann die Wärmebehandlung z. B. unter Schutzgas durchgeführt oder eine sonstige geeignete, die Federeigenschaften nicht wesentlich beeinträchtigende Oberflächenbehandlung angewendet werden.

Tabelle A. 1. **Anhaltsangaben für den Elastizitäts- und Schubmodul von Draht und Band (Mittelwerte)** [1], [2], [3]

Stahlsorte		Elastizitätsmodul [1] im		Schubmodul [2] im	
Kurzname	Werkstoff-nummer	Lieferzustand K | Zustand K + A [4]		Lieferzustand K | Zustand K + A [5]	
		kN/mm²		kN/mm²	
X 12 CrNi 17 7	1.4310	185	195	70	73
X 5 CrNiMo 18 10*)	1.4401	180	190	68	71
X 7 CrNiAl 17 7	1.4568	195	200	73	78

[1] Die Anhaltsangaben für den Elastizitätsmodul gelten für Messungen an Längsproben im Zugversuch nach DIN 50 145 bei einer mittleren Zugfestigkeit von 1800 N/mm²; bei einer mittleren Zugfestigkeit von 1300 N/mm² liegen die Werte um 6 kN/mm² niedriger. Zwischenwerte können interpoliert werden.

[2] Die Anhaltsangaben für den Schubmodul gelten für Messungen mittels Torsionspendel an Drähten mit ≦ 2,8 mm Durchmesser bei einer mittleren Zugfestigkeit von 1800 N/mm²; bei einer mittleren Zugfestigkeit von 1300 N/mm² liegen die Werte um 2 kN/mm² niedriger. Zwischenwerte können interpoliert werden. Mittels Elastomat ermittelte Werte sind nicht immer mit den mit dem Torsionspendel ermittelten Werten vergleichbar.

[3] An der fertigen Feder können niedrigere Werte ermittelt werden. Das ist bei der Berechnung der Feder zu berücksichtigen.

[4] Siehe Tabellen 3, 4 und A. 2 sowie Bilder A. 1 und A. 2.

[5] Siehe Tabellen 3 und A. 2 sowie Bild A. 1.

*) neue Bezeichnung X 5 CrNiMo 17 12 2

Tabelle A. 2. Hinweise für die Wärmebehandlung von Federn aus Draht und Band ¹)

Stahlsorte		Zustand	Wärmebehandlung ²)								
			Anlassen oder einfaches Warmauslagern			zweifaches Warmauslagern					
						1. Auslagerung			2. Auslagerung		
Kurzname	Werkstoff-nummer		Temperatur °C	Dauer	Abkühlungs-mittel	Temperatur °C	Dauer min	Abkühlungs-mittel	Temperatur °C	Dauer	Abkühlungs-mittel
X 12 CrNi 17 7	1.4310	K + A	250 bis 450	30 min bis 24 h	Luft						
X 5 CrNiMo 18 10*)	1.4401	K + A	250 bis 450	30 min bis 24 h	Luft						
X 7 CrNiAl 17 7	1.4568	K + warm-auslagern	480 bis 550	1 bis 2 h	Luft						
	1.4568	lösungsgeglüht + zweifaches Warm-auslagern ³)				760 bis 820	30 bis 40	in Wasser/ Luft auf < 12 °C ⁴)	480 bis 550	1 bis 2 h	Luft

¹) Siehe hierzu die Zuordnung der Zugfestigkeitserhöhung in den Tabellen 3 und 4 bzw. Bild A. 1 bis A. 4.
²) Die optimalen Wärmebehandlungsbedingungen können sehr unterschiedlich sein. Der Federnhersteller hat die Wärmebehandlungsbedingungen zweckentsprechend auszuwählen (siehe auch Abschnitt A. 7.2).
³) Die erzielbaren Eigenschaften sind mit Ausnahme von Draht bis rund 0,4 mm Durchmesser und Band bis rund 0,15 mm Dicke weitgehend unabhängig von den Maßen des Erzeugnisses. Bei sehr dünnem Draht und Band bewirkt eine zweifache Wärmebehandlung nur eine verhältnismäßig geringe Steigerung der Zugfestigkeit.
⁴) Falls eine höhere Zugfestigkeitssteigerung als in den Bildern A. 3 und A. 4 angegeben angestrebt wird, können niedrigere Höchsttemperaturen angebracht sein.

*) neue Bezeichnung X 5 CrNiMo 17122

Tabelle 3. Zugfestigkeit und Brucheinschnürung von Draht im federhartgezogenen Zustand (K) sowie zusätzlich für Stahl X 7 CrNiAl 17 7 (1.4568) im lösungsgeglühten Zustand

Stahlsorte Kurzname	Werkstoff-nummer	Liefer-zustand	Zugfestigkeit [1], [2], [3] bei einem Durchmesser in mm — N/mm²											Anhaltswerte für die Erhöhung der Zugfestigkeit durch Anlassen bzw. Warmauslagern (siehe Tabelle A. 2) N/mm²	Bruch-einschnürung bei Durchmessern über 1,5 bis 10,0 mm %
			bis 0,2	über 0,2 bis 0,4	über 0,4 bis 0,7	über 0,7 bis 1,0	über 1,0 bis 1,5	über 1,5 bis 2,0	über 2,0 bis 2,8	über 2,8 bis 4,0	über 4,0 bis 6,0	über 6,0 bis 8,0	über 8,0 bis 10,0		
X 12 CrNi 17 7	1.4310	K	2200 bis 2450	2100 bis 2350	2000 bis 2250	1900 bis 2150	1800 bis 2050	1700 bis 1950	1600 bis 1850	1500 bis 1750	1400 bis 1650	1300 bis 1550	1250 bis 1500	60 bis 200 [4]	>40
X 5 CrNiMo 18 10*)	1.4401	K	1650 bis 1900	1600 bis 1850	1600 bis 1850	1500 bis 1750	1400 bis 1650	1350 bis 1600	1300 bis 1550	1200 bis 1450	1100 bis 1350	1050 bis 1300	–	60 bis 150 [4]	
X 7 CrNiAl 17 7	1.4568	K	2000 bis 2250	1950 bis 2200	1850 bis 2100	1800 bis 2050	1700 bis 1950	1600 bis 1850	1500 bis 1750	1400 bis 1650	1300 bis 1550	–	–	260 bis 400 [4]	
		lösungs-geglüht	800 bis 1000											[5]	

[1] Nach dem Richten zu Stäben liegt die Zugfestigkeit bis etwa 10 % niedriger. Durch Anlassen oder Warmauslagern kann der Festigkeitsabfall nahezu ausgeglichen werden.

[2] Für Draht mit hoher Umformungsbeanspruchung können niedrigere Zugfestigkeitswerte vereinbart werden.

[3] Bei der Bestellung kann eine engere Spanne vereinbart werden.

[4] Siehe auch Bild A. 1.

[5] Draht mit Durchmessern ab etwa 0,4 mm hat nach zweifachem Warmauslagern (lösungsgeglüht + zweifaches Warmauslagern in Tabelle A. 2) eine Zugfestigkeit von etwa 1300 bis 1450 N/mm²; nach der ersten Auslagerung beträgt die Zugfestigkeit etwa 950 bis 1100 N/mm² (siehe auch Bild A. 3).

*) neue Bezeichnung X 5 CrNiMo 17122

Tabelle 4. Zugfestigkeit von Band im federhartgewalzten Zustand (K) sowie zusätzlich für Stahl X 7 CrNiAl 17 7 (1.4568) im lösungsgeglühten Zustand

| Stahlsorte | | Liefer-zustand | Zugfestigkeit 1), 2) bei einer Banddicke in mm N/mm² | | | | | Anhaltswerte für die Erhöhung der Zugfestigkeit durch Anlassen bzw. Warmauslagern (siehe Tabelle A. 2) N/mm² |
Kurzname	Werkstoff-nummer		von 0,1 bis 0,25	über 0,25 bis 0,50	über 0,50 bis 0,75	über 0,75 bis 1,0	über 1,0 bis 1,6	
X 12 CrNi 17 7	1.4310	K 1	1700 bis 1900	1600 bis 1800	1500 bis 1700	1400 bis 1600	1350 bis 1550	50 bis 200 3)
		K 2	2000 bis 2200	1900 bis 2100	1750 bis 1950	1650 bis 1850	1550 bis 1750	
X 5 CrNiMo 18 10*)	1.4401	K	1300 bis 1500	1200 bis 1400	1100 bis 1300	1000 bis 1200	950 bis 1150	50 bis 150 3)
X 7 CrNiAl 17 7	1.4568	K	1600 bis 1800	1550 bis 1750	1450 bis 1650	1300 bis 1500	1100 bis 1300	200 bis 400 3)
		lösungs-geglüht	800 bis 1000					4)

1) Nach einem gegebenenfalls notwendigen Richten ist die Zugfestigkeit geringfügig niedriger. Durch Anlassen und Warmauslagern kann der Festigkeitsabfall ausgeglichen werden.
2) Für Band mit hoher Umformungsbeanspruchung können niedrigere Zugfestigkeitswerte vereinbart werden.
3) Siehe auch Bild A. 2.
4) Band in Dicken ab etwa 0,15 mm hat nach zweifachem Warmauslagern (lösungsgeglüht + zweifaches Warmauslagern in Tabelle A. 2) eine Zugfestigkeit von etwa 1300 bis 1450 N/mm²; nach der ersten Auslagerung beträgt die Zugfestigkeit etwa 950 bis 1100 N/mm² (siehe auch Bild A. 4).

Tabelle 5. Angaben für die Abkantbarkeit 1) von Band

| Stahlsorte | | Liefer-zustand | Abkantbarkeit 1) für Banddicke in mm | | | | | |
| Kurzname | Werkstoff-nummer | | 0,1 bis 0,50 zur Walzrichtung | | über 0,50 bis 0,75 bei einer Lage der Biegeachse zur Walzrichtung | | über 0,75 bis 0,9 2) zur Walzrichtung | |
			quer	längs 3)	quer	längs 3)	quer 3)	längs 3)
X 12 CrNi 17 7	1.4310	K 1	≦ 2,5	≦ 11	≦ 2,5	≦ 11	≦ 3,5	≦ 11
		K 2	≦ 3,5	≦ 13	≦ 5	≦ 13	≦ 5	≦ 14
X 5 CrNiMo 18 10*)	1.4401	K	≦ 3,5	≦ 13	≦ 4,5	≦ 14	≦ 4,5	≦ 14
X 7 CrNiAl 17 7	1.4568	K	≦ 7	≦ 20	≦ 7	≦ 20	≦ 7	≦ 20

1) Abkantbarkeit r/s (r = Biegedornhalbmesser, s = Banddicke).
2) Für größere Banddicken können noch keine Werte angegeben werden.
3) Da diese Werte weniger häufig verlangt werden und deshalb auch weniger gut belegt sind, und weil die Einhaltung dieser Werte nicht in allen Fällen erforderlich ist, handelt es sich um Anhaltsangaben. Wenn diese Werte von Bedeutung sind, sind „geltende Werte" gegebenenfalls zu vereinbaren.

*) neue Bezeichnung X 5 CrNiMo 17 12 2

Tabelle A. 3. Anhaltsangaben für die Federbiegegrenze ¹) von Band

| Stahlsorte | | Zustand ²) | Federbiegegrenze ¹) für Banddicke in mm | | | |
Kurzname	Werkstoff-nummer		N/mm²			
			0,1 bis 0,25	über 0,25 bis 0,50	über 0,50 bis 0,75	über 0,75 bis 1,0 ³)
X 12 CrNi 17 7	1.4310	K 1 + A	800 bis 1100	750 bis 1050	650 bis 950	600 bis 900
		K 2 + A	1100 bis 1400	1000 bis 1300	850 bis 1150	750 bis 1050
X 5 CrNiMo 18 10*)	1.4401	K + A	⁴)			
X 7 CrNiAl 17 7	1.4568	K + A	1600 bis 2200	1550 bis 2100	1450 bis 1850	1050 bis 1450

¹) Die Federbiegegrenze ist nach DIN 50 151 zu ermitteln.
²) Siehe Tabellen 4 und A. 2.
³) Für größere Banddicken können noch keine Werte angegeben werden.
⁴) Für diesen Stahl sind bisher keine Werte der Federbiegegrenze verlangt worden, so daß keine genügenden Unterlagen vorliegen.

*) neue Bezeichnung X 5 CrNiMo 17 122

	Nahtlose kreisförmige Rohre aus unlegierten Stählen für besondere Anforderungen Technische Lieferbedingungen	DIN 1629

1 Anwendungsbereich

1.1 Diese Norm gilt für nahtlose kreisförmige Rohre aus unlegierten Stählen nach Tabelle 2. Diese Rohre werden vor allem im Apparatebau, Behälterbau und Leitungsbau sowie im allgemeinen Maschinen- und Gerätebau verwendet. Der zulässige Betriebsüberdruck und die zulässige Betriebstemperatur sind in Tabelle 1 angegeben. (Die Festigkeitskennwerte der Rohre bei Temperaturen bis 300 °C sind im Anhang A genannt.)

Tabelle 1. **Zulässiger Betriebsüberdruck und zulässige Betriebstemperatur bei Rohren nach DIN 1629**

Außendurchmesser d_a mm	Zulässiger Betriebsüberdruck bar max.	Zulässige Betriebstemperatur °C max.	Bei Lieferung mit Bescheinigung
$d_a \leqq 219,1$	64		
$219,1 < d_a \leqq 660$	25	300[1]	DIN 50 049 – 2.2
$d_a > 660$	16		
Alle	160	300[1]	DIN 50 049 – 3.1 A oder DIN 50 049 – 3.1 B oder DIN 50 049 – 3.1 C

[1] Festigkeitskennwerte siehe Anhang A

3 Bezeichnung und Bestellung

Beispiele:

a) Bezeichnung eines nahtlosen Rohres nach DIN 2448 mit 168,3 mm Außendurchmesser und 4,5 mm Wanddicke nach dieser Norm aus Stahl St 52.0 (Werkstoffnummer 1.0421):

$$\text{Rohr DIN 2448} - 168,3 \times 4,5$$
$$\text{DIN 1629} - \text{St 52.0}$$

Beispiel für die Bestellung:

1000 m Rohr DIN 2448 – 168,3 × 4,5
DIN 1629 – St 52.0

in Festlängen von 8 m,
Bescheinigung DIN 50 049 – 3.1 B

4 Anforderungen

4.2 Lieferzustand

4.2.1 Die durch Warmformgebung hergestellten Rohre werden im Warmformgebungszustand geliefert. Um die Anforderungen an die mechanischen und technologischen Eigenschaften nach Tabelle 4 und Abschnitt 4.5 zu erfüllen, ist gegebenenfalls ein Normalglühen der Rohre vorzunehmen. Ist der letzte Formgebungsschritt bei der Rohrherstellung eine temperaturgeregelte Warmumformung, so gilt die Forderung nach einem Normalglühen als erfüllt, wenn hierdurch ein dem Normalglühen gleichwertiger Zustand sichergestellt ist.

4.2.3 Kaltgewalzte oder kaltgezogene Rohre werden anschließend normalgeglüht und in diesem Zustand geliefert.

4.5 Technologische Eigenschaften

Die Rohre müssen den Anforderungen der nach den Abschnitten 5.5.2 bis 5.5.4 vorgeschriebenen technologischen Prüfungen entsprechen. Bei diesen Prüfungen dürfen keine unzulässigen Fehler (z. B. Risse, Schalen, Überlappungen und Doppelungen) auftreten.

4.6 Schweißeignung und Schweißbarkeit

Die Rohre aus den Stahlsorten nach dieser Norm sind zum Gasschmelz-, Lichtbogen- und Abbrennstumpfschweißen sowie zum elektrischen Preßschweißen und zum Gaspreßschweißen geeignet.

Nach DIN 8528 Teil 1 ist jedoch die Schweißbarkeit nicht nur von der Stahlsorte, sondern auch von den Bedingungen beim Schweißen, von der Konstruktion und den Betriebsbedingungen des Bauteils abhängig.

4.8 Dichtheit

Die Rohre müssen unter den Prüfbedingungen nach Abschnitt 5.5.6 dicht sein.

461

Tabelle 2. **Chemische Zusammensetzung (Schmelzenanalyse) der Stähle für nahtlose kreisförmige Rohre für besondere Anforderungen**

Stahlsorte		Desoxidationsart	Chemische Zusammensetzung Massengehalt in %				Zusatz an stickstoffabbindenden Elementen (z. B. mindestens 0,020 % Al$_{gesamt}$)
		R beruhigt (einschließlich halbberuhigt)	C	P	S	N[1])	
Kurzname	Werkstoff-nummer	RR besonders beruhigt		max.			
St 37.0	**1.0254**	R	0,17	0,040	0,040	0,009[2])	–
St 44.0	**1.0256**	R	0,21	0,040	0,040	0,009[2])	–
St 52.0[3])	**1.0421**	RR	0,22	0,040	0,035	–	ja

[1]) Eine Überschreitung des angegebenen Höchstwertes ist zulässig, wenn je 0,001 % N ein um 0,005 % P unter dem angegebenen Höchstwert liegender Phosphorgehalt eingehalten wird. Der Stickstoffgehalt darf jedoch einen Wert von 0,012 % in der Schmelzenanalyse und von 0,014 % in der Stückanalyse nicht übersteigen.
[2]) Die angegebenen Höchstwerte gelten nicht, wenn die Stähle mit der Desoxidationsart RR (statt R) geliefert werden.
[3]) Der Gehalt darf 0,55 % Si und 1,60 % Mn in der Schmelzenanalyse bzw. 0,60 % Si und 1,70 % Mn in der Stückanalyse nicht übersteigen.

Tabelle 4. **Mechanische Eigenschaften der Rohre im Lieferzustand bei Raumtemperatur**
● Für Wanddicken über 65 mm sind die Werte bei der Bestellung zu vereinbaren.

Stahlsorte		Obere Streckgrenze R_{eH} für Wanddicken in mm			Zugfestigkeit R_m	Bruchdehnung A_5	
		≤ 16	> 16 ≤ 40	> 40 ≤ 65		längs	quer
Kurzname	Werkstoff-nummer	N/mm^2 min.			N/mm^2	% min.	
St 37.0	**1.0254**	235	225	215	350[2]) bis 480	25	23
St 44.0	**1.0256**	275[1])	265[1])	255[1])	420[2]) bis 550	21	19
St 52.0	**1.0421**	355	345	335	500[2]) bis 650	21	19

[1]) Für kaltgefertigte Rohre im Lieferzustand NBK (oberhalb des oberen Umwandlungspunktes unter Schutzgas oder im Vakuum geglüht) sind um 20 N/mm^2 niedrigere Mindestwerte der Streckgrenze zulässig.
[2]) Für kaltgefertigte Rohre im Lieferzustand NBK sind um 10 N/mm^2 niedrigere Mindestwerte der Zugfestigkeit zulässig.

4.9 Maße, längenbezogene Massen (Gewichte) und zulässige Abweichungen

4.9.1 Maße
Für die Außendurchmesser und Wanddicken der Rohre gilt DIN 2448.
Für die Längenarten der Rohre gilt Tabelle 5.

4.9.2 Zulässige Maßabweichungen
4.9.2.1 Für die zulässigen Abweichungen des Außendurchmessers d_a gelten die Angaben in Tabelle 6 (siehe Abschnitt 5.5.9).
●● Für die Rohrenden können auch die geringeren zulässigen Durchmesserabweichungen nach Tabelle 6 vereinbart werden.
4.9.2.2 Die zulässigen Wanddickenabweichungen sind in Tabelle 7 angegeben.
4.9.2.3 ●● In Sonderfällen können auf Vereinbarung bei der Bestellung nach diesen technischen Lieferbedingungen Rohre mit den zulässigen Abweichungen für Außendurchmesser und Wanddicke nach DIN 2391 Teil 1 geliefert werden.
4.9.2.4 Die zulässigen Längenabweichungen sind in Tabelle 5 enthalten.

4.9.3 Zulässige Formabweichungen
4.9.3.1 Rundheit
Die Rohre sollen möglichst kreisrund sein. Die Abweichung von der Rundheit muß innerhalb der zulässigen Abweichungen für den Außendurchmesser liegen.

4.9.3.2 Geradheit
Die Rohre sollen nach dem Auge gerade sein.
●● Besondere Anforderungen an die Geradheit können vereinbart werden.

4.9.4 Ausführung der Rohrenden
Die Rohrenden sollen einen zur Rohrachse senkrechten Trennschnitt aufweisen und gratfrei sein.
●● Auf Vereinbarung können Rohre mit $s ≥ 3,2$ mm mit für Stumpfschweißverbindungen vorbereiteten Rohrenden in folgender Ausführung geliefert werden:
– Der Anschrägwinkel der Fugenflanke beträgt $30°\,^{+\,5°}_{\,\,0}$.
– Die Steghöhe soll $(1,6 ± 0,8)$ mm betragen.
Andere Fugenflanken müssen besonders vereinbart werden

Tabelle 5. **Längenarten und zulässige Längenabweichungen**

Längenart		Zulässige Längenabweichungen mm
Herstelllänge [1]		[1]
Festlänge		± 500
Genaulängen	von ≦ 6 m	+ 10 / 0
	von > 6 m ≦ 12 m	+ 15 / 0
	von > 12 m	nach Vereinbarung

[1] Die Erzeugnisse werden in den bei der Herstellung anfallenden Längen geliefert. ● Diese Längen sind je nach Durchmesser, Wanddicke und Herstellerwerk unterschiedlich und bei der Bestellung zu vereinbaren.

Tabelle 6. **Zulässige Durchmesserabweichungen**

Außendurchmesser d_a mm	Zulässige Durchmesserabweichung	
	Rohrkörper und Rohrende	●● Rohrende bei besonderer Vereinbarung [1]
≦ 100	± 1 % d_a (jedoch ± 0,5 mm zulässig)	± 0,4 mm
100 < d_a ≦ 200	± 1 % d_a	± 0,5 % d_a
> 200	± 1 % d_a	± 0,6 % d_a [2]

[1] Auf einer Länge von rund 100 mm vom Rohrende entfernt.

[2] ●● Auf Vereinbarung bei der Bestellung kann die zulässige Abweichung auch auf den Innendurchmesser bezogen werden, wobei die Wanddickenabweichung berücksichtigt werden muß.

Tabelle 7. **Zulässige Wanddickenabweichungen**

	Zulässige Wanddickenabweichung bei Außendurchmessern d_a								
d_a ≦ 130 mm			130 mm < d_a ≦ 320 mm und Wanddicken s			320 mm < d_a ≦ 660 mm		
≦ 2 · s_n	2 · s_n < s ≦ 4 · s_n	> 4 · s_n	≦ 0,05 d_a	0,05 d_a < s ≦ 0,11 d_a	> 0,11 d_a	≦ 0,05 d_a	0,05 d_a < s ≦ 0,09 d_a	> 0,09 d_a
+ 15 % / − 10 %	+ 12,5 % / − 10 %	± 9 %	+ 17,5 % / − 12,5 %	± 12,5 %	± 10 %	+ 20 % / − 15 %	+ 15 % / − 12,5 %	+ 12,5 % / − 10 %

Anmerkung: s_n Normalwanddicke nach DIN 2448.

4.9.5 Längenbezogene Massen (Gewichte) und zulässige Abweichungen

Die Werte für die längenbezogenen Massen (Gewichte) der Rohre sind in DIN 2448 angegeben. Folgende Abweichungen von diesen Werten sind zulässig:

$+ \frac{12}{8}$ % für ein einzelnes Rohr,

$+ \frac{10}{5}$ % für eine Lieferung von mindestens 10 t.

5.7 Bescheinigungen über Materialprüfungen

5.7.1 Bei Rohren ohne Abnahmeprüfung wird eine Bescheinigung DIN 50 049 – 2.2 (Werkszeugnis) ausgestellt.

5.7.2 Bei Rohren mit Abnahmeprüfung wird je nach der Vereinbarung bei der Bestellung (siehe Abschnitt 5.1) eine Bescheinigung DIN 50 049 – 3.1 A (Abnahmeprüfzeugnis A), DIN 50 049 – 3.1 B (Abnahmeprüfzeugnis B) oder DIN 50 049 – 3.1 C (Abnahmeprüfzeugnis C) ausgestellt. Art und Umfang der Prüfungen, die Zuständigkeit für die Durchführung der Prüfungen und die Art der für die Prüfungen in Betracht kommenden Bescheinigungen sind in Tabelle 8 genannt. In jedem Fall ist die bei der Bestellung angegebene Technische Regel zu nennen.

5.7.3 In den Bescheinigungen ist die nach Abschnitt 6 vorgenommene Kennzeichnung der Rohre anzugeben.

Tabelle 8. **Übersicht über Prüfumfang und Bescheinigung über Materialprüfungen bei Rohren mit Abnahmeprüfzeugnis**
Probenentnahmestellen und Probenlage siehe Bild 1, Losgröße siehe Abschnitt 5.3.2

Prüfungen			Prüfumfang	Zuständig für die Durchführung der Prüfungen	Art der Bescheinigung über Materialprüfungen
Nr	Art	Abschnitt			
1	Zugversuch	5.4.1 5.5.1	1 Prüfrohr je Los, 1 Probe	nach Vereinbarung	DIN 50 049 3.1 A oder DIN 50 049 3.1 B oder DIN 50 049 3.1 C
2	Ringversuch[1]	5.4.2 5.5.2 5.5.3 5.5.4	An einem Ende des Prüf- rohres nach Nr 1 bei Wand- dicken $\leq$ 40 mm, 1 Probe	nach Vereinbarung	DIN 50 049 3.1 A oder DIN 50 049 3.1 B oder DIN 50 049 3.1 C
3	Dichtheitsprüfung	5.3.3.1 5.5.6	alle Rohre	Hersteller	DIN 50 049 2.1[2]
4	Oberflächen- besichtigung	5.5.7	alle Rohre	nach Vereinbarung	DIN 50 049 3.1 A oder DIN 50 049 3.1 B oder DIN 50 049 3.1 C
5	Maßkontrolle	5.5.8 5.5.9	alle Rohre	nach Vereinbarung	DIN 50 049 3.1 A oder DIN 50 049 3.1 B oder DIN 50 049 3.1 C
6	Stückanalyse[3]	5.4.3 5.5.5	nach Vereinbarung	Hersteller	DIN 50 049 3.1 B

[1] Angaben über die Maßbereiche für die Anwendung dieser Prüfungen siehe Tabelle 9
[2] Diese Bestätigung kann auch in der jeweils höheren Bescheinigung enthalten sein.
[3] Die Stückanalyse wird nur nach Vereinbarung zwischen Hersteller und Besteller durchgeführt.

Anhang
Festigkeitswerte der Rohre bei erhöhten Temperaturen für die Berechnung [1] [3]

Tabelle A. 1.

		Festigkeitskennwerte bei Berechnungstemperaturen von										
Stahlsorte		50 °C[2]			200 °C[2]			250 °C			300 °C		
		und Wanddicken										
Kurz- name	Werk- stoff- nummer	$\leq$ 16 mm	> 16 $\leq$ 40 mm	> 40 $\leq$ 65 mm	$\leq$ 16 mm	> 16 $\leq$ 40 mm	> 40 $\leq$ 65 mm	$\leq$ 16 mm	> 16 $\leq$ 40 mm	> 40 $\leq$ 65 mm	$\leq$ 16 mm	> 16 $\leq$ 40 mm	> 40 $\leq$ 65 mm
		N/mm²											
St 37.0	1.0254	235	225	215	185	175	170	165	155	150	140	135	130
St 44.0	1.0256	275	265	255	215	205	200	195	185	180	165	160	155
St 52.0	1.0421	355	345	335	245	235	230	225	215	210	195	190	185

[1] Die angegebenen Werte sind Anhaltswerte für die 0,2%-Dehngrenze und werden nicht nachgewiesen. Dies ist bei der Berechnung durch Einsetzen eines höheren Sicherheitsbeiwertes zu berücksichtigen (z. B. nach DIN 2413, Ausgabe Juni 1972, Abschnitt 4.1.2, für den Geltungsbereich II um 20%).
[2] Für einen Zwischenbereich über 50 °C bis unter 200 °C ist jedoch zwischen 20 °C (siehe Tabelle 4) und 200 °C linear zu interpolieren. Eine Aufrundung der Werte ist dabei nicht zulässig.
[3] Werte gelten auch für St 37.4, St 44.4 und St 52.4 nach DIN 1630 sowie im Abmessungsbereich bis 40 mm auch für DIN 1626 und DIN 1628.

	Nahtlose kreisförmige Rohre aus unlegierten Stählen für besonders hohe Anforderungen Technische Lieferbedingungen	**DIN** **1630**

1 Anwendungsbereich

1.1 Diese Norm gilt für nahtlose kreisförmige Rohre aus unlegierten Stählen nach Tabelle 1. Diese Rohre werden vor allem im Apparatebau, Behälterbau und Leitungsbau sowie im allgemeinen Maschinen- und Gerätebau verwendet. Sie sind für besonders hohe Beanspruchungen vorgesehen. Für diese Rohre ist der zulässige Betriebsüberdruck üblicherweise nicht begrenzt. Die zulässige Betriebstemperatur beträgt höchstens 300 °C. (Die Festigkeitskennwerte der Rohre bei Temperaturen bis 300 °C sind im Anhang A genannt).

3 Bezeichnung und Bestellung

Beispiele:

a) Bezeichnung eines nahtlosen Rohres nach DIN 2448 mit 168,3 mm Außendurchmesser und 4,5 mm Wanddicke nach dieser Norm aus Stahl St 52.4 (Werkstoffnummer 1.0581):

Rohr DIN 2448 – 168,3 × 4,5

DIN 1630 – St 52.4

Beispiel für die Bestellung:

1000 m Rohr DIN 2448 – 168,3 × 4,5
DIN 1630 – St 52.4

in Festlängen von 8 m,
Bescheinigung DIN 50 049 – 3.1 B

4 Anforderungen

4.2 Lieferzustand

4.2.1 Die durch Warmformgebung hergestellten Rohre werden im Warmformgebungszustand geliefert. Um die Anforderungen an die mechanischen und technologischen Eigenschaften nach Tabelle 3 und Abschnitt 4.5 zu erfüllen, ist gegebenenfalls ein Normalglühen der Rohre vorzunehmen.

Ist der letzte Formgebungsschritt bei der Rohrherstellung eine temperaturgeregelte Warmumformung, so gilt die Forderung nach einem Normalglühen als erfüllt, wenn hierdurch ein dem Normalglühen gleichwertiger Zustand sichergestellt ist.

4.2.3 Kaltgewalzte oder kaltgezogene Rohre werden anschließend normalgeglüht und in diesem Zustand geliefert.

4.5 Technologische Eigenschaften

Die Rohre müssen den Anforderungen der nach den Abschnitten 5.5.3 bis 5.5.5 vorgeschriebenen technologischen Prüfungen entsprechen. Bei diesen Prüfungen dürfen keine unzulässigen Fehler (z. B. Risse, Schalen, Überlappungen und Dopplungen) auftreten.

4.6 Schweißeignung und Schweißbarkeit

Die Rohre aus den Stahlsorten nach dieser Norm sind zum Gasschmelz-, Lichtbogen- und Abbrennstumpfschweißen sowie zum elektrischen Preßschweißen und zum Gaspreßschweißen geeignet.

4.8 Dichtheit

Die Rohre müssen unter den Prüfbedingungen nach Abschnitt 5.5.7 dicht sein.

4.10 Maße, längenbezogene Massen (Gewichte) und zulässige Abweichungen

4.10.1 Maße

Für die Außendurchmesser und Wanddicken der Rohre gilt DIN 2448.

Zulässige Maß- und Formabweichungen siehe DIN 1629, Pkt. 4.9, Seite 462.

5.7 Bescheinigungen über Materialprüfungen

5.7.1 Bei den Rohren nach dieser Norm wird je nach der Vereinbarung bei der Bestellung (siehe Abschnitt 5.1) eine Bescheinigung DIN 50 049 – 3.1 A (Abnahmeprüfzeugnis A), DIN 50 049 – 3.1 B (Abnahmeprüfzeugnis B) oder DIN 50 049 – 3.1 C (Abnahmeprüfzeugnis C) ausgestellt. Art und Umfang der Prüfungen, die Zuständigkeit für die Durchführung der Prüfungen und die Art der für die Prüfungen in Betracht kommenden Bescheinigungen sind in Tabelle 7 genannt. In jedem Fall ist die bei der Bestellung angegebene Technische Regel zu nennen.

Tabelle 1. **Chemische Zusammensetzung (Schmelzenanalyse) der Stähle für nahtlose kreisförmige Rohre für besonders hohe Anforderungen**

Stahlsorte		Desoxidationsart (RR besonders beruhigt)	Chemische Zusammensetzung Massengehalt in %					Zusatz an stickstoffabbindenden Elementen (z. B. mindestens 0,020 % Al_{gesamt})
Kurzname	Werkstoff- nummer		C	Si	Mn	P	S	
			max.			max.		
St 37.4	1.0255	RR	0,17	0,35	≧ 0,35	0,040	0,040	ja
St 44.4	1.0257	RR	0,20	0,35	≧ 0,40	0,040	0,040	ja
St 52.4	1.0581	RR	0,22	0,55	≦ 1,60	0,040	0,035	ja

Tabelle 3. **Mechanische Eigenschaften der Rohre im Lieferzustand bei Raumtemperatur**

● Für Wanddicken über 65 mm sind die Werte bei der Bestellung zu vereinbaren.

Stahlsorte		Obere Streckgrenze R_{eH} für Wanddicken in mm			Zugfestigkeit R_m	Bruchdehnung A_5		Kerbschlagarbeit[1]) (ISO-Spitzkerbproben bei + 20 °C)	
		≤ 16	$>16\leq40$	$>40\leq65$		längs	quer	längs	quer
Kurzname	Werkstoff-nummer	N/mm² min.			N/mm²	% min.		J min.	
St 37.4	1.0255	235	225	215	350³) bis 480	25	23	43	27
St 44.4	1.0257	275²)	265²)	255²)	420³) bis 550	21	19	43	27
St 52.4	1.0581	355	345	335	500³) bis 650	21	19	43	27

1) Mittelwert aus drei Proben, wobei nur ein Einzelwert den angegebenen Mindestwert um höchstens 30% unterschreiten darf.

2) Für kaltgefertigte Rohre im Lieferzustand NBK (oberhalb des oberen Umwandlungspunktes unter Schutzgas oder im Vakuum geglüht) sind um 20 N/mm² niedrigere Mindestwerte der Streckgrenze zulässig.

3) Für kaltgefertigte Rohre im Lieferzustand NBK sind um 10 N/mm² niedrigere Mindestwerte der Zugfestigkeit zulässig.

Tabelle 7. **Übersicht über Prüfumfang und Bescheinigungen über Materialprüfungen**
Probenentnahmestellen und Probenlage siehe Bild 1, Losgröße siehe Abschnitt 5.3.1

Nr	Prüfungen Art	Ab-schnitt	Prüfumfang	Zuständig für die Durchführung der Prüfungen	Art der Bescheinigung über Materialprüfungen
1	Zugversuch	5.4.1 5.5.1	1 Prüfrohr je Los, 1 Probe	nach Vereinbarung	DIN 50 049 – 3.1 A oder DIN 50 049 – 3.1 B oder DIN 50 049 – 3.1 C
2	Kerbschlag-biegeversuch	5.4.2 5.5.2	An einem Ende des Prüf-rohres nach Nr 1 (bei ≥ 10 mm Wanddicke) 1 Satz aus 3 Einzelproben	nach Vereinbarung	DIN 50 049 – 3.1 A oder DIN 50 049 – 3.1 B oder DIN 50 049 – 3.1 C
3	Ringversuch[1])	5.4.3 5.5.3 5.5.4 5.5.5	An einem Ende jeder Walz-länge bzw. an einem Ende jeder Teillänge bei Wand-dicken ≤ 40 mm, 1 Probe	nach Vereinbarung	DIN 50 049 – 3.1 A oder DIN 50 049 – 3.1 B oder DIN 50 049 – 3.1 C
4	Zerstörungsfreie Prüfung der Rohrenden	5.3.1 5.5.9	Bei Wanddicken > 40 mm an den Rohrenden auf einer Länge von 25 mm	Hersteller	DIN 50 049 – 2.1²)
5	Dichtheitsprüfung	5.3.2.1 5.5.7	alle Rohre	Hersteller	DIN 50 049 – 2.1²)
6	Oberflächen-besichtigung	5.5.8	alle Rohre	nach Vereinbarung	DIN 50 049 – 3.1 A oder DIN 50 049 – 3.1 B oder DIN 50 049 – 3.1 C
7	Maßkontrolle	5.5.10 5.5.11	alle Rohre	nach Vereinbarung	DIN 50 049 – 3.1 A oder DIN 50 049 – 3.1 B oder DIN 50 049 – 3.1 C
8	Stückanalyse³)	5.4.4 5.5.6	nach Vereinbarung	Hersteller	DIN 50 049 – 3.1 B
9	Zerstörungsfreie Prüfung der Rohre	4.9 5.5.9	nach Vereinbarung	Hersteller	DIN 50 049 – 3.1 B

1) Angaben über die Maßbereiche für die Anwendung dieser Prüfungen siehe Tabelle 8.

2) Diese Bestätigung kann auch in der jeweils höheren Bescheinigung enthalten sein.

3) Die Stückanalyse wird nur nach Vereinbarung zwischen Hersteller und Besteller durchgeführt.

Werte wie St 37.0, St 44.0 und St 52.0 nach DIN 1629, Tabelle A 1

Anhang A

Festigkeitskennwerte der Rohre bei erhöhten Temperaturen für die Berechnung[1])

Tabelle A. 1.

Stahlsorte		Festigkeitskennwerte bei Berechnungstemperaturen von										
		50 °C[2])			200 °C[2])			250 °C			300 °C		
		und Wanddicken										
Kurz-name	Werk-stoff-nummer	≤16 mm	>16 ≤40 mm	>40 ≤65 mm	≤16 mm	>16 ≤40 mm	>40 ≤65 mm	≤16 mm	>16 ≤40 mm	>40 ≤65 mm	≤16 mm	>16 ≤40 mm	>40 ≤65 mm
		N/mm²											
St 37.4	**1.0255**	235	225	215	185	175	170	165	155	150	140	135	130
St 44.4	**1.0257**	275	265	255	215	205	200	195	185	180	165	160	155
St 52.4	**1.0581**	355	345	335	245	235	230	225	215	210	195˙	190	185

[1]) Die angegebenen Werte sind Anhaltswerte für die 0,2%-Dehngrenze und werden nicht nachgewiesen. Dies ist bei der Berechnung durch Einsetzen eines höheren Sicherheitsbeiwertes zu berücksichtigen (z. B. nach DIN 2413, Ausgabe Juni 1972, Abschnitt 4.1.2, für den Geltungsbereich II um 20%).

[2]) Für einen Zwischenbereich über 50 °C bis unter 200 °C ist jedoch zwischen 20 °C (siehe Tabelle 3) und 200 °C linear zu interpolieren. Eine Aufrundung der Werte ist dabei nicht zulässig.

		Nahtlose Stahlrohre Maße, längenbezogene Massen	$\overline{\text{DIN}}$ **2448**

1 Geltungsbereich

Diese Norm gilt für die Maße und die längenbezogenen Massen nahtloser Stahlrohre nach den Technischen Lieferbedingungen DIN 1629, DIN 1630, DIN 17172 und DIN 17175.

Sie gilt auch für weitere Technische Lieferbedingungen, in denen auf diese Norm Bezug genommen wird.

4 Maße

In der Tabelle der Maße und längenbezogenen Massen (Gewichte) sind die Rohr-Außendurchmesser in Übereinstimmung mit DIN ISO 4200 in drei Reihen angeordnet, die wie folgt definiert sind:

Reihe 1: Rohre, mit Außendurchmesser, für die alles zum Bau einer Rohrleitung nötige Zubehör, z. B. Formstücke zum Einschweißen, Flansche, Flanschformstücke, genormt sind bzw. genormt werden sollen.

Reihe 2: Rohre, mit Außendurchmesser, für die ein Großteil an Zubehör genormt ist, aber nicht alles.

Reihe 3: Rohre, mit Außendurchmesser für besondere Verwendungsgebiete, für die meist kein genormtes Zubehör vorhanden ist; im Laufe der Zeit kann der eine oder andere dieser Durchmesser zur Streichung vorgeschlagen werden.

Die fettgedruckten längenbezogenen Massen (Gewichte) weisen Rohre mit Außendurchmesser der Reihe 1 in Vorzugs-Wanddicken nach DIN ISO 4200 aus.

| Geschweißte kreisförmige Rohre aus unlegiertem Stahl
ohne besondere Anforderungen
Technische Lieferbedingungen | $\overline{\text{DIN}}$
1615 |

1 Anwendungsbereich

1.1 Diese Norm gilt für geschweißte kreisförmige Rohre aus dem unlegierten Stahl St 33 mit den in Tabelle 1 angegebenen mechanischen Eigenschaften. Diese Rohre sind nicht für Innendruckbeanspruchungen vorgesehen. Sie lassen sich nur bedingt biegen, bördeln und ähnlich umformen und sind nur mit Einschränkungen schweißgeeignet (siehe Abschnitt 3.4).

2 Bezeichnung und Bestellung

Beispiel:

Bezeichnung eines geschweißten Rohres nach DIN 2458 mit 168,3 mm Außendurchmesser und 4 mm Wanddicke nach dieser Norm aus Stahl St 33 (Werkstoffnummer 1.0035):

Rohr DIN 2458 – 168,3 × 4

DIN 1615 – St 33

Beispiel für die Bestellung:

1000 m Rohr DIN 2458 – 168,3 x 4

DIN 1615 – St 33

in Festlängen von 8 m

3 Anforderungen

3.1 Herstellverfahren

3.1.2 Als Ausgangserzeugnis für die Herstellung der Rohre wird Band oder Blech aus Stahl St 33 nach DIN 17 100 eingesetzt.

3.6 Maße, längenbezogene Massen (Gewichte) und zulässige Abweichungen

3.6.1 Maße

Für die Außendurchmesser und Wanddicken der Rohre gilt DIN 2458.

Zulässige Maß- und Formabweichungen wie DIN 1626, jedoch ohne besondere Vereinbarungen für die Rohrenden.

Tabelle 1. **Mechanische Eigenschaften der Rohre bei Raumtemperatur**

Stahlsorte		Obere Streckgrenze [1] R_{eH}	Zugfestigkeit R_m	Bruchdehnung A_5	
				längs	quer
Kurzname	Werkstoffnummer	N/mm^2 min.	N/mm^2	% min.	
St 33	1.0035	175	290–540	17	15

[1] Der Wert gilt für Wanddicken ≤ 25 mm.

Je nach den Schweißbedingungen und Betriebsbeanspruchungen sind Rohre aus Stahl St 33 mit Einschränkungen zum Lichtbogen- und Gasschmelzschweißen geeignet.

4 Bescheinigung über Materialprüfungen

●● Auf Vereinbarung wird vom Herstellerwerk in einer Bescheinigung DIN 50 049 – 2.1 (Werksbescheinigung) bestätigt, daß die Rohre den Anforderungen dieser Norm entsprechen.

Andere Bescheinigungen über Materialprüfungen kommen für Rohre nach dieser Norm nicht in Betracht.

Geschweißte kreisförmige Rohre aus unlegierten Stählen für besondere Anforderungen Technische Lieferbedingungen	D̲I̲N̲ 1626

1 Anwendungsbereich

1.1 Diese Norm gilt für geschweißte kreisförmige Rohre mit einer Längs- oder einer Schraubenliniennaht aus unlegierten Stählen nach Tabelle 2. Diese Rohre werden vor allem im Apparatebau, Behälterbau und Leitungsbau sowie im allgemeinen Maschinen- und Gerätebau verwendet. Der zulässige Betriebsüberdruck und die zulässige Betriebstemperatur sind in Tabelle 1 angegeben. (Die Festigkeitskennwerte der Rohre bei Temperaturen bis 300 °C sind im Anhang A genannt.)

Tabelle 1. **Zulässiger Betriebsüberdruck und zulässige Betriebstemperatur bei Rohren nach DIN 1626**

(Siehe DIN 1629, Tabelle 1, Seite 461.)

3 Bezeichnung und Bestellung

Beispiele:

a) Bezeichnung eines geschweißten Rohres nach DIN 2458 mit 168,3 mm Außendurchmesser und 4 mm Wanddicke nach dieser Norm aus Stahl St 52.0 (Werkstoffnummer 1.0421):

Rohr DIN 2458 – 168,3 × 4

DIN 1626 – St 52.0

Beispiel für die Bestellung:

1000 m Rohr DIN 2458 – 168,3 × 4
DIN 1626 – St 52.0
in Festlängen von 8 m,
Bescheinigung DIN 50 049 – 3.1 B,
Berechnungsspannung 90 %.

4 Anforderungen

4.1.3 Das Schweißen der Rohre ist so durchzuführen, daß die Schweißnaht durchgeschweißt ist und die Rohre den Anforderungen dieser Norm genügen. Die einwandfreie Schweißdurchführung ist zu überwachen.

Falls bei der Bestellung nichts vereinbart wurde, sind die Rohre bei Innendruckbeanspruchung für eine Ausnutzung der zulässigen Berechnungsspannung von 90 % in der Schweißnaht vorgesehen (Rohre mit dem Kennzeichen A, siehe Abschnitt 6).

●● Nach Vereinbarung bei der Bestellung können die Rohre für eine Innendruckbeanspruchung mit einer Ausnutzung der zulässigen Berechnungsspannung von 100 % in der Schweißnaht vorgesehen werden (Rohre mit dem Kennzeichen B, siehe Abschnitt 6). Diese Rohre müssen mit Abnahmeprüfzeugnis geliefert werden.

4.2 Lieferzustand

4.2.1 Die Rohre werden in dem durch das Herstellungsverfahren bedingten Zustand geliefert. Um die Anforderungen an die mechanischen und technologischen Eigenschaften nach Tabelle 4 und Abschnitt 4.5 zu erfüllen, ist bei preßgeschweißten Rohren gegebenenfalls ein Normalglühen der Rohre oder der Schweißverbindung vorzunehmen.

4.5 Technologische Eigenschaften

Die Rohre müssen den Anforderungen der nach den Abschnitten 5.5.2 bis 5.5.4 vorgeschriebenen technologischen Prüfungen entsprechen. Bei diesen Prüfungen dürfen keine unzulässigen Fehler (z. B. Risse, Schalen, Überlappungen und Dopplungen) auftreten.

Tabelle 2. **Chemische Zusammensetzung (Schmelzenanalyse) der Stähle für geschweißte kreisförmige Rohre für besondere Anforderungen**

Stahlsorte		Desoxidationsart U unberuhigt R beruhigt (einschließlich halbberuhigt) RR besonders beruhigt	Chemische Zusammensetzung Massengehalt in %				Zusatz an stickstoffabbindenden Elementen (z. B. mindestens 0,020 % Al$_{gesamt}$)
Kurzname	Werkstoff-nummer		C	P	S max.	N [1]	
USt 37.0	1.0253	U	0,20	0,040	0,040	0,007	–
St 37.0	1.0254	R	0,17	0,040	0,040	0,009 [2]	–
St 44.0	1.0256	R	0,21	0,040	0,040	0,009 [2]	–
St 52.0 [3]	1.0421	RR	0,22	0,040	0,035	–	ja

[1] Eine Überschreitung des angegebenen Höchstwertes ist zulässig, wenn je 0,001 % N ein um 0,005 % P unter dem angegebenen Höchstwert liegender Phosphorgehalt eingehalten wird. Der Stickstoffgehalt darf jedoch einen Wert von 0,012 % in der Schmelzenanalyse und von 0,014 % in der Stückanalyse nicht übersteigen.

[2] Die angegebenen Höchstwerte gelten nicht, wenn die Stähle mit der Desoxidationsart RR (statt R) geliefert werden.

[3] Der Gehalt darf 0,55 % Si und 1,60 % Mn in der Schmelzenanalyse bzw. 0,60 % Si und 1,70 % Mn in der Stückanalyse nicht übersteigen.

Tabelle 4. Mechanische Eigenschaften der Rohre im Lieferzustand bei Raumtemperatur
●● Für Wanddicken über 40 mm sind die Werte bei der Bestellung zu vereinbaren.

Stahlsorte		Obere Streckgrenze (R_{eH}) für Wanddicken in mm		Zugfestigkeit R_m	Bruchdehnung A_5		Biegedorndurchmesser für den technologischen Biegeversuch bei schmelzgeschweißten Rohren[1]
		≤ 16	$> 16 \leq 40$		längs-	quer	
Kurzname	Werkstoff-nummer	N/mm^2 min		N/mm^2	%	min	
USt 37.0	1.0253	235	–	350 bis 480	25	23	2 s
St 37.0	1.0254	235	225	350[3] bis 480	25	23	2 s
St 44.0	1.0256	275[2]	265[2]	420[3] bis 550	21	19	3 s
St 52.0	1.0421	355	345	500[3] bis 650	21	19	4 s

[1]) s Wanddicke des Rohres, Biegewinkel 180° (siehe Abschnitt 5.5.4).
[2]) Für kaltgefertigte Rohre im Lieferzustand NBK (oberhalb des oberen Umwandlungspunktes unter Schutzgas oder im Vakuum geglüht) sind um 20 N/mm² niedrigere Mindestwerte der Streckgrenze zulässig.
[3]) Für kaltgefertigte Rohre im Lieferzustand NBK sind um 10 N/mm² niedrigere Mindestwerte der Zugfestigkeit zulässig.

4.6 Schweißeignung und Schweißbarkeit

Die Rohre aus den Stahlsorten nach dieser Norm sind zum Gasschmelz-, Lichtbogen- und Abbrennstumpfschweißen sowie zum elektrischen Preßschweißen und zum Gaspreßschweißen geeignet.

4.8 Dichtheit

Die Rohre müssen unter den Prüfbedingungen nach Abschnitt 5.5.6 dicht sein.

4.10 Maße, längenbezogene Massen (Gewichte) und zulässige Abweichungen

4.10.1 Maße

Für die Außendurchmesser und Wanddicken der Rohre gilt DIN 2458.
Für die Längenarten der Rohre gilt Tabelle 5.

4.10.2 Zulässige Maßabweichungen

4.10.2.1 Für die zulässigen Abweichungen des Außendurchmessers d_a gelten die Angaben in Tabelle 6 (siehe Abschnitt 5.5.10).
●● Für die Rohrenden können auch die geringeren zulässigen Durchmesserabweichungen nach Tabelle 6 vereinbart werden.

4.10.2.2 Die zulässigen Abweichungen für die Wanddicke s betragen:

$$s \leq 3\,mm: \quad {}^{+\,0,30}_{-\,0,25}\,mm$$

$$3\,mm < s \leq 10\,mm: \quad {}^{+\,0,45}_{-\,0,35}\,mm \;[2]$$

$s > 10\,mm: \quad -0,50\,mm;$
die obere Grenze ist durch die zulässige Gewichtsabweichung gegeben.

4.10.2.3 ●● In Sonderfällen können auf Vereinbarung bei der Bestellung nach diesen technischen Lieferbedingungen Rohre mit den zulässigen Abweichungen für Außendurchmesser und Wanddicke nach DIN 2393 Teil 1 oder DIN 2394 Teil 1 geliefert werden.

4.10.2.4 Die zulässigen Längenabweichungen sind in Tabelle 5 enthalten.

Tabelle 5. Längenarten und zulässige Längenabweichungen

Längenart		Zulässige Längenabweichungen mm bei Außendurchmessern	
		≤ 500	> 500
Herstellänge [1]		[1]	[1]
Festlänge		± 500	± 500
Genau-längen	von $\leq 6\,m$	$^{+\,10}_{\;\;0}$	$^{+\,25}_{\;\;0}$
	von $> 6\,m \leq 12\,m$	$^{+\,15}_{\;\;0}$	$^{+\,25}_{\;\;0}$
	von $> 12\,m$	Nach Vereinbarung	Nach Vereinbarung

[1]) Die Erzeugnisse werden in den bei der Herstellung anfallenden Längen geliefert. ● Diese Längen sind je nach Durchmesser, Wanddicke und Herstellerwerk unterschiedlich und bei der Bestellung zu vereinbaren.

4.10.3 Zulässige Formabweichungen

4.10.3.1 Rundheit

Die Rohre sollen möglichst kreisrund sein. Die zulässige Abweichung von der Rundheit ist in Tabelle 6 angegeben. Die Abweichung R von der Rundheit (siehe Abschnitt 5.5.11) wird nach folgender Gleichung ermittelt:

$$R = 200 \cdot \frac{d_{amax} - d_{amin}}{d_{amax} + d_{amin}} \text{ in } \%,$$

dabei ist d_{amax} der größte gemessene Außendurchmesser, d_{amin} der kleinste gemessene Außendurchmesser.

4.10.3.2 Geradheit

Die Rohre sollen nach dem Auge gerade sein.
●● Besondere Anforderungen an die Geradheit können vereinbart werden.

Tabelle 6. **Zulässige Abweichungen vom Außendurchmesser und von der Rundheit**

Außendurchmesser d_a mm	Zulässige Durchmesserabweichung		Zulässige Abweichungen von der Rundheit Rohrkörper [2])
	Rohrkörper und Rohrende	●● Rohrende bei besonderer Vereinbarung [1])	
< 200	± 1% d_a (Werte bis ± 0,5 mm sind in jedem Fall zulässig)	± 0,5% d_a (Werte bis ± 0,3 mm sind in jedem Fall zulässig)	Innerhalb der zulässigen Durchmesserabweichung
200 ≤ d_a < 1000	± (0,5% d_a + 1) mm[3])	200 ≤ d_a < 325: ± 1,0 mm 325 ≤ d_a < 1000: ± 1,6 mm[4])	2% (für $\frac{d_a}{s}$ > 100 kann dieser
≥ 1000	± 6 mm[3])	nach Vereinbarung[4])	Wert nicht sichergestellt werden)

[1]) Auf einer Länge von rund 100 mm vom Rohrende entfernt.
[2]) Siehe Abschnitt 4.10.3.1.
[3]) ●● Auf Vereinbarung bei der Bestellung kann bei Rohren mit Außendurchmessern > 500 mm die zulässige Abweichung auch auf den Innendurchmesser bezogen werden, wobei die Wanddickenabweichung berücksichtigt werden muß.
[4]) ●● Auf Vereinbarung bei der Bestellung kann die zulässige Abweichung auch auf den Innendurchmesser bezogen werden, wobei die Wanddickenabweichung berücksichtigt werden muß.

Tabelle 7. **Übersicht über Prüfumfang und Bescheinigungen über Materialprüfungen bei Rohren mit Abnahmeprüfzeugnis** Probenentnahmestellen und Probenlage siehe Bild 1, Losgröße siehe Abschnitt 5.3.2

Nr	Prüfungen Art	Ab-schnitt	Prüfumfang Schmelzgeschweißte Rohre	Preßgeschweißte Rohre	Zuständig für die Durchführung der Prüfungen	Art der Bescheinigung über Materialprüfungen
1	Zugversuch	5.4.1 5.5.1	1 Prüfrohr je Los. 1 Probe am Grundwerkstoff bei ≤ 500 mm, zusätzlich 1 Probe quer zur Schweißnaht bei Außendurchmesser > 500 mm		nach Vereinbarung	DIN 50 049 – 3.1 A oder DIN 50 049 – 3.1 B oder DIN 50 049 – 3.1 C
		5.4.1.5	Für Bandverbindungsnähte schmelzgeschweißter Rohre an einem Prüfrohr je Los, 1 Probe			
2	Ringfalt- oder Aufweitversuch	5.4.2 5.4.3 5.5.2 5.5.3	–	An einem Ende des Prüfrohres nach Nr 1, 2 Proben für Ringfaltversuch bzw. 1 Probe für Aufweitversuch	nach Vereinbarung	DIN 50 049 – 3.1 A oder DIN 50 049 – 3.1 B oder DIN 50 049 – 3.1 C
3	Technologischer Biegeversuch	5.4.4 5.5.4	An einem Ende des Prüfrohres nach Nr 1, 2 Proben	–	nach Vereinbarung	DIN 50 049 – 3.1 A oder DIN 50 049 – 3.1 B oder DIN 50 049 – 3.1 C
4	Dichtheitsprüfung	5.3.4.1 5.5.8	alle Rohre		Hersteller	DIN 50 049 – 2.1 [1])
5	Oberflächenbesichtigung	5.5.7	alle Rohre		nach Vereinbarung	DIN 50 049 – 3.1 A oder DIN 50 049 – 3.1 B oder DIN 50 049 – 3.1 C
6	Zerstörungsfreie Prüfung der Schweißverbindung	5.5.8	alle Rohre		Hersteller	DIN 50 049 – 3.1 B
7	Maßkontrolle	5.5.9 5.5.10 5.5.11	alle Rohre		nach Vereinbarung	DIN 50 049 – 3.1 A oder DIN 50 049 – 3.1 B oder DIN 50 049 – 3.1 C
8	Stückanalyse [2])	5.4.5 5.5.5	nach Vereinbarung		Hersteller	DIN 50 049 – 3.1 B

[1]) Diese Bestätigung kann auch in der jeweils höheren Bescheinigung enthalten sein.
[2]) Die Stückanalyse wird nur nach Vereinbarung zwischen Hersteller und Besteller durchgeführt.

4.10.4 Zulässige Schweißnahtüberhöhung

a) Bei schmelzgeschweißten Rohren darf die Schweißnahtüberhöhung Δ_a in Abhängigkeit von der Wanddicke s folgende Werte nicht überschreiten:

$$s \leqq 8\,\text{mm} \ldots \Delta_a \leqq 2{,}5\,\text{mm}$$
$$8\,\text{mm} < s \leqq 14\,\text{mm} \ldots \Delta_a \leqq 3{,}0\,\text{mm}$$
$$14\,\text{mm} < s \leqq 40\,\text{mm} \ldots \Delta_a \leqq 4{,}0\,\text{mm}$$

b) Bei elektrisch preßgeschweißten Rohren darf bei Innendurchmessern $\geqq 20\,\text{mm}$ nach Abarbeiten des Stauchwulstes die Schweißnahtüberhöhung Δ_a innen 0,3 mm nicht überschreiten.

c) Bei feuerpreßgeschweißten Rohren darf die Schweißnahtüberhöhung Δ_a innen 0,3 mm + 0,05 · s nicht überschreiten.

4.10.5 Ausführung der Rohrenden

(Siehe DIN 1629, Pkt. 4.9.4, Seite 462.)

5.7 Bescheinigungen über Materialprüfungen

5.7.1 Bei Rohren ohne Abnahmeprüfung wird eine Bescheinigung DIN 50 049 – 2.2 (Werkszeugnis) ausgestellt.

5.7.2 Bei Rohren mit Abnahmeprüfung wird je nach der Vereinbarung bei der Bestellung (siehe Abschnitt 5.1) eine Bescheinigung DIN 50 049 – 3.1 A (Abnahmeprüfzeugnis A), DIN 50 049 – 3.1 B (Abnahmeprüfzeugnis B) oder DIN 50 049 – 3.1 C (Abnahmeprüfzeugnis C) ausgestellt. Art und Umfang der Prüfungen, die Zuständigkeit für die Durchführung der Prüfungen und die Art der für die Prüfungen in Betracht kommenden Bescheinigungen sind in Tabelle 7 genannt. In jedem Fall ist die bei der Bestellung angegebene Technische Regel zu nennen.

5.7.3 In den Bescheinigungen ist die nach Abschnitt 6 vorgenommene Kennzeichnung der Rohre anzugeben.

Anhang A

Festigkeitskennwerte der Rohre bei erhöhten Temperaturen für die Berechnung

Es gelten die Werte nach DIN 1629, Tabelle A 1 im Abmessungsbereich bis 40 mm, für USt 37.0 bis 16 mm.

| | Geschweißte kreisförmige Rohre aus unlegierten Stählen für besonders hohe Anforderungen
Technische Lieferbedingungen | **DIN**
1628 |

1 Anwendungsbereich

1.1 Diese Norm gilt für geschweißte kreisförmige Rohre mit einer Längs- oder einer Schraubenliniennaht aus unlegierten Stählen nach Tabelle 1. Diese Rohre werden vor allem im Apparatebau, Behälterbau und Leitungsbau sowie im allgemeinen Maschinen- und Gerätebau verwendet. Sie sind für besonders hohe Beanspruchungen vorgesehen. Für diese Rohre ist der zulässige Betriebsüberdruck üblicherweise nicht begrenzt. Die zulässige Betriebstemperatur beträgt höchstens 300 °C. (Die Festigkeitskennwerte der Rohre bei Temperaturen bis 300 °C sind im Anhang A genannt.)

3 Bezeichnung und Bestellung

Beispiele:

   a) Bezeichnung eines geschweißten Rohres nach DIN 2458 mit 168,3 mm Außendurchmesser und 4 mm Wanddicke nach dieser Norm aus Stahl St 52.4 (Werkstoffnummer 1.0581):

     Rohr DIN 2458 − 168,3 × 4

Beispiel für die Bestellung:

   1000 m Rohr DIN 2458 − 168,3 × 4
      DIN 1628 → St 52.4

   in Festlängen von 8 m,
   Bescheinigung DIN 50 049 − 3.1 B

4 Anforderungen

4.1.3 Das Schweißen der Rohre ist so durchzuführen, daß die Schweißnaht durchgeschweißt ist und die Rohre den Anforderungen dieser Norm genügen. Die einwandfreie Schweißdurchführung ist zu überwachen.

Die Rohre sind bei Innendruckbeanspruchung für eine Ausnutzung der zulässigen Berechnungsspannung von 100 % in der Schweißnaht vorgesehen.

4.2 Lieferzustand

(Siehe DIN 1626, Pkt. 4.2, Seite 470.)

4.5 Technologische Eigenschaften

Die Rohre müssen den Anforderungen der nach den Abschnitten 5.5.3 bis 5.5.5 vorgeschriebenen technologischen Prüfungen entsprechen. Bei diesen Prüfungen dürfen keine unzulässigen Fehler (z. B. Risse, Schalen, Überlappungen und Dopplungen) auftreten.

4.6 Schweißeignung und Schweißbarkeit

Die Rohre aus den Stahlsorten nach dieser Norm sind zum Gasschmelz-, Lichtbogen- und Abbrennstumpfschweißen sowie zum elektrischen Preßschweißen und zum Gaspreßschweißen geeignet.

4.8 Dichtheit

Die Rohre müssen unter den Prüfbedingungen nach Abschnitt 5.5.7 dicht sein.

4.10 Maße, längenbezogene Massen (Gewichte) und zulässige Abweichungen

4.10.1 Maße

Für die Außendurchmesser und Wanddicken der Rohre gilt DIN 2458.

Zulässige Maß- und Formabweichungen siehe DIN 1626, Seite 470.)

5.7 Bescheinigungen über Materialprüfungen

(Siehe DIN 1630, Pkt. 5.7, Seite 465.)

Für die Arten der Prüfungen gilt Tabelle 6.

Tabelle 1. **Chemische Zusammensetzung (Schmelzenanalyse) der Stähle für geschweißte kreisförmige Rohre für besonders hohe Anforderungen**

Stahlsorte		Desoxidationsart (RR besonders beruhigt)	Chemische Zusammensetzung Massengehalt in %					Zusatz an stickstoffabbindenden Elementen (z. B. mindestens 0,020 % Al$_{gesamt}$)
Kurzname	Werkstoffnummer		C max.	Si	Mn	P max.	S	
St 37.4	**1.0255**	RR	0,17	0,35	≧ 0,35	0,040	0,040	ja
St 44.4	**1.0257**	RR	0,20	0,35	≧ 0,40	0,040	0,040	ja
St 52.4	**1.0581**	RR	0,22	0,55	≦ 1,60	0,040	0,035	ja

Tabelle 3. **Mechanische Eigenschaften der Rohre im Lieferzustand bei Raumtemperatur**
● Für Wanddicken über 40 mm sind die Werte bei der Bestellung zu vereinbaren.

Stahlsorte		Obere Streckgrenze R_{eH} für Wanddicken in mm		Zugfestigkeit R_m	Bruchdehnung A_5		Biegedorn- durchmesser für den technologischen Biegeversuch bei schmelz- geschweißten Rohren[1])	Kerbschlagarbeit[2]) für den Grundwerkstoff (ISO-Spitzkerbproben bei + 20 °C)	
		$\leqq 16$	$> 16 \leqq 40$		längs	quer		längs	quer[3])
Kurzname	Werkstoff- nummer	N/mm² min.		N/mm²	% min.			J min.	
St 37.4	1.0255	235	225	350[5]) bis 480	25	23	2 s	43	27
St 44.4	1.0257	275[4])	265[4])	420[5]) bis 550	21	19	3 s	43	27
St 52.4	1.0581	355	345	500[5]) bis 650	21	19	4 s	43	27

[1]) s Wanddicke des Rohres, Biegewinkel 180° (siehe Abschnitt 5.5.5)

[2]) Mittelwert aus 3 Proben, wobei nur ein Einzelwert den angegebenen Mindestwert um höchstens 30% unterschreiten darf.

[3]) Diese Werte gelten auch bei der Prüfung der Kerbschlagarbeit in Schweißnahtmitte bei Rohren > 500 mm Außendurch- messer und $\geqq$ 10 mm Wanddicke.

[4]) Für kaltgefertigte Rohre im Lieferzustand NBK (oberhalb des oberen Umwandlungspunktes unter Schutzgas oder im Vakuum geglüht) sind um 20 N/mm² niedrigere Mindestwerte der Streckgrenze zulässig.

[5]) Für kaltgefertigte Rohre im Lieferzustand NBK sind um 10 N/mm² niedrigere Mindestwerte der Zugfestigkeit zulässig.

Tabelle 6. **Übersicht über Prüfumfang und Bescheinigungen über Materialprüfungen**
Probenentnahmestellen und Probenlage siehe Bild 1, Losgröße siehe Abschnitt 5.3.1

	Prüfungen		Prüfumfang		Zuständig für die Durchführung der Prüfungen	Art der Bescheinigung über Materialprüfungen
Nr	Art	Abschnitt	Schmelzgeschweißte Rohre	Preßgeschweißte Rohre		
1	Zugversuch	5.4.1 5.5.1	1 Prüfrohr je Los. 1 Probe am Grundwerkstoff bei ≦ 500 mm, zusätzlich 1 Probe quer zur Schweißnaht bei > 500 mm Außendurchmesser		nach Vereinbarung	DIN 50 049 – 3.1 A oder DIN 50 049 – 3.1 B oder DIN 50 049 – 3.1 C
		5.4.1.5	Für Bandverbindungsnähte schmelzgeschweißter Rohre an einem Prüfrohr je Los, 1 Probe			
2	Kerbschlagbiegeversuch	5.4.2 5.5.2	An einem Ende des Prüfrohres nach Nr 1 (bei ≧ 10 mm Wanddicke) 1 Satz aus 3 Einzelproben bei ≦ 500 mm, zusätzlich 1 Satz aus 3 Einzelproben mit Schweißnaht bei ≧ 500 mm Außendurchmesser		nach Vereinbarung	DIN 50 049 – 3.1 A oder DIN 50 049 – 3.1 B oder DIN 50 049 – 3.1 C
3	Ringfalt- oder Aufweitversuch	5.4.3.1 5.4.3.2 5.5.3 5.5.4	–	An einem Ende jeder Walz- oder Schnittlänge (max. 30 m) 1 Probe unabhängig vom Rohraußendurchmesser; Teillängen siehe Abschnitt 5.4.3.3	nach Vereinbarung	DIN 50 049 – 3.1 A oder DIN 50 049 – 3.1 B oder DIN 50 049 – 3.1 C
4	Technologischer Biegeversuch	5.4.4 5.5.5	An 2 Prüfrohren je Los, jeweils 2 Proben	–	nach Vereinbarung	DIN 50 049 – 3.1 A oder DIN 50 049 – 3.1 B oder DIN 50 049 – 3.1 C
5	Dichtheitsprüfung	5.3.3.1 5.5.7	alle Rohre		Hersteller	DIN 50 049 – 2.1[1])
6	Oberflächenbesichtigung	5.5.8	alle Rohre		nach Vereinbarung	DIN 50 049 – 3.1 A oder DIN 50 049 – 3.1 B oder DIN 50 049 – 3.1 C
7	Zerstörungsfreie Prüfung der Schweißnaht	5.5.9	alle Rohre		Hersteller	DIN 50 049 – 3.1 B
8	Maßkontrolle	5.5.10 5.5.11 5.5.12	alle Rohre		nach Vereinbarung	DIN 50 049 – 3.1 A oder DIN 50 049 – 3.1 B oder DIN 50 049 – 3.1 C
9	Stückanalyse[2])	5.4.5 5.5.6	nach Vereinbarung		Hersteller	DIN 50 049 – 3.1 B

[1]) Diese Bestätigung kann auch in der jeweils höheren Bescheinigung enthalten sein.
[2]) Die Stückanalyse wird nur nach Vereinbarung zwischen Hersteller und Besteller durchgeführt.

Anhang A

Festigkeitskennwerte der Rohre bei erhöhten Temperaturen für die Berechnung[1])

Werte wie St 37.0, St 44.0 und St 52.0 nach DIN 1629, Tabelle A 1, im Abmessungsbereich bis 40 mm.

	Geschweißte Stahlrohre Maße, längenbezogene Massen	**DIN** **2458**

1 Geltungsbereich

Diese Norm gilt für die Maße und die längenbezogenen massen geschweißter Stahlrohre nach den Technischen Lieferbedingungen DIN 1615, DIN 1626, DIN 1628, DIN 17172 und DIN 17177.

Sie gilt auch für weitere Technische Lieferbedingungen, in denen auf diese Norm Bezug genommen wird.

3 Bezeichnung, Bestellbezeichnung

Bestellbezeichnung von 1000 m geschweißte Stahlrohre nach dieser Norm aus St 37-2 von 273 mm Rohr-Außendurchmesser und 6,3 mm Wanddicke und der Technischen Lieferbedingung DIN 1626 Teil 3 mit Abnahmeprüfzeugnis 3.1 B nach DIN 50 049:

1000 m Rohr DIN 2458 — St 37-2 — 273 × 6,3 —
DIN 1626 Teil 3 — 3.1 B

4 Maße

In der Tabelle der Maße und der längenbezogenen Massen (Gewichte) sind die Rohr-Außendurchmesser in Übereinstimmung mit DIN ISO 4200 in drei Reihen angeordnet, die wie folgt definiert sind:

Reihe 1: Rohre, mit Außendurchmesser, für die alles zum Bau einer Rohrleitung nötige Zubehör, z. B. Formstücke zum Einschweißen, Flansche, Flanschformstücke, genormt sind bzw. genormt werden sollen.

Reihe 2: Rohre, mit Außendurchmesser, für die ein Großteil an Zubehör genormt ist, aber nicht alles.

Reihe 3: Rohre, mit Außendurchmesser für besondere Verwendungsgebiete, für die meist kein genormtes Zubehör vorhanden ist; im Laufe der Zeit kann der eine oder andere dieser Durchmesser zur Streichung vorgeschlagen werden.

Die fettgedruckten längenbezogenen Massen (Gewichte) weisen Rohre mit Außendurchmesser der Reihe 1 in Vorzugs-Wanddicken nach DIN ISO 4200 aus.

Nahtlose kreisförmige Rohre aus Feinkorn- baustählen für besondere Anforderungen Technische Lieferbedingungen	DIN 17 179

1 Anwendungsbereich

1.1 Diese Norm gilt für nahtlose kreisförmige Rohre aus Feinkornbaustählen nach Tabelle 1 für besondere Anforderungen. Diese Rohre werden vor allem verwendet im Druckbehälterbau, Apparatebau, Leitungsbau sowie im allgemeinen Maschinen- und Gerätebau. Für diese Rohre, die im Lieferzustand (siehe Abschnitt 5.2) Mindeststreckgrenzenwerte von 255 bis 460 N/mm², bezogen auf den untersten Wanddickenbereich nach Tabelle 3, aufweisen, ist die Betriebstemperatur auf höchstens 400 °C begrenzt.

3 Sorteneinteilung

3.1 Diese Norm umfaßt Rohre aus den in Tabelle 1 angegebenen Stahlsorten in vier Reihen:

a) Die Grundreihe (StE...),

b) die warmfeste Reihe (WStE...) mit Mindestwerten für die 0,2 %-Dehngrenze bei erhöhten Temperaturen (siehe Tabelle 4),

c) die kaltzähe Reihe (TStE...) mit Mindestwerten für die Kerbschlagarbeit bis zu Temperaturen von −50 °C (siehe Tabelle 5),

d) die kaltzähe Sonderreihe (EStE...) mit Mindestwerten fur die Kerbschlagarbeit bis zu Temperaturen von −60 °C (siehe Tabelle 5).

4 Bezeichnung und Bestellung

Beispiel: Bezeichnung eines nahtlosen Rohres nach DIN 2448 von 114,3 mm Außendurchmesser und 3,6 mm Wanddicke nach dieser Norm aus Stahl WStE 460 (Werkstoffnummer 1.8935):

Rohr DIN 2448 – 114,3×3,6 – DIN 17 179 – WStE 460

Beispiel für die Bestellung:

1000 m Rohr DIN 2448 – 114,3 × 3,6 – DIN 17 179 – WStE 460 in Festlängen von 8 m, Bescheinigung DIN 50 049 – 3.1 B

Tabelle 1. Chemische Zusammensetzung nach der Schmelzenanalyse (Rahmenangaben)

Stahlsorte		Massenanteil in %														
Kurzname	Werkstoff-nummer	C ≤	Si	Mn	P ≤	S ≤	N ≤	Al$_{ges}$[1]) ≥	Cr ≤	Cu ≤	Mo ≤	Ni ≤	Nb ≤	Ti ≤	V ≤	Nb+Ti+V ≤
StE 255	1.0461	0,18		0,50 bis 1,30	0,035	0,030										
WStE 255	1.0462	0,18			0,035	0,030										
TStE 255	1.0463	0,16			0,030	0,025										
EStE 255	1.1103	0,16			0,025	0,015							0,30	0,03	−	0,05
StE 285	1.0486	0,18	≤ 0,40	0,60 bis 1,40	0,035	0,030										
WStE 285	1.0487	0,18			0,035	0,030			0,30²)	0,20²)	0,08²)	−				
TStE 285	1.0488	0,16			0,030	0,025										
EStE 285	1.1104	0,16			0,025	0,015										
StE 355	1.0562	0,20	0,10 bis 0,50	0,90 bis 1,65	0,035	0,030										
WStE 355	1.0565	0,20			0,035	0,030	0,020	0,020				0,30⁴)			0,10	0,12
TStE 355	1.0566	0,18			0,030	0,025										
EStE 355	1.1106	0,18			0,025	0,015										
StE 420	1.8902				0,035	0,030										
WStE 420	1.8932		0,10 bis 0,60	1,00 bis 1,70	0,035	0,030						0,05				
TStE 420	1.8912	0,20			0,030	0,025			0,30	0,20³)	0,10	1,00	−⁵)	0,20	0,22	
EStE 420	1.8913				0,025	0,015										
StE 460	1.8905				0,035	0,030										
WStE 460	1.8935				0,035	0,030										
TStE 460	1.8915				0,030	0,025										
EStE 460	1.8918				0,025	0,015										

[1]) Wenn Stickstoff zusätzlich durch Niob, Titan oder Vanadin abgebunden wird, entfällt die Festlegung für den Mindestanteil an Aluminium.

²) Die Summe der Massenanteile der drei Elemente Chrom, Kupfer und Molybdän darf zusammen höchstens 0,45 % betragen.

³) Wird Kupfer als Legierungselement zugesetzt, darf der Massenanteil ≤0,70 % betragen.

⁴) Wird Nickel als Legierungselement zugesetzt, darf der Massenanteil ≤0,85 % betragen.

⁵) Wird Titan als Legierungselement zugesetzt, darf der Massenanteil ≤0,20 % betragen.

5 Anforderungen

5.2 Lieferzustand

5.2.1 Die Rohre werden im normalgeglühten Zustand geliefert.

Das Normalglühen der Rohre kann entfallen, wenn bei den Stahlsorten bis einschließlich 355 N/mm² Mindeststreckgrenze der letzte Formgebungsschritt bei der Rohrherstellung ein normalisierendes Umformen ist und hierdurch ein dem Normalglühen gleichwertiger Zustand sichergestellt ist (siehe Stahl-Eisen-Werkstoffblatt 082).

5.2.2 Rohre aus den Stahlsorten mit einer Mindeststreckgrenze ≥ 420 N/mm² können bei geringen Wanddicken und in Sonderfällen eine verzögerte Abkühlung oder ein zusätzliches Anlassen erfordern.

5.5 Schweißeignung

Die Rohre aus den Stahlsorten nach dieser Norm sind bei Beachtung der allgemeinen Regeln der Technik (siehe Stahl-Eisen-Werkstoffblatt 088) schweißgeeignet.

5.8 Dichtheit

Die Rohre müssen unter den Prüfbedingungen nach Abschnitt 6.3.7.1 dicht sein.

5.10 Maße, längenbezogene Massen (Gewichte), zulässige Abweichungen

5.10.1 Maße

5.10.1.1 Für die Außendurchmesser und Wanddicken der Rohre gilt DIN 2448.

Zulässige Maß- und Formabweichungen siehe DIN 1629, Pkt. 4.9, Seite 462.)
Bei Genaulängen erhöhen sich die zulässigen Längenabweichungen bei Außendurchmessern über 500 mm auf + 25 bzw. + 50 mm.

6.7 Bescheinigungen über Materialprüfungen

Siehe DIN 1630, Pkt. 5.7 und Tabelle 7. Für die Art der Prüfungen gilt zusätzlich: Schmelzanalyse für alle kennzeichnenden Elemente, Brucheinschnürung in Dickenrichtung nach Vereinbarung, Seiten 465 und 466.)

Tabelle 3. Mechanische Eigenschaften der Rohre für Wanddicken ≤ 65 mm[1]

| Stahlsorte | | | | | | | | Mechanische Eigenschaften | | | | | | | |
| Grundreihe | | Warmfeste Reihe | | Kaltzähe Reihe | | Kaltzähe Sonderreihe | | Obere Streckgrenze R_{eH}[2] für Wanddicken in mm, N/mm² min. | | | | | Zugfestigkeit R_m N/mm² | Bruchdehnung A_5 % min. längs | quer |
Kurzname	Werkstoffnummer	Kurzname	Werkstoffnummer	Kurzname	Werkstoffnummer	Kurzname	Werkstoffnummer	bis 12	über 12 bis 20	über 20 bis 40	über 40 bis 50	über 50 bis 65			
StE 255	1.0461	WStE 255	1.0462	TStE 255	1.0463	EStE 255	1.1103	255	245	235	225	225	360 bis 480[3]	25	23
StE 285	1.0486	WStE 285	1.0487	TStE 285	1.0488	EStE 285	1.1104	285	275	265	255	255	390 bis 510[3]	24	22
StE 355	1.0562	WStE 355	1.0565	TStE 355	1.0566	EStE 355	1.1106	355	345	335	325	325	490 bis 630[3]	22	20
StE 420	1.8902	WStE 420	1.8932	TStE 420	1.8912	EStE 420	1.8913	420	410	400	385	375	530 bis 680	21	19
StE 460	1.8905	WStE 460	1.8935	TStE 460	1.8915	EStE 460	1.8918	460	450	440	425	410	560 bis 730	19	17

[1] ● Für Wanddicken > 65 mm sind die Werte bei der Bestellung zu vereinbaren.
[2] Wenn keine ausgeprägte Streckgrenze auftritt, gelten die Werte für die 0,2 %-Dehngrenze.
[3] Eine Überschreitung der oberen Grenze um 20 N/mm² darf nicht beanstandet werden.

Tabelle 4. Werte für die 0,2 %-Dehngrenze bei erhöhten Temperaturen[1])

Stahlsorte Kurzname	Werkstoff- nummer	Wanddicke mm	0,2 %-Dehngrenze bei Prüftemperaturen von						
			100 °C	150 °C	200 °C	250 °C N/mm² min.	300 °C	350 °C	400 °C
WStE 255	1.0462	bis 20	226	206	186	167	137	118	108
		über 20 bis 50	216	196					
		über 50 bis 65	206	186	177	157	127	108	98
WStE 285	1.0487	bis 20	255	235	206	186	157	137	118
		über 20 bis 50	245	226					
		über 50 bis 65	235	216	196	177	147	127	108
WStE 355	1.0565	bis 20	304	284	255	235	216	196	167
		über 20 bis 50	294	275					
		über 50 bis 65	284	265	245	226	206	186	157
WStE 420	1.8932	bis 12	363	343	314	284	265	235	206
		über 12 bis 20	353	333					
		über 20 bis 50	343	324	304	275	255	226	196
		über 50 bis 65	333	314	294	265	245	216	186
WStE 460	1.8935	bis 12	402	373	343	314	294	265	235
		über 12 bis 20	392	363					
		über 20 bis 50	382	353	333	304	284	255	226
		über 50 bis 65	373	343	324	294	275	245	216

[1]) ● Für Wanddicken > 65 mm sind die Werte bei der Bestellung zu vereinbaren.

Tabelle 5. Anforderungen an die Kerbschlagarbeit bei Kerbschlagbiegeversuchen an ISO-Spitzkerbproben

Stahlsorten nach Tabellen 1 und 3 folgender Reihen	Proben- richtung[1])	Mindestwerte der Kerbschlagarbeit A_v für Wanddicken 10 $\leq s \leq$ 65 mm [1]) [2]) bei Prüftemperaturen in °C								
		−60	−50	−40	−30	−20 J	−10	0	+10	+20
Grundreihe und warmfeste Reihe	längs	−	−	−	−	39	43	47	51	55
	quer	−	−	−	−	21	24	31	31	31
Kaltzähe Reihe	längs	−	27	31	39	47	51	55	59	63
	quer	−	16	20	24	27	31	31	35	39
Kaltzähe Sonderreihe	längs	25	30	40	50	65	80	90	95	100
	quer	20[3])	27[3])	30[3])	35[3])	45[3])	60[3])	70[3])	75[3])	80[3])

[1]) Beachte Abschnitte 5.4.4 und 6.5.2.

[2]) ● Für Wanddicken > 65 mm sind Werte bei der Bestellung zu vereinbaren.

[3]) Gültig für Wanddicken ≤ 40 mm. Für größere Wanddicken sind die Werte bei der Bestellung zu vereinbaren.

	Geschweißte kreisförmige Rohre aus Feinkorn- baustählen für besondere Anforderungen Technische Lieferbedingungen	$\overline{\underline{\text{DIN}}}$ **17 178**

1 Anwendungsbereich

1.1 Diese Norm gilt für geschweißte kreisförmige Rohre aus Feinkornbaustählen nach Tabelle 1 für besondere Anforderungen bei einer Ausnutzung der zulässigen Berechnungsspannung von 100 % in der Schweißnaht. Diese Rohre werden vor allem verwendet im Druckbehälterbau, Apparatebau, Leitungsbau sowie im allgemeinen Maschinen- und Gerätebau. Für diese Rohre, die im Lieferzustand (siehe Abschnitt 5.2) Mindeststreckgrenzenwerte von 255 bis 460 N/mm², bezogen auf den untersten Wanddickenbereich nach Tabelle 3, aufweisen, ist die Betriebstemperatur auf höchstens 400 °C begrenzt.

3 Sorteneinteilung

(Siehe DIN 17 179, Pkt. 3, Seite 479.)

4 Bezeichnung und Bestellung

Beispiel: Bezeichnung eines geschweißten Rohres nach DIN 2458 von 114,3 mm Außendurchmesser und 3,6 mm Wanddicke nach dieser Norm aus Stahl TStE 355 (Werkstoffnummer 1.0566):

Rohr DIN 2458 - 114,3 × 3,6 - DIN 17 178 - TStE 355

Beispiel für die Bestellung:

1000 m Rohr DIN 2458 - 114,3 × 3,6 - DIN 17 178 - TStE 355
in Festlängen von 8 m, Bescheinigung DIN 50 049 - 3.1 B

5 Anforderungen

5.1 Herstellverfahren

5.1.4 Die einwandfreie Ausführung des Schweißens ist zu überwachen. Das Schweißen ist so durchzuführen, daß die Schweißnaht durchgeschweißt ist und das Rohr für eine Ausnutzung der zulässigen Berechnungsspannung von 100 % in der Schweißnaht vorgesehen werden kann.

5.2 Lieferzustand

5.2.1 Die Rohre werden im normalgeglühten Zustand geliefert.

5.2.2 Rohre aus Stahlsorten mit einer Mindeststreckgrenze $\geq$ 420 N/mm² können bei geringen Wanddicken und in Sonderfällen eine verzögerte Abkühlung oder ein zusätzliches Anlassen erfordern.

Tabelle 1. **Chemische Zusammensetzung nach der Schmelzenanalyse (Rahmenangaben)**

(Siehe DIN 17 179, Tabelle 1, Seite 479.)

Tabelle 3. **Mechanische und technologische Eigenschaften der Rohre für Wanddicken $\leq$ 40 mm** [1])

Es gelten die Werte nach DIN 17 179, Tabelle 3, Seite 480 bis 40 mm Wanddicke.

Tabelle 4. **Werte für die 0,2 %-Dehngrenze bei erhöhten Temperaturen** [1])

Es gelten die Werte nach DIN 17 179, Tabelle 4, Seite 481 bis 50 mm Wanddicke.

Tabelle 5. **Anforderungen an die Kerbschlagarbeit bei Kerbschlagbiegeversuchen an ISO-Spitzkerbproben**

(Siehe DIN 17 179, Tabelle 5, Seite 481.)

5.5 Schweißeignung

Die Rohre aus den Stahlsorten nach dieser Norm sind bei Beachtung der allgemeinen Regeln der Technik (siehe Stahl-Eisen-Werkstoffblatt 088) schweißgeeignet.

5.8 Dichtheit

Die Rohre müssen unter den Prüfbedingungen nach Abschnitt 6.3.7.1 dicht sein.

5.10 Maße, längenbezogene Massen (Gewichte), zulässige Abweichungen

5.10.1 Maße

5.10.1.1 Für die Außendurchmesser und Wanddicken der Rohre gilt DIN 2458.

Zulässige Maß- und Formabweichungen siehe DIN 1626, Pkt. 4.10, Seite 471.

6.7 Bescheinigungen über Materialprüfungen

(Siehe DIN 1628, Pkt. 5.7 und Tabelle 6, Seite 476.)
Für die Art der Prüfungen gilt zusätzlich: Schmelzanalyse für alle kennzeichnenden Elemente, zerstörungsfreie Prüfung am Grundwerkstoff nach Vereinbarung, Brucheinschnürung in Dikkenrichtung nach Vereinbarung.

	Nahtlose kreisförmige Rohre aus allgemeinen Baustählen für den Stahlbau Technische Lieferbedingungen	**DIN** **17 121**

1 Anwendungsbereich

1.1 Diese Norm gilt für nahtlose kreisförmige Rohre aus allgemeinen Baustählen nach den Tabellen 1 und 2. Diese Rohre werden im Stahlbau, z. B. im Hoch- und Tiefbau, Stahlrohrbau, Brücken- und Kranbau, verwendet.

3 Bezeichnung und Bestellung

Beispiel:

Bezeichnung eines nahtlosen Rohres nach DIN 2448 von 76,1 mm Außendurchmesser und 2,9 mm Wanddicke nach dieser Norm aus Stahl St 52-3 (Werkstoff-Nummer 1.0570):

Rohr DIN 2448 − 76,1 × 2,9
DIN 17 121 − St 52-3

Beispiel für die Bestellung:

1000 m Rohr DIN 2448 − 76,1 × 2,9
DIN 17 121 − St 52-3
in Festlängen von 8 m
Bescheinigung DIN 50 049 − 3.1 B

Tabelle 1. **Chemische Zusammensetzung der Stähle für nahtlose kreisförmige Rohre für den Stahlbau**

●● Bei Wanddicken über 65 mm sind die Werte bei der Bestellung zu vereinbaren.

(Siehe DIN 17 120, Tabelle 1 ohne Stahlsorte U St 37-2.)

4 Anforderungen

4.2 Lieferzustand

4.2.1 Die durch Warmverformung hergestellten Rohre werden im Warmformgebungszustand geliefert. Zur Erzielung der mechanischen Eigenschaften nach Tabelle 2 ist gegebenenfalls ein Normalglühen vorzunehmen.

4.5 Schweißeignung und Schweißbarkeit

Die Rohre aus den Stahlsorten nach dieser Norm sind zum Gasschmelz-, Lichtbogen- und Abbrennstumpfschweißen sowie zum elektrischen Preßschweißen und Gaspreßschweißen geeignet.

Nach DIN 8528 Teil 1 ist jedoch die Schweißbarkeit nicht nur von der Stahlsorte, sondern auch von den Bedingungen beim Schweißen, von der Konstruktion und den Betriebsbedingungen des Bauteils abhängig.

Tabelle 3. Längenarten und zulässige Längenabweichungen
Tabelle 4. **Zulässige Wanddickenabweichung**
(Siehe DIN 1629, Tabellen 5 und 7.)

4.7 Maße, längenbezogene Massen (Gewichte), zulässige Abweichungen

4.7.1 Maße

Für die Außendurchmesser und Wanddicken der Rohre gilt DIN 2448.

4.7.2 Zulässige Maßabweichungen

4.7.2.1 Die zulässigen Abweichungen für den Außendurchmesser d_a betragen ± 1 % (jedoch ± 0,5 mm zulässig).

●● Auf Vereinbarung bei der Bestellung kann die zulässige Abweichung für den Durchmesser bei Rohren mit $d_a > 200$ mm auch auf den Innendurchmesser bezogen werden, wobei die zulässige Wanddickenabweichung zu berücksichtigen ist.

4.7.3 Zulässige Formabweichungen

4.7.3.1 Rundheit

Die Rohre sollen möglichst kreisrund sein. Die Abweichung R von der Rundheit soll innerhalb der zulässigen Abweichungen für den Außendurchmesser liegen.

4.7.3.2 Geradheit

Die Rohre sollen nach dem Auge gerade sein. Im Zweifelsfall darf die Abweichung von der Geradheit höchstens $0,002 \cdot l$ betragen (l Rohrlänge).

4.7.4 Ausführung der Rohrenden

Die Rohrenden sollen einen zur Rohrachse senkrechten Trennschnitt aufweisen; sie werden üblicherweise nicht entgratet.

5.7 Bescheinigungen über Materialprüfungen

5.7.1 Bei Rohren ohne Abnahmeprüfung wird eine Bescheinigung DIN 50 049 − 2.2 (Werkszeugnis) ausgestellt.

5.7.2 Bei Rohren mit Abnahmeprüfung wird je nach der Vereinbarung bei der Bestellung (siehe Abschnitt 5.1) entweder eine Bescheinigung DIN 50 049 − 3.1 B (Abnahmeprüfzeugnis B) oder eine Bescheinigung DIN 50 049 − 3.1 C (Abnahmeprüfzeugnis C) ausgestellt.

Falls der Nachweis der chemischen Zusammensetzung nach der Stückanalyse vereinbart wurde, wird das Ergebnis in einem Abnahmeprüfzeugnis B mitgeteilt.

Rohre für den Maschinenbau

Für nahtlose kreisförmige Rohre aus Vergütungsstählen, Technische Lieferbedingungen, gilt DIN 17 204, Ausgabe November 1990.

Dickwandige Rohre für die spanabhebende Bearbeitung aus Einsatz-, Nitrier-, Wälzlager-, nichtrostenden und Automatenstählen werden nach betrieblichen Normen bzw. auf Vereinbarung geliefert.

Tabelle 2. Mechanische Eigenschaften der nahtlosen kreisförmigen Rohre für den Stahlbau

●● Für Wanddicken über 65 mm sind die Werte bei der Bestellung zu vereinbaren.

Stahlsorte		Obere Streckgrenze R_{eH} [1] für Wanddicken in mm			Zugfestig- keit R_m	Bruchdehnung A_5		Kerbschlagarbeit A_v [2] (ISO-Spitzkerb-Längsproben)	
		≤ 16	> 16 ≤ 40	> 40 ≤ 65		längs	quer	Prüf- temperatur	
Kurzname	Werk- stoff- Nummer	N/mm² min.			N/mm²	% min.		°C	J min.
RSt 37-2	1.0038	235	225	215	340 bis 470	26	24	+ 20	27
St 37-3	1.0116	235	225	215	340 bis 470	26	24	− 20	27
St 44-2	1.0044	275	265	255	410 bis 540	22	20	+ 20	27
St 44-3	1.0144	275	265	255	410 bis 540	22	20	− 20	27
St 52-3	1.0570	355	345	335	490 bis 630	22	20	− 20	27

[1] Wenn sich die Streckgrenze nicht ausprägt, ist die 0,2%-Dehngrenze ($R_{p\,0,2}$) zu ermitteln.

[2] Mittelwert aus drei Versuchen; der Mindestmittelwert von 27 J darf dabei nur von einem Einzelwert, und zwar höchstens um 30 %, unterschritten werden. Für Proben mit geringer Breite siehe Abschnitte 5.4.2 und 5.5.2.

Tabelle 5. Übersicht über Prüfumfang und Bescheinigungen über Materialprüfungen bei Rohren mit Abnahmeprüfzeugnis; Probenahmestellen und Probenlagen siehe Bild 1; Losgröße siehe Abschnitt 5.3.2

Nr	Prüfungen		Prüfumfang	Zuständig für die Durchführung der Prüfungen	Art der Bescheinigungen über Materialprüfungen
	Art	Abschnitt			
1	Zugversuch	5.4.1 5.5.1	1 Prüfrohr je Los, 1 Probe	nach Vereinbarung	DIN 50 049 − 3.1 B oder DIN 50 049 − 3.1 C
2	Kerbschlagbiege- versuch	5.4.2 5.5.2	An einem Ende der Prüfrohres nach Nr 1 (bei ≥ 5 mm Wand- dicke); 1 Satz aus 3 Einzelproben	nach Vereinbarung	DIN 50 049 − 3.1 B oder DIN 50 049 − 3.1 C
3	Oberflächenbe- sichtigung	5.5.4	alle Rohre	nach Vereinbarung	DIN 50 049 − 3.1 B oder DIN 50 049 − 3.1 C
4	Maßkontrolle	5.5.5 bis 5.5.7	alle Rohre	nach Vereinbarung	DIN 50 049 − 3.1 B oder DIN 50 049 − 3.1 C
5	Stückanalyse [1]	5.4.3 5.5.3	nach Vereinbarung	Hersteller	DIN 50 049 − 3.1 B

[1] Die Stückanalyse wird nur nach Vereinbarung zwischen Hersteller und Besteller durchgeführt.

	Geschweißte kreisförmige Rohre aus allgemeinen Baustählen für den Stahlbau Technische Lieferbedingungen	$\overline{\underline{\text{DIN}}}$ **17 120**

1 Anwendungsbereich

1.1 Diese Norm gilt für geschweißte kreisförmige Rohre aus allgemeinen Baustählen nach den Tabellen 1 und 2. Diese Rohre werden im Stahlbau, z. B. im Hoch- und Tiefbau, Stahlrohrbau, Brücken- und Kranbau, verwendet.

3 Bezeichnung und Bestellung

Beispiel:

Bezeichnung eines geschweißten Rohres nach DIN 2458 von 168,3 mm Außendurchmesser und 4 mm Wanddicke nach dieser Norm aus Stahl St 52-3 (Werkstoff-Nummer 1.0570):

Rohr DIN 2458 — 168,3 × 4
DIN 17 120 — St 52-3

Beispiel für die Bestellung:

1000 m Rohr DIN 2458 — 168,3 × 4
DIN 17 120 — St 52-3
in Festlängen von 8 m,
Bescheinigung DIN 50 049 — 3.1 B

4 Anforderungen

4.2 Lieferzustand

4.2.1 Die Rohre werden in dem durch das Herstellungsverfahren bedingten Zustand geliefert (siehe Abschnitt 4.1.3). Zur Erzielung der mechanischen Eigenschaften nach Tabelle 2 ist gegebenenfalls ein Normalglühen vorzunehmen.

Tabelle 2. Mechanische Eigenschaften der geschweißten kreisförmigen Rohre für den Stahlbau

● ● Für Wanddicken über 40 mm sind die Werte bei der Bestellung zu vereinbaren.

Es gelten die Werte nach DIN 17 121, Tabelle 2, Seite 484, im Abmessungsbereich bis 40 mm; für UR St 37-2 gelten die Werte von R St 37-2 bis 16 mm Wanddicke.

4.5 Schweißeignung und Schweißbarkeit

Die Rohre aus den Stahlsorten nach dieser Norm sind zum Gasschmelz-, Lichtbogen- und Abbrennstumpfschweißen sowie zum elektrischen Preßschweißen und zum Gaspreßschweißen geeignet.

4.7 Maße, längenbezogene Massen (Gewichte), zulässige Abweichungen

4.7.1 Maße

Für die Außendurchmesser und Wanddicken der Rohre gilt DIN 2458.

Zulässige Maß- und Formabweichungen siehe DIN 1626, Seite 470 mit Ausnahme der nachfolgenden Pkt. 4.7.2.1, 4.7.3.2 und 4.7.5.

Tabelle 1. Chemische Zusammensetzung der Stähle für geschweißte kreisförmige Rohre für den Stahlbau

● ● Bei Wanddicken über 40 mm sind die Werte bei der Bestellung zu vereinbaren.

Stahlsorte		Desoxi-dations-art [1]	Chemische Zusammensetzung, Massengehalt in %								
			Schmelzenanalyse				Zusatz an stickstoff-abbindenden Elementen (z.B. mindestens 0,020 % Al$_{gesamt}$)	Stückanalyse			
Kurzname	Werk-stoff-Nummer		C	P	S	N [2]		C	P	S	N [2]
				max.					max.		
USt 37-2 [3]	1.0036	U	0,17	0,050	0,050	0,007	—	0,21	0,065	0,065	0,009
RSt 37-2	1.0038	R	0,17	0,050	0,050	0,009	—	0,19	0,060	0,060	0,010
St 37-3	1.0116	RR	0,17	0,040	0,040	—	ja	0,19	0,050	0,050	—
St 44-2	1.0044	R	0,21	0,050	0,050	0,009	—	0,24	0,060	0,060	0,010
St 44-3	1.0144	RR	0,20	0,040	0,040	—	ja	0,23	0,050	0,050	—
St 52-3 [4]	1.0570	RR	0,22	0,040	0,040	—	ja	0,24	0,050	0,050	—

[1] U unberuhigt,   R beruhigt (einschließlich halbberuhigt),   RR besonders beruhigt

[2] Eine Überschreitung des angegebenen Höchstwertes ist zulässig, wenn je 0,001 % N ein um 0,005 % P unter dem angegebenen Höchstwert liegender Phosphorgehalt eingehalten wird. Der Stickstoffgehalt darf jedoch einen Wert von 0,012 % N in der Schmelzenanalyse und von 0,014 % N in der Stückanalyse nicht übersteigen.

[3] Nur für Rohre mit einer Wanddicke ≤ 16 mm

[4] Der Gehalt darf 0,55 % Si und 1,60 % Mn in der Schmelzenanalyse bzw. 0,60 % Si und 1,70 % Mn in der Stückanalyse nicht übersteigen.

4.7.2 Zulässige Maßabweichungen

4.7.2.1 Die zulässigen Abweichungen für den Außendurchmesser d_a betragen:

$$d_a < 200 \text{ mm}: \pm 1 \% \text{ (jedoch} \pm 0{,}5 \text{ mm zulässig)}$$

$$200 \text{ mm} \leq d_a < 1000 \text{ mm}: \pm (0{,}005 \cdot d_a + 1) \text{ mm}$$

$$d_a \geq 1000 \text{ mm}: \pm 6 \text{ mm}.$$

4.7.3.2 Geradheit

Die Rohre sollen nach dem Auge gerade sein. Im Zweifelsfall darf die Abweichung von der Geradheit höchstens $0{,}002 \cdot l$ betragen (l Rohrlänge).

●● Besondere Anforderungen an die Geradheit können vereinbart werden.

4.7.5 Ausführung der Rohrenden

Die Rohrenden sollen einen zur Rohrachse senkrechten Trennschnitt aufweisen; sie werden üblicherweise nicht entgratet.

●● Eine Entgratung kann bei der Bestellung vereinbart werden.

5.7 Bescheinigungen über Materialprüfungen

5.7.1 Bei Rohren ohne Abnahmeprüfung wird eine Bescheinigung DIN 50 049 – 2.2 (Werkzeugnis) ausgestellt.

5.7.2 Bei Rohren mit Abnahmeprüfung wird je nach der Vereinbarung bei der Bestellung (siehe Abschnitt 5.1) entweder eine Bescheinigung DIN 50 049 – 3.1 B (Abnahmeprüfzeugnis B) oder eine Bescheinigung DIN 50 049 – 3.1 C (Abnahmeprüfzeugnis C) ausgestellt.

Falls der Nachweis der chemischen Zusammensetzung nach der Stückanalyse vereinbart wurde, wird das Ergebnis in einem Abnahmeprüfzeugnis B mitgeteilt.

Tabelle 4. **Übersicht über Prüfumfang und Bescheinigungen über Materialprüfungen bei Rohren mit Abnahmeprüfzeugnis; Probenentnahmestellen und Probenlagen**

Es gelten die Angaben in DIN 17 121, Tabelle 5.

	Nahtlose kreisförmige Rohre aus Feinkornbaustählen für den Stahlbau	**DIN**
	Technische Lieferbedingungen	**17 124**

1 Anwendungsbereich

1.1 Diese Norm gilt für nahtlose kreisförmige Rohre aus Feinkornbaustählen nach Tabelle 1. Diese Rohre werden im Stahlbau, z. B. im Hoch- und Tiefbau, Stahlrohrbau, Brücken- und Kranbau, verwendet. Sie sind nicht für Innen- oder Außendruckbeanspruchung vorgesehen.

3 Sorteneinteilung

Chemische Zusammensetzung nach der Schmelzenanalyse (Rahmenangaben)

(Siehe DIN 17 179, Pkt. 3 und Tabelle 1, Seite 479 ohne warmfeste Reihe.)

4 Bezeichnung und Bestellung

Beispiel: Bezeichnung eines nahtlosen Rohres nach DIN 2448 von 273 mm Außendurchmesser und 6,3 mm Wanddicke nach dieser Norm aus Stahl StE 460 (Werkstoffnummer 1.8905):

Rohr DIN 2448 – 273 × 6,3 – DIN 17 124 – StE 460

Beispiel für die Bestellung:

1000 m Rohr DIN 2448 – 273 × 6,3 – DIN 17 124 – StE 460 in Festlängen von 8 m, Bescheinigung DIN 50 059 – 3.1 B

5 Anforderungen

5.2 Lieferzustand

(Siehe DIN 17 179, Pkt. 5.2, Seite 480.)

5.5 Schweißeignung

Die Rohre aus den Stahlsorten nach dieser Norm sind bei Beachtung der allgemeinen Regeln der Technik (siehe Stahl-Eisen-Werkstoffblatt 088) schweißgeeignet.

5.8.1 Maße

Für die Außendurchmesser und Wanddicken der Rohre gilt DIN 2448.

5.8.2.1 Die zulässigen Abweichungen für den Außendurchmesser d_a der Rohre betragen: ± 1 % (jedoch ± 0,5 mm zulässig).

Tabelle 3. **Mechanische Eigenschaften der Hohlprofile für Wanddicken ≤ 65 mm[1])**

Stahlsorte		Obere Streckgrenze[2]) R_{eH} für Wanddicken in mm					Zugfestig-keit R_m	Bruch-dehnung A_5		Kerbschlag-arbeit A_v[4]) (ISO-V-Längsprobe) bei Prüftemperatur −20 °C
Kurz-name	Werk-stoff-nummer	≤ 12	>12 ≤20	>20 ≤40	>40 ≤50	>50 ≤65		längs	quer	
				N/mm² min.			N/mm²	% min.		J min.
StE 255	1.0461									39
TStE 255	1.0463	255	245	235	225		360 bis 480[3])	25	23	47
EStE 255	1.1103									65
StE 285	1.0486									39
TStE 285	1.0488	285	275	265	255		390 bis 510[3])	24	22	47
EStE 285	1.1104									65
StE 355	1.0562									39
TStE 355	1.0566	355	345	335	325		490 bis 630[3])	22	20	47
EStE 355	1.1106									65
StE 420	1.8902									39
TStE 420	1.8912	420	410	400	385	375	530 bis 680	21	19	47
EStE 420	1.8913									65
StE 460	1.8905									39
TStE 460	1.8915	460	450	440	425	410	560 bis 730	19	17	47
EStE 460	1.8918									65

[1]) ● Für Wanddicken >65 mm sind die Werte bei der Bestellung zu vereinbaren.

[2]) Wenn keine ausgeprägte Streckgrenze auftritt, gelten die Werte für die 0,2 %-Dehngrenze.

[3]) Eine Überschreitung der oberen Grenze um 20 N/mm² darf nicht beanstandet werden.

[4]) ●● Bei der Bestellung können auch Mindestwerte für die Kerbschlagarbeit an ISO-Spitzkerbquerproben oder Mindestwerte bei anderen Prüftemperaturen nach Tabelle 4 vereinbart werden (siehe Abschnitt 5.4.3.1).

Tabelle 4. ●● **Besonders zu vereinbarende Anforderungen an die Kerbschlagarbeit bei Kerbschlagbiegeversuchen an ISO-Spitzkerbproben (siehe Abschnitt 5.4.3.1)**

(Siehe DIN 17 179, Tabelle 5, ohne warmfeste Reihe.)

5.8.3 Zulässige Formabweichungen

5.8.3.1 Rundheit

Die Rohre sollen möglichst kreisrund sein. Die Abweichung von der Rundheit soll innerhalb der zulässigen Abweichungen für den Außendurchmesser liegen.

5.8.3.2 Geradheit

5.8.3.2.1 Die Rohre sollen nach dem Auge gerade sein. Im Zweifelsfall darf die Abweichung von der Geradheit höchstens $0,002 \cdot l$ betragen ($l =$ Rohrlänge).

5.8.4 Ausführung der Rohrenden

5.8.4.1 Die Rohrenden sollen einen zur Rohrachse senkrechten Trennschnitt aufweisen. Sie werden üblicherweise nicht entgratet.

Tabelle 5. **Längenarten und zulässige Längenabweichungen**

(Siehe DIN 1629, Tabelle 5, Seite 463.)

Tabelle 6. **Zulässige Wanddickenabweichungen bei Bestellung nach dem Außendurchmesser**

(Siehe DIN 1629, Tabelle 7, Seite 463.)

6.7 Bescheinigungen über Materialprüfungen

Bei den Rohren nach dieser Norm wird je nach Vereinbarung bei der Bestellung (siehe Abschnitt 6.1) eine Bescheinigung nach DIN 50 049 – 3.1 A (Abnahmeprüfzeugnis A), DIN 50 049 – 3.1 B (Abnahmeprüfzeugnis B) oder DIN 50 049 – 3.1 C (Abnahmeprüfzeugnis C) ausgestellt. Art und Umfang der Prüfungen, die Zuständigkeit für die Durchführung der Prüfungen und die Art der für die Prüfungen in Betracht kommenden Bescheinigungen sind in Tabelle 7 genannt.

Tabelle 7. **Übersicht über Prüfumfang und Bescheinigungen über Materialprüfungen;** Probenentnahmestellen und Probenlagen siehe Bild 1, Losgröße siehe Abschnitt 6.3.1

Nr	Prüfungen Art	Abschnitt	Prüfumfang	Zuständig für die Durchführung der Prüfungen	Art der Bescheinigungen über Materialprüfungen
1	Schmelzen-analyse	5.3.1	Je Schmelze oder Gießein-heit alle kennzeichnenden Elemente	Hersteller	DIN 50 049 – 2.2 [1]
2	Zugversuch	6.4.1 6.5.1	1 Prüfrohr je Los, **1 Probe**	nach Vereinbarung	DIN 50 049 – 3.1 A oder DIN 50 049 – 3.1 B oder DIN 50 049 – 3.1 C
3	Kerbschlag-biegeversuch	6.4.2 6.5.2	An einem Ende des Prüfrohres nach Nr 2 (bei ≥ 5 mm Wanddicke); **1 Satz aus 3 Einzelproben**	nach Vereinbarung	DIN 50 049 – 3.1 A oder DIN 50 049 – 3.1 B oder DIN 50 049 – 3.1 C
4	Oberflächen-besichtigung	6.5.4	alle Rohre	nach Vereinbarung	DIN 50 049 – 3.1 A oder DIN 50 049 – 3.1 B oder DIN 50 049 – 3.1 C
5	Maßkontrolle	6.5.5 bis 6.5.7	alle Rohre	nach Vereinbarung	DIN 50 049 – 3.1 A oder DIN 50 049 – 3.1 B oder DIN 50 049 – 3.1 C
6	Stückanalyse [2]	6.4.3 6.5.3	nach Vereinbarung	Hersteller	DIN 50 049 – 3.1 B
7	Brucheinschnü-rung in Dicken-richtung [3]	6.4.1.4	nach Vereinbarung	Hersteller	DIN 50 049 – 3.1 B

[1] Diese Bestätigung kann auch in dem jeweils höheren Nachweis enthalten sein.

[2] Die Stückanalyse wird nur nach Vereinbarung zwischen Hersteller und Besteller durchgeführt.

[3] Die Brucheinschnürung in Dickenrichtung wird nur nach Vereinbarung zwischen Hersteller und Besteller ermittelt.

	Geschweißte kreisförmige Rohre aus Feinkornbaustählen für den Stahlbau Technische Lieferbedingungen	$\overline{\text{DIN}}$ 17 123

1 Anwendungsbereich

1.1 Diese Norm gilt für geschweißte kreisförmige Rohre aus Feinkornbaustählen nach Tabelle 1. Diese Rohre werden im Stahlbau, z. B. im Hoch- und Tiefbau, Stahlrohrbau, Brük-ken- und Kranbau, verwendet. Sie sind nicht für Innen- oder Außendruckbeanspruchung vorgesehen.

3 Sorteneinteilung

Chemische Zusammensetzung nach der Schmelzenanalyse (Rahmenangaben)

(Siehe DIN 17 179, Pkt. 3 und Tabelle 1 ohne warmfeste Reihe, Seite 479.)

4 Bezeichnung und Bestellung

Beispiel: Bezeichnung eines geschweißten Rohres nach DIN 2458 von 168,3 mm Außendurchmesser und 4 mm Wanddicke nach dieser Norm aus Stahl StE 460 (Werkstoffnummer 1.8905):

Rohr DIN 2458 - 168,3 × 4 - DIN 17 123 - StE 460

Beispiel für die Bestellung:

1000 m Rohr DIN 2458 - 168,3 × 4 - DIN 17 123 - StE 460 in Festlängen von 8 m, Bescheinigung DIN 50 049 - 3.1 B

5 Anforderungen

5.2 Lieferzustand

(Siehe DIN 17 179, Pkt. 5.2, Seite 480.)

Tabelle 3. Mechanische Eigenschaften der Rohre für Wanddicken ≤ 40 mm[1])

(Siehe DIN 17 124, Tabelle 3, Seite 487.)

Tabelle 4. ●● Besonders zu vereinbarende Anforderungen an die Kerbschlagarbeit bei Kerbschlagbiegeversuchen an ISO-Spitzkerbproben (siehe Abschnitt 5.4.3.1)

(Siehe DIN 17 179, Tabelle 5 ohne warmfeste Reihe, Seite 481.)

5.5 Schweißeignung

Die Rohre aus den Stahlsorten nach dieser Norm sind bei Beachtung der allgemeinen Regeln der Technik (siehe Stahl-Eisen-Werkstoffblatt 088) schweißgeeignet.

5.8 Maße, längenbezogene Massen (Gewichte), zulässige Abweichungen

5.8.1 Maße

Für die Außendurchmesser und Wanddicken der Rohre gilt DIN 2458.

5.8.2 Zulässige Maßabweichungen

5.8.2.1 Die zulässigen Abweichungen für den Außen-durchmesser d_a der Rohre betragen:

$d_a < 200$ mm: ± 1 % (jedoch ± 0,5 mm zulässig),
200 mm ≤ $d_a < 1000$ mm: ± $(0,005 \cdot d_a + 1)$ mm,
$d_a ≥ 1000$ mm: ± 6 mm

Tabelle 5. Längenarten und zulässige Längenabweichungen

Längenart		Zulässige Längenabweichungen mm
Herstellänge [1])		[1])
Festlänge		± 500
Genaulängen	bis 6 m	+ 10 0
	über 6 bis 12 m	+ 15 0
	über 12 m	nach Vereinbarung

[1]) Die Rohre werden in den bei der Herstellung anfallen-den Längen geliefert.

● Diese Längen sind je nach Durchmesser, Wand-dicke und Herstellerwerk unterschiedlich und bei der Bestellung zu vereinbaren.

5.8.2.3 Die zulässigen Abweichungen für die Wanddicke s betragen:

(Siehe DIN 1626, Pkt. 4.10.2.2, Seite 471.)

5.8.3 Zulässige Formabweichungen

5.8.3.1 Rundheit

Die Rohre sollen möglichst kreisrund sein. Die Abweichung R von der Rundheit darf 2 % nicht überschreiten. Bei Rohren mit einem Verhältnis $d_a / s > 100$ (d_a Außendurchmesser, s Wanddicke) kann dieser Wert nicht sichergestellt werden.

Die Abweichung R von der Rundheit (siehe auch Ab-schnitt 6.5.7) wird nach folgender Formel ermittelt:

$$R = 200 \cdot \frac{d_{a\,max} - d_{a\,min}}{d_{a\,max} + d_{a\,min}} \text{ in \%,} \tag{1}$$

dabei ist $d_{a\,max}$ der größte gemessene Außendurchmesser, $d_{a\,min}$ der kleinste gemessene Außendurchmesser.

5.8.3.2 Geradheit

5.8.3.2.1 Die Rohre sollen nach dem Auge gerade sein. Im Zweifelsfall darf die Abweichung von der Geradheit höchstens $0,002 \cdot l$ betragen (l = Rohrlänge).

5.8.4 Zulässige Schweißnahtüberhöhung

(Siehe DIN 1626, Pkt. 4.10.4, Seite 473.)

5.8.5 Ausführung der Rohrenden

5.8.5.1 Die Rohrenden sollen einen zur Rohrachse senk-rechten Trennschnitt aufweisen. Sie werden üblicherweise nicht entgratet.

6.7 Bescheinigungen über Materialprüfungen

(Siehe DIN 17 124, Pkt. 6.7 und Tabelle 7, Seite 488.)

	Quadratische und rechteckige Rohre (Hohlprofile) aus Feinkornbaustählen für den Stahlbau	**DIN**
	Technische Lieferbedingungen	**17 125**

1 Anwendungsbereich

Diese Norm gilt für nahtlose und geschweißte quadratische und rechteckige Rohre (im folgenden als „Hohlprofile" bezeichnet) aus Feinkornbaustählen nach Tabelle 1. Diese Hohlprofile werden im Stahlbau, z. B. im Hoch- und Tiefbau, Stahlrohrbau, Brücken- und Kranbau, verwendet. Sie sind nicht für Innen- oder Außendruckbeanspruchung vorgesehen.

3 Sorteneinteilung

Tabelle 1. **Chemische Zusammensetzung nach der Schmelzenanalyse (Rahmenangaben)**

(Siehe DIN 17 179, Pkt. 3 und Tabelle 1 ohne warmfeste Reihe, Seite 479.)

4 Bezeichnung und Bestellung

4.1 Für die Normbezeichnung der Hohlprofile gelten die Festlegungen der Maßnorm (DIN 59 410 oder DIN 59 411).

5 Anforderungen

5.2 Lieferzustand

(Siehe DIN 17 179, Pkt. 5.2, Seite 480.)

5.5 Schweißeignung

Die Hohlprofile aus den Stahlsorten nach dieser Norm sind bei Beachtung der allgemeinen Regeln der Technik (siehe Stahl-Eisen-Werkstoffblatt 088) schweißgeeignet.

Tabelle 3. **Mechanische Eigenschaften der Hohlprofile für Wanddicken ≤ 65 mm[1])**

(Siehe DIN 17 124, Tabelle 3, Seite 487.)

Tabelle 4. ●● **Besonders zu vereinbarende Anforderungen an die Kerbschlagarbeit bei Kerbschlagbiegeversuchen an ISO-Spitzkerbproben (siehe Abschnitt 5.4.3.1)**

(Siehe DIN 17 179, Tabelle 5 ohne warmfeste Reihe, Seite 481.)

5.8 Maße, längenbezogene Massen (Gewichte), zulässige Abweichungen

5.8.1 Maße

Für die Maße und Längenarten der Hohlprofile gilt DIN 59 410 bzw. DIN 59 411.

5.8.2 Zulässige Maßabweichungen

5.8.2.1 Für die zulässigen Abweichungen der Seitenlängen der Hohlprofile gelten die Angaben in DIN 59 410 bzw. DIN 59 411.

5.8.3 Zulässige Formabweichungen

Für die zulässigen Formabweichungen der Hohlprofile gelten die Angaben in DIN 59 410 bzw. DIN 59 411.

5.8.4 Zulässige Schweißnahtüberhöhung

Die Schweißnahtüberhöhung Δa in Abhängigkeit von der Wanddicke s darf folgende Werte nicht überschreiten:

a) Bei schmelzgeschweißten Hohlprofilen:

$$s \leq 8\,\text{mm} \ldots \Delta a \leq 2,5\,\text{mm}$$
$$8\,\text{mm} < s \leq 14\,\text{mm} \ldots \Delta a \leq 3,0\,\text{mm}$$
$$14\,\text{mm} < s \leq 40\,\text{mm} \ldots \Delta a \leq 4,0\,\text{mm}$$

b) Bei preßgeschweißten Hohlprofilen:

Nach Abarbeiten des Stauchwulstes darf die Schweißnahtüberhöhung innen $0{,}3\,\text{mm} + 0{,}05 \cdot s$ (s = Wanddicke in mm) nicht überschreiten (siehe auch Abschnitt 5.1.3.2).

5.8.5 Ausführung der Enden

Die Enden der Hohlprofile sollen einen zur Hohlprofilachse senkrechten Trennschnitt aufweisen. Sie werden üblicherweise nicht entgratet.

6.7 Bescheinigungen über Materialprüfungen

(Siehe DIN 17 124, Pkt. 6.7 und Tabelle 7, Seite 488.)

	Hohlprofile für den Stahlbau **Warmgefertigte** **quadratische und rechteckige Stahlrohre** Maße, Gewichte, zulässige Abweichungen, statische Werte	**DIN** **59 410**

1. Geltungsbereich

Maße in mm

Diese Norm gilt für nahtlose oder geschweißte warmgeformte quadratische oder rechteckige Stahl-Hohlprofile in den Maßen nach den Tabellen 1 und 2 aus den in Abschnitt 4 genannten Stählen, die vorwiegend für den Stahlbau verwendet werden.

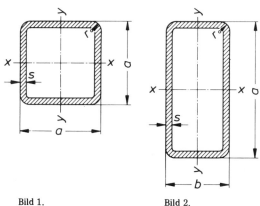

Bild 1.   Bild 2.

2. Bezeichnung

Bezeichnung eines quadratischen Hohlprofils mit den Seitenlängen a = 80 mm und der Wanddicke s = 4,5 mm aus einem Stahl mit dem Kurznamen RSt 37-2 bzw. der Werkstoffnummer 1.0114:

Hohlprofil 80 x 80 x 4,5 DIN 59 410 — RSt 37-2

oder Hohlprofil 80 x 80 x 4,5 DIN 59 410 — 1.0114

3. Maße und zulässige Maß- und Formabweichungen

3.1. Querschnitt

3.1.1. Quadratische und rechteckige Hohlprofile nach dieser Norm werden mit den Maßen nach den Tabellen 1 und 2 geliefert.

3.1.2. Die zulässigen Abweichungen von den Seitenlängen a und b betragen ± 1 % des Nennmaßes.

3.1.3. Die zulässigen Abweichungen von der Wanddicke s (siehe auch Abschnitt 7.1) betragen:

± 10 % der Nennwanddicke bei quadratischen Hohlprofilen der Seitenlängen bis 100 x 100 sowie bei rechteckigen Hohlprofilen der Seitenlängen bis 120 x 60,

± 12,5 % der Nennwanddicke bei Hohlprofilen mit größeren Seitenlängen.

3.1.4. Die Abweichung von der Rechtwinkligkeit darf höchstens ± 1° betragen.

3.1.5. Für die zulässige Rundung r gelten die Werte in Tabelle 3.

3.1.6. Die Wölbung t der vier Seitenflächen der Hohlprofile darf höchstens die Werte nach Tabelle 4 betragen (siehe Abschnitt 7.2).

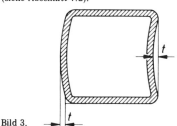

Bild 3.

Tabelle 3. Zulässige Rundung r

Nennmaß a		Rundung r
über	bis	höchstens
—	140	$2,5 \cdot s$
140	400	$3,0 \cdot s$

Tabelle 4. Zulässige Wölbung der Seitenflächen

| Nennmaße a, b | | Wölbung t |
über	bis	höchstens
–	100	0,8
100	140	1,0
140	220	1,5
220	400	2,0

3.2. Geradheit

Die Abweichung q von der Geradheit darf höchstens 0,002 · l betragen (siehe Abschnitt 7.3).

Bild 4.

3.3. Verdrillung

Die Verdrillung v darf höchstens die Werte nach Tabelle 5 erreichen (siehe Abschnitt 7.4).

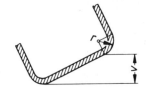

Bild 5.

Tabelle 5. Zulässige Verdrillung

| Länge l | | Verdrillung v |
über	bis	höchstens
–	3000	0,0015 · l
3000	8000	0,001 · l
8000	–	0,00075 · l

4. Werkstoff

Hohlprofile nach dieser Norm werden vorzugsweise aus den Stahlsorten nach DIN 17 100 hergestellt.

Die gewünschte Stahlsorte ist in der Bezeichnung anzugeben.

5. Gewicht und zulässige Gewichtsabweichungen

5.1. Das in den Tabellen 1 und 2 angegebene Gewicht ist mit einer Dichte von 7,85 kg/dm^3 aus dem Querschnitt errechnet worden.

5.2. Die zulässige Gewichtsabweichung darf höchstens

$^{+10}_{-7,5}$ % für die Gesamtlieferung (bei Liefermengen von mindestens 10 t),

± 10 % für das einzelne Hohlprofil

betragen.

6. Lieferart

6.1. Für die Lieferung der Hohlprofile gelten die Längenangaben nach Tabelle 6.

6.2. Bei Bestellung nach Gewicht darf die Länge zwischen den größten und kleinsten Maßen des vereinbarten Bereichs der Herstellängen schwanken.

Tabelle 6. Länge und zulässige Abweichungen

| Längenart | Länge | | Bestellangaben für die Länge |
	Bereich	Zul. Abw.	
Herstellänge	6000 bis 16000[1]	[1]	keine
Festlänge	≧ 2000	± 500	gewünschte Festlänge in mm
Genaulänge	≧ 2000 ≦ 6000	$^{+10}_{0}$	gewünschte Genaulänge in mm
	> 6000	$^{+15}_{0}$	

[1] Der gewünschte Bereich der Herstellängen ist bei der Bestellung zu vereinbaren. 90 % der gelieferten Hohlprofile müssen in diesem Längenbereich liegen; 10 % dürfen kürzer sein, jedoch nicht unter 75 % der vereinbarten unteren Grenze des Längenbereichs.

6.3. Bestellbeispiel

100 t Hohlprofile mit den Seitenlängen a = 100 mm und b = 60 mm sowie der Wanddicke s = 5,6 mm aus Stahl mit dem Kurznamen RSt 37-2 bzw. der Werkstoffnummer 1.0114 in Herstellängen:

100 t Hohlprofil 100 × 60 × 5,6 DIN 59 410 – RSt 37-2

oder 100 t Hohlprofil 100 × 60 × 5,6 DIN 59 410 – 1.0114

7. Prüfung der Maßhaltigkeit

7.1. Die Wanddicke s ist außerhalb des Bereichs der zulässigen Rundung r nach Tabelle 3 zu prüfen.

7.2. Die Wölbung t ist nach den Angaben in Bild 3 zu ermitteln.

7.3. Bei der Prüfung der Geradheit ist das Maß q über die Gesamtlänge des Hohlprofils zu messen.

7.4. Die Verdrillung v ist nach den Angaben in Bild 5 zu ermitteln. Sie kann an beliebiger Stelle des Hohlprofils gemessen werden. Bei der Messung muß das Hohlprofil horizontal, und zwar bei rechteckigen Profilen auf der längeren Seite liegen.

Tabelle 1. Maße und statische Werte von warmgefertigten quadratischen Stahl-Hohlprofilen

Nennmaß a	Wand-dicke s	Quer-schnitt F	Gewicht G	Mantel-fläche U	Statische Werte [1]				
					für die Biegeachse [2] $x - x = y - y$			für die Verdrehung [3]	
					J_x	W_x	i_x	J_t	W_t
		cm^2	kg/m	m^2/m	cm^4	cm^3	cm	cm^4	cm^3
40	2,9 4,0	4,23 5,62	3,32 4,41	0,155 0,153	9,66 12,1	4,83 6,05	1,51 1,47	15,0 19,0	7,97 10,3
50	2,9 4,0	5,39 7,22	4,23 5,67	0,195 0,193	19,8 25,4	7,94 10,1	1,92 1,87	30,7 39,5	12,9 16,9
60	2,9 4,0 5,0	6,55 8,82 10,8	5,14 6,93 8,47	0,235 0,233 0,231	35,5 45,9 54,1	11,8 15,3 18,0	2,33 2,28 2,24	54,5 71,2 84,5	18,9 25,1 30,2
70	3,2 4,0 5,0	8,46 10,4 12,8	6,64 8,18 10,0	0,275 0,273 0,271	62,7 75,3 89,6	17,9 21,5 25,6	2,72 2,69 2,65	96,3 116 139	28,5 34,8 42,2
80	3,6 4,5 5,6	10,9 13,4 16,4	8,55 10,5 12,9	0,314 0,312 0,310	106 127 151	26,4 31,7 37,6	3,11 3,08 3,03	162 196 234	42,0 51,3 61,9
90	3,6 4,5 5,6	12,3 15,2 18,6	9,68 11,9 14,6	0,354 0,352 0,350	153 185 220	34,0 41,0 49,0	3,52 3,48 3,44	234 284 341	53,7 65,8 79,7
100	4,0 5,0 6,3	15,2 18,8 23,3	12,0 14,7 18,3	0,393 0,391 0,389	233 281 339	46,6 56,3 67,8	3,91 3,87 3,82	357 433 525	73,7 90,2 111
120	4,5 5,6 6,3	20,5 25,1 28,0	16,1 19,7 22,0	0,469 0,467 0,465	452 544 598	75,3 90,6 99,7	4,70 4,65 4,62	702 852 942	120 146 163
140	5,6 7,1 8,8	29,6 37,0 45,0	23,3 29,0 35,3	0,547 0,543 0,539	885 1080 1280	126 154 182	5,47 5,40 5,33	1380 1690 2030	202 250 302
160	6,3 8,0 10,0	37,7 47,0 57,4	29,6 36,9 45,1	0,618 0,613 0,606	1460 1780 2100	183 222 263	6,23 6,15 6,05	2330 2880 3470	297 368 446
180	6,3 8,0 10,0	42,8 53,4 65,4	33,6 41,9 51,4	0,698 0,693 0,686	2120 2590 3090	236 288 343	7,05 6,97 6,87	3360 4160 5040	379 471 574
200	6,3 8,0 10,0	47,8 59,8 73,4	37,5 46,9 57,6	0,778 0,773 0,766	2960 3620 4340	296 362 434	7,86 7,78 7,69	4660 5780 7020	472 588 718
220	6,3 8,0 10,0	52,8 66,2 81,4	41,5 52,0 63,9	0,858 0,853 0,846	3980 4890 5890	362 445 535	8,68 8,60 8,50	6250 7770 9470	574 717 878
260	7,1 8,8 11,0	70,5 86,4 106	55,4 67,8 83,6	1,02 1,01 1,00	7450 8980 10830	573 691 833	10,3 10,2 10,1	11660 14200 17350	907 1110 1360
280 [4]	8,0 10,0 12,5	85,4 105 130	67,0 82,8 102	1,09 1,09 1,08	10430 12650 15220	745 903 1090	11,0 11,0 10,8	16350 20060 24460	1180 1450 1780
320 [4]	10,0 12,5 16,0	121 150 188	95,3 118 148	1,25 1,24 1,23	19240 23270 28430	1200 1450 1780	12,6 12,5 12,3	30300 37080 46030	1920 2360 2940
360 [4]	10,0 12,5 16,0	137 170 214	108 133 168	1,41 1,40 1,39	27790 33740 41540	1540 1870 2300	14,2 14,1 13,9	43540 53430 66580	2450 3010 3770
400 [4]	12,5 16,0 20,0	190 239 294	149 188 231	1,56 1,55 1,53	46970 57950 69400	2350 2900 3470	15,7 15,6 15,4	73980 92470 112400	3750 4700 5750

[1] Die statischen Werte wurden mit folgender Rundung r in Abhängigkeit von der Seitenlänge a errechnet: $1{,}0 \cdot s$ bei $a \leqq 100$ mm, $1{,}4 \cdot s$ bei $a > 100 \leqq 140$ mm, $2{,}0 \cdot s$ bei $a > 140$ mm.

[2] J = Trägheitsmoment, W = Widerstandsmoment, i = Trägheitshalbmesser.

[3] J_t = St.-Venant'scher Drillwiderstand, W_t = Torsionswiderstandsmoment.

[4] Die Lieferbarkeit dieser Hohlprofile ist beim Hersteller zu erfragen.

Tabelle 2. Maße und statische Werte von warmgefertigten rechteckigen Stahl-Hohlprofilen

Nennmaße a×b	Wand-dicke s	Quer-schnitt F_2	Ge-wicht G	Mantel-fläche U	Statische Werte [1]						für die Verdrehung [3]	
					für die Biegeachse [2]							
					x — x			y — y				
					J_x	W_x	i_x	J_y	W_y	i_y	J_t	W_t
	cm	kg/m	m²/m	cm⁴	cm³	cm	cm⁴	cm³	cm	cm⁴	cm³	
50 × 30	2,9	4,23	3,32	0,155	13,4	5,36	1,78	5,88	3,92	1,18	12,9	7,39
	4,0	5,62	4,41	0,153	16,9	6,75	1,73	7,25	4,83	1,14	16,2	9,54
60 × 40	2,9	5,39	4,23	0,195	26,0	8,67	2,20	13,7	6,83	1,59	28,0	12,3
	4,0	7,22	5,67	0,193	33,3	11,1	2,15	17,3	8,65	1,55	35,9	16,1
70 × 40	2,9	5,97	4,69	0,215	38,1	10,9	2,53	15,7	7,83	1,62	34,9	14,4
	4,0	8,02	6,30	0,213	49,2	14,1	2,48	19,9	9,95	1,58	44,9	19,0
80 × 40	2,9	6,55	5,14	0,235	53,1	13,3	2,85	17,7	8,83	1,64	42,0	16,6
	4,0	8,82	6,93	0,233	69,0	17,3	2,80	22,5	11,3	1,60	54,2	21,9
	5,0	10,8	8,47	0,231	81,7	20,4	2,75	26,2	13,1	1,56	63,6	26,2
90 × 50	3,2	8,46	6,64	0,275	89,7	19,9	3,26	35,5	14,2	2,05	79,8	26,0
	4,0	10,4	8,18	0,273	108	24,0	3,22	42,3	16,9	2,02	95,9	31,6
	5,0	12,8	10,0	0,271	129	28,7	3,18	49,9	19,9	1,98	114	38,2
100 × 50	3,6	10,2	7,98	0,294	129	25,8	3,56	42,9	17,2	2,05	102	32,2
	4,5	12,5	9,83	0,292	155	31,0	3,52	50,9	20,4	2,02	122	39,1
	5,6	15,3	12,0	0,290	184	36,8	3,47	59,4	23,8	1,97	144	46,9
100 × 60	3,6	10,9	8,55	0,314	146	29,1	3,66	65,2	21,7	2,45	141	39,1
	4,5	13,4	10,5	0,312	176	35,1	3,62	77,9	26,0	2,41	169	47,7
	5,6	16,4	12,9	0,310	209	41,8	3,57	91,8	30,6	2,37	201	57,4
120 × 60	4,0	13,5	10,6	0,350	247	41,1	4,27	82,7	27,6	2,47	199	51,9
	5,0	16,6	13,0	0,348	296	49,3	4,22	98,2	32,7	2,43	239	63,1
	6,3	20,5	16,1	0,345	354	59,0	4,16	116	38,6	2,38	286	76,6
140 × 80	4,0	16,7	13,1	0,430	438	62,5	5,12	183	45,7	3,31	408	82,6
	5,0	20,6	16,2	0,428	529	75,6	5,07	220	55,0	3,27	496	101
	6,3	25,5	20,0	0,425	639	91,3	5,01	263	65,8	3,21	601	124
160 × 90	4,5	21,2	16,6	0,485	715	89,4	5,81	293	65,1	3,72	672	119
	5,6	25,9	20,4	0,481	858	107	5,75	350	77,7	3,67	814	145
	7,1	32,2	25,3	0,476	1030	129	5,67	418	92,9	3,60	991	179
180 × 100	5,6	29,3	23,0	0,541	1240	137	6,50	496	99,1	4,11	1150	184
	7,1	36,4	28,6	0,536	1500	167	6,41	597	119	4,05	1410	227
	8,8	44,2	34,7	0,530	1760	196	6,32	696	139	3,97	1680	272
200 × 120	6,3	37,7	29,6	0,618	2010	201	7,30	910	152	4,91	2030	277
	8,0	47,0	36,9	0,613	2440	244	7,21	1100	183	4,84	2490	342
	10,0	57,4	45,1	0,606	2890	289	7,10	1290	216	4,75	2990	414
220 × 120	6,3	40,2	31,6	0,658	2540	231	7,95	992	165	4,97	2320	305
	8,0	50,2	39,4	0,653	3100	281	7,85	1200	200	4,89	2850	378
	10,0	61,4	48,2	0,646	3680	335	7,74	1410	236	4,80	3420	458
260 × 140	6,3	47,8	37,5	0,778	4260	328	9,44	1630	233	5,85	3800	426
	8,0	59,8	46,9	0,773	5220	402	9,35	1990	284	5,77	4700	530
	10,0	73,4	57,6	0,766	6260	481	9,23	2370	339	5,68	5690	646
260 × 180	6,3	52,8	41,5	0,858	5070	390	9,80	2880	320	7,39	5820	554
	8,0	66,2	52,0	0,853	6240	480	9,71	3540	393	7,31	7220	692
	10,0	81,4	63,9	0,846	7510	578	9,60	4240	472	7,22	8790	846
280 × 180 [4]	7,1	62,0	48,7	0,896	6730	481	10,4	3410	379	7,42	7210	669
	8,8	75,9	59,6	0,890	8100	578	10,3	4090	454	7,34	8740	815
	11,0	93,2	73,2	0,882	9720	695	10,2	4890	543	7,24	10620	995
280 × 220 [4]	8,0	75,8	59,5	0,973	8650	618	10,7	5970	543	8,88	11180	921
	10,0	93,4	73,3	0,966	10460	747	10,6	7210	656	8,79	13670	1130
	12,5	115	90,1	0,957	12540	896	10,5	8620	784	8,67	16600	1380
320 × 180 [4]	8,8	82,9	65,1	0,970	11230	702	11,6	4600	511	7,45	10550	935
	10,0	93,4	73,3	0,966	12510	782	11,6	5110	568	7,40	11800	1050
	12,5	115	90,0	0,957	14990	937	11,4	6090	677	7,29	14280	1280
320 × 220 [4]	8,8	89,9	70,6	1,05	12930	808	12,0	7270	661	8,99	14810	1150
	10,0	101	79,6	1,05	14430	902	11,9	8090	736	8,93	16610	1300
	12,5	125	97,9	1,04	17360	1080	11,8	9700	882	8,82	20120	1590
360 × 220 [4]	10,0	109	85,9	1,13	19210	1070	13,3	8980	816	9,06	19640	1470
	12,5	135	106	1,12	23170	1290	13,1	10780	980	8,94	23920	1800
	16,0	169	132	1,11	28190	1570	12,9	13030	1180	8,79	29460	2230
400 × 260 [4]	11,0	137	108	1,28	30330	1520	14,9	15610	1200	10,7	32930	2130
	14,2	174	137	1,27	37610	1880	14,7	19280	1480	10,5	41300	2680
	17,5	211	166	1,26	44440	2220	14,5	22680	1740	10,4	49350	3230

1) bis 4) siehe Tabelle 1

Kaltgefertigte geschweißte quadratische und rechteckige Stahlrohre (Hohlprofile) für den Stahlbau Technische Lieferbedingungen	**DIN** **17 119**

1 Anwendungsbereich

1.1 Diese Norm gilt für kaltgefertigte geschweißte quadratische und rechteckige Stahlrohre (im folgenden als „Hohlprofile" bezeichnet) aus den im Abschnitt 2 genannten Stählen. Diese Hohlprofile werden vorwiegend im Stahlbau (Hochbau, Stahlrohrbau, Kranbau, Brückenbau, Wasserbau usw.) verwendet.

2 Sorteneinteilung

2.1 Die Hohlprofile nach dieser Norm werden üblicherweise aus den in der Tabelle 1 genannten allgemeinen Baustählen nach DIN 17 100 (siehe auch Abschnitt 4.1.2) oder wetterfesten Baustählen nach Stahl-Eisen-Werkstoffblatt 087 hergestellt.

2.2 ●● Auf entsprechende Vereinbarung können kaltgefertigte Hohlprofile nach dieser Norm auch aus anderen Stahlsorten hergestellt und geliefert werden, z. B. aus warmgewalzten Feinkornbaustählen zum Kaltumformen nach Stahl-Eisen-Werkstoffblatt 092.

Tabelle 1. **Übliche Stahlsorten zur Herstellung kaltgefertigter geschweißter quadratischer und rechteckiger Hohprofile**

	Stahlsorte		
Kurzname	Werkstoff-Nummer	Eigenschaften siehe
USt 37-2	1.0036	
RSt 37-2	1.0038	
St 37-3	1.0116	DIN 17 100
St 44-2	1.0044	
St 44-3	1.0144	
St 52-3	1.0570	
WTSt 37-2	1.8960	
WTSt 37-3	1.8961	Stahl-Eisen-Werkstoffblatt 087
WTSt 52-3	1.8963	

3 Bezeichnung und Bestellung

3.1 Für die Normbezeichnung der Hohlprofile gelten die Festlegungen der Maßnorm (DIN 59 411).

4 Anforderungen

4.2 Lieferzustand

4.2.1 Die Hohlprofile werden in dem durch das Formgebungsverfahren bedingten Zustand geliefert (siehe Abschnitt 4.1.2).

4.2.2 Bei preßgeschweißten Hohlprofilen ist der äußere Schweißgrat abgearbeitet. Bei schmelzgeschweißten Hohlprofilen wird die Schweißnahtüberhöhung belassen.

4.4 Mechanische und technologische Eigenschaften

Für die mechanischen und technologischen Eigenschaften gelten unter den Bedingungen für die Probenahme nach Abschnitt 5.4 die Festlegungen in den im Abschnitt 2 genannten Normen und Stahl-Eisen-Werkstoffblättern. Die Mindestwerte für die Zugfestigkeit (R_m) und die Streckgrenze (R_{eH}) gelten auch für die Schweißnaht.

4.5 Schweißeignung und Schweißbarkeit

Die Hohlprofile aus den in dieser Norm genannten Stahlsorten sind zum Gasschmelz-, Lichtbogen- und Abbrennstumpfschweißen sowie zum elektrischen Preßschweißen und zum Gaspreßschweißen geeignet.

4.6 Aussehen der Oberfläche und der Schweißverbindung

4.6.4 An der äußeren Oberfläche der Hohlprofile sind die Schweißnähte sichtbar.

●● Wenn die Schweißnähte eine bestimmte Lage einnehmen sollen, ist dies bei der Bestellung zu vereinbaren.

4.6.5 Die Enden der Hohlprofile sollen einen zur Längsachse des Erzeugnisses senkrechten Trennschnitt aufweisen. Ein von der Trennart und dem Querschnitt des Hohlprofils abhängiger Schneidgrat ist zulässig.

4.7 Maße, längenbezogene Massen (Gewichte), zulässige Abweichungen

4.7.1 Für die Nennmaße sowie für die zulässigen Maß- und Formabweichungen der Hohlprofile nach dieser Norm gilt DIN 59 411.

5 Prüfungen und Bescheinigungen über Materialprüfungen

5.1 Allgemeines

5.1.1 ●● Der Besteller kann für Hohlprofile aus allen Stahlsorten nach dieser Norm die Ausstellung einer der Bescheinigungen über Materialprüfungen nach DIN 50 049 vereinbaren.

	Hohlprofile für den Stahlbau **Kaltgefertigte geschweißte quadratische und rechteckige Stahlrohre** Maße, Gewichte, zulässige Abweichungen, statische Werte	**D̲I̲N̲** **59 411**

Maße in mm

1 Geltungsbereich

Diese Norm gilt für kaltgefertigte, geschweißte, quadratische und rechteckige Stahl-Hohlprofile mit den Maßen nach den Tabellen 1 und 2 aus den in Abschnitt 4 genannten Stählen, die vorwiegend für den Stahlbau verwendet werden.

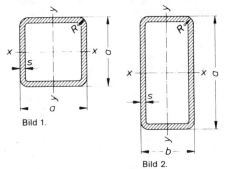

Bild 1.

Bild 2.

2 Bezeichnung

2.1.2 Beispiele für die Norm-Bezeichnung

a) Bezeichnung eines Hohlprofils aus Stahl St 37-2 (Werkstoffnummer 1.0037*)), quadratisch mit den Seitenlängen $a = 70$ mm und der Wanddicke $s = 40$ mm:

Hohlprofil
DIN 59 411 – St 37-2 – 70 × 70 × 4

oder Hohlprofil
DIN 59 411 – 1.0037 – 70 × 70 × 4

2.2.2 Beispiele für die Bestellbezeichnung

a) 20 t Hohlprofile mit der Norm-Bezeichnung nach Abschnitt 2.1.2a) in Herstellängen von 8000 bis 10 000 mm:

**20 t Hohlprofil DIN 59 411 – St 37-2 – 70 × 70 × 4
in Herstellängen 8000 bis 10 000**

oder **20 t Hohlprofil DIN 59 411 – 1.0037 – 70 × 70 × 4
in Herstellängen 8000 bis 10 000**

b) 100 Stück Hohlprofile mit der Norm-Bezeichnung nach Abschnitt 2.1.2b) in Genaulängen von 6000 mm:

**100 Stück Hohlprofil DIN 59 411 – St 52-3 –
100 × 60 × 5 in Genaulänge 6000 mm**

oder **100 Stück Hohlprofil DIN 59 411 – 1.0570 –
100 × 60 × 5 in Genaulänge 6000 mm.**

3 Maße und zulässige Maß- und Formabweichungen

3.1 Querschnitt

3.1.1 Die in dieser Norm erfaßten Maße sind in Tabelle 1 für die quadratischen Hohlprofile und in Tabelle 2 für die rechteckigen Hohlprofile angegeben.

3.1.2 Die zulässigen Abweichungen von den Seitenlängen a und b – einschließlich einer etwaigen Wölbung der Seiten – sind den Tabellen 1 und 2 zu entnehmen. Bei der Ermittlung der Innenabmessungen der Hohlprofile sind diese Abweichungen sowie die zulässigen Abweichungen von der Wanddicke zu beachten.

3.1.3 Die zulässigen Abweichungen von der Wanddicke s (siehe auch Abschnitte 7.1 und 7.2) betragen
± 10 % des Nennwertes bei $s \leqq 5$ mm,
$\pm 0,5$ mm bei $s > 5$ mm.

3.1.4 Die Abweichung von der Rechtwinkligkeit darf höchstens $\pm 1°$ betragen.

3.1.5 Für die Rundung R gelten die Werte in Tabelle 3. Diese Werte sind mit einer zulässigen Abweichung von ± 20 % einzuhalten.

Die im selben Querschnitt auftretenden Werte für R brauchen nicht gleich zu sein.

Tabelle 3. **Rundung R**

Wanddicke s		Rundung R [4]
>	≦	
–	4	$2,0 \cdot s$
4	8	$2,5 \cdot s$
8	12,5	$3,0 \cdot s$
[4] Siehe Abschnitt 3.1.5		

3.2 Geradheit

Die Abweichung q von der Geradheit darf höchstens $0,002 \cdot l$ betragen (siehe Abschnitt 7.3).

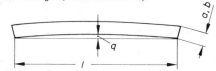

Bild 3.

3.3 Verdrillung

Die Verdrillung v darf höchstens 2 mm (+ 0,5 mm je 1000 mm Erzeugnislänge) betragen.

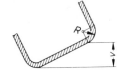

Bild 4.

4   Werkstoff

Eine Norm mit technischen Lieferbedingungen und Angaben über die für kaltgefertigte Hohlprofile bevorzugt in Betracht kommenden Stahlsorten ist in Vorbereitung. Die gewünschte Stahlsorte ist in der Bezeichnung anzugeben.

6   Lieferart

6.1 Für die Lieferung der Hohlprofile nach dieser Norm gelten die Längenangaben nach Tabelle 4.

6.2 Bei der Bestellung von Festlängen dürfen Unterlängen von mindestens 2000 mm mit einem Gewicht bis zu 5 % der gesamten Liefermenge mitgeliefert werden.

6.3 Die Hohlprofile nach dieser Norm sind an den Enden möglichst rechtwinklig geschnitten. Ein von der Trennart und dem Querschnitt der Hohlprofile abhängiger Schneidgrat ist zulässig.

7   Prüfung der Maßhaltigkeit

7.1 Die Maße sind im Abstand von etwa 100 mm von den Enden des Hohlprofils mit zweckentsprechenden Meßgeräten zu prüfen.

7.2 Die Wanddicke s ist außerhalb des Bereichs der Rundung R sowie außerhalb des Bereichs der Schweißnaht zu prüfen.

7.3 Bei der Prüfung der Geradheit nach Bild 3 ist das Maß q über die Gesamtlänge des Hohlprofils zu messen.

7.4 Die Verdrillung v ist nach den Angaben in Bild 4 zu ermitteln. Sie darf an beliebiger Stelle des auf ebener Unterlage frei ruhenden Hohlprofils gemessen werden.

Tabelle 4. **Länge und zulässige Abweichungen**

Längen-art	Länge		Bestell-angaben für die Länge
	Bereich	zul. Abw.	
Herstell-länge	6000 bis 16000[5]	[5]	[5]
Fest-länge	≧4000[6]	+ 100 0	gewünschte Festlänge in mm
Genau-länge	≦ 5000	+ 5 0	gewünschte Genaulänge in mm
	> 5000 ≦ 10 000	+ 10 0	
	> 10 000	+ 1 0 je angefangene 1000 mm	

[5] Der gewünschte Bereich der Herstellängen ist bei der Bestellung zu vereinbaren. 90 % der gelieferten Hohlprofile müssen in diesem Längenbereich liegen; 10 % dürfen kürzer sein, jedoch nicht unter 75 % der vereinbarten unteren Grenze des Längenbereichs.

[6] Wenn nichts anderes vereinbart wird, werden Festlängen von 6000 mm geliefert (siehe Abschnitt 6.2).

Tabelle 1. **Kaltgefertigte quadratische Stahl-Hohlprofile**
Maße, zulässige Abweichungen von der Seitenlänge, statische Werte

Nennmaße			Quer-schnitt	Gewicht	Mantel-fläche	Statische Werte [1]				
Seiten-länge a	zul. Abw.	Wand-dicke s				für die Biegeachse [2] x–x = y–y			für die Verdrehung [3]	
						I_x	W_x	i_x	I_t	W_t
			cm²	kg/m	m²/m	cm⁴	cm³	cm	cm⁴	cm³
20	± 0,3	1,6	1,11	0,87	0,074	0,61	0,61	0,74	1,03	1,07
		2	1,34	1,05	0,073	0,69	0,69	0,72	1,20	1,27
30	± 0,3	1,6	1,75	1,38	0,114	2,31	1,54	1,15	3,76	2,57
		2	2,14	1,68	0,113	2,72	1,81	1,13	4,51	3,10
		2,6	2,68	2,10	0,111	3,26	2,18	1,10	5,50	3,84
40	± 0,4	1,6	2,39	1,88	0,154	5,79	2,90	1,56	9,25	4,70
		2	2,94	2,31	0,153	6,94	3,47	1,54	11,2	5,74
		2,6	3,72	2,92	0,151	8,45	4,23	1,51	14,0	7,21
		3,2	4,45	3,49	0,149	9,72	4,86	1,48	16,4	8,54
		4	5,35	4,20	0,146	11,1	5,54	1,44	19,2	10,1
50	± 0,5	1,6	3,03	2,38	0,194	11,7	4,68	1,97	18,5	7,48
		2	3,74	2,93	0,193	14,2	5,66	1,95	22,6	9,18
		2,6	4,76	3,73	0,191	17,5	6,99	1,92	28,4	11,6
		3,2	5,73	4,50	0,189	20,4	8,16	1,89	33,7	13,9
		4	6,95	5,45	0,186	23,7	9,50	1,85	40,1	16,7
		5	8,14	6,38	0,178	25,7	10,3	1,77	46,2	19,4
60	± 0,6	2	4,54	3,56	0,233	25,2	8,38	2,35	39,7	13,4
		2,6	5,80	4,55	0,231	31,3	10,5	2,32	50,3	17,1
		3,2	7,00	5,50	0,229	36,9	12,3	2,30	60,1	20,5
		4	8,55	6,71	0,226	43,6	14,5	2,26	72,2	24,8
		5	10,1	7,96	0,218	48,6	16,2	2,18	85,2	29,4
70	± 0,6	2,6	6,84	5,37	0,271	51,1	14,6	2,73	81,2	23,6
		3,2	8,29	6,51	0,269	60,6	17,3	2,70	97,6	28,4
		4	10,1	7,97	0,266	72,1	20,6	2,67	118	34,6
		5	12,1	9,52	0,258	82,0	23,4	2,59	141	41,4
80	± 0,7	2,6	7,88	6,18	0,311	77,7	19,4	3,14	122	31,1
		3,2	9,57	7,51	0,309	92,7	23,2	3,11	148	37,6
		4	11,8	9,22	0,306	111	27,8	3,07	180	46,0
		5	14,1	11,1	0,298	128	32,0	3,00	217	55,4
		6,3	17,2	13,5	0,292	149	37,1	2,94	259	66,7
90	± 0,75	3,2	10,9	8,51	0,349	135	29,9	3,52	213	48,1
		4	13,4	10,5	0,346	162	36,0	3,48	260	58,9
		5	16,1	12,7	0,338	189	41,9	3,41	316	71,4
		6,3	19,7	15,5	0,332	221	49,1	3,35	380	85,6
100	± 0,8	3,2	12,1	9,52	0,389	187	37,5	3,93	295	59,8
		4	15,0	11,7	0,386	226	45,3	3,89	361	73,5
		5	18,1	14,2	0,378	266	53,1	3,82	440	89,4
		6,3	22,3	17,5	0,372	314	62,8	3,76	533	109
120	± 0,9	3,2	14,7	11,5	0,469	331	55,2	4,75	518	87,2
		4	18,2	14,3	0,466	402	67,1	4,71	636	107
		5	22,1	17,4	0,458	478	79,6	4,64	780	131
		6,3	27,3	21,4	0,452	572	95,3	4,58	952	161
		8	33,6	26,4	0,445	677	113	4,49	1156	197
140	± 1,0	4	21,4	16,8	0,546	652	93,1	5,52	1022	148
		5	26,1	20,5	0,538	780	111	5,46	1259	181
		6,3	32,3	25,4	0,532	941	134	5,39	1545	224
		8	40,0	31,4	0,525	1127	161	5,30	1892	275
		10	47,7	37,5	0,508	1268	181	5,15	2245	327
150	± 1,2	4	23,0	18,0	0,586	808	108	5,93	1264	170
		5	28,1	22,1	0,578	970	129	5,87	1558	209
		6,3	34,9	27,4	0,572	1174	156	5,80	1917	258
		8	43,2	33,9	0,565	1412	188	5,71	2355	319
		10	51,7	40,6	0,548	1602	214	5,56	2811	381

[1]), [2]), [3]) siehe Seite 499

Tabelle 1. (Fortsetzung)

Seiten-länge a	Nennmaße zul. Abw.	Wand-dicke s	Quer-schnitt cm²	Gewicht kg/m	Mantel-fläche m²/m	I_x cm⁴	W_x cm³	i_x cm	I_t cm⁴	W_t cm³
160	± 1,2	4	24,6	19,3	0,626	987	123	6,34	1540	194
		5	30,1	23,7	0,618	1189	149	6,27	1901	239
		6,3	37,4	29,3	0,612	1442	180	6,21	2344	296
		8	46,4	36,5	0,605	1741	218	6,12	2887	366
		10	55,7	43,7	0,588	1990	249	5,97	3464	439
180	± 1,3	4	27,8	21,8	0,706	1422	158	7,16	2209	248
		5	34,1	26,8	0,698	1719	191	7,09	2732	305
		6,3	42,4	33,3	0,692	2096	233	7,03	3377	378
		8	52,8	41,5	0,685	2546	283	6,94	4177	470
		10	63,7	50,0	0,668	2945	327	6,79	5051	567
		12,5	77,0	60,5	0,655	3406	379	6,65	6010	680
200	± 1,3	5	38,1	29,9	0,778	2389	239	7,91	3774	379
		6,3	47,5	37,3	0,772	2922	292	7,85	4676	471
		8	59,2	46,5	0,765	3567	357	7,75	5803	586
		10	71,7	56,3	0,748	4162	416	7,61	7055	711
		12,5	87,0	68,3	0,735	4859	486	7,47	8456	858
220	± 1,4	5	42,1	33,1	0,858	3212	292	8,73	5052	461
		6,3	52,5	41,2	0,852	3940	358	8,66	6270	574
		8	65,6	51,5	0,845	4828	439	8,57	7801	716
		10	79,7	62,6	0,828	5675	516	8,43	9524	871
		12,5	97,0	76,2	0,815	6674	607	8,29	11 480	1055
250	± 1,5	5	48,1	37,8	0,978	4771	382	9,96	7463	599
		6,3	60,1	47,1	0,972	5873	470	9,89	9282	747
		8	75,2	59,1	0,965	7229	578	9,80	11 580	934
		10	91,7	72,0	0,948	8568	685	9,67	14 200	1141
		12,5	112	88,0	0,935	10 160	813	9,52	17 240	1389
260	± 1,5	5	50,1	39,4	1,02	5386	414	10,4	8410	649
		6,3	62,6	49,1	1,01	6635	510	10,3	10 470	809
		8	78,4	61,6	1,01	8178	629	10,2	13 070	1012
		10	95,7	75,1	0,988	9715	747	10,1	16 050	1239
		12,5	117	91,9	0,975	11 550	888	9,93	19 490	1510
280	± 1,6	6,3	67,6	53,1	1,09	8352	597	11,1	13 130	942
		8	84,8	66,6	1,09	10 320	737	11,0	16 420	1180
		10	104	81,4	1,07	12 310	879	10,9	20 200	1447
		12,5	127	99,7	1,06	14 690	1049	10,8	24 700	1768
300	± 1,8	6,3	72,7	57,0	1,17	10 340	689	11,9	16 210	1085
		8	91,2	71,6	1,17	12 800	853	11,8	20 290	1361
		10	112	87,7	1,15	15 320	1021	11,7	25 000	1671
		12,5	137	108	1,14	18 350	1223	11,6	30 530	2045
320	± 1,8	6,3	77,7	61,0	1,25	12 630	789	12,8	19 730	1238
		8	97,6	76,6	1,25	15 650	978	12,7	24 730	1554
		10	120	94,0	1,23	18 790	1174	12,5	30 520	1911
		12,5	147	115	1,22	22 570	1411	12,4	37 330	2343
350	± 2,0	6,3	85,3	66,9	1,37	16 440	951	14,0	25 930	1487
		8	107	84,2	1,37	20 680	1182	13,9	32 530	1868
		10	132	103	1,35	24 920	1424	13,8	40 210	2301
		12,5	162	127	1,34	30 040	1717	13,6	49 310	2827
400	± 2,5	8	123	96,8	1,57	31 270	1563	15,9	48 910	2455
		10	152	119	1,55	37 870	1893	15,8	60 570	3031
		12,5	187	147	1,54	45 880	2294	15,7	74 500	3733

[1]) Die statischen Werte wurden mit folgender Rundung R errechnet: $2,0 \cdot s$ bei $s \le 4$ mm, $2,5 \cdot s$ bei $s > 4 \le 8$ mm und $3,0 \cdot s$ bei $s > 8$ mm.

[2]) I = Trägheitsmoment, W = Widerstandsmoment, i = Trägheitshalbmesser

[3]) I_t = St.-Venant'scher Drillwiderstand, W_t = Torsionswiderstand

Tabelle 2. **Kaltgefertigte rechteckige Stahlhohlprofile,**
Maße, zulässige Abweichungen von den Seitenlängen, statische Werte

Nennmaße Seitenlänge a	b	zul. Abw.	Wanddicke s	Querschnitt	Gewicht	Mantelfläche	Statische Werte[1] für die Biegeachse[2] x–x I_x	W_x	i_x	y–y I_y	W_y	i_y	für die Verdrehung[3] I_t	W_t
				cm²	kg/m	m²/m	cm⁴	cm³	cm	cm⁴	cm³	cm	cm⁴	cm³
40	20	± 0,3	1,6	1,75	1,38	0,114	3,43	1,72	1,40	1,15	1,15	0,81	2,87	2,25
			2	2,14	1,68	0,113	4,05	2,03	1,38	1,34	1,34	0,79	3,42	2,71
			2,6	2,68	2,10	0,111	4,81	2,40	1,34	1,57	1,57	0,77	4,11	3,32
50	30	± 0,5	1,6	2,39	1,88	0,154	7,96	3,18	1,82	3,60	2,40	1,23	8,02	4,38
			2	2,94	2,31	0,153	9,54	3,81	1,80	4,29	2,86	1,21	9,72	5,34
			2,6	3,72	2,92	0,151	11,6	4,65	1,78	5,22	3,48	1,18	12,0	6,69
			3,2	4,45	3,49	0,149	13,4	5,35	1,73	5,93	3,95	1,15	14,0	7,90
			4	5,35	4,20	0,146	15,3	6,10	1,69	6,69	4,46	1,12	16,2	9,32
60	40	± 0,6	1,6	3,03	2,38	0,194	15,2	5,07	2,24	8,15	4,08	1,64	16,9	7,16
			2	3,74	2,93	0,193	18,4	6,14	2,22	9,83	4,92	1,62	20,7	8,78
			2,6	4,76	3,73	0,191	22,8	7,59	2,19	12,1	6,05	1,59	25,9	11,1
			3,2	5,73	4,50	0,189	26,6	8,87	2,15	14,1	7,03	1,57	30,7	13,3
			4	6,95	5,45	0,186	31,0	10,3	2,11	16,3	8,14	1,53	36,3	15,9
			5	8,14	6,39	0,178	33,4	11,1	2,03	17,6	8,79	1,47	41,5	18,4
80	40	+ 0,7	2	4,54	3,56	0,233	37,4	9,34	2,87	12,7	6,36	1,67	30,8	11,8
			2,6	5,80	4,55	0,231	46,6	11,7	2,83	15,7	7,87	1,65	38,8	15,0
			3,2	7,00	5,50	0,229	54,9	13,7	2,80	18,4	9,21	1,62	46,0	18,0
			4	8,55	6,71	0,226	64,8	16,2	2,75	21,5	10,7	1,59	54,8	21,6
			5	10,1	7,96	0,218	71,6	17,9	2,66	23,8	11,9	1,53	63,6	25,4
90	50	± 0,75	2,6	6,84	5,37	0,271	72,6	16,1	3,26	29,2	11,7	2,06	67,5	21,5
			3,2	8,29	6,51	0,269	86,3	19,2	3,23	34,4	13,8	2,04	80,8	25,9
			4	10,2	7,97	0,266	103	22,8	3,18	40,7	16,3	2,00	97,2	31,4
			5	12,1	9,52	0,258	116	25,8	3,09	46,0	18,4	1,93	115	37,4
100	60	± 0,8	2,6	7,88	6,18	0,311	107	21,3	3,68	48,5	16,2	2,48	107	29,0
			3,2	9,57	7,51	0,309	127	25,5	3,65	57,6	19,2	2,45	128	35,1
			4	11,8	9,22	0,306	153	30,5	3,60	68,7	22,9	2,42	156	42,8
			5	14,1	11,1	0,298	175	35,1	3,52	78,9	26,3	2,36	187	51,4
			6,3	17,2	13,5	0,292	203	40,7	3,44	90,9	30,3	2,30	221	61,7
110	70	± 0,8	3,2	10,9	8,51	0,349	179	32,6	4,06	89,2	25,5	2,88	191	45,5
			4	13,4	10,8	0,346	216	39,3	4,02	107	30,6	2,83	233	55,7
			5	16,1	12,7	0,338	251	45,6	3,94	124	35,5	2,77	281	67,4
			6,3	19,7	15,5	0,332	294	53,5	3,86	145	41,4	2,71	337	81,5
120	60	± 0,9	3,2	10,9	8,51	0,349	200	33,3	4,29	67,9	22,7	2,50	165	42,3
			4	13,4	10,5	0,346	241	40,1	4,25	81,3	27,1	2,47	200	51,8
			5	16,1	12,7	0,338	279	46,5	4,15	94,1	31,3	2,41	241	62,4
			6,3	19,7	15,5	0,332	327	54,4	4,07	109	36,4	2,35	287	75,2
120	80	± 0,9	3,2	12,1	9,52	0,389	244	40,6	4,48	130	32,6	3,28	271	57,3
			4	15,0	11,7	0,386	295	49,1	4,44	157	39,3	3,24	330	70,3
			5	18,1	14,2	0,378	345	57,6	4,36	184	46,1	3,18	402	85,4
			6,3	22,3	17,5	0,372	409	68,1	4,28	217	54,3	3,12	485	104
140	80	± 1,0	3,2	13,4	10,5	0,429	354	50,6	5,14	149	37,3	3,34	336	67,1
			4	16,6	13,0	0,426	430	61,4	5,09	180	45,1	3,30	413	82,7
			5	20,1	15,8	0,418	506	72,4	5,01	212	53,1	3,24	500	100
			6,3	24,8	19,4	0,412	603	86,1	4,93	251	62,9	3,19	605	122
150	100	± 1,2	3,2	15,3	12,0	0,489	488	65,1	5,64	262	52,5	4,14	538	90,8
			4	19,0	14,9	0,486	595	79,3	5,60	319	63,7	4,10	661	112
			5	23,1	18,2	0,478	707	94,3	5,52	379	75,7	4,04	810	137
			6,3	28,6	22,4	0,472	848	113	5,45	453	90,5	3,98	988	168
			8	35,2	27,7	0,465	1008	134	5,35	536	107	3,90	1198	206
160	80	± 1,2	3,2	14,7	11,5	0,469	491	61,4	5,78	168	42,1	3,38	403	76,9
			4	18,2	14,3	0,466	598	74,7	5,74	204	50,9	3,35	493	94,6
			5	22,1	17,4	0,458	708	88,5	5,65	241	60,2	3,29	601	115
			6,3	27,3	21,4	0,452	846	106	5,57	286	71,4	3,24	729	141
			8	33,6	26,4	0,445	1001	125	5,46	335	83,7	3,16	875	172

[1]), [2]), [3]) siehe Tabelle 1, Seite 499

Tabelle 2. (Fortsetzung)

Nennmaße			Quer-schnitt	Gewicht	Mantel-fläche	Statische Werte [1] für die Biegeachse [2]						für die Verdrehung [3]	
Seiten-länge	zul. Abw.	Wand-dicke				$x-x$			$y-y$				
a	b	s				I_x	W_x	i_x	I_y	W_y	i_y	I_t	W_t
			cm²	kg/m	m²/m	cm⁴	cm³	cm	cm⁴	cm³	cm	cm⁴	cm³
180	100	± 1,3	4	21,4	16,8	0,546	926	103	6,59	374	74,8	4,18	853	135
			5	26,1	20,5	0,538	1107	123	6,51	446	89,3	4,13	1046	165
			6,3	32,3	25,4	0,532	1335	148	6,43	536	107	4,07	1279	203
			8	40,0	31,4	0,525	1598	178	6,32	637	127	3,99	1556	250
			10	47,7	37,5	0,508	1787	199	6,12	714	143	3,87	1828	295
200	100	± 1,3	4	23,0	18,0	0,586	1200	120	7,23	411	82,6	4,23	984	150
			5	28,1	22,1	0,578	1438	144	7,14	492	98,3	4,17	1208	184
			6,3	34,9	27,4	0,572	1739	174	7,06	591	118	4,12	1478	227
			8	43,2	34,0	0,565	2091	209	6,95	705	141	4,04	1801	279
			10	51,7	40,6	0,548	2355	236	6,75	795	159	3,92	2122	331
200	120	± 1,3	4	24,6	19,3	0,626	1353	135	7,42	618	103	5,02	1344	182
			5	30,1	23,7	0,618	1628	163	7,34	742	124	4,96	1656	223
			6,3	37,4	29,3	0,612	1976	198	7,27	898	150	4,90	2035	276
			8	46,4	36,5	0,605	2386	239	7,17	1079	180	4,82	2497	341
			10	55,7	43,7	0,588	2717	272	6,98	1230	205	4,70	2978	407
220	140	± 1,3	4	27,8	21,8	0,706	1893	172	8,26	948	135	5,84	1986	235
			5	34,1	26,8	0,698	2287	208	8,19	1145	164	5,79	2453	289
			6,3	42,4	33,3	0,692	2789	254	8,11	1392	199	5,73	3027	358
			8	52,8	41,5	0,685	3389	308	8,01	1685	241	5,65	3734	444
			10	63,7	50,0	0,668	3910	355	7,83	1945	278	5,53	4497	535
250	150	± 1,5	5	38,1	29,9	0,778	3270	262	9,26	1496	199	6,26	3293	354
			6,3	47,4	37,3	0,772	4001	320	9,18	1825	243	6,20	4071	440
			8	59,2	46,5	0,765	4886	391	9,08	2219	296	6,12	5038	546
			10	71,7	56,3	0,748	5687	455	8,91	2584	345	6,00	6098	661
			12,5	87,0	68,3	0,735	6633	531	8,73	3002	400	5,87	7269	795
260	180	± 1,6	5	42,1	33,1	0,858	4085	314	9,85	2332	259	7,44	4707	445
			6,3	52,5	41,2	0,852	5013	386	9,77	2856	317	7,38	5837	554
			8	65,6	51,5	0,845	6145	473	9,68	3493	388	7,30	7253	690
			10	79,7	62,6	0,828	7214	555	9,51	4102	456	7,17	8837	839
			12,5	97,0	76,2	0,815	8482	653	9,35	4812	535	7,04	10 630	1015
300	200	± 1,8	5	48,1	37,8	0,978	6193	413	11,3	3393	334	8,33	6853	574
			6,3	60,1	47,1	0,972	7624	508	11,3	4104	410	8,27	8515	715
			8	75,2	59,1	0,965	9389	626	11,2	5042	504	8,19	10 610	894
			10	91,7	72,0	0,948	11 110	741	11,0	5969	597	8,07	12 990	1091
			12,5	112	88,0	0,935	13 180	879	10,9	7060	706	7,94	15 710	1327
320	200	± 1,8	6,3	62,6	49,1	1,01	8905	557	11,9	4340	434	8,33	9236	764
			8	78,4	61,6	1,01	10 980	686	11,8	5337	534	8,24	11 630	955
			10	95,7	75,1	0,988	13 020	814	11,7	6330	633	8,13	14 240	1167
			12,5	117	91,9	0,975	15 480	967	11,5	7500	750	8,00	17 240	1420
360	200	± 2,0	6,3	67,6	53,1	1,09	11 850	658	13,2	4813	481	8,44	10 980	862
			8	84,8	66,6	1,09	14 640	813	13,1	5927	593	8,35	13 690	1078
			10	104	81,4	1,07	17 420	967	13,0	7053	705	8,24	16 780	1319
			12,5	127	99,7	1,06	20 780	1154	12,8	8380	838	8,12	20 350	1608
400	200	± 2,5	6,3	72,6	57,0	1,17	15 330	766	14,5	5290	529	8,53	12 660	959
			8	91,2	71,6	1,17	18 970	949	14,4	6520	652	8,45	15 800	1201
			10	112	87,7	1,15	22 650	1132	14,2	7780	778	8,34	19 380	1471
			12,5	137	108	1,14	27 100	1355	14,1	9260	926	8,22	23 520	1795
450	250	± 2,5	6,3	85,3	66,9	1,37	23 610	1049	16,6	9620	769	10,6	21 720	1361
			8	107	84,2	1,37	29 340	1304	16,5	11 920	953	10,5	27 200	1708
			10	132	103	1,35	35 290	1569	16,4	14 330	1150	10,4	33 520	2101
			12,5	162	127	1,34	42 540	1890	16,2	17 220	1380	10,3	40 970	2577
500	300	± 2,5	8	123	96,8	1,57	42 810	1712	18,6	19 620	1308	12,6	42 740	2295
			10	152	119	1,55	51 780	2071	18,5	23 730	1582	12,5	52 840	2831
			12,5	187	147	1,54	62 730	2509	18,3	28 690	1912	12,4	64 860	3483

[1]), [2]), [3]) siehe Tabelle 1, Seite 499

	Nahtlose Rohre aus warmfesten Stählen	**DIN**
	Technische Lieferbedingungen	**17175**

Ersatz für DIN 17 175 Teil 1,
DIN 17.175 Teil 2 und
DIN 17 175 Teil 2 Beiblatt

1 Geltungsbereich

Diese Norm gilt für nahtlose Rohre [1] einschließlich Rohre für Sammler aus warmfesten Stählen nach Tabelle 1, die im Dampfkesselbau, Rohrleitungsbau, Druckbehälter- und Apparatebau für Temperaturen bis zu 600 °C bei gleichzeitig hohen Drücken verwendet werden können, wobei die Gesamtbeanspruchung und die besonderen Zunderungsverhältnisse die angegebene Temperaturgrenze erniedrigen oder erhöhen können.

3 Begriff

Als warmfest im Sinne dieser Norm gelten Stähle, die bei höheren Temperaturen, zum Teil bis zu 600 °C, gute mechanische Eigenschaften auch bei langzeitiger Beanspruchung haben.

5 Bezeichnung und Bestellung

Beispiel 1:

Bezeichnung eines nahtlosen Stahlrohres von 38 mm Außendurchmesser und 2,6 mm Wanddicke nach DIN 2448 aus Stahl St 35.8, Werkstoffnummer 1.0305:

Rohr DIN 2448 — St 35.8 — 38 × 2,6

5.3 ● In der Bestellung sind außer der Bezeichnung entsprechend Abschnitt 5.2 in jedem Falle die gewünschte Gesamtlänge und die gewünschte Abnahmeprüfbescheinigung sowie bei Rohren aus unlegierten Stählen die Gütestufe anzugeben. Darüber hinaus können entsprechend den sonstigen mit einem Punkt (●) gekennzeichneten Abschnitten weitere Einzelheiten bei der Bestellung vereinbart werden.

6 Anforderungen

6.2 Gütestufen

6.2.1 Die Rohre können in den zwei Gütestufen I und III geliefert werden, die u. a. durch unterschiedlichen Prüfumfang gekennzeichnet sind (vergleiche Tabelle 3). Für Rohre aus unlegierten Stählen kommen beide Gütestufen der Tabelle 3, für Rohre aus legierten Stählen kommt nur Gütestufe III in Betracht.

Die erhöhten Anforderungen an Rohre der Gütestufe III erfordern besondere Maßnahmen bei der Erschmelzung oder bei der Weiterverarbeitung (z. B. Flämmen oder Überdrehen) oder eine besonders sorgfältige Schmelzenauswahl.

Für nahtlose kreisförmige Rohre aus druckwasserstoffbeständigen Stählen, Technische Lieferbedingungen, gilt DIN 17176, Ausgabe November 1990.

Für nahtlose kreisförmige Rohre aus hochwarmfesten austenitischen Stählen, Technische Lieferbedingungen, liegt DIN 17 459 im Entwurf November 1988 vor.

---

[1] Bei Rohren für Kesselteile, die den vom Deutschen Dampfkesselausschuß (DDA) herausgegebenen "Technischen Regeln für Dampfkessel" (TRD) genügen müssen, sind zusätzlich diese Regelungen zu beachten. Gegebenenfalls sind auch die "Technischen Regeln für Druckbehälter" (AD-Merkblätter) zu berücksichtigen.

6.3 Lieferzustand

6.3.1 Die Rohre sind über die ganze Länge sachgemäß wärmebehandelt zu liefern. Als Wärmebehandlung kommen je nach Stahlsorte in Betracht:

— Normalglühen

— Anlaßglühen

— Vergüten mit kontinuierlicher Abkühlung von der Härtetemperatur und anschließendem Anlassen sowie

— Vergüten mit isothermischer Umwandlung.

Die Forderung einer sachgemäßen Wärmebehandlung gilt bei den Stählen St 35.8, St 45.8, 17 Mn 4, 19 Mn 5 und 15 Mo 3 als erfüllt, wenn durch die Warmverarbeitung ein einwandfreier Gefügezustand in hinreichender Gleichmäßigkeit sichergestellt ist. Unter den gleichen Voraussetzungen kann bei den Stählen 13 CrMo 4 4 und 10 CrMo 9 10 ein Anlassen statt einer vollständigen Vergütung genügen. Die Stähle 14 MoV 6 3 und X 20 CrMoV 12 1 werden in jedem Fall im vergüteten Zustand geliefert.

6.5.2 Angaben über die 1 %-Zeitdehngrenzenwerte sowie die Zeitstandfestigkeitswerte der Stähle sind im Anhang A zu dieser Norm enthalten. Die angegebenen Werte sind die M i t t e l w e r t e des bisher erfaßten Streubereiches, die nach Vorliegen weiterer Versuchsergebnisse von Zeit zu Zeit überprüft und unter Umständen berichtigt werden.

6.10 Maße und zulässige Maß- und Formabweichungen

6.10.1 ● Für die M a ß e gelten bei Bestellung nach dem Außendurchmesser im allgemeinen DIN 2448 und DIN 2915; in Sonderfällen kann auch DIN 2391 Teil 1 zugrunde gelegt werden.

6.10.2 Für die z u l ä s s i g e n M a ß - und F o r m a b w e i c h u n g e n der Rohre gelten folgende Festlegungen.

6.10.2.1 ● Wird nach dem A u ß e n d u r c h m e s s e r bestellt, so gelten für dessen zulässige Abweichungen folgende Festlegungen:

6.10.2.1.1 Für den Außendurchmesser gelten mit der Ausnahme nach Abschnitt 6.10.2.1.2 folgende zulässige Abweichungen:

— bei Außendurchmessern $\leq$ 100 mm

— bei nicht profilierten Rohren ± 0,75 % (mindestens ± 0,5 mm),

— bei innen und/oder außen profilierten Rohren ± 1,0 % (mindestens ± 0,5 mm),

— bei Außendurchmessern > 100 mm $\leq$ 320 mm ± 0,90 %,

— bei Außendurchmessern > 320 mm ± 1,0 %.

6.10.2.2 ● Wird nach dem I n n e n d u r c h m e s s e r bestellt, so beträgt die zulässige Abweichung des Innendurchmessers ± 1 %.

6.10.2.3 Für die z u l ä s s i g e n W a n d d i c k e n a b w e i c h u n g e n der Rohre gelten die Festlegungen in Tabelle 8 bei Bestellung nach dem Außendurchmesser und Tabelle 9 bei Bestellung nach dem Innendurchmesser.

Tabelle 8: Siehe DIN 1629, Tabelle 7, Seite 463.

Tabelle 9. **Zulässige Wanddickenabweichungen bei Bestellung nach dem Innendurchmesser**

Zulässige Wanddickenabweichung bei Innendurchmessern d_i $\geqq 200$ mm bis $\leqq 720$ mm und Wanddicken s		
$\leqq 0{,}05\, d_i$	$0{,}05\, d_i < s \leqq 0{,}10\, d_i$	$> 0{,}10\, d_i$
+ 22,5 % − 12,5 %	+ 15 % − 12,5 %	+ 12,5 % − 10 %

6.10.2.4 ● Die zulässigen L ä n g e n a b w e i c h u n g e n sind in Tabelle 10 enthalten.

Tabelle 10: Siehe DIN 1629, Tabelle 5, Seite 463.

7 Wärmebehandlung und Weiterverarbeitung

7.1 Die Anhaltsangaben für die W ä r m e b e h a n d l u n g s t e m p e r a t u r e n gehen aus Tabelle 12 hervor.

7.2 W a r m u m f o r m u n g e n lassen sich im Bereich von 1100 bis 850 °C durchführen, wobei die Temperatur im Laufe der Verarbeitung bis auf 750 °C abfallen kann. Die für das Warmumformen geltenden Regeln sind auch bei örtlichen Anpaß- und Richtarbeiten zu beachten; die Temperaturführung hierbei ist zu überwachen.

Schmieden und Stauchen wird dabei zweckmäßigerweise im oberen Gebiet dieses Temperaturbereiches, also bei 1100 bis 900 °C, durchgeführt. Warmbiegen von Rohren und ähnliche Verformungsvorgänge sollten im unteren Gebiet des Temperaturbereiches, also bei etwa 1000 bis 850 °C, vorgenommen werden, wobei die Temperatur im Laufe der Verarbeitung auf 750 °C abfallen kann.

Wenn vor dem letzten Schritt des Warmumformens oder bei einmaligem Warmumformen das Werkstück oberhalb der Normalglühtemperatur, aber nicht über 1000 °C erwärmt wurde und der Umformvorgang oberhalb 750 °C oder, falls der Umformgrad bei dem letzten Schritt 5 % nicht überschreitet, oberhalb 700 °C abgeschlossen wurde, erübrigt sich bei den Stählen St 35.8, St 45.8, 17 Mn 4, 19 Mn 5 und 15 Mo 3 ein nachträgliches Normalglühen; die Stähle 13 CrMo 4 4 und 10 CrMo 9 10 brauchen nur angelassen zu werden.

Bei mehrmaligen und/oder längerzeitigen Warmformgebungen bei Temperaturen um 1000 bis 1100 °C ist vor dem letzten Umformschritt das Werkstück auf Temperaturen unterhalb ca. 350 °C abzukühlen. Die Temperatur bei der abschließenden Warmformgebung darf bei den aufgeführten Stählen 1000 °C nicht überschreiten, wenn sich ein Normalglühen bzw. Vergüten erübrigen soll.

Liegt die Temperatur der Endverformung dagegen oberhalb 1000 °C, so müssen die Stähle St 35.8, St 45.8, 17 Mn 4, 19 Mn 5 und 15 Mo 3 anschließend normalgeglüht, die Stähle 13 CrMo 4 4 und 10 CrMo 9 10 vergütet werden.

Die Stähle 14 MoV 6 3 und X 20 CrMoV 12 1 sind nach der Warmumformung erneut zu vergüten.

7.3 Rohre aus Stählen nach dieser Norm lassen sich k a l t v e r a r b e i t e n , z. B. biegen, aufweiten, einziehen und einwalzen; bei den Stählen X 20 CrMoV 12 1 und 14 MoV 6 3 ist jedoch die hohe Streckgrenze und Zugfestigkeit zu berücksichtigen.

Nach dem Kaltbiegen, Kaltaufweiten und Kalteinziehen mit den üblichen Kaltumformgraden ist eine nachträgliche Wärmebehandlung nicht erforderlich [3].

Bei größeren Kaltumformgraden genügt im allgemeinen ein Glühen von mindestens 15 Minuten bei den in Tabelle 13 angegebenen Glühtemperaturen.

7.4 Die in dieser Norm aufgeführten Stähle sind s c h w e i ß g e e i g n e t (siehe auch DIN 8528 Teil 1). Tabelle 13 enthält Hinweise auf Schweißverfahren und Angaben zur Wärmebehandlung der Rohre nach dem Schweißen.

8.8 Prüfbescheinigungen

8.8.1 ● Die Abnahmeprüfung [1] wird durch ein Abnahmeprüfzeugnis A, B oder C nach DIN 50 049, Ausgabe Juli 1972, Abschnitt 3, bescheinigt.

Hinweis: Der vollständige Wortlaut der Kennzeichnung nach Abschnitt 9.1 ist in den Bescheinigungen aufzuführen.

8.8.2 ● Wenn nur für einen Teil der Anforderungen die Einhaltung durch Abnahmeprüfzeugnis A oder C nach DIN 50 049 zu bescheinigen ist, so hat das Herstellerwerk, bei Rohren der Gütestufe I in einem Werkszeugnis nach DIN 50 049 bzw. bei Rohren der Gütestufe III in einem Abnahmeprüfzeugnis B nach DIN 50 049 zusätzlich zu bestätigen, daß der Rohrwerkstoff nach Stahlsorte und Gütestufe DIN 17 175 entspricht, sämtliche Rohre die Dichtheitsprüfung bestanden und freien Durchgang haben, sich über ihre ganze Länge in dem der Werkstoffart entsprechenden und sachgemäßen Glüh- oder Vergütungszustand befinden und daß bei Rohren der Gütestufe III, sofern sie aus vorgewalztem Vierkant- oder Rundmaterial hergestellt wurden, die Beizscheiben- oder Ultraschall-Prüfung durchgeführt worden ist, außerdem die chemische Zusammensetzung nach der Schmelzenanalyse und, falls bei der Bestellung vereinbart, das Erschmelzungsverfahren. Bei Rohren der Gütestufe III ist in dem Abnahmeprüfzeugnis B nach DIN 50 049 außerdem die Durchführung der Ultraschall-Prüfung zu bestätigen.

Tabelle 1. Übersicht über die warmfesten Stähle für nahtlose Rohre, deren chemische Zusammensetzung (nach der Schmelzenanalyse) und die Farbkennzeichnung der Rohre.

| Stahlsorte | | Chemische Zusammensetzung in Gew.-% | | | | | | | | | Farbkennzeichnung [1] |
Kurzname	Werkstoffnummer	C	Si	Mn	P	S	Cr	Mo	Ni	V	
					höchstens						
St 35.8	1.0305	≦ 0,17	0,10 bis 0,35 [2]	0,40 bis 0,80	0,040	0,040					weiß
St 45.8	1.0405	≦ 0,21	0,10 bis 0,35 [2]	0,40 bis 1,20	0,040	0,040					gelb
17 Mn 4 [3]	1.0481 [3]	0,14 bis 0,20	0,20 bis 0,40	0,90 bis 1,20	0,040	0,040					rot und schwarz
19 Mn 5 [3]	1.0482 [3]	0,17 bis 0,22 [4]	0,30 bis 0,60	1,00 bis 1,30	0,040	0,040					gelb und braun
15 Mo 3	1.5415	0,12 bis 0,20 [4]	0,10 bis 0,35	0,40 bis 0,80	0,035	0,035		0,25 bis 0,35			gelb und karminrot
13 CrMo 4 4	1.7335	0,10 bis 0,18 [4]	0,10 bis 0,35	0,40 bis 0,70	0,035	0,035	0,70 bis 1,10	0,45 bis 0,65			gelb und silberfarben
10 CrMo 9 10	1.7380	0,08 bis 0,15	≦ 0,50	0,40 bis 0,70	0,035	0,035	2,00 bis 2,50	0,90 bis 1,20			rot und grün
14 MoV 6 3	1.7715	0,10 bis 0,18	0,10 bis 0,35	0,40 bis 0,70	0,035	0,035	0,30 bis 0,60	0,50 bis 0,70		0,22 bis 0,32	rot und silberfarben
X 20 CrMoV 12 1	1.4922	0,17 bis 0,23	≦ 0,50	≦ 1,00	0,030	0,030	10,00 bis 12,50	0,80 bis 1,20	0,30 bis 0,80	0,25 bis 0,35	blau

1) ● Üblicherweise wird die Farbkennzeichnung durch Ringe in den angegebenen Farben an beiden Rohrenden durchgeführt. Je nach Wunsch kann bei der Bestellung eine Kennzeichnung in den angegebenen Farben über die ganze Länge vereinbart werden.
2) Der Mindestgehalt 0,10 % Silicium darf unterschritten werden, wenn der Stahl mit Aluminium beruhigt oder im Vakuum desoxidiert wird.
3) Diese Stähle kommen nur für Rohre für Sammler in Betracht.
4) Bei Wanddicken ≧ 30 mm darf der Kohlenstoffgehalt um 0,02 % höher liegen.

Tabelle 3. **Prüfumfang bei den nahtlosen Rohren beider Gütestufen und Zuständigkeit für die Durchführung der Prüfungen**

Nr	Prüfungen	nach Abschnitt	Gütestufe I	Gütestufe III	Zuständig für die Durchführung der Prüfungen [1]
1	Zugversuch [2]	8.4.3	an zwei Rohren je Los der ersten beiden Lose, an einem Rohr von jedem weiteren Los	an zwei Rohren je Los der ersten beiden Lose, an einem Rohr von jedem weiteren Los	n. V.
2	Kerbschlagbiegeversuch [3]	8.4.4	an den Rohren nach Nr 1	an den Rohren nach Nr 1	n. V.
3	Ringversuch [3]	8.4.6	an einem Ende der Rohre nach Nr 1	je nach Durchmesser (siehe Abschnitt 8.4.6) an 20 % der Walz- oder Teillängen einseitig oder an 100 % der Walz- oder Teillängen beidseitig, gegebenenfalls jedoch auch einseitig, siehe Abschnitt 8.4.6.2.2.	n. V.
4	Zerstörungsfreie Prüfung	8.4.7		alle Rohre	H
5	Oberflächenkontrolle	8.4.8	alle Rohre	alle Rohre	n. V.
6	Maßkontrolle	8.4.9	alle Rohre	alle Rohre	n. V.
7	Dichtheitsprüfung	8.4.10	alle Rohre	alle Rohre	H
8	Verwechslungsprüfung	8.4.11		alle legierten Rohre	H
	Sonderprüfungen [4] Nr 9, Nr 10				
9	Kontrollanalyse	8.4.2	nach Vereinbarung	nach Vereinbarung	H
10	Warmzugversuch	8.4.5	wenn nicht anders vereinbart, 1 Probe je Schmelze und Abmessung oder 1 Probe je Schmelze und Glühlos (Wärmebehandlungslos)	wenn nicht anders vereinbart, 1 Probe je Schmelze und Abmessung oder 1 Probe je Schmelze und Glühlos (Wärmebehandlungslos)	n. V.

[1] n. V. = nach Vereinbarung; H = Herstellerwerk.

[2] Bei Losgrößen bis 10 Rohren genügt 1 Probe bzw. 1 Probensatz.

[3] Die Angaben über die Abmessungsbereiche für die Anwendung dieser Prüfungen in Tabelle 14 sind zu beachten.

[4] ● Sonderprüfungen werden nur nach Vereinbarung zwischen Hersteller und Besteller durchgeführt.

Tabelle 4. **Anwendungsgrenzen der Gütestufen I und III**

Gütestufe [1]	Rohraußendurchmesser			
	≦ 63,5 mm		> 63,5 mm	
	Temperatur [2]	zulässiger Betriebsüberdruck [3]	Temperatur [2]	zulässiger Betriebsüberdruck [3]
	°C	bar	°C	bar
I	≦ 450	≦ 80	≦ 450	≦ 32
III	> 450	> 80	> 450	> 32

[1] Fallen Druck- und Temperaturangaben nicht in dieselbe Stufe, so ist die höhere Stufe maßgebend.

[2] Temperatur des durchströmenden Stoffes.

[3] Siehe DIN 2401 Teil 1.

Tabelle 5. Mechanische Eigenschaften der nahtlosen Rohre aus warmfesten Stählen bei Raumtemperatur

Stahlsorte Kurzname	Werkstoffnummer	Zugfestigkeit N/mm²	Streckgrenze [1], [2] für Wanddicken in mm N/mm² mindestens			Bruchdehnung ($L_o = 5 \cdot d_o$) % mindestens		Kerbschlagarbeit (DVM-Proben) [3] quer J mindestens
			≤ 16	$> 16 \leq 40$	$> 40 \leq 60$	längs	quer	quer
St 35.8	1.0305	360 bis 480	235	225	215	25	23	34
St 45.8	1.0405	410 bis 530	255	245	235	21	19	27
17 Mn 4	1.0481	460 bis 580	270	270	260	23	21	34
19 Mn 5	1.0482	510 bis 610	310	310	300	19	17	34
15 Mo 3	1.5415	450 bis 600	270 [4]	270	260	22	20	34
13 CrMo 4 4	1.7335	440 bis 590	290 [4]	290	280	22	20	34
10 CrMo 9 10	1.7380	450 bis 600	280	280	270	20	18	34
14 MoV 6 3	1.7715	460 bis 610	320	320	310	20	18	41
X 20 CrMoV 12 1	1.4922	690 bis 840	490	490	490	17	14	34 [5]

[1] Bei Rohren mit einem Außendurchmesser ≤ 30 mm, deren Wanddicke ≤ 3 mm ist, liegen die Mindestwerte um 10 N/mm² niedriger.

[2] Bei Wanddicken > 60 mm sind bei Rohren aus den Stählen St 35.8, St 45.8, 17 Mn 4, 19 Mn 5, 15 Mo 3 und 14 MoV 6 3 die Werte zu vereinbaren; bei Wanddicken > 60 bis ≤ 80 mm gilt bei Rohren aus den Stählen 13 CrMo 4 4 und 10 CrMo 9 10 ein Mindestwert von 270 bzw. 260 N/mm², bei Rohren aus dem Stahl X 20 CrMoV 12 1 ein Mindestwert von 490 N/mm².

[3] Bei der Prüfung von Längsproben (siehe Abschnitt 8.5.3) liegt der Mindestwert der Kerbschlagarbeit um 14 J höher.

[4] Für Wanddicken ≤ 10 mm gilt ein um 15 N/mm² höherer Mindestwert.

[5] Bei warmgepreßten Rohren erniedrigt sich der Mindestwert auf 27 J.

Tabelle 6. Mindestwerte der 0,2 %-Dehngrenze der nahtlosen Rohre bei erhöhten Temperaturen

Stahlsorte Kurzname	Werkstoffnummer	Wanddicke s mm	0,2 %-Dehngrenze bei N/mm² mindestens							
			200 °C	250 °C	300 °C	350 °C	400 °C	450 °C	500 °C	550 °C
St 35.8	1.0305	≤ 16	185	165	140	120	110	105	–	–
		$16 < s \leq 40$	180	160	135	120	110	105	–	–
		$40 < s \leq 60$ [1]	175	155	130	115	110	105	–	–
St 45.8	1.0405	≤ 16	205	185	160	140	130	125	–	–
		$16 < s \leq 40$	195	175	155	135	130	125	–	–
		$40 < s \leq 60$ [1]	190	170	150	135	130	125	–	–
17 Mn 4	1.0481	≤ 40	235	215	175	155	145	135	–	–
		$40 < s \leq 60$ [1]	225	205	165	150	140	130	–	–
19 Mn 5	1.0482	≤ 40	255	235	205	180	160	150	–	–
		$40 < s \leq 60$ [1]	245	225	195	170	155	145	–	–
15 Mo 3	1.5415	≤ 40 [2]	225	205	180	170	160	155	150	–
		$40 < s \leq 60$ [1]	210	195	170	160	150	145	140	–
13 CrMo 4 4	1.7335	≤ 40 [2]	240	230	215	200	190	180	175	–
		$40 < s \leq 60$	230	220	205	190	180	170	165	–
		$60 < s \leq 80$	220	210	195	180	170	160	155	–
10 CrMo 9 10	1.7380	≤ 40	245	240	230	215	205	195	185	–
		$40 < s \leq 60$	235	230	220	205	195	185	175	–
		$60 < s \leq 80$	225	220	210	195	185	175	165	–
14 MoV 6 3	1.7715	≤ 40	270	255	230	215	200	185	170	–
		$40 < s \leq 60$ [1]	260	245	220	205	190	175	160	–
X 20 CrMoV 12 1	1.4922	≤ 80	430	415	390	380	360	330	290	250

[1] Für Wanddicken über 60 mm sind die Werte zu vereinbaren.

[2] Für Wanddicken ≤ 10 mm gelten bei allen Temperaturen um 15 N/mm² höhere Mindestwerte für die 0,2 %-Dehngrenze.

Tabelle 12. Anhaltsangaben für die Warmformgebung, das Normalglühen und Vergüten der warmfesten Stähle für nahtlose Rohre [1])

| Stahlsorte | | Warmformgebung | Normalglühen | Vergüten | |
Kurzname	Werk-stoff-nummer	°C	°C	Härtetemperatur [2]) °C	Anlaßtemperatur °C
St 35.8	1.0305		900 bis 930	–	–
St 45.8	1.0405		870 bis 900	–	–
17 Mn 4	1.0481		880 bis 910	–	–
19 Mn 5	1.0482	zwischen 1100 und 850 [3])	880 bis 910	–	–
15 Mo 3	1.5415		910 bis 940	–	–
13 CrMo 4 4	1.7335		–	910 bis 940	660 bis 730
10 CrMo 9 10 [4])	1.7380 [4])		–	900 bis 960	700 bis 750
14 MoV 6 3	1.7715		–	950 bis 980	690 bis 730
X 20 CrMoV 12 1	1.4922		–	1020 bis 1070	730 bis 780

[1]) Die Werkstücke müssen die angegebenen Temperaturen über den ganzen Querschnitt erreichen. Ist dies mit Sicherheit der Fall, so ist beim Normalglühen und Härten ein weiteres Halten auf diesen Temperaturen nicht erforderlich. Beim Anlassen sind die angegebenen Temperaturen mindestens 30 Minuten bei den Stahlsorten 13 CrMo 4 4 und 10 CrMo 9 10 und mindestens 1 Stunde bei den Stahlsorten 14 MoV 6 3 und X 20 CrMoV 12 1 zu halten, wobei die Glühdauer vom Erreichen der unteren Grenze der angegebenen Temperaturspanne an gerechnet wird.

[2]) Abkühlen an Luft oder unter Schutzgas. Bei größeren Wanddicken kann eine beschleunigte Abkühlung, z. B. in Flüssigkeit, erforderlich werden.

[3]) Im Laufe der Verarbeitung kann die Temperatur auf 750 °C abfallen.

[4]) Für den Stahl kommt außer der angegebenen Vergütungsbehandlung auch noch die folgende Behandlungsfolge in Betracht:
900 bis 960 °C/Ofen bis 700 °C, ≧1 Stunde 700 °C/Luft.

Anhang A

Die nachstehende Tabelle enthält vorläufige Anhaltsangaben über die Langzeitwarmfestigkeitswerte der warmfesten Stähle für nahtlose Rohre. Die in der Tabelle aufgeführten Werte sind die M i t t e l w e r t e des bisher erfaßten Streubereichs, die nach Vorliegen weiterer Versuchsergebnisse von Zeit zu Zeit überprüft und unter Umständen berichtigt werden. Nach den bisher zur Verfügung stehenden Unterlagen aus Langzeit-Standversuchen kann angenommen werden, daß die u n t e r e G r e n z e dieses Streubereichs bei den angegebenen Temperaturen für die aufgeführten Stahlsorten um rund 20 % tiefer liegt als der angegebene Mittelwert.

Tabelle A. 1.

Stahlsorte	Temperatur	1 %-Zeitdehngrenze [1], [2] für		Zeitstandfestigkeit [2], [3] für		
		10 000 h	100 000 h	10 000 h	100 000 h	200 000 h
Kurzname	°C	N/mm²	N/mm²	N/mm²	N/mm²	N/mm²
	540	(70)	(28)	(82)	(38)	(28)
	550	(59)	(24)	(64)	(31)	(25)
	570	(98)	(48)	(121)	(59)	(37)
	580	(88)	(37)	(108)	(46)	(28)

[1]) Das ist die auf den Ausgangsquerschnitt bezogene Spannung, die zu einer bleibenden Dehnung von 1 % nach 10 000 oder 100 000 Stunden (h) führt.

[2]) Eine Einklammerung bedeutet, daß der Stahl bei der betreffenden Temperatur im Dauerbetrieb zweckmäßig nicht mehr verwendet wird.

[3]) Das ist die auf den Ausgangsquerschnitt bezogene Spannung, die zum Bruch nach 10 000, 100 000 oder 200 000 Stunden (h) führt.

Für folgende Stahlsorten gelten die gleichen Temperaturbereiche und Werte wie in DIN 17 243, Tabelle A 1, Seite 152:
St 35.8 und St 45.8 wie C 22.8
17 Mn 4 und 19 Mn 4 wie 17 Mn 4
15 Mo 3, 13 CrMo 4 4, 10 CrMo 9 10 und X 20 CrMo V 12 1

Elektrisch preßgeschweißte Rohre aus warmfesten Stählen Technische Lieferbedingungen	**DIN** **17 177**

1 Geltungsbereich

Diese Norm gilt für elektrisch preßgeschweißte Rohre [1] aus warmfesten Stählen nach Tabelle 1 [2], die im Dampfkessel-, Rohrleitungs-, Druckbehälter- und Apparatebau bei der bisher vorgesehenen Stahlauswahl [2] zum Teil für Temperaturen bis zu 530 °C bei gleichzeitig hohen Drücken verwendet werden können, wobei die Gesamtbeanspruchung und die besonderen Zunderungsverhältnisse die angegebene Temperaturgrenze erniedrigen oder erhöhen können.

3 Begriff

Als warmfest im Sinne dieser Norm gelten Stähle, die bei höheren Temperaturen, zum Teil bis zu 530 °C, gute mechanische Eigenschaften auch bei langzeitiger Beanspruchung haben.

5 Bezeichnung und Bestellung

Beispiel:

Bezeichnung eines elektrisch preßgeschweißten Rohres von 38 mm Außendurchmesser und 2,6 mm Wanddicke nach DIN 2458 aus Stahl St 37.8, Werkstoffnummer 1.0315:

Rohr DIN 2458 − St 37.8 − 38 × 2,6

6 Anforderungen

6.2 Gütestufen

(Siehe DIN 17 175, Pkt. 6.2, Seite 502.)

6.3 Lieferzustand

6.3.1 Die Rohre sind über die ganze Länge sachgemäß wärmebehandelt zu liefern.

Ist der letzte Formgebungsschritt bei der Rohrherstellung eine Warmumformung, so gilt die Forderung einer sachgemäßen Wärmebehandlung als erfüllt, wenn durch die Warmverarbeitung ein einwandfreier Gefügezustand in hinreichender Gleichmäßigkeit sichergestellt ist.

6.5 Mechanische Eigenschaften

(Siehe DIN 17 175, Tabelle 1, wie Stahlsorten St 35.8, St 45.8 und 15 Mo 3, Seite 504.)

6.10 Maße und zulässige Maß- und Formabweichungen

6.10.1 ● Für die Maße gelten im allgemeinen DIN 2458 und DIN 2915; in Sonderfällen können auch DIN 2393 Teil 1 und DIN 2394 Teil 1 (z. Z. noch Entwurf) zugrunde gelegt werden.

Fußnote 1: Siehe DIN 17 175, Seite 502.

6.10.2 Für die zulässigen Maß- und Formabweichungen gelten folgende Festlegungen.

6.10.2.1 Die zulässigen Abweichungen für den Außendurchmesser betragen:

6.10.2.1.1 Für den Außendurchmesser gelten mit der Ausnahme nach Abschnitt 6.10.2.1.2 folgende zulässige Abweichungen:
- bei Außendurchmessern ≦ 150 mm ± 0,75 % (mindestens ± 0,5 mm),
- bei Außendurchmessern > 150 mm ≦ 200 mm ± 1 %.

6.10.2.1.2 ● Bei Bestellung kalt gefertigter Rohre gelten folgende zulässige Abweichungen vom Außendurchmesser:
- bei Außendurchmessern ≦ 120 mm

  falls Wanddicke/Außendurchmesser ≧ 1/20 ± 0,6 % (mindestens ± 0,25 mm),

  falls Wanddicke/Außendurchmesser < 1/20 ± 0,75 % (mindestens ± 0,3 mm),
- bei Außendurchmessern > 120 mm ± 0,75 %.

In Sonderfällen können für die Außendurchmesser auch engere zulässige Abweichungen vereinbart werden.

6.10.2.3 Für die zulässigen Wanddickenabweichungen der Rohre gelten die nachstehend angegebenen ± Abweichungen.

Die zulässigen Wanddickenabweichungen betragen für beide Gütestufen
- bei warm reduzierten Rohren ± 10 %.
- bei kalt gefertigten Rohren

  bei Wanddicken ≦ 3 mm $^{+\,0{,}30}_{-\,0{,}25}$ mm,

  bei Wanddicken > 3 mm ≦ 10 mm $^{+\,0{,}45}_{-\,0{,}35}$ mm,

  bei Wanddicken > 10 mm nach Vereinbarung.

6.10.2.4 ● Die zulässigen Längenabweichungen sind in Tabelle 8 enthalten.

(Siehe DIN 1626, Tabelle 5, Spalte ≦ 500 mm Außendurchmesser, Seite 471.)

8.8 Prüfbescheinigungen

(Siehe DIN 17 175, Pkt. 8.8, Seite 503.)

---

[2] Es können gegebenenfalls über den Stahl 15 Mo 3 hinausgehend auch elektrisch preßgeschweißte Rohre aus anderen legierten Stählen nach dieser Norm geliefert werden, sofern die notwendigen Nachweise einer einwandfreien Herstellbarkeit im Rahmen einer Verfahrensprüfung erbracht worden sind.

Tabelle 1. **Übersicht über die warmfesten Stähle für elektrisch preßgeschweißte Rohre, deren chemische Zusammensetzung (nach der Schmelzenanalyse) und die Farbkennzeichnung der Rohre.**

Stahlsorte [1]		Chemische Zusammensetzung in Gew.-%						Farbkennzeichnung [2]
Kurzname	Werkstoffnummer	C	Si	Mn	P	S	Mo	
					höchstens			
St 37.8 [3]	1.0315	$\leq 0,17$	0,10 bis 0,35 [4]	0,40 bis 0,80	0,040	0,040		zwei weiße Ringe
St 42.8 [3]	1.0498	$\leq 0,21$	0,10 bis 0,35 [4]	0,40 bis 1,20	0,040	0,040		zwei gelbe Ringe
15 Mo 3	1.5415	0,12 bis 0,20	0,10 bis 0,35	0,40 bis 0,80	0,035	0,035	0,25 bis 0,35	ein gelber Ring und zwei karminrote Ringe

[1] Über den Stahl 15 Mo 3 hinausgehend können gegebenenfalls auch elektrisch preßgeschweißte Rohre aus anderen legierten Stählen nach dieser Norm geliefert werden, sofern die notwendigen Nachweise einer einwandfreien Herstellbarkeit im Rahmen einer Verfahrensprüfung erbracht worden sind.

[2] ● Üblicherweise wird die Farbkennzeichnung durch Ringe in den angegebenen Farben an beiden Rohrenden durchgeführt. Je nach Wunsch kann bei der Bestellung eine Kennzeichnung in den angegebenen Farben über die ganze Länge vereinbart werden.

[3] Die Stähle St 37.8 und St 42.8 genügen den vom Deutschen Dampfkesselausschuß herausgegebenen „Technischen Regeln für Dampfkessel" in gleicher Weise wie St 35.8 und St 45.8 nach DIN 17 175.

[4] Der Mindestgehalt 0,10 % Silicium darf unterschritten werden, wenn der Stahl mit Aluminium beruhigt oder im Vakuum desoxidiert wird.

Tabelle 3. **Prüfumfang bei den elektrisch preßgeschweißten Rohren beider Gütestufen**
(Siehe DIN 17 175, Tabelle 3 ohne den Kerbschlagbiegeversuch.)

Tabelle 4. **Anwendungsgrenzen der Güterstufen I und III:** *Siehe DIN 17 175, Tabelle 4.*

Tabelle 5. **Mechanische Eigenschaften der elektrisch preßgeschweißten Rohre aus warmfesten Stählen bei Raumtemperatur**

Stahlsorte		Zugfestigkeit	Streckgrenze [1] für Wanddicken bis 16 mm	Bruchdehnung $(L_o = 5 \cdot d_o)$	
				längs	quer
Kurzname	Werkstoffnummer	N/mm²	N/mm²	%	
			mindestens	mindestens	
St 37.8	1.0315	360 bis 480	235	25	23
St 42.8	1.0498	410 bis 530	255	21	19
15 Mo 3	1.5415	450 bis 600	270 [2]	22	20

[1] Bei Rohren mit einem Außendurchmesser ≤ 30 mm, deren Wanddicke ≤ 3 mm ist, liegen die Mindestwerte um 10 N/mm² niedriger.

[2] Für Wanddicken ≤ 10 mm gilt ein um 15 N/mm² höherer Mindestwert.

Tabelle 6. **Mindestwerte der 0,2 %-Dehngrenze der elektrisch preßgeschweißten Rohre aus warmfesten Stählen bei erhöhten Temperaturen:** *Siehe DIN 17 175, Tabelle 6 für St 35.8, St 45.8 bis 16 mm und 15 Mo 3 bis 40 mm Wanddicke.*

Anhaltsangaben für die Warmformgebung und das Normalglühen der elektrisch preßgeschweißten Rohre[1] aus warmfesten Stählen: *Siehe DIN 17 175, Tabelle 12.*

Anhang A

(Siehe DIN 17 175, Tabelle A 1 und DIN 17 243, Tabelle A 1.)

	Nahtlose kreisförmige Rohre aus kaltzähen Stählen Technische Lieferbedingungen	$\overline{\text{DIN}}$ 17 173

1 Anwendungsbereich

1.1 Diese Norm gilt für nahtlose kreisförmige Rohre aus unlegierten und legierten kaltzähen Stählen nach Tabelle 1 für die Verwendung bei tiefen Temperaturen. Diese Rohre werden vor allem im Apparatebau, Behälterbau, Leitungsbau sowie im allgemeinen Maschinen- und Gerätebau verwendet.

2 Allgemeines

2.1 Begriff

Als **kaltzäh** im Sinne dieser Norm gelten Stähle, für die ein Mindestwert der Kerbschlagarbeit von 40 J an ISO-Spitzkerbproben in Längsrichtung bei einer Temperatur von − 40°C oder tiefer im Lieferzustand angegeben wird.

2.2 Prüfklassen

Die Rohre können in der Prüfklasse 1 oder 2 geliefert werden.

Die Rohre der Prüfklasse 2 unterscheiden sich von den Rohren der Prüfklasse 1 durch die zusätzliche zerstörungsfreie Prüfung.

4 Bezeichnung und Bestellung

Beispiel:

Bezeichnung eines nahtlosen Rohres nach DIN 2448 von 168,3 mm Außendurchmesser und 4,5 mm Wanddicke nach dieser Norm aus Stahl TTSt 35 (Werkstoffnummer 1.0356), Lieferzustand vergütet (V):

Rohr DIN 2448 − 168,3 × 4,5
DIN 17 173 − TTSt 35 V

Beispiel für die Bestellung:

1000 m Rohr DIN 2448 − 168,3 × 4,5
DIN 17 173 − TTSt 35 V

in Genaulängen von 8 m, Prüfklasse 1, Bescheinigung DIN 50 049 − 3.1 B

5 Anforderungen

5.2 Lieferzustand

5.2.1 Der Wärmebehandlungszustand, in dem die Rohre geliefert werden, geht aus Tabelle 3 hervor.

5.5 Technologische Eigenschaften

Die Rohre lassen sich warm und kalt umformen (siehe Tabelle 10).

5.6 Schweißeignung und Schweißbarkeit

5.6.1 Die Rohre aus den Stahlsorten nach dieser Norm sind bei Beachtung der allgemein anerkannten Regeln der Technik − Stahlsorte 26 CrMo 4 nur bedingt − schweißgeeignet.

5.8 Dichtheit

Die Rohre müssen unter den Prüfbedingungen nach Abschnitt 6.5.7 dicht sein.

5.10 Maße, längenbezogene Massen (Gewichte) und zulässige Abweichungen

5.10.1 Maße

Für die Außendurchmesser und Wanddicken der Rohre gilt DIN 2448.

Für die Längenarten der Rohre gilt Tabelle 5.

Zulässige Maß- und Formabweichungen: Siehe DIN 1629, Seite 461.

6.7 Bescheinigungen über Materialprüfungen

6.7.1 Für die Rohre nach dieser Norm wird je nach Vereinbarung bei der Bestellung (siehe Abschnitt 6.1) eine Bescheinigung DIN 50 049 − 3.1A (Abnahmeprüfzeugnis A), DIN 50 049 − 3.1B (Abnahmeprüfzeugnis B) oder DIN 50 049 − 3.1C (Abnahmeprüfzeugnis C) ausgestellt.

Art und Umfang der Prüfungen, die Zuständigkeit für die Durchführung der Prüfungen und die Art der für die Prüfungen in Betracht kommenden Bescheinigungen sind in Tabelle 8 genannt.

In jedem Fall ist die bei der Bestellung angegebene Technische Regel zu nennen.

Hinweis: Für den Einsatz bei Temperaturen bis − 60°C können auch Rohre nach DIN 17 178 und DIN 17 179 verwendet werden.

Tabelle 1. Chemische Zusammensetzung (Schmelzenanalyse) der kaltzähen Stähle für nahtlose Rohre

| Stahlsorte | | Massenanteil in % | | | | | | | | | | |
Kurzname	Werkstoffnummer	C	Si max.	Mn	P max.	S max.	Al ges. min.	Cr	Mo	Nb max.	Ni	V max.
TTSt 35 N TTSt 35 V	1.0356	max. 0,17	0,35	min. 0,40	0,030	0,025	0,020	–	–	–	–	–
26 CrMo 4	1.7219	0,22 bis 0,29	0,35	0,50 bis 0,80	0,030	0,025	–	0,90 bis 1,20	0,15 bis 0,30	–	–	–
11 MnNi 5 3	1.6212	max. 0,14	0,50	0,70 bis 1,50	0,030	0,025	0,020	–	–	0,05	0,30[1]) bis 0,80	0,05
13 MnNi 6 3	1.6217	max. 0,18	0,50	0,85 bis 1,65	0,030	0,025	0,020	–	–	0,05	0,30[1]) bis 0,85	0,05
10 Ni 14	1.5637	max. 0,15	0,35	0,30 bis 0,80	0,025	0,020	–	–	–	–	3,25 bis 3,75	0,05
12 Ni 19	1.5680	max. 0,15	0,35	0,30 bis 0,80	0,025	0,020	–	–	–	–	4,50 bis 5,30	0,05
X 8 Ni 9	1.5662	max. 0,10	0,35	0,30 bis 0,80	0,025	0,020	–	–	max. 0,10	–	8,00 bis 10,00	0,05

1) Bei Wanddicken bis 10 mm darf die untere Grenze des Massenanteiles Nickel bis auf 0,15% unterschritten werden.

Tabelle 3. **Mechanische Eigenschaften der Rohre im üblichen Lieferzustand[1])**

Stahlsorte		Wärmebe-handlungs-zustand[2])	Wanddicke s	Obere Streck-grenze	Zugfestigkeit	Bruchdehnung $(L_o = 5\,d_o)$	
Kurzname	Werk-stoff-nummer		mm	N/mm² min.	N/mm²	Längs % min.	Quer
TTSt 35 N	1.0356	N	$s \leqq 10$	225	340 bis 460	25	23
TTSt 35 V	1.0356	V	$s \leqq 25$ $25 < s \leqq 40$	255 235	360 bis 490	23	21
26 CrMo 4	1.7219	V	$s \leqq 25$ $25 < s \leqq 40$	440 420	560 bis 740	18	16
11 MnNi 5 3	1.6212	N[3])	$s \leqq 13$ $13 < s \leqq 25$ $25 < s \leqq 40$	285 275 265	410 bis 530	24	22
13 MnNi 6 3	1.6217	N[3])	$s \leqq 13$ $13 < s \leqq 25$ $25 < s \leqq 40$	355 345 335	490 bis 610	22	20
10 Ni 14	1.5637	V[4])	$s \leqq 25$ $25 < s \leqq 40$	345 335	470 bis 640	20	18
12 Ni 19	1.5680	V[4])	$s \leqq 25$ $25 < s \leqq 40$	390 380	510 bis 710	19	17
X 8 Ni 9	1.5662	V	$s \leqq 25$ $25 < s \leqq 40$	490 480	640 bis 840	18	16

Tabelle 4. **Anforderungen an die Kerbschlagarbeit beim Kerbschlagbiegeversuch an ISO-Spitzkerbproben[1]), [2])**

Stahlsorte		Wanddicke s	Proben-richtung	Mindestwerte der Kerbschlagarbeit in J[3]),[4]) bei Prüftemperatur in °C									
Kurzname	Werk-stoff-nummer	mm		− 196	− 120	− 110	− 100	− 90	− 60	− 50	− 40	− 20	+ 20
TTSt 35 N	1.0356	$s \leqq 10$	längs								40	45	55
TTSt 35 V	1.0356	$s \leqq 25$	längs quer[5])						40 27	45 30	50 35	60 40	
		$25 < s \leqq 40$	längs quer[5])							40 27	45 30	55 35	
26 CrMo 4	1.7219	$s \leqq 40$	längs quer[5])						40 27	40 27	45 30	50 35	60 40
11 MnNi 5 3 13 MnNi 6 3	1.6212 1.6217	$s \leqq 40$	längs quer[5])						40 27	45 30	50 35	55 40	70 45
10 Ni 14	1.5637	$s \leqq 25$	längs quer[5])			40 27	45 30	50 35	55 35	55 40	60 45	65 45	
		$25 < s \leqq 40$	längs quer[5])				40 27	45 30	50 30	50 35	55 40	65 45	
12 Ni 19	1.5680	$s \leqq 25$	längs quer[5])		40 27	45 30	50 30	55 35	65 45	65 45	65 45	70 50	70 50
		$25 < s \leqq 40$	längs quer[5])			40 27	45 30	50 30	60 40	65 45	65 45	65 45	70 50
X 8 Ni 9	1.5662	$s \leqq 40$	längs quer[5])	40 27	50 35	50 35	60 40	60 40	70 50	70 50	70 50	70 50	70 50

Fußnoten zu Tabelle 3 und 4 auf Folgeseite.

Tabelle 8. Übersicht über Prüfumfang und Bescheinigungen über Materialprüfungen
(Probenentnahmestellen und Probenlagen siehe Bild 1; Losgrößen siehe Abschnitt 6.3.1)

Prüfungen			Prüfumfang		Zuständig für die Durchführung der Prüfungen	Art der Bescheinigung über Materialprüfungen
Nr	Art	Abschnitt	Prüfklasse 1	Prüfklasse 2		
1	Schmelzenanalyse	5.3.1	je Schmelze oder Gießeinheit		Hersteller	DIN 50 049 – 2.2¹)
2	Zugversuch	6.4.1 6.5.1	Von den beiden ersten Losen an 2 Prüfrohren, von jedem weiteren Los bzw. Liefermengen ≦ 10 Stück von einem Prüfrohr 1 Probe		nach Vereinbarung	DIN 50 049 – 3.1A oder DIN 50 049 – 3.1B oder DIN 50 049 – 3.1C
3	Kerbschlagbiege-versuch	6.4.2 6.5.2	Je Prüfrohr nach Nr 2 bei Wanddicken ≧ 5 mm an einem Ende 1 Satz aus 3 Einzel-proben		nach Vereinbarung	DIN 50 049 – 3.1A oder DIN 50 049 – 3.1B oder DIN 50 049 – 3.1C
4	Ringfalt- oder Aufdorn- oder Ringzugversuch (siehe Tabelle 9)	6.4.3 6.5.3 6.5.4 6.5.5	Je Prüfrohr nach Nr 2 an einem Ende 1 Probe für Ring-faltversuch bzw. 1 Probe für Aufdornversuch bzw. 1 Probe für Ringzugversuch		nach Vereinbarung	DIN 50 049 – 3.1A oder DIN 50 049 – 3.1B oder DIN 50 049 – 3.1C
5	Dichtheitsprüfung	6.3.6.1 6.5.7	alle Rohre		Hersteller	DIN 50 049 – 2.1¹)
6	Oberflächen-besichtigung	6.5.8	alle Rohre		nach Vereinbarung	DIN 50 049 – 3.1A oder DIN 50 049 – 3.1B oder DIN 50 049 – 3.1C
7	Verwechslungs-prüfung	6.3.6.2	alle legierten Rohre		Hersteller	DIN 50 049 – 2.1¹)
8	Zerstörungsfreie Prüfung	6.5.9	–	alle Rohre	Hersteller	DIN 50 049 – 3.1B
9	Maßkontrolle	6.5.10 bis 6.5.11	alle Rohre		nach Vereinbarung	DIN 50 049 – 3.1A oder DIN 50 049 – 3.1B oder DIN 50 049 – 3.1C
10	Stückanalyse²)	6.4.4 6.5.6	nach Vereinbarung		Hersteller	DIN 50 049 – 3.1B

¹) Diese Bestätigung kann auch in dem jeweils höheren Nachweis enthalten sein.
²) Die Stückanalyse wird nur nach Vereinbarung zwischen Hersteller und Besteller durchgeführt.

Fußnoten zu Tabelle 3:

¹) ●● Für Wanddicken > 40 mm, ausgenommen sind die Stähle TTSt 35 N und TTSt 35 V, sind die Werte der mechanischen Eigenschaften bei der Bestellung zu vereinbaren.

²) N normalgeglüht, V vergütet.

³) Nach dem Normalglühen kann gegebenenfalls ein Anlassen erforderlich werden. Dies muß dem Besteller mit Angabe der Anlaßtemperatur bekanntgegeben werden.

⁴) Anstelle des vergüteten Zustandes (V) kann, sofern dies die Maße zulassen, nach Wahl des Herstellers ein Normalglühen (N), gegebenenfalls mit zusätzlichem Anlassen, durchgeführt werden. Dies muß jedoch dem Besteller angegeben werden.

Fußnoten zu Tabelle 4:

¹) ●● Für Wanddicken > 40 mm, ausgenommen sind die Stähle TTSt 35 N und TTSt 35 V, sind die Werte bei der Bestellung zu vereinbaren.

²) Der Nachweis der Kerbschlagarbeitswerte erfolgt jeweils bei der für die betreffende Stahlsorte angegebenen tiefsten Prüf-temperatur; die Werte der Kerbschlagarbeit für höhere Prüftemperaturen gelten damit ebenfalls als nachgewiesen.

³) Mittelwert von drei Proben, wobei nur ein Einzelwert den angegebenen Mindestwert um höchstens 30 % unterschreiten darf (siehe auch Abschnitt 6.4.2).

⁴) Bei Wanddicken < 10 mm gelten die Angaben in Abschnitt 6.5.2.

⁵) ●● Nur nach Vereinbarung nachzuweisen.

Angaben für die Warmumformung und die Wärmebehandlung[1], [2]

| Stahlsorte | | Warmformgebung[3] °C | Normalglühen °C | Anlassen °C | Härten °C | Vergüten | | Spannungsarmglühen[4] °C |
Kurzname	Werkstoffnummer					Abkühlen in	Anlassen °C	
TTSt 35 N	1.0356	1100 bis 850	900 bis 940	–	–	–	–	530 bis 580
TTSt 35 V			–	–	890 bis 930	Wasser o. Öl	600 bis 680	
26 CrMo 4	1.7219	1050 bis 850	–	–	830 bis 860	Wasser o. Öl	600 bis 680	550 bis 620[5]
11 MnNi 5 3	1.6212	1050 bis 850	890 bis 940	(580 bis 640)[6]	–	–	–	520 bis 560
13 MnNi 6 3	1.6217	1050 bis 850	890 bis 940	(580 bis 640)[6]	–	–	–	520 bis 560
10 Ni 14	1.5637	1100 bis 850	830 bis 880	580 bis 640	820 bis 880	Wasser o. Öl	580 bis 660	520 bis 560[5]
12 Ni 19	1.5680	1100 bis 850	800 bis 850	580 bis 640	800 bis 850	Wasser o. Öl	580 bis 660	520 bis 560[5]
X 8 Ni 9	1.5662	1050 bis 850	880 bis 930	–	770 bis 820	Wasser o. Öl	540 bis 600[7]	– [8]

[1]) Die Rohre müssen die angegebenen Temperaturen über den ganzen Querschnitt erreichen. Ist dies mit Sicherheit der Fall, so ist beim Normalglühen und Härten kein weiteres Halten erforderlich.

[2]) Beim Anlassen und Spannungsarmglühen beträgt die Haltedauer mindestens 30 Minuten.

[3]) Im Laufe der Verarbeitung kann die Temperatur auf 750 °C abfallen. Eine Umformung mit überwiegendem Stauchanteil kann im oberen Temperaturbereich erfolgen. Umformvorgänge, bei denen eine Reckung eintritt, wie z. B. das Biegen, sollten dagegen im unteren Temperaturbereich vorgenommen werden. Dabei sind grundsätzlich die Umformparameter dem Verfahren anzupassen.

[4]) Beim Spannungsarmglühen nach dem Schweißen sind auch die Hinweise des Schweißzusatzherstellers zu beachten.

[5]) Die Temperatur sollte rund 30 K unter der angewendeten Anlaßtemperatur liegen; auf keinen Fall darf die Anlaßtemperatur überschritten werden.

[6]) Siehe Fußnote 3 zu Tabelle 3

[7]) Nach dem Anlassen wird schnell abgekühlt (Geschwindigkeit der Abkühlung bis < 300 °C möglichst rund 250 bis 300 K/h).

[8]) Spannungsarmglühen nach dem Schweißen ist zu vermeiden.

	Geschweißte kreisförmige Rohre aus kaltzähen Stählen Technische Lieferbedingungen	**DIN** **17 174**

1 Anwendungsbereich *(Siehe DIN 17 173, Pkt. 1.)*

2.1 Begriff *(Siehe DIN 17 173, Pkt. 2.1.)*

2.2 Prüfklassen

Die Rohre können in der Prüfklasse 1 oder 2 geliefert werden.

Die Rohre der Prüfklasse 2 unterscheiden sich von den Rohren der Prüfklasse 1 dadurch, daß zusätzlich zur zerstörungsfreien Prüfung der Schweißnaht auch der Grundwerkstoff zerstörungsfrei geprüft wird.

4 Bezeichnung und Bestellung

Beispiel:

Bezeichnung eines geschweißten Rohres nach DIN 2458 von 168,3 mm Außendurchmesser und 4,0 mm Wanddicke nach dieser Norm aus Stahl TTSt 35 (Werkstoffnummer 1.0356), Lieferzustand vergütet (V):

Rohr DIN 2458 – 168,3 × 4,0
DIN 17 174 – TTSt 35 V

Beispiel für die Bestellung:

1000 m Rohr DIN 2458 – 168,3 × 4,0
DIN 17 174 – TTSt 35 V
in Genaulängen von 8 m, Prüfklasse 1,
Bescheinigung DIN 50 049 – 3.1 B

5 Anforderungen

5.2 Lieferzustand *(Siehe DIN 17 173, Pkt. 5.2.)*

5.5 Technologische Eigenschaften
(Siehe DIN 17 173, Pkt. 5.5.)

5.6 Schweißeignung und Schweißbarkeit
(Siehe DIN 17 173, Pkt. 5.6.)

5.8 Dichtheit

Die Rohre müssen unter den Prüfbedingungen nach Abschnitt 6.5.7 dicht sein.

5.10 Maße, längenbezogene Massen (Gewichte) und zulässige Abweichungen

5.10.1 Maße

Für die Außendurchmesser und Wanddicken der Rohre gilt DIN 2458.

Zulässige Maß- und Formabweichungen: siehe DIN 1626.

6.7 Bescheinigungen über Materialprüfungen

6.7.1 Für die Rohre nach dieser Norm wird je nach Vereinbarung bei der Bestellung (siehe Abschnitt 6.1) eine Bescheinigung DIN 50 049 – 3.1A (Abnahmeprüfzeugnis A), DIN 50 049 – 3.1B (Abnahmeprüfzeugnis B) oder DIN 50 049 – 3.1C (Abnahmeprüfzeugnis C) ausgestellt.

Art und Umfang der Prüfungen, die Zuständigkeit für die Durchführung der Prüfungen und die Art der für die Prüfungen in Betracht kommenden Bescheinigungen sind in Tabelle 7 genannt.

In jedem Fall ist die bei der Bestellung angegebene Technische Regel zu nennen.

Chemische Zusammensetzung (Schmelzenanalyse) der kaltzähen Stähle für geschweißte Rohre

(Siehe DIN 17 173, Tabelle 1, ohne Stahlsorte 26 CrMo 4.)

Mechanische Eigenschaften der Rohre im üblichen Lieferzustand[1])

(Siehe DIN 17 173, Tabelle 3, ohne Stahlsorte 26 CrMo 4.)
Für die Stahlsorten 11 MnNi 5 3 und 13 MnNi 6 3 kann der Wärmebehandlungszustand auch NG sein (normalgeglühtes Vormaterial, nur Schweißverbindung normalgeglüht).

Anforderungen an die Kerbschlagarbeit beim Kerbschlagbiegeversuch an ISO-Spitzkerbproben[1], [2])

(Siehe DIN 17 173, Tabelle 4.)

Übersicht über Prüfumfang und Bescheinigungen über Materialprüfungen
(Probenentnahmestellen und Probenlagen siehe Bild 1; Losgrößen siehe Abschnitt 6.3.1)

(Siehe DIN 17 173, Tabelle 8; Prüfumfang gilt für beide Prüfklassen
Zusätzlich gilt:
Bei schmelzgeschweißten Rohren >5 mm Wanddicke zusätzlich ein Satz Kerbschlagbiegeproben quer zur Schweißnaht.
Bei preßgeschweißten Rohren je Prüfrohr nach Nr. 2 an einem Ende 2 Proben für Ringfaltversuch bzw. 1 Probe für Aufweitversuch.
Bei schmelzgeschweißten Rohren je Prüfrohr nach Nr. 2 an einem Ende 2 Proben.
Tabelle 9: Anhaltsangaben für die Warmformgebung und Wärmebehandlung: Siehe DIN 17 173, Tabelle 10, ohne Stahlsorte 26 CrMo 4

	Stahlrohre für Wasserleitungen	DIN 2460

Maße in mm

1 Anwendungsbereich

Diese Norm gilt für verlegefertige Stahlrohre in geschweißter und nahtloser Ausführung zum Bau von Wasserleitungen.

Die Norm ist insbesondere für die Verwendung der Rohre für Trinkwasserleitungen ausgelegt.

Sie gilt jedoch auch für Rohre zum Bau von anderen Wasserleitungen.

Diese Norm gilt nicht für Rohre für die Hausinstallation.

Rohre für die Hausinstallation sind in DIN 2440, DIN 2441 und DIN 2442 genormt.

Die Rohre nach dieser Norm sind für zulässige Betriebsüberdrücke bis in Höhe des angegebenen Nenndruckes der Rohrleitung bemessen. Eine Berechnung der Wanddicke ist nicht erforderlich, wenn bei Verwendung der in den Tabellen genannten Stähle die dort zugeordneten Nenndrücke nicht überschritten oder die Nennwanddicken nicht unterschritten werden.

Bei erdverlegten Rohren berücksichtigt die Bemessung der Rohre neben dem maximalen Innendruck auch die Beanspruchung aus der Erdüberdeckung einschließlich Verkehrsbelastung (SLW 60 nach DIN 1072):

DN ≤ 500 von 0,6 m bis 6 m Erdüberdeckung

DN > 500 von 0,6 m bis 4 m Erdüberdeckung

Bei oberirdischer Verlegung sind gegebenenfalls weitere Beanspruchungen, z. B. Eigengewicht, Stützenabstand, Wind- und Schneelasten in Betracht zu ziehen.

Bei der Bemessung der Rohre wurde der mögliche Abfall des Innendrucks auf den absoluten Druck p_{abs} = 0,2 bar zusätzlich berücksichtigt.

2 Bezeichnung und Bestellangaben

2.1 Bezeichnung

Bezeichnung eines Rohres nach dieser Norm der Nennweite 250 (DN 250) in geschweißter Ausführung (W) mit Einsteckschweißmuffe (M):

Rohr DIN 2460 – DN 250 – W — M

2.2 Bestellangaben

2.2.1.7 Bei geschweißten Rohren, die mit einem Abnahmeprüfzeugnis DIN 50 049 — 3.1 B zu liefern sind, ist die zulässige Berechnungsspannung in der Schweißnaht v_N = 0,9 bzw. v_N = 1,0 anzugeben.

Beispiel für erforderliche Bestellangaben:

3200 m Rohre nach DIN 2460 mit einer Nennweite von DN 250; in geschweißter Ausführung (W), mit glatten Rohrenden (ohne Kurzzeichen), in Mindestdurchschnittslängen von 8 m (HL 8) mit Zementmörtelauskleidung nach DIN 2614 (ZM) und Bitumenumhüllung nach DIN 30 673 Type A 3.5 (Bi A 3.5), aus der Stahlsorte St 37.0 (ohne Kurzzeichen) mit Werkszeugnis, Bescheinigung DIN 50 049 — 2.2:

3200 m Rohr DIN 2460 — DN 250 — W — HL 8 — ZM — Bi A 3.5 — 2.2

2.2 Zusätzliche Bestellangaben

Beispiel für zusätzliche Bestellangaben:

250 Stück Rohr nach DIN 2460 mit einer Nennweite von DN 250, in nahtloser Ausführung (S), Rohrenden mit Schweißfase (V), in Festlängen von 8 m (FL 8) mit Zementmörtelauskleidung nach DIN 2614 (ZM), umhüllt mit Polyethylen nach DIN 30 670 in verstärkter Ausführung (PE-v), nach der Technischen Lieferbedingung DIN 1629 aus der Stahlsorte St 52.0 und mit Abnahmeprüfzeugnis DIN 50 049 — 3.1 B:

250 Stück Rohr DIN 2460 — DN 250 — S — V — FL 8 — ZM — PE-v — DIN 1629 — St 52.0 — 3.1 B

3 Maße

Für die angegebenen Maße gelten die Festlegungen der zugehörigen Technischen Lieferbedingungen, siehe Abschnitt 5.

3.1 Außendurchmesser und Wanddicke

Die Maße der geschweißten Rohre sind in Tabelle 3, die der nahtlosen Rohre in Tabelle 4 angegeben. Die Maße der Rohre mit Steckmuffe sind in Tabelle 6 angegeben.

3.1.1 Rohre mit den in Tabelle 4 angegebenen Maßen sind für die dort vorgesehenen Nenndrücke der Rohrleitungen auch in geschweißter Ausführung mit einer Ausnutzung der Berechnungsspannung in der Schweißnaht von 90 % mit Abnahmeprüfzeugnis DIN 50 049 — 3.1 B lieferbar.

3.1.2 ●● Auf Vereinbarung können die Rohre auch mit größeren Wanddicken — nach DIN 2448, oder DIN 2458 — insbesondere für höhere Nenndrücke der Rohrleitungen — geliefert werden (siehe auch Abschnitt 5.2).

4 Ausführung der Rohrenden

4.1 Ohne besondere Angaben bei der Bestellung werden die Rohre mit glatten Enden geliefert.

Die Rohrenden sollen einen zur Rohrachse senkrechten Trennschnitt aufweisen und gratfrei sein.

Tabelle 1. **Kurzzeichen für die Bezeichnung und Bestellangaben**

Kurzzeichen	für		Siehe Abschnitt
DN … bis DN …	Nennweite nach den Tabellen 3, 4 oder 6	Nennweite	Tabellen 3, 4 oder 6
S	nahtlose Stahlrohre	Ausführung des Rohres	3.1
W	geschweißte Stahlrohre		
HL … bis HL …	Mindestdurchschnittslänge nach Tabelle 5	Längen	3.2.2
FL	Festlänge nach Abschnitt 3.2.4		3.2.4
GL	Genaulänge nach Abschnitt 3.2.5		3.2.5
—	glatt	Ausführung der Rohrenden	4.1
v	mit Schweißfase		4.2
M	Einsteckschweißmuffe		4.3
SM	Steckmuffe		4.3
X	andere		4.4
ZM	Zementmörtel nach DIN 2614	Auskleidung	6.1 und 6.2.1
Bi I 3.5	Bitumen nach DIN 30 673		6.2.2
Y	andere		6.2.3
EP PUR PUR-T	Epoxidharzpulver PUR PUR-Teer } Duroplaste nach DIN 30 671	Umhüllung	7.3
PE-n PE-v	Polyethylen normal Polyethylen verstärkt } nach DIN 30 670		7.2
Bi A 3.5 oder Bi A 5.5	Bitumen, Typ A 3.5 oder A 5.5 nach DIN 30 673		7.4
Z	andere		7.5
2.2 3 B	Werkszeugnis 2.2 Abnahmeprüfzeugnis 3.1 B } nach DIN 50 049	Bescheinigungen über Materialprüfungen	8.1

4.2 •• Rohre mit Schweißfase

Auf Vereinbarung können Rohre mit für Stumpfschweiß-verbindungen vorbereiteten Rohrenden in folgender Aus-führung geliefert werden; wenn nicht anders vereinbart beträgt

— der Anschrägwinkel der Fugenflanke $30\left(^{+5}_{0}\right)°$,

— die Steghöhe $(1,6 \pm 0,8)$ mm.

4.3 •• Rohre mit Muffe

Auf Vereinbarung bei der Bestellung können die Rohre mit der in Bild 1 dargestellten Einsteckschweißmuffen-Verbindung oder der in Bild 2 dargestellten Steckmuffen-Verbindung geliefert werden.

Für Einsteckschweißmuffen-Verbindungen bis DN 1000 gelten für die Einstecktiefe „t" und das Muffenspiel „f" die Maße der Tabelle 7.

4.4 •• Andere Rohrverbindungen

Es können auch andere Rohrverbindungen, z.B. Rohr-kupplungen, verwendet werden. Die Ausführung der

Rohrenden ist in diesem Falle zu vereinbaren. Die Belast-barkeit solcher Rohrverbindungen muß den Anforderun-gen genügen, für die die Rohrleitung bemessen ist.

5 Technische Lieferbedingungen

5.1 Für die Rohre gelten mit Ausnahme der Festlegun-gen über Längen die Technischen Lieferbindungen:

DIN 1626 für geschweißte Rohre aus der Stahlsorte St 37.0 und St 52.0.

DIN 1629 für nahtlose Rohre aus der Stahlsorte St 37.0 und St 52.0.

Ohne besondere Angaben werden die Rohre aus der Stahlsorte St 37.0 geliefert.

6 • Auskleidungen

Bei Rohren, die mit Auskleidung geliefert werden sollen, sind Art und Ausführung der Auskleidung nach Tabelle 1 bei der Bestellung anzugeben.

Tabelle 3. **Maße und längenbezogene Massen der geschweißten Stahlrohre und Nenndrücke der Rohrleitungen**

Nennweite DN	Rohraußendurchmesser d_a	Nennwanddicke[1]	Längenbezogene Masse[2] kg/m $\approx$	Nenndruck PN der Rohrleitung[1]				
				Stahlsorte: St 37.0[4] $v_N = 0{,}9$[3] Werkszeugnis 2.2	Stahlsorte: St 37.0[4] $v_N = 0{,}9$[3] Abnahmeprüfzeugnis 3.1 B	Stahlsorte: St 52.0[4] $v_N = 0{,}9$[3] Abnahmeprüfzeugnis 3.1 B	Stahlsorte: St 37.0[4] $v_N = 1{,}0$[3] Abnahmeprüfzeugnis 3.1 B	Stahlsorte: St 52.0[4] $v_N = 1{,}0$[3] Abnahmeprüfzeugnis 3.1 B
80	88,9	3,2	6,76	63	80	125	100	125
100	114,3	3,2	8,77	50	63	100	63	100
125	139,7	3,6	12,1	50	63	80	63	100
150	168,3	3,6	14,6	40	50	63	50	80
200	219,1	3,6	19,1	32	40	50	40	63
250	273	4,0	26,5	25	32	50	40	50
300	323,9	4,5	35,4	25	32	50	32	50
350	355,6	4,5	39,0	25	32	40	32	50
400	406,4	5,0	49,5	25	32	40	32	50
500	508	5,6	69,4	25	25	40	25	40
600	610	6,3	93,8	20	25	32	25	40
700	711	6,3	109	16	20	32	20	32
800	813	7,1	141	16	20	32	20	32
900	914	8,0	179	16	20	32	20	32
1000	1016	8,8	219	16	20	32	20	32
1200	1219	11,0	328	16	20	32	20	32
1400	1422	12,5	435	16	20	32	20	32
1600	1626	14,2	564	16	20	32	20	32
1800	1829	16	715	16	20	32	20	32
2000	2032	17,5	869	16	20	32	20	32

[1] Berechnung nach DIN 2413, Ausgabe Juni 1972, Geltungsbereich I (vorwiegend ruhend beansprucht, bis 120 °C), mit folgenden Sicherheitsbeiwerten: S = 1,70 für St 37.0 mit Werkszeugnis 2.2, S = 1,50 für St 37.0 mit Abnahmeprüfzeugnis 3.1 B, S = 1,58 für St 52.0 mit Abnahmeprüfzeugnis 3.1 B, ohne Zuschlag für Korrosion bzw. Abnutzung. Bei Rohren mit Auskleidung und Umhüllung ist in der Regel kein Korrosionszuschlag erforderlich. Der errechnete zulässige Betriebsüberdruck wurde auf die nächstniedrigere Druckstufe nach DIN 2401 Teil 1 gerundet.
Der angegebene Nenndruck gilt für Rohrleitungen mit Schweißverbindung, und zwar:
— bis DN 500 für eine Verkehrsbelastung bis zu SLW 60, einer Erdüberdeckung von 0,6 bis 6 m und zusätzlich einem möglichen Abfall des Innendrucks auf den absoluten Druck p_{abs} = 0,2 bar,
— über DN 500 für eine Verkehrsbelastung bis zu SLW 60, einer Erdüberdeckung von 0,6 bis 4 m und zusätzlich einem möglichen Abfall des Innendrucks auf den absoluten Druck p_{abs} = 0,2 bar.
[2] Längenbezogene Massen ohne Berücksichtigung der Umhüllung, der Auskleidung und der Muffenverbindung
[3] Ausnutzung der zulässigen Berechnungsspannung in der Schweißnaht v_N nach DIN 1626
[4] Stahlsorte St 37.0 und St 52.0 nach DIN 1626

Tabelle 4. **Maße und längenbezogene Massen der nahtlosen Stahlrohre und Nenndrücke der Rohrleitungen, Rohre aus der Stahlsorte St 37.0[1]**

Nennweite DN	Rohraußen-durchmesser d_a	Nenn-Wanddicke[2]	Längenbezogene Masse[3] kg/m $\approx$	Nenndruck[4] PN der Rohrleitung Werkszeugnis 2.2
80	88,9	3,2	6,76	80
100	114,3	3,6	9,83	63
125	139,7	4	13,4	63
150	168,3	4,5	18,2	63
200	219,1	6,3	33,1	63
250	273	6,3	41,4	50
300	323,9	7,1	55,5	50
350	355,6	8	68,6	50
400	406,4	8,8	86,3	50
500	508	11	135	50

[1] Stahlsorte St 37.0 nach DIN 1629 deckt die hauptsächlich in Frage kommenden Anwendungsfälle ab. Die Rohre können auch in der Stahlsorte St 52.0 geliefert werden (siehe Abschnitt 2.2.2.9).

[2] Normalwanddicke nach DIN 2448

[3] Längenbezogene Massen ohne Berücksichtigung der Umhüllung, der Auskleidung und der Muffenverbindung.

[4] Berechnung nach DIN 2413, Ausgabe Juni 1972, Geltungsbereich I (vorwiegend ruhend beansprucht, bis 120 °C), Sicherheitsbeiwert S = 1,70 ohne Zuschlag für Korrosion und Abnutzung. Der errechnete zulässige Betriebsüberdruck wurde auf die nächstniedrigere Druckstufe nach DIN 2401 Teil 1 gerundet. Der angegebene Nenndruck gilt für Rohrleitungen mit Schweißverbindungen, und zwar:

für eine Verkehrsbelastung bis zu SLW 60, einer Erdüberdeckung von 0,6 bis 6 m und zusätzlich einem möglichen Abfall des Innendrucks auf den absoluten Druck p_{abs} = 0,2 bar.

6.1 Rohre für Trinkwasserleitungen

Rohre für Trinkwasserleitungen sind mit Zementmörtel auszukleiden.

Für die Ausführung und Beschaffenheit der werksseitig hergestellten Auskleidung gilt DIN 2614.

Rohre mit Steckmuffe erhalten im Muffenbereich und am Einsteckende eine Beschichtung, diese Beschichtung muß den geltenden lebensmittelrechtlichen Bestimmungen entsprechen.

6.2 Rohre für andere Wasserleitungen als Trinkwasserleitungen

6.2.1 Zementmörtelauskleidung

Für die Zementmörtelauskleidung gilt Abschnitt 6.1 sinngemäß.

6.2.2 Bitumenauskleidung

Für bituminöse Auskleidungen sind nur Bitumina bzw. Bitumen enthaltene Anstrichstoffe zu verwenden.

Für die Ausführung und Beschaffenheit der Bitumenauskleidung gilt DIN 30 673. Der Typ der Auskleidung ist bei der Bestellung anzugeben.

7 ● Umhüllungen

7.1 Allgemeine Anforderungen

Bei Rohren, die mit Umhüllung geliefert werden sollen, sind Art und Ausführung der Umhüllung bei der Bestellung zu vereinbaren.

Stahlrohre für die Erdverlegung müssen einen Korrosionsschutz erhalten. Bei der Abschätzung der Korrosionswahrscheinlichkeit in Erdböden ist die Einstufung der Bodenklassen nach DVGW-Arbeitsblatt GW 9 bzw. DIN 50 929 Teil 3 vorzunehmen. Die Einsatzbereiche der Umhüllungen für Stahlrohre enthält DIN 30 675 Teil 1.

7.2 Kunststoffumhüllung

Für die Umhüllung aus Polyethylen gilt DIN 30 670.

7.3 Duroplastumhüllung

Für die Umhüllung aus Duroplast gilt DIN 30 671, der Typ der Umhüllung ist bei der Bestellung anzugeben.

7.4 Bitumenumhüllung

Für die Bitumenumhüllungen der Rohre gilt DIN 30 67 der Typ der Umhüllung ist bei der Bestellung anzugeben

| | Gasleitungen aus Stahlrohren
mit zulässigen Betriebsdrücken bis 16 bar
Anforderungen an Rohrleitungsteile | DIN
2470
Teil 1 |

Maße in mm

Alle in dieser Norm genannten Druckgrößen bzw. Druckwerte sind Überdrücke über dem jeweils herrschenden Atmosphärendruck.

1 Anwendungsbereich

Diese Norm gilt für Rohre aus Stahl und sonstige Rohrleitungsteile, die für Gasleitungen der öffentlichen Gasversorgung mit zulässigen Betriebsdrücken bis 16 bar verwendet werden [1].

3 Rohre

3.1 Berechnung

Eine Berechnung der Wanddicke ist nicht erforderlich, wenn bei Verwendung der in Abschnitt 3.2 genannten Stähle die in Tabelle 1 angegebenen Nennwanddicken s nicht unterschritten werden. Für Nennweiten DN [2] 25 bis einschließlich DN 80 darf bei Verwendung von Wanddicken nach DIN 2458 ebenfalls auf die Berechnung verzichtet werden.

Werden die in Tabelle 1 genannten Wanddicken oder die in DIN 2458 für DN [2] 25 bis einschließlich DN 80 aufgeführten Wanddicken unterschritten, ist die Wanddicke nach DIN 2413/06.72, Geltungsbereich I, zu berechnen. Dabei sind auch die zusätzlichen Beanspruchungen zu berücksichtigen (siehe DIN 2413/06.72, Abschnitt 5).

[1] Siehe DVGW-Arbeitsblätter G 459, G 462/I und G 462/II

3.2 Werkstoffe

Für die Leitungen sind nahtlose Rohre nach DIN 1629 oder geschweißte Rohre nach DIN 1626 zu verwenden. Die Stähle müssen beruhigt vergossen sein.

Rohre aus Stahlsorten mit vergleichbarer Festigkeit nach DIN 1628, DIN 1630, DIN 17172, DIN 17175 und DIN 17177 können ebenfalls eingesetzt werden.

Rohre aus anderen Stahlsorten dürfen verwendet werden, wenn ihre Eignung — insbesondere zum Schweißen auf der Baustelle — durch Gutachten des Sachverständigen der TÜO [3] oder MPA [4] nachgewiesen ist. Bei geschweißten Rohren muß die Schweißnaht so ausgeführt und geprüft sein, daß das Rohr für eine Ausnutzung der Berechnungsspannung auf 90 % ($V_N \geq 0,9$) vorgesehen werden kann. Im übrigen gelten die Anforderungen nach DIN 1626 und DIN 1629 sinngemäß.

3.5 Nachweis der Güteeigenschaften

Der Nachweis der Schmelzanalyse ist mit einer Bescheinigung DIN 50049 − 3.1 B zu erbringen.

Die Ablieferungsprüfung ist durch die Bescheinigung DIN 50049 − 3.1 B nachzuweisen.

Werden Stahlsorten nach Abschnitt 3.2, 3. Absatz, verwendet, so ist eine Bescheinigung DIN 50049 − 3.1 C erforderlich.

Der Nachweis der Schmelzanalyse ist mit einer Bescheinigung DIN 50049 − 3.1 B zu erbringen.

Tabelle 1. **Nennwanddicken**

Nennweite DN	25	40	50	65	80	100	125	150	200	250	300	350	400	500	600	> 600
Außendurchmesser d_a	33,7	48,3	60,3	76,1	88,9	114,3	139,7	168,3	219,1	273	323,9	355,6	406,4	508	610	> 610
Nennwanddicke s	2,6	2,6	2,9	2,9	3,2	3,2	3,6	4	4,5	5	5,6	5,6	6,3	6,3	6,3	1% von d_a

---

| | Gasleitungen aus Stahlrohren
mit zulässigen Betriebsdrücken von mehr als 16 bar
Anforderungen an die Rohrleitungsteile | DIN
2470
Teil 2 |

1 Anwendungsbereich

Diese Norm gilt für Rohre aus Stahl und sonstige Rohrleitungsteile aus Stahl oder Stahlguß, die für Gasleitungen mit zulässigen Betriebsdrücken von mehr als 16 bar verwendet werden. [1]

Gasleitungen im Sinne dieser Norm sind Leitungen, die dem Transport von brennbaren verdichteten Gasen nach DVGW-Arbeitsblatt G 260 dienen.

3 Rohre

3.1 Berechnung

Die Rohrwanddicke ist nach DIN 2413, Geltungsbereich I zu berechnen. Der in die Rechnung einzusetzende Sicherheitsbeiwert S für erdverlegte Gasleitungen ist in Abhängigkeit von der Mindestbruchdehnung der Stähle der Tabelle 1 zu entnehmen.

[1] Siehe DVGW-Arbeitsblatt G 463

3.2 Werkstoffe

3.2.1 Für die Leitungen sind nahtlose oder geschweißte Rohre nach DIN 17 172 zu verwenden.

Für Rohre der Nennweiten $\leq$ DN 100 können auch Rohre nach DIN 1626 Teil 4 und DIN 1629 Teil 4 verwendet werden.

Bei Rohren im Durchmesserbereich von DN 500 bis DN 1200 in Verbindung mit Stahlsorten von StE 360.7 bis StE 480.7 TM sind im Grundwerkstoff die gegenüber DIN 17 172 erhöhten Werte für die Kerbschlagarbeit nach Tabelle 3 einzuhalten.

3.5 Nachweis der Güteeigenschaften

Die Güteeigenschaften der Rohre mit Nennweiten $\leq$ DN 200 nach Abschnitt 3.2.1 sind mit Bescheinigung DIN 50 049 – 3.1 B nachzuweisen.

Die Güteeigenschaften der Rohre mit Nennweiten $>$ DN 200 nach Abschnitt 3.2.1 und Rohre nach Abschnitt 3.2.2 sind mit Bescheinigung DIN 50 049 – 3.1 C nachzuweisen.

Im Abnahmeprüfzeugnis muß der bei der Wasserdruckprüfung erreichte Nutzungsgrad Y' der Mindeststreckgrenze angegeben werden. Außerdem hat das Lieferwerk zu bescheinigen, daß sämtliche Rohre die Wasserdruckprüfung bestanden haben; die Höhe des Prüfdruckes und die Prüfdauer sind anzugeben.

Der Nachweis der Schmelzenanalyse und der Stückanalyse ist mit Bescheinigung DIN 50 049 – 3.1 B zu erbringen.

Tabelle 1. **Sicherheitsbeiwert S**

Stahlsorte	S
StE 210.7	1,50
StE 240.7	1,50
StE 290.7/StE 290.7 TM	1,50
StE 320.7/StE 320.7 TM	1,54
StE 360.7/StE 360.7 TM	1,56
StE 385.7/StE 385.7 TM	1,58
StE 415.7/StE 415.7 TM	1,60
StE 445.7 TM	1,60
StE 480.7 TM	1,60

Bei Anwendung der in Tabelle 1 enthaltenen Sicherheitsbeiwerte sind normale Erdverlegungsbeanspruchungen berücksichtigt. Liegen besondere zusätzliche Beanspruchungen vor (z. B. bei nicht eingeerdeten Leitungen oder bei Erddeckungen von mehr als 3 m, wenn das Verhältnis $s/d_a \leq 1\%$ ist), sind zusätzliche Spannungsnachweise zu führen. Mit Rücksicht auf eine einwandfreie Rundnahtschweißung in Mehrlagentechnik wird empfohlen, die in Tabelle 2 angegebenen Nennwanddicken s nicht zu unterschreiten.

Tabelle 2. **Nennwanddicken**

DN	100	125	150	200	250	300	350	400	500	600	$>$ 600
d_a	114,3	139,7	168,3	219,1	273	323,9	355,6	406,4	508	610	–
s	3,6	4	4,5	5	5,6	6,3	6,3	6,3	6,3	6,3	1 % von d_a

Tabelle 3. **Mindestwerte der Kerbschlagarbeit (Mittelwert aus 3 ISO-V-Proben) bei 0 °C in Joule [3])**

Nennweite DN	Stahlsorte	StE 360.7 StE 360.7 TM·	StE 385.7 StE 385.7 TM	StE 415.7 StE 415.7 TM	StE 445.7 TM	StE 480.7 TM
	Sicherheits- beiwert S	1,56	1,58	1,60	1,60	1,60
500		31	31	31	31	32
600		31	31	31	32	35
700		31	31	31	33	37
800		31	31	32	35	40
900		31	32	34	37	42
1000		32	33	35	39	45
1100		32	34	37	41	47
1200		33	36	39	43	49

[3]) Zwischenwerte sind linear zu interpolieren.

	Stahlrohre für Fernleitungen für brennbare Flüssigkeiten und Gase Technische Lieferbedingungen	$\overline{\text{DIN}}$ 17 172

Hinweis: DIN EN 10 208, Teil 2, „Stahlrohre für Rohrleitungen für brennbare Medien, Technische Lieferbedingungen, Rohre der Anforderungsklasse B" liegt als Entwurf 11/91 vor.

1 Geltungsbereich

Diese Lieferbedingungen gelten für nahtlose und für geschweißte Rohre aus den in Tabelle 1 aufgeführten unlegierten und niedriglegierten Stählen zum Bau von Fernleitungen (siehe Abschnitt 3) [1], [2].

[1] Zusätzlich sind die TRbF 301 Technische Regeln für brennbare Flüssigkeiten, DIN 2470 Teil 1 und DIN 2470 Teil 2, zu beachten.

3 Begriffe

Rohre für Fernleitungen im Sinne dieser Norm sind Rohre, die zum Bau von Leitungen für brennbare Flüssigkeiten (z. B. für Erdöl und Erdölerzeugnisse) sowie für verdichtete und verflüssigte brennbare Gase dienen.

[2] Die Rohre nach dieser Norm erfüllen auch die für den Gebrauch entscheidenden Bedingungen nach den Normen 5 L, 5 LX und 5 LS des American Petroleum Institute (API). (Siehe Sortenvergleich in Tabelle 3).

Tabelle 1. **Chemische Zusammensetzung der Stähle (Schmelzenanalyse)** [1]

Stahlsorte		Desoxidationsart [2]	Chemische Zusammensetzung in Gew.-%					Sonstige
Kurzname	Werkstoffnummer		C [3] höchstens	Si	Mn [3], [4]	P höchstens	S höchstens	
Unbehandelte (siehe Abschnitt 6.2.1.1 a) oder normalgeglühte Stähle								
StE 210.7	1.0307	R [5]	0,17	0,45	$\geq$ 0,35	0,040	0,035	
StE 240.7	1.0457	R [5]	0,17	0,45	$\geq$ 0,40	0,040	0,035	
StE 290.7	1.0484	RR [6]	0,22	0,45	0,50 bis 1,10	0,040	0,035	—
StE 320.7	1.0409	RR [6]	0,22	0,45	0,70 bis 1,30	0,040	0,035	
StE 360.7	1.0582	RR [6]	0,22	0,55	0,90 bis 1,50	0,040	0,035	
StE 385.7	1.8970	RR [6]	0,23	0,55	1,00 bis 1,50	0,040	0,035	[7]
StE 415.7	1.8972	RR [6]	0,23	0,55	1,00 bis 1,50	0,040	0,035	
Thermomechanisch behandelte Stähle								
StE 290.7 TM	1.0429		0,12 [8]	0,40	0,50 bis 1,50	0,035	0,025	
StE 320.7 TM	1.0430		0,12 [8]	0,40	0,70 bis 1,50	0,035	0,025	
StE 360.7 TM	1.0578		0,12 [8]	0,45	0,90 bis 1,50	0,035	0,025	
StE 385.7 TM	1.8971	RR [7]	0,14 [8]	0,45	1,00 bis 1,60	0,035	0,025	[7]
StE 415.7 TM	1.8973		0,14 [8]	0,45	1,00 bis 1,60	0,035	0,025	
StE 445.7 TM	1.8975		0,16 [8]	0,55	1,00 bis 1,60	0,035	0,025	
StE 480.7 TM	1.8977		0,16 [8]	0,55	1,10 bis 1,70	0,035	0,025	

[1] In dieser Tabelle nicht aufgeführte Elemente dürfen dem Stahl außer zum Fertigbehandeln der Schmelze ohne Zustimmung des Bestellers nicht absichtlich zugesetzt werden. Es sind alle angemessenen Vorkehrungen zu treffen, um die Zufuhr solcher Elemente aus dem Schrott und anderen bei der Herstellung verwendeten Stoffen zu vermeiden, die die mechanischen Eigenschaften und die Verwendbarkeit beeinträchtigen.

[2] R = beruhigt (halbberuhigter Stahl ist hier nicht eingeschlossen),
RR = besonders beruhigt.

[3] Für jede Verminderung des höchsten C-Gehaltes um 0,01 % ist jeweils eine Erhöhung des höchsten Mangangehaltes um 0,05 %, jedoch nur bis höchstens 1,9 % Mn zulässig.

[4] Bei Wanddicken > 15 mm ist bei den thermomechanisch behandelten Stählen eine Überschreitung des angegebenen Mangangehaltes um 0,10 % zulässig.

[5] Auf Vereinbarung können diese Stähle auch besonders beruhigt geliefert werden; in diesem Fall sind die Stahlsorten mit RRStE 210.7 (Werkstoffnummer 1.0319) bzw. RRStE 240.7 (Werkstoffnummer 1.0459) zu bezeichnen.

[6] Die Stähle enthalten einen zur Erzielung von Feinkörnigkeit ausreichenden Aluminiumgehalt, das heißt im allgemeinen $\geq$ 0,020 % Al_{met}.

[7] Zum Erzielen der mechanischen Eigenschaften und eines feinkörnigen Gefüges können die Stähle StE 360.7, StE 385.7 sowie StE 415.7 und müssen sämtliche thermomechanisch behandelten Stähle neben Aluminium ausreichende Zusätze an zum Beispiel Vanadin und Niob enthalten. Diese können zum Teil nur als Spuren vorhanden sein. Die Summe dieser Zusätze soll bei Wanddicken $\leq$ 15 mm bei den Stählen StE 360.7, StE 385.7 sowie StE 415.7 0,15 %, bei den Stählen StE 290.7 TM, StE 320.7 TM sowie StE 360.7 TM 0,16 %, bei den übrigen thermomechanisch behandelten Stählen 0,18 %, bei Wanddicken > 15 mm beim Stahl StE 360.7 0,17 %, bei den Stählen StE 385.7 und StE 415.7 0,18 %, bei den Stählen StE 290.7 TM, StE 320.7 TM sowie StE 360.7 TM 0,17 %, bei den übrigen thermomechanisch behandelten Stählen 0,20 % nicht überschreiten. Der Gehalt an Vanadin muß in jedem Falle $\leq$ 0,12 % sein.

[8] Ein Gehalt von 0,04 % C darf nicht unterschritten werden.

5 Bezeichnung

Bezeichnung eines nahtlosen Stahlrohres von 273 mm Außendurchmesser und 6,3 mm Wanddicke nach DIN 2448 aus Stahl StE 240.7, Werkstoffnummer 1.0457:

Rohr DIN 2448 − StE 240.7 − 273 × 6,3

oder Rohr DIN 2448 − 1.0457 − 273 × 6,3

Bezeichnung eines geschweißten Stahlrohres von 508 mm Außendurchmesser und 8 mm Wanddicke nach DIN 2458 aus Stahl StE 320.7 TM, Werkstoffnummer 1.0430:

Rohr DIN 2458 − StE 320.7 TM − 508 × 8

oder Rohr DIN 2458 − 1.0430 − 508 × 8

Die Buchstaben TM im Kurznamen bedeuten, daß es sich um einen Stahl im thermomechanisch behandelten Zustand handelt.

6 Anforderungen

6.6 Schweißbarkeit

Die Rohre aus allen Stahlsorten nach dieser Norm sind vorzugsweise für Lichtbogenschmelzschweißen und Abbrennstumpfschweißen sowie für elektrisches Preßschweißen geeignet. Beim Gasschmelzschweißen sind die Besonderheiten der hohen Wärmeeinbringung insbesondere bei thermomechanisch behandelten Stählen zu beachten. Es ist jedoch zu beachten, daß das Verhalten eines Stahles während des Schweißens und danach nicht nur vom Werkstoff, sondern auch von den Bedingungen beim Verschweißen der Rohre abhängt und von diesen beeinträchtigt werden kann.

6.8 Maße, Gewichte und zulässige Abweichungen

6.8.1 Maße

Es gelten:
− für nahtlose Rohre DIN 2448,
− für geschweißte Rohre DIN 2458.

7.7 Prüfbescheinigungen

7.7.1 Die Ergebnisse der Abnahmeprüfung werden je nach Vereinbarung bei der Bestellung durch ein Abnahmeprüfzeugnis A, B oder C [1] nach DIN 50 049 bescheinigt, wobei in jedem Falle der vom Hersteller angegebene Lieferzustand aufzuführen ist.

Die Ergebnisse der Schmelzenanalyse, gegebenenfalls der Stückanalyse (siehe Abschnitt 7.3.2), der zerstörungsfreien Prüfung sowie des Bestehens des Innendruckversuches (siehe Abschnitt 7.3.6) werden grundsätzlich mit einem Abnahmeprüfzeugnis B nach DIN 50 049 bescheinigt.

Tabelle 4. Mindestwerte der Kerbschlagarbeit (ISO-V-Proben) bei 0 °C

Nennaußen-durchmesser d_a mm	Rohrart	Proben-entnahmestelle	Probenlage	Kerbschlagarbeit bei 0 °C	
				Mittelwert J [1], [2] min.	Einzelwert J [2] min.
bis 500 [3]	nahtlos preßgeschweißt schmelzgeschweißt	Grundwerkstoff	längs zur Rohrachse (siehe Bild 1)	47	38
über 500	nahtlos preßgeschweißt schmelzgeschweißt	Grundwerkstoff	quer zur Rohrachse (siehe Bild 1)	27 [4]	22 [4]
über 500	geschweißt	Schweißnaht	quer zur Schweißnaht (siehe Bild 1)	27	22

[1] Mittelwert aus 3 Versuchen.

[2] Siehe Abschnitt 7.5.3.

[3] In Sonderfällen kann bei der Bestellung für Rohre mit Außendurchmessern von 300 bis 500 mm und Wanddicken ab 6,3 mm der Nachweis der Kerbschlagarbeit in Umfangsrichtung vereinbart werden. Auch die Werte der Kerbschlagarbeit sind dann zu vereinbaren.

[4] Für die Stahlsorten StE 385.7 (1.8970), StE 385.7 TM (1.8971), StE 415.7 (1.8972), StE 415.7 TM (1.8973), StE 445.7 TM (1.8975) und StE 480.7 TM (1.8977) sind die Mindestwerte 31 J für den Mittelwert und 24 J für den Einzelwert.

Tabelle 3. Mechanische Eigenschaften im Lieferzustand 1)

| Stahlsorte | | | | Streckgrenze 2), 3), 4) N/mm² min. | Zugfestigkeit 3), 5) N/mm² | Zulässiges Streckgrenzenverhältnis | Bruchdehnung 6) ($l_0 = 5 \, d_0$) % min. | Kerbschlagarbeit | Biegedorndurchmesser für den Faltversuch bei schmelzschweißgeschweißten Rohren 7) | Ringfaltversuch für preßgeschweißte und nahtlose Rohre | Vergleichbarer Stahl nach API-Norm | | |
| Unbehandelte (siehe Abschnitt 6.2.1.1 a) oder normalgeglühte Stähle | | Thermomechanisch behandelte Stähle | | | | | | | | | | | |
Kurzname	Werkstoffnummer	Kurzname	Werkstoffnummer								5 L	5 LX	5 LS
StE 210.7	1.0307	–	–	210	320 bis 440		26		2 s		A	–	A
StE 240.7	1.0457	–	–	240	370 bis 490		24		2 s		B	–	B
StE 290.7	1.0484	StE 290.7 TM	1.0429	290	420 bis 540	≦ 0,85	23		3 s		–	X 42	X 42
StE 320.7	1.0409	StE 320.7 TM	1.0430	320	460 bis 580		21	siehe Tabelle 4	4 s	siehe Abschnitt 7.5.4	–	X 46	X 46
StE 360.7	1.0582	StE 360.7 TM	1.0578	360	510 bis 630		20		4 s		–	X 52	X 52
StE 385.7	1.8970	StE 385.7 TM	1.8971	385	530 bis 680		19		5 s		–	X 56	X 56
StE 415.7	1.8972	StE 415.7 TM	1.8973	415	550 bis 700	≦ 0,858) ≦ 0,903)	18		5 s		–	X 60	X 60
–	–	StE 445.7 TM	1.8975	445	560 bis 710	≦ 0,903)	18		6 s		–	X 65	X 65
–	–	StE 480.7 TM	1.8977	480	600 bis 750	≦ 0,903)	18		6 s		–	X 70	X 70

1) Durch sachgerechte Weiterverarbeitung der Rohre ist sicherzustellen, daß die angegebenen Grenzwerte nicht unter- bzw. überschritten werden.

2) Bei einer ausgeprägten Streckgrenze gilt die obere Streckgrenze, im anderen Falle die Dehngrenze für 0,5 %-Gesamtdehnung ($R_{t \, 0,5}$).

3) Ist der ermittelte Wert der Streckgrenze für den Stahl StE 415.7 größer als 520 N/mm², für den Stahl StE 445.7 TM größer als 555 N/mm² und für den Stahl StE 480.7 TM größer als 600 N/mm², dann muß das Streckgrenzenverhältnis ≦ 0,85 sein (siehe ferner Fußnote 5) (siehe auch Erläuterungen).

4) Die Werte können für Temperaturen bis 50 °C zur Berechnung als gültig betrachtet werden.

5) Ein Überschreiten des oberen Grenzwertes um 30 N/mm² darf nicht beanstandet werden. Das gilt für die unbehandelten oder normalgeglühten Stähle StE 210.7 bis einschließlich StE 320.7 jedoch nur unter der Voraussetzung, daß das Verhältnis der Streckgrenze zur Zugfestigkeit den Wert 0,80 nicht überschreitet.

6) Die Werte gelten für Querproben aus dem Grundwerkstoff. Bei der Prüfung von Längsproben (siehe Bild 1) sind um 2 Einheiten höhere Bruchdehnungswerte nachzuweisen.

7) s = Wanddicke des Rohres, Biegewinkel = 180° (siehe Abschnitt 7.4.2.3).

8) Dieser Wert gilt für die Stahlsorte StE 415.7 (siehe ferner Fußnote 5).

	Stahlrohre Mittelschwere Gewinderohre	**DIN** **2440**

1 Geltungsbereich

Maße in mm

Diese Norm gilt für mittelschwere Gewinderohre. Sie sind geeignet für Nenndruck 25 für Flüssigkeiten und Nenndruck 10 für Luft und ungefährliche Gase.

3 Maße, Bezeichnung

Regelausführung

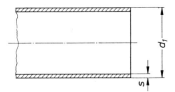

Gewinde kegelig
(bei Bestellung mit Gewinde)

Bezeichnung eines mittelschweren Gewinderohres Nennweite 40, nahtlos verzinkt (B), in Herstellängen:

Tabelle 1.   Gewinderohr DIN 2440 – DN 40 – nahtlos B

Nenn-weite	Anschlußnennweite der Fittings nach DIN 2950 und DIN 2980	Whit-worth-Rohr-gewinde nach DIN 2999 Teil 1	Rohr				Gewinde					Zugehörige Muffe nach DIN 2986	
			Außen-durch-messer	Wand-dicke	Gewicht		Theo-retischer Gewinde-durch-messer	Gang-zahl auf 25,4 mm	Nutzbare Gewinde-länge l_1	Abstand des Gewindedurch-messers d_2 vom Rohrende		Außen-durch-messer	Länge
					des glatten Rohres	des Rohres mit Muffe [1]							
			d_1	s			d_2		min. bei a	a	a		
DN					kg/m	kg/m			max.	max.	min.	min.	min.
6	1/8	R 1/8	10,2	2,0	0,407	0,410	9,728	28	7,4	4,9	3,1	14	17
8	1/4	R 1/4	13,5	2,35	0,650	0,654	13,157	19	11,0	7,3	4,7	18,5	25
10	3/8	R 3/8	17,2	2,35	0,852	0,858	16,662	19	11,4	7,7	5,1	21,3	26
15	1/2	R 1/2	21,3	2,65	1,22	1,23	20,955	14	15,0	10,0	6,4	26,4	34
20	3/4	R 3/4	26,9	2,65	1,58	1,59	26,441	14	16,3	11,3	7,7	31,8	36
25	1	R 1	33,7	3,25	2,44	2,46	33,249	11	19,1	12,7	8,1	39,5	43
32	1 1/4	R 1 1/4	42,4	3,25	3,14	3,17	41,910	11	21,4	15,0	10,4	48,3	48
40	1 1/2	R 1 1/2	48,3	3,25	3,61	3,65	47,803	11	21,4	15,0	10,4	54,5	48
50	2	R 2	60,3	3,65	5,10	5,17	59,614	11	25,7	18,2	13,6	66,3	56
65	2 1/2	R 2 1/2	76,1	3,65	6,51	6,63	75,184	11	30,2	21,0	14,0	82	65
80	3	R 3	88,9	4,05	8,47	8,64	87,884	11	33,3	24,1	17,1	95	71
100	4	R 4	114,3	4,5	12,1	12,4	113,030	11	39,3	28,9	21,9	122	83
125	5	R 5	139,7	4,85	16,2	16,7	138,430	11	43,6	32,1	25,1	147	92
150	6	R 6	165,1	4,85	19,2	19,8	163,830	11	43,6	32,1	25,1	174	92

[1]) Bezogen auf eine Durchschnittslänge von 6 m

4 Gewinde

Whitworth-Rohrgewinde nach DIN 2999 Teil 1, Kegel 1 : 16

5 Werkstoff

St 33-2 nach DIN 17 100, Werkstoffnummer 1.0035

Die Eignung zum Schmelzschweißen ist nach dieser Norm im allgemeinen vorhanden.

6 Ausführung

Nahtlos oder geschweißt

7 Lieferart

In Herstellängen ohne Gewinde und ohne Muffe. Wird eine andere Lieferart gewünscht, ist die Bezeichnung zu ergänzen:

Beispiel für das im Bezeichnungsbeispiel genannte Rohr mit kegeligem Gewinde an beiden Enden:

Gewinderohr DIN 2440 – DN 40 – nahtlos B mit Gewinde

8 Oberflächenbehandlung

Die Rohre werden je nach Bestellung in folgenden Au führungen geliefert:

Die Arten der Oberflächenbehandlung können auch kon biniert werden.

Zum Beispiel:

Nichtmetallischer Schutzüberzug
außen auf verzinktem Rohr BC

Wird keine Angabe gemacht, werden die Rohre „schwarz geliefert.

Tabelle 2.

Oberfläche		Kurzzeichen
schwarz		—
schwarz, geeignet zur Verzinkung nach Abschnitt 10.3		A
verzinkt nach DIN 2444		B
nichtmetallischer Schutzüberzug 2)	außen	C
	innen	D
2) Nach Vereinbarung		

10.8 Kaltbiegefähigkeit

Gewinderohre nach dieser Norm ohne Oberflächenbehandlung müssen bis einschließlich DN 25 mit einem Radius von 3 X Rohraußendurchmesser und bei Rohren bis Nennweite 50 mit einem Radius von 3,5 X Rohraußendurchmesser mit einem geeigneten handelsüblichen Biegewerkzeug kalt biegbar sein (siehe Abschnitt 11.4).

11.2 Dichtheitsprüfung

Alle Rohre sind vom Herstellerwerk auf Dichtheit zu prüfen. Erfolgt diese Prüfung durch einen Innendruckversuch mit Wasser, so ist dabei ein Prüfdruck von 50 bar anzuwenden.

Anstelle des Innendruckversuches mit Wasser kann der Hersteller auch eine andere Prüfung, z. B. Wirbelstromprüfung 3), die eine nachgewiesene gleichwertige Qualität sicherstellt, durchführen.

Über die durchgeführte Dichtheitsprüfung wird vom Herstellerwerk eine Werksbescheinigung ausgestellt, wenn dies in der Bestellung festgelegt ist.

Die Prüfung auf Dichtheit gilt nur für das unbearbeitete Rohr, nicht für die Verbindung.

Rohre, die der Dichtheitsprüfung nicht genügen, sind auszuscheiden.

	Stahlrohre Schwere Gewinderohre	**DIN** **2441**

1 Geltungsbereich

Maße in mm

Diese Norm gilt für schwere Gewinderohre. Sie sind geeignet für Nenndruck 25 für Flüssigkeiten und Nenndruck 10 für Luft und ungefährliche Gase.

3 Maße, Bezeichnung *Skizzen siehe DIN 2440, Seite 526.*

Regelausführung

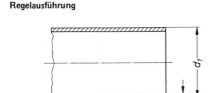

Gewinde kegelig
(bei Bestellung mit Gewinde)

Bezeichnung eines schweren Gewinderohres Nennweite 40, nahtlos verzinkt (B), in Herstelllängen:

Gewinderohr DIN 2441 — DN 40 — nahtlos B

Tabelle 1.

Nenn-weite DN	Anschlußnennweite der Fittings nach DIN 2950 und DIN 2980	Whit-worth-Rohr-gewinde nach DIN 2999 Teil 1	Rohr				Gewinde				Zugehörige Muffe nach DIN 2986	
			Außen-durch-messer d_1	Wand-dicke s	Gewicht		Theo-retischer Gewinde-durch-messer d_2	Gang-zahl auf 25,4 mm	Nutzbare Gewinde-länge l_1 min. bei a max.	Abstand des Gewindedurch-messers d_2 vom Rohrende	Außen-durch-messer min.	Länge min.
					des glatten Rohres kg/m	des Rohres mit Muffe 1) kg/m				a max.	a min.		
6	1/8	R 1/8	10,2	2,65	0,493	0,496	9,728	28	7,4	4,9	3,1	14	17
8	1/4	R 1/4	13,5	2,9	0,769	0,773	13,157	19	11,0	7,3	4,7	18,5	25
10	3/8	R 3/8	17,2	2,9	1,02	1,03	16,662	19	11,4	7,7	5,1	21,3	26
15	1/2	R 1/2	21,3	3,25	1,45	1,46	20,955	14	15,0	10,0	6,4	26,4	34
20	3/4	R 3/4	26,9	3,25	1,90	1,91	26,441	14	16,3	11,3	7,7	31,8	36
25	1	R 1	33,7	4,05	2,97	2,99	33,249	11	19,1	12,7	8,1	39,5	43
32	1 1/4	R 1 1/4	42,4	4,05	3,84	3,87	41,910	11	21,4	15,0	10,4	48,3	48
40	1 1/2	R 1 1/2	48,3	4,05	4,43	4,47	47,803	11	21,4	15,0	10,4	54,5	48
50	2	R 2	60,3	4,5	6,17	6,24	59,614	11	25,7	18,2	13,6	66,3	56
65	2 1/2	R 2 1/2	76,1	4,5	7,90	8,02	75,184	11	30,2	21,0	14,0	82	65
80	3	R 3	88,9	4,85	10,1	10,3	87,884	11	33,3	24,1	17,1	95	71
100	4	R 4	114,3	5,4	14,4	14,7	113,030	11	39,3	28,9	21,9	122	83
125	5	R 5	139,7	5,4	17,8	18,3	138,430	11	43,6	32,1	25,1	147	92
150	6	R 6	165,1	5,4	21,2	21,8	163,830	11	43,6	32,1	25,1	174	92

1) Bezogen auf eine Durchschnittslänge von 6 m

Angaben zu Gewinde, Werkstoff, Ausführung, Lieferart, Oberflächenbehandlung, Kaltbiegefähigkeit und Dichtheitsprüfung siehe DIN 2440.

Gewinderohre mit Gütevorschrift
Nenndruck 1 bis 100

DIN
2442

Maße in mm

Bestellbeispiel für Einkauf: für 2 t nahtloses Gewinderohr ohne Gewinde von Rohr-Außendurchmesser 88,9 mm und 4,85 mm Wanddicke, Einzelrohrlänge 5 m (für Nennweite 3"):

2 t Rohr 88,9 × 4,85 (3") DIN 2442 — nahtlos Rohrlänge 5 m

Bestellbeispiel für Einkauf: für 5 t geschweißtes Gewinderohr von Rohr-Außendurchmesser 114,3 mm und 5,4 mm Wanddicke, Einzelrohrlänge 3 m (für Nennweite 4"):

5 t Rohr 114,3 × 5,4 (4") DIN 2442 — geschweißt Rohrlänge 3 m

Rohr-Außen-durchmesser 1)	Nenndrücke 2)						Mindest-wanddicke für Dichtung Rohr gegen Rohr 4) nach DIN 2517	zuge-höriges Rohr-gewinde	Nennweite	
	1 bis 50		80		100					
	Wand-dicke	Gewicht 3) kg/m	Wand-dicke	Gewicht 3) kg/m	Wand-dicke	Gewicht 3) kg/m			mm	Zoll
10,2					2,65	0,493	—	R 1/8"	6	1/8
13,5					2,9	0,769	4,0	R 1/4"	8	1/4
17,2					2,9	1,02	4,0	R 3/8"	10	3/8
21,3					3,25	1,45	4,5	R 1/2"	15	1/2
26,9					3,25	1,9	5,0	R 3/4"	20	3/4
33,7					4,05	2,97	5,6	R 1"	25	1
42,4					4,05	3,84	5,6	R 1 1/4"	32	1 1/4
48,3					4,05	4,43	6,3	R 1 1/2"	40	1 1/2
60,3					4,50	6,17	6,3	R 2"	50	2
76,1					4,50	7,90	6,3	R 2 1/2"	65	2 1/2
88,9					4,85	10,1	6,3	R 3"	80	3
114,3			5,4	14,4	6,3	16,8	7,1	R 4"	100	4
139,7	5,4	17,8	7,1	23,3	8,0	25,9	7,1	R 5"	125	5
165,1	5,4	21,2	8,0	30,9	8,8	33,8	7,1	R 6"	150	6

Werkstoff:

für nahtlose Gewinderohre St 35 nach DIN 1629 Blatt 3
für geschweißte Gewinderohre St 37-2 nach DIN 17 100 bzw. DIN 1626 Blatt 3 (z.Z. noch Entwurf)
Neue Bezeichnung: St 37.0 nach DIN 1626 bzw. 1629.

Ausführung: (bei Bestellung angeben): nahtlos
geschweißt

Gewinde:

Whitworth-Rohrgewinde
Bei Flanschverbindungen mit Gewindeflanschen und bei Dichtung Rohr gegen Rohr nach DIN 2517 nur zylindrische Gewinde nach DIN 259, bei Muffenverbindungen kegeliges Gewinde nach DIN 2999.

Lieferart:

In wechselnden Herstellungslängen.
Genaulängen sind bei Bestellung besonders anzugeben.
Ohne besondere Bestellangabe werden die Rohre ohne Gewinde geliefert.

	Nahtlose Präzisionsstahlrohre mit besonderer Maßgenauigkeit Maße	$\overline{\underline{\text{DIN}}}$ **2391** Teil 1

Maße in mm

1 Anwendungsbereich

Diese Norm gilt für nahtlose Präzisionsstahlrohre mit besonderer Maßgenauigkeit, wobei in Anlehnung an ISO/DIS 3304 aus dem Bereich der technisch herstellbaren Rohrmaße diejenigen ausgewählt sind, die hauptsächlich als Konstruktionselement verwendet werden.

Wenn Rohre mit den Toleranzen und nach den technischen Lieferbedingungen dieser Norm als Leitungsrohre verwendet werden sollen, können gegebenenfalls die Maße der DIN 2448 herangezogen werden. Diese Rohre sind nach Gütegrad C zu bestellen.

3 Maße, Bezeichnung

Die Rohre werden im allgemeinen nach Außendurchmesser und Wanddicke bestellt. Falls der Innendurchmesser von größerer Bedeutung ist, können die Rohre auch nach Innendurchmesser und Wanddicke oder auch nach Außendurchmesser und Innendurchmesser bestellt werden. Diese Rohre sind nach Gütegrad C zu bestellen.

Wird einseitige Lage der zulässigen Durchmesserabweichungen gewünscht, so ist dies bei Bestellung anzugeben; in diesem Falle gilt der Gesamtbereich der ± Toleranz als zulässige einseitige Abweichung, z. B. statt (55 ± 0,25) mm entweder $\left(55 \begin{smallmatrix} +0,5 \\ 0 \end{smallmatrix}\right)$ mm oder $\left(55 \begin{smallmatrix} 0 \\ -0,5 \end{smallmatrix}\right)$ mm.

Die Durchmesserabweichungen der Maßtabelle gelten für die Lieferzustände zugblank-hart (BK) und zugblank-weich (BKW).

Bei geglühten (GBK) und normalgeglühten (NBK) Rohren sind die Durchmessertoleranzen infolge Verziehens beim Glühen größer und wie folgt:

$$\frac{\text{Wanddicke}}{\text{Außendurchmesser}} \geqq \frac{1}{20}: \text{ die Werte der Maßtabelle}$$

unter $\dfrac{1}{20}$ bis $\dfrac{1}{40}$: das 1,5fache der Werte der Maßtabelle

unter $\dfrac{1}{40}$ bis $\dfrac{1}{60}$: das 2fache der Werte der Maßtabelle

unter $\dfrac{1}{60}$: das 2,5fache der Werte der Maßtabelle

Die zulässigen Maßabweichungen für die Durchmesser schließen die Ovalität ein.

Bei besonderen Wärmebehandlungen (z. B. vergütete Rohre) sind die zulässigen Maßabweichungen besonders zu vereinbaren.

Bei Zwischenmaßen gelten die zulässigen Abweichungen des nächstgrößeren Nennmaßes.

Bezeichnung eines nahtlosen Präzisionsstahlrohres aus St 35 im Lieferzustand NBK von Außendurchmesser d_a = 100 mm und Wanddicke s = 3 mm:

Rohr DIN 2391 − St 35 NBK 100 × 3

Bezeichnung eines nahtlosen Präzisionsstahlrohres, Gütegrad C, aus St 35 im Lieferzustand NBK von Außendurchmesser d_a = 100 mm und Innendurchmesser d_i = 94 mm (D 94)

Rohr DIN 2391 − C − St 35 NBK 100 × D 94

Bezeichnung eines nahtlosen Präzisionsstahlrohres, Gütegrad C, aus St 35 im Lieferzustand NBK von Innendurchmesser d_i = 94 mm (D 94) und Wanddicke s = 3 mm:

Rohr DIN 2391 − C − St 35 NBK D 94 × 3

* Präzisionsstahlrohre mit besonderer Oberflächenausführung wie Zylinderrohre oder mit Oberflächenveredlung wie Bremsleitungsrohre u. a. m. werden nach betrieblichen Normen bzw. auf Vereinbarung geliefert.

	Nahtlose Präzisionsstahlrohre mit besonderer Maßgenauigkeit Technische Lieferbedingungen	**DIN** **2391** Teil 2

1 Anwendungsbereich

Maße in mm

Diese Norm gilt als technische Lieferbedingung für nahtlose Präzisionsstahlrohre mit besonderer Maßgenauigkeit nach DIN 2391 Teil 1 aus den in Abschnitt 5 genannten Stahlsorten.

Rohre nach dieser Norm werden hauptsächlich für Zwecke verwendet, bei denen es auf Maßgenauigkeit und gegebenenfalls auf kleine Wanddicken und gute Oberflächenbeschaffenheit ankommt.

3 Gütegrad

Die Rohre werden in folgenden Gütegraden geliefert:

A Präzisionsstahlrohre vorwiegend für mechanische Beanspruchung ohne besondere Güteanforderung, ohne Abnahmeprüfzeugnis

B Präzisionsstahlrohre vorwiegend für mechanische Beanspruchung mit besonderer Güteanforderung, nur mit Abnahmeprüfzeugnis

C Präzisionsstahlrohre mit Sonderanforderung nach Abschnitt 12. Diese Sonderanforderungen und entsprechende Prüfungen müssen vereinbart werden, wobei der Käufer bei Anfrage und in der Bestellung seine Forderungen anzugeben hat.

4 Bestellbezeichnung

Die Bestellbezeichnung lautet dann z. B. für 1000 m nahtlose Präzisionsstahlrohre nach DIN 2391 Teil 1, Gütegrad B aus St 35, Lieferzustand NBK, von Außendurchmesser d_a = 100 mm und Wanddicke s = 3 mm in Genaulängen von 4000 mm mit Abnahmeprüfzeugnis 3.1 B nach DIN 50 049:

1000 m Rohr DIN 2391 – B – St 35 NBK 100 × 3 × 4000 – 3.1 B

Ohne Angabe eines Gütegrades werden die Rohre nach Gütegrad A geliefert.

5 Werkstoff

Tabelle 1. **Stahlsorten**

Gütegrad	Stahlsorte	
	Kurzname	Werkstoffnummer
A und B	St 30 Si	1.0211
	St 30 Al	1.0212
	St 35	1.0308
	St 45	1.0408
	St 52	1.0580
C	Alle Stahlsorten nach Gütegrad A und B sowie sonstige Stähle, z. B. nach DIN 1651 DIN 17 210 DIN 17 100 DIN 17 211 DIN 17 200 DIN 17 212	

Tabelle 2. **Stahlsorten und chemische Zusammensetzung der Stähle (Schmelzenanalyse)**

Stahlsorte		Chemische Zusammensetzung %				
Kurzname	Werkstoffnummer	C max.	Si max.	Mn	P max.	S max.
St 30 Si	1.0211	0,10	0,30	≦ 0,55	0,040	0,040
St 30 Al [1]	1.0212	0,10	0,05	≦ 0,55	0,040	0,040
St 35	1.0308	0,17	0,35	≧ 0,40	0,050	0,050
St 45	1.0408	0,21 [2]	0,35	≧ 0,40	0,050	0,050
St 52	1.0580	0,22	0,55	≦ 1,60	0,050	0,050

[1] Dieser Stahl wird mit Aluminium desoxydiert.

[2] Bei Nachprüfung am einzelnen Rohr darf der C-Gehalt 0,25 % nicht übersteigen.

7 Lieferzustand

Tabelle 3. Lieferzustände

Benennung	Kurzzeichen	Erklärung
Zugblankhart (kalt fertigbearbeitet)	BK	Keine Wärmebehandlung nach der letzen Kaltverformung. Die Rohre haben deshalb nur geringes Verformungsvermögen.
Zugblankweich (leicht kalt fertigbearbeitet)	BKW	Nach der letzten Wärmebehandlung folgt ein leichter Fertigzug (Kaltzug). Bei sachgemäßem Weiterverarbeiten läßt sich das Rohr in gewissen Grenzen kaltverformen (z. B. biegen, aufweiten).
geglüht	GBK	Nach der letzten Kaltverformung sind die Rohre unter Schutzgas oder im Vakuum geglüht.
normalgeglüht	NBK	Die Rohre sind oberhalb des oberen Umwandlungspunktes unter Schutzgas oder im Vakuum geglüht.

8 Mechanische und technologische Eigenschaften

Tabelle 4. Mechanische Eigenschaften der Rohre bei Raumtemperatur

Stahlsorte Kurzname	Werkstoffnummer	zugblank-hart (BK) [3] Zugfestigkeit R_m N/mm² min.	Bruchdehnung A_5 % min.	zugblank-weich (BKW) [3] Zugfestigkeit R_m N/mm² min.	Bruchdehnung A_5 % min.	geglüht (GBK) [3] Zugfestigkeit R_m N/mm² min.	Bruchdehnung A_5 % min.	normalgeglüht (NBK) Zufestigkeit R_m N/mm² min.	obere Streckgrenze R_{eH} [4] N/mm² min.	Bruchdehnung A_5 % min.
St 30 Si	1.0211	400	8	330	12	280	30	290 bis 420	215	30
St 30 Al	1.0212	400	8	330	12	280	30	290 bis 420	215	30
St 35	1.0308	440	6	370	10	315	25	340 bis 470	235	25
St 45	1.0408	540	5	470	8	390	21	440 bis 570	255	21
St 52	1.0580	590	4	540	7	490	22	490 bis 630	355	22

[3] Die Streckgrenze für den Anlieferzustand geglüht (GBK) beträgt mindestens 50 % der Zugfestigkeit. Je nach Grad der Verformung beim Ziehvorgang kann die Streckgrenze bei Rohren der Lieferzustände zugblankhart (BK) und zugblank-weich (BKW) bis nahe an die Zugfestigkeit heraufgehen. Für die Berechnung der Streckgrenze werden folgende Werte empfohlen: Lieferzustand zugblank-hart ≥ 80 % der Zugfestigkeit, zugblankweich ≥ 70 % der Zugfestigkeit.

[4] Bei Rohren mit Außendurchmesser ≤ 30 mm, deren Wanddicke ≤ 3 mm ist, liegt der Mindestwert der Streckgrenze um 10 N/mm² niedriger.

8.4 Die Stähle nach Tabelle 2 gelten aufgrund ihrer chemischen Zusammensetzung und metallurgischen Behandlung als schweißgeeignet.

In den Lieferzuständen BK oder BKW werden die mechanischen Eigenschaften in der wärmebeeinflußten Zone verändert. Dies ist bei der Beurteilung der Schweißbarkeit eines Bauteiles zu beachten (siehe DIN 8528 Teil 1).

9 Oberflächenbeschaffenheit

9.1 Die Rohre müssen eine der Herstellart entsprechende glatte äußere und innere Oberfläche haben, d. h., geringfügige Oberflächenfehler, z. B. Narben, Poren und Längsriefen, sind zulässig. Schalen, Überlappungen und Dopplungen sind nicht statthaft. Falls der Nachweis dieser Anforderungen verlangt wird, sind Prüfumfang und Prüfverfahren zu vereinbaren.

Tabelle 5. Rauhtiefen

Rauhtiefe R_z nach DIN 4768 in Längsrichtung gemessen bei Rohrabmessung	
≤120 mm Rohraußendurchmesser oder ≤ 6 mm Wanddicke	> 120 mm Rohraußendurchmesser oder > 6 mm Wanddicke
≤25 μm	≤40 μm

Durch die Oberflächenfehler und durch die bei ihrer eventuellen Beseitigung entstehenden Vertiefungen darf die Mindestwanddicke nicht unterschritten werden. Mit den genannten Einschränkungen können im allgemeinen die Rauhtiefen nach Tabelle 5 erwartet werden.

Werden Rohre mit geringeren Rauhtiefen gewünscht, so ist dies zu vereinbaren und fällt unter den Gütegrad C.

10 Maße und zulässige Abweichungen

10.1 Durchmesser und Wanddicken

Für Maße und zulässige Abweichungen ist DIN 2391 Teil 1 maßgebend.

10.2 Geradheit

Die zulässige Abweichung von der Geradheit beträgt für Rohre über 15 mm Außendurchmesser 0,25 % der Meßlänge. Bei Rohren mit Streckgrenzen > 500 N/mm² kann die Abweichung von der Geradheit bis 0,3 % betragen. Diese Abweichung wird zwischen dem Rohr und einer geraden Linie (Sehne) gemessen, die zwei beliebige Punkte in 1000 mm Entfernung verbindet.

Die maximale Geradheitsabweichung, bezogen auf die gesamte Rohrlänge, darf jedoch 0,25 % der Rohrlänge bzw. 0,3 % bei Streckgrenzen > 500 N/mm² nicht überschreiten.

11 Prüfung

11.1 Rohre ohne Abnahmeprüfzeugnis (Gütegrad A oder C)

Prüfungen werden üblicherweise als laufende Qualitätskontrolle durch den Hersteller durchgeführt, wobei folgende Prüfungen in Frage kommen können:

a) Oberflächenkontrolle

b) Zugversuch nach DIN 50 145

c) Aufweitversuch nach DIN 50 135

d) Ringfaltversuch nach DIN 50 136

e) Maßkontrolle

Für diese Rohre wird auf Verlangen ein Werkszeugnis nach DIN 50 049 ausgestellt.

11.2 Rohre mit Abnahmeprüfzeugnis (Gütegrad B oder C)

Die Rohre nach Gütegrad B werden nur mit Abnahmeprüfzeugnis geliefert. Sollen Rohre nach Gütegrad C mit Abnahmeprüfzeugnis geliefert werden, so ist dies bei der Bestellung zu vereinbaren.

11.2.3.4 Dichtheitsprüfung

Auf Vereinbarung bei der Bestellung werden die Rohre einer Dichtheitsprüfung unterzogen. Diese Prüfung wird nach Wahl des Herstellers durch einen Innendruckversuch mit Wasser oder durch eine geeignete zerstörungsfreie Prüfung (z. B. mit Wirbelstrom nach Stahl-Eisen-Prüfblatt 1925 *)) durchgeführt.

11.2.3.8 Zerstörungsfreie Prüfung der Rohre

Auf Vereinbarung bei der Bestellung können die Rohre mit einem zerstörungsfreien Prüfverfahren (z. B. Wirbelstromprüfung nach PRP 02–74 **)) oder der Ultraschallprüfung nach Eisen-Stahl-Prüfblatt 1915 *) geprüft werden.

12 Gütegrad C

Tabelle 9. **Rohre mit Sonderanforderungen (Beispiele)**

Zeile	Andere Anforderungen an	Merkmale und/oder technische Lieferbedingungen
1	andere Stahlsorten als in Tabelle 2	DIN 1651, DIN 17 100, DIN 17 200, DIN 17 210, DIN 17 211, DIN 17 212
2	Rohre für Leitungen	DIN 2445 Teil 2, DIN 8964, DIN 74 234
3	Geometrie und Oberfläche der Rohre	Andere Querschnittsformen, Maße und Toleranzen als in DIN 2391 Teil 1 angegeben, engere oder verlagerte Toleranzen, besondere Anforderungen an die Oberfläche, geschliffene Rohre, paßfähige Rohre, Teleskoprohre, Außendurchmesser < 4 und > 260 mm, engere Längen- oder Geradheitstoleranzen.
4	Prüfung und Abnahme	nach Vereinbarung
5	andere Lieferzustände als in Tabelle 3	angelassen, geglüht auf bestimmtes Gefüge, vergütet
6	technologische und mechanische Eigenschaften	Verformbarkeit wie: Biegen, Bördeln, Aufweiten usw.; Abweichung von den Mechanischen Werten

14 Oberflächenschutz

Wenn nichts anderes vereinbart ist, werden die Rohre mit dem beim Hersteller üblichen temporären Korrosionsschutz geliefert.

	Geschweißte Präzisionsstahlrohre mit besonderer Maßgenauigkeit Maße	**DIN** **2393** Teil 1

Maße in mm

1 Anwendungsbereich

Diese Norm gilt für geschweißte Präzisionsstahlrohre mit besonderer Maßgenauigkeit, wobei in Anlehnung an ISO/DIS 3305 aus dem Bereich der technisch herstellbaren Rohrmaße diejenigen ausgewählt sind, die hauptsächlich als Konstruktionselemente verwendet werden.

Wenn Rohre mit den Toleranzen und nach den technischen Lieferbedingungen dieser Norm als Leitungsrohre verwendet werden sollen, können gegebenenfalls die Maße der DIN 2458 herangezogen werden. Diese Rohre sind nach Gütegrad C zu bestellen.

3 Maße,

(Siehe DIN 2391, Teil 1, Pkt. 3, Seite 530.)

Bezeichnung

Bezeichnung eines geschweißten Präzisionsstahlrohres aus St 52-3 im Lieferzustand BK von Außendurchmesser d_a = 18 mm und Wanddicke s = 2,5 mm: Rohr DIN 2393 − St 52-3 BK 18 × 2,5

Bezeichnung eines geschweißten Präzisionsstahlrohres, Gütegrad C, aus St 52-3 im Lieferzustand BK von Außendurchmesser d_a = 18 mm und Innendurchmesser d_1 = 13 mm (D 13):

Rohr DIN 2393 − C − St 52-3 BK 18 × D 13

Bezeichnung eines geschweißten Präzisionsstahlrohres, Gütegrad C, aus St 52-3 im Lieferzustand BK von Innendurchmesser d_i = 13 mm (D 13) und Wanddicke s = 2,5 mm:

Rohr DIN 2393 − C − St 52-3 BK D 13 × 2,5

	Geschweißte Präzisionsstahlrohre mit besonderer Maßgenauigkeit Technische Lieferbedingungen	**DIN** **2393** Teil 2

Maße in mm

1 Anwendungsbereich

Diese Norm gilt als technische Lieferbedingung für geschweißte Präzisionsstahlrohre mit besonderer Maßgenauigkeit nach DIN 2393 Teil 1 aus den in Abschnitt 5 genannten Stahlsorten.

Rohre nach dieser Norm werden hauptsächlich für Zwecke verwendet, bei denen es auf Maßgenauigkeit und gegebenenfalls auf kleine Wanddicken und gute Oberflächenbeschaffenheit ankommt.

3 Gütegrad *(Siehe DIN 2391, Teil 2, Pkt. 3, Seite 531.)*

4 Bestellbezeichnung

Die Bestellbezeichnung lautet dann z. B. für 1000 m geschweißte Präzisionsstahlrohre nach DIN 2393 Teil 1, Gütegrad B aus St 37-2, Lieferzustand NBK von Außendurchmesser d_a = 40 mm und Wanddicke s = 2 mm in Genaulängen von 4000 mm mit Abnahmeprüfzeugnis 3.1 B nach DIN 50 049:

1000 m Rohr DIN 2393 − B − St 37-2 NBK 40 × 2 × 4000 − 3.1 B

Ohne Angabe eines Gütegrades werden die Rohre nach Gütegrad A geliefert.

5 Werkstoff

Tabelle 2. **Stahlsorten und chemische Zusammensetzung der Stähle (Schmelzenanalyse)** [1])

Stahlsorte		Chemische Zusammensetzung %		
Kurzname	Werkstoff-nummer	C max.	P max.	S max.
St 28	−	0,13	0,050	0,050
USt 28	1.0357			
RSt 28	1.0326			
St 34-2	−	0,15	0,0050	0,050
USt 34-2	1.0028			
RSt 34-2	1.0034			
St 37-2	1.0037	0,17	0,050	0,050
USt 37-2	1.0036			
RSt 37-2	1.0038			
St 44-2	1.0044	0,21	0,050	0,050
St 52-3 [2])	1.0570	0,22	0,040	0,040

[1]) Siehe Erläuterungen
[2]) Si-Gehalt max. 0,55 %
Mn-Gehalt max. 1,60 %

Gütegrad A und B: Alle Stahlsorten nach Tabelle 2
Gütegrad C: Alle Stahlsorten nach Tabelle 2 sowie sonstige schweißbare Stähle, z. B. nach DIN 1614, DIN 1623, DIN 1624, DIN 1651, DIN EN 10 083, DIN 17 210

7 Lieferzustand *(Siehe DIN 2391, Teil 2, Pkt. 7 und Tabelle 3, Seite 532.)*

8 Mechanische und technologische Eigenschaften *(nach Tabelle 4, Seite 532.)*

8.4 Die Stähle nach Tabelle 2 gelten aufgrund ihrer chemischen Zusammensetzung und metallurgischen Behandlung als schweißgeeignet.

In den Lieferzuständen BK und BKW werden die mechanischen Eigenschaften in der wärmebeeinflußten Zone von nachträglichen Schweißungen verändert. Dies ist bei der Beurteilung der Schweißbarkeit eines Bauteiles zu beachten (siehe DIN 8528 Teil 1).

Tabelle 4. Mechanische Eigenschaften der Rohre bei Raumtemperatur

Lieferzustand Stahlsorte		zugblank-hart (BK) [3]		zugblank-weich (BKW) [3]		geglüht (GBK) [3]		normalgeglüht (NBK)		
Kurzname	Werkstoff-nummer	Zug-festig-keit R_m N/mm² min.	Bruch-dehnung A_5 % min.	Zug-festig-keit R_m N/mm² min.	Bruch-dehnung A_5 % min.	Zug-festig-keit R_m N/mm² min.	Bruch-dehnung A_5 % min.	Zugfestig-keit R_m N/mm² min.	obere Streckgrenze R_{eH} [4] N/mm² min.	Bruch-dehnung A_5 % min.
St 28	–									
USt 28	1.0357	400	8	320	12	260	32	270 bis 380	180	32
RSt 28	1.0326									
St 34-2	–									
USt 34-2	1.0028	410	6	350	12	300	28	310 bis 410	205	28
RSt 34-2	1.0034									
St 37-2	1.0037									
USt 37-2	1.0036	440	6	370	10	315	25	340 bis 470	235	25
RSt 37-2	1.0038									
St 44-2	1.0044	520	5	450	8	390	21	410 bis 540	255	21
St 52-3	1.0570	590	4	540	6	490	22	490 bis 630	355	22

[3] Die Streckgrenze für den Anlieferzustand geglüht (GBK) beträgt mindestens 50 % der Zugfestigkeit.
Je nach Grad der Verformung beim Ziehvorgang kann die Streckgrenze bei Rohren der Lieferzustände zugblank-hart (BK) und zugblank-weich (BKW) bis nahe an die Zugfestigkeit heraufgehen. Für die Berechnung der Streckgrenze werden folgende Werte empfohlen: Lieferzustand zugblank-hart ≥ 80 % der Zugfestigkeit, zugblank-weich ≥ 70 % der Zugfestigkeit.

[4] Bei Rohren mit Außendurchmesser ≤ 30 mm, deren Wanddicke ≤ 3 mm ist, liegt der Mindestwert der Streckgrenze um 10 N/mm² niedriger.

9 Oberflächenbeschaffenheit *(Siehe DIN 2391, Teil 2, Pkt. 9 und Tabelle 5, Seite 532.)*

10 Maße und zulässige Abweichungen

10.1 Durchmesser und Wanddicken

Für Maße und zulässige Abweichungen ist DIN 2393 Teil 1 maßgebend.

10.2 Geradheit *(Siehe DIN 2391, Teil 2, Pkt. 10.2, Seite 533.)*

11 Prüfung *(Siehe DIN 2391, Teil 2, Pkt. 11., 11.2.3.4 und 11.2.3.8, Seite 533.)*

12 Gütegrad C

Tabelle 9. Rohre mit Sonderanforderungen (Beispiele)

Zeile	Andere Anforderungen an	Merkmale und/oder technische Lieferbedingungen
1	andere Stahlsorten als in Tabelle 2	DIN 1614, DIN 1623, DIN 1624, DIN 1651, DIN 17 200, DIN 17 210
2	Rohre für Leitungen	DIN 8964, DIN 74 234
6	Schweißnahtfaktor [5]	Rohre für sicherheitstechnisch ausgelegte Anlagen mit Innendruckbeanspruchung
[5] Ausnutzung der zulässigen Berechnungsspannung		

Zeilen 3 bis 5 und 7: Siehe DIN 2391, Teil 1, Tabelle 9, Zeile 3 bis 6.

14 Oberflächenschutz *(Siehe DIN 2391, Teil 2, Pkt. 14, Seite 533.)*

Geschweißte maßgewalzte Präzisonsstahlrohre Maße	$\overline{\text{DIN}}$ **2394** Teil 1

Maße in mm

1 Anwendungsbereich

Diese Norm gilt für geschweißte maßgewalzte Präzisionsstahlrohre, wobei in Anlehnung an ISO/DIS 3306 aus dem Bereich der technisch herstellbaren Rohrmaße diejenigen ausgewählt sind, die häuptsächlich als Konstruktionselemente verwendet werden.

Wenn Rohre mit den Toleranzen und nach den Technischen Lieferbedingungen dieser Norm als Leitungsrohre verwendet werden sollen, können gegebenenfalls die Maße der DIN 2458 herangezogen werden. Diese Rohre sind nach Gütegrad C zu bestellen.

3 Maße, Bezeichnung

Die Rohre werden nach Außendurchmesser und Wanddicke bestellt.

Wird einseitige Lage der zulässigen Durchmesserabweichung gewünscht, so ist dies bei der Bestellung anzugeben, in diesem Falle gilt der Gesamtbereich der ± Toleranz als zulässige einseitige Abweichung, z. B. statt (55 ± 0,30) mm entweder $\left(55 \, {}^{+\,0,6}_{0}\right)$ mm oder $\left(55 \, {}^{0}_{-\,0,6}\right)$ mm.

Die Durchmesserabweichungen der Maßtabelle gelten für den Lieferzustand geschweißt und maßgewalzt (BKM). Bei geglühten (GBK) und normalgeglühten (NBK) Rohren sind die Durchmessertoleranzen infolge Verziehens beim Glühen größer und wie folgt:

$$\frac{\text{Wanddicke}}{\text{Außendurchmesser}} \geq \frac{1}{20}: \text{ die Werte der Maßtabelle}$$

unter $\frac{1}{20}$ bis $\frac{1}{40}$:   das 1,5fache der Werte der Maßtabelle

unter $\frac{1}{40}$:   das 2fache der Werte der Maßtabelle

Die zulässigen Maßabweichungen für die Durchmesser schließen die Ovalität ein.

Die für die Wanddicken angegebenen Maßabweichungen gelten nicht im Schweißnahtbereich.

Für Zwischenmaße, die nach Vereinbarung geliefert werden können, gelten die zulässigen Abweichungen des nächstgrößeren Nennmaßes.

Bezeichnung eines geschweißten Präzisionsstahlrohres aus RSt 37-2, im Lieferzustand BKM von Außendurchmesser d_a = 40 mm und Wanddicke s = 1,5 mm:

Rohr DIN 2394 − RSt 37-2 BKM 40 × 1,5

Wanddicke s — Nennmaß	0,7	1	1,2	1,5	1,8	2	2,2	2,5	3	3,5	4	4,5	5	5,5	6	6,5	7
Zulässige Abweichung	± 10 % des Nennmaßes s ¹) Die Mittenabweichung (Exzentrizität) ist in der zulässigen Wanddickenabweichung enthalten.																

Außendurchmesser d_a — Längenbezogene Massen in kg/m

Nennmaß	Zulässige Abweichung	0,7	1	1,2	1,5	1,8	2	2,2	2,5	3	3,5	4	4,5	5	5,5	6	6,5	7
4		0,057																
6		0,091	0,123															
8		0,126	0,173	0,201	0,240													
10	± 0,12	0,161	0,222	0,260	0,314													
12		0,195	0,271	0,320	0,398	0,453	0,493											
16		0,264	0,370	0,438	0,536	0,630	0,691	0,749										
18		0,299	0,419	0,497	0,610	0,719	0,789	0,857	0,956									
20		0,333	0,469	0,556	0,684	0,808	0,888	0,966	1,08	1,26								
22	± 0,15	0,367	0,513	0,616	0,758	0,897	0,986	1,07	1,20	1,41								
25		0,419	0,592	0,704	0,869	1,03	1,13	1,24	1,39	1,63								
30		0,506	0,715	0,852	1,05	1,25	1,38	1,51	1,70	2,00	2,29							
32			0,765	0,911	1,13	1,34	1,48	1,62	1,82	2,15	2,46							
35	± 0,20		0,838	1,00	1,24	1,47	1,63	1,78	2,00	2,37	2,72							
38			0,912	1,09	1,35	1,61	1,78	1,94	2,19	2,59	2,98	3,35						
40			0,962	1,15	1,42	1,70	1,87	2,05	2,31	2,74	3,15	3,55						
45			1,09	1,30	1,61	1,92	2,12	2,32	2,62	3,11	3,58	4,04						
50	± 0,30		1,21	1,44	1,79	2,14	2,37	2,59	2,93	3,48	4,01	4,54	5,05					
55				1,59	1,98	2,36	2,61	2,86	3,24	3,85	4,45	5,03	5,60					
60				1,74	2,16	2,58	2,86	3,14	3,55	4,22	4,88	5,52	6,16	6,78	7,39			
70	± 0,40			2,04	2,53	3,03	3,35	3,68	4,16	4,96	5,74	6,51	7,27	8,01	8,75			
80				2,33	2,90	3,47	3,85	4,22	4,78	5,70	6,60	7,50	8,38	9,25	10,1			
90					3,27	3,92	4,34	4,76	5,39	6,44	7,47	8,48	9,49	10,5	11,5	12,4		
100	± 0,50				3,64	4,36	4,83	5,31	6,01	7,18	8,33	9,47	10,6	11,7	12,8	13,9		
108					3,94	4,73	5,23	5,74	6,50	7,77	9,02	10,3	11,5	12,7	13,9	15,1		
114	± 0,60					4,98	5,52	6,20	6,87	8,21	9,54	10,9	12,2	13,4	14,7	16,0	17,2	18,5
120						5,25	5,82	6,39	7,24	8,66	10,1	11,4	12,8	14,2	15,5	16,9	18,2	19,5
133	± 1,0					5,82	6,46	7,10	8,05	9,62	11,2	12,7	14,3	15,8	17,3	18,9	20,3	21,8
159	± 1,2					6,98	7,74	8,51	9,65	11,5	13,4	15,3	17,2	19,0	20,8	22,6	24,5	26,2

$$\frac{S}{D} \approx \frac{1}{40} \qquad\qquad \frac{S}{D} \approx \frac{1}{20}$$

¹) Für Außendurchmesser Nennmaß 4 mm in zulässige Abweichung des Nennmaßes s der Wanddicke ± 20 %
Für Außendurchmesser Nennmaß 6 und 8 mm zulässige Abweichung des Nennmaßes s der Wanddicke ± 15 %

	Geschweißte maßgewalzte Präzisionsstahlrohre Technische Lieferbedingungen	**DIN** **2394** Teil 2

Mit DIN 2394 Teil 1
Ersatz für DIN 2394

Maße in mm

1 Anwendungsbereich

Diese Norm gilt als technische Lieferbedingung für geschweißte maßgewalzte Präzisionsstahlrohre nach DIN 2394 Teil 1 aus den in Abschnitt 5 genannten Stahlsorten.

Rohre nach dieser Norm werden hauptsächlich für Zwecke verwendet, bei denen es auf Maßgenauigkeit und gegebenenfalls auf kleine Wanddicken und die äußere Oberfläche ankommt.

3 Gütegrad
(Siehe DIN 2391, Teil 2, Pkt. 3, Seite 531.)

4 Bestellbezeichnung

Die Bestellbezeichnung lautet dann z. B. für 1000 m geschweißte Präzisionsstahlrohre nach DIN 2394 Teil 1, Gütegrad B aus St 37-2, Lieferzustand NBK, von Außendurchmesser d_a = 40 mm und Wanddicke s = 1,5 mm in Genaulängen von 4000 mm mit Abnahmeprüfzeugnis 3.1 B nach DIN 50 049:

1000 m Rohr DIN 2394 — B — St 37-2 NBK 40 × 1,5 × 4000 — 3.1 B

Ohne Angabe eines Gütegrades werden die Rohre nach Gütegrad A geliefert.

5 Werkstoff
(Siehe DIN 2393, Teil 2, Tabelle 2 und Hinweise zu Gütegrad A, B und C, Seite 535.)

7 Lieferzustand
Tabelle 3. **Lieferzustände**

Benennung	Kurzzeichen	Erklärung
geschweißt und maßgewalzt (maschinenfertig)	BKM	Blank, keine Wärmebehandlung nach dem Schweißen und Maßwalzen. Die Rohre sind daher nur begrenzt verformbar.
geglüht	GBK	Nach dem Maßwalzen sind die Rohre unter Schutzgas oder im Vakuum geglüht.
normalgeglüht	NBK	Die Rohre sind oberhalb des oberen Umwandlungspunktes unter Schutzgas oder im Vakuum geglüht.

8 Mechanische und technologische Eigenschaften
(nach Tabelle 4)

8.4 Die Stähle nach Tabelle 2 gelten aufgrund ihrer chemischen Zusammensetzung und metallurgischen Behandlung als schweißgeeignet.

Im Lieferzustand BKM werden die mechanischen Eigenschaften in der wärmebeeinflußten Zone von nachträglichen Schweißungen verändert. Dies ist bei der Beurteilung der Schweißbarkeit eines Bauteiles zu beachten (siehe DIN 8528 Teil 1).

9 Oberflächenbeschaffenheit
(Siehe DIN 2391, Teil 2, Pkt. 9 und Tabelle 5, Seite 532.)

9.2 Der äußere Schweißgrat ist stets entfernt, dabei bleibt die Schweißnaht meistens sichtbar.

Die Rohre haben in der Regel einen inneren Schweißgrat. Die Höhe dieses Schweißgrats darf für Rohre mit Wanddicken

$s \le 1,3$ mm   0,8 mm Schweißgrathöhe

$s > 1,3$ mm   0,6 × s Schweißgrathöhe

betragen. Der innere Schweißgrat kann nach Vereinbarung bearbeitet werden. In diesem Fall darf die restliche Grathöhe 0,3 mm bei Schabung oder 0,5 mm beim Rollen nicht übersteigen und die zulässige Mindestwanddicke nicht unterschritten werden.

Tabelle 4. **Mechanische Eigenschaften der Rohre bei Raumtemperatur**

Lieferzustand Stahlsorte		geschweißt und maßgewalzt (BKM) [3]		geglüht (GBK) [3]		normalgeglüht (NBK)		
Kurzname	Werkstoff-nummer	Zugfestig-keit R_m N/mm² min.	Bruch-dehnung A_5 % min.	Zugfestig-keit R_m N/mm² min.	Bruch-dehnung A_5 % min.	Zugfestigkeit R_m N/mm² min.	obere Streckgrenze R_{eH} [4] N/mm² min.	Bruch-dehnung A_5 % min.
St 28	—							
USt 28	1.0357	300	10	260	32	270 bis 380	180	32
RSt 28	1.0326							
St 34-2	—							
USt 34-2	1.0028	330	8	300	28	310 bis 410	205	28
RSt 34-2	1.0034							
St 37-2	1.0037							
USt 37-2	1.0036	390	7	315	25	340 bis 470	235	25
RSt 37-2	1.0038							
St 44-2	1.0044	440	6	390	21	410 bis 540	255	21
St 52-3	1.0570	540	5	490	22	490 bis 630	355	22

[3] Die Streckgrenze für den Anlieferzustand geglüht (GBK) beträgt mindestens 50 % der Zugfestigkeit. Je nach Grad der Verformung kann die Streckgrenze bei Rohren des Lieferzustandes BKM bis nahe an die Zugfestigkeit heraufgehen. Für die Berechnung der Streckgrenze wird für diesen Lieferzustand ein Wert von $\geqq 70$ % der Zugfestigkeit empfohlen.

[4] Bei Rohren mit Außendurchmesser $\leqq 30$ mm, deren Wanddicke $\leqq 3$ mm ist, liegt der Mindestwert der Streckgrenze um 10 N/mm² niedriger.

10 Maße und zulässige Abweichungen

10.1 Durchmesser und Wanddicken

Für Maße und zulässige Abweichungen ist DIN 2394 Teil 1 maßgebend.

10.2 Geradheit

(Siehe DIN 2391, Teil 2, Pkt. 10.2, Seite 533.)

11 Prüfung

(Siehe DIN 2391, Teil 2, Pkt. 11, 11.2.3.4 und 11.2.3.8, Seite 533.)

12 Gütegrad C

(Siehe DIN 2393, Teil 2, Tabelle 9, Seite 536.)

14 Oberflächenschutz

(Siehe DIN 2391, Teil 2, Pkt. 14, Seite 533.)

	Elektrisch geschweißte Präzisionsstahlrohre mit rechteckigem und quadratischem Querschnitt Maße für allgemeine Verwendung	DIN 2395 Teil 1

Maße in mm

1 Geltungsbereich

Diese Norm gilt für die Maße von Präzisionsstahlrohren mit rechteckigem und quadratischem Querschnitt, die aus unlegiertem Stahl durch Kaltformgebung und elektrisches Widerstands-Preßschweißen hergestellt werden. Sie gilt nicht für Hohlprofile für den Stahlbau nach DIN 59 411.

3 Maße, Bezeichnung

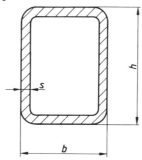

Bezeichnung eines geschweißten Präzisionsstahlrohres in Handelsgüte (Gütegrad A, Stahlsorte nach Wahl des Herstellers), mit einer Höhe von h = 50 mm, einer Breite von b = 20 mm und Wanddicke s = 2 mm:

Rohr DIN 2395 — A — 50 × 20 × 2

Bezeichnung eines geschweißten Präzisionsstahlrohres mit Sonderanforderungen (Gütegrad B), aus St 37-2, mit einer Höhe von h = 50 mm, einer Breite von b = 20 mm und Wanddicke s = 2 mm:

Rohr DIN 2395 — B — St 37-2 — 50 × 20 × 2

Seitenlänge h Nennmaß	b Nennmaß	zul. Abw. für h und b	Längenbezogene Masse in kg/m für s =							
			1	1,25	1,5	2	2,5	3	4	5
15	15	±0,20	0,438	0,537	0,632	0,810				
18	18	±0,20	0,532	0,655	0,773	0,998				
20	10	±0,20	0,438	0,537	0,632	0,810				
	15		0,516	0,635	0,750	0,967				
	20		0,595	0,733	0,868	1,12	—			
25	15	±0,25	0,595	0,733	0,868	1,12	—			
	25		0,752	0,930	1,10	1,44	—	—		
30	10	±0,25	0,595	0,733	0,868	1,12	—	—		
	15		0,673	0,831	0,985	1,28	—	—		
	20		0,752	0,930	1,10	1,44	—	—		
	30		0,909	1,13	1,34	1,75	2,15	2,39	—	
34	20	±0,25	0,815	1,01	1,20	1,56	—	—		
	34		1,03	1,28	1,53	2,00	2,46	2,77	—	
35	20	±0,25	0,830	1,03	1,22	1,59	1,95	—	—	
	25		0,909	1,13	1,34	1,75	2,15	2,39	—	
	35		1,07	1,32	1,57	2,07	2,54	2,86	—	
36	11	±0,25	0,705	0,871	1,03	1,34	—	—	—	
40	20	±0,30			1,34	1,75	2,15	2,39	—	
	25				1,46	1,91	2,34	2,63	—	
	30				1,57	2,07	2,54	2,86	—	
	40				1,81	2,38	2,93	3,33	4,25	
45	45	±0,30			2,05	2,69	3,33	3,80	4,88	
50	20	±0,30			1,57	2,07	2,54	2,86	—	
	25				1,69	2,22	2,74	3,10	—	
	30				1,81	2,38	2,93	3,33	4,25	
	34				1,90	2,51	3,09	3,52	4,50	
	40				2,05	2,69	3,33	3,80	4,88	
	50				2,28	3,01	3,72	4,28	5,51	—
55	34	±0,40			2,02	2,66	3,29	3,76	4,82	—
60	20	±0,40				2,38	2,93	3,33	—	—
	30					2,69	3,33	3,80	4,88	—
	40					3,01	3,72	4,28	5,51	—
	50					3,32	4,11	4,75	6,14	—
	60					3,64	4,50	5,22	6,76	8,13
70	40	±0,50				3,32	4,11	4,75	6,14	—
	70					4,26	5,29	6,16	8,02	9,70
80	20	±0,60				3,01	3,72	4,28	—	—
	30					3,32	4,11	4,75	—	—
	40					3,64	4,50	5,22	6,76	8,13
	50					3,95	4,90	5,69	7,39	8,91
	60					4,26	5,29	6,16	8,02	9,70
	80					4,89	6,07	7,10	9,28	11,3
90	90	±0,75				5,52	6,86	8,04	10,5	12,8
100	40	±0,80				4,26	5,29	6,16	8,02	9,70
	50					4,58	5,68	6,63	8,65	10,5
	60					4,89	6,07	7,10	9,28	11,3
	80					5,52	6,86	8,04	10,5	12,8
	100					6,15	7,64	8,99	11,8	14,4
120	40	±0,80				4,89	6,07	7,10	9,28	11,3
	60					5,52	6,86	8,04	10,5	12,8

Zulässige Abweichungen der Wanddicke s = ± 10 %

Üblicherweise werden die Rohre in den Größen innerhalb der Stufenlinien hergestellt. Größen, für die eine längenbezogene Masse angegeben ist, sind handelsüblich.

Die in der Tabelle angegebenen Massen sind basierend auf den Nennmaßen bei Berücksichtigung folgender mittlerer Radien errechnet:

für Wanddicke $s \leqq 2,5$ mm : $0,5 \times s$; $s = 3$ und 4 mm: $1,75 \times s$; $s = 5$ mm: $2 \times s$

	Elektrisch geschweißte Präzisionsstahlrohre mit rechteckigem und quadratischem Querschnitt Technische Lieferbedingungen für allgemeine Verwendung	D̲I̲N̲ 2395 Teil 2

Maße in mm

1 Anwendungsbereich

Diese Norm gilt als technische Lieferbedingung für geschweißte Präzisionsstahlrohre mit rechteckigem und quadratischem Querschnitt nach DIN 2395 Teil 1 aus den in Abschnitt 5 genannten Stahlsorten.

Rohre nach dieser Norm werden durch Kaltformgebung und elektrisches Widerstandspreßschweißen hergestellt.

Diese Norm gilt nicht für Hohlprofile für den Stahlbau nach DIN 59 411.

3 Gütegrad

Die Rohre werden in folgenden Gütegraden geliefert:

A Präzisionsstahlrohre in Handelsgüte, ohne Bescheinigung über Werkstoffprüfungen

B Präzisionsstahlrohre mit Sonderanforderungen, ohne oder mit Bescheinigung über Werkstoffprüfungen. Diese Sonderanforderungen und entsprechende Prüfungen müssen vereinbart werden, wobei der Käufer bei Anfrage und in der Bestellung seine Forderungen anzugeben hat.

4 Bestellbezeichnung

Ohne Angabe eines Gütegrades werden die Rohre nach Gütegrad A geliefert. Bei Gütegrad A ist der Lieferzustand nach Wahl des Herstellers. Bei Gütegrad B ist der Lieferzustand nach Tabelle 1 in der Bestellbezeichnung anzugeben.

Ohne Angabe einer Lieferlänge werden Festlängen nach Abschnitt 9.7 geliefert.

Die Bestellbezeichnung lautet dann z. B. für 5000 m geschweißte Präzisionsstahlrohre in Handelsgüte (Gütegrad A, Werkstoff nach Wahl des Herstellers, Lieferzustand M oder BKM) mit einer Höhe von $h = 50$ mm, einer Breite von $b = 20$ mm und Wanddicke $s = 2$ mm, Lieferlänge freigestellt:

5000 m Rohr DIN 2395 − A − 50 $\times$ 20 $\times$ 2

Wird ein Rohr des Gütegrades B z. B. eine besondere Stahlsorte (St 52-3), der Lieferzustand NBK, eine Genaulänge von 4000 mm, und als Bescheinigung über Werkstoffprüfungen ein Werkszeugnis DIN 50 049 – 2.2 vorgeschrieben, so lautet die Bestellbezeichnung:

5000 m Rohr DIN 2395 –
B – St 52-3 NBK 50 × 20 × 2 × 4000 – 2.2

5 Werkstoff

Präzisionsstahlrohre nach dieser Norm werden im allgemeinen aus unlegierten Stählen nach DIN 1614; DIN 1623 Teil 1 und Teil 2, DIN 1624 oder DIN 17 100 gefertigt. Wird bei der Bestellung keine Stahlsorte vorgeschrieben, so bleibt deren Wahl dem Hersteller überlassen.

6 Lieferzustand

Tabelle 1. Lieferzustände

Benennung	Kurz-zeichen	Erklärung	Güte-grad
geschweißt und maß-gewalzt (maschinenfertig)	M	Keine Wärmebehandlung nach dem Schweißen und und Maßwalzen. Bei sachgemäßer Weiterverarbeitung ist eine Kaltverformung in gewissen Grenzen möglich – nicht entzundert –	A oder B
	BKM	wie M, aber Oberfläche blank	
normal-geglüht	NBK	Die Rohre sind oberhalb des oberen Umwandlungspunktes unter Schutzgas geglüht.	B

7 Mechanische und technologische Eigenschaften

7.1 Für Präzisionsstahlrohre Gütegrad A werden keine mechanischen Eigenschaften nachgewiesen.

7.2 Für Präzisionsstahlrohre Gütegrad B können mechanische Eigenschaften gemäß der eingesetzten Stahlsorte nach dem Lieferzustand der Tabelle 1 vereinbart werden. Dabei ist Abschnitt 9.2 zu beachten. Für normalgeglühte Rohre sind die Festigkeitswerte der bestellten Stahlsorte einzuhalten.

7.3 Die Rohre nach dieser Norm gelten aufgrund ihrer chemischen Zusammensetzung als schweißgeeignet. Dies gilt nicht gleichermaßen für die verschiedenen Schweißverfahren, da das Verhalten eines Stahles beim und nach dem Schweißen nicht nur vom Werkstoff, sondern auch von den Fertigungs- und Beanspruchungsbedingungen des Bauteils abhängt.

8 Oberflächenbeschaffenheit

8.2 Der äußere Schweißgrat ist stets entfernt, dabei bleibt die Schweißnaht meistens sichtbar.

Die Rohre haben in der Regel einen inneren Schweißgrat.

Bei Rohren des Gütegrades B kann der innere Schweißgrat nach Vereinbarung bearbeitet werden. In diesem Fall darf die restliche Grathöhe 10 % der Nennwanddicke, bei Wanddicken unter 3 mm den Wert 0,3 mm nicht übersteigen und die zulässige Mindestwanddicke nicht unterschritten werden.

9 Maße und zulässige Abweichungen

9.1 Seitenlängen und Wanddicke

Für Höhe, Breite und Wanddicke der Rohre sowie deren zulässige Abweichungen ist DIN 2395 Teil 1 maßgebend. Für Zwischenmaße, die nach Vereinbarung geliefert werden können, gelten die zulässigen Abweichungen des nächstgrößeren Nennmaßes.

Die für die Wanddicken angegebenen Abweichungen gelten jedoch nicht im Kanten- und Schweißnahtbereich.

9.2 Kantenbereich

Die Rohre werden üblicherweise bei Wanddicken bis einschließlich 2,5 mm fast scharfkantig geliefert (Kantenbereich $a \approx 1$ x Wanddicke s) und bei Wanddicken ab 3,0 mm rundkantig (Kantenbereich $a \approx 2$ x Wanddicke s). Für die Ermittlung des Kantenbereiches a siehe Bild 1. Die Kantenbereiche eines Rohres brauchen nicht gleich zu sein.

[1]) Siehe DIN 2395, Teil 1, Pkt. 3, Bild, Seite 541.

Rohre des Gütegrades B können nach Vereinbarung mit anderen Kantenbereichen geliefert werden.

Für Rohre mit fast scharfen Kanten kann keine Gewähr für statische oder dynamische Beanspruchbarkeit übernommen werden.

9.3 Wölbung

Innerhalb der zulässigen Höhen- und Breitenabweichungen dürfen die Seitenflächen nach außen oder innen gewölbt sein.

9.4 Rechtwinkligkeit

Die Abweichung von der Rechtwinkligkeit darf höchstens 1° betragen.

9.5 Verdrillung

Die Verdrillung darf bis zu 1°/m betragen.

9.6 Geradheit

Die zulässige Abweichung von der Geradheit (f) beträgt 0,25 % der Meßlänge (l). Diese Abweichung wird zwischen dem Rohr und einer geraden Linie (Sehne) gemessen, die zwei beliebige Punkte in 1000 mm Entfernung verbindet.

Die maximale Geradheitsabweichung bezogen auf die Rohrlänge darf jedoch 0,25 % der gesamten Rohrlänge nicht überschreiten.

10 Prüfung

10.1 Rohre ohne Prüfbescheinigung (Gütegrad A oder B)

Für Rohre nach Gütegrad A und wenn nicht anders vereinbart auch für Rohre nach Gütegrad B werden keine Bescheinigungen über Werkstoffprüfungen ausgestellt.

10.2 Rohre mit Prüfbescheinigungen (Gütegrad B)

Auf Vereinbarung können Rohre nach Gütegrad B mit Bescheinigungen über Werkstoffprüfungen nach DIN 50 049 geliefert werden. Die Art der Bescheinigung ist bei der Bestellung zu vereinbaren.

	Elektrisch geschweißte Präzisionsstahlrohre mit rechteckigem und quadratischem Querschnitt Maße und Technische Lieferbedingungen für den Kraftfahrzeugbau	**DIN** **2395** Teil 3

Maße in mm

1 Anwendungsbereich

Diese Norm gilt für Maße und als technische Lieferbedingung für geschweißte Präzisionsstahlrohre mit rechteckigem und quadratischem Querschnitt aus den in Abschnitt 5 genannten Stahlsorten.

Rohre nach dieser Norm werden durch Kaltformgebung und elektrisches Widerstandspreßschweißen hergestellt und in Kraftfahrzeugen verwendet.

3 Gütegrad

Die Rohre werden in folgendem Gütegrad geliefert:

C Präzisionsstahlrohre mit Sonderanforderungen, wie sie im Kraftfahrzeugbau zu stellen sind, ohne oder mit Abnahmeprüfzeugnis

4 Bezeichnung, Bestellbezeichnung

4.1 Bezeichnung

Bezeichnung eines geschweißten Präzisionsstahlrohres des Gütegrades C, aus Stahlsorte M 22, im Lieferzustand NBK, mit einer Höhe von h = 50 mm, einer Breite von b = 30 mm und Wanddicke s = 3 mm:

Rohr DIN 2395 − C − M 22 NBK 50 × 30 × 3

Bezeichnung für das gleiche Rohr, jedoch ohne inneren Schweißgrat (IG):

Rohr DIN 2395 − C − IG − M 22 NBK 50 × 30 × 3

4.2 Bestellbezeichnung

Die Bestellbezeichnung lautet dann z. B. für 5000 m geschweißte Präzisionsstahlrohre des Gütegrades C, aus Stahlsorte M 22, im Lieferzustand NBK, mit einer Höhe von h = 50 mm, einer Breite von b = 30 mm und Wanddicke s = 3 mm, Lieferlänge freigestellt, mit Werkszeugnis nach DIN 50 049:

5000 m Rohr DIN 2395 − C − M 22 NBK 50 × 30 × 3

Wird das gleiche Rohr ohne inneren Schweißgrat (IG), in Genaulängen von 4000 mm und mit Abnahmeprüfzeugnis DIN 50 049 − 3.1 B bestellt, so lautet die Bestellbezeichnung:

5000 m Rohr DIN 2395 − C − IG − M 22 NBK 50 × 30 × 3 × 4000 − 3.1 B

Tabelle 1. Mechanische Eigenschaften und chemische Zusammensetzung

Werkstoff-kurzname	Festigkeitseigenschaften für Lieferzustände						Chemische Zusammensetzung Stückanalyse						
	NBK (normalgeglüht) [1]			BKM (geschweißt-maßgewalzt)									
	Zug-festig-keit R_m N/mm²	Streck-grenze R_eH N/mm²	Bruch-deh-nung A_5 %	Zug-festig-keit R_m N/mm²	Streck-grenze R_eH N/mm²	Bruch-deh-nung A_5 %	%						
	min.	min.	min.	min.	min.	min.	C	P	S	N	Si	Mn	Al
USt 37-2	360 bis 470	235	23	390	250	7	≤0,21	≤0,065	≤0,065	≤0,009	−	−	−
RSt 37-2							≤0,19	≤0,060	≤0,060	≤0,010	−	−	−
St 37-3							≤0,19	≤0,050	≤0,050	−	−	−	*)
St 44-2	430 bis 540	275	21	460	290	6	≤0,24	≤0,060	≤0,060	≤0,010	−	−	−
St 44-3							≤0,23	≤0,050	≤0,050	−	−	−	*)
M 22	≥420	290	25	−	−	−	0,16 bis 0,23	≤0,040	≤0,040	−	≤0,28	0,40 bis 0,75	≥0,02
Q StE 340 N	460 bis 580	340	27	−	−	−	≤0,18	≤0,035	≤0,035	−	≤0,53	≤1,56	−

Streckgrenzenverhältnis:
für Stahl M 22: ≤ 0,8

*) Enthält in ausreichender Menge Aluminium oder andere stickstoffabbindende Elemente

[1] Die angegebenen Festigkeitskennwerte dürfen nach einer Wärmebehandlung, die im Anschluß an die Verarbeitung eventuell erforderlich ist, höchstens um 20 N/mm² abfallen.

6 Lieferzustand

Tabelle 2. Lieferzustände

Benennung	Kurz-zeichen	Erklärung
geschweißt und maßgewalzt (maschinen-fertig)	BKM	blank, keine Wärmebehand-lung nach dem Schweißen und Maßwalzen. Bei sachgemäßer Weiterverarbeitung ist eine Kaltverformung in gewissen Grenzen möglich
normal-geglüht	NBK	Die Rohre sind oberhalb des oberen Umwandlungspunktes unter Schutzgas geglüht

7 Mechanische und technologische Eigenschaften

7.3 Die Rohre nach dieser Norm gelten aufgrund ihrer chemischen Zusammensetzung und metallurgischen Behandlung als schweißgeeignet.

8 Oberflächenbeschaffenheit

8.2 Der äußere Schweißgrat ist stets entfernt, dabei bleibt die Schweißnaht meistens sichtbar.

Die Rohre haben in der Regel einen inneren Schweißgrat, der nach Vereinbarung bearbeitet werden kann.

9 Maße und zulässige Abweichungen

9.1 Seitenlängen und Wanddicke

Für Höhe, Breite und Wanddicke der Rohre sowie deren zulässige Abweichungen ist Tabelle 3[1]) maßgebend. Für Zwischenmaße, die nach Vereinbarung geliefert werden können, gelten die zulässigen Abweichungen des nächstgrößeren Nennmaßes.

Die für die Wanddicken angegebenen Abweichungen gelten jedoch nicht im Kanten- und Schweißnahtbereich.

9.2 Kantenbereich

Der Kantenbereich a ist das sich in radialer und axialer Richtung erstreckende Maß der Abflachung bzw. Rundung am Übergang der Seitenflächen. Es beträgt

für Wanddicken $s \leq 4$ mm: 1,5 bis 2 s
für Wanddicken $s > 4$ mm: 1,5 bis 2,5 s

Die innere Ausbildung der Kante ist dementsprechend annähernd $a - s$, jedoch nicht kleiner als 0,5 mm.

---

[1]) Tabelle 3 wird nur auszugsweise wiedergegeben. Im Original enthält sie außerdem Angaben über den Querschnitt, die längenbezogene Masse, statische Werte für die Biegeachsen x und y, sowie statische Werte für die Verdrehung.

9.3 Schweißnahtbereich

9.3.1 Lage der Schweißnaht

Wenn nichts anderes vereinbart ist, liegt die Schweißnaht in der Mitte einer Schmalseite

9.3.2 Schweißgrat

Rohraußenseite:
Nahtüberhöhung nicht zulässig,
Nahtunterschabung max. 0,05 X Wanddicke s;
dabei dürfen die zulässigen Wanddickenabweichungen nach Tabelle 3 nicht unterschritten werden.

Rohrinnenseite:
Grathöhe max. 0,6 X Wanddicke s;
die zulässigen Wanddickenabweichungen nach Tabelle 3 dürfen nicht unterschritten werden.

Wenn nach Vereinbarung der innere Grat bearbeitet wird, darf die Restgrathöhe 10 % der Nennwanddicke, bei Wanddicken unter 3,0 mm jedoch den Wert 0,3 mm nicht übersteigen.

9.4 Wölbung

(Siehe DIN 2395, Teil 2, Pkt. 9.3, Seite 544.)

9.5 Rechtwinkligkeit

Die Abweichung der Querschnitte von der Rechtwinkligkeit darf ± 0,5° betragen.

9.6 Verdrillung

Die zulässige Verdrillung (Profilverdrehung) beträgt
für geglühte Rohre (NBK): 0,5 °/m
für maschinenfertige Rohre (BKM): 1 °/m

9.7 Geradheit

(Siehe DIN 2395, Teil 2, Pkt. 9.5, Seite 544.)

10 Prüfung

10.1 Ohne besondere Angabe bei der Bestellung wird für jede Lieferung ein Werkzeugnis nach DIN 50 049 ausgestellt, in dem bestätigt wird, daß die Rohre den Lieferbedingungen nach dieser Norm entsprechen.

10.2 Auf Vereinbarung bei der Bestellung werden die Rohre mit Abnahmeprüfzeugnis B nach DIN 50 049 geliefert.

11 Kennzeichnung

(Siehe DIN 2391, Teil 2, Pkt. 12, Seite 533.)

Tabelle 3. **Maße**

Seitenlänge			Wanddicke
h	b	zul. Abw.	s
Nennmaß	Nennmaß	für h und b	± 10 %
15	15	± 0,15	1,0
			1,5
			2,0
18	18	± 0,15	1,0
			1,5
			2,0
20	10	± 0,15	1,0
			1,5
	15		1,0
			1,5
	20		1,0
			1,5
			2,0
25	15	± 0,15	1,0
			1,5
	20		1,0
			1,5
			2,0
	25		1,0
			1,5
			2,0
			2,5
30	15	± 0,15	1,0
			1,5
	20		1,0
			1,5
			2,0
			2,5
			3,0
	25		1,0
			1,5
			2,0
			2,5
			3,0
	30		1,0
			1,5
			2,0
			2,5
			3,0
35	20	± 0,2	1,0
			1,5
			2,0
			2,5
	25		1,5
			2,0
			2,5
			3,0

Tabelle 3. (Fortsetzung)

Seitenlänge			Wanddicke
h	b	zul. Abw.	s
Nennmaß	Nennmaß	für h und b	± 10 %
35	30	± 0,2	1,5
			2,0
			2,5
			3,0
	35	± 0,25	1,5
			2,0
			2,5
			3,0
40	20	± 0,2	1,0
			1,5
			2,0
			2,5
			3,0
	25		1,5
			2,0
			2,5
			3,0
	30		1,0
			1,5
			2,0
			2,5
			3,0
	35	± 0,25	1,5
			2,0
			2,5
			3,0
	40		1,5
			2,0
			2,5
			3,0
			4,0
45	25	± 0,25	1,5
			2,0
			2,5
			3,0
	30		1,5
			2,0
			2,5
			3,0
	35	± 0,3	1,5
			2,0
			2,5
			3,0
	40		1,5
			2,0
			2,5
			3,0
			4,0

Tabelle 3. (Fortsetzung)

Seitenlänge			Wanddicke
h	b	zul. Abw.	s
Nennmaß	Nennmaß	für h und b	± 10 %
45	45	± 0,35	1,5
			2,0
			2,5
			3,0
			4,0
50	25	± 0,25	1,5
			2,0
			2,5
			3,0
	30		1,5
			2,0
			2,5
			3,0
	35	± 0,3	1,5
			2,0
			2,5
			3,0
	40		1,5
			2,0
			2,5
			3,0
			4,0
	50	± 0,35	1,5
			2,0
			2,5
			3,0
			4,0
			5,0
55	35	± 0,3	1,5
			2,0
			2,5
			3,0
	55	± 0,35	1,5
			2,0
			2,5
			3,0
			4,0
			5,0
60	25	± 0,3	1,5
			2,0
			2,5
	30		1,5
			2,0
			2,5
			3,0

Tabelle 3. (Fortsetzung)

Seitenlänge			Wanddicke
h	b	zul. Abw. für h und b	s
Nennmaß	Nennmaß		± 10 %
60	40	± 0,35	1,5
			2,0
			2,5
			3,0
			4,0
	50	± 0,4	1,5
			2,0
			2,5
			3,0
			4,0
			5,0
	60	± 0,5	2,0
			2,5
			3,0
			4,0
			5,0
			6,0
70	30	± 0,3	2,0
			2,5
			3,0
	40	± 0,35	2,0
			2,5
			3,0
			4,0
	50	± 0,4	2,0
			2,5
			3,0
			4,0
			5,0
	60 70	± 0,5	2,0
			2,5
			3,0
			4,0
			5,0
			6,0

Tabelle 3. (Fortsetzung)

Seitenlänge			Wanddicke
h	b	zul. Abw. für h und b	s
Nennmaß	Nennmaß		± 10 %
80[2]	50	± 0,5	2,0
			2,5
			3,0
			4,0
			5,0
	60	± 0,6	2,0
			2,5
			3,0
			4,0
			5,0
			6,0
	80	± 0,7	2,0
			2,5
			3,0
			4,0
			5,0
			6,0
90[2]	50	± 0,6	2,0
			3,0
			4,0
			5,0
	60	± 0,6	2,0
			3,0
			4,0
			5,0
			6,0
	90	± 0,7	2,0
			3,0
			4,0
			5,0
			6,0
100[2]	40		2,0
			3,0
			4,0
	50	± 0,6	2,0
			3,0
			4,0
			5,0

Tabelle 3. (Fortsetzung)

Seitenlänge			Wanddicke
h	b	zul. Abw. für h und b	s
Nennmaß	Nennmaß		± 10 %
100[2]	60		3,0
			4,0
			5,0
			6,0
	80	± 0,7	3,0
			4,0
			5,0
			6,0
	100	± 0,7	3,0
			4,0
			5,0
			6,0
110[2]	70	± 0,6	3,0
			4,0
			5,0
			6,0
120[2]	40		2,5
			3,0
			4,0
			5,0
			6,0
	50	± 0,6	3,0
			4,0
			5,0
			6,0
	60		3,0
			4,0
			5,0
			6,0
	80	± 0,7	3,0
			4,0
			5,0
			6,0
	120		4,0
			5,0
			6,0

[2] Bei diesen Rohren kann die Schweißnaht auch in der Profilbreitseite liegen; die Mittenabweichungen siehe Anschnitt 9.3.1.

	Nahtlose kreisförmige Rohre aus nichtrostenden Stählen für allgemeine Anforderungen Technische Lieferbedingungen	**DIN** **17 456**

Für Rohre aus nichtrostenden Stählen für Lebensmittel, Maße, Werkstoffe gilt DIN 11 580.
Für Stahlrohre für Rohrbündelwärmetauscher gelten E DIN 28 180 bzw. 28 181.

1 Anwendungsbereich

1.1 Diese Norm gilt für nahtlose kreisförmige Rohre aus nichtrostenden Stählen nach Tabelle 1 für allgemeine Anforderungen. Sie werden z. B. verwendet als Konstruktionsrohre, Rohre für die Lebensmittel-, Pharma- und Automobilindustrie sowie als Rohre für die Hausinstallation und für dekorative Zwecke.

4 Bezeichnung und Bestellung

Beispiel:

Bezeichnung eines nahtlosen Rohres nach DIN 2462 Teil 1 von 88,9 mm Außendurchmesser und 4 mm Wanddicke nach dieser Norm aus Stahl X 6 CrNiNb 18 10 (Werkstoffnummer 1.4550) in der Ausführungsart kaltgeformt, wärmebehandelt und gebeizt (h):

Rohr DIN 2462 – 88,9 × 4
DIN 17 456 – X 6 CrNiNb 18 10 – h

Beispiel für die Bestellung:

1000 m Rohr DIN 2462 – 88,9 × 4

DIN 17 456 – 1.4550 – h

in Festlängen von 6 m, Toleranzklasse D2, T3,

Bescheinigung DIN 50 049 – 3.1 B

5 Anforderungen

5.2 Lieferzustand

Die Rohre können in einer der in Tabelle 6 angegebenen Ausführungsarten geliefert werden (siehe auch Abschnitt 5.8).

5.4 Mechanische und technologische Eigenschaften

5.4.4 Die Rohre aus den Stahlsorten nach dieser Norm sind für eine Warmumformung geeignet.

5.4.5 Die Rohre aus austenitischen Stählen sind im wärmebehandelten Zustand für eine Kaltumformung (z. B. Biegen) besonders geeignet. Dies gilt in eingeschränktem Maße für Rohre aus ferritischen Stählen. Es ist zu beachten, daß durch eine Kaltumformung die korrosionschemischen, mechanischen und physikalischen Eigenschaften verändert werden können.

5.5 Schweißeignung und Schweißbarkeit

5.5.1 Die Rohre aus den Stahlsorten nach dieser Norm sind für die Lichtbogen- und Preßschweißung geeignet. Für den Stahl X 10 Cr 13 (1.4006) gilt dies nur unter Einhaltung besonderer Vorsichtsmaßnahmen.

5.5.3 Der gegebenenfalls erforderliche Schweißzusatz ist anhand von DIN 8556 Teil 1 mit Rücksicht auf den Verwendungszweck, die Beanspruchung, das Schweißverfahren sowie sonstige Empfehlungen auszuwählen.

5.8 Ausführungsart und Aussehen der Oberfläche

5.8.1 Die Rohre werden in den Ausführungsarten nach Tabelle 6 geliefert.

5.8.3 Geringfügige durch das Herstellverfahren bedingte Unregelmäßigkeiten der Oberfläche, wie Erhöhungen, Vertiefungen oder flache Riefen, sind mit Ausnahme der Ausführungsart p (poliert) zulässig, soweit die verbleibende Wanddicke die Anforderungen nach Abschnitt 5.10 erfüllt und die Verwendbarkeit der Rohre nicht beeinträchtigt wird.

5.8.4 Das sachgemäße Entfernen von Oberflächenfehlern ist unter Anwendung geeigneter Mittel (z. B. Schleifen) zulässig, soweit die verbleibende Wanddicke die Anforderungen nach Abschnitt 5.10 erfüllt.

5.9 Dichtheit

Die Rohre müssen unter den Prüfbedingungen nach Abschnitt 6.5.5 dicht sein.

5.10 Maße, längenbezogene Massen (Gewichte) und zulässige Abweichungen

Für Maße, längenbezogene Massen (Gewichte) und zulässige Abweichungen der Rohre gilt DIN 2462 Teil 1.

6.7 Bescheinigungen über Materialprüfungen

6.7.1 Bei Rohren ohne Abnahmeprüfung wird ein Werkszeugnis (Bescheinigung 2.2) nach DIN 50 049 ausgestellt. In diesem werden folgende Prüfungen bestätigt:
– Schmelzenanalyse bzw. Analyse der Gießeinheit,
– Art der Dichtheitsprüfung,
– Verwechslungsprüfung,
– Maßkontrolle und Besichtigung.

6.7.2 Bei Rohren mit Abnahmeprüfung wird je nach Vereinbarung bei der Bestellung ein Abnahmeprüfzeugnis oder Abnahmeprüfprotokoll nach DIN 50 049 ausgestellt. Art und Umfang der Prüfungen, die Zuständigkeit für die Durchführung der Prüfungen und die Art der für die Prüfungen in Betracht kommenden Bescheinigungen sind in Tabelle 7 [1]) genannt.

Tabelle 4. **Mindestwerte der 0,2 %- und 1 %-Dehngrenze bei erhöhten Temperaturen sowie Anhaltsangaben über die Grenztemperatur bei Beanspruchung auf interkristalline Korrosion**

In Tabelle 4 entfallen die Stahlsorten X 6 CrTi 12 und X 6 CrAl 13. Die Werte für die anderen Stahlsorten entsprechen denen in DIN 17 440, Tabelle 6; jedoch gelten für warmgeformte Rohre aus den Stahlsorten X 6 CrNiTi 18 10 und X 6 CrMoTi 17 12 2 abgeminderte Werte, Seite 166.

---

[1]) Tabelle 7: Siehe DIN 17 458, Tabelle 7, Seite 555
Angaben zu Wärmebehandlung und Warmfestigkeit siehe DIN 17 440, Tabell B2 (für X 6 CrTi 12 gelten die Angaben wie für X 6 CrTi 17), Seite 170.

Tabelle 1. Stahlsorten und ihre chemische Zusammensetzung nach der Schmelzenanalyse ¹)

Stahlsorte		Massenanteil in %				
Kurzname ²)	Werkstoff-nummer	C	Cr	Mo	Ni	Sonstige ³)
Ferritische Stähle						
X 6 CrTi 12	1.4512	≤ 0,08	10,5 bis 12,5	–	–	Ti 6 × % C bis 1,00
X 6 CrAl 13	1.4002	≤ 0,08	12,0 bis 14,0	–	–	Al 0,10 bis 0,30
X 10 Cr 13	1.4006	0,08 bis 0,12	12,0 bis 14,0	–	–	–
X 6 Cr 17	1.4016	≤ 0,08	15,5 bis 17,5	–	–	–
X 6 CrTi 17	1.4510	≤ 0,08	16,0 bis 18,0	–	–	Ti 7 × % C bis 1,20
Austenitische Stähle						
X 5 CrNi 18 10	1.4301	≤ 0,07	17,0 bis 19,0	–	8,5 bis 10,5	–
X 2 CrNi 19 11	1.4306	≤ 0,030	18,0 bis 20,0	–	10,0 bis 12,5	–
X 2 CrNiN 18 10	1.4311	≤ 0,030	17,0 bis 19,0	–	8,5 bis 11,5	N 0,12 bis 0,22
X 6 CrNiTi 18 10	1.4541	≤ 0,08	17,0 bis 19,0	–	9,0 bis 12,0	Ti 5 × % C bis 0,80
X 6 CrNiNb 18 10	1.4550	≤ 0,08	17,0 bis 19,0	–	9,0 bis 12,0	Nb 10 × % C bis 1,00 ⁴)
X 5 CrNiMo 17 12 2	1.4401	≤ 0,07	16,5 bis 18,5	2,0 bis 2,5	10,5 bis 13,5	–
X 2 CrNiMo 17 13 2	1.4404	≤ 0,030	16,5 bis 18,5	2,0 bis 2,5	11,0 bis 14,0	–
X 6 CrNiMoTi 17 12 2	1.4571	≤ 0,08	16,5 bis 18,5	2,0 bis 2,5	10,5 bis 13,5	Ti 5 × % C bis 80
X 2 CrNiMoN 17 13 3	1.4429	≤ 0,030	16,5 bis 18,5	2,5 bis 3,0	11,5 bis 14,5	N 0,14 bis 0,22; S ≤ 0,025
X 2 CrNiMo 18 14 3	1.4435	≤ 0,030	17,0 bis 18,5	2,5 bis 3,0	12,5 bis 15,0	S ≤ 0,025
X 5 CrNiMo 17 13 3	1.4436	≤ 0,07	16,5 bis 18,5	2,5 bis 3,0	11,0 bis 14,0	S ≤ 0,025
X 2 CrNiMoN 17 13 5	1.4439	≤ 0,030	16,5 bis 18,5	4,0 bis 5,0	12,5 bis 14,5	N 0,12 bis 0,22; S ≤ 0,025

¹) Die für die einzelnen Stähle in dieser Tabelle zahlenmäßig nicht aufgeführten Elemente dürfen, soweit sie nicht zum Fertigbehandeln der Schmelze erforderlich sind, nur mit Zustimmung des Bestellers absichtlich zugesetzt werden. Die Verwendbarkeit sowie die Verarbeitbarkeit, z. B. Schweißeignung, sowie die in dieser Norm angegebenen Eigenschaften dürfen dadurch nicht beeinträchtigt werden.

²) Die in DIN 17 440/12.72 enthaltenen Kurznamen dürfen während der Laufzeit dieser Norm weiterverwendet werden (siehe Vergleichstabelle in den Erläuterungen).

³) Wenn nichts anderes angegeben: P ≤ 0,045 %, S ≤ 0,030 %, Si ≤ 1,0 %, Mn bei den austenitischen Stählen ≤ 2,0 %, bei den ferritischen Stählen ≤ 1,0 %.

⁴) Tantal zusammen mit Niob als Niobgehalt bestimmt.

Tabelle 5. Mechanische Eigenschaften der Stähle bei Raumtemperatur im Lieferzustand nach Tabelle 6 und deren Beständigkeit gegen interkristalline Korrosion
(gültig für Wanddicken bis 50 mm bei Rohren aus austenitischen Stählen und bis 5 mm bei Rohren aus ferritischen Stählen) [1], [2]

Stahlsorte Kurzname	Werkstoffnummer	Wärmebehandlungszustand	Härte [3] HB oder HV max.	Streckgrenze oder 0,2%-Dehngrenze N/mm² min.	1%-Dehngrenze N/mm² min.	Zugfestigkeit N/mm²	Bruchdehnung ($L_0 = 5\,d_0$) % min. längs	Bruchdehnung quer	Beständigkeit gegen interkristalline Korrosion [4] im Lieferzustand	Beständigkeit nach Weiterverarbeitung durch Schweißen ohne Wärmebehandlung
Ferritische Stähle										
X6CrTi12	1.4512	geglüht	175	190	–	390 bis 560	30	25	n. g.	n. g.
X6CrAl13	1.4002		185	250	–	400 bis 600	20	15	n. g.	n. g.
X10Cr13	1.4006		200	250	–	450 bis 650	20	15	n. g.	n. g.
X6Cr17	1.4016		185	270	–	450 bis 600	20	15	g.[5]	n. g.
X6CrTi17	1.4510		185	270	–	450 bis 600	20	15	g.	g.
Austenitische Stähle										
X5CrNi1810	1.4301	lösungsgeglüht und abgeschreckt		195	230	500 bis 700	40	35	g.[6]	g.[6]
X2CrNi1911	1.4306			180	215	460 bis 680	40	35	g.	g.
X2CrNiN1810	1.4311			270	305	550 bis 760	35	30	g.	g.
X6CrNiTi1810 [7]	1.4541 [7]			200	235	500 bis 730	35	30	g.	g.
X6CrNiTi1810 [8]	1.4541 [8]			180	215	460 bis 680	35	30	g.	g.
X6CrNiNb1810	1.4550			205	240	510 bis 740	35	30	g.	g.
X5CrNiMo17122	1.4401	lösungsgeglüht und abgeschreckt		205	240	510 bis 710	40	30	g.[6]	g.[6]
X2CrNiMo17132	1.4404			190	225	490 bis 690	40	30	g.	g.
X6CrNiMoTi17122 [7]	1.4571 [7]			210	245	500 bis 730	35	30	g.	g.
X6CrNiMoTi17122 [8]	1.4571 [8]			190	225	490 bis 690	35	30	g.	g.
X2CrNiMoN17133	1.4429	lösungsgeglüht und abgeschreckt		295	330	580 bis 800	35	30	g.	g.
X2CrNiMo18143	1.4435			190	225	490 bis 690	40	30	g.	g.
X5CrNiMo17133	1.4436			205	240	510 bis 710	40	30	g.[6]	g.[6]
X2CrNiMoN17135	1.4439	lösungsgeglüht und abgeschreckt		285	315	580 bis 800	35	30	g.	g.

[1] ● Bei größeren Wanddicken müssen die Werte vereinbart werden.
[2] ●● Die mechanischen Eigenschaften gelten nicht für die Ausführungsarten f und n1 der Tabelle 6. Diese sind erforderlichenfalls bei der Bestellung zu vereinbaren.
[3] Anhaltswerte; eine Berechnung der Zugfestigkeit aus der Härte ist mit einer großen Streuung behaftet.
[4] Bei Prüfung nach DIN 50914: g. = gegeben; n. g. = nicht gegeben; n. g. = nicht gegeben; bei austenitischen Stählen bis zu den in der letzten Spalte der Tabelle 4 angegebenen Grenztemperaturen.
[5] Gilt nur für den Wärmebehandlungszustand „geglüht".
[6] Nur für Wanddicken ≦ 6 mm.
[7] Nicht für warmgeformte Rohre sowie nicht für durch Weiterverarbeitung hergestellte Teile.
[8] Für warmgeformte Rohre sowie für durch Weiterverarbeitung hergestellte Teile.

Tabelle 6. **Ausführungsart der Rohre**

Kurz-zeichen	Ausführungsart	Oberflächenbeschaffenheit	Bemerkungen
c1	warmgeformt, wärmebehandelt [1]), entzundert	metallisch sauber	
c2	warmgeformt, wärmebehandelt [1]), gebeizt		
f	mechanisch oder chemisch entzundert, kaltgeformt, nicht wärmebehandelt	metallisch-zugblank, wesentlich glatter als nach den Ausführungen c1 und c2	Durch Kaltumformung ohne anschließende Wärmebehandlung werden besonders bei Rohren mit austenitischem Gefüge die Eigenschaften je nach Umformgrad verändert
g	kaltgeformt, wärmebehandelt, nicht entzundert	verzundert	Geeignet nur für solche Teile, die nach der Fertigung entzundert oder bearbeitet werden
h	kaltgeformt, wärmebehandelt und gebeizt	metallisch blank-gebeizt, glatter als bei der Ausführung c2	
m	kaltgeformt und zunderfrei wärmebehandelt	metallisch blank-geglüht, glatter als bei Ausführung h	
n1	zunderfreie Rohre kalt nachgezogen (ziehpoliert), nicht wärmebehandelt	metallisch ziehpoliert, glatter als bei Ausführung h oder m	Die Rohre nach dieser Ausführung sind etwas härter als nach Ausführung h oder m; auch ihre mechanischen Eigenschaften sind verändert. Sie sind besonders geeignet zum Schleifen und Polieren
n2	kalt nachgezogen (ziehpoliert), zunderfrei wärmebehandelt	metallisch blank-geglüht, glatter als bei Ausführung h oder m	Besonders geeignet zum Schleifen und Polieren
o	geschliffen	metallisch blank–geschliffen, Art und Grad des Schliffes sind bei der Bestellung zu vereinbaren	Als Ausgangszustand werden üblicherweise die Ausführungen h, m oder n1 und n2 verwendet [2])
p	poliert	metallisch blank-poliert, Güte und Art der Politur sind bei der Bestellung zu vereinbaren	

[1]) Siehe auch Abschnitt 5.2

[2]) ● Es ist anzugeben, ob innen oder außen bzw. innen und außen zu schleifen bzw. zu polieren ist.

	Nahtlose kreisförmige Rohre aus austenitischen nichtrostenden Stählen für besondere Anforderungen Technische Lieferbedingungen	**DIN** **17 458**

1 Anwendungsbereich

1.1 Diese Norm gilt für nahtlose kreisförmige Rohre aus austenitischen nichtrostenden Stählen nach Tabelle 1 [1]) für besondere Anforderungen. Die Rohre werden besonders im Druckbehälterbau, Apparatebau und Leitungsbau eingesetzt.

Die Anwendungsgrenzen und sonstigen Festlegungen dieser Norm gelten, sofern nicht durch Technische Regeln für besondere Anwendungsbereiche, z. B. Technische Regeln Druckbehälter (TRB), Merkblätter der Arbeitsgemeinschaft Druckbehälter (AD-Merkblätter), andere Festlegungen bestehen.

2 Allgemeines

2.2 Prüfklassen

Die Rohre nach dieser Norm können in der Prüfklasse 1 oder 2 geliefert werden. Die Rohre der Prüfklasse 2 unterscheiden sich von den Rohren der Prüfklasse 1 durch einen erhöhten Prüfumfang.

4 Bezeichnung und Bestellung

Beispiel:

Bezeichnung eines nahtlosen Rohres nach DIN 2462 Teil 1 von 88,9 mm Außendurchmesser und 4 mm Wanddicke nach dieser Norm aus Stahl X 6 CrNiNb 18 10 (Werkstoffnummer 1.4550) in der Ausführungsart kaltgeformt, wärmebehandelt und gebeizt (h):

Rohr DIN 2462 – 88,9 × 4
DIN 17 458 – X 6 CrNiNb 18 10 – h

Beispiel für die Bestellung:

1000 m Rohr DIN 2462 – 88,9 × 4
DIN 17 458 – 1.4550 – h
Prüfklasse 1, in Festlängen von 6 m,
Toleranzklasse D2, T3,
Bescheinigung DIN 50 049 – 3.1 B

5 Anforderungen

5.2 Lieferzustand

Die Rohre können in einer der in Tabelle 6 angegebenen Ausführungsarten geliefert werden (siehe auch Abschnitt 5.8).

5.4 Mechanische und technologische Eigenschaften [2])

5.5 Die Rohre aus den Stahlsorten nach dieser Norm sind für eine Warmumformung geeignet.

5.6 Die Rohre aus den Stahlsorten nach dieser Norm sind im Zustand „lösungsgeglüht und abgeschreckt" für eine Kaltumformung (z. B. Biegen) besonders geeignet. Es ist zu beachten, daß durch eine Kaltumformung die korrosionschemischen, mechanischen und physikalischen Eigenschaften geändert werden können.

Tabelle 1: Siehe DIN 17 456, Tabelle 1, Austenitische Stähle. Außerdem enthält Tabelle 1 die Stahlsorte X 6 CrNiMoNb 17 12 2 (W.-Nr. 1.4580) mit der chemischen Zusammensetzung wie W.-Nr. 1.4571 mit Nb 10 X % C bis 1 % anstelle Ti. Es gilt Fußnote 4, Seite 550.

5.5 Schweißeignung und Schweißbarkeit

5.5.1 Die Rohre aus den Stahlsorten nach dieser Norm sind für die Lichtbogenschweißung geeignet.

5.5.3 Der gegebenenfalls erforderliche Schweißzusatz ist anhand von DIN 8556 Teil 1 mit Rücksicht auf den Verwendungszweck, die Beanspruchung, das Schweißverfahren sowie sonstige Empfehlungen auszuwählen.

5.8 Ausführungsart und Aussehen der Oberfläche

5.8.1 Die Rohre werden in den Ausführungsarten nach Tabelle 6 geliefert.

(Siehe auch DIN 17 456, Pkt. 5.8.3 und 5.8.4, Seite 549.)

5.9 Dichtheit

Die Rohre müssen unter den Prüfbedingungen nach Abschnitt 6.5.10 dicht sein.

5.10 Zerstörungsfreie Prüfung

5.10.1 Rohre in Prüfklasse 2 mit Außendurchmessern > 101,6 mm oder Wanddicken > 5,6 mm werden einer Prüfung der gesamten Rohrwand mit Ultraschall nach Stahl-Eisen-Prüfblatt 1915 unterzogen.

Rohre für Druckbehältermäntel mit einem zulässigen Betriebsüberdruck > 80 bar sind nach den Stahl-Eisen-Prüfblättern 1915 und 1918 zu prüfen.

5.10.2 ●● Nach Vereinbarung bei der Bestellung können auch Rohre in Prüfklasse 2 mit Außendurchmessern ≤ 101,6 mm oder Wanddicken ≤ 5,6 mm und Rohre in Prüfklasse 1 einer Prüfung der gesamten Rohrwand mit Ultraschall nach Stahl-Eisen-Prüfblatt 1915 unterzogen werden.

5.11 Maße, längenbezogene Massen (Gewichte) und zulässige Abweichungen

Für Maße, längenbezogene Massen (Gewichte) und zulässige Abweichungen der Rohre gilt DIN 2462 Teil 1.

6.7 Bescheinigungen über Materialprüfungen

6.7.1 Für die Rohre nach dieser Norm wird je nach Vereinbarung bei der Bestellung (siehe Abschnitt 6.1) eine Bescheinigung

– DIN 50 049 – 3.1 A (Abnahmeprüfzeugnis A)
– DIN 50 049 – 3.1 B (Abnahmeprüfzeugnis B)
– DIN 50 049 – 3.1 C (Abnahmeprüfzeugnis C)
– DIN 50 049 – 3.2 A (Abnahmeprüfprotokoll A)
– DIN 50 049 – 3.2 C (Abnahmeprüfprotokoll C)

ausgestellt.

Art und Umfang der Prüfungen, die Zuständigkeit für die Durchführung der Prüfungen und die Art der für die Prüfungen in Betracht kommenden Bescheinigungen sind in Tabelle 7 genannt.

In jedem Fall ist die bei der Bestellung angegebene Technische Regel zu nennen.

6.7.2 In den Bescheinigungen ist die nach Abschnitt 7 vorgenommene Kennzeichnung der Rohre anzugeben.

---

[2]) Mechanische Eigenschaften bei Raumtemperatur siehe DIN 17 456, Tabelle 3. Für X 6 CiMoNb 7 12 2 gelten die Werte des X 6 CrNiNb 18 10; jedoch 0,2 %-Dehngrenze und 1 %-Dehngrenze um 10 N/mm² höher, Seite 551.

Mindestwerte der 0,2%- und 1%-Dehngrenze bei erhöhten Temperaturen sowie Anhaltsangaben über die Grenztemperatur bei Beanspruchung auf interkristalline Korrosion

Es gelten die Werte nach DIN 17 440, Tabelle 6 für warmgeformte Rohre aus den Stahlsorten X 6 CrNiTi 18 10 und X 6 CrNiMoTi 17 12 2 gelten abgeminderte Werte.

Anhaltsangaben zur Wärmebehandlung bei der Rohrherstellung und der Weiterverarbeitung sowie Anhaltsangaben zum Warmumformen bei der Weiterverarbeitung

(Siehe DIN 17 440, Tabelle B 2, Austenitische Stähle.)

Ausführungsart der Rohre

(Siehe DIN 17 456, Tabelle 6, ohne Ausführungsart n 1.)

Anhang A

A.1 Anhaltsangaben über die Zeitstandfestigkeit

Die nachstehende Tabelle A.1 enthält vorläufige Anhaltsangaben über die Zeitstandfestigkeit für nahtlose Rohre aus den nachstehenden nichtrostenden Stählen. Die in der Tabelle aufgeführten Werte sind M i t t e l w e r t e des bisher erfaßten Streubereiches, die nach Vorliegen weiterer Versuchsergebnisse von Zeit zu Zeit überprüft und unter Umständen berichtigt werden. Nach den bisher zur Verfügung stehenden Unterlagen aus Langzeit-Standversuchen kann angenommen werden, daß die u n t e r e G r e n z e dieses Streubereiches bei den angegebenen Temperaturen für die aufgeführten Stahlsorten um rund 20 % tiefer liegt als der angegebene Mittelwert.

Tabelle A.1.

Stahlsorte		Temperatur	Zeitstandfestigkeit für	
Kurzname	Werkstoff-nummer	°C	10 000 h	100 000 h
			N/mm^2	
X 5 CrNi 18 10	1.4301	600	122	74
		650	79	45
		700	48	23
		750	29	11
		(800)	(17)	(5)
X 6 CrNiTi 18 10	1.4541	600	115	65
		650	70	39
		700	45	22
		750	28	13
		(800)	(17)	(8)
X 5 CrNiMo 17 12 2	1.4401	600	176	118
		650	111	69
		700	65	34
		750	42	20
		(800)	(24)	(10)

Tabelle 7. **Übersicht über Prüfumfang und Bescheinigungen über Materialprüfungen**
(Probenentnahmestellen und Probenlage siehe Bild 1, Losgröße siehe Abschnitt 6.3.1)

Nr	Prüfungen Art	Abschnitt	Prüfumfang Prüfklasse 1	Prüfklasse 2	Zuständig für die Durchführung der Prüfungen	Art der Bescheinigungen über Materialprüfungen
1	Schmelzenanalyse	5.3.1	je Schmelze oder Gießeinheit		Hersteller	DIN 50 049 – 2.2 [1])
2	Zugversuch bei Raumtemperatur	6.3.1.2 6.4.1 6.5.1	1 Probe von 1 Prüfrohr je Los [2])		nach Vereinbarung	DIN 50 049 – 3.1 A oder DIN 50 049 – 3.1 B oder DIN 50 049 – 3.1 C oder DIN 50 049 – 3.2 A oder DIN 50 049 – 3.2 C
3	Kerbschlagbiege-versuch	6.3.1.2 6.4.2 6.5.3	bei Wanddicken ≥ 20 mm / je Prüfrohr 1 Satz von 3 Einzel-proben [3])		nach Vereinbarung	DIN 50 049 – 3.1 A oder DIN 50 049 – 3.1 B oder DIN 50 049 – 3.1 C oder DIN 50 049 – 3.2 A oder DIN 50 049 – 3.2 C
4	Ringfalt- oder Ringaufdorn- (bzw. Aufweit-) oder Ringzug-versuch (siehe Tabelle 8)	6.3.1.4 6.3.1.5.1 6.4.3 6.5.4 6.5.5 6.5.6 6.5.7	bei Wanddicken ≤ 40 mm / 1 Probe von beiden Enden des Prüf-rohrs	1 Probe von einem Ende jeden Rohres bzw. jeder Ferti-gungslänge [4])	nach Vereinbarung	DIN 50 049 – 3.1 A oder DIN 50 049 – 3.1 B oder DIN 50 049 – 3.1 C oder DIN 50 049 – 3.2 A oder DIN 50 049 – 3.2 C
5	Zerstörungs-freie Prüfung der Rohrenden	6.3.1.5.2 6.5.12	bei Wanddicken > 40 mm / –	alle Rohre	Hersteller	DIN 50 049 – 3.1 B
6	Dichtheits-prüfung	6.3.1.6 6.5.10	alle Rohre		Hersteller	DIN 50 049 – 2.1 [1])
7	Besichtigung	6.3.1.6 6.5.11	alle Rohre		nach Vereinbarung	DIN 50 049 – 3.1 A oder DIN 50 049 – 3.1 B oder DIN 50 049 – 3.1 C oder DIN 50 049 – 3.2 A oder DIN 50 049 – 3.2 C
8	Verwechslungs-prüfung	6.3.1.6 6.5.17	alle Rohre		Hersteller	DIN 50 049 – 2.1 [1])
9	Maßkontrolle	6.3.1.6 6.5.15 6.5.16	alle Rohre		nach Vereinbarung	DIN 50 049 – 3.1 A oder DIN 50 049 – 3.1 B oder DIN 50 049 – 3.1 C oder DIN 50 049 – 3.2 A oder DIN 50 049 – 3.2 C
10	Zerstörungsfreie Prüfung der Rohr-wand	6.3.1.5.3 6.3.1.7 6.5.13	nach Ver-einbarung	alle Rohre [5])	Hersteller	DIN 50 049 – 3.1 B
11	Warmzugversuch [6])	6.3.1.3 6.5.2	nach Vereinbarung		nach Vereinbarung	DIN 50 049 – 3.1 A oder DIN 50 049 – 3.1 B oder DIN 50 049 – 3.1 C oder DIN 50 049 – 3.2 A oder DIN 50 049 – 3.2 C
12	Stückanalyse [6])	5.3.2 6.3.1.9 6.4.4 6.5.8	1 Stückanalyse je Schmelze		Hersteller	DIN 50 049 – 3.1 B
13	Prüfung auf interkristalline Korrosion [6])	5.7.2 6.3.1.8 6.5.9	nach Vereinbarung		Hersteller	DIN 50 049 – 3.1 B

[1]) Diese Bestätigung kann auch in dem jeweils höheren Nachweis enthalten sein.

[2]) Bei Rohren für Druckbehältermäntel mit d_a ≥ 200 mm oder Wanddicken ≥ 12 mm erhöht sich der Prüfumfang auf 10 % der Stückzahl des Loses.

[3]) Bei Rohren für Druckbehältermäntel erhöht sich der Prüfumfang auf 10 % der Stückzahl des Loses.

[4]) Bei Rohren für Druckbehältermäntel, die nach den Stahl-Eisen-Prüfblättern 1915 und 1918 mit Ultraschall geprüft werden, reduziert sich der Prüfumfang der Ringproben auf 10 % der Stückzahl des Loses.

[5]) Bei Rohren mit Außendurchmessern ≤ 101,6 mm und Wanddicken ≤ 5,6 mm nur nach Vereinbarung bei der Bestellung (siehe Abschnitt 6.3.1.7).

[6]) Nur nach Vereinbarung zwischen Hersteller und Besteller.

	Nahtlose Rohre aus nichtrostenden Stählen Maße längenbezogene Massen	$\overline{\text{DIN}}$ **2462** Teil 1

1 Geltungsbereich

Diese Norm gilt für Rohre aus nichtrostenden Stählen nach DIN17 456 und DIN17 458.

4 Maße, längenbezogene Massen (Gewicht)

4.1 Rohr-Außendurchmesser, Wanddicken und längenbezogene Massen (Gewicht) siehe Tabellen 4 und 5.

In den Tabellen 4 und 5 sind die Rohr-Außendurchmesser in Übereinstimmung mit DIN ISO 4200 in drei Reihen angeordnet, die wie folgt definiert sind:

Reihe 1:

Rohre, mit Außendurchmesser, für die alles zum Bau einer Rohrleitung nötige Zubehör, z. B. Formstücke zum Einschweißen, Flansche, Flanschformstücke, genormt sind bzw. genormt werden sollen.

Reihe 2:

Rohre, mit Außendurchmesser, für die ein Großteil an Zubehör genormt ist, aber nicht alles.

Reihe 3:

Rohre, mit Außendurchmesser für besondere Verwendungsgebiete, für die meist kein genormtes Zubehör vorhanden ist; im Laufe der Zeit kann der eine oder andere dieser Durchmesser zur Streichung vorgeschlagen werden.

Die fettgedruckten längenbezogenen Massen (Gewichte) weisen Rohre mit Außendurchmesser der Reihe 1 in Vorzugswanddicken nach DIN ISO 4200, Tabelle 2, aus.

Die Fertigungsmöglichkeiten für nahtlose Rohre sind durch die äußere Umrandungslinie angedeutet.

Die Maße, die innerhalb der Stufenlinie liegen und für die keine Massen (Gewichte) angegeben sind, sind nicht handelsüblich (siehe Tabelle 4).

Größere Maße, die in den Tabellen 4 und 5 nicht enthalten sind, können nach DIN 2448 bestellt werden.

4.2 Längen

Die gewünschten Längen sind bei Bestellung zu vereinbaren.

Es werden unterschieden:

a) Herstellängen

Die Rohre werden in Herstellängen von 2 bis 7 m geliefert; größere Längen sind mit dem Hersteller zu vereinbaren.

b) Festlängen

Das vorgeschriebene Maß wird mit einer Abweichung von ± 500 mm eingehalten.

c) Genaulängen

4.3 Zulässige Maßabweichungen

Die zulässigen Maßabweichungen für Rohr-Außendurchmesser und Wanddicken sind abhängig vom Herstellverfahren der Rohre, von der Stahlsorte sowie von Nachbehandlungsverfahren. Die Toleranzen für den Rohr-Außendurchmesser schließen die Unrundheit, die für die Wanddicke die Ungleichwandigkeit ein.

ISO-Toleranzklassen siehe ISO 5252 *)

Tabelle 2 zeigt die Zuordnung der Toleranzklassen für Rohr-Außendurchmesser und Wanddicke nach dem Herstellungsverfahren.

4.4 Zulässige Abweichung von der Geraden

Tabelle 3.

Rohr-Außendurchmesser	Zul. Abweichung von der Geraden h
bis 17,2	–
über 17,2 bis 114,3	2
über 114,3	2,5

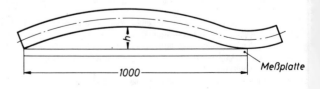

Längenbezogene Massen der nahtlosen Rohre aus austenitischen nichtrostenden Stählen

Längenbezogene Massen (Gewicht) in kg/m für Wanddicken

Rohr-Außendurchmesser Reihe 1	Reihe 2	Reihe 3	1	1,2	1,6	2	2,3	2,6	2,9	3,2	3,6	4	4,5	5	5,6	6,3	7,1	8	8,8	10	11	12,5	14,2
	6		0,125	0,144																			
	8		0,176	0,204																			
	10		0,225	0,264																			
10,2			0,230	0,270	**0,344**	0,410																	
	12		0,275		0,416	0,500																	
13,5			0,313	0,369	**0,477**	**0,576**	0,645		0,769														
		14	0,326		0,496	0,601																	
	16		0,376	0,445	0,577	0,701																	
17,2			0,406		**0,625**	**0,761**	0,858			1,12													
		18	0,425		0,657	0,801																	
	19		0,451	0,535	0,697	0,851																	
	20		0,476	0,564	0,737	0,901		1,14															
21,3			0,509		**0,789**	**0,966**	1,10	1,22		**1,45**		**1,74**											
		22	0,526			1,00																	
	25		0,601	0,715	0,937	1,15		1,46		1,75													
		25,4		0,727	0,953	1,17		1,48															
26,9			0,649		1,01	**1,25**		1,58	1,75	**1,90**	2,10	2,29											
		30			1,14	1,40		1,79		2,14													
	31,8			0,920	1,21	1,49		1,90		2,29		2,78											
	32			0,926		1,50																	
33,7			**0,818**	0,976	**1,29**	**1,58**	**1,81**	2,02		**2,45**	2,71		3,29										
		35		1,02		1,65																	
	38			1,11	1,46	1,81		2,30		2,79													
	40			1,17	1,54			2,44															
42,4					**1,63**	2,02		**2,59**	2,86	3,14	3,49		4,27	**4,68**	5,16								
		44,5				2,13		2,73	3,02														
48,3					1,87	**2,31**	2,65	**2,97**		3,61	4,03			5,42		6,63							
	51		1,25	1,49	1,98	2,46		3,15		3,83													
		54			2,10	2,60		3,35															
	57				2,22	2,75			3,93														
60,3					**2,35**	**2,92**	**3,34**	3,76	**4,17**	4,58	5,11	**5,63**	6,28		**7,66**	8,52		10,5					
	63,5				2,48	3,08		3,96		4,83													
	70				2,74	3,40			4,87														
76,1					**2,98**	3,70	**4,25**	4,78	**5,32**		6,54	7,22		**8,90**			12,3	13,6		16,5			
		82,5				4,03				6,35													
88,9					**3,49**	4,35	**4,98**	5,61	**6,24**	**6,86**	7,68	8,51			**11,7**	13,0		**16,2**	17,7		21,4		
	101,6								7,17			9,77			13,5			18,8					
114,3								7,27	**8,09**		**9,98**		12,4			**17,1**	19,1		23,2		28,4		
139,7											**13,6**		16,8	18,8	**21,0**	23,5			32,5			
168,3																**28,6**		35,1		43,3		
219,1																	**42,2**	46,3			64,7	
273																		58,2	65,9		81,5	92,0
323,9																			78,6		97,4	
355,6																				**94,9**	108	
406,4																						

Tabelle 2. Zulässige Abweichung des Außendurchmessers und der Wanddicke

Geltungsbereich		Außendurchmesser		Wanddicke	
Rohr-herstellungs-verfahren	Außendurchmesser d_a mm	ISO-Toleranz-klasse	Zulässige Abweichung	ISO-Toleranz-klasse	Zulässige Abweichung
kaltgefertigt	$d_a \leqq 219{,}1$	D 2	± 1,0 % min. ± 0,5 mm	T 3	± 10 % min. ± 0,2 mm
		D 3 D 4	In Sonderfällen: ± 0,75 % min. ± 0,3 mm ± 0,5 % min. ± 0,1 mm	T 4	In Sonderfällen: ± 7,5 % min ± 0,15 mm
warmgefertigt	$44{,}5 \leqq d_a \leqq 219{,}1$	D 1	± 1,5 % min. ± 0,75 mm	T 1	± 15 % min. ± 0,6 mm
		D 2	In Sonderfällen: ± 1,0 % min. ± 0,5 mm	T 2	In Sonderfällen: ± 12,5 % min. ± 0,4 mm
	$219{,}1 < d_a \leqq 610$	D 1	± 1,5 % min. ± 0,75 mm 5)		$^{+22,5\ \%}_{-15\ \%}$ 2)
				T 1	± 15 % min. ± 0,6 mm 3)
				T 2	± 12,5 % min. ± 0,15 mm 4)

2) Gilt für Rohre mit einer Wanddicke $s \leqq 0{,}05\ d_a$

3) Gilt für Rohre mit einer Wanddicke s: $0{,}05\ d_a < s \leqq 0{,}09\ d_a$

4) Gilt für Rohre mit einer Wanddicke $s > 0{,}09\ d_a$

5) Auf Bestellung können die Rohre mit kalibrierten Enden geliefert werden. In diesem Fall gilt für die Rohrenden auf einer Länge von etwa 100 mm eine zulässige Abweichung des Außendurchmessers von ± 0,6 %.

Tabelle 5. Maße und längenbezogene Massen der nahtlosen Rohre
aus ferritischen und martensitischen nichtrostenden Stählen

Rohr-Außendurchmesser Reihe			Längenbezogene Massen (Gewicht) in kg/m für Wanddicken											
1	2	3	1	1,2	1,6	2	2,3	2,6	2,9	3,2	3,6	4	4,5	5
	6		0,121	0,140										
	8		0,170	0,198										
	10		0,219	0,256										
10,2			0,224	0,262	0,334	0,398								
	12		0,267		0,404	0,486								
13,5			0,303	0,359	0,463	0,558	0,625			0,747				
		14	0,316		0,482	0,583								
	16		0,364	0,431	0,559	0,681								
17,2			0,394		0,607	0,739	0,832			1,08				
		18	0,413		0,637	0,777								
	19		0,437	0,519	0,677	0,825								
	20		0,462	0,548	0,715	0,875		1,10						
21,3			0,493		0,765	0,938		1,18		1,41		1,68		
		22	0,510			0,971								
	25		0,583	0,693	0,909	1,11		1,42		1,69				
		25,4		0,705	0,925	1,13		1,44						
26,9			0,629		0,983	1,21		1,54	1,69	1,84		2,23		
		30			1,10	1,36		1,73		2,08				
	31,8			0,892	1,17	1,45		1,84		2,23		2,70		
	32			0,897		1,46								
33,7			0,794	0,948	1,25	1,54	1,75	1,96		2,37			3,19	
		35		0,985		1,61								
	38			1,07	1,42	1,75		2,24		2,71				
		40		1,13	1,50			2,36						
42,4					1,59	1,96		2,51		3,04	3,39			4,54
		44,5				2,07		2,65	2,94					
48,3					1,81	2,25		2,89		3,51	3,91			5,26
	51		1,21	1,45	1,92	2,38		3,05		3,71				
		54			2,04	2,52		3,25						
	57				2,16	2,67			3,81					
60,3					2,29	2,84	3,24	3,64	4,05	4,44	4,95	5,47		
	63,5				2,40	2,98		3,84		4,69				
	70				2,66	3,30			4,73					
76,1					2,90	3,60	4,13	4,64	5,16		6,34	7,00		8,64
		82,5				3,91				6,17				
88,9				3,39	4,23	4,84	5,45	6,06		6,66	7,46	8,25		
	101,6					4,84			6,95			9,49		

	Geschweißte kreisförmige Rohre aus nichtrostenden Stählen für allgemeine Anforderungen Technische Lieferbedingungen	**DIN** **17 455**

1 Anwendungsbereich

1.1 Diese Norm gilt für geschweißte kreisförmige Rohre aus nichtrostenden Stählen nach Tabelle 1[1]) für allgemeine Anforderungen. Sie werden z. B. verwendet als Konstruktionsrohre, Rohre für die Lebensmittel-, Pharma- und Automobilindustrie sowie als Rohre für die Hausinstallation und für dekorative Zwecke.

Die Rohre nach dieser Norm sind für eine Ausnutzung der zulässigen Berechnungsspannung von 80 % in der Schweißnaht vorgesehen.

---

[1]) Siehe DIN 17 456, Tabelle 1, ohne Stahlsorten X 6 CrAl 13 und X 10 Cr 13, Seite 550.

4 Bezeichnung und Bestellung

Beispiel:

Bezeichnung eines geschweißten Rohres nach DIN 2463 Teil 1 von 60,3 mm Außendurchmesser und 2 mm Wanddicke nach dieser Norm aus Stahl X 5 CrNi 18 10 (Werkstoffnummer 1.4301) in der Ausführungsart gebeizt (d1):

Rohr DIN 2463 – 60,3 × 2
DIN 17 455 – X 5 CrNi 18 10 – d1

Beispiel für die Bestellung:

1000 m Rohr DIN 2463 – 60,3 × 2
DIN 17 455 – 1.4301 – d1
in Festlängen von 6 m, Toleranzklasse D2, T3,
Bescheinigung DIN 50 049 – 3.1 B

5 Anforderungen

5.2 Lieferzustand

Die Rohre können in einer der in Tabelle 6 angegebenen Ausführungsarten geliefert werden (siehe Abschnitt 5.8). Ist für die gewählte Ausführungsart nach Tabelle 6 eine Wärmebehandlung vorgesehen, dann sind hierfür die Anhaltangaben in Tabelle 5 zu beachten.

5.4 Mechanische und technologische Eigenschaften

5.4.4 Die Rohre aus den Stahlsorten dieser Norm sind für eine Warmumformung geeignet.

5.4.5 Die Rohre aus austenitischen Stählen sind im wärmebehandelten Zustand für eine Kaltumformung (z. B. Biegen) besonders geeignet. Dies gilt in eingeschränktem Maße für Rohre aus ferritischen Stählen. Es ist zu beachten, daß durch eine Kaltumformung die korrosionschemischen, mechanischen und physikalischen Eigenschaften verändert werden.

5.5 Schweißeignung und Schweißbarkeit

5.5.1 Die Rohre aus den Stahlsorten nach dieser Norm sind für die Lichtbogen- und Preßschweißung geeignet.

5.5.3 Der gegebenenfalls erforderliche Schweißzusatz ist anhand von DIN 8556 Teil 1 mit Rücksicht auf den Verwendungszweck, die Beanspruchung, das Schweißverfahren sowie sonstige Empfehlungen auszuwählen.

Tabelle 3. Mechanische Eigenschaften der Stähle bei Raumtemperatur im Lieferzustand nach Tabelle 6 (ausgenommen Ausführungsart l0) **und deren Beständigkeit gegen interkristalline Korrosion** (gültig für Wanddicken bis 50 mm bei Rohren aus austenitischen Stählen und bis 5 mm bei Rohren aus ferritischen Stählen).
(Siehe DIN 17 456, Tabelle 1, ohne Stahlsorten X 6 CrAl 13 und X 10 Cr 13, Seite 550.)

Mindestwerte der 0,2 %- und 1 %-Dehgrenze bei erhöhten Temperaturen sowie Anhaltangaben über die Grenztemperatur bei Beanspruchung auf interkristalline Korrosion.
(Siehe DIN 17 440, Tabelle 6, Austenitische Stähle, Seite 166.)

5.8 Ausführungsart und Aussehen der Oberfläche und der Schweißverbindung

5.8.1 Die Rohre werden in den Ausführungsarten nach Tabelle 6 geliefert.
(Siehe auch DIN 17 456, Pkt. 5.8.3 und 5.8.4, Seite 549.)

5.8.5 Die Schweißverbindung darf an keiner Stelle die Wanddicke des Rohres unter Berücksichtigung der zulässigen Maßabweichungen unterschreiten.

5.9 Dichtheit

Die Rohre müssen unter den Prüfbedingungen nach Abschnitt 6.5.5 dicht sein.

5.10 Maße, längenbezogene Massen (Gewichte) und zulässige Abweichungen

Für Maße, längenbezogene Massen (Gewichte) und zulässige Abweichungen der Rohre gilt DIN 2463 Teil 1.

6.7 Bescheinigungen über Materialprüfungen

(Siehe DIN 17 456, Pkt. 6.7, Seite 549 und DIN 17 458, Tabelle 7, ohne Prüfung Nr. 3, 4, 5 und 10, Seite 555.)

Wärmebehandlung und Warmformgebung

(Siehe DIN 17 440, Tabelle B 2 [für X 6 CrTi 12 gelten die Angaben wie für X 6 CrTi 17], Seite 170.)

Tabelle 6. **Ausführungsart der Rohre**

Kurz-zeichen	Ausführungsart	Oberflächenbeschaffenheit [1]
d0 [2]	aus Blech oder Band der Oberflächenausführung c1 *) oder c2 *) geschweißte Rohre, nicht gebeizt	metallisch sauber
d1 [2]	aus Blech oder Band der Oberflächenausführung c1 *) oder c2 *) geschweißte Rohre, gebeizt	metallisch blank
d2 [2]	aus Blech oder Band der Oberflächenausführung c1 *) oder c2 *) geschweißte Rohre, wärmebehandelt, gebeizt	
d3 [2]	aus Blech oder Band der Oberflächenausführung c1 *) oder c2 *) geschweißte Rohre, zunderfrei wärmebehandelt	
k0 [2]	aus Blech oder Band der Oberflächenausführung h *), m *) oder n *) geschweißte Rohre, nicht gebeizt	metallisch sauber, abgesehen von der Schweißnaht wesentlich glatter als bei der Ausführung d0
k1 [2]	aus Blech oder Band der Oberflächenausführung h *), m *) oder n *) geschweißte Rohre, gebeizt	metallisch blank, abgesehen von der Schweißnaht wesentlich glatter als bei den Ausführungen d1 bis d3
k2 [2]	aus Blech oder Band der Oberflächenausführung h *), m *) oder n *) geschweißte Rohre, wärmebehandelt, gebeizt	
k3 [2]	aus Blech oder Band der Oberflächenausführung h *), m *) oder n *) geschweißte Rohre, zunderfrei wärmebehandelt	
l0 [3]	aus Blech oder Band der Oberflächenausführung h *), m *) oder n *) geschweißte Rohre, gegebenenfalls wärmebehandelt, gebeizt oder zunderfrei wärmebehandelt, kaltgeformt	
l1	aus Blech oder Band der Oberflächenausführung c1 *), c2 *), h *), m *) oder n *) geschweißte Rohre, gegebenenfalls wärmebehandelt, mindestens 20 % kaltgeformt, wärme-behandelt, mit rekristallisiertem Schweißgut, gebeizt	metallisch blank, Schweißnaht kaum erkennbar
l2	aus Blech oder Band der Oberflächenausführung c1 *), c2 *), h *), m *) oder n *) geschweißte Rohre, gegebenenfalls wärmebehandelt, mindestens 20 % kaltgeformt, zunderfrei wärmebehandelt, mit rekristallisiertem Schweißgut	
o	geschliffen [4]	metallisch blank-geschliffen, Art und Grad des Schliffes sind bei der Bestellung zu vereinbaren [5]
p	poliert [4]	metallisch blank-poliert, Güte und Art der Politur sind bei der Bestellung zu verein-baren [5]

*) Siehe DIN 17 440 bzw. DIN 17 441

[1] Siehe auch Abschnitte 5.8.2 und 5.8.3

[2] Bei Rohren mit geglätteter Schweißnaht (siehe Abschnitt 5.1.2) wird an das Kurzzeichen der Ausführungsart ein „g" angehängt.

[3] ●● Die mechanischen Eigenschaften nach Tabelle 3 gelten für diese Ausführungsart nicht. Sie sind, wenn erforderlich, bei der Bestellung zu vereinbaren.

[4] Als Ausgangszustand werden üblicherweise die Ausführungen k1, k2, k3, l1 oder l2 verwendet.

[5] ● Es ist anzugeben, ob innen oder außen bzw. innen und außen zu schleifen bzw. zu polieren ist.

Juli 1985

| | Geschweißte kreisförmige Rohre aus austenitischen nichtrostenden Stählen für besondere Anforderungen
Technische Lieferbedingungen | $\overline{\underline{\text{DIN}}}$
17 457 |

1 Anwendungsbereich

(Siehe DIN 17 458, Pkt. 1, Seite 553 und DIN 17 456, Tabelle 1, Austenitische Stähle, Seite 550.)

2 Allgemeines

2.2 Prüfklassen

Die Rohre nach dieser Norm können in der Prüfklasse 1 oder 2 geliefert werden. Die Rohre der Prüfklasse 2 unterscheiden sich von den Rohren der Prüfklasse 1 durch einen erhöhten Prüfumfang.

2.3 Ausnutzung der Berechnungsspannung

Die Rohre nach dieser Norm sind für eine Ausnutzung der zulässigen Berechnungsspannung von 100 % in der Schweißnaht vorgesehen.

4 Bezeichnung und Bestellung

Beispiel:

Bezeichnung eines geschweißten Rohres nach DIN 2463 Teil 1 von 60,3 mm Außendurchmesser und 2 mm Wanddicke nach dieser Norm aus Stahl X 5 CrNi 18 10 (Werkstoffnummer 1.4301) in der Ausführungsart wärmebehandelt und gebeizt (k2):

$$\text{Rohr DIN 2463} - 60{,}3 \times 2$$
$$\text{DIN 17 457} - \text{X 5 CrNi 18 10} - \text{k2}$$

Beispiel für die Bestellung:

1000 m Rohr DIN 2463 − 60,3 × 2
DIN 17 457 − 1.4301 − k2
Prüfklasse 1, in Festlängen von 6 m,
Toleranzklasse D2, T3,
Bescheinigung DIN 50 049-3.1 B

5 Anforderungen

5.2 Lieferzustand

Die Rohre können in einer der in Tabelle 6 angegebenen Ausführungsarten geliefert werden (siehe Abschnitt 5.8). Ist für

5.4 Mechanische und technologische Eigenschaften

5.4.4 Die Rohre aus den Stahlsorten nach dieser Norm sind für eine Warmumformung geeignet.

5.4.5 Die Rohre aus den Stahlsorten nach dieser Norm sind im Zustand „lösungsgeglüht und abgeschreckt" für eine Kaltumformung (z. B. Biegen) besonders geeignet. Es ist zu beachten, daß durch eine Kaltumformung die korrosionschemischen, mechanischen und physikalischen Eigenschaften verändert werden können.

Tabelle 3. Mechanische Eigenschaften der Stähle bei Raumtemperatur im Lieferzustand nach Tabelle 6 (ausgenommen Ausführungsart l0) **und deren Beständigkeit gegen interkristalline Korrosion** (gültig für Wanddicken bis 50 mm) [1]

(Siehe DIN 17 456, Tabelle 3, Austenitische Stähle.)

Mindestwerte der 0,3 %- und 1 %-Dehngrenze bei erhöhten Temperaturen sowie Anhaltsangaben über die Grenztemperatur bei Beanspruchung auf interkristalline Korrosion.
(Siehe DIN 17 440, Tabelle 6, Seite 166.)

5.5 Schweißeignung und Schweißbarkeit

5.5.1 Die Rohre aus den Stahlsorten nach dieser Norm sind für die Lichtbogenschweißung geeignet.
(Siehe auch DIN 17 456, Pkt. 5.5.3, Seite 549.)

5.8 Ausführungsart und Aussehen der Oberfläche und der Schweißverbindung

5.8.1 Die Rohre werden in den Ausführungsarten nach Tabelle 6 geliefert.
(Siehe DIN 17 455, Tabelle 6, Seite 560 und DIN 17 456, Pkt. 5.8.3 und 5.8.4, Seite 549.)

5.8.5 Die Schweißverbindung darf an keiner Stelle die Wanddicke des Rohres unter Berücksichtigung der zulässigen Maßabweichungen unterschreiten.

5.8.6 Die Wurzelüberhöhung bei Rohren aus automatischer Fertigung mit Nennweiten ≦ 100 mm darf nicht größer sein als 0,25 mm + 0,03 · *s*. Dies bedingt gegebenenfalls ein Glätten der Schweißnaht.

5.9 Dichtheit

Die Rohre müssen unter den Prüfbedingungen nach Abschnitt 6.5.10 dicht sein.

5.11 Maße, längenbezogene Massen (Gewichte) und zulässige Abweichungen

Für Maße, längenbezogene Massen (Gewichte) und zulässige Abweichungen der Rohre gilt DIN 2463 Teil 1.

6.7 Bescheinigungen über Materialprüfungen

(Siehe DIN 17 458, Pkt. 6.7, Seite 553 und zusätzlich erfolgt die zerstörungsfreie Prüfung der Schweißverbindung an allen Rohren.)

	Geschweißte Rohre aus austenitischen nichtrostenden Stählen Maße längenbezogene Massen	**DIN** **2463** Teil 1

1 Geltungsbereich

Diese Norm gilt für Rohre aus nichtrostenden Stählen nach DIN 17 455 und DIN 17 457.

4 Maße, längenbezogene Massen (Gewicht)

4.1 Rohr-Außendurchmesser, Wanddicken und längenbezogene Masse (Gewicht) siehe Tabelle 4.

In der Tabelle 4 sind die Rohr-Außendurchmesser in Übereinstimmung mit DIN ISO 4200 in drei Reihen angeordnet, die wie folgt definiert sind:

Reihen und weitere Angaben siehe DIN 2462, Teil 1, Pkt. 4.1, Seite 556.

4.2 Längen

Die gewünschten Längen sind bei Bestellung zu vereinbaren.

Es werden unterschieden:

a) Herstellängen

Die Rohre werden in Herstellängen von 2 bis 7 m geliefert; größere Längen sind mit dem Hersteller zu vereinbaren.

b) Festlängen

Das vorgeschriebene Maß wird mit einer Abweichung von ± 500 mm eingehalten.

c) Genaulängen

Die fettgedruckten längenbezogenen Massen (Gewichte) weisen Rohre mit Außendurchmesser der Reihe 1 in Vorzugswanddicken nach DIN ISO 4200, Tabelle 2, aus.

Die Fertigungsmöglichkeiten für geschweißte Rohre sind durch die äußere Umrandungslinie angedeutet.

Die Maße, die innerhalb der Stufenlinie liegen und für die keine Massen (Gewichte) angegeben sind, sind nicht genormt.

Größere Maße, die in der Tabelle 4 nicht enthalten sind, können nach DIN 2458 bestellt werden.

4.3 Zulässige Maßabweichungen

Die zulässigen Maßabweichungen für Rohr-Außendurchmesser und Wanddicken sind abhängig vom Herstellverfahren der Rohre, von der Stahlsorte sowie vom Nachbehandlungsverfahren. Die Plustoleranzen der Wanddicken gelten nicht für die Schweißnaht. Erforderlichenfalls ist die Schweißnahtüberhöhung bei der Bestellung zu vereinbaren, z. B. nach DIN 8563.

Die Toleranzen für die Rohr-Außendurchmesser für Rohre ≦168,3 mm schließen die Unrundheit, die für die Wanddicke die Ungleichwandigkeit ein.

Für Rohre größer 168,3 mm darf die Unrundheit 2 % nicht überschreiten, bezogen auf den mittleren Durchmesser.

ISO-Rohrtoleranzklassen siehe ISO 5252 *)

In Tabelle 2 ist die zulässige Abweichung für den Außendurchmesser und die Wanddicke angegeben.

Tabelle 2. **Zulässige Abweichung des Außendurchmessers und der Wanddicke**

Geltungsbereich		Außendurchmesser		Wanddicke	
Rohr- herstellungs- verfahren	Außendurchmesser d_a mm	ISO- Toleranz- klasse	Zulässige Abweichung	ISO- Toleranz- klasse	Zulässige Abweichung
geschweißt	$d_a \leqq 168,3$	D 2	± 1,0 % min. ± 0,5 mm	T 3	± 10 % min. ± 0,2 mm
		D 3 D 4	In Sonderfällen: ± 0,75 % min. ± 0,3 mm ± 0,5 % min. ± 0,1 mm	T 4	In Sonderfällen: ± 7,5 % min. ± 0,15 mm
	$d_a > 168,3$	—	± 1,0 % max. ± 3 mm	T 3	± 10 % min. ± 0,2 mm

4.4 Zulässige Abweichung von der Geraden

(Siehe DIN 2462, Teil 1, Pkt. 4.4, Tabelle 3, Seite 556.)

Tabelle 4. Maße und längenbezogene Massen der geschweißten Rohre aus austenitischen nichtrostenden Stählen

Rohr-Außendurchmesser Reihe			Längenbezogene Massen (Gewicht) in kg/m für Wanddicken																
1	2	3	1	1,2	1,6	2	2,3	2,6	2,9	3,2	3,6	4	4,5	5	5,6	6,3	7,1	8	8,8
	6		0,125																
	8		0,176																
	10		0,225	0,264															
10,2			0,230	0,270															
	12		0,275																
13,5			0,313	0,369															
		14	0,326																
	16		0,376	0,445															
17,2			0,406																
		18	0,425		0,657	0,801													
	19		0,451	0,535	0,697	0,851													
	20		0,476	0,564	0,737	0,901													
21,3			0,509		0,789	0,966													
		22	0,526			1,00													
	25		0,601	0,715	0,937	1,15		1,46											
		25,4		0,727	0,953	1,17		1,48											
26,9			0,649		1,01	1,25	1,81	1,58											
		30			1,14	1,40		1,79											
	31,8			0,920	1,21	1,49		1,90											
	32			0,925		1,50													
33,7			0,818	0,976	1,29	1,58	1,81	2,02	2,23	2,45									
		35		1,02		1,65													
	38			1,11	1,46	1,81		2,30		2,79									
	40			1,17	1,54			2,44											
42,4					1,63	2,02		2,59		3,14	3,49								
		44,5						2,73	3,02										
48,3					1,87	2,31	2,65	2,97		3,61	4,03								
	51		1,25	1,49	1,98	2,46		3,15		3,83									
		54			2,10	2,60		3,35											
	57				2,22	2,75			3,93										
60,3					2,35	2,92	3,34	3,76	4,17	4,58	5,11								
	63,5				2,48	3,08		3,96		4,83									
	70				2,74	3,40			4,87										
76,1					2,98	3,70	4,25	4,78	5,32		6,54	7,22							
		82,5								6,35									
88,9					3,49	4,35	4,98	5,61	6,24	6,86	7,68	8,51							
	101,6					4,98			7,17			9,77							
114,3					4,52	5,62		7,27	8,09	8,90	9,98		12,4	13,7					
139,7					5,53	6,89		8,92		11,0		13,6		16,8		21,0	23,5		
168,3					6,68	8,32		10,8		13,2	14,8	16,4	18,5	20,4	22,8		28,6		
219,1						10,9		14,1	15,7	17,3	19,4	21,5				33,6		42,2	
273						13,6		17,6	19,6	21,6	24,3	26,9	30,2	33,5		42,0			
323,9						16,1		20,9	23,3	25,7		32,1	35,9	39,9	44,7		56,3		
355,6						17,7		22,9	25,6	28,2		35,2		43,8		55,1		69,6	76,4
406,4						20,2		26,3	29,3	32,3		40,3		50,2				79,8	87,6
457						22,7				36,3		45,4		56,5		71,0			
508						25,4				40,4	45,5	50,4		62,9	70,4	79,1			
610										48,6		60,7	68,2	75,7	84,8	95,2		121	
711									51,4		63,7	70,7	79,6	88,4			125	141	
813											73,0	81,0		101	114			161	
914											82,0	91,1		114		143			199
1016											91,2	101							

Druckfehlerberichtigungen abgedruckter DIN-Normen

Folgende Druckfehlerberichtigungen wurden in den DIN-Mitteilungen zu den in diesem Tabellenbuch enthaltenen Normen veröffentlicht.

Die abgedruckten Normen entsprechen der Originalfassung und wurden nicht korrigiert. In Folgeausgaben werden die aufgeführten Druckfehler berichtigt.

DIN 1626

In Tabelle 5 ist die zulässige Längenabweichung von Rohren in Genaulängen von $> 6 \leq 12\,\text{m}$ bei Außendurchmessern $> 500\,\text{mm}$ fälschlich mit $^{+25}_{0}$ mm angegeben worden. Der richtige Wert lautet: $^{+50}_{0}$ mm.

In den Erläuterungen (Seite 11) muß der in Klammern genannte Geltungsbereich von DIN 1626 „Rohre für besondere Anforderungen" (statt „Rohre ohne besondere Anforderungen") lauten.

DIN 1652 Teil 2

In Tabelle 2 muß die Zugfestigkeit „Lieferzustand, geschält und wärmebehandelt (SH)" für die Stahlsorte ZSt 44-3 nicht 410 bis 50, sondern 410 bis 540 lauten.

DIN 1652 Teil 4

In Tabelle 2, Spalte 4, fehlt bei Zugfestigkeit „kaltgezogen" der Hinweis Mindestwert „min.".

DIN 2393 Teil 2

In der Tabelle 2 ist in der Spalte „Chemische Zusammensetzung" der max. Wert für P von 0,0050 in 0,050 zu ändern.

DIN 2470 Teil 1

Im Abschnitt „Inhalt", Seite 1, ist die Abschnittsnummer 5.2 „Dichtungen" in 5.1.1 „Dichtungen" und 5.3 „Schrauben" in 5.1.2 „Schrauben" zu ändern. Die Zeile 5.2 „Schnellverschlüsse ... Seite 4" ist aufzunehmen.

Auf Seite 4 muß im Abschnitt 4.5 im 2. Absatz „. . . Bescheinigung DIN 50 049 – 2.1 bis 1 bar" in „. . . Bescheinigung DIN 50 049 – 2.2 bis 1 bar" korrigiert werden.

DIN 17 102

In Tabelle 1, Seite 6, ist bei dem Kurznamen St E 355 die Werkstoff-Nummer „1.0582" in „1.0562" zu berichtigen.

DIN 17 121

Im Abschnitt 5.3.2 sind die Angaben zur Losgröße in Abhängigkeit vom Außendurchmesser d_a der Rohre in der letzten Zeile wie folgt zu ändern: $d_a > 500\,\text{mm} \ldots 100$ Stück.

DIN 17 163

Im Abschnitt 8.5.2.2 muß die Einheit der Probengröße „mm^2" sein.

DIN 17 441

Unter Berücksichtigung der Fußnote 8 zu Tabelle 5 von DIN 17 440 müssen in Tabelle A.3 von DIN 17 441 bei den Stahlsorten X 6 CrNiTi 18 10 (1.4541) und X 6 CrNiMoTi 17 12 2 (1.4571) die

Mindestwerte der Dehngrenzen um 5 N/mm^2 angehoben werden, so daß folgende Mindestwerte gelten:

1.4541: 0,2%-Dehngrenze min. 205 N/mm^2;
1%-Dehngrenze min. 240 N/mm^2.

1.4571: 0,2%-Dehngrenze min. 215 N/mm^2;
1%-Dehngrenze min. 250 N/mm^2.

DIN 17 456
DIN 17 458

Die Fußnote 8 zu Tabelle 3 und die Fußnote 3 zu Tabelle 4 in DIN 17 456 sowie die Fußnote 7 zu Tabelle 3 und die Fußnote 3 zu Tabelle 4 in DIN 17 458 sind wie folgt zu berichtigen:

„Für warm geformte Rohre und für warm weiterverarbeitete Rohre (siehe Fußnote 1 zu Tabelle 5)."

Die Fußnote 7 zu Tabelle 3 und die Fußnote 2 zu Tabelle 4 in DIN 17 456 sowie die Fußnote 6 zu Tabelle 3 und die Fußnote 2 zu Tabelle 4 in DIN 17 458 sind wie folgt zu ändern:

„Nicht für warm geformte Rohre und nicht für warm weiterverarbeitete Rohre (siehe Fußnote 1 zu Tabelle 5)."

Stichwortverzeichnis

Die hinter den Stichwörtern stehenden Nummern sind die DIN-Nummern der abgedruckten Normen bzw. der anderen technischen Regeln.

Kaltband (bis 650 mm Breite)   DIN 1544
–, aus nichtrostenden und hitzebeständigen Stählen   DIN 59 381
–, aus weichen unlegierten Stählen   DIN 1624
–, für Federn   DIN 17 222

Kaltprofile aus Stahl   DIN 17 118, DIN 59 413

Kaltstauch- und Kaltfließpreßstähle   DIN 1654
–, Technische Lieferbedingungen   DIN 1654 T 1
–, Allgemeines   DIN 1654 T 1
–, nicht für Wärmebehandlung bestimmte Stähle   DIN 1654 T 2
–, Einsatzstähle   DIN 1654 T 3
–, Vergütungsstähle   DIN 1654 T 4
–, Nichtrostende Stähle   DIN 1654 T 5

Kaltzähe Stähle   DIN 17 280

Kranschienen, Form F (flach)   DIN 536 T 2
–, mit Fußflansch, Form A   DIN 536 T 1

Materialprüfung, Bescheinigungen   DIN 50 049

Nichtrostende Stähle   DIN 17 440, SEW 400
Nitrierstähle   DIN 17 211

Plattierte Bleche   SEL 408

Rundstahl, warmgewalzt für allgemeine Verwendung   DIN 1013 T 1

Schmiedestücke   DIN 17 103, SEW 550, SEW 555

Schweißbarkeit, metallische Werkstoffe, Begriffe   DIN 8528 T 1

Sechskantstahl, warmgewalzt   DIN 1015

Stabstahl, blank
–, Blanke Stahlwellen, h 9   DIN 669
–, Blankstahl, Technische Lieferbedingungen
–, – Allgemeines   DIN 1652 T 1
–, – Allgemeine Baustähle   DIN 1652 T 2
–, – Einsatzstähle   DIN 1652 T 3
–, – Vergütungsstähle   DIN 1652 T 4
–, Flachstahl, Maße   DIN 174
–, Geschliffener, polierter Rundstahl, Maße, h 7   DIN 59 360
–, – h 6   DIN 59 361
–, Polierter Rundstahl, Maße, h 9   DIN 175
–, Präziflach- und -vierkantstahl   DIN 59 350
–, Rundstahl, Maße, h 11   DIN 668
–, – h 8   DIN 670
–, – h 9   DIN 671
–, Sechskantstahl, Maße   DIN 176
–, Vierkantstahl, Maße   DIN 178

Stabstahl, warmgewalzt

–, Federstahl, rund warmgewalzt, Maße   DIN 2077

–, Kohlenstoffarme unlegierte Stähle, Schrauben und Muttern   DIN 17 111

–, für geschweißte Rundstahlketten   DIN 17 115

–, Federstahl, gerippt, Maße   DIN 1570

–, Rundstahl für Schrauben und Niete, Maße   DIN 59 130

–, Stähle für vergütbare Federn   DIN 17 221

Stahl, Kennzeichnungsarten   DIN 1599

Stähle, Begriffsbestimmungen für die Einteilung   DIN 10 020

Stähle für Flamm- und Induktionshärtung   DIN 17 212

Stahldraht, gezogen

–, Runder Stahldraht, Maße   DIN 177

–, Oberflächenbeschaffenheit   DIN 1653

–, Runder Federdraht, Maße   DIN 2076

–, Stahldraht für Seile   DIN 2078

–, Runder Federstahldraht, paketiert, gezogen   DIN 17 223 T 1

–, Runder Federstahldraht, ölschlußvergütet   DIN 17 223 T 2

–, Federstahldraht und Federband aus nichtrostenden Stählen   DIN 17 224

Stahlerzeugnisse, warmgewalzt, Oberflächenbeschaffenheit

–, Allgemeine Forderungen   DIN EN 10 063 T 1

–, Blech und Breitflachstahl   DIN EN 10 063 T 2

–, Profile   DIN EN 10 063 T 3

Stahlrohre

– aus unlegierten Stählen   DIN 1615, DIN 1626, DIN 1628 bis DIN 1630, DIN 2448, DIN 2458

– aus Feinkornstählen   DIN 17 178 und DIN 17 179

– für den Stahlhochbau (Rohre und Hohlprofile)   DIN 17 119 bis DIN 17 121, DIN 17 123 bis
   DIN 17 125, DIN 59 410 und DIN 59 411

–, aus warmfesten Stählen   DIN 17 175, DIN 17 177

–, aus kaltzähen Stählen   DIN 17 173 und DIN 17 174

–, für Wasserleitungen   DIN 2460

–, für Gasleitungen   DIN 2470 T 1 und T 2

–, für Fernleitungen für brennbare Flüssigkeiten und Gase   DIN 17 172

–, für die Hausinstallation   DIN 2440 bis DIN 2442

–, Präzisionsstahlrohre   DIN 2391 T 1 und T 2, DIN 2393 T 1 und T 2, DIN 2394 T 1 und T 2

–, Präzisionsprofilstahlrohre   DIN 2395 T 1 bis T 3

–, aus nichtrostenden Stählen   DIN 2462 T 1, 2463 T 1, DIN 17 455 bis DIN 17 458

Träger, warmgewalzt

–, I-Reihe, schmal   DIN 1025 T 1

–, IPB- und IB-Reihe   DIN 1025 T 2

–, IPBl-Reihe   DIN 1025 T 3

–, IPBv-Reihe   DIN 1025 T 4

–, IPE-Reihe   DIN 1025 T 5

T-Stahl, warmgewalzt, rundkantig   DIN 1024

U-Stahl, warmgewalzt, rundkantig   DIN 1026

Umformen, Begriffsbestimmungen für normalisierendes und thermo-mechanisches Umformen
   SEW 082

Vergütungsstähle   DIN EN 10 083 T 1 und T 2

Verpackungsblech → siehe Weißblech

Verzinktes Breitband

−, feuerverzinkt, Abmessungen   DIN 59 232

−, feuerverzinkt aus weichen unlegierten Stählen   DIN EN 10 142

−, feuerverzinkt aus allgemeinen Baustählen   DIN 17 162

−, elektrolytisch verzinkt   DIN 17 163

Vierkantstahl, warmgewalzt, gleichschenklig, rundkantig   DIN 1024 T 2

Wälzlagerstähle   DIN 17 230

Warmband   DIN 1016

− aus unlegierten Stählen zum Kaltumformen   DIN 1614 T 2

Warmfeste Stähle   DIN 17 240, DIN 17 243

Warmgewalzte Stähle für vergütbare Federn   DIN 17 221

Walzdraht,

−, runder, für Schweißzusätze   DIN 17 145

−, aus Stahl, Maße   DIN 59 110

−, aus Stahl für Schrauben, Muttern und Niete   DIN 59 115

−, zum Kaltziehen   DIN 17 140 T 1

Weißblech, elektrolytisch verzinnt   DIN EN 10 203

Werkstoffauswahl, Stahlauswahl aufgrund der Härtbarkeit   DIN 17 021 T 1

Werkstoffnummern, Systematik der Hauptgruppe 1   DIN 17 007 T 2

Werkzeugstähle   DIN 17 350

Winkelstahl, warmgewalzt

−, gleichschenklig, rundkantig   DIN 1028

−, ungleichschenklig, rundkantig   DIN 1029

−, gleichschenklig, scharfkantig   DIN 1022

Wulstflachstahl, warmgewalzt   DIN 1019

Z-Stahl, warmgewalzt, rundkantig   DIN 1027

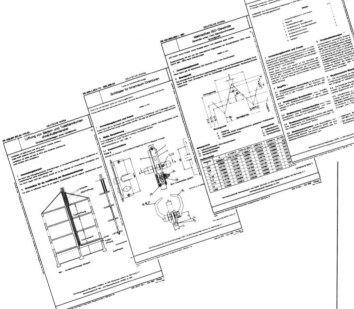

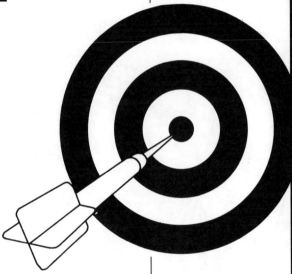